THE 2ND
NATIONAL ECOLOGICAL ENVIRONMENT MONITORING
PROFESSIONAL AND TECHNICAL PERSONNEL CONTEST

THEORY TEST SET

第二届
全国生态环境监测
专业技术人员大比武理论试题集

生态环境部生态环境监测司
中 国 环 境 监 测 总 站
主编

中国环境出版集团 · 北京

图书在版编目（CIP）数据

第二届全国生态环境监测专业技术人员大比武理论试题集 / 生态环境部生态环境监测司，中国环境监测总站主编．—北京：中国环境出版集团，2020.12（2023.8 重印）

ISBN 978-7-5111-4569-7

Ⅰ.①第… Ⅱ.①生… ②中… Ⅲ.①生态环境—环境监测—中国—习题集 Ⅳ.① X835-44

中国版本图书馆 CIP 数据核字（2020）第 259560 号

出 版 人 武德凯
责任编辑 曲 婷
责任校对 任 丽
封面设计 宋 瑞

出版发行 中国环境出版集团
（100062 北京市东城区广渠门内大街 16 号）
网　　址：http://www.cesp.com.cn.
电子邮箱：bjgl@cesp.com.cn
联系电话：010-67112765（编辑管理部）
010-67112736（第五分社）
发行热线：010-67125803，010-67113405（传真）

印　　刷 北京中科印刷有限公司
经　　销 各地新华书店
版　　次 2020 年 12 月第 1 版
印　　次 2023 年 8 月第 5 次印刷
开　　本 880 × 1230 1/16
印　　张 52
字　　数 1330 千字
定　　价 190.00 元

《第二届全国生态环境监测专业技术人员大比武理论试题集》
编写指导委员会

《第二届全国生态环境监测专业技术人员大比武理论试题集》
编写委员会

主　　　编　陈善荣　吴季友　肖建军

副　主　编　吕怡兵　冯　丹　米方卓

编　　　委（按姓氏笔画排序）

于　凯	马联弟	王　超	王向明	左　涛
史　箴	吕天峰	任学蓉	刘　军	刘　蕊
关玉春	孙宇颖	李启武	李爱民	杨　楠
狄一安	邹本东	张　敏	张付海	张存良
张素坤	张殷俊	张雪容	张霖琳	陈亚男
陈表娟	陈素兰	武桂桃	林兰钰	周　谐
郑皓皓	姚子伟	秦承华	徐琳瑜	高裕雯
鹿海峰	彭刚华	董　亮	谢海涛	窦筱艳
潘　光				

参加编写人员（按姓氏笔画排序）

万　旭	王　宣	王　琳	王　瑜	王　静
王子博	牛　毓	邓雪娇	石艳菊	龙晓娟
田丙正	白　昕	白玛旺堆	毕军平	师耀龙
刘　沛	刘维明	齐炜红	江峰琴	孙　源
杜　丽	李恒庆	李雅忠	杨　炯	杨　婧
杨冬雪	杨晓红	杨懂艳	杨璟爱	吴晓凤
汪佳佳	张　霞	张玉惠	陈　静	陈方忠
林安国	周　驰	周　旌	周守毅	赵　莉
柯钊跃	洪正昉	贺小敏	徐冬梅	高蓓蕾
黄韵羽	龚　玲	彭　跃	舒　保	谢　争
解　军	蔡　芹	穆　肃		

序

生态环境监测是生态环境保护的重要基础，也是生态文明建设的重要支撑。党的十八大以来，在以习近平同志为核心的党中央领导下，我国的生态环境监测工作取得积极进展，生态环境监测网络不断完善，运行机制更加高效顺畅，监测质量管理体系日益健全，监测数据质量显著提高。

2019 年 10 月，由生态环境部等六部委联合举办的“第二届全国生态环境监测专业技术人员大比武”活动（以下简称“大比武”），是贯彻落实习近平生态文明思想和全国生态环境保护大会精神，实施人才强国战略的具体举措。“大比武”的成功举办，是对参赛选手技能水平和精神风貌的一次集中展示，更是对各级生态环境监测机构人才培养成果的一次大检阅。在广大生态环境监测专业技术人员队伍中营造了扎实学习专业理论、刻苦钻研技术的良好氛围，大力弘扬了精益求精的工匠精神，厚植了“严、真、细、实、快”的工作作风，切实提升了各级各类生态环境机构技术水平，为打赢蓝天、碧水、净土保卫战，持续改善生态环境质量贡献力量。

为深入总结和应用本届“大比武”产生的优秀成果，生态环境监测司委托中国环境监测总站收集整理各地“大比武”预赛理论考试试题，并组织专家进行筛选、分类及审核，形成了一本知识内容广泛、题目类型丰富、贴近现阶段监测工作实际的生态环境监测理论知识试题集。题目涵盖生态环境监测形势与政策、法律法规、环境保护和监测基础知识、监测技术、质量管理及综合分析与评价等内容，覆盖地表水、大气、土壤、地下水、声、固体废物、生物、海洋、温室气体等要素，涉及生态环境质量监测、生态状况监测、污染源监测和环境应急监测等领域，包含手工监测、现场监测、在线自动监测及遥感监测等监测手段。此外，编者精选了几套本届大比武理论考试真题附后，以便读者获得更好的实战体验。

相信这本试题集的出版，将进一步提高生态环境监测专业技术人员的理论水平和业务技术能力，为保障生态环境监测数据质量，打赢打好污染防治攻坚战作出贡献。

因时间仓促，限于编者水平，书中难免存在疏漏之处，敬请广大读者批评指正。

目 录

| 第一章 |

形势政策与法律法规

CHAPTER 1

一、填空题

1. 2018 年 5 月 18 日至 19 日，全国生态环境保护大会在北京召开。此次会议最大亮点和取得的最重要理论成果是确立了“____________”。

答案：习近平生态文明思想

2. 习近平总书记在河南主持召开黄河流域生态保护和高质量发展座谈会时指出，“黄河宁、天下平”。习近平总书记强调，治理黄河，____________，____________。

答案：重在保护　要在治理

3. “中央环保督察组”是由原环保部牵头成立，中纪委、中组部的相关领导参加，是代表党中央、国务院对各省（自治区、直辖市）党委和政府及其有关部门开展的____________督察。

答案：环境保护

4.《关于深化环境监测改革　提高环境监测数据质量的意见》（厅字〔2017〕35 号）指出，环境监测数据是客观评价____________状况、反映污染治理成效、实施环境管理与决策的基本依据。

答案：环境质量

5. 2015 年 7 月，国务院办公厅印发了《生态环境监测网络建设方案》，该方案的基本原则是明晰事权、落实责任，健全制度、统筹规划，科学监测、创新驱动，综合集成、____________。

答案：测管协同

6.《生态环境监测网络建设方案》（国办发〔2015〕56 号）要求，环境保护部适度________生态环境质量监测事权，准确掌握、客观评价全国生态环境质量总体状况。重点污染源监督性监测和监管重心____________，加强对地方重点污染源监督性监测的管理。

答案：上收　下移

7. 为了严厉惩处环境监测数据弄虚作假行为，环境保护、质量技术监督部门对环境监测机构开展____________检查，强化事中事后监管。

答案：“双随机”

8. 2017 年 12 日，在肯尼亚内罗毕举行的第三届联合国环境大会上，联合国环境规划署宣布，中国塞罕坝林场建设者获得 2017 年联合国环保最高荣誉“____________”。

答案：地球卫士奖

9. 2016 年 8 月 23 日，习近平总书记在青海省生态环境监测中心考察时指出：“保护生态环境首先要摸清家底、掌握动态，要把建好用好____________这项基础工作做好。”

答案：生态环境监测网络

10. “三线一单”是指____________、____________、____________和____________。

答案：生态保护红线　环境质量底线　资源利用上线　生态环境准入清单

11. 中共中央办公厅、国务院办公厅印发《关于省以下环保机构____________执法垂直管理制度改革试点工作的指导意见》（中办发〔2016〕63 号）通知。

答案：监测监察

12. 长期以来，我国实行的是以政府有关部门所属环境监测机构为主开展监测活动的单一管理体制。在环境保护领域日益扩大、环境监测任务快速增加和环境管理要求不断提高的情况下，推进环境监测服务____________已迫在眉睫。

答案：社会化

13.《关于深化环境监测改革　提高环境监测数据质量的意见》（厅字〔2017〕35号）中明确指出，环境监测机构和人员弄虚作假或参与弄虚作假的，环境保护、质量技术监督部门及公安机关____________，涉嫌犯罪的，移交司法机关依法追究相关责任人的刑事责任。

答案：依法给予处罚

14. 习近平总书记在党的十九大报告中指出，“建设生态文明是中华民族永续发展的千年大计。必须树立和践行绿水青山就是____________的理念”。

答案：金山银山

15.《生态环境监测网络建设方案》（国办发〔2015〕56号）要求，各级环境保护部门依法履行对排污单位的环境监管职责，依托____________开展监管执法，建立监测与监管执法联动快速响应机制，根据污染物排放和自动报警信息，实施现场同步监测与执法。

答案：污染源监测

16. 各级生态环境部门和企业要主动公开新建项目____________评价、企业污染物排放、治污设施运行情况等环境信息，接受社会监督。

答案：环境影响

17. 根据《中华人民共和国土壤污染防治法》，____________无法认定的，____________应当实施土壤污染风险管控和修复。

答案：土壤污染责任人　土地使用权人

18. 检验检测机构及其人员从事检验检测活动，应当遵守国家相关法律法规的规定，遵循____________、____________、____________原则，恪守职业道德，承担社会责任。

答案：客观独立　公平公正　诚实信用

19. 土壤污染防治应当坚持____________、____________、____________、风险管控、污染担责、公众参与的原则。

答案：预防为主　保护优先　分类管理

20.《环境监测数据弄虚作假行为判定及处理办法》（环发〔2015〕175号）规定：伪造监测数据，系指没有____________环境监测活动，凭空编造虚假监测数据的行为。

答案：实施实质性的

21.《中华人民共和国水污染防治法》规定：禁止在江河、湖泊、运河、渠道、水库__________以下的滩地和岸坡堆放、存贮固体废弃物和其他污染物。

答案：最高水位线

22.《关于推进环境监测服务社会化的指导意见》（环发〔2015〕20号）中指出，鼓励社会环境监测机构参与排污单位污染源自行监测、环境损害评估监测、环境影响评价现状监测、清洁生产审核、企事业单位自主调查等环境监测活动，推进环境监测服务____________和____________。

答案：主体多元化　服务方式多样化

23. 水污染防治应当坚持____________、____________、____________的原则。

答案：预防为主　防治结合　综合治理

24.《水污染防治行动计划》（国发〔2015〕17号）中要求开展饮用水水源规范化建设，依法清理饮用水水源保护区内的__________和__________。

答案： 违法建筑　排污口

25.《水污染防治行动计划》（国发〔2015〕17号）中要求单一水源供水的地级及以上城市应于2020年年底前基本完成__________或__________建设，有条件的地方可以适当提前。

答案： 备用水源　应急水源

26.《土壤污染防治行动计划》（国发〔2016〕31号）中规定深入开展土壤环境质量调查。在现有相关调查的基础上，以__________和__________为重点，开展土壤污染状况详查。

答案： 农用地　重点行业企业用地

27. 请完成下列表格：

条约简称	控制对象	控制措施
《巴黎协定》	1）__________	减排
2）__________	消耗臭氧层物质（ODS）	3）__________
《巴塞尔公约》	4）__________	控制越境转移

答案： 1）温室气体　2）《蒙特利尔议定书》　3）生产管制　4）危险废物

28.《生态环境监测网络建设方案》（国办发〔2015〕56号）中指出，到2020年，全国生态环境监测网络基本实现__________、__________、__________监测全覆盖。

答案： 环境质量　重点污染源　生态状况

29.《生态环境监测网络建设方案》（国办发〔2015〕56号）的基本原则之一是科学监测、创新驱动。依靠科技创新与技术进步，加强监测科研和综合分析，强化卫星遥感等高新技术、先进装备与系统的应用，提高生态环境监测__________、__________、__________水平。

答案： 立体化　自动化　智能化

30. 环境质量综合评价技术导则中，根据断面的水质评价，使用下列表征方法：清洁、良好、__________、中度污染、__________。

答案： 轻度污染　重度污染

31. 习近平总书记在全国生态环境保护大会上提出，要加快构建生态文明五个体系，具体是生态文化体系、__________、目标责任体系、__________和__________。

答案： 生态经济体系　生态文明制度体系　生态安全体系

32. 依据《关于深化环境监测改革　提高环境监测数据质量的意见》（厅字〔2017〕35号），各级环境保护、质量技术监督部门依法对环境监测机构负监管责任，其他相关部门要加强对所属环境监测机构的__________。

答案： 数据质量管理

33.《中华人民共和国环境保护法》规定，国家建立、健全环境监测制度。监测机构应当使用符合国家标准的监测设备，遵守监测规范。监测机构及其负责人对监测数据的__________和__________负责。

答案： 真实性　准确性

34.《环境监测数据弄虚作假行为判定及处理办法》（环发〔2015〕175 号）所称环境监测数据，系指按照相关技术规范和规定，通过手工或者自动监测方式取得的环境监测____________、____________、____________等信息。

答案： 原始记录　分析数据　监测报告

35. 习近平总书记在全国生态环境保护大会上指出，要通过加快构建生态文明体系，确保到____________年，生态环境质量实现根本好转，美丽中国目标基本实现。

答案： 2035

36. 党的十八大以来，我们把____________作为统筹推进“五位一体”总体布局和协调推进“四个全面”战略布局的重要内容，开展一系列根本性、开创性、长远性工作，提出一系列新理念新思想新战略。

答案： 生态文明建设

37. 建设一支政治强、本领高、作风硬、敢担当，特别能吃苦、特别能战斗、特别能奉献的生态环境保护____________，是习近平总书记和党中央对生态环境保护队伍建设的谆谆嘱托和殷切期望。

答案： 铁军

38.《中共中央　国务院关于全面加强生态环境保护　坚决打好污染防治攻坚战的意见》针对重点领域，抓住薄弱环节，明确要求打好____________、____________、____________三大保卫战。

答案： 蓝天　碧水　净土

39. 党政领导干部指使____________监测数据的，按照《党政领导干部生态环境损害责任追究办法（试行）》等有关规定予以处理。

答案： 篡改、伪造

40. 环境监测机构及其负责人对其监测数据的____________负责。采样与分析人员、审核与授权签字人分别对____________、____________的真实性____________负责。

答案： 真实性和准确性　原始监测数据　监测报告　终身

41. 2018 年 6 月 16 日，《中共中央　国务院关于全面加强生态环境保护　坚决打好污染防治攻坚战的意见》中指出，保护____________就是保护生产力，改善____________就是发展生产力。

答案： 生态环境　生态环境

42. 各级生态环境部门确定的重点排污单位必须落实污染物排放____________及____________的法定责任。

答案： 自行监测　信息公开

43. 环境监测数据是客观评价____________、反映____________、实施____________的基本依据。

答案： 环境质量状况　污染治理成效　环境管理与决策

44. 我国地表水环境质量监测指标为《地表水环境质量标准》（GB 3838—2002）表 1 中的____________个基本项目。

答案： 24

45. 篡改监测数据，系指利用某种职务或者工作上的便利条件，故意干预____________，导致

__________的行为。

答案：环境监测活动的正常开展　监测数据失真

46. 建设生态文明是关系__________的根本大计。

答案：中华民族永续发展

47.《中华人民共和国固体废物污染环境防治法》不适用于__________和__________。

答案：固体废物污染海洋环境的防治　放射性固体废物污染环境的防治

48. 排污单位自行监测是指为掌握本单位的__________及其__________等情况，按照相关法律法规和技术规范，组织开展的环境监测活动。

答案：污染物排放状况　对周边环境质量的影响

49. 生态环境监测体系新格局是__________、__________、社会参与、__________。

答案：政府主导　部门协同　公众监督

50. 在全国生态监测与评价使用的土地利用/覆盖分类系统中，城乡、工矿和居民用地包括__________、__________和__________三类。

答案：城镇用地　农村居民点用地　其他建设用地

51.《中共中央　国务院关于加快推进生态文明建设的意见》（中发〔2015〕12号），要求在重点生态功能区、生态环境敏感区和脆弱区等区域划定生态保护红线，确保生态功能不降低，__________，性质不改变。

答案：面积不减少

52. 根据《中华人民共和国固体废物污染环境防治法》有关规定，危险废物转移实施________制度。

答案：联单

53.《生态环境监测网络建设方案》（国办发〔2015〕56号）的指导思想是：全面贯彻落实党的十八大和十八届二中、三中、四中全会精神，按照党中央、国务院决策部署，落实《中华人民共和国环境保护法》和《中共中央　国务院关于加快推进生态文明建设的意见》要求，坚持________、__________、__________和__________，形成政府主导、部门协同、社会参与、公众监督的生态环境监测新格局，为加快推进生态文明建设提供有力保障。

答案：全面设点　全国联网　自动预警　依法追责

54. 2018年3月11日，十三届全国人大一次会议在人民大会堂举行第三次全体会议，最终通过《中华人民共和国宪法修正案》。新颁布的《中华人民共和国宪法》中国务院行使职权中将第六条“领导和管理经济工作和城乡建设”改为“__________”。

答案：领导和管理经济工作和城乡建设、生态文明建设

55. 我国首个环境保护标准于__________年发布。

答案：1973

56.《国家地表水环境质量监测网采测分离管理办法》（环办监测〔2019〕2号）中规定，采测分离是指国家地表水环境质量监测中，按照__________、__________的原则，将样品采集和检测分析交由不同单位承担，实现样品采集与检测分析分离、水质监测与考核对象分离的监测模式。

答案：国家考核　　国家监测

57. 危险废物是指____________或者根据____________认定的具有腐蚀性、毒性、易燃性、反应性和感染性等一种或一种以上危险特性，以及不排除具有以上危险特性的固体废物。

答案：列入国家危险废物名录　　国家规定的危险废物鉴别标准和鉴别方法（或危险废物鉴别标准）

58.《中华人民共和国环境保护法》中所称的环境，是指影响人类社会生存和发展的各种天然的和经过人工改造的____________的总体。

答案：自然因素

59.《水污染防治行动计划》（国发〔2015〕17 号）中工作目标要求到 2020 年，全国水环境质量得到____________，污染严重水体较大幅度减少，饮用水安全保障水平____________，地下水超采得到严格控制，地下水污染加剧趋势得到初步遏制，近岸海域环境质量稳中趋好，京津冀、长三角、珠三角等区域水生态环境状况有所好转。

答案：阶段性改善　　持续提升

60.《大气污染防治行动计划》（国发〔2013〕37 号）总体要求：以邓小平理论、“三个代表”重要思想、科学发展观为指导，以保障人民群众身体健康为出发点，大力推进生态文明建设，坚持政府调控与市场调节相结合、全面推进与重点突破相配合、____________与属地管理相协调、____________与质量改善相同步，形成政府统领、企业施治、市场驱动、公众参与的大气污染防治新机制，实施分区域、分阶段治理，推动产业结构优化、科技创新能力增强、经济增长质量提高，实现环境效益、经济效益与社会效益多赢。

答案：区域协作　　总量减排

61.《大气污染防治行动计划》（国发〔2013〕37 号）要求加强工业企业大气污染综合治理。全面整治燃煤小锅炉。加快推进集中供热、“____________”“____________”工程建设。

答案：煤改气　　煤改电

62.《土壤污染防治行动计划》（国发〔2016〕31 号）中规定，建立土壤环境质量状况定期调查制度，每____________年开展____________次。

答案：10　　1

63.《土壤污染防治行动计划》（国发〔2016〕31 号）中明确了治理与修复主体。按照“______，____________”原则，造成土壤污染的单位或个人要承担治理与修复的主体责任。

答案：谁污染　　谁治理

64.《土壤污染防治行动计划》（国发〔2016〕31 号）中规定建设综合防治先行区。_________、____________、____________等地区可因地制宜开展先行区建设。

答案：京津冀　　长三角　　珠三角

65.《大气污染防治行动计划》（国发〔2013〕37 号）的奋斗目标是：经过五年努力，全国空气质量____________改善，重污染天气较大幅度减少；京津冀、长三角、珠三角等区域空气质量明显好转。力争再用五年或更长时间，逐步消除重污染天气，全国空气质量____________改善。

答案：总体　　明显

66. 排放污染物的企业事业单位，应当建立____________，明确单位负责人和相关人员的责任。

答案：环境保护责任制度

67. 国家环境标准包括国家环境质量标准、环境基础标准、__________标准、__________标准和__________标准。

答案：污染物排放（或污染物控制）　环境监测方法（或环境监测分析方法）　环境标准样品

68. 生态环境监测是生态环境保护的__________，是生态文明建设的重要__________。

答案：基础　支撑

69. 环境质量监测网络包括__________、__________、__________、__________、__________等要素。

答案：大气　水　土壤　噪声　辐射

70. 生态环境监测数据集成共享机制是指各级生态环境部门以及国土资源、住房城乡建设、交通运输、水利、农业、卫生、林业、气象、海洋等部门和单位获取的__________、__________、__________监测数据，要实现有效集成与互联共享。

答案：环境质量　污染源　生态状况

71. 建立生态环境监测与监管联动机制主要内容是实现__________与__________同步。

答案：生态环境监测　执法

72. 各级生态环境部门确定的重点排污单位必须落实污染物__________的法定责任，严格执行__________和相关__________的监测要求。

答案：排放自行监测及信息公开　排放标准　法律法规

73.《关于省以下环保机构监测监察执法垂直管理制度改革试点工作的指导意见》（中办发〔2016〕63 号）中提出__________对生态环境负总责，__________是考核评价党政领导班子的重要内容。

答案：地方党委和政府　生态环境质量状况

74.《关于省以下环保机构监测监察执法垂直管理制度改革试点工作的指导意见》（中办发〔2016〕63 号）中明确了相关部门环境保护责任。强调管__________必须管__________，管__________必须管__________，形成齐抓共管的工作格局，实现发展与环境保护的内在统一、相互促进。

答案：发展　环保　生产　环保

75. 2015 年 7 月，国务院办公厅印发的《生态环境监测网络建设方案》的建设目标是到__________年，全国生态环境监测网络基本实现__________、__________、__________监测全覆盖，各级各类监测数据系统__________，__________、信息化能力和保障水平明显提升，监测与监管协同联动，初步建成__________、__________、__________、信息共享的生态环境监测网络，使生态环境监测能力与生态文明建设要求相适应。

答案：2020　环境质量　重点污染源　生态状况　互联共享　监测预报预警　陆海统筹　天地一体　上下协同

76. 根据《检验检测机构资质认定生态环境监测机构评审补充要求》（国市监检测〔2018〕245 号），生态环境监测机构及其__________对其监测数据的__________和__________负责，__________、审核与__________分别对__________、__________的真实性终身负责。

答案：负责人　真实性　准确性　采样与分析人员　授权签字人　原始监测数据　监测报告

77.《中华人民共和国环境保护法》规定：一切＿＿＿＿＿＿和个人都有保护环境的义务。

答案：单位

78.《关于深化环境监测改革　提高环境监测数据质量的意见》（厅字〔2017〕35号）要求，建立环境监测数据弄虚作假防范和惩治机制，确保环境监测机构和人员独立公正开展工作，确保环境监测数据＿＿＿＿＿＿、＿＿＿＿＿＿、＿＿＿＿＿＿、＿＿＿＿＿＿。

答案：全面　准确　客观　真实

79. 各级生态环境部门主要承担生态环境质量监测、＿＿＿＿＿＿、环境执法监测、环境应急监测与＿＿＿＿＿＿等职能。

答案：重点污染源监督性监测　预报预警

80. 为贯彻落实《中共中央　国务院关于加快推进生态文明建设的意见》，必须划定并严守资源消耗＿＿＿＿＿＿、环境质量＿＿＿＿＿＿、生态保护＿＿＿＿＿＿。

答案：上限　底线　红线

81. 环境监测中用于质量控制的标准物质必须是＿＿＿＿＿＿物质。

答案：有证标准

82.《生态环境监测网络建设方案》（国办发〔2015〕56号）提出要实现生态环境监测与执法同步。各级环境保护部门依法履行对排污单位的环境监管职责，依托污染源监测开展监管执法，建立＿＿＿＿＿＿机制，根据＿＿＿＿＿＿和＿＿＿＿＿＿，实施现场同步监测与执法。

答案：监测与监管执法联动快速响应　污染物排放　自动报警信息

83. 根据《关于深化环境监测改革提高环境监测数据质量的意见》（厅字〔2017〕35号）的规定，从事环境监测设施维护、运营的人员有实施或参与＿＿＿＿＿＿、＿＿＿＿＿＿自动监测数据、干扰自动监测设施、破坏环境质量监测系统等行为的，依法从重处罚。

答案：篡改　伪造

84.《检验检测机构资质认定生态环境监测机构评审补充要求》（国市监检测〔2018〕245号）规定生态环境监测机构应建立＿＿＿＿＿＿和＿＿＿＿＿＿弄虚作假行为的制度和措施，确保其出具的监测数据准确、客观、真实、可追溯。

答案：防范　惩治

85. 生态环境保护一般是指人类为解决现实或潜在的生态环境问题，协调人类与环境的关系，保护人类的生存环境、保障经济社会的＿＿＿＿＿＿而采取的各种行动的总称。

答案：可持续发展

86.《中华人民共和国环境保护法》要求环境保护坚持＿＿＿＿＿＿、＿＿＿＿＿＿、＿＿＿＿＿＿、公众参与、损害担责的原则。

答案：保护优先　预防为主　综合治理

87."十三五"生态环境保护规划里设定的目标一定要实现，即全国338个地级及以上城市空气质量＿＿＿＿＿＿，未达标城市$PM_{2.5}$浓度比2015年下降18%等。到2035年，生态环境根本好转，＿＿＿＿＿＿目标基本实现。

答案：优良天数比率必须达到80%以上　　美丽中国

88. 中共中央办公厅、国务院办公厅于2017年9月21日印发的《关于深化环境监测改革　提高环境监测数据质量的意见》（厅字〔2017〕35号）中提出："建立______、______的责任追溯制度。"

答案：谁出数谁负责　　谁签字谁负责

89. 2018年5月，习近平总书记在全国生态环境保护大会上进一步指出，______是生命共同体，要统筹兼顾、整体施策、多措并举，全方位、全地域、全过程开展生态文明建设。

答案：山水林田湖草

90. 2016年5月28日，国务院印发《土壤污染防治行动计划》（国发〔2016〕31号）提出，到本世纪中叶，土壤环境质量______，生态系统实现______。

答案：全面改善　　良性循环

91. 2019年8月26日，习近平总书记主持召开中央财经委员会第五次会议时强调，要完善能源消费总量和强制双控制度，全面建立______，健全区际利益补偿机制和纵向生态补偿机制。

答案：生态补偿制度

92. "十三五"期间，主要污染物化学需氧量、氨氮、二氧化硫和氮氮化物排放总量分别减少了：______、______、______和______。

答案：10%　10%　15%　15%

93.《中共中央　国务院关于加快推进生态文明建设的意见》提出完善污染物排放许可制，禁止______和______、______。

答案：无证排污　　超标准　　超总量排污

94. 党的十九报告指出：要构建______、______、______和______共同参与的环境治理体系。

答案：政府为主导　　企业为主体　　社会组织　　公众

95. 生态环境监测机构应及时记录样品采集、现场测试、样品运输和保存、样品制备、分析测试等监测全过程的技术活动，保证记录信息的______、______和______，能够再现监测全过程。

答案：充分性　　原始性　　规范性

96. 2015年3月24日，中共中央政治局召开会议，审议通过《中共中央　国务院关于加快推进生态文明建设的意见》，其中要求资源利用更加高效，到2020年，非化石能源占一次能源消费比重达到______左右。

答案：15%

97. 开展省以下环保机构监测监察执法垂直管理制度改革，目的是建立健全条块结合、各司其职、权责明确、保障有力、权威高效的地方环保管理体制，确保环境监测监察执法的______、______、______。

答案：独立性　　权威性　　有效性

98. 排污许可证应当明确排放水污染物的______、______、______和

____________等要求。

答案：种类　浓度　总量　排放去向

99. 2018年5月，习近平总书记在生态环境保护大会上强调，要加快划定并严守____________红线。

答案：生态保护

100. 2019年6月5日是第四十八个世界环境日，主题为____________，全球主场活动在我国浙江省杭州市举办。

答案：“蓝天保卫战，我是行动者”

101.《中华人民共和国环境保护法》第六十五条规定，环境影响评价机构、环境监测机构以及从事环境监测设备和防治污染设施维护、运营的机构，在有关环境服务活动中弄虚作假，对造成的环境污染和生态破坏负有责任的，除依照有关法律法规规定予以处罚外，还应当与造成环境污染和生态破坏的其他责任者承担____________。

答案：连带责任

102.《有毒有害大气污染物名录（2018年）》中公布的5种重金属及其化合物有镉、铬、汞____________、____________。

答案：铅　砷

103. 习近平总书记在全国生态环境保护大会上提出加快构建生态文明体系，要建立以________为核心的目标责任体系。

答案：改善生态环境质量

104. 党的十九大把____________作为新时代坚持和发展中国特色社会主义的基本方略，全国生态环境保护大会又将其作为新时代推进生态文明建设必须坚持的重要原则。

答案：坚持人与自然和谐共生

105. 党的十八大以来，我国生态文明制度体系不断完善。自然资源资产产权制度、自然资源资产负债表、领导干部自然资源资产离任审计制度、生态环境损害责任终身追究制度等的制定、执行、完善，都有赖于健全的____________体系。

答案：生态环境监测

106. 各级生态环境部门依法履行对排污单位的环境监管职责，建立____________联动快速响应机制，根据污染物排放和自动报警信息，实施现场同步监测与执法。

答案：监测与监管执法

107. 国家重点监控排污单位要建设稳定运行的____________。各级生态环境部门要依法开展监督性监测，组织开展面源、移动源等监测与统计工作。

答案：污染物排放在线监测系统

108.《生态环境监测网络建设方案》（国办发〔2015〕56号）要求，国家和地方建立重点污染源监测数据____________机制，重点排污单位要按照环境保护部门要求将自行监测结果及时上传。

答案：共享与发布

109.《生态环境监测网络建设方案》（国办发〔2015〕56号）要求，环境保护部适度上收____________，准确掌握、客观评价全国生态环境质量总体状况。重点污染源监督性监测和监管重心下移，加强对地方重点污染源监督性监测的管理。

答案：生态环境质量监测事权

110. 我国深化环境监测改革提高环境监测数据质量的主要目标是：到2020年，通过深化改革，全面建立____________体系，健全____________制度，建立环境监测数据弄虚作假防范和惩治机制。

答案：环境监测数据质量保障责任　环境监测质量管理

111. 根据《关于深化环境监测改革提高环境监测数据质量的意见》（厅字〔2017〕35号），生态环境部依法制定全国统一的环境监测规范，加快完善大气、水、土壤等要素的环境质量监测和排污单位自行监测标准规范，健全____________体系。

答案：国家环境监测量值溯源

112. 各级____________、____________部门依法对环境监测机构负监管责任，其他相关部门要加强对所属环境监测机构的数据质量管理。

答案：环境保护（或生态环境）　质量技术监督（或市场监管）

113. 依据《中华人民共和国环境保护法》的规定，____________都有保护环境的义务，并有权对污染和破坏环境的____________进行检举和控告。

答案：任何单位和个人　单位和个人

114. 各级环境保护、外经贸、海关等部门要依照《中华人民共和国固体废物污染环境防治法》等有关规定，严格把住进口关，坚决禁止境外危险废物和____________向我国转移。

答案：生活垃圾

115. 现行《中华人民共和国环境保护法》自____________年1月1日起执行。

答案：2015

116. 国务院2016年5月发布的《土壤污染防治行动计划》（国发〔2016〕31号）提出到2020年的主要指标是：____________、____________。

答案：受污染耕地安全利用率达到90%左右　污染地块安全利用率达到90%以上

117. 环境监测是保护环境的基础工作，是推进生态文明建设的重要支撑。环境监测数据是____________环境质量状况、反映污染治理成效、实施环境管理与决策的基本依据。

答案：客观评价

二、单选题

1. 联合国于________年发表了《人类环境宣言》。（　　）

A．1972　　B．1973　　C．1974　　D．1975

答案：A

2.《中华人民共和国环境保护法》第六十六条规定，提起环境损害赔偿诉讼的时效期间为________，从当事人知道或者应当知道其受到损害时起计算。（　　）

A．一年　　B．二年　　C．三年　　D．四年

答案：C

3. 根据《中华人民共和国水污染防治法》，水污染防治应当坚持的原则是________。（　　）

A．预防为主、限期治理、综合整治　　B．预防为主、防治结合、限期整改

C．预防为主、防治结合、综合整治　　D．预防为主、防治结合、区域限批

答案：C

4. 根据《中华人民共和国土壤污染防治法》，下列关于农用地的说法错误的是________。(　　)

A．在永久基本农田集中区域，不得新建可能造成土壤污染的建设项目；已经建成的，应当限期关闭拆除。

B．未利用地、复垦土地等拟开垦为耕地的，地方人民政府农业农村主管部门应当会同生态环境、自然资源主管部门进行土壤污染状况调查，依法进行分类管理。

C．对土壤污染状况普查、详查和监测、现场检查表明有土壤污染风险的农用地块，地方人民政府农业农村、林业草原主管部门应当会同生态环境、自然资源主管部门进行土壤污染状况调查。

D．对安全利用类农用地地块，地方人民政府应当结合主要作物品种和种植习惯等情况，制定并实施安全利用方案。

答案：D

5.________统一发布国家环境质量、重点污染源监测信息及其他重大环境信息。(　　)

A．国务院生态环境主管部门　　B．省级生态环境部门

C．县级以上生态环境部门　　D．各级生态环境部门

答案：A

6. 积极培育生态环境监测市场，要求开放________市场，并在________领域积极推进政府购买服务。(　　)

A．服务性监测　生态环境质量监测　　B．基础公益性监测　环境执法监测

C．服务性监测　基础公益性监测　　D．环境执法监测　重点污染源监督性监测

答案：C

7. 根据《关于深化环境监测改革提高环境监测数据质量的意见》(厅字〔2017〕35号)，________对防范和惩治环境监测数据弄虚作假负领导责任。(　　)

A．国务院环境保护主管部门　　B．地方各级党委和政府

C．地方各级环境保护主管部门　　D．地方各级质量技术监督部门

答案：B

8. 各级各类环境监测机构和排污单位要按照统一的环境监测标准规范开展监测活动，切实解决不同部门同类环境监测数据________的问题。(　　)

A．不规范、不准确　　B．不一致、不可比

C．不规范、不一致　　D．不协调、不可比

答案：B

9.________负责调查环境监测数据弄虚作假行为。(　　)

A．国务院生态环境主管部门

B．地市级以上人民政府生态环境主管部门

C．地市级以上人民政府质量技术监督部门

D．县级以上生态环境部门

答案：B

10. 生态环境主管部门发现篡改、伪造监测数据，涉及大气 / 水污染防治行动计划排名的，分别以当日或当月监测数据的________计算排名。（　　）

A. 年度均值　　B. 年度最高浓度值　　C. 历史均值　　D. 历史最高浓度值

答案：D

11. 环境保护部门2010年发布的《中国生物多样性保护战略与行动计划》（2011—2030年）中划定了我国________个生物多样性保护优先区域。（　　）

A. 35　　B. 32　　C. 30　　D. 40

答案：A

12. 下列选项中不属于“八大污染事件”的是________。（　　）

A. 日本水俣病　　B. 比利时马斯河谷烟雾事件

C. 美国多诺拉　　D. 美国三里岛核电站泄漏事故

答案：D

13. 自行监测工作中要求有年度报告和________报告。（　　）

A. 应急　　B. 月度　　C. 故障　　D. 季度

答案：A

14.《中华人民共和国环境保护法》中要求重点排污单位如实向社会公开的信息中不包括________。（　　）

A. 主要污染物的名称　　B. 排放方式

C. 排放浓度和总量　　D. 主要工艺

答案：D

15. 2019年9月18日，习近平总书记在河南主持召开黄河流域生态保护和高质量发展，同京津冀协同发展、长江经济带发展、粤港澳大湾区建设、长三角一体化发展一样，是重大________。（　　）

A. 国家规划　　B. 国家战略　　C. 国家工程　　D. 国家方略

答案：B

16.《中华人民共和国环境保护税法》于________第十二届全国人民代表大会常务委员会第二十五次会议通过，________起施行。（　　）

A. 2018年12月25日　2019年1月1日　　B. 2016年12月25日　2017年1月1日

C. 2016年12月25日　2018年1月1日　　D. 2017年12月25日　2019年1月1日

答案：C

17. 国家建立跨行政区域的重点区域、流域环境污染和生态破坏联合防治协调机制，实行________。（　　）

A. 统一规划、统一规范、统一监测、统一的治理措施

B. 统一规划、统一标准、统一监测、统一的防治措施

C. 统一计划、统一方案、统一监测、统一的防治措施

D. 统一计划、统一标准、统一监测、统一的治理措施

答案：B

18. 2014年3月7日，习近平总书记在参加全国“两会”贵州代表团审议时强调，保护生态环境就是保护________，绿水青山和金山银山绝不是对立的，关键在人，关键在思路。(　　)

A. 人类自身　　B. 人民利益　　C. 生产力　　D. 生产要素

答案：C

19.《中央生态环境保护督察工作规定》于________起施行。(　　)

A. 2018年1月1日　　B. 2018年6月6日

C. 2019年1月1日　　D. 2019年6月6日

答案：D

20. 国家要求把生态文明建设放在突出的战略位置，融入经济建设、政治建设、文化建设、社会建设各方面和全过程，协同推进新型________，以健全生态文明制度体系为重点。(　　)

A. 工业现代化、信息化、城镇化、农业现代化

B. 工业化、信息现代化、农业现代化和城镇化

C. 工业化、信息化、城镇化、农业现代化和绿色化

D. 工业现代化、农业现代化、国防现代化、科学技术现代化

答案：C

21. 2013年6月，世界粮农组织大会通过了将每年的________作为世界土壤日（World Soil Day）以及确定2015年为国际土壤年的决定。(　　)

A. 12月1日　　B. 4月1日　　C. 12月5日　　D. 6月5日

答案：C

22.《中共中央　国务院关于全面加强生态环境保护　坚决打好污染防治攻坚战的意见》指出，到2020年，生态环境质量总体改善。二氧化硫、氮氧化物排放量比2015年减少________以上，化学需氧量、氨氮排放量减少________以上。(　　)

A. 15%　12%　　B. 18%　15%　　C. 15%　10%　　D. 18%　10%

答案：C

23.《中华人民共和国土壤污染防治法》第十四条规定，国务院生态环境主管部门会同国务院农业农村、自然资源、住房城乡建设、林业草原等主管部门，每________年至少组织开展一次全国土壤污染状况普查。(　　)

A. 5　　B. 10　　C. 15　　D. 20

答案：B

24. 污染源监督性监测数据是开展________的重要依据。(　　)

A. 环境执法　　B. 环境执法和环境管理

C. 环境处罚和环境管理　　D. 环境处罚

答案：B

25. 重点行业企业用地详查包括________。(　　)

A. 有色金属矿采选、有色金属冶炼、石油开采、石油加工、化学、焦化、电镀、制革等重点监管行业

B. 有色金属矿采选、有色金属冶炼、石油开采、石油炼治、化工、焦化、电镀、制革等重点监管行业

C. 有色金属矿采选、有色金属冶炼、石油开采、石油加工、化工、煤炭、电镀、制革等重点监管行业

D. 有色金属矿采选、有色金属冶炼、石油开采、石油加工、化工、焦化、电镀、制革等重点监管行业

答案：D

26. 污染地块治理与修复责任界定按照________的原则。(　　)

A. 属地化治理　　B. “谁污染，谁治理”

C. 地方政府统筹考虑　　D. 企业为主

答案：B

27.《生态环境监测网络建设方案》(国办发〔2015〕56号)要求，各级环境保护部门主要承担生态环境质量监测、重点污染源监督性监测、________、环境应急监测与预报预警等职能。(　　)

A. 环境执法监测　　B. 环保督察监测

C. 环境例行监测　　D. 环境普查监测

答案：A

28.《生态环境监测网络建设方案》(国办发〔2015〕56号)要求加强环境质量监测预报预警，加强________中持久性、生物富集性和对人体健康危害大的污染物监测。(　　)

A. 空气　　B. 水体　　C. 土壤　　D. 海洋

答案：C

29.《关于深化环境监测改革提高环境监测数据质量的意见》(厅字〔2017〕35号)规定，排污单位通过篡改、伪造监测数据等逃避监管方式违法排放污染物的，环境保护部门依法实施________连续处罚。(　　)

A. 按时　　B. 按日　　C. 按周　　D. 按月

答案：B

30.《关于深化环境监测改革提高环境监测数据质量的意见》(厅字〔2017〕35号)要求，应逐步在污染治理设施、________、排放口等位置安装视频监控设施，并与地方环境保护部门联网。(　　)

A. 生产车间　　B. 运输廊道　　C. 监测站房　　D. 工业厂界

答案：C

31.《关于深化环境监测改革提高环境监测数据质量的意见》(厅字〔2017〕35号)要求，排污单位要按照法律法规和相关监测标准规范开展________，制定监测方案，保存完整的原始记录、监测报告，对数据的真实性负责，并按规定公开相关监测信息。(　　)

A. 自行监测　　B. 例行监测　　C. 委托监测　　D. 定期监测

答案：A

32.《关于省以下环保机构监测监察执法垂直管理制度改革试点工作的指导意见》(中办发

〔2016〕63号）要求，试点省份要进一步强化地方各级党委和政府环境保护主体责任、党委和政府主要领导成员主要责任，完善领导干部目标责任考核制度，把________状况作为党政领导班子考核评价的重要内容。（　　）

A．污染排放总量　　B．生态环境质量　　C．生态环境容量　　D．污染排放达标

答案：B

33. 2018年5月，党中央在全国生态环境保护大会上正式确立了习近平生态文明思想，其核心要义集中体现为“八个观”，包括生态兴则文明兴、生态衰则文明衰的深邃历史观等，其中下列表述中________不属于“八个观”之一。（　　）

A．人与自然和谐共生的科学自然观

B．绿水青山就是金山银山的绿色发展观

C．水土气是生命共同体的整体系统观

D．良好生态环境是最普惠的民生福祉的基本民生观

答案：C

34. 世界环境日是________。（　　）

A．6月5日　　B．4月22日　　C．4月21日　　D．5月6日

答案：A

35. 以下说法错误的是________。（　　）

A．排污单位存在监测数据弄虚作假行为的，环境保护部门、公安机关依法予以处罚

B．排污单位涉嫌犯罪的，移交司法机关依法追究直接负责的主管人员和其他责任人的刑事责任，并对单位判处罚金

C．排污单位法定代表人强令、指使、授意、默许监测数据弄虚作假的，依纪依法追究其责任

D．排污单位安装的在线自动监测监控的仪器设备不符合环境保护相关标准规范要求，对单位判处罚金

答案：D

36.《最高人民法院、最高人民检察院关于办理环境污染刑事案件适用法律若干问题的解释》中规定，应当认定为“严重污染环境”的情形是指非法排放含重金属、持久性有机污染物等严重危害环境、损害人体健康的污染物超过国家污染物排放标准或者省、自治区、直辖市人民政府根据法律授权制定的污染物排放标准 ________ 的。（　　）

A．两倍以上　　B．三倍以上　　C．四倍以上　　D．五倍以上

答案：B

37. 地方污染物排放标准由省级生态环境行政主管部门制定，应向________备案。（　　）

A．地方人民政府　　B．省级政府

C．国务院生态环境主管部门　　D．国务院

答案：C

38. 因向海湾排放含汞废水而形成甲基汞污染，并通过生物链而危害人体的公害事件是：________。（　　）

A．日本骨痛病　　B．日本水俣病　　C．日本米糠油　　D．四日市哮喘

答案：B

39.《中华人民共和国水污染防治法》规定，建设无水污染防治措施的小型企业，严重污染水环境的，应当由所在地的________。(　　)

A. 市、县人民政府或者上级人民政府责令限期治理

B. 市、县人民政府或者上级人民政府责令关闭

C. 市、县人民政府环保部门处以罚款

D. 市、县人民政府环保部门责令关闭

答案：B

40. 新修订的《中华人民共和国环境保护法》施行"按日计罚"之后，罚款数额________。(　　)

A. 最高 100 万元　　B. 最高 500 万元　　C. 最高 1000 万元　　D. 上不封顶

答案：D

41. "我们不要过分陶醉于我们人类对自然界的胜利。对于每一次这样的胜利，自然界都对我们进行报复。"这个论断的提出者是________。(　　)

A. 马克思　　B. 恩格斯　　C. 列宁　　D. 毛泽东

答案：B

42.《生态环境监测网络建设方案》(国办发〔2015〕56 号)的基本原则是依法明确各方生态环境监测事权，推进部门分工合作，________，落实政府、企业、社会责任和权利。(　　)

A. 强化环境监测质量　　B. 统一规划布局监测网络

C. 强化卫星遥感　　D. 强化监测质量监管

答案：D

43. 全面贯彻党的十八大和十八届三中、四中、五中全会精神，深入学习贯彻习近平总书记系列重要讲话精神，紧紧围绕统筹推进"五位一体"总体布局和协调推进"四个全面"战略布局，牢固树立新发展理念，认真落实党中央、国务院决策部署，改革环境治理基础制度，建立健全条块结合、各司其职、________、保障有力、权威高效的地方环境保护管理体制。(　　)

A. 职责明确　　B. 权责明确　　C. 分工合理　　D. 一岗双责

答案：B

44. 依据《关于深化环境监测改革 提高环境监测数据质量的意见》(厅字〔2017〕35 号)要求，对不如实记录或隐瞒不报不当干预行为并造成严重后果的相关人员，应予以________。(　　)

A. 警告和记过　　B. 口头警告　　C. 通报批评和警告　　D. 记过

答案：C

45. 新建排污单位应当在________完成自行监测方案编制及相关准备工作。(　　)

A. 在建设项目配套的环境保护设施验收合格后，正式投产前

B. 项目环境影响评价文件通过审批后

C. 投入生产或使用并产生实际排污行为之前

D. 投入生产或使用并产生实际排污行为之后

答案：C

46.《中华人民共和国土壤污染防治法》自________起实施。(　　)

A. 2018 年 1 月 1 日　　B. 2018 年 8 月 31 日

C. 2018 年 10 月 1 日　　D. 2019 年 1 月 1 日

答案：D

47. 下列关于我国环境保护法律法规体系的构成，说法错误的是________。(　　)

A. 我国环境保护的基本法是《中华人民共和国环境保护法》

B. 在环境体系中占有核心地位，对环境保护的重大问题做出了全面的原则性规定的法律是《中华人民共和国宪法》

C.《中华人民共和国环境保护法》是构成其他单项环境立法的依据

D. 我国已形成了法律、法规、规章、标准以及国际条约所组成的一个完整而又相对独立的法律体系

答案：B

48. 饮用水水源保护区标志由________设立。(　　)

A. 各级地方人民政府　　B. 所在地生态环境行政主管部门

C. 上级生态环境行政主管部门　　D. 国家生态环境行政主管部门

答案：A

49. 根据《关于深化环境监测改革　提高环境监测数据质量的意见》(厅字〔2017〕35 号)，到________年，通过深化改革，全面建立环境监测数据质量保障责任体系，健全环境监测质量管理制度。

A. 2021　　B. 2022　　C. 2020　　D. 2035

答案：C

50. 根据《关于深化环境监测改革　提高环境监测数据质量的意见》(厅字〔2017〕35 号)，严厉惩处环境监测数据弄虚作假行为。广泛开展宣传教育，鼓励公众参与，完善举报制度，将环境监测数据弄虚作假行为的监督举报纳入“12369”环境保护举报和“________”质量技术监督举报受理范围。(　　)

A. 12378　　B. 12365　　C. 12316　　D. 12338

答案：B

51. 根据《关于省以下环保机构监测监察执法垂直管理制度改革试点工作的指导意见》(中办发〔2016〕63 号)，各省所辖市县生态环境质量监测、调查评价和考核工作由________统一负责。(　　)

A. 省级环保部门　　B. 市级环保部门　　C. 市政府　　D. 市、县政府

答案：A

52. 根据垂直管理制度改革，县级生态环境部门现有________等职能上交市级生态环境部门，在市级生态环境部门授权范围内承担相关具体工作。(　　)

A. 环境保护项目审批　　B. 环境执法

C. 环境保护许可

答案：C

53. 对用户关于环境监测数据异议的核查、环境监测质量投诉事件的仲裁和环境监测质量事故的处理等工作，应由________组织处理，并在其领导下进行调查和取证。(　　)

A．生态环境行政主管部门　　　　B．环境监测部门

C．上级生态环境行政主管部门　　D．上级环境监测部门

答案：A

54.《中华人民共和国水污染防治法》规定，省、市、县、乡建________，分级分段组织领导本行政区域内江河、湖泊的水资源保护、水域岸线管理、水污染防治、水环境治理等工作。(　　)

A．湖长制　　B．河长制　　C．湾长制　　D．滩长制

答案：B

55.《中华人民共和国固体废物污染环境防治法》对经中华人民共和国过境转移危险废物所做的规定是________。(　　)

A．经环保部门同意后可以过境转移危险废物

B．禁止过境转移危险废物

C．经海关同意可以过境转移危险废物

D．可以过境转移危险废物

答案：B

56. 根据《环境监测数据弄虚作假行为判定及处理办法》(环发〔2015〕175 号）规定，以下属于篡改监测数据行为的是________。(　　)

A．故意更换、隐匿、遗弃监测样品或者通过稀释、吸附、吸收、过滤、改变样品保存条件等方式改变监测样品性质的

B．通过仪器数据模拟功能，或者植入模拟软件，凭空生成监测数据的

C．未开展采样、分析，直接出具监测数据，或者到现场采样、但未开设烟道采样口，出具监测报告的

D．将考核达标或者评比排名情况列为下属监测机构、监测人员的工作考核要求，意图干预监测数据的

答案：A

57. 依据中共中央办公厅、国务院办公厅《关于深化环境监测改革　提高环境监测数据质量的意见》(厅字〔2017〕35 号)，地方各级党委和政府建立健全防范和惩治环境监测数据弄虚作假的责任体系和工作机制，并对防范和惩治环境监测数据弄虚作假负________。(　　)

A．直接责任　　B．间接责任　　C．领导责任　　D．连带责任

答案：C

58. 依据《生态环境监测网络建设方案》(国办发〔2015〕56 号)，定期开展全国生态状况调查与评估，建立________监管平台，对重要生态功能区人类干扰、生态破坏等活动进行监测、评估与预警。(　　)

A．生态环境监测　　　　B．生态保护红线

C．重要生态功能区　　　D．生态环境评价

答案：B

59. 排放污染物的企业事业单位和其他生产经营者，应当按照国家有关规定缴纳排污费。排污费应当全部专项用于环境污染防治，任何单位和个人不得：________。(　　)

①截留　②挤占　③私分　④挪作他用

A．④　　B．①③④　　C．①②④　　D．①④

答案：C

60.《中华人民共和国水污染防治法》规定，________可以根据保护饮用水水源的实际需要，调整饮用水水源保护区的范围，确保饮用水安全。(　　)

A．国务院和省、自治区、直辖市人民政府

B．国务院和省、自治区、直辖市人民政府环境保护部门

C．县级以上人民政府

D．县级以上人民政府环境保护部门

答案：A

61. ________以上人民政府环境保护主管部门应定期或者不定期组织开展环境监测质量监督检查，发现环境监测数据弄虚作假行为的，应当依法查处，并向上级环境保护主管部门报告。(　　)

A．县级　　B．地市级　　C．省级

答案：B

62. 产生挥发性有机物的工业企业应当建立台账，如实记录生产原料、辅料的使用量、废弃量、去向以及挥发性有机物含量。台账保存期限不得少于________。(　　)

A．一年　　B．二年　　C．三年　　D．四年

答案：C

63. 按照《关于省以下环保机构监测监察执法垂直管理制度改革试点工作的指导意见》(中办发〔2016〕63号)中调整环境监测管理体制的要求，________主要负责生态环境质量监测工作。(　　)

A．省级环保部门　　B．省级和市级环保部门

C．省级和驻市环境监测机构　　D．驻市环境监测机构

答案：C

64. 习近平总书记在全国生态环境保护大会上指出，要通过加快构建生态文明体系，确保到________年，生态环境质量实现根本好转，美丽中国目标基本实现。(　　)

A．2020　　B．2050　　C．2035　　D．2030

答案：C

65.《中华人民共和国环境保护法》规定，________应当采取措施，推广清洁能源的生产和使用。(　　)

A．重点排污单位　　B．国务院有关部门和地方各级人民政府

C．县级以上人民政府　　D．企业事业单位和其他生产经营者

答案：B

66. 为使人类避免受到因臭氧层破坏而带来的不利影响，并采取适当的国际合作与行动，国际社会于1987年9月16日通过了《关于消耗臭氧层物质的蒙特利尔议定书》，下列化合物中________属

于议定书要求采取控制措施的物质。

A. 氯甲烷　　B. 二氯甲烷　　C. 三氯甲烷　　D. 四氯化碳

答案：D

67.《中华人民共和国环境保护法》规定，通过暗管、渗井、渗坑、灌注或者篡改、伪造监测数据，或者不正常运行防治污染设施等逃避监管的方式违法排放污染物的企业事业单位和其他生产经营者，尚不构成犯罪的，除依照有关法律法规规定予以处罚外，由县级以上人民政府环境保护主管部门或者其他有关部门将案件移送公安机关，对其直接负责的主管人员和其他直接责任人员，处________拘留；情节较轻的，处________拘留。(　　)

A. 十日以上十五日以下　　五日以上十日以下

B. 十五日以上二十日以下　　十日以上十五日以下

C. 二十日以上二十五日以下　　十五日以上二十日以下

D. 二十五日以上三十日以下　　二十以上二十五日以下

答案：A

68. 根据《国家重点监控企业自行监测及信息公开办法（试行）》企业自行监测采用手工监测的，化学需氧量和氨氮应当按________的频次开展监测。(　　)

A. 每日开展监测　　B. 每月至少开展一次监测

C. 每周至少开展一次监测　　D. 每季度至少开展一次监测

答案：A

69. 违反环境保护法规定，重点排污单位________环境信息的，由县级以上地方人民政府环境保护主管部门责令公开，处以罚款，并予以公告。(　　)

A. 不公开或者不完整公开　　B. 不如实公开或者不完整公开

C. 不公开或者不如实公开　　D. 不如实公开

答案：C

70. 环境是指影响人类生存和发展的各种天然的和经过人工改造的________的总体，包括大气、水、海洋、土地、矿藏、森林、草原、野生生物、自然遗迹、人文遗迹、自然保护区、风景名胜区、城市和乡村等。(　　)

A. 自然要素　　B. 自然因素　　C. 生态要素　　D. 生态因素

答案：B

71. 生态环境部《主要污染物总量减排考核办法》中规定，各省、自治区、直辖市人民政府负责建立本地区的主要污染物总量减排指标体系、监测体系和________。(　　)

A. 评价体系　　B. 计算体系　　C. 考核体系　　D. 控制体系

答案：C

72.《水污染防治行动计划》（国发〔2015〕17 号）中规定依法公开环境信息。综合考虑水环境质量及达标情况等因素，国家每年公布最差、最好的________个城市名单和各省（自治区、直辖市）水环境状况。(　　)

A. 5　　B. 10　　C. 15　　D. 20

答案：B

73.《水污染防治行动计划》（国发〔2015〕17号）中规定到2020年，长江、黄河、珠江、松花江、淮河、海河、辽河等七大重点流域水质优良（达到或优于Ⅲ类）比例总体达到________以上，地级及以上城市建成区黑臭水体均控制在________以内。（　　）

A. 70%　10%　　B. 80%　15%　　C. 90%　10%　　D. 70%　15%

答案：A

74.《关于省以下环保机构监测监察执法垂直管理制度改革试点工作的指导意见》（中办发〔2016〕63号）中提出________对生态环境负总责。（　　）

A. 省级环保部门　　B. 地方党委和政府　　C. 生态环境部　　D. 以上均不是

答案：B

75. ________，对本辖区的环境保护工作实施统一监督管理。（　　）

A. 县级以上地方人民政府生态环境行政主管部门

B. 县级以上地方人民政府土地行政主管部门

C. 县级以上地方人民政府

D. 县级以上地方人民政府卫生行政主管部门

答案：A

76. 国家环境质量标准是由________制定的。（　　）

A. 国务院生态环境行政主管部门　　B. 全国人大常委会

C. 中国环境监测总站　　D. 国家技术监督局

答案：A

77.《中华人民共和国水污染防治法》中所定义的“水污染物”是指________。（　　）

A. 直接向水体排放的，能导致水体污染的物质

B. 间接向水体排放的，能导致水体污染的物质

C. 直接或者间接向水体排放的，能导致水体污染的物质

D. 向水体排放的污染物质

答案：C

78. 生态保护红线原则上按________的要求进行管理，严禁不符合主体功能定位的各类开发活动，严禁任意改变用途。（　　）

A. 优化开发区　　B. 限制开发区　　C. 禁止开发区　　D. 重点开发区

答案：C

三、多选题

1. 根据《环境监测数据弄虚作假行为判定及处理办法》（环发〔2015〕175号）的规定，篡改监测数据，指利用某种职务或者工作上的便利条件，故意干预环境监测活动的正常开展，导致监测数据失真的行为。下列哪些行为属于篡改监测数据：________。（　　）

A. 未经批准部门同意，擅自将某企业一类污染物排口采样点位改变到总排采样的

B. 在环境空气自动监测采样处进行人工喷淋，干扰采样口或周围局部环境的

C. 将部分污染物经雨水口排放，逃避自动监控设施监控的

D．将水质自动监测采 样管头插在蒸馏水中取样的

E．故意将水质样品进行长期存放至保质期外分析的

F．故意只对某冶金企业外排废水监测氨氮，不测重金属的

答案：ABCDEF

2. 根据《环境监测数据弄虚作假行为判定及处理办法》（环发〔2015〕175 号）的规定，伪造监测数据，系指没有实施实质性的环境监测活动，凭空编造虚假监测数据的行为，以下情形属于伪造监测数据的是：________。(　　)

A．纸质原始记录与电子存储记录不一致

B．监测报告与原始记录信息不一致，但原始记录有多处更改

C．未经授权签字人同意，在有问题的检测报告上模仿签名

D．现场未开设烟道采样口，出具了监测报告

E．未按规定对样品留样或保存，导致无法对监测结果进行复核

F．故意将水质样品进行长期存放至保质期外分析

答案：ABCDE

3. 我国《环境保护法》适用于________。(　　)

A．中华人民共和国领域　　　　B．中华人民共和国管辖的其他海域

C．中华人民共和国境内的所有地域

答案：AB

4.《固体废物污染环境防治法》所规定的固体废物管理“三化”原则是________。(　　)

A．无害化　　B．减量化　　C．工业化　　D．资源化

E．回收化

答案：ABD

5.《生态环境监测网络建设方案》（国办发〔2015〕56 号）指导原则之一是科学监测、创新驱动。依靠科技创新与技术进步，加强监测科研和综合分析，强化卫星遥感等高新技术、先进装备与系统的应用，提高生态环境监测________水平。(　　)

A．立体化　　B．自动化　　C．科学化　　D．智能化

答案：ABD

6. 根据《环境监测数据弄虚作假行为判定及处理办法》（环发〔2015〕175 号）的规定，以下________属于伪造监测数据行为。(　　)

A．故意更换、隐匿、遗弃监测样品或者通过稀释、吸附、吸收、过滤、改变样品保存条件等方式改变监测样品性质的

B．通过仪器数据模拟功能，或者植入模拟软件，凭空生成监测数据的

C．未开展采样、分析，直接出具监测数据，或者到现场采样，但未开设烟道采样口，出具监测报告的

D．未按规定对样品留样或保存，导致无法对监测结果进行复核的

答案：BCD

7.《大气污染防治行动计划》（国发〔2013〕37 号）提出加大环保执法力度。推进________等

执法机制创新，明确重点，加大力度，严厉打击环境违法行为。(　　)

A. 联合执法　　B. 区域执法　　C. 交叉执法　　D. 行政执法

答案：ABC

8. 根据《中华人民共和国环境保护法》的规定，地方各级人民政府、县级以上人民政府环境保护主管部门和其他负有环境保护监督管理职责的部门有________行为之一的对直接责任人员给予记过，记大过或者降级处分。(　　)

A. 将征收的排污费截留，挤占或者挪作他用

B. 违反本法规定，查封、扣押企业事业单位和其他生产经营者的设施、设备的

C. 篡改、伪造或者指使篡改、伪造监测数据的

D. 应当依法公开环境信息而未公开的

答案：ABCD

9.《中华人民共和国环境保护法》第五条规定环境保护坚持________的原则。(　　)

A. 保护优先　　B. 预防为主　　C. 综合治理　　D. 公众参与

E. 损害担责

答案：ABCDE

10.《中华人民共和国环境保护法》第三十三条规定，各级人民政府应当加强对农业环境的保护，促进农业环境保护新技术的使用，加强对农业污染源的监测预警，统筹有关部门采取措施，防治土壤污染和土地沙化________水土流失、水体富营养化、水源枯竭、种源灭绝等生态失调现象，推广植物病虫害的综合防治。(　　)

A. 盐渍化　　B. 贫瘠化

C. 石漠化　　D. 地面沉降以及防治植被破坏

答案：ABCD

11.《中华人民共和国环境保护法》第六十三条规定，企业事业单位和其他生产经营者有下列________行为之一，尚不构成犯罪的，除依照有关法律法规规定予以处罚外，由县级以上人民政府环境保护主管部门或者其他有关部门将案件移送公安机关，对其直接负责的主管人员和其他直接责任人员，处十日以上十五日以下拘留；情节较轻的，处五日以上十日以下拘留。(　　)

A. 建设项目未依法进行环境影响评价，被责令停止建设，拒不执行的

B. 违反法律规定，未取得排污许可证排放污染物，被责令停止排污，拒不执行的

C. 通过暗管、渗井、渗坑、灌注或者篡改、伪造监测数据，或者不正常运行防治污染设施等逃避监管的方式违法排放污染物的

D. 生产、使用国家明令禁止生产、使用的农药，被责令改正，拒不改正的

答案：ABCD

12. 根据《中华人民共和国环境保护法》，排放污染物的企业事业单位和其他生产经营者应当采取措施，防治在生产建设或者其他活动中产生的________对环境的污染危害。(　　)

A. 废气、废水、废渣　　B. 粉尘、恶臭气体、电磁辐射

C. 噪声、振动、放射性物质、医疗废物　　D. 光辐射

答案：ABCD

13. 根据《中华人民共和国大气污染防治法》，________应当按照国家有关规定安装油气回收装置并保持正常使用。(　　)

A. 油罐车　　B. 原油成品油运输船舶

C. 原油成品油码头　　D. 气罐车

答案：ABCD

14. 根据《中华人民共和国水污染防治法》，国家建立饮用水水源保护区制度。饮用水水源保护区可分为________。(　　)

A. 一级保护区　　B. 二级保护区　　C. 三级保护区　　D. 准保护区

答案：ABD

15. 根据《中华人民共和国固体废物污染环境防治法》，从事________危险废物经营活动的单位，必须向县级以上人民政府环境保护行政主管部门申请领取经营许可证。(　　)

A. 收集　　B. 贮存　　C. 处置　　D. 利用

答案：ABCD

16. 根据《中华人民共和国草原法》，关于草原的保护，下列说法正确的有________。(　　)

A. 禁止一切开垦草原的活动

B. 已沙化的已垦草原，应当限期治理

C. 对需要改善生态环境的已垦草原，应当实行禁牧

D. 水土流失严重的已垦草原，应当实行禁牧

答案：AB

17. 下列属于涉嫌指使篡改、伪造监测数据的行为的是________。(　　)

A. 强令、授意有关人员篡改、伪造监测数据

B. 将考核达标或者评比排名情况列为下属监测机构、监测人员的工作考核要求，意图干预监测数据

C. 故意漏检关键项目或者无正当理由故意改动关键项目的监测方法

D. 无正当理由，强制要求监测机构多次监测并从中挑选数据，或者无正当理由拒签上报监测数据

E. 对原始数据进行不合理修约、取舍，或者有选择性地评价监测数据、出具监测报告或者发布结果，以致评价结论失真

F. 委托方人员授意监测机构工作人员篡改、伪造监测数据或者在未做整改的前提下，进行多家或多次监测委托，挑选其中“合格”的监测报告

答案：ABDF

18. 习近平总书记提出的构建生态文明体系，主要包括________。(　　)

A. 以生态价值观念为准则的生态文化体系

B. 以产业生态化和生态产业化为主体的生态经济体系

C. 以改善生态环境质量为核心的目标责任体系

D. 以治理体系和治理能力现代化为保障的生态文明制度体系

E．以生态系统良性循环和环境风险有效防控为重点的生态安全体系

答案：ABCDE

19.“十二五”规划纲要明确提出了在该规划期间我国经济社会发展的环境约束性指标，四项主要指标为________。（　　）

A．氨氮　　B．化学需氧量　　C．总磷　　D．二氧化硫

E．氮氧化物

答案：ABDE

20.以下________能源是国家鼓励和支持开发利用的。（　　）

A．太阳能　　B．石油　　C．风能　　D．水能

E．煤炭

答案：ACD

21.对于违反全国生态环境系统六项禁令的生态环境工作人员，视情节予以________。（　　）

A．组织处理　　B．纪律处分　　C．撤职　　D．开除

E．追究有关领导责任

答案：ABCD

22.《中华人民共和国水污染防治法》第四章第三十七条规定，禁止可溶性剧毒废渣向水体排放、倾倒或者直接埋入地下。________属于可溶性剧毒物质。（　　）

A．镉　　B．铬　　C．黄磷　　D．铅

E．硫化物

答案：ABCD

23.根据中共中央办公厅、国务院办公厅《关于深化环境监测改革　提高环境监测数据质量的意见》（厅字〔2017〕35号），以下关于环境监测人员的说法正确的是________。（　　）

A．采样与分析人员对原始监测数据的真实性终身负责

B．审核与授权签字人对监测报告的真实性终身负责

C．环境监测机构和人员弄虚作假或参与弄虚作假的，环境保护、质量技术监督部门及公安机关依法给予处罚；涉嫌犯罪的，移交司法机关依法追究相关责任人的刑事责任

D．对不如实记录或隐瞒不报不当干预行为并造成严重后果的相关人员，应予以通报批评和警告

答案：ABCD

24.贯彻中共中央办公厅、国务院办公厅《关于深化环境监测改革　提高环境监测数据质量的意见》（厅字〔2017〕35号）的主要措施有________。（　　）

A．加大宣传力度，形成良好氛围

B．强化统筹协调，建立健全保障数据质量的责任体系和部门协作机制

C．开展专项行动，严厉惩处环境监测数据弄虚作假行为

D．加强能力建设，不断加强环境监测质量监管水平

答案：ABCD

25.《关于省以下环保机构监测监察执法垂直管理制度改革试点工作的指导意见》（中办发〔2016〕63号）指出，环境保护管理要切实落实对地方政府及其相关部门的监督责任，增强环境监

测监察执法的________。(　　)

A. 独立性　　B. 统一性　　C. 公正性　　D. 权威性

E. 有效性

答案：ABDE

26.《生态环境监测网络建设方案》(国办发〔2015〕56号)要求提升生态环境风险监测评估与预警能力，开展________等环境健康危害因素监测，提高环境风险防控和突发事件应急监测能力。(　　)

A. 化学品　　B. 持久性有机污染物

C. 重金属　　D. 新型特征污染物

E. 危险废物

答案：ABDE

27.《生态环境监测网络建设方案》(国办发〔2015〕56号)要求建立统一的环境质量监测网络。建设涵盖________等要素，布局合理、功能完善的全国环境质量监测网络，按照统一的标准规范开展监测和评价，客观、准确反映环境质量状况。(　　)

A. 大气　　B. 水　　C. 土壤　　D. 噪声

E. 辐射

答案：ABCDE

28.《生态环境监测网络建设方案》(国办发〔2015〕56号)要求健全重点污染源监测制度，各级环境保护部门要依法开展监督性监测，组织开展________等监测与统计工作。(　　)

A. 固定源　　B. 点源　　C. 面源　　D. 移动源

E. 重点源

答案：CD

29.《关于深化环境监测改革　提高环境监测数据质量的意见》(厅字〔2017〕35号)要求依法统一监测标准规范与信息发布。环境保护部依法制定全国统一的环境监测规范，加快完善大气、水、土壤等要素的环境质量监测和排污单位自行监测标准规范，并会同有关部门建设覆盖我国________的国家环境质量监测网络。(　　)

A. 河流　　B. 湖泊　　C. 陆地　　D. 海洋

E. 岛礁

答案：CDE

30. 习近平生态文明思想坚持的原则包括________。(　　)

A. 坚持人与自然和谐共生　　B. 绿水青山就是金山银山

C. 良好生态环境是最普惠的民生福祉　　D. 山水林田湖草是生命共同体

E. 用最严格制度最严密法治保护生态环境　　F. 共谋全球生态文明建设

答案：ABCDEF

31. 健全生态环境监测制度与保障体系，以下说法正确的是________。(　　)

A. 健全生态环境监测法律法规及标准规范体系

B. 明确生态环境监测事权

C．积极培育生态环境监测市场

D．强化监测科技创新能力

E．提升生态环境监测综合能力

答案：ABCDE

32. 下列收集、贮存、转移危险废物的说法，符合《中华人民共和国固体废物污染环境防治法》规定要求的是________。(　　)

A．危险废物可以混入非危险废物中贮存。

B．禁止混合收集、贮存、运输、处置性质不相容而未经安全性处置的危险废物。

C．贮存危险废物必须采取符合国家环境保护标准的防护措施，并不得超过二年。

D．对危险废物的容器和包装物以及收集、贮存、运输、处置危险废物的设施、场所，必须设置危险废物识别标志。

答案：BD

33. 以下________是《大气污染防治行动计划》的内容。(　　)

A．强化移动源污染防治　　B．加快清洁能源替代利用

C．完善价格税收政策　　D．实行环境信息公开

E．建立监测预警体系　　F．广泛动员全员参与

答案：ABCDEF

34. 以下选项中________是党的十九大报告对生态文明建设和生态环境保护提出的新部署。(　　)

A．推进绿色发展　　B．加大生态系统保护力度

C．着力解决突出环境问题　　D．改革生态环境监管体制

答案：ABCD

35. 习近平总书记十分关心垃圾分类工作。2016 年 12 月，他主持召开中央财经领导小组会议，研究普遍推行垃圾分类制度，强调要加快建立分类投放、分类收集、分类运输、分类处理的垃圾处理系统，形成________的垃圾分类制度，努力提高垃圾分类制度覆盖范围。(　　)

A．以法治为基础　　B．政府推动　　C．全民参与　　D．城乡统筹

E．因地制宜

答案：ABCDE

36.《中华人民共和国环境保护法》规定，企业事业单位和其他生产经营者超过污染物排放标准或者超过重点污染物排放总量控制指标排放污染物的，县级以上人民政府环境保护主管部门可以责令其采取________等措施；情节严重的，报经有批准权的人民政府批准，责令停业、关闭。(　　)

A．停止生产　　B．限制生产　　C．停产整治　　D．限期治理

答案：BC

37. 根据《最高人民法院、最高人民检察院关于办理环境污染刑事案件适用法律若干问题的解释》，无危险废物经营许可证从事________危险废物经营活动，严重污染环境的，按照污染环境罪定罪处罚；同时构成非法经营罪的，依照处罚较重的规定定罪处罚。(　　)

A．收集　　B．贮存　　C．利用　　D．处置

答案：ABCD

38.“两高”关于办理环境污染刑事案件适用法律若干问题的解释中，下列________物质应当认定为《刑法》第三百三十八条规定的“有毒物质”。（　　）

A．危险废物，是指列入国家危险废物名录，或者根据国家规定的危险废物鉴别标准和鉴别方法认定的，具有危险特性的废物

B．《关于持久性有机污染物的斯德哥尔摩公约》附件所列物质

C．含重金属的污染物

D．其他具有毒性，可能污染环境的物质

答案：ABCD

39. 根据《环境监测数据弄虚作假行为判定及处理办法》（环发〔2015〕175 号）的规定，________属于弄虚作假行为。（　　）

A．故意违反国家法律法规、规章行为　　B．故意违反环境监测技术规范行为

C．篡改、伪造环境监测数据行为　　D．指使篡改、伪造环境监测数据行为

答案：ABCD

40.《关于省以下环保机构监测监察执法垂直管理制度改革试点工作的指导意见》（中办发〔2016〕63 号）要求建立健全高效协调的运行机制，试点省份要积极探索按流域设置环境监管和行政执法机构、跨地区环保机构，有序整合________的监管力量。（　　）

A．不同领域　　B．不同部门　　C．不同层次　　D．不同区域

答案：ABC

41. 禁止经中华人民共和国________转移危险废物。（　　）

A．内水　　B．领海　　C．毗连区　　D．专属经济区

E．大陆架以及中华人民共和国管辖的其他海域

答案：AB

42.《环境监测数据弄虚作假行为判定及处理办法》（环发〔2015〕175 号）所称环境监测数据，指按照相关技术规范和规定，通过手工或者自动检测方式取得的环境监测________等信息。（　　）

A．原始记录　　B．分析数据　　C．监测报告　　D．网络数据

答案：ABC

43. 2019 年 7 月，生态环境部和卫生健康委联合发布《有毒有害水污染物名录（第一批）》（公告 2019 年第 28 号），以下________物质不在该名录内。（　　）

A．镉及镉化合物　　B．砷及砷化合物

C．六价铬化合物　　D．甲醛

E．苯并［*a*］芘　　F．四氯化碳

答案：EF

44. 排污单位编制的自行监测方案应包括________。（　　）

A．监测点位及示意图、监测指标、监测频次

B．使用的监测分析方法、采样方法

C．监测质量保证与质量控制要求

D. 监测数据记录、整理、存档要求等

答案：ABCD

45. 电子电器产品、电子电气设备的生产者、进口者和销售者，应当依据国家有关规定，公开产品或者设备所含________、多溴联苯（PBB）、多溴二苯醚（PBDE）等有毒有害物质。（　　）

A. 铅　　B. 汞　　C. 镉　　D. 六价铬

E. 多氯联苯

答案：ABCD

46.《水污染防治行动计划》（国发〔2015〕17号）中规定全面贯彻党的十八大和十八届二中、三中、四中全会精神，大力推进生态文明建设，以改善水环境质量为核心，按照"________"原则，贯彻"安全、清洁、健康"方针，强化源头控制，水陆统筹、河海兼顾，对江河湖海实施分流域、分区域、分阶段科学治理，系统推进水污染防治、水生态保护和水资源管理。（　　）

A. 节水优先　　B. 空间均衡　　C. 系统治理　　D. 两手发力

答案：ABCD

47.《水污染防治行动计划》（国发〔2015〕17号）中规定到2020年，全国水环境质量得到阶段性改善，________，京津冀、长三角、珠三角等区域水生态环境状况有所好转。（　　）

A. 污染严重水体较大幅度减少　　B. 饮用水安全保障水平持续提升

C. 地下水超采得到严格控制　　D. 近岸海域环境质量稳中趋好

E. 水生态系统功能初步恢复

答案：ABCD

48.《水污染防治行动计划》（国发〔2015〕17号）中规定要明确和落实各方责任，包括________。（　　）

A. 强化地方政府水环境保护责任　　B. 加强部门协调联动

C. 落实排污单位主体责任　　D. 严格目标任务考核

答案：ABCD

49.《水污染防治行动计划》（国发〔2015〕17号）中规定防治地下水污染，____________等区域应进行必要的防渗处理。（　　）

A. 石化生产存贮销售企业和工业园区　　B. 矿山开采区

C. 垃圾填埋场　　D. 畜禽养殖场（小区）

答案：ABC

50.《大气污染防治行动计划》（国发〔2013〕37号）中要求加强工业企业大气污染综合治理，包括________。（　　）

A. 全面整治燃煤小锅炉

B. 加快重点行业脱硫、脱硝、除尘改造工程建设

C. 推进挥发性有机物污染治理

D. 加强施工扬尘监管，积极推进绿色施工

答案：ABC

51.《土壤污染防治行动计划》（国发〔2016〕31号）规定控制农业污染，包括________。

（　　）

A. 合理使用化肥农药　　　　B. 加强废弃农膜回收利用

C. 强化畜禽养殖污染防治　　　　D. 加强灌溉水水质管理

答案：ABCD

52.《土壤污染防治行动计划》（国发〔2016〕31 号）中规定强化政府主导，完善管理体制，按照"________"原则，完善土壤环境管理体制，全面落实土壤污染防治属地责任。（　）

A. 谁污染，谁治理　B. 国家统筹　　C. 省负总责　　D. 市县落实

答案：BCD

53. 根据《中华人民共和国水污染防治法》的规定，下列________是在生活饮用水地表水源一级保护区内禁止从事的。（　）

A. 向保护区内的水体排放污水

B. 在保护区内从事旅游、游泳等活动

C. 在保护区周边新建防护围栏

D. 在保护区内设立装卸垃圾、油类及其他有毒有害物品的码头

答案：ABD

四、判断题

1.《生态环境监测网络建设方案》（国办发〔2015〕56 号）要求：重点排污单位要按照行业主管部门要求将自行监测结果及时上传。（　　）

答案：错误

正确答案：重点排污单位要按照环境保护部门要求将自行监测结果及时上传。

2."绿水青山就是金山银山"描绘了习近平生态文明思想的绿色发展观。（　　）

答案：正确

3.《"十三五"环境监测质量管理工作方案》指出：严厉打击监测数据弄虚作假。建立环保部门与公检法机关联动机制。对于擅自挪动监测点位、修改仪器关键参数、堵塞采样头或采样管路、样品分析和监测报告造假等行为，构成犯罪的，依照有关法律法规移交有关部门处理。（　　）

答案：正确

4.《关于深化环境监测改革　提高环境监测数据质量的意见》（厅字〔2017〕35 号）提出，到 2025 年，通过深化改革，全面建立环境监测数据质量保障责任体系，健全环境监测质量管理制度，建立环境监测数据弄虚作假防范和惩治机制，确保环境监测机构和人员独立公正开展工作。（　　）

答案：错误

正确答案：到 2020 年。

5.《关于深化环境监测改革提高　环境监测数据质量的意见》（厅字〔2017〕35 号）要求适当防范地方和部门不当干预。（　　）

答案：错误

正确答案：坚决防范地方和部门不当干预。

6.《关于省以下环保机构监测监察执法垂直管理制度改革试点工作的指导意见》（中办发

〔2016〕63号）指出，市级环保局统一管理、统一指挥本行政区域内县级环境执法力量，由市县级自行承担人员和工作经费。（　　）

答案：错误

正确答案：市级环保局统一管理、统一指挥本行政区域内县级环境执法力量，由市级承担人员和工作经费。

7.《关于省以下环保机构监测监察执法垂直管理制度改革试点工作的指导意见》（中办发〔2016〕63号）要求到2020年全国省以下环保部门按照新的环境保护管理体制高效运行。（　　）

答案：正确

8.《关于省以下环保机构监测监察执法垂直管理制度改革试点工作的指导意见》（中办发〔2016〕63号）指出，现有县级环境监测机构主要职能调整为执法监测，随县级环保局一并上收到市级。（　　）

答案：正确

9.《关于推进环境监测服务社会化的指导意见》（环发〔2015〕20号）指出，要有序放开服务性监测市场。（　　）

答案：错误

正确答案：该文件指出，要全面放开服务性监测市场，有序放开公益性、监督性监测领域。

10.《环境监测数据弄虚作假行为判定及处理办法》（环发〔2015〕175号）规定，任何单位和个人有权举报环境监测数据弄虚作假行为，接受举报的环境保护主管部门应当为举报人保密，对能提供基本事实线索或相关证明材料的举报，应当予以受理。（　　）

答案：正确

11.《国家重点监控企业自行监测及信息公开办法（试行）》规定：承担监督性监测任务的环境保护主管部门所属环境监测机构可以承担所监督企业的自行监测委托业务。（　　）

答案：错误

正确答案：承担监督性监测任务的环境保护主管部门所属环境监测机构不得承担所监督企业的自行监测委托业务。

12.《环境监测数据弄虚作假行为判定及处理办法》（环发〔2015〕175号）不适用于排污单位委托社会化检测机构开展的自行监测。（　　）

答案：错误

正确答案：该办法适用于排污单位委托社会化检测机构开展的自行监测。

13.《环境监测数据弄虚作假行为判定及处理办法》（环发〔2015〕175号）规定，监测报告的副本与正本不一致的行为，属于篡改监测数据。（　　）

答案：错误

正确答案：属于伪造监测数据。

14.《生态环境监测网络建设方案》（国办发〔2015〕56号）中提到的建立生态环境监测数据集成共享机制是将环保部门获取的环境质量、污染源、生态状况监测数据实现有效集成、互联共享。（　　）

答案： 错误

正确答案： 建立生态环境监测数据集成共享机制是指各级环境保护部门以及国土资源、住房城乡建设、交通运输、水利、农业、卫生、林业、气象、海洋等部门和单位获取的环境质量、污染源、生态状况监测数据要实现有效集成、互联共享。

15.《水污染防治行动计划》(国发〔2015〕17号)提出到2030年主要指标是：全国七大重点流域水质优良比例总体达到75%以上，城市建成区黑臭水体总体得到消除，城市集中式饮用水水源水质达到或优于Ⅲ类比例总体为95%左右。(　　)

答案： 正确

16.《土壤污染防治行动计划》(国发〔2016〕31号)规定各地可制定严于国家标准的地方土壤环境质量标准。(　　)

答案： 正确

17.《土壤污染防治行动计划》(国发〔2016〕31号)提出到2020年的主要指标是：受污染耕地安全利用率达到95%左右，污染地块安全利用率达到90%以上。(　　)

答案： 错误

正确答案： 到2020年的主要指标是：受污染耕地安全利用率达到90%左右，污染地块安全利用率达到90%以上。

18.《中华人民共和国固体废物污染环境防治法》规定：产生工业固体废物的单位发生变更的，应该由变更后的单位按照国家有关环境保护的规定对未处置的工业固体废物进行妥善处置和贮存。变更前的当事人不承担污染防治义务。(　　)

答案： 错误

正确答案： 产生工业固体废物的单位发生变更的，变更后的单位应当按照国家有关环境保护的规定对未处置的工业固体废物及其贮存、处置的设施、场所进行安全处置或者采取有效措施保证该设施、场所安全运行。变更前当事人对工业固体废物及其贮存、处置的设施、场所的污染防治责任另有约定的，从其约定；但是，不得免除当事人的污染防治义务。

19.《中华人民共和国环境保护法》第二十九条规定：国家在重点生态功能区、生态环境敏感区和脆弱区等区域划定生态保护红线，实行严格保护。(　　)

答案： 正确

20.《中华人民共和国环境保护法》第二十六条规定：国家实行环境保护目标责任制。县级以上人民政府应当将环境保护目标完成情况纳入对本级人民政府负有环境保护监督管理职责的部门及其负责人和下级人民政府及其负责人的考核内容，作为对其考核评价的重要依据。考核结果应当向社会公开。(　　)

答案： 错误

正确答案：《中华人民共和国环境保护法》第二十六条规定：国家实行环境保护目标责任制和考核评价制度。县级以上人民政府应当将环境保护目标完成情况纳入对本级人民政府负有环境保护监督管理职责的部门及其负责人和下级人民政府及其负责人的考核内容，作为对其考核评价的重要依据。考核结果应当向社会公开。

21.《中华人民共和国环境保护法》第十五条规定：国务院环境保护主管部门制定国家环境质量标准。省、自治区、直辖市人民政府对国家环境质量标准中未作规定的项目，可以制定地方环境质量标准；对国家环境质量标准中已作规定的项目，可以制定严于国家环境质量标准的地方环境质量标准。地方环境质量标准应当报国务院环境保护主管部门备案。国家鼓励开展环境基准研究。(　　)

答案：正确

22.《中华人民共和国环境保护法》规定：监测机构应当使用符合国家标准的监测设备，遵守监测规范。监测机构及其负责人对监测数据的真实性和准确性负责。(　　)

答案：正确

23.《中华人民共和国环境保护法》所称环境是指人类生存和发展的各种天然因素的总体。(　　)

答案：错误

正确答案：《中华人民共和国环境保护法》所称环境是指影响人类生存和发展的各种天然的和经过人工改造的自然因素的总体，包括大气、水、海洋、土地、矿藏、森林、草原、野生生物、自然遗迹、人文遗迹、自然保护区、风景名胜区、城市和乡村等。

24.《中华人民共和国环境保护税法》中所称应税污染物，是指该法所附《环境保护税税目税额表》《应税污染物和当量值表》规定的大气污染物、水污染物、固体废物和噪声。(　　)

答案：正确

25.《中华人民共和国环境噪声污染防治法》第十九条规定：在城市范围内从事生产活动确需排放偶发性强烈噪声的，必须事先向当地环保部门提出申请，经批准后方可进行。当地环保部门应当向社会公告。(　　)

答案：错误

正确答案：《中华人民共和国环境噪声污染防治法》第十九条规定：在城市范围内从事生产活动确需排放偶发性强烈噪声的，必须事先向当地公安机关提出申请，经批准后方可进行。当地公安机关应当向社会公告。

26.《中华人民共和国环境噪声污染防治法》所称环境噪声是指在工业生产、建筑施工、交通运输和社会生活中所产生的干扰周围生活环境的声音。(　　)

答案：正确

27.《中华人民共和国水污染防治法》不适用于海洋的污染防治。(　　)

答案：正确

28.《中华人民共和国水污染防治法》适用于中华人民共和国领域内的江河、湖泊、运河、渠道、水库等地表水体，不适用于地下水体的污染防治。(　　)

答案：错误

正确答案：适用于地下水体的污染防治。

29. 2010年环保部发布的《中国生物多样性保护战略与行动计划》(2011—2030年)中划定了我国40个生物多样性保护优先区域。(　　)

答案：错误

正确答案：该文件划定了35个生物多样性保护优先区域，包括大兴安岭区、三江平原区、祁连山区、秦岭区等32个内陆陆地及水域生物多样性保护优先区域，以及黄渤海保护区域、东海及台湾海峡保护区域和南海保护区域等3个海洋与海岸生物多样性保护优先区域。

30. 采测分离期间如遇法定节假日，地震、台风、洪水等自然灾害，或国家重大活动临时管制等情况，经中国环境监测总站确认后，样品采集和检测分析时限可适当顺延。(　　)

答案：正确

31. 场地环境调查分为三个阶段：污染识别阶段、污染证实阶段和场地特征及受体暴露参数调查阶段，其中污染识别阶段原则上不进行采样分析。(　　)

答案：正确

32. 城镇污水集中处理设施的运营单位应当取得排污许可证，外排废水达标后不缴纳环境保护税。(　　)

答案：正确

33. 从事环境监测设施维护、运营的人员有实施或参与篡改、伪造自动监测数据，干扰自动监测设施，破坏环境质量监测系统等行为的，依法从重处罚。(　　)

答案：正确

34. 从事资质认定和监督管理的人员，在工作中滥用职权、玩物职守、徇私舞弊，依法予以处理；构成犯罪的，依法追究刑事责任。(　　)

答案：正确

35. 对不如实记录或隐瞒不报不当干预行为并造成严重后果的相关人员，应予以通报批评和警告。(　　)

答案：正确

36. 对党政领导干部与相关部门工作人员干预环境监测的批示、函文、口头意见或暗示等信息，做到全程留痕、依法提取、介质存储、归档备查。(　　)

答案：正确

37. 对通过篡改、伪造监测数据等逃避监管方式违法排放污染物的排污单位，生态环境主管部门依法实施按月连续处罚。(　　)

答案：错误

正确答案：生态环境主管部门依法实施按日连续处罚。

38. 钢压延加工、制糖业等行业中没有工业废水、废气排放，则该类企业可不纳入排污许可管理。(　　)

答案：错误

正确答案：《固定污染源排污许可分类管理名录（2017年版）》是根据每个行业工艺特点和污染物产生特征来确定是否实施重点管理和简化管理的，各行业之间不能进行简单的类推。即不能因为纸制品制造行业明确有工业废水、废气排放企业才纳入排污许可管理，而推断出其他行业如钢压延加工、制糖业等行业中没有工业废水、废气排放的企业就不纳入排污许可管理，而是应该严格按照《固定污染源排污许可分类管理名录（2017年版）》对每一个行业的具体规定来执行。

39. 各级生态环境主管部门依法履行对排污单位的环境监管职责，依托污染源监测开展监管执法，建立监测与监管执法联动快速响应机制，根据污染物排放和自动报警信息，实施现场先监测，再执法。(　　)

答案：错误

正确答案：监测和执法同步。

40. 各级生态环境主管部门主要承担生态环境质量监测、重点污染源监督性监测、环境执法监测、环境应急监测与预报预警等职能。(　　)

答案：正确

41. 各级质量技术监督部门对环境监测机构负监管责任，生态环境主管部门不承担监管职责。(　　)

答案：错误

正确答案：各级生态环境主管部门、质量技术监督部门依法对环境监测机构负监管责任，其他相关部门要加强对所属环境监测机构的数据质量管理。

42. 各省（自治区、直辖市）生态环境质量监测、调查评价和考核工作由生态环境部统一负责。(　　)

答案：错误

正确答案：省级生态环境主管部门负责。

43. 根据《关于深化环境监测改革　提高环境监测数据质量的意见》（厅字〔2017〕35 号），各级政府、各级环境保护部门依法对环境监测机构负监管责任，其他相关部门要加强对所属环境监测机构的数据质量管理。(　　)

答案：错误

正确答案：各级环境保护、质量技术监督部门依法对环境监测机构负监管责任，其他相关部门要加强对所属环境监测机构的数据质量管理。

44. 根据《关于省以下环保机构监测监察执法垂直管理制度改革试点工作的指导意见》（中办发〔2016〕63 号），现有市级环境监测机构调整为省级环保部门驻市环境监测机构，仍由市级环保部门管理。(　　)

答案：错误

正确答案：由省级环保部门直接管理。

45.《环境监测数据弄虚作假行为判定及处理办法》（环发〔2015〕175 号）规定：纸质原始记录与电子存储记录不一致，或者谱图与分析结果不对应，或者用其他样品的分析结果和图谱替代的属于篡改数据行为。(　　)

答案：错误

正确答案：属于伪造监测数据行为。

46. 根据《环境监测数据弄虚作假行为判定及处理办法》（环发〔2015〕175 号）的规定，故意更换、隐匿、遗弃监测样品或者通过稀释、吸附、吸收、过滤、改变样品保存条件等方式改变监测样品性质的属于伪造监测数据行为。(　　)

答案：错误

正确答案： 属于篡改数据行为。

47. 根据《生态环境监测网络建设方案》（国办发〔2015〕56号）要求，地方各级环境保护部门相应下放生态环境质量监测事权，逐级承担重点污染源监督性监测及环境应急监测等职能。（ ）

答案： 错误

正确答案： 应为地方各级环境保护部门相应上收生态环境质量监测事权。

48. 根据《中华人民共和国水污染防治法》，排放水污染物，不得超过国家或者地方规定的水污染物排放标准和重点水污染物排放总量控制指标。（ ）

答案： 正确

49. 根据《关于省以下环保机构监测监察执法垂直管理制度改革试点工作的指导意见》（中办发〔2016〕63号）的要求，全面完成省级环保垂改实施工作。施行省以下的"环保垂改"有利于解决现行以块为主的地方环保管理体制存在的4个突出问题，完成3个主要任务，即：省级生态环境部门直接管理市（地）县的生态环境监测监察机构；市（地）级生态环境局实行以省级生态环境厅为主的双重管理体制；县级生态环境机构不再单设而是作为市（地）级生态环境局的派出机构。（ ）

答案： 正确

50. 根据《关于深化环境监测改革 提高环境监测数据质量的意见》（厅字〔2017〕35号），环境监测机构及其负责人对原始监测数据、监测报告的真实性终身负责，对违法违规操作或直接篡改、伪造监测数据的，依纪依法追究相关人员责任。（ ）

答案： 错误

正确答案： 环境监测采样与分析人员、审核与授权签字人分别对原始监测数据和监测报告的真实性终身负责。对违法违规操作或直接篡改、伪造监测数据的，将依纪依法追究相关人员责任。

51. 根据流域规划设置的断面，一般分为限期达标断面、责任考核断面和省（自治区、直辖市）界断面。（ ）

答案： 正确

52. 公安机关单独提取污染物样品进行检测获取的数据，在刑事诉讼中不可以作为证据使用。（ ）

答案： 错误

正确答案： 公安机关单独或者会同生态环境主管部门，提取污染物样品进行检测获取的数据，在刑事诉讼中可以作为证据使用。

53. 国家机关工作人员篡改、伪造或指使篡改、伪造监测数据的处理是由生态环境主管部门提出建议，移送有关任免机关或监察机关依据有关规定予以处理。（ ）

答案： 正确

54. 国家实行建设用地土壤治理和修复名录制度。（ ）

答案： 错误

正确答案： 国家实行建设用地土壤污染风险管控和修复名录制度。

55. 国务院《关于印发打赢蓝天保卫战三年行动计划的通知》，内容即为"大气十条"。（ ）

答案： 错误

正确答案： 国务院正式发布的《大气污染防治行动计划》（国发〔2013〕37号）简称为“大气十条”。

56. 海洋污染防治法适用于《中华人民共和国水污染防治法》。（　　）

答案： 错误

正确答案： 海洋不适用于《中华人民共和国水污染防治法》。

57.《中华人民共和国环境保护税法》中规定环保税的认定顺序变为：①产排污系数或者物料衡算法；②自动在线监测数据；③企业自行监测数据。（　　）

答案： 错误

正确答案： 环保税的认定顺序变为：①自动在线监测数据；②企业自行监测数据；③产排污系数或者物料衡算法。

58. 根据《关于深化环境监测改革提高环境监测数据质量的意见》（厅字〔2017〕35号）的规定，环境保护部门统一发布环境质量和其他重大环境信息。其他相关部门发布信息中涉及环境质量内容的，应与同级环境保护部门协商一致或采用环境保护部门依法公开发布的环境质量信息。（　　）

答案： 正确

59. 根据《水污染物排放总量监测技术规范》（HJ/T 92—2002），环境保护行政主管部门所属的监测站对排污单位的总量控制监督监测，重点污染源（日排水量大于100 t的企业）每年4次以上，一般污染源（日排水量100 t以下的企业）每年2～4次。（　　）

答案： 正确

60. 生态环境主管部门在执行企业排放标准时，都是按照综合型排放标准与行业型排放标准不交叉原则执行。（　　）

答案： 正确

61. 环境监测垂直管理后，要由省级监测机构承担跨区域、跨流域生态环境质量监测职能。（　　）

答案： 错误

正确答案： 省级生态环境厅（局）可选择综合能力较强的驻市环境监测机构，承担跨区域、跨流域生态环境质量监测职能。

62. 环境监测机构及其负责人对其监测数据的真实性和准确性负责。（　　）

答案： 正确

63. 环境监测是保护环境的基础工作，是推进生态文明建设的重要支撑。（　　）

答案： 正确

64. 环境监测制度是实施环境保护法律的基本组成部分，是环境保护执法体系的重要手段。（　　）

答案： 错误

正确答案： 环境监测制度是实施环境保护法律的重要手段，是环境保护执法体系的基本组成部分。

65. 根据《环境空气质量监测点位布设技术规范》（HJ 664—2013）的规定，环境空气质量功能区由地级市以上（含地级市）环境保护行政主管部门划分，报上级人民政府批准实施。（　　）

答案：错误

正确答案：环境空气质量功能区由地级市以上（含地级市）环境保护行政主管部门划分，报同级人民政府批准实施。

66. 县级以上人民政府生态环境主管部门负责调查环境监测数据弄虚作假行为。县级以上人民政府生态环境主管部门应定期或不定期组织开展环境监测质量监督检查，发现环境监测数据弄虚作假行为的，应当依法查处，并向上级生态环境主管部门报告。（　　）

答案：错误

正确答案：地市级以上人民政府生态环境主管部门负责调查环境监测数据弄虚作假行为。地市级以上人民政府生态环境主管部门应定期或不定期组织开展环境监测质量监督检查，发现环境监测数据弄虚作假行为的，应当依法查处，并向上级生态环境主管部门报告。

67. 监测数据、资料、成果均为国家所有，任何个人无权独占。未经主管部门许可，任何人和单位不得引用和发表未经正式公布的监测数据和资料。（　　）

答案：正确

68. 拒绝生态环境行政主管部门或者其他依照法律规定行使环境监督管理权的部门现场检查或者在被检查时弄虚作假的，生态环境行政主管部门可以对该单位依法给予警告或罚款。（　　）

答案：正确

69. 排污许可证的相关电子信息与排污许可证正本、副本依法具有同等效力。（　　）

答案：正确

70. 修订后的《中华人民共和国环境保护法》第四十五条规定：国家依照法律规定实行排污许可管理制度。并规定：实行排污许可管理的企事业单位和其他生产经营者应当按照排污许可证的要求排放污染物；未取得排污许可证的，不得排放污染物。（　　）

答案：正确

71.《大气污染防治行动计划》（国发〔2013〕37 号）中规定综合整治城市扬尘。加强施工扬尘监管，积极推进绿色施工，建设工程施工现场应全封闭设置围挡墙，严禁敞开式作业，施工现场道路应进行地面硬化。渣土运输车辆应采取密闭措施，并逐步安装卫星定位系统。推行道路机械化清扫等低尘作业方式。大型煤堆、料堆要实现封闭储存或建设防风抑尘设施。（　　）

答案：正确

72. 生活饮用水地表水水源保护区的划分方案，报省级人民政府批准后公布实施。（　　）

答案：正确

73. 生态环境监测网络就是环境质量监测网络。（　　）

答案：错误

正确答案：生态环境监测网络包括环境质量、重点污染源、生态状况监测。

74. 生态环境主管部门应依法建立统一的生态环境监测信息发布机制，规范发布内容、流程、权限、渠道等，及时准确发布全国环境质量、重点污染源及生态状况监测信息，保障公众知情权。（　　）

答案：正确

75. 生态监测的对象主要包括农田、森林、草原、荒漠、湿地、湖泊、海洋、气象、动植物等。每一类型的生态系统都具有多样性，它不仅包括环境要素变化的指标和生物资源变化的指标，还包括人类活动变化的指标。(　　)

答案：正确

76. 省、自治区、直辖市人民政府可以对《地表水环境质量标准》(GB 3838—2002)中未作规定的项目，制定地方补充标准，并报上级环境保护行政主管部门备案。(　　)

答案：错误

正确答案：省、自治区、直辖市人民政府可以对《地表水环境质量标准》(GB 3838—2002)中未作规定的项目，制定地方补充标准，并报国务院环境保护行政主管部门备案。

77. 省环保厅牵头建立、运行生态环境监测信息传输网络与大数据平台，实现与市级政府及其环保部门、县级政府及县级环保分局的互联互通、实时共享、成果共用。(　　)

答案：正确

78. 世界卫生组织的环境标准值对各国具有强制作用。(　　)

答案：错误

正确答案：世界卫生组织的环境标准值对各国不具有强制作用。

79. 市级以上人民政府环境保护主管部门对水污染防治实施统一监督管理。(　　)

答案：错误

正确答案：县级以上人民政府环境保护主管部门对水污染防治实施统一监督管理。

80.《水污染防治行动计划》(国发〔2015〕17号)中规定深化污染物排放总量控制。完善污染物统计监测体系，将工业、城镇生活、农业、移动源等各类污染源纳入调查范围。选择对水环境质量有突出影响的总氮、总磷、重金属等污染物，研究纳入流域、区域污染物排放总量控制的约束性指标体系。(　　)

答案：正确

81. 调整地方环境保护管理体制就是对环境监测和环境监察机构实施垂直管理。(　　)

答案：错误

正确答案：调整地方环境保护管理体制，包括调整市县环保机构管理体制、环境监察职能上收、调整环境监测管理体制等。

82.《土壤污染防治行动计划》(国发〔2016〕31号)中规定建立土壤环境质量状况定期调查制度，每5年开展1次。(　　)

答案：错误

正确答案：每10年。

83.《土壤污染防治行动计划》(国发〔2016〕31号)中规定推动治理与修复产业发展。放开服务性监测市场，鼓励社会机构参与土壤环境监测评估等活动。(　　)

答案：正确

84. 为了推动我国火电行业对 SO_2 的治理工作，实行 SO_2 排放总量与排放浓度双重控制。(　　)

答案：正确

85. 未取得登记证或者未备案申报的新化学物质，禁止生产、进口和加工使用，但可以用于科学研究。(　　)

答案： 错误

正确答案： 不得用于科学研究。

86. 我国环境监测数据管理现状是分级管理、逐级上报。管理级别分一、二、三、四级。一级为国家级环境监测网络站，二级为省级环境监测网络站，三级为地（州、盟、市）级环境监测网络站、四级为县（县级市）级环境监测站。(　　)

答案： 正确

87. 我国土壤环境监测技术体系建立较早，远远领先于国外水平。(　　)

答案： 错误

正确答案： 我国土壤环境监测技术体系起步较晚，落后于发达国家。

88. 我国现行的《危险废物焚烧污染控制标准》中所指的危险废物是指列入国家危险废物名录的具有危险特性的废物。(　　)

答案： 错误

正确答案： 列入危险废物名录或者根据国家规定的危险废物鉴别标准和鉴别方法判定的具有危险特性的废物。

89. 我国现行环境保护法律法规体系不包括省级人民政府生态环境行政主管部门制定的环境保护规范性文件。(　　)

答案： 正确

90. 向近岸海域环境功能区排放陆源污染物，必须遵守海洋环境保护有关法律、法规的规定和有关污染物排放标准。(　　)

答案： 正确

91. 要把解决突出生态环境问题作为民生优先领域，包括打赢蓝天保卫战、深入实施水污染防治行动计划、全面落实土壤污染防治行动计划和持续开展农村人居环境整治行动。(　　)

答案： 正确

92. 要充分借鉴国外监测科技先进经验，优先购买和使用进口设备，不断提升环境监测科技水平。(　　)

答案： 错误

正确答案： 优先使用国产设备

93. 一家机械厂将废机油擅自售卖给无危险废物经营许可证的商贩，经后续调查，该商贩将收回的废机油转卖给某建筑工地进行脱模使用。由于该商贩收取的机油可进行二次利用，则该机械厂的行为并未违法。(　　)

答案： 错误

正确答案：《中华人民共和国固体废物污染环境防治法》第五十七条规定：禁止将危险废物提供或者委托给无经营许可证的单位从事收集、贮存、利用、处置的经营活动。

94. 依据《关于深化环境监测改革　提高环境监测数据质量的意见》（厅字〔2017〕35 号），明确环境监测机构和人员的记录责任与义务，规范记录事项和方式，对党政领导干部与相关部门工作人员干预环境监测的批示、函文、口头意见或暗示等信息，做到全程留痕、依法提取、介质存储、归档备查。对不如实记录或隐瞒不报不当干预行为并造成严重后果的相关人员，应予以通报批评和警告。（　　）

答案：正确

95. 依据《关于省以下环保机构监测监察执法垂直管理制度改革试点工作的指导意见》（中办发〔2016〕63号），健全执法责任制，严格规范和约束环境监管执法行为。市县两级环保机构精简的人员编制要重点充实一线环境执法力量。（　　）

答案：正确

96. 依据《关于推进环境监测服务社会化的指导意见》（环发〔2015〕20号），各级环境保护行政主管部门所属环境监测机构及社会环境监测机构应认真做好所承担的政府监测职能，包括环境质量监测、预报预警、跨境水体监测、履约监测、污染源监督性监测、突发环境事件应急监测，以及环境执法、环境质量目标责任考核、排污费征收、总量核算等环境监管中的监测工作。（　　）

答案：错误

正确答案：各级环境保护行政主管部门所属环境监测机构应认真做好所承担的政府监测职能，包括环境质量监测、预报预警、跨境水体监测、履约监测、污染源监督性监测、突发环境事件应急监测，以及环境执法、环境质量目标责任考核、排污费征收、总量核算等环境监管中的监测工作。

97. 依据《关于推进环境监测服务社会化的指导意见》（环发〔2015〕20号），要充分发挥环境监测行业协会或第三方机构的作用，强化各级环境保护行政主管部门所属环境监测机构的行业管理，签订质量保证承诺，推动行业自律。（　　）

答案：错误

正确答案：要充分发挥环境监测行业协会或第三方机构的作用，强化社会环境监测机构的行业管理，签订质量保证承诺，推动行业自律。

98. 依据《环境监测数据弄虚作假行为判定及处理办法》（环发〔2015〕175号），社会环境监测机构以及从事环境监测设备维护、运营的机构篡改、伪造监测数据或出具虚假监测报告的，对主管人员和直接责任人员处以警告或者记过，并处罚款。（　　）

答案：错误

正确答案：社会环境监测机构以及从事环境监测设备维护、运营的机构篡改、伪造监测数据或出具虚假监测报告的，由负责调查的环境保护主管部门将该机构和涉及弄虚作假行为的人员列入不良记录名单，并报上级环境保护主管部门，禁止其参与政府购买环境监测服务或政府委托项目。

99. 依据《生态环境监测网络建设方案》（国办发〔2015〕56号），国家和地方建立重点污染源监测数据共享与发布机制，重点排污单位要按照环境保护部门要求将自行监测结果及时上传。（　　）

答案：正确

100. 依据《生态环境监测网络建设方案》（国办发〔2015〕56号），建立天地一体化的生态遥感监测系统，研制、发射系列化的大气环境监测卫星和环境卫星后续星并组网运行；加强卫星监测和环境质量现状监测，实现对重要生态功能区、自然保护区等大范围、全天候监测。（　　）

答案：错误

正确答案：建立天地一体化的生态遥感监测系统，研制、发射系列化的大气环境监测卫星和环境卫星后续星并组网运行；加强无人机遥感监测和地面生态监测，实现对重要生态功能区、自然保护区等大范围、全天候监测。

101. 依据《生态环境监测网络建设方案》（国办发〔2015〕56号），完善与生态环境监测网络发展需求相适应的财政保障机制，重点加强生态环境质量监测、监测数据质量控制、卫星和无人机遥感监测、环境应急监测、核与辐射监测等能力建设，提高样品采集、实验室测试分析及现场快速分析测试能力。（　　）

答案：正确

102. 依据中共中央办公厅、国务院办公厅《关于深化环境监测改革提高环境监测数据质量的意见》（厅字〔2017〕35号），对不如实记录或隐瞒不报不当干预行为并造成严重后果的相关人员，应予以警告和记过。（　　）

答案：错误

正确答案：对不如实记录或隐瞒不报不当干预行为并造成严重后果的相关人员，应予以通报批评和警告。

103. 由于断面上游水体清淤施工、河道整治等原因导致水质变化，且未按照《水污染防治行动计划实施情况考核规定（试行）》（环水体〔2016〕179号）有关要求，提前向生态环境部报备并同意设置临时替代断面的，在数据有效性审核中应认定为无效数据。（　　）

答案：错误

正确答案：因考核断面汇水范围内实施治污清淤等引起考核断面所在水体断流无监测数据的，省级生态环境部门应在工程上游组织确定临时替代监测点位并报生态环境部核准，以该断面实际有水月份和断流月份临时替代监测点位的监测数据计算年均值，按该断面水质目标考核。

104. 在监测分析中，出具的监测数据时间小于该方法标准规定的最短分析时间，并未办理方法偏离的行为，属于篡改监测数据行为。（　　）

答案：正确

105. 根据《检验检测机构资质认定生态环境监测机构评审补充要求》（国市监检测〔2018〕245号），在生态环境监测过程中，对不如实记录或隐瞒不报不当干预行为并造成严重后果的相关人员，应予以通报批评和警告。（　　）

答案：正确

106.《关于省以下环保机构监测监察执法垂直管理制度改革试点工作的指导意见》（中办发〔2016〕63号）中要求坚持问题导向，改革试点要有利于推动解决地方环境保护管理体制存在的突出问题，有利于环境保护目标任务的明确、分解及落实，有利于地方党委和政府及其相关部门的积极性，有利于新老环境保护管理体制平稳过渡。（　　）

答案：正确

107. 中华人民共和国管辖海域内从事航行、勘探、开发、生产、旅游、科学研究及其他活动，或者在沿海陆域内从事影响海洋环境活动的任何单位和个人，都必须遵守《中华人民共和国海洋环境保护法》。（　　）

答案：正确

108.《中华人民共和国环境保护法》规定国务院环境保护主管部门制定国家环境质量标准，地方环境保护主管部门制定地方环境质量标准。（　　）

答案：错误

正确答案：省、自治区、直辖市人民政府依法制定地方环境质量标准。

109.《中华人民共和国环境保护法》是为保护和改善环境，防治污染和其他公害，保障公众健康，推进生态文明建设，促进经济社会可持续发展制定的法律，由中华人民共和国第十二届全国人民代表大会常务委员会第八次会议于 2014 年 4 月 24 日修订通过，修订后从即日起施行。（　　）

答案：错误

正确答案：《中华人民共和国环境保护法》由中华人民共和国第十二届全国人民代表大会常务委员会第八次会议于 2014 年 4 月 24 日修订通过，修订后的《中华人民共和国环境保护法》自 2015 年 1 月 1 日起施行。

110.《关于深化环境监测改革提高环境监测数据质量的意见》（厅字〔2017〕35 号）规定，弄虚作假的企业、机构和个人信息应向社会公开，并依法纳入全国信用信息共享平台。（　　）

答案：正确

111.《水污染防治行动计划》（国发〔2015〕17 号）中规定整治城市黑臭水体。采取控源截污、垃圾清理、清淤疏浚、生态修复等措施，加大黑臭水体治理力度，每半年向社会公布治理情况。（　　）

答案：正确

五、简答题

1. 习近平生态文明思想的内涵集中体现在哪些方面？

答案：

（1）坚持生态兴则文明兴。

（2）坚持人与自然和谐共生。

（3）坚持绿水青山就是金山银山。

（4）坚持良好生态环境是最普惠的民生福祉。

（5）坚持山水林田湖草是生命共同体。

（6）坚持用最严格制度最严密法治保护生态环境。

（7）坚持建设美丽中国全民行动。

（8）坚持共谋全球生态文明建设。

2. 根据《生态环境监测网络建设方案》（国办发〔2015〕56 号），生态环境监测网络建设方案的主要目标是什么？

答案：

到 2020 年，全国生态环境监测网络基本实现环境质量、重点污染源、生态状况监测全覆盖，各级各类监测数据系统互联共享，监测预报预警、信息化能力和保障水平明显提升，监测与监管协同联动，初步建成陆海统筹、天地一体、上下协同、信息共享的生态环境监测网络，使生态环境监测能力与生态文明建设要求相适应。

3.《土壤环境质量　农用地土壤污染风险管控标准（试行）》（GB 15618—2018）为什么分别规定了风险筛选值和管制值两类限值？利用两类限值将土壤分成哪三类？农用地土壤污染物超过《土壤环境质量　农用地土壤污染风险管控标准（试行）》（GB 15618—2018）规定限值的，农产品质量就不安全吗？

答案：

《土壤环境质量　农用地土壤污染风险管控标准（试行）》（GB 15618—2018）以保护食用农产品质量安全为主，满足《土壤污染防治行动计划》（国发〔2016〕31号，以下简称“土十条”）关于农用地土壤污染风险管控和分类管理要求，针对土壤污染与农产品质量安全之间关系复杂性的特点，创造性提出了两条线（即筛选值和管制值）的标准修订思路。这样更符合我国国情，符合土壤环境管理内在规律，更能科学合理指导农用地安全利用，保障农产品质量安全。

风险筛选值和风险管制值，将农用地土壤分成三类：

（1）当农用地土壤中污染物含量等于或者低于筛选值时，其农产品质量安全、农作物生长或土壤生态环境的风险低，一般情况下可以忽略。此类农用地属于优先保护类，由于土壤污染与农产品质量安全之间关系复杂性，特别品种特别情况也可能存在安全风险。对此类农用地，应切实加大保护力度。

（2）当农用地土壤中污染物含量超过管制值，协同的食用农产品不符合质量安全标准，且难以通过安全利用措施降低食用农产品不符合质量安全标准等农用地土壤污染风险时，此类农用地土壤污染风险高，属于严格管控类。对此类农用地，原则上应当禁止种植食用农产品，采取退耕还林等严格管控措施。

（3）当农用地土壤污染物含量介于筛选值和管制值之间时，可能存在食用农产品不符合质量安全标准等风险，因此还要根据农产品的协同监测结果进行综合判断。此类农用地属于安全利用类，原则上应当采取农艺调控、替代种植等安全利用措施，降低农产品超标风险。

总体来说，设置和使用风险筛选值和风险管制值的目的，是为了更科学合理地将农用地土壤污染情况进行风险筛查和分类，并不是简单的达标判定。要评估农产品的质量是否安全，除了对农用地土壤污染物含量进行监测，还要结合农产品（包含食用和非食用）协同监测结果，根据风险筛选值/管制值以及相关的农产品质量标准进行综合评价，并对此类农用地日后的管理、调控、修复提供有力支撑依据。

4. 根据《环境标准管理办法》（原国家环境保护总局令　第3号）的规定，我国现阶段环境标准体系由五类三级构成，请说明具体的标准体系架构。

答案：

根据《环境标准管理办法》第三条规定，我国现阶段环境标准分为：环境质量标准、污染排放标准（或控制标准）、环境监测方法标准，环境标准样品标准和环境基础标准共五类，又分为国家标准、行业标准和地方标准三级。其中，环境质量标准和污染物排放标准分国家标准和地方标准两级。

5. 什么是温室气体？《京都议定书》规定的6种温室气体包括哪些气体？

答案：

温室气体是指破坏大气层与地面间红外线辐射正常关系，能吸收地球释放出来的红外线辐射，阻止地球热量的散失，使地球发生可感觉到的气温升高的气体，即大气中具有温室效应的某些气体。

《京都议定书》规定的6种温室气体为：二氧化碳（CO_2）、甲烷（CH_4）、氧化亚氮（N_2O）、六氟化硫（SF_6）、氢氟碳化物（HFCs）和全氟化碳（PFCs）。

6. 为了有效防治日益严峻的臭氧污染形势，新《环境空气质量标准》将臭氧纳入并开展监测。臭氧作为二次污染物，其形成原因是什么？请列出至少五种生态环境部2019年6月印发的《重点行业挥发性有机物综合治理方案》中要求重点控制的臭氧前体物。

答案：

（1）氮氧化物（NO_x）与挥发性有机物（VOCs）在高温和强光条件下，发生光化学反应，从而形成臭氧；

（2）间/对二甲苯、乙烯、丙烯、甲醛、甲苯、乙醛、1,3-丁二烯、三甲苯、邻二甲苯、苯乙烯等。

7. 简述推进环境监测服务社会化的意义。

答案：

（1）环境监测服务社会化是环保体制机制改革创新的重要内容。长期以来，我国实行的是以政府有关部门所属环境监测机构为主开展监测活动的单一管理体制。

（2）在环境保护领域日益扩大、环境监测任务快速增加和环境管理要求不断提高的情况下，推进环境监测服务社会化已迫在眉睫。

（3）环境监测服务的社会化既是加快政府环境保护职能转变、提高公共服务质量和效率的必然要求，也是理顺环境保护体制机制、探索环境保护新路的现实需要。

（4）引导社会环境监测机构进入环境监测的主战场，提升政府购买社会环境监测服务水平，有利于整合社会环境监测资源，激发社会环境监测机构活力，形成环保系统环境监测机构和社会环境监测机构共同发展的新格局。

8. 请简述《检验检测机构资质认定生态环境监测机构评审补充要求》（国家市场监管总局及生态环境部印发，自2019年5月1日起实施）中，对生态环境监测人员有哪些相关基本要求？说明“谁出数据谁负责，谁签字谁负责”是指哪些岗位的人员，负何种责任？

答案：

（1）掌握与所处岗位相适应的环境保护基础知识、法律法规、评价标准、监测标准或技术规范、质量控制要求，以及有关化学、生物、辐射等安全防护知识。

（2）承担生态环境监测工作前应经过必要的培训和能力确认，能力确认方式应包括基础理论、基本技能、样品分析的培训与考核等。

（3）环境监测机构及其负责人对其监测数据的真实性和准确性负责。采样与分析人员、审核与授权签字人分别对原始监测数据、监测报告的真实性终身负责。

9. 请简述《水污染防治行动计划》（国发〔2015〕17号）到2020年的主要指标。

答案：

长江、黄河、珠江、松花江、淮河、海河、辽河等七大重点流域水质优良（达到或优于Ⅲ类）比例总体达到70%以上，地级及以上城市建成区黑臭水体均控制在10%以内，地级及以上城市集中式饮用水水源水质达到或优于Ⅲ类比例总体高于93%，全国地下水质量极差的比例控制在15%

左右，近岸海域水质优良（一、二类）比例达到70%左右。京津冀区域丧失使用功能（劣于V类）的水体断面比例下降15个百分点左右，长三角、珠三角区域力争消除丧失使用功能的水体。

10. 简述《地下水污染防治实施方案》中提出的我国地下水污染防治的近期目标“一保、二建、三协同、四落实”具体指什么？

答案：

“一保”即确保地下水型饮用水水源环境安全；“二建”即建立地下水污染防治法规标准体系、全国地下水环境监测体系；“三协同”即协同地表水与地下水、土壤与地下水、区域与场地污染防治；“四落实”即落实《水污染防治行动计划》（国发〔2015〕17号）确定的四项重点任务，开展调查评估、防渗改造、修复试点、封井回填工作。

11. 生态环境部围绕污染防治攻坚战的七大标志性战役是什么？

答案：打赢蓝天保卫战，打好柴油货车治理、长江保护修复、渤海综合治理、城市黑臭水体治理、水源地保护、农业农村污染治理七场标志性战役。

12.《土壤污染防治行动计划》（国发〔2016〕31号）的出台实施将对我国土壤污染防治工作产生什么样的推动作用？

答案：

《土壤污染防治行动计划》（国发〔2016〕31号）的出台实施将夯实我国土壤污染防治工作基础，全面提升我国土壤污染防治工作能力。一是通过开展土壤污染状况详查工作，查明农用地土壤污染的面积、分布及其对农产品质量的影响，掌握重点行业企业用地中的污染地块分布及其环境风险情况，摸清土壤污染“家底”。二是通过制（修）订土壤污染防治相关法律法规、部门规章、标准体系等，使土壤污染防治法律法规标准体系基本建立健全。三是通过开展土壤污染治理与修复试点示范，在土壤污染源头预防、风险管控、治理与修复、监管能力建设等方面探索土壤污染综合防治模式，逐步建立我国土壤污染防治技术体系。四是通过规范土壤污染治理与修复从业单位和人员管理，明确治理与修复责任主体，实行土壤污染治理与修复终身责任制，充分发挥市场作用等措施，推动土壤污染治理与修复产业发展。五是通过明确各方责任，加强信息公开，宣传教育等措施，形成政府主导、企业担责、公众参与、社会监督的土壤污染防治体系。

13. 按照《监测数据弄虚作假判定及处理办法》（环发〔2015〕175号）中的内容，简述什么是伪造监测数据，并举例说明主要包括哪些具体情形。

答案：

伪造监测数据系指没有实施实质性的环境监测活动，凭空编造虚假监测数据的行为，包括以下情形：

（1）纸质原始记录与电子存储记录不一致，或者谱图与分析结果不对应，或者用其他样品的分析结果和图谱替代的；

（2）监测报告与原始记录信息不一致，或者没有相应原始数据的；

（3）监测报告的副本与正本不一致的；

（4）伪造监测时间或者签名的；

（5）通过仪器数据模拟功能，或者植入模拟软件，凭空生成监测数据的；

（6）未开展采样、分析，直接出具监测数据或者到现场采样但未开设烟道采样口，出具监测报告的；

（7）未按规定对样品留样或保存，导致无法对监测结果进行复核的；

（8）其他涉嫌伪造监测数据的情形。

14.《关于深化环境监测改革　提高环境监测数据质量的意见》（厅字〔2017〕35号）中提出如何加快提高环境监测质量监管能力？

答案：

（1）完善法规制度。研究制定环境监测条例，加大对环境监测数据弄虚作假行为的惩处力度。对侵占、损毁或擅自移动、改变环境质量监测设施和污染物排放自动监测设备的，依法处罚。制定环境监测与执法联动办法、环境监测机构监管办法等规章制度。探索建立环境监测人员数据弄虚作假从业禁止制度。研究建立排污单位环境监测数据真实性自我举证制度。推进监测数据采集、传输、存储的标准化建设。

（2）健全质量管理体系。结合现有资源建设国家环境监测量值溯源与传递实验室、污染物计量与实物标准实验室、环境监测标准规范验证实验室、专用仪器设备适用性检测实验室，提高国家环境监测质量控制水平。提升区域环境监测质量控制和管理能力，在华北、东北、西北、华东、华南、西南等地区，委托有条件的省级环境监测机构承担区域环境监测质量控制任务，对区域内环境质量监测活动进行全过程监督。

（3）强化高新技术应用。加强大数据、人工智能、卫星遥感等高新技术在环境监测和质量管理中的应用，通过对环境监测活动全程监控，实现对异常数据的智能识别、自动报警。开展环境监测新技术、新方法和全过程质控技术研究，加快便携、快速、自动监测仪器设备的研发与推广应用，提升环境监测科技水平。

15.根据《关于省以下环保机构监测监察执法垂直管理制度改革试点工作的指导意见》（中办发〔2016〕63号），环保机构监测监察执法垂直管理制度的基本原则是什么？

答案：

（1）坚持问题导向。改革试点要有利于推动解决地方环境保护管理体制存在的突出问题，有利于环境保护责任目标任务的明确、分解及落实，有利于调动地方党委和政府及其相关部门的积极性，有利于新老环境保护管理体制平稳过渡。

（2）强化履职尽责。地方党委和政府对本地区生态环境负总责。建立健全职责明晰、分工合理的环境保护责任体系，加强监督检查，推动落实环境保护党政同责、一岗双责。对失职失责的，严肃追究责任。

（3）确保顺畅高效。改革完善体制机制，强化省级环保部门对市县两级环境监测监察的管理，协调处理好环保部门统一监督管理与属地主体责任、相关部门分工负责的关系，提升生态环境治理能力。

（4）搞好统筹协调。做好顶层设计，要与生态文明体制改革各项任务相协调，与生态环境保护制度完善相联动，与事业单位分类改革、行政审批制度改革、综合行政执法改革相衔接，提升改革综合效能。

|第二章|

基础知识

CHAPTER 2

第一节　监测基础知识

一、填空题

1. 用基准物标定法配制的标准溶液，至少平行标定 3 份，平行标定相对偏差不大于________，取其平均值计算溶液的浓度。

答案：0.2%

2. 在地球表面上空约 80 km 的空间为均匀混合的空气层，称为大气层。与人类活动关系最密切的地球表面上空 12 km，叫对流层。特别是地球表面上空________ km 的大气层受人类活动及地形影响很大。

答案：2

3. 选择盛装水样的容器材质必须注意：容器器壁不应吸收或吸附待测组分、________、________和选用深色玻璃降低光敏作用。

答案：容器不能引起新的沾污　容器不得与待测组分发生反应

4. 水体中磷含量过高（>0.2 mg/L）可造成________的过度繁殖，直至数量上达到有害的程度，称为________。

答案：藻类　富营养化

5. 在天然水和废水中，磷几乎以各种磷酸盐的形式存在，它们分别为________、缩合磷酸盐和________。

答案：正磷酸盐　有机结合的磷酸盐

6. 叶绿素 a 在水中含量的结果表达单位为________。

答案：μg/L

7. “中国环境优先污染物黑名单”中包括________种化学类别，共________种有毒化学物质。

答案：14　68

8. 二噁英类同类物毒性当量因子（Toxicity Equivalency Factor，TEF）是指各二噁英类同类物与________对________的亲和性能之比。

答案：2,3,7,8-TCDD　Ah 受体

9. 根据《水和废水监测分析方法》（第四版）加标回收率测定时，应注意，任何情况下加标量均不得大于待测物含量的________倍，加标后的测定值不应超出方法的测定上限的________%。

答案：3　90

10. 降水 pH 低于________为酸雨，低于________为较重酸雨，低于________为重酸雨。

答案：5.6　5.0　4.5

11. 挥发性有机物指常温常压下能够挥发或呈气态的有机物，世界卫生组织（WHO，1989 年）定义熔点低于室温、沸点在________℃的有机物为挥发性有机物，英文 volatile organic

compounds，简写为 VOCs。

答案：50 ～ 260

12. 固体废弃物的腐蚀性是指浸出液的＿＿＿＿＿＿，液体易燃烧性危险废物是指＿＿＿＿＿＿＿。

答案：pH≥12.5 或 pH ≤ 2　　闪点≤ 60℃

13. 烟度的单位用＿＿＿＿＿＿表示。

答案：Rb

14. BaP 又称＿＿＿＿＿＿。

答案：苯并［a］芘

15. 环境监测的基本环节是：＿＿＿＿＿＿、采样、分析测试、＿＿＿＿＿＿。

答案：布点　　数据处理及综合评价

16. 砷的污染主要来源于＿＿＿＿＿＿、＿＿＿＿＿＿、＿＿＿＿＿＿、化学制药、农药生产等工业部门的废水。

答案：采矿　　冶金　　化工

17. 习惯上，把海面铅直向涨落称为＿＿＿＿＿＿，而海水在水平方向的流动称为＿＿＿＿＿＿。

答案：潮汐　　潮流

18. 生态环境监测机构可使用＿＿＿＿＿＿、＿＿＿＿＿＿等辅助手段，保证现场测试或采样过程客观、真实和可追溯。

答案：地理信息定位　　照相或录音录像

19. 实验室用水的纯度一般用＿＿＿＿＿＿或＿＿＿＿＿＿的大小来表示。

答案：电导率　　电阻率

20. 为发现和查明环境污染事故的情况和污染范围而开展的环境监测，包括＿＿＿＿＿＿和＿＿＿＿＿＿。

答案：定点监测　　动态监测

21. 二噁英类同类物毒性当量（Toxic Equivalent Quantity，TEQ）浓度为其实测浓度与该异构体的＿＿＿＿＿＿的乘积。

答案：毒性当量因子

22. 环境监测中最常用的分析方法是＿＿＿＿＿＿。

答案：分光光度计法

23. 省、自治区和直辖市内主要河流的＿＿＿＿＿＿断面，是环境保护管理的重点断面。

答案：干流与一二级支流的交界

24. 测定地表水中金属及类金属元素时，元素总量是指未经＿＿＿＿＿的样品，经＿＿＿＿＿后测得的元素含量。

答案：过滤　　消解

25. 土壤有机质是土壤中＿＿＿＿＿＿的总称。

答案：含碳有机化合物

26. 根据污染物质及其形成污染的性质，可将水体污染分为＿＿＿＿＿＿、＿＿＿＿＿＿、＿＿＿＿＿＿三种主要类型。

答案：化学性污染　物理性污染　生物性污染

27. 监测仪器设备日常维护中若更换监测仪器中的__________、光学部件、检测部件和信号处理部件等关键零部件；更换后应对仪器重新进行__________，并进行仪器性能测试，测试合格后，方可投入使用。

答案：机械部件　校准

28. 大气污染对人体健康的危害可分为__________和__________。

答案：急性危害　慢性危害

29. 开展现场测试或采样时，应根据任务要求制定监测方案或采样计划，明确__________、__________、__________、__________等内容。

答案：监测点位　监测项目　监测方法　监测频次

30. 排污单位要按照法律法规和相关监测标准规范开展自行监测，制定__________，保存完整的__________、__________，对数据的真实性负责，并按规定公开相关监测信息。

答案：监测方案　原始记录　监测报告

31. 一般来说，水中溶解氧浓度随着大气压的增加而增加，随着水温的升高而__________。

答案：降低

32. 土壤的基本物质组成是：__________、__________、__________、__________。

答案：矿物质　有机质　水分　空气

33. 重金属具有细胞毒性，能破坏微生物细胞内的__________，导致细胞死亡，可在样品采集时加入__________消除干扰。

答案：酶活性　乙二胺四乙酸二钠溶液或 EDTA-2Na 溶液

34. 环境优先污染物的特点是：①__________②__________③__________④__________⑤__________⑥__________⑦__________。

答案：难以降解　在环境中有一定残留水平　出现频率高　具有生物累积性　"三致"物质　毒性较大　现代已有检出方法

35.《有毒有害大气污染物名录（2018 年）》中公布的 5 种重金属及其化合物有镉、铬、汞、砷、__________。

答案：铅

36. 人类活动排放的温室气体，并在政府间气候变化专门委员会（IPCC）有削减指标的主要有六种温室气体：甲烷（CH_4）、二氧化碳（CO_2）、氢氟碳化物（HFCs）、__________、__________和六氟化硫（SF_6）。

答案：全氟化碳（PFCs）　氧化亚氮（N_2O）

37. 简要表达下列符号所代表的意义：DO__________、BOD_5__________、COD__________、TSP__________。

答案：溶解氧　五日生化需氧量　化学需氧量　总悬浮颗粒物

38. 使用标准温度计读取并记录环境温度值和使用标准气压计读取环境大气压值时，一般需要重复测量次数为__________。

答案：三次

39. 生物污染是由于将____________、____________等排入水体，随之引入某些病原微生物造成的。

答案： 生活污水　医院污水

40.____________是指水环境中污染物质或有害因素对人体健康、水生态系统与使用功能不产生有害效应的最大剂量或水平。

答案： 水环境质量基准（简称水质基准）

41. 按照我国现行环境保护法律确立的排放标准体系，国家污染物排放标准包括____________、____________、____________、____________、放射性和电磁辐射污染防治标准。

答案： 水污染物排放标准　大气污染物排放标准　噪声排放标准　固体废物污染控制标准

42. 水质总有机碳是指溶解或悬浮在水中有机物的含碳量，是以____________表示水体中有机物质总量的综合指标。

答案： 碳的含量

43. 对氟化物污染最为敏感的指示植物是____________。

答案： 唐菖蒲

44. 湖泊、水库营养状态评价指标为：叶绿素 a（chla）、总磷（TP）、总氮（TN）、____________和____________共 5 项。

答案： 透明度（SD）　高锰酸盐指数（COD_{Mn}）

45. 生活垃圾的主要处理方法是：____________、____________、____________、____________。

答案： 卫生填埋　堆肥　焚烧　分拣资源化

46. 大气中的二氧化碳含量不断增加的主要后果是产生____________效应。

答案： 温室

47. 在生态环境监测报告中给出符合（或不符合）要求或规范的声明时，报告审核人员和授权签字人应充分了解相关环境质量标准和____________标准的适用范围，并具备对监测结果进行____________判定的能力。

答案： 污染排放 / 控制　符合性

48.____________的分布和污染物在地下水中的____________是布设污染控制监测井的首要考虑因素。

答案： 污染源　扩散形式

49. 藻类在光的作用下，吸收水中的____________和二氧化碳，制造有机物，对水体生产力和水体污染的自净作用具有十分重要的意义。

答案： 无机营养盐类

50. 对于不能在现场完成故障检修的仪器，应送至____________进行检查和维修，并及时采用备用仪器开展监测。

答案： 系统支持实验室

51. 环境监测机构应及时记录样品采集、____________、样品运输和保存、____________、分析测试等监测全过程的技术活动，保证记录信息的原始性、完整性和充分性，能够____________监测全过程。

答案：现场监测　样品制备　再现

52. 环境监测仪器根据监测特点，可以分为现场监测仪器和实验室分析仪器，前者包括________和________，后者主要是在实验室内使用的________和________。

答案：现场监测分析设备　采样设备　前处理设备　分析设备

53. 水体的真色是指除去________后水的颜色。

答案：悬浮物

54. 氮氧化物是指空气中主要以________和________形式存在的氮的氧化物的总称。

答案：一氧化氮　二氧化氮

55. 按仪器说明书的要求，对零气发生器中的分子筛、________、活性炭等气体净化材料进行定期更换。

答案：氧化剂

56. 光化学烟雾是大气中氮氧化物、有机化合物和氧化剂在日光作用下产生的一组具有________的化合物。

答案：氧化性

57. 依据大气污染物的形成过程可将其分为________和________。

答案：一次污染物　二次污染物

58. 城市空气质量预报从时间尺度上一般可分为________预报、短期预报及________预报。

答案：中期　分时段

59. 下列符号所代表的意义：TVOC________、TOD________。

答案：总挥发性有机物　总需氧量

60. 亚硝酸盐是氮循环的中间产物，很不稳定，在有氧或微生物等作用下可被氧化为________，缺氧或无氧条件下可被还原为________。

答案：硝酸盐　氨

二、单选题

1. 在大气污染物中，对植物危害较大的是________。(　　)

A. CO 和 SO_2　B. SO_2 和氟化物　C. CO 和氟化物　D. CO_2 和 NO_x

答案：B

2. 未列入标准但已证明有害、必须加以控制的污染物，其最高允许浓度确定的首要途径是________。(　　)

A. 参考国外标准　B. 从公式推算

C. 直接做毒理试验再估算　D. 根据污染物排放企业具体情况而定

答案：A

3. 地球大气臭氧层集中在离地面 20 ～ 30 km 以上的平流层，它消耗太阳向地球辐射的紫外线能量的 99%。近年来，臭氧不断减少，在两极出现了臭氧空洞，人类皮肤癌、白内障等疾病患者明

显增加，海洋生物减少。这是由于过量紫外线照射________。(　　)

A．引起空气发生化学反应　B．产生杀菌消毒作用

C．诱发动植物的基因突变　D．造成病毒感染

答案：C

4. 以下不能作为大气采样溶液吸收法中的吸收液的是________。(　　)

A．水　B．水溶液　C．有机溶剂　D．液态氮

答案：D

5. 以下不是大气污染物浓度的常用表示单位的是________。(　　)

A．mg/m^3　B．$\mu g/m^3$　C．ppm　D．g/L

答案：D

6. 光吸收定律的数学表达式是________。

A．$A = kcL$　B．$A = 2\text{-}\lg T$　C．$A = \delta CL$　D．$A = \lg(10/Jt)$

答案：A

7. 臭氧存在于大气圈的________。(　　)

A．对流层　B．平流层　C．中间层　D．电离层

答案：B

8. BaP 是一种________。(　　)

A．一般污染物　B．强致癌物　C．无机物　D．无害物质

答案：B

9. 交通车辆行驶带起的灰尘叫________。(　　)

A．飘尘　B．降尘　C．扬尘　D．烟尘

答案：C

10. 在一些发达国家，汽车排气已成为一个严重的________。(　　)

A．噪声污染源　B．大气污染源　C．辐射污染源　D．污染物

答案：B

11. 动物体内各器官对吸入的污染物都有转化功能，其中最为重要的是哪一器官？(　　)

A．肝　B．肾　C．胃　D．肠

答案：A

12. 大气层结构中气温随高度迅速上升的是________。(　　)

A．对流层　B．热层　C．平流层　D．中间层

答案：B

13. 以下气体不属于温室气体的是________。(　　)

A．氯氟烃　B．甲烷　C．甲醛　D．臭氧

答案：C

14. 二氧化碳被称为“温室气体”是因为________。(　　)

A．二氧化碳能辐射红外线　B．二氧化碳能吸收红外线

C．二氧化碳能反射红外线　D．二氧化碳能透射红外线

答案：B

15. 污染物在水环境中存在形态不同，毒性很不相同，下列描述错误的是________。(　　)

A．Cr^{6+} 比 Cr^{3+} 毒性大　　B．As^{5+} 比 As^{3+} 毒性大

C．$HgCl_2$ 比 HgS 毒性大　　D．CH_3Hg^+ 比 $HgCl_2$ 毒性大

答案：B

16. 艾氏剂和狄氏剂农药化学性质稳定，易在环境介质中累积，它们属于________类农药。(　　)

A．有机磷农药　　B．有机氯农药

C．菊酯类农药　　D．氨基甲酸酯类农药

答案：B

17. 有毒有害性废物的越境，造成废物对全球环境的更广泛的污染。为控制有毒废物转移的发展趋势，1989 年 3 月在瑞士举行了 100 多个国家参加的专门会议，通过了________。(　　)

A.《生物多样性公约》　　B.《巴塞尔公约》

C.《人类环境宣言》　　D.《气候变化框架公约》

答案：B

18.《京都议定书》规定限排的 6 种主要温室气体为________。(　　)

A．CO_2、CH_4、N_2O、HFCs、PFCs 和 SF_6　　B．CO_2、SO_2、N_2O、HFCs、PFCs 和 SF_6

C．CO_2、CH_4、N_2O、HFCs、PFCs 和 O_3　　D．CO_2、CH_4、NO_x、HFCs、PFCs 和 SF_6

答案：A

19. 采测分离项目，样品固定后，统一存放在温度在________℃的便携式冷藏箱，同时保证送到测站也要维持这个浓度温度要求。(　　)

A．0 ～ 10　　B．0 ～ 5　　C．0 ～ 1　　D．0 ～ 15

答案：B

20. 质量的国际单位制名称是________。(　　)

A．毫克　　B．克　　C．千克　　D．斤

答案：C

21. 近年来的研究和试验结果表明，下列采样容器材质中最稳定的为________。(　　)

A．硼硅玻璃　　B．透明石英　　C．聚乙烯　　D．聚四氟乙烯

答案：D

22. 下列关于硫酸盐的描述不正确的是________。(　　)

A．硫酸盐在自然界中分布广泛

B．岩石土壤中金属硫化物的氧化对天然水体中硫酸盐的含量无影响

C．地表水和地下水中的硫酸盐主要来源于岩石土壤中矿物组分的风化和淋溶

D．天然水中硫酸盐的浓度可能从每升几毫克至每升数千毫克

答案：B

23. 我国标准分为________。(　　)

A．国家标准、专业标准、地方标准和企业标准

B．国家标准、行业标准、地方标准和企业标准

C．国际标准、国家标准、部门标准和内部标准

答案：B

24. 检测报告应经________审查批准后方可发出。(　　)

A．实验最高管理者　　B．法定代表人

C．授权签字人　　D．技术负责人

答案：C

25. 我们通常所说的氨氮是指________。(　　)

A．游离态的氨及有机氨化合物　　B．游离态的氨和铵离子

C．有机氨化合物、铵离子和游离态的氨　　D．仅以游离态的氨形式存在的氨

答案：B

26. 不属于《大气污染物综合排放标准》(GB 16297—1996)设置的指标体系的是________。(　　)

A．最高允许排放浓度　　B．最高允许排放速率

C．最高允许排气量　　D．无组织排放监控浓度限值

答案：C

27. 铬的毒性与其存在形态有关。________铬的化合物具有强烈的毒性，已确认为致癌物，并能在体内积蓄。(　　)

A．三价　　B．二价　　C．六价　　D．以上都是

答案：C

28. 二噁英是多氯二苯并-对-二噁英(PCDDs)和多氯二苯并呋喃(PCDFs)的统称，其中毒性最强的是________。(　　)

A．2,3,7,8-TCDD　　B．1,2,3,7,8-PCDD

C．1,2,3,4,6,7,8,9-OCDD　　D．1,2,3,4,7,8-HCDD

答案：A

29. 硫酸铜溶液呈蓝色是由于它选择性地吸收了白光中的________。(　　)

A．红色光　　B．橙色光　　C．黄色光　　D．蓝色光

答案：C

30. ________属于第一类污染物。(　　)

A．总氰化物　　B．挥发酚　　C．六价铬　　D．硝基苯类

答案：C

31. 除分析有机物的滤膜外，一般情况下，滤膜采集样品后，如不能立即称重，应在________保存。

A．常温条件下　　B．冷冻条件下

C．20℃　　D．4℃条件下冷藏

答案：D

32. VOCs 质量占比大于等于________的含 VOCs 产品，其使用过程应采取密闭设备或在密闭空

间内操作。(　　)

A．5%　　B．10%　　C．15%　　D．20%

答案：B

33. 一般玻璃容器吸附________，聚乙烯等塑料吸附________、磷酸盐和油类。(　　)

A．有机物质　金属　　B．金属　有机物质

C．酸性物质　悬浮物　　D．酸性物质　碱性物质

答案：B

34. 分析有机成分的滤膜采集后应立即放入________，保存至样品处理前。(　　)

A．干燥器内　　B．采样盒

C．−20℃冷冻箱内　　D．冷藏室中

答案：C

35. 下列物质中，不属于环境监测范畴的挥发性有机物（VOCs）的是________。(　　)

A．二氯二氟甲烷　　B．1,3,5- 三甲基苯

C．苯并［*a*］芘　　D．四乙基铅

答案：C

36. 下列物质中________不属于《斯德哥尔摩公约》禁用的 12 种有机污染物之一。(　　)

A．滴滴涕　　B．氯苯　　C．多氯联苯　　D．六氯苯

答案：B

37. 氨氮以游离氨或铵盐形式存在于水中，两者的组成之比取决于水的________和水温。(　　)

A．还原性物质　　B．pH　　C．氧化性物质　　D．电导率

答案：B

38. 下列说法错误的是（　　）。

A．等质量的酸和碱反应后呈中性

B．纯水加热至 100℃呈弱酸性

C．HCl 气体在干燥条件下不能使蓝色石蕊试纸变红

D．$NaHCO_3$ 水溶液呈碱性

答案：A

39.《分析实验室用水规格和试验方法》（GB/T 6682—2008）中将实验室用水分为三个等级，各级别的电导率（25℃）为________。(　　)

A．一级水≤ 0.10 mS/m；二级水≤ 0.50 mS/m；三级水≤ 1.0 mS/m

B．一级水≤ 0.01 mS/m；二级水≤ 0.10 mS/m；三级水≤ 0.50 mS/m

C．一级水≤ 0.10 mS/m；二级水≤ 0.20 mS/m；三级水≤ 0.50 mS/m

D．一级水≤ 0.01 mS/m；二级水≤ 0.05 mS/m；三级水≤ 0.10 mS/m

答案：B

40. 为了提高分析结果的准确度，必须________。(　　)

A．消除系统误差　　B．多人重复操作

C．增加样品量　　D．增加平行测定次数

答案：A

41. 复印机在复印过程中会产生________从而损害人体健康。(　　)

A．臭氧　　B．二氧化碳　　C．二氧化硫　　D．氯气

答案：A

42. 根据《环境监测　分析方法标准制修订技术导则》（HJ 168—2020），在确定方法检出限时，如果空白试验中未检出目标物质，则应按照样品分析的全部步骤，对浓度或含量为估计方法检测出限________倍的样品进行 n（$n \geq 7$）次平行测定。(　　)

A．2～5　　B．2～7　　C．3～5　　D．3～7

答案：C

43. 对同一样品或一组样品可用不同的方法或不同的仪器进行比对测定分析，以检查分析结果的________。(　　)

A．平行性　　B．再现性　　C．可比性　　D．一致性

答案：D

44. ________是指某方法对单位浓度或单位量待测物质变化所致的响应量变化程度。(　　)

A．灵敏度　　B．检出限　　C．检出浓度　　D．敏感度

答案：A

45. 我国化学试剂等级中，优级纯的表示符号为________。(　　)

A．AR　　B．GR　　C．CR　　D．LR

答案：B

46. 以下行为符合采样监测技术规范的是________。(　　)

A．在水泥磨关停时监测厂界环境噪声排放和对应敏感建筑物处噪声

B．焚烧炉启炉后，在运行达到稳定工况后，再进行废气监测

C．进行无组织排放监测时，监控点紧靠实心围墙，并把采气口置于围墙下

D．在进行废水中一类污染物的监测时，在企业废水总排口进行布点

答案：B

47. 我国生产的仪器上赋予________标志，其含义是制造计量器具许可证。(　　)

A．CMA　　B．OME　　C．CMC　　D．CNAS

答案：C

48. 在水样中加入________是为防止金属沉淀。(　　)

A．H_2SO_4　　B．NaOH　　C．$CHCl_3$　　D．HNO_3

答案：D

49. [CORROSIVE]是________危险品的警示标识。(　　)

A．爆炸品　　B．腐蚀品　　C．有毒物品　　D．易燃固体

答案：B

50. 固定的仪器设备的接地电阻值应________。(　　)

A．每一年必须测定一次　　B．每二年必须测定一次

C．每五年必须测定一次　　D．每十年必须测定一次

答案：C

51.《环境保护图形标志——排放口（源）》（GB 15562.1—1995）中，对于废水废气和噪声排放口（源）有提示和警告两种图形标志，其中，提示标志的形状和颜色为________。（　　）

A．方框，绿底，白色图形　　B．三角形，黄底，黑色图形

C．三角形，绿底，白色图形　　D．方框，黄底，黑色图形

答案：A

52. 内部质量控制的方式包括________。（　　）

A．密码样、明码样、空白样、加标回收、平行样

B．空白样、加标回收、平行样

C．密码样、明码样、空白样、

D．密码样、空白样、加标回收、平行样

答案：A

53. 不是温室气体的是________。（　　）

A．H_2O　　B．NO_x　　C．CH_4　　D．CO_2

答案：B

54. 在生态环境监测中，监测点位的布设应遵循尺度范围原则、信息量原则、经济性、代表性、________及不断优化的原则。（　　）

A．随机性　　B．全面性　　C．可控性　　D．稳定性

答案：C

55. 污染源排放标准选择方式为________。（　　）

A．先地方后国家、先行业后综合、环评要求

B．先国家后地方、先行业后综合、环评要求

C．先行业后综合、环评要求、先国家后地方

D．先综合、环评要求后行业、先国家后地方

答案：A

56. 建设项目竣工环境保护验收监测时，一般企业的生产工况，应达到设计规模的________%。（　　）

A．90　　B．85　　C．75　　D．70

答案：C

57. 松节油中的主要成分是________。（　　）

A．α- 蒎烯　　B．β- 蒎烯　　C．α- 蒎烯和 β- 蒎烯　　D．1- 莰烯

答案：C

58. 洗涤剂的污染会造成水面有不易流失的泡沫，并消耗水中的________。（　　）

A．微生物　　B．溶解氧　　C．矿物质　　D．电解质

答案：B

59. 下列物质暴露在空气中质量不会增加的是________。(　　)

A. 浓硫酸　　B. 草酸　　C. 无水氯化钙　　D. 生石灰

答案：B

60. 铬在水中的最稳定价态是________。(　　)

A. 六价　　B. 三价　　C. 二价　　D. 零价

答案：B

61. 一氧化碳是一种可以使人致死的有毒气体。汽车在________状态下排放的一氧化碳量较多。(　　)

A. 高速行驶　　B. 中速行驶

C. 加速行驶　　D. 开着发动机停车等候

答案：D

62. 五年环境质量报告书的起始年为________。(　　)

A. 1990 年　　B. 1991 年　　C. 1995 年　　D. 1996 年

答案：B

三、多选题

1. 防治污染的设施不得擅自________和________。(　　)

A. 使用　　B. 拆除　　C. 闲置　　D. 新增

答案：BC

2. 国务院生态环境部门根据国家环境质量标准、________和________，制定国家污染物排放标准。(　　)

A. 社会发展　　B. 国家经济　　C. 技术条件

答案：BC

3.《固定污染源监测质量保证与质量控制技术规范》(HJ/T 373—2007)规定固定污染源运行状况时，应记录企业的________情况。(　　)

A. 人员情况　　B. 生产情况

C. 污染物治理设施运行　　D. 企业自行监测情况

答案：BC

4. 污染物排放总量控制根据方法的不同分________。(　　)

A. 容量总量控制　　B. 目标总量控制

C. 指令性总量控制　　D. 区域性总量控制

E. 最佳技术经济条件下的总量控制

答案：ABCE

5. 以下________属于《地表水环境质量标准》(GB 3838—2002)中集中式生活饮用水地表水水源地补充项目。(　　)

A. 铁、锰　　B. 铅、镉

C. 硫酸盐、硝酸盐、氯化物　　D. 氰化物、亚硝酸盐、硫化物

答案：AC

6. 流域同步监测中，以下属必测项目的是________。(　　)

A. pH　　B. As　　C. COD　　D. NH_3-N

答案：ABCD

7. 按照赋存介质分类，地下水可分为________。(　　)

A. 孔隙水　　B. 裂隙水　　C. 潜水　　D. 承压水

E. 岩溶水

答案：ABE

8. 按照埋藏条件分类，地下水可分为________。(　　)

A. 孔隙水　　B. 包气带水　　C. 潜水　　D. 承压水

E. 岩溶水

答案：BCD

9. 引起水样水质变化的原因有________。(　　)

A. 生物作用　　B. 化学作用　　C. 物理作用　　D. 毒性作用

答案：ABC

10. 无机氮是________的总和，无机氮也称“活性氮”。(　　)

A. 硝酸盐氮　　B. 亚硝酸盐氮　　C. 氨氮　　D. 凯氏氮

答案：ABC

11. 加强________等高新技术在环境监测和质量管理中的应用，通过对环境监测活动全程监控，实现对异常数据的智能识别、自动报警。(　　)

A. 无人机　　B. 大数据　　C. 人工智能　　D. 卫星遥感

答案：BCD

12. 水质样品保存时，添加保存剂的方式有________。(　　)

A. 抑制溶液 pH　　B. 加入抑制剂　　C. 加入氧化剂　　D. 加入还原剂

答案：ABCD

13. 环境监测报告分为________和________。(　　)

A. 数据型　　B. 报表型　　C. 综合型　　D. 文字型

答案：AD

14. 对含采样结果在内的监测报告，应包括________信息。(　　)

A. 采样日期　　B. 采集样品的名称和类别

C. 采样地点　　D. 采样方案或程序

答案：ABCD

15. 下列物质中，属于环境监测范畴的挥发性有机物（VOCs）的有________。(　　)

A. 二氯二氟甲烷　　B. 1,3,5- 三甲基苯

C. 苯并［*a*］芘　　D. 甲烷

E. 四乙基铅　　F. 甲基叔丁基醚

答案：ABEF

16. 环境空气采样装置的制作材料，应选用不与被监测污染物发生化学反应和不释放有干扰物质的材料，一般以________等作为制作材料；对于只用于监测 SO_2 和 NO_2 的采样总管，也可选用不锈钢材料。(　　)

A. 聚四氟乙烯　　B. 硼硅酸盐玻璃　　C. 塑料　　D. 铜管

答案：AB

17. 下列描述正确的是________。(　　)

A. 测定水中六价铬时，采集水样的容器应使用具磨口塞的玻璃瓶，以保证其密封性

B. 沉积物样品的存放，一般使用广口容器，且要注意容器的密封

C. 测定氟化物的水样应置于玻璃瓶或塑料瓶中

D. 地下水监测项目中，水温监测每年 1 次，可与枯水期水位监测同步进行

E. 用滤纸过滤时，将滤液转移至滤纸上时，滤液的高度一般不要超过滤纸圆锥高度的 1/3，最多不超过 1/2 处

答案：BDE

18. 关于环境质量标准和污染物排放标准，下列说法正确的是________。(　　)

A. 国家环境质量标准是制定国家污染物排放标准的根据之一

B. 国家污染物排放标准由国务院环境保护行政主管部门制定

C. 省级政府可制定严于国家环境质量标准的地方环境质量标准

D. 地方污染物排放标准由省级生态环境行政主管部门制定，报省级政府备案

答案：AB

19.________决定水样的保存时间。(　　)

A. 水样性质　　B. 容器材质　　C. 水样体积　　D. 存放温度

答案：ABD

20. 水中溶解氧的含量与________因素有关。(　　)

A. 空气中氧的分压　　B. 大气压力　　C. 水温　　D. 水质污染状况

答案：ABCD

21. 环境中的二噁英的分析属于超痕量、多组分的分析技术，要保证分析结果的准确性，实验室必须具备的条件有________。

A. 有效的采样技术

B. 有针对性的定量提取和净化技术

C. 对异构体的高效分离定性定量技术

D. 良好的实验室质量管理体系和质量控制技术

答案：ABCD

22. 二噁英类物质在环境中的可能来源有________。(　　)

A. 金属冶炼　　B. 纸浆加氯漂白　　C. 森林失火　　D. 机动车排放气

E. 香烟烟雾

答案：ABCDE

23. 恶臭的主要来源物质为________。(　　)

A. 有机胺　　　　B. 有机硫化物　　　　C. 酮类　　　　D. 卤代烃类

答案：AB

24. 氨氮常用的测定方法有________。(　　)

A. 盐酸萘乙二胺分光光度法　　　　B. 滴定法

C. 水杨酸－次氯酸盐法　　　　D. 纳氏试剂比色法

答案：BCD

25. 在天然水和废水中，磷几乎以各种磷酸盐的形式存在，它们分别为________。(　　)

A. 正磷酸盐　　　　B. 缩合磷酸盐　　　　C. 有机结合的磷酸盐

答案：ABC

四、判断题

1.《大气固定污染源镉的测定　火焰原子吸收分光光度法》（HJ/T 64.1—2001）中大气固定污染源中的镉，是指经滤筒或滤膜采集的颗粒物中能被硝酸－高氯酸体系浸出的镉及其化合物。(　　)

答案：正确

2. 根据《地表水和污水监测技术规范》（HJ/T 91—2002），底质监测项目中必测项目为：砷、汞、烷基汞、铬、六价铬、铅、镉、铜、锌和有机质。(　　)

答案：错误

正确答案：《地表水和污水监测技术规范》（HJ/T 91—2002）规定，底质监测项目中必测项目为：砷、汞、烷基汞、铬、六价铬、铅、镉、铜、锌、硫化物和有机质。

3.《锅炉烟尘测试方法》（GB/T 5468—1991）中规定，对排放浓度的测试必须在锅炉设计出力70% 以上的情况下进行。(　　)

答案：正确

4.《排污单位自行监测技术指南　总则》（HJ 819—2017）规定，当排污单位的排放口位置、监测点位、监测指标、监测频次、监测技术中任一项内容发生变化时，均应变更监测方案。(　　)

答案：正确

5. 2018 年，在环境监测领域全面禁用的可消耗臭氧层物质（ODS）是四氯乙烯。(　　)

答案：错误

正确答案：四氯化碳。

6. BOD 和 COD 都可表示水中有机物的多少，但 COD<BOD。(　　)

答案：错误

正确答案：BOD 和 COD 都可表示水中有机物的多少，一般情况下，同一水样的 COD 大于 BOD。

7. ppm 指的是百万分之一体积浓度。(　　)

答案：正确

8. 顺河流流向的左侧陆地为河流左岸，右侧陆地为河流右岸。(　　)

答案：正确

9. 苯并［*a*］芘是一种有代表性的强致癌物质，对人体有严重危害性，已被列为环境污染致癌物监测工作中常规监测项目之一。(　　)

答案：正确

10. 标准状态是指温度为 273℃，压力为 101 325 Pa 时的状态。(　　)

答案：错误

正确答案：我国规定气体的标准状态是指温度为 273 K、压力为 101.325 kPa 时的状态。

11. 采样现场测定记录中要记录现场测定样品的处理及保存步骤，测量并记录现场温度。(　　)

答案：错误

正确答案：现场测定记录中要记录所有样品的处理及保存步骤，测量并记录现场温度。

12. 采用铬酸钡分光光度法和离子色谱法测定废气中硫酸雾，测定的是硫酸雾及颗粒物中的可溶性硫酸盐。(　　)

答案：错误

正确答案：铬酸钡分光光度法和离子色谱法测定的都是硫酸根离子，不能分别测定硫酸雾及颗粒物中的可溶性硫酸盐。

13. 测定透明度时，将盘在船的背光处平放水中，逐渐下沉，至恰恰不能看见盘面的白色时，记录其尺度，重复测量 2 次，取平均值。(　　)

答案：正确

14. 产污系数是指在正常技术经济和管理等条件下，生产单位产品或产生污染活动的单位强度（如重量、体积和距离等）所产生的原始污染物量。(　　)

答案：正确

15. 撤销的固体废物样品不许随意丢弃，应送回原采样处或处置场所。(　　)

答案：正确

16. 大气颗粒物在酸雨形成中起了缓冲作用。(　　)

答案：正确

17. 大气污染物的浓度与气象条件有着密切关系，在监测大气污染的同时还需测定风向、风速、气温、气压等气象参数。(　　)

答案：正确

18. 当介质 pH 降低时，土壤胶体微粒表面所负电荷也减少，其阳离子交换量也降低；反之就增大。(　　)

答案：正确

19. 地方环境监测站对污染源的监督性监测每年不少于 1 次，如被国家或地方生态环境行政主管部门列为年度监测的重点排污单位，应增加到每年 2 ～ 4 次。(　　)

答案：正确

20. 地球环境是由岩石圈、水圈、土壤圈、生物圈和大气圈共同构成的。(　　)

答案：正确

21. 对于一种工业固体废物，若没有确切的资料说明它的危险性，所有新的待采物质都应认为是无害的。(　　)

答案：错误

正确答案：若没有确切的资料说明它的危险性，所有新的待采物质都应认为是危险的。

22. 废物焚烧中二噁英类物质的产生主要发生在焚烧炉尾部烟道气体冷却过程中，烟道灰表面发生合成反应，生成二噁英类物质的活性温度区间是 500 ～ 800℃。(　　)

答案：错误

正确答案：活性温度区间是 250 ～ 450℃。

23. 高锰酸盐指数可以作为理论需氧量或总有机物含量的指标。(　　)

答案：错误

正确答案：水质高锰酸盐指数是反映水体中有机及无机可氧化物质污染的常用指标。高锰酸盐指数不能作为理论需氧量或总有机物含量的指标，因为在规定的条件下，许多有机物只能部分地被氧化，易挥发的有机物也不包含在测定值之内。

24. 根据《水质　色度的测定》(GB/T 11903—1989)，铂钴比色法表示色度的单位为度，稀释倍数法表示色度的单位为倍。(　　)

答案：正确

25. 汞是一种具有易挥发毒性的元素，其中无机汞比有机汞的毒性大。(　　)

答案：错误

正确答案：有机汞的毒性更大。

26. 光敏物质包括藻类样品的容器，应特别注意，为防止光的照射，多采用不透明材料或有色玻璃容器，而且在整个存放期间，它们应放置在避光的地方。(　　)

答案：正确

27. 国家污染物排放标准分为综合性排放标准和行业性排放标准两大类。(　　)

答案：正确

28. 还原型空气污染主要污染物是 SO_2。(　　)

答案：错误

正确答案：还原型空气污染主要污染物是 NO_x、C_xH_x。

29. 化学需氧量和氨氮等必测污染物，不分行业和污水排放方式，也不分受纳水体的功能类别，一律在车间或车间处理设施排放口采样。(　　)

答案：错误

正确答案：化学需氧量和氨氮不属于第一类污染物，只有第一类污染物，不分行业和污水排放方式，也不分受纳水体的功能类别，才一律在车间或车间处理设施排放口采样。

30. 挥发酚是指沸点在 230℃以上的酚类物质。(　　)

答案：错误

正确答案：挥发酚是指沸点在 230℃以下的酚类物质。

31. 监测 NO_2 时，测定结果计算公式中要除以转换系数，其值为 0.74。(　　)

答案：错误

正确答案：0.76。

32. 监测点位的设置应根据监测对象的具体情况，依据相关标准或技术规范进行，以保证监测

信息的代表性和完整性。(　　)

答案：正确

33. 将组成和性质与待测样品相似，且含量已知的物质作为分析测定的标准，以避免基体效应所产生的误差，这种物质就是环境标准物质。(　　)

答案：正确

34. 开展现场测试或采样时，至少有 2 名监测人员在场。(　　)

答案：正确

35. 凯氏氮是指以凯氏法测得的含氮量，它包括氨氮和在此条件下能被转变为铵盐而测定的硝酸盐氮、亚硝酸盐氮和有机氮化合物。(　　)

答案：错误

正确答案：凯氏氮是指以凯氏法测得的含氮量，它包括氨氮和在此条件下能被转变为铵盐而测定的有机氮化合物。

36. 颗粒物是指燃料和其他物质在燃烧、合成、分解以及各种物料在机械处理中所产生的悬浮于排放气体中的固体颗粒状物质。(　　)

答案：错误

正确答案：颗粒物是指燃料和其他物质在燃烧、合成、分解以及各种物料在机械处理中所产生的悬浮于排放气体中的固体和液体颗粒状物质。

37. 可吸入颗粒物是指环境空气中空气动力学当量直径≤ 100 μm 的颗粒物。(　　)

答案：错误

正确答案：可吸入颗粒物是指环境空气中空气动力学当量直径≤ 10 μm 的颗粒物。

38. 空气中的二次污染物多半呈蒸汽态。(　　)

答案：正确

39. 粒子状态污染物是分散在空气中的微小的固体颗粒，粒径多在 0.01 ～ 100 μm，是一个复杂的非均匀体系。(　　)

答案：正确

40. 硫酸盐化速率与酸雨分布相关分析认为，硫酸盐化速率监测值越高，二氧化硫转化为硫酸盐并形成湿沉降的可能性越大。(　　)

答案：正确

41. 煤样的粒度越大，其不均匀度越大。(　　)

答案：正确

42. 密码平行质控样是在同一采样点上，同时采集双份样品，按密码方式交付实验室进行分析。(　　)

答案：正确

43. 某项目检测方法的检出限是 0.05 mg/L，即可以视为在 0.05 mg/L 浓度水平以上，是可以被准确定量的。(　　)

答案：错误

正确答案：是可以被准确定性的。

44. 汽车排气中的氮氧化物（NO_x）和碳氢化合物（HC）是形成光化学烟雾的主要前体污染物。(　　)

答案：正确

45. 强制性环境标准以外的环境标准属于推荐性环境标准。国家鼓励采用推荐性环境标准，推荐性环境标准被强制性环境标准引用，是为了推荐参照执行。(　　)

答案：错误

正确答案：推荐性环境标准被强制性标准采用，也必须强制执行。

46. 色度是水样的颜色强度，铂钴比色法和稀释倍数法测定结果均表示为“度”。(　　)

答案：错误

正确答案：铂钴比色法表示色度用“度”，稀释倍数法表示色度用“倍”。

47. 商场属于Ⅰ类民用建筑。(　　)

答案：错误

正确答案：商场属于Ⅱ类民用建筑。

48. 水的透明度与浊度成正比，水中悬浮物越多，其透明度就越低。(　　)

答案：错误

正确答案：透明度与浊度成反比。

49. 水泥厂竣工验收监测，应在设备正常生产和工况达到设计规模 75% 以上时进行。(　　)

答案：错误

正确答案：水泥厂竣工验收监测，应在设备正常生产和工况达到设计规模 80% 以上时进行。

50. 水体富营养化的主要原因是水体中的氮和磷的浓度超标。(　　)

答案：正确

51. 水体是指被水覆盖地段的自然综合体，它包括水、水中的悬浮物、底质和水生生物。(　　)

答案：正确

52. 水样消解的主要目的是破坏所有的干扰物质。(　　)

答案：错误

正确答案：破坏有机物。

53. 水样运输时，冬季要注意保温处理。(　　)

答案：正确

54. 水俣病事件指 1956 年在日本熊本县水俣湾一带发生的一种食品污染公害事件，其主要污染物是多氯联苯。(　　)

答案：错误

正确答案：其主要污染物是汞。

55. 水中氨氮是指以游离氨（NH_3）或有机氨化合物形式存在的氨。(　　)

答案：错误

正确答案：水中氨氮是指以游离氨（NH_3）或铵盐（NH_4^+）形式存在的氮。

56. 水中存在的游离氨（NH_3）和铵盐（NH_4^+）的组成比取决于水的温度和 pH。当 pH 偏高时铵盐的比例较高；反之，则游离氨的比例高。(　　)

答案：错误

正确答案：pH 偏高，游离氨比例较高；反之，则铵盐的比例高。

57. 根据《水质　氰化物的测定　容量法和分光光度法》（HJ 484—2009），水中总氰化物包括简单氰化物和所有的络合氰化物。（　　）

答案：错误

正确答案：根据《水质　氰化物的测定　容量法和分光光度法》（HJ 484—2009），总氰化物是指在 pH<2 介质中，磷酸和 EDTA 下，加热蒸馏，形成氰化氢的氰化物，包括全部简单氰化物和绝大部分络合氰化物，但不包括钴氰络合物。

58. 水中石油类为烃类的混合物，其所含的烷烃类物质一般比芳香烃类物质少。（　　）

答案：错误

正确答案：其所含的芳烃类物质一般要比烷烃类物质少。

59. 酸性重铬酸钾可氧化大部分有机物，在硫酸银的催化作用下，直链脂肪族化合物可完全被氧化，而具有特殊结构的化合物如吡啶、芳烃等难以被氧化，其氧化率较低。（　　）

答案：正确

60. 酞酸酯类化合物毒性随着分子中醇基碳原子数的增加而增强。（　　）

答案：错误

正确答案：酞酸酯类化合物毒性随着分子中醇基碳原子数的增加而减弱。

61. 碳酸盐碱度，只有在酚酞碱度不是零，但小于总碱度时才存在。（　　）

答案：正确

62. 同步监测是根据管理需要组织全流域监测站进行的在大致相同的时段内，对主要控制项目的监测。（　　）

答案：正确

63. 环境监测方法标准的测定下限，是按照 4 倍检出限来确定的。（　　）

答案：正确

64. 土壤酸性增大，使土壤中许多金属离子的溶解度增大，其有效性或毒性均增大。（　　）

答案：正确

65. 推荐性环境标准被强制性环境标准引用，即为强制执行标准。（　　）

答案：正确

66. 为便于了解大气污染物对不同区域的影响，采样布点方法为同心圆法。（　　）

答案：错误

正确答案：功能区法。

67. 温室气体包括二氧化碳、氧化亚氮、氢氟碳化物、全氟碳化物、六氟化硫与三氟化氮。（　　）

答案：错误

正确答案：还有甲烷。

68. 我国酸雨是典型的硫酸型污染。（　　）

答案：正确

69. 五价砷化合物比三价砷化合物毒性更强。(　　)

答案：错误

正确答案：三价砷化合物比五价砷化合物毒性更强。

70. 稀释样品或标准溶液时，稀释倍数大于100倍时，应逐级稀释。(　　)

答案：正确

71. 系统误差是恒定的，具有明显的方向性（或正或负），在实验中不易被发现，增加重复测量次数可以减小。(　　)

答案：错误

正确答案：增加重复测量次数不会减小。

72. 样品在采集、运输、保存、交接、制备和分析测试过程中，应严格遵守操作规程，确保样品质量。(　　)

答案：正确

73. 一般情况下，环境空气中臭氧浓度在中午至下午3点钟左右达到最高，夜里最低。(　　)

答案：正确

74. 一般情况下分析有机污染物的水样应冷藏和冷冻，并在7日内萃取完毕。(　　)

答案：正确

75. 一次污染物是指直接从各种污染源排放到大气中的有害物质。而二次污染物是一次污染物在大气中经转化后形成的物质，因此二次污染物的毒性要比一次污染物的毒性小。(　　)

答案：错误

正确答案：二次污染物对环境和人体的危害通常比一次污染物严重。

76. 一个分析方法的空白实验值之大小和它的分散程度，都直接影响着这个方法的检出限和实验的精密度。(　　)

答案：正确

77. 一条理想的标准曲线，对其相关系数 r 的绝对值的要求是0.99。(　　)

答案：错误

正确答案：0.999或99.9%。

78. 用于校准采样仪器的流量校准装置，其精度应高于采样仪器流量计的精度。(　　)

答案：正确

79. 由于pH受水温影响而变化，测定时应在现场快速测定。(　　)

答案：错误

正确答案：由于pH受水温影响而变化，测定时应启用温度补偿装置，校正温度对电极信号的影响。

80. 由于土壤组成的复杂性和理化性状的差异，重金属在土壤环境中的形态多样，其中以有效态和结合态的毒性最大。(　　)

答案：错误

正确答案：由于土壤组成的复杂性和理化性状的差异，重金属在土壤环境中的形态多样，其中以有效态和交换态的毒性最大。

81. 有机氮化合物主要是蛋白质、肽、氨基酸、核酸、尿素以及化合的氮，但主要为负三价态的有机氮化合物。(　　)

答案：正确

82. 有机物综合指标的选择可根据水质情况决定，水质较差的可选用高锰酸盐指数仪器。(　　)

答案：错误

正确答案：水质较差的，可选用化学需氧量、TOC 等指标。

83. 原生环境问题和次生环境问题是按环境问题造成的危害后果进行划分的。(　　)

答案：错误

正确答案：是按产生环境问题的原因不同进行划分的。

84. 在排污单位水污染物中，总镍、总铍、总铅、总锰、总砷、总铬、总汞、烷基汞均属于第一类污染物。(　　)

答案：错误

正确答案：总汞、烷基汞、总镉、总铬、六价铬、总砷、总铅、总镍、苯并［*a*］芘、总铍、总银、总 α 放射性、总 β 放射性均属于第一类污染物。

85. 在气态污染物分析仪中，限流孔或毛细管是常用的恒流元器件，只有限流孔上下游的气压比大于 3∶1 时，才能起到恒流的作用。(　　)

答案：错误

正确答案：两端压力差增加至某一临界值（至少 0.7 个大气压），采样流量方可保持恒定。

86. 在确保饮用水水源水质不受污染的前提下，划定的水源保护区范围应尽可能大。(　　)

答案：错误

正确答案：在确保饮用水水源水质不受污染的前提下，划定的水源保护区范围应尽可能小。

87. 在生活饮用水地表水源取水口附近可以划定一定的水域和陆域为一级保护区。(　　)

答案：正确

88. 在饮用水水源保护区内，尽可能少地设置排污口。(　　)

答案：错误

正确答案：禁止在饮用水水源保护区内设置排污口。

89. 总氮测定通常采用过硫酸钾氧化，使水中有机氮和无机氮（化合物）转变为硝酸盐，然后再以紫外分光光度法、偶氮比色法、离子色谱法或气相分子吸收法进行测定。(　　)

答案：正确

90. 总汞、总镉、六价铬、氰化物和苯胺都是有毒污染物，属于《污水综合排放标准》（GB 8978—1996）中的第一类污染物。(　　)

答案：错误

正确答案：总汞、总镉、六价铬属于《污水综合排放标准》（GB 8978—1996）中的第一类污染物。

91. 总悬浮颗粒物是指环境空气中空气动力学当量直径小于等于 100 μm 的颗粒物。(　　)

答案：正确

92. 总硬度是指水样中各种能和 EDTA 络合的金属离子的总量。(　　)

答案：错误

正确答案：总硬度是指水中钙和镁的总浓度。

93. 总硬度是指水中钙和镁的总浓度。(　　)

答案：正确

94. 工业锅炉是我国重要的热能动力设备，它包括压力≤ 2.45 MPa，容量≤ 65 t/h 的工业用蒸汽锅炉、采暖热水锅炉、民用生活锅炉、自备 / 热电联产锅炉、特种用途锅炉和余热锅炉。(　　)

答案：正确

95. 环境质量报告书中应反映各环境要素原始监测数据。(　　)

答案：错误

正确答案：环境质量报告书中不应反映各环境要素原始监测数据。

96. 炼油厂和汽车制造厂排污废水中需监测挥发酚。(　　)

答案：错误

正确答案：汽车制造厂排污废水中不需监测挥发酚，其特征污染物有苯系物（来自涂装）、重金属（镍等）和总磷（来自涂装中的磷化工艺）等。

97. 环境质量报告书按内容和管理的需要，分为年度环境质量报告书和五年环境质量报告书两种。(　　)

答案：正确

五、简答题

1. 什么是大气污染物？

答案：由于人类活动所排放大量的污染物质，使空气中有关物质的浓度超过了背景浓度，当这些物质的浓度达到了对人类健康和自然生态环境产生不利影响时，空气受到污染，这些物质被称为大气污染物。[出自《空气和废气监测分析方法》（第四版）]

2. 什么是高锰酸盐指数？

答案：指在一定条件下，以高锰酸钾为氧化剂，氧化水样中的某些有机物及无机还原性物质，所消耗的量，以 mg/L 为单位的氧的消耗量来表示。

3. 简述环境监测的目的。

答案：准确、及时、全面地反映环境质量现状及发展趋势，为环境管理、污染源控制、环境规划等提供科学依据。

4. 什么是混合水样？

答案：在同一采样点于不同时间所采集的瞬时水样的混合水样。

5. 简述化学需氧量的概念及其在水环境监测中的作用。

答案：化学需氧量是指水样在一定的条件下，氧化 1L 水样中还原性物质所消耗的氧化剂的量，以 mg/L 为单位的氧的消耗量表示。COD 反映了水中受还原性物质污染的程度，也作为有机物相对含量的综合指标之一。

6. 什么是固定污染源排气中颗粒物？

答案：燃料和其他物质在燃烧、合成、分解以及各种物料在机械处理中所产生的悬浮于排放气体中的固体和液体颗粒状物质。

7. 什么是可吸入颗粒物（PM_{10}）?

答案：指悬浮在空气中，空气动力学当量直径≤ 10 μm 的颗粒物。

8. 论述生化需氧量的监测意义。

答案：生化需氧量（BOD_5）测得的是能被微生物所降解的水中有机物的总量，是反映水体被有机物污染程度的综合指标，因此，测定废水中的 BOD_5 可了解废水的可生化性，为选择废水的处理方法和进行工程设计提供科学依据，同时 BOD_5 是废水处理运行过程中的一个重要控制指标。

9. 什么是采样效率?

答案：一个采样方法或一种采样器的采样效率是指在规定的采样条件下（如采样流量、污染物浓度范围、采样时间等）下所采集到的污染物量占其总量的百分数。

10. 什么是优先污染物?

答案：对进入环境的众多污染物进行分级排队，从中选出潜在危害性大（难以降解、有一定的残留水平，具有生物累积性，"三致"物质，毒性大），在环境中出现频率高以及现代已有检出方法的污染物作为监测和控制对象，经过这一筛选过程优先选择的污染物称为环境优先污染物，简称为优先污染物。

11. 什么是生化需氧量?

答案：指在一定条件下，微生物分解水中某些可氧化的物质，特别是分解有机物的生物化学过程消耗的溶解氧量。

12. 简述新风量的定义。

答案：在门窗关闭的状态下，单位时间内由空调系统通道、房间的缝隙进入室内的空气总量，单位 m^3/h。

13. 用吸收瓶采样时，如何检查采样系统是否漏气?

答案：按规范连接各部件，关上采样管出口三通阀，打开抽气泵抽气，使真空压力表负压上升到 13 kPa，关闭抽气泵一侧阀门，如压力计压力在 1 min 内下降不超过 0.15 kPa，则视为系统不漏气。

14. 什么是总需氧量（TOD）?

答案：指水中能被氧化的物质，主要是有机物质在燃烧中变成稳定的氧化物时所需要的氧量，结果以 mg/L 为单位的氧的消耗量表示。

15. 何谓危险废物的毒性，毒性单位是什么?

答案：毒性是指能够对人体、动植物造成毒性伤害的性能。一般分为浸出毒性、急性毒性、水生物毒性、植物毒性等。

毒性单位是指毒性浓度或剂量占毒性效应浓度或剂量的比例，通常用被暴露浓度或剂量除以 LC_{50} 或 LD_{50} 计。

16. 简述臭氧层的作用与环境空气中臭氧的危害。

答案：臭氧层的三大作用，分别是保护作用、加热作用和温室气体作用。

保护作用：臭氧层能够吸收太阳光中波长 300 μm 以下的紫外线，保护地球上的人类和动植物免遭短波紫外线的伤害；

加热作用：臭氧层能够吸收太阳光中的紫外线并将其转换为热能加热大气，大气的温度结构对于大气的循环具有重要的影响，这一现象的起因也来自臭氧的高度分布；

温室气体作用：在对流层上部和平流层底部，即在气温很低的这一高度，臭氧的作用同样非常重要。如果这一高度的臭氧减少，则会产生使地面气温下降的动力。

臭氧还是光化学烟雾的主要成分，占比高达90%，光化学烟雾能严重破坏空气质量，使大气能见度急剧下降。当臭氧浓度超标1.5倍时（相对我国臭氧小时浓度二级标准），人的眼、鼻、喉有刺激的感觉；超标2倍时，出现头疼及呼吸器官局部麻痹等症状；若长时间接触高浓度臭氧，还会引起永久性心脏障碍。

17. 简述什么是生态环境监测。

答案： 生态环境监测，是指按照山水林田湖草系统观的要求，以准确、及时、全面反映生态环境状况及其变化趋势为目的而开展的监测活动，包括环境质量、污染源和生态状况监测。其中，环境质量监测以掌握环境质量状况及其变化趋势为目的，涵盖大气、地表水、地下水、海洋、土壤、辐射、噪声、温室气体等全部环境要素；污染源监测以掌握污染排放状况及其变化趋势为目的，涵盖固定源、移动源、面源等全部排放源；生态状况监测以掌握生态系统数量、质量、结构和服务功能的时空格局及变化趋势为目的，涵盖森林、草原、湿地、荒漠、水体、农田、城乡、海洋等全部典型生态系统。环境质量监测、污染源监测和生态状况监测三者之间相互关联、相互影响、相互作用。

18. 简述生态监测的概念。

答案： 生态监测是采用生态学的各种方法和手段，在时间和空间上对特定区域范围内生态系统或生态系统组合体的类型、结构和功能及其组合要素等进行系统地测定和观察的过程。

19. 因人类活动不恰当地改变地下水环境，可能会导致哪些地质灾害情形出现（至少列出三种）？

答案： 地面沉降、地裂缝、岩溶塌陷、矿坑与隧道突水、海水入侵含水层等。

20. 说明监测哪些项目需单独采样；哪些项目需单独定容采样。（至少各列出3种）

答案： 单独采样：油类、生化需氧量、DO、硫化物、余氯、粪大肠菌群、SS、放射性；

定容采样：油类、生化需氧量、DO、硫化物、余氯。

21. 简要叙述开展固定污染源监测时，对企业生产工况的要求。

答案：

（1）在现场监测期间，应有专人负责对被测污染源工况进行监督，保证生产设备和治理设施正常运行，工况条件符合监测要求。

（2）通过对监测期间主要产品产量、主要原材料或燃料消耗量的计量和调查统计，以及与相应设计指标的比对，核算生产设备的实际运行负荷和负荷率。

（3）相关标准中对监测时工况有规定的，按相关标准的规定执行。

（4）除相关标准另有规定的，对污染源的日常监督性监测，采样期间的工况应与平时的正常运行工况相同。

（5）建设项目竣工环境保护验收监测应在工况稳定、生产负荷达到设计生产能力的75%以上情况下进行。

22. 土壤污染物主要有哪些?

答案: 土壤中的污染物一般可分为无机污染物和有机污染物。无机污染物以重金属为主，如镉、汞、砷、铅、铬、铜、锌、镍，局部地区还有锰、钴、硒、钒、锑、铊、钼等。有机污染物种类繁多，包括苯、甲苯、二甲苯、乙苯、三氯乙烯等挥发性有机污染物，以及多环芳烃、多氯联苯、有机农药类等半挥发性有机污染物。

23. 简述大气污染的类型。

答案:

（1）还原型（煤烟型）污染：常发生在以使用煤炭和石油为主的地区，主要污染物是二氧化硫、一氧化碳和颗粒物。在低温、高湿、风速很小，并伴有逆温存在的阴天，污染物易在低空生成还原性烟雾。

（2）氧化型（汽车尾气型）污染：汽车排气、燃油锅炉以及石油化工企业产生的主要一次污染物，如一氧化碳、氮氧化物和碳氢化合物等，在太阳的照射下能引起光化学反应，生成二次污染物。

（3）石油型污染：主要来自汽车排放、石油冶炼及石油化工厂的排放，包括二氧化氮、烯烃、链烷、醇、羰基等。

（4）混合型污染：包括以煤炭为燃料的污染源排放的污染物，以及从各类工业企业排出的各种化学物质等。

（5）特殊型污染：由工厂排出的特有污染物而造成的大气污染。

24. 挥发性有机物（VOCs）是臭氧污染的重要前体物,《2019 年地级及以上城市环境空气挥发性有机物监测方案》中，涉及的 VOCs 监测项目有哪些?

答案: 57 种非甲烷烃（PAMS 物质）、13 种醛酮类 VOCs 组分和非甲烷总烃等项目。

25. 简述环境空气中一次污染物和二次污染物的含义，并举例说明它们之间的关系。

答案:

（1）一次污染物：由污染源排放到空气中，且未发生化学变化的污染物。

（2）二次污染物：由污染源排放出的一次污染物进入空气中，在物理和化学作用下，发生一系列化学反应，形成另一种污染物。如一次污染物二氧化硫在空气中氧化成硫酸盐气溶胶，汽车排气中的氮氧化物、碳氢化合物在日光照射下发生光化学反应生成的臭氧、过氧乙酰硝酸酯、甲醛和酮类等二次污染物。

26. 简述生态系统的概念、组成要素及基本功能。

答案: 在一定空间内生物成分和非生物成分通过物质循环和能量流动相互作用、互相依存而构成的一个生态学功能单位。生态系统的组成要素为生产者、消费者、分解者及非生物环境，生态系统的基本功能有能量流动、物质循环和信息传递。

27. 简述水体富营养化的定义、成因和危害。

答案:

（1）定义：由于氮、磷等植物营养物质含量过多而引起的水质污染现象称为水体富营养化，一般发生在湖泊、河口和海湾等缓流水体中。

（2）成因：①天然来源：天然湖泊的形成过程是由贫营养型逐渐演变为富营养型的。营养物质的来源有降雨中带来、土壤淋溶和流失、水体中动植物死亡后的释放；②人为来源：由于工农业生产的迅速发展，使营养物质大量进入湖泊水体，加速了湖泊演化的过程，其来源有城市生活污水带来大量 N、P 以及农村施用的化肥、牲畜粪便，经面源污染而进入湖泊。

（3）危害：使水味变得腥臭难闻；降低水体的透明度；影响水体的溶解氧；向水体释放有毒物质；影响供水水质并增加制水成本；对水生生态系统造成危害。

28. 简述土壤环境容量的概念及其研究目的和意义。

答案：概念：土壤环境容量（或称土壤负载容量）通常是指土壤环境单元容许承纳的污染物质的最大数量或负荷量。

土壤环境容量是针对土壤中的有害物质而言的，土壤之所以对各种污染物有一定的容纳能力，与土壤本身具有一定的净化功能有关。

研究目的和意义：土壤环境容量涉及土壤污染物的生态效应和环境效应，污染物的迁移、转化和净化规律。它不仅能把土壤容纳污染物的能力与污染源允许排放量联系起来，进行区域污染源的总量控制，而且还能推导出土壤环境质量标准、农田灌溉水标准和污泥农田施用标准，因而具有重要的理论意义和应用价值。

29. 为了有效防治日益严峻的臭氧污染形势，《环境空气质量标准》（GB 3095—2012）将臭氧纳入并开展监测。臭氧作为二次污染物，其形成原因是什么？臭氧前体物主要包括在大气中的浓度相对较高的，含碳元素在什么范围的 50 余种非甲烷碳氢化合物？

答案：（1）氮氧化物（NO_x）与挥发性有机物（VOCs）在高温和强光条件下，发生光化学反应，从而形成臭氧；

（2）臭氧前体物包含了 C_2 到 C_{12} 的 50 余种非甲烷碳氢化合物，其在大气中的浓度相对较高。

30. 某市有一个内湖，有含有机氮（主要为生活污水）污水排入，经检测湖水溶解氧的含量为 6.8 mg/L 并一直保持有氧状态。在污水排入后的 50 天内，水中的氮化物变化情况如下图所示。试说明水体含氮污染源种类、含氮化合物在微生物作用下的变化规律及测定各种含氮化合物的意义。

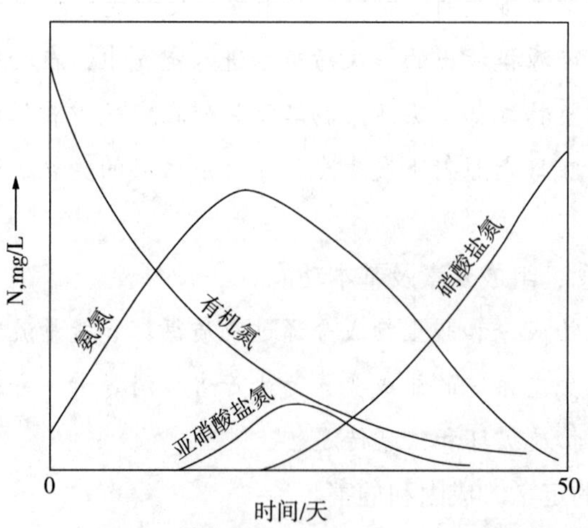

答案：水体受含氮化合物污染的来源主要有有机氮和无机氮。有机氮在微生物的作用下，能够转化为无机氮。转化过程为：有机氮—氨氮—亚硝酸盐氮—硝酸盐氮。测定各种形式的含氮化合物，有助于评价水体被污染和自净的状况。

31. 采样的目的和基本原则是什么?

答案: 采样目的：从被检验的总体物料中取得有代表性的样品。通过对样品的检测，得到在容许误差内的数据，从而求得被检物料的某一或某些特性的平均值及变异性。

采样原则：为了掌握总体物料的成分、性能、状态等特性，往往需要按一定方案从总体物料中采得能代表总体物料的样品，通过对样品的检测了解总体物料的情况。因此，被采得的样品应具有充分的代表性。

32. 什么是检出限？它有什么用途?

答案: 检出限是以适当的置信度检出待测元素的最小浓度或最小量，它是用其强度或吸光度接近于空白，并显然是可检测的溶液，经若干次重复测定所得强度或吸光度标准偏差的 k 倍求出的量（k 一般取 2 或 3）。

主要用途：①用于了解仪器性能，即在测定条件下仪器测得数值的重复性，再和特征浓度配合在测定灵敏度和精密度上做全面确定；②进一步确定标准液中加入的待测元素在标准曲线中的最低点量，一般要求此点的量应是检出限的 20 倍。

33. 环境监测全过程的一般程序是什么?

答案: 现场调查、监测计划设计、优化布点、样品采集、运送保存、分析测试、数据处理、综合评价。

34. 监测数据“五性”是什么？简述其含义。

答案: 监测数据“五性”包括代表性、准确性、精密性、可比性和完整性。

（1）代表性：指在具有代表性的时间、地点，并按规定的采样要求采集有效样品，使监测数据能真实代表污染物存在的状态和污染现状。

（2）准确性：指测定值与真实值的符合程度，一般以监测数据的准确度来表征。

（3）精密性：指测定值有无良好的重复性和再现性，一般以监测数据的精密度表征。

（4）可比性：指用不同的测定方法测量同一样品时，所得出结果的一致程度。

（5）完整性：强调工作总体规划得到切实完成，即保证按预期计划取得系统性和连续性的有效样品，而且无缺漏地获得监测结果及有关信息。

35. 编写水质核查报告主要内容有哪些?

答案:

（1）任务的来由；

（2）核查的内容及核查的方式；

（3）水质评价标准；

（4）现场调查情况；

（5）现场采样监测结果情况及评价；

（6）监测结果的分析；

（7）问题与建议。

36. 省级环境质量报告书的构成要素有哪些?

答案:

（1）概况（自然环境概况、社会经济概况、环境保护工作概况）；

（2）污染排放（环境空气、水、固体废物）；

（3）环境质量状况（环境空气、酸沉降、沙尘暴、地表水、饮用水水源地、地下水、声环境、生态环境、农村环境、土壤环境、辐射环境）；

（4）环境质量结论；

（5）主要环境问题及对策建议。

37. 机构调整后的新增职能在报告书中如何体现？

答案：

（1）增加应对气候变化和减排相关内容；

（2）增加地下水环境质量状况与污染情况；

（3）增加农业农村面源污染；

（4）增加海洋环境相关内容；

（5）增加流域及跨流域水环境质量与污染状况。

六、计算题

1. 已知一氧化碳体积分数为 24 ppm（10^{-6}），换算成浓度 mg/m^3 是多少？（答案保留三位有效数字）

答案：C_{CO}=(28 × 24)/22.4=30.0 (mg/m^3)

2. 空气采样时，现场气温为 18℃，大气压力为 85.3 kPa，实际采样体积为 450 ml。问标准状态下的采样体积是多少？（在此不考虑采样器的阻力）

答案：$V_0=\dfrac{0.45\times273\times85.3}{(273+18)\times101.3}=0.36(\text{L})$

3. 请将下列计算结果按计算规则修约。

（1）24 × 1.0081 × 3.52=85.164 3　（　　）

（2）15.1+37.82−12.135=40.785　（　　）

（3）1.21^2=1.464 1　（　　）

（4）lg25=1.397 9　（　　）

答：（1）85（2）40.8（3）1.46（4）1.40

4. 请按有效数字及其计算规则进行运算并修约：

（1）24 × 1.008 × 13.52 ≈ 24 × 1.01 × 13.5=（　　）

（2）15.1+37.82−12.135 ≈ 15.1+37.82−12.14=（　　）

（3）lg10=（　　）

答案：

（1）24 × 1.008 × 13.52 ≈ 24 × 1.01 × 13.5=3.3 × 10^2

（2）15.1+37.82−12.135 ≈ 15.1+37.82−12.14=40.8

（3）lg10=1.00

第二节　实验室基础知识

一、填空题

1. 玻璃仪器分为两大类：一类为容器，用以贮存和运送物料，容纳物质在其中进行化学反应；另一类为____________，计量量入、量出溶液体积。

答案：量器

2. 表征合理地赋予被测量之值的分散性，与测量结果相联系的参数，称为____________。

答案：不确定度

3. 在配制标准溶液时，所选用的基准试剂中目标元素的质量比应较小，使称样量较大，这样可以____________。

答案：减少称量误差

4. 用原料气配制低浓度标准气的方法有____________、____________。

答案：静态配气法　动态配气法

5. 根据天平的感量（分度值），通常把天平分为普通天平、分析天平和微量天平三类，其中感量在____________ g 以上的天平称为分析天平。

答案：0.000 1

6. 一碱性水样可能含有 OH^- 或 CO_3^{2-} 或 HCO_3^- 或它们的混合溶液，现用盐酸标准溶液对其进行滴定，若以酚酞作指示剂消耗盐酸溶液 V_1（ml），若以甲基橙为指示剂消耗盐酸溶液 V_2（ml），则当 $V_1>V_2$ 时，水样中含有____________；当 $V_1<V_2$ 时，水样中含有____________。

答案：OH^- 和 CO_3^{2-}　CO_3^{2-} 和 HCO_3^-

7. 样品保存剂如酸、碱或其他试剂在采样前应进行空白试验，其________和________必须达到分析的要求。

答案：纯度　等级

8. 溶剂萃取法是基于物质在不同的溶剂相中____________不同，而达到组分的富集与分离。

答案：分配系数

9. 用蒸发皿作蒸发器皿时，其中溶液的量____________。

答案：不超过蒸发皿容积的 2/3

10. 实验室用水分为三个级别，其主要水质要求指标为 pH、____________、可氧化物质含量、吸光度、____________、____________等。

答案：电导率　蒸发残渣　可溶性硅

11. 冷凝管所用冷却水的走向应自____________端走至____________端。

答案：低　高

12. 量器的标准容量通常是指在____________℃时的容量。

答案：20

13. 实验室接受样品时，应对样品的____________、____________和保存条件进行检查和记录，对不符合要求的样品可以拒收，或明确告知客户有关样品偏离情况，并在报告中注明。

答案： 时效性　完整性

14. 环境监测中用于质量控制的标准物质必须是________物质。

答案： 有证标准

15. 按反应的性质，容量分析可分为________法、沉淀滴定法、酸碱滴定法和络合滴定法。

答案： 氧化还原滴定

16. 无酚蒸馏水制备可采用的方法为________和________。

答案： 加碱蒸馏法　活性炭吸附法

17. 光线对试剂主要有________和________两方面影响。

答案： 光解作用　催化作用

18. 校准曲线的斜率常随________、________和________等实验条件的改变而变动。

答案： 环境温度　试剂批号　贮存时间

19. 用精密称量法直接配制标准溶液，应使用基准物质或纯度不低于________的试剂，称样量应不小于________，应精确称量至________。

答案： 优级纯　0.1 g　0.1 mg

20. 用天平（最小分度值为 0.1 mg）进行称量时，有效数字记录到小数点后第________位。

答案： 4

21. 用精密称量法直接配制标准溶液，应使用《分析实验室用水规格和试验方法》（GB/T 6682—2008）规定的________级以上纯水或________溶剂。

答案： 二　优级纯

22. 酸碱指示剂滴定法测定水中酸度时，总酸度是指采用________作指示剂，用氢氧化钠标准溶液滴定至 pH 为________时的酸度。

答案： 酚酞　8.3

23. 用玻璃量器量取体积的有效数字位数是根据量器的________和________来确定的。

答案： 容量允许差　读数误差

24. 用来指导测量不确定评定的计量技术规范是________。

答案：《测量不确定度评定与表示》（JJF 1059.1—2012）

25. 酸式滴定管主要用于盛装________、氧化还原性物质和盐类稀溶液。

答案： 酸性溶液（或稀酸溶液）

26. 沉淀按其物理性质不同，可粗略地分为________沉淀和________沉淀，介于两者之间的是凝乳状沉淀。

答案： 晶形　无定形

27. 直接称量法包括常规称量、________称量和________称量。

答案： 固定量　减量

28. 化学分析中使用的滴定管，按盛装溶液性质不同分为酸式滴定管和碱式滴定管。酸式滴定管适合盛装酸性、____和____溶液。碱式滴定管适合盛装碱性和____溶液。

答案： 中性　氧化性　无氧化性

29. 所有缓冲溶液都应避开____或____的蒸汽，保存期不得超过____，出现浑浊、沉淀或发霉等现象时，应立即废弃。

答案： 酸性　碱性物质　3 个月

30. 一般常把____nm 波长的光称为紫外光，用紫外分光光度法测定样品时，应选择____材质的比色皿。

答案： 200 ～ 400　石英

31. X 射线荧光光谱按照分光方式分类，可分为____型和____型两种。

答案： 波长色散（WD–XRF）　能量色散（ED–XRF）

32. 用容积为 25 L 的配气瓶进行常压配气，如果 SO_2 原料气的纯度为 50%（*V*/*V*），欲配制 50 μmol/mol SO_2 的标准气，需要加入____原料气。

答案： 2.5 ml

33. 根据《环境监测质量管理技术导则》（HJ 630—2011）校准曲线相关系数____，保留到小数点后第一个非 9 数字。如果小数点后多于 4 个 9，最多保留 4 位。

答案： 只舍不入（或只舍不进）

34. 监测分析中，影响空白值的因素有____、____、____、计量仪器的性能及环境条件等。

答案： 实验用水的质量　试剂的纯度　器皿的洁净程度

35. 废气监测中，水银玻璃温度计精确度不低于____，热电偶或电阻温度计示值误差不超过____。

答案： 2.5%　±3℃

36. 一般将移液管分为____和____两种。

答案： 分度移液管　无分度移液管

37. 我国化学试剂分为四级，优级纯试剂用 G.R 表示，标签颜色为____色，分析纯试剂用 A.R 表示，标签颜色为____色，化学纯试剂用 C.P 表示，标签颜色为____色。

答案： 绿　红　蓝

38. 环境监测机构应对所有质量活动和监测过程的技术活动及时记录，保证记录信息的____、____和____。

答案： 充分性　原始性　规范性

39. 实验用水一级水不可贮存，应在临用前制备，二级水可____，分别贮存在预先用同级水清洗的密闭的____瓶中。实验用水在运输和贮存过程中应避免沾污。

答案： 适量制备　聚乙烯

40. 在酸碱质子理论中，酸是____，碱是____。

答案： 能给出质子的物质（质子供给体）　能接受质子的物质（质子接受体）

41. 多元酸碱（或弱酸弱碱）能准确直接滴定的极限是____，能分步进行滴定的条件是＿＿＿＿＿＿。

答案：$C_0Ka_1 \geqslant 10^{-9}$　$Ka_1/Ka_2 > 10^4$

42. 25℃时，Br_2 在 CCl_4 和水中的分配比为 29.0，若水溶液中的 Br_2 用等体积的 CCl_4 萃取，则萃取率为＿＿＿＿＿＿；若水溶液中的 Br_2 用 1/2 体积的 CCl_4 萃取，则萃取率为＿＿＿＿＿＿。

答案：96.7%　93.5%

43.《分析实验室用水规格和试验方法》（GB/T 6682—2008）中规定分析实验室用水规格二级水的检测项目有＿＿＿＿＿＿、可氧化物质含量、＿＿＿＿＿＿、蒸发残渣、可溶性硅。

答案：电导率　吸光度

44. 朗伯－比尔定律 $A=kcL$ 中各符号的含义，A—吸光度；k—＿＿＿＿＿＿；c—＿＿＿＿＿＿；L—＿＿＿＿＿＿。

答案：吸光系数　待测物浓度　液层厚度

45. 某溶液含 Fe^{3+} 10 mg，用等体积的有机溶剂萃取一次后，该溶液中剩余 0.1 mg，则 Fe^{3+} 在水、有机两相中的分配比 =＿＿＿＿＿＿。

答案：99

46. 滴定管的读数常有 ±0.01 ml 的误差，则在一次滴定中的绝对误差可能为＿＿＿＿＿＿ml，常量滴定分析的相对误差一般要求应该≤ 0.1%，为此，滴定时消耗标准溶液的体积必须控制在＿＿＿＿＿＿ml 以上。

答案：±0.02（一次滴定中要读数两次） 20

47. 某溶液的 pH 为 10.25，该 pH 的有效数字为＿＿＿＿＿＿位，其氢离子活度为＿＿＿＿＿＿mol/L，氢氧根离子活度为＿＿＿＿＿＿mol/L。

答案：2　5.6×10^{-11}　1.8×10^{-4}

48. 酸碱指示剂甲基橙的变色范围为＿＿＿＿＿＿，酚酞的变色范围为＿＿＿＿＿＿。

答案：3.1 ～ 4.4　8.0 ～ 9.6

49. 实验室使用的气体钢瓶用不同颜色加以区分，其中乙炔气钢瓶颜色为＿＿＿＿＿＿色，氧气钢瓶颜色为＿＿＿＿＿＿色，氮气钢瓶颜色为＿＿＿＿＿＿色。

答案：白　淡蓝　黑

50. 我国的法定计量单位由＿＿＿＿＿＿和＿＿＿＿＿＿构成。

答案：国际单位制单位　国家选定的非国际单位制单位

51. 液－液萃取易溶于水的有机物时，可用＿＿＿＿＿＿法，即用添加＿＿＿＿＿＿来减小水的活度，从而降低有机化合物的溶解度。

答案：盐析　盐

52. 化学试剂取用时，应遵循“＿＿＿＿＿＿”原则，取用后及时密塞，分类保存，严格防止试剂被沾污。

答案：量用为出，只出不进

53. 玻璃量器的容量允差是指量器的＿＿＿＿＿＿与＿＿＿＿＿＿在＿＿＿＿＿＿范围内的误差值。

答案：实际容量　标称容量　限定

54. 下列基准物常用于何种反应？（填 A，B，C，D）

（1）金属锌____________　（2）$K_2Cr_2O_7$____________　（3）$Na_2B_4O_7 \cdot 10H_2O$ ____________（4）NaCl____________

（A）酸碱反应（B）络合反应（C）氧化还原反应（D）沉淀反应

答案： B　C　A　D

55. 配制 $Na_2S_2O_3$ 溶液时，实验用水为____________，原因是____________。

答案： 新煮沸的冷却的蒸馏水　避免 $Na_2S_2O_3$ 分解

56. 佛尔哈德法是以____________为指示剂，测定 Cl^- 时，需过滤除去银盐沉淀或加入有机溶剂（如硝基苯），这是为了____________。

答案： 铁铵钒　避免 AgCl 转化为 AgSCN

57. 我国的有证标准物质一般以____________、____________等编号。

答案： GSB　GBW

58. 实验室纯水分为三个等级，其中一级水质量指标电导率（25℃，μS/cm）须小于等于____________ μS/cm，二级水质量指标吸光度（254 nm，1 cm 光程）须小于等于____________。

答案： 0.1　0.01

59. 显微镜观察样品时，先以____________倍镜找到观察对象，调准焦距，移动观察区域至中心位置，再转为____________倍镜、调焦后观察。

答案： 低　高

60. 万分之一天平的称量误差为 ±0.2 mg，在重量分析中使用万分之一天平称量时，要保证分析结果误差在 0.1% 范围内，称样量不得少于____________。

答案： 0.2 g

61. 记录应清晰明了，不得____________，必须修改时应采用____________；电子存储记录应____________。

答案： 随意涂改　杠改方法　保留修改痕迹

62. 实验室区域间应采取____________，防止____________。

答案： 有效隔离措施　交叉污染

63. 用基准试剂配制元素、离子、化合物和原子团的已知准确浓度的溶液称为____________。

答案： 标准溶液

64. 常见的实验室标志主要包括警告标志、____________标志、____________标志、提示标志。

答案： 禁止　指令

65. pH 标准溶液核查允许误差范围为≤____________，实际水样比对允许误差范围是≤____________。

答案： ±0.1　±0.5

66. 不得将钢瓶内的气体全部用完，一定要保留 0.05 MPa 以上的残余压力（减压阀表压）。可燃性气体（如乙炔）应剩余____________MPa，氢气应保留____________MPa，以防重新充气时发生危险。

答案： 0.2～0.3　2

二、单选题

1. 在一次浸出试验中将含重金属 M^{2+} 的固体废物样品 20 g 浸没于 1 L 蒸馏水中，达到平衡时液相中 M^{2+} 浓度为 0.05 mg/L，则 M^{2+} 的分配系数为________。(　　)

A .30 L/g　　B. 40 L/g　　C. 50 L/g　　D. 60 L/g

答案：C

2. 蒸馏水中含有待测物质，造成的监测结果误差是________。(　　)

A. 系统误差　　B. 过失误差　　C. 随机误差　　D. 偶然误差

答案：A

3. $CaCO_3$ 溶液标定 EDTA 溶液时，配制的 $CaCO_3$ 溶液没有摇匀，对测定结果的影响是________。(　　)

A. 正误差　　B. 正偏差　　C. 负误差　　D. 负偏差

答案：A

4.________设备应贴黄色“准用证”。(　　)

A. 不必检定，经检查功能正常的　　B. 降级使用的

C. 无法检定，经比对符合要求的　　D. 校准合格的

答案：B

5. 硫酸铝可作净水剂，是因为与水作用所得的________具有很强的吸附性能。(　　)

A. 结晶水合物　　B. 氢氧化铝　　C. $Al_2(SO_4)_3$ 胶体　　D. 氧化铝

答案：B

6. 做完实验以后，采用以下方法分别清洗所用仪器：

（1）用 HNO_3 清洗做过银镜反应的试管。

（2）用酒精清洗做过碘升华的烧杯。

（3）用浓 HCl 清洗做过 $KMnO_4$ 分解实验的试管。

（4）用 HCl 清洗长期存放过 $FeCl_3$ 溶液的试剂瓶。

（5）用 NaOH 溶液清洗盛过苯酚的试管。

你认为以上操作________。(　　)

A.（2）不对　　B.（3）（4）不对　　C.（4）（5）不对　　D. 全部正确

答案：D

7. 下列叙述中，正确的是________。(　　)

A. 称量固体氢氧化钠时，应在天平的两托盘上各放一张质量相等的纸，再在纸上放氢氧化钠固体。

B. 给试管中的液体加热时，应把试管底部置于外焰中固定不动持续加热。

C. 制作过滤器时，修剪滤纸大小，使滤纸边缘和漏斗边缘相齐。

D. 两端有大小两匙的药匙，取用很少量的氧化铜粉末时应用小匙。

答案：D

8. 下列溶液中，在空气里既不易被氧化、也不易分解、且可以用无色玻璃试剂瓶存放的是

________。(　　)

A. 碳酸　　B. 醋酸　　C. 氢氟酸　　D. 氢硫酸

答案：B

9. 用氢氧化钠熔融法分解某矿石时最合适用________。(　　)

A. 铂坩埚　　B. 石英坩埚　　C. 镍坩埚　　D. 瓷坩埚

答案：C

10. 配制一定物质的量浓度的 NaOH 溶液时，造成实验结果偏低的是________。(　　)

A. 定容时观察液面仰视　　B. 定容时观察液面俯视

C. 用少量 NaOH 溶液润洗容量瓶　　D. 容量瓶中残留有少量蒸馏水

答案：A

11. 在实验室不宜长期存放，而应在使用时才配制的溶液是________。(　　)

① 酸碱指示剂；② 银氨溶液；③ $NaNO_3$ 溶液；④ $Cu(OH)_2$ 悬浊液；⑤ 酸化的 $FeCl_3$ 溶液；⑥ H_2SO_3 溶液。

A. ②④　　B. ①②③④⑤　　C. ②④⑥　　D. ①②③④⑤⑥

答案：C

12. 为了除去粗盐中的 Ca^{2+}、Mg^{2+}、SO_4^{2-} 和泥沙，可将粗盐溶于水，然后进行下列四项操作：①过滤；②加适量盐酸；③加过量 Na_2CO_3 溶液；④加过量 $BaCl_2$ 溶液，正确的操作顺序是______。(　　)

A. ①④②③　　B. ④①③②　　C. ④③①②　　D. ②④①③

答案：C

13. 加工玻璃管时，若加工后弯管里外不均匀，中间细，原因可能是________。(　　)

A. 弯时加热温度不够　　B. 弯时吹气不够

C. 烧时两手外拉　　D. 弯时温度过高

答案：C

14. 配制 250 ml 0.100 0 mol/L 氯化钠溶液，下列操作中错误的是________。(　　)

A. 选用 250 ml 容量瓶，瓶塞用橡皮筋固定在瓶颈上，检查容量瓶是否漏水，洗净，待用

B. 用电子天平准确称量氯化钠 1.462 5 g，用少量水溶于 100 ml 小烧杯中，搅拌使其溶解

C. 沿玻棒转移至 250 ml 容量瓶中，烧杯中溶液倒尽后在烧杯扶正的同时使杯嘴沿玻棒上提 1 cm 左右，再离开玻棒，用少量的水涮洗杯壁 4 次，涮洗液按同样的操作均转移至容量瓶中

D. 当溶液达到容量瓶的 2/3 容量时，应将容量瓶中溶液初步混匀，一手食指压紧瓶塞，另一手握住容量瓶底部，倒转容量瓶，边倒转边摇动，使瓶内溶液混合均匀

答案：D

15. 下列有关过滤的操作，说法正确的是________。(　　)

A. $BaSO_4$ 是细晶形沉淀，应选用“快速”滤纸，$Fe_2O_3 \cdot n\,H_2O$ 为胶状沉淀，应选用“慢速”滤纸

B. 漏斗分长颈漏斗和短颈漏斗，在热过滤和重量分析时必须使用短颈漏斗

C. 过滤强酸性溶液，应用玻璃砂芯漏斗

D．减压过滤时，若沉淀颗粒太小，应用两张滤纸

答案：C

16. 在水环境监测分析中，用得较普遍的浓缩试样的方法是________。(　　)

A．萃取　　B．离子交换　　C．蒸发　　D．沉淀

答案：C

17. 标准加入法可以消除________干扰。(　　)

A．物理　　B．化学　　C．电离　　D．光谱

答案：A

18. 为减少随机误差，除必须严格控制实验条件、正确执行操作规程外，还可增加________。(　　)

A．样品用量　　B．样品数量　　C．测定次数　　D．标准溶液浓度

答案：C

19. 色谱法作为分析方法的最大特点是________。(　　)

A．进行定性分析　　B．进行定量分析

C．分离混合物　　D．分离混合物并分析测定

答案：D

20. 在下列液体中滴加酚酞指示剂，溶液显红色的是________。(　　)

A．普通电热蒸馏水　　B．全玻二次蒸馏水

C．已被固定的测氰废水　　D．已被固定的测氨氮废水

答案：C

21. 微溶化合物 Ag_2CrO_4 在 0.001 0 mol/L $AgNO_3$ 溶液中的溶解度比在 0.001 0 mol/L K_2CrO_4 溶液中的溶解度________。(　　)

A．较大　　B．较小　　C．相等　　D．大一倍

答案：A

22. 凯氏氮是指________。(　　)

A．全部有机氮　　B．部分有机氮 + 氨氮

C．NO_3-N　　D．氨氮

答案：B

23. 下列工作属于实验室内质量控制工作内容的是________。(　　)

A．平行样分析　　B．加样分析　　C．采样点优化　　D．校核标准溶液

答案：A

24. 下列试剂中，________只能用间接法配制标准溶液。(　　)

A．NaCl　　B．EDTA　　C．$K_2Cr_2O_7$　　D．$CaCO_3$

答案：B

25. 提高萃取效率的首选途径是________。(　　)

A．提高被萃取物的浓度　　B．增加萃取次数

C．增加萃取剂的体积　　D．控制溶液温度

答案：B

26. 按“相似者相溶”的粗略规律，下列各对物质最难相互溶解的是________。（　　）

A．乙醇与丙醇　　B．对二甲苯与邻二甲苯

C．水与乙酸乙酯　　D．四氯化碳与氯仿

答案：C

27. 实验室制取不含酚的水采用________。（　　）

A．加入亚硫酸钠　　B．加碱性高锰酸钾蒸馏

C．加碱蒸馏　　D．煮沸

答案：C

28. 实验室纯水质量的检验，不可采用________。（　　）

A．pH 测试　　B．电导率测定　　C．透光率测定　　D．二氧化碳测定

答案：D

29. 实验室纯水分三个等级，其中三级水的电导率应≤ ________ μS/cm（25℃）。（　　）

A．1.0　　B．2.0　　C．3.0　　D．5.0

答案：D

30. 在进行有机污染物分析时，常使用有机溶剂进行萃取，但 ________溶剂具有致癌性，为限制使用的有机溶剂。（　　）

A．正己烷和苯　　B．苯和二氯甲烷

C．苯和乙酸乙酯　　D．二氯甲烷和正己烷

答案：B

31. 一个有机化合物的分子量为 M，在质谱分析中它的分子离子为 M^+，同时也发现（M−15）$^+$碎片离子，这个碎片是分子离子失去________基团形成的。（　　）

A．F　　B．OH　　C．CH_3　　D．H_2O

答案：C

32. 以下试剂中，________试剂是肯定需要定期更换的。（　　）

A．总磷还原液　　B．COD 消解液　　C．氨氮中和液　　D．总氮显色剂

答案：A

33.《环境监测　分析方法标准制修订技术导则》（HJ 168—2020）规定，分析方法以________倍检出限作为测定下限。（　　）

A．2　　B．4　　C．5　　D．10

答案：B

34. 酸消解固体样品时，对有机物浓度高的样品最好先单独用________处理，然后再加入其他更强的氧化剂，否则容易引发爆炸。（　　）

A．浓硫酸　　B．浓硝酸　　C．氢氧化钠　　D．浓盐酸

答案：B

35. 某一校准曲线的相关系数 r=0.999 89，准确的应为________。（　　）

A．r=1.0　　B．r=0.999　　C．r=0.999 8　　D．r=0.999 9

答案：C

36. 标准曲线的浓度值应较均匀分布在测量范围内，系列点≥________个（包括零浓度）。（　　）

A．4　　B．5　　C．6　　D．7

答案：C

37. 用玻璃量器量取体积的有效数字位数是根据量器的容量允许差和读数误差来确定的。如单标线 A 级 50 ml 容量瓶，准确容积为________，有效位数________。（　　）

A．50.00 ml　4 位　B．50.00 ml　2 位　C．50.0 ml　3 位　D．50.0 ml　2 位

答案：A

38. 检出限为某特定分析方法在给定的置信度内，可以从样品中检出待测物质的最小浓度或最小量，它是一个________指标。（　　）

A．恒定　　B．定量　　C．定性　　D．不确定

答案：B

39. 内标法的优点是________。（　　）

A．不需校正因子　　B．对进样量要求不严

C．样品配制简单　　D．适于微量组分的定量

答案：B

40. 测量不确定度主要表征测量值之间的________。（　　）

A．分散性　　B．波动性　　C．差异性　　D．随机性

答案：A

41. 红外光谱属于________光谱。（　　）

A．原子吸收　　B．分子吸收　　C．原子发射　　D．分子荧光

答案：B

42. 下面几种常用的激发光源中，分析的线性范围最大的是 ________。（　　）

A．直流电弧　　B．交流电弧

C．电火花　　D．高频电感耦合等离子体

答案：D

43. 测量不确定度的值是________。（　　）

A．可取正值也可取负值　　B．恒为正值

C．恒为负值　　D．零

答案：B

44.《地表水和污水监测技术规范》（HJ/T 91—2002）中规定，一般分析实验用水电导率应小于________。（　　）

A．1.0 μS/cm　　B．2.0 μS/cm　　C．2.5 μS/cm　　D．3.0 μS/cm

答案：D

45. 用万分之一天平称量，应记录到小数点后第________位，分光光度测量，记录到小数点后第________位。（　　）

A．5　4　　B．5　3　　C．4　3　　D．4　2

答案：C

46. 索氏提取法适用于从土壤中提取________。(　　)

A. 非挥发及半挥发有机污染物　　B. 重金属污染物质

C. 土壤中的硝酸盐　　D. 砷化合物污染物

答案：A

47. 碳酸钠熔融法适合测定________。(　　)

A. 氮、磷、钾　　B. 氟、钼、钨　　C. 钙、镁、硫　　D. 汞、砷、硒

答案：B

48. 我国的一级标准物质以________进行编号。(　　)

A. GBW　　B. GBW（E）　　C. ERM　　D. SRM

答案：A

49. 倾斜法转移溶液时沿玻璃棒进行，每次转移的溶液量不得超过滤器体积的________。(　　)

A. 1/4　　B. 1/3　　C. 1/2　　D. 2/3

答案：D

50. 下列关于天平使用的说法中不正确的是________。(　　)

A. 实验室分析天平应设置专门实验室，做到避光、防尘、防震、防腐蚀气体和防止空气对流

B. 挥发性、腐蚀性、吸潮性的物质必须放在密封加盖的容器中称量

C. 刚烘干的物质应及时称量

D. 天平载重不得超过其最大负荷

答案：C

51. 用滤纸过滤时，将滤液移至滤纸上时，滤液的高度最多不得超过滤纸圆锥高度的________处。(　　)

A. 1/2　　B. 1/3　　C. 3/4　　D. 2/3

答案：A

52. 进行加标回收率测定时，下列注意事项中错误的是________。(　　)

A. 加标物的形态应该和待测物的形态相同

B. 在任何情况下加标量均不得小于待测物含量的 3 倍

C. 加标量应尽量与样品中待测物含量相等或相近

D. 加标后的测定值不应超出方法测定上限的 90%

答案：B

53. 将 pH=1 与 pH=3 的两种电解质溶液等体积混合后，溶液的 pH 为________。(　　)

A. 0.3　　B. 2.0　　C. 1.3　　D. 2.3

答案：C

54. ________是一种能对溶液酸碱度起稳定作用的试液，它能耐受进入其中的少量强酸或强碱性物质以及用水稀释的影响而保持溶液 pH 基本不变。(　　)

A. 酸碱溶液　　B. 标准溶液　　C. 缓冲溶液

答案：C

55. 留样复测指对于稳定的，测定过的样品保存一定时间后，若仍在测定有效期内，可进行重新测定。留样复测结果应________。(　　)

A. 以两次测定数据的平均值上报该样品测定结果

B. 以复测数据上报该样品测定结果

C. 将两次测定结果进行比较，以评价该样品测定结果的可靠性

答案：C

56.________反映实验室的基本情况和分析人员的经验与技术水平。(　　)

A. 加标回收率试验　　B. 空白试验　　C. 平行试验　　D. 重复试验

答案：B

57. 在污染物水样的分析中，可以采用预蒸馏的方法将被测组分与干扰物质分离，________物质不能用此方法消除干扰。(　　)

A. 挥发酚　　B. 氨氮　　C. 硝酸盐氮　　D. 氰化物

答案：C

58. 苯环上接上下列________基团将使苯的荧光强度降低。(　　)

A. —OH　　B. $—NH_2$　　C. $—OCH_3$　　D. $—NO_2$

答案：D

59. 在色谱法分析中，选择内标物的原则是________。(　　)

A. 内标物与样品不互溶

B. 加入内标物的量应接近于被测组分

C. 内标物可以是样品中存在的物质

D. 内标物色谱峰位置应尽量远离被测组分色谱峰位置

答案：B

60. 当采用平行样测定结果判定分析的精密度时，如果废水样品中氨氮含量在 0.1 ～ 1.0 mg/L，则允许相对偏差为≤________。(　　)

A. 5%　　B. 10%　　C. 15%　　D. 20%

答案：C

61. 为了判断某分析方法的准确度和分析过程中是否存在系统误差，应采取________。(　　)

A. 空白试验　　B. 回收试验　　C. 对照试验　　D. 平行测定

答案：B

62. 标准溶液浓度通常指________℃时的溶液浓度，否则应予以校正。(　　)

A. 20　　B. 15　　C. 25　　D. 4

答案：A

63. 总氰化物指在 pH________介质中，磷酸和 EDTA 存在下，加热蒸馏形成氰化氢的氰化物。(　　)

A. =4　　B. <4　　C. <2　　D. =2

答案：C

64. 当平行双样测定合格率低于________时，除对当批样品重新测定外，再增测样品数

10% ～ 20% 的平行样，直至符合要求。(　　)

A. 99%　　B. 100%　　C. 95%　　D. 85%

答案：D

65. 原子发射光谱的产生是由于________。(　　)

A. 原子次外层电子在不同能级间的跃迁　　B. 原子外层电子在不同能级间的跃迁

C. 原子内层电子在不同能级间的跃迁　　D. 原子外层电子的振动和转动

答案：B

66. 实验用水质量检验根据不同实验用水要求选择不同的指标，用于有机痕量分析的用水质量检验指标，下列选项正确的是________。(　　)

A. pH+ 电导率 + 可溶性硅　　B. 电导率 + 吸光度 + 可溶性硅

C. 电导率 + 蒸发残渣 + 吸光度　　D. 电导率 + 吸光度 + 可氧化物质含量

答案：B

67.《环境监测质量管理技术导则》（HJ 630—2011）规定，基体加标时的加标量一般为样品浓度的________倍，且加标后的总浓度不应超过分析方法的测定上限。(　　)

A. 1　　B. 1 ～ 3　　C. 0.5 ～ 3　　D. 2 ～ 3

答案：C

68. ________最适合于废水中硝酸盐氮的测定。(　　)

A. 离子色谱法　　B. 气相分子吸收光谱法

C. 流动注射法　　D. 分光光度法

答案：B

69. 如果需要对一枚古钱币进行组分分析，最适合的分析方法为________。(　　)

A. 原子吸收分光光度法　　B. 等离子体发射光谱法

C. X 射线荧光光谱法　　D. 拉曼光谱法

答案：C

70. 一个分析方法的最低检出浓度为 0.05 mg/L，下面 4 个分析结果中正确的是________。(　　)

A. 0.046 mg/L　　B. 0.04 mg/L　　C. 0.06 mg/L　　D. 0.506 mg/L

答案：C

71. 空白实验值的大小和它的分散程度，直接影响这个方法的________。(　　)

A. 检出限　　B. 实验的精密度　　C. 实验的准确度　　D. 以上全都是

答案：D

72. 在进行检测方法精密度检验时，通常要分析________，其偏差值须满足方法规定的要求。(　　)

A. 标准溶液或质控样品　　B. 实际样品

C. 实际样品加标　　D. 以上全都是

答案：D

73. 对于在监测中出现的异常值，应尽可能分析寻找其产生技术上或物理上的原因，再加以处理，下列关于异常值的处理规则，正确的是________。(　　)

A．对检出的异常值若无技术上、物理上的充分理由，则不允许被删除或修正

B．在统计学意义上高度异常的，可以进行删除或修正

C．对于检出的异常值都可以被删除或修正

D．经过权衡代价与风险，上述三种处理规则可按照实际情况选用其中之一

答案：D

74. 水污染物总量监测技术规范中对于校准曲线绘制做了相应的规定，下列说法中正确的是________。(　　)

A．无论何种方法，不必每批样品绘制校准曲线，1 ～ 3 个月绘制一次

B．无论何种方法，均要求每批样品绘制校准曲线

C．对于稳定的分光光度法，校准曲线至少每 2 个月绘制 1 次，其他仪器必须每批样品绘制校准曲线

D．对于稳定的分光光度法，校准曲线至少每 6 个月绘制 1 次，其他仪器必须每批样品绘制校准曲线

答案：C

75. 实验室对玻璃量器进行校准，常用的方法是________。(　　)

A．称量法　　B．密度法　　C．体积法　　D．相对法

答案：A

76. 灵敏度与检出限密切相关，灵敏度越高，检出限________。(　　)

A．越高　　B．越低　　C．不变

答案：B

77. 下列物质中，可用称量法直接配制标准滴定溶液的是________。(　　)

A．固体 NaOH（G.R）　　B．浓盐酸（G.R）

C．固体 $K_2Cr_2O_7$（基准）　　D．固体 $Na_2S_2O_3$（A.R）

答案：C

78. ________不是评价准确度的。(　　)

A．使用标准样品分析　　B．加标回收实验

C．不同方法比对　　D．平行样测定

答案：D

79. 下列________试剂最适合萃取水中脂肪族化合物等非极性物质。(　　)

A．正己烷　　B．二氯甲烷　　C．乙酸乙酯　　D．甲醇

答案：A

80. 下列________不是测量水样中挥发性有机物的常用方法。(　　)

A．吹扫捕集法　　B．顶空法　　C．液 - 液萃取法　　D．离子交换法

答案：D

81. 从环境水样中富集半挥发性物质的方法主要有________。(　　)

A．吹扫捕集法　　B．顶空法　　C．离子交换法　　D．固相萃取

答案：D

82. 高效液相色谱、原子吸收分析用标准溶液的配制一般使用________。(　　)

A. 国标规定的一级、二级去离子水　　B. 国标规定的三级水

C. 不含有机物的蒸馏水　　D. 无铅（无重金属）水

答案：A

83. ________为在同一实验室中，当分析人员 / 分析设备和分析时间中的任一项不相同时，用同一分析方法对同一样品进行多份平行样测定结果之间的符合程度。(　　)

A. 平行性　　B. 重复性　　C. 再现性　　D. 精密性

答案：B

84. 二级标准物质应具有________的准确度。(　　)

A. 1% ～ 5%　　B. 1% ～ 3%　　C. 0.5% ～ 1%　　D. 2% ～ 10%

答案：B

85. 制备多元素混合标准溶液时，Pb 不可以与________共同分组制备。(　　)

A. Cu　　B. Mn　　C. Ni　　D. Si

答案：D

86. 审核监测仪器得出的校准曲线中的截距反映了被审仪器的________。(　　)

A. 跨度漂移　　B. 零点漂移　　C. 响应值的准确程度　　D. 灵敏度

答案：B

87. 称量工作基准试剂时，试剂质量的数值小于等于 0.5 g 时，按精确至________mg 称量；数值大于等于 0.5 g 时，按精确至________mg 称量。(　　)

A. 0.1，0.1　　B. 0.01，0.05　　C. 0.01，0.01　　D. 0.01，0.1

答案：D

88. 校准曲线相关系数只舍不入，保留到小数点后第一个非________数字。如果小数点后多于________个 9，最多保留________位。(　　)

A. 0　4　4　　B. 0　4　5　　C. 9　4　5　　D. 9　4　4

答案：D

89. 在测定误差能满足预订要求的前提下，用特定方法能准确的定量测定待测物质的最小浓度或量，称为该方法的________。(　　)

A. 测定上限　　B. 测定下限　　C. 检出限　　D. 灵敏度

答案：B

90.《水质　色度的测定》(GB/T 11903—1989)中，稀释倍数法测定色度时，试料或试料经稀释至色度很低时，应自具塞比色管倒至量筒适量试料并计量，然后用光学纯水稀释至标线，每次稀释倍数________。(　　)

A. 小于 1　　B. 小于 1.5　　C. 小于 2　　D. 小于 4

答案：C

三、多选题

1. 称量 Na_2CO_3 固体配制标准溶液时，Na_2CO_3 固体吸收了空气中的水分，属于__________。

(　　)

A．系统误差　　B．随机误差　　C．过失误差　　D．偶然误差

E．操作误差

答案：AE

2. 下列关于定量滤纸的说法正确的是________。(　　)

A．定量滤纸灼烧后，灰分小于 0.001 g 者称“无灰滤纸”

B．重量分析中，需将滤纸连同沉淀一起灼烧后称重时，应采用定量滤纸过滤

C．定量滤纸按孔隙大小分为快速、中速和慢速 3 种。

D．定量滤纸一般为圆形，按直径分为 11 cm、9 cm、7 cm 等几种

答案：BCD

3. 以下不可以用烘箱干燥的有________。(　　)

A．容量瓶　　B．烧杯　　C．移液管　　D．称量瓶

E．蒸发皿　　F．量筒

答案：ACF

4. 产生系统误差的原因包括________。(　　)

A．方法误差　　B．仪器误差　　C．试剂误差　　D．操作误差

答案：ABCD

5. 常用的指示剂类型有 pH 指示剂、氧化还原指示剂、吸附指示剂、________。(　　)

A．络合指示剂　　B．荧光指示剂　　C．酚酞　　D．甲基橙

答案：AB

6. 缓冲溶液根据其组成中各成分性质的不同分为________。(　　)

A．单一盐缓冲溶液　　B．弱酸与弱酸盐缓冲溶液

C．弱碱与弱碱盐缓冲溶　　D．酸式盐与碱式盐缓冲溶液

答案：ABCD

7. 用 pH 试纸测定某酸溶液的 pH 时，错误的操作是________。(　　)

A．将 pH 试纸伸入待测酸溶液的试剂瓶中蘸取酸液

B．将待测酸溶液倒入试管中，将 pH 试纸伸入试管中蘸取酸液

C．先将待测液倒在试管中，再用玻璃棒从试管中蘸取酸液沾到 pH 试纸上

D．用玻璃棒从试剂瓶中直接蘸取酸液，然后蘸到 pH 试纸上

答案：ABD

8. 下列关于减压过滤的说法正确的是________。(　　)

A．胶体沉淀可通过减压过滤进行分离

B．滤纸的大小应略小于漏斗内径

C．必须用倾析法转移溶液，先转移溶液后转移沉淀

D．抽滤结束时，应先拔掉橡皮管，再关减压泵

答案：BCD

9. 下列常用仪器中能直接用火加热的是________。(　　)

A．蒸发皿　　B．表面皿　　C．坩埚　　D．烧杯

答案：ACD

10. 下列操作正确的是________。(　　)

A．固体颗粒太大不易溶解时，应先在研钵中将其研细，研钵中盛放固体的量不能超过其容量的 2/3

B．当物质的溶解度随温度变化较小时，应蒸发浓缩至溶液快干时，停止加热得到晶体

C．液－液萃取是用分液漏斗来进行的，加入的液体不超过漏斗总体积 2/3，漏斗越细长，分离得越彻底

D．锆和铪可用离子交换法分离

答案：ABC

11. 下列是实验课中经常使用的基本操作，操作正确的是________。(　　)

A．加热后的试管应用试管夹夹住悬放在试管架上

B．大块物体只能压碎不能舂碎

C．石棉网上部分石棉脱落可以正常使用，石棉网不能与水接触，与水接触后不能使用

D．灼烧坩埚应放在泥三角上，位置要正确，坩埚底应横放在泥三角的三个瓷管中的一个瓷管上

答案：ABD

12. 下列有关仪器的干燥操作，说法正确的是________。(　　)

A．用烘箱烘干烧杯时，烧杯口应朝上，温度控制在 105℃左右

B．量筒既不能用烘箱烘干，也不能使用气流烘干的方法，只能自然晾干或用有机溶剂法烘干

C．试管可以使用烤干的方法干燥，擦干试管外壁，用小火烤干，同时不断摇动使受热均匀

D．有机溶剂法烘干仪器，是使用少量的丙酮或酒精使内壁均匀润湿一遍后倒出，再用少量乙醚使内壁均匀润湿一遍后晾干，使用过的丙酮、酒精、乙醚应回收

答案：ACD

13. 干燥是指去除样品、沉淀或试剂中所含水分或保护某些物质免除吸收空气中水分的过程，常用________和吸附等方法进行干燥。(　　)

A．烘烤　　B．沉淀　　C．冷炼　　D．化学

答案：ACD

14. 准确量取溶液 20.00 ml 溶液，可以使用的仪器有________。(　　)

A．量筒　　B．滴定管　　C．量杯　　D．移液管

答案：BD

15. 关于氧化还原反应，以下叙述正确的是________。(　　)

A．被氧化的元素化合价一定升高

B．被还原元素的化合价一定降低

C．有氧元素参加的反应一定是氧化反应

D．氧化还原反应平衡常数越小，反应越完全

答案：AB

16. 下列做法正确的是________。(　　)

A. $AgNO_3$ 标准溶液装入棕色磨口瓶中保存

B. $K_2Cr_2O_7$ 标准溶液装入酸式滴定管中

C. NaOH 标准溶液保存在具有橡皮塞的瓶中

D. 测定水的硬度时用自来水冲洗锥形瓶

答案：ABC

17. 能用于直接配制标准溶液或标定溶液准确浓度的物质称为基准物质，基准物质应符合________要求。（　）

A. 试剂的组成与化学式完全相符

B. 试剂的纯度足够高

C. 性质稳定，不易与空气中的氧气和二氧化碳反应，也不易吸收空气中的水分

D. 试剂有较小的摩尔质量，以减少称量误差

E. 试剂参加反应时，应按反应式定量进行

答案：ABCE

18. 分析方法的选择通常应考虑________。（　）

A. 测定的具体要求，待测组分及其含量范围，待测组分的性质

B. 共存组分的性质及对测定的影响

C. 测定准确度的要求

D. 测定灵敏度的要求

E. 现有条件，测定成本及完成测定的时间要求

答案：ABCDE

19. 滤纸可分为快速、中速、慢速 3 种，其划分依据为________。（　）

A. 滤纸大小　　B. 滤纸厚度　　C. 疏密程度　　D. 孔径大小

答案：CD

20. 下列可以改善检出限的方法有________。（　）

A. 增加校准次数　　B. 降低空白实验值

C. 降低仪器基线噪声值　　D. 提高测量的灵敏度

答案：BCD

21. 随机误差一般遵循的规律有________。（　）

A. 单峰性　　B. 有界性　　C. 对称性　　D. 抵偿性

答案：ABCD

22. 下列属于国际单位制的基本单位是________。（　）

A. 长度（米）　　B. 质量（千克）　　C. 时间（秒）　　D. 浓度（毫克 / 升）

答案：ABC

23. 监测分析中，影响空白值的因素有________及环境条件。（　）

A. 试验用水的质量　　B. 试剂的纯度　　C. 器皿的洁净程度　　D. 计量仪器的性能

答案：ABCD

24. 从 2019 年 5 月 20 日起，________等国际计量基本单位的定义全部改由物理常数定义。

（　　）

A．千克　　B．米　　C．坎德拉　　D．摩尔

E．秒　　F．安培　　G．开尔文

答案：ADFG

25. 影响沉淀溶解度的因素主要有同离子效应、盐效应、酸效应及络合效应等，此外对溶解度有影响的因素还有________。（　　）

A．温度　　B．介质　　C．晶体结构　　D．颗粒大小

答案：ABCD

26. 下列物质暴露在空气中，质量会增加的是________。（　　）

A．浓硫酸　　B．无水氯化钙　　C．生石灰　　D．草酸

答案：ABC

27. ________可用作基准物质。（　　）

A．重铬酸钾　　B．氢氧化钠　　C．氧化钠　　D．草酸

答案：ACD

28. 关于内标法的优点，以下描述错误的是________。（　　）

A．对进样量要求不严　　B．不需校正因子

C．样品配制简单　　D．只适于微量组分的定量

答案：BCD

29. 化学试剂的提纯方法有________等。（　　）

A．蒸馏法　　B．萃取法　　C．重结晶法　　D．醇析法

答案：ABCD

30. 校准曲线的斜率通常随________等实验条件的改变而变动。（　　）

A．环境温度　　B．试剂批号　　C．试剂的储存时间　　D．标准溶液浓度

答案：ABC

31. 配制氢氧化钠标准溶液时应注意________。（　　）

A．选用无二氧化碳水配制，溶解后立即转入聚乙烯瓶中

B．冷却后须用装有碱石灰管的橡皮塞子塞紧

C．静置 24 h 后，吸取一定量上清液用无二氧化碳水稀释定容

D．必须移入聚乙烯瓶内保存

答案：ABCD

四、判断题

1. 20℃时，100 mlA 级滴定管的总容量允差为 ±0.10 ml。（　　）

答案：正确

2. EDTA 的有效浓度［Y^{4-}］随溶液酸度变小而降低。（　　）

答案：错误

正确答案：EDTA 的有效浓度［Y^{4-}］随溶液酸度变小而升高。

3. EDTA 是六元酸，因此在溶液中只有六种存在形态。(　　)

答案：错误

正确答案：EDTA 是六元酸，在溶液中有七种存在形态。

4. $Ka<10^{-9}$ 的极弱酸，不能用酸碱滴定法测定。(　　)

答案：错误

正确答案：不能直接滴定，但可强化后测定。

5. pH 标准溶液在室温下一般以保存 3 个月为宜，当发现有浑浊、发霉或沉淀现象时，不能继续使用。(　　)

答案：错误

正确答案：在室温条件下标准溶液一般以保存 1 ～ 2 个月为宜，当发现有浑浊、发霉或沉淀现象时，不能继续使用。

6. 标定标准滴定溶液的浓度时，在运算过程中需保留 5 位有效数字，但在浓度值报出时只需取 4 位有效数字。(　　)

答案：正确

7. 标定标准溶液时，应准确配制 1 份基准试剂，分取 2 ～ 3 份平行标定，相对标准偏差应小于 0.2%。(　　)

答案：正确

8. 标准溶液的配制有直接法和标定法。(　　)

答案：正确

9. 玻璃电极法测定 pH 使用的标准溶液应在 4℃冰箱内存放，用过的标准溶液可以倒回原储液瓶，这样可以减少浪费。(　　)

答案：错误

正确答案：使用过的标准溶液不可以再倒回去反复使用。

10. 玻璃仪器常用的干燥方法是烘干，可以用烘箱烘干的玻璃仪器包括量筒、烧杯等。(　　)

答案：错误

正确答案：玻璃量器不能烘干。

11. 测定六价铬所用的玻璃仪器可以用重铬酸钾溶液浸泡洗涤，以去除污染。(　　)

答案：错误

正确答案：不得用重铬酸钾溶液洗涤。

12. 测定同一溶液时，同组比色皿之间吸光度之差应小于 0.005，否则需进行校正。(　　)

答案：正确

13. 称取六氯苯色谱纯固体配制标样时，因其不易溶于正己烷，需用一定量的苯助溶。(　　)

答案：正确

14. 称取氯化钠 0.357 2 g，溶解于水并定容于 100 ml 容量瓶中，此容量瓶中氯化钠溶液的摩尔浓度是 0.061 12 mol/L（氯化钠摩尔质量为 58.44 g/mol）。(　　)

答案：正确

15. 当测定未知浓度样品时，可先将试样稀释 100 倍进行进样分析，再根据测定结果选择适当

的稀释倍数重新进样分析。(　　)

答案：正确

16. 当塑料采样瓶出现顽固污迹时，可用浓硝酸等氧化性强的洗液浸泡后冲洗干净，晾干、备用。(　　)

答案：错误

正确答案：不可用浓硝酸等氧化性强的洗液浸泡。

17. 滴定管读数时，对于无色溶液或浅色溶液，应读弯月面下缘实线的最低点，即视线与弯月面下缘实线的最低点在同一水平面上，对于有色溶液来说也是如此，初读和终读应用同一标准。(　　)

答案：错误

正确答案：对于有色溶液，如 $KMnO_4$、I_2 溶液等，视线应与液面两侧与管内壁相交的最高点相切。

18. 滴定管读数时，无论是在滴定架上还是手持滴定管，都要保证滴定管垂直向下。(　　)

答案：正确

19. 滴定完毕后，将滴定管内剩余溶液倒回原瓶，再用自来水、蒸馏水冲洗滴定管。(　　)

答案：错误

正确答案：不能将剩余标液倒回原瓶。

20. 滴定终点控制标准溶液体积半滴是为了减少偶然误差。(　　)

答案：错误

正确答案：为了减少滴定终点误差。

21. 滴定终点与滴定反应的理论终点不一定完全相符。(　　)

答案：正确

22. 顶空法可以分析液体和固体中的挥发性有机物，检出限低，特别适于分析强极性化合物。(　　)

答案：错误

正确答案：特别不适于分析强极性化合物。

23. 测定水中碘化物时，对碘含量极微的水样，一般采用无色结晶紫光度法；对稍高浓度的水样可采用催化还原法（　　）

答案：错误

正确答案：对碘含量极微的水样，一般采用催化还原法；对稍高浓度的水可采用无色结晶紫光度法。

24. 分离度反映的是柱效能和选择性影响的总和，可作为色谱柱的总分离效能指标。(　　)

答案：正确

25. 分析混合烷烃试样时，可选择极性固定相，按沸点大小顺序出峰。(　　)

答案：错误

正确答案：可选择非极性固定相。

26. 干扰可能导致正或负的系统误差，其作用与待测物浓度和共存物浓度大小有关。(　　)

答案：正确

27. 高电位电对的氧化态易氧化低电位电对的还原态。(　　)

答案：正确

28. 高压钢瓶中，氨气为棕色，氧气为天蓝色，氮气为黑色，氩气为灰色，氢气为深绿色。(　　)

答案：正确

29. 根据《水质　金属总量的消解　硝酸消解法》(HJ 677—2013)，实验所用的器皿应用铬酸洗液浸泡 24 h，使用前依次用自来水、实验室用水洗净，自然干燥。(　　)

答案：错误

正确答案：应用(1+1)硝酸溶液浸泡 24 h。

30. 国家实验室分析用水标准《分析实验室用水规格和试验方法》(GB/T 6682—2008)中的二级水是用于无机痕量分析，如原子吸收光谱、等离子发射光谱、原子荧光等的分析用水。(　　)

答案：正确

31. 105 ℃烘干的 Na_2CO_3 可以作为基准物质。(　　)

答案：错误

正确答案：Na_2CO_3 应 270 ～ 300 ℃干燥。

32. 红光的互补色光为绿光。(　　)

答案：错误

正确答案：青光。

33. 红外吸收光谱就是物质分子被红外光所激发，由振动激发态跃迁至振动基态所产生的光谱。(　　)

答案：错误

正确答案：红外吸收光谱就是物质的分子吸收红外辐射后，引起分子的振动 – 转动能级跃迁而形成的光谱。

34. 化学纯试剂可用于配制半定量、定性分析的试液。(　　)

答案：正确

35. 化学试剂取用时，应遵循“量用为出，循环节约”的原则，取用后若未使用完，应及时倒入瓶中密闭，尽量避免沾污。(　　)

答案：错误

正确答案：化学试剂取用时，应遵循“量用为出，只出不进”的原则，取用后及时密塞，分类保存，严格防止试剂被沾污。

36. 加标量一般是待测样品浓度的 0.5 ～ 3 倍。(　　)

答案：正确

37. 检测的灵敏度主要取决于检测方法原理和所使用的检测仪器，而且是与方法检出限没有直接对应关系的指标。(　　)

答案：正确

38. 碱式滴定管用来装碱性及氧化性溶液，如高锰酸钾、碘和硝酸银溶液等。(　　)

答案：错误

正确答案：碱式滴定管只能装碱性及无氧化性溶液。如高锰酸钾、碘和硝酸银溶液是氧化性溶液，能与滴定管的橡皮发生反应，所以不能装在碱式滴定管中。

39. 将 pH=11 的水溶液稀释 100 倍，则得到 pH=9 的水溶液。(　　)

答案：正确

40. 姜黄素溶于水，也能溶于甲醇、丙酮和冰乙酸中，呈黄色。(　　)

答案：错误

正确答案：姜黄素不溶于水，但能溶于甲醇、丙酮和冰乙酸中，呈黄色。

41. 金属元素分析所用的新器皿，需用洗涤剂洗净，再用（1+4）硝酸溶液浸泡 24 h，然后依次用自来水、去离子水洗净后，方可使用。(　　)

答案：错误

正确答案：根据《土壤和沉积物　金属元素总量的测定　微波消解法》（HJ 832—2017），新器皿先用洗涤剂洗净，再用（1+1）硝酸溶液浸泡 24 h，使用前再依次用自来水、实验用水洗净，自然干燥。

42. 进行酞酸酯测定时，可以使用塑料器皿。(　　)

答案：错误

正确答案：进行酞酸酯测定时，不可以使用塑料器皿。

43. 空白试验（空白测定）指除用水代替样品外，其他所加试剂和操作步骤与样品测定完全相同的操作过程。空白试验与样品测定同时进行。(　　)

答案：正确

44. 空白试验结果不但反映了实验室环境条件、试剂、用水纯度的控制水平，同时也能反映分析人员的经验和技术水平。(　　)

答案：正确

45. 空白试验值的大小仅反映实验用水质量的优劣。(　　)

答案：错误

正确答案：其作用是排除实验的环境（空气、湿度等）、实验所用的药品（指示剂等）、实验操作（误差、滴定终点判断等）、对实验结果的影响。

46. 朗伯－比尔定律 $A=kcL$ 中，摩尔吸光系数 k 值与入射光的波长、显色溶液温度、有色溶液的性质、测定时的取样体积均有关。(　　)

答案：错误

正确答案：与测定时的取样体积无关。

47. 六六六、滴滴涕在酸介质中可被分解。(　　)

答案：错误

正确答案：六六六、滴滴涕可被碱分解。

48. 配制好的标准溶液应使用能密封的硬质玻璃或塑料瓶贮存，可以长期保存在容量瓶中。(　　)

答案：错误

正确答案：不准长期保存在容量瓶中。

49. 清洗采样容器的一般程序是：用铬酸—硫酸洗液，再用水和洗涤剂洗，然后用自来水、蒸馏水冲洗干净。(　　)

答案：错误

正确答案：清洗容器的一般程序是：先用水和洗涤剂洗、再用铬酸—硫酸洗液，然后用自来水、蒸馏水冲洗干净。

50. 氰化钾溶液剧毒，可在酸性条件下，加入高锰酸钾或次氯酸钠使氰化钾氧化分解后排放。(　　)

答案：错误

正确答案：可在碱性条件下，加入高锰酸钾或次氯酸钠使氰化物氧化分解。

51. 氰化物指在 pH=4 介质中，硝酸锌存在下，加热蒸馏，能形成氰化氢的氰化物，包括全部简单氰化物（多为碱金属和碱土金属的氰化物）和锌氰络合物，也包括铁氰化物、亚铁氰化物、铜氰络合物、镍氰络合物和钴氰络合物。(　　)

答案：错误

正确答案：不包括铁氰化物、亚铁氰化物、铜氰络合物、镍氰络合物和钴氰络合物。

52. 容量瓶、比色管可以用作准确量入的量器。(　　)

答案：正确

53. 溶胶有三个最基本特征：分散性、聚结不稳定性、动力稳定性。(　　)

答案：错误

正确答案：分散性、聚结不稳定性、多相性。

54. 溶液的化学势等于溶液中各组分的化学势之和。(　　)

答案：错误

正确答案：溶液没有化学势。

55. 实验室废气处理中酸雾气体宜用碱性水溶液吸收处理，有机废气宜用高效吸收装置进行处理。(　　)

答案：正确

56. 实验室内的所有玻璃器皿、有机溶剂、注射器都有被邻苯二甲酸酯类污染的可能。(　　)

答案：正确

57. 实验室内使用的化学试剂应有专人保管，定期检查使用及保管情况，即使少量酸碱试剂也应分开存放。(　　)

答案：正确

58. 使用天平称量物质前，应开启侧门平衡天平内和室内的温度和湿度。(　　)

答案：正确

59. 使用移液管时的操作程序一般为洗涤、吸液、调零、移液。(　　)

答案：正确

60. 所谓"记忆性"干扰，是指某种元素在造成前一次干扰之后，即使在以后的试液中不含该元素，干扰也继续存在，此即记忆效应。(　　)

答案：正确

61. 台秤又称托盘天平，通常其分度值（感量）为 0.1 ～ 0.01 g，适用于粗略称量。(　　)

答案：正确

62. 替代物一般是在样品提取或者其他前处理之前加入的，通过回收率可以评价样品基体、样品处理过程对分析结果的影响。(　　)

答案：正确

63. 替代物指样品中不含有，但其物理化学性质与待测物相似的物质。一般在样品上机前加入，通过回收率可以评价样品前处理或采样过程对分析结果的影响。(　　)

答案：错误

正确答案：替代物指样品中不含有，但其物理化学性质与待测目标化合物相似的物质。一般在样品提取或采样前加入，通过回收率可以评价样品前处理或采样过程对分析结果的影响。

64. 铁是原子光谱线最复杂的元素之一，为了避免邻近谱线的干扰，在用原子吸收分光光度法测定废水中铁时应选择较小的光谱通带。(　　)

答案：正确

65. 王水的溶解能力强，主要是在于生成的初生态氯具有较强的氧化性和络合能力。(　　)

答案：正确

66. 微波酸消解是结合高压消解和微波快速加热的一项预处理技术。水样和酸的混合物吸收微波能量后，酸的氧化反应活性增加，将样品中的金属元素释放到溶液中。(　　)

答案：正确

67. 微量有机污染物样品的容器，一般情况下使用的是玻璃瓶。若用塑料容器会干扰高灵敏度的分析，对这类分析应采用玻璃或聚四氟乙烯瓶。(　　)

答案：正确

68. 为了检验水样中臭，实验中需要制取无臭水，一般用自来水通过颗粒活性炭的方法来制取。(　　)

答案：正确

69. 为提高工作效率，玻璃器皿和量器可以在 110 ～ 120℃的烘箱中烘干。(　　)

答案：错误

正确答案：玻璃量器不能烘干。

70. 我国化学试剂中优级纯用 G.R 表示，分析纯用 A.R 表示，化学纯用 C.P 表示，标签颜色分别为绿、蓝、红。(　　)

答案：错误

正确答案：标签颜色分别为绿、红、蓝。

71. 线性范围是方法检出限到校准曲线最高点之间的浓度范围。(　　)

答案：错误

正确答案：线性范围是指某一方法的校准曲线的直线部分所对应的待测物质的浓度（或量）的变化范围。

72. 氧化还原反应平衡常数越小，反应越完全。(　　)

答案：错误

正确答案：氧化还原反应平衡常数越大，反应越完全。

73. 要准确量取 20.00 ml 溶液，应选用容量瓶。(　　)

答案：错误

正确答案：应选用移液管。

74. 液液萃取过程中出现乳化现象，可采用机械手段两相分离，包括搅动、离心、超声、冷冻等方法破乳。(　　)

答案：正确

75. 一个分析方法的灵敏度越高，其检出限就越低。(　　)

答案：错误

正确答案：检出限与灵敏度从不同侧面衡量分析方法的检测能力，但它们并无直接的联系，灵敏度不考虑噪声的影响，而检出限与信噪比有关，有着明确的统计意义。似乎灵敏度越高，检出限就越低，但往往并非如此，因为灵敏度越高，噪声就越大，而检出限决定于信噪比。

76. 一种碱的碱性越强，其 p*K*b 越大。(　　)

答案：错误

正确答案：一种碱的碱性越强，其 p*K*b 越小。

77. 一种碱的碱性越弱，其共轭酸的酸性也越弱。(　　)

答案：错误

正确答案：一种碱的碱性越弱，其共轭酸的酸性越强。

78. 一种酸的酸性越强，其共轭碱的碱性也越强。(　　)

答案：错误

正确答案：一种酸的酸性越强，其共轭碱的碱性越弱。

79. 一种酸的酸性越弱，其 p*K*a 越小。(　　)

答案：错误

正确答案：一种酸的酸性越弱，其 p*K*a 越大。

80. 仪器校准、空白试验、标准物质测定和回收率测定，都是减少系统误差的方法。(　　)

答案：正确

81. 用 10 ml 大肚吸管移出溶液的准确体积应记录为 10.0 ml。(　　)

答案：错误

正确答案：用 10 ml 大肚吸管移出溶液的准确体积应记录为 10.00 ml。

82. 用 HCl 标准溶液滴定 Na_2CO_3 时，用甲基橙指示剂，滴定到终点时，溶液由红色变为橙色。(　　)

答案：错误

正确答案：由黄色变为橙色。

83. 用标准样品进行对照试验能消除测定方法中的系统误差。(　　)

答案：正确

84. 用离子交换法测得的纯水一旦接触空气，其电阻率随即迅速下降，以玻璃容器贮存时，其

电阻率亦将随贮存时间的延长而继续降低。(　　)

答案：正确

85. 用煮沸法制备不含二氧化碳的水，将蒸馏水或去离子水煮沸至少 5 min（水多时）；或使水量蒸发 5% 以上（水少时），加盖放冷即可。(　　)

答案：错误

正确答案：用煮沸法制备不含二氧化碳的水，将蒸馏水或去离子水煮沸至 10 min（水多时），或使水量蒸发 10% 以上（水少时），加盖放冷即可。

86. 原子荧光法、原子吸收法等测定重金属用到的新器皿，在使用前均应做相应的空白检查。(　　)

答案：正确

87. 在 pH=3 的溶液中，甲基橙、百里酚蓝、酚酞的颜色分别为红、蓝、无。(　　)

答案：错误

正确答案：红、黄、无。

88. 在滴定管装入标准溶液之前，应该先用该溶液润洗滴定管 1 次。(　　)

答案：错误

正确答案：应该先用该溶液润洗滴定管 2 ～ 3 次。

89. 在络合滴定过程中，理论终点附近的 pM 值变化越大，滴定突跃就越明显，也就越容易准确地指示终点。(　　)

答案：正确

90. 在使用摩尔、摩尔质量和物质的量浓度时，摩尔质量必须注明基本单元。(　　)

答案：错误

正确答案：物质的量浓度等也必须注明基本单元。

91. 蒸发、蒸馏或回流易燃易爆物品时，分析人员不得擅自离开，不得用明火直接加热，应按沸点高低分别使用水浴、砂浴或油浴加热，并应注意室内通风以免蒸汽浓度过高。(　　)

答案：正确

92. 直接称量法包括常规称量、固定量称量和减量称量。(　　)

答案：正确

93. 制备无氨水时，通常在水中加入硫酸至 pH<1，使水中的氨或胺转化成不挥发的盐类，收集流出液即是。(　　)

答案：错误

正确答案：通常在水中加入硫酸至 pH<2。

五、简答题

1. 简述氰化物测定中常用的蒸馏方法。

答案：常用的蒸馏方法有两种：

（1）向水样中加入酒石酸和硝酸锌，调节 pH 为 4，加热蒸馏，简单氰化物和部分氰络合物，以 HCN 的形式被蒸馏出来，用 NaOH 溶液吸收，取此蒸馏液测得的氰化物为易释放氰化物。

（2）向水样中加入磷酸和EDTA，至pH＜2的条件下蒸馏，此时全部简单氰化合物和除钴氰络合物外的绝大部分络合氰化物，以HCN的形式蒸馏出来，用NaON液吸收，取该馏出液测得的结果为总氰化物。

2. 什么是化学计量点？

答案：在滴定分析中滴加的标准溶液与待测组分恰好反应完全的这一点称为化学计量点。

3. 什么是同离子效应？

答案：当溶液中有过量的构晶离子存在时，沉淀的溶解度将会减小，这种现象称为同离子效应。

4. 什么是显色反应？

答案：将待测组分转变为有色物质的反应叫显色反应，即M+R → MR。

5. 在去除水样中余氯的干扰时，我们常选用亚硫酸钠和硫代硫酸钠两种试剂，请分析在酸碱度、氰化物、BOD_5、氨氮、细菌总数和汞水样中余氯干扰时分别选取哪种试剂，请说明理由。

答案：

酸碱度——选用硫代硫酸钠，因为亚硫酸钠溶液是弱碱性的；

氰化物——选用亚硫酸钠，因为硫代硫酸钠和氰化物反应；

BOD_5——选用亚硫酸钠，因为测溶解氧是用硫代硫酸钠标定的；

氨氮——选用硫代硫酸钠，因为亚硫酸钠溶液是弱碱性，而氨氮是要用酸固定的；

细菌总数——选用硫代硫酸钠，因为亚硫酸钠溶液是弱碱性的；

汞——选用亚硫酸钠，因为硫代硫酸钠和汞反应，是解毒剂。

6. 使用标准气体钢瓶气时的注意事项有哪些？

答案：

（1）钢瓶气在有效期内使用；

（2）钢瓶标准气的剩余压力应符合要求（≥0.2 MPa）；

（3）气路检查，严防漏气；

（4）对排气口排出的气体，应通过管线连接到室外。

7. 消除液－液萃取出现的乳化现象常用的技术有哪些？

答案：加盐；增加有机溶剂比例；通过玻璃棉塞过滤乳化液样品或通过无水硫酸钠柱过滤；冷藏；通过离心作用；加入少量的不同有机溶剂。

8. 简述在实验室中分析多环芳烃的注意事项。

答案：

（1）部分多环芳烃属于强致癌物质，操作时应按规定要求佩戴防护器具，避免接触皮肤和衣服；

（2）标准溶液的配制应在通风橱内进行；

（3）检测后的残渣残液应做妥善的安全处理；

（4）在没有合适的安全设备及尚未正确掌握使用技术之前不能用固体化合物配多环芳烃标准品。

多环芳烃可随溶剂一起挥发而黏附于具塞瓶的外部，因此处理含多环芳烃的容器及实验操作时必须使用抗溶剂的手套；

被多环芳烃污染的容器可用紫外灯在 360 nm 紫外线下检查，并置于重铬酸钾－浓硫酸洗液中浸泡 4 h。

9. 下列情况对分析结果产生何种影响？（正误差，负误差，无影响，结果混乱）

（1）标定 HCl 标准溶液时，使用的基准物 Na_2CO_3 中含少量 $NaHCO_3$；

（2）在减量法称量中第一次称量使用了磨损的砝码；

（3）把热溶液转移到容量瓶立即稀释至标线；

（4）配标准溶液后，容量瓶未摇匀；

（5）用移液管转移溶液时，未用待转移溶液洗移液管；

（6）将称好的基准物倒入湿烧杯。

答案：（1）正误差；（2）负误差；（3）正误差；（4）结果混乱；（5）负误差；（6）无影响。

10. 土壤元素分析常用的方法有哪些？

答案：（1）原子吸收光谱法；（2）原子荧光光谱法；（3）等离子体发射光谱法；（4）X 射线荧光光谱法；（5）中子活化分析法；（6）离子色谱法；（7）电化学分析方法；（8）化学分析法。

11. 可以直接配制标准溶液的基准物质，应满足什么要求？

答案：（1）纯度高，杂质含量可忽略；（2）组成（包括结晶水）与化学式相符；（3）性质稳定，反应时不发生副反应；（4）使用时易溶解；（5）所选用的基准试剂中，目标元素的质量比应较小，使称样量大，可以减少称量误差。

12. 采用内标法定量对内标物有哪些要求？

答案：

（1）内标物纯度高、稳定、易得；

（2）若内标物纯度不高，应确知其浓度，而且其中杂质不干扰样品中待测组分峰；

（3）内标物与样品互溶性好；

（4）内标物峰与待测组分峰要靠近；

（5）内标物加入量要接近待测组分量；

（6）每个样品都要加入内标物方能进行测量，而且要求内标物加入量准确、可靠。

13. 稀释浓硫酸溶液时应注意什么？

答案：稀释浓硫酸时，应将稀释容器（烧杯）放在塑料盆中，只能将浓硫酸慢慢沿器壁倒入水中，并不断搅拌，不能相反，必要时用水冷却。

六、计算题

1. 有 0.103 5 mol/LNaOH 标准溶液 500 ml，欲使其浓度恰好为 0.100 0 mol/L，问需加纯水多少毫升？

答案：$V_{水}$=0.103 5 × 0.5/0.1−0.5

$V_{水}$=17.50(ml)

2. 计算 5.0×10^{-3} mol/L 酒石酸氢钾溶液的 pH，已知 $Ka_1=9.1\times10^{-4}$，$Ka_2=4.3\times10^{-5}$。

答案：pH=3.35

设酒石酸为 H_2B，酒石酸氢钾为 KHB：

$KHB = K^+ + HB^-$，完全电离；

$HB^- = H^+ + B^{2-}$，

$[B^{2-}] = [H^+] = x$ mol/L

$[HB^-] = [5.0\times10^{-3} - x]$ mol/L

$Ka_2 = x^2/(5.0\times10^{-3} - x) = 4.3\times10^{-5}$

$x^2 + 4.3\times10^{-5}\times x - 4.3\times10^{-5}\times5.0\times10^{-3} = 0$

$x^2 + Ka_2\times x - CKa_2 = 0$

$x = [-Ka_2 + (Ka_2{}^2 + 4CKa_2)^{1/2}]/2$

求解得 $x = 0.000\,443$（mol/L）

$pH = -\log[H^+] = 3.35$

3. 为标定 HCl 溶液称取硼砂（$Na_2B_4O_7 \cdot 10H_2O$）0.471 0 g 用 HCl 溶液滴定至化学计量点，消耗 25.20 ml，求 HCl 溶液的浓度。（$Na_2B_4O_7 \cdot 10H_2O$ 相对分子质量 382）

答案： 反应方程式 $Na_2B_4O_7+2HCl+5H_2O=4H_3BO_3+2NaCl$

$C(HCl)=2m(Na_2B_4O_7 \cdot 10H_2O)/V(HCl)\times M(Na_2B_4O_7 \cdot 10H_2O)=2\times0.471/382\times0.025\,2=0.1$（mol/L）

4. 计算 0.020 00 mol/L $K_2Cr_2O_7$ 溶液对 Fe 和 Fe_2O_3 及 Fe_3O_4 的滴定度（Fe 相对分子质量 56 g/mol，O 相对分子质量 16 g/mol）？

答案： 滴定度的定义：1 ml 标准溶液（0.020 00 mol/L $K_2Cr_2O_7$）相当于 Fe、Fe_2O_3 和 Fe_3O_4 的质量。

反应方程式：

∵ $Cr_2O_7^{2-}+6Fe^{2+}+14H^+ = 2Cr^{3+}+6Fe^{3+}+7H^2O$（$K_2Cr_2O_7$ 与 Fe^{2+} 的摩尔比是 1∶6）

∴ 1 ml 标准溶液（0.020 00 mol/L $K_2Cr_2O_7$）相当于 Fe^{2+} 的摩尔数为：

$$0.020\,00\times10^{-3}\times6=0.12\times10^{-3}\ (mol/ml)$$

（1）Fe 的摩尔质量：56 g/mol

1 ml 标准溶液（0.020 00 mol/L $K_2Cr_2O_7$）相当于 Fe 的质量为：

$$T(Fe/K_2Cr_2O_7)=0.12\times10^{-3}\times56=6.72\times10^{-3}\ (g/ml)$$

（2）Fe_2O_3 的摩尔质量：160 g/mol

1 ml 标准溶液（0.020 00 mol/L $K_2Cr_2O_7$）相当于 Fe_2O_3 的质量为：

$$T(Fe_2O_3/K_2Cr_2O_7)=6.72\times10^{-3}\times160\div(2\times56)=9.60\times10^{-3}\ (g/ml)$$

（3）Fe_3O_4 的摩尔质量：232 g/mol

1 ml 标准溶液（0.020 00 mol/L $K_2Cr_2O_7$）相当于 Fe_3O_4 的质量为：

$$T(Fe_3O_4/K_2Cr_2O7)=6.72\times10^{-3}\times232\div(3\times56)=9.28\times10^{-3}\ (g/ml)$$

5. 计算 5.0×10^{-8} mol/L HCl 的 pH。

答案： pH=6.89

6. 称取经 180℃干燥 2 h 的优级纯碳酸钠 0.508 2 g，配制成 500 ml 碳酸钠标准溶液用于标定硫酸溶液，滴定 20.0 ml 碳酸钠标液时用去硫酸标液 18.95 ml，试求硫酸溶液的浓度（碳酸钠的摩尔质量为 52.995）。

答案：硫酸溶液浓度（$1/2H_2SO_4$·mol/L）=

$$\frac{W\times1\,000}{V\times52.995}\times\frac{20.0}{500.0}=\frac{0.508\,2\times1\,000}{18.95\times52.995}\times\frac{20.0}{500.0}=0.020\,2$$

7. 间接碘量法测定硫酸铜中的铜含量，称取硫酸铜试样 0.510 2 g，用掉 0.100 0 mol/L 的 Na_2S2O_3 标液 20.10 ml，求铜的百分含量（Cu 的摩尔质量为 63.54 g/mol）。

答案：$2Cu^{2+}+4I^{-}=2CuI+I_2$

$I_2+2Na_2S_2O_3=2NaI+Na_2S_4O_6$

$n(Cu)=n(Na_2S_2O_3)$

Cu%=0.1×20.1×63.54×100/1 000×0.510 2=25.03%

8. 水站氨氮过低，监测站为了判断该仪器的准确度，要求对水样进行加标回收测试，已知信息如下：

实际水样测试结果为 *A* mg/L；

标准溶液浓度为 *B* mg/L；

加标体积为 *C* ml；

然后定容到 1 L，测试结果为 *D* mg/L。

请根据以上信息，列出考虑体积和不考虑体积的加标回收率计算公式。

答案：

第一种（不考虑体积）：公式 =［（*D*−*A*）/（*BC*/1 000）］×100%

第二种（考虑体积）：公式 =［1000×*D*−（1 000−*C*）×*A*］/（*BC*）×100%

9. 浓度为 50 mg/L 的 Cr^{6+} 的标准溶液 500 ml，应称取多少 $K_2Cr_2O_7$（已知 $K_2Cr_2O_7$ 分子量为 294.2、Cr 分子量为 52）？

答案：50×0.5=25（mg）

$$W_{K_2Cr_2O_7}=\frac{25\times294.2}{104}=70.72\ (\text{mg})=0.070\,72\ (\text{g})$$

答：应称取 $K_2Cr_2O_7$ 0.070 7 g。

10. 用原子荧光法测定清洁地表水中的砷，取水样 20.0 ml，加入浓盐酸 3.0 ml，10% 硫脲溶液 2.0 ml，混匀放置 20 min 后进行测定，从校准曲线上查得测定溶液中砷的浓度为 10.0 μg/L，求该地表水中砷的浓度。

答案：$C_{As}=\dfrac{25.0}{20.0}\times10.0=12.5$（μg/L）

11. 对一滴定管进行校准，在 18℃时由滴定管放出 10.00 ml 纯水，其质量为 9.970 1 g，已知 18℃时每毫升水的质量为 0.997 5 g，试求该滴定管的误差。

答案：$V_t=W_t/d_t$=9.970 1/0.997 5=9.99（ml）

10.00−9.99=0.01（ml）

即：在 18℃时这一段滴定管量得体积误差是 0.01 ml。

12. 若有组织废气中总烃的浓度为 10 μmol/mol（已扣除氧峰），甲烷的浓度为 2 μmol/mol，则非甲烷总烃的浓度为多少（以碳计，单位为 mg/m^3）？

答案：ρ=（10−2）×12/22.4=4.29（mg/m^3）（以碳计）。

13. 已知浓硫酸的相对密度为 1.84 g/ml，其中 H_2SO_4 含量约为 96%，如欲配制 1 L 0.20 mol/L H_2SO_4 溶液，应取这样的浓硫酸多少毫升？

答案：设浓硫酸体积为 V 毫升

$1.84\times V\times 96\%=1\times 0.20\times 98.08$

V=11.1 ml

14. 有含 Ca 量为 10 mg 的 HCl 水溶剂 10 ml，经适当处理后，用乙醚萃取，若用 10 ml 乙醚分别按下述情况萃取，萃取率各为多少？（1）全量一次萃取；（2）每次 5 ml，分二次萃取（D=18）。

答案：

（1）全量一次萃取，V_0=10 ml，n=1

$$m_1=m_0\left(\frac{V_W}{DV_0+V_W}\right)=10\times\frac{10}{18\times 10+10}=0.53\ (\text{mg})$$

$$E=\frac{m_0-m_1}{m_0}\times 100\%=\frac{10-0.53}{10}\times 100\%=95\%$$

（2）每次 5 ml，分二次萃取，V_0=5 ml，n=2

$$m_2=m_0\left(\frac{V_W}{DV_0+V_W}\right)^2=10\times\left(\frac{10}{18\times 5+10}\right)^2=0.10\ (\text{mg})$$

$$E=\frac{10-0.10}{10}\times 100\%=99\%$$

15. 0.5 g 葡萄糖基准试剂溶于 1 000 ml 纯水中，试计算该溶液的理论 COD（mg/L）值（葡萄糖分子式为 $C_6H_{12}O_6$）。

答案：$C_6H_{12}O_6+6O_2=6CO_2+6H_2O$，理论 COD=（0.5 ÷180×32×6×1 000）÷1= 533.33（mg/L）

16. 为检验 COD 测定准确性，用邻苯二甲酸氢钾配制 COD 为 500 mg/L 的溶液 1 000 ml，问需要称取邻苯二甲酸氢钾多少克（$KHC_8H_4O_4$ 分子量为 204.2 g/mol）？

答案：$2KHC_8H_4O_4+15O_2=K_2O+16CO_2+5H_2O$

$$\frac{2\times 204.2}{15\times 32.0}=\frac{X}{500}$$

X=425.4 mg=0.425 4（g）

17. 测定水中高锰酸盐指数时，欲配制 0.100 0 mol/L 草酸钠标准溶液 100 ml，应称取优级纯草酸钠多少克？（草酸钠分子量：134.10）

答案：X=0.100 0×（134.10×1/2）×100/1 000=0.670 5（g）

18. CaF_2 的溶度积 $K_{SP}=3.2\times 10^{-11}$。（1）若以纯水为溶剂，则 CaF_2 饱和溶液的摩尔浓度是多少？（2）在 1 L 0.08 mol/L 的 CaF_2 水溶液中，能溶解多少摩尔的 CaF_2？

答案：

（1）设溶解的 CaF_2 为 x mol/L，则根据下式

$CaF_2 \Leftrightarrow Ca^{2+}+2F^-=x+2x$

$K_{SP}=x\times(2x)^2=3.2\times10^{-11}$

$x=2.0\times10^{-4}$（mol/L）

（2）设溶解的 CaF_2 为 y mol/L。据（1），$y<2.0\times10^{-4}$ mol/L，故 CaF_2 溶解的 Ca^{2+} 可忽略不计。

$[F^-]=2y$ mol/L

$K_{SP}=0.08\times(2y)^2=3.2\times10^{-11}$

$y=2.0\times10^{-5}$（mol/L）

故溶解的 CaF_2 为 1.0×10^{-5} mol/L。

第三节　常用数理统计

一、填空题

1. 有两组分析数据，要比较它们的精密度有无显著性差异，应当用___________。

答案： *F* 检验法

2. 根据误差的来源和性质，误差分为___________、___________。

答案： 系统误差　　偶然误差

3. 一般分析中的误差是指___________。

答案： 测定值与真实值之差

4. ___________是测量值与其平均值之差对平均值之比的比值。

答案： 相对偏差

5. 记录测量数据，要采用法定计量单位，只保留___________可疑数字。

答案： 一位

6. 灵敏度（Sensitivity）是指某方法对___________或___________待测物质变化所产生的响应量的变化程度。

答案： 单位浓度　　单位量

7. 将 14.150 0 修约到只保留一位小数，其值为___________。

答案： 14.2

8. 测量结果的精密度用___________衡量，准确度用___________衡量。

答案： 偏差　　误差

9. 表示精密度通常只取___________位有效数字。测定次数很多时，方可取___________位有效数字，且最多只取___________位。

答案： 一　　两　　两

10. 偶然误差是由___________、___________造成的。

答案： 某些难以控制　　无法避免的偶然因素

11. 测定结果 2.748 28 修约至小数后一位为 2.7，测定结果 57.65 修约至小数后一位为_______。

答案： 57.6

12. 平行双样测定结果分别为 8.3 mg/L 和 8.7 mg/L，则该平行样的相对偏差为__________。

答案：2.4%

13. 为减少随机误差，除必须严格控制实验条件、正确执行操作规程外，还可用增加________。

答案：测定次数

14. 当分析天平的称量误差为 ±0.000 2 g 时，若要求容量分析的相对误差控制在 0.1% 以下，则基准物质的质量必须大于__________g

答案：0.2

15. 空白值的大小和它的分散程度影响方法的检测限和测试结果的__________。

答案：精密度

16. pH=9.86 的有效数字为__________位。

答案：两

17. 水质分析结果的准确度是用__________来表示的。

答案：误差

18. 实验室间质量控制的目的是检查各实验室是否存在__________，找出误差来源，提高实验室的监测分析水平。

答案：系统误差

19. Dixon 检验法用于一组测定值的一致性检验和剔除一组测定值中的异常值，可用于检出__________。

答案：一个或多个异常值

20. 对于实验数据中异常值的取舍，通常可根据 Dixon 法、__________法、__________法、偏度峰度法。

答案：Grubbs　Cochran

21. 对运行仪器定期进行性能审核的目的是控制和评价仪器的__________、精密度和__________，在确保精密度的基础上进一步实施对仪器精密度的控制和进一步提高测量结果的__________。

答案：偏差　准确度　准确度

22. 根据《数字修约规则与极限数值的表示和判定》（GB 8170—2008）的规定，测定值与极限数值的比较通常有__________比较法和__________比较法两种。

答案：全数值　修约

23. 环境质量控制样品的标准值和不确定度范围通常采用协作定值方式确定，对于每一组数据采用__________检验法进行一致性检验，对各实验室的定值数据采用__________检验法进行一致性检验，对各定值数据的标准偏差，用__________检验法进行最大方差检验，剔除离群值，最后用__________检验法对样品配制值与定值结果总均值进行一致性检验，如果检验无显著性差异，可以用定值结果的总均值作为标准值，以样品总均值的标准偏差的 2 倍作为样品的不确定度。对于商品化销售的标准物质，需要用__________检验法对瓶间、瓶内测定结果进行方差检验，以确定其均匀性。

答案：Dixon　Grubbs　Cochran　t　F

24. 测量不确定度主要表征测量结果的____________。

答案： 分散程度（分散性）

25. 误差按其产生的原因和性质可分为____________、____________和____________。

答案： 系统误差 随机误差 过失误差

26. 平行六次测定水样中 Cl^- 的含量，其平均值为 10.00 mg/L，标准偏差 s=0.07，置信度为 95% 时平均值的置信区间为____________。（已知：$t_{5,\ 0.95}$=2.57）

答案： 10.00 ± 0.07

27. 为检出离群值而指定的统计检验的显著性水平一般设为____________，为检出离群值是否高度离群而指定的统计检验的显著性水平一般设为____________。

答案： α=0.05 α=0.01

28. 精密度通常用极差、平均偏差、____________、____________、____________表示。

答案： 相对平均偏差 标准偏差 相对标准偏差

29. 平行样分析反映分析结果的____________。

答案： 精密度

30. 近似数运算中，18.3+1.454 6+0.877 等于____________。

答案： 20.6

31. 在一个测量列中，测量值与它们的算术平均值之差称为____________。

答案： 残差

32. 检验两组结果是否存在显著性差异采用____________检验法，检验两组数据的精密度是否存在显著性差异采用____________检验法。

答案： t F

33. 将 1.450 1 修约到两位有效数字是____________。

答案： 1.5

34. 在分析数据处理中，Cochran 检验法是____________的方差一致性检验。

答案： 多组分析数据

二、单选题

1. 在 COD 分析中，最终的计算公式是 COD=［C ×（V_0−V_1）× 8 000］/V_s × 1 000。如果 V_0=（25.00 ± 0.02）ml；V_1=（5.00 ± 0.02）ml，V_s=（10.00 ± 0.02）ml，则分析结果的极值相对偏差是________。（ ）

A．0.04 B．0.3% C．0.2% D．0.1%

答案： B

2. 在利用质量控制图时，如果质量控制样品的测定结果出现连续 7 点递升，说明所测数据________。（ ）

A．存在系统误差 B．失控 C．可疑 D．有失控趋势

答案： D

3. 正态分布的总体偏差 σ 越大，数据________，正态分布曲线越平宽。（ ）

A．越分散　　B．越集中　　C．越高　　D．不变

答案：A

4. 一个分析方法或分析系统的________反映该方法或该测量系统存在的系统误差和随机误差的综合指标，它决定着这个分析结果的可靠性。(　　)

A．精密度　　B．准确度　　C．灵敏度　　D．检出限

答案：B

5.________称之为极差。(　　)

A．绝对偏差的绝对值之和的平均值

B．平均偏差与测量均值的比值

C．一组测量值内最大值与最小值之差

D．测量值与真值之差

答案：C

6. 确定数据 0.342 75 的有效数字为 4 位应写成________。(　　)

A．0.342 7　　B．0.342 8　　C．0.342 9　　D．0.342 75

答案：B

7. 由四个同学分别对某环境样品进行测定。试样称取量皆为 2.2 g，4 位同学获得 4 份报告如下，试问哪一份报告的数据结果是合理的。(　　)

A．2.085 2%　　B．2.085%　　C．2.08%　　D．2.1%

答案：D

8. 同一方法的检出限、测定下限、测定上限、检测上限，其数值大小的排列顺序是________。(　　)

A．测定上限 > 检测上限 > 检出限 > 测定下限

B．检测上限 > 检出限 > 测定上限 > 测定下限

C．检测上限 > 测定上限 > 测定下限 > 检出限

D．检出限 > 检测上限 > 测定上限 > 测定下限

答案：C

9. 在测试计算中，所有计算过程的修约方法遵守《数值修约规则与极限数值的表示和判定》要求，氨氮质控测试结果保留________小数。(　　)

A．一位　　B．二位　　C．三位　　D．随意保留

答案：B

10. 总体标准偏差 σ 的大小说明________。(　　)

A．数据的分散程度　　B．数据与平均值的偏离程度

C．数据的大小　　D．工序能力指数的大小

答案：A

11. 下列各数字修约至小数点后一位，结果不正确的是________。(　　)

A．4.246 8—4.2　　B．23.454 8—23.5　　C．0.464 3—0.5　　D．1.050 1—1.0

答案：D

12. 以下各项措施中，可以减小随机误差的是________。(　　)

A．进行仪器校正　　B．做对照空白

C．增加平行测定次数　　D．做空白试验

答案：C

13. 某分析测试计算式为（12.12±0.02）×（5.46±0.02）/（2.50±0.01），结算结果正确表述的是________。(　　)

A．26.47±0.2　　B．26.47±0.246　　C．26.5±0.2　　D．26.5±0.25

答案：C

14. 检验两组数据的精密度之间是否存在显著性差异，用下列________公式。(　　)

A．$t=(x_1-x_2)/S\times\sqrt{n}$　　B．$F=S_{小}^2/S_{大}^2$

C．$F=S_{小}/S_{大}$　　D．$F=S_{大}^2/S_{小}^2$

答案：D

15. 下列表述中，最能说明随机误差小的是________。(　　)

A．高精密度

B．与已知质量分数的试样多次分析结果的平均值一致

C．标准偏差大

D．仔细校正所用砝码和容量仪器等

答案：A

16. 能消除测定方法中的系统误差的措施是________。(　　)

A．增加平行测定次数　　B．称样量在 0.2 g 以上

C．用标准样品进行对照试验　　D．认真细心地做实验

答案：C

17. 当重复测量的结果是受大量、微小、独立的因素影响的连续型随机变量时，其概率分布可近似为________。(　　)

A．正态分布　　B．均匀分布　　C．梯形分布　　D．矩形分布

答案：A

18. 在分析数据处理中，Cochran 检验法是________。(　　)

A．一组分析数据的精密度检验

B．多组分析数据的均值中异常值的检验

C．一组分析数据中异常值的检验

D．多组分析数据的方差一致性检验

答案：D

19. ________检验法用于一组测量值的一致性检验和剔除一组测量值中的异常值，适用于检出一个或多个异常值。(　　)

A．Grubbs　　B．Dixon　　C．Cochran　　D．*t*

答案：B

20. 对于空白实验值的控制，要求平行双样的测定结果之间的相对差值 *R* 不得大于_____%。(　　)

A．20　　B．30　　C．50　　D．40

答案：C

21. 0.060 70 的有效数字位数是________。(　　)

A．4 位　　B．5 位　　C．6 位　　D．3 位

答案：A

22. 准确度常用绝对误差或________表示。(　　)

A．相对误差　　B．平均偏差　　C．标准偏差　　D．相对标准偏差

答案：A

23.《环境监测分析方法标准制修订技术导则》(HJ 168—2020) 中规定，验证精密度时，对有证标准物质 / 标准样品的测定：各验证实验室采用高、中、低 3 种不同含量水平（应包括一个在测定下限附近的浓度或含量）的统一样品，按全程序每个样品平行测定________次，分别计算不同浓度或含量样品的平均值、标准偏差、相对标准偏差等各项参数。(　　)

A．3　　B．4　　C．5　　D．6

答案：D

24. 将 330 51 修约为 3 位有效数字的正确写法是________。(　　)

A．3.30×10^4　　B．3.305×10^4　　C．3.31×10^4　　D．331×10^2

答案：C

25. Dixon 检验是用来进行________检验的。(　　)

A．正态分布　　B．方差　　C．均值　　D．相关性

答案：C

26. 随机误差又称________或不可测误差。(　　)

A．偶然误差　　B．粗差　　C．可测误差　　D．恒定误差

答案：A

27. 近似数运算中，$0.568\,2 \times 27.413 \div 0.329$ 等于________。(　　)

A．47.3　　B．47.34　　C．47.344　　D．47.343 7

答案：A

28. 校准曲线的斜率和截距有时小数点后位数很多，最多保留 ________位有效数字，并以幂表示。(　　)

A．2　　B．3　　C．4　　D．5

答案：B

29. 几个数字相加减时，有效数字位数的取舍取决于________数据的有效数据的位数。(　　)

A．绝对误差最小的　　B．绝对误差最大的　　C．最大　　D．最小

答案：B

30. 平行样分析反映分析结果的________，加标回收率分析反映分析结果的________。(　　)

A．准确度　精密度　　B．准确度　灵敏度

C．精密度　准确度　　D．精密度　灵敏度

答案：C

31. 78 900 的有效数字是________。(　　)

A. 三位　　B. 四位　　C. 五位　　D. 不能确定

答案：D

32. 将 12.454 6 修约到整数位，下列方法修约中，方法正确的是________。(　　)

A. 12.4546 → 12

B. 12.4546 → 12.455 → 12.46 → 12.5 → 13

答案：A

33. 在化学分析中，校准曲线的相关系数一般按________原则取舍。(　　)

A. 只进不舍　　B. 只舍不进　　C. 四舍五入　　D. 四舍六入五看双

答案：B

34. 按照有效数字修约规则 26.450 8 保留三位有效数字应为________。(　　)

A. 26.4　　B. 26.5　　C. 26.0　　D. 26.6

答案：B

三、多选题

1. 以下指标统计时修约小数位数正确的是________。(　　)

A. 水温，1 位小数　　B. pH，2 位小数

C. 氨氮，2 位小数　　D. 相关系数，3 位小数

E. 相关系数，2 位小数　　F. 总磷，3 位小数

答案：ABCDF

2. 在数值计算中，某些数值的有效数字位数可视为无限，在计算中需要几位就可以写几位，包括________。(　　)

A. 倍数　　B. 分数　　C. 不连续物理量

答案：ABC

3. 在数理统计中常用的统计量有样本的________。(　　)

A. 均值　　B. 方差 s^2　　C. 标准偏差 s

D. 相对标准偏差 RSD　　E. 极差 R

答案：ABCDE

四、判断题

1. 当统计量的计算值 > 临界值时，说明样本与总体或两个样本之间无显著性差异。(　　)

答案：错误

正确答案：当统计量的计算值 > 临界值时，说明样本与总体或两个样本之间有显著性差异。

2. Dixon 检验法用于一组测定值的一致性检验和剔除一组测定值中的异常值，只可用于检出一个异常值。(　　)

答案：错误

正确答案：Dixon 检验法用于一组测定值的一致性检验和剔除一组测定值中的异常值，可用于

检出一个或多个异常值。

3. Grubbs 检验法可用于一组测量值的一致性检验和剔除一组测量值中的异常值，一次检验可以检出一个或多个异常值。(　　)

答案：错误

正确答案：Grubbs 检验法可用于一组测量值的一致性检验和剔除一组测量值中的异常值，一次只能检出一个异常值。

4. TOC-COD 相关系数的统计，数据越多越好，但考虑到实际测定的工作量宜采取 10 个以上的试样进行 TOC 值和 COD 值的测定。(　　)

答案：错误

正确答案：至少采取 10 个以上试样。

5. *t* 检验是检验两均数间差异显著性的基本方法。(　　)

答案：正确

6. 按加法计算规则计算 1.81、3.219、0.361 7 三数之和为 5.39。(　　)

答案：正确

7. 按照有效数字修约规则，数字 15.450 6 保留三位有效数字，修约后应为 15.4。(　　)

答案：错误

正确答案：修约后应为 15.5。

8. 标准偏差有正有负，一般表示以正数表述。(　　)

答案：正确

9. 测量值运算结果：12.5+2.74+87.3=102.54。(　　)

答案：错误

正确答案：102.5。

10. 对拟修约的数字，在确定修约位数后必须连续修约到所确定的位数。(　　)

答案：错误

正确答案：对拟修约的数字，在确定修约位数后应该一次修约获得结果，而不得多次连续修约。

11. 衡量环境污染变化趋势在统计上有无显著性，常采用 Daniel 的趋势检验，它使用了 Spearman 的秩相关系数。当秩相关系数 *rs* 是负值时，则表明在评价时段内有关统计量指标变化呈上升趋势或加重趋势。(　　)

答案：错误

正确答案：当秩相关系数 *rs* 是负值时，则表明在评价时段内有关统计量指标变化呈下降趋势或好转趋势。

12. 几个数据相乘除时，它们的积或商的有效数字的保留应以有效数字位数最多的数据为依据。(　　)

答案：错误

正确答案：几个数据相乘除时，它们的积或商的有效数字的保留应以有效数字位数最少的数据为依据。

13. 将 12.149 8 修约到一位小数应为 12.1。(　　)

答案：正确

14. 某实验员进行两组实验，得到第一组数据分别为 3.77、3.74、3.78，第二组数据分别为 3.76、3.71、3.73、3.80、3.78、3.73、3.72，得出两组数据的平均值分别为 3.76 和 3.747。(　　)

答案：正确

15. 数字 1.550 1 修约至小数点后一位的结果为 1.6。(　　)

答案：正确

16. 下列数字修约至小数后一位，结果是否正确 1.0501—1.0。(　　)

答案：错误

正确答案：1.1。

17. 有效数字是在分析工作中能够实际测量到的数字，最后一位的数字可以是估计的不确定的数字。(　　)

答案：正确

18. 在能力验证活动中，通常使用 Z 比分数作为结果评价方法，当 $|Z| \leqslant 3$ 时，即为满意结果。(　　)

答案：错误

正确答案：当 $|Z| \leqslant 2$ 时为满意结果，$2<|Z| \leqslant 3$ 时为可疑结果。

19. 在实验室分析中，使用多种计量仪器时，有效数字以最多的计量仪器的位数表示。(　　)

答案：错误

正确答案：使用多种计量仪器时，有效数字以最少的一种计量仪器的位数表示。

20. 正态分布的总体偏差越大，数据越分散，正态分布曲线越平宽。(　　)

答案：正确

21. 秩相关系数法要求具备足够的数据，一般至少应采用 5 个期间的数据，即 5 个时间序列的数据。(　　)

答案：错误

正确答案：一般至少应采用 4 个期间的数据，即 5 个时间序列的数据。

22. 置信区间的大小与所取置信水平及显著性水平有关，置信水平取得大，置信区间也大，因此置信水平取得越大越好。(　　)

答案：错误

正确答案：置信区间过大，估计的精度就差，所以不是置信水平越大越好。

五、简答题

1. 简述偶然误差的特点及消除方法。

答案：

特点：在一定条件下，有限次测量值中其误差的绝对值不会超过一定界限，同样大小的正负偶然误差，几乎有相等的出现机会，小误差出现机会多，大误差出现机会少。

消除方法：增加测定次数，重复多次做平行试验，取其平均值，这样可以正负偶然误差相互抵消，在消除系统误差的前提下，平均值可能接近真实值。

2. 何为偶然误差、系统误差？

答案：偶然误差指由于测定过程中某些随机的偶然因素所造成的误差；系统误差指由于测定过程中某些经常性的固定的原因所造成的误差，其特征是具有“单向性”。

3. 什么是精密度？

答案：是指在确定的条件下用相同的方法对同一浓度样平行测定多次，所得结果之间的一致程度，其高低用偏差来衡量。

4. 什么是准确度？

答案：是指测定值与真实之间接近的程度，两者差值越小，分析结果的准确度越高，其高低用误差来衡量。

5. 小王测得水样中锌的含量为 0.45 mg/L，而测得的空白值为 0.40 mg/L，试评述小王的分析结果。

答案：小王的分析结果没有实际意义，样品的分析结果不可靠。空白值太高，扣除空白值（系统误差）会引起较大的误差。小王分析测试中空白值和样品测定值接近，在同一数量级，只有空白值至少比测定值低一个数量级时，分析结果才有意义。

6. 甲、乙、丙三人同时对某一个水样的同一指标进行 5 个平行样品的检测，分别得到 5 个平行数据，请问，应该选用什么参数来反映其中某一个数据的精密度？又应采用什么参数来反映甲、乙、丙各组数据的精密度？

答案：某个数据的精密度用绝对偏差或者相对偏差来表示。某组平行数据的精密度用平均偏差（或者相对平均偏差）、相对标准偏差、极差来表示。

六、计算题

1. 某一样品测定结果为 6.21、6.47、6.56、6.38、6.42、6.29、6.64 和 6.53，推算在 0.95 置信水平下，总体值的置信区间。$t_{0.05(7)}$=2.365。

答案：样品平均值：$\bar{X}=6.438$

$$S=\sqrt{\frac{1}{n-1}\sum_{i=1}^{n}(X_i-\bar{X})^2}=0.142\,8 \quad f=n-1=7$$

$$\delta=\frac{t_a(f)^S}{\sqrt{n}}=2.365\times0.142\,8/\sqrt{8}=0.120$$

在 0.95 置信水平下，总体均值的区间为［$\bar{X}-\delta,\bar{X}+\delta$］=［6.318，6.558］。

2. 已知某标准样品中某离子浓度 μ=9.67 mg/L，用某方法重复测定 n=9 次，平均值 =9.97 mg/L，标准偏差 s=0.140 mg/L，若置信度水平取 P=0.95，试判断该方法中是否存在系统误差。［$t_{0.95}$=2.31］

答案：

$$t_{计}=[(\bar{X}-\mu)/s]\times\sqrt{n}$$
$$=[(9.97-9.67)/0.140]\times3$$
$$=6.43>2.31$$

由于 $t_{计}$=6.43＞$t_{0.95}$=2.31，可得结论：在置信度 P=0.95 时，该方法存在严重的系统误差。

3. 对同一样品做 10 次平行测定，获得的数据分别为 4.41、4.49、4.50、4.51、4.64、4.75、4.81、4.95、5.01 和 5.39，检验最大值是否为异常值。取检验水平为 5%。[$G_{0.95(10)}$=2.176]

答案：用 Grubbs 检验法，为单侧检验：

$\bar{X}$ =4.746

$S=\sqrt{\dfrac{1}{n-1}\left(\sum_{i=1}^{n}X_i^2-n\overline{X^2}\right)}$ =0.305

n=10　X_{10}=5.39

G_{10}=（X_{10}− $\bar{X}$）/S=（5.39−4.746）/0.305=2.111

当 n=10 时，查表得 $G_{0.95(10)}$=2.176，因 G_{10}＜$G_{0.95(10)}$，所以 5.39 为正常值。

4. 两人对样品中 A 的含量测定结果如下，这两名分析人员的测定结果有无显著差异？[已知 $F_{0.05}$（$f_{大}/f_{小}$）=4.95，$t_{(0.05,\ 9)}$=2.201]

甲：2.55、2.58、2.65、2.72、2.56、2.89、2.45　n_1=7，x_1=2.63，s_1=0.143

乙：2.45、2.56、2.78、2.35、2.45、2.35　　n_2=6，x_2=2.49，s_2=0.162

答案：

（1）F 检验

$F=S_{max}^2/S_{min}^2=0.162^2/0.143^2=1.28$

F＜ $F_{0.05}$（$f_{大}/f_{小}$），所以两人测定结果具有相同的精密度。

（2）t 检验

$R=S_1^2+S_2^2$=0.020 449+0.026 244=0.047

$n=n_1+n_2-2$=7+6−2=11

$t=\ V_0=V_t\times\dfrac{298}{298+t}\times\dfrac{P}{101.325}$

= 1.656

给定 $t_{(0.05,\ 9)}$=2.201　t<$t_{(0.05,\ 9)}$，所以两人测定结果无显著差异。

5. 在某标准物质协作定值时，有 6 个实验室各进行了 8 次测定，6 个实验室的标准偏差分别为：0.056、0.048、0.053、0.037、0.049、0.088，试分别用 Cochran 准则和 Hartley 准则（F 检验法）判别该 6 个实验室的方差之间是否有差异？（α = 0.05，m=6，f=n−1=7，$C_{0.05(6,\ 7)}$=0.398，$F_{0.05(6,\ 7)}$=10.8）

答案：

（1）Cochran 准则：

$C_j=\dfrac{S_J^2}{\sum_{i=1}^{n}S_i^2}$，$S_j$ 为最大样本方差。

C_{max} = 0.088^2/（0.056^2 + 0.048^2+0.053^2+0.037^2+0.049^2+0.088^2）=0.391

因 C_{max}<$C_{0.05}$（6，7)，故可以判定 6 个实验室的方差之间没有差异。

（2）Hartley 准则（F 检验法）：F_{max} = $0.088^2/0.037^2$=5.7

因 $F_{max}<F_{0.05}$（6，7），故可以判定6个实验室的方差之间没有差异。

两种检验法所得的结论是一致的。

6. 已知某标样保证值（μ）为 110 mg/L，某人对该标样测定 5 次，其结果为 111 mg/L、112 mg/L、110 mg/L、113 mg/L、111 mg/L，求其均值与保证值的绝对误差、相对误差、5 次测定值的标准偏差、相对标准偏差（变异系数），试检验测定结果与保证值有无显著差异［$t_{0.95(5)}$=2.571］。

答案： 均值 =111.4（mg/L）;

绝对误差：111.4−110=1.4（mg/L）;

相对误差：1.4/110×100%=1.27%;

标准偏差 =1.14（mg/L）;

相对标准偏差 =1.02%

t=2.45 小于［$t_{0.95(5)}$=2.571］，测定结果与保证值无显著差异。

7. 对同一样品做 8 次平行测定，获得数据分别为 4.95、5.59、5.60、5.61、5.74、5.85、5.91、5.92，检验最小值是否为离群值，是否需要剔除？［当 n=8 时，$G_{0.95(8)}$=2.032，$G_{0.99(8)}$=2.221，剔除水平 α 取 0.01］。

答案： $\because \overline{X}$ =5.646

S=0.313 1

$$G_1=\frac{\left(\overline{X}-X_1\right)}{S}=2.223$$

$\therefore\ G_1>G_{0.95}>G_{0.99}$，

X_{min}4.95 为离群值，应剔除。

8. 已知某标样保证值（μ）为 210 mg/L。某测试人员对该样测定 5 次，其结果为 209 mg/L、218 mg/L、203 mg/L、206 mg/L、210 mg/L，请分别计算平均值、绝对误差、相对误差、5 次测定值的标准偏差（S）及相对标准偏差（RSD）。

答案： 均值：$\bar{x}$ =（209+218+203+206+210）/5=209.2（mg/L）

绝对误差：|209.2−210|=0.8（mg/L）

相对误差：0.8/210×100%=0.38%

标准偏差：$S=\sqrt{\frac{1}{N-1}\sum_{i=1}^{N}(x_i-\bar{x})^2}$ =5.62（mg/L）

相对标准偏差：RSD= $\frac{s}{\bar{x}}\times 100\%$ =2.68%

9. 测定某土壤样品中钴的含量，4 次测定结果为 1.25 μg/g、1.27 μg/g、1.31 μg/g、1.40 μg/g。分别用 Grubbs 检验法（置信度为 95%，$T_{0.05,\ 4}$=1.46）和 Q 检验法（置信度为 90%，$Q_{0.09}$=0.76）判定 1.40 μg/g 是否为离群值。

答案：

Grubbs 检验法：

平均值 x=1.31（μg/g），s=0.066（μg/g）

$$T=\frac{x_n-\bar{x}}{s}=\frac{1.40-1.31}{0.066}=1.36$$

查表 $T_{0.05,\ 4}$=1.46，$T < T_{0.05,\ 4}$，故 1.40 这个数据应该保留。

Q 检验法：

$$Q=\frac{1.40-1.31}{1.40-1.25}=0.60$$

已知 n=4，查表 7-6，$Q_{0.09}$=0.76，$Q < Q_{0.90}$，故 1.40 这个数据应予保留。

用以上 2 种检验法均表明，在相应的置信度下，1.40 μg/g 不是离群值。

10. 氟化物标样的保证值为 1.05 mg/L，6 次测定结果为 1.05 mg/L、1.07 mg/L、1.06 mg/L、1.06 mg/L、1.05 mg/L 和 1.05 mg/L，检验测定结果与保证值有无显著差异。（提示：显著性检验 t 检验法，$t_{0.05(5)}$=2.571）

答案：双侧检验：$\bar{x}$ =（1.05+1.07+1.06+1.06+1.05+1.05）÷ 6 = 1.057（mg/L）

$$S=\sqrt{\frac{1}{n-1}\sum_{i=1}^{n}(x_i-\bar{x})^2}=\sqrt{\frac{1}{6-1}\sum_{i=1}^{6}(x_i-1.057)^2}=0.008\,17$$

μ_0= 1.05

$$t=\frac{\bar{x}-\mu_0}{\frac{S}{\sqrt{n}}}=\frac{1.057-1.05}{\frac{0.008\,17}{\sqrt{n}}}=2.100$$

因为 t =2.100 < $t_{0.05(5)}$ = 2.571，所以测定值与保证值无显著差异。

11. 某项目测定校准曲线数据如下：

含量（mg）：0.000　0.500　1.00　2.00　5.00　10.00　15.00

吸光度（A）：0.008　0.029　0.054　0.098　0.247　0.488　0.654

计算其回归方程，写出该校准曲线的斜率、截距、相关系数和回归方程，并说明该校准曲线能否在工作中使用，为什么？

答案：

减空白后吸光度（A）：0.000　0.021　0.046　0.090　0.239　0.480　0.646

斜率 b=0.044 3　截距 a=0.005　相关系数 r=0.997 6

回归方程 y=0.044 3 x+0.005

该校准曲线不能在工组中使用，因为该相关系数 r=0.997 6<0.999。

12. 为了确定某方法的检出限，每天测定两个空白，连续测定 5 d，测定值分别为：（0.019，0.017），（0.019，0.019），（0.018，0.019），（0.018，0.018），（0.018，0.019），该方法的检出限 L 是多少？（α=0.05　t_f=2.014）

答案：单侧检验：

$$S_{wb}=\sqrt{\frac{1}{m(n-1)}\sum_{i=1}^{m}\sum_{j=1}^{n}(X_{ij}-\overline{X}_i)^2}=0.000\,775$$

$L=2\sqrt{2}\cdot t_f S_{wb}$ =2.828 × 2.014 × 0.000 775=0.005，即方法检出限为 0.005。

13. 依据《环境监测　分析方法标准制修订》（HJ 168—2020），某方法标准中某物质的检出限为 0.03 mg/L，现对其开展新方法验证，由于空白中无该物质检出，故采用加入 0.10 mg/L 的标液进行分析，测得 7 次的数据分别为 0.09 mg/L、0.08 mg/L、0.07 mg/L、0.06 mg/L、0.08 mg/L、0.07 mg/L、0.09 mg/L。试计算其检出限，并判断是否满足方法标准要求。［$t_{(n-1,\ 0.99)}$=3.143］

答案： 平均值：$\bar{x}$ =（0.09+0.08+0.07+0.06+0.08+0.07+0.09）/7=0.077（mg/L）；

标准偏差：$S=\sqrt{\frac{\sum_{i=1}^{n}(x_i-\bar{x})^2}{n-1}}=0.011\ 1$（mg/L）；

检出限：MDL= $t_{(n-1,\ 0.99)}\times S$=3.143 × 0.011 1=0.035 ≈ 0.04 mg/L（只进不舍）；

0.04＞0.03，分析得出的检出限不满足方法标准的要求，需要查找原因，并重新验证。

第四节　质量标准及排放 / 控制标准

一、填空题

1.《环境空气质量标准》（GB 3095—2012）中的环境空气功能区一类区为____________、风景名胜区和其他需要特殊保护的区域。

答案： 自然保护区

2.《土壤环境质量　农用地土壤污染风险管控标准（试行）》（GB 15618—2018）适用于耕地土壤污染风险筛查和分类，____________和牧草地可参照执行。

答案： 园地

3.《声环境质量标准》（GB 3096—2008）中根据《中华人民共和国环境噪声污染防治法》，“昼间”是指____________之间的时段。

答案： 6：00 至 22：00

4. 根据《地表水环境质量标准》（GB 3838—2002），依据地表水水域环境功能和保护目标，按功能高低依次划分为五类，其中 I 类主要适用于____________、国家自然保护区。

答案： 源头水

5.《环境空气质量标准》（GB 3095—2012）中对污染物浓度数据有效性的最低要求中规定，SO_2、NO_2、NO_x、CO、PM_{10}、$PM_{2.5}$ 的 1 小时平均值，须符合每小时至少有____________分钟平均浓度值。

答案： 45

6.《环境空气质量标准》（GB 3095—2012）中规定，$PM_{2.5}$ 的 24 小时平均和年平均二级浓度限值为____________μg/m³、____________μg/m³。

答案： 75　35

7.《环境空气质量标准》（GB 3095—2012）中的氟化物（以 F 计）是指以____________态及____________态形式存在的无机氟化物；铅（Pb）是指存在于____________中的铅及其化合物；苯并［*a*］芘是指存在于____________中的苯并［*a*］芘。

答案：气　　颗粒　　总悬浮颗粒物　　可吸入颗粒物（PM_{10}）

8.《土壤环境质量　农用地土壤污染风险管控标准（试行）》（GB 15618—2018）规定了农用土壤污染____________值和____________值。

答案：风险筛选　　风险管制

9.《土壤环境质量　建设用地土壤污染风险管控标准（试行）》（GB 36600—2018）规定，建设用地中，城市建设用地根据保护对象暴露情况的不同可划分为____________类，规定了__________种基本项目的筛选值和管制值。

答案：两　　45

10.《声环境质量标准》（GB 3096—2008）规定，测量环境噪声的仪器精度为____________型及以上的积分平均声级计，在测量前后应进行校准，测量仪器示值偏差不得大于____________dB，否则测量无效。

答案：2　　0.5

11.《声环境质量标准》（GB 3096—2008）规定，噪声敏感建筑物外测点选择在距墙壁或窗户____________m 处，距地面高度____________m 以上。

答案：1　　1.2

12. 地下水质量指标分为____________指标和____________指标。

答案：常规　　非常规

13.《环境空气质量标准》修改单中，____________ 监测采用参考状态，____________ 监测采用实况状态。

答案：气态污染物　　颗粒物及其组分

14.《土壤环境质量　建设用地土壤污染风险管控标准（试行）》（GB 36600—2018）中，建设用地土壤污染风险筛选值和管制值中基本项目包括____________、____________以及____________三类污染物。

答案：重金属和无机物　　挥发性有机物　　半挥发性有机物

15.《土壤环境质量　农用地土壤污染风险管控标准（试行）》（GB 15618—2018）中，对于可能存在食用农产品不符合质量安全标准等土壤污染风险的，原则上应当采取____________、________等安全利用措施。

答案：农艺调控　　替代种植

16.《土壤环境质量　建设用地土壤污染风险管控标准（试行）》（GB 36600—2018）中规定，物流仓储用地、绿地及广场用地属于____________用地。

答案：第二类

17. 农用地土壤污染风险筛选值和管制值评判的基础指标为____________。

答案：pH

18.《机场周围飞机噪声环境标准》（GB 9660—1988）中，一类区域是指____________，其标准值 L_{WECPN} 为__________dB，二类区域是指__________，其标准值 L_{WECPN} 为____________ dB。

答案：特殊住宅区，居住、文教区　　70　　除一类区域外的生活区　　75

19.《生活饮用水卫生标准》（GB 5749—2006）规定了生活饮用水____________卫生要求、生活饮用水________卫生要求、集中式供水单位卫生要求、二次供水卫生要求、涉及生活饮用水卫生安全产品卫生要求、水质监测和水质检验方法。

答案：水质　水源水质

20. 建设用地土壤污染风险指建设用地上居住、工作人群长期暴露于土壤污染物中，因________或________而对健康产生的不利影响。

答案：慢性毒性效应　致癌效应

21.《环境空气质量标准》（GB 3095—2012）未规定年平均限值的污染物项目是________、________。

答案：一氧化碳（CO）　臭氧（O_3）

22.《海水水质标准》（GB 3097—1997）规定污水集中排放形成的混合区，不得影响邻近功能区的________和________。

答案：水质　鱼类洄游通道

23.《土壤环境质量　农用地土壤污染风险管控标准（试行）》（GB 15618—2018）中规定的农用地土壤污染风险管制值是指农用地土壤中污染物含量超过该值的，________，原则上应当采取严格的管控措施。

答案：食用农产品不符合质量安全标准等农用地土壤污染风险高

24.《地下水质量标准》（GB/T 14848—2017）中常规指标是指反映地下水质量基本状况的指标，包括感官性状及一般化学指标、________、________、________。

答案：微生物指标　毒理学指标　放射性指标

25.《环境空气质量标准》（GB 3095—2012）中规定 PM_{10} 年均值的一级浓度限值为________ $\mu g/m^3$。

答案：40

26.《环境空气质量标准》（GB 3095—2012）出台的主要意义之一是环境管理开始以________为目的导向向以________为目标导向转变。

答案：环境污染控制　环境质量改善

27. 依据《土壤环境质量　农用地土壤污染风险管控标准（试行）》（GB 15168—2018），农用地土壤污染风险筛选值的必测项目包括镉、汞、砷、铅、铬、铜、________和________。

答案：镍　锌

28.《声环境质量标准》（GB 3096—2008）规定，夜间突发噪声的最大声级不准超过标准值________。

答案：15 dB（A）

29.《环境空气质量标准》（GB 3095—2012）规定，环境空气功能区分为________类。

答案：两

30. 依据我国地下水水质现状、人体健康基准值及地下水质量保护目标，并参照生活饮用水、工业、农业用水水质要求，将地下水质量划分为________类。

答案：五

31.《地表水环境质量标准》（GB 3838—2002）依据地面水域的不同分为五类标准，下面各水体各适用哪一类标准：神农架自然保护区：___________；长江洄游鱼类产卵区___________；麦田灌溉用水区：___________；淡水浴场：___________。

答案： Ⅰ类　　Ⅱ类　　Ⅴ类　　Ⅲ类

32.《环境空气质量标准》（GB 3095—2012）规定了___________功能区分类、___________分级、污染物项目、平均时间及___________、___________、数据统计的有效性规定及实施与监督等内容。

答案： 环境空气　　标准　　浓度限值　　监测方法

33. 声环境功能区共有___________类。

答案： 5

34.《环境空气质量标准》（GB 3095—2012）规定，SO_2、NO_2 等项目的 1 小时浓度采样不得少于___________分钟；其日平均浓度采样，每天不得少于___________小时。

答案： 45　　20

35.《地表水环境质量标准》（GB 3838—2002）规定，Ⅱ类水 BOD_5 的浓度限值为___________。《渔业水质标准》（GB 11607—89）规定：DO 在“任何时候不得低于___________。”

答案： 3 mg/L　　3 mg/L

36.《地表水环境质量标准》（GB 3838—2002）中，Ⅱ～Ⅴ类水域高锰酸盐指数水质标准分别为 2 mg/L、___________、___________、___________、___________。

答案： 4 mg/L　　6 mg/L　　10 mg/L　　15 mg/L

37. 依据《环境空气质量标准》（GB 3095—2012）及修改单，环境空气中二氧化硫、氮氧化物平均浓度要求每日至少有___________h 的采样时间。环境空气中颗粒物的日平均浓度要求每日至少有___________h 的采样时间。

答案： 20　　20

38.《地表水环境质量标准》（GB 3838—2002）中规定人为造成的环境水温变化应限制在周平均最大降温___________℃内。

答案： 2

39.《土壤环境质量　农用地土壤污染风险管控标准（试行）》（GB 15618—2018）中，农用地土壤污染风险管制值项目包括___________。

答案： 镉、汞、砷、铅、铬

40.《土壤环境质量　建设用地土壤污染风险管控标准（试行）》（GB 36600—2018）共有基本项目___________项、其他项目___________项。

答案： 45　　40

41.《环境空气质量标准》（GB 3095—2012）修改单将“标准状态”修改为“参比状态”。“参比状态”指大气温度为___________K，大气压力为___________hPa 时的状态。

答案： 298.15　　1 013.25

42.《地表水环境质量标准》（GB 3838—2002）对___________个地表水环境质量标准基本项目，___________个集中式生活饮用水地表水源地补充项目，___________个集中式生活饮用水地表水源地特定项目的限值进行了规定，即我们平常所称的 109 项。

答案：24　　5　　80

43.《地表水环境质量标准》（GB 3838—2002）规定，集中式生活饮用水地表水源地水质超标项目经自来水厂净化处理后，必须达到＿＿＿＿＿＿的要求。

答案：生活饮用水卫生规范

44.《地表水环境质量标准》（GB 3838—2002）规定的项目标准值，要求水样采集后＿＿＿＿＿，取上层非沉降部分按规定方法进行分析。

答案：自然沉降 30 min

45.《农田灌溉水质标准》（GB 5084—2005）按灌溉作物分为＿＿＿＿＿＿类，其中镉的标准限值为＿＿＿＿＿＿ mg/L。

答案：三　　0.01

46. 根据《地下水质量标准》（GB/T 14848—2017），地下水质量为地下水＿＿＿＿＿、＿＿＿＿＿和＿＿＿＿＿＿性质的总称。

答案：物理　　化学　　生物

47. 根据《地下水质量标准》（GB/T 14848—2017），地下水质量应定期监测，潜水监测频率应不少于每年＿＿＿＿＿＿次，承压水监测频率可根据质量变化情况确定，宜每年＿＿＿＿＿＿次。

答案：2　1

48. 环境空气质量基本评价项目包括二氧化硫（SO_2）、＿＿＿＿＿＿、一氧化碳（CO）、＿＿＿＿＿＿、可吸入颗粒物（PM_{10}）、细颗粒物（$PM_{2.5}$）共 6 项。

答案：二氧化氮（NO_2）　　臭氧（O_3）

49. 根据《声环境质量标准》（GB 3096—2008），普通居民区一般为 1 类噪声功能区其夜间噪声最高限值为＿＿＿＿＿＿ dB。

答案：45

50.《地下水质量标准》（GB/T 14848—2017）中的挥发性酚类Ⅰ类、Ⅱ类限值均为 0.001 mg/L，若质量分析结果为 0.001 mg/L 时，应定为＿＿＿＿＿＿类标准。

答案：Ⅰ

二、单选题

1.《环境空气质量标准》（GB 3095—2012）中，依据使用目的和保护目标将环境空气功能区划分为＿＿＿＿。（　）

A. 三类　　B. Ⅳ类　　C. 二类　　D. Ⅴ类

答案：C

2. 地表水环境质量标准分为＿＿＿＿。（　）

A. 3 类　　B. 五级　　C. Ⅲ级　　D. 五类

答案：D

3.《环境空气质量标准》（GB 3095—2012）中臭氧浓度限值是指在＿＿＿＿状态下的浓度。（　）

A. 大气温度为 273 K，大气压力为 101.325 kPa

B．大气温度为 293.15 K，大气压力为 1 013.25 hPa

C．大气温度为 298 K，大气压力为 101.325 kPa

D．大气温度为 298.15 K，大气压力为 1 013.25 hPa

答案：D

4.《地表水环境质量标准》（GB 3838—2002）不适用于________水域。（　　）

A．江河　　B．湖泊　　C．海洋　　D．水库

答案：C

5.《地表水环境质量标准》（GB 3838—2002），依据地表水水域环境功能和保护目标，按功能高低将地表水水域划分为五类，其中Ⅰ类适用的水域是________。

A．农业用水　　B．集中式生活饮用水地表水源地一级保护区

C．珍稀水生生物栖息地　　D．国家自然保护区

答案：D

6.《环境空气质量标准》（GB 3095—2012）的实施日期为________。（　　）

A．2013 年 1 月 1 日　　B．2014 年 1 月 1 日

C．2015 年 1 月 1 日　　D．2016 年 1 月 1 日

答案：D

7. 满足《地下水质量标准》（GB/T 14848—2017）规定的Ⅰ类水质要求，________指标可以检出。（　　）

A．嗅和味　　B．肉眼可见物

C．挥发性酚类　　D．阴离子表面活性剂

答案：C

8.《污水综合排放标准》（GB 8978—1996）中，不属于第一类污染物的是________。（　　）

A．总镍　　B．六价铬　　C．苯并［*a*］芘　　D．总氰化物

答案：D

9. 根据《环境空气质量标准》（GB 3095—2012），SO_2、NO_2 等自动监测，每月有效数据获取率不应低于________天。（　　）

A．21　　B．25　　C．27　　D．28

答案：C

10.《土壤环境质量　建设用地土壤污染风险管控标准（试行）》（GB 36600—2018）规定，物流仓储用地、绿地及广场用地属于________用地。（　　）

A．第一类　　B．第二类　　C．第三类　　D．第四类

答案：B

11.《地表水环境质量标准》（GB 3838—2002）中砷的Ⅲ类标准值为≤________mg/L；《污水综合排放标准》（GB 8978—1996）第一类污染物中总砷的最高允许排放浓度为________mg/L。（　　）

A．0.05　0.5　　B．0.1　1.0　　C．0.05　1.0　　D．0.1　0.5

答案：A

12. 某条河流位于国家自然保护区内，按照保护目标应将其划分为________类。（　　）

A. Ⅰ　　B. Ⅱ　　C. Ⅲ　　D. Ⅳ

答案：A

13.《地表水环境质量标准》（GB 3838—2002）表 1 中规定镉的Ⅲ类标准限值是________mg/L。（　　）

A. 0.001　　B. 0.005　　C. 0.010　　D. 0.015

答案：B

14. ________是《地表水环境质量标准》（GB 3838—2002）表 2 集中式生活饮用水地表水源地补充项目。（　　）

A. 镍　　B. 氟化物　　C. 锰　　D. 溶解氧

答案：C

15. 省、自治区、直辖市人民政府可以对《地表水环境质量标准》（GB 3838—2002）中未作规定的项目，制定地方补充标准，________。（　　）

A. 并报本级环境保护行政主管部门备案　　B. 并报本级环境保护行政主管部门批准

C. 并报国务院环境保护行政主管部门备案　　D. 并报国务院环境保护行政主管部门批准

答案：C

16. 根据《地下水质量标准》（GB/T 14848—2017）中的地下水质量分类，以一定水平的人体健康风险为依据的是________类。（　　）

A. Ⅱ　　B. Ⅲ　　C. Ⅳ　　D. Ⅴ

答案：C

17. 依据《地下水质量标准》（GB/T 14848—2017）进行单指标评价，按指标值所在的限值范围确定地下水质量类别，当指标限值相同时，________。（　　）

A. 从劣不从优　　B. 从优不从劣　　C. 任选一项类别　　D. 重新监测

答案：B

18. 不是《地下水质量标准》（GB/T 14848—2017）常规指标的是________。（　　）

A. 氨氮　　B. 溶解氧

C. 甲苯　　D. 阴离子表面活性剂

答案：B

19.《环境空气质量标准》（GB 3095—2012）中，$PM_{2.5}$ 年平均的一级和二级浓度限值分别是________。（　　）

A. 35 μg/m³、70 μg/m³　　B. 35 μg/m³、75 μg/m³

C. 15 μg/m³、75 μg/m³　　D. 15 μg/m³、35 μg/m³

答案：D

20.《土壤环境质量　农用地土壤污染风险管控标准（试行）》（GB 15618—2018）适用于________。（　　）

A. 耕地　　B. 林地　　C. 草地　　D. 牧地

答案：A

21. 农用地土壤中污染物含量等于或低于________时，农产品质量安全、农作物生长或土壤生

态环境风险低，一般情况下可以忽略。(　　)

A. 污染风险筛选值　　B. 污染风险排查值

C. 污染风险管控值　　D. 污染风险控制值

答案：A

22. 根据《地下水质量标准》(GB/T 14848—2017)，潜水监测频率为________。(　　)

A. 每年仅枯水期一次　　B. 每年仅丰水期一次

C. 每年枯水期、平水期各一次　　D. 每年丰水期、枯水期各一次

答案：D

23.《环境空气质量标准》(GB 3095—2012)中，对各项污染物的分析方法有明确的要求，其中二氧化硫(SO_2)的自动分析方法为________。(　　)

A. 紫外荧光法和差分吸收光谱分析法　　B. 化学发光法和差分吸收光谱分析法

C. 紫外荧光法和非分散红外吸收法　　D. 化学发光法和非分散红外吸收法

答案：A

24. 在《土壤环境质量　农用地土壤污染风险管控标准(试行)》(GB 15618—2018)中，下列________不属于农用地土壤污染风险筛选值的必测重金属元素。(　　)

A. 铜　　B. 砷　　C. 铅　　D. 锰

答案：D

25. 根据《地下水质量标准》(GB/T 14848—2017)，________类水适用于各种用途。(　　)

A. Ⅰ、Ⅱ类　　B. Ⅲ类　　C. Ⅳ类　　D. Ⅴ类

答案：A

26. 根据《地下水质量标准》(GB/T 14848—2017)，依据我国地下水质量状况和人体健康风险，参照生活饮用水、工业、农业等用水质量要求，依据各组分含量高低(________除外)，分为五类。(　　)

A. 电导率　　B. pH　　C. 肉眼可见物　　D. 色

答案：B

27. 根据《海水水质标准》(GB 3097—1997)，按照海域的不同使用功能和保护目标，海水水质分为________类。(　　)

A. 二　　B. 三　　C. 四　　D. 五

答案：C

28.《环境空气质量标准》(GB 3095—2012)中，属于环境空气功能区二类区的是________。(　　)

A. 自然保护区　　B. 风景名胜区

C. 工业区　　D. 其他需要特殊保护的地区

答案：C

29. 同一水域兼有多类使用功能的，________对应的标准值。(　　)

A. 执行最低功能类别　　B. 执行多类功能类别

C. 执行最高功能类别　　D. 执行中间功能类别

答案：C

30.《环境空气质量标准》（GB 3095—2012）规定，$PM_{2.5}$ 的 24 h 平均和年平均二级浓度限制值分别为________μg/m^3 和________μg/m^3。(　　)

A．75　30　　B．75　35　　C．70　30　　D．70　35

答案：B

31.《环境空气质量标准》（GB 3095—2012）规定的 CO 浓度限值为________。(　　)

A．日最大 8 h 平均浓度限值　　B．1 h 平均浓度限值

C．12 h 平均浓度限值　　D．年平均浓度限值

答案：B

32. 在《地下水质量标准》（GB/T 14848—2017）中，下面________不属于感官性状及一般化学指标。(　　)

A．硝酸盐（以氮计）　　B．硫酸盐

C．阴离子表面活性剂　　D．铜

答案：A

33.《土壤环境质量　建设用地土壤污染风险管控标准（试行）》（GB 36600—2018）规定的建设用地的分类中，________属于第一类用地。(　　)

A．城市建设用地中的工业用地　　B．物流仓储用地

C．道路与交通设施用地　　D．医疗卫生用地

答案：D

34. 空气质量分指数的上限值是________。(　　)

A．300　　B．500　　C．600　　D．800

答案：B

35. 颗粒物 $PM_{2.5}$ 24 h 浓度值为 100 μg/m^3 时，其空气质量分指数级别为________。(　　)

A．二级　　B．三级　　C．四级　　D．五级

答案：B

36.《地表水环境质量标准》（GB 3838—2002）规定了水环境质量应控制的项目及限值，以及水质评价和________和标准的实施和监督。(　　)

A．水质分类　　B．水质项目的分析方法

C．金属项目　　D．方法检出限

答案：B

37.《地下水质量标准》（GB/T 14848—2017）中，下列________不是新增的毒理学无机化合物指标。(　　)

A．硼　　B．锑　　C．银　　D．镍

答案：D

38.《地表水环境质量标准》（GB 3838—2002）中高锰酸盐指数Ⅲ类标准限值为________mg/L。(　　)

A．4　　B．6　　C．10　　D．15

答案：B

39. 根据《海水水质标准》（GB 3097—1997），适用于一般工业用水，滨海风景区的海水属于________类。（　　）

A．第二　　B．第三　　C．第四　　D．第五

答案：B

40.《环境空气质量标准》（GB 3095—2012）中除明确规定了“新六项”污染物外，还给出了________、汞、砷、六价铬及氟化物的参考浓度限值。（　　）

A．镉　　B．铅　　C．铜　　D．硒

答案：A

41. 关于《环境空气质量标准》（GB 3095—2012）对各项污染物浓度限值的规定，________是正确的。（　　）

A．一类功能区颗粒物 $PM_{2.5}$ 执行的年均值标准为 35 μg/m^3

B．二类功能区颗粒物 $PM_{2.5}$ 执行的 24 h 平均值标准为 35 μg/m^3

C．二氧化氮的二级日平均浓度限值标准为 120 μg/m^3

D．颗粒物 PM_{10} 的二级年平均浓度限值标准为 70 μg/m^3

答案：D

42. ________不属于《地表水环境质量标准》（GB 3838—2002）表 3 集中式生活饮用水地表水源地特定项目。（　　）

A．甲醛　　B．黄磷　　C．硅酸盐　　D．氯仿

答案：C

43.《环境空气质量标准》（GB 3095—2012）中所指的铅是指存在于________中的铅及________。（　　）

A．TSP　铅的化合物　　B．PM_{10}　铅的化合物

C．$PM_{2.5}$　铅的化合物　　D．$PM_{2.5}$　铅的单质

答案：A

44.《土壤环境质量　建设用地土壤污染风险管控标准（试行）》（GB 36600—2018）中，建设用地土壤中污染物含量等于或低于________的，建设用地土壤污染风险一般情况下可以忽略。（　　）

A．土壤环境质量标准值　　B．土壤污染风险管制值

C．土壤污染风险筛选值　　D．土壤环境背景值

答案：C

45. 根据《地下水质量标准》（GB/T 14848—2017），下列不属于地下水质量常规指标的是________。（　　）

A．铁　　B．铜　　C．镍　　D．锰

答案：C

46.《地表水环境质量标准》（GB 3838—2002）Ⅳ类功能区标准限值为________。（　　）

A．COD 30 mg/L、NH_3-N 1.5 mg/L　　B．COD 40 mg/L、NH_3-N 2 mg/L

C．COD 30 mg/L、NH_3-N 1 mg/L　　D．COD 40 mg/L、NH_3-N 1.5 mg/L

答案：A

47.《土壤环境质量　建设用地土壤污染风险管控标准（试行）》（GB 36600—2018）中测定的石油烃类指的是________。（　　）

A．$C_4 \sim C_8$　　B．$C_{10} \sim C_{40}$　　C．$C_6 \sim C_9$　　D．以上皆有

答案：B

48. 下列检测指标都属于《土壤环境质量　建设用地土壤污染风险管控标准（试行）》（GB 36600—2018）中重金属和无机物基本项目的是________。（　　）

A．镉、汞、砷、铅、氰化物　　B．镉、汞、砷、铜、钒

C．镉、汞、砷、铜、镍　　D．镉、汞、砷、铜、氰化物

答案：C

49.《土壤环境质量　农用土地污染风险管控标准（试行）》（GB 15618—2018）规定，除水田外的土壤中镉的污染风险筛选值为________mg/kg（pH>7.5）。（　　）

A．0.5　　B．0.6　　C．0.8　　D．1.0

答案：B

50. 下列不属于《土壤环境质量　建设用地土壤污染风险管控标准（试行）》（GB 36600—2018）基本项目的是________。（　　）

A．甲基汞　　B．砷　　C．六价铬　　D．二氯甲烷

答案：A

51. 城市建设用地根据保护对象暴露情况的不同，划分为第一类用地和第二类用地两类，________不属于第一类用地。（　　）

A．公共管理与服务用地　　B．社会福利设施用地

C．公园绿地中的社区公园或儿童公园用地　　D．城市建设用地中的居住用地

答案：A

52. 下列不属于农用地土壤污染风险管制项目的是________。（　　）

A．镉　　B．汞　　C．镍　　D．铬

答案：C

53. 依据《地表水环境质量标准》（GB 3838—2002），________不属于Ⅲ类水质功能。（　　）

A．饮用水水源地二级保护区　　B．游泳区

C．鱼虾类产卵场　　D．水产养殖区

答案：C

54.《地下水质量标准》（GB/T 14848—2017）中，耗氧量Ⅲ类标准限值为________mg/L。（　　）

A．≤ 6.0　　B．≤ 2.0　　C．≤ 3.0　　D．≤ 4.0

答案：C

55. 以下适用于地表水Ⅲ类水域功能的有________。（　　）

①集中式生活饮用水地表水源地一级保护区；②鱼虾类越冬场；③集中式生活饮用水地表水源

地二级保护区；④鱼虾类产卵场；⑤水产养殖区

A．②③⑤　　B．①②④　　C．①②⑤　　D．①④

答案：A

56.《环境空气质量标准》（GB 3095—2012）中环境空气质量功能区分类规定，农村地区属于________。（　　）

A．一类区　　B．二类区　　C．三类区　　D．四类区

答案：B

57.《环境空气质量标准》（GB 3095—2012）中，SO_2 二级标准的日平均浓度限值是________mg/m^3。（　　）

A．0.50　　B．0.10　　C．0.12　　D．0.15

答案：D

58.《环境空气质量标准》（GB 3095—2012）中，臭氧 1 h 平均的一级和二级浓度限值分别是________$\mu g/m^3$、________$\mu g/m^3$。（　　）

A．100　160　　B．160　200　　C．100　200　　D．80　200

答案：B

59.《环境空气质量标准》（GB 3095—2012）规定，在任何情况下，有效的污染物浓度数据应符合表 4 污染物浓度数据有效性的最低要求，下面描述错误的是________。（　　）

A．二氧化硫年：平均每年至少有 324 个日平均浓度值

B．二氧化硫 24 h 平均：每日至少有 20 h 平均浓度值或采样时间

C．$PM_{2.5}$ 24 h 平均：至少每日有 24 h 平均浓度值或采样时间

D．总悬浮颗粒物 24 h 平均：每日应有 24 h 的采样时间

答案：C

60.《环境空气质量标准》（GB 3095—2012）规定，环境空气中二氧化硫 1 h 均值一级浓度及二级浓度限值分别为________ $\mu g/m^3$、________$\mu g/m^3$。（　　）

A．150 500　　B．50 150　　C．200 200　　D．120 300

答案：A

三、判断题

1.《土壤环境质量　建设用地土壤污染风险管控标准（试行）》（GB 36600—2018）适用于建设用地土壤污染风险筛查和风险管制。（　　）

答案：正确

2.《土壤环境质量　农用地土壤污染风险管控标准（试行）》（GB 15618—2018）中农用地土壤污染风险筛选值的基本项目均为必测项目。（　　）

答案：正确

3. 2018 年 8 月 13 日，生态环境部《关于发布〈环境空气质量标准〉（GB 3095—2012）修改单的公告》（公告 2018 年第 29 号）将《环境空气质量标准》（GB 3095—2012）中参比状态修改为标准状态。（　　）

答案：错误

正确答案：将标准状态修改为参比状态。

4.《建设用地土壤污染风险管控和修复监测技术导则》（HJ 25.2—2019）也适用于场地的放射性及致病性生物污染监测。（　　）

答案：错误

正确答案：该标准不适用于场地的放射性及致病性生物污染监测。

5.《声环境质量标准》（GB 3096—2008）分为 5 个类别，以居住、文教为主的区域执行 2 类。（　　）

答案：错误

正确答案：以居住、文教为主的区域执行 1 类。

6.《大气污染物综合排放标准》（GB 16297—1996）中规定，最高允许排放速率是指一定高度的排气筒在任何 1 h 排放污染物的质量不得超过的限值。（　　）

答案：正确

7.《大气污染物综合排放标准》（GB 16297—1996）中规定的最高允许排放速率，现有污染源分一、二、三级，新污染源分为一、二、三级。（　　）

答案：错误

正确答案：现有污染源分一、二、三级，新污染源分为二、三级。

8.《大气污染物综合排放标准》（GB 16297—1996）中规定，固定污染源排放的污染物，其最高允许排放浓度和最高允许排放速率均要达标，一项超标即为超标。（　　）

答案：正确

9.《地表水环境质量标准》（GB 3838—2002）表 1 中，河流与湖库的总磷Ⅲ类标准限值均为 0.05 mg/L。（　　）

答案：错误

正确答案：河流为 0.2 mg/L，湖库为 0.05 mg/L。

10.《地表水环境质量标准》（GB 3838—2002）规定的项目标准值，要求水样采集后自然沉降 60 min，取上层非沉降部分按规定方法进行分析。（　　）

答案：错误

正确答案：水样采集后自然沉降 30 min，取上层非沉降部分按规定方法进行分析。

11.《地表水环境质量标准》（GB 3838—2002）适用于中华人民共和国领域内江河、湖泊、运河、渠道、水库、海水等具有使用功能的地表水水域。具有特定功能的水域，参照执行本标准。（　　）

答案：错误

正确答案：适用于中华人民共和国领域内江河、湖泊、运河、渠道、水库等具有使用功能的地表水水域。

12.《地表水环境质量标准》（GB 3838—2002）中规定了地表水环境质量标准基本项目 24 项、集中式生活饮用水地表水源地补充项目 5 项、集中式生活饮用水地表水源地特定项目 80 项的标准限值。（　　）

答案： 正确

13.《地表水环境质量标准》（GB 3838—2002）中，水域功能为Ⅱ类的水主要适用于集中式生活饮用水地表水源地一级保护区和国家自然保护区。（　　）

答案： 错误

正确答案： 水域功能为Ⅱ类的水主要适用于集中式生活饮用水地表水源地一级保护区、珍稀水生生物栖息地、鱼虾类产卵场、仔稚幼鱼的索饵场等。

14.《地表水环境质量标准》（GB 3838—2002）规定，同一水域兼有多类使用功能的，执行最高功能类别对应的标准值。（　　）

答案： 正确

15.《地下水质量标准》（GB/T 14848—2017）将地下水质量指标划分为常规指标和非常规指标，其中常规指标 39 项，非常规指标 64 项。（　　）

答案： 错误

正确答案：《地下水质量标准》（GB/T 14848—2017）将地下水质量指标划分为常规指标和非常规指标，其中常规指标 39 项，非常规指标 54 项。

16.《地下水质量标准》（GB/T 14848—2017）与《地下水质量标准》（GB/T 14848—1993）相比，毒理学指标中有机化合物指标由 2 项增至 49 项。（　　）

答案： 正确

17.《地下水质量标准》（GB/T 14848—2017）中挥发酚的Ⅰ、Ⅱ类限值均为 0.001 mg/L，如果地下水挥发酚的分析结果为 0.001 mg/L，则定为Ⅱ类水质。（　　）

答案： 错误

正确答案： 定为Ⅰ类水质。

18.《锅炉大气污染物排放标准》（GB 13271—2014）规定，新建锅炉房的烟囱周围半径 200 m 距离内有建筑物时，其烟囱应高出最高建筑物 3 m 以上。（　　）

答案： 正确

19.《环境空气质量标准》（GB 3095—2012）中的铅和苯并［*a*］芘的浓度限值，是指存在于总悬浮颗粒物中相应的污染物。（　　）

答案： 错误

正确答案： 铅是指存在于总悬浮颗粒物中的铅及其化合物；苯并［*a*］芘是指存在于颗粒物（粒径小于等于 10 μm）中的苯并［*a*］芘。

20.《环境空气质量标准》（GB 3095—2012）规定，总悬浮颗粒物（TSP）24 h 平均值应满足每日有 20 h 的采样时间。（　　）

答案： 错误

正确答案： 总悬浮颗粒物（TSP）24 h 平均值应满足每日有 24 h 的采样时间。

21.《环境空气质量标准》（GB 3095—2012）应由各级生态环境行政主管部门下属的监测系统或认可的监测单位负责监督实施。（　　）

答案： 错误

正确答案：《环境空气质量标准》（GB 3095—2012）应由各级生态环境行政主管部门负责监督

实施。

22.《环境空气质量标准》（GB 3095—2012）自 2016 年 1 月 1 日起在全国实施，基本项目（表 1）在全国范围内实施，其他项目（表 2）由各地人民政府根据实际情况确定具体实施方式。（　　）

答案：错误

正确答案：其他项目（表 2）由国务院生态环境行政主管部门或省级人民政府根据实际情况确定具体实施方式。

23.《环境空气质量标准》（GB 3095—2012）中，$PM_{2.5}$ 的年平均数据有效性规定是每年至少有 326 个日平均浓度值，每月至少有 27 个日平均浓度值（2 月至少有 25 个日平均浓度值）。（　　）

答案：错误

正确答案：$PM_{2.5}$ 的年平均数据有效性规定是每年至少有 324 个日平均浓度值。

24.《环境空气质量标准》（GB 3095—2012）中，TSP、BaP、Pb 的 24 h 平均的数据有效性规定是每日 24 h 的采样时间。（　　）

答案：正确

25.《环境空气质量标准》（GB 3095—2012）中臭氧（O_3）日最大 8 h 平均浓度，其有效的污染物浓度数据规定是指每 8 h 至少有 5 h 平均浓度值。（　　）

答案：错误

正确答案：《环境空气质量标准》（GB 3095—2012）中臭氧（O_3）日最大 8 h 平均浓度，其有效的污染物浓度数据规定是指每 8 h 至少有 6 h 平均浓度值。

26.《环境空气质量标准》（GB 3095—2012）中的污染物浓度均为质量浓度。（　　）

答案：正确

27.《环境空气质量标准》（GB 3095—2012）中功能区类别分为三类。（　　）

答案：错误

正确答案：《环境空气质量标准》（GB 3095—2012）中功能区类别分为二类。

28.《环境空气质量标准》（GB 3095—2012）中规定，铅（Pb）、苯并［*a*］芘（BaP）浓度数据有效性的最低要求是：铅（Pb）、苯并［*a*］芘（BaP）每年至少有分布均匀的 60 个日平均浓度值；铅（Pb）每季至少有分布均匀的 15 个日平均浓度值。（　　）

答案：正确

29.《环境空气质量标准》（GB 3095—2012）中季平均值指任何一季的月平均浓度的算术均值。（　　）

答案：错误

正确答案：《环境空气质量标准》（GB 3095—2012）中季平均值指一个日历季内各日平均浓度的算术均值。

30.《环境空气质量标准》（GB 3095—2012）、《地表水环境质量标准》（GB 3838—2002）、《地下水质量标准》（GB/T 14848—2017）等均为强制性标准。（　　）

答案：错误

正确答案：《地下水质量标准》（GB/T 14848—2017）是推荐标准。

31.《环境空气质量标准》（GB 3095—2012）中的 BaP 是指存在于 TSP 中的 BaP。（　　）

答案：错误

正确答案：《环境空气质量标准》（GB 3095—2012）中的 BaP 是指存在于 PM_{10} 中的 BaP。

32.《环境空气质量标准》（GB 3095—2012）中的氟化物是指以气态存在的无机氟化物。（　　）

答案：错误

正确答案：《环境空气质量标准》（GB 3095—2012）中的氟化物是指以气态和颗粒态存在的无机氟化物。

33.《环境空气质量标准》（GB 3095—2012）中季平均值指任何一季的月平均浓度的算术均值。（　　）

答案：错误

正确答案：指一个日历季内各日平均浓度的算术均值。

34.《火电厂大气污染物排放标准》（GB 13223—2011）中的排放标准，同样适用于以生活垃圾为燃料的火电厂排放的大气污染物。（　　）

答案：错误

正确答案：此标准不适用于以生活垃圾为燃料的火电厂排放的大气污染物。

35.《火电厂大气污染物排放标准》（GB 13223—2011）适用于使用单台出力 65 t/h 以上除层燃炉、抛煤机炉外的燃煤发电锅炉；各种容量的煤粉发电锅炉；单台出力 65 t/h 以上燃油、燃气发电锅炉；各种容量的燃气轮机组的火电厂；各种容量的以生活垃圾、危险废物为燃料的火电厂。（　　）

答案：错误

正确答案：不适用于各种容量的以生活垃圾、危险废物为燃料的火电厂。

36.《集中式饮用水水源地环境保护状况评估技术规范》（HJ 774—2015）规定：未按照各级环境保护主管部门下达的监测计划完成全部水质指标监测，但据已监测指标评价结果为达标的水源，认定其水量达标率为 60%，水源达标率为 0。（　　）

答案：正确

37.《生活饮用水卫生标准》（GB/T 5749-2006）中规定，硝酸盐氮属于一般化学指标类。（　　）

答案：错误

正确答案：硝酸盐氮属于水质常规指标类。

38.《声环境质量标准》（GB 3096—2008）规定的 4b 类声环境功能区噪声限值，适用于所有环境影响评价文件通过审批的新建铁路（含新开廊道的增建铁路）干线建设项目两侧区域。（　　）

答案：错误

正确答案：适用于 2011 年 1 月 1 日起环境影响评价文件通过审批的新建铁路（含新开廊道的增建铁路）干线建设项目两侧区域。

39.《土壤环境监测技术规范》（HJ/T 166—2004）于 2004 年 12 月 9 日开始实施。（　　）

答案：正确

40.《土壤环境质量　农用地土壤污染风险管控标准（试行）》（GB 15618—2018）适用于农田、果园、自然保护区等地的土壤环境质量评价。（　　）

答案：错误

正确答案：适用于耕地土壤污染风险筛查和分类。园地和牧草地可参照执行。

41.《土壤环境质量　建设用地土壤污染风险管控标准（试行）》（GB 36600—2018）中规定，通过详细调查确定建设用地土壤中污染物含量高于风险筛选值，对健康通常存在不可接受风险，应当采取风险管控或修复措施。（　　）

答案：错误

正确答案：通过详细调查确定建设用地土壤中污染物含量高于风险管制值，对人体健康通常存在不可接受风险，应当采取风险管控或修复措施。

42.《土壤环境质量　建设用地土壤污染风险管控标准》（GB 36600—2018）规定，初步调查阶段建设用地土壤污染风险筛选的必测项目45项，包括重金属和无机物、挥发性有机物、半挥发性有机物。具体地块土壤中污染物检测含量超过筛选值，但等于或低于土壤环境背景值水平的，纳入污染地块管理。（　　）

答案：错误

正确答案：具体地块土壤中污染物检测含量超过筛选值，但等于或低于土壤环境背景值水平的，不纳入污染地块管理。

43.《土壤环境质量　建设用地土壤污染风险管控标准》（GB 36600—2018）中的风险筛选值管制值包含有重金属7种、挥发性有机物27种、半挥发性有机物11种。（　　）

答案：错误

正确答案：表1基本项目是7种重金属，27种挥发性有机物，11种半挥发性有机物；表2其他项目中包括6种重金属和有机物，4种挥发性有机物，10种半挥发性有机物，14种有机农药，5种多氯联苯、多溴联苯和二噁英类，以及石油烃（C_{10}～C_{40}）。

44.《土壤环境质量　农用地土壤污染风险管控标准（试行）》（GB 15618—2018）规定的其他项目（选测项目）风险筛选值与土壤pH无关。（　　）

答案：正确

45.《土壤环境质量　农用地土壤污染风险管控标准（试行）》（GB 15618—2018）中涉及3个其他项目：六六六、滴滴涕和多环芳烃。（　　）

答案：错误

正确答案：《土壤环境质量　农用地土壤污染风险管控标准（试行）》（GB 15618—2018）中涉及3个其他项目，六六六、滴滴涕和苯并［*a*］芘。

46.《污染地块土壤环境管理办法（试行）》（环境保护部令　第42号）也包括对放射性污染地块的环境保护监督管理。（　　）

答案：错误

正确答案：该办法不适用于放射性污染地块。

47.《污水综合排放标准》（GB 8978—1996）按监测期间污染物最高排放浓度进行评价。（　　）

答案：错误

正确答案：按监测期间污染物日均浓度进行评价。

48.《污水综合排放标准》（GB 8978—1996）将污水分为三级，排入V类水域的污水执行三级

标准。(　　)

答案：错误

正确答案：执行二级标准。

49.《污水综合排放标准》(GB 8978—1996)中规定的排水量是指在生产过程中直接用于工艺生产的水的排放量，包括间接冷却水、厂区锅炉、电站排水。(　　)

答案：错误

正确答案：不包括间接冷却水、厂区锅炉、电站排水。

50. AQI 日报的评价指标包括 SO_2、NO_2、CO、PM_{10}、$PM_{2.5}$ 和 O_3 日均浓度 6 项指标。(　　)

答案：错误

正确答案：AQI 日报基于 SO_2、NO_2、CO、PM_{10}、$PM_{2.5}$ 日均浓度，以及 O_3 的日最大 1 h 平均浓度和 O_3 日最大 8 h 滑动平均浓度共 7 项评价指标。

51.《环境空气质量标准》(GB 3095—2012)规定，$PM_{2.5}$ 年平均的一级和二级浓度限值分别是 15 μg/m^3、50 μg/m^3。(　　)

答案：错误

正确答案：$PM_{2.5}$ 年平均的一级和二级浓度限值分别是 15 μg/m^3、35 μg/m^3。

52. 按区域的使用功能特点和环境质量要求，声环境功能区分为 0 类、1 类、2 类、3 类和 4 类，其中居住、商业、工业混杂区为 2 类声功能区。(　　)

答案：正确

53. 按照《地表水环境质量评价方法(试行)》，评价时段内，断面水质为“良好”时，不评价主要污染指标。(　　)

答案：正确

54. 按照国家综合排放标准与国家行业排放标准不交叉执行的原则，造纸工业水污染排放执行《造纸工业水污染物排放标准》(GB 3554—2001)，不执行污水综合排放标准。(　　)

答案：正确

55. 按照海域的不同使用功能和保护目标，第三类海水适用于一般工业用水区、滨海风景旅游区。(　　)

答案：正确

56. 按照海域的不同使用功能和保护目标，海水水质分为五类。(　　)

答案：错误

正确答案：按照海域的不同使用功能和保护目标，海水水质分为四类。

57. 按照海域的不同使用功能和环境保护目标，海洋渔业水域沉积物质量应符合二类沉积物质量标准。(　　)

答案：错误

正确答案：按照《海洋沉积物质量》(GB 18668—2002)，海洋渔业水域沉积物质量应符合一类沉积物质量标准。

58. 城市建设用地根据保护对象暴露情况的不同，《土壤环境质量　建设用地土壤污染风险管控标准(试行)》(GB 36600—2018)将建设用地分为四类。(　　)

答案：错误

正确答案：《土壤环境质量　建设用地土壤污染风险管控标准（试行）》（GB 36600—2018）将建设用地分为两类。

59.《环境空气质量指数（AQI）技术规定（试行）》（HJ 633—2012）规定，空气质量状况级别根据平均污染指数确定。（　　）

答案：错误

正确答案：空气质量状况级别根据首要污染物的分指数确定。

60. 大气污染物特别排放限值指为防治区域性大气污染，改善环境质量，进一步降低大气污染源的排放强度，更加严格地控制排污行为而制定并实施的大气污染物排放限值，该限值的排放控制水平达到国际先进或领先程度，适用于重点地区。（　）

答案：正确

61.《地表水环境质量标准》（GB 3838—2002）Ⅱ类：主要适用于集中式生活饮用水地表水源地二级保护区、鱼虾类越冬场、洄游通道、水产养殖区等渔业水域及游泳区。（　　）

答案：错误

正确答案：Ⅲ类适用于以上地区。

62.《地表水环境质量标准》（GB 3838—2002）规定Ⅰ～Ⅳ类标准的水质 pH 为 5 ～ 6。（　　）

答案：错误

正确答案：pH 为 6 ～ 9。

63. 地表水监测数据统计，各项指标浓度值保留小数位数比《地表水环境质量标准》（GB 3838—2002）中的Ⅲ类标准限值多 1 位。（　　）

答案：错误

正确答案：按照《国家地表水环境质量监测数据修约处理规则（试行）》相关内容执行。

64. 地表水可定性评价为优、良、轻度污染、中度污染和重度污染，其对应的水质类别为Ⅰ、Ⅱ、Ⅲ、Ⅳ、Ⅴ类。（　　）

答案：错误

正确答案：其对应的水质类别为Ⅰ～Ⅱ、Ⅲ、Ⅳ、Ⅴ、劣Ⅴ类。

65. 地表水水源地二级保护区水质评价执行《地表水环境质量标准》（GB 3838—2002）中的Ⅱ类标准。（　　）

答案：错误

正确答案：地表水水源地二级保护区水质评价执行《地表水环境质量标准》（GB 3838—2002）中的Ⅲ类标准。

66. 地下水质量单指标评价时，按指标值所在的限值范围确定地下水质量类别，指标限值相同时，从优不从劣。（　　）

答案：正确

67. 地下水质量评价以地下水水质调查分析资料或水质监测资料为基础，可分为单项组分评价和多项评价两种。（　　）

答案：错误

正确答案：地下水质量评价以地下水质量检测资料为基础，按单指标评价

68. 根据《地表水环境质量标准》（GB 3838—2002）中水域环境功能和保护目标划分，Ⅴ类水质主要适用于一般工业用水区及人体非直接接触的娱乐用水区。（　　）

答案：错误

正确答案：Ⅳ类水质适用于一般工业用水区及人体非直接接触的娱乐用水区。

69. 根据《地下水质量标准》（GB/T 14848—2017）规定，潜水监测频率应不少于每年 4 次（丰水期和枯水期各 2 次）。（　　）

答案：错误

正确答案：潜水监测频率应不少于每年 2 次（丰水期和枯水期各 1 次）。

70. 根据《环境空气质量监测点位布设技术规范（试行）》（HJ 664—2013），地方环境保护行政主管部门不可根据监测目的确定点位布设原则增设污染监测点，并实时发布监测信息。（　　）

答案：错误

正确答案：地方环境保护行政主管部门可根据监测目的确定点位布设原则增设污染监测点，并实时发布监测信息。

71. 根据《声环境质量标准》（GB 3096—2008），机场周围区域受飞机通过（起飞、降落、低空飞越）噪声的影响，也适用于该标准。（　　）

答案：错误

正确答案：不适用于该标准。

72. 根据《土壤环境质量　建设用地土壤污染风险管控标准（试行）》（GB 36600—2018），建设用地土壤中污染物含量等于或者低于风险筛选值的，建设用地土壤污染风险一般情况下可以忽略。（　　）

答案：正确

73. 根据《土壤环境质量　农用地土壤污染风险管控标准（试行）》（GB 15618—2018），当土壤中镉、汞、砷、铅、铬的含量高于表 1 规定的风险筛选值、等于或者低于表 3 的风险管制值时，可能存在农用地土壤污染风险，应加强土壤环境监测和农产品协同监测。（　　）

答案：错误

正确答案：当土壤中镉、汞、砷、铅、铬的含量高于表 1 规定的风险筛选值、等于或者低于表 3 的风险管制值时，可能存在食用农产品不符合质量安全标准等土壤污染风险，原则上应采取农艺调控、替代种植等安全利用措施。

74.《环境空气质量标准》（GB 3095—2012）中测定的铅是指存在于总悬浮颗粒物中的铅及其化合物。（　　）

答案：正确

75. 集中式生活饮用水地表水源地补充项目和特定项目适用于集中式生活饮用水地表水源地一级保护区和二级保护区。（　　）

答案：正确

76. 集中式饮用水水源地是指进入输水管网送到用户和具有一定取水规模（供水人口一般大于 100 人）的在用、备用和规划水源地。（　　）

答案：错误

正确答案：供水人口一般大于 1 000 人。

77. 建设项目竣工环境保护验收期间的环境质量评价执行现行有效的环境质量标准。(　　)

答案：正确

78. 目前国家水污染排放标准包括《污水综合排放标准》(GB 8978—1996)和各种行业水污染物排放标准，在执行原则上，综合排放标准与行业排放标准可以交叉执行。(　　)

答案：错误

正确答案：在执行关系上，国家综合排放标准和国家行业排放标准不交叉执行，即有行业标准的污染源优先执行行业排放标准，其他污染源执行综合排放标准。

79. 目前土壤评价标准主要有《土壤环境质量　农用地土壤污染风险管控标准(试行)》(GB 15618—2018)和《土壤环境质量　建设用地土壤污染风险管控标准(试行)》(GB 36600—2018)。(　　)

答案：正确

80. 地方生态环境质量标准、地方生态环境风险管控标准和地方污染物排放标准可以对国家相应标准中未规定的项目做出补充规定，不可以对国家相应标准中已规定的项目做出更加严格的规定。(　　)

答案：错误

正确答案：地方生态环境质量标准、地方生态环境风险管控标准和地方污染物排放标准可以对国家相应标准中未规定的项目做出补充规定，也可以对国家相应标准中已规定的项目做出更加严格的规定。

81.《土壤环境质量　农用地土壤污染风险管控标准(试行)》(GB 15618—2018)规定的农用地土壤污染风险筛选值镉、汞、砷、铅、铬、铜、锌、镍等常规项目为必测项目，六六六、滴滴涕、苯并[*a*]芘为选测项目。(　　)

答案：正确

82. 位于城市建成区之外的自然保护区、风景名胜区和其他需要特殊保护的区域，其环境空气质量监测区域点和背景点的设置优先考虑监测点位代表的面积。(　　)

答案：正确

83.《环境空气质量标准》(GB 3095—2012)将环境空气功能区分为 3 类。(　　)

答案：错误

正确答案：环境空气功能区分为 2 类。

84. 依据《地下水质量标准》(GB/T 14848—2017)，Ⅲ类地下水：以 GB 5749—2006 为依据，主要适用于集中式生活饮用水水源及工农业用水。(　　)

答案：正确

85. 依据《环境空气质量标准》(GB 3095—2012)，环境空气功能区一类区为自然保护区、风景名胜区、文化区和其他需要特殊保护的区域。(　　)

答案：错误

正确答案：环境空气功能区一类区为自然保护区、风景名胜区和其他需要特殊保护的区域。

86. 依据《环境空气质量标准》（GB 3095—2012），年平均是指一个日历年内各月平均浓度的算术平均值。（　　）

答案：错误

正确答案：指一个日历年内各日平均浓度的算术平均值。

87. 依据《环境空气质量标准》（GB 3095—2012）有关污染物浓度数据有效性的规定，对于二氧化硫（SO_2），每年至少有 324 个日平均浓度值，每月至少有 27 个日平均浓度值（2 月至少有 25 个日平均浓度值）。（　　）

答案：正确

88. 依据《环境空气质量标准》（GB 3095—2012）及修改单，氮氧化物的自动分析方法为紫外荧光法和差分吸收光谱分析法。（　　）

答案：错误

正确答案：氮氧化物的自动分析方法为化学发光法和差分吸收光谱分析法。

89. 依据《环境空气质量标准》（GB 3095—2012）及修改单，铅季平均浓度有效性的最低要求为每月至少有分布均匀的 5 个日平均浓度值。（　　）

答案：正确

90. 依据《声环境功能区划分技术规范》（GB/T 15190—2014），声环境功能区分为以下五种类型，分别为 1 类、2 类、3 类、4 类、5 类环境功能区。（　　）

答案：错误

正确答案：分别为 0 类、1 类、2 类、3 类、4 类环境功能区。

91. 依据《声环境质量标准》（GB 3096—2008），独立于村庄、集镇之外的工业、仓储集中区执行 2 类声环境功能区要求。（　　）

答案：错误

正确答案：独立于村庄、集镇之外的工业、仓储集中区确定执行 3 类声环境功能区要求。

92. 依据《声环境质量标准》（GB 3096—2008），各类声环境功能区夜间突发噪声，其最大声级超过环境噪声限值的幅度不得高于 10 dB（A）。（　　）

答案：错误

正确答案：各类声环境功能区夜间突发噪声，其最大声级超过环境噪声限值的幅度不得高于 15 dB（A）。

93. 依据《土壤环境质量　建设用地土壤污染风险管控标准（试行）》（GB 36600—2018），规划用途不明确的建设用地，适用于建设用地土壤污染风险筛选值和管制值表中第一类用地的筛选值和管制值。（　　）

答案：正确

94. 依据《土壤环境质量　建设用地土壤污染风险管控标准（试行）》（GB 36600—2018），建设用地土壤中污染物含量等于或者低于风险管制值的，建设用地土壤污染风险一般情况下可以忽略。（　　）

答案：错误

正确答案：建设用地土壤中污染物含量等于或者低于建设用地土壤污染风险筛选值的，对人体健康的风险可以忽略。

95. 依据《土壤环境质量 建设用地土壤污染风险管控标准（试行）》（GB 36600—2018），建设用地中，城市建设用地根据保护对象暴露情况的不同，可划分为以下两类：第一类建设用地和第二类建设用地，《城市用地分类与规划建设用地标准》（GB 50137—2011）规定的城市建设用地中的工业用地属于第一类建设用地。（ ）

答案：错误

正确答案：《城市用地分类与规划建设用地标准》（GB 50137—2011）规定的城市建设用地中的工业用地属于第二类建设用地。

96. 依据《土壤环境质量 农用地土壤污染风险管控标准（试行）》（GB 15618—2018），当土壤中污染物含量等于或者低于风险筛选值时，可能存在农用地土壤污染风险，应加强土壤环境监测和农产品协同监测。（ ）

答案：错误

正确答案：当土壤中污染物含量高于风险筛选值时，可能存在农用地土壤污染风险，应加强土壤环境监测和农产品协同监测。

97. 依据《土壤环境质量 农用地土壤污染风险管控标准（试行）》（GB 15618—2018），土壤中铅和镉的测定均可采用石墨炉原子吸收分光光度法。（ ）

答案：正确

98. 依据《危险废物焚烧污染控制标准》（GB 18484—2020）的规定，当危险废物焚烧企业焚烧处理能力大于等于 2 500 kg/h 时，排气筒最低允许高度为 50 m。（ ）

答案：正确

99. 以城市为评价统计单位进行区域环境空气质量评价时，所谓区域达标是指建成区和非建成区的区域点均达标。（ ）

答案：正确

100. 因新增、变更、撤销城市环境空气监测点位开展比对监测时，需要连续监测天数不少于 15 d。（ ）

答案：错误

正确答案：因新增、变更、撤销城市点位开展比对监测时，需要有效监测天数不少于 15 d。

101. 饮用水水源保护区标志由国家生态环境行政主管部门负责管理和维护。（ ）

答案：错误

正确答案：饮用水水源保护区标志由各级地方政府或其生态环境行政主管部门负责管理和维护。

102. 在《畜禽养殖业污染物排放标准》（GB 18596—2001）中，根据畜禽养殖业在不同季节的实际情况，分别设定了冬季和夏季的最高允许排水量和污染物最高允许日均排放浓度限值。（ ）

答案：错误

正确答案：水污染物最高允许日均排放浓度限值不分季节。

103. 在《地表水环境质量标准》（GB 3838—2002）中，氨氮Ⅴ类水质标准是 1.5 mg/L。（ ）

答案：错误

正确答案： 氨氮Ⅴ类水质标准是 2.0 mg/L。

104. 在城镇污水厂排放标准中，一类重金属污染物不设分级控制限值。（　　）

答案： 正确

105. 在确保饮用水水源水质不受污染的前提下，划定的水源保护区范围应尽可能大。（　　）

答案： 错误

正确答案： 应尽可能小。

四、简答题

1.《大气污染物综合排放标准》（GB 16297—1996）适用于什么范围，为什么规定有组织排放必须同时遵守最高允许排放浓度和最高允许排放速率两项指标？

答案：《大气污染物综合排放标准》（GB 16297—1996）适用于现有污染源大气污染物排放管理，以及建设项目的环境影响评价、设计、环保设施竣工验收及其投产后的大气污染物排放管理。该标准要求：

对于有组织排放，必须同时遵守最高允许排放浓度和最高允许排放速率两项指标，超过其中任何一项均为超标排放。否则可能出现排污单位为达标而稀释的现象，或通过加高排气筒而达标，因此，同时规定两项指标才能控制污染源。

2.《地表水环境质量标准》（GB 3838—2002）中水环境功能区划分为几类？各代表的水域环境功能是什么？

答案： 我国《地表水环境质量标准》（GB 3838—2002）中水环境功能区划分为五类。

（1）Ⅰ类：源头水，国家自然保护区；

（2）Ⅱ类：集中式生活饮用水地表水源地一级保护区，珍稀水生生物栖息地，鱼虾类产卵场，仔稚幼鱼的索饵场等；

（3）Ⅲ类：集中式生活饮用水地表水源地二级保护区，鱼虾类越冬场，洄游通道，水产养殖区等渔业水域及游泳区；

（4）Ⅳ类：一般工业用水区及人体非直接接触的娱乐用水区；

（5）Ⅴ类：农业用水区及一般景观要求水域。

3. 列出《污水综合排放标准》（GB 8978—1996）规定的第一类污染物（列举至少 5 种），并说明采样点位要求。

答案： 第一类污染物包括总汞、烷基汞、总镉、总铬、六价铬、总砷、总铅、总镍、苯并［*a*］芘、总铍、总银、总 α 放射性、总 β 放射性。

含第一类污染物的污水，不分行业和污水排放方式，一律在车间或车间处理设施排放口采样。

4.《环境空气质量评价技术规范（试行）》（HJ 663—2013）附录 A 数据统计方法中点位 8 h 平均是指的哪项污染物？对指定时间 *X* 的 8 h 均值是如何定义的？

答案： 臭氧使用滑动平均的方式计算。对于指定时间 *X* 的 8 h 均值，定义为：*X*-7、*X*-6、*X*-5、*X*-4、*X*-3、*X*-2、*X*-1、*X* 时的 8 个小时平均值的算术平均值，称为 *X* 时的 8 h 平均值。一个自然日内有 24 个 8 h 平均值，其时标分别记为 1：00、2：00…23：00 和 24：00。

五、计算题

已知二氧化硫 24 h 平均质量浓度为 140 μg/m³，空气质量分指数与浓度关系见下表，求二氧化硫空气质量分指数。

空气质量分指数（IAQI）	二氧化硫 24 h 平均质量浓度 /（μg/m³）
0	0
50	50
100	150
150	475

答案：（100−50）/（150−50）×（140−50）+50=95（μg/m³）。

六、分析题

1. 根据中华人民共和国国家标准《地表水环境质量标准》（GB 3838—2002），地表水（河流）环境质量标准，完成下表。

单位：mg/L

项目＼分类		Ⅰ类	Ⅱ类	Ⅲ类	Ⅳ类	Ⅴ类
溶解氧	≥	7.5	6	5		2
高锰酸盐指数	≤	2	4	6		15
铅	≤		0.05	0.05	0.05	0.1
镉	≤	0.001	0.005	0.005		0.01
总磷	≤		0.1		0.3	0.4
氨氮	≤	0.15			1.5	2.0
总氮（湖库）	≤	0.2	0.5			2.0

答案：

项目＼分类		Ⅰ类	Ⅱ类	Ⅲ类	Ⅳ类	Ⅴ类
溶解氧	≥	7.5	6	5	3	2
高锰酸盐指数	≤	2	4	6	10	15
铅	≤	0.01	0.05	0.05	0.05	0.1
镉	≤	0.001	0.005	0.005	0.005	0.01
总磷	≤	0.02	0.1	0.2	0.3	0.4
氨氮	≤	0.15	0.5	1.0	1.5	2.0
总氮（湖库）	≤	0.2	0.5	1.0	1.5	2.0

2. 根据《生态环境标准管理办法》（生态环境部令第 17 号）的规定，生态环境标准分为国家生态环境标准和地方生态环境标准，请分别说明两类标准包括的内容和执行的范围，并说明执行的优先原则。

答案：

（1）国家生态环境标准包括国家生态环境质量标准、国家生态环境风险管控标准、国家污染物排放标准、国家生态环境监测标准、国家生态环境基础标准和国家生态环境管理技术规范。国家生态环境标准在全国范围或者标准指定区域范围执行。

（2）地方生态环境标准包括地方生态环境质量标准、地方生态环境风险管控标准、地方污染物排放标准和地方其他生态环境标准。地方生态环境标准在发布该标准的省、自治区、直辖市行政区域范围或者标准指定区域范围执行。

（3）有地方生态环境质量标准、地方生态环境风险管控标准和地方污染物排放标准的地区，应当依法优先执行地方标准。

七、论述题

1. 试述《土壤环境质量　农用地土壤污染风险管控标准（试行）》（GB 15618—2018）同《土壤环境质量标准》（GB 15618—1995）相比做了哪些方面的修订？

答案：

（1）标准名称由《土壤环境质量标准》调整为《土壤环境质量　农用地土壤污染风险管控标准（试行）》。

（2）更新了规范性引用文件，增加了标准的术语和定义。

（3）规定了农用地土壤中镉、汞、砷、铅、铬、铜、镍、锌等基本项目，以及六六六、滴滴涕、苯并［*a*］芘等其他项目的风险筛选值。

（4）规定了农用地土壤中镉、汞、砷、铅、铬的风险管控值。

（5）更新了监测、实施与监督要求。

2.《环境空气质量标准》（GB 3095—2012）及修改单规定了环境空气功能区分类、标准分级、污染物项目、平均时间及浓度限值、监测方法、数据统计的有效性规定、修改单等内容，请详细说明（浓度限值无须说明，数据统计有效性规定只说明基本项目即可），并写出改善环境空气质量的举措有哪些？（至少说出 5 种以上）。

答案：

环境空气功能区分为二类：一类区为自然保护区、风景名胜区和其他需要特殊保护的区域；二类区为居住区、商业交通居民混合区、文化区、工业区和农村地区。

标准分为两级，一类区适用一级浓度限值，二类区适用二级浓度限值。

环境空气污染物基本项目为二氧化硫、二氧化氮、一氧化碳、臭氧、PM_{10}、$PM_{2.5}$；其他项目为总悬浮颗粒物、氮氧化物、铅、苯并［*a*］芘。

平均时间有：1 h 平均、24 h 平均、年平均、季平均、8 h 平均。

监测方法分为手工监测和自动监测。

数据统计有效性规定年平均：每月至少有 27 个日平均浓度值（2 月至少有 25 个日平均浓度

值），每年至少有324个日平均浓度值；24 h平均：每日至少有20 h平均浓度值；8 h平均：每8 h至少有6 h平均浓度值；1 h平均：每小时至少有45 min的采样时间。

修改单：将气态污染物由标准状态修改为参比状态下的浓度。其他污染物为监测时大气温度和压力下的浓度。

改善环境空气质量的举措：加强工业企业大气污染综合治理；全面整治燃煤小锅炉；加快重点行业脱硫、脱硝、除尘改造工程建设；推进挥发性有机物污染治理；深化面源污染治理；综合整治城市扬尘；开展餐饮油烟污染治理；强化移动源污染防治；加强城市交通管理；提升燃油品质；加快淘汰黄标车和老旧车辆；加强机动车环保管理；加快推进低速汽车升级换代；大力推广新能源汽车。

3. 为贯彻落实国务院《水污染防治行动计划》（国发〔2015〕17号）要求，2019年5月7日生态环境部根据《地级及以上城市国家地表水考核断面水环境质量排名方案（试行）》，公布了地级及以上城市国家地表水考核断面水环境质量排名。请论述此项工作的目的。

答案：

开展地级及以上城市国家地表水考核断面水环境质量排名工作，主要目的有以下四个方面：

一是通过排名积极引导地方政府将水环境质量改善作为水污染防治、水环境管理的出发点和落脚点，推动美丽中国建设；

二是通过排名客观反映城市国家地表水考核断面水环境质量状况和变化情况，进一步推动我国水环境管理从过去主要抓污染物总量减排向主要以改善水环境质量为目标的转型；

三是通过排名信息公开，保障公众环境知情权、参与权、监督权，推动公众参与，强化舆论监督，倒逼地方政府加大水污染防治工作力度，落实地方水污染防治责任；

四是通过排名客观反映地方政府水污染防治工作成效和努力程度，进一步提升地方政府水污染防治工作的积极性，推动全国水环境质量稳步改善。

4. 分析近十年来环境空气质量标准、环境空气监测技术标准及规范的主要变化特点，结合国家生态环境监测网络建设最新精神，论述环境空气质量监测的发展趋势。

答案：

（1）2012年发布了修订的《环境空气质量标准》（GB 3095—2012），其是反映我国环境空气质量污染特征由燃煤型转化为复合型的重要标志，$PM_{2.5}$、CO和O_3进入公众视线，大气污染防控工作发生了根本性的转变；

（2）近十年来，环境空气监测指标在常规污染物的基础上新增了影响人体健康的苯系物、酚类化合物、挥发性有机物、挥发性卤代烃、醛酮类化合物、酞酸酯类、有机氯农药、多氯联苯、苯并［*a*］芘、二噁英类等（列举两项以上），表明环境空气质量管理开始关注影响人体健康的有毒有害有机污染物；

（3）2010年以来，制订或修订了环境空气质量监测的点位布设、质量评价、自动监测、手动监测等一系列技术规范（列举两项以上），为规范环境空气质量监测活动、完善城市或区域环境空气质量考核和管理提供了有力的技术支撑；

（4）2019年开始在重点城市开展的颗粒物组分网自动监测和环境空气挥发性有机物监测表明，城市环境空气质量的监测由常规指标向精细化指标发展；

（5）按照国家生态环境监测网络的建设规划，环境空气要素将建成包括城市空气站、区域站、背景站、超级站、网格化微站、颗粒物雷达站（列举三项以上）在内的天地一体化的空气质量监测预报预警网；

（6）综上所述，环境空气质量监测正在由常规污染物监测向影响人体健康的众多微量和痕量污染物监测转变，由单点位环境空气质量监测向区域环境空气质量的精细化和网格化监测转变，由现状评价向预报预警全方位服务于环境空气质量管理转变。

第五节　安全防护知识

一、填空题

1. 污染物进入人体的途径分别为__________、__________、皮肤和粘膜。

答案：呼吸道　　消化道

2. 剧毒试剂应由__________人负责管理，加__________存放，共同称量，登记用量。

答案：两个　　双锁

3. 爆炸品和剧毒品必须按“五双制”管理，具体是指双人保管、__________、双本账、__________、双人使用。

答案：双人领用　　双把锁

4. 对含有剧毒或大量有毒、有害化合物的样品，特别是污染源样品，不得随意处置，应做__________或__________。

答案：无害化处理　　送有资质的处理单位进行无害化处理

5. 易燃易爆物品必须限量储存，使用时出入库按__________的原则，避免长期存放。

答案：先储先出

6. 三致毒性是指__________、__________和__________。

答案：致突变性　　致畸性　　致癌性

7. 如有汞液散落在地上，要立刻将__________撒在汞上面以减少汞的蒸发量。

答案：硫黄粉

8. __________等轻金属遇水会发生剧烈反应，因此不应与水接触或暴露在空气中，应浸没在__________中。

答案：钾 / 钠　　煤油

二、单选题

1. 在采样过程中，距地面__________m 以上，工作地面没有平稳立脚的地方或有震动的地方，应视为高空作业。（　　）

A．1　　　　B．2　　　　C．5　　　　D．10

答案：B

2. 易燃易爆压缩气瓶一定要分类储存，不同性质的易燃易爆压缩气瓶存放时要采取不同的措

施，氧气瓶和乙炔气瓶存放时应保持________m 以上的距离。(　　)

A. 50　　B. 20　　C. 10　　D. 5

答案：C

三、多选题

1. 下列实验室事故的处理方法错误的是____________。(　　)

A. 烫伤，立刻用冷水冲洗再处理，若皮肤未破，涂饱和碳酸氢钠于伤处，若皮肤已破，涂1% 的高锰酸钾溶液

B. 受酸腐蚀，立刻用大量水冲洗，再用肥皂水冲洗，最后用水冲洗

C. 受碱腐蚀，立刻用大量水冲洗，再用 20% 醋酸溶液洗，最后用水洗

答案：AC

2. 下列试剂失火时，不能用水灭火的是____________。(　　)

A . 电石　　B. 铝粉　　C. 三氯化磷　　D. 碳

答案：ABC

3. 进行化学实验必须注意安全，下列说法中错误的是____________。(　　)

A. 不慎将酸溅到眼中，应立即用水冲洗，边洗边眨眼睛

B. 不慎将酸溅在皮肤上，应用氢氧化钠溶液去中和

C. 实验时万一碰倒了酒精灯，洒出的酒精在桌面上燃烧起来，用水浇灭

D. 稀释硫酸时，先在烧杯里倒入浓硫酸，再小心倒入水并不断搅拌

答案：BCD

4. 下列说法正确的是____________。(　　)

A. 金属钾保存在煤油中，白磷保存在水中

B. 做完银镜反应的试管，不能留存，应立刻洗涤，因为久置会变成叠氮化银，易爆炸

C. 高锰酸钾不能在研钵中研磨，否则会引起爆炸

D. 酸性溶液不能倒入水槽，碱性废液可倒入水槽，并要用水冲洗

答案：AC

5. 暴露是指接受化学物质的剂量（或自然媒介），或与一种危害接触，暴露的方式有________。(　　)

A. 吸入　　B. 蓄积　　C. 食入　　D. 皮肤接触

答案：ACD

6. 建设用地土壤中污染物迁移到达和暴露于人体的方式有____________。(　　)

A. 经口摄入土壤

B. 皮肤接触土壤

C. 吸入室内空气中来自下层土壤的气态污染物

D. 吸入室外空气中来自表层土壤的气态污染物

答案：ABCD

7. 实验室的安全包括____________等方面。(　　)

A．防火防爆　　B．防止环境的污染

C．防毒　　D．保证压力容器和气瓶的安全、电气的安全

答案：ABCD

8. 下列物质着火，不宜采用泡沫灭火器灭火的是____________。（　　）

A．可燃性金属着火　　B．汽油、柴油等液体着火

C．木材着火　　D．带电设备着火

答案：AD

9. 各地生态环境监测机构应根据当地的具体情况，配备突发环境事件应急监测必要的现场监测人员安全防护设备，常用的有____________。（　　）

A．测爆仪、一氧化碳、硫化氢、氯化氢、氯气、氨等现场测定仪

B．防护服、防护手套、胶靴等防酸碱、防有机物渗透的各类防护用品

C．各类防毒面具、防毒呼吸器（带氧气呼吸器）及常用的解毒药品

D．防爆应急灯、醒目安全帽、带明显标志的小背心（色彩鲜艳且有荧光反射物）、救生衣、防护安全带（绳）、呼救器等

答案：ABCD

四、判断题

在实验中，擦过汞齐或汞的滤纸或布必须放在有水的瓷缸内。（　　）

答案：正确

五、简答题

根据《突发环境事件应急监测技术规范》（HJ 589—2010）规定，采样和现场监测安全事项主要有哪些？

答案：

（1）应急监测，至少两人同行。

（2）进入事故现场进行采样监测，应经现场指挥 / 警戒人员许可，在确认安全的情况下，按规定佩戴必需的防护设备（如防护服、防毒呼吸器等）。

（3）进入易燃易爆事故现场的应急监测车辆应有防火、防爆安全装置，应使用防爆的现场应急监测仪器设备（包括附件如电源等）进行现场监测，或在确认安全的情况下使用现场应急监测仪器设备进行现场监测。

（4）进入水体或登高采样，应穿戴救生衣或佩戴防护安全带（绳）。

|第三章|

水和废水

CHAPTER 3

第一节　水（含大气降水）

一、填空题

1. 当水面宽 >100 m 时，在一个监测断面上设置的采样垂线数是____________条。饮用水水源地、省（自治区、直辖市）交界断面中需要重点控制的监测断面采样频次为____________。

答案：3　每月至少 1 次

2. 河流采样时采样断面指____________断面、____________断面、____________断面和____________断面等。

答案：背景　对照　控制　削减

3. 流域监测指全流域水质及____________监测。

答案：向流域中排污的污染源

4. 水样的 pH 最好现场测定，或采集样品于采样瓶中，样品充满容器立即密封，________ h 内完成测定。

答案：2

5. 引起水样水质变化的原因有____________、____________、____________作用。

答案：化学　生物　物理

6. 大气降水____________是酸雨调查最重要的项目。

答案：pH

7.《地表水和污水监测技术规范》规定，根据水体功能区设置控制监测断面，同一水体功能区至少要设置____________个监测断面。

答案：1

8.《地表水环境质量标准》（GB 3838—2002）规定，水样采集后____________，取上层非沉降部分按规定方法进行分析。

答案：自然沉降 30 min

9.《地下水环境监测技术规范》（HJ 164—2020）规定，地下水采样记录包括____________和现场测定项目记录两部分。

答案：采样现场描述

10.《水质　酚类化合物的测定　气相色谱 - 质谱法》（HJ 744—2015）规定采集样品时，不能用水样预洗采样瓶，样品采集后，需将水样调节至 pH____________。

答案：≤2

11. 保存水样的方法有冷藏、冷冻、加入化学试剂等，其中化学试剂包括____________、____________和____________等。

答案：生物抑制剂　pH 调节剂　氧化还原剂

12. 玻璃器皿灭菌一般采用____________灭菌和____________灭菌。

答案：高压蒸汽　干热

13. 采集湖泊和水库样品所用的____________应装有排气装置，以采集到不与管内积存空气（或气体）混合的水样。在靠近底部采样时，注意不要搅动____________的界面。

答案：闭管式采样器　　水和沉积物

14. 采集水质样品时，在____________采样点上以流量、时间、体积或是以流量为基础，按照____________混合在一起的样品，称为混合水样。

答案：同一　　已知比例

15. 采集细菌学检测的水样时，不需用水清洗已灭菌的采样瓶，一般采样量为采样瓶容量的____________，以便接种时充分混匀样品。

答案：80% 左右

16. 采集叶绿素 a 样品，现场需加入____________固定剂。

答案：碳酸镁

17. 地下水手工采样器包括____________、____________、____________等。

答案：表层采样器　　深水采样器　　石油类采样器

18. 测____________、____________和____________等项目时，采样时水样必须注满容器，上部不留空间，并有水封口。

答案：溶解氧　　生化需氧量　　有机污染物

19. 测定含有高浓度重金属水样中的细菌学指标时，在灭菌前要在采样瓶中加入螯合剂，以减少金属毒性。按 500 ml 采样瓶计，应加入____________ml____________。

答案：1　15%EDTA 溶液

20. 测定挥发性有机物的水样，应在____________条件下保存。

答案：酸性

21. 测定六价铬的水样保存需加____________，调节 pH 至 8 ～ 9。

答案：氢氧化钠

22. 测定溶解氧的水样____________带回实验室再固定。

答案：不能

23. 测定水样色度时，消除悬浮物产生的干扰，正确的方法是____________。

答案：静止沉淀或离心分离

24. 测定酸度、碱度的水样应采集于____________或____________（材质）的容器中贮存。

答案：聚乙烯　　硅硼玻璃

25. 测定油类、BOD_5、DO、硫化物、余氯、粪大肠菌群、悬浮物、____________等项目要单独采样。

答案：放射性

26. 测定油类的水样，应在水面至____________mm 采集柱状水样，并单独采样，全部用于测定。

答案：300

27. 测定水的 pH 时，应适当进行搅拌，以使溶液均匀并达到电化学平衡，而在读数时，则应____________，____________，以使读数稳定。

答案：停止搅动　　静置片刻

28. 潮汐河流监测断面的布设原则与其他河流相同，设有防潮桥闸的潮汐河流，根据需要在__________分别设置断面。

答案：桥闸的上、下游

29. 从不同采样点同时采集的瞬时水样混合为一个样品（时间应尽可能接近，以便得到所需要的资料），称作__________水样。

答案：综合

30. 萃取水中氯苯类化合物出现__________时，可采用加浓硫酸或采取离心及冰冻等方法进行__________。

答案：乳化现象　　破乳

31. 当河流断面宽度在 100 ～ 1 000 m 时，监测断面上应设__________、__________、__________共__________条采样垂线。

答案：左　　中　　右　　三

32. 地表水断面位置应避开死水区、回水区、__________处，尽量选择顺直河段、__________、__________、水面宽阔、无急流、无浅滩处。

答案：排污口　　河床稳定　　水流平稳

33. 地下水采样前，除__________、__________和__________监测项目外，应先用采样水荡洗采样器和水样容器 2 ～ 3 次后再采集水样。

答案：五日生化需氧量　　有机物　　细菌类

34. 地下水的补给来源主要包括__________、__________、__________、__________和人工补给。

答案：大气降水　　地表水　　凝结水　　灌溉水

35.《地下水环境监测技术规范》（HJ 164—2020）规定，地下水监测井每__________年对其进行一次透水灵敏度实验，当向井内注入灌水段 1 m 井管容积的水量，水位复原时间超过__________时，应进行洗井。

答案：2　15 min

36.《地下水环境监测技术规范》（HJ 164—2020）规定，地下水现场检测指标包括水位、水量、pH、__________、__________、__________、__________、__________、__________等指标，同时还应测定气温、描述天气状况和近期降水情况。

答案：电导率　　浑浊度　　氧化还原电位　　色　　嗅和味　　肉眼可见物

37. 对行政区域流域可设__________断面（对水系源头）或__________断面（对过境河流）或对照断面、__________断面（若干）和入海河口断面或出境断面。在各控制断面下游，如果河段有足够长度（至少 10 km），还应设削减断面。

答案：背景　　入境　　控制

38. 对水体中不同形态氮素化合物的测定可帮助了解__________、__________、__________。

答案：污染状况　　自净状况　　富营养化状态

39. 对于测定 pH 的未知水样，选择校准液校准仪器前，应先用__________测一下水样的酸碱性。

答案：pH 试纸

40. 对于江、河水系或某一河段监测，要求设置三种监测断面，即__________、__________和__________。

答案：控制断面　对照断面　削减断面

41. 对于酸碱度、生化需氧量、溶解氧、总有机碳等项目的样品在保存时要特别注意，应使水样__________并密封保存，以减少与空气中氧气、二氧化碳的反应干扰及样品运输途中的__________。

答案：充满容器至溢流　震荡干扰

42. 酚类化合物在水样中很不稳定，尤其是低浓度样品，其主要影响因素为__________和__________，使其被氧化或分解。

答案：水中微生物　氧

43. 各控制断面所控制的纳污量不应小于该河段总纳污量的__________。

答案：80%

44. 根据《地下水环境监测技术规范》（HJ 164—2020），水文地质单元指具有统一补给边界和__________、__________、__________条件的地下水系统。

答案：补给　径流　排泄

45. 根据《水和废水监测分析方法》（第四版）中便携式溶解氧仪法测定溶解氧，当________、__________或__________发生变化时，一定要重新进行电极极化校准。

答案：电极　薄膜　电解液

46. 硅钼蓝光度法测定水样中可溶性二氧化硅时，色度及浊度均会干扰测定，可采用________法予以消除。

答案：补偿

47. 河流控制断面，通常设在城市或工业区排污口下游__________的河段上。

答案：500 ～ 1 000 m

48. 河流水质监测时，若水深 5 ～ 10 m，采样垂线设__________。

答案：上、下层各 2 个点

49. 河流削减断面，通常设在城市或工业区最后一个排污口下游__________以外的河段上。

答案：1 500 m

50. 湖（库）监测垂线采样点的设置，要考虑湖（库）水分层现象，此处分层是指湖水__________分层状况。

答案：温度

51. 湖（库）区若无明显功能区别，可用__________法均匀设置监测垂线。

答案：网格

52. 湖泊、水库采样断面垂线的布设：可在湖（库）区的不同水域（如进水区、__________、__________、__________、湖心区和岸边区），按水体类别设置监测垂线。

答案：出水区　深水区　浅水区

53. 湖泊和水库采样时，反映水质特性采样点的标志要明显，采样标志可采用浮标法、____________法、岸标法或无线电导航定位等来确定。

答案：六分仪

54. 化学品生产企业以及__________、__________、尾矿库、__________、__________等的运营、管理单位应当建设地下水水质监测井进行监测，防止地下水污染。

答案：工业集聚区　矿山开采区　危险废物处置场　垃圾填埋场

55. 挥发酚废水样品的保存用磷酸酸化，加入硫酸铜可起到__________作用。

答案：抑制微生物氧化

56. 混合水样分为__________和__________混合水样。

答案：等比例　等时

57. 湖库监测垂线上采样点的布设一般与河流的规定相同，但当有可能出现温度分层现象时，应对__________和__________做探索性试验后再定。

答案：水温　溶解氧

58. 控制断面应设置在排污区（口）__________游，__________处。

答案：下　污水与河水基本混匀

59. 某实验室检测水中细菌总数后产生的废培养基，分析人员采用121℃高压蒸汽灭菌30 min进行灭菌。灭菌后的废物作为__________固体废弃物处理。

答案：一般

60. 目前，国标针对水质中氮的分析主要有__________、__________、__________、__________、凯氏氮等。

答案：总氮　氨氮　硝酸盐氮　亚硝酸盐氮

61. 入河排污口指向__________、__________、__________和__________排放污水的直接排污口，包括__________、__________和__________直接排污口。

答案：江河　湖泊　水库　渠道　支流　污染源　市政

62. 塞氏圆盘又称__________，它是用较厚的白铁皮剪成直径200 mm的圆板，在板的一面从中心平分为4个部分，以__________制成。

答案：透明度盘　黑白漆相间涂布

63. 湿沉降采样器与较大障碍物之间的水平距离应至少为障碍物高度的__________，或从采样器仰望障碍物顶端，其仰角不大于________。

答案：两倍　30°

64. 湿沉降自动采样器的基本组成是接雨（雪）器、__________、__________和样品容器等。

答案：防尘盖　雨传感器

65. 受藻类影响的湖库点位水样采集需将采样器中每次采集的水样，全部通过__________的过滤筛（网），倒入一个较大的静置用容器中，储够需用量。

答案：63 μm

66. 水流量的测量包括__________、__________和__________三方面。

答案：流向　　流速　　流量

67. 水温测定时，当气温与水温相差较大时，尤其应注意立即_________，避免受_________影响。

答案：读数　　气温

68. 水样采集后，对每一份样品都应附一张完整的___________。

答案：水样标签

69. 水样在 2 ～ 5℃保存，能抑制___________的活动，减缓物理___________和化学反应速度。

答案：微生物　　挥发作用

70. 水质采集后，应尽快送实验室分析，防止和减少因___________因素、___________ 因素和物理因素而致水样中某些组分的浓度发生变化。

答案：生物　　化学

71. 水中氰化物主要来源于工业污染源，在___________、___________、___________、炼焦、造气、化肥等工业废水中存在。

答案：电镀　　化工　　选矿

72. 水中溶解氧低于___________mg/L 时，许多鱼类呼吸困难。

答案：4

73. 酸沉降监测点位的选择应有___________，除考虑点位附近的土地使用情况基本不变外，还应考虑点位周围地形特征、土地使用特征及___________。

答案：代表性　　气象状况

74. 湿沉降监测项目中，___________和 pH 为逢雨（雪）必测的项目，同时记录当次降雨（雪）的量。

答案：EC（电导率）

75. 湿沉降监测中，降雨（雪）时每___________ h 采样一次，若一天中有几次降雨（雪）过程，可合并为一个样品测定；若遇几天连续降雨（雪），则将上午_______至次日上午_______ 的降雨（雪）视为一个样品。

答案：24　9：00　9：00

76. 天然水中溶解氧的饱和含量与空气中氧的___________ 、___________以及_________ 和水质有密切关系。

答案：分压　　大气压　　水温

77. 透明度是指水样的澄清程度，洁净的水是透明的，水中存在___________ 和_________时，透明度便会降低。

答案：悬浮物　　胶体

78. 为化学分析而收集降水样品时，采样点应位于___________的地方。

答案：避免外界物质污染

79. 现场测定水透明度时，铅字法使用的仪器是___________，塞氏盘法使用的测量设备是透明度盘。

答案：透明度计

80. 选择盛装水样的容器材质必须注意：容器器壁＿＿＿＿＿待测组分、容器不能引起新的沾污、容器＿＿＿＿＿发生反应和选用深色玻璃降低光敏作用。

答案：不应吸收或吸附　不得与待测组分

81. 样品运输过程中应采取措施保证样品性质稳定，避免＿＿＿＿＿、＿＿＿＿＿和丢失。

答案：沾污　损失

82. 一般的玻璃容器吸附＿＿＿＿＿，聚乙烯等塑料吸附＿＿＿＿＿、磷酸盐和油类。

答案：金属　有机物质

83. 用船只采样时，采样船应位于＿＿＿＿＿方向，＿＿＿＿＿采样，避免搅动底部沉积物造成水样污染。采样人员应在船前部采样，尽量使采样器远离船体。

答案：下游　逆流

84. 用塞氏盘法测定水样的透明度，记录单位为＿＿＿＿＿。

答案：厘米（cm）

85. 由于底质（沉淀物）比较稳定，一般每年在＿＿＿＿＿期采样 1 次。

答案：枯水

86. 预处理主要是指根据仪器对样品水的要求采取的＿＿＿＿＿、＿＿＿＿＿、匀化等措施。

答案：预沉淀　过滤

87. 在采样（水）断面同一条垂线上，水深 5 ～ 10 m 时，设 2 个采样点，即＿＿＿＿＿m 处和＿＿＿＿＿m 处；若水深≤ 5 m 时，采样点在水面＿＿＿＿＿m 处。

答案：水面下 0.5　河底上 0.5　下 0.5

88. 在测定水样 pH 时，须用基准试剂配制标准溶液。其中，用＿＿＿＿＿配制 pH=4.008（25 ℃）的标准溶液；用＿＿＿＿＿配制 pH=6.865（25 ℃）的标准溶液；用＿＿＿＿＿配制 pH=9.180（25℃）的标准溶液。

答案：邻苯二甲酸氢盐　中性磷酸盐　四硼酸钠

89. 在同一地表水采样点，同时进行细菌学监测项目与理化监测项目采样时，应先采集＿＿＿＿＿。

答案：细菌学检验样品

90. 根据《地表水和污水监测技术规范》（HJ/T 91—2002）在集中式饮用水水源地水质测定时，如果悬浮物小于 5 mg/L 时，测定＿＿＿＿＿。

答案：浊度

91. 浊度是由于水中含有泥沙、黏土、有机物、无机物、浮游生物和微生物等悬浮物质所造成的，可使光被＿＿＿＿＿或＿＿＿＿＿。

答案：散射　吸收

92. 在冬季的东北地区用水温计测水温时，读数应在＿＿＿＿＿s 内完成，避免水温计表面形成薄冰，影响读数的准确性。

答案：3

二、单选题

1. 地下水中由于缺氧，锰以可溶态的________锰形式存在。(　　)

A．二价　　B．三价　　C．四价　　D．七价

答案：A

2. 根据《地下水环境监测技术规范》(HJ 164—2020)，每年应测量地下水监测井井深，当监测井内淤积物淤没滤水管或井内水深低于________m 时，应及时清淤或换井。(　　)

A．1　　B．2　　C．3　　D．5

答案：A

3. 采集溶解氧水样应在现场固定，固定方法是________。(　　)

A．加入 $MnSO_4$ 溶液　　B．加入碱性 KI 溶液

C．加入 $MnSO_4$ 和碱性 KI 溶液　　D．只要塞紧瓶塞

答案：C

4. 在水质监测中，所测河段的对照断面一般设________个。(　　)

A．1　　B．2　　C．3　　D．4

答案：A

5. 用分光光度法测定酚的水样用 H_3PO_4 调至 pH ≅ 4，加入________，即可抑制苯酚菌的分解活动。(　　)

A．Na_2SO_4　　B．$NaNO_3$　　C．$HgCl_2$　　D．$CuSO_4$

答案：D

6. 测定氨氮、化学需氧量的水样中加入 $HgCl_2$ 的作用是________。(　　)

A．控制水中的 pH　　B．防止生成沉淀

C．抑制苯酚菌的分解活动　　D．抑制生物的氧化还原作用

答案：D

7. COD 是指示水体中________的主要污染指标。

A．氧含量　　B．含营养物质量

C．含有机物及还原性无机物量　　D．无机物

答案：C

8. 对于江河水系水样采样点位的确定，下列说法正确的是________。(　　)

A．当水面宽小于 50 m 时，只设一条中弘垂线

B．水面宽为 50 ～ 100 m 时，设两条等距离垂线

C．水面宽为 100 ～ 1 000 m 时，设三条等距离垂线

D．水面宽大于 1 500 m 时，设四条等距离垂线

答案：A

9. 测定农药或除草剂等项目的样品瓶按一般规则清洗后，在烘箱内________℃下烘干 4 h。冷却后再用纯化过的正己烷或石油醚冲洗数次。(　　)

A．150　　B．180　　C．200

答案：B

10. 测定 BOD 和 COD 的水样，如果其浓度较低，最好用________保存。(　　)

A. 聚乙烯塑料瓶　　B. 玻璃瓶　　C. 硼硅玻璃瓶　　D. 聚四氟乙烯瓶

答案：B

11. 采集测定悬浮物的水样时，在________条件下采样最好。(　　)

A. 层流　　B. 湍流　　C. 束流

答案：B

12. 被测水体中含盐量在 35 g/L 以下时，氧在水中的溶解度随含盐量的________。(　　)

A. 增加而减少　　B. 增加而增加　　C. 增加而不发生变化

答案：A

13. 根据《水质　二噁英的测定　同位素稀释高分辨气相色谱－高分辨质谱法》(HJ 77.1—2008)测定水中二噁英类化合物时，盛装水样的容器应使用对二噁英类无吸附作用的________材质或波谱材质可密封器具。(　　)

A. PP 塑料　　玻璃　　B. 不锈钢　　玻璃

C. 不锈钢　　PE 塑料　　D. PP 塑料　　PE 塑料

答案：B

14. 十字法测定水的透明度，将水样先倒入透明度计至黑色十字完全消失，除去气泡，将水样从筒内________放出，记录透明度厘米数。(　　)

A. 快速　　B. 徐徐　　C. 直接　　D. 间接

答案：B

15. 非比例等时连续自动采样器的工作原理是________。(　　)

A. 按设定的采样时间间隔与储样顺序，自动将水样从指定采样点分别采集到采样器的各储样容器中

B. 按设定的采样时间间隔与储样顺序，自动将定量的水样从指定采样点分别采集到采样器的各储样容器中

C. 按设定的采样时间间隔，自动将定量的水样从指定采样点采集到采样器的混合储样容器中

D. 按设定的采样时间间隔，自动将水样从指定采样点采集到采样器的混合储样容器中

答案：B

16. 下列情况中适合瞬间采样的是________。(　　)

A. 连续流动的水流

B. 水和废水特性不稳定时

C. 测定某些不稳定参数，如溶解气体、余氯、可溶性硫化物、微生物、油脂、有机物和 pH 时

D. 任何情况下都不能瞬时采样

答案：C

17. 生物作用会对水样中待测的项目如________的浓度产生影响。(　　)

A. 含氮化合物　　B. 硫化物　　C. 氰化物　　D. 氯离子

答案：A

18. 湖泊和水库的水质有季节性变化，采样频次取决于水质变化的状况及特性，对于水质控制监测，采样时间间隔可为________，如果水质变化明显，则每天都需要采样，甚至连续采样。(　　)

A. 一周　　B. 两周　　C. 一个月　　D. 两个月

答案：A

19. 流速仪法测水的流速时，测点的分布应符合一条垂线上相邻两测点的最小间距不宜______流速仪旋桨或旋杯的直径。测水面流速时，流速仪转子旋转部分不得露出水面。测河底流速时，应将流速仪下放至________m 水深以下，并应使仪器旋转部分的边缘离开河底 2 ～ 5 cm。(　　)

A. 小于，0.9　　B. 大于，0.9　　C. 小于，0.5　　D. 大于，0.5

答案：A

20. 大气降水采样器应高于基础面________。(　　)

A. 1.2 m 以上　　B. 1.5 m 以上　　C. 2 m　　D. 无所谓

答案：A

21. 监测河流水质的对照断面应设于距本区第一个排污口________。(　　)

A. 下游 1 000 ～ 1 500 m 处　　B. 下游 500 ～ 1 000 m 处

C. 下游 100 ～ 500 m 处　　D. 上游 100 ～ 500 m 处

答案：D

22. 监测河流水质的控制断面应设在距排污口________。(　　)

A. 下游 1 000 ～ 1 500 m 处　　B. 下游 500 ～ 1 000 m 处

C. 下游 100 ～ 500 m 处　　D. 上游 100 ～ 500 m 处

答案：B

23. 氨氮水样预处理蒸馏时，先调节水样 pH 为 6.0 ～ 7.4，再加入________进行蒸馏。(　　)

A. 氢氧化钠　　B. 轻质氧化镁　　C. 硬脂酸　　D. 碳酸钙

答案：B

24. 水中氧化还原电位越高，氨氮浓度越________。(　　)

A. 高　　B. 低　　C. 先高后低　　D. 先低后高

答案：B

25. 浮标法测流时所用水面浮标，其入水部分表面应较粗糙，不应呈流线型。浮标下面要加系重物，保持浮标在水中漂流稳定。浮标的入水深度，不得大于水深的________。浮标露出水面部分，应有易于识别的明显标志。(　　)

A. 1/10　　B. 1/5　　C. 1/15　　D. 1/2

答案：A

26. 十字法测定水的透明度，准确记录水柱高度是在________时。(　　)

A. 黑色十字和 4 个黑点刚好清晰见到

B. 黑色十字模糊，而 4 个黑点刚好清晰见到

C. 黑色十字刚好清晰见到，而 4 个黑点尚未见到

D. 黑色十字和 4 个黑点刚好完全消失

答案：C

27. 按照含水层的埋藏条件，地下水可以划分为________。（　　）

A. 潜水、承压水、上层滞水　　B. 孔隙水、裂隙水、岩溶水

C. 包气带水、潜水、承压水　　D. 结合水、重力水、毛细水

答案：A

28. 地表水采测分离中，常常会采取加酸处理保存，以下说法正确的是________。（　　）

A. Cu、Zn、Pb、Cd 加 HCl，使 pH<2

B. TAs、TSe、THg 加 HCl，每 500 ml 水样加 2.5 ml HCl

C. 石油类加 HNO_3，使 pH<2

D. 总磷加 H_2SO_4，使 pH<2

答案：B

29.《地表水和污水监测技术规范》（HJ/T 91—2002）规定国控断面全年采样________次。（　　）

A. 6　　B. 12　　C. 4　　D. 8

答案：B

30. 具有判断水体污染程度的参比和对照作用或提供本底的断面是________断面。（　　）

A. 控制　　B. 削减　　C. 对照　　D. 背景

答案：C

31. 采集河流和溪流的水样时，采样点不应选在________。（　　）

A. 汇流口　　B. 溢流堰或只产生局部影响的小排出口

C. 主要排放口或吸水处　　D. 河床稳定处

答案：B

32. 在地表水采样中，________类项目应首先采集。（　　）

A. 细菌　　B. 有机　　C. 无机　　D. 油

答案：A

33. 依据《地表水和污水监测技术规范》（HJ/T 91—2002），以下________不是透明度的监测分析方法。（　　）

A. 铅字法　　B. 文字描述法　　C. 塞氏圆盘法　　D. 十字法

答案：B

34. 根据《水质　总汞的测定　冷原子吸收分光光度法》（HJ 597—2011）测定水中汞消解水样时，还原过量高锰酸钾所产生的二氧化锰会吸附汞，故在测定前须加入________使之还原。（　　）

A. 硫酸　　B. 过氧化氢　　C. 氯化亚锡　　D. 盐酸羟胺

答案：D

35. 某监测井取样分析，地下水中氟化物浓度 0.9 mg/L，按照《地下水质量标准》（GB/T 14848—2017）进行单指标评价，该地下水水质为________类。（　　）（注：氟化物地下水水质标准，Ⅰ类≤ 1.0 mg/L、Ⅱ类≤ 1.0 mg/L、Ⅲ类≤ 1.0 mg/L、Ⅳ类≤ 2.0 mg/L）

A. Ⅰ　　B. Ⅱ　　C. Ⅲ　　D. Ⅳ

答案：A

36. 潜水指________。(　　)

A．充满与上下两个相对隔水层的具有承压性质的地下水

B．地面以下，第一个稳定隔水层以上具有自由水面的地下水

C．岩溶空隙间的水

D．地面以下，饱和含水层中的水

答案：B

37. 湿沉降采样容器和采样瓶首次使用前用10%________浸泡24 h，用自来水洗至中性，再用去离子水冲洗多次。(　　)

A．盐酸或硫酸　　B．硝酸或硫酸　　C．盐酸或硝酸　　D．磷酸或硫酸

答案：C

38. 具体判断某一区域水环境污染程度时，位于该区域所有污染源上游、能够提供这一区域水环境本底值的断面称为________。(　　)

A．控制断面　　B．对照断面　　C．削减断面　　D．背景断面

答案：B

39. 地下水水质监测中，可以不在现场监测的项目是________。(　　)

A．水量　　B．pH　　C．氟化物　　D．电导率

答案：C

40. 采集VOCs水样时，加入抗坏血酸的目的是________。(　　)

A．调节水样pH　　B．减少VOC挥发　　C．去除余氯干扰　　D．作为内标

答案：C

41. 为监控渗滤液对地下水的污染，一般工业固体废物贮存、处置场周边至少应设置________口地下水质监控井。(　　)

A．1　　B．2　　C．3　　D．4

答案：C

42. 湿沉降采样器宜设置在开阔、平坦、多草、周围________内没有树木的地方。(　　)

A．30 m　　B．50 m　　C．100 m　　D．200 m

答案：C

43. 在水样采集中，________项目的采样容器必须为聚乙烯瓶。(　　)

A．有机物　　B．高锰酸盐指数　　C．油类　　D．氟化物

答案：D

44.《国家地表水环境质量监测网监测任务作业指导书（试行）》规定，监测挥发酚的样品要求0～5℃保存，用磷酸调pH至________。(　　)

A．≈2　　B．≈3　　C．≈4　　D．≈5

答案：C

45. 根据《地下水环境监测技术规范》（HJ 164—2020），地下水监测井井管内径不宜小于________m。(　　)

A．0.1　　B．0.2　　C．0.5　　D．1.0

答案：C

46. 等比例混合水样为________。(　　)

A．在某一时段内，在同一采样点所采水样量随时间与流量成比例的混合水样

B．在某一时段内，在同一采样点按等时间间隔采等体积水样的混合水样

C．在某一时段内，在不同采样点等体积采集水样的混合水样

D．从水中不连续地随机（如时间、流量和地点）采集的样品

答案：A

47. 对于流速和待测污染物浓度都有明显变化的流动水，精确的采样方法是________。(　　)

A．在固定时间间隔下采集周期样品

B．在固定排放量间隔下采集周期样品

C．在固定流速下采集连续样品

D．在可变流速下采集的流量比例连续样品

答案：D

48. 若水体受到工业废水、城市生活污水、农牧渔业废水污染，会导致水中溶解氧浓度________。(　　)

A．下降　　B．无影响　　C．上升　　D．不变

答案：A

49. 在一个大气压下、温度为 0℃的淡水中，溶解氧呈饱和状态时的含量高于________，当溶解氧低于________时，鱼类就难以生存。水被有机物污染后，由于好氧菌作用，使有机物被氧化，消耗水中的溶解氧。溶解氧越少，表明污染程度越严重。(　　)

A．6 mg/L　4mg/L　　B．4 mg/L　10 mg/L

C．10 mg/L　2 mg/L　　D．10 mg/L　4 mg/L

答案：D

50. ________属于地表水监测中的基本项目。(　　)

A．氯化物　　B．三氯甲烷　　C．镍　　D．锌

答案：D

51. 塞氏盘法是一种现场测定透明度的方法。塞氏盘为直径________的白铁片圆板，板面从中心平分为四个部分，黑白相间，中心穿一带铅锤的铅丝，上面系一条用“cm”标记的细绳。(　　)

A．50 mm　　B．100 mm　　C．200 mm　　D．300 mm

答案：C

52. 依据《水质　采样方案设计技术规定》（HJ 495—2009），国控监测断面（或垂线）每月采样一次，在每月________日内进行采样。(　　)

A．5 ～ 10　　B．1 ～ 5　　C．5 ～ 8　　D．2 ～ 5

答案：A

53. 采集的降水样品，必须测定 pH、电导率和降水中的化学组分，为了使结果更准确和真实，

测定顺序为________。(　　)

A. pH，之后电导率，最后测定化学组成

B. pH，之后化学组成，最后测定电导率

C. 电导率，之后化学组成，最后 pH

D. 电导率，之后 pH，最后测定化学组成

答案：D

54. 湖库的水质特性在水平方向未呈现明显差异时，允许只在水的最深位置以上布设________个采样点。(　　)

A. 1　　B. 2　　C. 3　　D. 4

答案：A

55. 一般来说，水中溶解氧浓度随着大气压的增加而________，随着水温的升高而________。(　　)

A. 增大　增大　　B. 增大　减小　　C. 减小　减小　　D. 减小　增大

答案：B

56. 水质采样时或采样后，用滤器（滤纸、聚四氟乙烯滤器、玻璃滤器）等过滤样品或将样品离心分离，以下表述错误的是________。(　　)

A. 可以除去水样中的悬浮物、沉淀、藻类及其他微生物

B. 滤器的选择要注意与分析方法相匹配，使用前清洗并避免吸附、吸收损失

C. 测有机项目时常用 0.45 μm 的滤膜过滤，而测定无机项目时通常选用砂芯漏斗和玻璃纤维漏斗

D. 过滤或离心的目的是区分被分析物可溶与不可溶的部分

答案：C

57. 水库和湖泊的采样，如果水样中含沉降性固体，如泥沙等，应分离除去。分离方法为：将所采水样摇匀后倒入筒形玻璃容器，静置后，将已不含沉降性固体但含悬浮性固体的水样移入采样容器并加入保存剂。测定________的水样除外。(　　)

A. 高锰酸盐指数　　B. 总磷和总氮　　C. 总悬浮物和油类　　D. 氨氮

答案：C

58. 用塞氏盘法在现场测定水的透明度时，正确方法是将盘在船的________处平放入水中。(　　)

A. 直射光　　B. 背光　　C. 迎光　　D. 反射光

答案：B

59. 用于测定农药或除草剂等项目的水样，一般使用__________作盛装水样的容器。(　　)

A. 无色玻璃瓶　　B. 不锈钢容器　　C. 棕色玻璃瓶　　D. 聚乙烯瓶

答案：C

60.《水质　氰化物的测定　容量法和分光光度法》（HJ 484—2009）规定，采集的样品必须及时进行测定。如不能及时测定样品，应将样品在________冷藏，并在采样后________内分析样品。

(　　)

A．5℃以下　24 h　　B．4℃以下　24 h

C．4℃以下　48 h　　D．5℃以下　48 h

答案：B

61. 水质监测采样时，必须在现场进行固定处理且水样充满容器、密塞保存的项目是________。(　　)

A．砷　　B．硫化物　　C．化学需氧量　　D．铜

答案：B

62. 下列关于地下水污染控制监测井的布设描述不正确的是________。(　　)

A．固体废物堆放区的污染物在含水层渗透性较大的地区以条带状污染扩散，监测井应沿地下水流向布设，以平行及垂直的监测线进行控制

B．渗坑的污染物在含水层渗透性较小的地区以点带状污染扩散，可在污染源附近按十字形布设监测线进行监控

C．当工业废水污染物沿河渠排放以带状污染扩散时，应根据河渠的状态、地下水流向和所处的地质条件，采用网格布点法设垂直于河渠的监测线

D．缺乏卫生设施的居民区生活污水易对周围环境造成大面积垂直的块状污染，应以十字形方式布设监测线

答案：D

63. 测定表层水温时，将水温计投入水中至待测深度，感温 5 min 后，迅速上提并立即读数。从水温计离开水面至读数完毕应不超过________s。(　　)

A．5　　B．10　　C．15　　D．20

答案：D

64. 地下水可分为上层滞水、潜水和承压水，与地表水的水质基本相同的是________。(　　)

A．上层滞水　　B．潜水　　C．承压水　　D．以上均是

答案：A

65. 测定湖库水的 COD、高锰酸盐指数、叶绿素 a、总氮、总磷时，水样静置________min 后，用吸管一次或几次移取水样，吸管进水尖嘴应插至水样表层________mm 以下位置，再加保存剂保存。(　　)

A．30　10　　B．20　10　　C．30　50　　D．20　5

答案：C

66. 饮用水水源地、省（自治区、直辖市）交界断面中需要重点控制的监测断面采样频次为________。(　　)

A．每年至少一次　　B．逢单月一次　　C．每月至少一次　　D．每周至少一次

答案：C

67. 根据《水质　单质磷的测定　磷钼蓝分光光度法（暂行）》（HJ 593—2010）的要求，用于测定水样单质磷的水样，应采集至塑料瓶或硬质玻璃瓶，采样后调节样品 pH 为________，________h 内完成测定。

A. 5 ～ 6　24　　B. 7 ～ 8　24　　C. 5 ～ 6　48　　D. 6 ～ 7　48

答案：D

68. 湖泊、水库浮游生物取样点布设时，其他位置可根据采样点数量酌情安排设置，但________为必设点。(　　)

A. 湖心区、库心区　B. 进水口附近　C. 出水口附近　D. 沿岸浅水区

答案：A

69. 采集河流、湖库等地表水细菌学监测项目样品时，可握住瓶子下部直接将带塞采样瓶插入水中，距水面约________cm 处进行采样。(　　)

A. 15 ～ 20　B. 10 ～ 15　C. 20 ～ 25　D. 1 ～ 50

答案：B

70. 叶绿素 a 样品采集一般使用有机玻璃采水器或其他适当的采样器采集水面下______m 处样品，如果水深不足________m，在水深________处采集样品，但不得混入水面漂浮物。(　　)

A. 0.5　0.5　1/2　　B. 1.0　1.0　1/2

C. 0.5　0.5　1/3　　D. 1.0　1.0　1/3

答案：A

71. 地表水取样前，不需要使用采样水荡洗采样容器的主要有________指标。(　　)

A. 五日生化需氧量、有机物、粪大肠菌群

B. 五日生化需氧量、硫化物、有机物

C. 化学需氧量、挥发酚、粪大肠菌群

D. 挥发酚、硫化物、溶解氧

答案：A

72. 依据《地表水和污水监测技术规范》(HJ/T 91—2002)，采集微生物的容器，须经________处理，并在 2 周内使用。(　　)

A. 150℃干灭菌 2 h　B. 150℃湿灭菌 2 h　C. 160℃干灭菌 2 h　D. 160℃湿灭菌 2 h

答案：C

73. 如果采集的降水被冻或者含有雪或雹之类，可将全套设备移到高于________℃的低温环境解冻。(　　)

A. 5　B. 0　C. 10　D. 20

答案：B

74. 二苯碳酰二肼分光光度法测定水中六价铬时，采集的水样应加入固定剂调节至 pH ________。(　　)

A. ＜2　B. 约 8　C. 约 5　D. ＞12

答案：B

75. 在《水质　五日生化需氧量（BOD_5）的测定　稀释与接种法》(HJ 505—2009)中，采集的样品应充满并密封于棕色玻璃瓶中，样品量不小于________ml。(　　)

A. 350　B. 300　C. 500　D. 1 000

答案：D

76. 在挥发性卤代烃监测中，水样保存加入的保存剂可以为________。(　　)

A．氢氧化钠　　B．硼氢化钠　　C．硫酸锰　　D．抗坏血酸

答案：D

77. 受污染物影响较大的重要湖泊和水库，应在污染物主要输送路线上设置________。(　　)

A．控制断面　　B．对照断面　　C．削减断面　　D．背景断面

答案：A

78. 测定水中总磷时，采集的样品应贮存于________。(　　)

A．聚乙烯瓶　　B．玻璃瓶　　C．硼硅玻璃瓶　　D．聚丙烯瓶

答案：C

79. 欲保存用于测定 COD 的水样，须加入________使 pH________。(　　)

A．HCl　≤2　　B．NaOH　≥7　　C．HNO_3　≤2　　D．H_2SO_4　<2

答案：D

80. 抑制水样的细菌生长可采用加入________和冷冻的方法。(　　)

A．醋酸　　B．三氯甲烷　　C．氢氧化钠　　D．盐酸

答案：B

81. 根据监测断面采样垂线数的设置要求，水面宽为________ m 时，设置二条（近左、右岸有明显水流处）垂线。(　　)

A．>100　　B．100～200　　C．50～100　　D．>50

答案：C

82.《国家地表水环境质量监测网采测分离－现场监测技术指导书》规定，五日生化需氧量采样前，不得使用水样对样品瓶进行荡洗。使用虹吸装置移取水样于 1 L 棕色玻璃瓶中时，水样必须注满（水样溢出采样瓶________水量），上部不留气泡。(　　)

A．三分之一　　B．三分之二　　C．四分之一　　D．五分之一

答案：A

83. 用原子荧光测定汞、砷、硒、锑的水样，现场采集后用________作为保存剂。(　　)

A．盐酸　　B．硝酸　　C．硫酸　　D．氢氟酸

答案：A

84. 在湖泊、水库和池塘等水体中，进行生物监测时，可用________采样。(　　)

A．有机玻璃采水器　　B．颠倒式采水器

C．深水分层采水器　　D．其他型号采水器

答案：A

85.________消解法不是测定总磷水样的预处理方法。(　　)

A．过硫酸钾　　B．硝酸－硫酸　　C．硫酸－盐酸　　D．硝酸－高氯酸

答案：C

86. 测定水中挥发性有机物时，水样中的余氯对测定产生干扰，可用________消除干扰。(　　)

A．氯化钠　　B．碳酸钠　　C．抗坏血酸　　D．硼酸钠

答案：C

87. 对于含硫量较高的二噁英类样品，净化过程中可在多层硅胶柱上端加入适量铜粉，铜粉在使用前用________清洗，去除表面的氧化物后，用纯净水清洗并干燥。(　　)

A．稀盐酸　　B．浓硫酸　　C．稀硝酸　　D．稀醋酸

答案：A

三、多选题

1. 地下水采样前，除________监测项目外，应先用被采样水荡洗采样器和水样容器 2 ～ 3 次后再采集水样。(　　)

A．五日生化需氧量　　B．硫化物　　C．有机物　　D．细菌类

答案：ACD

2. ________属于采样断面。(　　)

A．控制断面　　B．削减断面　　C．对照断面　　D．背景断面

答案：ABCD

3. 地表水控制断面设置的数量、控制断面与排污区（口）的距离可根据__________因素决定。(　　)

A．主要污染区的数量及其间的距离

B．各污染源的实际情况

C．主要污染物的迁移转化规律和其他水文特征

D．对纳污量的控制程度

答案：ABCD

4. 根据《地下水质量标准》(GB/T 14848—2017)________为地下水质量常规指标。(　　)

A．氰化物　　B．菌落总数　　C．总 β 放射性　　D．五日生化需氧量

答案：ABC

5.《国家地表水环境质量监测网监测任务作业指导书（试行）》规定，水样采集后必须在现场立即用 0.45 μm 的微孔滤膜过滤保存的监测项目有________。(　　)

A．铜、铅、锌、镉　　B．硒、砷、汞

C．铁、锰　　D．六价铬

答案：AC

6. 根据《国家地表水环境质量监测网监测任务作业指导书（试行）》，使用卫星定位系统或固定标志物来保证监测断面位置的准确和固定。一般情况下，在一个监测断面上设置的采样垂线数和各垂线上的采样点数按有关规定执行。除特殊情况________外，不允许只采集岸边样品。(　　)

A．断面所处桥梁被淹没且附近没有船只可以租用等不能保证采样安全的特殊情况，无法按照规定布设垂线，需拍照并在样品采集记录表中写明情况。

B．断面所处河段水位较浅，无法行船，附近没有桥梁等特殊情况，无法按照规定布设垂线，需拍照并在样品采集记录表中写明情况。

C．因其他客观原因，断面无法按照规定布设垂线，需拍照并在样品采集记录表中写明情况。

答案：ABC

7. 在地表水采样中，应注意的事项有________。(　　)

A．采样时应注意去除水面的杂物及垃圾等漂浮物，不可搅动水底的沉积物

B．油类、五日生化需氧量、粪大肠菌群等项目应单独采样

C．所有项目采样前，均需用水样冲洗样品容器 3 次

D．采样断面应有明显的标志物，采样人员不得擅自改动采样位置

E．凡能做现场测定的项目，均应在现场测定

答案：ABDE

8. 下列有关城市降水的描述中正确的有________。(　　)

A．pH ≤ 5.6 的城市降水划分为酸雨

B．pH<4.5 的城市降水划分为重酸雨

C．4.5 ≤ pH 平均值<5.0 的区域评价为较重酸雨区

D．降水的 pH 是通过降雨量加权后计算得出的

答案：BCD

9. 地表水断面（点位）类型主要包括________等。(　　)

A．背景断面　　B．对照断面　　C．控制断面　　D．削减断面

答案：ABCD

10. 控制湖库富营养化的特定项目是________。

A．总磷　　B．总氮　　C．凯氏氮　　D．叶绿素 a

E．透明度

答案：ABDE

11. ________是《地下水质量标准》(GB/T 14848—2017）规定的地下水质量常规指标。(　　)

A．化学指标　　B．微生物指标

C．较少见的有机毒理学指标　　D．放射性指标

答案：ABD

12.《地表水环境质量标准》(GB 3838—2002）集中式生活饮用水地表水源地补充项目包括________。(　　)

A．硫酸盐　　B．氯化物　　C．硝酸盐　　D．铁

E．锰　　F．硫化物

答案：ABCDE

13. 水流量的测量包括________。(　　)

A．流向　　B．流速　　C．流量　　D．温度

答案：ABC

14. 水样保存过程中，过滤样品的目的是区分被分析物的________的比例。(　　)

A．可溶性　　B．不可溶性　　C．透明性　　D．干扰性

答案：AB

15. 采集________等项目时，水样采集必须注满容器，上部不留空间。(　　)

A．溶解氧　　B．BOD_5　　C．石油类

D. 挥发性有机污染物　　E. 氨氮

答案：ABD

16. 根据《水质　金属总量的消解　硝酸消解法》（HJ 677—2013）和《水质　金属总量的消解　微波消解法》（HJ 678—2013），下列说法满足水样消解要求的是________。（　　）

A. 消解后的水样应透明、澄清、无沉淀

B. 消解过程应尽快升温，快速完成消解

C. 不引入待测组分和干扰组分，避免对后续工作造成干扰和困难

D. 不使待测组分挥发或沉淀而造成损失

答案：ACD

17. 采集________水样，可用硫酸做保存剂。（　　）

A. 氨氮　　B. 化学需氧量　　C. 硫酸盐　　D. 六价铬

答案：AB

18. 文字描述法适用于________等水体中臭的检验。（　　）

A. 天然水　　B. 饮用水　　C. 生活污水　　D. 工业废水

答案：ABCD

19. 单独采集测定________项目的水样，应定量采样。（　　）

A. 细菌总数　　B. 石油类　　C. 悬浮物　　D. 氨氮

答案：BC

20. ________项目不适用混合水样。（　　）

A. 油类　　B. BOD_5　　C. 挥发酚　　D. 重金属

答案：ABC

21. 水样的保存中可以加入________进行样品保存。（　　）

A. 酸控制溶液 pH　　B. 抑制剂

C. 氧化剂　　D. 还原剂

答案：ABCD

22. 测定金属离子的水样常用硝酸酸化至 pH=1 ～ 2，可以起到________作用。（　　）

A. 防止重金属的水解沉淀　　B. 防止金属在器壁表面上的吸附

C. 防止汞的挥发性损失　　D. 抑制生物的活动

答案：ABD

23. 水样若敞开放置，________对 pH 的测定有影响。（　　）

A. 氧气　　B. 二氧化碳　　C. 氨气　　D. 空气中微生物

答案：BCD

24. 水质采样时或采样后，用滤器（滤纸、聚四氟乙烯滤器、玻璃滤器）等过滤样品或将样品离心分离，以下表述正确的是________。（　　）

A. 可以除去水样中的悬浮物、沉淀、藻类及其他微生物

B. 滤器的选择要注意与分析方法相匹配，使用前清洗并避免吸附、吸收损失

C. 测有机项目时常用 0.45 μm 的滤膜过滤，而测定无机项目时通常选用砂芯漏斗和玻璃纤维

漏斗

D. 过滤或离心的目的是区分被分析物可溶与不可溶的部分

答案：ABD

25. 对不同的监测项目，按选用分析方法的要求采集质量控制样品，必须包括不少于 10% 的现场平行样品，但________项目不需要采集平行样。

A. 悬浮物　　B. BOD_5　　C. 动植物油　　D. 石油类

E. 粪大肠杆菌

答案：ACDE

26. 以下需要单独采样的监测项目是________。(　　)

A. 悬浮物　　B. 石油类　　C. 化学需氧量　　D. 硫化物

E. 粪大肠菌群

答案：ABDE

27. 对测定总磷的水样进行预处理的方法有________消解法。(　　)

A. 过硫酸钾　　B. 硝酸－硫酸　　C. 硝酸－高氯酸　　D. 硫酸－盐酸

答案：ABC

四、判断题

1. 比例采样器是一种特殊的自动水质采样器，它所采集的水样量可随时间或流量成一定比例，即能用任一时段所采混合水样来反映该时段的平均浓度的水质采样器。(　　)

答案：正确

2. 地下水按含水层性质分类，可分为孔隙水、裂隙水、岩溶水。(　　)

答案：正确

3. 对于有可能出现温度分层现象的湖泊、水库，应做水温、透明度的探索性试验后再定监测垂线的布设。(　　)

答案：错误

正确答案：应做水温、溶解氧的探索性试验后再定监测垂线的布设。

4. 石油类应进行单独采样，且使用干燥的样品瓶。采样前，用水样对样品瓶进行冲洗。(　　)

答案：错误

正确答案：石油类单独采样，且使用干燥的样品瓶。采样前，不对样品瓶进行冲洗。

5. 酸雨监测报告中，降水电导率平均值的计算，采用电导率的算术平均值计算。(　　)

答案：错误

正确答案：用电导率的加权平均值计算。

6.《地表水和污水监测技术规范》(HJ/T 91—2002) 规定，受污染物影响较大的重要湖泊、水库，应在污染物主要输送路线上设置背景断面。(　　)

答案：错误

正确答案：控制断面。

7.《地表水和污水监测技术规范》(HJ/T 91—2002) 中规定，测定油类、BOD_5、DO、硫化物、

余氯、粪大肠菌群、悬浮物、放射性等项目要单独采样。(　　)

答案：正确

8.《生活饮用水标准检验方法　有机物指标（31.1 二硝基苯气相色谱法）》（GB/T 5750.8—2006）中所用萃取溶剂为二氯甲烷。(　　)

答案：错误

正确答案：乙酸乙酯和苯。

9.《水质　65 种元素的测定　电感耦合等离子体质谱法》（HJ 700—2014）中所有元素的标准储备溶液配制后均应在密封的玻璃瓶或聚乙烯瓶中保存。(　　)

答案：错误

正确答案：应在聚乙烯或聚丙烯瓶中保存。

10.《水质　采样方案设计技术规定》（HJ 495—2009）规定，有水工建筑物并受人工控制的河段，视情况分别在闸（坝、堰）上、下设置断面，如水质无明显差别，可只在闸（坝、堰）下设置监测断面。(　　)

答案：错误

正确答案：有水工建筑物并受人工控制的河段，视情况分别在闸（坝、堰）上、下设置断面，如水质无明显差别，可只在闸（坝、堰）上设置监测断面。

11.《水质　高锰酸盐指数的测定》（GB/T 11892—1989）中高锰酸盐指数并不是理论上的需氧量，也不是反映水体中总有机物的尺度。(　　)

答案：正确

12.《水质　样品的保存和管理技术规定》（HJ 493—2009）规定，测定水中微生物的样品瓶在灭菌前可向容器中加入亚硫酸钠，以除去余氯对细菌的抑制使用。(　　)

答案：错误

正确答案：测定水中微生物的样品瓶在灭菌前可向容器中加入硫代硫酸钠，以除去余氯对功菌的抑制作用。

13. 用于测定 pH 的样品最好现场测定。否则，应在采样结束后把样品保持在 0 ～ 4℃，并在采样后 24 h 之内进行测定。(　　)

答案：错误

正确答案：用于测定 pH 的样品最好现场测定，或采集样品于采样瓶中，样品充满容器立即密封，2 h 完成测定。

14. 按照《大气降水样品的采集与保存》（GB 13580.2—1992），采样器放置的相对高度应在 1.5m 以上，不得在降水前打开采样器的盖子。(　　)

答案：错误

正确答案：应在 1.2 m 以上。

15. 把不同采样点同时采集的各个瞬时水样混合后所得到的样品称混合水样。(　　)

答案：错误

正确答案：称综合水样。

16. 背景断面是指判断某一区域水环境污染程度时，位于该区域所有污染源上游处，能够提供

这一区域水环境本底值的断面。(　　)

答案：错误

正确答案：背景断面是指为评价某一完整水系的污染程度，不受人类生活和生产活动影响，提供水环境背景值的断面。

17. 冰封期采样，建议在采样前将固定剂提前加入样品瓶中，防止水样导入容器后因冰冻而无法加入固定剂或无法与固定剂混匀。(　　)

答案：正确

18. 玻璃纤维滤膜不能用于重金属测定的水样的前处理。(　　)

答案：正确

19. 采集分析苯系物的水样应充满容器，不留空间，并加盖密封。(　　)

答案：正确

20. 采集河流和溪流的水样时，在潮汐河段，涨潮和落潮时采样点的布设应该相同。(　　)

答案：错误

正确答案：采集河流和溪流的水样时，在潮汐河段，涨潮和落潮时采样点的布设应该不同。

21. 采集湖泊和水库的水样时，采样点位的布设，应在较小范围内进行详尽的预调查，在获得足够信息的基础上，应用统计技术合理地确定。(　　)

答案：错误

正确答案：采集湖泊和水库的水样时，采样点位的布设，应在较大范围内进行详尽的预调查，在获得足够信息的基础上，应用统计技术合理地确定。

22. 采集湖泊和水库的水样时，水质控制的采样点应设在靠近用水的取水口及主要水源的入口。(　　)

答案：正确

23. 采集湖泊和水库的水样时，由于分层现象，导致非均匀水体，采样时要把采样点深度间的距离尽可能加长。(　　)

答案：错误

正确答案：此种情况要把采样点深度间的距离尽可能缩短。

24. 采集溶解氧水样应在现场固定，固定方法是加入硫酸锰溶液。(　　)

答案：错误

正确答案：固定方法是加入硫酸锰和碱性碘化钾溶液。

25. 测定地表水中 COD、BOD、总磷、总氮等项目时应将沉降性固体分离去除。(　　)

答案：正确

26. 测定氟化物的水样应贮存于玻璃瓶或塑料瓶中。(　　)

答案：错误

正确答案：测定氟化物的水样不能贮存于玻璃瓶中。

27. 测定氯化物的水样中含少量有机物时，可用高锰酸钾氧化法处理。(　　)

答案：正确

28. 采集水中石油类时应选用广口玻璃瓶做容器，按一般通用洗涤方法洗涤后，还要用萃取剂

彻底荡洗 2 ～ 3 次。(　　)

答案：正确

29. 测定水样中的有机物时，有时需进行消解处理。(　　)

答案：错误

正确答案：测定含有机物水样中的无机元素时，需进行消解处理。

30. 测定水中邻苯二甲酸酯类，采样瓶用塑料瓶。(　　)

答案：错误

正确答案：杜绝使用塑料器具。

31. 测定水中六价铬时，采集水样的容器应使用具磨口塞的玻璃瓶，以保证其密封。(　　)

答案：错误

正确答案：测定水中六价铬时，采集水样的容器不应使用磨口及内壁已磨毛的容器。

32. 测定水中六价铬时，采集水样时加入氢氧化钠，调节样品 pH 约为 8，并在 48 h 内测定。(　　)

答案：错误

正确答案：应在 24 h 内测定。

33. 测定水中油类物质，萃取时为了防止漏液，所用分液漏斗的活塞应涂少量凡士林作为润滑剂。(　　)

答案：错误

正确答案：所用分液漏斗的活塞不能涂凡士林作润滑剂。

34. 测定水中重金属的采样容器通常用铬酸－硫酸洗液洗净，并浸泡 1 ～ 2 d，然后用蒸馏水或去离子水冲洗。(　　)

答案：错误

正确答案：测定水中重金属的采样容器通常用盐酸或硝酸洗液洗净，并浸泡 1 ～ 2 d，然后用蒸馏水或去离子水冲洗。

35. 测定水中浊度时，为了获取有代表性的水样，取样前应轻轻搅拌水样，使其均匀，禁止振荡。(　　)

答案：正确

36. 测定天然水样的外观和受污染水样的漂浮物，最好在现场进行。方法为：将 200 ml 均匀的水样倒入 500 ml 烧杯内，放在光线明亮的地方，从侧面观察水中的可见物，用适当文字描述。然后，再仔细察看液面是否存在漂浮物，并用适当文字叙述。(　　)

答案：正确

37. 测定叶绿素 a 的水样抽滤完后，如不能及时测定，可将滤膜放入普通冰箱冷冻中保存 1 ～ 2 d。(　　)

答案：正确

38. 测溶解氧、生化需氧量、油类和有机污染物等项目时，水样必须注满容器，上部不留空间，并有水封口。(　　)

答案：错误

正确答案：测油类的水样不需注满容器，也不需用水封口。

39. 催化比色法测定水中碘化物时，水样采集和储存的容器可用聚乙烯瓶，也可用硬质玻璃瓶。(　　)

答案：正确

40. 大气降水监测中，多层滤膜法是将事先处理过的滤膜安装在采样头上，用一抽气泵抽吸空气使空气通过这些滤膜；采样完毕后，将滤膜取下，分析测定滤膜中各种物质含量的一种方法。(　　)

答案：正确

41. 当采集等时、等比例混合水样时，所有监测项目的水样都要混合。(　　)

答案：错误

正确答案：不是所有监测项目的水样都要混合，pH、油类项目不能混合。

42. 当现场气温高于35℃或低于-30℃时，水温计在水中的停留时间要适当延长，以达到温度平衡。(　　)

答案：正确

43. 地表水如某必测项目连续三年均未检出，且在断面附近确定无新增排放源，而现有污染源排污量未增的情况下，每年可采样一次进行测定。(　　)

答案：正确

44. 地下水监测和地表水监测有很多不同之处，例如地下水现场监测不需要监测溶解氧。(　　)

答案：错误

正确答案：地下水监测时，溶解氧为现场必测项目。

45. 对水库水质监测时，采集测定油类的水样应在水面以下300 mm处采集。(　　)

答案：错误

正确答案：测定油类的水样应在水面至水下300 mm处采集。

46. 对于分析挥发性有机物的水质样品，如果采样后不能立即分析，应在-20℃进行冷冻储存，尽快分析。(　　)

答案：错误

正确答案：样品采集后冷藏运输。运回实验室后应立即放入冰箱中，在4℃以下保存，14 d内分析完毕。

47. 对于河流、湖泊和水库通常都应设背景断面、对照断面、控制断面和削减断面。(　　)

答案：错误

正确答案：湖泊和水库通常设垂线。

48. 对于湖（库）污染的应急跟踪监测，应根据具体情况布点，但在出水口和饮用水取水口处必须设置采样点，由于湖（库）的水体较稳定，要考虑不同水层采样。采样频次每天1次。(　　)

答案：错误

正确答案：对湖（库）污染的应急跟踪监测，应根据具体情况布点，但在出水口和饮用水取水口处必须设置采样点。要考虑不同水层采样。采样频次每天不得少于2次。

49. 对于开阔水体，调查水质状况时，应考虑成层期与循环期水质的明显不同。了解循环期水

质时，可采集表层水样；了解成层期水质时，应按深度分层采样。（　　）

答案：正确

50. 二乙胺乙酸铜分光光度法测定水中二硫化碳时，曝气吸收装置采用全玻璃器皿，接口处用橡胶管连接。（　　）

答案：错误

正确答案：接口处用硅橡胶管连接并使两头玻璃管相接触。

51. 分析艾氏剂的水样要用聚乙烯塑料瓶采集。（　　）

答案：错误

正确答案：分析艾氏剂的水样要用玻璃瓶采集。

52. 分析水中挥发性有机物的采样瓶是棕色磨口瓶。（　　）

答案：错误

正确答案：分析水中挥发性有机物的采样瓶是一种带有 PTFE（聚四氟乙烯）垫片的棕色螺口玻璃瓶。

53. 根据《水质　百菌清和溴氰菊酯的测定　气相色谱法》（HJ 698—2014），测定水中百菌清和溴氰菊酯时，需在碱性条件下提取。（　　）

答案：错误

正确答案：需在中性条件下提取。

54. 根据《水质　采样方案设计技术规定》（HJ 495—2009），只有固定采样点位才能对不同时间所采集的样品进行对比。（　　）

答案：正确

55. 根据《水质　二噁英类的测定　同位素稀释高分辨气相色谱－高分辨质谱法》（HJ 77.1—2008），测定水中二噁英类化合物时，样品容器应用水样充分清洗。（　　）

答案：错误

正确答案：样品容器不能用水样冲洗。

56. 根据《水质　挥发酚的测定　溴化容量法》（HJ 502—2009），测定挥发酚的水样采集回到实验室后，应检测有无氧化剂存在，如发现有，应加入过量硫酸亚铁消除之。（　　）

答案：错误

正确答案：应在样品采集现场检测有无氧化剂存在，如发现有，应加入过量硫酸亚铁消除之。

57. 根据《水质　挥发性有机物的测定　吹扫捕集 / 气相色谱－质谱法》（HJ 639—2012）中的规定，在测定水中挥发性有机物时，将在 4℃以下冰箱中保存的样品取出后，立即测定，以免待测组分挥发。（　　）

答案：错误

正确答案：应等样品恢复至室温后测定。

58. 根据《水质　总氮的测定　碱性过硫酸钾消解紫外分光光度法》（HJ 636—2012）测定水中总氮时，对于悬浮物较多的水样，过硫酸钾氧化后可能出现沉淀，可以混匀后进行测定。（　　）

答案：错误

正确答案：测定水中总氮时，对于悬浮物较多的水样，过硫酸钾氧化后可能出现沉淀，可以取上清液进行测定。

59. 含磷量较少的水样，要用塑料瓶采样。(　　)

答案： 错误

正确答案： 要用玻璃瓶采样。

60. 河流干流网络的采样点应包括潮区界以内的各采样点、较大支流的汇入口和主要污水或者工业废水的排放口。(　　)

答案： 正确

61. 监测河流水质的对照断面应设于距本区第一个排污口下游 500 ～ 1 000 m 处。(　　)

答案： 错误

正确答案： 对照断面应设于本区第一个排污口上游 100 ～ 500 m 处。

62. 开展地下水监测时，如果满足地下水监测设计要求，则已有的民井、生产井均可作为监测井，不需要钻凿专用监测井。(　　)

答案： 正确

63. 控制断面用来反映某排污区（口）排放的污水对水质的影响，应设置在排污区（口）的上游、污水与河水混匀处、主要污染物浓度有明显降低的断面。(　　)

答案： 错误

正确答案： 控制断面用来反映某排污区（口）排污的污水对水质的影响，应设置在污区（口）的下游、污水与河水基本混匀处。所控制的纳污量不应小于该河段总纳污量的 80%。

64. 流速计法测定水的流速时，为减少测量误差，当水深小于 40 cm 时，采用一点法，水深大于 40 cm 时，采用两点法。(　　)

答案： 正确

65. 流速计法测定水的流速时，要把流速计沉降到指定深度，且把流速计置于正对着水流方向上进行测定，还应把流速计置于测定人的下游一侧，以避免测定人位置对测速的影响。(　　)

答案： 错误

正确答案： 应把流速计置于测定人的上游一侧。

66. 硫化物样品采样时，可以先在采样瓶中加入水样，再加入乙酸锌 - 乙酸钠溶液进行固定。(　　)

答案： 错误

正确答案： 硫化物样品采样时，应先加入乙酸锌 - 乙酸钠溶液，再加入水样。

67. 评价某一完整水系的污染程度时，未受人类生活和生产活动影响，能够提供水环境背景值的断面，称为对照断面。(　　)

答案： 错误

正确答案： 评价某一完整水系的污染程度时，未受人类生活和生产活动影响，能够提供水环境背景值的断面，称为背景断面。

68. 气相色谱法测定水中挥发性卤代烃时，在样品运输过程中，水样中的余氯会与水样中的有机物发生反应，使测定结果偏低。(　　)

答案： 错误

正确答案：在样品运输过程中，水样中的余氯会与水样中的有机物发生反应，生成挥发性氯代烃，使测定结果偏高。

69. 若水样中含有大量硫化物干扰氰化物测定，可先加入 NaOH 固定剂，然后再加入碳酸镉或碳酸铅固体粉末。(　　)

答案：错误

正确答案：应先加碳酸镉或碳酸铅固体粉末，形成硫化物沉淀后，再加氢氧化钠固定。

70. 湿沉降样品采集后，依次进行如下操作，先将样品过滤，然后测定其电导率和 pH，再将剩余样品保存于冰箱中以备分析离子成分。(　　)

答案：错误

正确答案：湿沉降样品采集后，取一部分样品测定其电导率和 pH，其余样品过滤后保存于冰箱中以备分析离子成分。

71. 湿沉降自动采样器的防尘盖必须在降雨（雪）开始 1 min 内打开，在降雨（雪）结束后 5 min 内关闭。(　　)

答案：正确

72. 使用固相萃取小柱富集水样时，应事先过滤水样，以免颗粒物堵住小柱。(　　)

答案：正确

73. 受潮汐影响的地表水监测断面应采集涨平潮位和退平潮位的水样。(　　)

答案：正确

74. 受污染物影响较大的重要湖泊、水库，应在污染物主要输送路线上设置控制断面。(　　)

答案：正确

75. 水温计和颠倒温度计用于湖库等深层水温的测量。(　　)

答案：错误

正确答案：水温计用于地表水、污水等浅层水温的测量。

76. 水样可以通过加入抑制剂、氧化剂、还原剂和控制 pH 进行保存。(　　)

答案：正确

77. 水样前处理的目的是使欲测组分达到测定方法和仪器要求的形态、浓度，消除共存组分的干扰，主要方法包括水样消解、蒸馏和分离三大类。(　　)

答案：错误

正确答案：主要方法包括水样消解、富集和分离三大类。

78. 水样在贮存期内发生变化的程度完全取决于水的类型及水样的化学性质和生物学性质。(　　)

答案：错误

正确答案：水样在贮存期内发生变化的程度取决于水的类型及水样的化学性质和生物学性质，也取决于保存条件、容器材质、运输及气候变化等因素。

79. 水样中的硒元素不易发生吸附现象，长期放置浓度损失不大。(　　)

答案：错误

正确答案：水样中的硒元素易发生吸附现象，长期放置浓度损失较大，应尽快分析。

80. 水质采集现场平行样时，应等时间轮流分装成两份。注意不要装完一份瓶样品再装另一份瓶样品。(　　)

答案：错误

正确答案：采集现场平行样时应等体积轮流分装成两份，并分别加入保存剂，禁止装完一份样品再装另一份样品。

81. 水质采样垂线布设应避开污染带，要测污染带应另加垂线。(　　)

答案：正确

82. 水质监测采样断面的布设规定：在大支流或特殊水质的支流汇合于主流时，应在靠近汇合点的主流上以及汇合点的下游已经充分混合的地点设置采样断面。(　　)

答案：正确

83. 水质监测的某些参数，如溶解气体的浓度，应尽可能在现场测定以便取得准确的结果。(　　)

答案：正确

84. 水中苯胺类化合物易于降解，应储存于塑料瓶中，尽快分析。(　　)

答案：错误

正确答案：应贮存于棕色玻璃瓶中，尽快分析。

85. 水中汞含量甚微且极不稳定，也极易被悬浮物吸附，因此地表水监测中，测定总汞的水样不应通过 0.45 μm 滤膜过滤。(　　)

答案：正确

86. 瞬时采样和混合采样均适用于静态水体和流动水体。(　　)

答案：正确

87. 酸性法测定高锰酸盐指数的水样时，在采集后若不能立即分析，应加入浓硫酸，使 pH<2，若为碱性法测定的水样，则不必加保存剂。(　　)

答案：错误

正确答案：无论酸性法还是碱性法，测定高锰酸盐指数的水样在采集后若不能立即分析，在保存时均应加硫酸。

88. 微生物传感器快速测定法测定生化需氧量时，如果采集到的水样水温过高，不需要采取其他处理措施。(　　)

答案：错误

正确答案：如果采集到的水样水温过高，应迅速使水样冷却到 20℃，并充分振摇，使其与空气中氧分压接近平衡。

89. 为采集有代表性的样品，采集测定溶解气体、易挥发物质的水样时要把层流诱发成湍流。(　　)

答案：错误

正确答案：为采集有代表性的样品，采集测定溶解气体、易挥发物质的水样时不能把层流诱发成湍流。

90. 为化学分析而收集降水样品时，采样点应位于能避免外界物质污染的地方。(　　)

答案： 正确

91. 为了解地下水体未受人为影响条件下的水质状况，需在研究区域的污染地段设置地下水背景值监测井（对照井）。（ ）

答案： 错误

正确答案： 为了解地下水体未受人为影响条件下的水质状况，需在研究区域的非污染地段设置地下水背景值监测井（对照井）。

92. 文字描述法测定臭的水样，应用玻璃瓶采集，用塑料容器盛水样。（ ）

答案： 错误

正确答案： 测定臭的水样不能用塑料容器盛装。

93. 现场密码平行样是指在同一采样点上同时采集双份平行样，按密码方式交付实验室分析。（ ）

答案： 正确

94. 消减断面主要反映河流对污染物的稀释净化情况，应设置在控制断面下游，主要污染物浓度有显著下降处。（ ）

答案： 正确

95. 亚甲基蓝分光光度法测定水中硫化物时，样品采集很关键，由于硫离子很容易被氧化，硫化氢易从水中逸出，因此水样采集装瓶后，尽快往水样中加入适量氢氧化钠溶液和乙酸锌－乙酸钠溶液，使水样呈碱性并形成硫化锌沉淀。（ ）

答案： 错误

正确答案： 硫化物样品采样时，应先加入乙酸锌-乙酸钠溶液，再加入水样。

96. 亚甲蓝分光光度法测定阴离子表面活性剂的水样，如保存期为 8 天，需加入水样体积 1% 的甲醛饱和溶液。（ ）

答案： 错误

正确答案： 如保存期为 8 天，则需用氯仿饱和水样。

97. 要了解水体垂直断面的平均水质而采用综合深度法采样时，为了在所有深度均能采得等份的水样，采样瓶沉降或提升的速度应是均匀的。（ ）

答案： 错误

正确答案： 综合深度法采样时，为了在所有深度均能采得等份的水样，采样瓶沉降或提升的速度应随深度的不同作出相应的变化。

98. 一般测有机项目时选用砂芯漏斗和玻璃纤维漏斗过滤，而在测定无机项目时常用 0.45 μm 的滤膜过滤。（ ）

答案： 正确

99. 依据《地表水和污水监测技术规范》（HJ/T 91—2002），地表水控制断面的数量、控制断面与排污区（口）的距离可根据以下因素决定：主要污染区的数量及其间的距离、各污染源的实际情况、主要污染物的迁移转化规律和其他水文特征等。（ ）

答案： 正确

100. 依据《地表水和污水监测技术规范》（HJ/T 91—2002），河流采样垂线上的采样点的设置，当水深≤ 5 m 时，只在上层设置一个采样点，水面下 0.5 m 处，当水深不到 0.5m 时，在水深 1/2 处设置一个采样点。(　　)

答案：正确

101. 易释放氰化物是指在 pH 为 8 的介质中，在硝酸锌存在下加热蒸馏，能形成氰化氢的氰化物。(　　)

答案：错误

正确答案：pH=4 的介质中。

102. 溢流堰法测定水流量使用的薄壁堰，根据堰口的形状，可分为三角堰、梯形堰和矩形堰 3 种，三角堰多用于测定较大的流量，梯形堰和矩形堰用于测定较小的流量。(　　)

答案：错误

正确答案：三角堰多用于测定较小的流量，梯形堰和矩形堰用于测定较大的流量。

103. 用吹扫－捕集气相色谱法测定水中苯系物时，水样应加硫酸调节 pH＜2 保存。(　　)

答案：错误

正确答案：水样应加盐酸调节 pH＜2 保存。

104. 用浮标法测流的河段，要求顺直段的长度应大于上、下浮标断面间距的两倍。浮标中断面应有代表性，并无大的串沟、回流发生。(　　)

答案：正确

105. 用甲基橙指示剂滴定法测定水中侵蚀性二氧化碳时，若水样中含有机物较多，在放置 5 天过程中被好氧微生物分解，往往使结果偏低。(　　)

答案：错误

正确答案：有机物分解产生二氧化碳，应使结果偏高。

106. 用于测定甲醛的水样只可采集在玻璃瓶中，不能在聚乙烯塑料瓶中保存。(　　)

答案：错误

正确答案：用于测定甲醛的水样可采集在玻璃瓶中，也可以在聚乙烯塑料瓶中保存。

107. 由于硫化氢易从水样中逸出，因此在采集硫化物水样时应防止曝气，并加入适量的氢氧化钠溶液使其呈碱性。(　　)

答案：错误

正确答案：加入一定量的乙酸锌溶液和适量的氢氧化钠溶液，使其呈碱性并生成硫化锌沉淀。

108. 油类物质要单独采样，不允许在实验室内再分样。(　　)

答案：正确

109. 在地表水水质监测中通常采集瞬时水样。(　　)

答案：正确

110. 在封闭管道中采集水样，采样器探头或采样管应妥善地放在进水的上游，采样管不能靠近管壁。(　　)

答案：错误

正确答案：在封闭管道中采集水样，采样器探头或采样管应妥善地放在进水的下游，采样管不能靠近管壁。

111. 自动采样器可进行时间比例采样和流量比例采样。当污水排放量较稳定时可采用流量比例采样，否则必须采用时间比例采样。(　　)

答案：错误

正确答案：自动采样器可进行时间比例采样和流量比例采样。当污水排放量较稳定时可采用时间比例采样，否则必须采用流量比例采样。

112. 自监测断面至交界线之间应有排污口，能客观地反映上游地区流入下游地区的水质状况。(　　)

答案：错误

正确答案：自监测断面至交界线之间不应有排污口。

113. 总磷的样品在消解的过程中如发现比色管盖子松动或者管口开裂，应弃去样品，重新取样消解再分析。(　　)

答案：正确

114.《地表水和污水监测技术规范》(HJ/T 91—2002）中规定，入境断面应设置在水系进入本区域且尚未受到本区域污染源影响处；控制断面应设置在排污区（口）的下游，污水与河水基本混匀处。(　　)

答案：正确

五、简答题

1. 对某河段水质监测时，应设置几种断面？各断面的采样点个数和位置如何确定？

答案：对于某一河段，要求设置三种断面，即对照断面、控制断面和削减断面。

对照断面：这种断面应设在河流进入城市或工业区以前的地方，避开各种废水、污水流入或回流处。一个河段一般只设一个对照断面。有主要支流时可酌情增加。

控制断面：断面的位置与废水排放口的距离应根据主要污染物的迁移、转化规律，河水流量和河道水力学特征确定，一般设在排污口下游 500 ～ 1 000 m 处。因为在排污口下游 500 m 横断面上的 1/2 宽度处重金属浓度一般出现高峰值。对特殊要求的地区，如水产资源区、风景游览区、自然保护区、与水源有关的地方病发病区、严重水土流失区及地球化学异常区等的河段上也应设置控制断面。

削减断面：是指河流受纳废水和污水后，经稀释扩散和自净作用，污染物浓度显著下降，其左、中、右三点浓度差异较小的断面，通常设在城市或工业区最后一个排污口下游 1 500 m 以外的河段上。水量小的小河流应视具体情况而定。

设置监测断面后，应根据水面的宽度确定断面上的采样垂线，再根据采样垂线处水深确定采样点的数目和位置。

对于江、河水系，当水面宽≤ 50 m 时，只设一条中泓垂线；水面宽 50 ～ 100 m 时，在左右近岸有明显水流处各设一条垂线；水面宽＞100 m 时，设左、中、右三条垂线（中泓及左、右近岸有明显水流处），如证明断面水质均匀时，可仅设中泓垂线。

在一条垂线上，当水深≤ 5 m 时，只在水面下 0. 5m 处设一个条样点；水深不足 1 m 时，在 1/2 水深处设采样点；水深 5 ～ 10 m 时，在水面下 0.5 m 处和河底以上 0.5 m 处各设一个采样点；

水深＞10 m 时，设三个采样点，即水面下 0.5 m 处、河底以上 0.5 m 处和水底上 0.5 m 处及 1/2 水深处各设一个采样点。

2. 简述大气降水采样点数目的确定原则。

答案：按我国监测技术规范规定，采样点数目根据研究的目的和需要来确定，一般常规监测，人口在 50 万以上的城市布 3 个点，人口在 50 万以下的城市布 2 个点，采样点的布设要兼顾城区、农村和清洁对照点，要尽可能照顾到气象地形、地貌。

3. 简述大气降水采样对采样地点的选择原则。

答案：

（1）考虑区域环境特点，如地形、气象、工农业分布等。

（2）避开局地污染源（如酸、碱物质和粉尘等）。

（3）避开交通污染源的影响。

（4）四周应无遮挡雨、雪的高大树木和建筑物。

4. 简述地表水监测断面的布设原则。

答案：

（1）监测断面必须有代表性，其点位和数量应能反映水体环境质量、污染物时空分布及变化规律，力求以较少的断面取得最好的代表性。

（2）监测断面应避免死水、回水区和排污口处，应尽量选择河（湖）床稳定、河段顺直、湖面宽阔、水流平稳之处。

（3）监测断面布设应考虑交通状况、经济条件、实施安全、水文资料是否容易获取，确保实际采样的可行性和方便性。

5. 采集水样后在样品的运输、固定和保存过程中应注意哪些事项？

答案：因气体交换、化学反应和生物代谢，水样的水质变化很快，因此送往实验室的样品容器要密封、防震、避免日光照射及过热的影响。当样品不能很快地进行分析时，根据监测项目需要加入固定剂或保存剂。短期贮存时，可于 2 ～ 5℃冷藏，较长时间贮存某些特殊样品，需将其冷冻至 -20℃。样品冷冻过程中，部分组分可能浓缩到最后冰冻的样品的中心部分，所以在使用冷冻样品时，要将样品全部融化。也可以采用加化学药品的方法保存。但应注意，所选择的保存方法不能干扰以后的样品分析，或影响监测结果。

6. 测定水中高锰酸盐指数时，水样采集后，为什么用 H_2SO_4 酸化至 pH＜2 而不能用 HNO_3 或 HCl 酸化？

答案：因为 HNO_3 为氧化性酸，能使水中被测物氧化；而盐酸具有还原性，也能与 $KMnO_4$ 反应，故通常用 H_2SO_4 酸化，稀 H_2SO_4 一般不具有氧化还原性。

7. 地表水监测，水样采集前的准备有哪些？

答案：

（1）确定采样负责人：主要负责制订采样计划并组织实施。

（2）制订采样计划：采样负责人在制订计划前要充分了解该项目监测任务的目的和要求；应对要采样的监测断面周围情况了解清楚；熟悉采样方法、水样容器的洗涤、样品的保存技术。在有现场测定项目和任务时，还应了解有关现场测定技术。采样计划应包括确定的采样垂线和采样点位、测定项目和数量、采样质量保证措施，采样时间和路线、采样人员和分工、采样器材和交通工具以及需要进行的现场测定项目和安全保证等。

（3）采样器材与现场测定仪器的准备。采样器材主要是采样器和水样容器。如新启用容器，则应事先做更充分的清洗，容器应做到定点、定项。

8. 采集水中挥发性有机物和汞样品时，采样容器应如何洗涤？

答案：采集水中挥发性有机物样品容器的洗涤方法：先用洗涤剂洗，再用自来水冲洗干净，最后用蒸馏水冲洗。

采集水中汞样品容器的洗涤方法：先用洗涤剂洗，再用自来水冲洗干净，然后用（1+3）HNO_3 荡洗，最后依次用自来水和去离子水冲洗。

9. 简述地表水采样过程中现场平行样的采集要求。

答案：

（1）采集现场平行样时，应等体积轮流分装成 2 份，并分别加入保存剂，注意不要装完一份样品再装另一份样品。

（2）每月采集的所有地表水样品，现场平行样数量应至少为水样总数的 10%。

（3）每年每个项目必须覆盖一次以上，现场监测项目、石油类和粪大肠菌群不采集现场平行样。

10. 水库和湖泊的采样过程应注意什么？

答案：

（1）采样时不可搅动水底部的沉积物。

（2）采样时应保证采样点的位置准确，必要时使用 GPS 定位。

（3）认真填写采样记录表，字迹应端正清晰。

（4）保证采样按时、准确、安全。

（5）采样结束前，应核对采样方案、记录和水样，如有错误和遗漏，应立即补采或重新采样。

（6）如采样现场水体很不均匀，无法采到有代表性的样品，则应详细记录不均匀的情况和实际采样情况，供使用数据者参考。

11. 水样有哪几种常用的保存方法？试举实例说明各种方法的作用。

答案：

（1）加入化学试剂保存法：①加入生物抑制剂：如在测定氨氮、硝酸盐氮、化学需氧量的水样中加入 $HgCl_2$，可抑制生物的氧化还原作用；对测定酚的水样，用 H_3PO_4 调至 pH 为 4 时，加入适量 $CuSO_4$，即可抑制苯酚菌的分解活动。②调节 pH：测定金属离子的水样常用 HNO_3 酸化至 pH 为 1 ～ 2，既可防止重金属离子水解沉淀，又可避免金属被器壁吸附；测定氰化物或挥发性酚的水样加入 NaOH 调至 pH 为 12 时，使之生成稳定的盐类等。③加入氧化剂或还原剂：如测定汞的水样需加入 HNO_3（至 pH<1）和 $K_2Cr_2O_7$（0.05%），使汞保持高价态；测定硫化物的水样需加入抗坏血酸，可以防止硫化物被氧化；测定溶解氧的水样则需加入少量硫酸锰和碘化钾固定溶解氧（还原）等。

（2）冷藏或冷冻法：抑制微生物活动，减缓物理挥发和化学反应速度，如酚类样品、微生物样品应低温（0 ～ 4℃）保存。

12. 请简述地表水采测分离工作中某个断面从采样开始到完全结束需要完成哪些重要节点工作，

每个节点需要注意什么？

答案：

（1）节点 1：准备物资。注意事项：对着采样携带工具确认表一一核对，统一工装，佩戴采样证。

（2）节点 2：到达现场，断面勘察。注意事项：先测河宽，水深，流速。

（3）节点 3：现场校核监测仪器。注意事项：核查结果要符合要求，并上传图片到审核群。

（4）节点 4：采样。注意事项：石油类和常规采样器荡洗 2 ～ 3 次，从采样器转移到水桶中不能有明显的气泡。

（5）节点 5：现场监测。注意事项：能原位监测的进行原位监测，不能原位监测要在采样器里监测。

（6）节点 6：静置 30 min。注意事项：路旁需要做好防尘措施。

（7）节点 7：抽滤。注意事项：①注意使用镊子，②纯水和源水 3 次润洗。

（8）节点 8：分装水样。注意事项：分装顺序。

（9）节点 9：添加固定剂。注意事项：滴管采用“一剂一管，一用一弃”原则，添加固定剂后要对照 pH 比色纸。

（10）节点 10：扫码。注意事项：每一瓶都要扫，不能直接点击完成，否则送到测站无法判断问题。

（11）节点 11：装箱包装。注意事项：装箱前确保 BOD_5 和硫化物不能有气泡，箱内的温度计摆放，封条的日期填写。

（12）节点 12：填写记录。注意事项：复核人要签字，并给质控方确认。

（13）节点 13：送到接驳点。注意事项：拍照，核对编号信息。

（14）节点 14：记录和视频及图片上传。注意事项：记录要完成三级审核签字，图片、视频记录要按照规则命名上传。

全程序节点：贯穿整个过程，按照要求拍照，拍摄视频。注意事项：戴手套，在关键节点拍照，拍摄视频，与质控方保持良好的沟通。

13. 根据《水质　溶解氧的测定　电化学探头法》（HJ 506—2009），测定溶解氧的电化学探头在哪些情况下需进行零点校准？

答案：当测量的溶解氧浓度水平低于 1 mg/L（或 10% 饱和度）时，或者当更换溶解氧膜罩或内部的填充电解液时，需进行零点检查和调整。若仪器具有零点补偿功能，则不必调整零点。

14. 请写出浮标法测流量的计算公式。

答案：Q（m^3/s）$=0.7\,LS/t$

式中，

L——选取河道长度，m；

S——河流断面面积，m^2；

t——浮标通过该段距离所需时间，s。

15. 水质监测时，根据流域规划设置的断面，分为哪些断面？

答案：限期达标断面、责任考核断面、省（自治区、直辖市）界断面。

16. 稀释与接种法测定水中 BOD_5 中，样品放在培养箱中培养时，一般应注意哪些问题？

答案：（1）温度严格控制在 20℃ ±1℃；

（2）注意添加封口水，防止空气中氧进入溶解氧瓶内；

（3）避光防止试样中藻类产生 DO；

（4）从样品放入培养箱起计时，培养 5 d±4 h 后测定。

17. 在地表水采样时如何避免水样污染。

答案：在采样期间必须避免样品受到污染。应考虑到所有可能的污染来源，必须采取适当的控制措施以避免污染。

（1）充分关注潜在的污染来源：

①在采样容器和采样设备中残留的前一次样品的污染；

②来自采样点位的污染；

③采样绳（或链）上残留水的污染；

④保存样品的容器污染；

⑤灰尘和水对采样瓶瓶盖及瓶口的污染；

⑥手、手套和采样操作的污染；

⑦采样设备内部燃烧排放的废气、船及汽车尾气的污染；

⑧固定剂中杂质的污染。

（2）控制采样污染的措施：

①尽可能使样品容器远离污染，以确保高质量的分析数据；

②避免采样点位的水体扰动；

③彻底清洗采样容器及设备；

④安全存放采样容器，避免瓶盖和瓶口的污染；

⑤采样后擦拭并晾干采样绳（或链），然后存放起来；

⑥避免用手和手套接触样品；

⑦确保从采样点到采样设备的方向是顺风向，远离船和汽车尾气，尽量在上游采样，防止废气污染采样点水体。

18. 选择采集水样的容器应充分考虑哪几方面内容或因素？

答案：

（1）最大限度地防止容器及瓶塞对样品的污染。

（2）容器壁应易于清洗、处理，以减少重金属和放射性核素类的微量元素对容器的表面污染。

（3）容器和容器塞的化学或生物性质应该是惰性的，以防止容器与样品组分发生反应。

（4）防止容器吸收或吸附待测组分，引起待测组分浓度的变化。

（5）深色玻璃能降低光敏作用。

六、计算题

1. 水质自动监测站（河流）总磷日监测值为 1.580 mg/L，计算总磷超Ⅲ类标准的超标倍数。

答案：总磷的超标倍数是：（1.58−0.2）/0.2=6.9 倍

2. 已知某降水监测点位某一时间段采集降水样品 10 个，监测结果如下表，请计算该点位该段时间的酸雨发生率、降水 pH 均值。

	1#	2#	3#	4#	5#	6#	7#	8#	9#	10#
降水量 /mm	8.9	11	2.4	12.4	2.9	12.7	3.4	5.8	1.5	12.7
pH	5.95	5.51	5.53	4.75	5.70	6.57	6.40	6.03	5.20	5.13

答案：

$$\left[\mathrm{H}^+\right]_{平均}=\frac{\sum\left[\mathrm{H}^+\right]_i\cdot V_i}{\sum V_i}=\frac{\sum 10^{-\mathrm{pH}_i}\cdot V_i}{\sum V_i}=5.31\times10^{-6}$$

pH $_{平均}$=−log［H^+］$_{平均}$=5.28

pH<5.6 的样品有 5 个，酸雨发生率为 50%；降水 pH 均值为 5.28。

3. 用浮标法测得一排污渠的平均流速是 0.73 m/s，污水截面为梯形，下边宽 1.00 m，上边宽 1.20 m，水深 0.52 m，求污水流量（要求写出计算过程并计算结果）。

答案：根据公式：Q=0.7LS

已知　L=0.73 m/s　　　S=（1.00+1.20）/2 × 0.52=0.57（m^2）

Q=0.7 × 0.73 × 0.57=0.29（m^3/s）

七、分析题

1. 某地表水采测分离监测任务，需采集 pH、COD_{Cr}、BOD_5、石油类、挥发酚、氨氮、总铜等，请简述过程及注意事项。

答案：

（1）采样从准备开始，按各监测项目的要求，准备采样瓶、记录表、采样工具、劳保用品、固定剂；各种容器准备见下表。

各监测项目样品瓶组合及样品瓶种类、避光和容积要求

NO.	监测指标	样品瓶种类及说明	是否避光	洗涤方式	采样体积 /ml	固定剂	加入方式及理论加入量
G1	高锰酸盐指数、化学需氧量、氨氮、总氮	棕色 G 由原来的透明调整为棕色（棕色代表需要避光，透明或者白色代表不需要避光，下同）	是	I	1 000	浓硫酸	加入 0.5 ml 浓硫酸，调节样品 pH≤2
G2	挥发酚	白色 G（套锡纸 / 黑塑料袋）$CuSO_4$ 是蓝色的，如果只用棕色瓶不易观察是否已添加，因此改用白色瓶；又因挥发酚需要避光，故套锡纸 / 黑塑料袋	是	I	1 000 单次分析需 250 ml，由原来的 500 ml 调整为 1 000 ml	浓磷酸、固体硫酸铜	加入 0.5 ml 浓磷酸，调节样品 pH≈4；同时加入 1 g 硫酸铜，使样品中硫酸铜质量浓度约为 1 g/L

NO.	监测指标	样品瓶种类及说明	是否避光	洗涤方式	采样体积 /ml	固定剂	加入方式及理论加入量
G3	石油类	棕 G	是	Ⅱ	500 标准更新后由原来的 1 000 ml 变成了 500 ml	浓盐酸	加入 1.0 ml 浓盐酸，调节样品 pH≤2
G4	五日生化需氧量	棕色 G（实心塞）	是	Ⅰ	1 000	/	/
G5	铜、锌、铅、镉	P	否	Ⅴ	250	浓硝酸	加入 2.5 ml 浓硝酸，使硝酸含量达 1%

注：（1）表中 G 表示透明硬质玻璃瓶，P 表示白色聚乙烯瓶；（2）表中所有样品瓶均应按 0 ~ 5 ℃冷藏运输；（3）理论加入量为水样 pH 为 7.0 左右时，推荐固定剂加入量，实际添加量以现场情况为准，避免固定剂过量加入；（4）全程序空白和外部平行样品瓶规格参照上述规格要求；（5）固定剂要保证全程序空白质控要求；（6）五日生化需氧量、硫化物水封时要求无气泡；（7）BOD_5、石油类、叶绿素 a 样品瓶不能润洗；（8）石油类、叶绿素 a 须单独直接采样；（9）《水质　石油类的测定　紫外分光光度法（试行）》（HJ 970—2018）中石油类样品分析量为 500 ml。

（2）现场监测：

①荡洗瓶子：BOD_5 水封时要求无气泡；BOD_5、石油类样品瓶不能润洗；石油类须单独直接采样；

② pH 现场测定；必要时采集空白样、平行样；

③证据保全视频或照片；

④粘贴标签并密封水样容器；

⑤加入保存剂。

（3）运输过程：妥善运输。

（4）及时送交实验室，完成交接手续：样品数量、封条完整、标签完整、记录完整。

2. 河流监测布点：某河流发源于 A 省，流经 B 省入海，全长 150 km，B 省长度为 100 km，距入海口 50 km 处流经 K 市，该河流流经 K 市的河宽 150 m，主流线水深 9.5 m。试回答下列问题：

（1）对 B 省可布设哪些监测断面？

（2）对 K 市的监测断面应如何布设采样垂线？

（3）在 K 市监测断面的每一条采样垂线上，如何设置采样点数？

答案：

（1）入境断面、控制断面（若干）、消减断面和入海河口断面。

（2）在监测断面的主流线上及近左、右岸有明显水流处各设一条采样垂线，共三条采样垂线。

（3）主流线水深 9.5 m，应分别在水面下 0.5 m 处、河底以上 0.5 m 处各设置一个采样点；近左、右岸有明显水流处的采样垂线，分别在两条采样垂线的水面下 0.5 m 处各设置一个采样点。

第二节 废水

一、填空题

1.《污水综合排放标准》（GB 8978—1996）规定，生产周期大于 8 h 的企业，其外排工业废水采样频率为每__________h 一次。

答案：4

2. 根据《固定污染源监测质量保证与质量控制技术规范（试行）》（HJ/T 373—2007），采集废水样品的采样点位设在排污单位外排口。原则上外排口应设置在厂界外，如设置于厂界内，________及事故口排水必须能够纳入采样点位排水中。

答案：溢流口

3. 按《污水监测技术规范》（HJ 91.1—2019）描述，部分监测项目保存方式不同，须单独采集储存，如动植物油类、石油类、________、挥发酚、氰化物、________、________等。

答案：硫化物　余氯　微生物

4. 采集 VOCs 水样时，若无余氯，水样应加_________保存，使水样 pH 约为_________。

答案：盐酸　2

5. 根据《污水综合排放标准》（GB 8978—1996），在工厂废水总排污口布设采样点监测____________类污染物。

答案：二

6. 废水样品采集时，在某一时间段，在同一采样点按等时间间隔采等体积水样的混合水样，称为__________。此废水流量变化应__________ %。

答案：等时混合水样（或时间比例混合水样）　＜20

7. 工业废水的分析应特别重视水中__________对测定的影响，并保证分取测定水样的____________性和__________性。

答案：干扰物质　均匀　代表

8. 在《城镇污水处理厂污染物排放标准》（GB 18918—2002）中，_________和__________项目不设分级控制限值。

答案：一类重金属污染物　选择控制

9. 控制断面用来反映某排污区（口）排放的污水对水质的影响。应设置在__________的下游，污水与河水基本混匀处。

答案：排污区（口）

10. 污水流量测量方法有__________、__________、__________、__________、__________方法。

答案：污水流量计　容积法　流速仪　量水槽　溢流堰

11. 根据《水质　采样技术指导》（HJ 494—2009），污水自动采样用自动采样器进行时，当污水排放量较稳定时可采用__________采样，否则必须采用__________采样。

答案：时间等比例　　流量等比例

12. 水质采样时，通常分析有机物的样品使用＿＿＿＿＿＿（材质）采样瓶，分析无机物的样品使用＿＿＿＿＿＿（材质）采样瓶（桶）。自动采样容器应满足相应的污水采样器技术要求。

答案：硬质玻璃　　聚乙烯塑料

二、单选题

1. 某污水处理厂出水拟排放到附近河流中，排放点下游河水的环境质量标准要求为Ⅱ类。已知该排放点上游河水的 BOD_5 为 1.5 ～ 2.0 mg/L，枯水期河流流量为 5.0×10^5 m^3/d，污水处理厂的进水流量为 2.8×10^4 ～ 3.3×10^4 m^3/d，BOD_5 为 200 mg/L。计算该污水处理厂 BOD_5 去除率至少达到＿＿＿＿才能满足要求。（　　）

A．85.1%　　B．87.1%　　C．89.6%　　D．90.9%

答案：D

2. 根据《污水综合排放标准》（GB 8978—1996），废水中一类污染物采样点设置在＿＿＿＿。（　　）

A．车间或车间处理设施排放口　　B．排污单位的总排口

C．车间处理设施入口

答案：A

3. 如果废水在封闭型圆形管道中流动，且充满管道，其平均流速则是主轴线流速的＿＿＿＿。（　　）

A．一倍　　B．三分之一　　C．四分之一　　D．一半

答案：D

4. 测定水中铝或铅等金属时，采集样品后加酸酸化至 $pH<2$，但酸化时不能使用＿＿＿＿。（　　）

A．硫酸　　B．硝酸　　C．盐酸

答案：A

5. 水质采样时，＿＿＿＿适合采集混合水样。（　　）

A．计算一定时间的平均污染物浓度　　B．为了评价出平均组分或总的负荷

C．几条废水渠道分别进入综合处理厂时

答案：A

6. 根据《污水综合排放标准》（GB 8978—1996），＿＿＿＿全是第一类污染物。（　　）

A．总 α 放射性、总银、总汞 、总铬　　B．挥发酚、总氰化物 、总烷基、总铬

C．总铬、总铅、总铜、苯并［*a*］芘　　D．总铜、总铅、总汞、总银

答案：A

7.《发酵酒精和白酒工业水污染物排放标准》（GB 27631—2011）和《电镀污染物排放标准》（GB 21900—2008）等行业污染物排放标准规定，产品产量和排水量的统计周期为＿＿＿＿。（　　）

A．一个工作日　　B．一周　　C．一个月　　D．一个季度

答案：A

8.《污水综合排放标准》（GB 8978—1996）中控制的苯系物不包括________。（　　）

A．苯　　B．甲苯　　C．乙苯　　D．苯乙烯

答案：D

9. 在测定医疗污水粪大肠菌群样品的采样瓶中加入硫代硫酸钠，目的是________。（　　）

A．防止水样被氧化　　B．去除水样残余氯　　C．防止水样被还原　　D．去除水样溶解氧

答案：B

10. 根据《污水综合排放标准》（GB 8978—1996），不属于第二类污染物的是________。（　　）

A．硫化物　　B．总银　　C．氰化物　　D．总铜

答案：B

11. 污水监测时，需要单独定量采样的是________。（　　）

A．悬浮物　　B．挥发酚　　C．氨氮　　D．生化需氧量

答案：A

12. 根据《污水综合排放标准》（GB 8978—1996），允许在排污单位排放口采样的污染物是________。（　　）

A．总汞　　B．总锌　　C．总镍　　D．总银

答案：B

13. 便携式浊度计法测定浊度时，水样的浊度若超过________度，需进行稀释。（　　）

A．10　　B．50　　C．100　　D．40

答案：D

14. 根据《陶瓷工业污染物排放标准》（GB 25464—2010），须在车间或生产设施废水排放口采样的是________。（　　）

A．铜　　B．锌

C．钡　　D．可吸附有机卤化物（AOX）

答案：D

15. 城镇污水处理厂出水排入地表水Ⅲ类功能水域（划定的饮用水水源保护区和游泳区除外）、海水二类功能水域和湖、库等封闭或半封闭水域时，执行《城镇污水处理厂污染物排放标准》（GB 18918—2002）的________。（　　）

A．一级标准的A标准　　B．一级标准的B标准

C．二级标准　　D．三级标准

答案：B

16. 在建设项目竣工环境保护验收监测中，对有污水处理设施并正常运转或建有调节池的建设项目，其污水为稳定排放的可采瞬时样，但不得少于________次。（　　）

A．1　　B．2　　C．3　　D．4

答案：C

17. 根据《固定污染源监测质量保证与质量控制技术规范（试行）》（HJ/T 373—2007）规定的采样断面及位置，水深大于1 m时，应在表层下________深度处采样；水深小于或等于1 m时，应在水深的________处采样。（　　）

A．1/4　　1/2　　B．1/2　　1/4　　C．1/2　　1/3　　D．1/3　　1/4

答案：A

18. 污水或受纳污水的地表水在测定重金属铅、镉、铜、锌等时，往往需加入酸达到________，才能保证重金属不沉淀或不被容器壁吸附。(　　)

A．0.1%　　B．0.5%　　C．1%　　D．1.5%

答案：C

19. 测定水中余氯时，最好在现场分析，如果做不到现场分析，需在现场用过量 NaOH 固定，且保存时间不应超过________h。(　　)

A．6　　B．24　　C．48　　D．72

答案：A

20.《污水监测技术规范》(HJ 91.1—2019）规定，当废水流量变化小于________，污染物浓度随时间变化较小时，采集等时混合水样。(　　)

A．20%　　B．25%　　C．30%　　D．40%

答案：A

21. 根据《污水综合排放标准》(GB 8978—1996)，测定________的水样不能在单位总排放口采集。(　　)

A．氰化物　　B．总铜　　C．苯并［*a*］芘　　D．挥发酚

答案：C

22. 测定水中铁、锰、镍等金属时，采集样品后加________酸化，1 L 水样中加浓酸________ml。(　　)

A．硫酸　　10　　B．硝酸　　10

C．盐酸　　10　　D．磷酸　　10

答案：B

23.《污水综合排放标准》(GB 8978—1996）中排入设置二级污水处理厂的城镇排水系统的污水，执行________标准。(　　)

A．二级　　B．三级　　C．一级　　D．不确定

答案：B

24. 用________测定污水流量，排污截面底部需硬质平滑，截面形状为规则几何形，排污口处有不少于 3 ~ 5 m 的平直过流水段，且水位高度不小于 0.1m。(　　)

A．流量计法　　B．容量法　　C．流速仪法　　D．量水槽法

答案：C

25. 根据《水质　金属总量的消解　硝酸消解法》(HJ 677—2013）和《水质　金属总量的消解　微波消解法》(HJ 678—2013)，下列描述中不属于水样消解处理作用的是________。(　　)

A．用于去除（或降低）水中高含量的悬浮物、有机物或有色物质

B．将不溶或难溶的待测组分转化为易溶物，以便分析检测

C．将各种价态的待测元素还原为单一低价态

D．通过氧化和挥发作用去除一些干扰离子

答案：C

26. 氰化物是________行业废水的必测项目。(　　)

A．烧碱　　B．皮革　　C．染料　　D．电镀

答案：D

27. 测定金属离子的水样常用硝酸酸化至pH________，既可以防止重金属的水解沉淀，又可以防止金属在器壁表面上的吸附，同时还能抑制生物的活动。(　　)

A．2～3　　B．1～2　　C．2～4　　D．1～3

答案：B

28. 根据《水质　采样技术指导》(HJ 494—2009)，在分时间单元采集废水样品时，测定________等项目的样品，不能混合，只能单独采样。(　　)

A．硫酸盐、pH、溶解氧　　B．氰化物、化学需氧量、石油类

C．粪大肠菌群、悬浮物、有机物　　D．重金属、氨氮、石油类

答案：C

29.《水污染物排放总量监测技术规范》(HJ/T 92—2002)规定污水现场采样时需采集不少于________的现场平行样。(　　)

A．10%　　B．20%　　C．30%　　D．5%

答案：A

30. ________不是《污水综合排放标准》(GB 8978—1996)中规定的一类污染物。(　　)

A．总银　　B．苯　　C．总铍　　D．总镍

答案：B

31. 使用流速计测量水的流量时，应将探头放入管道或渠道的水深为________H处。测量的时间越长，所测量流速越准确，测量的时间应大于________s（H为水的深度，m）。(　　)

A．0.5　100　　B．0.6　50　　C．0.3　100　　D．0.6　100

答案：D

32. 用ICP-OES分析法分析废水样品时，对于某些基体复杂的废水，在采用电热板加热消解时除加硝酸外可再加入2～5 ml________消解。

A．双氧水　　B．高氯酸　　C．硫酸　　D．氢氟酸

答案：B

三、多选题

1. 某一含氰废水，若加入酒石酸在pH=4的介质中蒸馏，其馏出物有________。(　　)

A．镉氰化物　　B．银氰化物　　C．氰化钾　　D．铜氰化物

E．锌氰化物　　F．氰化钠　　G．镍氰化物　　H．铁氰化物

答案：CEF

2. 下列属于《污水综合排放标准》(GB 8978—1996)中第一类污染物的是________。(　　)

A．氰化物　　B．苯胺类　　C．六价铬　　D．总镉

答案：CD

3.《水污染物排放总量监测技术规范》（HJ/T 92—2002）要求：采样点处必须设置明显标志，标志内容主要包括________等。（　　）

A．点位名称　　B．编号　　C．排污去向　　D．主要污染因子

答案：ABCD

4.《污水综合排放标准》（GB 8978—1996）规定，污水排入________水域需执行一级标准。（　　）

A.《地表水环境质量标准》中Ⅰ、Ⅱ类水域

B.《地表水环境质量标准》中Ⅲ类水域（除划定的保护区和游泳区）

C.《海水水质标准》中一类海域

D.《海水水质标准》中二类海域

答案：BD

5. 水污染源监测过程中，分时间单元采集污水样品时，样品不能混合，只能单独采样的有________。（　　）

A．pH　　B．COD　　C．BOD_5　　D．油类

E．余氯　　F．金属　　G．氨氮

答案：ACDE

6. 根据《污水综合排放标准》（GB 8978—1996），________不属于第一类污染物。（　　）

A．总铜　　B．六价铬　　C．苯并［*a*］芘　　D．总氰化物

E．总银

答案：AD

7. 下列关于水中悬浮物样品采集和贮存的描述中，正确的是________。（　　）

A．样品采集可以用聚乙烯瓶或硬质玻璃瓶

B．采样瓶采样前应用洗涤剂洗净，再用自来水和蒸馏水冲洗干净

C．采集的样品应尽快测定，如需放置，则应低温贮存，并且最长不得超过 7 天

D．贮存水样时应加入保护剂

答案：ABC

8. 根据《城镇污水处理厂污染物排放标准》（GB 18918—2002）相关规定，下列描述正确的是________。（　　）

A．该排放标准中总氮的浓度以 N 计

B．一级排放标准中 A 标准的总氮排放浓度瞬时最高值不能超过 15 mg/L

C．某污水处理厂冬季水温为 10℃，其排放的水中氨氮浓度为 9.3 mg/L，不满足一级排放标准中 B 标准相关要求

D．该排放标准中氨氮的排放标准值与温度有关，而总氮的排放标准值与温度无关

答案：ABD

9. 流速仪法测定污水流量时，对企业排放口的要求正确的是________。（　　）

A．排污截面底部需硬质平滑　　B．截面性状为规则的几何形

C．排污口处有不小于 2 m 的平直过流水段　　D．水位高度不小于 0.1 m

答案：ABD

10. 在污染水样的分析中，可以采用预蒸馏的方法将被测组分与干扰物质分离，________污染物测定用此方法消除干扰。（　　）

A．挥发酚　　B．氨氮　　C．硝酸盐氮　　D．氰化物

答案：ABD

11. 根据《污水综合排放标准》（GB 8978—1996），在车间排口采样监测的项目有__________。（　　）

A．总汞　　B．总铬　　C．总铅　　D．硫化物

答案：ABC

12. 根据《污水综合排放标准》（GB 8978—1996），属于第一类污染物的是________。（　　）

A．总铅　　B．总锌　　C．总砷　　D．总铬

E．苯并［*a*］芘　　F．总汞　　G．六价铬

答案：ACDEFG

四、判断题

1. 水污染源监测中，采样时不应除去水面的杂物。（　　）

答案：错误

正确答案：废水采样时应注意除去水面的杂物、垃圾等漂浮物。

2. 根据《污水综合排放标准》（GB 8978—1996），第一类污染物采样点位一律设在车间或车间处理设施的排放口。第二类污染物在排污单位的排放口采样。（　　）

答案：正确

3. 按照《城镇污水处理厂污染物排放标准》（GB 18918—2002）的规定，城镇污水处理厂取样频率为至少每 2 h 一次，取 24 h 混合样，以日均值计。（　　）

答案：正确

4. 根据《水污染排放总量监测技术规范》（HJ/T 92—2002），采集污染源废水中的石油类样品，如果排污单位没有安装测流堰，应在废水排放口处设置水跃，在水跃处定容采样。（　　）

答案：正确

5. 根据《污水综合排放标准》（GB 8978—1996），测定 COD、氯化物、六价铬、铜、硫化物的水样在排污单位总排放口进行采集。（　　）

答案：错误

正确答案：六价铬属于第一类污染物，在车间或车间处理设施排放口采样。

6. 根据《水污染排放总量监测技术规范》（HJ/T 92—2002），测定废水中的氰化物、Pb、Cd、Hg、As 和 Cr（Ⅵ）等项目时，采样时应避开水表面。（　　）

答案：正确

7. 测定金属元素的样品采集后，1 L 样品应加入浓硝酸 10 ml 保存，最长保存 14 天。（　　）

答案：错误

正确答案：部分金属元素的样品采集后加入浓盐酸保存。

8. 测定某工业废水一个生产周期内 pH 的方法是：按等时间间隔采样，将多次采集的水样混合均匀，然后测定该混合水样的 pH。（　　）

答案：错误

正确答案：测定某工业废水一个生产周期内 pH 的方法是：必须单独测定每次采集水样的 pH。

9. 根据《污水综合排放标准》（GB 8978—1996），第一类污染物，不分行业和污水排放方式，也不分受纳水体的功能类别，一律在排污单位排放口监测采样，其最高允许排放浓度必须达到本标准要求（采矿行业的尾矿坝出水口不得视为车间排放口）。（　　）

答案：错误

正确答案：一律在车间或车间处理设施的排放口采样。

10. 对于水污染源也必须先设置监测断面，然后再确定采样点位。（　　）

答案：错误

正确答案：水污染源一般经管道或渠、沟排放，断面面积比较小，不需要设置监测断面，可直接确定采样点。

11. 对于污水采样，测定生化需氧量、油类、有机物、余氯、粪大肠菌群、悬浮物等项目的样品，可以取混合样。（　　）

答案：错误

正确答案：对于污水采样，测定生化需氧量、油类、有机物、余氯、粪大肠菌群、悬浮物等项目的样品，不可以取混合样。

12. 根据《水质　甲醛的测定　乙酰丙酮分光光度法》（HJ 601—2011），测定水中甲醛时，如果水样中苯酚含量远远高于甲醛（苯酚浓度是甲醛浓度的 25 倍以上）或有机物种类复杂且含量较高时，可使用弱碱性蒸馏方法处理。（　　）

答案：正确

13. 工业废水的采样中，用采样水荡洗采样器与所有水样容器 2 ～ 3 次，然后将水样采入容器中，并按要求立即加入相应的固定剂，贴好标签。（　　）

答案：错误

正确答案：用样品容器直接采样时，必须用水样冲洗三次后再行采样。但当水面有浮油时，采油的容器不能冲洗。

14. 控制断面用来反映某排污区（口）排放的污水对水质的影响，应设置在排污区（口）的上游、污水与河水混匀处、主要污染物浓度有明显降低的断面。（　　）

答案：错误

正确答案：控制断面用来反映某排污区（口）排污的污水对水质的影响，应设置在排污区（口）下游、污水与河水基本混匀处。所控制的纳污量不应小于该河段总纳污量的 80%。

15. 根据《水污染物排放总量监测技术规范》（HJ/T 92—2002），排污单位如有污水处理设施并能正常运转使污水能稳定排放，则污染物排放曲线比较平稳，瞬时样可用于监督性监测。（　　）

答案：正确

16. 企事业单位污水采样点处必须设置明显标志，确认后的采样点不得改动。（　　）

答案：错误

正确答案：企事业单位污水采样点处必须设置明显标志，如因生产工艺或其他原因需要变更时，应按有关规范的要求重新确认。

17. 容积法测定污水的流量是将容器放在流水降落地点的同时，卡上秒表，测定容器中装至一定体积水所需的时间。测定一次，记录时间 t（s），根据容器容量计算流量。（　　）

答案：错误

正确答案：应重复测定数次，求出时间的平均值，根据容器容量计算流量。

18. 污染源的污水排放渠道，在已知其"流量—时间"排放曲线波动较小，用瞬时流量代表平均流量所引起的误差可以允许时（小于15%），则在某一时段内的任意时间测得的瞬时流量乘以该时段的时间即为该时段的流量。（　　）

答案：错误

正确答案：污染源的污水排放渠道，在已知其"流量—时间"排放曲线波动较小，用瞬时流量代表平均流量所引起的误差可以允许时（小于10%），则在某一时段内的任意时间测得的瞬时流量乘以该时段的时间即为该时段的流量。

19. 水深小于或等于1 m时，污水采样位置应在水面下0.5 m处采样。（　　）

答案：错误

正确答案：依据《水质　采样技术指导》（HJ 494—2009），应在水深的1/2处采样。

20. 污水流量测量应能满足污染物排放总量监测的需要，污水测流须与污染物浓度监测同步。（　　）

答案：正确

21. 依据《污水监测技术规范》（HJ 91.1—2019），排污单位为了确认自行监测的采样频次，应在正常生产条件下的一个生产周期内进行加密监测：周期在8 h以内的，每小时采1次样；周期大于8 h的，每2 h采1次样，但每个生产周期采样次数不少于3次。（　　）

答案：正确

22. 根据《污水综合排放标准》（GB 8978—1996），在工厂废水总排放口布设采样点监测一类污染物。（　　）

答案：错误

正确答案：二类污染物。

23. 在建设项目竣工环境保护验收监测中，对有污水处理设施并正常运转或建有调节池的建设项目，其污水为稳定排放的可采瞬时样，但不得少于3次。（　　）

答案：正确

24. 在污染源监测中，随污水流动的悬浮物或固体微粒，应看成是污水样的一个组成部分，不应在分析前滤除。油、有机物和金属离子等，可能被悬浮物吸附，有的悬浮物中就含有被测定的物质，如选矿、冶炼废水中的重金属。所以，分析前必须摇匀取样。（　　）

答案：正确

五、简答题

请简述用流速仪法测定实行总量监测的企事业单位排污口的流量时，对排污口有什么要求？

答案：用流速仪法测定实行总量监测的企事业单位排污口的流量时，对排污口的要求是：排污截面底部需硬质平滑，截面形状为规则的几何形，排污口处有 3 ～ 5 m 的平直过流水段，且水位高度不小于 0.1 m。

六、计算题

下表列出了二级污水处理厂含氮化合物废（污）水处理过程中各种形态氮化合物的分析数据，试计算总氮和有机氮的去除百分率。

形态	进水浓度 /（mg/L）	出水浓度 /（mg/L）	形态	出水浓度 /（mg/L）
凯氏氮	40	9	NO_2^-	4
NH_3-N	30	8.2	NO_3^-	20

答案：

进水总氮 =40 mg/L　出水总氮 =9+4+20=32（mg/L）

$$去除率 = \frac{40-32}{40} \times 100\% = 20\%$$

进水有机氮 =40-30=10（mg/L）　出水有机氮 =9-8.2=0.8（mg/L）

$$去除率 = \frac{10-0.8}{10} \times 100\% = 92\%$$

七、分析题

1. 某监测站按照《污水监测技术规范》（HJ 91.1—2019），在该企业规范的废水总排污口（外排口）采集了砷、苯系物及 pH 等样品，采样时均采用了聚乙烯容器并采取正确的固定、保存和运输措施，在 24 h 后进行测定时，对 3 次采集的样品按照等体积进行混合测定，并按照《地表水环境质量标准》（GB 3838—2002）中对应标准进行评价，得出了该企业外排水水质的结论。请说明该监测过程的错误之处并说明原因。

答案：

（1）项目设置不合理：不应设置苯系物，而应该增加总磷 / 磷酸盐、总氮、COD_{Cr}、BOD_5 等指标。

（2）采样点位不合理：砷为第一类污染物应在车间排放口或车间处理设施的排放口或专门处理此类污染物设施后设置采样点。

（3）采样容器不正确：苯系物应采用玻璃瓶。

（4）分析时间不正确：pH 应在 12（6）h 内测定，或应现场测定。

（5）混合样方式错误：pH 不能做混合样。

（6）评价标准错误：GB 3838—2002 为地表水标准，应选择 GB 8978—1996 污水排放标准或地标。

2. 某市造纸厂 2019 年 3 月建厂，生产规模为 6 000 t/a，日排水量 3 500 t（包括少量生活污水），生产周期为 12 h，其废水大部分经处理后循环使用，其余排入《地表水环境质量标准》（GB 3838—2002）Ⅲ类水域，请问：

（1）其采样频率为几小时采样一次？

（2）监测项目主要有哪些？

（3）其排污口是否应安装流量计和污水等比例采样装置？

答案：

（1）生产周期大于 8 h 的，每 4 h 采样一次。

（2）监测项目主要有 pH、色度、化学需氧量、生化需氧量、氨氮、总磷、总氮、悬浮物、可吸附有机卤素（含氯漂白工艺）、二噁英（含氯漂白工艺）、排水量。

（3）日排废水量在 100 t 以上的，必须安装污水流量计和污水等比例采样装置。

3. 某企业由于厂区面积较大且管路复杂，设置了两个规范化排污口，分别对应两套不同的污水处理设施。A 排口只排放生活污水，B 排口主要排放生产废水（主要污染因子为 COD、甲苯、二甲苯、石油类）。如果仅采集瞬时水样，请设计采样方案。方案中应包括采样点位、采样项目、采样容器、样品保存方法等。

答案：

采样点位	采样项目	采样容器	样品保存方法
生产废水 B 排放口	pH、COD、甲苯、二甲苯、石油类	pH（P/G） COD（G） 甲苯、二甲苯（棕色 G） 石油类（棕色 G）	pH：不加固定剂，12（6）h 内测试 COD：加硫酸使 pH ≤ 2 甲苯、二甲苯：0 ～ 4℃冷藏 石油类：加盐酸使 pH ≤ 2
生活污水 A 排放口	pH、COD、氨氮、总磷	COD、总磷、氨氮（G） pH（P/G）	COD、总磷、氨氮：加硫酸使 pH ≤ 2 pH：不加固定剂，12（6）h 内测试

第三节　海水

一、填空题

1. 海水水色的观测只在白天进行，观测地点应选在__________处。

答案：背阳光

2. 入海口是指河流注入海洋的__________。

答案：区域

3. 海水中汞样品的采集应使用__________盛装水样，并__________进行固定。

答案：硬质玻璃瓶　　加硫酸至 pH<2

4. 海上现场采样原始工作记录应使用__________书写，以避免被海水沾糊。

答案：硬质铅笔

5. 海水硫化物水样采集后，现场应在每升水样中加入 1 ml 50 g/L________溶液。

答案：乙酸锌

6. 决定海冰盐度大小的因素：海冰盐度的高低取决于冻结前海水的___________、冻结的___________和冰龄等因素。

答案：盐度　速度

7. 海洋环境调查监测中，水样的保存方法通常有___________、__________和___________、___________四种。

答案：冷冻　冷藏　容器充满法　化学法

8. 海洋环境调查监测中，在直接入海排污口等特殊情况下，常采集___________揭示利用瞬时样品观察不到的变化。

答案：连续样品

9. 海洋环境调查监测的测点布设，其海域的动力场状况是其中一个主要影响因素。在具体实施过程中，应充分考虑海区的___________和___________等动力场状况。

答案：潮流场　风场

二、单选题

1. 海域水质例行监测一般________。(　　)

A. 每年 1 ～ 2 次　B. 每年 2 ～ 4 次　C. 每月一次　D. 每年一次

答案：B

2. 海洋环境调查监测中，对于样品容器的材质选择，常用的玻璃容器一般不适合于________的贮存。(　　)

A. 有机化合物样品　B. 生物品种样品　C. 痕量重金属样品　D. 化学需氧量样品

答案：C

3. 海洋环境调查监测中，采表层样系指在海面以下________m 采集样品。(　　)

A. 0.1 ～ 1　B. 0.5 ～ 1.5　C. 0 ～ 2　D. 0.1 ～ 0.5

答案：A

4. 海水无机氮含量为 0.15 mg/L，符合第________类海水水质标准。(　　)

A. 一　B. 二　C. 三　D. 四

答案：A

5. 海水营养盐样品采集时，水样需用________μm 滤膜过滤处理。(　　)

A. 0.35　B. 0.45　C. 0.55　D. 0.65

答案：B

6.《近岸海域环境监测点位布设技术规范》（HJ 730—2014）规定，对于沿岸排放的陆域直排海污染源，陆域直排海污染源影响监测点位按建设项目环境影响评价报告中预测的影响区边界布设站位，站位数量一般不少于________。(　　)

A. 4 个　B. 5 个　C. 6 个　D. 7 个

答案：C

7. 海水样品取样时，当取样点位深度为 20 m 深时，采集时须采集________的样品。(　　)

A．表层　　B．表层、底层

C．表层、10 m、底层　　D．表层、5 m、10 m、底层

答案：B

8. 海水船上采样应________。(　　)

A．向风逆流　　B．背风逆流　　C．向风顺流　　D．背风顺流

答案：A

9. 海洋环境监测采样过程中，对在酸性条件下易生成挥发性物质的待测项目（如氰化物等）可以加碱将水样的 pH 调节至________，使其生成稳定的盐类。(　　)

A．10　　B．11　　C．12　　D．14

答案：C

三、多选题

1. 在海洋监测规范中，样品分层采集时，对于 25 ～ 50 m 的水深应分________采集。(　　)

A．水面　　B．表层　　C．10 m　　D．底层

答案：BCD

2. 观测海水水色用的水色计是由________溶液按一定比例配成。(　　)

A．红色　　B．蓝色　　C．黄色　　D．褐色

答案：BCD

3. 海洋环境调查监测中，样品采集、贮存、分析测试过程时应避免受到________所产生的沾污。(　　)

A．船体　　B．采水装置　　C．玻璃器皿　　D．化学药品

E．操作人员　　F．空气　　G．实验设备

答案：ABCDEFG

四、判断题

1.《海水水质标准》（GB 3097—1997）中无机氮是硝酸盐氮和氨氮的总和，以氮（N）计，单位采用 mg/L。(　　)

答案：错误

正确答案：无机氮是硝酸盐氮、亚硝酸盐氮和氨氮的总和。

2. 测定海水盐度时，通常需要同时观测海水的温度。(　　)

答案：正确

3. 测定海水中氨氮含量，当水质澄清时，不需要过滤。(　　)

答案：错误

正确答案：海水营养盐样品的采集，应用 0.45 μm 滤膜过滤水样，以除去颗粒物杂质。

4. 测定海水中无机氮含量时，采集的水样不用过滤，可直接用于测定。(　　)

答案：错误

正确答案：采集的水样须经 0.45 μm 滤膜过滤后才能用于测定。

5. 测定海水中无机氮时，水样的采集应使用有机玻璃或塑料采水器。(　　)

答案：正确

6. 根据《海洋监测规范　第 4 部分：海水分析》(GB 17378.4—2007) 测定海水中亚硝酸盐氮，亚硝酸盐标准使用液在 4℃以下，可以保存一周。(　　)

答案：错误

正确答案：亚硝酸盐标准使用液应在临用前配制。

7. 根据海洋监测规范测定滤食率时，按计算公式求得的滤食率 FR 表示的是每个生物个体每小时滤过的海水体积。(　　)

答案：正确

8. 海水采样时所有项目采样瓶应该先用海水冲洗。(　　)

答案：错误

正确答案：油类样品的容器不应预先用海水冲洗。

9. 海水重金属的样品瓶应保证专瓶专用，应使用铬酸洗涤液浸泡后再清洗。(　　)

答案：错误

正确答案：先用 1 mol/L 的盐酸溶液清洗，然后再用硝酸溶液 (1+3) 进行长时间的浸泡。

10. 海水重金属样品采集后，应立即用 0.45 μm 滤膜过滤处理，水样酸化至 pH 小于 2。(　　)

答案：错误

正确答案：海水重金属样品现场采集后应立即用 0.45 μm 滤膜过滤处理（汞元素的水样除外），过滤水样用酸酸化至 pH 小于 2，盖上瓶盖，然后低温冷藏保存。

11. 海洋环境调查监测过程中，未过滤海水样品一般不宜酸化，酸化可使颗粒物上的痕量金属解吸，未过滤的水样一般冷冻贮存。(　　)

答案：正确

12. 海洋环境调查监测过程中，用于环境质量表征的采样频率一般要高于环境质量控制所需的采样频率。(　　)

答案：错误

正确答案：海洋环境调查监测中，用于环境质量控制的采样频率一般要高于环境质量表征所需的采样频率。

13. 海洋环境调查监测中，从采水器中取出样品进行分装时，一般按易发生变化的先分装原则，先分装测定溶解气体的样品，如溶解氧、硫化物及 pH 等，再分装受生物活动影响大的样品，如营养盐类等，最后分装重金属样品。(　　)

答案：正确

14. 海洋环境调查监测中，水质过滤样品若需加酸酸化，一般应 pH＜5，然后低温冷藏。(　　)

答案：错误

正确答案：此时应使 pH＜2，然后低温冷藏。

15. 海洋环境调查监测中，塑料容器适合于放射性核素和大部分痕量元素及常规监测项目的水样贮存。(　　)

答案：正确

16. 海洋环境调查监测中的综合水样，是指把从不同采样点同时采集的水样进行混合而得到的水样（时间不是完全相同，而是尽可能接近）。(　　)

答案：正确

17. 海洋监测采样过程中，测定水中的油含量时，应用单层采样器固定样品瓶在水体中直接灌装，采样后立即提出水面，冷冻、避光保存，迅速送回实验室萃取。(　　)

答案：错误

正确答案：采样后立即提出水面，在现场萃取。

18. 根据污染物在较大面积海域分布的不均匀性和局部海域的相对均匀性的时空特征，可将监测海域划分为污染区、过渡区及对照区。(　　)

答案：正确

19. 海上调查采样时，微生物、叶绿素 a 样品采集用现场平行双样进行质量控制，平行样应占样品总量的 10% 以上。(　　)

答案：正确

20. 海水项目采样时，下列项目均需要现场处理：多氯联苯、悬浮物、硝酸盐、硫化物、阴离子表面活性剂。(　　)

答案：错误

正确答案：多氯联苯需现场萃取，悬浮物、硝酸盐需过滤，硫化物需加固定剂，阴离子表面活性剂不需要现场处理。

21. 海洋环境监测采样过程中，用于海水重金属样品过滤的滤膜一般采用玻璃纤维滤膜。(　　)

答案：错误

正确答案：海洋环境监测采样过程中，用于海水重金属样品过滤的滤膜一般采用 0.45 μm 乙酸纤维滤膜。

五、简答题

1. 海水中的油类测定有哪几种方法及适用范围？

答案：

（1）荧光分光光度法，适用于大洋、近海、河口等水体中油类的测定。本方法为仲裁方法。

（2）紫外分光光度法，适用于近海、河口水中油类的测定。

（3）重量法，适用于油污染较重海水中油类的测定。

2. 简述海水溶解氧样品的采样步骤。

答案：

（1）乳胶管的一端接上玻璃管，另一端套在采水器的出水口，放出少量水样淌洗水样瓶两次。

（2）将玻璃管插到分样瓶底部，慢慢注入水样，待水样装满并溢出约为瓶子体积的二分之一时，将玻璃管慢慢抽出。

（3）立即用自动加液器（管尖靠近液面）依次注入氯化锰溶液和碱性碘化钾溶液。

（4）塞紧瓶塞并用手按住瓶塞和瓶底，将瓶缓慢地上下颠倒 20 次，使样品与固定液充分混匀。

待样品瓶内沉淀物降至瓶体三分之二以下时方可进行分析。

3. 简述海洋环境监测的对象。

答案：

（1）造成海洋环境污染和破坏的污染源所排放的各种污染物质或能量。

（2）海洋环境要素的各种参数和变量。

（3）由海洋环境污染和破坏所产生的影响。

4. 简述海洋环境质量监测要素。

答案：

（1）海洋水文气象基本参数。

（2）水体中重要理化参数、营养盐类、有毒有害物质和放射性核素。

（3）沉积物中有关物理参数和有毒有害物质。

（4）生物体中有关生物学参数、生物残毒及生态。

（5）大气理化参数。

|第四章|

气和废气

CHAPTER 4

第一节　环境空气

一、填空题

1.《环境空气质量监测点位布设技术规范》（HJ 664—2013）中以监测区域范围空气质量状况和污染物区域传输及影响范围为目的而设置的监测点，参与区域环境空气质量评价。其代表范围一般为半径几十千米，可简称____________。

答案： 区域点

2.《环境空气质量手工监测技术规范》（HJ 194—2017）中采样前、后用经检定合格的标准流量计校验采样系统的流量，流量误差应小于____________%。

答案： 5

3.《环境空气质量手工监测技术规范》（HJ 194—2017）中采样流程为：正确连接好采样系统，核查滤膜编号，用镊子将采样滤膜平放在滤膜支撑网上并压紧，____________或编号标识面朝进气方向，将滤膜夹正确放入采样器中。

答案： 滤膜毛面

4.《环境空气质量手工监测技术规范》（HJ 194—2017）中遇到对监测影响较大的雨雪天气及风速大于____________m/s 的天气条件时，不宜进行手工采样监测。

答案： 8

5.《环境空气质量评价技术规范（试行）》（HJ 663—2013）中____________评价适用于对单点、城市和区域内不同评价时段各基本评价项目和其他评价项目的达标情况进行评价。

答案： 单项目

6.《环境空气　PM_{10} 和 $PM_{2.5}$ 的测定　重量法》（HJ 618—2011）规定，PM_{10} 和 $PM_{2.5}$ 分析恒温恒湿箱（室）要求：箱（室）内空气温度在__________℃范围内可调，控温精度__________℃。

答案： 15 ～ 30　　±1

7.《环境空气　PM_{10} 和 $PM_{2.5}$ 的测定　重量法》（HJ 618—2011）规定，PM_{10} 和 $PM_{2.5}$ 分析时将滤膜放在恒温恒湿箱（室）中平衡____________h，平衡时相对湿度应控制在____________范围内，记录平衡温度与湿度。

答案： 24　　45% ～ 55%

8. 总悬浮颗粒物（TSP）是指能悬浮在空气中，空气动力学当量直径≤____________的颗粒物。可吸入颗粒物（PM_{10}）是指悬浮在空气中，空气动力学直径≤____________的颗粒物。

答案： 100 μm　　10 μm

9. 气态污染物的直接采样法包括____________采样、____________采样和____________采样。

答案： 注射器　　采气袋　　真空罐（瓶）

10. 影响空气中污染物浓度分布和存在形态的气象参数主要有____________、____________、____________、湿度、压力、降水以及太阳辐射。

答案： 风速　　风向　　温度

11. 首要污染物指 AQI 大于____________时 IAQI 最大的空气污染物。

答案：50

12. 用吸收瓶正式采集烟气样品前，要让排气通过____________，采样____________min 后，将吸收瓶前管路内的空气置换干净。

答案：旁路吸收瓶　5

13. 依据《环境空气颗粒物（$PM_{2.5}$）手工监测方法（重量法）技术规范》（HJ 656—2013）及修改单，气体的标准状态是指温度为____________K，压力为____________hPa 时的状态。

答案：273.15　1 013.25

14. 根据《环境空气臭氧前体有机物手工监测技术要求（试行）》的规定，臭氧前体有机物的采样方式有____________和____________两种，非甲烷碳氢化合物使用____________采集，醛酮类目标化合物使用____________采集。

答案：采样罐（或罐采样）　采样管（或吸附管）　采样罐　吸附管（或采样管）

15. 用感量为 0.1 mg 或 0.01 mg 的分析天平称量 PM_{10} 和 $PM_{2.5}$ 颗粒物样品滤膜，两次重量之差分别小于____________或____________为满足恒重要求。

答案：0.4 mg　0.04 mg

16. 环境空气质量评价城市点代表范围一般为半径____________m，对于空气污染物浓度较低，其空间变化较小的地区可扩大到半径____________的范围。

答案：500 ～ 4 000　4 km 至几十千米

17. 环境空气中颗粒物的采样方法主要有____________法和____________法。

答案：滤料　自然沉降

18. 在环境空气质量监测点____________ m 范围内不能有明显的污染源，不能靠近炉、窑和锅炉烟囱。

答案：50

19. 非分散红外吸收法测定环境空气中一氧化碳时，气体仪器滤波室中充入的是____________气体。用非分散红外法测定环境空气和固定污染源排气中一氧化碳时，应将气样经过硅胶后再进入仪器，这样可以防止____________ 对测定的影响。

答案：二氧化碳　水蒸气

20. 监测环境空气中气态污染物时，要获得 1 h 的平均浓度，样品的采样时间应不少于____________min。采集二氧化氮样品，当采用酸性高锰酸钾氧化时，一氧化氮的氧化系数为__________。

答案：45　0.68

21. 挥发性有机液体若采用顶部浸没式装载，出料管口距离槽罐底部高度应小于________mm。

答案：200

22. 工艺过程排放含 VOCs 废水，集输系统应采用密闭管道输送，接入口和排出口采取与____________隔离的措施。

答案：环境空气

23. 根据《环境空气和废气　酰胺类化合物的测定　液相色谱法》（HJ 801—2016），样品采集后，用____________或____________封闭多孔玻板吸收管（瓶）的进气口或出气口。

答案：聚四氟乙烯软管　　内衬聚四氟乙烯薄膜的硅橡胶管

24. PM_{10} 采样器是将大于 10 μm 的颗粒物切割除去，但这不是说它能将 10 μm 的颗粒物全部采集下来，它保证捕集效率在________% 以上。

答案：50

25. 根据《环境空气评价技术规范（试行）》（HJ 663—2013），统计评价项目的城市尺度浓度时，所有有效监测的城市点必须全部参加统计和评价，且有效监测点的数量不得低于城市点总数量的________，当总数量小于 4 个时，不低于________。

答案：75%　50%

26. 大气污染监测中无主导风向的点源污染多用________布点法。

答案：同心圆

27.《环境空气质量手工监测技术规范》（HJ 194—2017）修改单中规定，颗粒物（粒径小于等于 10 μm）、颗粒物（粒径小于等于 2.5 μm）、总悬浮颗粒物及其组分________、________等浓度为监测时大气温度和压力下的浓度。

答案：铅　　苯并［a］芘

28. 环境空气质量指数（AQI）大于 50 时，IAQI 最大的污染物称为________污染物，AQI 大于________小于等于________时，空气质量指数级别为三级，空气质量指数类别为轻度污染。

答案：首要　100　150

29. 在环境空气采样期间，应记录________、________温度和压力等参数。

答案：流量　　时间

30. 空气质量指数表示颜色分别为________、________、橙色、________、________、褐红色。

答案：绿色　　黄色　　红色　　紫色

31. 环境空气样品采集中，使用大流量采样器的滤膜，在线速度为 60 cm/s 时，一张干净滤膜的采样效率应达到________% 以上。

答案：97

32. 环境空气检测硫酸盐化速率时，将用________浸渍过的玻璃纤维滤膜（碱片）暴露于环境空气中，环境空气中的________、________、________等与浸渍在滤膜上的________发生反应，生成硫酸盐而被固定的采样方法。

答案：碳酸钾溶液　　二氧化硫　　硫化氢　　硫酸雾　　碳酸钾

33. 若准备对采集 PM_{10} 样品的滤膜进行有机成分分析，为防止有机物的分解，不宜进行称重，应立即放入________冷冻箱内保存至样品处理前。

答案：−20℃

34. 大气中的气态氟化物主要是________。

答案：氟化氢和四氟化硅

35. 已知颗粒物工况流量为 16.85 L/min，环境温度为 30℃，环境大气压力为 102.413 kPa，颗粒物在参比状态下的流量为________。

答案：16.76 L/min

36. 零气发生器所产生的零气不能含有＿＿＿＿＿＿、水分和其他对仪器分析产生干扰的物质。

答案：待测气体组分

37. 化学发光法测定氮氧化物时，常常在仪器出口处安装活性炭罐，安装活性炭罐的目的主要是＿＿＿＿＿＿。

答案：去除多余的臭氧

38. 颗粒物手工法比对采样前对仪器进行＿＿＿＿＿＿检查和＿＿＿＿＿＿检查、校正。

答案：气密性　　流量

39. 当滤膜安放正确，采样系统无漏气时，采样后滤膜上颗粒物与四周白边之间界限应清晰；如出现界线模糊时，则表明有＿＿＿＿＿＿，应检查滤膜安装是否正确，或者更换滤膜密封垫和滤膜夹，该滤膜样品作废。

答案：漏气

40. 根据《环境空气臭氧前体有机物手工监测技术要求（试行）》的规定，臭氧前体有机物指在光照条件下能与＿＿＿＿＿＿等发生光化学反应生成臭氧的挥发性有机物，包括烷烃、烯烃、芳香烃、炔烃等非甲烷碳氢化合物（Nonmethane Hydrocarbons，NMHCs）及醛、酮等含氧有机物（Oxygenated Volatile Organic Compounds，OVOCs）。

答案：氮氧化物（或 NO_x）

41. 根据《环境空气质量评价技术规范（试行）》（HJ 663—2013），基本评价项目的年评价中规定，对 CO 24 h 平均第＿＿＿＿＿＿百分位数进行评价，对 O_3 日最大 8 h 滑动平均值的第＿＿＿＿百分位数进行评价。

答案：95　90

42. 中国环境监测总站按照《环境空气臭氧一级校准作业指导书》对区域质控中心臭氧传递标准进行一级校准，其有效期为＿＿＿＿＿＿年。

答案：1

43. 清洁颗粒物采样头时，应完全拆开采样头和切割器，用蒸馏水或者＿＿＿＿＿＿清洁，完全晾干或用风机吹干后重新组装，组装时应检查＿＿＿＿＿＿情况。

答案：无水乙醇　　密封圈的密封

44. 颗粒物准确度审核时，将自动监测数据与手工监测数据的日均值进行比较分析，以＿＿＿＿＿＿作为评价依据，每日自动监测数据与手工监测数据的相对偏差均应达到数据质量目标。

答案：数据质量目标

45. 空气环境质量评价中，除统一评价项目外，根据各地实际监测的能力和管理的需要可增加评价项目，如降尘、硫酸盐化速率、一氧化碳、臭氧及挥发性有机物等项目。在评价分析光化学烟雾或臭氧污染、交通环境空气质量时，需增加＿＿＿＿＿＿和＿＿＿＿＿＿两项。

答案：氮氧化物（或 NO_x）　非甲烷烃（或 NMHC）

46. 气泡吸收管适用于采集室内气态污染物，采样时吸收管要垂直放置，不能有泡沫溢出。使用前应检查吸收管玻璃磨口的＿＿＿＿＿＿和进气喷嘴的完整性。

答案：气密性

47. 空气采样器一般以____________计量流量。流量计的读数受____________和____________的影响，常以____________进行刻度校准。24 h 自动连续采样装置必须具备____________和____________装置，以便计算参比状态下的采样体积。

答案：转子流量计　温度　压力　皂膜流量计　恒温　定时

48. 在夏季和冬季采集降尘时，为防止微生物及藻类生长或冷冻，夏季应在降尘罐中加入____________，冬季应加入____________。

答案：硫酸铜溶液　乙醇或乙二醇溶液

49. 环境空气非甲烷烃样品可以用____________采集样品，样品保存时间不超过____________，也可以用____________采集样品，样品保存时间不超过____________，如仅测甲烷，可保存7天。

答案：玻璃注射器　8 h　气袋　48 h

50. 大气苯系物现场采样时，将活性炭采样管带到采样现场，敲开两端后立即密封，同已采集样品的活性炭采样管一同存放并带回实验室，这个样品一般称为____________。

答案：现场空白样品

51.《环境空气　硝基苯类化合物的测定　气相色谱－质谱法》（HJ 739—2015）中以____________采样管采集环境空气和无组织排放废气中的硝基苯类化合物，用____________超声解吸，经气相色谱－质谱仪分离、检测。

答案：硅胶　二氯甲烷

52. 空气质量自动监测采样口周围水平面应该有____________以上的捕集空间；如果采样口一边靠近建筑物，采样口周围水平面应有____________以上的自由空间；环境空气质量评价城市点____________范围内无明显污染源。

答案：270°　180°　50 m

53. 用大流量采样器采集空气中的颗粒物，每次称空白滤膜或尘滤膜的同时，称量两张标准滤膜。若标准滤膜称出的重量与原始重量之差在 ±____________mg（中流量和小流量为____________mg）范围内，则认为该批样品滤膜称量合格，数据可用。

答案：5　0.5

54. 按照《空气和废气监测分析方法》（第四版）中“气相色谱法测定非甲烷烃”的方法，吸附采样管中 GDX-102 与 TDX-01 的填充体积比为____________。

答案：3∶2

55. 用注射器采样时，移去注射器的密封头，抽取现场空气____________次，然后抽取一定体积的气样，密封后将注射器进口____________，垂直放置。

答案：3～5　朝下

56. PM_{10} 与 $PM_{2.5}$ 连续监测系统在进行性能验收时，校准膜的滤膜重现性应控制在____________以内。

答案：±2%

57. 计算 SO_2 和 NO_2 年平均浓度时，每年至少有____________个分布均匀的日均值。

答案：324

58. 采集气态污染物的样品收集装置，其中____________、____________直接采集现场空气；____________适用于采集气态污染物；____________适用于采集气态或气态与气溶胶共存的污染物。

答案：玻璃注射器　塑料袋（气袋）　气泡吸收管　多孔玻板吸收管

59. 交通密集区的大气采样点应设在距人行道边缘至少____________远处。

答案：1.5 m

60. 扇形布点法适用于孤立的____________点源，且主导风向____________的地区。

答案：高架　明显

61. 溶液吸收法是采集大气中____________、____________及某些气溶胶态污染物质的常用方法。

答案：气态　蒸气态

62. 一般将空气中的污染物分为____________状态污染物和____________状态污染物。溶液吸收法采集气体污染物时，吸收效率主要取决于____________和____________。

答案：分子　粒子　吸收速率　气样与吸收液的接触面积

63. 为保证 NO_2 分析仪监测结果的准确性，需定期测试 NO_2-NO 转换炉转换率，通常取 NO_2 满量程____________的浓度点计算转换率，该值应大于____________，否则应对转换炉进行再生或更换。

答案：60%～75%　96%

64. 依据《环境空气质量监测点位布设技术规范（试行）》（HJ 664—2013），环境空气质量背景点简称背景点，是以监测国家或大区域范围的环境空气质量本底水平为目的而设置的监测点。其代表性范围一般为____________半径以上。

答案：100 km

65. 依据《环境空气质量指数（AQI）技术规定（试行）》（HJ 633—2012），超标污染物是指浓度超过国家环境空气质量____________级标准的污染物，即IAQI大于____________的污染物。

答案：二　100

66. 空气质量指数＞300，空气质量指数级别为____________。

答案：六级

67. 根据《环境空气质量评价技术规范（试行）》（HJ 663—2013），自然日内 O_3 日最大 8 h 平均的有效性规定为当日 8 时至 24 时至少有____________个有效 8 h 平均浓度值。

答案：14

68. 依据《环境空气质量手工监测技术规范》（HJ 194—2017），气袋采样方式可分____________和____________。

答案：真空负压法　正压注入法

69.《环境空气质量标准》（GB 3095—2012）修改单将“标准状态”修改为“参比状态”。“参比状态”指大气温度为____________K，大气压力为____________hPa 时的状态。

答案：298.15　1 013.25

70. 新的空气采样吸收管必须做__________和吸收效率试验。吸收管在 0.2 L/min 的流量下，要求阻力在__________kPa，吸收效率要求大于 95%。

答案：阻力试验　6.6 ± 0.66

71. 用便携式仪器测得 NO_x 的体积分数为 100 ppm①，其质量浓度为__________ mg/m^3。

答案：205

72. 气体标准的传递是指将国家一级标准气体的__________传递到__________上的过程。标准传递的逆过程称为标准的溯源，当进行系统误差分析时，可逆向逐级检查各步骤对误差的贡献，追踪原因，从而保证监测数据质量。

答案：准确时值　例行工作所用的标准气体

73. 在开展环境空气质量手工监测时，采样口距地面高度应在__________。

答案：1.5 ～ 15 m

74.《有毒有害大气污染物名录（2018 年）》中公布的 5 种重金属及其化合物有镉、铬、汞、砷、__________。

答案：铅

75. 环境空气中二噁英的采样点应位于开阔地带，距可能扰动环境空气流的障碍物至少__________m 以上。采样器应安装在距离地面__________m 以上的位置。为防止地面扬尘，可在设备附近铺设塑料布或其他隔离物。采样时间应尽量避开大风和下雨天气。

答案：2　1.5

76. 环境空气质量自动监测系统正常工作条件是环境温度__________，相对湿度≤ 85%，大气压__________。

答案：15 ～ 35℃　80 ～ 106 kPa

77.《环境空气质量评价技术规范（试行）》（HJ 663—2013）环境空气质量评价城市点设置数量要求中规定，建成区城市人口 50 万～ 100 万人，建成区面积 50 ～ 100 km^2 时，应最少设置监测点数为__________个。

答案：4

78. 根据《环境空气质量评价技术规范（试行）》（HJ 663—2013），城市环境空气质量评价对地级及以上城市，评价采用国家环境空气质量监测网中环境空气质量评价城市点，简称__________。

答案：国控城市点

79. 根据《环境空气质量评价技术规范（试行）》（HJ 663—2013）要求，变化趋势评价适用于评价__________或者__________在多个连续时间周期内的变化趋势，采用 Spearman 秩相关系数法评价。

答案：污染物浓度　环境空气质量综合状况

80. 空气质量指数（AQI）=101 ～ 150 时，空气质量为__________。

答案：轻度污染

81. 从环境空气监测仪器采样口或监测光束到附近最高障碍物之间的水平距离，至少是该障碍

① 100 ppm=100 × 10^{-6}。

物＿＿＿＿＿＿采样口或监测光束距离的＿＿＿＿＿＿倍以上。

答案： 高出　2

82. 校准流量计时所得到的体积为450 ml，校准时，温度为20℃、大气压力为90.5 kPa，将校准时所得体积换算成标准状态下的体积为＿＿＿＿＿＿ L。

答案： 0.374

83.《环境空气质量监测点位布设技术规范》（HJ 664—2013）中对于路边交通点，一般应在行车道的下风侧，根据车流量的大小、车道两侧的地形、建筑物的分布情况等确定路边交通点的位置，采样口距道路边缘距离不得超过＿＿＿＿＿＿ m。

答案： 20

84.《环境空气质量手工监测技术规范》（HJ 194—2017）中采样系统主要由采样管路、采样器、吸收装置等部分组成。常见的吸收装置主要有＿＿＿＿＿＿（瓶）、多孔玻板吸收管（瓶）和冲击式吸收管（瓶）等。

答案： 气泡吸收管

85.《环境空气质量手工监测技术规范》（HJ 194—2017）中＿＿＿＿＿＿采样法适用于汞、挥发性有机物等气态污染物的样品采集。

答案： 吸附管

86. 非分散红外吸收法测定环境空气中一氧化碳时的最低检出浓度为＿＿＿＿＿＿ mg/m^3。

答案： 1.25

87. 根据《环境空气颗粒物（$PM_{2.5}$）手工监测方法（重量法）技术规范》（HJ 656—2013），滤膜采集后，如不能立即称重，应在＿＿＿＿＿＿℃条件下冷藏保存，最长不超过＿＿＿＿＿＿天。

答案： 4　30

二、单选题

1.《环境空气　挥发性有机物的测定　罐采样/气相色谱-质谱法》（HJ 759—2015）中规定，用苏玛罐采集的挥发性有机物样品，在常温保存下，样品应完成分析的时间规定是＿＿＿＿。（　　）

A. 10天　　B. 15天　　C. 7天　　D. 20天

答案： D

2. 空气自动监测城市点周围＿＿＿＿＿m范围内不应有污染源；采样口周围水平面应保证＿＿＿＿以上的捕集空间，如果采样口一边靠近建筑物，采样口周围水平面应有＿＿＿＿以上的自由空间。（　　）

A. 50　270°　180°　　B. 100　270°　180°

C. 50　360°　270°　　D. 100　360°　270°

答案： A

3. 颗粒物手工比对，用于采样前后滤膜温度、湿度平衡的恒温恒湿间（箱）内温度设置在＿＿＿＿，控温精度 ±1℃；相对湿度控制在（50±5）%。（　　）

A. 25～35℃　　B. 15～30℃　　C. 45～55℃　　D. 95～105℃

答案：B

4. 环境空气滤膜法采样前，应使用经检定合格的温度计对采样器的温度测量示值进行检查，当误差超过________℃时，应对采样器进行温度校准。(　　)

A. ±1　　B. ±2　　C. ±3　　D. ±4

答案：B

5. 为便于了解大气污染物对不同区域的影响，布点方法是________。(　　)

A. 同心圆法　　B. 网格法　　C. 扇形法　　D. 功能区法

答案：D

6. 大气采样点的周围应开阔，采样口水平线与周围建筑物高度的夹角应________。(　　)

A. 不大于 45º　　B. 45º　　C. 不大于 30º　　D. 30º

答案：C

7. 注射器采样属于________。(　　)

A. 直接采样法　　B. 富集采样法　　C. 浓缩采样点　　D. 溶液吸收法

答案：A

8. TSP 采样法属于________。(　　)

A. 填充柱阻留法　　B. 直接采样法　　C. 滤料阻留法　　D. 自然积集法

答案：C

9. 环境空气污染监测结果常以质量浓度 X（mg/m^3 或 $\mu g/m^3$）、体积分数 C（$\times 10^{-6}$）表示气体污染物浓度，两种单位的换算关系式是________。（式中 M 为气体物质的相对分子质量）(　　)

A. $C=(M/22.4)\cdot X$　　B. $C=(22.4\cdot X)/M$

C. $C=M\cdot 22.4\cdot X$

答案：B

10. Saltzman 系数一般是________。(　　)

A. 理论值　　B. 经验值　　C. 实验值　　D. 其他

答案：C

11. 为验证大气扩散模式，应采用的布点几何图形是________。(　　)

A. 同心圆　　B. 螺线　　C. 扇形　　D. 网格

答案：A

12. 空气中挥发性有机物监测方案中规定，采样罐清洗需________，降低采样罐活性吸附。(　　)

A. 氮吹　　B. 干燥　　C. 恒温　　D. 加湿

答案：D

13. 总悬浮颗粒物是指环境空气中动力学当量直径小于等于________的颗粒物。(　　)

A. 50 μm　　B. 100 μm　　C. 150 μm　　D. 200 μm

答案：B

14. 用气袋采集环境空气非甲烷总烃样品，样品保存时间不超过________。(　　)

A. 8 h　　B. 12 h　　C. 24 h　　D. 48 h

答案：D

15.《环境空气　半挥发性有机物采样技术导则》（HJ 691—2014）中关于环境空气中半挥发性有机物采样，下列说法正确的是________。（　　）

A．采样效率小于等于动态保留效率

B．采样器工作点流量在采样过程中时刻在变化

C．应定期使用标准流量计和累计流量计对采样器的流量和累计标况采样体积进行校准

D．累计校准流量计的温度和压力传感器应定期进行校准

答案：C

16. 用气相色谱法测定环境空气中氯丁二烯，活性炭吸附采样管采集样品时，以________流量采样。（　　）

A．0.2 L/min　　B．0.5 L/min　　C．1.0 L/min　　D．大于 1.0 L/min

答案：B

17. 环境空气质量监测点位布设要求，对于路边交通点，一般应在行车道的下风侧，根据车流量的大小、车道两侧的地形、建筑物的分布情况等确定路边交通点的位置，采样口距道路边缘距离不得超过________ m。（　　）

A．10　　B．20　　C．30　　D．50

答案：B

18. 每个环境空气质量评价城市点代表范围一般为半径 500 m 至________，有时也可扩大至半径________至几十千米（如空气污染物浓度较低，其空间变化较小的地区）的范围。（　　）

A．2 km　2 km　　B．3 km　3 km　　C．4 km　4 km　　D．5 km　5 km

答案：C

19. 对照《环境空气颗粒物（PM_{10} 和 $PM_{2.5}$）采样器技术要求及检测方法》（HJ 93—2013），________对颗粒物手工采样器没有明确的技术要求。（　　）

A．环境温度　　B．流量　　C．大气压力　　D．加标回收率

答案：D

20. 颗粒物手工采样器采样口距地面不低于________，避开污染源及障碍物。采样口距离墙壁或站房实体围栏________以上，采样口应高于围栏至少________以上。（　　）

A．1.2 m　1.2 m　1.5 m　　B．1.5 m　1.0 m　0.5 m

C．1.5 m　0.8 m　0.5 m　　D．1.5 m　1.0 m　1.5 m

答案：B

21. 环境空气质量监测点周围环境要求中规定，应采取措施保证监测点附近________内的土地使用状况相对稳定。（　　）

A．500 m　　B．1 000 m　　C．1 500 m　　D．2 000 m

答案：B

22. 高效液相色谱法分析环境空气中苯酚类化合物采集样品时，若采样起始流速和最终流速的相对偏差大于________%，则样品作废，需要重新采集。（　　）

A．15　　B．10　　C．5

答案：A

23. 环境空气 $PM_{2.5}$ 采样要求采样滤膜对________μm 标准粒子的截留效率≥99.7%。(　　)

A．0.1　　B．0.2　　C．0.3　　D．0.5

答案：C

24. 根据《环境空气质量监测点位布设技术规范（试行）》（HJ 664—2013）规定，某城市建成区城市人口为 100 万～200 万人，建成区面积为 100 ～ 200 km^2，则该城市环境空气质量评价城市点最少需设置________个。(　　)

A．5　　B．4　　C．6　　D．8

答案：C

25. 测定大气中总悬浮颗粒物滤膜重量的天平，对于中流量采样滤膜，称量范围≥10 g，感量 0.1 mg，再现性≤________mg。(　　)

A．0.1　　B．0.2　　C．0.5　　D．1.0

答案：B

26. 测定环境空气中的二氧化硫时用甲醛缓冲溶液吸收，生成稳定的加成化合物________。(　　)

A．羟基乙磺酸　　B．羟基甲磺酸　　C．羧基乙磺酸　　D．羧基甲磺酸

答案：B

27. 当选用气泡吸收管或冲击式吸收管采集环境空气样品时，应选择吸收效率为________%以上的吸收管。(　　)

A．85　　B．90　　C．95　　D．99

答案：B

28. 发生光化学烟雾现象时，上午上班时间（8 点左右）浓度达到最高值的是________。(　　)

A．O_3　　B．NO_x　　C．醛类　　D．PAN

答案：B

29. 依据《环境空气质量手工监测技术规范》（HJ 194—2017），空气质量手工监测时，吸收瓶吸收效率测定大于________% 为符合要求。(　　)

A．80　　B．85　　C．90　　D．95

答案：D

30. 根据《环境空气质量手工监测技术规范》（HJ 194—2017），获取环境空气污染物小时平均浓度时，如果污染物浓度过高，或者使用直接采样法采集瞬时样品，应在 1 h 内等时间间隔采集________个样品。(　　)

A．1 ～ 4　　B．1 ～ 3　　C．2 ～ 5　　D．3 ～ 4

答案：D

31. 根据《环境空气质量手工监测技术规范》（HJ 194—2017），通常硫酸盐化速率及氟化物（长期）采样时间为________。(　　)

A．5 ～ 28 天　　B．6 ～ 29 天　　C．7 ～ 30 天　　D．5 ～ 30 天

答案：C

32. 根据《环境空气质量手工监测技术规范》（HJ 194—2017），正确连接采样系统，做好样品标识。注意吸附管的进气方向不可接反，分段填充的吸附管________填充物段为进气段。（　　）

A. 3/4　　B. 2/3　　C. 1/3　　D. 1/4

答案：B

33. 当环境空气质量进一步加剧易感人群症状，可能对健康人群心脏、呼吸系统有影响时，该空气质量指数类别为________。（　　）

A. 轻度污染　　B. 中度污染　　C. 重度污染　　D. 严重污染

答案：B

34. 一氧化碳（CO）24 h 平均的一级和二级浓度限值分别是________mg/m^3 和________ mg/m^3。（　　）

A. 4　4　　B. 4　10　　C. 10　10　　D. 10　50

答案：A

35. 按照现有城市点位布设时的建成区面积计算，平均每个点位覆盖面积大于________km^2 时，可在原建成区及新建、扩建城区增设监测点位。（　　）

A. 10　　B. 15　　C. 25　　D. 30

答案：C

36.《环境空气质量手工监测技术规范》（HJ 194—2017）要求，所用温度计温度测量范围一般为 -40 ～ 55℃，精度为________。（　　）

A. ±0.2℃　　B. ±0.3℃　　C. ±0.5℃　　D. ±0.8℃

答案：C

37. 可吸入颗粒物指环境空气中空气动力学当量直径小于等于________的颗粒物。（　　）

A. 2.5 μm　　B. 10 μm　　C. 50 μm　　D. 100 μm

答案：B

38.《环境空气　挥发性有机物的测定　便携式傅里叶红外仪法》（HJ 919—2017）规定，为增加样品采集和分析结果的代表性，每次分析至少连续采________个样品，选择其中测定值最高的作为最终结果报出。（　　）

A. 3　　B. 4　　C. 5　　D. 6

答案：C

39.《恶臭污染环境监测技术规范》（HJ 905—2017）规定，环境臭气浓度测定时，若 M_1 第一次稀释倍数的平均正解率小于 1 且大于 0.58，而第二次稀释倍数的平均正解率 M_2 虽小于 M_1 但仍大于 0.58，则继续按________倍梯度稀释配气，直到最终平均正解率小于 0.58，并以相邻的一次平均正解率为 M_1 计算臭气浓度结果。（　　）

A. 5　　B. 10　　C. 50　　D. 100

答案：B

40. 环境空气样品总悬浮颗粒物样品采集，在每批次称量滤膜的过程中应至少称量 1 次“标准滤膜”，中流量的采样器称量结果应在原始重量的________mg 之间。（　　）

A. ±5　　B. ±0.2　　C. ±0.5　　D. ±2

答案：B

41. 依据《环境空气　氮氧化物（一氧化氮和二氧化氮）的测定　盐酸萘乙二胺分光光度法》（HJ 479—2009），采集氮氧化物样品时，当采用酸性高锰酸钾氧化时，一氧化氮的氧化系数为________。(　　)

A. 0.68　　B. 0.56　　C. 0.76　　D. 0.66

答案：A

42. 环境空气质量功能区划中的一类功能区是指________。(　　)

A. 自然保护区、风景名胜区

B. 城镇规划中确定的居住区、商业交通居民混合区、文化区、一般工业区和农村地区

C. 特定工业区

D. 一般地区

答案：A

43. 环境空气连续采样时，采样流量应设定在________L/min，流量计及临界限流孔的精度应不低于 2.5 级。(　　)

A. 0.25　　B. 0.25±0.02　　C. 0.20　　D. 0.20±0.02

答案：D

44.《环境空气质量手工监测技术规范》（HJ/T 194—2017）规定，无动力采集环境空气中的硫酸盐化速率及氟化物等指标时，为获得月平均浓度值，样品的采样时间应不少于__________天。(　　)

A. 7　　B. 15　　C. 25　　D. 30

答案：B

45. 测定空气中苯系物时，所用的二硫化碳必须进行净化，可选用________进行净化。(　　)

A. 活性炭吸附净化法、硫酸－硝酸净化法

B. 活性炭吸附净化法、硫酸－硝酸净化法、硫酸－甲醛净化法

C. 水蒸气洗脱法、硫酸－硝酸净化法、硫酸－甲醛净化法

D. 硫酸－硝酸净化法、硫酸－甲醛净化法

答案：D

46. 在测定空气中 TSP 时，下列叙述不正确的是________。(　　)

A. 采样器在使用前应用孔口流量计校正采样器的流量

B. 滤膜在使用前应先在恒温恒湿箱中于固定温度平衡 24 h

C. 在采样时应记录采样流量和现场的温度和大气压

D. 将采样后的滤膜直接称重后，计算 TSP 的浓度

答案：D

47.《环境空气臭氧前体有机物手工监测技术要求（试行）》中精密度控制：一般每批次进行不少于 5%（至少 1 个）的实验室平行样测定。平行样中目标化合物的相对偏差应________。(　　)

A. ≤ 10%　　B. ≤ 20%　　C. ≤ 30%　　D. ≤ 15%

答案：C

48. 根据《环境空气　氟化物的测定　滤膜采样 / 氟离子选择电极法》（HJ 955—2018），24 h 均值测定时，以 16.7 L/min 流量采集，至少采样________h。(　　)

A．20　　B．24　　C．18　　D．16

答案： A

49. ________可作为 $PM_{2.5}$ 恒重时的平衡条件。(　　)

A．温度 20℃、相对湿度 56%　　B．温度 25℃、相对湿度 53%

C．温度 31℃、相对湿度 44%　　D．温度 12℃、相对湿度 48%

答案： B

50. 环境空气质量评价区域点和背景点应远离城市建成区的主要污染源，区域点原则上应离开城市建成区和主要污染源________以上，背景点原则上应离开城市建成区和主要污染源________以上。(　　)

A．10 km　20 km　　B．15 km　30 km

C．20 km　50 km　　D．30 km　50 km

答案： C

51. 在某监测点需设置多个采样口时，为防止其他采样口干扰颗粒物样品的采集，颗粒物采样口与其他采样口之间的直线距离应大于________m。若使用大流量总悬浮颗粒物（TSP）采样装置进行并行监测，其他采样口与颗粒物采样口的直线距离应大于________m。(　　)

A．0.5　1　　B．0.5　2　　C．1　1.5　　D．1　2

答案： D

52. 干沉降多层滤膜法分析结果的计算公式：$C_{气}=C_{液} \times V_{提取液}/V_{样}$，用于干沉降中________污染物的计算。(　　)

A．气态 HNO_3　　B．气态 NH_3　　C．气溶胶中的 NH_4^+

答案： C

53. 用皂膜流量计进行流量计校准时，皂膜上升的速度不宜超过________cm/s，而且气流必须稳定。(　　)

A．2　　B．4　　C．6　　D．8

答案： B

54. 当环境空气二噁英采样仪器运行后观察到采样泵输出功率增大情况时，为防止出现如环境中粉尘较多而造成采样滤膜阻力变大引起泵输出功率增大较快，出现满载而停止运行的现象，应在泵输出功率达到________时便要暂停仪器更换新滤膜。(　　)

A．80%　　B．85%　　C．90%　　D．95%

答案： C

55. 某城市建成区城市人口 10 万～50 万人，建成区面积 20～50 km^2，国家环境空气质量评价点设置监测点数 ________个。(　　)

A．1　　B．2　　C．3　　D．4

答案： B

56. 皂膜流量计适于作为较低流量________L/min 以下的质量流量控制器的流量追踪标准。

（　　）

A．2　　　　B．5　　　　C．15　　　　D．10

答案：A

57. 颗粒物手工法比对采样前对仪器进行________。（　　）

A．气密性检查，流量校准　　　　B．采样泵检查，流量校准

C．校准膜校准，流量校准　　　　D．气密性检查，校准膜检查

答案：A

58.《空气质量　甲醛的测定　乙酰丙酮分光光度法》（GB/T 15516—1995）测定空气中甲醛时，采集好的甲醛样品于________℃贮存，________天内分析完毕。（　　）

A．2～5　1　　　　B．2～5　2　　　　C．1～3　1　　　　D．1～3　2

答案：B

59. 环境空气中二氧化硫、二氧化氮的日平均浓度评价，要求每日采样时间至少有________。（　　）

A．10 h　　　　B．12 h　　　　C．14 h　　　　D．20 h

答案：D

60. 环境空气质量功能区划中的二类功能区是指________。（　　）

A．自然保护区、风景名胜区

B．居住区、商业交通居民混合区、文化区、一般工业区和农村地区

C．特定工业区

D．一般地区

答案：B

61.《空气质量　甲醛的测定　乙酰丙酮分光光度法》（GB/T 15516—1995）测定环境空气中甲醛时，为了提高吸收效率，应采用________吸收管。（　　）

A．气泡　　　　B．多孔玻板　　　　C．多孔玻柱　　　　D．冲击式

答案：B

62. 高效液相色谱法分析环境空气中苯胺类化合物时，样品在前处理过程中，应洗脱采样管的________。（　　）

A．前段硅胶和后段硅胶　　　　B．中段和后端的玻璃棉

C．进样端的玻璃棉和硅胶　　　　D．中段和后端的玻璃棉和硅胶

答案：A

63. 高效液相色谱法测定环境空气中苯并［*a*］芘时，采集好苯并［*a*］芘的超细纤维玻璃滤膜，应保存在________℃冰箱内。（　　）

A．−20　　　　B．−5　　　　C．0～5　　　　D．4

答案：A

64. 环境空气样品采集中，用于大流量采样器的滤膜，在线速度为 60 cm/s 时，一张干净滤膜的采样效率应达到________% 以上。（　　）

A．90　　　　B．95　　　　C．97　　　　D．93

答案：C

65. 根据《环境空气　挥发性有机物的测定　吸附管采样－热脱附/气相色谱－质谱法》（HJ 644—2013）采集环境空气中VOCs样品时，采样管在采样前须抽取________%的采样管进行空白检测。每次采集样品至少带一个________空白。（　　）

A. 10　现场　　B. 10　全程　　C. 20　现场　　D. 20　全程

答案：C

66. 环境空气中二氧化硫、二氧化氮、可吸入颗粒物、细颗粒物、氮氧化物的年平均浓度要求每年至少有个________日平均浓度值。（　　）

A. 300　　B. 324　　C. 360　　D. 365

答案：B

三、多选题

1. 大气降尘的采样点位布设应考虑________。（　　）

A. 集尘缸不易损坏的地方，易于操作者更换集尘缸的地方

B. 采样点附近有高大建筑物及高大树木时，应避开局部污染源

C. 集尘缸放置高度应距离地面 5 ～ 12 m，采样口应距平台 1 ～ 1.5 m

D. 集尘缸的支架应该稳定并很坚固

E. 在清洁区设置对照点

F. 应做平行样测定，所以要双缸采集

答案：ACDE

2.《环境空气质量标准》（GB 3095—2012）中将环境空气功能区分为二类：一类区为自然保护区、风景名胜区和其他需要特殊保护的区域；二类区包括________。（　　）

A. 居住区　　B. 商业和居民混合区

C. 商业交通居民混合区　　D. 工业区

E. 农村地区　　F. 文化区　　G. 城镇地区

答案：ACDEF

3. 光化学污染的表征是________。（　　）

A. 白色或淡棕色烟雾　　B. 具有气味

C. 大气能见度降低　　D. 刺激眼睛和喉黏膜，使呼吸困难

答案：ABCD

4. 常见的大气一次污染物有________。（　　）

A. 二氧化硫　　B. 臭氧　　C. 乙醛　　D. 一氧化碳

答案：AD

5. 环境空气颗粒物手工采样时，以下质量控制措施正确的是________。（　　）

A. 向采样器中放置和取出滤膜时，应佩戴乙烯基材质的实验专用手套，使用无锯齿镊子

B. 一旦采样过程中停电，该样品作废

C. 采样过程中应配置空白滤膜，并与采样滤膜一起进行恒重和称量，记录相关数据

D．若采样结束后，发现滤膜界线模糊，采样系统漏气，该滤膜样品作废

答案：ACD

6. 六大温室气体包括________、氢氟碳化物、全氟化碳、六氟化硫。(　　)

A．二氧化碳（CO_2）　　B．甲烷（CH_4）

C．氧化亚氮（N_2O）　　D．一氧化碳（CO）

答案：ABC

7. 用溶液吸收法测定大气中 SO_2，采用的吸收剂是________，吸收反应类型属于________。(　　)

A．NaOH 溶液　中和反应　　B．四氯汞钾溶液　络合反应

C．水　物理作用　　D．10% 乙醇　物理作用

答案：AB

8.《环境空气颗粒物源解析监测技术方法指南（试行）》二次颗粒物前体物主要包括________。(　　)

A．硫氧化物　　B．氮氧化物　　C．氨　　D．挥发性有机物

E．CO

答案：ABCD

9. 双连球适于采集空气中的________。(　　)

A．惰性气体　　B．乙醚　　C．甲醛　　D．CO

答案：AD

10. 在手工法监测 $PM_{2.5}$ 的实验室称量过程中，操作步骤正确的是________。(　　)

A．称量时无须消除静电

B．称量前应打开天平屏蔽门，至少保持 1 min

C．分析天平即用即开

D．每次称量前需清洗用于取放标准砝码和滤膜的非金属镊子

E．采样前后的滤膜称量可以使用不同的分析天平

F．每批次称量采样滤膜的同时应称量至少一张标准滤膜

G．称量人员应穿戴洁净的实验服进入称量区域

答案：BDFG

11.《环境空气质量标准》（GB 3095—2012）附录 A 资料性目录中规定了六项污染物的参考浓度限值，________污染物不在附录 A 中。(　　)

A．镉（Cd）　　B．铅（Pb）　　C．砷（As）　　D．氟化物（F）

E．锌（Zn）

答案：BE

12. 关于《环境空气质量标准》（GB 3095—2012）中相关指标描述正确的是__________。(　　)

A．氟化物（以 F 计）是指气态及颗粒态形式存在的无机氟化物

B．铅（Pb）是指存在于颗粒物中的铅及其化合物

C．苯并［a］芘是指存在于 PM_{10} 中的苯并［a］芘

D．气态污染物浓度是按参考状态（20℃、1 个标准大气压）监测的结果

E．颗粒物及其组分按实况状态下监测结果表述

答案：ACE

13. 根据《环境空气　半挥发性有机物采样技术导则》（HJ 691—2014），下列描述正确的是________。（　　）

A．动态保留效率小于等于采样效率

B．应定期使用标准流量计和累计流量计对采样器的流量和累计标况采样体积进行校准

C．累计标准流量计的温度和压力传感器应定期校准

D．当选择采样介质时，应使待分析的目标化合物在采样介质上至少稳定 7 天

E．目标化合物在采样介质上的脱附效率应大于等于动态保留效率，且脱附效率应在 90% ～ 110%

答案：ABDE

14. 下列污染物列入《环境空气质量标准》（GB 3095—2012）的是________。（　　）

A．六价铬　　B．苯并［a］芘　　C．镍　　D．镉

答案：ABD

15. 环境空气注射器法采样，以下说法正确的是________。（　　）

A．注射器通常由玻璃或塑料等材质制成

B．使用前注射器均应按监测方法标准要求进行洗涤、干燥等处理

C．采样前，所用注射器要通过气密性和空白检查，并保证内部无残留气体

D．采样后注射器应密封后将注射器进口朝下、垂直放置

答案：ABCD

16.《环境空气质量标准》（GB 3095—2012）为第三次修订，该次修订的主要内容为________。（　　）

A．调整了环境空气功能区分类，将三类区并入二类区

B．调整了数据统计的准确性规定

C．调整了颗粒物（粒径小于等于 10 μm）、二氧化氮、铅和苯并［a］芘等的浓度限值

D．增设了颗粒物（粒径小于等于 2.5 μm）浓度限值和臭氧 8 h 平均浓度限值

答案：ACD

17. 大气采样监测的常用布点方法有________。（　　）

A．功能区布点法　　B．网格布点法　　C．同心圆布点法　　D．扇形布点法

答案：ABCD

18. 五环以上的多环芳烃主要存在于颗粒物上，可用________采集。（　　）

A．树脂　　B．聚氨酯泡沫

C．石英纤维滤膜 / 滤筒　　D．玻璃纤维滤膜 / 滤筒

答案：CD

19. 有关二噁英采样的描述正确的是________。（　　）

A．环境空气中二噁英类污染物样品采集时，应记录采样现场的空气湿度、温度、风速、风向等参数，若采样点周边存在污染源，还应记录污染源名称、排放情况、采样点位距离和方位等信息

B．二噁英废气样品采集过程中，冲击瓶应浸在冰水浴中，或保持冷凝水温度不高于5℃

C．二噁英废气采样器关机前，要继续采集约5 min环境空气，其目的是将残留在采样泵和主机气路内的烟气和杂质排除，减少仪器损坏

D．二噁英废气采样器的检漏完成后仪器自动显示泄漏值，当该值＜450 cc/min时自动打印，否则应重新检漏

答案：ABC

20. 在环境空气质量手工监测项目中，以下属于有动力采样的项目有________。(　　)

A．总悬浮颗粒物　　B．苯并［*a*］芘　　C．硫酸盐化速率　　D．硫酸雾

答案：ABD

四、判断题

1. 根据《环境空气和废气　酰胺类化合物的测定　液相色谱法》(HJ 801—2016)，采样前对采样器进行气密性检查和流量校准，并打开抽气泵以1.0 L/min流量抽气约3 min，置换采样系统空气。(　　)

答案：错误

正确答案：并打开抽气泵以1.0 L/min流量抽气约5 min，置换采样系统空气。

2.《环境空气　PM_{10}和$PM_{2.5}$的测定　重量法》(HJ 618—2011)规定，流量计的误差应≤5%。(　　)

答案：错误

正确答案：流量计的误差应≤2%。

3.《环境空气　PM_{10}和$PM_{2.5}$的测定　重量法》(HJ 618—2011)中，如果测定任何一次浓度，每次需更换滤膜；如测日平均浓度，样品可采集在一张滤膜上。(　　)

答案：正确

4.《环境空气　半挥发性有机物采样技术导则》(HJ 691—2014)规定，超大流量、大流量或中流量采样器的多点流量校准需要仪器连续运行(30±5)min，至少每半年或者在采样器维修后进行校准。(　　)

答案：错误

正确答案：累计标况体积校准需要仪器连续运行(30±5)min，至少每半年或者在采样器维修后进行校准。

5.《环境空气　半挥发性有机物采样技术导则》(HJ 691—2014)中规定，包括二噁英类、多环芳烃类和有机农药类等在环境空气中主要以气态形式存在的半挥发性有机物，采样不宜在雨天、雪天和风速大于8 m/s的天气下进行。(　　)

答案：错误

正确答案：在环境空气中主要以气态或气溶胶两种形态存在的半挥发性有机物。

6.《环境空气　二氧化硫的测定　甲醛吸收－副玫瑰苯胺分光光度法》（HJ 482—2009）规定二氧化硫 24 h 连续采样方法为：用内装 50 ml 吸收液的多孔玻板吸收瓶，以 0.5 L/min 的流量连续采样 24 h，吸收液温度保持在 23 ～ 29℃。（　　）

答案：错误

正确答案：以 0.2 L/min 的流量连续采样 24 h。

7.《环境空气　氟化物的测定　滤膜采样 / 氟离子选择电极法》（HJ 955—2018）规定，采样前应对采样器流量进行检查校准，流量示值误差不超过 ±2%。（　　）

答案：正确

8.《环境空气　挥发性有机物的测定　便携式傅里叶红外仪法》（HJ 919—2017）方法原理是根据样品的红外吸收光谱与标准物质的拟合程度定性，根据特征吸收峰的强度定量。（　　）

答案：错误

正确答案：根据特征吸收峰的强度半定量。

9. 根据《环境空气　挥发性有机物的测定　固相吸附－热脱附 / 气相色谱－质谱法》（HJ 644—2013），在采样时，当风速大于 5.6 m/s 时，采样时吸附管应与风向垂直放置，并在上风向放置掩体。（　　）

答案：正确

10.《环境空气　颗粒物（PM_{10} 和 $PM_{2.5}$）采样器技术要求及检测方法》（HJ 93—2013）的采样器功能要求中规定，采样器在采样过程中，采样滤膜处的温度与环境温度的偏差应控制在 ±5℃以内。（　　）

答案：正确

11.《环境空气　颗粒物（$PM_{2.5}$）手工监测方法（重量法）技术规范》（HJ 656—2013）规定，测定 $PM_{2.5}$ 日平均浓度，每日采样时间应不少于 20 h，采样时间应保证滤膜上的颗粒物负载量不少于称量天平检定分度值的 100 倍。（　　）

答案：正确

12. 根据《环境空气　无机有害气体的应急监测　便携式傅里叶红外仪法》（HJ 920—2017），当空气相对湿度大于 80% 时，不适宜监测。（　　）

答案：错误

正确答案：当空气相对湿度大于 85% 时，不适宜监测。

13.《环境空气质量指数（AQI）技术规定（试行）》（HJ 633—2012）中，二氧化硫、二氧化氮和一氧化碳的 1 h 平均浓度限值仅用于实时报，在日报中需使用相应污染物的 24 h 平均浓度限值。（　　）

答案：正确

14.《环境空气　总烃、甲烷和非甲烷总烃的测定　直接进样气相色谱法》（HJ 604—2017）仅适用于环境空气总烃、甲烷和非甲烷总烃的测定，不适用于污染源无组织排放监控点空气中总烃、甲烷和非甲烷总烃的测定。（　　）

答案：错误

正确答案：也适用于污染源无组织排放监控点空气中总烃、甲烷和非甲烷总烃的测定。

15.《恶臭污染物排放标准》（GB 14554—1993）中规定水域（包括海洋、河流、湖泊、排水

沟、渠）的监测，应以两岸之间的中心线为厂界边界线，其采样点设置、采样频率与无组织排放源监测相同。(　　)

答案：错误

正确答案：应以岸边为厂界边界线，其采样点设置、采样频率与无组织排放源监测相同。

16. PM_{10}"标准滤膜"的制作方法是：在恒温恒湿箱（室），按平衡条件平衡 24 h 后再称重。每张滤膜应连续称重 10 次以上，将每张滤膜的平均值作为该滤膜的原始质量。(　　)

答案：错误

正确答案：每张滤膜应非连续称重 10 次以上，将每张滤膜的平均值作为该滤膜的原始质量。

17. SO_2 采样时最好选用冲击式吸收管。(　　)

答案：错误

正确答案：选用多孔筛板吸收管。

18. 采集非甲烷总烃的玻璃注射器应小心轻放，保持水平状态放入样品箱内保存和运送。(　　)

答案：错误

正确答案：保持针头端向下状态放入样品保存箱内保存和运送。

19. 采集环境空气样品时，填充柱的吸附效率受温度等因素的影响较大，一般温度升高，最大采样体积减少。(　　)

答案：正确

20. 采集环境空气中挥发性卤代烃样品时，每批样品至少采一个现场空白样品：将活性炭采样管运输到采样现场，不敲开采样管的两端，同已采集的样品一起存放并带回实验室分析。(　　)

答案：错误

正确答案：敲开采样管两端后立即密封，同已采集的样品一起存放并带回实验室分析。

21. 采样器在工作环境条件下，采气流量保持恒定值，并能保持切割器切割特性的流量称为采样器的工作点流量。(　　)

答案：正确

22. 超细玻璃纤维滤膜或聚氯乙烯等有机滤膜在气体流速为 0.45 m/s 时，单张滤膜阻力不大于 3.5 kPa。(　　)

答案：正确

23. 对 PM_{10} 采样器中的转子流量计，应定期使用已检定合格的皂膜流量计对其进行校准。校准时应依次校准转子流量计满量程的 50% 和 100% 处刻度或处在使用流量对应的刻度处。(　　)

答案：错误

正确答案：应依次校准转子流量计满量程的 40%、60%、80%、100% 处刻度或处在使用流量对应的刻度处。

24. 对微量振荡天平颗粒物测量仪，每周应更换一次振荡天平冷凝器中的清洁空气滤膜。(　　)

答案：错误

正确答案：每月应更换一次振荡天平冷凝器中的清洁空气滤膜。

25. 对于空气中不同存在状态的污染物，其采样效率的评价方法都是相同的。(　　)

答案：错误

正确答案： 对于空气中不同存在状态的污染物，其采样效率的评价方法是不相同的。

26. 高效液相色谱法测定空气中醛、酮类化合物时，由于臭氧对甲醛的氧化作用，为提高空气中甲醛的采样效率，可在采样小柱前串联一支臭氧去除柱。（　　）

答案： 正确

27. 根据《环境空气　氮氧化物（一氧化氮和二氧化氮）的测定　盐酸萘乙二胺分光光度法》（HJ 479—2009）的规定，样品采集、运输及存放过程中应避光，样品采集后应尽快分析，必须在 24 h 内完成样品测定。（　　）

答案： 错误

正确答案： 样品采集、运输及存放过程中避光保存，样品采集后尽快分析。若不能及时测定，将样品于低温暗处存放，样品在 30℃暗处存放，可稳定 8 h；在 20℃暗处存放，可稳定 24 h；于 0 ～ 4℃冷藏，至少可稳定 3 d。

28. 根据《环境空气和废气　气相和颗粒物中多环芳烃的测定　高效液相色谱法》（HJ 647—2013），五环以上的多环芳烃主要存在于颗粒物上，可用玻璃（或石英）纤维滤膜 / 滤筒采样。（　　）

答案： 正确

29. 根据《环境空气质量监测点位布设技术规范》（HJ 664—2013），开放光程监测仪器发射端到接收端之间的监测光束仰角不应超过 20°。（　　）

答案： 错误

正确答案： 不应超过 15°。

30. 根据《环境空气质量手工监测技术规范》（HJ 194—2017），滤膜 - 吸附剂联用采样法指将滤膜和吸附剂联合使用，同时采集环境空气中以气态存在的污染物的采样方法。（　　）

答案： 错误

正确答案： 同时采集环境空气中以气态和颗粒物并存的污染物的采样方法。

31. 根据《环境空气质量手工监测技术规范》（HJ 194—2017），污染物被动采样时间及采样频率应根据监测点位周围环境空气中污染物的浓度水平、分析方法的检出限及监测目的确定。（　　）

答案： 正确

32. 根据《环境空气质量手工监测技术规范》（HJ 194—2017），吸附管进气端朝向应符合监测方法标准的规定，垂直放置。（　　）

答案： 错误

正确答案： 垂直放置并进行固定。

33. 根据《空气和废气监测分析方法》（第四版）中气相色谱法测定环境空气和废气中的挥发性卤代烃时，采样结束后，采样管应在 6 天内解析完毕，10 天内分析完毕。（　　）

答案： 正确

34. 根据《空气质量　苯胺类的测定　盐酸萘乙二胺分光光度法》（GB/T 15502—1995）测定工业废气和环境空气中苯胺类化合物，日光照射能使胺类氧化，因此在采样时，选用棕色吸收管，在样品运输和存放过程中，都应采取避光措施。（　　）

答案： 正确

35. 环境空气采样中，使用气袋采样时可不用现场气样来洗涤气袋，直接采样即可。(　　)

答案：错误

正确答案：使用气袋采样时，使用前气袋应用现场气样重复洗涤三次。

36. 环境空气二噁英类采样之前对现场进行调查，原则上采样点应位于开阔地带，距可能扰动空气流的障碍物 2 m 以上，采样期间尽量避开大风或下雨天气。(　　)

答案：正确

37. 环境空气监测中，采集有机成分的滤膜不宜进行称重。(　　)

答案：正确

38. 环境空气质量变化趋势评价适用于评价污染物浓度或环境空气质量综合状况在多个连续时间周期内的变化趋势，采用 Spearman 秩相关系数法评价。(　　)

答案：正确

39. 环境空气质量监测中，用碱片－铬酸钡分光光度法测定硫酸盐化速率时，所用玻璃仪器要用铬酸洗液洗涤，以去除干扰测定的杂质。(　　)

答案：错误

正确答案：所用玻璃仪器不要用铬酸洗液洗涤，以免干扰测定。

40. 环境空气中二氧化硫吸收瓶应每月做 2 次阻力测定，当测定值与上次测定结果之差大于 0.3 kPa 时，应做吸收效率测试，吸收效率应大于 95%。不符合要求者，不能继续使用。(　　)

答案：错误

正确答案：用于环境空气中气态污染物采样的吸收瓶，其阻力应每月测定 1 次，当测定值与上次测定结果之差大于 0.3 kPa 时，应做吸收效率测试，吸收效率应大于 95%，否则不能继续使用。

41. 环境温度和大气压传感器应安装在采样入口附近，不干扰颗粒物切割器正常工作。(　　)

答案：正确

42. 获取环境空气污染物小时平均浓度时，如果污染物浓度过高，或者使用直接采样法采集瞬时样品，应在 1 h 内等时间间隔采集 3 ～ 4 个样品。(　　)

答案：正确

43. 甲醛吸收－副玫瑰苯胺分光光度法测定环境空气或废气中二氧化硫时，因为二氧化硫气体易溶于水，所以易被冷凝在进气导管管壁上的空气中的水蒸气吸附和溶解，从而使测定结果偏低。(　　)

答案：正确

44. 甲醛－盐酸副玫瑰苯胺分光光度法测定环境空气或废气中二氧化硫时，显色反应需在中性溶液中进行。(　　)

答案：错误

正确答案：显色反应需在酸性溶液中进行。

45. 监测环境空气中气态污染物时，要获得 1 h 的平均浓度，样品的采样时间应不少于 30 min。(　　)

答案：错误

正确答案：监测环境空气中气态污染物时，要获得 1 h 的平均浓度，样品的采样时间应不少于 45 min。

46. 将二氧化氮浓度从 ppb 换算成标准状态下 μg/m^3 时，通常乘以 1.34。(　　)

答案：错误

正确答案：通常乘以 2.05。

47. 降尘是总悬浮颗粒物的一部分。(　　)

答案：错误

正确答案：分散在大气中的微小液体和固体颗粒等粒子状态的污染物，粒径大于 10 μm 时能较快地沉降到地面上，称为降尘。总悬浮颗粒物（TSP）：指悬浮在空气中，空气动力学当量直径≤ 100 μm 的颗粒物。

48. 开放光程差分吸收光谱仪测量环境空气中 SO_2、NO_2、O_3 的检出限与光程长度无关。(　　)

答案：错误

正确答案：检出限与光程长度有关。

49. 空气样品的 24 h 连续采集中，在采样总管上，二氧化硫进气口应先于二氧化氮进气口。(　　)

答案：正确

50. 根据《环境空气　氮氧化物（一氧化氮和二氧化氮）的测定　盐酸萘乙二胺分光光度法》（HJ 479—2009），空气中臭氧浓度超过 0.250 mg/m^3 时，会对氮氧化物的测定产生正干扰，采样时可在吸收瓶入口端串接一段 15 ～ 20 cm 长的硅橡胶管，以排除干扰。(　　)

答案：错误

正确答案：空气中臭氧浓度超过 0.250 mg/m^3 时，会对氮氧化物的测定产生负干扰。

51. 利用间断采样法采集环境空气中气态污染物样品时，在采样流量为 0.5 L/min 时，装有 10 ml 吸收液的多孔玻板吸收瓶的阻力应为 4.7±0.7 kPa，且采样时吸收瓶玻板的气泡应分布均匀。(　　)

答案：正确

52. 滤膜采集后，如不能立即称重，应常温密封保存。(　　)

答案：错误

正确答案：滤膜采集后，如不能立即称重，应 4℃条件下冷藏（除分析有机物的滤膜外），-20 ℃冷冻箱内（分析有机成分）保存。

53. 气态污染物的有动力采样法包括溶液吸收法、填充柱采样法和低温冷凝浓缩法。(　　)

答案：正确

54. 三点比较式臭袋法测定恶臭时，对于无组织排放源，监测点位必须设在企业厂界下风向侧。(　　)

答案：错误

正确答案：设置在工厂厂界的下风向侧，或有臭气方位的边界线上。

55. 四氯汞钾法测定大气中二氧化硫时，为消除氮氧化物的干扰，应加入氨基硫酸钠。(　　)

答案：正确

56. 酸沉降监测采样时，干湿接样器应处于平行于主导风向的位置，湿罐处于下风向。(　　)

答案：错误

正确答案：干湿接样器应处于平行于主导风向的位置，湿罐处于上风向。

57. 为了防止因室内外空气温度的差异而致使采样总管内壁结露对监测污染物吸附，采样总管应加装保温套或加热器，加热温度一般控制在 60 ～ 80℃。(　　)

答案：错误

正确答案：为了防止因室内外空气温度的差异而致使采样总管内壁结露对监测污染物吸附，采样总管应加装保温套或加热器，加热温度一般控制在 30 ～ 50℃。

58. 依据《环境空气质量手工监测技术规范》(HJ 194—2017)，多点采样时，需使用同一台采样器对各采样点依次进行采样，采样时间和采样频率均应相同。(　　)

答案：错误

正确答案：多点采样时，各采样点采样须同步进行，采样时间和采样频率均应相同。

59. 以监测地区的空气质量趋势或各环境质量功能区的代表性浓度为目的而设置的监测点（空气质量评价点），其代表范围一般为半径 100 m 至 500 m 的区域。(　　)

答案：错误

正确答案：其代表范围一般为半径 500 m 至 4 km 的区域，有时也可扩大到半径 4 km 至几十千米（如对于空气污染物浓度较低，其空间变化较小的地区）的区域。

60. 影响空气中污染物浓度分布和存在形态的气象参数主要有风速、风向、湿度、温度、压力、降水以及太阳辐射等。(　　)

答案：正确

61. 用超细玻璃纤维滤膜采集环境空气样品时，在测定 TSP 的质量浓度后，样品滤膜可用于测定无机盐、有机化合物和金属元素。(　　)

答案：错误

正确答案：测定金属元素的样品要用聚氯乙烯等有机滤膜采集。

62. 用低流量采集半挥发性有机物时，选择吸附剂的填充形式主要取决于被测化合物的性质和吸附剂的特性，无论选择哪种填充形式，其采样效率应达到 65% ～ 125%。(　　)

答案：正确

63. 用金膜富集－冷原子吸收分光光度法测定环境空气中汞含量时，金膜微粒富集管在常温下可富集空气中的微量汞，生成金汞齐，当富集管加热至 100℃通气时，即可排除苯、丙酮等有机蒸气的干扰。(　　)

答案：错误

正确答案：当富集管加热至 300℃通气时，可排除苯、丙酮等有机蒸气的干扰。

64. 用硫酸－铬酸洗液洗涤的吸收管采集环境空气二氧化硫，因硫酸的影响会使监测结果偏高。(　　)

答案：错误

正确答案：因铬酸中的六价铬对显色物质有影响，使监测结果偏低。

65. 用盐酸萘乙二胺分光光度法或 Saltzman 法测定环境空气中氮氧化物或二氧化氮时，吸收液贮于密闭的棕色瓶中，于冰箱或低温暗处 25℃以下可稳定三个月，若呈现淡红色，应弃之重配。(　　)

答案： 错误

正确答案： 显色液贮于密闭的棕色瓶中，在25℃以下暗处存放可稳定三个月，若呈现淡红色，应弃之重配。

66. 用盐酸萘乙二胺分光光度法或 Saltzman 法测定环境空气中氮氧化物时，吸收液能吸收空气中的氮氧化物，所以吸收液不宜长时间暴露于空气中。(　　)

答案： 正确

67. 用于校准采样仪器的流量校准装置，其精度与采样仪器流量计精度相当也可使用。(　　)

答案： 错误

正确答案： 用于校准采样仪器的流量校准装置，其精度与采样仪器流量计精度相当时不可使用。

68. 用注射器采集的环境空气样品的存放时间不宜太长，一般要在 2 天内分析完。(　　)

答案： 错误

正确答案： 要在采集当天完成分析。

69. 在环境空气颗粒物手工监测的滤膜称重分析中，以两次称量结果中最后一次的值作为滤膜称重值。(　　)

答案： 错误

正确答案： 以两次称量结果的平均值作为滤膜称重值。

70. 依据《固定源废气监测技术规范》(HJ/T 397—2007)在气态污染物采样时，采样期间应保持流量恒定，波动不大于 ±10%。(　　)

答案： 正确

71. 用非分散红外线气体分析器测定环境空气中一氧化碳时，常用高纯氮气调零，有时也用经霍加拉特管(加热至 90 ～ 100℃)净化后的空气来调零。(　　)

答案： 正确

72. 用滤膜采集环境空气中的 TSP 时，应将滤膜的光面朝向进气方向。(　　)

答案： 错误

正确答案： 滤膜毛面应朝向进气方向。

五、简答题

1.《环境空气质量手工监测技术规范》(HJ 194—2017)修改单 3.9 所指气态污染物浓度为参比状态下浓度的有哪些污染物？哪些污染物浓度为监测时大气温度和压力下的浓度？(分别举 5 个例子)。

答案： 二氧化硫、二氧化氮、一氧化碳、臭氧、氮氧化物等气态污染物浓度为参比状态下的浓度；

颗粒物(粒径小于等于 10 μm)、颗粒物(粒径小于等于 2.5 μm)、总悬浮颗粒物及其组分铅、苯并[*a*]芘等浓度为监测时大气温度和压力下的浓度。

2. 什么是二次污染物？

答案： 二次污染是指一次污染物在大气中相互作用或它们与大气中的正常组分发生反应所产生

的新污染物。

3. 简述大气颗粒物采样的仪器组成。

答案：大气颗粒物采样的仪器装置由采样夹（固定滤膜）、流量计、抽气泵、定时器等组成。

4. 简述颗粒物手工采样所使用滤膜的技术要求。

答案：采样滤膜可选用玻璃纤维滤膜、石英滤膜等无机滤膜或聚氯乙烯、聚丙烯、聚四氟乙烯、混合纤维素等有机滤膜。滤膜应厚薄均匀，无针孔、无毛刺。PM_{10} 滤膜对 0.3 μm 标准粒子的截留效率≥99%，$PM_{2.5}$ 滤膜对 0.3 μm 标准粒子的截留效率≥99.7%。

5. 论述采集大气样品的常用布点方法。

答案：采集大气样品的常用布点方法有几何图形布点法和功能区布点法两类。几何图形布点法中常用的几何图形有同心圆、扇形、均匀网格。功能区布点是将监测区域划分为工业区、商业区、居住区、交通稠密区、清洁区等，再在不同功能区中适当布点。

6. 直接采样法和富集采样法各适用于什么情况？

答案：直接采样法适用于：①被测组分浓度高；②分析方法灵敏度高。

富集采样法适用于：①被测组分浓度低；②分析方法灵敏度不够高。

7. 简述环境空气质量监测点位布设原则。

答案：

（1）代表性：具有较好的代表性，能客观反映一定空间范围内的环境空气质量水平和变化规律，客观评价城市、区域环境空气状况，污染源对环境空气质量的影响，满足为公众提供环境空气状况健康指引的需求。

（2）可比性：同类型监测点设置条件尽可能一致，使各个监测点获取的数据具有可比性。

（3）整体性：环境空气质量评价城市点应考虑城市自然地理、气象等因素，以及工业布局、人口分布等社会经济特点，在布局上应反映城市主要功能区和主要大气污染源的空气质量状况及变化趋势，从整体出发合理布局，监测点之间相互协调。

（4）前瞻性：应结合城乡建设规划考虑监测点的布设，使确定的监测点能兼顾未来城乡空间格局变化趋势。

（5）稳定性：监测点位置一经确定，原则上不应变更，以保证监测资料的连续性和可比性。

8. 环境空气有动力采样法有什么优势？它又分为哪几种方法？

答案：首先，有动力采样是长时间所得的监测结果，反映的是一段时间的平均浓度，因而更能客观地反映环境状况。

其次，有动力采样不仅浓缩了待测物，提高了分析灵敏度，而且有利于去除干扰物质和选择不同原理的分析方法。

有动力采样分为溶液吸收法、填充柱采样法、低温冷凝法。

溶液吸收法：该方法主要用于采集气态和蒸气态的污染物，是最常用的气体污染物样品的浓缩采样法。

填充柱采样：用一个内径 3 ～ 5 mm，长 5 ～ 10 cm 的玻璃管，内装颗粒状的或纤维状的固体填充剂，填充剂可以是吸附剂，或在颗粒状的或纤维状的单体上涂渍某种化学试剂。

低温冷凝浓缩：空气中某些沸点比较低的气态物质，在常温下用固体吸附剂很难完全被阻留，用制冷剂将其冷藏下来，浓缩效果好。

9. 大气监测布点必须依据监测项目并结合区域环境特点及污染物特性，通常布点应遵循哪些原则？

答案：

（1）采样点位应包括监测区域的高、中、低浓度区。

（2）将污染源的下风向区作为主要监测范围，上风向区作为对照点。

（3）工业密集的城区和工矿区多设采样点，郊区和农村则少设一些。

（4）人口密度大的地方设采样点多一些，人口密度小的地方少设一些。

（5）经常超标的地区采样点数目多设一些。

10. 环境空气质量手工监测，如何保证间断采样的质量？

答案：

（1）每次采样前，应对采样系统的气密性进行认证检查，确认无漏气现象后，方可进行采样。

（2）应使用经计量检定单位检定合格的采样器。使用前必须经过流量校准，流量误差不大于5%；采样时流量应稳定。

（3）使用气袋或真空瓶采样时，使用前气袋和真空瓶应用气样重复洗涤 3 次；采样后，旋塞应拧紧，以防漏气。

（4）在颗粒物采样时，采样前应确认采样滤膜无针孔和破损，滤膜的毛面应向上。

（5）滤膜采集后，如不能立即称重，应在 4℃条件下冷藏保存；对分析有机成分的滤膜采集后应立即放入 -20℃冷冰箱内保存至样品处理前，为防止有机物的分解，不宜称重。

（6）使用吸附采样管采样时，采样前应做气样中污染物穿透试验，以保证吸收效率或避免样品损失。

11. 环境空气中颗粒物采样结束后，取滤膜时，发现滤膜上颗粒物的边缘轮廓不清晰，说明什么问题？应如何处理？各写出三种以上环境空气中气态污染物有动力采样和直接采样的方法。

答案：滤膜上颗粒物的边缘轮廓不清晰表示采样时漏气，本次采样作废，需重新采样。有动力采样包括：吸收液采样（溶液吸收采样）、吸附柱采样（填充柱采样）、低温冷凝浓缩采样；直接采样包括：气袋采样、注射器采样、固定容器采样（苏玛罐采样、真空瓶采样）。

12. 简述环境空气质量监测对采样口位置要求。

答案：

（1）对于手工采样，其采样口离地面的高度应在 1.5 ～ 15 m。

（2）对于自动监测，其采样口或监测光束离地面的高度应在 3 ～ 20 m。

（3）对于路边交通点，其采样口离地面的高度应在 2 ～ 5 m。

（4）在保证监测点具有空间代表性的前提下，若所选点位周围半径 300 ～ 500 m 范围内建筑物平均高度在 25 m 以上，无法按满足（1）、（2）条的高度要求设置时，其采样口高度可以在 20 ～ 30 m 范围内选取。

（5）在建筑物上安装监测仪器时，监测仪器的采样口离建筑物墙壁、屋顶等支撑物表面的距离应大于 1 m。

（6）使用开放光程监测仪器进行空气质量监测时，在监测光束能完全通过的情况下，允许监测光束从日平均机动车流量少于10 000辆的道路上空、对监测结果影响不大的小污染源和少量未达到间隔距离要求的树木或建筑物上空穿过，穿过的合计距离不能超过监测光束总光程长度的10%。

（7）当某监测点需设置多个采样口时，为防止其他采样口干扰颗粒物样品的采集，颗粒物采样口与其他采样口之间的直线距离应大于1 m。若使用大流量总悬浮颗粒物（TSP）采样装置进行并行监测，其他采样口与颗粒物采样口的直线距离应大于2 m。

（8）对于空气质量评价城市点，采样口周围至少50 m范围内无明显固定污染源，为避免车辆尾气等直接对监测结果产生干扰，点式仪器采样口与道路之间最小间隔距离应有关要求（点式仪器采样口与交通道路之间最小间隔距离）确定。

（9）开放光程监测仪器的监测光程长度的测绘误差应在 ±3 m 内（当监测光程长度小于200 m时，光程长度的测绘误差应小于实际光程的 ±1.5%）。

（10）开放光程监测仪器发射端到接收端之间的监测光束仰角不应超过15°。

六、计算题

1. 采用重量法测定某采样点中的TSP时，用中流量采样器进行采样，采样温度25℃，大气压101.3 kPa，采样流量0.12 m^3/min，采样时间2 h，T_3、P_3 与采样器现场校准时的 T_2、P_2 相近，空白滤膜质量282.6 mg，样品滤膜质量282.9 mg，求大气中TSP的含量。

答案：

《环境空气质量标准》（GB 3095—2012）修改单规定："颗粒物（粒径小于等于10 μm）、颗粒物（粒径小于等于2.5 μm）、总悬浮颗粒物及其组分铅、苯并［*a*］芘等浓度为监测时大气温度和压力下的浓度"，因此：

TSP=（282.9−282.6）/（0.12×2×60）=0.021（mg/m^3）

2. 若钢瓶气体 SO_2 浓度为100 ppm，期望浓度为400 ppb，测试气体总流量为5 000 ml/min，计算钢瓶气体和稀释空气的流速。

答案：

（1）钢瓶气体流速＝（400×5 000）/100 000=20（ml/min）

（2）由于气体总量为5 000 ml/min，是稀释气体流量与钢瓶气体流量之和，因此稀释流量为总流量与钢瓶气体流量差

稀释气体流量＝5 000−20=4 980（ml/min）

3. 某城市测得的空气质量指数实时报数据如下表所示。请填充空白处，如不需要填内容则填"无"。请列出公式及计算过程。

监测点位名称	二氧化硫1h平均浓度	二氧化硫1h分指数	二氧化氮1h平均浓度	二氧化氮1h平均分指数	颗粒物（粒径小于等于10 μm）1h平均	颗粒物（粒径小于等于10 μm）24h滑动平均浓度	颗粒物（粒径小于等于10 μm）24h滑动平均分指数	一氧化碳1h平均浓度	一氧化氮1h平均分指数	臭氧1h平均浓度	臭氧1h平均分指数	臭氧8h滑动平均浓度	臭氧8h滑动平均分指数	颗粒物（粒径小于等于2.5 μm）1h平均浓度	颗粒物（粒径小于等于2.5 μm）24h滑动平均浓度	颗粒物（粒径小于等于2.5 μm）24h滑动平均分指数	空气质量指数	首要污染物	空气质量指数级别	类别	颜色
A	6	2	27	14	67	54	52	0.971	10	89	28	91	46	53	44						
B	5	2	15	8	43	32	32	1.139	12		23	75	38	44	28	40					
C	4	2	36	18	85	69		1.084	11	98	31	94	47	50	41	58					

答案：

监测点位名称	二氧化硫1h平均浓度	二氧化硫1h分指数	二氧化氮1h平均浓度	二氧化氮1h平均分指数	颗粒物（粒径小于等于10 μm）1h平均	颗粒物（粒径小于等于10 μm）24h滑动平均浓度	颗粒物（粒径小于等于10 μm）24h滑动平均分指数	一氧化碳1h平均浓度	一氧化氮1h平均分指数	臭氧1h平均浓度	臭氧1h平均分指数	臭氧8h滑动平均浓度	臭氧8h滑动平均分指数	颗粒物（粒径小于等于2.5 μm）1h平均浓度	颗粒物（粒径小于等于2.5 μm）24h滑动平均浓度	颗粒物（粒径小于等于2.5 μm）24h滑动平均分指数	空气质量指数	首要污染物	空气质量指数级别	类别	颜色
A	6	2	27	14	67	54	52	0.971	10	89	28	91	46	53	44	62	62	细颗粒物	二级	良	黄色
B	5	2	15	8	43	32	32	1.139	12	72	23	75	38	44	28	40	40	无	一级	优	绿色
C	4	2	36	18	85	69	60	1.084	11	98	31	94	47	50	41	58	60	可吸入颗粒物	二级	良	黄色

污染物项目 P 的空气质量分指数：

$$\text{IAQI} = \frac{\text{IAQI}_{Hi} - \text{IAQI}_{L0}}{\text{BP}_{Hi} - \text{BP}_{L0}}(C_p - \text{BP}_{L0}) + \text{IAQI}_{L0}$$

空气质量指数：

$$\text{AQI} = \max\{\text{IAQI}_1, \text{IAQI}_2, \text{IAQI}_3, \cdots, \text{IAQI}_n\}$$

颗粒物（粒径小于等于 10 μm）24 h 滑动平均分指数：

［(100−50) / (150−50)］×（69−50）+50=59.5，取整数 60

臭氧 1 h 平均浓度：

23×（160−0）/（50−0）+0=73.6

验证：

代入 74：分指数 =74×（50−0）/（160−0）+0=23.2（超出给定值）

代入 73：分指数 =73×（50−0）/（160−0）+0=22.8（符合给定值）

代入 72：分指数 =72×（50−0）/（160−0）+0=22.5（符合给定值）

代入 71：分指数 =71×（50−0）/（160−0）+0=22.2（符合给定值）

代入 70：分指数 =70×（50−0）/（160−0）+0=21.9（小于给定值）

故空格处可以为 71，72，73

颗粒物（粒径小于等于 2.5 μm）24 h 滑动平均分指数：

［(100−50) / (75−35)］×（44−35）+50=61.25

取整数 62

4. 空气采样时，现场气温为 28℃，大气压力为 95.3 kPa，实际采样体积为 450 L。计算参比状态下的采样体积是多少？（在此不考虑采样器的阻力）

答案：

$$V_0 = \frac{450\times(273+25)\times 95.3}{(273+28)\times 101.3} = 419\text{（L）}$$

5. 某监测点用内装 10.00 ml 吸收液的多孔玻板吸收管以 0.5 L/min 流量采集空气中 SO_2 60 min。用甲醛吸收－盐酸副玫瑰苯胺分光光度法测得样品溶液吸光度为 0.234，试剂空白溶液的吸光度为 0.045；校准曲线回归方程的斜率为 0.043，截距为 5.21×10^{-3}；环境温度和气压分别为 30℃和 101.4 kPa。请计算大气中 SO_2 的浓度。

答案：

$$V_s = 0.5\times 60\times\frac{273}{273+30}\times\frac{101.4}{101.325} = 27.0\text{（L）}$$

$$C(SO_2) = \frac{A - A_0 - a}{V_s\cdot b}\times\frac{V_t}{V_a} = \frac{0.234 - 0.045 - 5.21\times10^{-3}}{27.0\times 0.043} = 0.158\text{（mg/m}^3\text{）}$$

6. 使用传统的孔口流量计对某台新购置的 $PM_{2.5}$ 采样器进行流量校准，已测得当前的环境大气压为 100.170 kPa，环境温度为 27.0℃，采样流量稳定时的流量为 97 m^3/min。已知孔口流量计的修正公式中斜率 b=0.588 0，截距 a=1.002。请计算①标准状态下的采样器采样流量，②孔口流量计的压差值 ΔH。

答案：

$$Q_n = Q \times \frac{P_1 \times T_n}{P_n \times T_1} = 97 \times \frac{100.170 \times 273}{101.325 \times (273 + 27.0)} = 87.26\ (m^3/min)$$

$y=b \times Q_n+a$=0.588 0 × 87.26+1.002=52.31（m^3/min）

$$\Delta H = \frac{y^2 \times P_n \times T_1}{P_1 \times T_n} = \frac{52.31^2 \times 101.325 \times (273 + 27.0)}{100.170 \times 273} = 3\ 041.7\ (Pa)$$

7. 室温下将 1.0 μl 甲苯注入装有载气的 10.0 L 气袋中，计算气袋中甲苯的体积分数，单位为 ppm（室温为 25℃，大气压力为 101.3 kPa，室温下甲苯的密度为 0.867 g/cm^3，甲苯的摩尔质量为 92.1 g/mol）。

答案：

C=［22.4 × 0.867 × 1.0 × 10^{-3} ×（273+25）］/（92.1 × 10.0 × 273）=23.0 ppm

8. 按《环境空气　铅的测定　火焰原子吸收分光光度法》（GB/T 15264—1994）测定环境空气中的铅，已知实际样品的采样体积为 50 m^3，采样时气温为 20℃，大气压力为 101.5 kPa，滤膜直径为 9 cm（空白样和实际样相同），测定时取半张滤膜浸取消解，空白样和实际样经消解后定容至 50 ml，样品稀释 5 倍测定，空白样的铅浓度为 0.2 μg/ml，实际样的铅的浓度为 12.3 μg/ml，求由该样品测得的环境空气中的铅浓度（mg/m^3）。

答案：

样品绝对铅含量 W=（12.3−0.2）50 × 5 × 2=6 050 μg=6.05（mg）

环境空气中铅的浓度 $C = \frac{W}{V_a} = \frac{6.05}{50} = 0.12$（mg/$m^3$）

由该样品测得的环境空气中铅浓度为 0.12 mg/m^3。

［注意：这里的体积应按照《环境空气　铅的测定　火焰原子吸收分光光度法》（GB/T 15264—1994）修改单规定的实际体积计算，不可折算标态体积］

9. 某采样点使用《环境空气　氮氧化物（一氧化氮和二氧化氮）的测定　盐酸萘乙二胺分光光度法》（HJ 479—2009）方法测定环境空气中的二氧化氮，《环境空气　PM_{10} 和 $PM_{2.5}$ 的测定　重量法》（HJ 618—2011）测定 PM_{10}，用装有 10 ml 吸收液的筛板吸收管采集二氧化氮，采样流量为 0.5 L/min，PM_{10} 的采样时间为 100 L/min，采样时间均为 1 h，采样点温度为 15 ℃，大气压为 100 kPa。实验室分析结果表明，吸收液中二氧化氮的含量为 1.98 μg，滤膜增重为 0.000 65 g，请计算环境空气中二氧化氮和 PM_{10} 的浓度。

答案：

二氧化氮参比体积为

$$V_r = \frac{P \times V \times 298.15}{(273 + t) \times 101.325} = \frac{100 \times 0.5 \times 60 \times 298.15}{(273 + 15) \times 101.325} = 30.65\ (L)$$

二氧化氮的浓度为 $\rho = \frac{m}{V_r} = \frac{1.98}{30.65} = 0.065$（mg/$m^3$）

PM_{10} 的采样体积为 V=100 × 60=6 000（L）

PM_{10} 的浓度为 $\rho=\frac{m\times10^6}{V}=\frac{0.000\,65\times10^6}{6\,000}=0.108$（$mg/m^3$）

10. 采用《环境空气　二氧化硫的测定　四氯汞盐吸收－副玫瑰苯胺分光光度法》（HJ 483—2009）测定环境空气中的 SO_2，标准曲线测定如下表所示：

管号	0	1	2	3	4	5	6	7
SO_2 标准溶液（2 μg/ml）/ ml	0	0.60	1.00	1.40	1.60	1.80	2.20	2.70
四氯汞钾吸收溶液 / ml	5.00	4.40	4.00	3.40	3.40	3.20	2.80	2.30
吸光度 A	0.008	0.153	0.251	0.358	0.398	0.446	0.528	0.666

用校正吸光度 A 校对二氧化硫含量（μg）绘制标准曲线的一元线性回归方程为：

$A_{校}=0.120\,8\,m_{SO_2}+0.002$

式中：$A_{校}$为校正吸光度，m_{SO_2} 为 5.0 ml 标准溶液中二氧化硫的质量（μg）。

采样现场 T=15℃，P=1 010.20 hPa，采样体积为 15 L。采样管中加入 5 ml 四氯汞钾吸收液，采样结束后全部移入具塞比色管中，定容到 5 ml，按照标准曲线的绘制方法，加入各试剂，显色后测得待测溶液的吸光度 A=0.382，试剂空白溶液的吸光度 A_0=0.008。求该监测点 SO_2 的浓度。

答案：

（1）吸收液中二氧化硫的质量：

$$m=\frac{(0.382-0.008-0.002)}{0.120\,8}=3.08\ (\mu g)$$

（2）参比状态下（298.15 K，1 013.25 hPa）的采样体积：

$$V=15\times\frac{298.15}{273+15}\times\frac{1\,010.20}{1\,013.25}=15.48\ (L)$$

（3）该监测点 SO_2 的含量：

$$SO_2=\rho(SO_2)=\frac{3.08}{15.48}=0.199\ (\mu g/L)=199\ (\mu g/m^3)\text{ 或 }0.199\ (mg/m^3)$$

该监测点 SO_2 的浓度为 199 $\mu g/m^3$（或 0.199 mg/m^3）。

11. 根据《空气质量　二硫化碳的测定　二乙胺分光光度法》（GB/T 14680—1993）测定环境空气中二硫化碳，某监测点的环境温度为 18℃，气压为 101.1 kPa，以 0.2 L/min 流量采集空气中二硫化碳 60 min。已知测定样品溶液的吸光度为 0.164，试剂空白吸光度为 0.004，校准曲线回归方程斜率为 0.016 3，截距为 -4.06×10^{-3}。试计算该监测点标准状态下（0℃，101.3 kPa）二硫化碳的浓度（mg/m^3）。

答案： $V_t=0.2\times60=12.0$（L）

V_0=（$V_t\times273\times P$）/［（273+t）×101.325］

=（12.0×273×101.3）/［（273+18）×101.325］=11.2（L）

C（CS_2，mg/m^3）=［（A−A_0）−a］/（$b\times V_0$）

=［（0.164−0.004）−（-4.06×10^{-3}）］/（0.016 3×11.2）

=0.899（mg/m^3）

七、分析题

某汽车制造集团拟在A市工业园区内新建年产10万辆乘用车整车制造项目。建设内容包括冲压、焊接、涂装、总装、发动机（含机加工、装配）五大车间和公用工程辅助设施，项目建设期为两年。拟建厂址位于A市工业园区西北部，占地面积64 km^2。该地区年平均风速1.85 m/s。主导风为西北风，厂址西北方向距离商住区约5 km。该项目大气评价等级为二级。给出拟建工程环境空气现状监测方案的主要内容。

答案：

环境空气评价等级为二级，布设6个点，采用极坐标布点法。具体布点方法是：在拟建厂区布设1个点，项目西北向的商住区布设1个点，项目的东北方向、西南方向各布设1个点，项目的东南向布设2个点。

选取不利季节进行一期现状监测，监测时间为连续7天，SO_2、NO_2、PM_{10}、$PM_{2.5}$每天采样时间为20 h，TSP每天采样时间为24 h。SO_2、NO_2、TSP、PM_{10}每天采样时段至少于2、8、14、20时进行。苯系物、非甲烷总烃按相关监测方法进行监测。监测同时记录气温、风向、风速等常规气象资料。环境空气现状监测因子为SO_2、NO_2、TSP、PM_{10}、$PM_{2.5}$、苯系物（苯、甲苯、二甲苯）。

八、论述题

1. 某城市2016—2018年空气质量六项污染物年平均浓度如下表所示，请结合材料分析：（1）该城市2018年空气质量状况及历史变化趋势；（2）针对该城市的空气污染状况提出空气质量改善措施建议。

年份	SO_2/（μg/m^3）	NO_2/（μg/m^3）	PM_{10}/（μg/m^3）	$PM_{2.5}$/（μg/m^3）	O_3-8 h 第90百分位数/（μg/m^3）	CO第95百分位数/（mg/m^3）
2016	12	46	63	40	155	1.3
2017	12	52	55	38	162	1.2
2018	10	50	60	35	174	1.2

答案：

（1）2018年该城市SO_2、NO_2、PM_{10}、$PM_{2.5}$、O_3和CO年平均浓度分别为10 μg/m^3、50 μg/m^3、60 μg/m^3、35 μg/m^3、174 μg/m^3和1.2 mg/m^3。其中，O_3和NO_2两项监测指标超标，其余4项监测指标均达标。从近三年各项监测指标浓度变化趋势来看，O_3和NO_2年平均浓度总体呈上升趋势，其余四项监测指标年评价浓度总体呈下降趋势。与2016年相比，2018年O_3和NO_2年平均浓度分别上升12.3%和8.7%，SO_2、PM_{10}、$PM_{2.5}$和CO年平均浓度分别下降16.7%、4.8%、12.5%和7.7%。

（2）综上所述，目前该城市主要面临两个问题：一是NO_2和O_3浓度上升且未达标，二是PM_{10}总体呈下降趋势但较2017年有所上升。鉴于此，提出以下空气质量改善建议：

①大力控制重点行业挥发性有机物（VOCs）排放。实施VOCs排放总量控制，制定VOCs专

项整治方案。严格控制新建VOCs排放量大的项目，对重点企业的VOCs污染排放和污染治理设施运行情况实施统一监管，确保VOCs污染物稳定达标排放。

②全面推进移动源污染防治。全面推行“黄标车”淘汰工作，鼓励老旧车辆提前淘汰。严格车用汽、柴油质量监管，继续推进油品升级，加强港口船舶污染防治。

③积极控制扬尘污染，建立和完善扬尘污染综合防治的长效机制，实施重大扬尘源在线监控管理。

2. 影响环境空气质量的因素有哪些？应从哪些方面防控环境空气污染，改善空气质量？

答案：

环境空气质量的影响因素有气象条件、内源污染和外源输送几方面，在不利气象条件下，内源污染和外源输送叠加影响会导致空气污染严重。

防控空气污染应以防控内源污染为主，包括工业排放污染、燃煤污染、机动车船排放污染、施工工地扬尘污染、道路扬尘污染、非道路移动机械排放污染等。此外，应加强区域联防联控，促进区域空气质量共同提升。

第二节　废气

一、填空题

1. 采集烟尘的常用滤筒有____________滤筒和____________滤筒。

答案：玻璃纤维　　刚玉

2. 烟尘测试中的预测流速法，适用于工况____________的污染源。

答案：比较稳定

3. 根据《大气污染物无组织排放监测技术导则》（HJ/T 55—2000），对无组织排放废气监测时，可实行连续1 h采样，或者实行在1 h内以等时间间隔采集____________个样品计平均值。

答案：4

4. 用U形压力计可测定固定污染源排气中的____________压和____________压。

答案：全　　静

5. 为了从烟道中取得有代表性的烟尘样品，必须用等速采样方法。即气体进入采样嘴的速度应与采样点烟气速度相等，其相对误差应控制在±____________%以内。

答案：10

6.《固定污染源排气中颗粒物测定与气态污染物采样方法》（GB/T 16157—1996）规定，按等速采样原则测定锅炉烟尘浓度时，每个断面采样次数不得少于____________次，每个测点连续采样时间不得少于____________min，每台锅炉测定时所采集样品累计的总采气量应不少于1 m^3，取3次采样的算术均值作为管道的烟尘浓度值。

答案：3　3

7.《固定污染源废气　低浓度颗粒物的测定　重量法》（HJ 836—2017）规定，在低浓度颗粒物测定时，当颗粒物测定浓度高于50 mg/m^3时，表述为____________mg/m^3。

答案：>50

8.《固定污染源废气　二氧化硫的测定　定点位电解法》（HJ 57—2017）中氨、硫化氢、氯化氢、氟化氢、二氧化氮等对样品测定会产生干扰，可采用__________、__________、气体过滤器滤除等措施减小干扰。一氧化碳干扰显著，测定样品时同时测定__________的浓度。

答案：磷酸吸收　　乙酸铅棉吸附　　一氧化碳

9. 对除尘器进出口管道内气体压力进行测定时，可采用校准后的标准皮托管或其他经过校正的非标准型皮托管（如 S 形皮托管），配__________压力计或倾斜式压力计进行测定。

答案：U 形

10. 林格曼黑度图法测定烟气黑度时，观察烟气的仰视角不应__________，一般情况下不宜大于 45°，应尽量避免在过于__________的角度下观测。

答案：太大　　陡峭

11. 依据《固定污染源排气中颗粒物测定与气态污染物采样方法》（GB/T 16157—1996），烟尘采样位置应优先选择在垂直管段，应避开弯头烟道和断面急剧变化的部位，距弯头、阀门、变径管下游方向不小于__________倍直径，和距上述部件上游方向不小于__________倍直径处。对于烟气污染物，由于混合比较均匀，其采样位置可不受上述规定限制，但应避开涡流区。

答案：6　3

12. 废气采样装置的流量计和监测气态污染物的__________应定期进行校准。

答案：传感器

13. 有一工厂的高架烟囱，欲监测其排放污染物的扩散情况，应采用__________布点法。

答案：扇形

14. 利用装置在采样管上的孔板差压与皮托管指示的采样点气体动压相平衡来实现等速采样的方法称为__________。

答案：动压平衡等速采样

15. 当进入采样嘴的气流速度与测点处的烟气流速__________时，才能取得有代表性的烟尘样品。这也就是__________采样。

答案：相等　　等速

16.《固定污染源废气　硫酸雾的测定　离子色谱法》（HJ 544—2016）中规定，采集的样品应__________冷藏，密封保存，在__________内完成试样制备。

答案：0 ～ 4℃　24 h

17. 进行焚烧设施监测时，要求连续运行式焚烧设施采样前应至少稳定运行__________h，间歇式焚烧设施采样前应至少稳定运行__________h，生产负荷应达到设计的__________%（含）以上，方可采样。

答案：4　1　75

18. 用化学法监测污染源中废气时，常用的溶液吸收瓶类型有__________和__________两种。

答案：冲击（翻泡）式　　玻板式

19. 化学发光法测定 NO、NO_2 和 NO_x 的工作原理是基于 NO 和 O_3 的化学发光反应生成激发态的__________分子，在返回基态时放出与__________浓度成正比的光。

答案：NO_2　NO

20. 烟道气测定时，采样点的位置和数目主要根据烟道断面的___________、___________和___________确定。

答案：形状　　尺寸大小　　流速分布情况

21. 根据《固定污染源废气　氮氧化物的测定　定电位电解法》（HJ 693—2014）测定固定污染源废气中的氮氧化物时，其浓度计算结果只保留___________。当浓度计算结果较高时，保留___________位有效数字。

答案：整数位　3

22. 利用测烟望远镜法测定烟气黑度时，连续观测时间应不少于___________min。

答案：30

23. 根据《固定污染源废气　二氧化硫的测定　定电位电解法》（HJ 57—2017），定电位电解法测定废气中二氧化硫时，被测气体中对定电位电解法传感器的定量测定有干扰的物质包括___________、___________和___________（请列举三种干扰物质）。

答案：CO　H_2S　NO_2　NH_3　HCl　HF　（回答对其中三个即可）

24. 定电位电解法测定环境空气和废气中二氧化氮、二氧化硫时，仪器对氮氧化物（以 NO_2 计）、二氧化硫测定的结果，应以标准状态下的质量浓度表示，若仪器显示测量结果单位为 ppm（10^{-6}）时，则二氧化氮、二氧化硫换算为标准状态下质量浓度的换算系数分别为___________、___________。

答案：2.05　2.86

25.《固定污染源废气　挥发性有机物的采样　气袋法》（HJ 732—2014）规定，当气袋内采样体积达到最大容积的___________左右时应停止采样。

答案：80%

26. 大气污染物无组织排放监控点一般设在无组织排放源下风向___________的浓度最高点，高度范围为___________。

答案：2 ～ 50 m　1.5 ～ 15 m

27. 定电位电解法测定环境空气和废气中二氧化硫时，读数完毕后，将采样枪取出置于环境空气中，清洗传感器至仪器读数在___________mg/m^3 以下后，才能进行第二次测试。

答案：20

28. 根据《固定污染源废气　二氧化硫的测定　定电位电解法》（HJ 57—2017），使用定电位电解法测定二氧化硫时，采样管加热及保温的温度最低不得低于___________℃。

答案：120

29. 依据《固定污染源排气中颗粒物测定与气态污染物采样方法》（GB/T 16157—1996），测定烟气含湿量的方法有___________、___________和___________。

答案：干湿球法　　重量法　　冷凝法

30.《固定污染源废气　气态汞的测定　活性炭吸附／热裂解原子吸收分光光度法》（HJ 917—2017）中规定，当汞浓度≤ 1 $\mu g/m^3$ 时，吸附管的穿透率应___________。

答案：≤ 20%

31. 恶臭物质按照化学结构分类可分为醛类化合物、___________化合物、含氮化合物、含磷化合物、低级脂肪酸、___________化合物、环状醇等物质。

答案： 含硫　酚类

32. 固定污染源颗粒物采样时，采样嘴应先___________气流方向插入管道，采样时采样嘴必须___________气流方向，采样结束，应先将采样嘴___________气流，迅速抽离管道，防止___________将尘粒倒吸。

答案： 背向　正对（或对准）　背向　管道负压

33. 在空气和废气监测中，如果不能确定现场污染物浓度范围，采气量或采样时间应根据___________和___________来确定。

答案： 标准规定的浓度　分析方法的测定下限

34. 根据《恶臭污染环境监测技术规范》（HJ 905—2017），周界指恶臭排放单位的法定边界，若无法定边界，则指___________。

答案： 实际边界

35. 用林格曼图鉴定烟气黑度，不仅取决于烟气本身的黑度，同时还与天空的亮度、________和___________，烟囱的大小结构及观察照射光线的角度有关。

答案： 均匀性　风速

36. 开启高压气瓶时，应站在气瓶的___________或与气瓶接口处___________的位置上，避免气流直冲人体。

答案： 侧面　垂直

37. 实验室废气的主要来源有：试剂和样品的___________，分析过程中产生的___________，泄漏和排空的___________和___________。

答案： 挥发物　中间产物　标准气　载气

38. 固定污染源废气中低浓度颗粒物的测定，当选用石英材质滤膜时，已知待测烟温为170℃时，其烘烤温度应为___________℃。

答案： 190

39. 依据《大气污染物综合排放标准》（GB 16297—1996），按上、下风向布设参照点和监控点，以监控点和参照点差值进行评价时，可根据现场情况将监测点布设在污染源上、下风向___________m范围内，监控点最多可布设___________个。

答案： 2～50　4

40. 使用真空瓶或注射器进行烟气采样，应详细记录现场大气压、环境温度以及___________。

答案： 工况运行条件

41. 烟气温度的测定中，常用水银玻璃温度计、电阻温度计和___________温度计。

答案： 热电偶

42. 某工厂锅炉房采样点温度为27℃，大气压力为100 kPa，现用溶液吸收法采样测定NO_x的日均浓度，每隔2 h采样一次，共采集12次，每次采样20 min，采样流量0.50 L/min，将12次采样的吸收液全部定容至100 ml，取10.00 ml，用分光光度法测得含NO_x 1.25 mg，则该采样点空气在标准状况下的NO_x日平均浓度为___________mg/m^3。

答案：116

43. 在进行锅炉烟尘排放浓度测试时，对锅炉负荷有一定要求。新锅炉验收测试应在______________下进行，在用锅炉的测试必须在____________的情况下进行，手烧炉应在____________的时间内测定。

答案：设计出力　锅炉设计出力的70%以上　不低于两个加煤周期

44. 维持颗粒物等速采样的方法有____________、____________、____________和__________等四种。

答案：普通型采样管法（即预测流速法）　皮托管平行测速采样法　动压平衡型采样管法　静压平衡型采样管法

45. 气态污染物的有动力采样法包括____________法、____________法和____________法。

答案：溶液吸收　填充柱采样　低温冷凝浓缩

46. 固定污染源废气采非甲烷总烃时，采样管温度应加热并保持在____________。

答案：120℃ ±5℃

47. 当颗粒物手工采样器测量的流量与规定的工作点流量的偏差超过____________，且持续时间超过了____________时，采样器应停止抽取空气样品，同时停止采样时间累计。

答案：±10%　60 s

48. 将烟道分成适当数量的等面积同心环，各测点选在各环等面积中心线与呈____________的两条直径线的交点上，其中一条直径线应在____________的平面内。

答案：垂直相交　预期浓度变化最大

49. 根据《固定污染源废气　低浓度颗粒物的测定　重量法》（HJ 836—2017），低浓度颗粒物监测时，烟气含湿量的测定方法有____________、____________和____________。

答案：重量法　冷凝法　仪器法

50. 用S形皮托管法测量烟道内气体压力时，面向气流的开口测定____________，背向气流的开口测定____________。

答案：全压　静压

51. 根据《固定污染源废气　低浓度颗粒物的测定　重量法》（HJ 836—2017），低浓度颗粒物采样后，每个样品称量2次，每次称量间隔应大于____________h，2次称量结果间偏差应在____________mg以内。记录称量结果，以____________作为称量结果。

答案：1　0.20　2次称量的平均值

52. 用S形皮托管和U形压力计测量烟气的压力时，可将S形皮托管一路出口端用乳胶管与U形压力计一端相连，并将S形皮托管插入烟道近中心处，使其测量端开口平面平行于气流方向，所测得的压力为____________。

答案：静压

53.《大气污染物综合排放标准》（GB 16297—1996）中规定了____________种大气污染物的排放限值。

答案：33

54.《大气污染物综合排放标准》（GB 16297—1996）中规定，新建污染源排气筒一般不得低于

__________m，若确实因某种原因低于该要求时，其排放速率标准值按__________执行。

答案： 15　外推法计算结果再严格50%

55. 固定源排气中颗粒物采样应遵循__________的原则，选用采样嘴应注意高流__________采样，低流速__________采样。

答案： 等速采样　小嘴　大嘴

56.《固定污染源废气　氟化氢的测定　离子色谱法》（HJ 688—2019）规定，采集固定污染源废气中氟化氢的烟气采样器应符合HJ/T 47—1999的技术要求，由采样管、__________、__________、干燥器、__________、流量计量和控制装置及抽气泵组成。

答案： 过滤装置　吸收单元　冷却装置

57. 标准林格曼黑度图全黑代表林格曼黑度__________级。

答案： 5

58. 油烟气监测，一次监测需至少采集__________个样品才能确保监测数据的有效性。

答案： 5

59. 二氧化硫产污系数的计算公式中，与计算有关的参数有煤__________硫分含量和燃煤中硫的__________。

答案： 收到基　转化率

60.《大气污染物无组织排放监测技术导则》（HJ/T 55—2000）规定，进行大气无组织排放监测时，应考虑大气稳定度的气象因素。大气稳定度等级的划分一般分为：__________、不稳定、弱不稳定、__________、较稳定和稳定六个级别。

答案： 强不稳定　中性

61. 三点比较式臭袋法测定恶臭时，小组正解率计算法用于__________臭气样品测定结果计算，舍去小组个人嗅阈值最大值和最小值后，计算小组算术平均阈值用于__________臭气样品测定结果的计算。

答案： 环境　污染源

62.《大气污染物综合排放标准》（GB 16297—1996）与行业性排放标准一般__________执行。

答案： 不交叉

63.《生活垃圾焚烧污染控制标准》（GB 18485—2014）中规定的各项污染物浓度的排放限值，均指在标准状态下以__________%（体积分数）O_2（干烟气）作为换算基准换算后的基准含氧量排放浓度。

答案： 11

64. 固定污染源排气中颗粒物等速采样的原理是：将烟尘采样管由采样孔插入烟道中，采样嘴__________气流，使采样嘴的吸气速度与测点处气流速度__________，并抽取一定量的含尘气体，根据采样管上捕集到的颗粒物量和同时抽取的气体量，计算排气中颗粒物浓度。

答案： 正对　相等

65. 在使用仪器直接监测污染物时，为防止采样气体中水分在连接管线和仪器中冷凝干扰测定，需要在采样管气体出口处进行__________和__________。

答案： 除湿或冷凝　　气液分离

66.《固定污染源废气　挥发性有机物的采样　气袋法》（HJ 732—2014）规定了使用聚氟乙烯（PVF）等氟聚合物薄膜气袋手工采集温度低于＿＿＿＿℃的固定污染源废气中挥发性有机物（VOCs）的方法。

答案： 150

67. 当被测烟道为高温或有毒气体，且测点处又为正压时，应采用带有＿＿＿＿的密封采样孔。

答案： 闸板阀

68. 无组织排放监测时，风向和风速的检查应按照仪器说明书的规定，每隔＿＿＿＿读取一个即时风向和风速，连续＿＿＿＿，共得到＿＿＿＿个风向值和风速值，风向值精确到＿＿＿＿，风速值精确到＿＿＿＿。如果风速和风向变化较大，可适当延长测定时间。

答案： 1 min　10 min　10　5°　0.1m/s

69. 监测无组织排放挥发性有机物时，当执行不同排放控制要求的废气合并排气筒排放时，应在废气＿＿＿＿进行监测，并执行＿＿＿＿要求；如选择的监测位置只能对混合后的废气进行监测，则应按照排放控制中的＿＿＿＿规定执行。

答案： 混合前　　相应的排放控制　　最严

70.《固定源废气监测技术规范》（HJ/T 397—2007）规定，使用吸收瓶或吸附管系统采样时，吸收装置应尽可能靠近＿＿＿＿，采样前使排气通过旁路＿＿＿＿ min，将吸收瓶前管路内的空气彻底置换；采样期间保持流量恒定，波动不大于10%。

答案： 采样管出口　5

71. 测定烟气流量和采集烟尘样品时，若测试现场空间位置有限、很难满足测试要求，应选择比较适宜的管段采样，但采样断面与弯头等的距离至少是烟道直径的＿＿＿＿倍，并应＿＿＿＿。

答案： 1.5　适当增加测点的数量

72. 根据《固定污染源废气　二氧化碳的测定　非分散红外吸收法》（HJ 870—2017），每半年至少进行一次零点漂移、＿＿＿＿检查，用＿＿＿＿浓度的标准气体对其线性校准。

答案： 量程漂移　　低、中、高

73.《固定污染源废气　低浓度颗粒物的测定　重量法》（HJ 836—2017）适用于废气中浓度为＿＿＿＿ mg/m^3 以下颗粒物的测定。

答案： 50

74. 在一定湿度时，气溶胶或雾状样品粒径远大于分子，所以气溶胶或雾状颗粒物在烟道中的分布是＿＿＿＿（填“均匀”或“不均匀”）的。

答案： 不均匀

二、单选题

1.《固定污染源废气　低浓度颗粒物的测定　重量法》（HJ 836—2017）规定，采样过程中采集嘴的吸气速度与测点处的气流速度、采样头加热装置的规定正确的是＿＿＿。（　）

A. 应基本相等，相对误差小于 10%；温度不超过 110℃

B. 应相等；温度不超过 110℃

C. 应基本相等，相对误差小于 15%；温度不超过 110℃

D. 应基本相等，相对误差小于 15%；温度不超过 120℃

答案：A

2. 三点比较式臭袋法中的标准臭液气味分别为：________。（　　）

A. 花香、汗臭气味、甜锅巴味、成熟水果香、粪臭味

B. 青草味、汗臭气味、甜锅巴味、水果香、臭鸡蛋味

C. 花香、酸腐味、甜锅巴味、成熟水果香、粪臭味

D. 青草味、汗臭气味、甜锅巴味、水果香、粪臭味

答案：A

3.《固定污染源废气　低浓度颗粒物的测定　重量法》（HJ 836—2017）规定，采样过程中采样断面最大流速和最小流速比不应大于________。（　　）

A.1∶1　　B. 2∶1　　C. 3∶1　　D. 4∶1

答案：C

4. 石灰石－石膏法烟气脱硫工艺中的喷淋塔，进口烟气 140℃，出口烟气 60℃，经过脱硫塔吸收过程，出口工况烟气量将发生变化。在工程设计时，可以不考虑________造成的出口工况风量变化。（　　）

A. 脱硫塔漏风　　B. 烟气中被吸收脱除的气体组分

C. 烟气中惰性气体温度变化导致的体积变化　　D. 喷淋过程中，水滴蒸发成水蒸气

答案：B

5.《固定污染源质量保证与质量控制技术规范（试行）》（HJ/T 373—2007）中规定，样品分析当天或仪器每运行 12 h，应用标准溶液对标准曲线进行核查，通常情况下若标准溶液的分析结果与标准值标准偏差不超过________%，原曲线可继续使用。（　　）

A. 5　　B. 10　　C. 15　　D. 20

答案：D

6. 已知某固定污染源废气中 NO 的体积分数为 76 ppm，NO_2 浓度为 6 ppm，则标准状况下的 NO_x 浓度为________mg/m^3。（　　）

A. 122.3　　B. 122　　C. 168.1　　D. 168

答案：D

7. 有组织排放污染源的测定，采样位置应优先选择在________管段。（　　）

A. 变径　　B. 弯曲　　C. 垂直　　D. 平直

答案：C

8. 根据《固定污染源废气　低浓度颗粒物的测定　重量法》（HJ 836—2017）低浓度颗粒物监测要求在每次测量系列过程中采集一个全程序空白样品，全程序空白样品的增重除以对应测量系列的平均体积，不应超过排放限值的________。（　　）

A. 5%　　B. 10%　　C. 15%　　D. 20%

答案：B

9. 根据《固定污染源废气　二氧化硫的测定　定电位电解法》（HJ 57—2017），用定电位电解法测定废气中 SO_2 时，规定至少取________min 均值作为一次测量值。（　　）

A. 1　　B. 5　　C. 10　　D. 15

答案：B

10. 开展无组织排放监测时，参照点和监控点距离无组织排放源最近不能小于________m。（　　）

A. 1　　B. 2　　C. 10　　D. 无特殊要求

答案：B

11. 固定污染源颗粒物监测时，采样嘴的选取应在测定________后进行。（　　）

A. 含湿量　　B. 烟温　　C. 压力　　D. 以上都对

答案：D

12. 水泥厂向大气排出的主要污染物是________。（　　）

A. 烟尘　　B. 烟尘、氧化镁等　　C. 水泥尘　　D. 水泥尘、烟尘

答案：D

13. 采集烟道气中的尘粒时，若采气速度大于烟气速度，则测定结果________。（　　）

A. 偏高　　B. 偏低　　C. 准确　　D. 不准确

答案：B

14.《大气污染物综合排放标准》（GB 16297—1996）规定的最高允许排放浓度是指________。（　　）

A. 任何一次瞬时浓度　　B. 任何 1 h 浓度平均值

C. 8 h 浓度平均值　　D. 24 h 浓度平均值

答案：B

15. 有一个人造纤维厂的车间，排放 CS_2 废气，设车间已建有一个 40 m 高的排气筒，每小时排放 CS_2 废气 14 kg，现在车间要扩大生产，扩产后 CS_2 排放量将增加到 20 kg/h，问排气筒需加高多少才能满足排放标准？（　　）

A. 10 m　　B. 15 m　　C. 20 m　　D. 30 m

答案：C

16.《锅炉大气污染物排放标准》（GB 13271—2001）规定燃煤锅炉二氧化硫、烟尘排放浓度的折算执行的基准氧含量是________%。（　　）

A. 3.5　　B. 7　　C. 9　　D. 18

答案：C

17. 污染源排气筒高度是指________。（　　）

A. 从海平面至排气筒出口处的高度

B. 从排气筒底部至排气筒出口处的高度

C. 排气筒高于附近建筑物的高度

D. 排气筒所在的地平面至排气筒出口处的高度

答案： D

18.《环境二噁英类监测技术规范》（HJ 916—2017）对废气现场监测的采样模式要求优先选用________跟踪采样。（　　）

A．多孔多点等速　　B．单孔多点等速　　C．多孔多点恒流　　D．单孔多点恒流

答案： A

19. 臭气浓度监测分析中，下列说法正确的是________。（　　）

A．采样员必须是嗅觉检测合格者　　B．配气员必须是嗅觉检测合格者

C．两者皆不需要　　D．两者皆需要

答案： B

20. 林格曼黑度 4 级的确定原则是：30 min 内出现 4 级及以上林格曼黑度的累计时间超过________min 时，烟气的黑度按 4 级计。（　　）

A．1　　B．2　　C．3　　D．4

答案： B

21. 重量法测定固定污染源排气中沥青烟时，当沥青烟气温度大于等于________℃时，应启用冷却装置，当沥青烟气温度低于该温度时不用冷却装置。调节冷却水流速度使沥青烟气进入滤筒夹时不低于 40℃。（　　）

A．150　　B．170　　C．190　　D．200

答案： A

22. 三点比较式臭袋法测定恶臭过程中，在采样瓶真空处理时，需要用真空排气处理系统将采样瓶排气至瓶内压力接近负________Pa。（　　）

A．0.5×10^5　　B．0.6×10^5　　C．0.8×10^5　　D．1.0×10^5

答案： D

23. 废气颗粒物的采样常用玻璃纤维滤筒，但玻璃纤维滤筒在高温下易失重，因而其适用温度为________℃以下。（　　）

A．500　　B．600　　C．700　　D．800

答案： A

24. 根据《环境空气和废气　气相和颗粒物中多环芳烃的测定　高效液相色谱法》（HJ 647—2013），________环以上的多环芳烃主要存在于颗粒物上，可用玻璃（或石英）纤维滤膜 / 滤筒采集。（　　）

A．3　　B．4　　C．5　　D．6

答案： C

25.《固定源废气监测技术规范》（HJ/T 397—2007）中要求，测定排气压力时，需首先进行零点校准。测量时皮托管的全压孔要正对气流方向，偏差不得超过________。（　　）

A．10°　　B．15°　　C．5°　　D．20°

答案： A

26. 饮食业油烟监测时，五次采样分析结果，其中任何一个数据与最大值比较，若该数据小于最大值的________，则该数据为无效值，数据经过取舍后，最少有 ________个数据参与平均值计

算。(　　)

A．1/2　　5　　B．1/3　　4　　C．1/4　　4　　D．1/4　　3

答案：D

27. 使用吸附采样管采样时，采样前应做________试验。(　　)

A．气样中污染物的穿透试验　　B．采样管的密封性实验

C．填充物的空白实验　　D．气样中污染物的空白试验

答案：A

28.《火电厂大气污染物排放标准》(GB 13223—2011)中规定，实测的火电厂二氧化硫和氮氧化物的排放浓度必须进行折算，燃煤锅炉按基准氧含量的________% 进行折算。(　　)

A．3　　B．4　　C．6　　D．9

答案：C

29. ________对定电位电解法一氧化碳(HJ 973—2018)测定没有干扰。(　　)

A．氢气　　B．酸性气体　　C．碱性气体　　D．乙烯

答案：C

30. 定电位电解法测定废气，进入定电位电解法传感器的废气温度不高于________℃。(　　)

A．30　　B．40　　C．50　　D．45

答案：B

31.《大气污染物综合排放标准》(GB 16297—1996)规定，________污染物的排气筒高度可以低于 25 m？(　　)

A．氯气　　B．光气　　C．氰化氢　　D．苯

答案：D

32. 污染源废气二噁英的采样一般需要收集________介质中的二噁英。环境空气样品采集需要收集________介质中的二噁英。(　　)

A．气态、液态、固态，气态、固态　　B．气态、液态，气态、固态

C．气态、固态，气态、液态、固态　　D．气态、液态、固态，气态、液态

答案：A

33. 下列方法中，不是《固定源废气监测技术规范》(HJ/T 397—2007)规定的排气中水分含量测定方法的是________。(　　)

A．干湿球法　　B．化学法　　C．冷凝法　　D．重量法

答案：B

34. 10 t/h 的燃油、燃气锅炉须按________% 的基准氧含量(O_2)折算为排放浓度。(　　)

A．3　　B．3.5　　C．4　　D．6

答案：B

35. 定电位电解法一氧化碳测定仪性能指标，示值误差要求不超过________%，标准气体浓度值＜100 μmol/mol 时，不超过________μmol/mol。(　　)

A．±3　　±5　　B．±5　　±5　　C．±10　　±5　　D．±5　　±10

答案：B

36. 定电位电解法测定废气，样品测定结果应处于仪器校准量程的________，否则应重新选择校准量程；若样品测定结果不大于测定下限，则无须重新选择校准量程。(　　)

A. 10% ～ 90%　　B. 20% ～ 80%　　C. 10% ～ 100%　　D. 20% ～ 100%

答案：D

37. 非分散红外吸收法测定环境空气和固定污染源排气中一氧化碳时，非分散红外吸收分析器取样系统的有效性对仪器正常运行具有重要作用，仪器的取样流量一般为________。(　　)

A. 0.1 L/min　　B. 0.3 L/min　　C. 0.5 L/min　　D. 0.7 L/min

答案：C

38. 测定固定污染源排气中测定非甲烷总烃时，环境温度应保持在________℃以上，并尽量使环境温度保持恒定。(　　)

A. 10　　B. 15　　C. 20　　D. 25

答案：C

39.《火电厂大气污染物排放标准》(GB 13223—2011) 中规定，实测的火电厂二氧化硫和氮氧化物的排放浓度必须进行折算，燃煤锅炉按过量空气系数折算值 α 为________进行计算。(　　)

A. 1.2　　B. 1.4　　C. 1.7　　D. 3.5

答案：B

40. 根据《固定污染源排气中石棉尘的测定　镜检法》(HJ/T 41—1999)，采集石棉尘的滤膜孔径应为________μm。(　　)

A. 0.22　　B. 0.45　　C. 0.8　　D. 1.0

答案：C

41. 用测烟望远镜法测定烟气黑度时，一般测定值可分为________级。(　　)

A. 1 ～ 6　　B. 0 ～ 5　　C. 0 ～ 6　　D. 1 ～ 5

答案：B

42. 某类混合污染物，在一定烟气温度下，有些以颗粒物，有些以气态污染物形式存在。采样前应根据污染物状态确定采样方法。若被测污染物系颗粒物，则按________方法采样。(　　)

A. 等速采样　　B. 不等速采样　　C. 气态污染物采样　　D. 任意

答案：A

43. 根据《固定污染源监测质量保证与质量控制技术规范（试行）》(HJ/T 373—2007)，烟气在线监测系统比对监测质量保证和质量控制技术要求，每次手工监测和在线监测比对监测数据：气态污染物不少于________对，颗粒物、流速、烟温等样品不少于________对。(　　)

A. 5　3　　B. 5　4　　C. 3　5　　D. 6　3

答案：D

44. 过剩空气系数 α 值________，表示实际供给的空气量比燃料燃烧所需的理论空气量越大，炉膛里的氧气就越充足，对燃烧越________利。(　　)

A. 越大　不　　B. 越大　有　　C. 越小　不　　D. 越小　有

答案：A

45. 饮食业单位的规模按基准灶头数划分，5 个灶头为________。(　　)

A. 小型　　B. 中型　　C. 大型　　D. 微型

答案：B

46. 有组织排放源的采样点位，用真空瓶采集恶臭气体样品时，采样位置应选择在排气的________点位处。(　　)

A. 压力为负压　　B. 压力为正压，高温高湿

C. 压力为正压或常压　　D. 以上全是

答案：C

47. 气态污染物采样中使用吸收瓶或吸附管系统采样时，吸收或吸附装置应尽可能靠近采样管出口，并采用多级吸收或吸附，当末级吸收或吸附检测结果大于吸收或吸附总量的________时，应重新设定采样参数进行监测。(　　)

A. 5%　　B. 10%　　C. 15%　　D. 20%

答案：B

48.《大气污染物综合排放标准》(GB 16297—1996)中规定的大气污染物排放限值不包括________。(　　)

A. 最高允许排放浓度　　B. 最高允许排放速率

C. 最高允许排气量　　D. 无组织排放监控浓度

答案：C

49. 根据《水泥工业大气污染物排放标准》(GB 4915—2013)，独立热源的烘干设备排气的基准含氧量(%)为________。(　　)

A. 6　　B. 8　　C. 9　　D. 11

答案：B

50. 当两个及以上无组织排放源单位相毗邻时，应选择被测无组织排放源处于________时监测。(　　)

A. 上风向　　B. 下风向　　C. 静风　　D. 任何状况

答案：A

51. 采用定电位电解法测定环境空气或废气中二氧化氮、二氧化硫时，传感器中________进行了氧化还原反应。(　　)

A. 敏感电极　　B. 对电极

C. 参比电极　　D. 敏感电极和参比电极

答案：A

52. 使用吸收瓶或吸附管采集气态污染物时，吸收或吸附装置应尽可能靠近采样管出口，并采用多级吸收或吸附，当末级吸收或吸附检测结果大于吸收或吸附总量的________时，应重新设定采样参数进行监测。(　　)

A. 5%　　B. 10%　　C. 15%　　D. 20%

答案：B

53. 根据《固定污染源监测质量保证与质量控制技术规范（试行）》(HJ/T 373—2007)，当采用固定流量进行颗粒物采样时，如果采样前后流速变化超过________时，应重新采样。(　　)

A．±5%　　B．±10%　　C．±15%　　D．±20%

答案：D

54. 根据《固定源废气监测技术规范》（HJ/T 397—2007）测定固定源废气中颗粒物进行滤筒处理和称重时，用铅笔将滤筒编号，在 105 ～ 110℃下烘烤________h，取出放入干燥器中，在恒温恒湿箱中冷却至室温，用感量________mg 天平秤量，两次测定之差不超过________mg。（　　）

A．0.5　0.1　1　　B．0.5　0.2　1

C．1　0.1　0.3　　D．1　0.1　0.5

答案：D

55. 根据《固定污染源排气中氮氧化物的测定　紫外分光光度法》（HJ/T 42—1999）进行测定时，对于________的样品，可以在采样前降低吸收瓶的抽真空程度，或减少取出进行分析的样品溶液体积。（　　）

A．浓度适中　　B．浓度过高　　C．浓度过低

答案：B

56.《固定污染源废气　总烃、甲烷和非甲烷总烃的测定　气相色谱法 》（HJ 38—2017）中的运输空白是指将注入________的采样容器带至采样现场，与同批次采集的样品一起送回实验室分析。（　　）

A．总烃　　B．氮气　　C．甲烷　　D．除烃空气

答案：D

57. 固定污染源废气低浓度颗粒物的测定方法中，在最大期望流速下，低浓度颗粒物采样滤膜对 0.3 μm 的标准粒子捕集效率应大于________。（　　）

A．95.0%　　B．99.0%　　C．99.5%　　D．99.9%

答案：C

58.《固定污染源废气　低浓度颗粒物的测定　重量法》（HJ 836—2017）中，将采样后的采样头运回实验室后，用蘸有________的石英棉对采样头外表面进行擦拭清洗。（　　）

A．酒精　　B．丙酮　　C．纯水　　D．四氯化碳

答案：B

59. 测定某化工厂无组织排放氯气，按规定在污染源单位周界外设四个监控点，四个监控点监测结果分别为 0.5 mg/m^3、0.4 mg/m^3、0.4 mg/m^3、0.3 mg/m^3（上风向氯气浓度 0.1 mg/m^3），则无组织排放监控浓度值为________。（　　）

A．0.3 mg/m^3　　B．0.4 mg/m^3　　C．0.5 mg/m^3　　D．无法计算

答案：C

60. 静压是单位体积气体所具有的势能，它表现为气体在各个方向上作用于管壁的压力，管道内气体的压力比大气压大时，静压为________，反之静压为________。（　　）

A．正　负　　B．负　正　　C．0　1　　D．1　0

答案：A

61. 采集烟气时，采样期间应保持流量恒定，波动范围应不大于________。（　　）

A．±5%　　B．±10%　　C．±15%　　D．±20%

答案：B

62. 大气固定污染源的氟化物是指气态氟和尘氟的总和。《大气固定污染源　氟化物的测定　选择电极法》（HJ/T 67—2001）中的气态氟用________溶液吸收，尘氟指溶于________的、与颗粒物共存的氟化物。（　　）

A．氢氧化钠　　盐酸　　　　B．盐酸　　氢氧化钠

C．硝酸　　碳酸钠　　　　D．碳酸钠　　硝酸

答案：A

63. ________对去除烟气中的二氧化硫最为有效。（　　）

A．袋式除尘　　B．氨水吸收　　C．高空排放　　D．SCR 脱硝

答案：B

64. 固定污染源废气低浓度颗粒物的采样孔不得小于________。（　　）

A．60 mm　　B．80 mm　　C．100 mm　　D．120 mm

答案：B

65. 定电位电解法测定污染源废气二氧化硫，对于一次测量值，应获得不少于________个有效二氧化硫浓度分钟数据。（　　）

A．3　　B．10　　C．6　　D．5

答案：D

66. 在固定污染源废气监测中，当滤筒在 400℃以上高温排气中使用时，应预先在________℃高温箱中烘烤________，然后放入干燥器中冷却至室温，用感量________mg 天平称量，两次称量重量之差应不超过________mg。（　　）

A．105 ～ 110，1 h，0.1，0.2　　　　B．105 ～ 110，1 h，0.01，0.5

C．400，1 h，0.01，0.2　　　　D．400，1 h，0.1，0.5

答案：D

67. 不用重量法分析的烟尘类物质是________。（　　）

A．沥青烟　　　　B．石棉尘

C．锅炉烟尘　　　　D．颗粒物（PM_{10}、$PM_{2.5}$ 等）

答案：B

68. 根据《大气污染物无组织排放监测技术导则》（HJ/T 55—2000）的规定，一般情况下在单位周界外设置监控点。当围墙的通透性不好时，可紧靠围墙设监控点，但把采气口抬高至高出围墙________处。（　　）

A．30 cm　　B．20 ～ 30 cm　　C．50 cm　　D．30 ～ 50 cm

答案：B

69. 对固定污染源废气监测中压力的测量，说法正确的是________。（　　）

A．烟道中全压、动压、静压有正负之分

B．将 S 形皮托管插入烟道近中心处，其测量端开口平面垂直于气流方向，测得的压力为静压

C．在压入式管道中进行烟尘采样，风机前的静压为负

D．在固定污染源管道中流动的气体同时受到了全压、静压和动压三种压力的作用

答案： C

70. 平均风速大于________时，有利于污染物的稀释扩散，不适宜进行大气污染物无组织排放监测。(　　)

A．3 m/s　　B．4.5 m/s　　C．5 m/s　　D．8 m/s

答案： B

71. 下列标准中，________适用于以燃煤、燃油和燃气为燃料的单台出力 65 t/h 及以下蒸汽锅炉；各种容量的热水锅炉及有机热载体锅炉；各种容量的层燃炉、抛煤机炉。(　　)

A.《大气污染物综合排放标准》　　B.《火电厂大气污染物排放标准》

C.《工业炉窑大气污染物排放标准》　　D.《锅炉大气污染物排放标准》

答案： D

72. 关于无组织排放监控点的设置，以下不正确的说法是________。(　　)

A．为确定浓度的最高点，实际监控点最多可设置 4 个

B．监控点一般应设于周界外 10 m 范围内

C．若现场条件不允许，可将监控点移于周界内测

D．若经估算测量，无组织排放的最大落地浓度区域超出 10 m 范围之外，仍应将监控点设置在 10 m 范围内

答案： D

73. 测定气态污染物去除效率时，处理设施前后应同时采样。不能同时采样时，各运行参数及工况控制差均不得大于 ±________%。(　　)

A．5　　B．10　　C．15　　D．20

答案： A

74. 非色散红外吸收法测得固定源排气中一氧化碳浓度为 0.020%，换算成一氧化碳的质量浓度________mg/m^3。(　　)

A．250　　B．500　　C．2 500　　D．5 000

答案： A

75. 固定污染源排气中二氧化硫的碘量法测定中，为防止二氧化硫被冷凝水吸收，而使测定结果偏低，采样时采样管应加热至________℃。(　　)

A．190　　B．150　　C．120　　D．100

答案： C

76. 采用碘量法测定烟气中的二氧化硫时，为保证具有较高的吸收效率，对不同二氧化硫浓度的烟气，要控制不同的采样时间。当烟气二氧化硫浓度低于 1 000 mg/m^3 时，采样时间应在________min，烟气浓度高于 1 000 mg/m^3 时，采样时间应在________min。(　　)

A．10 ～ 20　　8 ～ 10　　B．20 ～ 30　　13 ～ 15

C．30 ～ 40　　18 ～ 20　　D．40 ～ 50　　20 ～ 22

答案： B

三、多选题

1. 企业向大气排放污染物的，其污染物排放浓度不得超过________和________的排放标准。(　　)

A．国家　　B．排污申报　　C．地方规定

答案：AC

2. 二氧化硫的排放量主要取决于燃煤的________。(　　)

A．重量　　B．含硫量　　C．灰分

答案：AB

3. 为了防止采集的气体在采样管路内冷凝，避免被测气体溶于水中产生误差，需将采样管进行加热，________气体需要加热至120℃以上。(　　)

A．一氧化碳　　B．二氧化硫　　C．硫化氢　　D．氯化氢

答案：BCD

4. 根据《大气污染物综合排放标准》(GB 16297—1996)，无组织排放监控点应设置在无组织排放源的下风向，下列关于点位布设的说法正确的是________。(　　)

A．距排放源 2 ～ 10 m 的浓度最高点

B．距排放源 2 ～ 50 m 的浓度最高点

C．监控点距无组织排放源最近不应小于 2 m

D．监控点最多可设 4 个

答案：BCD

5. 测烟望远镜法测定烟气黑度中，现场记录应包括工厂名称、排放地点、设备名称、观测日期、风向、天气状况以及________。(　　)

A．观测者姓名　　B．观测点经纬度

C．观测点海拔　　D．观测者与排放源的相对位置

答案：AD

6. 气态污染物的直接采样法包括________采样。(　　)

A．注射器　　B．采气袋　　C．固定容器

答案：ABC

7. 列入《生活垃圾填埋场污染控制标准》(GB 16889—2008)，生活垃圾填埋场大气污染控制的项目是________。(　　)

A．颗粒物(TSP)　　B．硫化氢　　C．臭气浓度　　D．二氧化硫

答案：ABC

8. 下列关于排气筒监测采样时间与频次的说法，正确的是________。(　　)

A．无组织排放监控点和参照点监测的采样，一般采用连续 1 h 采样计平均值

B．无组织排放监控点和参照点若分析方法灵敏度高，仅需用短时间采集样品时，应实行等时间间隔采样，采集 4 个样品计平均值

C．若某排气筒的排放为间断性排放，排放时间小于 1 h，则应在排放时段内以连续 1 h 的采样

获取平均值，或在 1 h 内以等时间间隔采集 4 个样品，并计平均值

D. 当进行污染事故排放监测时，应按需要设置采样时间和采样频次，不受《大气污染物综合排放标准》（GB 16297—1996）规定要求的限制

答案：ABD

9. 对于现有污染源，在进行无组织排放监控时，________需在上风向布设参照点。（　　）

A. 二氧化硫　　B. 硫酸雾　　C. 颗粒物　　D. 氯化氢

答案：AC

10. 根据《大气污染物综合排放标准》（GB 16297—1996）中的规定，描述正确的是________。（　　）

A. 最高允许排放速率是指一定高度的排气筒在任何 1 h 排放污染物的质量不得超过的限值

B. 设置无组织排放监控点时应回避其他污染源的影响

C. 在执行“无组织排放监控浓度限值”指标时，由低矮排气筒造成的监控点污染物浓度增加不予扣除

D. 我国以控制无组织排放所造成的后果来对无组织排放实行监督和限制

E. 无组织排放监控点应设置在无组织排放源的下风向，距排放源 2 ～ 50 m 的浓度最高点

答案：ACDE

11. 烟气黑度测定方法主要有________。（　　）

A. 林格曼黑度图法　　B. 测烟望远镜法　　C. 目测法　　D. 光电测烟仪法

答案：ABD

12. 固定污染源废气监测中，需要测试的辅助参数包括________等。（　　）

A. 烟气温度　　B. 氧量　　C. 压力　　D. 烟气流速

答案：ABCD

13. 常用废气有组织排放颗粒物平衡型采样器有________。（　　）

A. 动压平衡型采样器　　B. 常压平衡型采样器

C. 静压平衡型采样器　　D. 高压平衡型采样器

答案：AC

14. 颗粒物采样滤膜可选用的材质有________。（　　）

A. 玻璃纤维滤膜　　B. 石英滤膜　　C. 聚氯乙烯滤膜　　D. 聚四氟乙烯滤膜

E. 混合纤维素滤膜

答案：ABCDE

15. 采集气态污染物时，应根据被测组分的状态和特性，选择________等控制措施。（　　）

A. 加热　　B. 冷却　　C. 保温　　D. 加压

答案：ABC

四、判断题

1.《大气污染物综合排放标准》（GB 16297—1996）中规定，新污染源的排气筒一般不应低于 15 m。（　　）

答案：正确

2. 在采集固定污染源的气体样品时，烟尘采样嘴的形态和尺寸不受限制。(　　)

答案：正确

3.《大气污染物综合排放标准》(GB 16297—1996) 中二氧化硫无组织排放浓度限值是指监控点与参照点浓度差值。(　　)

答案：错误

正确答案：是指周界外浓度最高点。

4.《大气污染物综合排放标准》(GB 16297—1996) 中规定，要在二氧化硫、氮氧化物、颗粒物和氟化物的无组织排放源的下风向设监控点。同时在排放源的上风向设参照点，以监控点同参照点的浓度差值不超过规定限值来限制无组织排放。(　　)

答案：正确

5.《工业窑炉大气污染物排放标准》(GB/T 9078—1996) 规定，过量空气系数是燃料燃烧时实际空气需要量与理论空气需要量之比值。(　　)

答案：正确

6.《固定污染源废气　低浓度颗粒物的测定　重量法》(HJ 836—2017) 规定，固定污染源废气颗粒物采样时，要将采样嘴平面正对废气气流，使进气采样嘴的气流速度与测定点的废气流速相等。(　　)

答案：正确

7.《固定污染源废气　低浓度颗粒物的测定　重量法》(HJ 836—2017) 中采集全程序空白时，采样过程，采样嘴背对废气气流方向，采样管在烟道中放置时间和移动方式与实际采样相同，并保证每批次至少一次。(　　)

答案：错误

正确答案：全程序空白应在每次测量系列过程中进行一次，并保证至少一天一次。

8.《固定污染源废气　二氧化硫的测定　定电位电解法》(HJ 57—2017) 规定，样品测定时，启动抽气泵，以测定仪规定的采样流量取样测定，待测定仪稳定后，按分钟保存测定数据，取连续 5 ～ 10 min 测定数据的平均值，作为一次测量值。(　　)

答案：错误

正确答案：取连续 5 ～ 15 min 测定数据的平均值，作为一次测量值。

9.《固定污染源废气　一氧化碳的测定　定电位电解法》(HJ 973—2018) 适用于测定固定源废气中的一氧化碳含量，方法检出限 1.25 mg/m^3，测定下限 12 mg/m^3。(　　)

答案：错误

正确答案：方法检出限 3 mg/m^3，测定下限 12 mg/m^3。

10.《固定污染源排气中石棉尘的测定　镜检法》(HJ/T 41—1999) 测定石棉尘时，用于采集样品的滤膜应是过氯乙烯滤膜。(　　)

答案：错误

正确答案：用的是 0.8 μm 硝酸纤维素和粗算纤维素混合滤膜。

11.《锅炉烟尘测试方法》(GB/T 5468—91) 中规定，在用锅炉烟尘排放浓度的测试，必须在

锅炉设计出力 70% 以上情况下进行，实测的烟尘浓度即为该锅炉额定出力情况下的烟尘排放浓度。(　　)

答案：错误

正确答案：不同出力下实测的烟尘排放浓度乘以出力影响系数即为该锅炉额定出力情况下的烟尘排放浓度。

12.《火电厂大气污染物排放标准》(GB 13223—2011) 适用于垃圾焚烧类火电厂。(　　)

答案：错误

正确答案：不适用于各种容量的以生活垃圾、危险废物为燃料的火电厂。

13.《火力发电厂大气污染物排放标准》(GB 13223—2011) 适用于单台出力在 60 t/h 以上除层燃炉和抛煤机炉以外的火电厂锅炉。(　　)

答案：错误

正确答案：适用于单台出力在 65 t/h 以上除层燃炉和抛煤机炉以外的火电厂锅炉。

14.《生活垃圾焚烧污染控制标准》(GB 18485—2014) 中规定，对烟气中二噁英类的监测每年至少开展一次。(　　)

答案：正确

15.《危险废物焚烧污染控制标准》(GB 18484—2001) 规定，在焚烧设施于正常状态下运行 1 h 后，开始以 1 次 /h 的频次采集样品，每次采样时间不得低于 60 min，连续采集 3 次，分别测定。以平均值作为判定值。(　　)

答案：错误

正确答案：《危险废物焚烧污染控制标准》(GB 18484—2001) 规定在焚烧设施于正常状态下运行 1 h 后，开始以 1 次 /h 的频次采集样品，每次采样时间不得低于 45 min，连续采集 3 次，分别测定。以平均值作为判定值。

16.《饮食业油烟排放标准（试行）》(GB 18483—2001) 中规定，当排气管截面积小于 0.5 m^2 时，只测一个点，取动压中位值处。(　　)

答案：正确

17. S 形皮托管的测孔很小，当烟道内颗粒物浓度大时易被堵塞，所以它适用于测量较清洁的排气装置。(　　)

答案：错误

正确答案：标准型皮托管的测孔很小，当烟道内颗粒物浓度大时易被堵塞，所以它适用于测量较清洁的排气装置。

18. 采样管在装填吸附剂时，当选择两种以上吸附剂时，各吸附剂之间要用硅烷化的玻璃棉隔开，选用三种吸附剂时应按吸附剂吸附强度顺序填装。(　　)

答案：错误

正确答案：选择两种以上吸附剂时，各吸附剂之间要用未硅烷化的玻璃棉隔开。

19. 采用林格曼烟气黑度图法观测烟气黑度时，除在观测过程中出现 5 级林格曼黑度时，烟气黑度按 5 级计，不必连续观测外，其他情况都必须连续观测 30 min。(　　)

答案：正确

20. 当水平烟道内积灰时，测定前应尽可能将积灰清除，原则上应将积灰部分的面积从断面面积内扣除，按有效断面布设采样点。(　　)

答案：正确

21. 等速采样是指当烟气在管道中气流分布是等速时进行的采样。(　　)

答案：错误

正确答案：等速采样是指将烟尘采样管由采样孔插入烟道中，采样嘴正对气流，使采样嘴的吸气速度与测点处气流速度相等。

22. 低矮排气筒的排放属有组织排放，但在一定条件下也可造成与无组织排放相同的后果。(　　)

答案：正确

23. 低浓度颗粒物监测要求在每次测量过程中采集一个全程序空白样品，结果处理时要减去全程序空白的增重值或加上其失重值。(　　)

答案：错误

正确答案：全程序空白是一种质控措施，是衡量样品在测定过程中是否受到污染的一种手段。任何低于全程序空白增重的样品均无效。

24. 定电位电解法测定二氧化硫、氮氧化物和一氧化碳的浓度结果应保留整数位，最多保留四位有效数字。(　　)

答案：错误

正确答案：浓度结果应保留整数位，最多保留三位有效数字。

25. 定电位电解法测定废气中的氮氧化物时，被测气体中的尘和水分容易在渗透膜表面凝结，影响其透气性。(　　)

答案：正确

26. 定电位电解法测定环境空气和废气中二氧化硫时，被测气体中化学活性强的物质对定电位电解传感器的定量测定有干扰。(　　)

答案：正确

27. 定电位电解法测定烟道气中二氧化硫时，应选择抗负压能力大于烟道负压的仪器，否则会使仪器采样流量减小，测试浓度值将高于烟道气中二氧化硫实际浓度值。(　　)

答案：错误

正确答案：测试浓度值将低于烟道二氧化硫实际浓度值。

28. 定电位电解法传感器的使用寿命一般不超过3年，到期后应及时更换。(　　)

答案：错误

正确答案：使用寿命一般为1～2年。

29. 定电位电解法烟气测试仪测试前后，可采取包括采样管、导气管、除湿装置等全系统示值误差的检查代替分析仪示值误差和系统偏差的检查。(　　)

答案：正确

30. 对于燃烧充分的燃气锅炉，定电位电解法测定二氧化硫可以不做一氧化碳干扰性实验，因为排出的烟气里一氧化碳浓度低，不影响二氧化硫测定。(　　)

答案：错误

正确答案：采用定电位电解法测定二氧化硫前必须测定一氧化碳。

31. 对于一些由于燃料燃烧产生的有害物质，为了防止通入过量新鲜空气稀释污染物浓度，还需将干烟气进行过量空气系数换算，换算后的结果与排放标准中的浓度值相比较。(　　)

答案：正确

32. 二噁英废气采样器关机前，要继续采集约 5min 环境空气，其目的是将残留在采样泵和主机气路内的烟气和杂质排除，减少仪器损坏。(　　)

答案：正确

33. 废气流量较大、浓度较高、温度较低和压力较高的挥发性有机物废气应采取吸附法进行处理。(　　)

答案：错误

正确答案：废气流量较大、浓度较高、温度较低和压力较高的挥发性有机物废气应采取吸收法进行处理。

34. 废气中氟化物的采样中，气态氟用盐酸溶液吸收，尘氟用氢氧化钠溶液吸收。(　　)

答案：错误

正确答案：气态氟用氢氧化钠溶液吸收，尘氟用盐酸溶液吸收。

35. 干湿球法测定烟气含湿量时，当排气温度较低或水分含量较高时，采样管应保温或加热数分钟后，再开动抽气泵，以 15 L/min 流量抽气。(　　)

答案：正确

36. 钢铁烧结、球团工业大气污染物无组织排放的采样点设在生产厂房门窗、屋顶、气楼等排放口处，并选浓度最大值。(　　)

答案：正确

37. 个别工业企业固定源排气对环境的影响，在风向变化不大时要采用同心圆多方位布点法。(　　)

答案：错误

正确答案：要采用下风向扇形布点法。

38. 根据《大气污染物无组织排放监测技术导则》(HJ/T 55—2000)中的规定，无组织排放监控点应设置在无组织排放源的下风向，距排放源 2 ~ 50 m 的浓度最高点。(　　)

答案：错误

正确答案：二氧化硫、氮氧化物、颗粒物和氟化物的监控点设在无组织排放源风向 2 ~ 50 m 的浓度最高点，相对应的参照点设在排放源上风向 2 ~ 50 m 范围内；其余物质的监控点设在单位周界外 10 m 的浓度最高点。

39. 根据《大气污染物综合排放标准》(GB 16297—1996)中的规定，在无组织排放监测中，所测得的监控点的浓度值应扣除低矮排气筒所做的贡献值。(　　)

答案：错误

正确答案：不扣除低矮排气筒所做的贡献值。

40. 根据《固定污染源监测质量保证与质量控制技术规范(试行)》(HJ/T 373—2007)，采样人

员定期抽检采样瓶并记录，质控人员随机核查。每批已清洗的采样瓶抽取 3%，检测其待测项目能否检出。(　　)

答案：正确

41. 根据《固定污染源监测质量保证与质量控制技术规范（试行）》（HJ/T 373—2007），运行工况核查时监测现场记录应由一名或一名以上的监测人员签字确认，必要时必须被监测的企业人员一同签字确认。(　　)

答案：错误

正确答案：监测现场记录由两名或两名以上的监测人员签字确认，必要时必须被监测的企业人员一同签字确认。

42. 根据《固定污染源排气中氮氧化物的测定　紫外分光光度法》（HJ/T 42—1999）进行测定时，采好样品的吸收瓶带回实验室，应放置于阴暗处，时间不少于 16 h。(　　)

答案：正确

43. 根据《固定源废气监测技术规范》（HJ/T 397—2007），测量废气颗粒物的玻璃纤维滤筒的衡重要求是在 105 ～ 110℃烘烤 1 h，取出放入干燥器中冷却至室温，用感量 0.1 mg 天平称量。(　　)

答案：错误

正确答案：采样后的滤筒放入 105℃烘箱中烘烤 1 h，取出放入干燥器中，在恒温恒湿的天平室中冷却至室温，用感量 0.1 mg 天平称量至恒重。

44. 根据《固定源废气监测技术规范》（HJ/T 397—2007）测定固定源废气中颗粒物，采样完毕后，从烟道中小心地取出采样管，注意不要倒置。用手小心地将滤筒取出，放入专用的容器中保存。(　　)

答案：错误

正确答案：须使用镊子，不得直接用手接触，避免损坏和沾污。

45. 根据《固定源废气监测技术规范》（HJ/T 397—2007）测定固定源废气中颗粒物进行滤筒采样前，均需要在 105 ～ 110℃下烘烤 1 h。(　　)

答案：错误

正确答案：在 105 ～ 110℃下烘烤 1 h。当滤筒在 400℃以上高温排气中使用时，为了减少滤筒本身减重，应预先在 400℃高温箱中烘烤 1 h。

46. 根据《空气质量　恶臭的测定　三点比较式臭袋法》（GB/T 14675—1993），臭气浓度是指用无恶臭样品连续稀释至嗅辨员阈值时的稀释倍数。(　　)

答案：正确

47. 工业窑炉、炼焦炉和水泥厂的大气污染物无组织排放监测点的设置，应统一按《大气污染物无组织排放监测技术导则》（HJ/T 55—2000）中的要求进行。(　　)

答案：错误

正确答案：《工业炉窑大气污染物排放标准》（GB 9078—1996）、《炼焦化学工业污染物排放标准》（GB 16171—2012）、《水泥工业大气污染物排放标准》（GB 4915—2013）对无组织排放监测点位的布设有各自的要求。

48. 固定污染源废气低浓度颗粒物测定时，采样头要在恒温恒湿设备（室）内称重。(　　)

答案：正确

49. 固定污染源废气低浓度颗粒物测定时，称重所用的电子天平的分辨率为 0.1 mg。(　　)

答案：错误

正确答案：分辨率为 0.01 mg。

50.《固定污染源废气　低浓度颗粒物的测定　重量法》（HJ 836—2017）规定了固定污染源排放低浓度颗粒物烟道内过滤采集的方法、样品整体称重方式和计算程序。(　　)

答案：正确

51. 固定污染源废气中气态污染物监测采样时，为防止气体中的水分在采样管内冷凝，造成待测污染物溶于水而产生测定误差，采样管需加热。(　　)

答案：正确

52. 固定污染源监测中，因为气体流速与气体动压的平方成正比，所以可根据测得的动压计算气体的流速。(　　)

答案：错误

正确答案：气体流速与气体动压的平方根成正比。

53. 固定污染源颗粒物采样时，采样嘴选取偏小，则维持等速采样的采样流量偏小，使单位时间内采样体积小，误差增大。(　　)

答案：正确

54. 固定污染源颗粒物现场监测时，根据规范要求确定圆形烟道的等面积环数及测点数后，应将各测点位置及时标注在采样管上，所有测点位置均不得改变。(　　)

答案：正确

55. 固定源废气监测，当烟道直径＞ 0.3 m 时，虽然气流的分布是均匀和对称的，也应按同一断面的多点进行布点采样。(　　)

答案：正确

56. 锅炉烟尘排放与锅炉负荷有关，当锅炉负荷增加（特别是接近满负荷时）或负荷突然改变时，烟尘的排放量常常随之减少。(　　)

答案：错误

正确答案：烟尘的排放量常常随之增加。

57. 火电厂大气污染物的验收监测应在机组运行负荷达到 75% 以上时进行。(　　)

答案：正确

58. 监测工业炉窑无组织排放烟（粉）尘时，监测点应设置在被监测企业的厂界外下风向处，并选浓度最大值。(　　)

答案：错误

正确答案：工业炉窑无组织排放烟尘及生产性粉尘监测点，设置在工业炉窑所在厂房门窗排放口处，选择浓度最大值。

59. 进行无组织排放监测时，监测人员应选择在尽可能高的生产负荷及最不利污染物扩散稀释的条件下进行监测。(　　)

答案：正确

60. 镜检法测定固定污染源排气中石棉尘时，对滤膜做空白检测的方法是：在一定数量的滤膜中任意抽取一张空白滤膜，用与处理样品同样的方法做透明固定和计数。在 100 个视野中不超过 5 根纤维时，认为是清洁滤膜，该部分滤膜方可使用。（ ）

答案：错误

正确答案：在 100 个视野中不超过 3 根纤维时，认为是清洁滤膜。

61. 颗粒物采样时，等速采样跟踪率要求达到 1.0±0.05，否则应重新采样。（ ）

答案：错误

正确答案：采样过程跟踪率要求达到 1.0±0.1，否则应重新采样。

62. 理论空气量与实际供给的空气量之比称为过剩空气系数。（ ）

答案：错误

正确答案：实际供给的空气量与理论空气量之比称为过剩空气系数。

63. 每个新建燃煤锅炉房只能设置 1 根烟囱，烟囱高度与锅炉房装机容量有关，最低不低于 20 m，且应高出烟囱周围 200 m 建筑物 3 m 以上。（ ）

答案：正确

64. 排气的流速与其动压成正比。（ ）

答案：错误

正确答案：排气的流速与其动压的平方根成正比。

65. 气态或蒸汽态待测物质分子在烟道内分布一般是均匀的，故不需要多点采样，可在靠近烟道中心位置采样。（ ）

答案：正确

66. 设置无组织排放监控点时应该回避其他污染源的影响。（ ）

答案：错误

正确答案：不需要回避其他污染源的影响。

67. 通常在风机后的压入式管道中进行烟尘采样，管道中静压和动压为正，全压为正。（ ）

答案：正确

68. 为保证固定源排气中颗粒物测定与气态污染物采样测量的准确，排气温度测量仪表、S 形皮托管、微压计和转子流量计等至少每年自行校正一次。（ ）

答案：错误

正确答案：至少每半年自行校正一次。

69. 无组织排放参照点的采样应同监控点的采样同步进行，采样时间和采样频次均应相同。为捕捉监控点的最高的时间分布，每次监测安排的采样时间可以大于 1 h。（ ）

答案：正确

70. 无组织排放监测时，若有两个排放点且两者间距离大于导则要求时，应在两个排放点之间区域设置监控点。（ ）

答案：错误

正确答案：若两个排放点间的距离大于导则规定值时，应分别针对两个排放点设置监控点。

71. 无组织排放中有显著本底值的监测项目有二氧化硫、氮氧化物、颗粒物和氟化物四种。(　　)

答案：正确

72. 新污染源的排气筒高度一般不应低于 15 m。若某新污染源的排气筒必须低于 15 m 时，其排放速率标准值按外推计算结果再严格 100% 执行。(　　)

答案：错误

正确答案：再严格 50% 执行。

73. 烟尘采样时，如果采样速度小于采样点的烟气速度，所测定的样品浓度会高于烟尘的实际浓度。(　　)

答案：正确

74. 烟尘采样嘴的形态应以不扰乱吸气口内外的气流为原则。(　　)

答案：正确

75. 烟气采样前应对采样系统进行漏气检查。对不适于较高减压或增压的监测仪器，方法是先堵住进气口，再打开抽气泵抽气，当 1 min 内流量指示降至 0 时，可视为不漏气。(　　)

答案：错误

正确答案：当 2 min 内流量指示降至 0 时，可视为不漏气。

76. 烟气测试中，所采集的有害气体不同，对采样管加热的温度要求也不同。(　　)

答案：正确

77. 烟气黑度的控制限值在工业炉窑除启炉阶段外的任何负荷下均有效。(　　)

答案：错误

正确答案：烟气黑度的控制限值在工业炉窑任何负荷下均有效（包括启炉阶段）。

78. 一般情况下，固定污染源排气温度应在烟道中心点测定。(　　)

答案：正确

79. 饮食业排放的油烟属于气体，可以不用等速采样法采样。(　　)

答案：错误

正确答案：必须用等速采样法采样抽取油烟排气筒内的气体。

80. 用 S 形皮托管测定烟道内压力时，面向气流的开口测得的压力为全压，而背向气流开口处测得的压力大于静压。(　　)

答案：错误

正确答案：背向气流开口处测得的压力小于静压。

81. 用非分散红外法测定环境空气和固定污染源排气中一氧化碳时，红外线分析器都是在低压状态下使用的。(　　)

答案：错误

正确答案：是在常压状态下使用的。

82. 用非分散红外吸收法测定废气中一氧化氮时，仪器直接测出的不是其浓度值。(　　)

答案：错误

正确答案：一氧化氮用非分散红外吸收法测定废气中一氧化氮时，仪器直接测出的是其浓度值。

83. 用烟气测试仪监测时，应将采样管置于烟道，开机自检进行仪器零点校准后方可测试。(　　)

答案：错误

正确答案：应将采样管置于清洁的环境空气或氮气，开机自检进行仪器零点校准后方可测试。

84. 由于气体或蒸汽状态物质其分子在烟道内做布朗运动，因此可视分子在烟道内的分布为均匀的，所以在采样位置的截面上采用任意点作为采样点，不需等速采样。(　　)

答案：正确

85. 有组织排放源的铬酸雾浓度一般较无组织排放的高，为保证吸收效率，有组织排放源的采样流量应不大于无组织排放的采样流量。(　　)

答案：错误

正确答案：有组织排放源应采用等速采样；两者流量无法比较。

86. 雨、雪等恶劣天气不宜进行无组织排放监测。(　　)

答案：正确

87. 在测定固定污染源废气中低浓度颗粒物时，应采集全程序空白样。即在采样过程中，采样嘴应背对废气气流方向，采样管在烟道中放置时间和移动方式与实际采样相同。(　　)

答案：正确

88. 在对无组织排放监测时，监测人员选择尽可能高的生产负荷及不利于污染物扩散稀释的条件进行监测。(　　)

答案：正确

89. 在固定污染源管道中流动的气体同时受三种压力的作用，即全压、静压和动压。(　　)

答案：错误

正确答案：同时受到两种压力的作用，即静压和动压。

90. 在进行企业无组织废气排放监测的企业周界监控点布设时，监控点不可以布设在周界内。(　　)

答案：错误

正确答案：若现场条件不允许，应在不违反原则的前提下科学合理地给予解决。如周界沿河岸分布，可将监控点移至周界内侧。

91. 在企业周界设置无组织排放监控点时，一定紧靠围墙设监控点，并把采气口抬高至高出围墙 20 ～ 30 cm。(　　)

答案：错误

正确答案：当单位周界围墙通透性不好时，亦可紧靠围墙设监控点，但把采气口抬高至高出围墙 20 ～ 30 cm。

92. 在烟气测试中，由于一般气体分子可忽略质量，不考虑惯性作用，所以不需要等速采样。(　　)

答案：正确

93. 在饮食业油烟采样时，采样次数至少为 3 次，每次 15 min。(　　)

答案：错误

正确答案：采样应在油烟排放单位正常作业期间，采样次数为连续采样 5 次，每次 10 min。

94. 在执行“无组织排放监控浓度限值”指标时，因低矮排气筒的排放属于有组织排放，所以由低矮排气筒造成的监控点污染物浓度增加应予以扣除。（　　）

答案：错误

正确答案：低矮排气筒的排放属于有组织排放，但在一定条件下也可造成与无组织排放相同的后果，所以不扣除低矮排气筒所做的贡献值。

95. 注射器气密性检查：先吸入空气至最大刻度，封好进气口后垂直放置 24 h，剩余空气应不少于 80%。（　　）

答案：错误

正确答案：先吸入空气至最大刻度，封好进气口后垂直放置 24 h，剩余空气应不少于 60%。

96.《泄漏和敞开液面排放的挥发性有机物检测技术导则》（HJ 733—2014）规定，开口阀或开口管线泄漏时，挥发性有机物的检测方法为：将采样探头置于其开口处与空气接触区域来回移动采样检测。（　　）

答案：错误

正确答案：将采样探头置于其开口处与空气接触区域的中心部位采样检测。

五、简答题

1. 大气采样的几何布点法有几种？分别适合于何种污染源？

答案：

（1）网格布点法：这种布点法是将监测区域地面划分成若干均匀网状方格，采样点设在两条直线的交点处或方格中心。每个方格均为正方形，可从地图上均匀描绘，方格实地面积视所测区域大小、污染源强度、人口分布、监测目的和监测力量而定，一般 1 ～ 9 km^2 布一个点。若主导风向明确，下风向设点应多一些，一般约占采样点总数的 60%。这种布点方法适用于有多个污染源，且污染源分布比较均匀的情况。

（2）同心圆布点法：此种布点方法主要用于多个污染源构成的污染群，或污染集中的地区。布点方式为以污染源为中心画出同心圆，半径视具体情况而定，再从同心圆画 45° 夹角的射线若干，放射线与同心圆圆周的交点即采样点。

（3）扇形布点法：此种方法适用于主导风向明显的地区，或孤立的高架点源。以点源为顶点，主导风向为轴线，在下风向地面上划出一个扇形区域作为布点范围。扇形角度一般为 45° ～ 90°。采样点设在距点源不同距离的若干弧线上，相邻两点与顶点连线的夹角一般取 10° ～ 20°。

2. 固定污染源管道布点，如果选择负压的地方是否容易造成倒吸？若负压大，已经采集的烟尘容易因操作不熟练，反被吸走，这样采集的样品会比实际的低。特别是采集气态污染物时，本身采集的流量比较小，这样是否能保证采集到有代表性的样品。

答案：负压容易造成倒吸。采烟尘时必须开启防倒吸功能；采气时要先开机再连接与采样枪的接口。任何采样不熟练都易造成误差。采气样品的代表性受下列因素影响：

①仪器抗负压能力（泵功率）；②采样断面位置是否有涡流；③测孔封堵是否严密；④仪器的

气密性（负压条件更能检验）；⑤吸收瓶前管路是否饱和；⑥采集的污染物浓度是否过饱和；⑦采样是否同步；⑧尘、气共存时，不能单看气态污染物的浓度。

3. 简答《大气污染物无组织排放监测技术导则》（HJ/T 55—2000）中对气象因子于无组织排放监测的适宜程度分类方法。

答案： a 类：不利于污染物的扩散和稀释，适宜于进行无组织排放监测。

b 类：较不利于污染物的扩散和稀释，较适宜于进行无组织排放监测。

c 类：有利于污染物的扩散和稀释，较不适宜于进行无组织排放监测。

d 类：很有利于污染物的扩散和稀释，不适宜于进行无组织排放监测。

4. 简述滤料吸收法采样有哪几种常用滤料。

答案： 有定量滤纸、玻璃纤维滤膜、有机合成滤膜、微孔滤膜和直孔滤膜等类型。

5. 无组织排放中有显著本底值的监测项目有哪些？简述监测这些项目的无组织排放时设置参照点的原则及设置范围。

答案： 无组织排放监测的污染物项目有二氧化硫、氮氧化物、颗粒物和氟化物。

设置参照点的原则要求是：

（1）参照点应不受或尽可能少受被测无组织排放源的影响，力求避开其近处的其他无组织排放源和有组织排放源的影响，尤其要注意避开那些有可能对参照点造成明显影响而同时对监控点无明显影响的排放源。

（2）参照点的设置，要以能够代表监控点的污染物本底浓度为原则。

（3）参照点最好设置在无组织排放源上风向，以排放源为圆心，以距排放源 2 m 和 50 m 为圆弧，与排放源成 120° 夹角所形成的扇形范围内。

6. 什么是烟气排放连续监测系统?

答案： 连续监测固定污染源颗粒物和（或）气态污染物排放浓度和排放量所需要的全部设备，简称 CEMS。

7. 简述什么是烟尘采样中的移动采样、定点采样和间断采样。

答案： 移动采样：是用一个滤筒在确定的各采样点上移动采样。各采样点采样时间相等，求出采样断面的平均浓度。

定点采样：是分别在每个测点上采一个样品，求出采样断面的平均浓度，并可了解烟道断面上颗粒物浓度变化状况。

间断采样：是对有周期性变化的排放源根据工况变化及其延续时间分段采样，求出其时间加权平均浓度。

8. 在大气污染物无组织排放监测中，哪些污染物需在无组织排放源的下风向设监控点，同时在排放源上风向设参考点，以监控点同参考点的浓度差值不超过规定限制来限制无组织排放？无组织排放监测最有利的气象条件是什么？

答案：

（1）二氧化硫、氮氧化物、颗粒物和氟化物需在无组织排放源的下风向设监控点，同时在排放源上风向设参考点，以监控点同参考点的浓度差值不超过规定限制来限制无组织排放。

（2）风向变化小于 ±15°；平均风速 1 ~ 2 m/s；大气稳定度为稳定（F）、较稳定（E）等级。

9.《锅炉大气污染物排放标准》（GB 13721—2014）中规定，对实测锅炉烟尘、二氧化硫、氮氧化物排放浓度需要进行基准含氧量折算。请问：

（1）为什么需要折算为基准含氧量下的排放浓度进行评价？

（2）如何折算？写出计算公式。

答案：

（1）锅炉由于炉型及燃料的不同，最佳燃烧时的过剩空气系数也不同，为统一尺度对锅炉排放的污染物进行监管，标准规定了不同锅炉的基准含氧量，将污染物浓度折算到该基准含氧量下的浓度进行评价。同时也防止企业在监测时段内通过不加料、加大进风量等方式降低污染物实测浓度。

（2）计算公式：

$$\rho=\rho'\times\frac{21-\varphi(O_2)}{21-\varphi'(O_2)}$$

式中：ρ——大气污染物基准氧含量排放浓度，mg/m^3；

ρ'——实测的大气污染物排放浓度，mg/m^3；

$\varphi'(O_2)$——实测的氧含量；

$\varphi(O_2)$——基准氧含量。

10. 在对某砖厂隧道窑尾气烟囱开展执法监测的过程中，颗粒物实测浓度低于 20 mg/m^3，但换算为基准过量空气系数后的折算浓度为 25 mg/m^3，在此种情况下适用于《固定污染源排气中颗粒物测定与气态污染物采样方法》（GB/T 16157—1996）和《固定污染源废气　低浓度颗粒物的测定　重量法》（HJ 836—2017）中的哪个标准？根据该例子简述上述两标准针对颗粒物浓度的适用范围。

答案：

（1）适用于《固定污染源废气　低浓度颗粒物的测定　重量法》（HJ 836—2017）。

（2）颗粒物浓度小于等于 20 mg/m^3 时，适用于《固定污染源废气　低浓度颗粒物的测定　重量法》（HJ 836—2017）；颗粒物浓度大于等于 20 mg/m^3 且不超过 50 mg/m^3 时，《固定污染源排气中颗粒物测定与气态污染物采样方法》（GB/T 16157—1996）与《固定污染源废气　低浓度颗粒物的测定　重量法》（HJ 836—2017）同时适用；颗粒物浓度大于 50 mg/m^3 时，适用《固定污染源排气中颗粒物测定与气态污染物采样方法》（GB/T 16157—1996）。

11. 烟尘采样中等速采样方法有哪几种？

答案：

（1）普通型采样管法即预测流速法；

（2）皮托管平行测速采样法；

（3）动压平衡型采样管法；

（4）静压平衡型采样管法。

12. 简述无组织排放实行监测时设置监控点的位置和数目的原则及采样频次的要求。

答案：

（1）原则：根据《大气污染物综合排放标准》（GB 16297—1996）的规定，二氧化硫、氮氧化物、颗粒物和氟化物的监控点设在无组织排放源下风向 2 ～ 50 m 的浓度最高点，相对应的参照点设在排放源上风向 2 ～ 50 m；其余物质的监控点设在单位周界外 10 m 的浓度最高点。按规定监控点最多可设4个，参照点只设1个。

（2）采样频次的要求：按规定对无组织排放实行监测时，实行连续1 h的采样，或者实行在1 h内以等时间间隔采集4个样品计平均值。在进行实际监测时，为了捕捉到监控点最高浓度的时段，实际安排的采样时间可超过1 h。

13. 简述蒸汽锅炉负荷的定义及其运行负荷核查方法。

答案：定义：蒸汽锅炉负荷：蒸汽锅炉的负荷，是指锅炉的蒸发量，即锅炉在单位时间内能产生多少重量的蒸汽，单位为t/h。主要核查方法有三种，具体内容如下：

（1）蒸汽流量表法：在吨位较大的锅炉上，一般都配有蒸汽流量表，通过流量表便可以直接计算出锅炉每小时产汽量。测试前应校准流量表。

（2）量水箱法：对于吨位小的锅炉常用量水箱法计算锅炉运行负荷。一般应用两只水箱，一只为量水箱，一只为耗水箱。量水箱应位于耗水箱的上面，其容积应不小于0.5 m^3，耗水箱容积应比量水箱稍大一些。水箱装好后应校准量水箱，校准方法可用重量法。量水箱的进水管和出水管口径不能太小，以保证放满和排空所需的时间比耗水箱所需要的时间小。用此法记录水量时供水管路和水泵不能漏水，如发现漏水，必须及时检修，修好后方可使用。

（3）水表法：锅炉给水量的测定亦可用水表法，常用自来水水表。

14. 请简述用定电位电解法烟气分析仪进行气态污染物监测的质量保证措施（提示：包括对水分的去除、烟道负压的考虑、仪器使用注意事项等）。

答案：

（1）为了防止采样气体中水分在连接管和仪器中冷凝干扰测定，输气管路应加热保温，配置烟气预处理装置，对采集的烟气进行过滤、除湿和气液分离。除湿装置应使除湿后气体中被测污染物的损失不大于5%。

（2）应选择抗负压能力大于烟道负压的仪器，否则会使仪器采样流量减小，测试浓度值偏低，甚至测不出来。

（3）应在仪器显示浓度值变化趋于稳定后读数，读数完毕将采样探头取出，置于环境空气或氮气中，清洗传感器至仪器零点附近，再将采样探头插入烟道进行第二次测试。在测试完全结束后，应将仪器置于干净的环境空气中，继续抽气吹扫传感器，直至仪器示值符合说明书要求后再关机。

（4）仪器应一次开机直至测试完全结束，中途不能关机重新启动以免仪器零点变化，影响测试准确性。

15. 简述无组织排放监测中，当平均风速小于1 m/s（包括静风）时，参照点应如何设置？为什么？

答案：当平均风速小于1 m/s时，被测无组织排放源排出的污染物随风迁移作用减小，污染物自然扩散作用增强，此时污染物可能以不同浓度出现在被测排放源上风向。此时设置参照点，既要注意避开近处其他源的影响，又要在规定的扇形范围内，在远离被测无组织排放源处设置。

16. 无组织排放监测中，当平均风速≥1 m/s或小于1 m/s（包括静风）时，参照点应分别如何设置？为什么？

答案：

（1）当平均风速≥1 m/s时，因被测排放源排出的污染物一般只能影响其下风向，故参照点可在避开近处污染源影响的前提下，尽可能靠近被测无组织排放源设置，以使参照点可以较好地代表监控点的本底浓度值。

（2）当平均风速小于 1 m/s 时，被测无组织排放源排出的污染物随风迁移作用减小，污染物自然扩散作用增强，此时污染物可能以不同浓度出现在被测排放源上风向。此时设置参照点，既要注意避开近处其他源的影响，又要在规定的扇形范围内，在远离被测无组织排放源处设置。

六、计算题

1. 对某热电厂废气排放口进行监测，监测断面为矩形，长 4.0 m、宽 1.8 m，监测数据如下表所示。试计算标准状态下干废气排放量。

烟尘采样报表

地点：xxxx

开始时间：2019-09-26 10：39

01）跟踪率　1.00

02）滤筒（膜）号　000081

03）采样体积　669.9 L

04）标况体积　562.6 L

05）累计采时　16 min00s

06）含湿量　14.6%

07）标干流量　XXXX m^3/h

08）平均动压　43 Pa

09）平均静压　−0.01 kPa

10）平均全压　0.02 kPa

11）平均流速　7.3 m/s

12）平均烟温　51.6℃

13）大气压　101.20 kPa

14）采嘴直径　12 mm

15）皮托管系数　0.83

答案：

第一步：计算湿废气排放量 Q_s：

$Q_s = 3\,600 \times F \times V_s = 3\,600 \times (4.0 \times 1.8) \times 7.3 = 189\,216$（$m^3/h$）

第二步：计算标准状态下干废气排放量 Q_{sn}：

$$
\begin{aligned}
Q_{sn} &= Q_s \times \frac{B_a + P_s}{101\,325} \times \frac{273}{273 + t_s} \times (1 - X_{sw}) \\
&= 189\,216\ m^3/h \times \frac{101\,200 + (-10)}{101\,325} \times \frac{273}{273 + 51.6} \times (1 - 14.6\%) \\
&= 135\,722\ m^3/h
\end{aligned}
$$

2. 测得某台锅炉除尘器入口烟尘标态浓度 C_j=2 875 mg/m^3，除尘器入口标态风量 Q_j=9 874 m^3/h，除尘器出口烟尘标态浓度 C_c=352 mg/m^3，除尘器出口标态风量 Q_c=10 350 m^3/h，试求该除尘器的除尘效率。

答案： $\eta=[(C_j\times Q_j)-(C_c\times Q_c)]/(C_j\times Q_j)\times 100\%$

$=[(2\,875\times 9\,874)-(352\times 10\,350)]/(2\,875\times 9\,874)\times 100\%=87.2\%$

3. 实测某台燃煤锅炉标准状态下干采样体积 d=6 080 L，工况下湿排气流量 Q_s=9.16×10^4 m^3/h，静压 P_s=−0.85 kPa，烟气温度 t_s=80℃，含湿量 X_{sw}=6.5%；滤筒在采样前的重量 m_1 为 1.003 2 g，采样烘干后的滤筒重量 m_2 为 1.031 7 g，烟气中氧含量为 10.4%，试计算（1）采集样品时的标准状态下干排气流量；（2）该锅炉烟尘的排放浓度；（3）该锅炉烟尘的折算浓度；（4）该锅炉烟尘的排放量。（锅炉基准氧含量 9%，监测期间大气压 B_a 为 100.98 kPa，结果保留 3 位有效数字）。

答案：

$$Q_{sn}=Q_s\frac{B_a+P_s}{101.325}\times\frac{273}{273+t_s}\times(1-X_{sw})$$

$$=9.16\times 10^4\times\frac{100.98-0.85}{101.325}\times\frac{273}{273+80}\times(1-6.5\%)$$

$$=6.61\times 10^4\ (\mathrm{m^3/h})$$

$$C=\frac{m_2-m_1}{V_{vd}}\times 10^6=\frac{1.164\,0-1.003\,2}{6\,080}\times 10^6=26.4\ (\mathrm{mg/m^3})$$

$$C_{折}=C_{实}\times\frac{21-O_{2基}}{21-O_{2实}}=26.4\times\frac{21-9}{21-10.4}=29.9\ (\mathrm{mg/m^3})$$

$$G=C\cdot Q_{sn}\times 10^{-6}=26.4\times 6.61\times 10^4\times 10^{-6}=1.75\ (\mathrm{kg/h})$$

4. 某生活垃圾焚烧发电项目污染物排放检测指标如下：烟尘 5.8 mg/m^3，SO_2 12 μmol/mol、NO 45 μmol/mol、NO_2 3 μmol/mol，烟气氧含量 12.5%。如果该企业执行 SO_2 标准限值 50 mg/m^3，NO_x 标准限值 100 mg/m^3，请判定上述 SO_2 和 NO_x 是否超标？并写出计算过程。

答案： 依据《生活垃圾焚烧污染控制标准》（GB 18485—2016）中的规定，生活垃圾焚烧发电机组的基准氧含量为 11.0%。

$$\rho_{NO_x}=\frac{46(\rho'_{NO}+\rho'_{NO_2})}{22.4}$$

$$\rho_{NO_x}=\frac{46\times(45+3)}{22.4}=98\ (\mathrm{mg/m^3})$$

NO_x 折算浓度 =98×（21−11）/（21−12.5）=115（mg/m^3）

$$\rho_{SO_2}=\frac{64\times 12}{22.4}=34\ (\mathrm{mg/m^3})$$

SO_2 折算浓度 =34×（21−11）/（21−12.5）=40（mg/m^3）

由于该企业执行 SO_2 标准限值 50 mg/m^3，NO_x 标准限值为 100 mg/m^3。

所以，该企业的 NO_x 未达标排放；SO_2 达标排放。

5. 已知采样时转子流量计前气体温度 t_r=40℃，转子流量计前气体压力 r = −7 998 Pa，采气流量 Q_r=25 L/min，采样时间 t=20 min，大气压力 B_a=98.6 kPa，滤筒收尘量 0.900 1 g，排气量 Q_{sn}=6 000 m^3/h，试求排放浓度与排放量。

答案：标态采气量：V_{nd} =0.05 × Q_r × ［（B_a+P_r）/（273+t_r）］$^{1/2}$ × t

=0.05 × 25 × ［（98 600−7 998）/（273+40）］$^{1/2}$ × 20=425（L）

排放浓度：C=m × 10^6/V_{nd}=0.900 1 × 10^6/425=2 118（mg/m^3）

排放量：G=C × Q_{sn}=2 118 × 6 000 × 10^{-6}=12.7（kg/h）

6. 有一套两级除尘系统，已知系统流量为 2.20 m^3/s，工艺设备产生的粉尘量为 4.40 g/s，各级除尘效率分别为 80%（η_1）和 95%（η_2）。试计算该除尘系统的总除尘效率（η）、粉尘排放浓度（C）和排放量（Q）。

答案：总除尘效率 η=1−（1−η_1）（1−η_2）=1−（1−80%）（1−95%）=99%

已知：C_{1N}=4.40 ÷ 2.2=2（g/m^3）=2 000（mg/m^3）

代入公式：$\eta=\left(1-\dfrac{C_2}{C_{1N}}\right)\times 100\%$

排放浓度 C_2=20 mg/m^3

排放量 Q=20 × 2.20=44（mg/s）

7. 已测得某台除尘器出口管道中的动压和静压分别是 0.427 kPa 和 −1.659 kPa，进口管道中的动压和静压分别是 0.194 kPa 和 −0.059 kPa，试计算这台除尘器的阻力。

答案：除尘器出口管道中的全压：$P_{出}$ = −1.659+0.427= −1.232（kPa）

除尘器进口管道中的全压：$P_{进}$ = −0.059+0.194=0.135（kPa）

除尘器的阻力：ΔP=$P_{进}$−$P_{出}$=0.135−（−1.232）=1.367（kPa）

8. 某企业有两根排气筒，高度分别为 30 m、40 m，相距 65 m，同时排放氯化氢气体，排放速率分别为 1.2 kg/h、1.7 kg/h，浓度分别为 120 mg/m^3、140 mg/m^3，氯化氢排放标准如下表所示，问该企业氯化氢排放是否达标？为什么？

氯化氢排放标准

最高允许排放浓度 /（mg/m^3）	排气筒高度 /m	最高允许排放速率 /（kg/h）
150	20	0.51
	30	1.7
	40	3.0
	50	4.5
	60	6.4
	70	9.1

答案：等效排气筒排放速率为：1.2+1.7=2.9（kg/h）

等效排气筒高度为：$h=\sqrt{\dfrac{1}{2}(h_1^2+h_2^2)}$ =35（m）

等效排气筒排放标准为：$Q=Q_a+(Q_{a+1}-Q_a)(h-h_a)/(h_{a+1}-h_a)$

$=1.7+(3.0-1.7)\times(35-30)/(40-30)=2.35$（kg/h）

结论：超标。

9. 实测某台燃煤锅炉标准状态下干采样体积 V_{nd}=6 080 L，标准状态下干排气流量 $Q_{sn}=6.61\times10^4$ m³/h；滤筒在采样前的重量为 1.0 032 g，采样烘干后的滤筒重量为 1.1 640 g，试计算该锅炉烟尘的排放浓度与排放量。

答案： 排放浓度：$C=m\times10^6/V_{nd}=(1.164\ 0-1.003\ 2)\times10^6/6\ 080=26.45$（mg/m³）

排放量：$G=C\cdot Q_{sn}\times10^{-6}=26.45\times6.61\times10^4\times10^{-6}=1.75$（kg/h）

10. 对某企业一台以轻质柴油为燃料的锅炉进行监测，现场测试结果：烟气氧含量为 4.2%，标干状态下烟气流量为 1 400 m³/h；标准干烟气状态下烟尘浓度为 24 mg/m³；二氧化硫测试浓度为 22 ppm。计算烟尘和二氧化硫折算后的排放浓度及排放速率（排放标准规定的过量空气系数 α=1.2）。

答案：

$$\alpha'=21/(21-4.2)=1.25\quad \alpha'/\alpha=1.25/1.2=1.04$$

烟尘排放浓度为：$24\times1.04=25.0$（mg/m³）

二氧化硫排放浓度为：$22\times2.86\times1.04=65.4$（mg/m³）

烟尘排放速率为：$24\times1\ 400\times10^{-6}=0.034$（kg/h）

二氧化硫排放速率为：$22\times2.86\times1\ 400\times10^{-6}=0.08\ 8$（kg/h）

11. 用稀释系数抽取法测定（湿基）烟气中 NO 量为 C_{w1}=230 ppm，NO_2 量为 C_{w2}=15 ppm，烟气中水分含量 B_{ws}=7%，含氧量 O_2=5%，试计算标准状态下干烟气中 NO_x（NO_2）的折算质量浓度（基准含氧量 $O_{2基}$为 6%）。

答案：

标准状态下湿烟气的质量浓度：$C_w=(230+15)\times2.05=502$（mg/m³）

换算为标准状况下干烟气的质量浓度：

$C_d=C_w/(1-B_{ws})=502/(1-7\%)=540$（mg/m³）

折算浓度：$C=C_d\times(21-O_{2基})/(21-Xo_2)=540\times15/16=506$（mg/m³）

12. 依据《固定污染源排气中氯苯类的测定　气相色谱法》（HJ/T 39—1999），在 30.0℃、大气压为 101.0 kPa 条件下采集无组织排放气体样品，采样体积 10.0 L，用 3.00 ml 洗脱剂洗脱，进样量为 1.00 μl，测得采样管吸附剂及玻璃棉中氯苯的含量为 12.6 μg，采样管空白吸附剂和玻璃棉中氯苯未检出，试计算该气体中氯苯的浓度。

答案： 采样标况体积 $V=(10.0\times101.0\times273.15)/[101.3\times(273.15+30)]=8.98$（L），空气中氯苯的浓度 $C=12.6/8.98=1.40$ mg/m³

13. 某水泥厂的无组织排放监测中，在参照点（M）以等时间间隔采集四个样品，测定浓度分别为 0.25 mg/m³、0.30 mg/m³、0.45 mg/m³、0.35 mg/m³；在监控点 A 点测定浓度分别为 0.45 mg/m³、0.58 mg/m³、0.65 mg/m³、0.77 mg/m³；在监控点 B 点测定浓度分别为 0.95 mg/m³、1.02 mg/m³、1.35 mg/m³、1.10 mg/m³；在监控点 C 点测定浓度分别为 1.60 mg/m³、1.71 mg/m³、1.80 mg/m³、1.52 mg/m³；在监控点 D 点测定浓度分别为 0.92 mg/m³、0.88 mg/m³、0.75mg/m³、0.80 mg/m³。本次监测采用《水泥工业大气污染物排放标准》（GB 4915—2013）中无组织排放限值（0.5 mg/m³）

进行评价。试根据以上监测结果，判断该污染源的无组织排放浓度是否超标。

答案：

（1）参照点 1 h 平均值：

M=（m_1+m_2+m_3+m_4）/4=（0.25+0.30+0.45+0.35）/4=0.34（mg/m^3）

（2）四个监控点的 1h 平均值分别为：

A=（a_1+a_2+a_3+a_4）/4=（0.45+0.58+0.65+0.77）/4=0.61（mg/m^3）

B=（b_1+b_2+b_3+b_4）/4=（0.95+1.02+1.35+1.10）/4=1.10（mg/m^3）

C=（c_1+c_2+c_3+c_4）/4=（1.60+1.71+1.80+1.52）/4=1.66（mg/m^3）

D=（d_1+d_2+d_3+d_4）/4=（0.92+0.88+0.75+0.80）/4=0.84（mg/m^3）

（3）比较四个监控点的监测值大小（1 h 平均值）后得到 C＞B＞D＞A

（4）计算该污染源无组织排放的“监控浓度值”X为：

X=C−M=1.66−0.34=1.32（mg/m^3）

（5）判断该污染源的无组织排放是否超标：

《水泥工业大气污染物排放标准》（GB 4915—2013）中的排放限制 Y=0.5 mg/m^3，$X>Y$

所以该法排放源的无组织排放浓度超标。

14. 实测某台非火电厂燃煤锅炉烟尘的排放浓度为 120 mg/m^3，过量空气系数为 1.98，试计算出该锅炉折算后的烟尘排放浓度。

答案：

$C= C' \times (a'/a)$ =120×（1.98/1.8）=132（mg/m^3）

15. 锅炉用煤量为 1 015 kg/h，燃煤中收到基硫分含量（S_{ar}）为 0.52%，该煤中硫的转化率（P）为 80%，试求二氧化硫的产污系数（kg/t）和每小时二氧化硫排放量。

答案：二氧化硫产污系数：$K= 0.2\times S_{ar}\times P$ =0.2×0.52×80 = 8.3（kg/t）

每小时二氧化硫排放量：G= 8.3 kg/t×1.015 t/h= 8.42（kg/h）

16. 某企业有两根排气筒：排气筒 1 和排气筒 2，并且排气筒 1 和排气筒 2 排放同一种污染物，两根排气筒相距 25 m，排气筒 1 高度 16 m，排气筒 2 高度 12 m，排气筒 1 的排放速率为 0.25 kg/h，排气筒 2 的排放速率为 0.52 kg/h，已知当排气筒高度为 15 m 时，该污染物的最高允许排放速率为 0.5 kg/h。试计算：（1）两根排气筒的等效排放速率；（2）两根排气筒的等效排放高度；（3）两根排气筒的污染物排放速率是否超标。

参考答案：（1）两根排气筒高度之和 16 m+12 m=28 m>25 m

由于其距离小于该两个排气筒的高度之和时，应以一个等效排气筒代表该两个排气筒。

因此两根排气筒的等效排气筒污染物排放速率为：

$Q_{等效}=Q_1+Q_2$=0.25+0.52=0.77（kg/h）

两根排气筒的等效排气筒高度为：

$$h=\sqrt{\frac{1}{2}(h_1^2+h_2^2)}$$

$h_{等效}$=14.1 m

当排气筒高度低于排气筒高度的最低值，用外推法计算其最高允许排放速率：

由于 $h_{等效}$=14.1 m<15 m

所以 $Q_{允许}=Q_c(h_{等效}/h_c)^2$=0.5×（14.1/15）^{2}=0.44 kg/h，由于 0.77 kg/h＞0.44 kg/h，故超标。

两根排气筒的污染物排放速率超标。

17. 某氮肥厂位于一般工业区，2006 年环境影响评价文件通过审批，项目建成投产。主要废气污染物是氮氧化物、一氧化氮、氨、烟尘等，排气筒高度为 25 m。当地生态环境部门对企业进行例行监测，其中排气筒排放的氮氧化物监测结果为：排放浓度 1 100 mg/m^3，排放速率 2.25 kg/h；无组织排放设三个监控点，各测点小时均值分别为 0.10 mg/m^3、0.08 mg/m^3、0.15 mg/m^3（氮氧化物的排放限值见下表）。

氮氧化物的排放限值

污染物	最高允许排放浓度 /（mg/m^3）	最高允许排放速率 /（kg/h）			无组织排放监控浓度限值 /（mg/m^3）
		排气筒 /m	二级	三级	
氮氧化物	1 400	15 20 30 …	0.77 1.3 4.4 …	1.2 2.0 6.6 …	0.12

问：（1）该项目废气排放应执行什么标准和级别？

（2）有组织排放氮氧化物是否达标？

答案：

（1）废气排放浓度及速率应执行《大气污染物综合排放标准》（GB 16297—1996）表 2 的二级标准。

（2）根据内插法计算氮氧化物的最高允许排放速率：

Q=1.3+（4.4−1.3）×（25−20）/（30−20）=2.8（kg/h）

氮氧化物的监测结果为：排放浓度 1 100 mg/m^3，排放速率 2.25 kg/h，对照相应标准符合《大气污染物综合排放标准》（GB 16297—1996）表 2 的二级标准，达标排放。

18. 实测某台燃煤锅炉标准状态下干采样体积为 V_{vd}=6 080 L，工况下湿排气流量 Q_s=9.16×10^4 m^3/h，静压 P_s=−0.85 kPa，烟气温度 t_s=80℃，含湿量 X_{sw}=6.5%；滤筒在采样前的重量 m_1 为 1.003 2 g，采样烘干后的滤筒重量 m_2 为 1.164 0 g，烟气中氧含量为 10.4%，试计算：（1）采集样品时的标准状态下干排气流量；（2）该锅炉烟尘的排放浓度；（3）该锅炉烟尘的折算浓度；（4）该锅炉烟尘的排放量（锅炉基准氧含量 9%，监测期间大气压 B_a 为 100.98 kPa，结果保留 3 位有效数字）。

答案：

（1）$Q_{sn}=Q_s\times\dfrac{B_a+P_s}{101.325}\times\dfrac{273}{273+t_s}\times(1-X_{sw})$

$=9.16\times10^4\times\dfrac{100.98-0.85}{101.325}\times\dfrac{273}{273+80}\times(1-6.5\%)$

$=6.61\times10^4$（m^3/h）

（2）$C=\frac{m_2-m_1}{V_{vd}}\times10^6=\frac{1.1640-1.0032}{6080}\times10^6=26.4$（$mg/m^3$）

（3）$C_{折}=C_{实}\times\frac{21-O_{2基}}{21-O_{2实}}=26.4\times\frac{21-9}{21-10.4}=29.9$（$mg/m^3$）

（4）$G=C\times Q_{sn}\times10^{-6}=26.4\times6.61\times10^4\times10^{-6}=1.75$（kg/h）

七、分析题

1. A 城市位于二类区，2012 年新建一企业，内有 2 个排气筒，分别为 A 排气筒和 B 排气筒，A 和 B 排气筒的参数如下图、下表所示，两个排气筒主要的排放气态污染物均为 SO_2。经现场监测，A 排气筒的 SO_2 排放速率为 1.0 kg/h，B 排气筒的 SO_2 排放速率为 1.2 kg/h。依据《大气污染物综合排放标准》（GB 16297—1996）计算该企业 SO_2 的排放速率及达标情况。

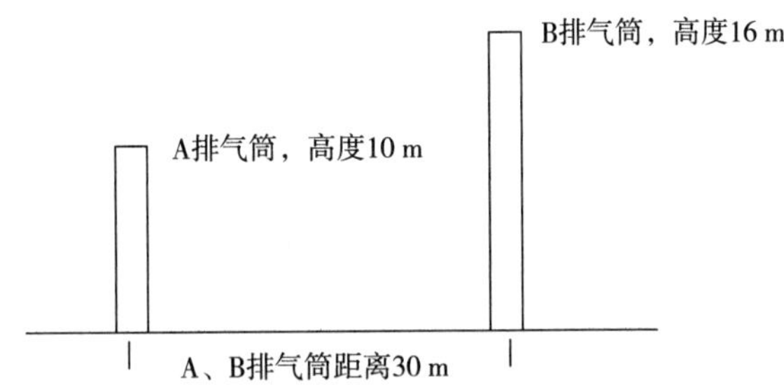

污染物	最高允许排放速率 /（kg/h）			
	排气筒高度 /m	一级	二级	三级
SO_2	15	1.6	3.0	4.1
	20	2.6	5.1	7.7
	30	8.8	17	26

答案：

排放速率：该企业 A 排气筒和 B 排气筒高度分别为 10 m 和 16 m，高度之和小于其之间的距离 30 m，分别按单独排气筒计算其排放速率，故该企业 SO_2 的排放速率 A 排气筒为 1.0 kg/h，B 排气筒为 1.2 kg/h。

该城市位于二类区，最高排放速率达标情况按二级标准进行判断。

（1）A 排气筒达标情况

A 排气筒为 10 m，小于 15 m，该排气筒的最高允许排放速率 $Q=Q_c$（h/h_c）2=3.0×（10/15）^{2}=1.3（kg/h）。

由于 A 排气筒高度为 10 m，同时为 1997 年后新建企业，排放速率标准按外推结果再严格 50% 计算，即 1.3 × 0.5=0.7（kg/h）计算。

A 排气筒排放速率为 1.0 kg/h>A 排气筒最高允许排放速率 0.7 kg/h，A 排气筒 SO_2 排放不达标。

（2）B 排气筒达标情况

B 排气筒为 16 m，高于 15 m 低于 20 m，该排气筒的最高允许排放速率

$Q=Q_a+(Q_{a+1}-Q_a)(h-h_a)/(h_{a+1}-h_a)=3.0+(5.1-3.0)\times(16-15)/(20-15)=3.4$（kg/h）。

由于 B 排气筒高度为 16 m，直接和内插法计算的排气筒最高允许排放速率进行计算，B 排气筒排放速率为 1.2 kg/h＜B 排气筒最高允许排放速率 3.4 kg/h，B 排气筒 SO_2 排放达标。

该企业 A 排气筒不达标，B 排气筒达标，该企业不达标。

2. 某检测机构对企业开展了污水处理厂的无组织排放监测，在上风向设置了 1 个参照点，下风向厂界外设置了 4 个监控点，测试了甲烷、臭气浓度 1 次，用监控点中的浓度最高点测值与参照点浓度之差进行评价，请分析是否合理，并说明原因。

答案：

缺少监测项目，点位布设不合理，采样频次不合理，评价方法不正确。

依据《城镇污水处理厂污染物排放标准》（GB 18918—2002）还应监测氨、硫化氢。

氨、硫化氢、臭气浓度监测点设于城镇污水处理厂厂界或防护带边缘的浓度最高点；甲烷监测点设应于厂区内浓度最高点。

采样频率应每 2 h 采样一次，共采集 4 次。

取其最大测定值进行评价。

3. 某企业建于 2000 年，处于三类区，有两个排气筒，排放的主要污染物为二甲苯。两个排气筒相距 25 m，分别高 15 m 和 12 m，排放速率分别为 0.32 kg/h 和 0.48 kg/h。根据《大气污染物综合排放标准》（GB 16297—1996）规定，当烟筒高度为 15 m 时，最高允许排放速率（三级）为 1.5 kg/h，试问，该企业二甲苯排放速率是否符合《大气污染物综合排放标准》（GB 16297—1996）新污染源大气污染物排放限值要求，并说明理由。

答案：

两个排气筒间距离 25 m，小于两个排气筒高度之和为 27 m，应以一个等效排气筒代表两个排气筒。其等效排气筒的排放速率为两个排气筒排放速率之和，即 $Q=Q_1+Q_2=0.32+0.48=0.80$（kg/h）；

两个排气筒等效高度 $h=\sqrt{\frac{1}{2}(h_1^2+h_2^2)}=13.6$（m），由于其排气筒的等效高度低于 15 m，用外推法计算其最高允许排放速率再严格 50% 执行，

即 $Q'=Q_{表}\times(h/h_{表})^2\times 50\%=1.5\times(13.6/15)^2\times 50\%=0.62$（kg/h）。

结论：因为该企业等效排气筒的排放速率为 0.80 kg/h，高于大气污染物排放限值执行标准 0.62 kg/h，所以该企业二甲苯排放速率不符合《大气污染物综合排放标准》（GB 16297—1996）新污染源大气污染物排放限值要求。

4. 在某超低排放电厂烟气总排口进行监测，如烟道简图所示，选取进烟囱前的矩形（10 m×12 m）平直烟道中间位置设置自动监测及手工取样断面，进行低浓度颗粒物、SO_2 及 NO_x 的测定。

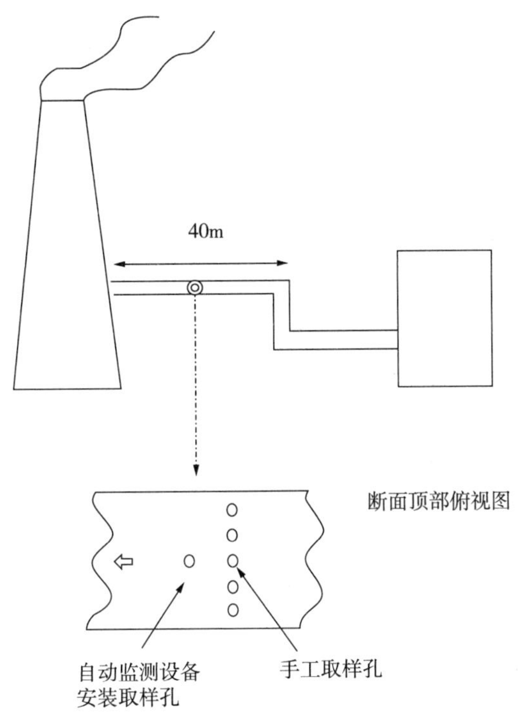

测定低浓度颗粒物时，先使用干湿球法含湿量检测器测得烟气湿度为 12.0%，将含湿量测量结果输入低浓度颗粒物测试仪后直接选取 8 mm 低浓度颗粒物采样头，采用恒流采样法连续采集 1 h，共采集 3 个颗粒物样品及 1 个空白样品，结果如下表所示。

序号	标况体积 /L	空白样品重量 /g	采集后样品重量 /g		样品浓度 / (mg/m^3)
			第一次	第二次	
1	1 098.3	18.598 14	18.598 53	18.598 55	0.4
2	1 072.9	18.376 79	18.378 06	18.378 30	1.3
3	1 028.3	18.083 67	18.084 85	18.084 85	1.2
空白	—	18.559 30	18.559 73	18.559 76	—

使用红外烟气分析仪时，测量前先使用 20 ppm SO_2 标气、95 ppm NO 标气对仪器进行示值误差检查，测试结果为：SO_2 18.5 ppm，NO 100.3 ppm，检查结束后将仪器放入烟道中，待数值稳定后连续测量 5 min 读取 1 组测量结果，共读取 3 组测量结果后，测量结束，将仪器取出清洗、关机。手工监测结果如表 1 所示，CEMS 检测结果如表 2 所示。

表 1　废气测量结果

序号	SO_2/ (mg/m^3)	NO/ (mg/m^3)	O_2/%
1	10	23	6.1
2	11	24	5.8
3	10	24	5.6
4	12	25	5.9
5	12	24	6.0
6	11	23	6.0

表2　CEMS 检测数据

序号	颗粒物 /（mg/m^3）	SO_2/（mg/m^3）	NO_x/（mg/m^3）	O_2/（%）
1	1.2	28	32	5.0
2	1.5	30	38	5.3
3	1.8	25	37	5.1
4	—	29	35	5.2
5	—	30	38	5.5
6	—	27	36	5.3

问题：

（1）以上测试过程及结果存在哪些明显问题？

（2）假定所有手工测量结果均无问题，计算各参数比对结果是否合格？

答案：

（1）①采样断面应距弯头、阀门、变径管下游不小于 6 倍直径，距上游不小于 3 倍直径，烟道尺寸为 10 m×12 m，当量直径为 2×10×12/（10+12）=10.9（m），6 倍当量直径为 65.4 m，3 倍当量直径为 32.7 m，断面设在 40 m 平直烟道中间位置，距两端为 20 m，距离不足。

②测量低浓度颗粒物时，监测孔不能设在烟道顶部。

③手工取样孔应设在自动监测设备取样孔的下游方向，才能保证取样时不会对自动监测结果造成影响。

④测量低浓度颗粒物时，使用《固定污染源废气　低浓度颗粒物的测定　重量法》（HJ 836—2017），不能用干湿球法测量含湿量。

⑤应根据预测流速结果选取采样嘴直径。

⑥颗粒物采样不应使用恒流法，而应使用等速跟踪法。

⑦序号 1 低浓度颗粒物样品增重为 0.4 mg，空白样品增重为 0.44 mg，样品增重低于空白增重，结果无效。

⑧序号 2 低浓度颗粒物样品，测量后两次称量结果之差为 0.24 mg，超过 0.2 mg，称量结果无效。

⑨红外烟气分析仪测量前只进行了示值误差检查，未进行系统偏差检查。

⑩红外烟气分析仪示值误差未检查零点，NO 校准结果超过 5 ppm，示值误差不合格。

⑪测量结果后未校准示值误差及系统偏差。

⑫ HJ 692—2014 中要求所测气态污染物平均浓度应在校准量程的 20% ～ 100%，NO 校准量程为 95 ppm，0.2×95=19×1.34=25.5（mg/m^3）。烟气中 NO 平均浓度为 24 mg/m^3，超过范围。

手工监测仪监测了 NO，未明确是否包括 NO_2；在线监测 NO_x 应包括 NO_2，比对监测评价时可能存在问题，且表 2 中污染物浓度应注明状态。

（2）假定所有手工测量结果均无问题，计算各参数比对结果是否合格？根据 CEMS 在线比对监测技术规范，比对结果如下表所示。

在线比对结果评价表

序号	SO_2/（mg/m^3）			NO_x/（mg/m^3）		
	手工	自动	差值	手工	自动	差值
1	10	28	18	35	32	−3
2	11	30	19	37	38	1
3	10	25	15	37	37	0
4	12	29	17	38	35	−3
5	12	30	18	37	38	1
6	11	27	16	35	36	1
均值	—	—	17.2	—	—	−0.5
评价标准	绝对误差≤ ±17 mg/m^3			绝对误差≤ ±12 mg/m^3		
比对结论	不合格			合格		

在线比对结果评价表

序号	颗粒物 /（mg/m^3）			O_2/%		
	手工	自动	差值	手工	自动	差值
1	0.4	1.2	0.8	6.1	5.0	−1.1
2	1.3	1.5	0.2	5.8	5.3	−0.5
3	1.2	1.8	0.6	5.6	5.1	−0.5
4	—	—	—	5.9	5.2	−0.7
5	—	—	—	6.0	5.5	−0.5
6	—	—	—	6.0	5.3	−0.7
均值	—	—	0.5	—	—	−0.7
评价标准	绝对误差≤ ±5mg/m^3			相对准确度≤ 15%		
比对结论	合格			相对准确度 15.46%，不合格		

| 第五章 |

土壤和沉积物、固体废物

CHAPTER 5

第一节　土壤沉积物

一、填空题

1.《土壤环境监测技术规范》（HJ/T 166—2004）适用于全国区域土壤背景、＿＿＿＿＿＿土壤环境、建设项目土壤环境评价、土壤污染事故等类型的监测。

答案： 农田

2.《土壤环境监测技术规范》（HJ/T 166—2004）中，区域环境背景土壤样品野外采样点选在被采土壤类型特征明显的地方，地形相对＿＿＿＿＿＿、稳定、植被良好的地方。

答案： 平坦

3.《土壤环境监测技术规范》（HJ/T 166—2004）中，测定土壤样品时，每批样品每个项目分析时均须做＿＿＿＿＿＿% 平行样品；当 5 个样品以下时，平行样不少于 1 个。

答案： 20

4.《土壤环境监测技术规范》（HJ/T 166—2004）中，土壤采样一般监测采集＿＿＿＿＿＿土，采样深度 0 ～ 20 cm，特殊要求的监测必要时选择部分采样点采集剖面样品。

答案： 表层

5.《土壤环境监测技术规范》（HJ/T 166—2004）中，污染事故土壤设定 2 ～ 3 个背景对照点，各点（层）取＿＿＿＿＿＿kg 土样装入样品袋。

答案： 1

6. 从土壤和水体中吸收污染物的植物，其污染物分布量和残留量最多的部位是＿＿＿＿＿＿。

答案： 根

7. 用于农药或土壤有机质、土壤全氮量等项目分析的样品，应全部过＿＿＿＿＿＿孔径筛。

答案： 0.25 mm（60 目）

8. 土壤样品全分解时，若采用酸分解，则必须使用＿＿＿＿＿＿。

答案： 氢氟酸

9.《土壤环境监测技术规范》（HJ/T 166—2004）中，区域环境背景土壤采样，采样点离铁路、公路至少＿＿＿＿＿＿以上。

答案： 300 m

10. 测试项目需要新鲜样品的土样，采集后用可密封的聚乙烯或玻璃容器在 4℃以下＿＿＿＿，样品要充满容器。

答案： 避光保存

11. 在进行土壤样品保存时，分析取用后的剩余样品一般保留＿＿＿＿＿＿年。

答案： 半

12. 在对草甸土区域进行土壤环境背景调查采样时，若需采集剖面样，则一般在 A 层 5 ～ 20 cm、B 层＿＿＿＿＿＿cm、C_2 层 100 ～ 120 cm 处采样。

答案： 50

13. 在对水质、土壤等样品中有机污染物进行监测分析时，一般使用正己烷、苯、醚、乙酸乙酯或二氯甲烷等溶剂进行萃取，但________、________两种溶剂具有致癌性，为控制使用的溶剂。

答案：苯　　二氯甲烷

14. 根据《土壤中六六六和滴滴涕测定的气相色谱法》（GB/T 14550—2003）进行测定时，经常采用有机溶剂提取，经液液分配及浓硫酸净化或________净化除去干扰物质。

答案：柱层析

15. 测定一般土壤 pH 时，浸提液应选用________。

答案：无二氧化碳的水

16. 土壤的对角线采样法适用于________的田块。

答案：用污水灌溉

17. 按照《土壤　水溶性氟化物和总氟化物的测定　离子选择电极法》（HJ 873—2017），水溶性氟化物用________提取，总氟化物用________法提取，在提取液中加入总离子强度调节缓冲溶液，用离子选择电极法测定，溶液中氟离子活度的________与电极电位呈线性关系。

答案：水　　碱熔融　　对数

18.《土壤　阳离子交换量的测定　三氯化六氨合钴浸提－分光光度法》（HJ 889—2017）方法原理，在（________±________）℃条件下，用三氯化六氨合钴溶液作为浸提液浸提土壤，土壤中的阳离子被三氯化六氨合钴交换下来进入溶液。三氯化六氨合钴________nm 处有特征吸收，吸光度与浓度成正比，根据浸提前后浸提液吸光度差值，计算土壤阳离子交换量。

答案：20　2　475

19. 土壤预处理室分设________室和________室。

答案：风干　　研磨（磨样）

20. 根据《建设用地土壤污染风险管控和修复监测技术导则》（HJ 25.2—2019），场地监测的基本原则是________原则、________原则、________原则。

答案：针对性　　规范性　　可行性

21.《土壤　pH 值的测定　电位法》（HJ 962—2018）中规定两次平行测定结果的允许差值为________个 pH 单位。

答案：0.3

22. 在土壤分析中每批样品每个项目必做________的平行样品，当样品少于 5 个时，平行样不少于 1 个。

答案：20%

23. 土壤的监测项目分为常规项目、________和选测项目。

答案：特定项目

24. 土壤剖面样品的采样次序为________。

答案：自下而上

25. 大气污染型土壤监测单元和固体废物堆污染型土壤监测单元以污染源为________布点，在________和________适当增加采样点（离污染源的距离远于其他点）。

答案： 中心放射状　主导风向　地表水的径流方向

26. 根据《土壤　干物质和水分的测定　重量法》（HJ 613—2011）进行测定时，样品需经过__________样品筛。

答案： 2 mm / 10 目

27. 根据《土壤和沉积物　多氯联苯的测定　气相色谱－质谱法》（HJ 743—2015），如经过提取的液体颜色较深，可首先采用浓硫酸净化，可去除大部分有机化合物，若提取液中存在杀虫剂及多氯碳氢化合物干扰时，采用__________或硅胶柱净化，若存在明显色素干扰时，可用__________净化，沉积物含有大量元素硫干扰时，可采用活化铜粉去除。

答案： 氟罗里硅土柱　石墨碳柱

28. 根据《土壤　水溶性和酸溶性硫酸盐的测定　重量法》（HJ 635—2012）中规定的酸溶性硫酸盐是指土壤中能够被__________（土稀盐酸比 m/V）的 6 mol/L 稀盐酸所提取的硫酸盐。

答案： 1∶50

29. 根据《土壤质量　全氮的测定　凯氏法》（HJ 717—2014）土壤的消解温度不能超过__________℃，以防瓶壁温度过高而使铵盐受热分解，导致氮的损失。

答案： 400

30. 根据《土壤和沉积物　12 种金属元素的测定　王水提取－电感耦合等离子体质谱法》（HJ 803—2016）在配制标准曲线时以__________为标准系列的零点。

答案： 0.5 mol/L 的硝酸

31. 依据《土壤和沉积物　无机元素的测定　波长色散 X 射线荧光光谱法》（GB 780—2015）测定土壤中某重金属元素，其土壤样品在制备时，需要通过__________目筛。

答案： 200

32. 测定半挥发性有机物含量的新鲜土壤样品需保存于__________容器中，保存温度__________℃，保存时间 10 天。

答案： 棕色玻璃　<4

33. 根据《土壤　pH 值的测定　电位法》（HJ 962—2018）测定土壤 pH 时，应该控制试样和标准缓冲溶液的温度在（__________±__________）℃。

答案： 25　1

34. 海洋沉积物的采样频率依各采样点__________和所要求的__________而定。

答案： 时空变异　精密度

35. 土壤监测布点方法主要有三种：__________、__________、系统随机。

答案： 简单随机　分块随机

36.《土壤有机质测定法》（NY/T 85—1988）中规定，空白标定时取__________g 粉末状__________代替试样，其他步骤与试样测定相同。

答案： 0.500　二氧化硅（或石英砂）

37. 根据《土壤　pH 值的测定　电位法》（HJ 962—2018），用于校准 pH 的两种标准缓冲溶液，其中一种标准溶液的 pH 应与土壤 pH 相差不超过__________个 pH 单位。

答案： 2

38. 污染事故监测土壤采样时，如果是固体污染物抛洒污染型，等打扫后采集表层__________cm 土壤，采样点数不少于 3 个；如果是爆炸污染型，以__________方式布点，采样点位不少于 5 个，爆炸中心采__________样，周围采表层__________cm 土壤。

答案：5　放射性同心圆　　分层　0 ～ 20

39. 土壤环境，指受自然或人为因素作用的，由矿物质、__________、水、空气、生物有机体等组成的陆地表面疏松综合体，包括陆地表层能够生长植物的土壤层和污染物能够影响的__________等。

答案：有机质　　松散层

40. 土壤混合样的采集方法主要有 4 种方法，分别是__________、__________、__________和__________。

答案：对角线法　　梅花点法　　棋盘式法　　蛇形法

41. 根据《土壤环境监测技术规范》（HJ/T 166—2004），全国土壤环境背景值监测一般以__________为主，省、自治区、直辖市的土壤环境背景值监测以土类和__________类型为主。

答案：土类　　成土母质母岩

42. 适合提取土壤或沉积物中的多环芳烃的萃取方法有__________、__________等方法。

答案：索氏提取　　加压流体萃取（ASE）

43. 土壤或沉积物中的多环芳烃常用的样品净化方法为__________、__________和__________4 种。

答案：铜粉脱硫　　硅胶层析柱　　硅酸镁小柱　　凝胶渗透色谱

44. 使用加压流体萃取法对土壤和沉积物中有机物进行提取时，应注意不可使用自燃点在__________的萃取溶剂。

答案：40 ～ 200 ℃

45. 测定有机污染物的土壤样品，采集的样品应置于__________容器中，瓶口不要沾污，及时放入样品冷藏箱，__________避光保存。

答案：带聚四氟乙烯衬垫的棕色玻璃瓶　4 ℃以下

46. 土壤样品组分复杂，污染组分含量低，并且处于固体状态。测定前往往需要处理成液体状态和将待测组分转变为适合测定方法要求的形态、__________，并消除__________。

答案：浓度　　共存组分的干扰

47. 土壤监测单元是按地形—__________—__________—环境影响划分的监测区域范围。

答案：成土母质　　土壤类型

48. 城市土壤环境质量对城市生态系统影响极大，由于其复杂性一般分两层采样监测，上层__________cm 可能是回填土或受人为影响大的部分，下层__________cm 为受人为影响相对较小的部分。

答案：0 ～ 30　30 ～ 60

49. 决定土壤样品具有同等代表性的重要条件是“__________”和“__________”。

答案：随机　　等量

50. 对土壤环境进行监测时，在正式采样前，一般需要进行__________，采集一定数量的样品分析测定，为制定监测方案提供依据；正式采样测试后，发现布设的样点没有满足总体设计需要的，则要进行＿＿＿＿＿＿。

答案：前期采样　补充采样

51. 供测定有机污染物的土壤或者底质样品，应该用＿＿＿＿＿＿（材质）器具采样，采集的样品置于棕色＿＿＿＿＿＿（材质、容器）中，瓶口不要沾污，以保证磨口塞能塞紧。

答案：金属　玻璃瓶

52. 土壤和沉积物样品脱水方法主要有＿＿＿＿＿＿、＿＿＿＿＿＿、＿＿＿＿＿＿和干燥剂吸附四种。

答案：自然风干　离心分离　真空冷冻干燥

53. 土壤环境质量监测时，根据＿＿＿＿＿＿和＿＿＿＿＿＿两项基本项目，用于确定评价土壤的质量标准值。

答案：pH　阳离子交换量

54. 我国《土壤污染防治法》要求国家建立农用地分类管理制度，按照土壤污染程度和相关标准，将农用地划分为＿＿＿＿＿＿、＿＿＿＿＿＿和＿＿＿＿＿＿。

答案：优先保护类　安全利用类　严格管控类

55. 土壤样品分析测试结果低于方法检出限时，用＿＿＿＿＿＿表示，并注明其表示未检出。

答案：ND

56. 土壤总磷的前处理方法常选用＿＿＿＿＿＿（试剂）＿＿＿＿＿＿（方法），土壤有效磷前处理采用＿＿＿＿＿＿（试剂）＿＿＿＿＿＿（方法）。

答案：碳酸钠　碱熔　碳酸氢钠溶液　浸提

57. 对发生污染事故的土壤监测采样时，如果是液体倾翻污染型，污染物向低洼处流动的同时向＿＿＿＿＿＿并向两侧横向方向扩散，每个点＿＿＿＿＿＿，事故发生点样品点较密，采样深度较深，离事故发生点相对远处样品点较疏，采样深度较浅。采样点不少于＿＿＿＿＿＿个。

答案：深度方向渗透　分层采样　5

58. 区域环境背景土壤采样时，一般采集表层土，采样深度＿＿＿＿＿＿cm，特殊要求的监测（土壤背景、环评、污染事故等）必要时选择部分采样点采集剖面样品，一般每个剖面采集 A、B、C 三层土样，对＿＿＿＿＿＿层发育不完整（不发育）的山地土壤，只采＿＿＿＿＿＿和＿＿＿＿＿＿两层。

答案：0～20　B　A　C

59. 土壤环境监测的误差由＿＿＿＿＿＿、＿＿＿＿＿＿和＿＿＿＿＿＿三部分组成，通常情况下，＿＿＿＿＿＿最小。

答案：采样误差　制样误差　分析误差　分析误差

60. 土壤环境监测必测项目应作准确度质控图（用质控样的保证值 X 与标准偏差 S），每批所带质控样的测定值落在＿＿＿＿＿＿附近、＿＿＿＿＿＿之内则表示分析正常，此批样品测定结果可靠；如果测定值落在＿＿＿＿＿＿之外，表示分析失控，测定结果不可信，检查原因，纠正后重新测定；如果测定值落在＿＿＿＿＿＿之间，虽分析结果可接受，但有失控倾向，应予以注意。

答案：中心　上下警告线　上下控制线　上下警告线和上下控制线

61. 风干后的土壤样品用__________压碎，除去__________和__________残体等杂质。

答案：木棒（或玛瑙棒）　石子（或沙砾）　动植物

62. 土壤样品在研磨过程中的分样，采用以下方法：将采集的土壤样品（一般不少于_____g）混匀后用__________法缩分至约__________g。

答案：500　四分　100

63. 建设用地指建设建筑物、构筑物的土地，包括城乡住宅和公共设施用地、__________、__________、__________和__________等。

答案：工矿用地　交通水利设施用地　旅游用地　军事设施用地

64.《土壤监测技术规范》（HJ/T 166—2004）中规定，样品采集一般分3个阶段进行，分别为__________采样、__________采样、__________采样。

答案：前期　正式　补充

65. 土壤试样的“全分解”方法就是把土壤的__________彻底破坏，使土壤中的全部__________进入试样溶液中。

答案：矿物晶格　待测元素

66. 沉积物采样点位通常为水质采样垂线的__________，沉积物采样点应避开河床冲刷、沉积物沉积不稳定及水草茂盛、__________易受扰动之处。

答案：正下方　表层沉积物

67. 水体沉积物可用__________、__________或钻探装置采集。

答案：抓斗　采泥器

二、单选题

1. 场地调查的水平布点方法中，适用于潜在污染明确的场地的是________。（　　）

A．系统随机布点法　B．系统布点法　C．专业判断布点法　D．分区布点法

答案：C

2. 坡度为________以上的山坡禁止开垦耕地。（　　）

A．15°　B．25°　C．30°　D．20°

答案：B

3. 采集金属污染的土壤样品，其采样工具应为________。（　　）

A．铁制　B．铅制　C．不锈钢制　D．塑料制

答案：D

4. 底质中含有大量水分，必须用适当的方法除去，下列几种方法中不可行的是________。（　　）

A．在阴凉、通风处自然风干　B．离心分离

C．真空冷冻干燥　D．高温烘干

答案：D

5. 每个土壤监测单元一般要求最少设________个点。（　　）

A．2　B．3　C．4　D．5

答案：B

6. 建设项目土壤环境影响评价监测采样中，非机械干扰土样的柱状样采样深度一般为________cm。(　　)

A. 20　　B. 60　　C. 100　　D. 120

答案：C

7. 土壤和沉积物有机物的提取压力流体法，萃取过程中不可使用的萃取溶剂为________。(　　)

A. 二硫化碳　　B. 四氯化碳　　C. 石油醚　　D. 丙酮

答案：A

8. ________采样方法更适于中等面积、地势平坦、地形完整开阔但土壤较不均匀地块的土壤样品采集。(　　)

A. 对角线法　　B. 梅花点法　　C. 蛇形法　　D. 棋盘式法

答案：D

9. ________不包含周边土壤监测内容。(　　)

A.《排污单位自行监测技术指南　水泥工业》(HJ 848—2017)

B.《排污单位自行监测技术指南　提取类制药工业》(HJ 881—2017)

C.《排污单位自行监测技术指南　造纸工业》(HJ 821—2017)

D.《排污单位自行监测技术指南　制革及毛皮加工工业》(HJ 946—2017)

答案：C

10. 土壤分层中 A 层一般指的是________。(　　)

A. 枯枝落叶层　　B. 母质层　　C. 淀积层　　D. 淋溶层

答案：D

11. 农田土壤表层土的采样深度一般为________。(　　)

A. 0 ～ 10 cm　　B. 0 ～ 20 cm　　C. 0 ～ 30 cm　　D. 0 ～ 50 cm

答案：B

12. 分析土壤中挥发性有机物的样品应采集并储存在________，且样品要装满样品瓶。

A. 白色玻璃瓶　　B. 棕色玻璃瓶　　C. 塑料瓶　　D. 塑料袋

答案：B

13. 土壤容重越小，说明土壤结构、透气透水性能________。(　　)

A. 越差　　B. 越好　　C. 无关

答案：B

14. 土壤消解后的测汞试样加入保存液的目的是________。(　　)

A. 防止溶液中的汞化合物还原为 Hg　　B. 将各种形态的汞转化为 Hg^{2+}

C. 防止汞被器壁吸附　　D. 减少汞的损失

答案：D

15. 土壤背景等特定调查研究监测需了解污染物在土壤中的垂直分布时采集土壤剖面样品。剖面的规格一般为________，挖掘土壤剖面要使观察面向阳。(　　)

A. 长 1.0 m、宽 0.8 m、深 1.2 m　　B. 长 1.2 m、宽 0.8 m、深 1.0 m

C．长 1.5 m、宽 0.8 m、深 1.0 m　　D．长 1.5 m、宽 0.8 m、深 1.2 m

答案：D

16. 蛇形法布点适宜于面积较大、土壤不够均匀且地势不平坦的地块，设分点 15 个左右，多用于________土壤。（　　）

A．农业污染型　　B．工业污染型　　C．生活污染型　　D．建筑污染型

答案：A

17. 土壤污染累积倍数是________。（　　）

A．土壤某污染物实测值 / 污染物背景值　　B．土壤某污染物实测值 / 污染物标准值

C．土壤某污染物实测值 × 污染物标准值　　D．土壤某污染物实测值 × 污染物背景值

答案：A

18. 分析完成后剩余的土壤样品一般要保留________。（　　）

A．三个月　　B．六个月　　C．一年　　D．两年

答案：B

19. 农用地土壤污染风险管制值项目包括________。（　　）

A．镉、汞、砷、铅、镍　　B．镉、汞、砷、铅、铬

C．镉、汞、铅、铬、镍　　D．镉、砷、铅、铬、镍

答案：B

20. 土壤容重的单位是________。（　　）

A．g/cm^3　　B．g/cm^2　　C．g/kg　　D．mg/kg

答案：A

21. 按照土壤污染程度和相关标准，将农用地划分为优先保护类、安全利用类和__________。（　　）

A．风险管控类　　B．严格管控类　　C．风险管制类　　D．严格管制类

答案：B

22.《土壤环境质量　农用地土壤污染风险管控标准（试行）》（GB 15618—2018）中规定，农用地土壤污染风险筛选值的基本项目有________。（　　）

A．镉、汞、砷、铅、铬、铜、镍、锌

B．镉、汞、砷、铅、铬、铜、镍、锌、六六六

C．镉、汞、砷、铅、铬、铜、镍、锌、滴滴涕

D．镉、汞、砷、铅、铬、铜、镍、锌、苯并［*a*］芘

答案：A

23. 土壤样品全分解时，若采用酸分解，则必须使用________。（　　）

A．硝酸　　B．高氯酸　　C．氢氟酸　　D．盐酸

答案：C

24. 根据《土壤环境监测技术规范》（HJ/T 166—2004），土壤常规项目监测频次原则上为每________年监测一次。

A．1　　B．2　　C．3　　D．5

答案：C

25. 在以下土壤样品前处理方法中，不属于全分解方法的是________。(　　)

A. 普通酸分解法　　B. 微波加热分解法

C. 碱融法　　D. 酸溶浸法

答案：D

26. 农田土壤采样时，对于面积较小、地势平坦、土壤组成和受污染程度相对比较均匀的地块，合适的混合样采集方法为________。(　　)

A. 对角线法　　B. 梅花点法　　C. 蛇形法　　D. 棋盘式法

答案：B

27. 由于土壤组成的复杂性和理化性状的差异，重金属在土壤环境中具有多种形态，其中以有效态和________的毒性最大。(　　)

A. 残留态　　B. 结合态　　C. 交换态　　D. 游离态

答案：C

28. 海洋沉积物监测站位选择的监测海域应具有代表性，其沉积条件要稳定。因此，选择站位应考虑________、沉积速率、沉积结构（地貌、粒径）等。(　　)

A. 水动力状况　　B. 沉积盆地结构　　C. 生物扰动　　D. 以上都是

答案：D

29. 海洋沉积物表层样品的采集深度应不小于________cm，否则应重新采样。(　　)

A. 5　　B. 10　　C. 15　　D. 20

答案：A

30.《土壤和沉积物　挥发性有机物的测定　顶空－气相色谱－质谱法》（HJ 642—2013）中规定，在现场样品采集过程中，每批次样品至少采集________空白样品。(　　)

A. 运输空白　　B. 全程序空白　　C. 以上二者都有

答案：C

31. 依据《土壤和沉积物　12 种金属元素的测定　王水提取－电感耦合等离子体质谱法》（HJ 803—2016），测定土壤中重金属元素，在制备时样品应过________筛。(　　)

A. 10 目　　B. 20 目　　C. 60 目　　D. 100 目

答案：D

32. 根据《土壤环境监测技术规范》（HJ/T 166—2004），用于土壤农药、有机质、全氮含量等项目测试的样品，需过________的孔径筛。(　　)

A. 0.25 mm　　B. 0.20 mm　　C. 0.15 mm　　D. 0.10 mm

答案：A

33. 根据《土壤环境监测技术规范》（HJ/T 166—2004），区域环境背景土壤采样适宜的野外点是________。(　　)

A. 坡脚、洼地等具有从属景观特征地点　　B. 地形相对平坦、稳定、植被良好地点

C. 城镇、住宅、道路及沟渠附近　　D. 水土流失严重地

答案：B

34. 根据《土壤环境监测技术规范》（HJ/T 166—2004），用于土壤元素全量分析的土壤样品，一般须研磨到全部过孔径为________目的筛。（　　）

A. 20　　B. 60　　C. 80　　D. 100

答案：D

35. 土壤中有效态金属是指________。（　　）

A. 能被植物生长利用的部分　　B. 有机质部分

C. 无机质部分　　D. 残渣部分

答案：A

36. 土壤有机质是土壤中________的总称。（　　）

A. 动植物残体　　B. 土壤微生物　　C. 含碳有机化合物

答案：C

37. 土壤监测误差可分为采样误差（SE）、制样误差（PE）和分析误差（AE）三类，通常情况下________。（　　）

A. SE＞PE＜AE　　B. SE＜PE＞AE　　C. SE＞PE＞AE　　D. 都不是

答案：C

38. 根据《土壤样品制备流转与保存技术规定》（总站土字〔2018〕407号），土壤样品制备流转过程中，保留的样品须满足分析测试、细磨、永久性留存和质量抽测所需的样品量。其中，留作细磨的样品量至少为细磨目标样品量的________倍。（　　）

A. 1.5　　B. 2.0　　C. 2.5　　D. 3.0

答案：A

39. 根据《土壤环境监测技术规范》（HJ/T 166—2004），测试项目需要新鲜土壤样品时，采集后用可密封的聚乙烯或玻璃瓶容器盛装，并且________保存。（　　）

A. 室温避光　　B. 在20℃以下　　C. 在4℃以下　　D. 常温

答案：C

40. 若某一土块加水潮润后只能搓成短条，这种土壤的质地应该归属为________。（　　）

A. 砂土　　B. 轻壤土　　C. 砂壤土　　D. 中壤土

答案：C

41. 若需了解农田土壤中污染物的垂直分布情况，较为合理的采样方法是________。（　　）

A. 剖面采样　　B. 表层采样　　C. 深层采样　　D. 表层与深层采样

答案：A

42. 土壤样品应依据各检测方法的要求保存，除汞以外的重金属项目原则上可以在室温下保存________个月。（　　）

A. 1　　B. 3　　C. 6　　D. 12

答案：C

三、多选题

1.《土壤和沉积物　有机物的提取　超声波萃取法》（HJ 911—2017）适用于土壤和沉积物中

________等半挥发性有机物的提取。(　　)

A．多环芳烃　　B．酚类　　C．邻苯二甲酸酯　　D．有机磷农药

E．有机氯农药

答案：ABCE

2.“十四五”国家土壤环境监测网包括____________。(　　)

A．基础点　　B．背景点　　C．监控点　　D．不清楚

答案：AB

3. 成土因素主要有________。(　　)

A. 生物　　B．母质　　C．时间　　D．气候

E．地形

答案：ABCDE

4. 底质采样点应避开________。(　　)

A．河床冲刷之处　　B．底质沉积不稳定之处

C．水草茂盛之处　　D．表层底质易受搅动之处

答案：ABCD

5. 测定半挥发性有机物的新鲜土壤或沉积物样品一般采用________方法干燥。(　　)

A．冷冻　　B．离心　　C．干燥剂　　D．风干

答案：AC

6. 土壤水分与干物质的质量百分比之和可能是________。(　　)

A．＞100%　　B．<100%　　C．=100%　　D．≈100%

答案：ABCD

7. 制备后的土壤样品不立即测定 pH 时，应密封保存，以免受大气中________的影响。

A．O_3　　B．氨　　C．酸性气体　　D．CO

答案：BC

8. 在以下土壤样品前处理方法中，属于全分解方法的是________。(　　)

A．普通酸分解法　　B．微波加热分解法　　C．碱融法　　D．酸溶浸法

答案：ABC

9. 对于农田土壤监测单元的点位布设情况，下列说法不正确的是________。(　　)

A．大气污染型土壤监测单元采用均匀布点

B．固体废物堆污染型土壤监测单元以污染源为中心放射状布点

C．农用化学物质污染型土壤监测单元以污染源为中心放射状布点

D．综合污染型土壤监测单元布点采用综合放射状、均匀、带状布点法

答案：AC

10.《土壤环境监测技术规范》(HJ/T 166—2004)规定，新鲜土样在＜4℃的储存环境条件下保存一周后还能用于________项目的分析。(　　)

A．汞　　B．砷　　C．六价铬　　D．氰化物

答案：AB

11. 根据我国土壤质地分类标准，土壤质地分为________。(　　)

A. 砂土　　B. 矿土　　C. 壤土　　D. 黏土

答案：ACD

12. 对于土壤样品风干室，需满足下列________要求。(　　)

A. 方向朝南，确保阳光照射土壤　　B. 通风良好

C. 无易挥发性化学物质　　D. 整洁无尘污染

答案：BCD

13. 对土壤和沉积物中多环芳烃进行测定时，可采用________对样品脱水。(　　)

A. 在样品中加入适量无水硫酸钠脱水

B. 添加粒状硅藻土脱水

C. 采用冷冻干燥的方式脱水

D. 使用烘箱对样品烘干脱水

答案：ABC

14. 底质中含有大量水分，正确的除水方式是________。(　　)

A. 自然风干　　B. 高温烘干　　C. 离心分离　　D. 日光暴晒

E. 真空冷冻干燥　　F. 无水硫酸钠脱水

答案：ACEF

15. 下列名称中，属于《土壤环境监测技术规范》(HJ/T 166—2004)对土壤质地的分类名称有________。(　　)

A. 砂土　　B. 沙土　　C. 中壤土　　D. 粉土

答案：AC

16. 根据生态环境部《农用地土壤样品采集流转制备和保存技术规定》，在农用地土壤环境监测中，________附近不宜设置土壤采样点。(　　)

A. 陡坡地、低洼积水地　　B. 住宅

C. 道路　　D. 沟渠、粪坑

答案：ABCD

17. 一般农田土壤环境监测采集耕作层土样，采样深度说法正确的是________。(　　)

A. 种植一般农作物采 0 ～ 20 cm　　B. 种植果林类农作物采 0 ～ 20 cm

C. 种植一般农作物采 0 ～ 60 cm　　D. 种植果林类农作物采 0 ～ 60 cm

答案：AD

18. 关于城市土壤的监测采样，说法正确的是________。(　　)

A. 分两层采样　　B. 分三层采样

C. 监测点以网距 2 000 m 的网格布设为主　　D. 各层单独取样监测

答案：ACD

19. 土壤采样点简单随机数的获得可利用________方法获得。(　　)

A. 掷骰子　　B. 抽签　　C. 查随机数表

答案：ABC

20. 土壤的蛇形采样法适用于________的田块。(　　)

A．地势平坦　　B．面积较大　　C．土壤不够均匀　　D．地势不太平坦

答案：BCD

21. ________属于吸附柱色谱法。(　　)

A．硫净化法　　B．弗罗里硅土柱法

C．硅胶柱法　　D．凝胶渗透色谱法

答案：BC

22. ________对土壤微量元素的有效性和肥力有重要影响。(　　)

A．含水率　　B．pH　　C．土壤粒径　　D．阳离子交换量

答案：BD

四、判断题

1.《建设用地土壤污染风险管控和修复监测技术导则》（HJ 25.2—2019）规定，对异位治理修复工程措施效果的监测，处理后土壤应布设一定数量监测点位，每个样品代表的土壤体积应不超过1 000 m^3。(　　)

答案：错误

正确答案：应不超过 500 m^3。

2.《地块土壤和地下水中挥发性有机物采样技术导则》（HJ 1019—2019）规定，在土壤样品采集过程中，在采集混合样时，禁止对样品进行均质化处理。(　　)

答案：错误

正确答案：在土壤样品采集过程中应尽量减少对样品的扰动，禁止对样品进行均质化处理，不得采集混合样。

3.《森林土壤 pH 的测定》（LY/T 1239—1999）规定，测定森林土壤 pH 时，土壤样品需通过 1 mm 筛孔，而《土壤　pH 值的测定　电位法》（HJ 962—2018）规定土壤样品需通过 2 mm 筛孔。(　　)

答案：错误

正确答案：《森林土壤 pH 的测定》（LY/T 1239—1999）及《土壤　pH 值的测定　电位法》（HJ 962—2018）中均为 2 mm 筛孔，对应 10 目筛。

4.《土壤和沉积物　酚类化合物的测定　气相色谱法》（HJ 703—2014）中的萃取可选择索氏萃取、加压流体萃取、超声波萃取或微波萃取等任意一种方式进行目标化合物的提取。(　　)

答案：正确

5.《土壤和沉积物　金属元素总量的测定　微波消解法》（HJ 832—2017）中规定，测定土壤中的硒元素用硝酸、盐酸、硫酸和高氯酸消解。(　　)

答案：错误

正确答案：《土壤和沉积物　金属元素总量的测定　微波消解法》（HJ 832—2017）中规定，测定土壤中的硒元素用硝酸、盐酸消解。

6.《土壤和沉积物　有机氯农药的测定　气相色谱－质谱法》（HJ 835—2017）中规定，测定

土壤和沉积物中有机氯农药时，校准曲线中目标化合物相对响应因子的相对标准偏差应小于或等于20%。否则，说明进样口或色谱柱存在干扰，应进行必要的维护。(　　)

答案：正确

7.《土壤环境监测技术规范》(HJ/T 166—2004)规定，由于土壤组成的不均匀性造成土壤的基础误差，该误差不能消除，但可通过研磨成小颗粒和混合均匀而减小。(　　)

答案：正确

8.《土壤环境监测技术规范》(HJ/T 166—2004)规定每批土壤样品每个项目分析时均须做20%平行样品；当5个样品以下时，平行样可不做。(　　)

答案：错误

正确答案：每批样品每个项目分析时均须做20%平行样品；当5个样品以下时，平行样不少于1个。

9.《土壤环境监测技术规范》(HJ/T 166—2004)规定：特殊要求的监测(如土壤背景)可采用剖面采样。剖面的规格一般为1.5 m(长)×0.8 m(宽)×1.2 m(深)。(　　)

答案：正确

10. 采集农田土壤混合样时，棋盘式法适用于面积较小、地势平坦、土壤组成和受污染程度相对比较均匀的地块。(　　)

答案：错误

正确答案：棋盘式法适宜中等面积，地势平坦、土壤不够均匀的地块，设分点10个左右；受污泥、垃圾等固体废弃物污染的土壤，分点应在20个以上。

11. 采集水中底质样品时，船体或采泥器冲击搅动底质不影响继续采样。(　　)

答案：错误

正确答案：若船体或采泥器冲击搅动了底质，应另选采样点位。

12. 采集土壤沉积物二噁英样品的采样器在采样前只用水清洗，避免采集的样品间交叉污染。(　　)

答案：错误

正确答案：采样工具应保持清洁，采样前应使用水和有机溶剂清洗，避免采集的样品间交叉污染。

13. 采集土壤剖面样品时，采样顺序应该自上而下，先采集剖面的上层样品，再采集中层样品，最后采底层样品。(　　)

答案：错误

正确答案：采集土壤剖面样品时，采样顺序应该自下而上，先采集剖面的底层样品，最后采上层样品。

14. 采集土壤剖面样品时要在各层范围内随机多点取样，等量混匀。(　　)

答案：错误

正确答案：每层单独采样。

15. 采集土壤样品时均应填写2个标签，一个放在袋(或瓶)内，一个放在袋(或瓶)外或贴在袋(或瓶)外表面上。(　　)

答案：正确

16. 采集有机污染土壤样品时，采用棕色螺口玻璃瓶装样品，装至瓶高的 1/2 高度处。(　　)

答案：错误

正确答案：采集有机污染土壤样品时，采用棕色螺口玻璃瓶装样品，且尽量装满瓶。

17. 测定沉积物样品中的多环芳烃，由于部分小分子种类容易挥发，采完样后一定要立即分析。(　　)

答案：错误

正确答案：若不能及时分析，应于 4℃以下冷藏、密封、避光保存。

18. 沉积物采样点应与水质采样点在同一重线上，不能偏移。(　　)

答案：错误

正确答案：沉积物采样点应与水质采样点在同一重线上，如沉积物采样点有障碍物影响，采样点可适当偏移。

19. 大气污染型土壤监测单元一般以污染源为中心放射状布点，而灌溉水污染和农用固体废物污染型土壤监测单元则均匀布点。(　　)

答案：正确

20. 大气中氨和酸性气体不会对已制备好的土壤样品的 pH 测定造成影响。(　　)

答案：错误

正确答案：大气中氨和酸性气体不会对已制备好的土壤样品的 pH 测定有影响。

21. 底质采样点位通常为水质采样点位的正下方。(　　)

答案：正确

22. 底质采样量通常为 1 ～ 2 kg，在较深水域一般常用掘式采泥器采样；在浅水区或干涸河段用塑料勺或金属铲等即可采样。(　　)

答案：正确

23. 分层随机采样适合于绝大部分土壤采样。土壤纵向分三层，样品在每层的 1/2 处采集。(　　)

答案：错误

正确答案：深度 = 每层土壤深 ×RN，RN 为 0 ～ 1 之间的随机数。

24. 分析土壤中挥发性和半挥发性有机污染物时，采集的样品应储存在棕色玻璃瓶中，且样品不能装满样品瓶。(　　)

答案：错误

正确答案：且样品装满样品瓶。

25. 根据《建设用地土壤污染风险管控和修复监测技术导则》（HJ 25.2—2019），表层土壤样品的采集一般采用挖掘方式进行，一般采用锹、铲及竹片等简单工具，也可进行钻孔取样。(　　)

答案：正确

26. 根据《土壤　干物质和水分的测定　重量法》（HJ 613—2011）进行测定时样品需要过 2 mm 筛。(　　)

答案：正确

27. 根据《土壤和沉积物　无机元素的测定　波长色散 X 射线荧光光谱法》（HJ 780—2015），压制的薄片测定后，可以保存在干燥密闭的容器内，以便下次复测。（　　）

答案：错误

正确答案：硫和氯元素具有不稳定性、极易受污染等特性，分析含硫和氯元素的样品时，制备后的试样应立即测定。

28. 根据《土壤环境监测技术规范》（HJ/T 166—2004）中我国土壤质地分类标准，土壤质地分为砂土、壤土和黏土。（　　）

答案：正确

29. 根据《土壤环境监测技术规范》（HJ/T 166—2004），棋盘式法采集农田土壤混合样时设分点 10 个左右。受污泥、垃圾污染的土壤分点应在 20 个以上。（　　）

答案：正确

30. 根据《土壤质量　铅、镉的测定　石墨炉原子吸收分光光度法》（GB/T 17141—1997）测定土壤中铅时，采用盐酸－硝酸－氢氟酸－硫酸全消解的方法，彻底破坏土壤分矿物晶格，使试样中的待测元素全部进入试液。（　　）

答案：错误

正确答案：采用盐酸－硝酸－氢氟酸－高氯酸全消解的方法。

31. 根据《土壤中全硒的测定》（NY/T 1104—2006）和《土壤元素的近代分析方法》，原子荧光测定硒时，硼氢化钠或硼氢化钾起到了还原剂的作用。（　　）

答案：正确

32. 根据《地表水和污水监测技术规范》（HJ/T 91—2002），湖（库）底质采样点一般应设在主要河流及污染源排放口与湖（库）水混合均匀处。（　　）

答案：正确

33. 建设项目土壤环境影响评价监测采样中，非机械干扰土样的柱状样采样深度一般为 60 cm。（　　）

答案：错误

正确答案：建设项目土壤环境影响评价监测采样中，非机械干扰土样的柱状样采样深度一般为 100 cm。

34. 建设用地如果具体地块土壤中污染物检测含量超过建设用地土壤污染风险筛选值，但等于或者低于土壤环境背景值水平的，不纳入污染地块管理。（　　）

答案：正确

35. 进行土壤环境背景值监测土壤剖面采样时，为避免各层样品间的交叉污染，取样时应自上而下依次取样。（　　）

答案：错误

正确答案：自下而上。

36. 进行土壤环境背景值监测土壤剖面采样时，在每层中部多点取样、等量混合，所以在表土被破坏的地方也可设置采样点进行采样。（　　）

答案：错误

正确答案：采样点以剖面发育完整、层次较清楚、无侵入体为准，不在水土流失严重或表土破坏处设置采样点。

37. 进行污染事故土壤监测时，如果是固体污染物抛洒型，打扫后采集表层 0 ～ 5 cm 土壤，样品数不少于 5 个。(　　)

答案：错误

正确答案：进行污染事故土壤监测时，如果是固体污染物抛洒型，打扫后采集表层 0 ～ 5 cm 土壤，样品数不少于 3 个。

38. 面积较小、地势平坦、土壤组成和受污染程度相对比较均匀的地块，在采集土壤混合样时应采用对角线法。(　　)

答案：错误

正确答案：应采用梅花点法。

39. 面积较小的土壤污染调查和突发性土壤污染事故调查可直接采样。(　　)

答案：正确

40. 区域环境背景土壤采样采集剖面样品时，挖掘土壤剖面要使观察面向阳，表土和底土分两侧放置。(　　)

答案：正确

41. 区域环境背景土壤采样过程中，取小块土壤，加水潮润，然后揉搓，能搓成完整的细条，弯曲成圆圈时容易断裂的土壤称为中壤土。(　　)

答案：错误

正确答案：重壤土。

42. 如果建设工程或生产没有翻动土层，则表层土受污染的可能性最大，中下层土壤没有影响。(　　)

答案：错误

正确答案：如果建设工程或生产没有翻动土层，表层土受污染的可能性最大，但不排除对中下层土壤的影响。

43. 使用顶空－气相色谱－质谱法测定土壤中挥发性有机物样品时，送入实验室后应尽快分析，若不能立即分析，在 4℃以下密封保存，保存期限不超过 7 天。(　　)

答案：正确

44. 通过详细调查确定建设用地土壤中污染物含量高于风险管制值的，对人体健康通常存在不可接受风险，应采取风险管控或修复措施。(　　)

答案：正确

45. 土壤采样的布点方法要遵循“随机”和“等量”的原则。(　　)

答案：正确

46. 土壤采样的布点方法有简单随机法、分块随机法和系统随机法三种。(　　)

答案：正确

47. 土壤粗磨样品可直接用于土壤 pH、阳离子交换量、元素有效态等项目分析测试。(　　)

答案：正确

48. 土壤的基本物质组成是矿物质、有机物、无机物和有机质。(　　)

答案：错误

正确答案：土壤的基本物质组成是矿物质、有机物、水、空气。

49. 土壤的监测项目分为常规项目、有机项目和选测项目。(　　)

答案：错误

正确答案：土壤的监测项目分为常规项目、特定项目和选测项目。

50. 土壤的水分含量是指在 110℃下从土壤中蒸发的水的质量占干物质量的质量百分比。(　　)

答案：错误

正确答案：土壤的水分含量是指在 105℃下从土壤中蒸发的水的质量占干物质量的质量百分比。

51. 土壤环境背景值是指基于土壤环境背景含量的统计值。通常以土壤环境背景含量的某一分位值表示。其中土壤环境背景含量是指在一定时间条件下，仅受地球化学过程和点源输入影响的土壤中元素或化合物的含量。(　　)

答案：错误

正确答案：仅受地球化学过程和非点源输入影响的土壤中元素或化合物的含量。

52. 农田土壤采样时，土壤混合样是指在农田耕作层采集若干点的等量耕作层土壤并经混合均匀后的土壤样品，组成混合样的分点数根据实际情况确定，无固定要求。(　　)

答案：错误

正确答案：土壤混合样是指在农田耕作层采集若干点的等量耕作层土壤并经混合均匀后的土壤样品，组成混合样的分点数要在 5 ～ 20 个。

53. 土壤湿度的野外估测，一般可分为五级，手捏土块，在手指上留有湿印的土壤，其湿度为潮。(　　)

答案：错误

正确答案：其湿度为重潮。

54. 土壤颜色可采用门塞尔比色卡比色法，也可按土壤颜色三角表进行描述。(　　)

答案：正确

55. 土壤样品常用盐酸、硫酸、氢氟酸和高氯酸 4 种酸进行酸化分解。(　　)

答案：错误

正确答案：土壤样品常用盐酸、硝酸、氢氟酸和高氯酸进行酸化分解。

56. 土壤样品的风干操作为：在风干室内，将土样放置于风干盘中，摊成 2 ～ 3 cm 的薄层，适时地压碎、翻动，拣出碎石、沙砾和植物残体。(　　)

答案：正确

57. 土壤样品的全消解法，是将土壤样品用酸或碱，在高温下将其晶格破坏的方法。(　　)

答案：正确

58. 土壤样品的消解方法，分为浸取法和全消解法两种。(　　)

答案：正确

59. 土壤样品分解方法有：酸分解法、碱熔分解法、高压釜密闭分解法、微波炉加热分解法等。

（　　）

答案：正确

60. 土壤样品加工过程中，不用挑除草根和石块等非土部分，以使分析结果更符合实际组成。（　　）

答案：错误

正确答案：土壤样品加工过程中，应挑除非土部分，使分析结果更能代表土壤本身的组成。

61. 土壤样品制备过程中，缩分后的土样经风干后，除去其中的石子和动植物残体等异物，只能使用玛瑙棒研磨，直至全部通过 4 mm 尼龙筛。（　　）

答案：错误

正确答案：可用木棒或玛瑙棒研压，通过 2 mm 尼龙筛。

62. 温度对土壤 pH 的测定没有影响，在测定时无须控制温度。（　　）

答案：错误

正确答案：温度对土壤 pH 的测定有影响，在测定时需控制温度。

63. 一般农田土壤环境监测采集耕作层土样，种植果林类农作物采 0 ～ 50 cm 土样。（　　）

答案：错误

正确答案：一般农田土壤环境监测采集耕作层土样，种植一般农作物采 0 ～ 20 cm，种植果林类农作物采 0 ～ 60 cm。

64. 用于测试无机项目的土壤样品，采样取土后，将土壤样品先装入布袋，然后再套上塑料袋。（　　）

答案：错误

正确答案：将土壤样品先装入塑料袋，然后再套上布袋。

65. 综合污染型土壤监测布点采用综合放射状、均匀、带状布点法，不采混合样，便于掌握工程及生产对土壤影响状况。（　　）

答案：正确

五、简答题

1.《土壤环境监测技术规范》（HJ/T 166—2004）的适用范围是什么？

答案：《土壤环境监测技术规范》（HJ/T 166—2004）适用于全国区域土壤背景、农田土壤环境、建设项目土壤环境评价和土壤污染事故等类型的监测。

2. 根据监测目的的不同，如何选择沉积物样品中重金属分析的前处理方法，各种前处理方法之间有何不同？

答案：

（1）要调查沉积物中元素含量水平随时间的变化和空间的分布，一般宜用全量分解方法。

（2）要了解沉积物受污染的状况，用硝酸分解法就可使水系中由于水解和悬浮物吸附而沉淀的大部分重金属溶出。

（3）要摸清沉积物对水体的二次污染，评价沉积物向水体中释放重金属的量，沉积物和蒸馏水按一定的比例做溶出试验。

（4）要监测沉积物中元素的价态和形态则要用特殊的溶样方法。

3. 根据农田土壤监测目的，怎样确定采样深度？为什么需要多点采集混合土样？

答案：根据监测目的，土壤实际及拟作用途等，合理确定采样深度。

如果只是一般地了解土壤污染状况，对于种植一般作物的耕地，只需采集 0 ～ 20 cm 耕作层土壤；对种植果林类农作物的耕地，采集 0 ～ 60 cm 耕作层土壤。

欲了解土壤污染对植物或农作物的影响，采样深度通常在耕层地表以下 15 ～ 30 cm 处，对于根深的作物，也可取 50 cm 深度处的土壤样品。

如果要了解土壤污染深度，则应按土壤剖面层次分层采样 0 ～ 1.5 m，共分四层。

由于土壤本身存在空间分布的不均一性，为更好地代表取样区域的土壤性状，以地块为单位，多点采样，根据监测指标性质再混合成一个混合样品。只有多点采集才能测出有代表性、有效的数据。

4. 什么是土壤环境背景值？

答案：土壤背景值是指区域内很少受人类活动影响和不受或未明显受现代工业污染与破坏的情况下，土壤原来固有的化学组成和元素含量水平。

5. 根据《土壤环境监测技术规范》（HJ/T 166—2004），环境土壤监测的常规项目有哪些？

答案：常规项目包括基本项目和重点项目。基本项目有 pH 和阳离子交换量；重点项目有镉、铬、汞、砷、铅、铜、锌、镍、六六六和滴滴涕。

6. 简述液体倾翻污染型事故中，土壤监测现场采样的要点。

答案：

（1）污染物向低洼处流动的同时向深度方向渗透，并向两侧横向方向扩散，采样点不少于 5 个。

（2）每个点分层采样，事故发生点周围样品点较密，采样深度较深，离事故发生点相对远处样点较疏，采样深度较浅。

（3）要设定 2 ～ 3 个背景对照点。

（4）各点（层）取 1 kg 土样装入样品袋，有腐蚀性或要测定挥发性化合物时，改用广口瓶装样。含易分解有机物的待测定样品，采集后置于低温（冰箱）中，直至运送、移交到分析室。

7. 利用“四酸消解体系”对土壤消解处理是测定土壤重金属全量分析（如总铅）的主要手段，请简答：

（1）高氯酸和氢氟酸的作用分别是什么？

（2）消解完全的主要表征是什么？

答案：

（1）HF 破坏土壤硅酸盐的晶格结构，形成四氟化硅［SiO_2（s）+4HF（aq）→ SiF_4（g）+ $2H_2O$（l）］（即飞硅）。高氯酸：提高温度提高氧化能力、提高驱赶其他酸能力以减少消解后干扰。

（2）要点有两个：颜色描述：无色或淡黄色透明。

程度描述：无颗粒及肉眼可见物。

8. 根据《土壤环境质量　农用地土壤污染风险管控标准（试行）》（GB 15618—2018），农用地土壤污染风险筛选值和农用地土壤污染风险管制值的定义分别是什么？风险筛选值的必测项目包括哪些？

答案：农用地土壤污染风险筛选值：指农用地土壤中污染物含量等于或者低于该值的，对农产品质量安全、农作物生长和土壤生态环境的风险低，一般情况下可以忽略；超过该值的，对农产品质量安全、农作物生长和土壤生态环境可能存在风险，应当加强土壤环境监测和农产品协同监测，原则上应当采取安全利用措施。

农用地土壤污染风险管制值：指农用地土壤中污染物含量超过该值的，食用农产品不符合质量安全标准等农用地土壤污染风险高，原则上应当采取严格管控措施。

农用地土壤污染风险筛选值的必测项目包括镉、汞、砷、铅、铬、铜、镍、锌。

9. 简述土壤混合样的采集方法和相应的适用范围。

答案：

（1）对角线法：适用于污灌农田土壤，对角线分 5 等份，以等分点为采样分点；

（2）梅花点法：适用于面积较小，地势平坦，土壤组成和受污染程度相对比较均匀的地块，设分点 5 个左右；

（3）棋盘式法：适宜中等面积、地势平坦、土壤不够均匀的地块，设分点 10 个左右，受泥、垃圾等固体废物污染的土壤，分点应在 20 个以上；

（4）蛇形法：适宜面积较大、土壤不够均匀且地势不平坦的地块，设分点 15 个左右，用于农业污染型土壤。

10. 什么是建设用地土壤污染风险筛选值，建设用地土壤污染含量超过风险管控值时会有什么影响，应如何处理？

答案：建设用地土壤污染风险筛选值是指特定土地利用方式下，建设用地土壤中污染物含量等于或者低于该值的，对人体健康的风险可以忽略，超过该值的，对人体健康可能存在风险，应当开展进一步详细调查和风险评估，确定具体污染范围和风险水平。

当建设用地土壤中污染物含量超过风险管控值时，对人体健康通常存在不可接受风险，应当采取风险管控或修复措施。

11. 野外采集土壤样品时，如何判断土壤湿度？

答案：干：土块放在手中，无潮湿感觉；潮：土块放在手中，有潮湿感觉；湿：手捏土块，在土团上塑有手印；重潮：手捏土块时，在手指上留有湿印；极潮：手捏土块时，有水流出［根据《土壤环境监测技术规范》（HJ/T 166—2004）］。

12. 简述沉积物现场采样的相关要求。

答案：

（1）沉积物采样点应尽量与水质采样点一致。

（2）水浅时，因船体或采泥器冲击搅动沉积物，或河床为砂卵石时，应另选采样点。

（3）采样点不能偏移原设置的断面（点）太远。采样后应对偏移位置做好记录。

（4）采样时沉积物一般应装满采样器。采样器上提升时，如发现样品流失过多，必须重采。

（5）如果采用复合抽样技术或多点采集，每个点沉积物等量放置于不锈钢、塑料或其他适当成分的容器中，彻底混匀。

13. 现场需要对多个土壤样品进行缩分，请简述四分法的操作过程。

答案：

（1）在平整、没有污染的平地，将数个样品堆积成圆锥形。

（2）反复转堆至少三次，使充分混匀。

（3）平摊圆饼、十字分四等份。

（4）取对角两份，重复进行直到所需样品量。

14. 供测定有机污染物的土壤样品，采样器具和装样容器有何特殊要求？《土壤环境质量　农用地土壤污染风险管控标准（试行）》（GB 15618—2018）、《土壤环境质量　建设用地土壤污染风险管控标准（试行）》（GB 36600—2018）中对滴滴涕总量的定义有何不同？

答案：

（1）供测定有机污染物的土壤样品，应该用金属器具采样，采集的样品置于棕色、（磨口）玻璃瓶中，瓶口不要沾污，以保证磨口塞能塞紧。

（2）《土壤环境质量　农用地土壤污染风险管控标准（试行）》（GB 15618—2018）中滴滴涕总量是 p,p'－滴滴伊、p,p'－滴滴滴、o,p'－滴滴涕、p,p'－滴滴涕四种衍生物的含量总和；《土壤环境质量　建设用地土壤污染风险管控标准（试行）》（GB 36600—2018）中滴滴涕总量是 o,p'－滴滴涕、p,p'－滴滴涕两种衍生物的含量和。

15. 农田土壤采样，按土壤主要接纳污染物途径，土壤环境监测单元可划分为哪些？

答案：

（1）大气污染型土壤监测单元。

（2）灌溉水污染型土壤监测单元。

（3）固体废物堆污染型土壤监测单元。

（4）农用固体废物污染型土壤监测单元。

（5）农用化学物质污染型土壤监测单元。

（6）综合污染型土壤监测单元（污染物主要来自上述两种以上途径）。

16. 现有一块中等面积、地势平坦、土质不够均匀的田地，为了解此块田地的土壤污染状况，需要在此田地上进行土壤样品采集。请根据以上描述，简要说明土壤采集的过程（答题要点：布点方法、采样深度、采样量、采样注意事项）。

答案：

（1）点位布设方法：采用棋盘式，一般采样点在 10 个以上。

（2）采样深度：取地面垂直以下 15 cm 左右的耕层土壤或由地面垂直以下 10 ～ 20 cm 范围的土壤。

（3）采样量：一般要求至少 1 kg，各分点混匀后用四分法取 1 kg 土样，根据监测项目选择不同的容器。

（4）采样注意事项：①供无机物测定用的样品置于由棉布缝制而成的样品袋中，如果是潮湿样品可内衬塑料袋；供有机物测定用的样品也可置于玻璃瓶内。②采样同时由专人填写样品标签和采样记录：标签一式两份，一份放入袋中，一份系在袋口，标签上应标注采样时间、地点、样品编号、监测项目、采样深度和经纬度。③采样结束离场前，需逐项检查采样记录、样袋标签和土壤样品。

六、计算题

1. 用火焰原子吸收法测定土壤中的锌，取风干过筛后试样 1.000 8 g（干物质含量为 97.5%），经电热板消解后定容至 25.0 ml，测得溶液中锌含量为 2.06 mg/L，求土壤中锌的含量（mg/kg）。

答案： 土壤中锌含量 =2.06 × 25.0/［1.000 8 × 97.5%］=52.8（mg/kg）

2. 对某一剖面土壤总深为 3.6 m 的建设项目机械干扰土进行分层随机深度采样时，将剖面土壤总深平均分为 3 层采样。通过随机数骰子确定某一点位中间层随机数为 6，计算该点位中间层采样点离地面的深度（RN= 随机数 /10）。

答案： 根据题意，中间层的采样深度由下列公式计算：

中间层采样深度 = 中间层土壤深度 ×RN=3.6/3 × 6/10=0.72（m）

所以，中间层采样点距离地面的深度为：中间层采样深度 + 上层深度 =0.72+3.6/3=0.72+1.2=1.92（m）

3. 某地区拟在一块土地上建设中小学校，委派某检测机构对土壤中的苯并［*a*］芘进行分析。检测机构准确称取 20.0 g 新鲜土壤（干物质含量 85.0%）进行提取、净化、浓缩后定容至 1 ml 作为待测液。进样 1 μl，测定待测溶液中苯并［*a*］芘的含量为 0.245 μg/μl。请依据建设用地污染风险对一、二类用地的管制值（5.5 mg/kg 和 15 mg/kg），判断这块土地会通过审批建设中小学校吗？

答案： 待测溶液中苯并［*a*］芘的含量：0.245 × 1 000/1=245（μg）=0.245（mg）

土壤中苯并［*a*］芘的含量：0.245 ÷［20.0 × 85.0%/1 000］=14.4（mg/kg）

学校用地为一类建筑用地，而建设用地污染风险对一类用地的管制值为 5.5 mg/kg，测定值高于管制值，因此这块土地不会通过审批建设中小学校。

七、分析题

土壤是发育于地球陆地表面具有一定肥力且能够生长植物的疏松表层（包括海、湖浅水区），是陆生植物生活的基质和陆生动物生活的基底，也是土壤动物赖以生存的栖息场所。然而随着工业的快速发展，土壤受到了严重的环境污染。土壤中的危害污染物，如重金属、有机污染物的监测就显得十分必要；与此同时，开展土壤的污染情况分析及其对生物的健康风险评价能为合理制定土壤修复政策提供科学依据。

下图是本题的研究区域图。

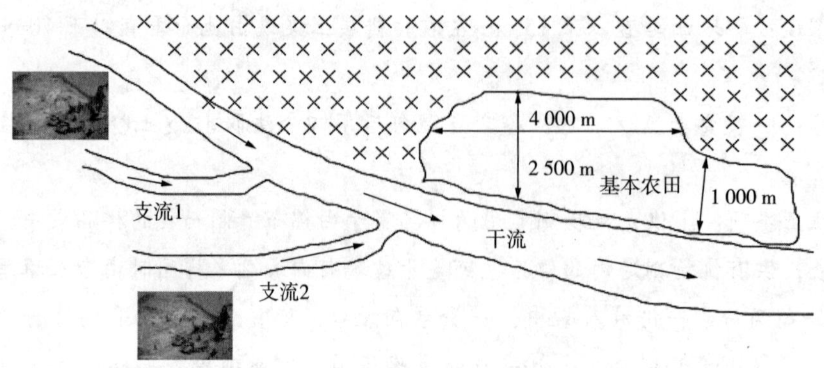

区域基本概况：

在该区域中，主要水系包括干流及其支流 1 和支流 2。当前，干流由于接收了来自支流 1 和支流 2 的矿山开采废水，水体重金属污染严重。该河流水流方向右侧为基本农田，农业灌溉用水主要通过山泉水引流。在夏季时，受上游山洪影响，河流 1 常发生山洪，河水漫过河岸进入右侧平坦基本农田中。研究区域为位于干流右侧的沿河狭长区带。

研究目的：（1）开展普查性污染水平分析；（2）明确主要污染物种类。

分析以上材料，按要求回答：

（1）依据土壤类型、植被、土地利用情况、工业和农业布局等制定样品采集方案，需要从研究区域基本资料分析、布点方法、采样数目、采样方法四个方面具体展开说明；

（2）描述土壤样品采集过程中需要注意的事项；

（3）描述土壤样品金属元素和有机氯农药测定的前处理主要过程。

答案：

（1）区域基本资料分析：该区域为沿河岸展布的基本农田，其主要污染物来源主要包括农业使用化肥和农药、河水泛滥致重金属水体浸没和山体岩石矿物质自然风化与迁移等三个方面；区域整体上呈狭长状，可以分为长为 4 000 m，宽为 2 500 m 以及长宽均为 1 000 m 的两个部分，地势平坦。

布点方法：为了解该区域的污染现状，采用网格布点法，将研究区域按照 100 m×100 m 分成若干个网格，每个网格内采取梅花型布点法，网格内样品混合成一个混合样。

采样数目：依据采样区域的大小，整体上设计在 40 ～ 60 个样品。

采样方法：采集 0 ～ 20 cm 耕作层土壤，将样品采样四分法弃取，留下 1 ～ 2 kg，装入样品袋中，记录采样地点，采样时间等信息。

（2）土壤样品采集过程中注意的事项：

1）注意采样深度与采样量；

2）避开典型污染源；

3）重金属易用非金属采样器；

4）重金属的采样袋为塑料材质。

（3）主要包括制样和样品预处理 2 个方面：

制样包括：干燥（自然风干或冷冻干燥）、磨碎（于有机玻璃或者玛瑙研钵中压碎）、过筛（过 10 目孔径尼龙筛）、混合、分装。

样品预处理包括：

1）金属元素：酸分解法、微波加热分解法等；

2）有机氯农药：索氏提取、微波辅助提取、加速溶剂提取等。

第二节　固体废物

一、填空题

1.《工业固体废物采样制样技术规范》（HJ/T 20—1998）中，____________采样法是指一批废物，当对其了解很少，且采取的份样分散也不影响分析结果时，对这一批废物不做任何处理，不进行分类也不进行排队，而是按照其原来的状况从批废物中随机采取份样。

答案：简单随机

2.《工业固体废物采样制样技术规范》（HJ/T 20—1998）规定，工业固体废物采样时份样量的确定取决于废物的粒度上限，废物的粒度越大，均匀性越__________，份样量就应越__________。

答案：差　大 / 多

3. 用于浸取固废样品中挥发性物质的专用装置是__________。

答案：零顶空提取器

4. 根据《固体废物　有机物的提取加压流体萃取法》（HJ 782—2016），加压流体萃取装置加热温度范围为__________～__________℃。

答案：100　180

5. 根据《固体废物　有机物的提取加压流体萃取法》（HJ 782—2016），空白样选取相同质量的__________替代试样。

答案：石英砂

6. 根据《固体废物　铅、锌和镉的测定　火焰原子吸收分光光度法》（HJ 786—2016），对于固体废物，当测定结果小于__________mg/kg 时，保留小数点后一位。

答案：100

7. 根据《危险废物鉴别技术规范》（HJ 298—2019），对无明显分层液态废物的样品采集根据容器的大小采用__________或者重瓶采样器进行采样。

答案：玻璃采样管

8. 工业固体废物采样法包括__________采样法、__________、__________采样法、分层采样法和两段采样法等。

答案：简单随机　系统　权威

9. 根据《固体废物　有机质的测定　灼烧减量法》（HJ 761—2015）固体废物中的有机质可视为烘干固体废物在__________℃灼烧的失重量。

答案：600±20

10.《危险废物鉴别技术规范》（HJ 298—2019）规定，在进行毒性物质含量的检测时，当同一种毒性成分在一种以上毒性物质中存在时，以__________的毒性物质进行计算和结果判断。

答案：分子量最高

11. 固体废物监测中，当样品含水率大于或等于__________时，则将样品直接过滤，收集其全部滤出液，供分析用。

答案：91%

12. 危险废物是指__________或者根据__________认定的具有腐蚀性、毒性、易燃性、反应性和感染性等一种或一种以上危险特性，以及不排除具有以上危险特性的固体废物。

答案：列入《国家危险废物名录》　国家规定的危险废物鉴别标准和鉴别方法（或危险废物鉴别标准）

13.《生活垃圾焚烧污染控制标准》（GB 18485—2014）中规定的各项污染物浓度的排放限值，

均指在标准状态下以__________%（体积分数）O_2（干烟气）作为换算基准换算后的基准含氧量排放浓度。

答案：11

14. 根据《危险废物鉴别技术规范》（HJ 298—2019），在某企业的固废监测工作中，共采集了一个批次 20 个样品进行危险废物鉴别检测，如有__________及以上样品超标，则可判断该批次固体废物属于危险废物。

答案：6 个

15. 危险废物采样应当依据《危险废物鉴别技术规范》（HJ 298—2019）进行，需要确定最小__________、最小__________和采样方法。

答案：采样份数　采样分量

16. 城市生活垃圾的采样频率宜每月__________次，采样间隔时间应大于__________天。

答案：2　10

17. 当一批废物由许多车、桶、箱、袋等容器盛装时，由于各容器件比较分散，此时应采用__________采样法。

答案：两段

18. 对容器内的工业固体废物采样，可按总体积的__________深处采上部样品、总体积的__________深处采中部样品、总体积的__________深处采下部样品。

答案：1/6　1/2　5/6

19. 根据《工业固体废物采样制样技术规范》（HJ/T 20—1998）规定，固体废物每份样品保存量至少应为试验和分析需用量的__________倍。

答案：3

20. 采集工业固体废物时，采样单元多少取决于物料的________程度，物料越__________，采样单元应越多。

答案：均匀　不均匀

21. 工业固体废物固态废物的制样过程包括粉碎、筛分、__________、__________。

答案：混合　缩分

22. 根据《固体废物　多氯联苯的测定　气相色谱－质谱法》（HJ 891—2017），当样品存在有机氯农药或其他小分子物质干扰时，需要对硫酸净化或多层硅胶柱净化后的样品使用__________进一步净化分离。

答案：硅酸镁层析柱

23. 吸入毒性半致死浓度 LC_{50} 是使雌性青年白鼠连续吸入________h，最可能引起这些实验动物在__________内死亡__________的蒸汽、烟雾或粉尘浓度。

答案：1　14 天　一半

24. 根据《固体废物　总汞的测定　冷原子吸收分光光度法》（GB/T 15555.1—1995），加入固定液的浸出液样品应在__________℃下保存，最长不超过__________天。

答案：40　28

25. 装工业固体废物的容器材质应不与__________起反应，应没有__________，使用前应洗净并________。

答案：样品物质　　渗透性　　干燥

26. 依据《固体废物　浸出毒性浸出方法　硫酸硝酸法》（HJ/T 299—2007）固废样品中含有初始液相时，应将样品进行________，再测定滤渣的含水率，并根据________计算样品中干固体百分率。

答案：压力过滤　　总样品量

二、单选题

1.《生活垃圾填埋场污染控制标准》（GB 16889—2008）规定生活垃圾焚烧飞灰和医疗废物焚烧残渣（包括飞灰、底渣），经处理后，按照制备的浸出液中危害成分质量浓度低于________规定的限值，可以进入生活垃圾填埋场填埋处置。（　　）

A.《固体废物　浸出毒性浸出方法　硫酸硝酸法》（HJ/T 299—2007）

B.《固体废物　浸出毒性浸出方法　醋酸缓冲溶液法》（HJ/T 300—2007）

C.《固体废物　浸出毒性浸出方法　水平振荡法》（HJ 557—2010）

D.《固体废物　浸出毒性浸出方法　翻转法》（GB 5086.1—1997）

答案：B

2.《固体废物　浸出毒性浸出方法　硫酸硝酸法》（HJ/T 299—2007）在进行固体废物浸出性毒性测试时，固液比一般为________。（　　）

A．1∶2　　B．1∶5　　C．1∶10　　D．1∶20

答案：C

3. 固体废物样品制样时，粒度大于筛孔尺寸、不能筛过的样品应该不多于总量的________%。（　　）

A．5　　B．10　　C．15　　D．20

答案：A

4. 采集桶装、袋装或其他容器装固体废物时，下列做法中不正确的是________。（　　）

A．将各容器编号，用随机数据表法随机抽取 *N*/3 个容器作为采样单元采取样品

B．分别在容器的上部（1/6 处）、中部（1/2 处）和下部（5/6 处）取样，每层采取等份样数

C．根据固体废物的性状，分别使用长铲式采样器、套筒式采样器或探针进行采样

D．只有一个容器时，分 3 层取样，每层采取 2 个样品

答案：A

5.《固体废物　浸出毒性浸出方法　硫酸硝酸法》（HJ/T 299—2007）是以硝酸 / 硫酸混合溶液为浸提剂，模拟废物在不规范填埋处置、堆存或经无害化处理后废物的土地利用时，其中的有害组分在酸性降水的影响下，从废物中浸出而进入环境的过程。当测定样品中重金属和半挥发性有机物的浸出毒性时，选用浸提剂的 pH 为________±0.05。（　　）

A．2.20　　B．3.20　　C．4.20　　D．5.20

答案：B

6. 根据《危险废物鉴别标准　腐蚀性鉴别》（GB 5085.1—2007），对废物进行腐蚀性鉴别，其

浸出液 pH 范围为________时，属于危险废物。(　　)

A．pH≥12.5 或 pH≤2.0　　B．pH≥12.0 或 pH≤4.0

C．pH≤12.5　　D．pH≤4.0

答案：A

7. 危险废物与放射性废物混合，混合后的废物应按________管理。(　　)

A．危险废物　　B．放射废物　　C．固体废物　　D．有毒废物

答案：B

8. 根据《固体废物　浸出毒性浸出方法　硫酸硝酸法》(HJ/T 299—2007)的要求，将零顶空提取器固定在翻转式振荡装置上，调节转速为 30±2 r/min，于 23±2℃下振荡________。(　　)

A．48±2 h　　B．24±2 h　　C．12±2 h　　D．18±2 h

答案：D

9. 根据《危险废物鉴别技术规范》(HJ 298—2019)规定，对贮存池中固态、半固态废物采样时，在网格的中心处用土壤采样器或长铲式采样器垂直插入废物底部，旋转________后抽出，每采取一次，作为一个份样。(　　)

A．90°　　B．120°　　C．180°　　D．360°

答案：A

10. 在进行危险废物鉴别实验分析时，若无法确认固体废物是否存在危废特性或毒性时，应按照顺序进行检测，先后顺序正确的是________。(　　)

A．反应性、易燃性、腐蚀性检测→浸出毒性检测→毒性物质含量检测→急性毒性检测

B．急性毒性检测→反应性、易燃性、腐蚀性检测→浸出毒性检测→毒性物质含量检测

C．浸出毒性检测→急性毒性检测→反应性、易燃性、腐蚀性检测→毒性物质含量检测

D．毒性物质含量检测→急性毒性检测→反应性、易燃性、腐蚀性检测→浸出毒性检测

答案：A

11.《工业固体废物采样制样技术规范》(HJ/T 20—1998)规定，工业固体废物样品每份样品保存量至少应为试验和分析需用量的________倍。(　　)

A．1　　B．2　　C．3　　D．5

答案：C

12. 根据《危险废物鉴别技术规范》(HJ 298—2019)，原始颗粒最大粒径(以 d 表示)$d \leq 0.50$ cm 固态废物的一个份样所需采取的最小份样量为________g。(　　)

A．100　　B．300　　C．500　　D．1 000

答案：C

13. 在一次固体废物采样时，共采集了 8 个样品进行危险废物鉴别实验，请问最少有________个样品超标，可判断该批固体废物属于危险废物。(　　)

A．2　　B．3　　C．4　　D．5

答案：B

14. 下列关于工业固体废物样品容器的说法错误的是________。(　　)

A．盛样容器材质与样品物质不起作用

B. 盛样容器应具有符合要求的盖、塞或阀门

C. 盛样容器应没有渗透性，使用前应洗净、干燥

D. 光敏工业固体废物样品盛样时无须采用不透光容器

答案：D

15. 根据《固体废物　有机物的提取　加压流体萃取法》（HJ 782—2016），固体废物的采集的样品应放入清洁、无干扰________中，密封保存。(　　)

A. 棕色玻璃瓶　　B. 透明玻璃瓶　　C. 塑料瓶　　D. 牛皮纸袋

答案：A

16. 根据《固体废物　热灼减率的测定　重量法》（HJ 1024—2019），按照《工业固体废物采样制样技术规范》（HJ/T 20—1998）的相关规定，剔除样品中的石块、金属等不能焚毁的异物，将样品破碎、研磨至全部通过孔径________mm 的实验筛，混匀后装入磨口瓶中于常温下保存待测。(　　)

A. 1　　B. 0.5　　C. 1.5　　D. 2

答案：A

17. 固体废物监测中，当含水率大于或等于________时，则将样品直接过滤，收集其全部滤出液，供分析用。(　　)

A. 80%　　B. 91%　　C. 90%　　D. 95%

答案：B

18. 在固废采样中，当对其性质了解很少，且采样的样份比较分散也不影响分析结果时，对这批废物不做任何处理，不进行分类和排队，采取的采样方法是________。(　　)

A. 简单随机采样法　　B. 系统采样法　　C. 分层采样法　　D. 两段采样法

答案：A

19. 根据《危险废物鉴别标准　浸出毒性鉴别》（GB 5085.3—2007）中的规定，测定固体废物中的氰根离子所用的方法为________。(　　)

A. 分光光度法　　B. 离子色谱法　　C. 流动注射法　　D. 容量法

答案：B

20.《一般工业固体废物贮存、处置场污染控制标准》（GB 18599—2001）适用于__________。(　　)

A. 卤化溶剂　　B. 生活垃圾　　C. 石棉废物　　D. 火电厂的灰渣

答案：D

21. 危险废物焚烧残渣热灼减率是指焚烧残渣经________灼热 3h 后减少的质量占原焚烧残渣质量的百分数。(　　)

A. 500℃　　B. 600℃　　C. 800℃　　D. 850℃

答案：B

22. 固体废物份样量取决于废物粒度的_______，废物的粒度越大，均匀性越差，份样量就应越多。(　　)

A. 上限　　B. 下限　　C. 平均值　　D. 中位值

答案：A

23. 对工业固体废物样品进行缩分时，将样品混匀后，采用二分法，每次减量一半，直至试验分析用量的________倍。(　　)

A. 2　　B. 5　　C. 10　　D. 20

答案：C

24. 工业固体废物样品保存期一般为________，易变质的不受此限制。(　　)

A. 1年　　B. 半年　　C. 1个月　　D. 半个月

答案：C

25. 用导管采集污泥样品时，为了减少堵塞的可能性，采样管的内径不应小于________mm。(　　)

A. 20　　B. 50　　C. 100　　D. 120

答案：B

26. 根据《工业固体废物采样制样技术规范》(HJ/T 20—1998)，简单随机采样、系统采样、分层采样都属于________。(　　)

A. 单阶段采样　　B. 多阶段采样　　C. 权威采样　　D. 以上都不是

答案：A

27. 固体废物有机磷样品采集后，应密封储存于预先洗净烘干的________玻璃瓶中，尽快分析。(　　)

A. 无色　　B. 棕色　　C. 无色或棕色

答案：B

28. 下列关于工业固体废物采样质量控制的说法错误的是________。(　　)

A. 采样小组应由受过专门培训、有经验的人员承担。采样时，应由2人以上在场进行操作

B. 任何采样装置在正式采样前均应做可行性试验

C. 对于与水、酸、碱有反应的工业固体废物，在采样精度允许的条件下，可以通过快速采样的方式消除这一影响

D. 对于样品组成随温度变化的工业固体废物，在采样精度允许的条件下，可以通过快速采样的方式消除这一影响

答案：D

29. 危废代码是危险废物的唯一代码，为8位数字，如261-007-11，其中最后两位数字代表________。(　　)

A. 行业代码　　B. 顺序代码　　C. 类别代码　　D. 企业代码

答案：C

三、多选题

1. 固体废物浸出液中危害成分浓度限值中凡符合下列________条件之一的，属于危险废物。(　　)

A. pH≥12.5　　B. pH≤2.0　　C. 氰化物(以CN^-计)≥1 mg/L

D．总镉＞1 mg/L　　E．总铅＞5 mg/L　　F．总砷≥2 mg/L

答案：ABDE

2.《危险废物鉴别技术规范》（HJ 298—2019）适用于________。（　　）

A．固体废物　　B．半固体废物　　C．液体废物　　D．排入水体的废水

答案：ABC

3. 固体废物浸出毒性鉴别时，有机危害成分鉴别项目的前处理方法有________。（　　）

A．微波辅助酸消解法　　B．分流漏斗液－液萃取法

C．索氏提取法　　D．Florisil（硅酸镁载体）柱净化法

答案：BCD

4. 下列固体废物中列入《国家危险废物名录》的有________。（　　）

A．医疗废物　　B．废弃钻井液处理产生的污泥

C．拆船过程中产生的废油　　D．放射性废物

答案：ABC

5. 固体废物污染控制的主要原则是________。（　　）

A．减量化　　B．资源化　　C．无害化　　D．安全处置

答案：ABCD

6. 危险废物具有危险特性，"危险特性"是指________和感染性。（　　）

A．腐蚀性　　B．毒性　　C．易燃性　　D．反应性

答案：ABCD

7. 生活垃圾填埋场周围环境敏感点指生活垃圾填埋场周围可能受污染物影响的________等地点。（　　）

A．住宅　　B．学校　　C．医院　　D．行政办公区

E．商业区　　F．公共场所

答案：ABCDEF

8. 固体废物包括________等。（　　）

A．过期药品　　B．受灾农产品　　C．假冒伪劣产品

D．废弃的阴极射线管　　E．修复后作为土壤用途使用的污染土壤

F．供实验室化验分析用或科学研究用固体废物样品

答案：ABCD

四、判断题

1.《工业固体废物采样制样技术规范》（HJ/T 20—1998）也适用于对固体废物放射性指标监测的采样制样。（　　）

答案：错误

正确答案：不适用于对固体废物放射性指标监测的采样制样。

2.《生活垃圾填埋场污染控制标准》（GB 16889—2008）规定，测定并评价生活垃圾飞灰及一般工业固体废物浸出液浓度时，其浸出液的制备方法是《固体废物　浸出毒性浸出方法　硫酸硝酸

法》（HJ/T 299—2007）。（　　）

答案：错误

正确答案：其浸出液的制备方法是《固体废物　浸出毒性浸出方法　醋酸缓冲溶液法》（HJ/T 300—2007）。

3.《危险废物鉴别标准腐蚀性鉴别》（GB 5085.1—2007）规定，当 pH≥11 或 pH ≤ 2.0 时，则该废物是具有腐蚀性的危险废物。（　　）

答案：错误

正确答案：当 pH≥12.5 或 pH ≤ 2.0 时，则该废物是具有腐蚀性的危险废物。

4. 采集工业固废时，采样准确度要求越高，采样单元就应越多。（　　）

答案：正确

5. 采集固体废物样品时，应采集一个生产周期以上的样品，每个周期混合成一个样品，总量不少于 500 g，装于玻璃瓶中。（　　）

答案：错误

正确答案：总量不少于 1 kg。

6. 测定固体废物腐蚀性的固体试样，风干、磨碎后应能通过 2 mm 的筛孔。（　　）

答案：错误

正确答案：测定固体废物腐蚀性的固体试样，风干、磨碎后应能通过 5 mm 的筛孔。

7. 测定固体废物腐蚀性时，应称取 100 g 试样（以干基计），加水 1 L（包含试样的含水量）浸取。（　　）

答案：正确

8. 对于堆存、运输中的固体废物和大池（坑、塘）中的液体工业废物，可按对角线形、梅花形、棋盘形和蛇形等确定采样位置。（　　）

答案：正确

9. 对于粉末状、小颗粒的工业固体废物，可按水平方向、一定深度的部位确定采样点。（　　）

答案：错误

正确答案：可按垂直方向、一定深度的部位确定采样点。

10. 对于某批固废进行浸出毒性鉴别时，若采集 8 份样品，检测结果的 3 份超标，即可判断该固体废物具有浸出毒性。（　　）

答案：正确

11. 根据《工业固体废物采样制样技术规范》（HJ/T 20—1998），工业固体废物样品采集时，小样指的是由一批中的全部份样或将其逐个进行粉碎和缩分后组成的样品。（　　）

答案：错误

正确答案：小样指的是由一批中的两个或两个以上的份样或逐个进行粉碎和缩分后组成的样品。

12.《固体废物　挥发性有机物的测定　顶空气相色谱 - 质谱法》（HJ 643—2013）中规定的运输空白为，采样前实验室将基体改性剂和石英砂放入顶空瓶中密封，将其带到采样现场，采样时开封，之后随样品运回实验室，按与样品相同的分析室步骤进行实验，用于检查样品运输过程中是否

受到污染。(　　)

答案：错误

正确答案：采样时不开封。

13. 根据《固体废物　浸出毒性浸出方法　硫酸硝酸法》(HJ/T 299—2007)，固体废物含水率测定后的样品，基于不浪费的原则可以继续用于浸出毒性试验。(　　)

答案：错误

正确答案：进行含水率测定后的样品，不得用于浸出毒性试验。

14. 根据《固体废物　浸出毒性浸出方法　硫酸硝酸法》(HJ/T 299—2007)，如果样品中干固体百分率小于或等于 10%，所得到的初始液相即为浸出液，直接进行分析。(　　)

答案：错误

正确答案：如果样品中干固体百分率小于或等于 9%，所得到的初始液相即为浸出液，直接进行分析。

15. 根据《固体废物　浸出毒性浸出方法　硫酸硝酸法》(HJ/T 299—2007)测定样品的挥发性成分时，在样品的采集和贮存过程中应防止挥发性物质的损失。(　　)

答案：正确

16. 根据《国家危险废物名录》规定，医疗废物属于危险废物，医疗废物分类应按照《医疗废物分类目录》执行。(　　)

答案：正确

17. 根据《工业固体废物采样制样技术规范》(HJ/T 20—1998)的规定，带卸料口的贮罐(槽)装应尽可能在卸除废物过程中采取样品；根据固体废物性状分别使用长铲式采样器、套筒式采样器或者探针进行采样。(　　)

答案：正确

18. 工业废物的采样过程中要防止样品受到污染和发生变质。(　　)

答案：正确

19. 工业固体废物分层采样法：根据对一批废物已有的认知，将其按照标志分若干层，然后在每层中随机采取份样。(　　)

答案：正确

20. 工业固体废物样品采集的份样量与废物的均匀性有关，废物的粒度越大，份样量应该多些才有代表性。(　　)

答案：正确

21. 工业固体废物样品缩分时，将样品混匀后，采用二分法，每次减量一半，直至试验分析用量的 10 倍为止。(　　)

答案：正确

22. 固废和土壤同为固体，其监测结果计量单位均以 mg/kg 表示。(　　)

答案：错误

正确答案：浸出法的监测结果计量单位为 mg/L。

23. 固废样品保存时，对于易挥发的废物，应采取无顶空存样，并用冷冻保存。(　　)

答案：正确

24. 固体废物是指在生产、生活和其他活动中产生的丧失原有利用价值或者虽未丧失利用价值但被抛弃或者放弃的固态、半固态和置于容器中的气态的物品、物质以及法律、行政法规规定纳入固体废物管理的物品、物质。(　　)

答案：正确

25.《固体废物　浸出毒性浸出方法　硫酸硝酸法》(HJ/T 299—2007)，方法原理是以硝酸/硫酸混合溶液为浸提剂，模拟废物在不规范填埋处置、堆存或经无害化处理后废物的土地利用时，其中的有害组分在酸性降水的影响下，从废物中浸出而进入环境的过程。(　　)

答案：正确

26. 固体废物浸出毒性浸出方法中的水平振荡法不适用于含有非水溶性液体的样品。(　　)

答案：正确

27. 河道清淤底泥可以作为农肥在农用田里堆放和使用。(　　)

答案：错误

正确答案：《农用地土壤环境管理办法（试行）》第十二条规定，禁止在农用地排放、倾倒、使用污泥、清淤底泥、尾矿（渣）等可能对土壤造成污染的固体废物。

28. 具有磨蚀性的危险废物，其清运、贮存或处置容器或反应器应特别注意其锈蚀、溢（泄）漏问题，含氰化物和硫化物的废弃物可以与酸性废物混合贮存或处置。(　　)

答案：错误

正确答案：含氰化物和硫化物的废弃物不可以与酸性废物混合贮存或处置。

29. 零顶空提取器是用于浸取固废样品中挥发性物质的专用装置。(　　)

答案：正确

30. 每份工业固体废物样品的保存量至少应为试验和分析需用量的 2 倍。(　　)

答案：错误

正确答案：每份工业固体废物样品的保存量至少应为试验和分析需用量的 3 倍。

31. 危险废物集中贮存设施的选址原则是：场界应位于居民区 600 m 以外，地表水域 100 m 以外。(　　)

答案：错误

正确答案：场界应位于居民区 800 m 以外，地表水域 150 m 以外。

32. 一企业在生产过程中使用酸碱进行酸洗碱洗，产生废酸废碱，根据实际检测结果，废酸 pH＜2，废碱 pH＞12.5，按照《危险废物鉴别标准　腐蚀性鉴别》(GB 5085.1—2007)属于危险废物，企业自行中和处理后可满足相关的排放标准要求，则该废液可不作为危险废物进行管理。(　　)

答案：正确

33. 由对被采批工业废物非常熟悉的个人来采取样品时，可以置随机性于不顾，凭采样者的知识获得有效的样品。(　　)

答案：正确

34. 有容器包装的液态废物不属于固体废物。(　　)

答案：错误

正确答案：有容器包装的液态废物也属于固体废物。

35. 在固废浸出毒性实验分析无机物时，浸出所使用的提取瓶可用玻璃瓶或聚四氟乙烯瓶；分析有机物时，可用玻璃瓶或聚乙烯瓶。(　　)

答案：错误

正确答案：在固废浸出毒性实验分析有机物时，浸出所使用的提取瓶可用玻璃瓶或聚四氟乙烯瓶；分析无机物时，可用玻璃瓶或聚乙烯瓶。

36. 在固体废物的毒性浸出实验中，所有样品均需要浸沥提取，对得到的浸出液进行分析。(　　)

答案：错误

正确答案：固体废物监测中，当样品含水率大于91%时，则将样品直接过滤，收集其全部滤出液，供分析用。

37. 在进行工业固体废物采样时，份样量越大，样品的代表性越好，所以采样时份样量越多越能显著提高采样的准确度。(　　)

答案：错误

正确答案：份样量达到一定限度之后，再增加重量也不能显著提高采样的准确度。

38. 在一批废物以运送带形式连续排出的移动过程中，按一定的质量或时间间隔采样，采第一个份样时，必须在第一间隔的起点开始。(　　)

答案：错误

正确答案：采第一个份样时，不可在第一间隔的起点开始，可在第一间隔内随机确定。

五、简答题

1. 什么是固体废物？

答案：固体废物是指人们在生产、生活活动过程中被丢弃的丧失了原有功能的固体和泥状物质，包括从废水、废气中分离出来的固体颗粒。

2. 如何判断固体废物是危险废物？

答案：危险废物是指列入《国家危险废物名录》的废物，或者根据国家规定的危险废物鉴别标准和鉴别方法认定的具有腐蚀性、毒性、易燃性、反应性和感染性等一种或一种以上危险特性，以及不排除具有以上危险特性的固体废物。

3. 简述工业固体废物采样方案包括哪些内容？

答案：

（1）采样目的和要求。

（2）背景调查和现场踏勘。

（3）采样程序。

（4）安全措施。

（5）质量控制。

（6）采样记录和报告等。

4. 简述何为固体废物腐蚀性。

答案： 固体废物腐蚀性是指单位、个人在生产经营、生活和其他活动中所产生的固体、半固体和高浓度液体，采用指定的标准鉴别方法，或者根据规定程序批准的等效方法，测定其溶液或固体、半固体浸出液的 pH≤2，或者≥12.5，则这种废物即具有腐蚀性。

5. 简述危险废物鉴别程序。

答案：

（1）依据法律规定和《固体废物鉴别标准　通则》（GB 34330—2017），判断待鉴别的物品、物质是否属于固体废物，不属于固体废物的，则不属于危险废物。

（2）经判断属于固体废物的，则首先依据《国家危险废物名录》鉴别。凡列入《国家危险废物名录》的固体废物，属于危险废物，不需要进行危险特性鉴别。

（3）未列入《国家危险废物名录》，但不排除具有腐蚀性、毒性、易燃性、反应性的固体废物，依据 GB 5085.1、GB 5085.2、GB 5085.3、GB 5085.4、GB 5085.5 和 GB 5085.6，以及 HJ 298 进行鉴别。凡具有腐蚀性、毒性、易燃性、反应性中一种或一种以上危险特性的固体废物，属于危险废物。

（4）对未列入《国家危险废物名录》且根据危险废物鉴别标准无法鉴别，但可能对人体健康或生态环境造成有害影响的固体废物，由国务院生态环境主管部门组织专家认定。

六、计算题

如果做浸出毒性（硫酸硝酸法）的固体废物的含水率为 65%，试验需试样干基重量 70 g，应加入多少浸取剂进行浸出试验？

答案：

称取试样量为 70÷（100%−65%）=200（g）

依据标准，液固法为 10 ∶ 1，液体总量为：70×10 ∶ 700 g

应补加浸取剂的量为 700−200×65%=570（ml）

|第六章|

生物及生态遥感

CHAPTER 6

一、填空题

1.《水质　细菌总数的测定　平皿计数法》（HJ 1000—2018）中，结果判读，平皿上有较大片状菌落且超过平皿的一半时，该平皿＿＿＿＿＿＿计数。

答案：不参加

2.《水质　粪大肠菌群的测定　多管发酵法》（HJ 347.2—2018）中，采样后应在 2 h 内检测，否则，应 10℃以下冷藏但不得超过 6 h。实验室接样后，不能立即开展检测的，将样品于 4℃以下冷藏并在＿＿＿＿＿＿h 内检测。

答案：2

3. 藻类是指一群具有叶绿素，通过光合作用营＿＿＿＿＿＿，没有真正的根、茎、叶分化，以单细胞的孢子或合子进行繁殖的低等植物。

答案：自养生活

4. 具有相对稳定的生活环境，本身移动能力差，在未受到干扰的情况下，种群和群落结构是比较稳定的水生生物，是指＿＿＿＿＿＿。

答案：底栖动物

5.《水质　粪大肠菌群的测定　滤膜法》（HJ 347.1—2018）方法原理为样品通过孔径为 0.45 μm 的滤膜过滤，细菌被截留在滤膜上，然后将滤膜置于 MFC 选择性培养基上，在特定的温度（＿＿＿＿＿＿℃）下培养＿＿＿＿＿＿h，胆盐三号可抑制＿＿＿＿＿＿的生长，粪大肠菌群能生长并发酵乳糖产酸使指示剂变色，通过颜色判断是否产酸，并通过呈蓝色或蓝绿色菌落计数，测定样品中粪大肠菌群浓度。

答案：44.5　24　革兰氏阳性菌

6. 藻类在光的作用下，吸收水中的＿＿＿＿＿＿和＿＿＿＿＿＿，制造有机物，对水体生产力和水体污染的自净作用具有十分重要的意义。

答案：无机营养盐类　　二氧化碳

7. 生物样品采集中，应特别注意防止＿＿＿＿＿＿和样品的＿＿＿＿＿＿。

答案：沾污　　代表性

8. 水样的生物作用会对样品的＿＿＿＿＿＿、二氧化碳、＿＿＿＿＿＿、磷硅等分析项目的含量和浓度产生影响。

答案：溶解氧　　含氮化合物

9. 根据《水质　细菌总数的测定　平皿计数法》（HJ 1000—2018）在计算结果时，若有两个稀释倍数平均菌落数在 30 ～ 300，计算二者的比值（二者分别乘以其稀释倍数后，较大值与较小值之比）。若其比值小于 2，以＿＿＿＿＿＿为细菌总数测定值；若大于或等于 2，则以＿＿＿＿＿＿为细菌总数测定值。

答案：两者的平均数　　稀释倍数较小的菌落总数

10. 在使用显微镜观察浮游动物样品前，旋转载物台下方的物镜镜头架，首先使＿＿＿＿＿＿镜对准计数框。

答案：低倍

11. 根据《水质 细菌总数的测定 平皿计数法》（HJ 1000—2018）和《水质 总大肠菌群、粪大肠菌群和大肠埃希氏菌的测定 酶底物法》（HJ 1001—2018）中对样品的干扰和消除的规定，活性氯具有氧化性，能破坏微生物细胞内的酶活性，导致细胞死亡，可在样品采集时加入____________ 溶液消除干扰；重金属离子具有细胞毒性，能破坏微生物细胞内的酶活性，导致细胞死亡，可在样品采集时加入____________ 溶液消除干扰。

答案：硫代硫酸钠　　乙二胺四乙酸二钠

12. 测定水中细菌学指标的采样瓶口用牛皮纸等防潮纸包扎后，置于干燥箱中，于________℃干热灭菌 2 h，或用高压蒸气灭菌器________℃灭菌 15 min；不能用加热方法灭菌的塑料瓶，应浸泡在 0.5% 过氧乙酸 10 min 或环氧乙烷气体中进行低温灭菌；聚丙烯耐热塑料瓶，可用________℃高压蒸气灭菌器灭菌 15 min。

答案：160 ～ 170　121　121

13. 在使用显微镜观察浮游动物样品时，先调节焦距调节钮的____________，至视野较清晰，然后调节____________至视野完全清晰。

答案：粗调　　细调

14. 植物样品采集时应注意样品的“三性”是____________、__________、____________。

答案：代表性　　典型性　　适时性

15. 微囊藻毒素（MCs）具有____________和____________，加热煮沸都不能将毒素破坏。MCs 的 80 多种异构体中，____________是最为常见的种类。

答案：水溶性　　耐热性　MC-LR

16. 经 160℃干热灭菌 2 h、用于盛装水中微生物的容器，必须在____________ 使用，否则应重新灭菌。

答案：两周内

17.《水质 粪大肠菌群的测定 多管发酵法》（HJ 347.2—2018）中，用十二管发酵法测定粪大肠菌群的方法检出限为________；用十五管发酵法测定粪大肠菌群的方法检出限为__________。

答案：3 MPN/L　　20 MPN/L

18. 在藻类生长抑制试验中，将不同浓度的受试物加到处于____________期或指数生长期的藻培养物中，在规定条件下进行培养，每隔 24 h 测定藻类浓度或____________。

答案：对数生长　　生物量（重量）

19.《水质 粪大肠菌群的测定 多管发酵法》（HJ 347.2—2018）规定，粪大肠菌群初发酵试验时的温度为____________，复发酵试验时的温度为____________。

答案：37℃ ±0.5℃　44.5℃ ±0.5℃

20. 遥感解译标志可分为____________ 解译标志和____________解译标志。

答案：直接　　间接

21. 自然保护区通常可分为____________、缓冲区和实验区三个区。

答案：核心区

22. 植被指数 NDVI 的中文名称为____________。

答案：归一化差值植被指数

23. TM 数据计算归一化植被指数（NDVI）时，使用的波段是__________和__________。

答案：4　3

24. 在全国生态监测与评价使用的土地利用 / 覆盖分类系统中，灌木林地是指灌木覆盖度大于__________的矮林地和灌丛林地。

答案：0.3

25. 当远程查看数据时，发现 4 点数据全部打上标识“S”，含义是__________。

答案：手工输入数据

26. 生态环境状况评价报告中，水资源量是指评价区域内__________资源量和__________资源量的总量。

答案：地表水　地下水

27. __________是一个生命共同体，这个共同体是人类生存发展的物质基础。

答案：山水林田湖草

28. 对融合结果影像的检查要求影像配准目视无重影，无模糊现象，边界清晰、__________，并对数据融合质量进行控制。

答案：无明显错位

29. “3S”是生态环境监测的技术手段之一，指的是 GIS（地理信息系统）、__________和__________。

答案：RS（遥感技术）　GPS（全球定位系统）

30. 地球环境由__________圈、__________圈、土壤圈、__________圈和__________圈构成，土壤位于该系统的中心，既是各圈层相互作用的产物，又是各圈层物质循环与能量交换的枢纽。

答案：岩石　水　大气　生物

31. 图像校正包括辐射校正和__________。

答案：几何校正

32. 地理信息系统由计算机硬件系统、软件系统、地理数据（或空间数据）以及__________四个部分构成。

答案：系统管理操作人员

33. 遥感信息提取主要有两个途径，即人机交互目视解译和__________。

答案：计算机数字图像处理

34. 生态系统的四个组成要素是__________、消费者、分解者及__________。

答案：生产者　非生物环境

35. 生态系统的基本功能有__________、物质循环和__________。

答案：能量流动　信息传递

36. 生物多样性分为遗传多样性、__________和生态系统与景观多样性三个层次。

答案：物种多样性

37. 在全国生态功能区划中，生态系统服务功能的一级类型分为__________、__________与人居保障功能三大功能。

答案：生态调节功能　产品提供功能

38. 遥感影像有____________、____________、____________、阴影、纹理等主要判读特征。

答案：形状　大小　色调

39. 根据生态环境状况指数（EI）将生态环境分为____________级，当EI≥____________时，生态环境状况级别为优。

答案：五　75

40. 生态环境状况评价的指标体系包括生物丰度指数、植被覆盖指数、____________、____________、____________五个分指数和一个环境限制指数。

答案：水网密度指数　土地胁迫指数　污染负荷指数

41. 遥感影像分具有____________、____________、光谱分辨率和辐射分辨率四个特征。

答案：空间分辨率　时间分辨率

42. 主要温室气体时空分布及其变化在地气系统的____________和____________中起着决定性作用。

答案：辐射收支　能量平衡

43. 根据生态监测两个基本的空间尺度，生态监测分为两大类：__________和__________。

答案：宏观生态监测　微观生态监测

44. 标准假彩色合成（如TM4、3、2合成）的卫星影像上大多数植被的颜色是____________。

答案：红色

45. 在全国生态监测与评价使用的土地利用/覆盖分类系统中，林地包括有林地、________、疏林地和其他林地四类。

答案：灌木林地

46. 在国务院发布的《全国主体功能区规划》中，将主体功能区分为优化开发区域、重点开发区域、____________和____________四类。

答案：限制开发区域　禁止开发区域

47. 污染物进入生物体内的途径有____________、____________和____________几种。

答案：表面吸附　吸收　生物浓缩

48. 我国独特的地理环境加剧了地区间的生态不平衡，例如处在著名的"____________"下的东部生态环境压力巨大，而处在此线之上的西部生态系统非常脆弱。

答案：胡焕庸线（或黑河/瑷珲—腾冲线）

二、单选题

1. 依据《水和废水监测分析方法》（第四版），水生生物群落的测定是指浮游生物、底栖动物、着生生物、鱼类调查和________的测定。（　　）

A. 溶解氧　　B. 水温　　C. 流速　　D. 初级生产力

答案：D

2. 混合污染物各组分对机体的毒害作用超过个别毒害作用的总和时，称为________。（　　）

A. 单独作用　　B. 相加作用　　C. 相乘作用　　D. 拮抗作用

答案：C

3. 进行鱼类急性毒性试验时，对试验缸中溶解氧的要求是________。(　　)

A. 6 mg/L 以上　　B. 4 mg/L 以上　　C. 5 mg/L 以上　　D. 3 mg/L 以上

答案：B

4. 滤膜法测定水中粪大肠菌群时，应在________℃下进行培养。(　　)

A. 35±0.5　　B. 37±0.5　　C. 40±0.5　　D. 44.5±0.5

答案：D

5. 当测定生物试样的某些组分时，蛋白质常有干扰，须于测定前除去，________是最佳的去蛋白剂。(　　)

A. 10% 三氯醋酸　　B. 6% 高氯酸　　C. 丙酮　　D. 乙醇

答案：B

6. 根据《水质　总大肠菌群、粪大肠菌群和大肠埃希氏菌的测定　酶底物法》(HJ 1001—2018)，三角瓶、移液管等玻璃器皿及采样器具试验前应于________℃高压蒸气灭菌________min，烘干，备用。(　　)

A. 120　20　　B. 120　30　　C. 121　20　　D. 121　30

答案：C

7. 在细菌监测中，测定值大于 100 时，采用________报出结果。(　　)

A. 按实数

B. 两位有效数字，用 10 的指数表示

C. 用 10 的指数表示，有效数字位数与实数相同

答案：B

8. 在下列方法中，被定为急性生物毒性测定及评价 A 类方法的是________。(　　)

A. 藻类生长抑制试验　　B. 明亮发光杆菌 T3 法

C. 鱼类急性毒性试验　　D. 青海弧菌 Q67 法

答案：B

9. 微生物实验中通常使用________作为实验空白。(　　)

A. 矿泉水　　B. 无菌水　　C. 生理盐水　　D. 自来水

答案：B

10. 我国目前总大肠菌群、细菌总数以________为报告单位。

A. MPN/L、CFU/ml　　B. MPN/ml、CFU/L

C. MPN/100ml、CFU/L　　D. MPN/L、CFU/L

答案：A

11. 根据《水质　粪大肠菌群的测定　滤膜法》(HJ 347.1—2018)测定水中粪大肠菌群，当接种量为 100 ml 时，检出限为________ CFU/L。(　　)

A. 10　　B. 2　　C. 5　　D. 20

答案：A

12. 浅水Ⅱ型浮游生物网用于采集________。(　　)

A．大型浮游动物　　B．中型浮游动物　　C．鱼卵、仔稚鱼　　D．浮游植物

答案：B

13. 在富营养化的水体中，________是形成水华的主要因素。（　　）

A．金藻　　B．硅藻　　C．蓝藻　　D．甲藻

答案：C

14. 粪大肠菌群是________培养 24 h，能在 MFC 选择性培养基生长，发酵乳糖产酸，并形成蓝色或蓝绿色菌落的肠杆菌科细菌。（　　）

A．44.5℃　　B．37℃　　C．20℃　　D．35℃

答案：A

15. 用于测定细菌学指标的培养基，已灭菌后，可在 4～10℃保存________。（　　）

A．10 天　　B．1 个月　　C．2 个月　　D．3 个月

答案：B

16. 微囊藻毒素是最常见的________。（　　）

A．蓝藻毒素　　B．红藻毒素　　C．黑藻毒素

答案：A

17. 采用固定酶底物技术酶底物法测定总大肠菌群和大肠埃希氏菌时需要取 100 ml 水样，在________℃培养 24 h。（　　）

A．35±1　　B．36±1　　C．37±1　　D．38±1

答案：C

18. 测定水中微生物学指标的采样容器一般采用干热灭菌和高压蒸气灭菌。干热灭菌要求在________℃下维持________h；高压蒸气灭菌要求在________℃下维持________min。（　　）

A．121，4，160，5　　B．121，3，160，10

C．160，2，121，15　　D．160，1，121，20

答案：C

19. 甲、乙、丙三种工业废水的 96 h 对斑马鱼的急性毒性测试结果 LC_{50} 值分别为：45%、80%、10%，从大到小三种工业废水毒性排序为________。（　　）

A．甲、乙、丙　　B．丙、甲、乙　　C．丙、乙、甲　　D．乙、甲、丙

答案：D

20. 细菌总数监测中，若所有稀释度的平均菌落数均大于 300，则细菌总数菌落计数应报告________。（　　）

A．按稀释倍数最大的平均菌落数乘以稀释倍数

B．按稀释倍数最小的平均菌落数乘以稀释倍数

C．任选一个稀释倍数的平均菌落数乘以稀释倍数

答案：A

21.《水质　粪大肠菌群的测定　多管发酵法》（HJ 347.2—2018）复发酵试验中转接到 EC 培养基的试管必须在________min 内放进恒温培养箱或水浴锅中。（　　）

A．30　　B．35　　C．40　　D．45

答案：A

22. ________不是测定水样中粪大肠菌群的标准方法。(　　)

A．多管发酵法　　B．酶底物法　　C．平皿计数法　　D．滤膜法

答案：C

23.《水质　叶绿素 a 的测定　分光光度法》(HJ 897—2017)规定：通常情况下，样品的采集应在水面下________m 处进行。(　　)

A．0.2　　B．0.5　　C．0.3　　D．0.6

答案：B

24. 引起一组受试实验生物半数出现某种生物效应的浓度被称为________。(　　)

A．半数致死浓度　　B．半数效应浓度　　C．半数危害浓度

答案：B

25. 对受污染严重的水体，可选择________测定总大肠菌群数。(　　)

A．滤膜法　　B．多管发酵法　　C．延迟培养法　　D．渗透膜法

答案：B

26. 活性氯具有氧化性，能破坏微生物细胞内的酶活性，导致细胞死亡，可在细菌样品采集时加入________溶液消除干扰。(　　)

A．亚硫酸钠　　B．硫代硫酸钠　　C．硫酸亚铁　　D．亚硫酸氢钠

答案：B

27. Ames 实验是检测________的指标之一。(　　)

A．致突变　　B．致畸　　C．致癌　　D．免疫学

答案：A

28. 藻类是指一群具有叶绿素，通过营________，没有真正的根、茎、叶分化，以单细胞的孢子或合子进行繁殖的低等植物。(　　)

A．腐生生活　　B．异养生活　　C．自养生活　　D．厌氧生活

答案：C

29.《水质　总大肠菌群和粪大肠菌群的测定　纸片快速法》(HJ 755—2015)规定，在同一采样点进行分层采样时，应________采集，以免不同层次的搅扰。(　　)

A．自上而下　　B．自下而上

答案：A

30. 具有相对稳定的生活环境，本身移动能力差，在未受到干扰的情况下，种群和群落结构是比较稳定的水生生物，是指________。(　　)

A．底栖动物　　B．原生动物　　C．浮游动物　　D．浮游植物

答案：A

31. 藻类生长抑制试验中，配制藻类培养基时，________不会在培养基中出现。(　　)

A．氯化铵　　B．氯化汞　　C．硫酸镁　　D．磷酸二氢钾

答案：B

32. Ames 试验中，对于不溶于水的化学污染物一般用________来溶解。(　　)

A. 丙酮　　B. 乙醇　　C. 四氯化碳　　D. 二甲基亚砜

答案：D

33. 定量采集水生附着生物时，用________最适宜。(　　)

A. 园林耙具　　B. 采泥器　　C. 标准显微镜载玻片　　D. 其他

答案：C

34. 按照《生态环境状况评价技术规范》(HJ 192—2015)规定，某区域发生特大或重大环境事件，该区域生态环境质量状况不能评价为“优”和“良”，且生态环境质量级别降________级。(　　)

A. 1　　B. 2　　C. 3　　D. 4

答案：A

35. 在影像的重采样之后对影像的命名：如 PATH 号为 120、ROW 号为 25，接收时间由头文件读出，如某影像接收时间为 2006 年 6 月 25 日，则采样后影像命名为________432 img。(　　)

A. 20060625120025　　B. 12002520060625　　C. 12020060625025　　D. 02520060625120

答案：B

36. 中覆盖度草地是________。(　　)

A. 指覆盖度＞50% 的天然草地、改良草地和割草地。此类草地一般水分条件较好，草被生长茂密

B. 指覆盖度在 20% ～ 50% 的天然草地和改良草地，此类草地一般水分不足，草被较稀疏

C. 指覆盖度在 5% ～ 20% 的天然草地，此类草地水分缺乏，草被稀疏，牧业利用条件差

D. 指覆盖度在 1% ～ 5% 的天然草地，此类草地水分缺乏，草被稀疏，牧业利用条件差

答案：B

37. 标准假彩色合成(如 TM4、TM3、TM2 合成)的卫星影像上大多数植被的颜色是________。(　　)

A. 绿色　　B. 红色　　C. 蓝色　　D. 青色

答案：B

38. 各种地球表面物质的成分、表面结构以及表面温度等的不同，造成的________特性也不同。这种特性上的差异在图像上表现为色调的深浅或彩色的差异。(　　)

A. 光谱　　B. 亮度　　C. 灰度　　D. 温度

答案：A

39. 生态系统的营养级一般不超过 5 ～ 6 级，原因是________。(　　)

A. 能量在营养级间的流动是逐级递减的　　B. 能量是守恒的

C. 消费者数量不足　　D. 生态系统遭到破坏

答案：A

40. 下列不属于生物入侵阶段的是________。(　　)

A. 侵入　　B. 定居　　C. 繁殖　　D. 扩展

答案：C

41. 地理信息系统由计算机硬件系统、软件系统、地理数据(或空间数据)以及________四个

部分构成。(　　)

A．系统管理操作人员　　B．全球定位系统
C．遥感影像　　D．存储系统

答案：A

42. 在国务院发布的《全国主体功能区规划》中，重点生态功能区包括水源涵养、水土保持、防风固沙和________四类。(　　)

A．农产品提供　B．人居保障　C．生物多样性维护　D．林产品提供

答案：C

43. 生物群落监测的评价方法包括________。(　　)

A．指示生物评价法、指示群落评价法、多样性指数法
B．指示生物评价法、指示群落评价法、指数分析法
C．指示生物评价法、指示群落评价法、生物完整性指数法
D．指示生物评价法、指示群落评价法、生物指数法

答案：B

44. 下列对各类生态系统特征的描述，正确的是 ________。(　　)

A．森林生态系统植物种类繁多，但其调节能力差
B．草原上生活着多种动物，其中主要是两栖类动物
C．自然生态系统中的能量可以循环流动
D．任何自然生态系统中，分解者都是必不可少的

答案：D

45. "3S" 技术是指________。(　　)

A．GIS、RS、GPS　B．GIS、DSS、GPS　C．GIS、GPS、OS　D．GIS、DSS、RS

答案：A

46. 解译人员要对自己作业区内的耕地、林地、牧草地、地理单元及其坡度情况有宏观了解。必要时应进行________，利用影像和地形图在实地进行对照分析。(　　)

A．影像比对　B．野外调查　C．重新解译　D．查阅资料

答案：B

47. 遥感解译标志可分为________解译标志和________解译标志。(　　)

A．色调　形状　B．直接　间接　C．大小　形状　D．熟悉　陌生

答案：B

48. 自然保护区通常可分为核心区、缓冲区和________三个部分。(　　)

A．实验区　B．生活区　C．开发区　D．限制区

答案：A

49. 下列关于自然保护区的功能的描述，错误的是________。(　　)

A．提供生态系统的天然"本底"　　B．动植物及微生物物种的天然储存库
C．科学研究的天然实验室　　D．为人类提供生态产品的基地

答案：D

50. 在全国生态监测与评价使用的土地利用 / 覆盖分类系统中，林地包括________、疏林地、灌木林地和其他林地四类。(　　)

A．未成林造林地　　B．有林地　　C．盐碱地　　D．裸地

答案：B

51. 在影像的重采样过程中采样像元的大小一般与其空间分辨率保持一致，Landsat TM 影像的像元大小为________。(　　)

A．15 m × 15 m　　B．20 m × 20 m　　C．30 m × 30 m　　D．15 m × 30 m

答案：C

52. 下列不属于生物多样性的层次是________。(　　)

A．遗传多样性　　B．物种多样性　　C．生态系统多样性　　D．种群多样性

答案：D

53. 在全国生态监测与评价工作中，按照覆盖度可把天然草地划分为高覆盖度、中覆盖度和低覆盖度三类，其划分的阈值为________、________和________。(　　)

A．大于 60%　　30% ～ 60%　　10% ～ 30%

B．大于 55%　　25% ～ 55%　　15% ～ 25%

C．大于 50%　　30% ～ 50%　　10% ～ 30%

D．大于 50%　　20% ～ 50%　　5% ～ 20%

答案：D

54. 次级生产量是指生态系统中的动物或其他异养生物通过消耗植物，而不是直接利用________所制造的有机物质和固定的能量。(　　)

A．自身能量　　B．太阳能　　C．动物脂肪　　D．叶绿素

答案：B

55. 自然保护区包括自然生态系统自然保护区、野生生物类自然保护区和________三类。(　　)

A．湿地类自然保护区　　B．文化名人故居类自然保护区

C．自然遗迹类自然保护区　　D．水源地类自然保护区

答案：C

56. 生态系统是指在一定空间内生物的成分和非生物的成分通过物质循环和能量流动相互作用、互相依存而构成的一个________单位。(　　)

A．生态学结构　　B．生态学功能　　C．生态学流动　　D．生态学系统

答案：B

57. 自然保护区管理评估每________开展一次。(　　)

A．1 ～ 3 年　　B．3 ～ 5 年　　C．5 ～ 10 年　　D．10 年

答案：C

58. 下列叙述正确的是________。(　　)

A．初级生产也称作第一性生产

B．生态平衡是一种静态平衡

C．食物链越简单，生态系统越稳定

D．自然保护区通常分为核心区、缓冲区和旅游观光区

答案：A

59. 根据生态环境状况指数（EI）将生态环境分为 5 级，当 EI≥________时，生态环境状况级别为优。（　　）

A．60　　B．65　　C．70　　D．75

答案：D

60.《区域生物多样性评价标准》（HJ 623—2011）中生物多样性评价对象是________。（　　）

①生态系统　② 野生动物　③野生植物　④微生物

A．①②③　　B．②③④　　C．②③　　D．②④

答案：A

61. 下列不属于生态系统组成要素的是________。（　　）

A．生产者　　B．消费者　　C．分解者　　D．汽车制造厂

答案：D

62. 图像校正包括辐射校正和________。（　　）

A．大气校正　　B．光谱校正　　C．几何校正　　D．传感器校正

答案：C

三、多选题

1. 海洋微生物的检测方法包括免疫学检测法，________属于此类检测技术。（　　）

A．荧光抗体技术　　B．酶联免疫吸附技术　　C．核酸探针技术　　D．PCR 技术

答案：AB

2. 下列藻类属于赤潮生物种类的有________。（　　）

A．*Asterionella* sp 针杆藻　　B．*Gymnodinium* mikimotoi 密氏裸甲藻

C．*Chattonelta antiqua* 古老卡盾藻　　D．*Mesodinium rubrum* 红色中缢虫

答案：ABCD

3. 叶绿素、蓝绿藻密度多点线性核查应满足________。（　　）

A．零点绝对误差应为≤ 3 倍检出限　　B．其他点相对误差应≤ ±5%

C．其他点相对误差应≤ ±10%　　D．线性相关系数应≥0.993

答案：ABD

4. 水生生物监测的“生物群落法”项目适用于________等水体环境的监测，监测频次每年不少于两次。（　　）

A．河流　　B．海洋　　C．湖泊　　D．水库

答案：ACD

5. 细菌学监测实验室应做好________供应品的质量控制。（　　）

A．玻璃器皿　　B．水　　C．培养基　　D．试剂

答案：ABCD

6.《区域生物多样性评价标准》（HJ 623—2011）中生物多样性评价对象是________。（　　）

A．生态系统　　B．野生动物　　C．野生植物　　D．微生物

答案：ABC

7. 河流湖库中浮游动物主要由________组成。(　　)

A．原生动物　　B．轮虫　　C．枝角类　　D．桡足类

答案：ABCD

8. 赤潮按照发生地点，分为外海性、近岸和内湾性赤潮；按照来源分为外来型和原发型赤潮；按照赤潮生物的所占比又可以分为________赤潮。(　　)

A．单相型　　B．双相型　　C．多相型　　D．复合型

E．复杂型

答案：ABD

9. 关于水中粪大肠菌群的测定以下说法不正确的是________。(　　)

A．HJ/T 347—2007 是现行的有效分析方法标准

B．灭菌前在样品中加入乙二胺四乙酸二钠是为了除去水样中活性氯对细菌的抑制作用

C．滤膜法和多管发酵法的培养温度均为 37℃ ±0.5℃

D．采用 15 管法接种测定结果低于检出限时，以“未检出”或“<3 MPN/L”表示

答案：ABCD

10. 鱼类急性毒性试验推荐用________作为试验用鱼。(　　)

A．剑尾鱼　　B．罗非鱼　　C．斑马鱼　　D．鲟鱼

E．稀有鮈鲫

答案：ACE

11. 微生物检测中所用器皿的物理消毒方法有________。(　　)

A．火焰法　　B．高压蒸气法　　C．紫外线法　　D．煮沸法

答案：ABCD

12. 自然生态系统类自然保护区主要包括________类型。(　　)

A．森林生态系统　　B．草原与草甸生态系统

C．荒漠生态系统　　D．内陆湿地和水域生态系统

E．海洋和海岸生态系统

答案：ABCDE

13. 自然生态系统分为________。(　　)

A．森林生态系统　　B．草原与草甸生态系统

C．荒漠生态系统　　D．内陆湿地和水域生态系统

E．海洋和海岸生态系统

答案：ABCDE

14. 下列属于生物多样性的层次是________。(　　)

A．遗传多样性　　B．物种多样性　　C．生态系统多样性　　D．种群多样性

答案：ABC

15. ________是遥感影像主要判读特征。(　　)

A．阴影　　B．形状　　C．大小　　D．色调

答案：ABCD

16. 目前，环境遥感应用主要体现在________方面。(　　)

A．大型水体环境遥感应用　　B．区域大气环境遥感应用

C．宏观生态环境遥感应用　　D．城市生态环境遥感应用

答案：ABC

17. 生物多样性分为________几个层次。(　　)

A．遗传多样性　　B．物种多样性

C．生态系统与景观多样性　　D．环境多样性

答案：ABC

18. 遥感数据分辨率一般包括________。(　　)

A．时间分辨率　　B．空间分辨率　　C．光谱分辨率　　D．位置分辨率

答案：ABC

19. 在全国生态监测与评价使用的土地利用／覆盖分类系统中，林地包括________。(　　)

A．有林地　　B．盐碱地　　C．疏林地　　D．灌木林地

E．其他林地

答案：ACDE

四、判断题

1. 利用浮游植物反映水体受污染情况时，如果绿藻和蓝藻数量少，甲藻、黄藻和金藻数量多，往往是污染的象征。(　　)

答案：错误

正确答案：如果绿藻和蓝藻数量多，甲藻、黄藻和金藻数量少，往往是污染的象征。

2.《地下水环境监测技术规范》（HJ 164—2020）中要求微生物采样瓶经 121℃高压蒸气灭菌后，应在 30 min 内使用，如不立即使用，应于 60℃条件下将瓶内的冷凝水烘干，两周内使用。(　　)

答案：错误

正确答案：经 121℃高压蒸气灭菌 15 min 的采样容器，如不立即使用，应于 60℃将瓶内冷凝水烘干，两周内使用。

3.《水质　粪大肠菌群的测定　多管发酵法》（HJ 347.2—2018）中，检出限：12 管法为 1 MPN/L；15 管法为 3 MPN/L。(　　)

答案：错误

正确答案：检出限：12 管法为 3 MPN/L；15 管法为 20 MPN/L。

4.《水质　细菌总数的测定　平皿计数法》（HJ 1000—2018）中，细菌总数是指 36℃培养 24 h，样品在营养琼脂上所生长的需氧菌和兼性厌氧菌菌落总数。(　　)

答案：错误

正确答案：细菌总数是指 36℃培养 48 h，样品在营养琼脂上所生长的需氧菌和兼性厌氧菌

总数。

5.《水质 总大肠菌群和粪大肠菌群的测定 纸片快速法》（HJ 755—2015）规定，检测用的玻璃皿及采样器具试验前要按无菌操作要求包扎，121℃高压蒸气灭菌 20 min，烘干备用。（ ）

答案：正确

6. EC_{50} 是指在规定时间内引起试验动物死亡一半的毒物浓度。（ ）

答案：错误

正确答案：EC_{50} 是半数有效浓度，指在规定时间内引起试验生物有一半发生中毒反应的毒物浓度。

7.《水质 致突变的鉴别 蚕豆根尖微核实验法》（HJ 1016—2019）中，微核率能有效反映环境遗传毒性综合效应。（ ）

答案：正确

8. 采集微生物的设备本身不可引入新的微生物，但采集水样时，采样设备与容器可用水样冲洗。（ ）

答案：错误

正确答案：采样设备与容器不能用水样冲洗。

9. 采集细菌类水样的容器在采样前应灭菌，灭菌前在容器内加入硫代硫酸钠的作用是为了更快地杀灭细菌，提高灭菌效率。（ ）

答案：错误

正确答案：灭菌前在容器内加入硫代硫酸钠的作用是除去余氯对细菌的抑制作用。

10. 采集细菌学检测的水样时，不需用水清洗已灭菌的采样瓶，同时采至满瓶。（ ）

答案：错误

正确答案：一般采样量为采样瓶容量的 80% 左右，以便接种时充分混匀样品。

11. 采集用于分析叶绿素 a 的水样时，需在每升样品中加入 1 ml 碳酸镁悬浊液，以防止酸化引起藻类死亡。（ ）

答案：错误

正确答案：每升水样加 1% 碳酸镁悬浊液 1 ml，以防止酸化引起色素溶解。

12. 采用多管发酵法分析某水样中的粪大肠菌群，测试结果为 39 MPN/L，这表示每升水中有 39 个属于粪大肠菌群的细菌。（ ）

答案：错误

正确答案：MPN/L 表示每升水样中能检出最大粪大肠菌群的数量。

13. 采用发光细菌法测定水样的急性毒性时，EC_{50} 值越小，表示水样的毒性也越小。（ ）

答案：错误

正确答案：EC_{50} 值越小，表明受试物的毒性越大。

14. 测定浮游动物湿重生物量所用到的筛绢可反复使用。（ ）

答案：正确

15. 测定水样中细菌学指标时，从取样到检验不宜超过 2 h，否则应使用 10℃以下冷藏设备保存样品，但不得超过 6 h。（ ）

答案：正确

16. 测定水中微生物的样品瓶在灭菌前可向容器中加入亚硫酸钠，以除去余氯对细菌的抑制作用。(　　)

答案：错误

正确答案：测定水中微生物的样品瓶在灭菌前可向容器中加入硫代硫酸钠，以除去余氯对细菌的抑制作用。

17. 当海域水体富营养化并存在赤潮生物种源时，就会发生赤潮。(　　)

答案：错误

正确答案：海域水体的富营养化是赤潮发生的水体物质基础和首要条件；海域中存在赤潮生物种源是赤潮发生的重要物质基础。赤潮发生还有其他因素。

18. 对底栖大型无脊椎动物幼体或近缘种样品的物种鉴别，可借助 DNA 条形码技术进行辅助分类鉴别。(　　)

答案：正确

19. 对受细菌污染严重的水体样品，如果在复发酵试验中未发现产气，则应将其继续培养到 48 h，然后再进一步证实有无大肠菌类细菌。(　　)

答案：错误

正确答案：对受细菌污染严重的水体样品，如果在初发酵试验中未发现产气，则应将其继续培养到 48 h，然后再进一步证实有无大肠菌类细菌。

20. 粪大肠菌群测定的接种体积为 10 ml，则试管内应装有 3 倍乳糖蛋白胨培养液 10 ml，如接种量为 1 ml，则接种于普通浓度的乳糖蛋白胨培养液 10 ml 中。(　　)

答案：错误

正确答案：粪大肠菌群测定的接种体积为 10 ml，则试管内应装有三倍乳糖蛋白胨培养液 5 ml，如接种量为 1 ml 或少于 1 ml，则可接种于普通浓度的乳糖蛋白胨培养液 10 ml 中。

21. 粪大肠菌群多管发酵法的复发酵试验是将培养物转接到 EC 培养液中，在 37℃下培养 24 h。(　　)

答案：错误

正确答案：在 44.5℃ ±0.5℃下培养 24 h±2 h。

22. 浮游生物定性标本用浮游生物网采集，25 号浮游生物网用于采集枝角类和桡足类，13 号浮游生物网用于采集藻类、原生动物和轮虫。(　　)

答案：错误

正确答案：浮游生物定性标本用浮游生物网采集，13 号浮游生物网用于采集枝角类和桡足类，25 号浮游生物网用于采集藻类、原生动物和轮虫。

23. 浮游植物浓缩计数时，静置后的水样，可以用吸管直接吸去上清液。(　　)

答案：错误

正确答案：浮游植物浓缩计数时，静置后的水样，可用虹吸管小心抽掉上清液。

24. 根据《水质　急性毒性的测定　发光细菌法》(GB/T 15441—1995)，用发光菌测定样品的毒性非常简便，冻干粉经复苏后即可用于样品的测定。(　　)

答案：错误

正确答案：冻干粉经复苏后，需经质量检验后方可用于样品的测定。

25. 根据《水质　急性毒性的测定　发光细菌法》（GB/T 15441—1995）的要求，在制作氯化汞标准曲线时，当氯化汞标准溶液为 0.10 mg/L 时，发光菌的相对发光度为 50%，其误差不超过 ±20%。（　　）

答案：错误

正确答案：其误差不超过 ±10%。

26. 海洋生物中浮游生物包括浮游动物和浮游植物两大类，其中某些浮游单细胞生物兼有植物和动物的基本特征。（　　）

答案：正确

27. 检测水中的细菌学指标时，每次试验要以无菌水为样品，对培养基、滤膜、稀释水、玻璃器皿和冲洗用水做无菌性检验。（　　）

答案：正确

28. 热红外遥感具有很强的穿透能力，不仅能穿破云雾，而且能穿透一定厚度的植被、土壤、冰雪等。（　　）

答案：错误

正确答案：微波遥感能穿透云雾不受天气影响，可进行全天候全天时的遥感探测；对植被、冰雪、土壤等表层覆盖物有一定的穿透能力。

29. 生物监测可分为被动监测和主动监测，前者是指对环境中生物直接的调查和分析，后者是指在清洁地区对监测生物进行标准化培育后，再放置到各监测点上监测。（　　）

答案：正确

30. 生物监测如果结合水质理化监测对水质进行综合评价，则其结果更准确和可靠。（　　）

答案：正确

31. 生物监测是环境监测的一部分，生物监测包括生态学监测和毒理学监测。（　　）

答案：正确

32. 水的细菌学检验所用的样品容器是细口瓶，瓶的材质为塑料或玻璃。（　　）

答案：错误

正确答案：广口瓶。

33. 水体受到污染后，生物的种类和数量发生变化，底栖动物可以稳定地反映这种变化。（　　）

答案：正确

34. 水体叶绿素 a 浓度遥感反演方法采用经验模式算法比较成熟、过程简单但缺乏物理依据。（　　）

答案：正确

35. 污水中的病原微生物浓度是很低的，因此检验时必须将水样浓缩、培养后再进行平板分离和生化试验及血清学检查。（　　）

答案：正确

36. 细菌监测项目可采混合水样。（　　）

答案：错误

正确答案：不能采混合水样。

37. 细菌学样品采样时不需要用水样清洗采样瓶，采样后在瓶内要留 20% 左右的空间，以便检测时充分混匀样品。(　　)

答案：正确

38. 细菌总数监测中，若所有稀释度的平均菌落数均大于 300，细菌总数菌落计数应按稀释倍数最大的平均菌落数乘以稀释倍数报告结果。(　　)

答案：正确

39. 叶绿素 a 测定时，需要分别对水样和丙酮提取液进行过滤，滤膜使用玻璃纤维素膜。(　　)

答案：错误

正确答案：丙酮提取液应离心，而不是过滤。

40. 叶绿素 a 在水中含量的结果表达单位为 mg/m^3。(　　)

答案：错误

正确答案：根据《水质　叶绿素 a 的测定　分光光度法》(HJ 897—2017)，单位为 μg/L。

41. 正常情况下，比较清洁的水体中分布的底栖动物种类多、个体数量相对少，污染水体（严重污染除外）中分布的底栖动物种类少、个体数量相对多。(　　)

答案：正确

42. 抑制水样的细菌生长可采用加入抗坏血酸和冷冻的方法。(　　)

答案：错误

正确答案：可采用加入抑制剂和冷冻的方法。

43. 因为底栖动物可以客观地反映环境的变化，并且与对照点相比显示出种类数量和多样性的差异，因此可以应用底栖动物对污染水体进行监测和评价。(　　)

答案：正确

44. 用滤膜法测定海水样品的粪大肠菌群，在滤膜培养时，滤膜截留细菌面向下与培养基面紧贴。(　　)

答案：错误

正确答案：截留细菌面向上，滤膜应与培养基面紧贴。

45. 用于测定细菌学指标的培养基，配制好以后不宜保存过久，已灭菌的培养基可在 4 ～ 10℃保存 3 个月。(　　)

答案：错误

正确答案：已灭菌的培养基可在 4 ～ 10℃保存 1 个月。

46. 有机污染和重金属等无机有毒物质的污染，都能造成水体中底栖动物结构组成的变化。水体受到严重的有机污染时，水中溶解氧含量大幅降低，不适应缺氧的底栖动物种类逐渐减少和消失，而仅保留耐污染的种类，这些种类的密度增加，成为优势种。(　　)

答案：正确

47. 鱼类急性毒性测定时，试验鱼在驯养期间死亡率不得超过 50%。(　　)

答案：错误

正确答案：不得超过 10%。

48. 玉米粉、胡萝卜、麸皮、土豆等天然有机物也是微生物检测常用的培养基。(　　)

答案：正确

49. 在地表水中浮游生物密度低时，采水量可多，密度高时采水量则要少。(　　)

答案：正确

50. 在河流中采集生物监测样品时，要用颠倒式采水器或其他型号采水器。(　　)

答案：正确

51. 在江河中采集浮游生物样品时，由于水不断流动，上下层混合较快，一般采集水面以下 0.5m 左右亚表层即可，或在下层加采一次，两次混合即可。(　　)

答案：正确

52. 在进行叶绿素分析时，所用器皿需用酸浸泡或洗涤以去除干扰，同时实验过程中要注意避光。(　　)

答案：错误

正确答案：叶绿素对酸性物质敏感，所用器皿不能用酸浸泡或洗涤。

53. 在生物多样性观测技术导则中，α 多样性用以测度群落的物种多样性沿着环境梯度变化的速率或群落间的多样性。(　　)

答案：错误

正确答案：在生物多样性观测技术导则中，β 多样性用以测度群落的物种多样性沿着环境梯度变化的速率或群落间的多样性。

54. 在藻类生长抑制实验中，常用的藻类生产测定方法包括细胞计数、光密度和叶绿素。(　　)

答案：正确

55. 藻类生长抑制试验方法只适用于海水绿藻。(　　)

答案：错误

正确答案：藻类生长抑制试验方法适用于淡水绿藻。

56. 着生生物采样有人工基质采样和天然基质采样。人工基质上的群落可以完全代表自然基质。(　　)

答案：错误

正确答案：人工基质上的群落不可完全代表自然基质。

57. 总大肠菌群测定时，如果不能实现常规的检验步骤，例如水样运输途中不能保证所要求的温度，或采样后不能在允许的时间内进行检验等，都可采用延迟培养法。(　　)

答案：正确

58. 总大肠菌群指一群在 37℃培养 24 h 能发酵乳糖、产酸产气、需氧和兼性厌氧的革兰氏阴性无芽孢杆菌。(　　)

答案：正确

59.《生态环境状况评价技术规范》(HJ 192—2015)根据生态环境状况指数，将生态环境状况分为 5 级，即优、良、一般、较差和差，$55 \leqslant EI < 70$ 时，级别为良。(　　)

答案：错误

正确答案： 55 ≤ EI<75 时，级别为良。

60.《卫星遥感秸秆焚烧监测技术规范》（HJ 1008—2018）规定，如果一天有两种或两种以上传感器均监测到同一位置火点，不累积计数，对于特定行政区域内火点数目的统计是当日发生在该行政区域内火点的取值之和。（　　）

答案： 正确

61. 初级生产量是指生态系统中植物所固定的太阳能或所制造的有机质。（　　）

答案： 正确

62. 次级生产量是指生态系统中的动物或其他异养生物通过消耗植物，而不是直接利用太阳能所制造的有机物质和固定的能量。（　　）

答案： 正确

63. 国家重点生态功能区县域生态环境质量监测评价与考核指标体系包括技术指标和监管指标两部分，其中技术指标重点突出水源涵养、水土保持、防风固沙和生物多样性维护等四类生态功能类型的差异性。（　　）

答案： 正确

64. 旱地是指无灌溉水源及设施，靠天然降水生长作物的耕地；有水源和浇灌设施，在一般年景下能正常灌溉的旱作物耕地；以种菜为主的耕地；正常轮作的休闲地和轮歇地。（　　）

答案： 正确

65. 环境卫星遥感监测可以实现大范围、多时相的同步连续监测，也能得到瞬时成像的实时环境信息，但无法获取特征化的定量数据。（　　）

答案： 错误

正确答案： 卫星遥感监测可以获取特征化定量数据。

66. 两个或多个植物群落之间（或生态地带之间）的过渡区域称为生态交错区或生态过渡带。（　　）

答案： 正确

67. 任何自然生态系统中，分解者都是必不可少的。（　　）

答案： 正确

68. 生态交错区或过渡区是指两个或多个群落之间（或生态地带之间）的过渡区域。（　　）

答案： 正确

69. 生态平衡是指在一定时间内生态系统中的生物和环境之间、生物各个种群之间，通过能量流动、物质循环和信息传递，使它们相互之间达到高度适应、协调和统一的状态，是一种静态稳定的平衡。（　　）

答案： 错误

正确答案： 是一种动态的平衡。

70. 生态系统按组成要素分为生产者、消费者、分解者及非生物环境四个部分。（　　）

答案： 正确

71. 生态系统的基本功能包括能量流动、物质循环和信息传递。（　　）

答案： 正确

72. 生态系统是指在一定空间内生物的成分和非生物的成分通过物质循环和能量流动相互作用、互相依存而构成的一个生态学结构单位。(　　)

答案：错误

正确答案：生态系统是指在一定空间内生物的成分和非生物的成分通过物质循环和能量流动相互作用、互相依存而构成的一个生态学功能单位。

73. 生物丰度指数是评价区域内生物的丰贫程度，利用生物多样性表示。(　　)

答案：错误

正确答案：评价区域内生物的丰贫程度，利用生物栖息地质量和生物多样性综合表示。

74. 生物入侵整个过程可分为侵入、定居、适应和扩展四个阶段。(　　)

答案：正确

75. 疏林地是指郁闭度为 10% ～ 30% 的稀疏林地。(　　)

答案：错误

正确答案：疏林地是指郁闭度为 10% ～ 20% 的稀疏林地。

76. 所谓生态监测是以生态学原理为理论基础，运用可比的和较成熟的方法，对不同尺度的生态环境质量状况及其变化趋势进行连续观测和评价的综合技术。(　　)

答案：正确

77. 卫星遥感秸秆焚烧监测技术原理是基于秸秆焚烧疑似火点像元与背景常温像元在中红外和热红外波段亮度温度的差异识别热异常点，结合土地分类数据，提取秸秆焚烧疑似火点。(　　)

答案：正确

78. 我国海岸的六种基本类型中包括珊瑚礁岸和红树林岸。(　　)

答案：正确

79. 遥感解译矢量图层质量检查主要是对一斑多码、邻斑同码、非用户代码进行检查。(　　)

答案：正确

80. 遥感数据分辨率一般包括光谱分辨率、时间分辨率和空间分辨率三种。(　　)

答案：正确

81. 遥感信息提取主要有人机交互目视解译和计算机数字图像处理两个途径。(　　)

答案：正确

82. 遥感影像的空间分辨率是指遥感影像上能够详细区分的地面最小单元的尺寸或大小。(　　)

答案：正确

83. 遥感影像的时间分辨率是指同一地区遥感影像重复覆盖的最短时间间隔。(　　)

答案：正确

84. 遥感影像光谱分辨率包括为全色、多光谱和高光谱，光谱分段越多，光谱的信息就越强，提取技术要求越高。(　　)

答案：错误

正确答案：光谱分辨率：指对影像中地物波谱细节信息的分辨能力，是卫星传感器接收地物箱射波谱时所能辨别的最小波长间隔，间隔越小，光谱分辨率相应就会越高，在同样的波谱范围内，通常影像波段数越多，光谱分辨率越高。随着光谱分辨率的不断提高，光学遥感可分为全色、多光谱和高光谱遥感。一般来说，传感器的波段数越多，波段宽度越窄，地面物体的信息越容易区分和识别，针对性越强。

85. 一般来说，地物一旦确定，其判读标志是不变的。(　　)

答案：错误

正确答案：遥感影像上地物判读标志与影像波段组合、获取时相、传感器等因素相关，不是固定不变的。

86. 一个功能完整的生态系统的最少生物组成成分应该包括植物和分解者。(　　)

答案：正确

87. 一个生态系统中有生命的部分即为生物群落。(　　)

答案：正确

88. 依据《生态环境状况评价技术规范》(HJ 192—2015)，生态功能区生态功能状况是利用综合指数（生态功能区功能状况指数，FEI）评价生态功能区生态功能的状况，采用三级指标体系，包括 3 个指标、5 个分指数和 12 个分指标。(　　)

答案：正确

89. 在《全国主体功能区规划》中，国家层面的禁止开发区域主要是指国家级自然保护区、世界文化自然遗产、国家级风景名胜区、国家森林公园和国家地质公园。(　　)

答案：正确

90. 在全国生态功能区划中，生态系统服务功能的一级类型分为生态调节功能、产品提供功能与人居保障功能三大功能。(　　)

答案：正确

91. 在全国生态监测与评价工作中，高、中、低覆盖度草地分别以覆盖度大于 60%、介于 20% ～ 60% 和小于 20% 作为划分标准。(　　)

答案：错误

正确答案：在全国生态监测与评价工作中，高、中、低覆盖度草地分别以覆盖度大于 50%、介于 20% ～ 50% 和小于 20% 作为划分标准。

92. 在全国生态监测与评价中，土地分类采用全国二级分类系统：一级分为 6 类，主要根据土地的自然生态和利用属性进行分类；二级分为 26 个类型，主要根据土地经营特点、利用方式和覆盖特征进行分类；耕地根据地形特征进行了三级划分，即进一步划分为平原、丘陵、山区和坡度大于 25° 的耕地。(　　)

答案：正确

93. 主要温室气体时空分布及其变化在地气系统的辐射收支和能量平衡中起着决定性作用。(　　)

答案：正确

94. 自然保护区包括自然生态系统自然保护区、野生生物类自然保护区和自然遗迹类自然保护区三类。(　　)

答案：正确

95. 自然保护区管理评估指标共 5 项 20 条，评估满分为 20 分。(　　)

答案：错误

正确答案：自然保护区管理评估指标共5项20条，评估满分为100分。

96. 微囊藻毒素是一种细胞内毒素，为多肽结构的纯化合物。(　　)

答案：错误

正确答案：不是纯化合物。

五、简答题

1. 提取生物样品中有机污染物的常用方法有哪些？脂肪提取器提取法有何优点？

答案：

(1) 常用的提取方法有：振荡浸取法、组织捣碎提取法、脂肪提取器提取法、直接球磨提取法。

(2) 脂肪提取器提取法优点为：因为样品总是与纯溶剂接触，所以提取效率高，溶剂用量小，提取液中被提取物的浓度大，有利于下一步分析测定。

2. 简述生物多样性的定义及其层次。

答案：生物多样性是指生命有机体及其赖以生存的生态综合体的多样性和变异性，有三个层次，即遗传多样性、物种多样性、生态系统与景观多样性。

3. 简述在地表水水生生物监测中，断面的布设原则。

答案：

(1) 代表性。

(2) 与水质化学监测断面布设的一致性。

(3) 考虑水体环境的整体性。

(4) 断面布设的连续性。

(5) 断面布设的经济性。

4. 简述生态承载力。

答案：生态承载力是区域生态环境规划和实现区域生态环境协调发展的前提，目前尚处于研究探索阶段。区域生态环境承载力是指在某一时期的某种环境状态下，某区域生态环境对人类社会经济活动的支持能力，它是生态环境系统物质组成和结构的综合反映。区域生态环境系统的物质资源以及其特定的抗干扰能力与恢复能力具有一定的限度，即具有一定组成和结构的生态环境系统对社会经济发展的支持能力有一个“阈值”。这个“阈值”的大小取决于生态环境系统与社会经济系统两方面因素。不同区域、不同时期、不同社会经济和不同生态环境条件下，区域生态环境承载力的“阈值”也不同。

5. 什么是生态风险？

答案：生态风险就是生态系统及其组分所承受的风险，它指在一定区域内具有不确定性的事故或灾害对生态系统及其组分可能产生的作用，这些作用的结果可能导致生态系统结构和功能的损伤，从而危及生态系统的安全和健康。生态风险评价一般包括四个部分：危害评价、暴露评价、受体分析和风险表征。

6. 什么是遥感技术？

答案：遥感技术是借助对电磁波敏感的仪器，在不与探测目标接触的情况下，记录目标物对电磁波的辐射、反射、散射等信息；并通过分析，揭示目标物特征、性质及其变化的综合探测技术。

7.“3S”技术在环境监测领域的应用越来越广泛，请简述“3S”集成的概念和3个S的作用。

答案：

（1）“3S”技术指遥感（RS）、地理信息系统（GIS）、全球定位系统（GPS）3种技术集成的总称。

（2）GPS主要用于实时、快速地提供目标的空间位置。

（3）RS用于实时、快速地提供大面积地表物体及其环境的几何与物理信息及各种变化。

（4）GIS则是对多种来源时空数据进行综合处理分析和应用的平台。

8.遥感数据分辨率包括哪些指标？并简要说明其定义。

答案：遥感数据分辨率指标包括：光谱分辨率、时间分辨率、空间分辨率。

（1）光谱分辨率：指传感器所能记录的电磁波谱中，某一特定的波长范围值，波长范围值越宽，光谱分辨率越低。

（2）时间分辨率：指同一地区遥感影像重复覆盖的最短时间间隔。

（3）空间分辨率：指遥感影像上能够详细区分的地面最小单元的尺寸或大小。

六、计算题

1.在GPS设备中对于坐标单位有不同的显示方法，有度分秒（DMS）和度（DDD）等，将（DDD）108.905 93度换算成度分秒形式。

答案：将108.905 93整数位不变取108（度），用0.905 93×60＝54.355 5，取整数位54（分），0.355 5×60＝21.348再取整数位21（秒），故转化为108度54分21秒。

2.针对某地区开展生态状况调查，经过生态遥感监测并结合地面监测得出，该地区生物丰度指数为78.3，植被覆盖指数为85.1，水网密度指数为61.8，土地胁迫指数为35.9，污染负荷指数为42.6，且该地区在评价周期内，未出现环境污染或生态破坏事件。计算该地区生态环境状况指数（EI）。

答案：生态环境状况指数（EI）=0.35×78.3+0.25×85.1+0.15×61.8+0.15×（100−35.9）+0.10×（100−42.6）=27.4+21.3+9.3+9.6+5.7=73.3。

七、论述题

1.论述遥感影像的特征。

答案：遥感影像具有空间分辨率、光谱分辨率、辐射分辨率和时间分辨率四个特征。

（1）空间分辨率

空间分辨率又称地面分辨率。后者针对地面而言，指可以识别的最小地面距离或最小目标物的大小。前者是针对遥感器或图像而言的，指图像上能够详细区分的最小单元的尺寸或大小，或指遥感器区分两个目标的最小角度或线性距离的度量。它们均反映对两个非常靠近的目标物的识别、区分能力。

（2）光谱分辨率

光谱分辨率指遥感器接受目标辐射时能分辨的最小波长间隔。间隔越小，分辨率越高。所选用的波段数量的多少、各波段的波长位置及波长间隔的大小，这三个因素共同决定光谱分辨率。

（3）辐射分辨率

辐射分辨率指探测器的灵敏度——遥感器感测元件在接收光谱信号时能分辨的最小辐射度差，或指对两个不同辐射源的辐射量的分辨能力。一般用灰度的分级数表示，即最暗－最亮灰度值（亮度值）间分级的数目——量化级数。它对于目标识别是一个很有意义的元素。

（4）时间分辨率

时间分辨率是关于遥感影像间隔时间的一项性能指标。遥感探测器按一定的时间周期重复采集数据，这种重复周期，又称回归周期，是由飞行器的轨道高度、轨道倾角、运行周期、轨道间隔、偏移系数等参数决定。这种重复观测的最小时间间隔称为时间分辨率。

2. 论述生态系统健康评价。

答案：生态系统健康评价是研究生态系统管理的预防性、诊断性和预兆性特征以及生态系统健康与人类健康之间关系的综合性科学。

生态系统健康是指处于良好状态，具有活力，自我调节能力，结构稳定的生态系统，处于良好健康状况下的生态系统不仅能保持化学、物理及生物完整性，还能维持其对人类社会提供的各种服务功能。从生态系统层次而言，一个健康的生态系统是稳定和可恢复的，即生态系统随着时间的进程有活力并且能维持其自组织性，在受到外界胁迫发生变化时较容易恢复。生态系统健康评价指标共有8个，分别是活力、组织、恢复力、生态系统服务功能的维持、管理选择、减少外部输入、对邻近系统的影响及对人类健康影响等，它们分属于不同的自然科学和社会科学研究范畴。评价指标中活力、组织和恢复力等3个指标最为重要，活力表示生态系统功能，可根据新陈代谢或初级生产力等来评价；组织即生态系统组成及结构，可根据系统组分间相互作用的多样性及数量评价；恢复力也称抵抗能力，根据系统在胁迫出现时维持系统结构和功能的能力来评价。

|第七章|

噪声和振动

CHAPTER 7

一、填空题

1.《环境振动监测技术规范》（HJ 918—2017）规定，环境振动监测指为了掌握工业生产、建筑施工、交通运输和__________中所产生的振动对周围环境影响所开展的监测。

答案：社会生活

2.《环境振动监测技术规范》（HJ 918—2017）中，________振动一般包括道路交通、工业企业、建筑施工、社会生活中产生的振动（冲击振动除外），测量量取累积百分 Z 振级 VL_{Z10}。

答案：无规

3. 工业企业厂界噪声的测点（传声器位置）应选在厂界外__________m 处，若该点厂界有实体围墙，则测点应__________围墙 0.5 m 以上。

答案：1　高于

4.《环境振动监测技术规范》（HJ 918—2017）规定，拾振器的灵敏度主轴方向应保持__________方向，测试过程中不得产生__________和附加振动。

答案：铅垂　　倾斜

5. 依据《工业企业厂界环境噪声排放标准》（GB 12348—2008）当厂界无法测量到声源的实际排放状况时，除按一般情况设置测点外，还应同时在受影响的__________另设测点。

答案：噪声敏感建筑物户外 1 m 处

6. 当不得不在噪声敏感建筑物室内监测时，应在受噪声影响方向的门窗__________状况下进行室内噪声测量，并采用该噪声敏感建筑物所在声环境功能区对应环境噪声限值低__________dB（A）的值作为评价依据。

答案：全打开　10

7. 测量工业企业厂界噪声，测点（传声器位置）应选在厂界__________，高度__________处。

答案：外 1m 处　　大于 1.2 m

8. 依据《环境噪声监测技术规范　噪声测量值修正》（HJ 706—2014），测量噪声源时宜在背景噪声较低、较稳定时测量，尽可能避开其他噪声源干扰。测量背景噪声与测量噪声源时声环境尽量__________。

答案：保持一致

9. 根据城市规模和用地变化情况，噪声区划可适时调整，原则上不超过__________年调整 1 次。

答案：5

10. 根据监测对象和目的，环境噪声监测分为__________监测和__________监测两种类型。

答案：声环境功能区　　噪声敏感建筑物

11. 噪声监测数据统计结果中的 L_{50} 表示__________，它表示测定结果的__________。

答案：有 50% 的时间超过的噪声值　　噪声平均值

12. 如某厂界被测声源和背景噪声在声级计上的综合值为 65.8 dB（A），被测声源不工作时背景噪声为 61.3 dB（A），则背景修正后的厂界噪声值为__________dB（A）。

答案：64

13. 在某条道路三个路段测量其交通噪声的等效声级，已知各路段的长度分别是________、800 m和900 m，对应路段的声级为：76 dB、72 dB、67 dB，则整条道路的等效声级为________dB。

答案：7 600 m　　74.8

14.《环境振动监测技术规范》（HJ 918—2017）规定，环境振动仪器的测量下限应不高于____________dB，测量上限应不低于____________dB。

答案：50　100

15. 根据《环境噪声监测技术规范　噪声测量值修正》（HJ 706—2014），若被测噪声源短时间内不能够停止排放，且噪声源停止前后的时间段内周围声环境已发生变化，则应另行选择与测量噪声源时____________的时间测量背景噪声，测点位置与噪声源测点位置相同。

答案：声环境一致

16. 敏感建筑物室内噪声监测点位布设位置距离墙面和其他反射面至少____________m，距窗约____________m处，距地面____________m高。

答案：1　1.5　1.2～1.5

17.《声学　机器和设备发射的噪声工作位置和其他指定位置发射声压级的测量　现场简易法》（GB/T 17248.3—1999）适用于所有类型的机器，包括____________、____________机器。

答案：固定的和可移动的　　室内或室外使用的

18. 某企业的厂界环境噪声测量值为67.2 dB（A），背景噪声测量值为64.0 dB（A），则该企业的厂界环境噪声排放值为____________。

答案：64 dB（A）

19. 声级计的A、B、C计权曲线是接近________、70方和100方等响曲线的反曲线。

答案：40方

20. 作用于某一点的三个噪声源的声压级分别是75 dB、75 dB、90 dB，则该点的总声压级为__________dB（保留到个位）。

答案：90

21. 建设经过已有的噪声敏感建筑物集中区域的高速公路和城市高架、轻轨道路，有可能造成环境噪声污染的，应当设置____________或者采取其他有效的控制环境噪声污染的措施。

答案：声屏障

22.《工业企业厂界环境噪声排放标准》（GB 12348—2008）规定了________Hz、__________Hz、125 Hz、250 Hz、500 Hz等5个中心频率的室内噪声倍频带声压级限值。

答案：31.5　63

23. 声环境质量监测中，声级计校准93.8 dB，通常使用声源频率为____________Hz、声级为____________dB的标准声校准器。

答案：1 000　　94

24. 根据《工业企业厂界环境噪声排放标准》（GB 12348—2008），测量____________dB以下的噪声应使用____________声级计。

答案：35　1型

25. 噪声污染源主要有：工业噪声污染源、交通噪声污染源、________噪声污染源和________噪声污染源。

答案： 建筑施工　社会生活

26. 在测量时间内，声级起伏不大于 3 dB（A）的噪声视为________噪声，否则称为________噪声。

答案： 稳态　非稳态

27. 交通干线包括铁路（铁路专用线除外）、________、一级公路、二级公路、________、________、________、城市轨道交通线路（地面段）、内河航道。

答案： 高速公路　城市主干道　城市次干道　城市快速路

28. 声功能区的划分首先划分________类区，余下区域划分为________类区，在此基础上划分________类区。

答案： 0、1、3　2　4

29. 噪声测量前后应使用声校准器进行声校准及校验，前后误差不得超过________，否则测量结果无效。

答案： 0.5 dB

30. 根据《声环境质量标准》（GB 3096—2008），在一般户外点位测量时，距离任何反射物（地面除外）至少________外测量，距地面高度________以上。

答案： 3.5 m　1.2 m

31. 城市道路交通噪声监测时，每个测点应测量________min 等效声级，同时分类记录________。

答案： 20　车流量

32. 一般在室外测量噪声应在________天气，风速________时进行。

答案： 无雨雪、无雷电　5 m/s 以下

33. 村庄原则上执行________类声环境功能区要求，工业活动较多的村庄及有交通干线经过的村庄（指执行 4 类声环境功能区要求以外的区域）可局部或全部执行________类声环境功能区要求。

答案： 1　2

34. 集镇执行________类声环境功能区要求，独立于村庄、集镇之外的工业、仓储集中区执行________类声环境功能区要求。

答案： 2　3

35. 受道路交通噪声源影响的噪声敏感建筑的监测应使用________方法，对于铁路、城市轨道交通（地面段）、内河航道，昼夜各测量不低于平均运行密度的________，若城市轨道交通（地面段）的运行车次密集，测量时间可缩短至________。对于道路交通，昼夜各测量不低于平均运行密度的________。

答案：《声环境质量标准》（GB 3096—2008）　1 h 等效声级 Leq　20 min　20 min 等效声级 Leq

36. 区域声环境昼间监测每年监测________次，道路交通声环境昼间监测每年监测________次，功能区声环境每年监测________次。

答案：1　1　4

37. 区域声环境夜间监测每＿＿＿＿＿＿年监测 1 次。

答案：5

38. 道路交通声环境监测工作应安排在每年的＿＿＿＿＿＿，每个城市监测日期应相对固定，监测应避开＿＿＿＿＿＿。

答案：春季或秋季　　节假日和非正常工作日

39. 厂界与噪声敏感建筑物距离小于＿＿＿＿＿＿时，厂界环境噪声应在噪声敏感建筑物的室内监测，并按标准限值减＿＿＿＿＿＿作为评价依据。

答案：1 m　10 dB

40. 社会生活环境噪声排放标准适用于＿＿＿＿＿＿、＿＿＿＿＿＿中使用的向环境排放噪声的设备、设施的管理、评价与控制。

答案：经营性文化娱乐场所　　商业经营活动

41. 机场周围飞机噪声监测时应使传声器膜片基本位于飞机标称飞行航线和测点所确定的平面内，即是＿＿＿＿＿＿。

答案：掠入射

42. 城市区域环境振动测量方法（GB 10071—1988）的测量量为＿＿＿＿＿＿。

答案：铅垂向 Z 振级

43. 工业企业厂界噪声测量可根据具体情况布设多个测点，其中包括距＿＿＿＿＿＿较近以及＿＿＿＿＿＿的位置。

答案：噪声敏感建筑物　　受被测声源影响大

44. 某城市全市白天平均等效声级为 55 dB（A），夜间全市平均等效声级为 45 dB（A），则全市昼夜平均等效声级为＿＿＿＿＿＿dB（A）。

答案：55

45.《工业企业厂界环境噪声排放标准》（GB 12348—2008）中规定夜间频发噪声的最大声级不得高于排放限值＿＿＿＿＿，夜间偶发噪声的最大声级不得超过排放限值＿＿＿＿＿＿。

答案：10 dB（A）　15 dB（A）

46. 环境噪声敏感点的噪声监测点应设在＿＿＿＿＿＿。

答案：受影响的居民户外 1 m 处

47. 振动测量点位布设在建筑物室外＿＿＿＿以内振动敏感处，必要时可置于室内＿＿＿＿＿。

答案：0.5 m　　地面中央

48. 根据《环境噪声自动监测系统技术要求》（HJ 907—2017），噪声监测子站是环境噪声自动监测系统的户外采集部分，一般分为＿＿＿＿＿＿和＿＿＿＿＿＿两种类型。

答案：移动式　　固定式

49. 在＿＿＿＿＿＿内，声级起伏不大于＿＿＿＿＿＿的噪声被视为稳态噪声，否则称为非稳态噪声。

答案：测量时间　3 dB

50. 在开展道路交通监测时，测点应位于人行道上距路面（含慢车道）＿＿＿＿＿＿处。

答案：20 cm

51.《中华人民共和国环境噪声污染防治法》第三十条规定，在城市市区噪声敏感建筑物集中区域内，禁止夜间进行产生环境噪声污染的建筑施工作业，但抢修、抢险作业和因生产工艺上要求或者特殊需要必须连续作业的除外。因特殊需要必须连续作业的必须有__________的证明。前款规定的夜间作业，必须公告附近居民。

答案：县级以上人民政府或者其有关主管部门

52.__________相差大于__________dB（A）时，噪声测量值不做修正。

答案：噪声测量值与背景噪声值　10

53. 在进行社会生活噪声监测时，测点应布设在距离社会生活噪声排放源边界外__________m，高度 1.2 m 以上的位置。

答案：1

54.《环境噪声监测技术规范　城市声环境常规监测》（HJ 640—2012）中城市区域环境噪声总体水平等级“一级”至“五级”可分别对应评价为“好”、__________、“一般”、“较差”和“差”。

答案：较好

55. A 声级是用 A 计权网络测得的声压级，用__________表示，单位为__________。

答案：L_A　dB（A）

56. 响度（N）与响度级（L_N）之间的关系是__________。

答案：L_N=40+33lg$N$

57. 为了能用仪器直接反映人的主观__________感觉的评价量，在噪声测量仪器－声级计中设计了一种特殊滤波器__________。

答案：响度　　计权网络

58. 人耳只能听到频率为 20 ～ 20 000 Hz 的声，通常把这一频率范围的声叫作__________，频率低于 20 Hz 的声叫__________，高于 20 000 Hz 的声叫__________。

答案：可听声　　次声　　超声

59. 区域声环境噪声监测点位距地面为__________。道路交通噪声监测点位距地面为__________。

答案：1.2 ～ 4.0 m　　1.2 ～ 6.0 m

60. 测量工业企业厂界噪声时，测点应选在厂界外__________处，高度大于__________的噪声敏感处，如厂界有围墙，测点应高于__________。

答案：1 m　　1.2 m　　围墙 0.5 m 以上

二、单选题

1. 某企业厂界环境噪声排放限值是 60 dB，某次工业企业厂界环境噪声监测结果为噪声测量值：65.8 dB，背景噪声测量值：63.6 dB。降低背景噪声后重新测量，噪声测量值：64.5 dB，背景噪声：62.1 dB，该企业厂界噪声测量结果和达标情况是________。（　　）

A．62 dB，超标　　B．64 dB，超标　　C．65 dB，超标　　D．<60 dB，达标

E．64 dB，达标　　F．无法评价

答案：D

2. 区域声环境监测点位设置时，网格中水面面积或无法监测的区域（如禁区）面积为________的网格为无效网格。整个城市建成区有效网格总数应多于________个。(　　)

A. 96%　98　　B. 97%　100　　C. 98%　98　　D. 100%　100

答案：D

3. 道路交通噪声夜间监测每五年 1 次，在每个五年规划的第________年监测，监测从夜间起始时间开始。(　　)

A. 一　　B. 二　　C. 三　　D. 四

答案：C

4. 功能区噪声监测点位数量：巨大、特大城市≥________个，大城市≥________个，中等城市≥________个，小城市≥________个。(　　)

A. 15　10　8　5　　B. 20　15　10　7

C. 25　20　15　10　　D. 30　25　20　15

答案：B

5. 道路交通噪声监测测点应选在路段两路口之间，距任一路口的距离大于________，路段不足 100 m 的选路段中点。(　　)

A. 20 m　　B. 30 m　　C. 40 m　　D. 50 m

答案：D

6. 下列不属于噪声敏感建筑的是________。(　　)

A. 学校　　B. 医院　　C. 住宅　　D. 商场

答案：D

7. ________是 1 类声环境功能的主要功能。(　　)

A. 康复疗养　　B. 商业住宅　　C. 文化教育　　D. 集市贸易

答案：C

8. 区域声环境监测的测量时间为________。(　　)

A. 10 min　　B. 20 min　　C. 1 h　　D. 24 h

答案：A

9. 功能区声环境监测的测量时间________。(　　)

A. 10 min　　B. 20 min　　C. 1 h　　D. 24 h

答案：D

10. 大型工业区中的生活小区，根据其与生产现场的距离和环境噪声现状水平，可从工业区中划出，定为________声环境功能区。(　　)

A. 0 类　　B. 1 类　　C. 2 类　　D. 1 类或 2 类

答案：D

11. 某小区居民投诉相邻的某政府部门办公区域围墙内的两台大型空调外机噪声扰民，对该单位外排噪声进行监测时应选用________标准。(　　)

A. 工业企业厂界噪声排放标准　　B. 社会生活环境噪声排放标准

C．声环境质量标准　　D．民用建筑室内噪声标准

答案：A

12. 测量的飞机噪声级最大值至少超过环境背景噪声________，测量结果才被认为可靠。(　　)

A．5 dB　　B．10 dB　　C．15 dB　　D．20 dB

答案：D

13. 测量城市区域环境振动时，对于稳态振动在每个测点测量一次，取________作为评价量。(　　)

A．5 s 内的平均示数　　B．最大示数　　C．瞬时示数　　D．VL_{Z10} 值

答案：A

14. 工业企业厂界噪声排放标准中倍频带声压级的中心频率为________。(　　)

A．16.7 Hz、31.5 Hz、63 Hz、125 Hz、250 Hz

B．31.5 Hz、63 Hz、125 Hz、250 Hz、500 Hz

C．63 Hz、125 Hz、250 Hz、500 Hz、1 000 Hz

D．125 Hz、250 Hz、500 Hz、1 000 Hz、2 000 Hz

答案：B

15. 在社会生活噪声排放源边界处无法进行噪声测量或测量的结果不能如实反映其对噪声敏感建筑物的影响程度的情况下，噪声测量应在可能受影响的敏感建筑物________进行。(　　)

A．楼顶　　B．户外 3 m 处　　C．户外 1 m 处　　D．室内

答案：C

16. 建筑施工场界噪声监测应在施工期间测量连续 20 min 的等效声级，在夜间同时测量最大声级，夜间噪声最大声级超过限值的幅度不得高于________。(　　)

A．20 dB　　B．15 dB　　C．10 dB　　D．5 dB

答案：B

17. 声环境功能区普查监测时，应避开________的声源影响。(　　)

A．飞机　　B．汽车　　C．摩托车　　D．船舶

答案：A

18. 一般情况下，存在明显声源的某一测点的背景值与该测点的现场检测值________数据指标相接近？(　　)

A．L_{10}　　B．L_{50}　　C．L_{90}　　D．SD

答案：C

19. 机场周围飞机噪声环境标准的评价量为一昼夜的计权等效连续感觉噪声级________。(　　)

A．L_{WECPN}　　B．L_{EPN}　　C．L_{EPN}　　D．L_{TPN}

答案：A

20. 城市道路交通噪声测量时，测点应位于人行道上距路面（含慢车道）________处，测点高度距地面为 1.2 ～ 6.0 m。(　　)

A．10 cm　　B．15 cm　　C．20 cm　　D．25 cm

答案：C

21. ________向环境所排放的噪声不适合社会生活环境噪声排放标准。(　　)

A. 商场　　B. 迪吧　　C. 酒店　　D. 居民空调

答案：D

22. 结构传播室内噪声测点应距任一反射面至少________m以上，距地面________m，距外窗________m以上。(　　)

A. 0.5　1.5　1　　B. 0.5　1.2　1

C. 1　1.5　1　　D. 0.5　1.2　0.5

答案：B

23. 功能区噪声昼夜等效声级的计算中，昼间和夜间的时间分别为________。(　　)

A. 18 h和6 h　　B. 14 h和10 h　　C. 16 h和8 h　　D. 15 h和9 h

答案：C

24. 如一声压级为68 dB，另一声压级为68 dB，则总声压级为________ dB。(　　)

A. 68　　B. 71　　C. 102　　D. 136

答案：B

25.《声环境质量标准》(GB 3096—2008)规定，测量应在无雨雪、无雷电天气，风速________以下时进行。(　　)

A. 5 m/s　　B. 3 m/s　　C. 2 m/s　　D. 1 m/s

答案：A

26. 开展环境噪声监测时，一般户外的测点选择要距离任何反射物(地面除外)至少________m外测量，距地面高度1.2 m以上。(　　)

A. 1.5　　B. 2.5　　C. 3.5　　D. 4.5

答案：C

27. 如一声压级为70 dB，另一声压级为50 dB，则总声压级为________dB。(　　)

A. 70　　B. 73　　C. 90　　D. 120

答案：A

28. 某机动车在某地卸货，距离该车10 m处测得的噪声级为80 dB，计算得出距离该车100 m处居民住宅区的噪声级为________dB。(　　)

A. 70　　B. 60　　C. 50　　D. 40

答案：B

29. 工业企业厂界噪声监测点位应选在厂界外________m，高度________m以上，距任一反射面距离不小于1 m的距离。(　　)

A. 1　1.0　　B. 1　1.2　　C. 2　1.0　　D. 2　1.2

答案：B

30. 稳态振动测量，每个测点测量一次，取________s内的平均示数作为评价量。

A. 3　　B. 10　　C. 15　　D. 5

答案：D

31. 声功率为85 dB的4台机器和80 dB的2台机器同时工作时，它同声功率级为________dB

的 1 台机器工作时的状况相同。(　　)

A．86　　B．90　　C．92　　D．96

答案：C

32. 冲击振动测量取每次冲击过程中的最大示数为评价量。对于重复出现的冲击振动，以________次读数的算术平均值为评价量。(　　)

A．6　　B．5　　C．10　　D．2

答案：C

33. 铁路振动测量，读取每次列车通过过程中的最大示数，每个测点连续测量________次列车。(　　)

A．10　　B．20　　C．5　　D．15

答案：B

34. 振动测量时，使用测量仪器最关键的问题是________。(　　)

A．选用拾振器　　B．校准仪器　　C．拾振器如何在地面安装

答案：C

35. 根据《中华人民共和国环境噪声污染防治法》,"昼间"是指________至 22：00 之间的时段。(　　)

A．6：00　　B．7：00　　C．8：00　　D．10：00

答案：A

36. ________相当于噪声的平均本底值。(　　)

A．L_{90}　　B．L_{10}　　C．L_{50}　　D．L_{eq}

答案：A

37. 当噪声敏感建筑物与企业厂界距离小于 1 m 时，厂界环境噪声应在噪声敏感建筑物的室内测量，并将对应的工业企业厂界环境噪声排放限值减________作为评价依据。(　　)

A．5 dB（A）　　B．10 dB（A）　　C．15 dB（A）　　D．20 dB（A）

答案：B

38.《声环境功能区划分技术规范》（GB/T 15190—2014）中规定声环境功能区划分次序为________。(　　)

A．先划分 4 类声环境功能区，再 0、1、3 类声环境功能区，最后 2 类声环境功能区

B．先划分 0、1、3 类声环境功能区，再 2 类声环境功能区，最后 4 类声环境功能区

C．先划分 4 类声环境功能区，再 2 类声环境功能区，最后 0、1、3 类声环境功能区

D．先划分 0、1、3 类声环境功能区，再 4 类声环境功能区，最后 2 类声环境功能区

答案：B

39. 下列有关噪声的叙述中，错误的是________。(　　)

A．当某噪声级与背景噪声级之差很小时，则感到很嘈杂

B．噪声影响居民的主要因素与噪声级、噪声的频谱、时间特性和变化情况有关

C．由于各人的身心状态不同，对同一噪声级的噪声反映有相当大的不同

D．为保证睡眠不受影响，室内噪声级的理想值为 30 dB

答案：A

40. 区域环境振动测量时，测点应选在各类区域建筑物外________振动敏感处。（　　）

A．0.5 m 以内　　B．1 m 以内　　C．0.5 m 以外　　D．1 m 以外

答案：A

41. 依据《声环境功能区划分技术规范》（GB/T 15190—2014），当临街建筑高于________层楼房以上（含________层）时，将临街建筑面向交通干线一侧至交通干线边界线的区域定为 4a 类声环境功能区。（　　）

A．五　五　　B．三　三　　C．二　二　　D．四　四

答案：B

42. 依据《环境噪声监测技术规范　噪声测量值修正》（HJ 706—2014），噪声测量值与背景噪声值的差值（ΔL_1）大于________dB 时，噪声测量值不做修正。

A．8　　B．9　　C．10　　D．11

答案：C

43. 依据《声环境功能区划分技术规范》（GB/T 15190—2014），区划的基本原则中，单块的声环境功能区面积，原则上不小于________km^2。山区等地形特殊的城市，可根据城市的地形特征确定适宜的区域面积。（　　）

A．1.0　　B．0.5　　C．1.2　　D．1.5

答案：B

44. 依据《环境噪声监测技术规范　噪声测量值修正》（HJ 706—2014），噪声测量值与背景噪声值相差小于________dB 时，应采取措施降低背景噪声后重新测量，使得噪声测量值与背景噪声值相差 3 dB 以上。（　　）

A．2　　B．3　　C．4　　D．5

答案：B

45. 人耳可听见声音的频率范围是________。（　　）

A．20 Hz<f<2 000 Hz　　B．f<20 Hz 或 f>20 000 Hz

C．f<200 Hz 或 f>2 000 Hz　　D．20 Hz<f<20 000 Hz

答案：D

46. 某机动车在某地卸货，距离该车 30 m 处测得的噪声级为 80 dB，计算距离该车 300 m 处居民住宅区的噪声级为________dB。（　　）

A．70　　B．60　　C．50　　D．40

答案：B

47.《声环境质量标准》（GB 3096—2008）中环境噪声标准值的评价量是________。（　　）

A．最大声级　　B．声压级　　C．A 声级　　D．等效连续 A 声级

答案：D

48.《城市区域环境振动标准》（GB 10070—1988）中，交通干线道路两侧是指车流量每小时________辆以上。（　　）

A．50　　B．100　　C．200　　D．500

答案：B

49. 结构噪声的测量值 L_{Aeq} 为 47.1 dB（A），背景值为 43.9 dB（A），则修正后的 L_{Aeq} 为________ dB（A）。(　　)

A．44　　B．45　　C．46　　D．47

答案：A

50. 测量噪声时，应选择时间计权特性为________档。(　　)

A．F　　B．S　　C．T　　D．A

答案：A

51.《环境噪声监测点位编码规则》（HJ 661—2013）规定，道路交通声环境监测点位的类别代码是________。(　　)

A．10　　B．20　　C．30　　D．40

答案：B

52. 下列各项正确的是________。(　　)

A．噪声测量时段一般分为昼间和夜间两个时段，昼间为 18 h，夜间为 6 h

B．环境噪声测量时，传声器应水平放置，垂直指向最近的反射体

C．城市交通噪声监测统计中，平均车流量是各路段车流量的算术平均值

D．风罩用于减少风致噪声的影响和保护传声器，故户外测量时传声器应加戴风罩

答案：D

53. 在下列有关建筑施工噪声的叙述中，错误的是________。(　　)

A．因建筑施工噪声而引起的烦恼，相当一部分是施工机械和施工作业的冲击振动产生的固体声引起的

B．在工厂用地内，因建筑施工而引起的噪声必须与工厂噪声规定值相同

C．在施工机械和施工作业中，使用打桩机或破碎机产生冲击性噪声

D．建筑施工场界噪声监测要求，在施工期间测量连续 20 min 的等效声级

答案：B

54. 根据《建筑施工场界环境噪声排放标准》（GB 12523—2011）进行施工期间噪声测量时，要测量连续________min 的等效声级。(　　)

A．1　　B．5　　C．10　　D．20

答案：D

55.《建筑施工场界环境噪声排放标准》（GB 12523—2011）规定，在测量时间内，被测声源的声级起伏不大于________dB（A）的噪声称为稳态噪声。(　　)

A．1　　B．2　　C．3　　D．5

答案：C

56. 根据《声屏障声学设计和测量规范》（HJ/T 90—2004），一般 3 ～ 6 m 高的声屏障，其声影区内降噪效果在________dB。(　　)

A．3 ～ 6　　B．5 ～ 12　　C．3 ～ 12　　D．6 ～ 12

答案：B

57. 道路声屏障吸声结构的降噪系数 NRC 应大于________。(　　)

A. 0.5　　B. 1　　C. 0.2　　D. 0.8

答案：A

58. 道路交通噪声强度可分为________级。(　　)

A. 三　　B. 四　　C. 五　　D. 六

答案：C

59. 根据《工业企业厂界环境噪声排放标准》(GB 12348—2008)测量工业企业厂界噪声时，夜间频发噪声的最大声级不得超过标准限值________dB(A)，夜间偶发噪声的最大声级不得超过标准限值________dB(A)。(　　)

A. 10　15　　B. 10　10　　C. 15　10　　D. 15　15

答案：A

60. 城市道路交通噪声平均值采用________进行计算。(　　)

A. 路长加权算术平均　　B. 路宽加权算术平均

C. 算术平均　　D. 几何平均

答案：A

61. 下列各项正确的是________。(　　)

A. 建筑施工场界噪声监测要求，昼间连续 16 h，夜间连续 8 h

B. 建筑施工场界噪声监测要求，昼间连续 1 h，夜间连续 8 h

C. 建筑施工场界噪声监测要求，昼间连续 20 min，夜间连续 30 min

D. 建筑施工场界噪声监测要求，昼间、夜间均测量 20 min

答案：D

62. 根据《环境噪声监测技术规范　城市声环境常规监测》(HJ 640—2012)，区域环境噪声质量等级划分为五级，平均等效声级 54.5 dB(A)对应的质量等级为________。(　　)

A. 好　　B. 较好　　C. 一般　　D. 较差

答案：B

63. 依据《声环境功能区划分技术规范》(GB/T 15190—2014)，若临街建筑以低于三层楼房建筑(含开阔地)为主，且道路外相邻区域为 2 类区，则将道路边界线外________内的区域划为 4 类标准适用区域。(　　)

A. 45 m±5 m　　B. 35 m±5 m　　C. 30 m±5 m　　D. 20 m±5 m

答案：B

64. 在进行噪声监测前，须进行噪声监测仪的校准。根据声校准器检定证书，声源检定值为 93.8 dB，使用Ø12.7 mm(1/2 英寸)的声级计进行校准时，测前校准值为________，测后校验值为________，本次测量结果有效。(　　)

A. 94.0　93.5　　B. 93.8　93.3　　C. 93.8　93.0　　D. 93.6　93.1

答案：D

65. 关于噪声的说法，以下错误的是________。(　　)

A. 厂界环境噪声监测中，“厂中厂”是否需要监测应根据内部和外围排污单位协商确定

B．固定设备结构传声至噪声敏感建筑物室内，在噪声敏感建筑物室内测量

C．环境噪声污染是指所产生的环境噪声超过国家规定的环境噪声排放标准的现象

D．产生噪声的固定设备的厂界为其实际占地的边界

答案：C

66. 根据《声环境功能区划分技术规范》（GB/T 15190—2014），如果相邻区域为2类声环境功能区，则将交通干线边界线外________m内的区域划分为4a类声环境功能区。(　　)

A．30±5　　B．20±5　　C．35±5　　D．50±5

答案：C

67. 声能量扩大100倍，声级增加________dB。

A．10　　B．20　　C．50　　D．100

答案：B

68. 噪声测量仪器校准的注意事项包括________。(　　)

①活塞发声器只能校准有线性档的仪器；

②仪器校准标定完毕，测量仪器的"输入灵敏度"电位器不得再改变位置；

③必须使用与传声器外径相同尺寸的校准器校准（活塞发声器或声级校准器有两种口径的适配器）；

④测量后的校准为检验性校准，只记录仪器显示的校准值，不实际调整仪器灵敏度和不进行自动校准操作；

⑤活塞发生器的标称频率为250 Hz，所以只应用于低频噪声的监测。

A．①②③④　　B．②③④⑤

C．①③④⑤　　D．①②③④⑤

答案：A

69. 1级和2级声级计的主要区别是________。(　　)

A．允差极限和工作温度范围不同　　B．测量精度和测量范围不同

C．允差极限和测量范围不同

答案：A

70. 设一人单独说话时声压级为65 dB，现有10人同时说话，则总声压级为________dB。(　　)

A．75　　B．66　　C．69　　D．65

答案：A

71. 每次噪声测量前后必须在测量现场对声级计进行声学校准，其前后校准示值偏差不得大于________dB，否则测量结果无效。(　　)

A．0.2　　B．0.5　　C．1.0　　D．2.0

答案：B

72. 突发噪声的评价量为________。(　　)

A．昼间等效声级　　B．最大声级

C．夜间等效声级　　D．等效连续A声级

答案：B

73. 乡村中，独立于村庄、集镇以外的工业、仓储集中区执行的环境噪声昼夜标准值分别为________dB、________dB。(　　)

A．55　45　　B．65　55　　C．50　40　　D．60　50

答案：B

74. 根据《工业企业厂界环境噪声排放标准》(GB 12348—2008)，工业企业若位于未划分的声环境功能区的区域，当厂界外有噪声敏感建筑物时，由________参照相关标准确定厂界外区域的声环境质量要求，并执行相应的厂界环境噪声排放限值。(　　)

A．县级以上环境保护主管部门　　B．当地县级以上人民政府

C．市级以上地方人民政府　　D．省级人民政府

答案：B

75. 当厂界有围墙且周围有受影响的噪声敏感建筑物时，测点应选择在厂界外 1 m，高于围墙________以上的位置。(　　)

A．0.2 m　　B．0.5 m　　C．0.8 m　　D．1.0 m

答案：B

76. 根据《声环境质量标准》(GB 3096—2008)，各类声环境功能区夜间突发噪声最大声级超过环境噪声限值的幅度不得高于________dB(A)。(　　)

A．5　　B．10　　C．15　　D．20

答案：C

77. 当社会生活噪声排放源边界与噪声敏感建筑物距离小于________m 时，应在噪声敏感建筑物的室内测量，并将相应的边界外声环境功能区限值减________dB(A)作为评价依据。(　　)

A．0.5　10　　B．0.5　15　　C．1　10　　D．1　15

答案：C

78. 某测点噪声等效声级测量值与背景值差值为 5 dB(A)，则修正值应为________dB(A)。(　　)

A．−3　　B．−2　　C．−1　　D．0

答案：B

三、多选题

1.《社会生活环境噪声排放标准》(GB 22337—2008)适用于________。(　　)

A．KTV 场所　　B．宾馆大楼的空调冷却塔

C．广场舞的音响设备　　D．水果店的揽客电子设备

E．游乐场的电动机械设备

答案：ABDE

2. 噪声污染的特点是________。(　　)

A．局部性　　B．感觉性　　C．持久性　　D．无残余性

答案：ABD

3. 区域声环境监测，每个监测点位测量 10 min 的等效连续 A 声级 L_{eq}（等效声级），记录累积百分声级________、L_{max}、L_{min} 和标准偏差（SD）。（　　）

A. L_5　　B. L_{10}　　C. L_{50}　　D. L_{90}

E. L_{95}

答案：BCD

4.________可以称为噪声敏感建筑物集中区域。（　　）

A. 商业区　　B. 机关或者居民住宅为主的区域

C. 文教科研区　　D. 医疗区

答案：BCD

5. 因噪声而使收听清晰度下降问题，同________现象关系不密切。（　　）

A. 干涉　　B. 掩蔽　　C. 反射　　D. 衍射

答案：ACD

6. 环境噪声的测量条件是________。（　　）

A. 小雨　　B. 无雨雪　　C. 无雷电　　D. 风速 5.5 m/s 以下

E. 风速 5 m/s 以下

答案：BCE

7. L_{10}________。（　　）

A. 相当于噪声的平均值　　B. 相当于噪声的平均峰值

C. 表示 10% 的时间超过的噪声级　　D. 表示 10% 的时间不超过的噪声级

答案：BC

8. 我国环境噪声污染防治法适用的管理范围包括________。（　　）

A. 工业生产给周围生活环境带来噪声危害的

B. 建筑施工给周围生活环境带来噪声危害的

C. 交通运输给周围生活环境带来噪声危害的

D. 本职生产和经营工作受到噪声危害的

答案：ABC

9. 在噪声分类中，噪声按产生机理分类有________。（　　）

A. 空气动力性噪声　　B. 机械噪声　　C. 电磁噪声　　D. 交通噪声

答案：ABC

10. 评价噪声敏感建筑物户外（或室内）环境噪声水平的依据是________。（　　）

A. 昼间环境噪声源正常工作时段的等效声级

B. 环境噪声源正常工作时段的昼夜等效声级

C. 夜间环境噪声源正常工作时段的等效声级

D. 夜间突发噪声的最大声级

答案：ACD

11.《声环境质量标准》（GB 3096—2008）较修订前的标准而言，修订了________。（　　）

A. 扩大了标准适用区域

B．将环境质量标准与测量方法标准合并为一项标准

C．对交通干线两侧 5 类区环境噪声限值做了调整

D．提出了声环境功能区监测和噪声敏感建筑物监测的要求

答案：ABD

12. 在进行机场周围飞机噪声的测试时需记录________。(　　)

A．飞行时间　　B．飞机型号

C．飞行状态　　D．最大噪声级和持续时间

答案：ABCD

13. 下列有关噪声的叙述中，正确的是________。(　　)

A．当某噪声级与背景噪声级之差很小时，则感到很嘈杂

B．噪声影响居民的主要因素与噪声级、噪声的频谱、时间特性和变化情况有关

C．由于各人的身心状态不同，对同一噪声级下的反应有相当大的出入

D．为保证睡眠不受影响，室内噪声级的理想值为 30 dB

答案：BCD

14. 噪声测量仪器校准的注意事项包括________。(　　)

A．活塞发声器只能校准有线性挡的仪器

B．仪器校准标定完毕，测量仪器的“输入灵敏度”电位器不得再改变位置

C．必须使用与传声器外径相同尺寸的校准器校准（活塞发声器或声级校准器有两种口径的适配器）

D．测量后的校准为检验性校准，只记录仪器显示的校准值，不实际调整仪器灵敏度和不进行自动校准操作

答案：ABCD

15. 按照《城市区域环境振动测量方法》（GB/T 10071—1988）中的规定，无规振动测量时，下列各项中正确的选项为：________。(　　)

A．测量量为铅垂向 Z 振级

B．每个测点等间隔地读取瞬时示数，采样间隔不大于 5 s

C．连续测量时间不少于 1 000 s

D．以测量数据的 V_{Leq} 为评价量

答案：ABC

16. 噪声测量仪器的校准过程包括________。(　　)

A．擦拭仪器

B．将仪器设置为校准状态

C．用活塞发声器或声级校准器对仪器进行整机基准

D．手动校准的仪器应调节“输入灵敏度”电位器，使仪器显示值与校准器具的标称声级值一致

E．自动校准的仪器应按下校准键，并等待仪器自动校准，直至校准完毕，然后确认（应用）并退出

答案：BCDE

17. 城市声环境监测报告应主要包括________。(　　)

A．概述　　B．区域声环境监测结果与评价

C．道路交通声环境监测结果与评价　　D．功能区声环境监测结果与评价

E．相关分析　　F．结论

答案：ABCDEF

18. 对于环境噪声测点的选择，如在噪声敏感建筑物室内，必须距离墙面和其他反射面至少1 m，距窗约1.5 m处，除此之外，距地面高度也有要求，以下距室内地面的高度数据中，________可作测点。(　　)

A．1.0 m　　B．1.2 m　　C．1.4 m　　D．1.5 m

答案：BCD

19. 以下属于《工业企业厂界环境噪声排放标准》（GB 12348—2008）中的A类房间的有________。(　　)

A．医院病房　　B．住宅卧室　　C．住宅客厅　　D．学校教室

E．办公室

答案：AB

20. 城市环境噪声污染源主要有________。(　　)

A．工业噪声污染源　　B．交通噪声污染源

C．建筑施工噪声污染源　　D．社会生活噪声污染源

答案：ABCD

21. 下述有关声音速度的描述中，正确的是________。(　　)

A．声音的速度与频率无关　　B．声音的速度在气温高时变快

C．声音的波长乘以频率就是声音的速度　　D．声音在钢铁中的传播速度比在空气中慢

答案：ABC

四、判断题

1. 测量35 dB以下的噪声应使用1型声级计，且测量范围应满足所测量噪声的需要。(　　)

答案：正确

2.《环境噪声监测技术规范结构传播固定设备室内噪声》（HJ 707—2014）中规定，对于在噪声测量期间发生非稳态噪声的情况，最大声级超过限值的幅度不得高于10 dB（A）。(　　)

答案：正确

3.《建筑施工场界环境噪声排放标准》（GB 12523—2011）中规定，在噪声敏感建筑物室内测量时，应在受噪声影响方面的窗户关闭状态下进行。(　　)

答案：错误

正确答案：在受噪声影响方面的窗户开启状态下测量。

4.《社会生活环境噪声排放标准》（GB 22337—2008）适用于居民投诉广场舞产生的噪声污染纠纷的监测。(　　)

答案：错误

正确答案：不适用。

5.《声环境质量标准》（GB 3096—2008）可以适用于机场周围区域受飞机通过（起飞、降落、低空飞越）噪声的影响评价与管理。（　　）

答案：错误

正确答案：《声环境质量标准》（GB 3096—2008）不适用于机场周围区域受飞机通过（起飞、降落、低空飞越）噪声的影响评价与管理。

6.《声环境质量标准》（GB 3096—2008）中，乡村区域一般不划分声环境功能区，根据环境管理的需要，县级以上人民政府环境保护行政主管部门可按以下要求确定乡村区域适用的声环境质量要求：村庄原则上执行 2 类声环境功能区要求，工业活动较多的村庄以及有交通干线经过的村庄（指执行 4 类声环境功能区要求以外的地区）可局部或全部执行 2 类声环境功能区要求。（　　）

答案：错误

正确答案：《声环境质量标准》（GB 3096—2008）中，乡村区域一般不划分声环境功能区，根据环境管理的需要，县级以上人民政府环境保护行政主管部门可按以下要求确定乡村区域适用的声环境质量要求：村庄原则上执行 1 类声环境功能区要求，工业活动较多的村庄以及有交通干线经过的村庄（指执行 4 类声环境功能区要求以外的地区）可局部或全部执行 2 类声环境功能区要求。

7. A 声级是 A 计权网络测的声压级，与人们的主观感觉基本一致，目前在噪声测量中，统一采用 A 声级表示噪声的大小。（　　）

答案：正确

8. 不得不在噪声敏感建筑物室内进行监测时，监测点处的噪声限值应比噪声敏感建筑物所在功能区噪声限值低 5 dB（A）。（　　）

答案：错误

正确答案：监测点处噪声限值应比噪声敏感建筑物所在功能区噪声限值低 10 dB（A）。

9. 测量工业企业厂界噪声时，当厂界无法测量到声源的实际排放状况（如声源位于高空、厂界设有声屏障等），应按标准要求设置测点，同时在受影响的噪声敏感建筑物户外 0.5 m 处设置测点。（　　）

答案：错误

正确答案：在受影响的噪声敏感建筑物户外 1 m 处设置测点。

10. 测量工业企业噪声源对周边居民敏感点的影响时，敏感点应采用声环境质量标准方法和限值评价。（　　）

答案：错误

正确答案：敏感点应采用工业企业噪声排放标准方法和限值评价。

11. 测量结构传播固定设备室内噪声时，应对等效 A 声级测量值进行背景噪声修正，各倍频带声压级测量值不应进行修正。（　　）

答案：错误

正确答案：各倍频带声压级测量值也应进行修正。

12. 厂界噪声检测结果，噪声测量值和背景噪声值分别为 56 dB（A）、49 dB（A），由于测定值和背景值相差在 6 ～ 10 dB（A）时，噪声测量值与背景噪声值的差值取整，后应按照《工业企业厂界环境噪声排放标准》（GB 12348—2008）表 4 中的内容进行修正，修正后噪声测定值为 54 dB（A）。（　　）

答案：错误

正确答案：厂界噪声检测检测结果，噪声测量值和背景噪声值分别为 56 dB（A）、49 dB（A）由于测定值和背景值相差在 6 ～ 10 dB（A）时，噪声测量值与背景噪声值的差值取整，后应按照《工业企业厂界环境噪声排放标准》（GB 12348—2008）表 4 中的内容进行修正，修正后噪声测定值为 55 dB（A）。

13.《城市轨道交通（地下段）结构噪声监测方法》（HJ 793—2016）中定义的噪声事件为在特征频率下以每次列车通过时最大声压级减 10 dB 作为依据进行监测数据的截取，结果记为一次噪声事件。（　　）

答案：正确

14.《城市轨道交通（地下段）结构噪声监测方法》（HJ 793—2016）中分析的倍频带声压级中心频率为 16 Hz、31.5 Hz、63 Hz、125 Hz、250 Hz，其频率覆盖范围为 12.5 ～ 315 Hz。（　　）

答案：正确

15. 城市区域环境噪声的监测中每个监测点位需测量 20 min 的等效连续 A 声级 L_{eq}。（　　）

答案：错误

正确答案：10 min。

16. 城市区域环境噪声和道路交通噪声评价值分别为全部网格测点和各路段交通噪声测点测得的等效声级的算术平均值。（　　）

答案：错误

正确答案：道路交通噪声按路段长度加权进行算术平均。

17. 城市声环境常规监测、工业企业厂界环境噪声排放监测、建筑施工场界环境噪声排放监测、社会生活环境噪声排放监测等均需要开展背景噪声测量和噪声测量值修订。（　　）

答案：错误

正确答案：城市声环境常规监测不开展背景噪声测量和噪声测量值修订。

18. 道路交通声环境监测测点应选在路段两路口之间，距任一路口的距离大于 50 m，路段不足 100 m 的选路段中点。（　　）

答案：正确

19. 道路交通噪声一个测点可代表一条或多条相近的道路。（　　）

答案：正确

20. 锻压机噪声和打桩机噪声最易引起人们的烦恼，主要原因是在声源控制对策上有技术方面的困难。（　　）

答案：错误

正确答案：锻压机噪声和打桩机噪声最易引起人们的烦恼，主要原因是噪声的峰值声级高、噪声呈冲击性、多伴随振动。

21. 对 4 类声环境功能区进行普查监测时，应将所测交通干线各典型路段的噪声值，按测试频次进行加权算术平均，以此得出该交通干线两侧 4 类功能区的环境噪声平均值。（　　）

答案：错误

正确答案：将某条交通干线各典型路段测得的噪声值，按路段长度进行加权算术平均，以此得出某条交通干线两侧 4 类声环境功能区的环境噪声平均值。

22. 对某一纯住宅小区的水泵噪声的监测应依据《社会生活环境噪声排放标准》（GB 22337—2008）。（　　）

答案：错误

正确答案：原环境保护部《关于居民楼内生活服务设备产生噪声适用环境保护标准问题的复函》（环函〔2011〕88 号）明确了工业企业厂界环境噪声排放标准与社会生活环境噪声排放标准均不适用。

23. 对机场周围飞机噪声进行评价时，测试内容是测试单个飞行事件引起的噪声。（　　）

答案：错误

正确答案：测试整个飞行周期飞机引起的噪声，即不仅测试单个飞行事件引起的噪声，还应测量相继一系列飞行事件引起的噪声，以及在一段监测时间内测量飞行事件引起的噪声。

24. 对人体最有害的振动是振动频率与人体某些器官的固有频率相近的振动。（　　）

答案：正确

25. 对受固定设备影响的噪声敏感建筑物声环境质量进行监测时，应首先测量噪声背景值。（　　）

答案：错误

正确答案：对受固定设备影响的噪声敏感建筑物声环境质量进行监测时，不测量噪声背景值。

26. 对于无规振动，每个测点等间隔地读取瞬时示数，采样间隔不大于 5 s，连续测量时间不少于 1 000 s，以测量数据的 VLz_{10} 值为评价量。（　　）

答案：正确

27. 风罩用于减少风致噪声的影响和保护传声器，故户外测量时传声器应加戴风罩。（　　）

答案：正确

28. 根据《环境噪声监测技术规范　城市声环境常规监测》（HJ 640—2012），城市道路是指城市范围内具有一定技术条件和设施的道路，不包括高速公路。（　　）

答案：错误

正确答案：城市道路主要为城市快速路、城市主干路、城市次干路、含轨道交通走廊的道路及穿过城市的高速公路。

29. 根据《环境噪声监测技术规范　噪声测量值修正》（HJ 706—2014），存在背景噪声对照点的，就可以在对照点测量背景噪声。（　　）

答案：错误

正确答案：只有在被测噪声源不能够停止排放且存在背景噪声对照点时，才选择在对照点测量背景噪声。此方法仅用在背景噪声与噪声测量值相差 4.0 dB 以上时，相差 4.0 dB 以内时不得采用。

30. 根据《环境噪声监测技术规范　噪声测量值修正》（HJ 706—2014），若被测噪声源能够停止排放，则应在测量噪声源之前或之后，尽快停止噪声源并测量背景噪声。（　　）

答案：正确

31. 根据《建筑施工场界环境噪声排放标准》（GB 12523—2011）进行测量时，夜间必须同时测量最大声级。（　　）

答案：正确

32. 根据《铁路边界噪声限值及其测量方法》（GB/T 12525—1990），测定铁路边界噪声时，在昼间、夜间各选择在接近其机车车辆运行平均密度的某一个小时，用其分别代表昼间、夜间。必要时，昼间或夜间分别进行全时段测量。（　　）

答案：正确

33. 根据《中华人民共和国环境噪声污染防治法》，“昼间”是指 7：00 至 21：00 之间的时段，“夜间”是指 21：00 至次日 7：00 之间的时段。（　　）

答案：错误

正确答案：“昼间”是指 6：00 至 22：00 之间的时段；“夜间”是指 22：00 至次日 6：00 之间的时段。

34. 如厂界外无噪声敏感建筑物，工业企业厂界噪声监测点位应选在厂界外 1 m，高度 1.2 m 以上，距任一反射面距离不小于 1 m 的位置。（　　）

答案：正确

35.《中华人民共和国环境噪声污染防治法》中，工业噪声是指在工业生产活动中使用固定的设备时产生的干扰周围生活环境的声音。（　　）

答案：正确

36. 航班周期为一周的机场，机场周围飞机噪声监测一般监测一周，求出平均一昼夜的计权有效连续感觉噪声级。（　　）

答案：正确

37. 划分 4 类声环境功能区时，不同的道路、不同的路段、同路段的两侧及道路的同侧其距离可以不统一。（　　）

答案：正确

38. 划分声环境功能区时，应尽量避免 1 类功能区紧挨 3、4 类功能区。（　　）

答案：错误

正确答案：划分声环境功能区时，应尽量避免 0 类功能区紧挨 3、4 类功能区。

39. 机场周边区域为 4b 类声环境功能区。（　　）

答案：错误

正确答案：铁路干线两侧区域为 4b 类声环境功能区；机场周围区域受飞机通过（起飞、降落、低空飞行）噪声的影响不适用于声环境功能区划分规定，应按机场周围飞机噪声环境相应标准执行。

40. 机场周围飞机噪声测量时，测点应选在机场场界外 1 m。（　　）

答案：错误

正确答案：测点应选在户外平坦开阔的地方。

41. 进行机场周围飞机噪声测量时，当测量的飞机噪声级最大值至少超过环境背景噪声级 15 dB 时，其测量结果才被认为可靠。（　　）

答案：错误

正确答案：当测量的飞机噪声级最大值至少超过环境背景噪声级 20 dB，测量结果才被认为可靠。

42. 建筑施工场界环境噪声排放标准限值：昼间 70 dB（A），夜间 60 dB（A）。(　　)

答案：错误

正确答案：建筑施工场界环境噪声排放限值：昼间 70 dB（A），夜间 55 dB（A）。

43. 建筑施工场界噪声的背景噪声测量应与被测声源测量的时间长度相同。(　　)

答案：错误

正确答案：若建筑施工场界噪声的背景噪声为稳态噪声可仅测量 1 min 等效声级。

44. 结构传播固定设备室内噪声排放限值中的 A 类房间是指主要在昼间使用，需要保证思考与精神集中、正常说话不被干扰的房间，包括学校教室、会议室、办公室等。(　　)

答案：错误

正确答案：B 类房间是指主要在昼间使用，需要保证思考与精神集中、正常说话不被干扰的房间，包括学校教室、会议室、办公室等。

45. 可以用 1 级声校准器校准 2 级声级计。(　　)

答案：正确

46. 某市城市区域声环境质量监测结果如下：昼间平均等效声级为 56.7 dB（A），夜间平均等效声级为 45.7 dB（A），那么该市的声环境质量等级水平为三级，可评价为一般。(　　)

答案：正确

47. 某一功能区噪声监测后，将等效声级按照昼间、夜间分别进行算术平均计算，按照《声环境质量标准》（GB 3096—2008）相应的环境噪声限值进行独立评价。(　　)

答案：错误

正确答案：应进行能量平均计算，而不是算术平均计算。

48. 某噪声的响度级为 60 方，则其响度为 6 宋。(　　)

答案：错误

正确答案：其响度为 4 宋。

49. 某噪声的响度为 10 宋，则其响度级为 76.2 方。(　　)

答案：错误

正确答案：其响度级为 73.2 方。

50. 如某厂界被测声源噪声和背景噪声在声级计上的综合值为 65.8 dB，被测声源不工作时背景噪声为 61.3 dB，则背景修正后的厂界噪声值为 64 dB。(　　)

答案：正确

51. 声环境功能区分类中，4 类声环境功能区指交通干线两侧一定距离之内，需要防止交通噪声对周围环境产生严重影响的区域，包括 4a 类和 4b 类两种类型。(　　)

答案：正确

52. 声音在不同媒质中的传播速度是一样的。(　　)

答案：错误

正确答案：声音在不同媒质中的传播速度是不一样的。

53. 声音只能在空气中传播。( )

答案：错误

正确答案：声音可在固、液、气态物质中传播。

54. 使用工业企业厂界环境噪声排放标准进行监测时，若被测声源是非稳态噪声，应测量被测声源有代表性时段的等效声级，必要时测量被测声源整个正常工作时段的等效声级。( )

答案：正确

55. 使用环境噪声自动监测仪测量环境噪声和厂界噪声时，仪器的动态特性为“快”响应。( )

答案：正确

56. 铁路边界噪声测量时间为昼夜各选在接近其机车车辆运行平均密度的某 1 h，用其分别代表昼间、夜间，必要时昼间或夜间分别进行全时段测量。( )

答案：正确

57. 为了能用仪器直接反映人的主观响度感觉的评价量，在噪声测量仪器——声级计中设计了一种特殊滤波器—连续等效声级。( )

答案：错误

正确答案：在噪声测量仪器——声级计中设计了一种特殊滤波器—计权网络。

58. 一般情况下，工业企业厂界噪声监测点选在工业企业厂界外 1 m、高度 1.2 m 以上、距任一反射面距离大于 1 m 的位置。( )

答案：正确

59. 依据《环境噪声监测技术规范　城市声环境常规监测》(HJ 640—2012)，区域声环境监测昼间监测每两年 1 次，监测工作应在昼间正常工作时段内进行，并应覆盖整个工作时段。夜间监测每五年 1 次，在每个五年规划的第三年监测，监测从夜间起始时间开始。( )

答案：错误

正确答案：昼间监测每年 1 次，监测工作应在昼间正常工作时段内进行，并应覆盖整个工作时段。夜间监测每五年 1 次，在每个五年规划的第三年监测，监测从夜间起始时间开始。

60. 依据《环境振动监测技术规范》(HJ 918—2017)，环境振动监测测量过程中，振源应处于正常工作状态。测量应在无雨雪、无雷电、无强风的天气下进行。( )

答案：正确

61. 依据《环境振动监测技术规范》(HJ 918—2017)，环境振动监测仪器的测量下限应不高于 30 dB，测量上限不低于 100 dB。( )

答案：错误

正确答案：环境振动监测仪器的测量下限应不高于 50 dB，测量上限不低于 100 dB。

62. 依据《声环境质量标准》(GB 3096—2008)，L_{10} 表示在测量时间内有 10% 的时间 A 声级超过的值，相当于噪声的平均本底值。( )

答案：错误

正确答案：累积百分声级 L_{10} 相当于噪声的平均峰值。

63. 依据《声环境质量标准》（GB 3096—2008），环境噪声测量应在无雨雪、无雷电天气，风速在 5.5 m/s 以下时进行。（　　）

答案： 错误

正确答案： 环境噪声测量应在无雨雪、无雷电天气，风速在 5 m/s 以下时进行。

64. 依据《声环境质量标准》（GB 3096—2008），某铁路干线建设项目 2011 年 12 月 30 日通过环境影响评价文件审批，该铁路属于既有铁路。（　　）

答案： 错误

正确答案： 2011 年 1 月 1 日起，环境影响评价文件通过审批的属于新建铁路。

65. 以昼间、夜间环境噪声源正常工作时段的 L_{eq} 评价噪声敏感建筑物户外或室内环境噪声水平是否符合所在声环境功能区的环境质量要求。（　　）

答案： 错误

正确答案： 夜间突发噪声 L_{max} 也是评价指标。

66. 用环境噪声自动监测系统进行监测时，如监测值出现急剧升高、降低或连续不变的状况，应进行系统检查，排除故障后，依靠其自动电校准确认，方能满足规定的要求。（　　）

答案： 错误

正确答案： 排除故障后仍需进行声校准确认方能满足规定的要求。

67. 在测量时间内，被测声源的声级起伏不大于 5 dB（A）的视为稳态噪声，否则为非稳态噪声。（　　）

答案： 错误

正确答案： 在测量时间内，被测声源的声级起伏不大于 3 dB（A）的视为稳态噪声，否则为非稳态噪声。

68. 在工厂用地内，因建筑施工而引起的噪声必须与工厂噪声规定值相同。（　　）

答案： 错误

正确答案： 在工厂用地内，因建筑施工而引起的噪声不得超过其排放限值。

69. 在进行城市声环境常规监测时，应在规定时间内进行，不得挑选监测时间或随意按暂停键。区域监测和功能区监测过程中，凡是自然社会可能出现的声音（如叫卖声、说话声、小孩哭声、鸣笛声等）均不予排除。（　　）

答案： 正确

70. 在进行建筑施工噪声测量时，如果有多个测点，进行评价时应该对各个测点进行算术平均，然后与标准值比较。（　　）

答案： 错误

正确答案： 应对各个测点的测量结果进行单独评价。

71. 在进行噪声测量时，传声器加不加风罩均可以。（　　）

答案： 错误

正确答案： 在进行噪声测量时，传声器应加风罩。

72. 在某噪声功能区测点进行 24 h 连续监测，测得昼间等效声级为 56 dB，夜间等效声级为 46 dB，则昼夜等效声级为 56 dB。（　　）

答案：正确

73. 在噪声测量时所说的稳态噪声是指环境中始终存在的噪声。(　　)

答案：错误

正确答案：是指被测声源的声级起伏不大于 3 dB 的噪声。

74. 噪声测量时段一般分为昼间和夜间两个时段，昼间为 18 h，夜间为 6 h。(　　)

答案：错误

正确答案：昼间为 16 h，夜间为 8 h。

75. 噪声测量中，0 ～ 3 类功能区普查监测时，网格测量法的网格划分方法将拟普查测量的某一声环境功能区划分为多个等大的正方格，网格要完全覆盖被普查的区域，有效网格总数应多于 100 个。(　　)

答案：正确

76. 振动测量时，使用测量仪器最关键的问题是校准仪器。(　　)

答案：错误

正确答案：振动测量时，使用测量仪器最关键的问题是拾振器如何在地面安装。

77. 振动测量仪不能影响被测物的振动状态。(　　)

答案：正确

78. 最大声级 L_{max} 可直接进行评价，不需进行修正。(　　)

答案：正确

五、简答题

1. 简述噪声监测中 L_{10} 的定义？

答案：在测量时间内有 10% 的时间 A 声级超过的值，相当于噪声的平均峰值。

2. 测量结构传播固定设备噪声时，若无法识别可疑声源设备应如何处理？

答案：《环境噪声监测技术规范　结构传播固定设备室内噪声》(HJ 707—2014) 明确：由于技术原因及其他原因无法识别可疑声源时，可以监测并出具监测报告，须在报告中注明不能识别的可疑声源设备，不对监测数据进行评判。

3. 什么是城市声环境常规监测？

答案：也称例行监测，是指为掌握城市声环境质量状况，生态环境部门所开展的区域声环境监测、道路交通声环境监测和功能区声环境监测（分别简称区域监测、道路交通监测、功能区监测）。

4. 什么是等效声级？

答案：等效连续 A 声级的简称，指在规定测量时间 T 内 A 声级的能量平均值，用 $L_{Aeq,T}$ 表示，（简写为 L_{eq}），单位为 dB（A）。

5. 根据《环境噪声监测技术规范　结构传播固定设备室内噪声》(HJ 707—2014)，在可疑声源能够识别时，如何进行监测布点，确定监测项目和监测时段？

答案：监测布点：在受影响房间内布设 1 ～ 3 个监测点，其中包括房间中间点及可能受噪声影响最大的点。测量位置离墙面或其他反射面 0.5 m 以上，离地面 0.5 ～ 1.2 m。测量过程中，关闭被测房间的门、窗；关闭被测室内的所有可能干扰噪声测量的声源（如电视机、空调、风扇、镇流器等发声设施）；排除被测房间及周边环境中其他人为噪声、振动干扰，如走动、说话、家务劳动等。

监测项目：包括等效A声级、各倍频带声压级、背景噪声。夜间有非稳态噪声影响时同时测量最大A声级。其中，在可疑声源设备无法关停时，背景测量可选在不受可疑声源设备影响，且背景声环境与测试室内相近的临近房间测量。

监测时段：分别在昼间、夜间两个时段进行，测量时段应覆盖被测声源的最大排放状态。被测声源是稳态噪声，测量1 min等效A声级和各倍频带声压级；被测声源是非稳态噪声，测量代表性时段的等效A声级和各倍频带声压级。

6. 简述功能区噪声监测的频次、时间及测量量。

答案：

（1）每年每季度监测一次，各城市每次监测日期应相对固定。

（2）每个监测点位每次连续监测24 h，记录小时等效声级L_{eq}、小时累计百分声级L_{10}、L_{50}、L_{90}、L_{max}、L_{min}和标准偏差（SD）。

（3）监测应避开节假日和非正常工作日。

7. 简述什么是噪声测量值修正？

答案：从噪声测量值中扣除背景噪声的影响，得到被测噪声源的排放值。

8. 简述使用《声环境质量标准》（GB 3096—2008）测量时的测点条件。

答案：《声环境质量标准》（GB 3096—2008）规定：根据监测对象和目的，可选择以下三种测点条件（指传声器所置位置）进行环境噪声的测量：

（1）一般户外：距离任何反射物（地面除外）至少3.5 m外测量，距地面高度1.2 m以上。必要时可置于高层建筑上，以扩大监测受声范围。使用监测车辆测量，传声器应固定在车顶部1.2 m高度处。

（2）噪声敏感建筑物户外：在噪声敏感建筑物外，距墙壁或窗户1 m处，距地面高度1.2 m以上。

（3）噪声敏感建筑物室内：距离墙面和其他反射面至少1 m，距窗约1.5 m处，距地面1.2～1.5 m高。

9. 简述在室内测量噪声等效声级和测量固定设备结构传声倍频带声压级的测点布设要求。

答案：《工业企业厂界环境噪声排放标准》（GB 12348—2008）规定：

（1）室内噪声测量时，室内测量点位设在距任一反射面至少0.5 m以上、距地面1.2 m高度处，在受噪声影响方向的窗户开启状态下测量。

（2）固定设备结构传声至噪声敏感建筑物室内，在噪声敏感建筑物室内测量时，测点应距任一反射面至少0.5 m以上、距地面1.2 m、距外窗1 m以上，在窗户关闭状态下测量。被测房间内的其他可能干扰测量的声源（如电视机、空调机、排气扇以及镇流器较响的日光灯、运转时出声的时钟等）应关闭。

10. 简述测量城市区域环境振动时拾振器的安装要求。

答案：《城市区域环境振动测量方法》规定：拾振器平稳地安放在平坦、坚实的地面上。避免置于如地毯、草地、砂地或雪地等松软的地面上，且拾振器的灵敏度主轴方向应与测量方向一致。

11. 什么是结构传播固定设备室内噪声？

答案：指固定设备排放的噪声通过建筑物结构传播至噪声敏感建筑物室内激发的室内噪声。

12. 简述《中华人民共和国环境噪声污染防治法》中环境噪声的定义。

答案：在工业生产、建筑施工、交通运输和社会生活中所产生的干扰周围环境的声音。

13. 以道路车辆流作为声源测量声屏障的插入损失时，如何设置参考点的位置？

答案：

（1）当离声屏障最近的车道中心线与声屏障之间的距离大于 15 m 时，参考点应位于声屏障平面内上方 1.5 m 处。

（2）当离声屏障最近的车道中心线与声屏障之间的距离小于 15 m 时，参考点的位置应在声屏障的平面内上方，并保证离声屏障最近的车道中心线与参考位置、声屏障顶端的连线夹角为 10°。

14. 在一同测点，执行《声环境质量标准》（GB 3096—2008）和《工业企业厂界环境噪声排放标准》（GB 12348—2008）标准有什么不同？

答案：执行《声环境质量标准》（GB 3096—2008）不需要扣除背景噪声，而执行《工业企业厂界环境噪声排放标准》（GB 12348—2008）需要扣除背景噪声。

15. 根据《环境振动监测技术规范》（HJ 918—2017），振动的测量条件有哪些？

答案：

（1）测量过程中，振源应处于正常工作状态。

（2）测量应在无雨雪、无雷电、无强风的天气下进行。

（3）测量过程中，应当避免足以影响测量值的其他环境因素，如剧烈的温度梯度变化、强电磁场等引起的干扰。必要时可考虑适当的遮挡（如加防护罩等）。

（4）测量过程中，应当避免其他干扰因素，如高噪声、走动等引起的干扰。

六、计算题

1. 晚上 9 时，某第三方检测机构对位于 3 类声环境功能区内某企业厂界噪声进行监测，测量值为 72.8 dB，背景值为 70.5 dB，请问该企业在该监测点位噪声排放是否达标？

答案：无法评价。

噪声测量值与背景噪声值的差值被测噪声源排放限值为 65 dB

ΔL_1=72.8−70.5=2.3（dB）；

修约到个位数：ΔL_1=2（dB）＜3（dB）；

噪声测量值与被测噪声源排放限值的差值 ΔL_2=72.8−65=7.9（dB）；

修约到个位数：ΔL_2=8（dB）＞5（dB）；

所以无法评价。

2. 作用于某一点的四个声源的声压级分别为 90 dB、86 dB、80 dB、90 dB，求同时作用于这一点的总声压级为多少（分贝和的增值见下表）。

Lp_1-Lp_2	0	1	2	3	4	5	6	7	8	9	10
ΔLp	3.0	2.5	2.1	1.8	1.5	1.2	1.0	0.8	0.6	0.5	0.4

答案：

按照两两叠加原理：Lp_1 和 Lp_2 叠加结果 $Lp_{1总}=Lp_1+\Delta Lp=90+1.5=91.5$（dB）

Lp_3 和 Lp_4 叠加结果 $Lp_{2总}=Lp_4+\Delta Lp=90+0.4=90.4$（dB）

总声压级 $=Lp_{1总}+\Delta L_p=91.5+2.5=94.0$（dB）

3. 某交通干线长 2 100 m，交通噪声监测结果见下表：

监测点代码	监测结果 /dB（A）	监测路段长度 /m	20 min 车流量 / 辆
1	昼间 72.5/ 夜间 63.8	500	昼间：重型车 50、轻型车 112 夜间：重型车 10、轻型车 58
2	昼间 71.0/ 夜间 62.8	400	昼间：重型车 48、轻型车 108 夜间：重型车 8、轻型车 56
3	昼间 72.5/ 夜间 61.2	300	昼间：重型车 50、轻型车 114 夜间：重型车 7、轻型车 52
4	昼间 74.5/ 夜间 65.0	400	昼间：重型车 56、轻型车 121 夜间：重型车 10、轻型车 58
5	昼间 72.3/ 夜间 63.8	500	昼间：重型车 52、轻型车 118 夜间：重型车 12、轻型车 60

请对该交通干线两侧区域的噪声监测结果进行评价。

道路交通噪声强度等级划分

单位：dB（A）

	一级	二级	三级	四级	五级
昼间平均等效声级	≤ 68.0	68.1 ～ 70.0	70.1 ～ 72.0	72.1 ～ 74.0	>74.0
夜间平均等效声级	≤ 58.0	58.1 ～ 60.0	60.1 ～ 62.0	62.1 ～ 64.0	>64.0

答案：根据城市道路交通噪声平均值计算公式：$L=\frac{1}{l}\sum_{i=1}^{n}(l_i\times L_i)$

该条交通干线的昼间噪声平均值

L_d=（500×72.5+400×71.0+300×72.5+400×74.5+500×72.3）÷2 100=72.5［dB（A）］

该条交通干线的夜间噪声平均值

L_n=（500×63.8+400×62.8+300×61.2+400×65.0+500×63.8）÷2 100 m=63.5［dB（A）］

根据道路交通噪声强度等级划分规定，该条交通干线昼间噪声强度为四级，评价为较差。交通干线夜间噪声强度也为四级，评价也为较差。

4. 某大楼一居民敏感点楼下开设有两家娱乐场所，在该居民家中一测点分别测得两家娱乐场所贡献的噪声值为 47.5 dB 和 42.1 dB，试计算两家娱乐场所同时经营时对该测点贡献的噪声综合值（假设工况相同）。

答案：$L_A=10\lg\left(\sum 10^{0.1\times L_i}\right)=10\lg\left(10^{0.1\times 47.5}+10^{0.1\times 42.1}\right)=48.6$ dB

5. 已知某功能区夜间 8 h 测得的等效声级数据：

测量时间段序号	L_{eq}/dB（A）	测量时间段序号	L_{eq}/dB（A）
1	54.2	5	51.7
2	54.8	6	53.6
3	55.5	7	54.8
4	53.3	8	54.5

试计算测点夜间等效声级。

答案：

L_n=101g $\left(1/8\sum 10^{0.1\times L_i}\right)$ =101g[1/8($10^{0.1\times 54.2}$+$10^{0.1\times 54.8}$+$10^{0.1\times 55.5}$+$10^{0.1\times 53.3}$+$10^{0.1\times 51.7}$+$10^{0.1\times 53.6}$+$10^{0.1\times 54.8}$+$10^{0.1\times 54.5}$)]=54.2（dB）

6. 计算噪声测量值修正：单位 dB（A）

	1	2	3	4
声源开启测量值	56.5	63.7	62.6	65.9
声源关闭测量值	53.4	58.2	51.3	57.4
拟选背景噪声对照点测量值	53.8	59.9	58.7	62.1
修正后值				

答案：

点位	1	2	3	4
声源开启测量值	56.5	63.7	62.6	65.9
声源关闭测量值	53.4	58.2	51.3	57.4
拟选背景噪声对照点测量值	53.8	59.9	58.7	62.1
差值修约	3	6	11	8
修正后值	54	63	63	65

7. 已知某噪声源的声压为 2×10 Pa，基准声压为 2×10^{-5} Pa，求其声压级 Lp。

答案：$Lp= 20\times \lg\left(\dfrac{2\times 10}{2\times 10^{-5}}\right) = 120$（dB）

8. 如一声压级为 68 dB，另一声压级为 68 dB，则总声压级为多少 dB（分贝和的增值见下表）？

分贝和的增值表

声压级差	0	1	2	3	4	5	6	7	8	9	10
增值	3.0	2.5	2.1	1.8	1.5	1.2	1.0	0.8	0.6	0.5	0.4

答案：

方法一：

解：Lp_1=68 dB　Lp_2=68 dB

则声压级差 Lp_1-Lp_2=68−68=0（dB），查表得增值 ΔLp=3.0 dB

$Lp_{总}=Lp_1+\Delta Lp$=68+3.0=71（dB），总声压级为 71 dB。

方法二：

Lp_1=68 dB　Lp_2=68 dB

总声压级：$Lp_{总}$=10lg［10（Lp_1/10）+10（Lp_2/10）］

因 $Lp_1=Lp_2$，即两个声源的声压级相等，则总声压级：

$Lp_{总}=Lp_1+10\lg2\approx Lp_1+3$=68+3=71（dB），总声压级为 71 dB。

注：选用其中任何一种方法计算均可。

9. 某工业企业处在 3 类声环境功能区，其东厂界夜间噪声等效声级测量值为 59 dB（A），背景噪声值为 55 dB（A），计算东厂界夜间等效声级排放值？

答案：夜间噪声等效声级测量值与背景值相差 4 dB（A）时，修正值为 2 dB（A），东厂界夜间等效声级排放值 =59 dB（A）−2 dB（A）= 57 dB（A）

10. 某城市全市白天平均等效声级为 56 dB，夜间全市平均等效声级为 46 dB，问全市昼夜平均等效声级为多少？

答案：

L_{dn}=10lg{［16 × 100.1 × 56+8 × 100.1（46+10）］/24}=56.0（dB）

七、分析题

1. 如下图所示，某企业厂区面积为 800 m × 300 m，厂区内主声源位于高度 80 m 处，西厂界边有小型冷却风机，厂界四周围墙高度为 3 m，东厂界围墙装有声屏障，高度为 15 m，东厂界 50 m 外小区为 30 层建筑，假设所有设备均正常工作，请问如何布设监测点位。

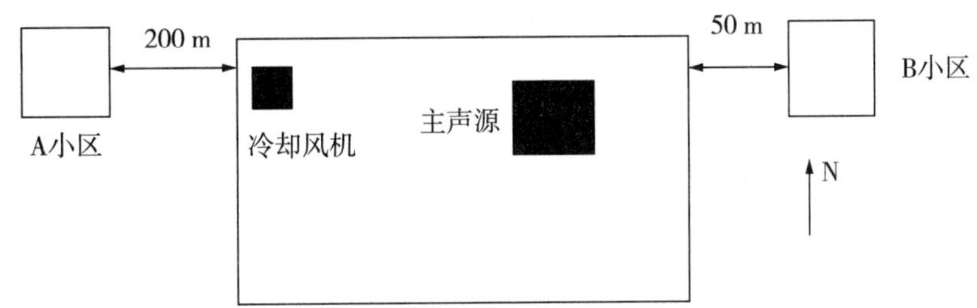

答案：

1#、2#、4#、5#：参照一般布设规定，厂界外 1 m，高于围墙 0.5 m 以上，距任一反射面不小于 1 m；

6#：距冷却风机最近的围墙外 1 m，高于围墙 0.5 m 以上；

3#：距 B 小区最近的围墙外 1 m，高于围墙 0.5 m 以上，距任一反射面不小于 1 m；

7#：小区内受高架声源噪声影响最大的噪声敏感建筑户外 1 m，高度与主声源高度接近，

27楼左右。

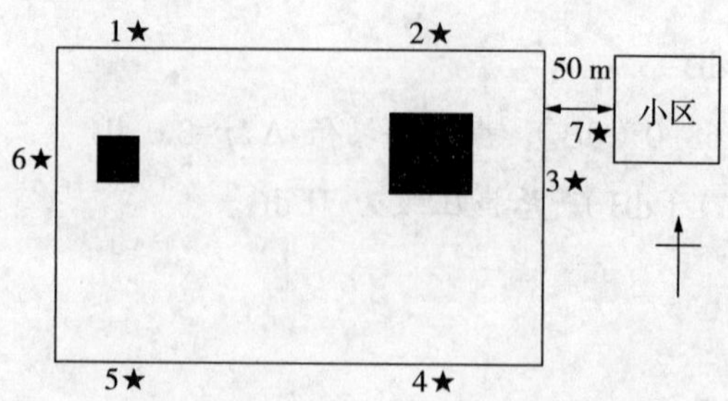

2. 某城市开展区域声环境质量普查监测近10年，随着城市化发展进程，城区面积不断扩张，为全面反映城市整体声环境质量现状，需相应扩大区域环境噪声监测范围。请根据该市的基本情况（见下表），制定区域环境噪声点位调整方案。

现有点位数	城区性质	面积 /km²
110	中心城区	98
0	城郊区域（与中心城区相连）	300
0	新城区（独立于上述区域）	125

答案：

（1）现有点位98/110=0.89（km^2），即现有的区域环境点位网格面积为0.89 km^2，可适当优化；

（2）将所有面积汇总：98+300+125=523（km^2），按照点位数大于100的要求，在不少于原有点位的情况下确定网格面积，新城区虽然独立于连成片的中心城区和城郊区，但网格面积应一致。

3. 夜间某一商业街中一大型货车在卸货时突然掉落，距离该车20 m处测得的噪声级为82 dB，计算距该车200 m处商铺的噪声级？是否超标并说明原因。

答案：

（1）$L_2=L_1-20\lg(r_2/r_1)=82-20\times\lg(200/20)=62$（dB）

（2）标准执行《声环境质量标准》（GB 3096—2008）2类声环境功能区夜间标准，即50 dB，由于为突发噪声，其最大声级超过环境噪声标准的幅度不得高于15 dB，即不高于65 dB，故该商铺处测得的噪声未超标。

|第八章|

自动监测

CHAPTER 8

第一节　水质自动监测

一、填空题

1. 在水污染源在线监测中，运行维护人员每月应对每个站点所有自动分析仪至少进行 1 次质控样试验，采用国家认可的两种浓度的质控样进行试验，质控样品浓度一种应接近__________浓度，另一种应超过相应排放标准浓度，每种样品至少测定 2 次，质控样测定的相对误差应不大于标准值的 ±__________%。

答案： 实际废水　10

2.《地表水自动监测技术规范（试行）》（HJ 915—2017）规定，地表水水质监测中的五项常规项目为水温、pH、溶解氧、电导率和__________。

答案： 浊度

3.《地表水自动监测技术规范（试行）》（HJ 915—2017）中规定，河流地表水自动监测站选址地点应距河流入水口或排污口__________km 以上。

答案： 1

4. 根据《地表水自动监测技术规范（试行）》（HJ 915—2017）进行实际水样比对，实际水样比对合格率应不小于__________。

答案： 85%

5. 依据《六价铬水质自动在线监测仪技术要求》（HJ 609—2011），精密度按照试验条件重复________次测定零点校正液，各次指示值作为零值。在相同条件下，测定量程值的__________%和__________% 两个不同浓度的量程校正液，重复测定__________次。

答案： 6　20　80　6

6. 根据《水污染源在线监测系统运行与考核技术规范（试行）》（HJ 355—2007），监督检查定期校验主要包括按环境监测技术规范进行__________、__________，对运行数据和日常运行记录进行审核检查等。

答案： 现场比对试验　　质控样试验

7. 专门用于在线自动监测监控的仪器设备应当符合__________要求，使用的标准物质应当是__________或具有__________的标准物质。

答案： 环境保护相关标准　　有证标准物质　　溯源性

8. 水污染在线比对监测时，对于化学需氧量（COD_{Cr}），当实际水样 COD_{Cr}__________ 时，以接近实际水样的低浓度（约 20 mg/L）标样代替实际水样进行实验，至少测定__________ 次。

答案： ＜30 mg/L　2

9. 在《地表水自动监测技术规范（试行）》（HJ 915—2017）中根据建设目的将地表水自动监测站分为__________、考核断面水站和控制断面水站。

答案： 饮用水水源地预警监控水站

10. 水站运行维护的例行维护包括站房环境检查、__________、__________、耗材更换、试剂更换、管路清洗等工作。

答案：仪器与系统检查　　易损件更换

11. 地表水水质自动监测站，一般由站房__________、__________、__________、__________等全部或者数个单元组成。

答案：采配水　　控制　　检测　　数据传输

12. 地表水水质自动站运行时，试剂更换周期一般不超过__________，试剂更换后应进行一次自动监测仪器的__________。

答案：30 天　　校准和标液核查

13. 地表水水质自动站建设时，"四通一平"中的"四通"指的是通__________、__________、__________、__________，"一平"指的是__________。

答案：水　　电　　网　　路　　场地平整

14. 国家地表水水质自动站运行时，常规五参数、叶绿素 a、藻密度应以__________为周期进行采样分析，其他监测项目以__________为周期进行监测，必要时可加密监测。

答案：1 h　4 h

15. 对地表水水质自动站长时间停机的仪器，再次运行时，仪器须重新__________，并对系统进行一次__________检查。

答案：多点线性　　集成干预

16. 地表水水质自动站故障超过__________h 无法恢复正常，应开展人工补测数据，后续每周人工补测__________次直至故障排除。

答案：48　2

17. 地表水水质自动站每月进行月比对时，电导率（>100 μS/cm）要求的相对误差是__________；氨氮 24 h 零点漂移的要求是__________以内。

答案： ±10%　±5%

18. 地表水水质自动站在线浊度仪的测试方法是__________。浊度的单位一般统一使用__________显示。

答案：光散射法　　NTU

19. 地表水水质自动站在线监测仪的水温示值一般保留至小数点后__________。每月进行月比对时，温度要求的绝对误差是__________。

答案：1 位　　±0.5℃

20. 地表水水质自动站在线 pH 监测仪的单位是__________，每月水样比对绝对偏差是__________以内。

答案：无量纲　±0.5

21. 水质自动监测系统中采水单元所采用的水泵目前主要有两种，一种是__________，另一种是__________。

答案：自吸泵　　潜水泵

22. 地表水水质自动站要使自吸泵正常工作，自吸泵吸程应不小于__________m，泵的位置与取水点的垂直落差不大于__________m。

答案：8　6

23. 地表水水质自动站集成干预实验指系统开始采水时在采水口处人工采集水样，__________后取上清液摇匀待系统测试完毕后，直接经水质自动分析仪测试。

答案：经人工预处理

24. 地表水水质自动站多点线性核查指水质自动分析仪器依次测量跨度范围内__________个点的标准溶液，根据测试结果进行线性拟合，用以判定数据可靠性的措施。

答案：4

25. 国家地表水水质自动站出现故障时运维单位需在__________h（工作时间）内响应，并在__________h内解决所有故障。

答案：8　24

26. 当国家地表水水质自动站监测项目前一个月__________天以上为Ⅰ～Ⅱ类时，质控措施按照Ⅰ～Ⅱ类水体的质控要求进行；否则质控措施按照Ⅲ～劣Ⅴ类水体的质控要求进行。

答案：20

27. 地表水水质自动站多点线性核查要求相关系数≥__________，可选用零点、跨度核查结果参与线性拟合。

答案：0.98

28. 根据《固定污染源监测质量保证与质量控制技术规范（试行）》（HJ/T 373—2007），废水在线监测系统比对监测质量控制和质量保证技术要求中，每次监测时，手工数据和在线监测比对数据对不少于__________对。

答案：3

29. 根据《地表水自动监测技术规范》（HJ 915—2017），位于河流断面的地表水水质自动站必测项目包括常规五参数、__________、氨氮、总氮、总磷。

答案：高锰酸盐指数

30. 高锰酸盐指数自动分析仪采用的方法原理主要有3种，高锰酸盐氧化－比色滴定法、高锰酸盐氧化－ORP电位滴定法和__________法。

答案：UV

31. 水站应急模式主要用于__________等紧急加密监测的情况。

答案：突发污染事故

32. 在线溶解氧具有__________、__________、__________3种补偿功能。

答案：温度　　压力　　盐度

33. 任何厂家的pH在线分析仪，都必须经过pH标准缓冲溶液的校正后才能准确测量样品的pH。最常规的方法是选择pH为__________和pH为__________的两种标准缓冲液进行校正。

答案：4.01　6.86

34. 地表水水质自动监测仪氨氮零点核查（Ⅰ～Ⅲ类水体）的要求是绝对误差≤__________；总氮零点核查的要求是绝对误差≤__________。

答案：±0.2 mg/L　　±0.3 mg/L

二、单选题

1. 水质自动监测系统辅助单元的功能是________。(　　)

A. 为系统稳定运行提供必要的温度、湿度和电压保障等

B. 控制阀门和水泵，将水样提升至系统水箱，经过过滤后，给仪表检测使用

C. 接收和执行控制单元发出的启动、停止等信号，将测量的数据传输给控制单元

D. 以上皆不是

答案：A

2. 枯水期采水点与站房的距离一般不应超出________m。(　　)

A. 100　　B. 150　　C. 200　　D. 350

答案：D

3. 采水管路进入站房的位置靠近仪器安装的墙面下方，并设保护套管，保护套管应高出地面________mm。(　　)

A. 20　　B. 50　　C. 100　　D. 150

答案：B

4. 国家地表水水质自动站无论水位如何变化，采水浮筒均保证采水深度始终为水面下________。(　　)

A. 0.5 m　　B. 0.5 m ～ 1 m　　C. 1 m ～ 1.5 m　　D. 不作要求

答案：B

5. 国家水质自动站仪器质控措施与频次要求________需进行一次在线多点线性核查自动测试。(　　)

A. 一个月　　B. 两个月　　C. 一季度　　D. 半年

答案：A

6. 在国家水质自动监测系统中，控制水泵、电磁阀、空压机等设备，完成管路取水、配水、清洗、反吹等分步功能的设备是________。(　　)

A. VPN　　B. 继电器　　C. 交换机　　D. PLC

答案：D

7. 水站站房应设置排水系统，站房的总排水须排入取水口下游，排水口与取水口的距离至少应大于________。(　　)

A. 20 m　　B. 10 m　　C. 30 m　　D. 50 m

答案：A

8. 地表水水质自动监测仪跨度是指适用于所处断面水质的测量范围。跨度值应根据监测项目的________进行设置。(　　)

A. 仪器检出限　　B. 仪器量程　　C. 水质类别　　D. 量程 2.5 倍

答案：C

9. 国家地表水水质自动监测仪的高锰酸盐指数零点核查（水质类别为Ⅰ～Ⅲ类水体）的要求是绝对误差≤________。(　　)

A．±0.5 mg/L　　B．±0.3 mg/L　　C．±1.0 mg/L　　D．±0.1 mg/L

答案：C

10. 根据《水污染源在线监测系统（COD_{Cr}、NH_3-N 等）验收技术规范》（HJ 354—2019），总磷水质自动分析仪 24 h 漂移（80% 工作量程上限值）验收要求相对误差≤________。(　　)

A．±1.0%F.S.　　B．±5.0%F.S.　　C．±10.0%F.S.　　D．±2.0%F.S.

答案：C

11. 地表水水质自动站长期Ⅰ、Ⅱ类水质参数至少每________进行一次实际水样比对，自动监测结果与实验室分析结果两者均优于Ⅱ类水即视为合格。(　　)

A．年　　B．月　　C．季度　　D．半年

答案：D

12. 国家地表水水质自动监测仪温度不进行标准溶液考核，实际水样比对温度允许误差范围是________。(　　)

A．≤ ±0.5℃　　B．≤ ±1℃　　C．≤ ±0.1℃　　D．≤ ±0.3℃

答案：A

13. 国家地表水水质自动监测仪 pH 标准溶液核查允许误差范围为≤ ±0.15，实际水样比对允许误差范围是≤ ________。(　　)

A．±0.1　　B．±0.3　　C．±0.5　　D．±1.0

答案：C

14. 国家地表水水质自动监测仪氨氮零点核查（Ⅰ～Ⅲ类水体）的要求是绝对误差≤________。(　　)

A．±0.5 mg/L　　B．±0.3 mg/L　　C．±0.1 mg/L　　D．±0.2 mg/L

答案：D

15. 国家地表水水质自动监测仪总氮零点核查（Ⅰ～Ⅲ类水体）的要求是绝对误差≤________。(　　)

A．±0.5 mg/L　　B．±0.3 mg/L　　C．±0.1 mg/L　　D．±0.2 mg/L

答案：B

16. 国家地表水水质自动监测仪电导率标准溶液核查（标准液＞100 μS/cm 时）应满足相对误差________，实际水样比对相对误差应满足≤ ±10.0%。(　　)

A．±1.0%　　B．±5.0%　　C．±10.0%　　D．±2.0%

答案：B

17. 根据《水污染源在线监测系统运行与考核技术规范（试行）》（HJ/T 355—2007）的规定，每隔________需进行性能测试。(　　)

A．一个月　　B．一个季度　　C．半年　　D．一年

答案：B

18. 地表水水质自动监测仪器报“柱塞泵（电机）故障”，不可能是以下________原因。(　　)

A．针桶磨损　　B．驱动器坏　　C．极限坏　　D．单片机坏

答案：D

19. 总磷设备在和地方单位做水样比对时很难达到比对要求，主要原因是________。(　　)

A. 加热时间不够长　　B. 消解效率不足

C. 消解池密封性不好　　D. 采集样品量不足

答案：B

20. pH 仪器通过 4 ～ 20 mA 模拟量输出，仪表显示为 7.00，工控机显示为 7.20，已知工控机 AD 最大值为 65 535，为了保证软件采集数据和 pH 仪表显示数据一致，那么工控机控制软件的 AD 值要补偿________。(　　)

A. 940　　B. −936　　C. −819　　D. 819

答案：B

21. 水污染源采样头可设置成随水面的涨落而上下移动的形式，采样头应距水面________cm 以下，离水槽底部________cm 以上。(　　)

A. 10 ～ 20　10　　B. 20 ～ 30　20　　C. 10 ～ 30　50　　D. 10 ～ 50　30

答案：A

22. 水质自动监测常规五参数是________。(　　)

A. pH、氨氮、电导率、高锰酸盐指数、浊度

B. 高锰酸盐指数、浊度、TOC、水温、化学需氧量

C. pH、电导率、浊度、水温、溶解氧

D. 氨氮、电导率、高锰酸盐指数、浊度、水温

答案：C

23.《水污染源在线监测系统数据有效性判别技术规范（试行）》（HJ/T 356—2007）规定，自动分析仪、数据采集传输仪及上位机接收到的数据误差大于________时，上位机接收到的数据为无效数据。(　　)

A. 1%　　B. 2%　　C. 5%　　D. 15%

答案：A

24. 地表水水质自动监测的仪器分析数据有效率计算，即有效数据量占除去停站后应上传数据量的百分比，要求数据有效率应大于________。(　　)

A. 95%　　B. 90%　　C. 85%　　D. 80%

答案：B

25. 目前地表水水质自动在线藻类分析仪的测量原理是________。(　　)

A. 比色法　　B. 电极法　　C. 荧光法　　D. 影像识别

答案：C

26. 当远程查看水质自动监测站数据时，发现某一时间点数据全部打上标识“F”，含义是________。(　　)

A. 仪器通信故障　　B. 手工输入数据　　C. 仪器故障　　D. 维护

答案：A

27. 根据《水污染源在线监测系统运行与考核技术规范（试行）》（HJ 355—2007），环境部门对运行单位管理的水污染源在线监测设备定期进行抽检及校验，每年________次。(　　)

A．一　　B．一至二　　C．一至三　　D．三

答案：B

28. 在地表水自动监测中，下列情形不属于监测数据异常的选项是________。(　　)

A．长期无正当理由无自动监控数据

B．自动监控数据长期在仪器分析的方法检出限上下波动

C．自动监控数据变化幅度长期在量程 5% 以内波动

D．分析仪器数据与数采仪数据偏差大于 1%

答案：C

29.《地表水自动监测技术规范（试行）》（HJ 915—2017）规定，地表水水质自动监测系统仪器性能核查时，当仪器测定的高锰酸盐指数浓度大于《地表水环境质量标准》（GB 3838—2002）规定的Ⅱ类标准限值且小于等于Ⅳ类标准限值时，实际水样比对实验的相对误差要求在________以内。(　　)

A．10%　　B．20%　　C．30%　　D．40%

答案：C

30. 水站系统进样管路上电动球阀工作异常，不能完全开启或关闭，可能的原因是______。(　　)

A．电动球阀内阀体有杂物　　B．电动球阀故障

C．电动球阀对应继电器故障　　D．以上原因皆是

答案：D

31. 水质自动监测站站房净高以便于仪表设备安装与维护为准，一般净高不低于________m。(　　)

A．2.5　　B．2.6　　C．2.7　　D．2.8

答案：D

32. 水质自动监测取水口的水质与断面平均水质的相对偏差不得大于________。(　　)

A．25%　　B．15%　　C．20%　　D．10%

答案：D

33. 建设水自动站，河流监测断面一般选择在水质分布均匀、流速稳定的平直河段，距上游入河口或排污口的距离大于________。(　　)

A．10 km　　B．5 km　　C．1 km　　D．2 km

答案：C

34. 地表水水质自动站远程查看数据时，发现 4 点数据全部打上标识“S”，含义是________。(　　)

A．仪器通信故障　　B．手工输入数据　　C．仪器故障　　D．维护调试数据

答案：B

三、多选题

1. 地表水水质自动站采水单元一般包括________。(　　)

A．采水构筑物　　B．采水泵　　C．防堵塞装置和采水管道

D．保温配套装置　　E．清洗配套装置　　F．沉沙池

答案：ABCDE

2. 地表水水质自动站根据不同采水方式的结构特点可分为________。(　　)

A．栈桥式采水　　B．浮筒 / 船 / 浮标式采水

C．浮桥式采水　　D．拉索式采水

E．悬臂式采水

答案：ABCDE

3. 水站内集中了多种电气系统，需预防雷电入侵的主要有________。(　　)

A．电源系统　　B．通道和信号系统

C．预处理系统　　D．接地系统

答案：ABD

4. 地表水水质自动站运维人员对站房进行例行周巡检时，应该对________部分进行检查。(　　)

A．采水点　　B．采样设备　　C．采样装置　　D．系统供电

E．排水设施　　F．水样误差

答案：ABCDE

5. 地表水水质自动站每月质控考核工作，________不影响数据有效判别。(　　)

A．多点线性核查　　B．实际水样比对

C．集成干预检查　　D．加标回收率自动测试

答案：CD

6. 地表水水质自动站每周制订下周运维计划，内容包括________。(　　)

A．维护时间　　B．维护人员　　C．维护内容　　D．水站参数配置

答案：ABC

7. 地表水水质自动站重金属仪器测试时峰形中有毛刺，以下恰当的检查做法是__________。(　　)

A．检查抛光液是否有问题

B．检查参比电极是否有填充液，或其中是否有气泡或析出物质

C．检查工作电极镀膜是否光滑完整，检查线性扫描是否合格

D．检查仪器接地线是否良好接地

答案：BCD

8. 地表水质自动监测系统包括________。(　　)

A．提水系统　　B．配水系统

C．水质自动监测仪　　D．自动操作控制系统

E．取样系统　　F．数据采集及传输

答案：ABCDF

9. 下列属于水站巡检内容的是________。(　　)

A．查看系统各部分的安全完好情况

B．查看系统运行状态和主要技术参数，判断运行是否正常

C．检查控制系统与通信系统是否正常

D．检查采样分析系统是否正常，清洗管路和采样杯内的沉积物

E．定期检查和更换试剂、清洗剂

F．定期对电极进行维护

答案：ABCDEF

10. 地表水自动监测系统中配置常规仪器设备的项目有________。(　　)

A．pH　　B．溶解氧　　C．氨氮　　D．高锰酸盐指数

答案：ABCD

11. 根据《污染源自动监控设施现场监督检查技术规范》，属于不正常运行的是________。(　　)

A．数据变化幅度无正当理由长期在 ±2% 范围内波动

B．分析仪器数据与数采仪数据不一致

C．试剂瓶内无试剂或试剂超过使用期限

D．检测池内部有遮挡光路的污物

答案：ABCD

12. 地表水水质自动站系统一个完整的运行周期包括________。(　　)

A．管路清洗　　B．系统清洗　　C．系统进样　　D．分析进样

答案：ABCD

四、判断题

1.《地表水自动监测技术规范（试行）》（HJ 915—2017）规定了地表水（包括海水）水质自动监测系统建设、验收、运行和管理等方面的技术要求。(　　)

答案：错误

正确答案：规定了地表水（海水除外）水质自动监测系统建设、验收、运行和管理等方面的技术要求。

2. 地表水水质自动站采样装置的吸水口应设在水下 0.5 ～ 2 m，并能够随水位变化适时调整位置，同时与水体底部保持足够的距离，防止底质淤泥对采样水质的影响。(　　)

答案：错误

正确答案：采样装置的吸水口应设在水下 0.5 ～ 1 m，并能够随水位变化适时调整位置，同时与水体底部保持足够的距离，防止底质淤泥对采样水质的影响。

3. 当地表水水质自动站监测项目前一个月 15 天以上为Ⅰ～Ⅱ类时，质控措施按照Ⅰ～Ⅱ类水体的质控要求进行，否则质控措施按照Ⅲ～劣Ⅴ类水体的质控要求进行。(　　)

答案：错误

正确答案：当监测项目上一个月 20 天以上为Ⅰ～Ⅱ类时，质控措施应按照Ⅰ～Ⅱ类水体的质控要求进行；否则质控措施应按照Ⅲ～劣Ⅴ类水体的质控要求进行。

4. 当地表水水质自动站质控结果连续 3 个月全部通过时，运维单位可降低该水站运维频次。(　　)

答案： 正确

5. 当地表水水质自动站水质监测数据异常或水质下降至水质类别发生变化时应启动一次留样（浮船站除外），留样后应按照应急维护要求执行。（　　）

答案： 正确

6. 当水质自动分析仪器关键部件更换后，无须进行多点线性核查，必要时应开展实际水样比对。（　　）

答案： 错误

正确答案： 当水质自动分析仪器关键部件更换后，应进行多点线性核查，必要时应开展实际水样比对。

7. 当水质自动分析仪长时间停机恢复运行时，应进行多点线性核查和集成干预。（　　）

答案： 正确

8. 当远程查看水质自动监测站数据时，发现某一时间点数据全部打上标识“F”，其含义是仪器通讯出现故障。（　　）

答案： 正确

9. 国家地表水水质自动监测数据五参数采集频率一般为 2 h 一次，出现应急特殊情况应根据实际情况进行调整。（　　）

答案： 错误

正确答案： 一般为 1 h 一次。

10. 地表水水质自动监测系统建设中，站址选择原则包括建站可行性、水质代表性、监测长期性、系统安全性和运行经济性。（　　）

答案： 正确

11. 地表水水质自动监测系统由水站和数据平台组成。水站指完成地表水水质自动监测的现场部分。数据平台指对水站进行远程监控、数据传输统计与应用的系统。（　　）

答案： 正确

12. 地表水水质自动站短时间停机（停机时间小于 24 h）：需要排空管路内试剂，再次运行时仪器须重新校准。（　　）

答案： 错误

正确答案： 短时间停机，停机时间小于 24 h，一般关机即可，再次运行时仪器需初始化并重新校准。

13. 根据《地表水自动监测技术规范（试行）》（HJ 915—2017），地表水水质自动监测系统站址选择要求为：河流监测断面一般选择在水质分布均匀、流速稳定的平直河流，距上游入河口或排污口的距离大于 1 km，原则上与原有的常规断面一致或者相近，以保证监测数据的连续性。（　　）

答案： 正确

14. 根据《地表水水质自动监测站运行维护技术要求（试行）》，水站每月监测项目数据有效率均应不小于 90%。（　　）

答案： 正确

15. 根据地表水水质自动站系统正常上水的要求，泵的供水量宜为 1 ～ 4 t/h。（　　）

答案：正确

16. 地表水水质自动站管路铺设为保证水管、线管等管路施工操作方便，开挖宽度不小于 0.5 m，深度一般不小于 0.5 m，冰冻地区开挖深度应满足当地防冻深度需求，管路预埋在开挖渠内靠站房并高于河涌一侧，且中间渠内无 U 字形地平。(　　)

答案：正确

17. 地表水水质自动监测仪器零点漂移定义为在未进行维修、保养或调节的前提下，仪器按规定的时间运行后，仪器的读数与零输入之间的偏差。(　　)

答案：正确

18. 地表水水质自动站每周进行的质控措施，与前一次间隔时间不得小于 5 天；每月开展的质控措施应在每月 15 日之后进行。(　　)

答案：错误

正确答案：每周进行的质控措施，与前一次间隔时间不得小于 4 天；每月开展的质控措施，与前一次间隔时间不得小于 15 天。

19. 地表水水质自动站溶解氧传感器在测量时前端膜头内有少量气泡不会影响测量。(　　)

答案：错误

正确答案：溶解氧传感器在测量时前端膜头内有少量气泡会影响测量。

20. 地表水水质自动站试剂更换后，应进行一次自动监测仪器的校准和标液核查。(　　)

答案：正确

21. 水站供电电源使用 220 V 交流电、三相四线制、频率 50 Hz，电源容量要按照站房全部用电设备实际用量的 1.5 倍计算。(　　)

答案：错误

正确答案：水站供电电源使用 380 V 交流电、三相四线制、频率 50 Hz，电源容量要按照站房全部用电设备实际用量的 1.5 倍计算。

22. 水站仪器设备维护期间及不满足质控要求的区间均属于失控状态，失控状态的数据均为无效数据。(　　)

答案：正确

23. 水质自动监测标准溶液贮存期除有明确的规定外，一般不得超过三个月。(　　)

答案：正确

24. 水质自动监测站现阶段数据审核为三级审核，其中各市级监测单位为一审，各省级监测单位为二审，国家监测总站为三审。(　　)

答案：错误

正确答案：其中一级审核由运维公司完成，二级审核由各省级环境监测站完成，三级审核由中国环境监测总站组织完成。

25. 因水站故障无法开展监测，或水站监测数据难以满足质量管理要求时，运营商应及时委托有资质的环境监测机构开展人工监测，每周监测不少于一次。(　　)

答案：错误

正确答案：补测频率为每周两次（《地表水水质自动监测站运行维护技术规范》）。

26. 运行维护单位定期对水站进行巡检，巡检频次不得低于每月一次。(　　)

答案：错误

正确答案：运行维护单位定期对水站进行巡检，巡检频次不得低于每周一次。

27. 在地表水自动监测中，如果仪器连续出现异常值，应及时采集水样送到实验室分析，此时可以用实验室分析结果代替仪器值参与均值计算。(　　)

答案：正确

28. 地表水水质自动站维护荧光法溶解氧电极过程中，清洗传感器外表面时如果有碎屑残留，用湿的软布擦拭，并要将传感器放在阳光直射或者通过放射能够照到的地方。(　　)

答案：错误

正确答案：应避免荧光帽的内表面被阳光暴晒。

29. 地表水水质自动站长时间停机（连续停机时间超过 24 h），对采样水泵断电处理即可，再次运行时需要检查采样单元运行情况。(　　)

答案：错误

正确答案：停机时间小于 24 h，对采样水泵断电处理即可，再次运行时应检查采样单元运行情况。连续停机时间超过 24 h，对系统控制柜内部采样水泵供电线路进行断电，并排空配水单元水样。

30. 水质自动分析仪进行零点核查时不允许屏蔽负值。(　　)

答案：正确

五、简答题

1. 地表水水质自动监测站通常由哪几个部分（单元）组成？

答案：①采配水单元；②控制单元；③检测单元；④数据采集和传输单元；⑤数据平台建设。

2. 定期需对水质自动站仪器进行哪些性能核查？

答案：定期对仪器进行准确度、精密度、检出限、标准曲线、加标回收率、零点漂移、量程漂移检查及每次仪器维护前后的校准工作。

3. 国考地表水水质自动站中，常说的监测 9 指标，指的是哪 9 个项目？

答案：9 个项目是：水温、pH、浊度、溶解氧、电导率、氨氮、高锰酸盐指数、总氮、总磷。

4. 简述高锰酸盐指数水质自动分析仪的测定原理。

答案：在《高锰酸盐指数水质自动分析仪技术要求》（HJ/T 100—2003）中，水样进入仪器的反应室后，加入已知量高锰酸钾和硫酸，在沸水浴中加热 30 min，高锰酸钾将样品中的某些有机物和无机还原性物质氧化，反应后加入过量草酸钠还原剩余的高锰酸钾，再用高锰酸钾标准溶液回滴过量草酸钠。通过计算得到样品中高锰酸盐指数。

5. 什么是水质自动站维护区间？

答案：维护区间是指仪器进入更换试剂、更换部件、人工校准等维护至满足质控要求的区间。

6. 正常运行的水质自动站中，每日 6 点、7 点水站系统自动进行零点核查与跨度核查。请写出零点核查与跨度核查的定义？

答案：零点核查是指采用水质自动分析仪测试跨度值 0 ～ 20% 的标准溶液的示值误差，判断仪器可靠性的措施。跨度核查是指采用水质自动分析仪测试跨度值20%～80%左右的标准溶液的示值误差，判断仪器可靠性的措施。

7. 简述水质自动站多点线性核查未通过，后续正确处理流程。

答案：当多点线性核查不合格时，应该查找原因，维护仪器，进行一次零点和跨度核查与漂移，第二天还需对核查情况进行复核，跨度漂移合格的情况下，重新进行多点线性核查，核查结果合格7日（当月不足7日可免做）后，再进行一次多点线性核查并合格，当月重做的数据才能视为有效。

8. 简述水质自动站集成干预检查的操作流程和意义。

答案：集成干预检查是指系统开始采水时在采水口处人工采集水样，沉淀30 min后取上清液摇匀待系统测试完毕后，直接经水质自动分析仪测试，与系统自动测定的结果进行比对，检查系统集成对水质的影响。

水质自动监测系统的采水管路、预处理单元、分析仪器的前处理单元所采用的沉沙、破碎、过滤等措施，都可能导致进入分析仪器的源水性质发生变化，从而产生系统误差，使监测结果发生偏离。而不进行相关的预处理，源水所含杂质又可能导致分析仪器无法正常测量，甚至损坏仪器部件。进行集成干预检查，意在根据现场情况，建立合理的预处理方式和流程，保证仪器正常测量的情况下，尽量减少系统误差。

第二节　大气自动监测

一、填空题

1.《环境空气气态污染物（SO_2、NO_2、O_3、CO）连续自动监测系统运行和质控技术规范》（HJ 818—2018）中，开放光程分析仪器指采用从发射端发射光束经________环境到接收端的方法测定该光束光程上平均空气污染物浓度的仪器。

答案：开放

2. 根据《环境空气质量监测点位布设技术规范》（HJ 664—2013），从环境空气监测仪器采样口或者监测光束到最近的最高障碍物之间的水平距离，至少要是该障碍物高出采样口或者监测光束距离的________倍以上。

答案：2

3. 根据《环境空气颗粒物（PM_{10}和$PM_{2.5}$）连续自动监测系统技术要求及检测方法》（HJ 653—2013），PM_{10}和$PM_{2.5}$连续自动监测系统进行有效数据率测试时，连续运行至少________天，有效数据率不低于________%。

答案：90　85

4. 依据《环境空气质量监测点位布设技术规范（试行）》（HJ 664—2013）要求，对自动监测，其采样口或监测光束离地面高度应在________～________m。

答案：3　20

5. 根据《环境空气颗粒物（PM_{10}和$PM_{2.5}$）连续自动监测系统安装和验收技术规范》（HJ 655—

2013），$PM_{2.5}$ 连续自动监测系统的调试检测项目中，参比方法比对调试的相关系数为________。

答案： ≥0.93

6. 根据《环境空气气态污染物（SO_2、NO_2、O_3、CO）连续自动监测系统技术要求及检测方法》（HJ 654—2013），在测试流量稳定性对气态连续监测系统的影响时，待测分析仪应连续稳定运行__________天。

答案： 8

7. 根据《环境空气颗粒物（PM_{10} 和 $PM_{2.5}$）连续自动监测系统运行和质控技术规范》（HJ 817—2017），使用标准流量计对β射线法颗粒物监测仪进行流量检查时，实测流量应在设计流量的__________以内，且示值流量与实测流量的误差应在__________范围以内。

答案： ±5%　±2%

8. 环境空气自动监测系统现场数据比对验收时对数据要进行抽样检查，随机抽取试运行期间__________的监测数据，比对上位机接收到的数据和现场机存储的数据，数据传输正确率应大于等于__________。

答案： 7天　95%

9. 颗粒物自动监测仪的切割器根据__________设计，用于分离__________颗粒物（PM_{10} 和 $PM_{2.5}$）。

答案： 空气动力学原理　不同直径的

10.《环境空气气态污染物（SO_2、NO_2、O_3、CO）连续自动监测系统技术要求及检测方法》（HJ 654—2013）规定，点式环境空气气态污染物（NO_2）连续自动监测分析仪器中 NO_2-NO 转化器的转换效率应该≥__________。

答案： 96%

11. 环境空气自动监测系统试运行结束后，计算监测数据获取率应__________。

答案： ≥90%

12. 环境空气气态污染物（SO_2、NO_2、O_3、CO）点式连续自动监测系统 SO_2、NO_2、O_3 分析仪器零点噪声应小于等于__________；CO 分析仪器零点噪声应小于等于__________。

答案： 1 ppb　0.25 ppm

13. 环境空气气态污染物（SO_2、NO_2、O_3、CO）点式连续自动监测系统 SO_2、NO_2、O_3 分析仪长期零点漂移应在 ±__________以内；CO 分析仪器长期零点漂移应在 ±__________以内。

答案： 10 ppb　2 ppm

14. PM_{10} 和 $PM_{2.5}$ 连续监测系统所配置监测仪器的测量方法为__________或__________。

答案： β射线吸收法　微量振荡天平法

15. PM_{10} 和 $PM_{2.5}$ 连续自动监测系统调试检测项目温度测量示值误差为≤__________℃，大气压测量示值误差为≤__________kPa。

答案： ±2　±1

16. 根据《环境空气气态污染物（SO_2、NO_2、O_3、CO）连续自动监测系统技术要求及检测方法》（HJ 654—2013），开放光程连续监测系统中校准单元应具有__________测量灯谱的功能。

答案： 自动记录

17. 环境空气质量自动监测系统中，通常情况下，连接气态污染物监测仪器与采样总管的管路材质为__________。

答案：聚四氟乙烯

18. 进行臭氧监测仪的量值溯源时，目前国际或国家最高级别的臭氧标准设备是__________。

答案：臭氧标准参考光度计（SRP）

19. 环境空气气态污染物（SO_2、NO_2、O_3、CO）点式连续监测系统中，校准设备主要由__________、动态校准仪、O_3 校准仪、标准钢瓶气等组成。

答案：零气发生器

20. 环境空气自动监测仪器的采样总管每年至少清洁 1 次，每次清洁后，应进行__________。

答案：检漏测试

21. 空气质量自动监测采样口周围水平面应该有__________以上的捕集空间；如果采样口一边靠近建筑物，采样口周围水平面应有__________以上的自由空间；对于环境空气质量评价城市点采样口周围至少__________范围内无明显污染源。

答案：270°　180°　50 m

22. 环境空气自动监测系统是由监测子站、中心计算机室、__________和系统支持实验室等 4 部分组成。

答案：质量保证实验室

23. 自动监测仪器每天零点校准时间应避开当地污染物浓度的__________时间，最好在__________进行。

答案：高峰　　午夜

24. 根据固定污染源烟气排放连续监测系统技术规范，进行技术验收时的条件应包括：调试检测后至少稳定运行__________，CEMS 连续运行时间应不少于__________。

答案：7 天　168 h

25. 零气发生器所产生的零气不能含有__________、水分和其他对仪器分析产生干扰的物质。

答案：待测气体组分

26. 环境空气气态污染物（SO_2、NO_2、O_3、CO）点式连续自动监测系统 SO_2、NO_2、O_3 分析仪器响应时间（上升时间 / 下降时间）应小于等于__________；CO 分析仪器响应时间（上升时间 / 下降时间）应小于等于__________。

答案：5 min　4 min

27. 采样装置总管入口应防止__________和__________进入，同时应避免鸟类、小动物和大型昆虫进入。

答案：雨水　　粗大的颗粒物

28. 根据《环境空气颗粒物（PM_{10} 和 $PM_{2.5}$）连续自动监测系统安装和验收技术规范》（HJ 655—2013），颗粒物自动监测仪采样管长度不超过__________。

答案：5 m

29. 颗粒物自动监测仪配有膜动态测量系统后仪器能准确测量在测量过程中__________颗粒

物，使最终报告数据得到有效补偿，更接近于__________。

答案：挥发掉的　　真实值

30. 根据《环境空气颗粒物（PM_{10} 和 $PM_{2.5}$）连续自动监测系统运行和质控技术规范》（HJ 817—2018），当β射线法颗粒物监测仪流量校准时，示值流量与实测流量的误差超过__________时，需要对流量进行校准。

答案：±5%

31. 气体滤波相关红外法测定一氧化碳时，主要的干扰物有__________、__________等。

答案：水　　二氧化碳

32. 根据《环境空气气态污染物（SO_2、NO_2、O_3、CO）连续自动监测系统技术要求及检测方法》（HJ 654—2013），在开放光程连续监测系统中运用__________原理来完成校准工作。

答案：等效浓度

33. 根据《环境空气气态污染物（SO_2、NO_2、O_3、CO）连续自动监测系统技术要求及检测方法》（HJ 654—2013），对于开放光程仪器，在保证监测点具有空间代表性的前提下，若所选点位周围半径 300 ～ 500 m 内建筑物平均高度在 20 m 以上，其监测光束离地面高度可以在__________内选取。

答案：15 ～ 25 m

34. 光程是开放光程监测仪器的监测光束由光源__________到__________所经过的路径长度。

答案：发射端　　接收端

35. 根据《国家环境监测网环境空气颗粒物（PM_{10}、$PM_{2.5}$）自动监测手工比对核查技术规定（试行）》要求，若单个采样时段颗粒物手工监测结果大于__________，则计算自动监测结果与手工采样结果的相对误差；反之则不参与计算。

答案：35 $\mu g/m^3$

36. 对污染物浓度数据有效性的最低要求中规定，SO_2、NO_2、CO、PM_{10} 和 $PM_{2.5}$ 的 24 h 平均值须符合每日至少有__________h 平均浓度值或采样时间。

答案：20

37. 自动监测仪器在联网验收时，要求单台数据采集传输仪每日掉线次数在__________次以内。

答案：5

38. 自动监测仪器主要技术参数应与__________和__________保持一致。

答案：仪器说明书要求　　系统安装验收时的设置值

39. 对于不能在现场完成故障检修的仪器，应送至__________进行检查和维修，并及时采用__________开展监测。

答案：系统支持实验室　　备用仪器

40. O_3 监测仪器的零点、跨度检查（或校准）操作应避免在每日__________至__________臭氧浓度较高时段内进行，若必须在该时段进行，检查（或校准）时间不应超过 1 h。

答案：12:00　18:00

41. 根据《环境空气颗粒物（PM_{10} 和 $PM_{2.5}$）连续自动监测系统运行和质控技术规范》（HJ

817—2018），低浓度环境条件下颗粒物监测仪器技术性能范围内的零值或负值为有效数据，应采用修正后的值__________ μg/m^3 参加统计。

答案：2

42. 根据《环境空气颗粒物（PM_{10} 和 $PM_{2.5}$）连续自动监测系统运行和质控技术规范》（HJ 817—2018），颗粒物准确度审核时，将自动监测数据与手工监测数据的日均值进行比较分析，以__________作为评价依据，每日自动监测数据与手工监测数据的相对偏差均应达到数据质量目标。

答案：数据质量目标

43. 对于环境空气气态污染物（SO_2、NO_2、O_3、CO）点式连续自动监测系统各分析仪至少每周进行 1 次跨度检查，当发现跨度超过仪器调节控制限时，及时对仪器进行__________校准。

答案：漂移

44. 采用微量振荡天平法测量 $PM_{2.5}$，自动监测仪器必须加装__________，才能保证测量结果的准确性。

答案：膜动态测量系统（FDMS）

45. 环境空气质量自动监测系统钢瓶标准气每次装上减压调节阀并连接到系统后，应检查气路__________。

答案：是否漏气

46. 环境空气自动监测系统站房需设置接地设备、避雷装置，配有空调设备、除湿设备、防尘措施等，一般温度控制在__________为宜，相对湿度控制在__________以下。

答案：25℃ ±5℃　80%

47. 根据《环境空气气态污染物（SO_2、NO_2、O_3、CO）连续自动监测系统技术要求及检测方法》（HJ 654—2013），在进行示值误差测试时，应通入浓度约__________量程的标准气体。

答案：50%

48. 环境空气气态污染物（SO_2、NO_2、O_3、CO）点式连续监测系统的零气发生器中，氧化剂的目的是将空气中的__________氧化为__________，使得活性碳能够较充分吸附。

答案：NO　NO_2

49. 环境空气气态污染物（SO_2、NO_2、O_3、CO）点式连续监测系统中，具备__________功能的监测系统，每天进行一次零点检查和校准；不具备该功能的监测系统，至少_____进行一次零点检查和校准。

答案：自动校准　每周

50. 对 PM_{10} 和 $PM_{2.5}$ 连续自动监测系统进行验收时，监测系统已经至少连续运行 60 天，需要出具__________、__________，其数据应符合《环境空气质量标准》（GB 3095—2012）中关于污染物浓度数据有效性的最低要求。

答案：日报表　月报表

51. 根据《环境空气气态污染物（SO_2、NO_2、O_3、CO）连续自动监测系统技术要求及检测方法》（HJ 654—2013），在进行仪器干扰成分影响测试时，每种干扰气体应重复测试__________次。

答案：3

52. 根据《环境空气自动监测臭氧标准传递工作实施方案》，臭氧传递标准外出工作前后应与___________进行比对，并制定___________控制要求，以检查运输等因素对其影响。

答案：实验室控制标准　　比对偏差

53. 在进行臭氧发生器的标准传递时，臭氧发生器与传递标准或工作标准应使用同一个___________源。

答案：零气

54. 根据《环境空气臭氧标准参考光度计间接比对作业指导书》，管线的材质应采用不与臭氧发生化学反应的惰性材料，如___________、___________等。

答案：硼硅酸盐玻璃　　聚四氟乙烯

55. 在量程噪声测试时，监测系统运行稳定后，将浓度为_________标准气体通入分析仪器，每 2 min 记录该时间段数据的平均值，获得至少 25 个数据，计算所取得数据的___________。

答案：80% 量程　　标准偏差

56. 空气自动站应在每月第一周编制上月___________和___________，每月最后一周制定下月___________。

答案：运维报告　　质控报告　　质控计划

二、单选题

1. 臭氧比对核查时，设置臭氧核查标准产生浓度为________的臭氧，依次通入臭氧分析仪 30 min，仪器自动记录分钟数据。(　　)

A．50 nmol/mol、75 nmol/mol、125 nmol/mol、仪器日常校准点浓度

B．50 nmol/mol、75 nmol/mol、125 nmol/mol、仪器 50% 满量程点浓度

C．45 nmol/mol、75 nmol/mol、125 nmol/mol、仪器日常校准点浓度

D．45 nmol/mol、75 nmol/mol、125 nmol/mol、仪器 50% 满量程点浓度

答案：C

2. 通常连接环境空气质量自动监测仪器和采样总管的管路材质为________。(　　)

A．玻璃　　B．聚四氟乙烯　　C．橡胶管　　D．氯乙烯管

答案：B

3. 零点漂移指在未进行维修、保养或调节的前提下，仪器按规定的时间运行后，仪器的读数与零输入之间的________。(　　)

A．平均值　　B．偏差　　C．相加　　D．最大值

答案：B

4. 环境空气气态污染物（SO_2、NO_2、O_3、CO）点式连续自动监测系统零气源中的活性炭主要作用是吸附环境空气中的污染物，但活性炭不能吸附或吸附效率低的物质是________。(　　)

A．O_3、NO_2　　B．NO、CO　　C．O_3、SO_2　　D．NO_2、SO_2

答案：B

5. 环境空气气态污染物（SO_2、NO_2、O_3、CO）连续自动监测系统 SO_2、NO_2、CO 分析仪器示值误差应低于________。(　　)

A. ±1%F.S　　B. ±2%F.S　　C. ±3%F.S　　D. ±4%F.S

答案：B

6. β射线法监测仪走纸电机报警，不可能有________原因。(　　)

A. 纸带断裂或用完　　B. 摩擦从动轮没有动作

C. 抽气泵故障　　D. 走纸电机损坏

答案：C

7. 校准膜重现性测量中，待测监测仪预热稳定后，按照操作规程插入校准膜片，待读数稳定后记录显示值，需重复上述操作________次，然后计算标准膜的平均值。(　　)

A. 1　　B. 2　　C. 3　　D. 4

答案：B

8. 如果 NO_x 监测仪臭氧发生器出现故障不能产生臭氧，监测仪测量数据会产生________影响。(　　)

A. NO_2 为零，NO、NO_x 测量浓度较高　　B. NO、NO_2、NO_x 测量浓度同时接近为零

C. NO、NO_2、NO_x 测量浓度同时较高　　D. NO 为零，NO_2、NO_x 测量浓度较高

答案：B

9. 在对化学发光法氮氧化物分析仪进行 NO 跨度检查时，发现 NO 跨度响应不稳定，以下不是引起跨度响应不稳定的原因有________。(　　)

A. 漏气　　B. 钼炉温度偏低　　C. 仪器预热不充分　　D. 漏光

答案：B

10. 在对化学发光法氮氧化物分析仪进行跨度检查时，发现跨度响应较慢，以下不是引起跨度响应偏慢的原因的有：________。(　　)

A. 样品管路沾污　　B. 样品传输管路太长

C. 选用不恰当的管材　　D. 零气不纯

答案：D

11. 在紫外荧光法测定二氧化硫过程中，样气中存在碳氢化合物会使测定结果________，样气中存在水汽会使测定结果________。(　　)

A. 偏低　偏高　　B. 偏高　偏高　　C. 偏低　偏低　　D. 偏高　偏低

答案：D

12. 对于采用化学发光法的 NO_2 监测仪器，至少每________个月检查一次二氧化氮转换炉的转换效率，转换效率应≥________%，否则应进行维修或更换。(　　)

A. 2　96　　B. 2　98　　C. 3　98　　D. 6　96

答案：D

13. 根据《环境空气气态（SO_2、NO_2、O_3、CO）连续自动监测系统技术要求及监测方法》（HJ 654—2013），采样气体在采样管线内的滞留时间应小于________。(　　)

A. 10 s　　B. 15 s　　C. 20 s　　D. 25 s

答案：C

14. 环境空气气态污染物开放光程连续监测系统处于校准状态下，光从光源发射端到接收端的

光程，________实际测量时的光程。(　　)

A. 远大于　　B. 远小于　　C. 等于　　D. 以上都不是

答案：B

15. 环境空气气态污染物（SO_2、NO_2、O_3、CO）连续自动监测系统中，对完成预防性检修的仪器，应进行连续________的仪器运行考核，在确认仪器工作正常后，仪器方可投入使用。(　　)

A. 24 h　　B. 48 h　　C. 72 h　　D. 168 h

答案：A

16. 环境空气气态污染物（SO_2、NO_2、O_3、CO）连续自动监测系统 CO 分析仪器 24 h 零点漂移应低于________。(　　)

A. ±0.2 ppm　　B. ±0.5 ppm　　C. ±1 ppm　　D. ±2 ppm

答案：C

17. 用 GPT（气相滴定）方式产生 NO_2 标准气时，要求 NO 与臭氧完全反应，剩余臭氧的浓度小于________。(　　)

A. 0.5%　　B. 1%　　C. 1.5%　　D. 2%

答案：B

18. 采用 β 射线法测定 PM_{10} 和 $PM_{2.5}$，仪器采样流量误差应在工作点流量________L/min 的________% 范围内。(　　)

A. 16.67　±2　　B. 16.67　±8　　C. 16.67　±5　　D. 16.67　±10

答案：C

19. 根据《环境空气气态污染物（SO_2、NO_2、O_3、CO）连续自动监测系统技术要求及检测方法》（HJ 654—2013），在进行仪器响应上升时间测试时，当待测分析仪器显示值上升至标准气体浓度标称值的________时，停止计时。(　　)

A. 80%　　B. 85%　　C. 90%　　D. 95%

答案：C

20. 根据《环境空气气态污染物（SO_2、NO_2、O_3、CO）连续自动监测系统技术要求及检测方法》（HJ 654—2013），SO_2 点式连续分析仪的响应时间应小于等于________。(　　)

A. 1 min　　B. 3 min　　C. 5 min　　D. 10 min

答案：C

21. 用紫外荧光法分析二氧化硫时，发现有较大的测量噪声，可能的原因是________。(　　)

A. 气路系统泄漏　　B. UV 灯输出太低　　C. 漏光　　D. 以上都是

答案：D

22. 对于使用开放光程监测分析仪器，应每________个月进行 1 次单点校准。(　　)

A. 1　　B. 3　　C. 6　　D. 12

答案：B

23. 根据《环境空气颗粒物（PM_{10} 和 $PM_{2.5}$）连续自动监测系统安装和验收技术规范》（HJ 655—2013），颗粒物在线监测仪的采样口与其他仪器采样口之间水平距离应大于________m。(　　)

A. 0.5　　B. 0.8　　C. 1　　D. 1.2

答案：C

24. 环境空气气态污染物（SO_2、NO_2、O_3、CO）点式连续自动监测系统多气体动态校准仪流量线性误差不大于________；臭氧发生浓度误差不大于________。（　　）

A. 1%　2%　　B. 1%　5%　　C. 2%　5%　　D. 5%　2%

答案：A

25. 环境空气气态污染物（SO_2、NO_2、O_3、CO）连续自动监测系统 SO_2、NO_2、O_3 分析仪器长期（≥7d）量程漂移应低于________。（　　）

A. ±5 ppb　　B. ±10 ppb　　C. ±15 ppb　　D. ±20 ppb

答案：D

26. 根据《污染源自动监控设施现场监督检查技术指南》，气污染源采样伴热管的长度在______m以内，且其走向向下倾斜度大于 5°，管路无低凹，伴热管温度应大于________℃。（针对直接抽取法）（　　）

A. 76　120　　B. 100　80　　C. 150　100　　D. 120　100

答案：A

27.《固定污染源废气　非甲烷总烃连续监测系统技术要求及检测方法》（HJ 1013—2018）规定了固定污染源废气非甲烷总烃连续监测系统的主要技术要求、检测项目和检测方法。使用催化氧化技术氧化除甲烷外的气态有机化合物的装置，其转化效率应不低于________%。（　　）

A. 85　　B. 90　　C. 95　　D. 99

答案：C

28. 在空气自动监测系统中，NO_2-NO 转换炉转换效率测试时，该值应大于________，否则应对转化炉再生或更换。（　　）

A. 95%　　B. 96%　　C. 98%　　D. 99%

答案：B

29. 根据《环境空气臭氧传递标准间逐级校准作业指导书》，对分析型臭氧传递标准进行校准后，所获得校准曲线公式中的各项指标应符合以下要求：________。（　　）

A. 相关系数 $r>0.9999$；$0.95 \leqslant$ 斜率 $a \leqslant 1.05$，-1 nmol/mol $\leqslant$ 截距 $b \leqslant 1$ nmol/mol

B. 相关系数 $r>0.999$；$0.99 \leqslant$ 斜率 $a \leqslant 1.01$，-5 nmol/mol $\leqslant$ 截距 $b \leqslant 5$ nmol/mol

C. 相关系数 $r>0.9999$；$0.99 \leqslant$ 斜率 $a \leqslant 1.01$，-5 nmol/mol $\leqslant$ 截距 $b \leqslant 5$ nmol/mol

D. 相关系数 $r>0.999$；$0.95 \leqslant$ 斜率 $a \leqslant 1.05$，-5 nmol/mol $\leqslant$ 截距 $b \leqslant 5$ nmol/mol

答案：D

30. 对环境空气质量自动监测污染物浓度数据有效性的最低要求里，每月至少要有________个日平均浓度值，每年至少要有________个日平均浓度值。（　　）

A. 26　324　　B. 27　324

C. 26　320　　D. 27　320

答案：B

31. PM_{10} 和 $PM_{2.5}$ 连续监测系统在进行性能验收时，校准膜的滤膜重现性应在________% 以内。

（ ）

A. ±1　　B. ±2　　C. ±3　　D. ±2.5

答案：B

32. 对运行中的气体分析仪至少每________个月进行一次多点校准。（ ）

A. 3　　B. 6　　C. 9　　D. 12

答案：B

33. 环境空气自动监测系统的日常标准传递和量值溯源工作不包括________。（ ）

A. 臭氧标准传递　　B. 钢瓶气标准传递　　C. 仪器多点校准　　D. 标准流量计检定

答案：C

34. 根据《环境空气气态污染物（SO_2、NO_2、O_3、CO）连续自动监测系统运行和质控技术规范》（HJ 818—2018），对于监测仪器的采样流量，至少每月进行 1 次检查，当流量误差超过________时，应及时进行校准。（ ）

A. ±2%　　B. ±5%　　C. ±10%　　D. ±15%

答案：C

35. 环境空气气态污染物（SO_2、NO_2、O_3、CO）连续自动监测系统各子站应根据环境空气中颗粒物浓度和采样体积定期更换采样滤膜，滤膜最长使用时间不得超过 14 天，当发现在 5 ～ 15 min 内臭氧含量递减________时，应立即更换滤膜。（ ）

A. 1% ～ 5%　　B. 5% ～ 10%　　C. 7% ～ 11%　　D. 10% ～ 15%

答案：B

36. 环境空气自动监测系统中，若精密度审核与仪器零 / 跨调节一起进行时，精密度审核可以在零 / 跨调节________进行。（ ）

A. 之后　　B. 之前　　C. 之前或之后均可　　D. 都不是

答案：B

37. PM_{10} 浓度检测系统是根据 β 射线吸收原理设计的，β 射线是一种高速带电粒子，在一定条件下，其衰减量的大小仅与吸收物质的________有关。（ ）

A. 质量　　B. 形状　　C. 颜色　　D. 分散度

答案：A

38. 化学发光法测定 NO_x 的基本原理是________。（ ）

A. NO 和 O_3 反应，发射光强度与 NO 浓度成正比

B. NO_2 和 O_3 反应，发射光强度与 NO_2 浓度成正比

C. 先将 NO_2 还原为 NO，NO 与 O_3 反应产生激发态 NO_2 分子，当此分子返回常态时，发出一定能量的光，此强度与样品中 NO_x 浓度成正比

答案：C

39.《环境空气颗粒物（PM_{10} 和 $PM_{2.5}$）连续自动监测系统安装和验收技术规范》（HJ 655—2013）要求，PM_{10} 和 $PM_{2.5}$ 连续监测系统试运行至少________天。因系统故障等造成运行中断，恢复正常后，重新开始试运行。（ ）

A. 1　　B. 7　　C. 30　　D. 60

答案：D

40. 在空气质量自动监测系统中紫外荧光仪能测定________。(　　)

A. SO_2　　B. NO　　C. NO_2　　D. NO_x

答案：A

41. 颗粒物连续自动监测仪器采样管应________安装。(　　)

A. 平直　　B. 竖直　　C. 水平　　D. 倾斜

答案：B

42.《环境空气气态污染物连续自动监测系统安装验收技术规范》(HJ/T 193—2013)中规定，采样口离建筑物墙壁、屋顶等支撑物表面的距离应大于________m。(　　)

A. 0.5　　B. 1　　C. 1.5　　D. 2

答案：B

43. 颗粒物连续自动监测仪器的平行性是指每一批次数据结果的________。(　　)

A. 平均值　　B. 均方根　　C. 立方根　　D. 算术平方根

答案：B

44. 环境空气气态污染物(SO_2、NO_2、O_3、CO)点式连续自动监测系统中，其气体动态校准仪流量控制线性误差应在 ±________以内。(　　)

A. 1%　　B. 2%　　C. 3%　　D. 4%

答案：A

45. 环境空气气态污染物(SO_2、NO_2、O_3、CO)连续自动监测系统中，对标准传递用标准气象传感器至少________送至国家有关部门进行质量检验和标准传递 1 次。(　　)

A. 每三年　　B. 每两年　　C. 每年　　D. 每半年

答案：B

46.《环境空气质量标准》(GB 3095—2012)规定，气态污染物有效小时均值是指整点 1 h 内不少于________的有效数据的算术平均值。(　　)

A. 30 min　　B. 45 min　　C. 50 min　　D. 60 min

答案：B

47. 根据《环境空气气态污染物(SO_2、NO_2、O_3、CO)连续自动监测系统运行和质控技术规范》(HJ 818—2018)，用作传递标准的臭氧校准仪至少________送至有资质的标准传递单位进行 1 次量值溯源。(　　)

A. 每三个月　　B. 每半年　　C. 每年　　D. 每两年

答案：B

48. 根据《环境空气臭氧传递标准间逐级校准作业指导书》，发生型臭氧传递标准与零气发生器接通后，可通过调节其汞灯功率在量程范围内准确产生固定浓度的臭氧样品气体，臭氧发生浓度误差≤ ±________% 或________nmol/mol。(　　)

A. 2　2　　B. 1　2　　C. 2　1　　D. 1　1

答案：A

49. β 射线法颗粒物监测仪的放射源采用________。(　　)

A. ^{12}C　　B. ^{20}C　　C. ^{14}C　　D. ^{15}C

答案：C

50. 环境空气自动监测颗粒物仪器采样口距离地面的高度应为________。(　　)

A. 40 m 以上　　B. 25 ～ 35 m　　C. 3 ～ 15 m　　D. 1.5 m

答案：C

51. 每月应对环境空气质量自动监测点的微量振荡天平法设备的流量进行检查，实测流量应在设定流量的________ % 以内。(　　)

A. ±10　　B. ±15　　C. ±5　　D. ±2

答案：C

52. 环境空气自动监测系统试运行结束后，计算监测数据获取率，应大于等于________。(　　)

A. 90%　　B. 80%　　C. 70%　　D. 60%

答案：A

53. β 射线法颗粒物监测仪环境温度与压力传感器检查至少每________个月检测 1 次。(　　)

A. 6　　B. 1　　C. 2　　D. 3

答案：D

54. 空气自动监测子站的采样总管内径应选择在________，采样总管内的气流应保持层流状态，采样气体在总管内的滞留时间应小于________，各采样质管接头之间的间隔距离应大于________。(　　)

A. 1.5 ～ 15 cm　25 s　5 cm　　B. 2.5 ～ 16 cm　20 s　8 cm

C. 1.5 ～ 15 cm　20 s　8 cm　　D. 2.5 ～ 16 cm　25 s　5 cm

答案：C

55. 烟气在线监测系统比对监测质量保证和质量控制技术要求每次手工监测和在线监测比对监测数据：气态污染物对不少于________对，颗粒物、流速、烟温等样品不少于________对。(　　)

A. 6　3　　B. 8　4　　C. 6　6　　D. 3　3

答案：A

56.《环境空气颗粒物（PM_{10} 和 $PM_{2.5}$）连续自动监测系统技术要求及检测方法》（HJ 653—2013）中，$PM_{2.5}$ 连续自动监测系统使用参比方法比对测试，测试结果进行线性回归分析，符合以下要求：斜率________；截距 0±10 μg/m^3；相关系数≥________。(　　)

A. 1±0.10　0.90　　B. 1±0.15　0.90

C. 1±0.10　0.93　　D. 1±0.15　0.93

答案：D

三、多选题

1. 常规环境空气质量监测点可分为________。(　　)

A. 污染监控点　　B. 空气质量评价点

C. 空气质量对照点　　D. 空气质量背景点

答案：ABCD

2. 根据《环境空气质量评价技术规范（试行）》（HJ 663—2013），单点环境空气质量评价指针对某监测点位所代表空间范围的环境空气质量评价。监测点位包括________。(　　)

A. 城市点　　B. 区域点　　C. 污染监测点　　D. 路边交通点

E. 背景点

答案：ABCDE

3. PM_{10} 和 $PM_{2.5}$ 连续监测系统包括________以及其他辅助设备。(　　)

A. 样品采集系统　　B. 样品测量单元

C. 采样泵　　D. 数据采集和传输单元

答案：ABD

4. 环境空气监测点位布设原则包括________。(　　)

A. 代表性　　B. 整体性　　C. 可比性　　D. 前瞻性

E. 稳定性

答案：ABCDE

5. 根据《环境空气质量指数（AQI）技术规定（试行）》（HJ 633—2012），具有 1 h 平均浓度限值标准的污染物项目有________。(　　)

A. SO_2　　B. NO_2　　C. PM_{10}　　D. $PM_{2.5}$

E. CO

答案：ABE

6. 表示空气质量指数级别的颜色有________。(　　)

A. 蓝色　　B. 绿色　　C. 橙色　　D. 黄色

E. 褐红色

答案：BCDE

7. 下列属于环境空气连续自动监测系统质量保证实验室主要任务的是________。(　　)

A. 对系统所用监测设备进行标定、校准和审核

B. 对检修后的仪器设备进行校准和主要技术指标的运行考核

C. 系统有关监测质量控制措施的制定和落实

D. 对监测子站的监测仪器进行远程诊断和校准

答案：ABC

8.《环境空气质量指数（AQI）技术规定（试行）》（HJ 633—2012）规定的内容包括________。(　　)

A. 空气质量指数日报和实时报的发布内容，发布格式和其他相关要求

B. 环境空气质量指数的分级方案和计算方法

C. 环境空气质量功能分类、标准分级等

D. 环境空气质量级别与类别

答案：ABD

9. 环境空气质量连续自动监测系统气态分析仪的性能指标验收检测项目包括________。(　　)

A. 量程精密度　　B. 示值误差

C. 24 h 零点漂移　　　　　　　　　　　D. 24 h 80% 量程漂移

答案：BCD

10. 环境空气质量自动监测 PM_{10} 的推荐方法是________。(　　)

A. 微量振荡天平法　B. 化学发光法　　C. β 射线法　　　D. 紫外荧光法

答案：AC

11. 采用差分吸收光谱法（DOAS 法）的监测仪器分析项目主要有________。(　　)

A. NO_2　　　　B. SO_2　　　　C. O_3　　　　D. CO

答案：ABC

12. 环境空气连续自动监测系统用于标准传递的精密天平应放置在独立的天平间，天平间应具备的条件是________。(　　)

A. 恒温　　　　B. 恒压　　　　C. 恒湿　　　　D. 防震

答案：ACD

13. 环境空气监测网络设计的一般原则包括________。(　　)

A. 在监测范围内，必须能提供足够的、有代表性的环境质量信息

B. 监测网络应考虑获得信息的完整性

C. 以社会经济和技术水平为基础，根据监测的目的进行经济效益分析

D. 影响监测点位的其他因素

答案：ABCD

14. 国家环境空气质量监测网应设置________。(　　)

A. 环境空气质量评价点　　　　B. 环境空气质量背景点

C. 区域环境空气质量对照点　　D. 环境空气质量监控点

答案：ABC

15. 子站数据无法在信息平台上查到，可能的原因是________。(　　)

A. 数采仪故障　　　　B. 系统数据上传软件未开启

C. 网络平台有问题　　D. 工控机故障

答案：ABCD

四、判断题

1.《环境空气　一氧化碳的自动测定　非分散红外法》（HJ 965—2018）标准适用于环境空气中一氧化碳的测定，当仪器量程为 0 ~ 50 μmol/mol 时，仪器方法检出限 0.07 mg/m^3。(　　)

答案：正确

2. DOAS 系统方法是在 100 ~ 1 000 m 距离范围内测定在一条线上污染物的浓度。(　　)

答案：正确

3. PM_{10}、$PM_{2.5}$ 自动监测手工比对核查工作，进行采样器平行性和准确性检查时，将至少 2 台参比方法采样器与审核采样器相互间距 1.5 ~ 3.0 m 放置。(　　)

答案：正确

4. TEOM 微量振荡天平法测定颗粒物浓度时，当采样气流通过滤膜时，其中的颗粒物沉积在滤

膜上，滤膜的质量变化导致振荡空心锥形管振荡幅度发生变化。(　　)

答案：错误

正确答案：滤膜的质量变化导致振荡空心锥形管振荡频率的变化。

5. β 射线法测定颗粒物设备采样时，在仪器中滤纸带的两侧分别设置 β 射线源和 β 射线检测器，随着样品采集的进行，在滤纸带上收集的颗粒物越来越多，尘斑的质量也随之增加，此时 β 射线检测器检测到的 β 射线强度会相应的增强。(　　)

答案：错误

正确答案：在仪器中滤纸带的两侧分别设置 β 射线源和 β 射线检测器。随着样品采集的进行，在滤纸带上收集的颗粒物越来越多，尘斑的质量也随之增加，此时 β 射线检测器检测到的 β 射线强度会相应的减弱，由于 β 射线检测器的输出信号能直接反映颗粒物的质量变化，仪器通过分析射线检测器（如 $PM_{2.5}$）的质量数值，结合相同时段内采集的样品体积，可最终得出采样时段的颗粒物质量浓度。

6. β 射线法颗粒物监测仪环境温度与压力传感器校准周期为每 3 个月 1 次。(　　)

答案：正确

7. 采样装置抽风机排气口和监测仪器排气口的位置，应该在靠近站房上部的墙壁上。(　　)

答案：错误

正确答案：靠近站房下部的墙壁上。

8. 采用手工采样器进行环境空气颗粒物自动监测比对时，必须将同时段的自动监测数据与手工采样监测数据进行比较，来评价自动监测数据质量。(　　)

答案：正确

9. 采用微量振荡天平法测量 $PM_{2.5}$，自动监测仪器必须加装膜动态测量系统（FDMS），才能保证测量结果的准确性。(　　)

答案：正确

10. 测定臭氧的气路管线需采用硅硼玻璃、聚四氟乙烯等不与臭氧起化学反应的惰性材料。(　　)

答案：正确

11. 当判断仪器故障 72 h 不能修复时，应立即更换备机。(　　)

答案：错误

正确答案：当判断仪器故障 48 h 不能修复时，应立即更换备机。

12. 道路交通污染监控点，其采样口离地面的高度应在 3 ～ 5 m。(　　)

答案：错误

正确答案：道路交通污染监控点，其采样口离地面的高度应在 2 ～ 5 m。

13. 对泵膜、散热风扇、气路接头或接插件等普通易损件维修后，应进行零 / 跨校准。(　　)

答案：正确

14. 对环境空气气态污染物（SO_2、NO_2、O_3、CO）连续自动监测系统在精密度审核前须对仪器进行零点和跨度点校准。(　　)

答案：错误

正确答案：精密度审核前不对仪器进行零点和跨度校准。

15. 对仪器进行检查、校准、维护保养或仪器出现故障等非正常监测期间的数据为无效数据；仪器启动至仪器预热完成时段内的数据也无效。(　　)

答案：正确

16. 对于化学发光氮氧化物分析仪来说，反应室沾污造成的高背景不会造成仪器产生负浓度输出。(　　)

答案：错误

正确答案：对于化学发光氮氧化物分析仪来说，反应室沾污造成的高背景会造成仪器产生负浓度输出。

17. 空气自动监测中的气态污染物监测仪器中不具有自动校零 / 校跨的系统，一般每 5 ～ 7 天进行 1 次零 / 跨漂检查。(　　)

答案：正确

18. 对于每天进行自动检查 / 校准的仪器，当发现仪器零点漂移或跨度漂移超出漂移控制限时，从发现超出控制限的时刻算起，到仪器恢复至控制限以下时段内的监测数据为无效数据。(　　)

答案：正确

19. 各地市环境空气质量评价城市点的最少监测点位数量应符合相关要求，按建成区城市人口和建成区面积确定的最少监测点位数不同时，取两者中的较小值。(　　)

答案：错误

正确答案：取两者中的较大值。

20. 根据《环境空气气态污染物（SO_2、NO_2、O_3、CO）连续自动监测系统技术要求及监测方法》（HJ 654—2013），大气自动监测系统小时数据应至少记录该时间段内气态污染物的质量浓度、体积浓度的平均值。(　　)

答案：正确

21. 根据《环境空气气态污染物（SO_2、NO_2、O_3、CO）连续自动监测系统技术要求及检测方法》（HJ 654—2013），CO 分析仪器响应时间（上升时间 / 下降时间）应≤ 4 min。(　　)

答案：正确

22. 红外线气体分析器测定仪在选择安放地点时，应避免高温、高湿及阳光直射环境，允许使用的最高环境温度为 45℃。(　　)

答案：正确

23. 环境空气 NO_x 监测仪中，NO 转换为 NO_2 的效率称作转换效率。(　　)

答案：错误

正确答案：环境空气 NO_x 监测仪中，NO_2 转换为 NO 的效率称作转换效率。

24. 环境空气颗粒物（PM_{10} 和 $PM_{2.5}$）连续自动监测系统每年对管路至少进行一次清洗。(　　)

答案：正确

25. 环境空气颗粒物（PM_{10} 和 $PM_{2.5}$）连续自动监测系统每周清洗一次采样头。(　　)

答案：错误

正确答案：环境空气颗粒物（PM_{10} 和 $PM_{2.5}$）连续自动监测系统每月清洗一次采样头。

26. 环境空气连续自动监测系统质量保证实验室的主要任务为：对系统所用监测设备进行标定、校准和审核；对检修后的仪器设备进行校准和主要技术指标的运行考核；系统有关监测质量控制措施的制定和落实。(　　)

答案：正确

27. 环境空气气态污染物（SO_2、NO_2、O_3、CO）点式连续监测系统零气源的空气压缩机在非校准期间或小流量校准期间频繁启动，表明校准系统有可能漏气。(　　)

答案：正确

28. 环境空气气态污染物（SO_2、NO_2、O_3、CO）连续自动监测系统，SO_2、NO_2、O_3、CO 分析仪器长期（≥7 天）零点漂移为 ±10 ppb。(　　)

答案：错误

正确答案：SO_2、NO_2、O_3 分析仪器长期（≥7 天）零点漂移为 ±10 ppb；CO 分析仪器长期（≥7 天）零点漂移为 ±2 ppm。

29. 环境空气气态污染物连续自动监测系统 CO 分析仪器要求 24 h 零点漂移为 ±1 ppm 以内，长期（≥7 天）零点漂移为 ±2 ppm 以内。(　　)

答案：正确

30. 环境空气气态污染物连续自动监测系统技术要求及检测方法中，点式 SO_2 分析仪器的分析方法为紫外吸收法。(　　)

答案：错误

正确答案：点式 SO_2 分析仪器的分析方法为紫外荧光法。

31. 环境空气气态污染物连续自动监测系统中的点式连续监测系统的校准设备主要由零气发生器和多气体动态校准仪组成。(　　)

答案：正确

32. 环境空气质量自动监测系统调试检测项目 SO_2、NO_2、O_3 的量程噪声性能指标要求不大于 10 ppb。(　　)

答案：错误

正确答案：《环境空气气态污染物（SO_2、NO_2、O_3、CO）连续自动监测系统技术要求及检测方法》（HJ 654—2013）规定，SO_2、NO_2、O_3 分析仪器 80% 量程噪声≤ 5 ppb；CO 分析仪器 80% 量程噪声≤ 1 ppm。

33. 环境空气质量自动监测中，作为工作标准的钢瓶标准气在有效期内可以不做标准传递。若超过有效期，在 6 个月内必须至少进行 1 次标准传递或再鉴定（包括存储未用的钢瓶标准气）。(　　)

答案：正确

34. 环境空气自动监测 PM_{10} 采样器使用参比方法比对测试的测试结果，进行线性回归分析时相关系数应≥0.92。(　　)

答案：错误

正确答案：相关系数应≥0.95。

35. 环境空气自动监测系统的日常标准传递和量值溯源工作包括臭氧标准传递、钢瓶气标准传

递、仪器多点校准、标准流量计检定。（　　）

答案：错误

正确答案：不包括仪器多点校准。

36. 环境空气自动监测站房内温度为 14℃，相对湿度 86%，符合标准。（　　）

答案：错误

正确答案：根据《环境空气气态污染物（SO_2、NO_2、O_3、CO）连续自动监测系统运行和质控技术规范》（HJ 818—2018），环境空气自动监测站房内温度为 20 ～ 30℃，相对湿度需控制在 80%以下。

37. 监测系统调试检测项目 SO_2、NO_2、O_3 的量程噪声性能指标要求为不大于 10 ppb。（　　）

答案：错误

正确答案：不大于 5 ppb。

38. 监测仪器具备 5 个月以上数据的存储能力。（　　）

答案：错误

正确答案：监测仪器具备 3 个月以上数据的存储能力。

39. 颗粒物采样滤膜可选用玻璃纤维滤膜、石英滤膜等无机滤膜或聚氯乙烯、聚丙烯、聚四氟乙烯、混合纤维素等有机滤膜。（　　）

答案：正确

40. 空气样品经过 TEOM 颗粒物监测仪的 TEOM 切割头和流量分配器，通过两个流量控制器把样品流量分为旁路流量和辅流量。（　　）

答案：错误

正确答案：空气样品经过 TEOM 颗粒物监测仪的 TEOM 切割头和流量分配器，通过两个流量控制器把样品流量分为主流量和旁路流量。

41. 零点 / 跨度是应用于不需要检查或检定分析仪线性时使用的一种简单的两点校准检查方法。（　　）

答案：正确

42. 每个环境空气质量评价城市点代表范围一般为半径 500 m 至 5 km，有时也可扩大至半径 5 km 至几十千米（如空气污染物浓度较低，其空间变化较小的地区）的范围。（　　）

答案：错误

正确答案：应为 500 m 至 4 km。

43. 某空气质量自动监测站点在 2013 年 12 月 6 日 13 时测得 SO_2 浓度为 803 $\mu g/m^3$，根据《环境空气质量指数（AQI）技术规定（试行）》（HJ 633—2012）的规定，此时该站点的 SO_2 小时 IAQI 值应为空值。（　　）

答案：正确

44. 气态污染物采样总管内径范围为 1.5 ～ 10 cm，总管内的气流应保持层流状态，采样气体在总管内的滞留时间应小于 80 s，同时所采集气体样品的压力应接近大气压。支管接头应设置于采样总管的层流区域内，各支管接头之间间隔距离大于 3 cm。（　　）

答案：错误

正确答案：气态污染物采样总管内径范围为 1.5 ～ 15 cm，总管内的气流应保持层流状态，采样气体在总管内的滞留时间应小于 20 s，同时所采集气体样品的压力应接近大气压。支管接头应设置于采样总管的层流区域内，各支管接头之间间隔距离大于 8 cm。

45. 自动监测仪器主要技术参数应与仪器说明书要求和系统安装验收时的设置值保持一致，如确需对主要技术参数进行调整，应开展参数调整试验和仪器性能测试，记录测试结果并编制参数调整测试报告。主要技术参数调整，须报负责该点位管理的主管部门批准。(　　)

答案：正确

46. 使用皂膜流量计对环境空气连续自动监测系统进行流量计校准时，皂膜上升速度不宜超过 2 cm/s，且气流必须稳定。(　　)

答案：错误

正确答案：皂膜上升速度不宜超过 4 cm/s，且气流必须稳定。

47. 为防止灰尘进入监测分析仪器，应在点式监测仪器的采样入口与支管气路的结合部之间安装孔径不大于 5 μm 的石英过滤膜。(　　)

答案：错误

正确答案：应在点式监测仪器的采样入口与支管气路的结合部之间安装孔径不大于 5 μm 的聚四氟乙烯过滤膜。

48. 为了防止因室内外空气温度的差异而致使采样总管内壁结露对监测污染物的吸附，环境空气自动监测系统的采样总管应加装保温套或加热器，加热温度一般控制在 60 ～ 80℃。(　　)

答案：错误

正确答案：为了防止因室内外空气温度的差异而致使采样总管内壁结露对监测污染物的吸附，采样总管应加装保温套或加热器，加热温度一般控制在 30 ～ 50℃。

49. 小流量采样器工作点流量为 1 000 L/h。(　　)

答案：正确

50. 新建空气自动监测站房房顶应为平面结构，坡度不大于 15°。(　　)

答案：错误

正确答案：坡度不大于 10°。

51. 烟气连续排放监测系统（CEMS）对 NO_2 的监测可以是直测法，也可以转化为 NO 后一并测量。(　　)

答案：正确

52. 依据《环境空气质量监测点位布设技术规范（试行）》(HJ 664—2013)，环境空气质量评价区域点和背景点应远离城市建成区和主要污染源，区域点原则上应离开城市建成区和主要污染源 20 km 以上，背景点原则上应离开城市建成区和主要污染源 100 km 以上。(　　)

答案：错误

正确答案：区域点和背景点应远离城市建成区和主要污染源，区域点原则上应离开城市建成区和主要污染源 20 km 以上，背景点原则上应离开城市建成区和主要污染源 50 km 以上。

53. 依据《环境空气质量手工监测技术规范》(HJ 194—2017)，监测点采样口距地面高度在 1 ～ 10 m，距支撑物表面 1 m 以上。有特殊监测要求时，应根据监测目的进行调整。(　　)

答案：错误

正确答案：采样口距地面高度在 1.5 ～ 15 m，距支撑物表面 1m 以上。有特殊监测要求时，应根据监测目的进行调整。

54. 用化学发光法测定 NO_2 时，空气中的 CO_2 不会对测定过程产生干扰。(　　)

答案：错误

正确答案：用化学发光法测定 NO_2 时，空气中的 CO_2 会对测定过程产生干扰。

55. 用紫外荧光法分析环境空气中二氧化硫时，反应室脏会造成响应变慢。(　　)

答案：正确

56. 预防性检修指在规定的时间对环境空气污染物连续自动监测系统在用仪器设备进行预防故障发生的检修。(　　)

答案：正确

57. 在保证环境空气自动监测点具有空间代表性的前提下，若所选点位周围半径 300 ～ 500 m 范围内建筑物平均高度在 25 m 以上，无法满足正常要求高度时，其采样口高度可以在 15 ～ 30 m 范围内选取。(　　)

答案：错误

正确答案：其采样口高度可以在 20 ～ 30 m 内选取。

58. 在对二氧化硫分析仪进行校标时仪器响应不稳定，可能的原因是反应室温度控制不稳定。(　　)

答案：正确

59. 在对发生型臭氧传递标准进行校准时，校准有效期为 6 个月，校准完成 6 个月之后，需进行再次校准。(　　)

答案：错误

正确答案：在对发生型臭氧传递标准进行校准时，校准有效期为 3 个月，校准完成 3 个月之后，需进行再次校准。

60. 在更换二氧化硫分析仪光电倍增管制冷片时，我们常常在上面涂一层硅酯，涂硅酯的主要目的是增加导热效果。(　　)

答案：正确

61. 在划定环境空气质量功能区的地区，每类功能区至少应有 1 个监测点。(　　)

答案：正确

62. 在每次针对性检修完成后，根据检修内容和更换部件情况，对仪器进行校准。对于普通易损件的维修（如更换泵膜、散热风扇、气路接头或接插件等）只做零 / 跨校准。(　　)

答案：正确

63. 在日常巡检时，发现氮氧化物分析仪监测结果偏高，关闭臭氧发生器 7 min 后仪器读数迅速下降，表明存在漏光。(　　)

答案：错误

正确答案：表明反应池可能被沾污。

64. 在用气体滤波相关红外法测定 CO 时，相关轮中有两个滤光室，测量室填纯空气，参比室

填纯氮气。(　　)

答案：错误

正确答案：测量室填纯氮气，参比室填高纯度CO气体。

65. 振荡天平法颗粒物监测仪质量变送器的标签上有“K_0”值（弹性系数），每台监测仪的传感器单元都有独自的“K_0”值。(　　)

答案：正确

66. 振荡天平法仪器进行流量检漏，检漏应在对仪器进行流量检查后进行。(　　)

答案：错误

正确答案：检漏应在对仪器进行流量检查前进行。

67. 紫外光度法臭氧（O_3）分析仪利用臭氧分子对波长为245 nm紫外线具有吸收特性的原理，对环境空气中的臭氧（O_3）浓度进行监测。(　　)

答案：错误

正确答案：利用臭氧分子对波长为254 nm紫外线具有吸收特性的原理。

68. 运行中的环境空气气体分析仪至少每个月进行一次多点校准。(　　)

答案：错误

正确答案：运行中的环境空气气体分析仪至少每6个月进行一次多点校准。

69.《环境空气　挥发性有机物气相色谱连续监测系统技术要求及检测方法》（HJ 1010—2018）中规定，监测系统测定组分应至少包括标准附录正确中的57种挥发性有机物，且各组分浓度最高量程不低于50 nmol/mol。(　　)

答案：正确

五、简答题

1.PM_{10}和$PM_{2.5}$连续监测系统性能检测项目包含哪些？

答案：测量范围、最小显示单位、切割器性能、时钟误差、温度测量示值误差、大气压测量示值误差、流量测试、校准膜重现性、环境条件影响测试、平行性，参比方法比对测试、气溶胶传输效率、加载测试、有效数据率。

2. 简述如何进行环境空气气态污染物（SO_2、NO_2、O_3、CO）连续自动监测系统各分析仪零点噪声测试？

答案：监测系统运行稳定后，将零气标准气体通入分析仪器，每2 min记录该时间段数据的平均值，获得至少25个数据，然后根据公式计算所取数据的标准偏差（S_0）即为分析仪器的零点噪声。

$$S_0=\sqrt{\frac{\sum_{i=1}^{n}(r_i-\overline{r})^2}{n-1}}$$

式中：S_0——待测分析仪器零点噪声，ppb（ppm）；

$\overline{r}$——待测分析仪器测量值的平均值，ppb（ppm）；

r_i——待测分析仪器第i次测量值，ppb（ppm）。

3. 简述如何进行环境空气气态污染物（SO_2、NO_2、O_3、CO）连续自动监测系统各分析仪响应

（上升）时间。

答案：待测分析仪运行稳定后，通入零气，待读数稳定后通入80%量程标准气体，同时用秒表开始计时，当待测分析仪器显示值上升至标准气体浓度标称值90%时停止计时，记录所用时间为待测分析仪器的上升时间。

4. 请简述β射线法颗粒物监测仪（或振荡天平法颗粒物监测仪，二选一）质量校准的简要操作步骤。

答案1：

（1）手工设置采样仪所采集的数据带上相应的标识。

（2）如果仪器正在加热采样管，则应关掉并于室内至少平衡1 h。

（3）激活键盘操作菜单，进入校准膜校准程序，按仪器使用说明书的步骤，完成质量校准过程。

（4）打开仪器采样管的加热器，待仪器稳定后，手工设置取消采集仪所采集数据的标识。

答案2：

（1）手工设置采样仪所采集的数据带上相应的标识。

（2）拆掉切割头，用流量检定适配器替换。打开适配器的阀门，在阀门上方安装一个前置过滤器，用于防止标准质量滤膜在校准过程中受到颗粒物污染。

（3）从系统的流量分流器上断开旁通流量管线，用3/8英寸接头套管堵头堵上分流器出口。

（4）取下采样滤膜，并核实K_0的出厂值是否设置正确，即核查仪器菜单K_0设置值与振荡天平的下盖刻印的K_0值是否一致。

（5）按仪器使用说明书的步骤完成质量传感器校准过程。

（6）K_0值确认操作完必须进行泄漏测试，确保仪器采样系统不漏气。

（7）待仪器运行正常并稳定后，手工设置取消采集数据的标识。

5. 请简述什么情况下需要对环境空气气态污染物（SO_2、NO_2、O_3、CO）连续自动监测系统分析仪器进行单点校准。

答案：

（1）在仪器维修或更换任何部件后。

（2）零点和标点漂移超出规定的调节控制限时。

（3）停机一段时间重新开机后。

（4）仪器到货开箱调试及验收时。

6. 什么是臭氧传递标准？

答案：指依据相关操作规程，能够准确再现或者准确分析、可以溯源到更高级别或者更高权威标准臭氧浓度的可运输仪器设备。臭氧传递标准用于传递臭氧一级标准的权威性或者用于校准监测站点的臭氧分析仪器。

7. 可能引起振荡天平法PM_{10}颗粒物监测仪数值偏高的因素有哪些？

答案：忘记或不正确安装采样头，导致采集总悬浮颗粒物；采样管路较长时间不清理，导致灰尘落下；空气潮湿，采样滤膜吸附大量水分；主流量高于设定值；加热温度低于设定值；K_0值设置错误。

8. 简述紫外光度法O_3分析仪的基本原理。

答案：紫外光度法 O_3 分析仪的原理是基于 O_3 分子对波长 254 nm 紫外光的特征吸收，直接测定紫外光通过 O_3 后减弱的程度（I/I_0），根据朗伯—比尔定律求出 O_3 浓度（打分时可以考虑，是否只需答出文字原理即可，公式可以不用完全答出）。

$$\frac{I}{I_0}=\mathrm{e}^{-kcL}$$

式中：I_0—入射光强度，此处为无 O_3 的紫外光强度；I—透过光强度；此处为经 O_3 吸收后透过的紫外光强度；k—O_3 的吸光系数，在标准状态 k=308；L—吸收池长度；c—O_3 浓度。

9. 简述环境空气颗粒物（PM_{10} 和 $PM_{2.5}$）自动监测的两种常用监测方法及其各自测定的基本原理。

答案：监测方法为微量振荡天平法和 β 射线法。

微量振荡天平法测定颗粒物浓度的基本原理：在质量传感器内使用一个振荡空心锥形管，在其振荡端安装可更换的微量振荡天平（TEOM）滤膜，振荡频率取决于锥形管特征和其质量。当采样气流通过滤膜时，其中的颗粒物沉积在滤膜上，滤膜的质量变化导致振荡频率的变化，通过振荡频率变化计算出沉积在滤膜上颗粒物的质量，再根据流量、现场环境温度和气压计算出该时段颗粒物的质量浓度。

β 射线法测定颗粒物浓度的基本原理：利用 β 射线衰减量测试采样间增加的颗粒物质量。同位素放射物（如 ^{14}C）发射出 β 粒子，具有较强的穿透力，当它穿过一定厚度的吸收物质时，其强度随吸收厚度增加而逐渐减弱。

10. 简述对环境空气连续自动监测系统进行准确度审核的频次和方法，并举例计算和给出审核结论。

答案：

（1）环境空气连续自动监测系统的每台监测仪器至少每年进行 1 次准确度审核。

（2）准确度审核时，采用向每台分析仪依次通入一系列浓度（比如：满量程 0%、10%、20%、40%、60%、80%）的标气，每次等待仪器读数稳定后记录仪器示值，将仪器示值与标气实际浓度比较，根据仪器示值的平均相对误差，来确定仪器的准确度。要求仪器示值的平均相对误差应≤ 5%。

（3）例如，对某个空气自动站的臭氧分析仪性能进行准确度审核检查，该臭氧分析仪满量程为 500 ppb，审核时分别通入满量程 10%、20%、40%、60%、80% 浓度的臭氧气体，臭氧分析仪的响应分别为 50 ppb、102 ppb、205 ppb、305 ppb、408 ppb，按照公式分别计算仪器示值的相对误差：

$$d_i=\frac{Y_i(\text{分析仪响应值})-X_i(\text{已知标气浓度})}{X_i}\times 100\%$$

相对误差分别是 0%、2%、2.5%、1.7%、2%，平均相对误差为 1.6%。

结论：该分析仪各审核点准确度的平均相对误差是 1.6%，符合≤ 5% 的要求。

11. 按照《环境空气颗粒物（PM_{10} 和 $PM_{2.5}$）连续自动监测系统运行和质控技术规范》（HJ 817—2018）对颗粒物监测数据有效性是如何判断的？

答案：

（1）监测系统正常运行时的所有监测数据均为有效数据，应全部参与统计。

（2）对仪器进行检查、校准、维护保养或仪器出现故障等非正常监测期间的数据为无效数据；仪器启动至仪器预热完成时段内的数据为无效数据。

（3）低浓度环境条件下监测仪器技术性能范围内的零值或负值为有效数据，应采用修正后的值 2 μg/m^3 参加统计。在仪器故障、运行不稳定或其他监测质量不受控情况下出现的零值或负值为无效数据，不参加统计。

（4）对于缺失和判断为无效的数据均应注明原因，并保留原始记录。

12. 某市拟在辖区内新增一个空气质量自动监测站点，试述在点位选择方面需考虑的技术要求。

答案：点位选择应充分考虑空间的代表性，以能表征辖区内的总体空气质量水平为原则；点位周边规划相对稳定；点位周边 50 m 范围内不能有明显的污染源排放；点位四周应具有 270° 开放空间；点位采样口离周边障碍物的水平距离应是垂直距离的 2 倍以上；采样进气口离地面（房顶）高度 1.2 ～ 1.5 m，离地高度 3 ～ 15 m，且需高过周边安全围栏。

六、计算题

1. 对环境空气气态污染物（SO_2、NO_2、O_3、CO）连续自动监测系统 O_3 分析仪性能进行准确度审核检查，该臭氧分析仪满量程为 500 ppb，审核时分别通入满量程 8%、20%、40%、80% 浓度的臭氧气体，臭氧分析仪的响应分别为 41 ppb、105 ppb、210 ppb、430 ppb，计算该 O_3 分析仪各审核浓度点准确度的平均百分比误差。

答案：按照公式，$d_i = \dfrac{Y_i(\text{分析仪响应值}) - X_i(\text{已知标气浓度})}{X_i} \times 100\%$

8% 浓度点，百分比误差为（41−40）/40=2.5%

20% 浓度点，百分比误差为（105−100）/100=5%

40% 浓度点，百分比误差为（210−200）/200=5%

80% 浓度点，百分比误差为（430−400）/400=7.5%

平均百分比误差为 5%。

2. 使用体积浓度为 64 ppm 的 SO_2 标准钢瓶气配制总流量为 8 L/min，体积浓度为 400 ppb 的校准用 SO_2 标准气，请计算体积浓度为 64 ppm 的 SO_2 标准钢瓶气的流量（ml/min）。（列出计算过程）

答案：SO_2 钢瓶气流量 $= \dfrac{8 \times 400 \times 1\,000}{64 \times 1\,000} = 50$（ml/min）

3. 在 250 m 光程时，其量程为 0.5 ppm，等效样品池长度是由 4 个 50 mm 长度的短检查池串接，请确定标定时所需标准气浓度值。

答案：$C_t = C_e \times L/L_c$=0.5 ppm × 250 m ÷（4 × 50 mm ÷ 1 000）=625 ppm

| 第九章 |

应急监测

CHAPTER 9

一、填空题

1.《突发环境事件应急监测技术规范》（HJ 589—2010）指出，突发环境事件应急监测报告以__________、__________报送为原则。

答案： 及时　快速

2. 我国《国家突发环境事件应急预案》规定，突发环境事件责任单位在发现突发环境事件后向所在地人民政府报告的时限是__________h 内。

答案： 1

3.《突发环境事件应急监测技术规范》（HJ 589—2010）规定，突发环境事件应急监测定性结果可用__________或__________表示。

答案： 检出　未检出

4. 环境应急在生态环境主管部门的应急领导机构宣布__________后才能终止。

答案： 应急终止

5. 一般突发环境事件监测报告上报当地生态环境行政主管部门及任务下达单位；重大和特大突发环境事件除上报当地生态环境行政主管部门及任务下达单位外，还应报__________环境监测部门。

答案： 上一级

6. 突发环境事件发生后，涉事企事业单位或其他生产经营者必须采取应对措施，并立即向当地__________和相关部门报告，同时通报可能受到污染危害的__________和__________。

答案： 生态环境主管部门　单位　居民

7. 根据《突发环境事件应急监测技术规范》（HJ 589—2010），进入事故现场进行采样监测，应经__________许可，在确认安全的情况下，按规定佩戴必须的防护设备（如__________、__________等）。

答案： 现场指挥 / 警戒人员　防护服　防毒呼吸器

8. 突发性污染事件应急现场快速分析手段有检测试纸、__________、__________等。

答案： 快速检测管　便携式监测仪器

9.《环境空气　无机有害气体的应急监测　便携式傅里叶红外仪法》（HJ 920—2017）规定，采样分析时，保证仪器的__________、__________、__________等各项参数稳定，同时确认环境的温度、湿度以及含尘量等条件是否符合要求。

答案： 光源强度　干涉图高度　样品室温度

10. 对湖（库）突发环境事件应急监测采样点的布设应以事故发生地为中心，按水流方向按一定间隔的__________布点。

答案： 扇形或圆形

11. 应急监测是指突发环境事件发生后，对__________、__________和__________进行的监测。

答案： 污染物　污染物浓度　污染范围

12. 按照突发事件严重性和紧急程度，突发环境事件分为__________、__________、

__________和__________四级。

答案：特别重大（Ⅰ级）　重大（Ⅱ级）　较大（Ⅲ级）　一般（Ⅳ级）

13. 污染事故监测土壤采样时，如果是固体污染物抛洒污染型，等打扫后采集表层__________cm 土壤，采样点数不少于 3 个；如果是爆炸污染型，以__________方式布点，采样点位不少于 5 个，爆炸中心采__________样，周围采表层__________cm 土壤。

答案：5　放射性同心圆　分层　0～20

14. 突发环境事件其发生具有__________性、形式具有__________性、污染物成分具有__________性，需通过__________途径__________确定主要污染物和监测项目。

答案：突然　多样　复杂　多种　尽快

15. 环境应急工作具有__________、__________的客观要求。

答案：日常抓管理　出事抓应对

16. 在污染事故责任不清的情况下，可采用__________和__________的方法，追查确定污染来源和事故责任者。

答案：逆向跟踪监测　确定特征污染物

17. 应急样品管理的目的是保证样品的__________、__________、__________、__________、__________、分析工作有序进行，确保样品在传递过程中始终处于__________状态。

答案：采集　保存　运输　接收　处置　受控

18. 为快速监测突发环境事件的污染物，应充分利用__________和__________进行鉴别、确认。当国家标准方法和行业标准方法不能满足要求时，可根据各地具体情况和仪器设备条件，选用其他适宜的方法，如__________、__________、__________等分析方法。

答案：现场快速监测方法　实验室现有的分析方法　ISO　EPA　JIS

19. 便携式红外光谱仪零点校准时常用的气体有__________、__________，零点校准的目的是__________。

答案：惰性气体（氮气）　干净空气　消除仪器的本底误差

20. 环境空气应急监测技术有__________、__________、__________、__________、__________、__________、__________、__________等。

答案：动植物检测法　试纸法　检测管法　滴定法　化学比色法　电化学传感器法　光谱法　色谱法

21. 硫化氢污染应急监测活动中，监测人员所需的安全防护器具：__________；__________；__________。

答案：酸性气体防护口罩和防护眼镜（简易防护）　配有可过滤硫化氢滤毒罐的防毒面具（高浓度时仅可用于逃生）　正压式呼吸器和防护服（必要时使用）

22.《突发环境事件应急监测技术规范》（HJ 589—2010）规定，当污染发生后，应首先采集__________样品，注意采样的__________。

答案：污染源　代表性

23. 如果是液体倾翻污染型，污染物向低洼处流动的同时向__________并向两侧横向方向扩散，每个点__________，事故发生点样品点较密，采样深度较深，离事故发生点相对远处样品点较疏，采样深度较浅。采样点不少于__________个。

答案：深度方向渗透　　分层采样　　5

24. 突发性水环境污染事故的应急监测一般分为事故现场和__________监测两部分。

答案：跟踪

25. 根据《环境监测报告制度》，污染事故发生后应在__________内报出第一期环境监测快报，并在污染事故影响期间连续编制各期快报。

答案：24 h

26. 应急监测通常采集__________，采样量根据分析项目及分析方法确定，采样量还应满足__________要求。

答案：瞬时样品　　留样

27. 突发性水环境污染事故的应急监测一般分为__________和__________两部分。

答案：事故现场监测　　跟踪监测

28.《突发环境事件应急监测技术规范》（HJ 589—2010）中，在污染事故责任不清的情况先下，可采用__________监测和确定__________的方法，追查确定污染来源或者事故责任者。

答案：逆向跟踪　　特征污染物

29. 对土壤的应急监测以事故地点为中心，按一定间隔的________布点采样，并根据污染物的特性在不同________采样，同时采集对照样品，必要时在事故地附近采集作物样品。（　　）

答案：圆形　　深度

二、单选题

1. ________是指发生突发性环境污染事故后，对地表水、地下水、大气和土壤样品进行采集的整个剖面（点）。（　　）

A．采样断面（点）　B．对照断面（点）　C．控制断面（点）　D．削减断面（点）

答案：A

2. ________是指突发性环境污染事故发生后，为了解地表水、地下水、大气和土壤环境受污染程度及其变化情况而设置的断面（点）。（　　）

A．采样断面（点）　B．对照断面（点）　C．控制断面（点）　D．削减断面（点）

答案：C

3. ________是指突发性环境污染事故发生后，污染物在水体内流经一定距离而达到最大程度混合，因稀释、扩散和降解作用，其主要污染物浓度有明显降低的断面。（　　）

A．采样断面　B．对照断面　C．控制断面　D．削减断面

答案：D

4. 进入突发性环境污染事故现场进行应急监测采样，至少________人同行。（　　）

A．1　B．2　C．3　D．4

答案：B

5. 一般突发性环境污染事故需报________。（　　）

（1）当地生态环境行政主管部门及任务下达单位；（2）上一级环境监测站；（3）中国环境监测

总站。

A.（1） B.（1）（2） C.（2）（3） D.（1）（2）（3）

答案：A

6. 为快速监测突发性环境污染事故的污染物，首先可采用的快速监测方法是________。（ ）

（1）检测试纸、快速检测管和便携式监测仪器等的监测方法；

（2）现有的空气自动监测站、水质自动监测站和污染源在线监测系统等在用的监测方法；

（3）实验室快速分析方法。

A.（1） B.（2） C.（1）（3） D.（1）（2）（3）

答案：D

7. 用于应急监测、有效期为一年的检测试纸、快速检测管，至少在________时间内应用标准物质进行一次使用性能检查。（ ）

A. 1个月 B. 3个月 C. 半年 D. 9个月

答案：C

8. 应急事故发生后，在不明气体污染的情况下，优先选用________仪器。（ ）

A. 便携式气相色谱仪 B. 便携式红外光谱仪

C. 便携式质谱仪 D. VOCs气体检测仪

答案：C

9. 在应急监测中，用便携式气相色谱仪测定水中有机氯农药，优先选用________预处理技术。（ ）

A. 顶空法 B. 吹扫–捕集法 C. 固相萃取法

答案：C

10. 便携式气质联用仪的________对真空度要求最高。（ ）

A. 进样口 B. 离子源 C. 质量分析器 D. 检测器

答案：C

11. 有群众反映某市某河流水体大面积发红，经现场勘查，周围无印染、化工企业，有一两家小型企业，此种情况下优先进行________。（ ）

A. 氰化物、砷等剧毒物的排查 B. 水质综合毒性分析

C. 常规项目监测 D. 生物分析

答案：D

12. 对在区域之间（省与省、市与市之间）发生的突发环境事件，应由________负责协调、组织实施应急监测。（ ）

A. 上级环境监测站 B. 省级监测站

C. 市级监测站 D. 中国环境监测总站

答案：A

13. 应急监测时，对地下水的监测应以________为中心进行布点采样。（ ）

A. 事故发生地 B. 集中式饮用水井

C. 对照井 D. 有可能受污染的井

答案：A

14. 污染事故土壤采样，对爆炸污染型土壤采样点应不少于________个，爆炸中心采分层样，周围采集表层________cm 的土样。(　　)

A. 5　0 ～ 20　B. 10　0 ～ 10　C. 15　10 ～ 20　D. 20　0 ～ 20

答案：A

15. ________在对二甲基偶氮苯胂酸指示纸用于环境空气应急监测时，对氟化氢测定有干扰。(　　)

A. 砷化氢　B. 光气　C. 甲烷　D. 硫化氢

答案：B

16. 事故土壤监测，________。(　　)

A. 可以与公布的背景值资料比较，确定其影响

B. 要设定 2 ～ 3 个背景对照点

C. 根据现场状况，当场确定其影响

D. 根据分析手段确定监测项目

答案：B

17.《突发环境事件应急监测技术规范》(HJ 589—2010) 适用于________。(　　)

A. 核污染事件　B. 生物污染事件

C. 涉及军事设施污染事件　D. 大气和土壤污染事件

答案：D

18. 突发性环境污染事故应急监测一般采用________的检测仪器装置进行监测。(　　)

①小型　②便携　③简易　④快速　⑤准确度高

A. ①③④⑤　B. ②③④⑤　C. ①③④⑤　D. ①②③④

答案：D

19. 环境空气污染事故发生地监测后期连续________次监测浓度低于空气质量标准可停止跟踪监测。(　　)

A. 1　B. 2　C. 3　D. 4

答案：B

20. 根据《突发环境事件应急监测技术规范》(HJ 589—2010)，现场监测仪器设备的确定原则：应能快速鉴定、鉴别污染物，并能给出________或定量的检测结果，直接读数，使用方便，易于携带，对样品的前处理要求低。(　　)

A. 定性　B. 半定性　C. 半定量　D. 定性、半定量

答案：D

21. 突发环境事件应急现场监测的检测试纸、快速检测管等，应按规定的保存要求进行保管，并保证在有效期内使用。应定期用标准物质对检测试纸、快速检测管等进行适用性检查，如有效期为一年，至少________进行一次。

A. 三个月　B. 五个月　C. 半年　D. 七个月

答案：C

22.《突发环境事件应急监测技术规范》（HJ 589—2010）规定，________指为掌控污染程度、范围及变化趋势，在突发环境事件后所进行的连续监测，直至地表水、地下水、大气和土壤环境恢复正常。(　　)

A．连续监测　　B．跟踪监测　　C．应急监测　　D．持续监测

答案：B

23. ________不属于重大环境事件。(　　)

A．区域生态功能部分丧失或国家重点保护野生动植物种群大批死亡

B．因环境污染使当地经济、社会活动受到较大影响，疏散转移群众 1 万人以上、5 万人以下的

C．1、2 类放射源失控造成大范围严重辐射污染后果

D．因环境污染造成重要河流、湖泊、水库及沿海水域大面积污染，或县级以上城镇水源地取水中断的污染事件

答案：C

24. 按照突发事件严重性、紧急程度和可能波及的范围，突发环境事件橙色预警由________负责发布。(　　)

A．县级人民政府　　B．市（地）级人民政府

C．省级人民政府　　D．发生地省级人民政府根据国务院授权

答案：C

25. 自来水厂取水口附近发现有人投药打鱼，应急监测人员到达现场后首选________快速检测方法可以最为有效地提供水体是否安全的报告。(　　)

A．SDI 综合毒性检测仪（生物发光光度计）

B．溶氧仪

C．便携式金属仪

D．便携式气相色谱 / 质谱分析仪（带顶空）

答案：A

26. 我国《国家突发环境事件应急预案》规定，突发环境事件责任单位在发现突发环境事件后向所在地人民政府报告的时限是________。(　　)

A．0.5 h 内　　B．1 h 内　　C．2 h 内　　D．3 h 内

答案：B

27. 根据《国家突发环境事件应急预案》，发生突发环境事件的后期工作不包括________。(　　)

A．损害评估　　B．事件调查　　C．善后处置　　D．应急演练

答案：D

28. 按照突发环境事件分级的规定，________属于重大突发环境事件。(　　)

A．因环境污染直接导致 30 人以上死亡或 100 人以上中毒或重伤的

B．因环境污染直接导致 10 人以上 30 人以下死亡或 50 人以上 100 人以下中毒或重伤的

C．因环境污染直接导致 3 人以上 10 人以下死亡或 10 人以上 50 人以下中毒或重伤的

D．因环境污染直接导致 3 人以下死亡或 10 人以下中毒或重伤的

答案：B

29. 下列________属于重大突发环境事件。(　　)

A. 因环境污染直接导致 3 人以下死亡或 10 人以上 50 人以下中毒的

B. 因环境污染需疏散、转移群众 5 万人以上的

C. 因环境污染造成直接经济损失 500 万元以上 2 000 万元以下的

D. 因环境污染造成县级城市集中式饮用水水源地取水中断的

答案：D

三、多选题

1. 突发环境事件现场应急监测是一种特定目的的监测，是应急监测人员在事故现场，用小型便携、快速监测仪器设备，在尽可能短的时间内，根据事故所发地的特点，做出定性、半定量或定量分析，从而确定出________。(　　)

A. 污染物质的种类　　B. 各污染物的浓度

C. 污染范围及其可能的危害　　D. 污染造成的经济损失

答案：ABC

2.《突发环境事件应急监测技术规范》(HJ 589—2010）规定，突发环境事件时为及时上报突发环境事件应急监测的监测结果，可采用________等形式报送监测结果等简要信息。(　　)

A. 电话　　B. 传真　　C. 电子邮件　　D. 监测快报

E. 简报

答案：ABCDE

3. 应急监测报告的主要内容有________。(　　)

A. 标题名称

B. 监测单位名称和地址，进行测试的地点

C. 监测报告的唯一性编号和每一页与总页数的标志

D. 所用方法的标志（名称和编号）

E. 样品采样日期、接收日期、检测日期，样品的描述

F. 检测结果，审核人、授权签字人签字

答案：ABCDEF

4. 按照突发环境事件严重性和紧急程度，凡符合下列________情形之一的，为特别重大环境事件。(　　)

A. 因环境污染直接导致 30 人以上死亡或 100 人以上中毒或重伤的

B. 因环境污染疏散、转移人员 1 万人以上 5 万人以下的

C. 因环境污染造成县级城市集中式饮用水水源地取水中断的

D. 因环境污染造成区域生态功能丧失或该区域国家重点保护物种灭绝的

答案：AD

5. 突发环境事件的应急工作原则是________。(　　)

A. 分类管理　　B. 属地为主　　C. 分级相应　　D. 统一领导

答案：ABCD

6. 对于突发环境污染事件，可以采用的监测方法有________。(　　)

A. 检测试纸、快速检测管和便携式监测仪器等的监测方法

B. 现有的空气、水质自动监测站和污染源在线监测系统等在用的监测方法

C. 现行的实验室分析方法

D. 当上述方法不能满足要求时，可根据实际选用其他适宜的方法如：ISO、美国 EPA、日本 JIS 等国外的方法

答案：ABCD

7. 发生突发环境事件采样时应注意________。(　　)

A. 根据污染物特性（密度、挥发性、溶解度等），决定是否进行分层采样

B. 根据污染物特性（有机物、无机物等），选用不同材质的容器存放样品

C. 采水样时搅动水底沉积物，如有需要，同时采集事故发生地的底质样品

D. 采气样时不可超过所用吸附管或吸收液的吸收限度

答案：ABD

8. 应急监测报告的质量保证有________。(　　)

A. 信息要完整　　B. 实行三级审核　　C. 实行两级审核　　D. 尽快报送

答案：AB

9. 突发环境事件的应急监测结果可用________的监测结果来表示。(　　)

A. 感观描述　　B. 定性　　C. 半定量　　D. 定量

答案：BCD

10. 环境应急监测在环境应急响应中应发挥________作用。(　　)

A. 对突发环境事件做出初步分析

B. 为环境应急指挥和决策提供必要的信息

C. 为实验室的监测分析提供第一手资料

D. 通过现场检测为事故的处理提供必要的监测数据

E. 为事故的评估提供必要的资料

答案：ABCDE

11.《突发环境事件应急监测技术规范》（HJ 589—2010）不适用于________。(　　)

A. 核污染事件　　B. 危险废物使用导致的突发土壤污染事件

C. 涉及军事设施污染事件　　D. 生物污染事件

E. 海洋污染事件

答案：ACDE

12. 为快速监测突发性水环境污染事故的污染物，首先可采用的快速监测方法是________。(　　)

A. 检测试纸、快速检测管等监测方法

B. 便携式监测仪器法

C. 现有的水质自动监测站和污染源在线监测系统等在用的监测方法

D. 实验室快速分析方法

答案：ABCD

13. 突发性环境污染事故应急监测一般采用________的检测仪器装置进行监测。(　　)

A. 小型　　B. 便携　　C. 简易　　D. 快速

E. 准确度高

答案：ABCD

14. 未知污染物的突发环境事件监测项可以通过________确定主要污染物和监测项目。(　　)

A. 通过污染事故现场的一些特征，如气味、挥发性、遇水的反应特性、颜色及对周围环境、作物的影响等

B. 如发生人员或动物中毒事故，可根据中毒反应的特殊症状

C. 通过事故现场周围可能产生污染的排放源的生产、环保、安全记录

D. 利用空气自动监测站、水质自动监测站和污染源在线监测系统等现有的仪器设备的监测

E. 通过现场采样分析，包括采集有代表性的污染源样品，利用试纸、快速检测管和便携式监测仪器等现场快速分析手段

F. 通过采集样品，包括采集有代表性的污染源样品，送实验室分析

答案：ABCDEF

15. 突发环境事件发生后，污染物在水体内流经一定距离而达到最大程度混合，因________作用，其主要污染物浓度有明显降低的断面叫作消减断面。(　　)

A. 稀释　　B. 扩散　　C. 降解

答案：ABC

16. 对被突发环境事件所污染的________应设置对照断面（点）、控制断面（点）。(　　)

A. 地表水　　B. 地下水　　C. 大气　　D. 土壤

答案：ABCD

17. 应急监测实验室应优先采用________。(　　)

A. 国家环境保护标准　　B. 行业标准

C. ISO　　D. 美国 EPA

E. 日本 JIS

答案：AB

18. 评价突发环境事件对区域的环境污染程度，执行__________等相应的环境质量标准。(　　)

A. 地表水环境质量标准　　B. 地下水质量标准

C. 环境空气质量标准　　D. 土壤环境质量标准

E. 大气污染物综合排放标准

答案：ABCD

19. 为提高应急监测预案的科学性及可操作性，各级环境监测站应尽可能按________编制应急监测技术支持系统，并给予不断地完善。(　　)

A. 国家相应法律、规范支持系统　　B. 环境监测技术规范支持系统

C. 当地危险源调查数据库支持系统　　D. 各类化学品基本特性数据库支持系统

E. 常见突发环境事件处置技术支持系统　　F. 专家支持系统

答案：ABCDEF

20. 环境突发事件应急监测的特点是________。(　　)

A．事件发生的突然性　　B．不可预见性

C．危害的严重性　　D．形式和种类的多样性

E．处理处置和恢复的艰巨性

答案：ABCDE

21. 应急监测的组织机构应包括________。(　　)

A．应急监测领导机构　　B．应急监测技术机构

C．应急监测专家咨询机构　　D．应急监测联络机构

E．应急监测后勤保障机构

答案：ABCDE

22. 应急监测主要设备有________。(　　)

A．检测试纸　　B．快速检测管　　C．便携式监测仪器　　D．实验室仪器

答案：ABCD

23. 应根据突发环境事件应急监测预案初步制订有关采样计划，包括________。(　　)

A．布点原则

B．监测频次

C．采样方法、监测项目、采样人员及分工

D．采样器材、安全防护设备、必要的简易快速检测器材等

答案：ABCD

24. 应急监测中，对大气的监测布点应________。(　　)

A．应以事故地点为中心，在下风向按一定间隔的扇形或圆形布点

B．根据污染物的特性在不同高度采样

C．同时在事故点的上风向适当位置布设对照点

D．在可能受污染影响的居民住宅区或人群活动区等敏感点必须设置采样点

E．采样过程中应注意风向变化，及时调整采样点位置

答案：ABCDE

25. 应急监测中，对地下水的监测布点应________。(　　)

A．以事故地点为中心，根据本地区地下水流向采用网格法或辐射法布设监测井采样

B．同时视地下水主要补给来源，在垂直于地下水流的上方向，设置对照监测井采样

C．在以地下水为饮用水水源的取水处必须设置采样点

答案：ABC

26.________属于应急监测报告 / 快报附件应当包括的内容。(　　)

A．污染趋势图　　B．监测方法表　　C．监测数据表　　D．监测点位图

答案：ABCD

27. 按照突发事件严重性和紧急程度，突发环境事件分为________。(　　)

A．特别重大环境事件（Ⅰ级）　　B．重大环境事件（Ⅱ级）

C．较大环境事件（Ⅲ级）　　D．一般环境事件（Ⅳ级）

答案：ABCD

四、判断题

1.《环境空气　无机有害气体的应急监测　便携式傅里叶红外仪法》（HJ 920—2017）规定，若开机后发现仪器的干涉图高度一直比较低，应用氮气对检测器和背景气室进行冲洗；对检测器的冲洗，需注意控制氮气流速。（　　）

答案：正确

2.《突发环境事件应急监测技术规范》（HJ 589—2010）规定，突发环境事件的现场监测可给出定性、半定量或定量的检测结果。（　　）

答案：正确

3. 对固定源引发的突发环境事件，通过对有关人员（如货主、驾驶员、押运员等）的询问以及运送危险化学品或危险废物的外包装、准运证、押运证、上岗证、驾驶证、车号（或船号）等信息，调查运输危险化学品的名称、数量、来源、生产或使用单位，同时采集有代表性的污染源样品，鉴定和确认主要污染物和监测项目。（　　）

答案：错误

正确答案：对流动源引发的突发环境事件，通过对有关人员（如货主、驾驶员、押运员等）的询问以及运送危险化学品或危险废物的外包装、准运证、押运证、上岗证、驾驶证、车号（或船号）等信息，调查运输危险化学品的名称、数量、来源、生产或使用单位，同时采集有代表性的污染源样品，鉴定和确认主要污染物和监测项目。

4. 对于环境化学污染事故，在已知污染源及污染物的情况下可直接测定该污染源或排放口所排污染物在空气、水环境中的浓度，调查受污染的范围和程度。（　　）

答案：正确

5. 对于突发性土壤污染事故调查，也需进行样品的前期采集与现场调查，从而制定监测方案。（　　）

答案：错误

正确答案：对于突发性土壤污染事故调查，无须进行样品的前期采集与现场调查。

6. 根据《国家突发环境事件应急预案》，突发环境事件分为重大环境事件（Ⅰ级）、较大环境事件（Ⅱ级）、一般环境事件（Ⅲ级）。（　　）

答案：错误

正确答案：按照事件严重程度，突发环境事件分为特别重大、重大、较大和一般四级。

7. 根据《突发环境事件应急监测技术规范》（HJ 589—2010），对应急监测样品，不用留样，直至事故处理完毕。（　　）

答案：错误

正确答案：对应急监测样品，应留样，直至事故处理完毕。

8. 根据《突发环境事件应急监测技术规范》（HJ 589—2010），突发环境事件应急监测结果应以电话、传真、监测快报等形式立即上报，跟踪监测结果以监测简报形式在监测次日报送，事故处理完毕后，应出具应急监测报告。（　　）

答案： 正确

9. 根据《突发环境事件应急监测技术规范》（HJ 589—2010），污染事故不可预料，接到举报后应立即组织采样。根据污染物及其对土壤的影响确定监测项目，尤其是污染事故的特征污染物是监测的重点，事故土壤监测要设定 2 ～ 3 个背景对照点。（　　）

答案： 正确

10. 跟踪监测是指为掌握污染程度、范围及变化趋势，在突发性环境污染事故发生后所进行的连续监测，直至地表水、地下水、大气和土壤环境恢复正常。（　　）

答案： 正确

11. 国家要求各地要根据行政区域环境风险特征，定期开展应急监测演练，省级至少 3 年开展 1 次综合性应急监测实战演练，地市级每年至少开展 1 次单项或综合性应急监测实战演练。（　　）

答案： 正确

12. 进行污染事故土壤监测时，如果是固体污染物抛洒型，打扫后采集表层 0 ～ 5 cm 土壤，样品数不少于 5 个。（　　）

答案： 错误

正确答案： 如果是固体污染物抛洒污染型，等打扫后采集表层 5 cm 土样，采样点数不少于 3 个。

13. 进入突发环境事故现场的应急监测人员，在做好自身安全防护的情况下，可直接进入事故现场进行采样监测。（　　）

答案： 错误

正确答案： 未经现场指挥 / 警戒人员许可，不可直接进入。

14. 进入易燃易爆事故现场的应急监测车辆应有防火、防爆安全装置，应使用防爆的现场应急监测仪器设备（包括附件如电源等）进行现场监测，或在确认安全的情况下使用现场应急监测仪器设备进行现场监测。（　　）

答案： 正确

15. 某化工厂因生产事故对周边水域造成了较大环境污染事件，现场监测人员对工厂的排放口实施了监测，监测结果表明污染物浓度均达到国家排放标准，建议有关部门解除应急状态。（　　）

答案： 错误

正确答案： 还应对化工厂周边水域、敏感点实施监测。

16. 特别重大环境事件预警信息经核实后，应及时上报省政府。（　　）

答案： 错误

正确答案： 特别重大环境事件预警信息经核实后，及时上报国务院。

17. 突发环境事故发生后，污染物在水体中流经一定距离后达到最大混合程度，因稀释、扩散和降解作用，其主要污染物浓度有明显降低的断面称为控制断面。（　　）

答案： 错误

正确答案： 突发环境事故发生后，污染物在水体中流经一定距离后达到最大混合程度，因稀释、扩散和降解作用，其主要污染物浓度有明显降低的断面称为消减断面。

18. 突发环境事件应急采水样时搅动水底沉积物，如有需要，同时采集事故发生地的底质样

品。(　　)

答案：错误

正确答案：采水样时不可搅动水底沉积物，如有需要，同时采集事故发生地的底质样品。

19. 突发环境事件应急监测的结果可用定性、半定量或定量的监测结果表示。(　　)

答案：正确

20. 突发环境事件应急监测报告以及时、快速报送为原则，可采用监测快报、简报等形式报送监测结果等简要信息，但不能以电话、传真、电子邮件的形式报送。(　　)

答案：错误

正确答案：可采用电话、传真、电子邮件、监测快报、简报等形式报送监测结果等简要信息。

21. 突发环境事件应急监测采样频次主要根据现场污染状况确定。事故刚发生时，采样频次可适当增加，待摸清污染物变化规律后，可减少采样频次。(　　)

答案：正确

22. 突发环境事件包括重点流域、敏感水域水环境污染事件；重点城市光化学烟雾污染事件；危险化学品、废弃化学品污染事件；海上石油勘探开发溢油事件；突发船舶污染事件等。(　　)

答案：正确

23. 突发环境事件一般指由于违反环境保护法规的经济、社会活动与行为，以及意外因素或不可抗拒的自然灾害等原因在瞬时或短时间内排放有毒、有害污染物质，致使地表水、地下水、大气和土壤环境受到严重的污染和破坏，对社会经济与人民生命财产造成损失的恶性事件。(　　)

答案：正确

24. 突发性水环境污染事故现场监测对湖（库）的采样点布设以事故发生地点为中心，按水流方向在一定间隔的扇形或圆形布点采样，同时采集对照样品。(　　)

答案：正确

25. 依据《突发环境事件应急监测技术规范》（HJ 589—2010）的相关规定，在突发环境事件应急监测工作中，如遇特殊紧急情况，可由持证人员一人单独进行现场采样监测。(　　)

答案：错误

正确答案：应急监测，至少两人同行。

26. 因环境污染造成区域生态功能部分丧失或国家重点保护野生动植物种群大批死亡的属于重大突发环境事件。(　　)

答案：正确

27. 应根据突发环境事件应急监测预案初步制订有关采样计划，包括布点原则、监测频次、采样方法、监测项目、采样人员及分工、采样器材、安全防护设备、必要的简易快速检测器材等。(　　)

答案：正确

28. 应急跟踪调查是在发生突发性污染事故（如溢油）或发生赤潮时所采取的应急性行动。(　　)

答案：正确

29. 在应急监测中，对江河的监测应在事故发生地布点采样，同时在事故发生地上游一定距离布设对照点。(　　)

答案：错误

正确答案：在应急监测中，对江河的采样应在事故地点及其下游布点采样，同时要在事故发生地点上游采对照样。

30. 应急监测时，现场监测仪器设备应能快速鉴定、鉴别污染物，并能给出定量的检测结果。(　　)

答案：错误

正确答案：现场监测仪器设备应能快速鉴定、鉴别污染物，并能给出定性、半定量或定量的检测结果。

31. 应急监测中对未通过计量认证 / 实验室认可的监测项目，可按当地生态环境行政主管部门或任务下达单位的要求进行报送。(　　)

答案：正确

32. 应急现场监测的采样一般以事故发生地点及其附近为主，根据现场的具体情况和污染水体的特点布点采样和确定采样频次。现场要求采集平行双样，一份供现场快速测定，一份供送实验室测定。(　　)

答案：正确

33. 用于应急监测的便携式监测仪器，应定期进行检定 / 校准或核查，并进行日常维护、保养，确保仪器设备始终保持良好的技术状态，仪器使用前需进行检查。(　　)

答案：正确

34. 由于事故的突发性和复杂性，当我国颁布的标准监测分析方法不能满足要求时，可等效采用 ISO、美国 EPA 或日本 JIS 的相关方法，且不需要用其他指标检验方法的适用性。(　　)

答案：错误

正确答案：由于事故的突发性和复杂性，当我国颁布的标准监测分析方法不能满足要求时，可等效采用外国的相关方法，但必须用加标回收、平行双样等指标检验方法的适用性。

35. 在地下水污染事故监测中，不得将现场测定后的剩余水样作为实验室分析样品送往实验室。(　　)

答案：正确

36. 在开展应急监测时，对固定污染源和流动污染源的监测布点，应根据现场的具体情况、产生污染物的不同工况（部位）或不同容器分别布设采样点。(　　)

答案：正确

37. 在突发环境事件应急监测中，如果现行监测分析标准方法不能满足要求时，可选用 ISO、EPA、JIS 等国际或国外分析方法。(　　)

答案：正确

38. 在突发环境事件的应急监测中，监测结果可用定性或半定量的形式报出，所谓定性是指给出污染物的类别或名称，半定量是用“检出”或“未检出”来表示，并注明监测项目的检出限。(　　)

答案：错误

正确答案：半定量是用定量结果的范围值表示。

39. 在污染事故责任不清的情况下，可采用逆向跟踪监测和确定特征污染物的方法，追查确定污染来源或事故责任者。(　　)

答案：正确

40. 在应急监测中，对江河的采样只在事故地点及其下游布点采样。(　　)

答案：错误

正确答案：在应急监测中，对江河的采样应在事故地点及其下游布点采样，同时要在事故发生地点上游采对照样。

41. 在应急监测中，如果某种污染物目前尚无评价标准，可根据当地生态环境主管部门或应急任务下达单位或事故涉及方认可或推荐的方法和标准进行评价。(　　)

答案：正确

五、简答题

1. 简述突发环境事件应急监测报告的结构和内容。

答案：应急监测报告总体上分为事件基本情况、监测工作开展情况、监测结论和建议以及监测报告附件等 4 个部分。应急监测的前期、中期、后期，应注意把握各部分的重点。

（1）事件基本概况：概述事发时间、地点、起因、事件性质、截至报告时的事态、已采取的处置措施以及可能受影响的敏感目标等。

（2）监测工作开展情况主要包括应急监测的行动过程和监测工作内容。其中，监测行动过程是概述上期监测报告至当期监测报告期间的监测工作情况。首期监测报告应包括接到应急响应通知、到达现场开展踏勘、制定监测方案、启动首次监测等重要时间节点。监测工作内容主要概述监测方案制定（调整）的监测点位、项目和频次，以及现场监测、采样和实验分析情况。详细的监测项目表和监测点位图等一般作为附件参阅。

（3）监测结论和建议。监测结论：截至当期报告编制时，特征污染物在各点位的浓度分布，并结合其他环境应急工作组提供的调查信息及水文气象参数等，分析污染团可能的位置和范围，预测污染扩散趋势和对敏感目标的影响等。若污染源未知，应推测导致事件的原因、可能的污染源。工作建议：根据监测数据和有关信息的综合研判，向环境应急指挥部提出参考建议。若无相关建议，该部分可以省略。

（4）监测报告附件主要包括以下内容：污染趋势图、监测方法表、监测数据表、监测点位图（表）、监测现场照片、特征污染物相关信息等。

2. 突发环境事件发生后，“五个第一时间”包括哪些内容？

答案：突发环境事件发生后，要“第一时间报告”，立即按规定向本级政府、上级生态环境主管部门等报送信息；“第一时间赶赴现场”，及时核清事实、查明情况，掌握第一手资料，提出防控措施建议；“第一时间开展监测”，准确掌握污染物扩散和环境质量变化情况，为科学处置提供依据；“第一时间向社会发布信息”，及时将事件真相和生态环境主管部门所做的工作告知媒体、群众，主动引导社会舆论，维护社会稳定；“第一时间组织开展调查”，主动调查事故原因，迅速排查污染源，采取有效处置措施，减小污染损失和生态破坏程度。

3. 简述突发环境事件应急监测布点方法。

答案：（1）固定污染源和流动污染源：在产生污染物的不同工况（部位）或不同容器分别布点。

（2）江河：在事故发生地及其下游布点，上游设对照断面（点）；若流速很小或基本静止，可依污染物的特性在不同水层采样；事故影响区域内饮用水取水口、农灌区取水口必须设采样断面（点）。

（3）湖库：以事发地为中心，按水流方向在一定间隔的扇形或圆形布点，并根据污染物特性在不同水层采样，同时在水流流向上游适当距离设对照断面（点）；必要时，在湖库出水口和饮用水取水口设采样断面（点）。

（4）地下水：以事发地为中心，根据地下水流向采用网格法或辐射法设监测井采样，同时视地下水主要补给来源，在垂直于地下水流的上方向，设对照监测井采样；在以地下水为饮用水水源的取水处必须设置采样点。

（5）大气：以事发地为中心，在下风向按一定间隔的扇形或圆形布点，并根据污染物特性在不同高度采样，同时在事故点上风向适当位置设对照点；在可能受污染影响的住宅区或人群活动区等敏感点必须设置采样点，采样过程中应注意风向变化，及时调整采样点位置。

（6）土壤：以事发地为中心，按一定间隔的圆形布点采样，并根据污染物特性在不同深度采样，同时采集对照样品，必要时在事故地附近采集作物样品（根据污染原因以及其他具体条件有针对性地设定监测点位）。

（7）根据污染物在水中的溶解度、密度等特性，对易于沉积于水底的污染物，必要时布设底质采样断面（点）。

4. 简述突发环境事件应急监测布点原则。

答案：采样断面（点）的设置一般以突发环境事件发生地及其附件区域为主，同时必须注重人群和生活环境，重点关注对饮用水水源地、人群活动区域的空气、农田土壤等区域的影响，并合理设置监测断面（点），以掌握污染发生地状况、反映事故发生区域环境的污染程度和范围。

对被突发环境事件所污染的地表水、地下水、大气和土壤应设置对照断面（点）、控制断面（点），对地表水和地下水还应设置消减断面，尽可能以最少的断面（点）获取足够的有代表性的所需信息，同时须考虑采样的可行性和方便性。

5. 未知污染物的突发环境事件监测项目如何确定？

答案：通过以下几方面初步确定主要污染物和监测项目：

（1）污染事故现场特征，如气味、挥发性、遇水的反应特性、颜色及对周围环境、作物的影响等。

（2）如发生人员或动物中毒事故，中毒反应的特殊症状。

（3）事故现场周围可能产生污染的排放源的生产、环保、安全记录。

（4）空气自动监测站、水质自动监测站和污染源在线监测系统等现有的仪器设备的监测。

（5）现场采样分析，包括采集有代表性的污染源样品，利用试纸、快速检测管和便携式监测仪器等现场快速分析手段进行现场分析。

（6）采集样品，包括采集有代表性的污染源样品，送实验室分析。

6. 应急监测现场采样记录至少应包括哪些信息？

答案：（1）事故发生的时间和地点、污染事故单位名称、联系方式。

（2）现场示意图，如有必要对采样断面（点）及周围情况进行现场录像和拍照，特别注明点位所在位置的标志性特征物如建筑物、桥梁等名称。

（3）监测实施方案，包括监测项目（如可能）、采样断面（点位）、监测频次、采样时间等。

（4）事故发生现场描述及事故发生原因。

（5）必要的水文气象参数（如水温、水流流向、流量、气温、气压、风向、风速等）。

（6）可能存在的污染物名称、流失量及影响范围程度；如可能，简要说明污染物的有害特性。

（7）尽可能收集与突发环境事件相关的其他信息，如盛放有毒有害污染物的容器、标签等信息，尤其是外文标签等信息，以便核对。

（8）采样人员与校核人员的签名。

7. 简述突发环境监测结果表示的方式有哪些？

答案：（1）定性、半定量或定量的监测结果表示。

（2）定性监测结果可用"检出"或"未检出"来表示，并尽可能注明监测项目的检出限。

（3）半定量监测结果可给出所测污染物的测定结果或测定结果范围。

（4）定量监测结果应给出所测污染物的测定结果。

8. 简述环境应急监测的目的与原则。

答案：目的：应急监测的主要目的是在已有资料的基础上，迅速查明污染物的种类、污染程度和范围以及污染发展趋势，及时、准确地为决策部门提供处理处置的可靠依据。

原则：事故发生后，监测人员应携带必要的简易快速检测器材和采样器材及安全防护装备尽快赶赴现场。

根据事故现场的具体情况立即布点采样，利用检测管和便携式监测仪器等快速检测手段鉴别、鉴定污染物的种类，并给出定量或半定量的监测结果。现场无法鉴定或测定的项目应立即将样品送回实验室进行分析。根据监测结果，确定污染程度和可能污染的范围并提出处理处置建议，及时上报有关部门。

9. 简述未知污染物种类的应急监测程序。

答案：（1）初步判断：①从染毒征候判断；②从气味判断；③从人员或动物中毒症状判断；④用 pH 试纸初步判断；⑤从危险源查明可能的毒物。

（2）实施检测：①正确选择检测点；②灵活选用检测器材和检测方法；③综合分析，得出结论。

10. 目前水污染事件现场常用的应急监测方法有哪几种（至少列出 3 种）？它们分别通过什么仪器来实现的？

答案：发光细菌法，快速气相色谱 - 质谱联用法，快速气相色谱法，快速分光光度法，阳极溶出伏安法。它们分别通过生物综合毒性分析仪、便携式色谱 - 质谱联用仪、便携式气相色谱仪、多参数水质分析仪、便携式重金属测定仪来实现对污染物监测。

11. 应急监测中采样和现场监测有哪些安全事项？

答案：①应急监测，至少两人同行；②进入事故现场进行采样监测，应经现场指挥 / 警戒人员许可，在确认安全的情况下，按规定佩戴必须的防护设备（如防护服、防毒呼吸器等）；③进入易燃易爆事故现场的应急监测车辆应有防火、防爆安全装置，应使用防爆的现场应急监测仪器设备（包括附件如电源等）进行现场监测，或在确认安全的情况下使用现场应急监测仪器设备进行现场监测；④进入水体或登高采样，应穿戴救生衣或佩戴防护安全带（绳）。

12. 便携式仪器分析法作为一种常用的现场快速分析技术，有什么特点？

答案：①一般监测仪器轻便、易于携带；②分析方法的操作步骤简单，试剂用量少，不需采用特殊的取样，不需电源或可用电池供电，适用于现场快速分析；③可进行多组分同时或连续分析；④分析灵敏度较高，干扰较少，测试范围宽，样品类型较广泛，性价比较高等。

六、计算题

在某次环境污染事故的应急监测中，拟采用纳氏试剂分光光度法测定事故现场环境中的氨气，已知该方法的分析检出限为 0.5 μg/10 ml，当吸收液体积为 10 ml、气体采样体积为 20 L 时，请计算该方法的实际检出限（mg/m^3）。应急监测人员在事故现场先用便携式仪器预测得到事故点的氨气浓度约为 0.5ppm，请判断纳氏试剂分光光度法的检出限是否可满足本次应急监测的需要？如果应急监测人员用装有 10ml 吸收液的吸收瓶采集氨气样品，采样流量设定为 0.5 L/min，假设吸收瓶中的氨气含量必须达到方法实际检出限 2 倍时方可作为准确定量结果，则至少需要采样多少分钟才能满足定量监测要求？

答案：该方法的实际检出限为：$0.5/10\times10/20=0.025$（mg/m^3）；

现场氨气的预测浓度为：$0.5\times17/22.4=0.379$（mg/m^3）；

因该方法实际检出限低于事故点现场氨气预测浓度，可满足本次应急监测的需要。

因吸收瓶中的氨气含量必须达到 1.0 μg/10 ml 才能准确定量，当吸收液为 10 ml、采样流量为 0.5 L/min 时，该气体样品的现场采样时间至少为：

$$\frac{1.0}{0.5\times t}=0.379\ (mg/m^3)$$

$t=1/(0.5\times0.379)=5.3$（min）。

七、分析题

1. 2019 年 5 月 27 日 13 点左右，某公司承建的 B9 项目工地现场，2 名工人在施工过程中，将固化剂加入不饱和树脂时发生闪燃，引起一个约 10 kg 的树脂桶燃烧，现场作业工人用灭火器将火当场扑灭，事故导致 2 名工人烧伤，其中 1 名工人经抢救无效死亡，另 1 名工人腿部烧伤，无生命危险。

事故发生后，该地区公安、安监、应急、消防、环保等相关部门负责人及相关技术人员第一时间到达现场处置。现场有刺鼻气味。该工地离厂界较近，且四周为空旷区域，无学校、居民集中居住区等敏感点，作为一名环境监测人员：

（1）现场如何快速确定该突发事故的监测项目及监测方法？

（2）现场如何布点监测？

答案：

（1）根据施工方提供使用的原材料（如施工方不愿意提供，观察现场遗留物品）及反应产物、现场气味和各物质物理性质，初步确定主要污染物及监测项目，结合现场监测仪器快速扫描出峰物质确定（现场如无快速监测设备，采集有代表性的污染源样品送实验室分析确定）。

首先可采用现行实验室分析方法、便携式监测仪器等监测方法。当上述分析方法不能满足要求时，可选用其他适宜的方法，如 ISO、美国 EPA、日本 JIS 等国外的分析方法。

（2）以事故地点为中心，根据监测气象条件，在上风向布设 1 ～ 2 个对照点，以扇形在下风向（厂界处）布设 3 ～ 4 个点位，根据污染物特性确定采样高度。同时根据风向变化，及时调整采样点位置。

2. 某日，某市“12369”环境投诉热线接群众反映，某市 ×× 县 ×× 镇某食品厂冷库发生液氨泄漏事故，产生大量白色烟雾，严重影响周边大气环境质量。监测人员抵达现场后，了解到泄漏点在企业的中心位置，事故发生后，消防人员对泄漏点进行了封堵，液氨泄漏程度呈下降趋势。除液氨泄漏之外，没有发生其他次生污染情况。

①现场地形图。食品厂周边情况：东 1.1 km 为 A 村；东北 1.2 km 为 B 村；北 0.8 km 为 C 村；西侧与 D 村紧邻。

②现场风向、风速。风向、风速稳定；风向为东北风，风速 5.3 m/s。

问题：

（1）根据现场情况，请简述如何开展应急监测工作。

（2）根据下风向敏感点氨现场监测结果，请草拟向现场指挥部报告内容。

答案：

1. 根据《突发环境事件应急监测技术规范》（HJ 589—2010），应急监测工作要点如下：

（1）布点

以事故发生点为中心，下风向按一定间隔的扇形或圆形布点，敏感点必须布点，上风向布置对照点。

（2）现场监测（采样）方法

凡是具备现场测定条件的项目，应尽量进行现场测定；必要时，需另采集一份样品送实验室分析，以确认现场分析结果。

（3）监测频次的确定

依据不同的环境区域功能和事故发生地的污染实际情况，达到以最低的采样频次、取得最有代表性样品的效果。一般在事故刚发生时，适当增加采样频次，待摸清污染物变化规律后，则可以减少采样频次。

（4）现场监测记录

现场监测记录必须如实记录并在现场完成。

（5）质量保证

1）监测人员必须持证上岗；

2）应急监测仪器处于良好的技术状态。

（6）现场监测的安全措施

1）至少两人同行；

2）进入现场时经现场指挥或警戒人员的许可；

3）按规定佩戴好必需的防护及救生设备；

4）若进入易燃易爆事故现场，应使用防爆监测仪器。

2. 报告内容

（1）执行标准：建议执行《恶臭污染物排放标准》（GB 14554—1993）中表 1 恶臭污染物厂界标准值。鉴于该标准引用的是《环境空气质量标准》（GB 3095—1996），环境空气功能区仍分为 3 类，考虑到该区域位于农村地区，大气污染物扩散条件较好，建议从严要求，执行标准中一级标准 1.0 mg/m^3。

（2）如果敏感点氨浓度小于 1.0 mg/m^3，建议解除应急状态；如果敏感点氨浓度大于 1.0 mg/m^3，建议现场指挥部维持应急状态，并根据超标情况征求卫生部门意见，如有必要，应对村民进行疏散。同时，应急监测工作继续开展，直至敏感点浓度符合标准要求。

可视情况要求县环境监测部门对污染源及敏感点开展后续跟踪监测。

3. 应急监测案例：3 月 10 日晚 23 时 20 分，某环境监测站接到局领导的紧急电话，位于某工业园区的农资综合仓库发生火灾，现场浓烟影响周边居民，仓库内的物资燃烧被水冲灭后，开始污染附近河道，情况十分危急。据现场了解，库内大多是日杂用品、有机类农药、电器等易燃物品，火势很大，浓烟滚滚，随着东南风不断向西北边的市区居民点上空飘去，空气中夹杂着一股浓浓的恶臭异味，针对着火点，消防战士正在用高压水枪灭火，火势在 3 月 10 日 24 时基本熄灭。但由于消防水的冲洗，仓库内流出的污染物随着消防水一起流入仓库边的小河，对河道造成了污染。

期间处置措施：根据监测结果，进行了两次筑坝拦截，其中第一次为事故点上下游 30 m。

请给出应急监测方案。

答案：

方案主体内容的完整性：包括目的、组织机构、监测点位（断面）的布设、监测项目及频次、技术规范及监测方法、结果分析及报送、应急监测终止条件的设定等内容。

监测环境介质：以空气、水为主，适当考虑周边土壤。

监测点位（断面）：对照断面、控制断面，兼顾敏感点，布设方式等。

监测项目：便携式监测仪器、实验室分析方法相结合，确定特征污染物，监测项目包括常规指标及综合性指标。

方案调整：初期排查定性，持续监测支持现场处置，后期跟踪监测；刚开始采样频次和点位数要加大，随着监测结果的稳定，适当减少采样频次和点位。

4.× 年 × 月 × 日 0 时，A 地级市一采选冶炼厂偷排废水，废水沿着一条小河进入江河的干流。B 地级市位于 A 市的下游，其城市饮用水取水口位于交界处下游 0.2 km。A 市环境监测站接到报告后，立刻启动预案，开展第一次监测，监测数据如下表所示（单位：mg/L，pH 无量纲）：

断面／项目	小河上游对照断面	冶炼厂废水入小河后 100 m	小河入干流前 50 m	小河与干流交汇口下游 100 m	A 市与 B 市交界处
pH	6.3	4.5	5.0	6.0	6.2
化学需氧量	20	25	20	15	15
氨氮	0.8	2.0	1.0	0.9	0.8
铜	0.02	0.08	0.05	0.02	0.02
锌	0.05	0.05	0.05	0.05	0.005
铅	0.05	0.10	0.05	0.05	0.03
镉	0.003	0.02	0.007	0.07	0.004
汞	0.000 1	0.001	0.000 8	0.000 2	0.000 1
砷	0.02	0.05	0.04	0.02	0.01

问题：

（1）请判断上述 5 个断面当前的水质类别。

（2）根据当前所掌握的情况，该事件应定性为几级？简单说明理由。

（3）除了上述 5 个断面外，下一步还需要在哪里增加监测断面？如何监测？

答案：

（1）小河上游对照断面、冶炼厂废水入小河后 100 m、小河入干流前 50 m、小河与干流交汇口下游 100 m、A 市与 B 市交界处的水质类别依次是Ⅲ类、劣Ⅴ类、Ⅴ类、Ⅴ类、Ⅳ类。

（2）应定性为特别重大（Ⅰ级）突发环境事件，因为 B 地级市的集中式饮用水水源地受到了重金属污染，面临取水中断的威胁。

（3）事件的主要超标因子为镉，为掌握污染团的浓度分布情况，需要在冶炼厂废水入小河后 100 m 与小河入干流前 50 m 之间增设监测断面，重点监测镉的浓度。

5.× 年 × 月 × 日 0 时，A 市一河流附近某化工厂发生爆炸起火，辖区环境监测部门接到应急指令后立即启动应急预案，组织开展应急监测工作。请简要草拟一份现场监测方案以指导应急先锋队开展第一次的采样监测工作。

答案：

（1）布点

①环境空气：以厂区爆炸点为中心，在下风向按一定间隔扇形或圆形布设至少 3 个监测点，在事故点的上风向布设不少于 1 个的对照监测点，在可能受污染影响的居民住宅区或人群活动区等敏感点必须设置采样点。

②地表水：在事故发生地及其下游布点，同时在事故发生地上游一定距离布设对照断面（点）；如江河水流的流速很小或基本静止，可根据污染物的特性在不同水层采样；在事故影响区域内饮用水取水口和农灌区取水口处必须设置采样断面（点）。

（2）监测因子

①环境空气：气象因子（风速、风向），挥发性有机物及其他特征污染物。

②地表水：pH、溶解氧、高锰酸盐指数、化学需氧量、挥发性有机物及其他特征污染物。

6. 某日晚间，某高速公路上行线发生一起交通事故，一辆载有 40 t 液氯的槽罐车因车祸导致液氯大面积泄漏。事发地周边约有 1 000 人居住，近 300 人被送往医院救治，其余居民紧急疏散，作物受灾，环境受到严重污染。消防人员已先期到达现场开展用高压水龙头向事发地和空中喷洒，事发地 50m 内戒严。省市两级环境监测部门接报后立即组织人员赶赴现场开展应急监测，请问应如何进行应急监测布点？主要监测哪些项目？

答案：

（1）大气监测

在敏感点（居民点）、对照点（上风向）、监控点（下风向）沿扩散方向梯度布设大气监测点监测氯气。敏感点使用标准方法进行检测，其他点位采用快速检测方法监测。事故处理期间，24 h 连续监测，每隔 1 h 测定一次。

（2）水质监测

氯气与水反应生成次氯酸和盐酸，在扩散和处置过程中可能会影响到水环境，在可能扩散区域的地表水上下游以及集中式饮用水或农户小型压井地下水采样分析。监测项目为 pH、氯化物等。

对事故处理池中的处理液进行监测。

（3）受灾作物监测

在氯气扩散下风向采用扇形布点，沿下风向梯度采样，样品采集根部以上植株。采集具有代表性样本量，主要测定项目为 pH。

（4）土壤监测

根据氯气现场扩散影响范围，和作物采样布点一致，扇形梯度布点，采样采用梅花形布点法。测定项目主要为 pH、氯化物。

7. 请结合日常工作实际编制生态环境监测机构应对一般突发环境事件的应急监测预案大纲。

答案：

一、应急监测预案编制目的、依据、适用范围

二、应急监测组织机构及职责

三、应急响应

1. 应急接报及应急准备；

2. 应急监测方案制定。

四、应急监测实施

1. 应急监测启动及现场应急方案的确定；

2. 现场监测的实施以及实验室样品分析；

3. 数据上报及应急监测质量保证；

4. 应急监测终止及终止后现场整训。

五、应急监测保障

包含装备物资，安全、技术、经费保障。

六、预案管理及修订

8. 下图是一次污染事故的示意图。事故企业为某糖厂，日榨量约 1 万 t。位于甲县，生产废水排入某河流，暂名为西江。排污口下游流经城镇 B 后进入乙县。乙县有支流 2 及水坝，库区内有约 50 个养殖网箱。城镇 B 饮用水水源地位于西江。受暴雨影响，其应急池发生泄漏，大量污水进入西江。

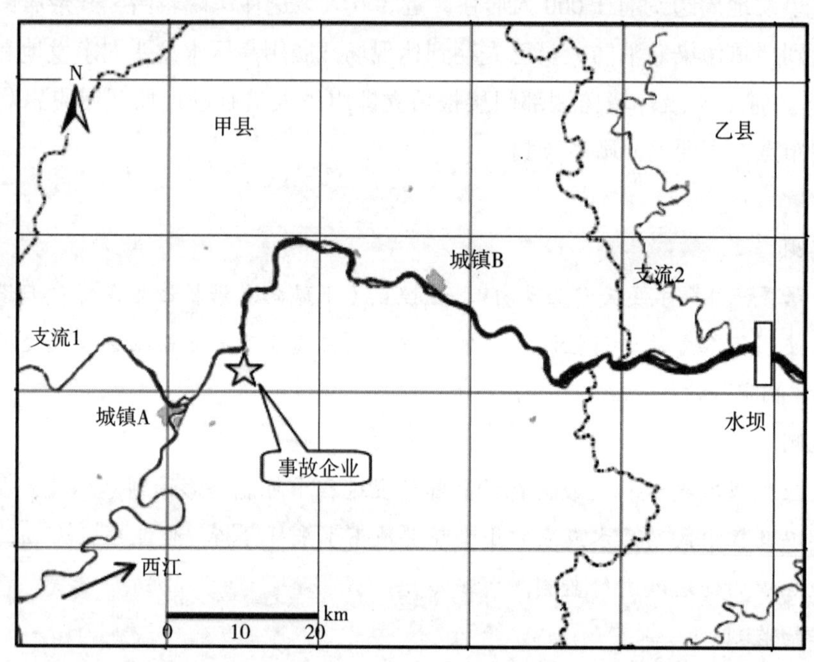

问题：

（1）列出地表水应急监测断面设置，表达方式可采用“某糖厂排污口下游 ×××m”。

（2）列出监测项目、监测频次。

答案：

（1）至少要有下列断面：

序号	名称	说明（此列可不写）
1	某糖厂排污口上游 X km（X 小于 5）	对照断面
2	某糖厂排污口下游 X km（X 小于 5）	控制断面
3	城镇 B 饮用水取水口上游 X km（X 小于 5）	水源地控制断面
4	甲县 - 乙县边界	交界断面
5	水坝上游（或下游）	重要水工建筑

（2）至少要有下列 4 个监测项目。多列不扣分。

pH、DO、COD（或高锰酸盐指数）、氨氮。

按《污水监测技术规范》表 6-2，特征污染物为 pH、COD、BOD_5、色度、油类。按《制糖工业水污染物排放标准》，监测项目为 pH、COD、BOD_5、氨氮、总磷、总氮。BOD_5 周期长，可不作为应急监测项目。

监测频次为每天 1 次（或每天更多次）。

9. 2010 年 6 月 20 日，生态环境部门接到报告：在某市地表水饮用水水源地水库上游入库河流 5 ～ 6 km 处南郊某村庄附近，一辆装有化工原料液氨的罐车在运输过程中，发生意外翻车事故，翻到入库河流河岸并造成罐车内液氨泄漏，请针对该污染事故，回答以下问题：

（1）确定该污染事故的主要污染物和可能发生的污染途径。

（2）确定该污染事故可能带来的污染危害和最大限度减少对环境等的危害应该采取的优先措施。

（3）回答本次污染事故应急监测响应的主要程序。

（4）说明本次应急监测方案的主要内容。

（5）地表水监测如何进行点位布设及点位功能。

答案：

（1）①主要污染物：氨、氨氮、pH。

②污染途径：河水、土壤、空气。

（2）①危害对河流水质污染及通过河流对水源地的污染；对局部土壤的污染；对空气的污染及通过空气扩散对周围村庄的污染；

②立即报告并通知水源地和政府—设立污染隔离区—采取堵漏措施—河流可行处建坝防止进入水源地—疏散村庄人群和动物，老人、妇女、儿童优先—采取处置措施；

（3）污染事故应急监测响应的主要程序为：

①启动应急预案。

②进行现场调查。

③组织应急队伍，积极准备。准备快速开展针对以河流中氨氮、空气中氨及土壤中氨的快速监测相关工作。

④应急队伍快速、有序奔赴事故现场。分组开展地表水、空气和土壤中的氨及常规项目的采样、监测和数据分析评价。

⑤编写事故现场监测报告。审核后立即报告现场总指挥、生态环境厅应急办。

⑥跟踪监测。对环境污染事件发生后滞留在水体、土壤、作物等环境中短期内不易消除、降解的污染物，要进行必要的跟踪监测。

⑦应急监测终止。按照省厅应急办应急终止的指令，由应急监测分队队长宣布应急监测终止，并根据污染事件现场情况安排正常的环境监测或跟踪监测。

（4）方案主要内容：前言、监测项目、监测方法、方法检出限、仪器设备信息、布点、采样频次、样品采集、运送保存、分析测试、质量控制、执行标准、数据处理、综合评价。

（5）水质点位布设主要内容及其功能：

①对照点：污染现场上游布设1个点，了解来水水质；

②控制点：污染物汇入河流处，了解污染物最高浓度；

③筑坝前河水均匀混合处，了解坝前水质污染现状；

④筑坝后河水均匀混合处，预警监测；

⑤水源地河流入口处，了解河流水质，预警监测；

⑥水源地出口处，了解出水水质，预警监测。

10. 2018年5月某日凌晨3点，某市一冷冻厂发生液态氨泄漏事件，大量刺激性气体向下风向居民区漂移，“110”分别接到企业值班人员和晨练人员的报警，此事故中有29人送医院救治，无人员死亡。

问题：

（1）请给此突发环境事件定级。

（2）此事故应由哪级环保局分管领导直接指挥应急处置工作？

（3）在应急响应中，现场应急监测有哪些步骤？

（4）应急监测书面报告应包括哪些内容？

答案：

（1）此突发环境事件为一般环境事件；

（2）此事故应由地市级环保局指挥；

（3）现场应急监测一般有以下步骤：①根据污染事件的性质、污染物种类、污染危害范围等情况制定现场应急监测方案，确定监测范围、监测点位、监测项目、监测手段和监测频次；②采取有效的安全防护措施；③快速实施现场采样和监测；④根据现场监测结果向现场应急指挥部做出初报。

（4）应急监测书面报告应包括：污染事件发生的原因、过程、应急监测方案、现场监测结果及相关气象参数、污染事件进展情况和趋势、建议采取的应急措施和后续处置措施等内容。

八、论述题

1. 突发环境事件应急监测报告是应急监测工作综合性成果的有效展示。试论述突发环境事件应急监测报告的编制目的、编制原则、报告类型、报告结构及内容。

答案：

编制目的：报告应急监测工作的开展情况和计划，分析监测数据和相关信息，判断特征污染物种类、污染团分布情况和迁移扩散趋势等，为环境应急事态研判和应对提出科学合理的参考建议。

编制原则：

（1）内容准确，重点突出。准确筛选和提炼关键信息，真实反映应急监测工作情况。报告编制详略得当，突出重大事项、异常情况等重要内容。

（2）结论严谨，建议合理。谨慎对待应急监测数据，注重综合研判分析，报告结论客观严谨，意见建议科学合理。

（3）要素全面，格式规范。参照党政机关公文格式规定，报告编制要素全面、层次分明、条理清晰、语言精练，排版布局工整、字体使用规范。

应急监测报告类型：

分为过程报告和总结报告。其中，过程报告适用于应急监测期间，应急监测组向环境应急指挥部相关成员报送监测工作情况；总结报告系应急监测结束后，相关应急监测队伍对所参与应急监测工作的总结。

应急监测报告结构和内容：

突发环境事件应急监测报告总体上分为事件基本情况、监测工作开展情况、监测结论和建议、监测报告附件等 4 个部分。应急监测的前期、中期、后期 3 个阶段中，4 个部分的内容和重点有所不同。

（一）事件基本概况

概述事发时间、地点、起因、事件性质、截至发报时的事态、已经采取的处置措施以及可能受影响的敏感目标等。该部分内容主要由突发环境事件调查组提供，在编制时应注意以下几点：

（1）行文应清晰明了，重点说明事件起因、经过和环境影响，避免大而全、虚而空地赘述领导高度重视、调度处置有力等。

（2）在应急监测前期，应急处置措施未完全落实，事态未完全控制时，该部分内容宜详述，有新的情况变化时，应在当期报告中补充完善。

（3）应急监测中后期，应急处置措施陆续落实到位，事态得到控制，该部分内容宜概述或省略，报告内容重点为污染变化情况和相关意见建议。

（二）监测工作情况

主要包括应急监测的行动过程和监测工作内容。

（1）监测行动过程。主要以时间轴的形式概述上期监测报告至当期监测报告期间的监测工作情况。首期监测报告应包括接到应急响应通知、到达现场开展踏勘、完成方案制定、启动首次监测等重要时间节点。

（2）监测工作内容。主要概述监测方案制定（调整）的监测点位、指标和频次，以及现场监测、采样和实验分析情况。监测方案中详细的监测项目表和监测布点图等作为附件参阅。

（三）监测结论和建议

（1）监测结论。截至当期报告编制时，特征污染物在各点位的浓度分布，并结合其他环境应急工作组提供的调查信息及水文气象参数等，分析污染团可能的位置和范围，预测污染扩散趋势和对敏感目标的影响等。若污染源未知，应推测导致事件的原因、可能的污染源。重点论述超标点位和超标项目，正常点位和项目可简单概述，如“×××等点位正常”。详细的监测数据表、污染物浓度的点位变化趋势图、关键点位污染物浓度的时间变化趋势图等，一般作为附件参阅。

（2）工作建议。根据监测数据和有关信息的综合研判，向环境应急指挥部提出对环境应急工作的参谋建议。该部分非每期报告必需，应根据实际情况编制，若无相关建议，该部分可以省略。适时提出应急监测终止建议。

（四）监测报告附件

监测报告附件主要包括以下内容，随着监测工作的推进，附件的篇幅呈增加趋势。

（1）污染趋势图。包括污染物浓度的点位变化趋势图和关键点位污染物浓度的时间变化趋势图等，趋势图中应有显示污染物是否达标或达到背景值的参考线。

（2）监测方法表。列出监测项目所用的现场及实验室监测方法。

（3）监测数据表。按时间顺序罗列截至当期监测报告，各点位监测项目的数据。表中应有特征污染物的标准限值和评价标准，若无国内外相关标准，应以背景值作参比。

（4）监测点位图（表）。包含当期应急监测报告所对应监测方案中的监测点位、项目、频次等。

（5）监测现场照片。直观展示现场监测的工作情况，同时作为突发环境事件“一案一册”归档的影像资料。

（6）特征污染物相关信息。作为参阅资料，主要包括污染物理化性质、对人体和环境的危害、常见的化学反应方程式和应急处置方式等（通常只列入首期报告的附件）。

2. 应急监测的主要任务是什么？从哪些特点判断污染事故污染物的种类？

答案：

（1）应急监测的主要任务：一是根据突发环境事件污染物的扩散速度和事件发生地的气象和地域特点，确定污染物种类、浓度及扩散范围；二是根据监测结果，综合分析突发环境事件污染变化趋势，并通过专家咨询和讨论的方式，预测并报告突发环境事件的发展情况和污染物的变化情况，作为突发环境事件应急决策的依据。

（2）判断污染物种类

一是从染毒征候判断。由于各种化学毒物其理化性质存在较大的差异，故发生污染事故后产生的征候各有差别。例如，氨气、氯气等毒物，由于沸点低、易挥发，泄漏后常以气态形式扩散，地面无明显残留物，但周围的农作物常伴随有灼烧状，大量泄漏时造成农作物茎叶枯萎、发黄；苯、有机磷农药等一些油状液体毒物，泄漏后常漂浮在水面或流淌到低洼处。因此可根据这些典型特征判断泄漏物是气态毒物还是液态毒物。

二是从气味判断。各种毒物都具有其特殊的气味。一旦发生化学泄漏事故后，在泄漏地域或下风方向，可嗅到毒物散发出的特殊气味。如氢氰酸是苦杏仁味，光气散发出烂干草味，氯化氢为强烈刺激味，硫化氢气体散发出臭鸡蛋味等。

三是从人员或动物中毒症状判断。由于各种毒物所产生的毒害作用不同，所以根据人员或动物中毒之后所表现的特殊症状，可以判断毒物的大致种类。如出现刺激眼睛和呼吸道、流泪、打喷嚏、流鼻涕等症状，可判断为刺激性毒物；而出现瞳孔缩小、出汗、流口水和抽筋等症状，可判断为含磷毒物。

四是用 pH 试纸初步判断。借助 pH 试纸检测染毒空气中的毒物是酸性还是碱性，大致判断出待测物可能是属于哪一类的化学毒物。

五是从危险源查明可能的毒物。在事故发生地，可根据平时掌握的该地区危险源资料以及当事人提供的背景资料，准确判断出毒物的种类和名称。

| 第十章 |

分析技术

CHAPTER 10

第一节　容量法

一、填空题

1. 滴定操作前，应将滴定管调至“0”刻度以上约 0.5 cm 处，并停留 1 ～ 2 min，然后调节液面位置；停留 1 ～ 2 min 的目的是使附在管上部的溶液流下。每次滴定最好从“0”刻度或接近“0”刻度开始，这既是为了保证有足够量的溶液供滴定使用，又是为了____________。

答案：减小（平行）滴定偏差

2. 酸式滴定管主要用于盛装____________、氧化还原性溶液和盐类稀溶液。

答案：酸性溶液

3. 滴定管读数时，无论是在滴定架上还是手持滴定管，都要保证滴定管____________。

答案：垂直向下

4. 按反应的性质，容量分析可分为____________法、____________法、____________法和____________法。

答案：酸碱滴定　氧化还原滴定　络合滴定　沉淀滴定

5. 络合滴定法是以____________和____________形成络合物的化学反应为基础的一种容量分析方法。

答案：金属离子　络合剂

6. 测定 COD_{Cr} 的水样必须用____________瓶采集。库仑法测定水中 COD_{Cr} 的消解回流时间一般为____________min，加入硫酸汞的作用是____________。《地表水环境质量标准》（GB 3838—2002）中，Ⅲ类水的 COD_{Cr} 标准限值为____________ mg/L。

答案：玻璃　15　消除水样中 Cl^- 的干扰　20

7. 根据《水和废水监测分析方法》（第四版）的规定，节能加热法测定化学需氧量时，废水中氯离子含量超过____________ mg/L 时，应先加入 0.4g 硫酸汞于加热管中。

答案：30

8. 滴定管在装入滴定液之前，应该用滴定液洗涤滴定管 3 次，其目的是____________，以确保滴定液____________。

答案：除去管内残存水分　浓度不变

9. 当水样中含有的硫代硫酸盐、亚硫酸盐等能与碘反应的还原性物质时，采用碘量法测定硫化物时，会产生________干扰。

答案：正

10. 测定高锰酸盐指数所用的蒸馏水，需加入____________溶液后进行重蒸馏。

答案：高锰酸钾

11. 根据《高氯废水　化学需氧量的测定　氯气校正法》（HJ/T 70—2001），氯离子含量大于____________mg/L 的废水即为高氯废水，该标准适用于氯离子含量小于____________ mg/L 的高氯废水测定。

答案： 1 000　　20 000

12. 根据《水质　化学需氧量的测定　重铬酸盐法》（HJ 828—2017），在测定水质化学需氧量过程中，用硫酸亚铁铵回滴时，溶液的颜色由黄色经蓝绿色至__________即为终点。

答案： 红褐色

13.《水质　氨氮的测定　蒸馏 - 中和滴定法》（HJ 537—2009）中规定，测定水质氨氮时，轻质氧化镁需在 500℃下加热处理，这是为了去除__________。

答案： 碳酸盐

14. 利用硝酸银滴定法测定水中氰化物时，使用的试银灵贮存于棕色瓶中并于暗处保存，可稳定__________。

答案： 1 个月

15. 水中高锰酸盐指数测定方法（酸性法）中影响结果准确性的主要因素有__________、__________、__________、__________。

答案： 酸度　　试剂浓度　　温度　　时间

16. 采用硝酸银滴定法测定水中氯化物时，以铬酸钾为指示剂，__________色沉淀指示滴定终点。

答案： 砖红

17. 碘量法测定水中硫化物的原理为：硫化物在__________条件下，与过量的碘作用，剩余的碘用__________溶液滴定，根据与硫化物发生反应的碘量，求出硫化物的含量。

答案： 酸性　　硫代硫酸钠

18. 重铬酸盐法测定水中化学需氧量时，水样须在_______性介质中加热回流________h。

答案： 强酸　　2

19. 进行滴定操作时，滴定速度以__________为宜，切不可成直线放下。

答案： 每秒 3 ～ 4 滴或 8 ～ 10 ml/min

20. 容量分析操作中，滴定分析常用于测定__________和__________组分，有时候也可测定微量组分。

答案： 常量　　半微量

21. 碘量法测定溶解氧时，取 100 ml 水样，经过一系列反应，最后耗用 0.0250 mol/L $Na_2S_2O_3$ 标准溶液 5.00 ml，滴定至蓝色消失，则水样中 DO 含量为__________。

答案： 10 mg/L

22. 在络合滴定曲线图中，横坐标以__________表示，纵坐标以__________表示。

答案： EDTA 加入量　　pM

23. 在 COD 测定过程中加入 $HgSO_4$ 的目的是_______，加入 Ag_2SO_4 的目的是________。

答案： 消除 Cl^- 的干扰　　催化作用

24. 在酸性条件下，$KMnO_4$ 滴定 $Na_2C_2O_4$ 的反应温度应保持在__________，所以滴定操作要__________进行。

答案： 60 ～ 80℃　　趁热

25. 采用 EDTA 为滴定剂测定水的硬度时，因水中含有少量的 Fe^{3+}、Al^{3+}，应加入__________

掩蔽；滴定时控制溶液 pH=____________。

答案：三乙醇胺　　10

26. 一碱性水样可能含有 OH^-、CO_3^{2-}、HCO_3^- 或其混合溶液，现用盐酸标准溶液对其进行滴定，若以酚酞作指示剂消耗盐酸溶液 V_1 ml，以甲基橙为指示剂消耗盐酸溶液 V_2 ml，当 $V_1 > V_2$ 时，水样中含有____________；当 $V_1<V_2$ 时，水样中含有____________。

答案：氢氧化物和碳酸盐（OH^- 和 CO_3^{2-}）　　碳酸盐和重碳酸盐（CO_3^{2-} 和 HCO_3^-）

27. 快速密闭催化消解法测定水中化学需氧量时，在消解体系中加入的助催化剂是____________与____________。

答案：硫酸铝钾　　钼酸铵

28. EDTA 滴定法测定总硬度时，若水样中铁离子≤ 30 mg/L，应在临滴定前加入 250 mg____________或加入数毫升____________，以掩蔽铁离子。

答案：氰化钠　　三乙醇胺

29. 碘量法测定水中溶解氧时，水样中氧化性物质使碘化物游离出 I_2，若不加以修正，由此测得的溶解氧值比实际值____________，而还原性物质可消耗碘，由此测得的溶解氧值比实际值____________。

答案：高　　低

30. 测定水中高锰酸盐指数时，欲配制 0.100 0 mol/L 草酸钠标准溶液 100 ml，应称取优级纯草酸钠____________克。（草酸钠分子量：134.10）

答案：0.670 5 g

31. 根据《国家地表水环境质量监测网监测任务作业指导书（试行）》，在分析水中高锰酸盐指数之前，需对高锰酸钾标准溶液进行标定，然后计算高锰酸钾溶液的校正系数 *K* 值应介于____________之间。

答案：0.950 ～ 1.01

32. 标准溶液从滴定管滴入被测溶液中，二者达到化学反应式所表示的化学计量关系的点，叫作____________，在滴定过程中，指示剂正好发生颜色变化的转折点，叫作____________。

答案：理论终点　　滴定终点

33. 依据《水质　化学需氧量的测定　重铬酸盐法》（HJ 828—2017），每批样品应至少做____________个空白，应做____________的平行样，平行样的相对偏差不超过____________。

答案：两　　10%　　±10%

34. 容量分析法是将一种已知____________的标准溶液滴加到被测物质的溶液中，直到所加的标准溶液与被测物质按化学计量定量反应为止，然后根据标准溶液的____________计算被测物质的含量。

答案：准确浓度　　浓度和用量

二、单选题

1. 在容量分析中，移液管和锥形瓶用蒸馏水洗净后，在________情况下使用是准确的。（　　）

A. 都可直接使用

B．都应烘干后使用

C．移液管应用使用试液荡洗几次后使用，锥形瓶可以直接使用

D．移液管和锥形瓶都应用使用试液荡洗几次后使用

E．锥形瓶应用使用试液荡洗几次后使用，移液管可以直接使用

答案：C

2. 滴定分析的相对误差一般要求控制在 0.1% 以内，使用常量滴定管滴定时，耗用标准溶液的体积应控制在以下________滴定体积范围最佳。(　　)

A．10 ml 以下　　B．10 ～ 15 ml　　C．20 ～ 30 ml　　D．5 ml 以内

E．15 ～ 20 ml

答案：C

3. 碘量法测定水中总氯是利用氯在________溶液中与碘化钾反应，释放出一定量的碘，再用硫代硫酸钠标准溶液滴定。(　　)

A．中性　　B．酸性　　C．碱性　　D．弱酸性

答案：B

4. 在 COD 的测定中，回流前需加入 $HgSO_4$，其目的是________。(　　)

A．灭杀微生物

B．络合水样中的 Cl^-，避免 Cl^- 消耗 $K_2Cr_2O_7$

C．沉淀 Ba^{2+}、Sr^{2+}、Ca^{2+} 等金属离子

D．作为催化剂

答案：B

5. 测定水中 COD 所采用的方法，在化学上称为________反应。(　　)

A．置换　　B．中和　　C．分解　　D．氧化还原

答案：D

6. ________称为终点？(　　)

A．指示剂变色停止滴定的那一点

B．$K_a = K_{HIn}$ 时的那一点

C．指示剂结构变化的转折点

D．滴定的标准溶液与待测组分恰好反应完全的那一点

答案：A

7. 在酸碱滴定中，以 0.100 0 mol/L　NaOH 标准溶液滴定 20.00 ml 0.100 0 mol/L HCl 溶液时，滴定曲线的 pH 突跃范围是________。(　　)

A．9.70 ～ 4.30　　B．4.30 ～ 9.70　　C．7.70 ～ 9.70　　D．9.70 ～ 7.70

答案：B

8. 佛尔哈德法测定水中 Ag^+ 或卤素所用的指示剂为________。(　　)

A．铬酸钾　　B．酚酞　　C．荧光黄　　D．铁铵矾

答案：D

9. 在 Ca^{2+}、Mg^{2+} 的混合溶液中用 EDTA 法测定 Ca^{2+} 时，消除 Mg^{2+} 的干扰宜用________。(　　)

A．控制酸度法　　B．沉淀掩蔽法　　C．氧化还原掩蔽法　　D．络合掩蔽法

答案：B

10. 酸碱滴定中选择指示剂的原则是________。(　　)

A．K_a=K_{HIn}

B．指示剂的变色范围与化学计量点完全符合

C．指示剂的变色范围全部或部分落入滴定的 pH 突跃范围内

D．指示剂在 pH=7.00 时变色

答案：C

11. 用 0.02 mol/L $AgNO_3$ 溶液滴定 0.1 g 试样中 Cl^-（Cl 的摩尔质量 35.45 g/mol），耗去了 40 ml 溶液，则试样中 Cl^- 的含量约为________。(　　)

A．7%　　B．10%　　C．28%　　D．35%

答案：C

12. 水中钙镁离子的 EDTA 法测定时，选择的适合指示剂是________。(　　)

A．二苯胺磺酸钠　　B．甲基橙　　C．铬黑 T　　D．淀粉

答案：C

13. 某碱样溶液以酚酞为指示剂，用标准 HCl 溶液滴定至终点时耗去 V_1 ml，继续以甲基橙为指示剂，又耗去 HCl 标准溶液 V_2 ml，若 V_2 小于 V_1，则此碱样溶液是________。(　　)

A．Na_2CO_3　　B．NaOH　　C．$NaHCO_3$　　D．NaOH+Na_2CO_3

答案：D

14. 选择测定 BOD_5 的培养温度为________。(　　)

A．20±1℃　　B．25±1℃　　C．15±1℃　　D．18±1℃

答案：A

15. 关于重铬酸盐法测定化学需氧量，以下说法正确的是________。(　　)

A．化学需氧量是指在一定条件下，经重铬酸钾氧处理时，水样中的溶解性物质所消耗的重铬酸盐相对应氧的质量浓度在酸性重铬酸钾条件下，水样中所有有机物全部被氧化

B．硫酸亚铁铵标准溶液应在每次使用前标定

C．Ag_2SO_4 作滴定剂，消除 Cl^- 干扰

D．$HgSO_4$ 作催化剂

答案：B

16. 碘量法测定水中总氯时所用的缓冲溶液为________盐，pH 为________。(　　)

A．乙酸　4　　B．磷酸　7　　C．乙酸　5

答案：A

17. 在 EDTA 配位滴定中，下列有关掩蔽剂的叙述，错误的是________。(　　)

A．配位掩蔽剂必须可溶且无色

B．掩蔽剂的用量越多越好

C．氧化还原掩蔽剂必须能改变干扰离子的氧化态

D．沉淀掩蔽生成的沉淀，其溶解度要很小

答案： B

18. 在酸碱滴定中，选择指示剂可不必考虑的因素是________。(　　)

A．pH 突跃范围　　B．指示剂的变色范围

C．指示剂的颜色变化　　D．指示剂的分子结构

答案： D

19. 碱性法测定水中高锰酸盐指数时，水样中加入高锰酸钾并在沸水浴中加热后，高锰酸根被还原为________。(　　)

A．Mn^{2+}　　B．MnO_2　　C．MnO_3^{2-}

答案： B

20. 重铬酸钾法测定水中 COD 时，加入硫酸汞的作用是________。(　　)

A．催化剂　　B．氧化剂　　C．还原剂　　D．掩蔽剂

答案： D

21. 根据《水质　化学需氧量的测定　重铬酸盐法》(HJ 828—2017)，为去除氯离子的干扰，加入硫酸汞溶液的量可根据氯离子含量，按质量比________的比例加入，最大加入量为 2 ml。(　　)

A．5∶1　　B．10∶1　　C．15∶1　　D．20∶1

答案： D

22. 酸式滴定管活塞密封性检查的方法是：在活塞不涂凡士林的清洁滴定管中加蒸馏水至零标线处，________为合格。(　　)

A．放置 5 min，液面下降不超过 1 个最小分度者

B．放置 10 min，液面下降不超过 1 个最小分度者

C．放置 15 min，液面下降不超过 1 个最小分度者

D．放置 20 min，液面下降不超过 1 个最小分度者

答案： C

23. 一般情况下，滴定分析（容量分析）测得结果的相对误差为________左右。(　　)

A．0.1%　　B．0.2%　　C．0.5%　　D．1.0%

答案： B

24. 测定水中碱度时，若水样中含有游离二氧化碳，则不存在________，可直接以甲基橙作指示剂进行滴定。(　　)

A．氢氧化物　　B．碳酸盐和氢氧化物　　C．重碳酸盐　　D．碳酸盐

答案： D

25. 测定水中高锰酸盐指数时，对于浓度高的水样需进行稀释，稀释倍数以加热氧化后残留的高锰酸钾溶液为其加入量的________为宜。(　　)

A．1/3 ～ 1/2　　B．1/3 ～ 2/3　　C．1/2 ～ 3/4

答案： A

26. 根据《水质　五日生化需氧量（BOD_5）的测定　稀释与接种法》(HJ 505—2009) 测定水中 BOD_5 时，采用生活污水配制接种稀释水时，每升稀释水中加入生活污水的量为________ml。(　　)

A．0.1 ～ 1　　B．1 ～ 10　　C．20 ～ 30　　D．10 ～ 100

答案：B

27. 采用硝酸银容量法测定废气中氯化氢，在配制氯化钠标准溶液时，如果分析人员使用的氯化钠已受潮，则对标定的硝酸银溶液浓度产生的影响是________。(　　)

A．偏高　　B．偏低　　C．无影响　　D．不确定

答案：A

28. 碘量法测定固定污染源排气中二氧化硫时，能消除二氧化氮影响的是吸收液中的________。(　　)

A．氨基磺酸铵　　B．硫酸铵　　C．Na_2-EDTA　　D．氢氧化钠

答案：A

29. 碘量法测定废气中硫化氢时，吸收液是用乙酸锌加________配制而成。(　　)

A．盐酸　　B．硝酸　　C．冰乙酸　　D．草酸

答案：C

30. 根据《水质　高锰酸盐指数的测定》(GB/T 11892—1989)，以下描述正确的是________。(　　)

A．因高锰酸钾溶液见光分解，故必须贮于棕色瓶中

B．测定水中高锰酸盐指数时，沸水浴后水面要达到锥形瓶内溶液面的 2/3 高度

C．测定水中高锰酸盐指数加热煮沸时，延长加热时间，对测定结果影响不大

D．测定高锰酸盐指数所用的蒸馏水，需加入重铬酸钾溶液后进行重蒸馏

答案：A

31. 采用电位滴定法测定较复杂废水的碱度时，若突跃点不明显，应________。(　　)

A．加快滴定速度　　B．放慢滴定速度　　C．通气搅拌

答案：B

32. 当标定 NaOH 溶液浓度时，滴定管内壁挂水滴，则实验结果________。(　　)

A．偏大　　B．偏小　　C．无影响　　D．不能确定

答案：A

33. 重铬酸盐法测定水中化学需氧量过程中，用硫酸亚铁铵回滴时，溶液的颜色由________色经________色至________色即为终点。(　　)

A．蓝绿、黄、棕褐　　B．黄、蓝绿、红褐

C．黄、蓝绿、棕褐　　D．蓝绿、黄、红褐

答案：B

34. 采用碘量法测定水中硫化物，水样在保存时，其 pH 须控制在________。(　　)

A．4 ～ 6　　B．7 ～ 10　　C．9 ～ 11　　D．10 ～ 12

答案：D

35. 已知某一酸碱滴定，其突跃的 pH 范围为 7.7 ～ 9.7，选择________指示剂更为合适。(　　)

A．甲基黄 pK(HIn)=3.3　　B．甲基红 pK(HIn)=5.2

C．酚酞 pK(HIn)=9.2　　D．百里酚酞 pK(HIn)=10.0

答案：C

36. 在络合滴定过程中，理论终点附近的________值变化越大，滴定突跃就越明显，也就越容易准确地指示终点。(　　)

A. pH　　B. pM　　C. 电位　　D. 浊度

答案：B

37. 测定水中高锰酸盐指数加热煮沸时，若延长加热时间，会导致测定结果________。(　　)

A. 偏高　　B. 偏低　　C. 不变　　D. 无法预测

答案：A

38. 碘量法测定水中溶解氧时，水体中含有还原性物质，可产生________。(　　)

A. 正干扰　　B. 负干扰　　C. 不干扰

答案：B

39. 用碱性高锰酸钾法测定海水化学需氧量，是在一定反应条件下试验的结果，是一个相对值，所以测定时应严格控制条件。需要严格控制的实验条件有试剂的用量、加热时间、加热温度、加热前溶液的总体积及________等。(　　)

A. 试剂浓度　　B. 试剂加入的次序

C. 加热方式　　D. 加热后溶液的体积

答案：B

40. 海水样品用碱性高锰酸钾法测定化学需氧量时，水样需在电热板上加热至沸腾，从冒出第一个气泡开始计时，应准确煮沸________ min。(　　)

A. 5　　B. 10　　C. 30　　D. 60

答案：B

41. 采用稀释与接种法测定水中 BOD_5 时，对于游离氯在短时间不能消散的水样，可加入____________以除去。(　　)

A. 亚硫酸钠　　B. 硫代硫酸钠　　C. 丙烯基硫脲

答案：A

42. 与 BOD 测定无关的因素是________。(　　)

A. 充足的溶解氧　　B. 有机物　　C. 催化剂　　D. 适宜的微生物

答案：C

43. 氯气校正法测定高氯废水中化学需氧量时，水样需要在________介质中回流消解。(　　)

A. 强酸　　B. 弱酸　　C. 强碱　　D 弱碱

答案：A

44. 测定溶解氧时，所用的硫代硫酸钠溶液需要________标定一次。

A. 每天　　B. 二天　　C. 三天　　D. 四天

答案：A

45. 在滴定分析中，对化学反应的主要要求为________。(　　)

A. 反应必须定量完成　　B. 反应必须有颜色变化

C. 滴定剂与被测物必须是 1∶1 的反应　　D. 滴定剂必须是基准物

答案：A

46. 我国规定的硬度单位用每升水含有________表示。（ ）

A．CaO 毫克数　　B．$CaCO_3$ 毫克数　　C．10 mg CaO 毫克数

答案：B

47. 依据《水质　化学需氧量的测定　重铬酸盐法》（HJ 828—2017），用重铬酸盐法测定水样化学需氧量时，0.025 0 mol/L 浓度的重铬酸钾溶液可用来测定 COD 值为________mg/L 的水样。（ ）

A．4 ～ 50　　B．50 ～ 100　　C．＞ 100　　D．＞ 150

答案：A

48. 依据《水质　化学需氧量的测定　重铬酸盐法》（HJ 828—2017）附录 A，取 10 ml 水样，加入 1 滴硝酸银溶液立即变色，水样中氯离子含量为________。（ ）

A．未检出　　B．≤ 20 mg/L　　C．≤ 10 mg/L　　D．浓度不确定

答案：B

49. 用硫酸亚铁铵滴定法测定总铬时，加入 1 ～ 3 滴 0.5% 硝酸银溶液的作用是________。（ ）

A．掩蔽剂　　B．催化剂　　C．显色剂　　D．沉淀剂

答案：B

50.《土壤质量　全氮的测定　凯氏法》（HJ 717—2014）标准原理为土壤中的全氮在硫代硫酸钠、浓硫酸、高氯酸和催化剂的作用下，经氧化还原反应全部转化为铵态氮，消解后的溶液碱化蒸馏出的氨被________吸收，用标准盐酸溶液滴定，根据标准盐酸的用量来计算土壤中全氮的含量。（ ）

A．磷酸　　B．硝酸　　C．硼酸　　D．硫酸

答案：C

51. 测定水质高锰酸盐指数时，沸水浴中的水面要________。（ ）

A．达到锥形瓶内溶液面的 1/3 高度　　B．达到锥形瓶内溶液面的 1/2 高度

C．达到锥形瓶内溶液面的 2/3 高度　　D．高于锥形瓶内的溶液

答案：D

52. 根据《水质　化学需氧量的测定　重铬酸盐法》（HJ 828—2017），化学需氧量浓度≤ 50 mg/L 的样品用________mol/L 的重铬酸钾溶液测定，化学需氧量浓度＞ 50 mg/L 的样品用________mol/L 的重铬酸钾溶液测定。（ ）

A．0.025 0　0.250　B．0.050 0　0.500　C．0.025 0　0.050 0

答案：A

53.《高氯废水　化学需氧量的测定　氯气校正法》（HJ/T 70—2001）中规定，配制好的硫代硫酸钠标准滴定溶液需放置________后再标定其准确浓度。（ ）

A．一天　　B．一周　　C．两周　　D．一个月

答案：B

54. 根据《水质　五日生化需氧量（BOD_5）的测定　稀释与接种法》（HJ 505—2009），测定水

中 BOD_5，每批样品应做两个分析空白试样，稀释法空白试样的测定结果不能超过________mg/L，非稀释接种法和稀释接种法空白试样测定结果不能超过________mg/L，否则应检查可能的污染来源。(　　)

A．0.5　1.5　　B．1.0　1.5　　C．0.5　1.0　　D．1.0　2.0

答案：A

55. 碘量法测定固定污染源排气中二氧化硫时，在吸收液中加入氨基磺酸铵可消除________的影响。(　　)

A．一氧化氮　　B．硫化氢　　C．二氧化氮　　D．二氧化碳

答案：C

56. 根据《水质　氯化物的测定　硝酸银滴定法》(GB/T 11896—1989) 测定水中氯化物时，当铁的含量超过________时终点模糊，可用对苯二酚将其还原成亚铁消除干扰。(　　)

A．1.0 mg/L　　B．10 mg/L　　C．5 mg/L

答案：B

57. 测定水中高锰酸盐指数时，在沸水浴加热完毕后，溶液仍应保持微红色，若变浅或全部褪去，接下来的操作是________。(　　)

A．加入浓度为 0.01 mol/L 的高锰酸钾溶液

B．继续加热 30 min

C．将水样稀释或增加稀释倍数后重测

答案：C

58. 根据《水质　化学需氧量的测定　重铬酸盐法》(HJ 828—2017) 测定水中化学需氧量时，用 ________作催化剂。(　　)

A．硫酸 - 硫酸银　　B．硫酸 - 氯化汞　　C．硫酸 - 硫酸汞

答案：A

59. 根据《水质　氯化物的测定　硝酸汞滴定法 (试行)》(HJ/T 343—2007) 测定水中氯化物时，若水样中含有高铁及六价铬离子，可加 2 ml 新配制的________溶液还原消除。(　　)

A．对苯二酚　　B．过氧化氢　　C．氢氧化钠　　D．高锰酸钾

答案：A

60. 在一定条件下，水中能被重铬酸钾氧化的所有物质的量，称为化学需氧量，以氧的________表示。(　　)

A．质量浓度　　B．毫克数　　C．摩尔浓度　　D．体积比

答案：A

61. 关于滴定终点，下列说法正确的是________。(　　)

A．滴定到两组分摩尔数相等的那一点

B．滴定到指示剂变色的那一点

C．滴定到两组分克当量数相等的那一点

D．滴定到两组分体积相等的那一点

答案：B

62. 进行滴定操作时，滴定速度以________为宜，切不可成直线放下。(　　)

A．每秒 3 ～ 4 滴或 8 ～ 10 ml/min　　B．每秒 5 ～ 6 滴或 10 ～ 12 ml/min

C．每秒 4 ～ 5 滴或 6 ～ 8 ml/min

答案：A

63. 用 EDTA 滴定法测定总硬度时，在加入铬黑 T 后要立即进行滴定，其目的是________。(　　)

A．防止铬黑 T 氧化　　B．使终点明显

C．减少碳酸钙及氢氧化镁的沉淀

答案：A

64. 下列物质中________不能通过测定化学需氧量反映其污染状况。(　　)

A．亚硫酸钠　　B．硫代硫酸钠　　C．酒石酸钠钾　　D．柠檬酸钠

答案：D

65. 可用于标定 NaOH 溶液，也可标定高锰酸钾溶液的物质是________。(　　)

A．HCl　　B．H_2SO_4　　C．$H_2C_2O_4 \cdot 2H_2O$　　D．NaCl

答案：C

66. 关于氧化还原反应，以下叙述错误的是________。(　　)

A．被氧化的元素化合价一定升高

B．被还原元素的化合价一定降低

C．有氧化元素参加的反应一定是氧化还原反应

答案：C

67. 在滴定分析中，会导致系统误差的情况是________。(　　)

A．试样未充分混匀　　B．滴定时溶液有溅出

C．实验用水中有干扰离子　　D．平行试验次数不够多

答案：C

68. 用分析纯碳酸钠来标定盐酸标准滴定溶液，会使标定结果________。(　　)

A．偏高　　B．偏低　　C．正确

答案：B

69. 采用碘量法测定纺织厂印染废水中硫化物，当废水色度和浊度较高并含亚硫酸盐时，应采用________法进行预处理。(　　)

A．酸化 - 吹气　　B．乙酸锌沉淀 - 过滤

C．过滤 - 酸化 - 吹气分离

答案：C

70. 碘量法测定固定污染源排气中 SO_2，采集样品后，将两个吸收瓶中的样品全部转入碘量瓶，用少量吸收液分别洗涤两次，洗涤液也转入碘量瓶，摇匀。加淀粉指示剂，用 0.010 mol/L 碘标准溶液滴定至________色。(　　)

A．黄　　B．红　　C．蓝　　D．绿

答案：C

71. 采用稀释与接种法测定水中 BOD_5 时，下列水样中应进行接种的是________。(　　)

A．有机物含量较多的废水　　B．较清洁的河水

C．不含或含少量微生物的工业废水　　D．生活污水

答案： C

72. 采用硝酸银滴定法测定水中氯化物时，应选用________滴定管进行滴定。(　　)

A．一般酸式　　B．一般碱式　　C．棕色酸式　　D．棕色碱式

答案： C

73. 用硝酸银容量法测定废气中氯化氢的操作中，在采集后的样品中加 1 滴酚酞指示剂，再滴加硝酸溶液至红色刚刚消失，其作用是________。(　　)

A．消除干扰离子　　B．调节溶液 pH　　C．加快反应速度

答案： B

74. 依据《土壤有机质测定法》（NY/T 85—1988）重铬酸钾容量法测定土壤有机质的过程中，消解样品的温度必须严格控制在________℃范围内。(　　)

A．100 ～ 150　　B．200 ～ 230　　C．300 ～ 350

答案： B

75. 用重铬酸盐法测定水中化学需氧量时，水样加热回流后，溶液中重铬酸钾溶液剩余量应是加入量的 1/5 ～________为宜。(　　)

A．2/5　　B．3/5　　C．4/5

答案： C

76. 用工作基准试剂标定标准滴定溶液的浓度时，须________人进行实验，分别各做________平行，取________测定结果的平均值作为测定结果。(　　)

A．一　两　一人两平行　　B．两　两　两人四平行

C．两　四　两人八平行

答案： C

三、多选题

1. 下列操作错误的是________。(　　)

A．把碘标准溶液放在碱式滴定管中

B．$KMnO_4$ 标准溶液放在酸式滴定管中

C．Na_2CO_3 标准溶液从酸式滴定管中放出

D．K_2CrO_4 标准溶液由碱式滴定管中放出

答案： CD

2. 化学需氧量反应了水中受还原性物质的污染程度，水中还原性物质包括________。(　　)

A．有机物　　B．亚硝酸盐　　C．亚铁盐　　D．硫化物

答案： ABCD

3. 水样对酚酞显红色，加硫酸 6 ml 变无色后，加入甲基橙显橘黄色，继续加硫酸 8 mL 后变为红色，说明水样中含有________。(　　)

A. OH^-　　B. HCO_3^-　　C. CO_3^{2-}　　D. H^+

答案：BC

4. 下列离子中，会对碘量法造成干扰的是________。(　　)

A. 镁离子　　B. 铁离子　　C. 亚硝酸根离子　　D. 钠离子

答案：BC

5. 分析地表水高锰酸盐指数，以下说法正确的是________。(　　)

A. 每批样品至少做 1 个实验室空白，空白样品的测定值小于方法检出限

B. 浓度大于 4.5 mg/L 时，应将样品稀释后再分析，稀释后浓度应在 0.5 ~ 4.5 mg/L

C. 样品水浴加热需保证沸水浴液面高于锥形瓶内反应液的液面

D. 分析高锰酸盐指数可以任意选择采用酸性法或碱性法

答案：BC

6. 分析地表水化学需氧量，正确的是________。(　　)

A. 酸性重铬酸钾可氧化大部分有机物，在硫酸银催化作用下，直链脂肪族化合物可完全被氧化，而具有特殊结构的化合物如吡啶、芳烃等也易被氧化

B. 实验室空白至少要求 2 个

C. 氯离子对化学需氧量产生正干扰

D.《水质　化学需氧量的测定　重铬酸盐法》（HJ 828—2017）不适用氯离子大于 1 000 mg/L（稀释后）的水中化学需氧量测定

答案：BCD

7. 分析五日生化需氧量，正确的是________。(　　)

A. 每一批样品（≤ 20 个）测定两个空白试样

B. 稀释法空白试样的测定结果不能超过 0.5 mg/L

C. 非稀释接种法和稀释接种法空白试样的测定结果不能超过 1.5 mg/L

D. 稀释样品培养后溶解氧质量浓度应不小于 2 mg/L

答案：ABCD

8. 在滴定分析中，会导致随机误差的是________。(　　)

A. 试样未充分混匀　　B. 滴定时溶液有溅出

C. 实验用水中有干扰离子　　D. 平行试验次数不够多

答案：ABD

9. 硝酸银容量法测定废气中氯化氢时，________会干扰测定，使结果偏高。(　　)

A. 氰化物　　B. 硫化物　　C. 氯气　　D. 其他卤化物

答案：ABCD

10. 高锰酸盐指数是个相对的条件性指标，其测定结果与________有关。(　　)

A. 溶液酸度　　B. 高锰酸钾浓度　　C. 加热温度　　D. 加热时间

答案：ABCD

11. 活性污泥曝气降解法测水中生化需氧量，营养盐缓冲溶液包括________。(　　)

A. 磷酸盐缓冲溶液　　B. 硫酸镁溶液　　C. 氯化钙溶液　　D. 氯化铁溶液

E．氯化钡溶液

答案：ABCD

12. 与 BOD_5 测定有关的因素有________。

A．充足的溶解氧　　B．有机物

C．适宜的 pH　　D．适宜的微生物

E．$FeCl_3$、$MgSO_4$、$CaCl_2$ 等无机营养盐

答案：ABCDE

13. 按反应的性质，容量分析可分为________。(　　)

A．酸碱滴定　　B．氧化还原滴定　　C．络合滴定　　D．电位滴定

E．沉淀滴定

答案：ABCE

14. 酸性滴定管可用来盛装________。(　　)

A．高锰酸钾溶液　　B．草酸溶液　　C．硝酸银溶液　　D．氢氧化钠溶液

答案：ABC

15. 根据《森林土壤有机质的测定及碳氮比的计算》（LY/T 1237—1999），重铬酸钾容量法测定土壤中有机质，加热消煮的方式分为________。(　　)

A．外加热法　　B．稀释加热法　　C．油浴加热法　　D．红外消煮炉加热

答案：CD

16. 容量分析法的误差来源于________。

A．滴定终点与理论终点不完全符合所致的滴定误差

B．滴定条件掌握不当所致的滴定误差

C．滴定管误差

D．操作者的习惯误差

答案：ABCD

四、判断题

1.《高氯废水　化学需氧量的测定　氯气校正法》（HJ/T 70—2001）适用于高含盐量地表水化学需氧量的测定。(　　)

答案：错误

正确答案：适用于高含盐量废水中化学需氧量的测定。

2. DPD 滴定法测定水中游离氯和总氯时，滴定至终点后的无色样品，若放置较短时间后又显红色，则可能是 pH 偏低而使 DPD 被溶解氧所氧化。(　　)

答案：错误

正确答案：是因为 pH 偏高而使 DPD 被溶解氧所氧化。

3. 标定标准溶液应称取一份基准试剂配成溶液后，从中分取若干份进行标定。(　　)

答案：错误

正确答案：应该独立称取 2 ～ 3 份基准试剂进行平行测定。

4. 采用碘量法测定水中硫化物时，经酸化—吹气—吸收预处理后，可消除悬浮物、色度、浊度和 SO_3^{2-} 的干扰。(　　)

答案：错误

正确答案：经酸化—吹气—吸收预处理后，可消除悬浮物、色度、浊度的干扰，但 SO_3^{2-} 分离不完全，仍会产生干扰。

5. 采用碘量法测定水中溶解氧，用高锰酸钾修正法消除干扰时，加入草酸钾溶液过多，会使测定结果偏低。(　　)

答案：正确

6. 测定 BOD_5 时，稀释的程度应满足培养中消耗的溶解氧大于 1 mg/L，剩余的溶解氧大于 2 mg/L 以上。(　　)

答案：错误

正确答案：测定 BOD_5 时，稀释的程度应满足培养中消耗的溶解氧大于 2 mg/L，剩余的溶解氧大于 2 mg/L 以上。

7. 测定 BOD_5 的培养液，规定其培养时间为 5 天，培养温度为室温。(　　)

答案：错误

正确答案：培养温度为（20±1）℃。

8. 测定高氯水样的化学需氧量，一定要先加掩蔽剂再加其他试剂，次序不能颠倒。(　　)

答案：正确

9. 测定水中高锰酸盐指数加热煮沸时，若延长加热时间，会导致测定结果偏高。(　　)

答案：正确

10. 测定水中高锰酸盐指数时，滴定过程中若溶液温度过高（高于 90℃），会使部分草酸发生分解。(　　)

答案：正确

11. 测定水中高锰酸盐指数时，沸水浴的水面要达到锥形瓶内溶液面的 2/3 高度。(　　)

答案：错误

正确答案：沸水浴液面要高于锥形瓶内溶液的液面。

12. 当出现有规律的稀释倍数越大，BOD_5 值越高的现象，多半是由于水样中含有抑制微生物生长繁殖的物质。(　　)

答案：正确

13. 碘量法测定水中二氧化氯时，缓冲溶液为乙酸－乙酸钠。(　　)

答案：错误

正确答案：缓冲溶液为磷酸盐。

14. 碘量法测定水中溶解氧，当水样中含有大量的亚硫酸盐、硫代硫酸盐和多硫代硫酸盐等物质时，可用高锰酸钾修正法消除干扰。(　　)

答案：错误

正确答案：应用叠氮化钠法消除干扰。

15. 碘量法滴定操作时，要求先慢后快，不宜激烈振摇，以减少碘的挥发。(　　)

答案：错误

正确答案：应先快后慢。

16. 根据《森林土壤　阳离子交换量的测定》（LY/T 1243—1999），首先应用 1 mol/L 乙酸铵溶液处理土样 3 ～ 5 次，直到最后离心出的浸出液中无钙离子为止。（　　）

答案：正确

17. 根据《水和废水监测分析方法》（第四版）中节能加热法测定化学需氧量时，加热管接好冷凝管后，置于已恒温的加热孔中加热，此时开始计时加热 2 h。（　　）

答案：错误

正确答案：从沸腾时计时加热 2 h。

18. 根据《水质　化学需氧量的测定　重铬酸盐法》（HJ 828—2017），硫酸亚铁铵是基准试剂。（　　）

答案：错误

正确答案：硫酸亚铁铵不是基准试剂。每日临用前，必须用重铬酸钾标准溶液标定。

19. 根据《水质　化学需氧量的测定　重铬酸盐法》（HJ 828—2017）测定水中化学需氧量时，加热管中需加入防爆沸玻璃珠，将溶液摇匀，以防爆沸。（　　）

答案：正确

20. 根据《水质　化学需氧量的测定　重铬酸盐法》（HJ 828—2017）试亚铁灵指示剂的加入量不影响临界点，但加入量应尽量一致。（　　）

答案：正确

21. 根据《水质　化学需氧量的测定　重铬酸盐法》（HJ 828—2017）无机还原性物质如亚硝酸盐、硫化物和二价铁盐等将使化学需氧量的测定结果偏大。（　　）

答案：正确

22. 根据《水质　五日生化需氧量（BOD_5）的测定　稀释与接种法》（HJ 505—2009）测定 BOD_5 时，水样在（25±1）℃的培养箱中培养 5 d，分别测定样品培养前后的溶解氧，二者之差即为 BOD_5 值。（　　）

答案：错误

正确答案：在（20±1）℃的暗处培养 5 d±4 h 或（2+5）d±4 h，分别测定培养前后水样中溶解氧的质量浓度，由培养前后溶解氧的质量浓度之差，计算每升样品消耗的溶解氧量，以 BOD_5 形式表示。

23. 根据《土壤检测　第 6 部分：土壤有机质的测定》（NY/T 1121.6—2006）采用油浴外加热－重铬酸钾容量法测定土壤有机质时，消煮时间对分析结果的准确度和精密度有影响，应该将铁丝笼放进油浴锅中立即计时。（　　）

答案：错误

正确答案：真正沸腾时才开始计时。

24. 快速密闭催化消解法测定高氯废水中的化学需氧量时，若出现沉淀，说明氧化剂使用的浓度不够，应适当提高其使用浓度。（　　）

答案：错误

正确答案：若出现沉淀，说明掩蔽剂使用的浓度不够。

25. 氯气校正法测定高氯废水中化学需氧量时，氯离子校正值是指水样中被氧化的氯离子生成的氯气的质量浓度。（　　）

答案：错误

正确答案：氯气校正法测定高氯废水中化学需氧量时，氯离子校正值是指水样中被氧化的氯离子生成的氯气所对应的氧的质量浓度。

26. 容量法分析中，可以根据所用的滴定管产生的最小液滴的体积来计算滴定法的检出限。（　　）

答案：正确

27. 水质高锰酸盐指数测定是在一定实验条件下的非完全氧化还原反应。（　　）

答案：正确

28. 硝酸银容量法测定废气中氯化氢时，硫化物、氰化物、氯气及其他卤化物干扰测定，使结果偏低。（　　）

答案：错误

正确答案：硫化物、氰化物、氯气及其他卤化物干扰测定，使结果偏高。

29. 硝酸银容量法测定废气中氯化氢时，应使用优级纯的氯化钠配制标准溶液，且氯化钠预先经 105 ℃烘干。（　　）

答案：错误

正确答案：硝酸银容量法测定废气中氯化氢时，应使用优级纯的氯化钠配制标准溶液，且氯化钠应预先经 400 ～ 500 ℃灼烧。

30. 用碘量法测定溶解氧时，如果得到的沉淀为白色，则说明水样有溶解氧存在。（　　）

答案：错误

正确答案：如果得到的沉淀为白色，则说明水样没有溶解氧存在。

31. 用基准物质标定法配制的标准溶液，至少平行标定 3 份，平行标定的相对偏差不大于 2%，取其平均值计算溶液的浓度。（　　）

答案：错误

正确答案：用基准物标定法配制的标准溶液，至少平行标定 3 份，平行标定相对偏差不大于 0.2%，取其平均值计算溶液的浓度。

32. 用甲基橙指示剂滴定法测定水中侵蚀性二氧化碳，当测定结果中 $V_1 \leqslant V_2$ 时，则说明水中不含侵蚀性二氧化碳（注：V_1——当天滴定试样所消耗的盐酸标准溶液量；V_2——5 天后滴定试样所消耗的盐酸标准溶液量）。（　　）

答案：错误

正确答案：当测定结果中 $V_1 \geqslant V_2$ 时，则说明水中不含侵蚀性二氧化碳。

33. 用硝酸银滴定法测定水中氯化物时，以铬酸钾为指示剂，主要是依据氯化银在水中的溶解度大于铬酸银的原理。（　　）

答案：错误

正确答案：氯化银在水中的溶解度小于铬酸银。

34. 由于高锰酸钾性质稳定，可作为基准物质直接配制标准溶液。(　　)

答案：错误

正确答案：高锰酸钾性质不稳定，容易分解，不容易得到很纯的试剂，所以必须用间接法配制标准溶液。

35. 在一定条件下，水中能被重铬酸钾氧化的所有物质的量，称为化学需氧量，以氧的毫克数表示。(　　)

答案：错误

正确答案：应以氧的质量浓度表示。

36. 重铬酸钾法测定 COD 的滴定终点颜色为蓝绿色。(　　)

答案：错误

正确答案：滴定终点颜色为红褐色。

37. 重铬酸钾容量法测定土壤中有机质时，因为有机质含碳量平均为 58%，因此测出的碳转化为有机质的系数为 $100/58 \approx 1.724$。(　　)

答案：正确

38. 重铬酸盐法测定水中化学需氧量时，若水样中氯离子含量较多而干扰测定时，可加入硫酸汞去除。(　　)

答案：正确

五、简答题

1. 简述金属指示剂的封闭与僵化现象。

答案：在络合滴定中，如果金属指示剂与金属离子形成更稳定的络合物而不能被 EDTA 置换，则虽加入大量的 EDTA 也达不到终点，这种现象称为金属指示剂的封闭；指示剂与金属离子形成的络合物难溶于水，在滴定时指示剂与 EDTA 的置换作用进行缓慢，而使终点拖长，这种现象称为金属指示剂的僵化。

2. 简述容量分析的化学反应应具备的条件。

答案：

（1）反应必须定量进行而且进行完全；

（2）反应速度要快；

（3）有比较简便可靠的方法确定理论终点（或滴定终点）；

（4）共存物质不干扰滴定反应，或采用掩蔽剂等方法能予以消除。

3. 化学需氧量作为一个条件性指标，有哪些因素会影响其测定值?

答案：影响因素包括氧化剂的种类及浓度、反应溶液的酸度、反应温度和时间以及催化剂的有无等。

4. 根据《水质　氯化物的测定　硝酸银滴定法》（GB/T 11896—1989）测定水中氯化物时，为何不能在酸性介质或强碱性介质中进行？

答案：（1）因为在酸性介质中铬酸根离子易生成次铬酸根离子，再分解成重铬酸根和水，从而使其浓度大大降低，影响等当点时铬酸银沉淀的生成；

$$2CrO_4^{2-}+2H^+ \rightarrow 2HCrO_4^{2-} \rightarrow Cr_2O_7^{2-}+2H_2O$$

（2）在强碱性介质中，银离子将形成氧化银（Ag_2O）沉淀。

5. 某分析人员根据《水质　五日生化需氧量（BOD_5）的测定　稀释与接种法》（HJ 505—2009）测定水中 BOD_5 时，将水样稀释 10 倍后测定，第一天溶解氧为 7.98 mg/L，第五天的溶解氧为 0.65 mg/L，问此水样中的 BOD_5 值是多少？为什么？应如何处理？

答案：该水样的 BOD_5 值不能确定，因剩余溶解氧小于 2.0 mg/L，水样中有机物氧化不完全，应重新取样，增加稀释倍数，再测定。

6. 高锰酸盐指数和化学需氧量在测定上有何区别？两者在数值上有什么关系？

答案：

（1）两者测定方法上使用氧化剂不同，前者为高锰酸钾，后者为重铬酸钾，氧化性比高锰酸钾强；高锰酸盐指数的测定过程中用过量的高锰酸钾氧化水样，过量的高锰酸钾用草酸钠还原并过量，然后再用高锰酸钾回滴过量的草酸钠。

化学需氧量的测定用过量重铬酸钾氧化水样，然后用硫酸亚铁铵滴定过量的重铬酸钾。

（2）一般情况下，重铬酸钾的氧化率可达 90%，而高锰酸钾法的氧化率为 50% 左右，故化学需氧量数值大于高锰酸盐指数。

7. 简述容量分析法的误差来源。

答案：①滴定终点与理论终点不完全符合所致的滴定误差；②滴定条件掌握不当所致的滴定误差；③滴定管误差；④操作者的习惯误差。

8. 哪些滴定条件掌握不当会导致滴定误差？

答案：①未能按要求在指定温度下进行滴定；②未能正确掌握滴定速度；③未能控制合理的 pH 范围；④滴定反应生成物干扰终点的判断。

9. 稀释与接种法对某一水样进行 BOD_5 测定时，水样经 5 天培养后，测其溶解氧，当向水样中加入硫酸锰和碱性碘化钾溶液时，出现白色絮状沉淀。这说明什么？

答案：说明此水样培养 5 天后水中已无溶解氧，水样可生化有机物的含量较高，水样稀释不够。

10. 根据《水质　五日生化需氧量（BOD_5）的测定　稀释与接种法》（HJ 505—2009）测定水中 BOD_5，样品放在培养箱中培养时，一般应注意哪些问题？

答案：①温度严格控制在（20±1）℃；②注意添加封水口，防止空气中氧进入溶解氧瓶内；③避光防止试样中藻类产生 DO；④从样品放入培养箱起计时，培养 5 天后测定。

六、计算题

1. 取 100 ml 水样滴定碱度时，以酚酞做指示剂消耗的盐酸量为 2.7 ml，以甲基橙做指示剂消耗的盐酸量为 3.7 ml，试分析水中所含有的组分，并以 CaO 计算各组分含量（盐酸的浓度为 0.024 2 mol/L）。

答案：2.7+3.7=6.4（ml）

总碱度 =0.024 2×6.4×28×1000/100=43.4（mg/L）

碳酸盐碱度 =0.024 2×2.7×28×1 000/100=18.3（mg/L）

重碳酸盐碱度 =0.024 2×（6.4-2.7×2）×28×1 000/100=6.78（mg/L）

氢氧化物浓度为 0

2. 碘量法测定溶解氧时，取 100 ml 水样，经过一系列反应，最后耗用 0.025 0 mol/L $Na_2S_2O_3$ 标准溶液 5.00 ml，滴定至蓝色消失，试计算该水样中 DO 的含量。

答案： DO=0.0250×5.00×8×100 0/100=10（mg/L）

3. 取 10.00 ml 水样，加入 0.025 0 mol/L 重铬酸钾标准溶液 5.00 ml，加热回流 2h 后，用水稀释至 70ml，用硫酸亚铁铵标准溶液滴定，消耗 16.25 ml，同时做实验室空白，消耗硫酸亚铁铵标准溶液 22.30 ml。用 5.00 ml 0.025 0 mol/L 的重铬酸钾标准溶液标定硫酸亚铁铵标准溶液，消耗硫酸亚铁铵标准溶液 24.65 ml。计算水样中 COD_{Cr} 的浓度。

答案：

$$C_{硫酸亚铁铵}=\frac{C_{重铬酸钾标液}\times V_{重铬酸钾标液}}{V_{硫酸亚铁铵}}=\frac{0.025\,0\times 5.00}{24.65}=0.005\,1\text{（mol/L）}$$

$$\begin{aligned}COD_{Cr}&=\frac{(V_0-V_1)\times C\times 8\times 1\,000}{V}\\&=\frac{(22.30-16.25)\times 0.005\,1\times 8\times 1\,000}{10.00}\\&=25\text{（mg/L）}\end{aligned}$$

4. 准确称取经干燥的基准试剂邻苯二甲酸氢钾 0.485 7 g，置于 250 ml 锥形瓶中，加实验用水 100 ml 溶解，用该溶液标定氢氧化钠标准溶液，即用氢氧化钠标准溶液滴定该溶液，滴定至终点时用去氢氧化钠标准溶液 18.95 ml，空白滴定用去 0.17 ml，问氢氧化钠标准溶液的浓度是多少？（邻苯二甲酸氢钾的摩尔质量为 204.23 g/mol）

答案：

$$C_{NaOH}=\frac{m\times 1\,000}{(V_1-V_0)\times 204.23}=\frac{0.485\,7\times 1\,000}{(18.95-0.17)\times 204.23}=0.126\,6\text{（mol/L）}$$

5. 称取预先在 105 ～ 110℃干燥的 $K_2Cr_2O_7$ 6.129 g，配制成 250 ml 标准溶液，取部分溶液稀释 20 倍，配成 $K_2Cr_2O_7$ 的标准使用液。取 $K_2Cr_2O_7$ 标准使用液 20.00 m1，用 $Na_2S_2O_3$ 溶液滴定，耗去 19.80 ml，计算得到 $Na_2S_2O_3$ 溶液标准浓度。用此 $Na_2S_2O_3$ 溶液滴定 10.00 ml 酚标准贮备液，消耗 0.78 ml，同时滴定空白消耗 $Na_2S_2O_3$ 溶液 24.78 ml。请问酚标准贮备液浓度是多少？（1/6 $K_2Cr_2O_7$ 的摩尔质量为 49.03 g/mol；1/6 C_6H_5OH 的摩尔质量为 15.68 g/mol）

答案：

$$C_{K_2Cr_2O_7}=\frac{6.129\times 1\,000}{49.03\times 250.0\times 20}=0.025\,00\text{（mol/L）}$$

$$C_{Na_2S_2O_3}=\frac{0.025\,00\times 20.00}{19.80}=0.025\,25\text{（mol/L）}$$

$$C_{酚}=\frac{0.025\,25\times(24.78-0.78)\times 15.68}{10.00}=0.950\,2\text{（mg/ml）}$$

6. 测定某水样的高锰酸盐指数，取 50 ml 水样，用蒸馏水稀释至 100 ml，回滴时用去高锰酸钾溶液 5.54 ml，测定 100 ml 蒸馏水消耗高锰酸钾溶液总量为 1.42 ml，已知草酸钠溶液浓度 $C(1/2Na_2C_2O_4)$=0.010 0 mol/L，标定高锰酸钾溶液时，高锰酸钾溶液的消耗量为 10.86 ml，试求水样中高锰酸盐指数的值。

答案：$K=10/V_2$　V_0=1.42 ml　V_1=5.54 ml　V_2=10.86 ml　V_3=50 ml　f=0.5　C=0.0100 mol/L

$$高锰酸盐指数=\frac{\left\{\left[\left(10+V_1\right)K-10\right]-\left[\left(10+V_0\right)K-10\right]\times f\right\}\times C\times 8\times 1\,000}{V_3}=6.5\ (\text{mg/L})$$

7. 准确称取 0.587 7 g 基准试剂 Na_2CO_3，在 100 ml 容量瓶中配制成溶液，其浓度为多少？称取该标准溶液 20.00 ml 标定某 HC1 溶液，滴定中用去 HC1 溶液 21.96 ml，计算该 HCl 溶液的浓度（浓度单位以 mol/L 计）。（$M_{Na_2CO_3}$=105.99 g/mol）

答案：

Na_2CO_3 浓度：

$$C_{Na_2CO_3}=\frac{m/M}{V}=\frac{0.5877/105.99}{0.1}=0.055\,44\ (\text{mol/L})$$

反应式 $Na_2CO_3+2HCl==2NaCl+CO_2+H_2O$

设 HCl 的浓度为 C_{HCl}，则可得关系式为：

$C_{HCl}\times V_{HCl}=2C_{Na_2CO_3}\times V_{Na_2CO_3}$

$C_{HCl}\times 21.96=0.055\,44\times 20.00\times 2$

C_{HCl}=0.101 0 mol/L

Na_2CO_3 浓度为 0.055 4 mol/L，HCl 溶液的浓度为 0.101 0 mol/L。

8. 某站对高锰酸盐指数进行加标回收测试，加标回收率合格范围为 80% ～ 120%。测得水样值为 2.7 mg/L，测得加标后混标值为 5 mg/L，已知标液浓度为 500 mg/L，定容体积为 200 ml，加标体积为 1 ml，请计算高锰酸盐指数此次的加标回收率，并判断其是否合格？

答案：加标量 = 加标体积 × 标液浓度 / 定容体积 = 1 × 500 /200=2.5（mg/L）

加标回收率 =（混标值 − 水样值）/ 加标量 ×100%=（5–2.7）/2.5 ×100%=92%

加标回收率合格范围：80% ～ 120%，因此是合格的。

9. 取一天然水样品 100 ml，以酚酞作指示剂，用 0.020 0 mol/L 的盐酸标准溶液滴定至终点，用去标液 V_1 10.20 ml，再加甲基橙作指示剂继续滴定至终点，又耗去标液 V_2 13.48 ml，问水样中主要含有哪些物质？以 CaO 计的总碱度是多少？（CaO 的摩尔质量为 56.08 g/mol）

答案：因为 $V_1<(V_1+V_2)/2$，样品中主要含碳酸盐和重碳酸盐。

总碱度（以 CaO 计）：

$$\frac{C\left(V_1+V_2\right)\times 56.08}{V\times 2}\times 1\,000=\frac{0.020\,0\left(10.20+13.48\right)\times 56.08}{100\times 2}\times 1\,000=133\ (\text{mg/L})$$

10. 采用碘量法（高锰酸钾修正法）测定水中的溶解氧时，在 250 ml 溶解氧瓶中加入了硫酸、高锰酸钾、氟化钾溶液、草酸钾、硫酸锰和碱性碘化钾－叠氮化钠等各种固定溶液共计 9.80 ml 后将水样固定；测定时加 2.0 ml 硫酸将其溶解，取 100 ml 于 250 ml 锥形瓶中，用浓度为 0.024 5 mol/L 的硫代硫酸钠滴定，消耗硫代硫酸钠溶液 3.56 ml，试问该样品的溶解氧是多少？

答案：溶解氧 $=\dfrac{V_1}{V_1-R}\times\dfrac{M\times V\times 8\times 1\,000}{100.0}=\dfrac{250}{250-9.80}\times\dfrac{0.024\,5\times 3.56\times 8\times 1\,000}{100.0}=7.26$（mg/L）

11. 用硝酸银滴定法测定水中氯化物的含量，取 0.015 1 mol/L 氯化钠标准溶液 25.0 ml，加入 25.0 ml 蒸馏水后，对一新配制的硝酸银标准溶液进行标定，用去硝酸银溶液 24.18 ml，已知空白消耗硝酸银溶液 0.23 ml，问硝酸银溶液浓度是多少？假如用其测定水样，50.0 ml 水样消耗了硝酸银标液 5.78 ml，则此水样中氯化物含量是多少？（氯离子的摩尔质量为 35.45 g/mol）

答案：$C_{AgNO_3}=\dfrac{C_{NaCl}\times V_{NaCl}}{V_{AgNO_3}-V_0}=\dfrac{0.015\,1\times 25.0}{24.18-0.23}=0.015\,8$（mol/L）

$$\rho=\frac{\left(V_{AgNO_3}-V_0\right)\times C_{AgNO_3}\times 35.45\times 1\,000}{V}$$

$$=\frac{(5.78-0.23)\times 0.015\,8\times 35.45\times 1\,000}{50.0}=62.2\text{（mg/L）}$$

硝酸银溶液浓度是 0.015 8 mol/L，水样中氯化物的含量为 62.2 mg/L。

12. 采用硝酸银滴定法测定水样中的氰化物含量，取 200 ml 试样进行蒸馏，馏出液采用 100 ml 容量瓶进行吸收定容，再取 50.0 ml 的馏出液用 0.010 2 mol/L 硝酸银标准液滴定，消耗硝酸银标液 4.32 ml，空白消耗硝酸银标液 0.25 ml，问废水中氰化物的含量是多少？（氰离子的摩尔质量为 52.04 g/mol）

答案：氰化物（CN^-）$=C(V_{试样}-V_{空白})\times 52.04\times V_1/V_2\times 1\,000/V$

$=0.010\,2\times(4.32-0.25)\times 52.04\times 100/50.0\times 1\,000/200.00=21.6$（mg/L）

13. 用滴定法测定某水样中的游离氯，取样体积为 100 ml，消耗 0.011 2 mol/L 硫酸亚铁铵标准滴定液 6.88 ml，校正氧化锰和六价铬干扰时消耗硫酸亚铁铵标准滴定液 0.50 ml，问游离氯的浓度是多少？（M_{Cl_2}=70.91 g/mol）

答案：$C=\dfrac{c_3(v_3-v_5)}{v_0}\times 70.91=\dfrac{0.011\,2\times(6.88-0.50)}{100}\times 70.91\times 1\,000=50.7$（mg/L）

水样中游离氯的浓度是 50.7 mg/L。

14. 称取 7.44 g EDTA 溶于 1 000 ml 蒸馏水中，配制成 EDTA 滴定液，经标定后的浓度为 19.88 mmol/L，用该溶液滴定 50.0 ml 某水样共耗去 5.00 ml EDTA，问：（1）EDTA 标准溶液的配制值是多少？（以 mmol/L 表示，EDTA 摩尔质量为 372 g/mol）（2）水样的总硬度是多少？（以 $CaCO_3$ 表示）

答案：（1）EDTA 的配制值 $=\dfrac{7.44\times 1\,000}{372\times 1.0}=20.0$（mmol/L）

（2）水样的总硬度 $=\dfrac{19.88\times 5.00\times 100}{50.0}=199$（mg/L）

15. 测定废水中的五日生化需氧量（BOD_5）得到 3 组数据（见下表），稀释水的 BOD_5 值为 0.18 mg/L，计算该废水样品的 BOD_5 值。

取样体积 / ml	稀释后体积 / ml	培养前溶解氧含量 C_1/（mg/L）	培养后溶解氧含量 C_2/（mg/L）
40	600	7.90	0.85
20	600	7.91	3.85
12	600	7.95	5.56

答案：

序号	取水样体积 / ml	稀释后体积 / ml	稀释倍数 $1/f_2$	f_1	培养前溶解氧含量 C_1/（mg/L）	培养后溶解氧含量 C_2/（mg/L）	溶解氧消耗量 /（mg/L）
1	40	600	15.0	0.93	7.90	0.85	—
2	20	600	30.0	0.97	7.91	3.85	4.06
3	12	600	50.0	0.98	7.94	5.56	2.38

第 1 组数据，培养后溶解氧含量低于 1.0 mg/L，舍去。

由第 2 组数据得：（7.91−3.85−0.18 × 0.97）× 30.0 = 117（mg/L）

由第 3 组数据得：（7.94−5.56−0.18 × 0.98）× 50.0 = 110（mg/L）

水样的 BOD_5 值取后两组数据结果的平均值：（117+110）/2 = 114（mg/L）

七、分析题

分别用《水质　化学需氧量的测定　重铬酸盐法》（HJ 828—2017）和《水和废水监测分析方法》（第四版）中化学需氧量快速密闭催化消解法测定某工厂排水中化学需氧量，其测定结果出现重复性差、数据不稳定的现象。分析原因，找出解决办法。（φ_{Cl^-} ＞ 5 000 mg/L）

答案：

上述化学需氧量的两个测定方法不适用于氯化物高于 1 000 mg/L 的样品，需改为《高氯废水化学需氧量的测定　氯气校正法》（HJ/T 70—2001）；应先测定氯化物的浓度，方法为《水质　氯化物的测定　硝酸银滴定法》（GB/T 11896—1989）。

第二节　重量法

一、填空题

1. 除分析有机物的滤膜外，一般情况下，滤膜采集样品后，如不能立即称重，应在________________保存。分析有机成分的滤膜采集后应立即放入__________保存至样品处理前。

答案： 4℃条件下冷藏　　−20℃冷冻箱内

2. 采用《环境空气　降尘的测定　重量法》（GB/T 15265—1994）测定降尘时，加乙二醇水溶液既可以防止__________，又可以保持缸底__________，同时还能抑制__________及__________的生长。

答案：冰冻　　湿润　　微生物　　藻类

3. 测定水样中悬浮固体含量时烘干温度应控制在___________。取 100 ml 曝气池混合液静沉 30 min 时活性污泥所占体积为 30%，将此样品过滤，烘干至恒重，过滤器重量增加 0.300 0 g，该水样 MLSS（g/L）=___________，SVI（ml/g）=___________。

答案：103 ～ 105 ℃　　3　　100

4. 沉淀按其物理性质的不同，可粗略地分为晶形沉淀和___________沉淀，介于两者之间的是___________沉淀。

答案：无定形　　凝乳状

5. 水样的总不可滤残渣，又称___________。

答案：悬浮物（或 SS）

6. 水中的悬浮物是指水样通过孔径为___________μm 的滤膜，截留在滤膜上并于_______________℃下烘干至恒重的固体物质。

答案：0.45　　103 ～ 105

7. 用重量法测定水中硫酸盐时，在预处理阶段，酸性条件下煮沸可以将亚硫酸盐和硫化物分别以___________和___________的形式赶出。在污水中它们的浓度可能很高，发生___________反应（填化学方程式）时生成的单体硫应该过滤掉，以免影响测定结果。

答案：二氧化硫　　硫化氢　　$3H_2S+SO_4^{2-}+2H^+ \rightarrow 4S\downarrow+4H_2O$

8. 重量分析中，需将滤纸连同沉淀一起灼烧后称量，应采用___________滤纸过滤。

答案：定量

9. 重量分析中沉淀形式和称量形式有时可能___________。

答案：不一致

10. 准确称取风干土样 8.00 g，置于称量瓶中，在 105℃烘箱中烘 4 ～ 5 h，烘干至恒重，称得烘干恒重后的土样重量为 7.80 g，该土样的水分含量为___________。

答案：2.56%

二、单选题

1. $PM_{2.5}$ 采样滤膜在恒温恒湿条件下平衡 24 h 后，用感量 0.01 mg 的分析天平称重，在相同条件下再次平衡 1 h 称重，两次滤膜重量之差小于等于 ________mg 时符合恒重要求。(　　)

A．0.01　　B．0.02　　C．0.04　　D．0.4

答案：C

2. 依据《环境空气　PM_{10} 和 $PM_{2.5}$ 的测定　重量法》(HJ 618—2011)，滤膜平衡时，相对湿度控制在________范围。(　　)

A．40% ～ 50%　　B．45% ～ 55%　　C．50% ～ 60%　　D．55% ～ 65%

答案：B

3. 下列关于重量分析对沉淀式的要求的说法不正确的是________。(　　)

A．沉淀的溶解度必须很小（一般要求小于 10^{-4} mol/L），以保证被测组分沉淀完全

B．沉淀式要便于过滤和洗涤

C．沉淀力求纯净，尽量避免其他杂质的沾污，以保证获得准确的分析结果

D．沉淀式与称量式应保持一致

答案：D

4. 根据《土壤　干物质和水分的测定　重量法》（HJ 613—2011）测定时，土样风干后应过________mm 筛。（　　）

A．1　　　　B．2　　　　C．3　　　　D．4

答案：B

5. 根据《土壤　水溶性和酸溶性硫酸盐的测定　重量法》（HJ 635—2012）测定时，提取液中的铬酸根离子浓度大于________mg/L 时产生负干扰。（　　）

A．10　　　　B．50　　　　C．70　　　　D．100

答案：A

6. 根据《固体废物　热灼减率的测定　重量法》（HJ 1024—2019），固体废物焚烧残余物样品经干燥至恒重后，于________灼烧 3 h 至恒重。（　　）

A．650℃ ±25℃　　　　B．600℃ ±20℃　　　　C．550℃ ±25℃　　　　D．600℃ ±25℃

答案：D

7. 重量法测定海水中油类时，铝箔槽使用前于 70℃水浴铝盖板上加热至恒重，于干燥器中放置________后称重。（　　）

A．0.5 h　　　　B．1 h　　　　C．1.5 h　　　　D．2 h

答案：B

8. 重量法测定水样中的全盐量和矿化度过程中，全盐量是单位体积水中所含各种溶解盐类的总和，矿化度是水中无机化学组分含量的总和。对同一个水样来说，全盐量和矿化度的量值之间比较，正确的是________。（　　）

A．矿化度 ＞ 全盐量　　　　B．全盐量 ＞ 矿化度

C．全盐量＝ 矿化度　　　　D．两者不好比较

答案：B

9. 根据《生活饮用水标准检验方法　感官性状和物理指标（8.1 溶解性总固体　称重法）》测定水中溶解性总固体时，恒定质量是指两次称量相差不超过________g。（　　）

A．0.000 2　　　　B．0.000 3　　　　C．0.000 4　　　　D．0.000 5

答案：C

10.《土壤　水溶性和酸溶性硫酸盐的测定　重量法》（HJ 635—2012）中，当提取液中的硝酸根、磷酸根和二氧化硅的浓度分别大于 100 mg/L、10 mg/L 和 2.5 mg/L 时，会对测定结果产生________。（　　）

A．无干扰　　　　B．正干扰　　　　C．无干扰

答案：B

11. 一般情况下，在（105±5）℃条件下，有机物的分解可以忽略，但对于有机质含量大于 10%（质量分数）的土壤样品，在测定其干物质时应将干燥温度改为________℃。（　　）

A．50　　　　B．60　　　　C．70　　　　D．80

答案：A

12. $PM_{2.5}$ 滤膜首次称量后，在相同条件平衡 1h 后需再次称量。当使用大流量采样器时，同一滤膜两次称量质量之差应小于________ mg；当使用中流量或小流量采样器时，同一滤膜两次称量质量之差应小于________mg；以两次称量结果的平均值作为滤膜称重值。（　　）

A．0.2　0.02　　B．0.2　0.04　　C．0.5　0.05　　D．0.4　0.04

答案：D

13. 固体废物中水分测定时，取试样 20 ～ 100 g 于预先干燥的容器中，于________℃干燥，恒重至两次重量测量差小于________g，然后计算水分。（　　）

A．100　0.1　　B．105　0.01　　C．120　0.01　　D．120　0.1

答案：B

14. 5 g 土壤样品测定水分含量，烘干后称重为 4 g，该样品的水分为________。（　　）

A．10%　　B．20%　　C．25%　　D．30%

答案：C

15. 重量法测定空气中苯可溶物时，将滤膜在平衡室内放置一定时间后，进行称重，称重应在滤膜从平衡室内取出________s 之内完成。（　　）

A．30　　B．45　　C．60

答案：A

16.《土壤　干物质和水分的测定　重量法》（HJ 613—2011）测定土壤干物质和水分时，用于烘干新鲜潮湿土壤的具盖容器容积至少为________。（　　）

A．100 ml　　B．25 ml　　C．50 ml　　D．80 ml

答案：A

17. 下列关于定量滤纸的说法中不正确的是________。（　　）

A．重量分析中，需将滤纸连同沉淀一起灼烧后称量时，应采用定量滤纸过滤

B．定量滤纸按孔隙大小分，有快速、中速和慢速 3 种

C．定量滤纸一般为圆形，按直径分有 11 cm、9 cm、7 cm 等几种

D．定量滤纸灼烧后，灰分小于 0.001 g 者称为“无灰滤纸”

答案：D

三、多选题

1. 下列关于重量法分析硫酸盐干扰因素的描述中正确的是________。（　　）

A．样品中包含悬浮物、硝酸盐、亚硫酸盐和二氧化硅可使测定结果偏高

B．水样有颜色对测定有影响

C．碱金属硫酸盐，特别是碱金属硫酸氢盐常使结果偏低

D．铁和铬等能影响硫酸盐的完全沉淀，使测定结果偏低

答案：ACD

2. 下列关于天平使用的说法中正确的是________。（　　）

A．实验室分析天平应设置专门的实验室，做到避光、防尘、防震、防腐蚀气体和防空气对流

B．挥发性、腐蚀性、吸潮性的物质必须放在密封加盖的容器中称量

C．刚烘干的物质应及时称量

D．天平载重不得超过其最大负荷

答案：ABD

3. 以下关于“标准滤膜”正确的描述为________。(　　)

A．需要连续称量 15 次以上

B．需要在恒温恒湿间按平衡条件平衡 24 h

C．每次称量滤膜的同时称量标准滤膜

D．若用小流量流量计采样后，标准滤膜称出的重量在原始质量的 ±5mg 范围内，则认为该批样品滤膜称量合格

答案：BC

4. 下列关于水中悬浮物测定的描述中，正确的是________。(　　)

A．水中悬浮物的理化特性对悬浮物的测定结果无影响

B．所用的滤器与孔径的大小对悬浮物的测定结果有影响

C．截留在滤器上物质的数量对悬浮物的测定结果有影响

D．滤片面积和厚度对悬浮物的测定结果有影响

答案：BCD

5. 颗粒物重量法监测时，在称量过程中，以下操作正确的是________。(　　)

A．称量时无须消除静电

B．称量前应打开天平屏蔽门，至少保持 1 min

C．分析天平即用即开

D．每次称量前需清洗用于取放标准砝码和滤膜的非金属镊子

E．采样前后的滤膜称量可以使用不同的分析天平

F．每批次称量采样滤膜同时，应称量至少一张标准滤膜

G．称量人员应穿戴洁净的实验服进入称量区域

答案：BDFG

6. 重量分析通常是将待测组分经沉淀、过滤、________等步骤以测定其含量的方法。(　　)

A．称重　　B．滴定　　C．干燥或灼烧　　D．沉淀洗涤

答案：ACD

7. 关于重量法测定水中全盐量样品的采集，下列描述中正确的是________。(　　)

A．采样时不可搅动水底部的沉积物

B．如果水样中含沉降性固体（如泥沙等）则应分离除去

C．样品只能采集在玻璃瓶中

D．采样时应做好采样记录

答案：ABD

四、判断题

1. 测定空气中总悬浮颗粒物的重量法，不适用于TSP含量过高或雾天采样使滤膜阻力大于15 kPa的情况。(　　)

答案：错误

正确答案：测定空气中总悬浮颗粒物的重量法，不适用于TSP含量过高或雾天采样使滤膜阻力大于10 kPa的情况。

2. 测定水中悬浮物，通常采用滤膜的孔径为0.45 μm。(　　)

答案：正确

3. 干灰法适宜用于测定易挥发性物质。(　　)

答案：错误

正确答案：干灰法不适宜用于测定易挥发性物质。

4. 根据《固体废物　热灼减率的测定　重量法》(HJ 1024—2019)，干燥固体废物焚烧残余物样品灼烧前后的质量计算热灼减率，以质量百分数表示。(　　)

答案：正确

5. 为测定水中悬浮物而过滤水样时，滤膜上悬浮物过多，可酌情少取水样，悬浮物过少，可增大取样体积。(　　)

答案：正确

6. 直接称量法包括：常规称量、固定量称量和减量称量。(　　)

答案：正确

7. 重量法测定$PM_{2.5}$时，已采集$PM_{2.5}$样品的滤膜，在使用感量0.01 mg的分析天平称重时，两次重量之差应小于0.4 mg。(　　)

答案：错误

正确答案：使用感量0.01 mg的分析天平称重时，两次重量之差应小于0.04 mg。

8. 重量法测定水中的硫酸盐时，如果要回收和测定不溶物中的硫酸盐，则应取适量混匀水样定量过滤，再对不溶物进行特殊处理，使其熔融后测定。(　　)

答案：正确

9. 重量法测定水中的悬浮物是一种近似方法，只具有相对评价意义。(　　)

答案：正确

10. 重量法测定水中硫酸盐，在进行沉淀反应时，应该在不断搅拌的情况下，快速加入沉淀剂。(　　)

答案：错误

正确答案：应该在不断搅拌的情况下，缓慢加入沉淀剂。

11. 重量法手工称量$PM_{2.5}$滤膜时，若滤膜上颗粒物的负载量为0.9 mg，可以使用检定分度值为0.01 mg的天平进行称量。(　　)

答案：错误

正确答案：滤膜上的颗粒物负载量不少于称量天平检定分度值的100倍。

五、简答题

1. 简述重量法测定水中硫酸盐的原理。

答案：在盐酸溶液中，硫酸盐与加入的氯化钡形成硫酸钡沉淀，沉淀应在接近沸腾的温度下进行，并至少煮沸 20 min，沉淀陈化一段时间后过滤，并洗至无氯离子为止，烘干或者灼烧，冷却后称硫酸钡重量。

2. 重量法测定大气中总悬浮颗粒物时，如何获得“标准滤膜”？

答案：取清洁滤膜若干张，在恒温恒湿箱（室）内按平衡条件平衡 24 h 后称重，每张滤膜非连续称量 10 次以上，求出每张滤膜的平均值为该张滤膜的原始质量，即为“标准滤膜”。

六、计算题

1. 用重量法测定水中悬浮物时，首先将空白滤膜和称量瓶烘干、冷却至室温，称量至恒重，称得重量为 45.200 5 g；取水样 100 ml 抽滤后，将悬浮物、过滤膜和称量瓶经烘干、冷却至室温，称量至恒重，称得重量为 45.218 8 g；试计算水样中悬浮物的浓度。

答案：

$$C=\frac{(C_A-C_B)\times 10^6}{V}=\frac{(45.2188-45.2005)\times 10^6}{100}=183\ (\mathrm{mg/L})$$

2. 用重量法测定地下水水样中硫酸根的含量，从试料中沉淀出来的硫酸钡的重量为 0.080 0 g，试料的体积为 200 ml，试计算该水样中硫酸根的含量。

答案：

硫酸根含量：$C=\frac{M\times 411.6\times 1000}{V}=\frac{0.0800\times 411.6\times 1000}{200}=165\ (\mathrm{mg/L})$

3. 某环境空气总悬浮颗粒物样品，已知采样时间为 1 h，采样流量为 100 L/min（标准状况下），空膜重为 2.849 5 g，尘膜重为 2.858 5 g，请计算该样品的浓度。

答案：$\mathrm{TSP}=\frac{1\times 10^6\times(2.8585-2.8495)}{100\times 60}=1.50\ (\mathrm{mg/m^3})$

4. 根据《空气和废气监测分析方法》（第四版）中碱片——重量法测定硫酸盐化速率，样品的直径 6 cm，放置天数为 30 天零 4 小时，样品碱片中测定的硫酸钡重量为 1.664 mg，空白碱片测得的硫酸钡重量为 0.303 mg，试计算该样品的碱片——重量法测定硫酸盐化速率值。

答案：样品的有效面积：$S=3.14\times(6/2)^2=28.3\ (\mathrm{cm^2})$

样品放置天数：$n=30+4/24=30.2$（天）

硫酸盐化速率：SO_3［mg/（100 $\mathrm{cm^2}$ 碱片·天）］=$(W_s-W_b)\times 34.3/(S\cdot n)$

$=(1.664-0.303)\times 34.3/(28.3\times 30.2)$

$=0.055$

5. 准确称取风干土样 9.00 g，置于称量瓶中，在 105℃烘箱中烘 4 ～ 5 h，烘干至恒重，称得烘干恒重后的土样重量为 8.50 g，试计算该土样的水分含量。

答案：以百分数表示风干土样水分含量 f:

$f=(W_1-W_2)\times 100\%/W_1=(9.00-8.50)\times 100\%/8.50=5.9\%$

第三节　电化学法

一、填空题

1. 离子选择电极法测定环境空气中氟化物时，若测定体系中的高价阳离子［如三价铁离子、三价铝离子和 Si（Ⅳ）］产生干扰，可以通过加入___________来消除。高价离子浓度超过 20 mg/L 时，需采用________消除干扰措施。

答案：总离子强度缓冲液　　蒸馏法

2. 气敏电极法测定环境空气中氨时，与氨有强烈反应的离子（如亚汞离子、镁离子）会干扰测定，可加入___________掩蔽；游离氯由于形成氯胺干扰，可加入___________适量消除干扰。

答案：EDTA（乙二胺四乙酸二钠）　硫酸钠或硫代硫酸钠

3. 国际上规定：以标准氢电极作为标准参比电极，在任何温度下，标准氢电极的相对平衡电势都为___________。

答案：0

4. 根据《土壤　pH 值的测定　电位法》（HJ 962—2018）测定土壤 pH 时，应该控制试样和标准缓冲溶液的温度在___________±___________℃。

答案：25　　1

5. 根据《水质　可吸附有机卤素（AOX）的测定　微库仑法》（GB/T 15959—1995）测定水中 AOX 时，全程序空白（以 Cl 计）应控制在___________μg/L 以下，否则应分别对___________步骤、___________步骤和微库仑测定步骤进行核查。

答案：30　　吸附　　燃烧

6. 电极法测定水中氨氮时，如水样酸性较大，应先用碱液调至中性，再加___________液进行测定。

答案：离子强度调节

7. 测量水的 pH 时，应进行适当搅拌，以使溶液均匀，达到电化学平衡，而在读数时，则应___________，___________，以使读数稳定。

答案：停止搅动　　静置片刻

8. 根据《环境空气　氟化物的测定　滤膜采样 / 氟离子选择电极法》（HJ 955—2018）氟离子选择电极法测定环境空气中氟化物含量时，测定样品与绘制标准曲线时的温度之差不应超过___________℃。

答案：±2

9. 普通 pH 玻璃电极在 pH 大于___________时会产生碱误差，在 pH 小于___________时产生酸误差。

答案：10　　1

10. 电化学电池的电极电位大小决定于溶液中氧化还原体系的___________能力。

答案：氧化还原

11. 电极法测定水的氧化还原电位时，配制试剂用水的电导率应小于＿＿＿＿＿＿μS/cm，即将去离子水煮沸数分钟，以驱除水中的二氧化碳，然后＿＿＿＿＿＿。

答案：2　　密塞冷却

12. 电极法测定水的氧化还原电位，在校验指示电极时，如实测结果与标准电位值相差＿＿＿＿＿＿mV，则指示电极需要重新净化或更换。

答案：±10

13. pH玻璃电极常用的清洗方法是使用＿＿＿＿＿＿清洗，当电极脏污不易清洗，可使用＿＿＿＿＿＿进行清洗。

答案：清水　　醋酸

14. 氨气敏电极为复合电极，以＿＿＿＿＿＿为指示电极，＿＿＿＿＿＿为参比电极。

答案：pH玻璃电极　　银-氯化银电极

15. 电化学电池中，发生氧化反应的电极称为＿＿＿＿＿＿，发生还原反应的电极称为＿＿＿＿＿＿。

答案：阳极　　阴极

16. 离子选择电极-流动注射法测定水中硝酸盐氮，NO_2^-的干扰可加入少量＿＿＿＿＿＿消除。

答案：氨基磺酸

17. 电化学探头法测定水中溶解氧时，所用的电极分两种类型，它们分别是＿＿＿＿＿＿和＿＿＿＿＿＿。

答案：原电池型（如铅银）　　极谱型（如银金）

18. 示波极谱法测定铜、铅、锌和镉时，氨性底液中铅干扰铜的测定，如果水样消解后含铁、铝较多，或为除去铅的干扰而加入了铁盐使铅完全进入沉淀，为了减少沉淀的吸附导致结果偏低的影响，可以采用＿＿＿＿＿＿法进行分离。

答案：小体积沉淀

19. pH的测定，需用测量精度至少为＿＿＿＿＿＿的pH计测定。

答案：0.01

20. 玻璃电极法测定水的pH时，在pH大于10的碱性溶液中，因有大量钠离子存在而产生误差，使读数偏低，通常称为＿＿＿＿＿＿。

答案：钠差

21. 严格地讲，离子选择性电极测定的是溶液中待测离子的＿＿＿＿＿＿，不是＿＿＿＿＿＿。

答案：活度　　浓度

22. 电导率标准溶液核查应满足相对误差≤＿＿＿，实际水样比对相对误差应满足≤＿＿＿＿。

答案：±5.0%　　±10.0%

二、单选题

1. 采用电位法测定水中碱度，当滴至pH=8.3时表示＿＿＿＿。（　　）

A. 总碱度　　B. 重碳酸盐被中和　　C. 氢氧化物被中和及碳酸盐转为重碳酸盐

答案：C

2. 微库仑法测定水中 AOX 时，吹扫挥发性卤化物时氧气流速应控制在________ml/min，确保气泡均匀分布。(　　)

A. 100　　B. 150　　C. 200　　D. 50

答案：B

3. 玻璃电极法测定水的 pH 时，温度影响电极的电位和水的电离平衡。需注意调节仪器的补偿装置与溶液的温度一致，并使被测样品与校正仪器用的校准缓冲溶液温度误差在 ±________℃之内。(　　)

A. 1　　B. 2　　C. 3

答案：A

4. 库仑法测定水中 COD 时，若铂电极被沾污，可将电极放入 3 mol/L________中浸洗片刻，然后用重蒸馏水洗净。(　　)

A. 草酸　　B. 醋酸　　C. 氨水　　D. 乙醇

答案：C

5. 氟离子选择性电极的内参比电极是________。(　　)

A. Pt 电极　　B. Ag 电极　　C. Ag-AgCl 电极　　D. 石墨电极

答案：C

6. 在电位法中，作为指示电极，其电位与被测离子的浓度________。(　　)

A. 无关　　B. 成正比

C. 对数成正比　　D. 符合能斯特公式的关系

答案：D

7. 电化学探头法测定水中溶解氧时，仪器需要检验零点的时候，可将电极浸入________的蒸馏水中进行校零。(　　)

A. 每升蒸馏水加入 1 g 亚硫酸钠和 1 mg 钴盐

B. 每升蒸馏水加入 2 g 亚硫酸钠和 1 g 钴盐

C. 每升蒸馏水加入 10 g 亚硫酸钠和 1 mg 钴盐

D. 每升蒸馏水加入 1 g 亚硫酸钠和 1 g 钴盐

答案：A

8. 用来校正测定氧化还原电位仪器的标准溶液的标准电位值是________mV。(　　)

A. +500　　B. −400　　C. +430　　D. 200

答案：C

9. 条件电极电位是________。(　　)

A. 在特定条件下氧化形和还原形的总浓度均为 1 mol/L 或它们的浓度比为 1 时，在校正各种外界因素的影响后所得的实际电极电位

B. 标准电极电位

C. 任意浓度下的电极电位

D. 任意温度下的电极电位

答案：A

10. 测得某溶液的 pH 为 6.0，其氢离子浓度为________mol/L。（ ）

A. 6×10^{-1}　　B. 3×10^{-2}　　C. 1×10^{-6}　　D. 6.0×10^{-6}

答案：C

11. 电位滴定法测定水中氯化物时，如选用氯离子选择电极为指示电极，在使用前氯离子选择电极需在________中活化 1 h。（ ）

A. NaCl 溶液　　B. 硝酸溶液　　C. 蒸馏水

答案：A

12. 用《土壤　pH 值的测定　电位法》（HJ 962—2018）测定土壤 pH 时，样品应用________过筛。（ ）

A. 0.154 mm（100 目）　　B. 0.280 mm（60 目）

C. 0.45 mm（40 目）　　D. 2.00 mm（10 目）

答案：D

13. 在用玻璃电极测量 pH 时，甘汞电极内的氯化钾溶液的液面应________被测溶液的液面。（ ）

A. 高于　　B. 低于　　C. 随意

答案：A

14. ________属于电位分析法。（ ）

A. 离子选择电极法　　B. 电导法　　C. 电解法

答案：A

15. 用玻璃电极法测定 pH 时，主要影响因素是________。（ ）

A. 浊度　　B. 胶体物质　　C. 氧化物　　D. 温度

答案：D

16. 下列说法正确的是________。（ ）

A. 氧化还原电位可以测量水中的氧化性物质浓度

B. 氧化还原电位可以帮助我们了解某种氧化物质或还原物质的存在量

C. 氧化还原电位可以帮助我们了解水体中可能存在的氧化物质或还原物质及其存在量

答案：C

17. 电导率仪法测定电导率使用的标准溶液是________溶液。测定电导率常数时，最好使用与水样电导率相近的标准溶液。（ ）

A. 氯化钾　　B. 氧气　　C. 氮气

答案：A

18. 极谱测定时，溶液能多次测量，数值基本不变，是由于________。（ ）

A. 加入浓度较大的惰性支持电解质

B. 外加电压不够高，被测离子电解很少

C. 电极很小，电解电流很小

D. 被测离子还原形成汞齐，又回到溶液中

答案：C

19.《环境空气　氟化物的测定　滤膜采样　氟离子选择电极法》（HJ 955—2018）测定氟化物采用________滤膜。(　　)

A. 玻璃纤维　　B. 石英纤维　　C. 乙酸－硝酸纤维　　D. 醋酸纤维

答案：C

20. 国际上规定：以标准氢电极作为标准参比电极，在任何温度下，标准氢电极的相对平衡电势都为________。(　　)

A. 2　　B. 1　　C. 0　　D. 0.5

答案：C

21. 水样中________含量过高时，将影响电极法测定氨氮的结果，必要时，应在标准溶液中加入相同量的盐类，以消除误差。(　　)

A. 碱性物质　　B. 盐类　　C. 有机物　　D. 氯离子

答案：B

22. 用离子选择电极法测定水中氟化物时，________会干扰测定。(　　)

A. 钙离子　　B. 氯离子　　C. 二价铁离子　　D. 三价铁离子

答案：D

23. 微生物传感器法测定生化需氧量时，含游离氯的废水需要加入________进行处理后才能进行测定。(　　)

A. 硫酸　　B. 氢氧化钠　　C. 亚硫酸钠溶液　　D. 通入氧气

答案：C

24.《森林土壤　pH 值的测定》（LY/T 1239—1999）中规定，测定一般土壤 pH 时，浸提液应选用________。(　　)

A. 无二氧化碳的水　　B. 1 mol/L 氯化钾　　C. 0.01 mol/L 氯化钙

答案：A

25. 海水盐度计算公式中的 R_θ，是指被测海水与实用盐度为________的标准海水在温度为 θ 时的电导率的比值。(　　)

A. 35　　B. 32　　C. 42　　D. 30

答案：A

26. 离子选择电极法测定土壤中水溶性氟化物和总氟化物，当电极电位变化________时，视为电极达到平衡。(　　)

A. ≤ 1 mV/min　　B. ≤ 2 mV/min　　C. ≤ 3 mV/min　　D. ≤ 4 mV/min

答案：A

27. 根据《土壤　水溶性氟化物和总氟化物的测定　离子选择电极法》（HJ 873—2017），测定水溶性氟化物样品制备时，准确称取样品后于________水浴中超声提取 30 min，静置数分钟后离心，得水溶性氟化物待测液。(　　)

A. 20℃ ±5℃　　B. 25℃ ±5℃　　C. 30℃ ±5℃　　D. 35℃ ±5℃

答案：B

28.《土壤　pH 值的测定　电位法》（HJ 962—2018）中规定两次平行测定结果的允许差值为________个 pH 单位。（　　）

A．0.1　　B．0.2　　C．0.3　　D．0.5

答案：C

29. 电导率仪法测定水的电导率，通常规定________℃为测定电导率的标准温度。如果测定时水样的温度不是该温度，一般应将测定结果换算成该温度下的电导率数据。（　　）

A．0　　B．10　　C．20　　D．25

答案：D

30. 用《土壤　pH 值的测定　电位法》（HJ 962—2018）测定土壤 pH 时，试样的温度与标准缓冲溶液的温度之差不应超过________。（　　）

A．1℃　　B．2℃　　C．3℃　　D．4℃

答案：B

31. 在《水质　溶解氧的测定　电化学探头法》（HJ 506—2009）中，对于流动样品（如河水），应检查水样是否有足够的流速，若水流速________，需在水样中往复移动探头。（　　）

A．低于 0.05 m/s　　B．低于 0.1 m/s　　C．低于 0.2 m/s　　D．低于 0.3 m/s

答案：D

32. 在《环境空气　氟化物的测定　滤膜采样氟离子选择电极法》（HJ 480—2009）中，以氟含量的对数及其对应的毫伏值进行回归，要求相关系数 r 的绝对值大于 0.999，斜率符合________。（　　）

A．（54+0.2t）mV　　B．（56+0.2t）mV　　C．（58+0.2t）mV　　D．（59+0.2t）mV

答案：A

33. 电极法测定水中氟化物，在测定前应使试样达到________，并使试样和标准溶液的温度相同（温差不得超过 ±1℃）。（　　）

A．室温　　B．15℃　　C．20℃　　D．25℃

答案：A

34.《水质　氟化物的测定　离子选择电极法》（GB/T 7484—1987）的最低检出限为含氟化物（以 F^- 计）________mg/L，测定上限可达 1 900 mg/L。（　　）

A．0.01　　B．0.02　　C．0.05　　D．0.10

答案：C

35. 氟离子选择电极法测定空气和废气中氟化物含量时，需要用________插入制备好的溶液中进行测量。（　　）

A．氟离子选择电极　　B．氟离子选择电极和甘汞电极

C．氟离子选择电极和 pH 电极

答案：B

36. 用离子选择电极法测定水中氟化物时，如果斜率（RT/F）明显变大，除因温度________外，还可能由于离子计供电电压________以及溶剂的吸附引起。（　　）

A．增高　降低　　B．降低　降低　　C．增高　增高　　D．降低　增高

答案：A

37. 溶解氧在做线性检查时，探头法测定的溶解氧浓度值与碘量法在显著性水平为________时无显著性差异，则认为探头的响应呈线性。否则，应查找偏离线性的原因。(　　)

A．2%　　B．3%　　C．5%　　D．10%

答案：C

38. 现场测定 pH 时，用测量精度为________的 pH 计测定。测定前应清洗和校正仪器。(　　)

A．0.5　　B．1　　C．0.05　　D．0.01

答案：D

三、多选题

1. 根据《水质　pH 值的测定　电极法》(HJ 1147—2020)不影响 pH 测定的因素包括________。(　　)

A．水的颜色、浊度　　B．大量钠离子　　C．水中氧化剂　　D．水中胶体物质

答案：ACD

2.《固定污染源废气　二氧化硫的测定　定电位电解法》(HJ 57—2017)中待测气体中的颗粒物、水分和三氧化硫等易在传感器渗透膜表面凝结并造成传感器损坏，影响测定，应采用________消除影响。(　　)

A．滤尘装置　　B．除湿装置　　C．滤雾器　　D．气体过滤器

答案：ABC

3. 用离子选择电极法测定水中氟化物时，加入总离子强度调节剂的作用是________。(　　)

A．络合干扰离子　　B．保持溶液中总离子强度

C．保持溶液适当的 pH

答案：ABC

4. 下列关于玻璃电极的叙述正确的是________。(　　)

A．玻璃电极属于离子选择性电极　　B．玻璃电极可测量任一溶液的 pH

C．玻璃电极可用作指示电极　　D．玻璃电极可用于测量浑浊溶液

答案：ACD

5. 定电位电解法测定废气中 SO_2 时，被测气体中对定电位电解传感器的定量测定有干扰的物质有________。(　　)

A．CO　　B．HF　　C．H_2S　　D．NO_2

答案：ABCD

6.________会干扰电化学探头法测定水中的溶解氧。(　　)

A．CO_2　　B．H_2　　C．SO_2　　D．CO

答案：AC

7. 下列说法不正确的是________。(　　)

A．氧化还原电位可以测量水中的氧化性物质浓度

B．氧化还原电位可以帮助我们了解某种氧化物质的存在量

C．氧化还原电位可以帮助我们了解某种还原物质的存在量

D. 氧化还原电位可以帮助我们了解水体中可能存在的氧化物质或还原物质及其存在量

答案：ABC

四、判断题

1.《水质　pH 值的测定　玻璃电极法》（HJ 1147—2020）水的颜色、浊度、胶体物质、氧化剂、还原剂及较高含盐量均不干扰测定。（　　）

答案：正确

2.《水质　溶解氧的测定　电化学探头法》（HJ 506—2009）可以测定水中饱和百分率为 0%~100% 的溶解氧，还可以测量高于 100%（20 mg/L）的过饱和溶解氧。（　　）

答案：正确

3. 便携式溶解氧仪法测定溶解氧，装配膜电极时，膜内有气泡可以用手将膜抹平来赶走气泡。（　　）

答案：错误

正确答案：便携式溶解氧仪法测定溶解氧，装配膜电极时，膜内有气泡不得用手触摸膜的活性表面。

4. 便携式溶解氧仪法测定溶解氧时，当电极、薄膜或电解液发生变化时，一定要重新进行极化校准。（　　）

答案：正确

5. 标准氢电极是参考电极的二级标准。（　　）

答案：错误

正确答案：标准氢电极是参考电极的一级标准。

6. 玻璃电极球泡受污染时，可用稀盐酸溶解无机盐污垢，用丙酮除去油污，也可以用无水乙醇后再用纯水清洗干净。（　　）

答案：错误

正确答案：玻璃电极球泡受污染时，可用稀盐酸溶解无机盐污垢，用丙酮除去油污（但不能用无水乙醇）后再用纯水清洗干净。按上述方法处理的电极应在水中浸泡一昼夜再使用。

7. 测定 pH 时，电极受到污染，可用低于 1 mol/L 的稀盐酸溶解无机盐垢，用稀洗涤剂除去有机油脂类物质。（　　）

答案：正确

8. 电导率随温度变化而变化，温度每升高 1℃，电导率增加约 2%。（　　）

答案：正确

9. 电化学传感器反应的性质只跟工作电极的电极电位有关，与被分析气体的化学性质无关。（　　）

答案：错误

正确答案：电化学传感器反应的性质与工作电极的电极电位和被分析气体的化学性质有关。

10. 电化学分析法大致可分成 5 类：电位分析法、电导分析法、电解分析法、库仑分析法、伏安分析法和极谱法。（　　）

答案：正确

11. 电化学探头法测定水中溶解氧时，如果水中含有机溶剂、油类、硫化物和藻类，会引起薄膜阻塞、薄膜损坏或电极被腐蚀而干扰测定。(　　)

答案：正确

12. 电化学探头法测定水中溶解氧时，若水样中含有铁及能与碘作用的物质，会对膜电极法的测量产生干扰。(　　)

答案：错误

正确答案：水样中含有铁及能与碘作用的物质，不会对膜电极法测量溶解氧产生干扰。

13. 电极的选择性系数是一个常数。(　　)

答案：错误

正确答案：离子选择性电极的选择性系数在严格意义上来说不是一个常数，仅能用来评价电极的选择性并估算干扰离子产生的误差大小。

14. 电极法测定水中氨氮时，水样可以加氯化汞保存。(　　)

答案：错误

正确答案：水样不可以加入氯化汞保存。

15. 氟电极对氟硼酸盐离子（BF_4^-）不响应，如果水样中含有氟硼酸盐或者污染严重，则应先进行蒸馏。(　　)

答案：正确

16. 氟离子选择电极法测定环境空气和大气固定污染源废气中的氟化物时，测定体系中的高价阳离子，如三价铁和三价铝可通过加入总离子强度调节缓冲液来消除。(　　)

答案：正确

17. 氟离子选择电极法测定氟化物时，电池的电动势与溶液中的氟离子浓度呈线性关系。(　　)

答案：错误

正确答案：电池的电动势与溶液中的氟离子浓度的对数呈线性关系。

18. 氟离子选择电极法测定环境空气和废气中的氟化物时，所用试剂除另有说明外，均为分析纯试剂，所用水为去离子水。(　　)

答案：正确

19. 根据《土壤　pH 值的测定　电位法》（HJ 962—2018），温度对土壤 pH 的测定具有一定影响，在测定时，应按要求控制温度。(　　)

答案：正确

20. 根据《土壤　pH 值的测定　电位法》（HJ 962—2018）测定土壤 pH 时，应在剧烈搅拌试样溶液后，将电极插入试样的悬浊液，马上读数。(　　)

答案：错误

正确答案：剧烈振荡 2 min，静置 30 min，在 1 h 内完成测定。

21. 根据《土壤质量　氟化物的测定　离子选择电极法》（GB/T 22104—2008）测定土壤中氟化物时，通常氟离子浓度越大，所需平衡时间越长。(　　)

答案：错误

正确答案：通常氟离子浓度越小，所需平衡时间越长。

22. 离子选择电极法测定水中氟化物时，水样有颜色或浑浊都会影响测定结果。(　　)

答案：错误

正确答案：水样有颜色或浑浊不影响测定结果。

23. 离子选择电极法测定水中氟化物时，由于温度改变较大而导致斜率（RT/F）的变化一般是有规律的，如果斜率变小，可能是指示电极失效，灵敏度降低。(　　)

答案：正确

24. 离子选择电极法测定土壤氟化物的样品消解方法为酸分解法。(　　)

答案：错误

正确答案：离子选择电极法测定土壤氟化物的样品消解方法为碱熔法。

25. 离子选择电极法属于电位分析法。(　　)

答案：正确

26. 微库仑法测定水中 AOX 时，燃烧热解炉的容积停留时间、温度和气流速度都可能影响测定结果。(　　)

答案：正确

27. 微库仑法测定水中 AOX 时，当第二根吸附柱的测定值不大于第一根吸附柱测定值的 30% 时，就认为吸附完全，否则须将水样稀释。(　　)

答案：错误

正确答案：第二根吸附柱的测定值不大于第一根吸附柱测定值的 10%，就认为吸附完全，否则需将水样稀释。

28. 微生物传感器法不适用于含有高浓度杀菌剂和游离氯的废水中生化需氧量的测定。(　　)

答案：正确

29. 使用微生物传感器快速测定生化需氧量时，如果采集到的水样水温过高，不需要采取其他处理措施。(　　)

答案：错误

正确答案：如果采集到的水样水温过高，应迅速使水样冷却到 20℃，并充分振摇，使与空气中氧分压接近平衡。

30. 用玻璃电极法测定 pH ＞ 10 的溶液或钠离子浓度较高的溶液时，测得的 pH 比实际数值偏低，这种现象称为碱差。(　　)

答案：正确

31. 用于一、二级水测定的电导率仪应配备电极常数为 0.1 ～ 1 cm^{-1} 的电导池。(　　)

答案：错误

正确答案：用于一、二级水测定的电导率仪应配备电极常数为 0.01 ～ 0.1 cm^{-1} 的电导池。

32. 由外界电能引起化学反应的电池称作原电池。(　　)

答案：错误

正确答案：由外界电能引起化学反应的电池是电解电池。

33. 由于电导率表示溶液传导电流的能力，水样中的油污对电导率测定干扰不大，所以可以直

接测定。(　　)

答案：错误

正确答案：水样中含有油污会干扰测定，可先测定水样，再测定校准溶液，以了解干扰情况。若有干扰，应用萃取法除去。

34. 在电位分析法中，一般的甘汞电极为指示电极。(　　)

答案：错误

正确答案：在电位分析法中，一般的甘汞电极为参比电极。

五、简答题

1. 简述 pH 玻璃电极的原理。

答案：当浸泡好的玻璃膜电极浸入待测溶液时，水合层与溶液接触，由于硅胶层表面和溶液的 H^+ 活度不同，形成活度差，H^+ 便从活度大的一方向活度小的一方移动，并建立如下平衡：H^+ 硅胶层 -H^+ 溶液，因而改变了胶 - 液二相界面的电荷分布，产生一定的相界电位。同理，在玻璃膜内侧水合硅胶层 - 内部溶液界面间也存在相界电位。

2. 土壤样品 pH 测定时，要注意哪些方面？

答案：（1）土壤样品宜过 10 目筛（2 mm），因为过细、过粗对测定均有影响。

（2）土样应贮存密闭玻璃瓶中，防止空气中的氨、二氧化碳及酸碱性气体的影响。

（3）测定时，水土比应固定不变，一般以 2.5∶1 为宜。

（4）试样温度（25±1℃）对 pH 的测定有一定影响，在测定时严格控制温度，与标准缓冲液温差不超过 2 ℃。

（5）测定时，将电极插入试样的悬浊液，注意去除电极表面气泡。

六、计算题

1. 20℃时，用离子选择电极法测定水中氟化物，校准曲线的数据如下表所示：

氟化物含量 /μg	电位值 /mV	氟化物含量 /μg	电位值 /mV
10.0	−283.2	100	−225.3
30.0	−254.3	200	−206.9
50.0	−241.7		

测定 A 水样中氟化物含量时，读取的电位值为 −231.5 mV。试计算该校准曲线的相关系数和 A 水样的氟含量（μg）。

答案：

按方程 $y=b\ \lg x+a$ 进行回归计算，得出 a=−340.98，b=58.22，相关参数 r=0.999 8，进而计算得出 A 水样的氟含量为 76.0 μg。

2. 氟离子选择电极法测定环境空气中氟化物时，已知测定的标准曲线方程为 $Y=59.8\ \lg C(F^-)-246.5$，测得已处理的 40.0 ml 样品溶液的电极电位值为 −280.0 mV，全程序空白值为 0.012 6 μg/ml，求样品溶液中的氟浓度？若采气量为 10.0 m^3（标准状况下），试求环境空气中的氟浓度。

答案：（1）40 ml 样品溶液的氟浓度：

$\lg C(F^-)=(y-a)/b=[(-280.0)-(-246.5)]/59.8=-0.560$

$\lg C(F^-)$ 的反对数为 0.275 4，$C(F^-)=0.275\,4-0.012\,6=0.263$（μg/ml）

（2）环境空气中氟浓度：$0.263\times40.0/10.0=1.05$（$\mu g/m^3$）

3. 设有 50 ml 和 30 ml 两份水样，分别测得 pH 为 4.0 和 6.0，若将两份水样混合，求混合后的水样的 pH 是多少。

答案：$pH=-\lg\frac{50\times10^{-4.0}+30\times10^{-6.0}}{50+30}=4.20$

混合后的水样的 pH 为 4.20。

第四节　分光光度分析（含流动注射和连续流动法）

一、填空题

1.《水质　硫化物的测定　亚甲基蓝分光光度法》（GB/T 16489—1996）对于含悬浮物、浑浊度较高、有色、不透明的水样，采用__________测定，吸收溶液为__________溶液。

答案：酸化吹气吸收法　乙酸锌乙酸钠

2.《水质　石油类的测定　紫外分光光度法（试行）》（HJ 970—2018）中要求正己烷在使用前在波长__________nm 处，用 1 cm 石英比色皿以水做参比测定透光率，透光率大于__________%方可使用。

答案：225　90

3.《水质　石油类的测定　紫外分光光度法》（HJ 970—2018）适用于__________中石油类的测定。

答案：地表水、地下水和海水

4.《水质　氨氮的测定　纳氏试剂分光光度法》（HJ 535—2009）测定水中氨氮时，采用絮凝沉淀法和蒸馏法，是为了去除水样的__________和__________的影响。

答案：色度　浊度

5.《水质　石油类和动植物油类的测定　红外分光光度法》（HJ 637—2018）中，水样在 pH ≤ 2 的条件下用__________萃取后，测定油类；将萃取液用硅酸镁吸附去除动植物油类等极性物质后，测定石油类。

答案：四氯乙烯

6. NO_2 的常规分析方法一般是__________。

答案：Saltzman（盐酸萘乙二胺分光光度法）

7. 比色液吸收波长在 370 nm 以上时可选用__________比色皿，在 370 nm 以下时必须使用__________比色皿。

答案：玻璃或石英　石英

8. 测得某 100 ml 水样的六价铬含量为 20 mg，加入标准样 18 mg 后测得 36.5 mg，该水样的加标回收率为____________。

答案：96.1%

9. 测定 SO_2 时，影响显色反应的因素有____________；____________；____________；____________；____________。

答案：酸度　温度　显色时间　金属离子的干扰　标准溶液与试样溶液操作条件是否一致

10. 测定水中六价铬时，采样容器不应使用____________及____________的容器。

答案：磨口　内壁已磨毛

11. 二苯碳酰二肼分光光度法测定水中六价铬时，如水样有颜色但不太深，可进行____________校正，浑浊且色度较深的水样用____________预处理后，仍含有机物干扰测定时，可用____________破坏有机物后再测定。

答案：色度　锌盐沉淀分离　酸性高锰酸钾（氧化法）

12. 分光光度法测定样品的基本原理是利用____________，根据不同浓度样品溶液对光信号具有不同的____________，对待测组分进行定量测定。

答案：朗伯 - 比尔定律　吸光度

13. 分光光度法测定样品时，比色皿表面不清洁是造成测量误差的常见原因之一，每当测定有色溶液后，一定要充分洗涤，可用____________涮洗，或用____________浸泡，注意浸泡时间不宜过长，以防比色皿脱胶损坏。

答案：相应的溶剂　（1+3）HNO_3

14. 分光光度法测定样品，测定同一溶液时，同组比色皿之间吸光度相差应小于____________，否则需进行校正。

答案：0.005

15. 分光光度法中吸光度（A）与透光率（T）的关系是____________。

答案：$A=\lg(1/T)$

16. 分光光度计的校正包括____________、____________、____________和____________。

答案：波长校正　吸光度校正　杂散光校正　比色皿校正

17. 根据《固定污染源排气中酚类化合物的测定　4- 氨基安替比林分光光度法》（HJ/T 32—1999）标准所测得的是能与 4- 氨基安替比林反应生成有色物的酚类化合物，或是能随水蒸气馏出并与 4- 氨基安替比林反应生成有色物的酚类化合物，均以____________计。

答案：苯酚

18. 根据《固体废物　六价铬的测定　二苯碳酰二肼分光光度法》（GB/T 15555.4—1995），当样品存在色度干扰时，可另取一份试料，按测试步骤以____________代替显色剂，以____________作参比测定其吸光度，扣除此色度，来校正吸光度值。

答案：丙酮　水

19. 根据《环境空气　二氧化硫的测定　甲醛吸收 - 副玫瑰苯胺分光光度法》（HJ 482—2009）规定，每批样品至少测定____________个现场空白。

答案：2

20. 根据《环境空气　氮氧化物（一氧化氮和二氧化氮）的测定　盐酸萘乙二胺分光光度法》（HJ 479—2009）方法的原理，空气中的一氧化氮在通过氧化管时被________溶液氧化为二氧化氮后被吸收液吸收，并反应生成粉红色偶氮染料。

答案：酸性高锰酸钾

21. 根据《水质　氨氮的测定　纳氏试剂分光光度法》（HJ 535—2009）测定水中氨氮时，为除去水样色度和浊度，可采用___________法和___________法。

答案：絮凝沉淀　　预蒸馏

22. 根据《水质　总氮的测定　碱性过硫酸钾消解紫外分光光度法》（HJ 636—2012），在碱性过硫酸钾溶液配制过程中，温度过高会导致过硫酸钾分解失效，因此要控制水浴温度在_______________以下。

答案：60℃

23. 根据《水质　总磷的测定　钼酸铵分光光度法》（GB/T 11893—1989）测定水中总磷时，砷大于 2 mg/L 时干扰测定，用___________去除。

答案：硫代硫酸钠

24. 根据《固定污染源排气中氰化氢的测定　异烟酸－吡唑啉酮分光光度法》（HJ/T 28—1999），对环境空气或污染源废气中氰化氢进行测定时，绘制标准曲线和样品测定时的温度差不超过___________℃。

答案：3

25. 甲醛－盐酸副玫瑰苯胺分光光度法测定环境空气或废气中二氧化硫时，主要干扰物为____________、___________及某些重金属元素，加入氨磺酸钠可消除___________的干扰；加入磷酸及环已二胺四乙酸二钠盐（CDTA）可消除或减少___________的干扰。

答案：氮氧化物　　臭氧　　氮氧化物　　某些金属离子

26. 连续流动比色法测定海水中硝酸盐时，磷酸盐浓度高于 0.1 mg/L 会___________，在分析之前应稀释或者用氢氧化铁除去磷酸盐。

答案：降低镉柱的还原率

27. 硫氰酸汞分光光度法测定环境空气或污染源废气中的氯化氢时，配制硫酸铁铵溶液的方法是：称取硫酸铁铵，用___________溶液稀释，如浑浊应过滤。

答案：高氯酸

28. 六价铬与二苯碳酰二肼生成的有色络合物，该络合物的稳定时间与六价铬的浓度有关，六价铬浓度低，显色后稳定时间___________。

答案：短

29. 钼酸铵分光光度法测定水中总磷时，如显色时室温低于 13℃，可在 20 ～ 30℃水浴中显色___________min。

答案：15

30. 钼酸铵分光光度法测定水中总磷时，水样中的有机物用过硫酸钾氧化不能完全破坏时，可用___________消解。

答案：硝酸—高氯酸

31. 纳氏试剂分光光度法测定水中氨氮的方法原理是：氨与纳氏试剂反应，生成____________色胶态化合物，此颜色在较宽的波长内具强烈吸收，通常在 410 ～ 425 nm 下进行测定。

答案：淡红棕

32. 纳氏试剂分光光度法测定水中氨氮时，纳氏试剂是用 KI、____________和____________试剂配制而成，且两者的比例对显色反应的灵敏度影响较大。

答案：$HgCl_2$（或 HgI_2）　KOH

33. 纳氏试剂分光光度法测定水中氨氮时，水样中如含余氯可加入适量____________去除，金属离子干扰可加入____________去除。

答案：$Na_2S_2O_3$　酒石酸钾钠

34. 纳氏试剂分光光度法测定环境空气和污染源废气中氨时，配制的纳氏试剂呈__________性。

答案：碱

35. 燃烧氧化－非分散红外吸收法测定水中总有机碳时，按测定总有机碳的方法原理可分为____________法和____________法。

答案：差减　直接

36. 燃烧氧化－非分散红外吸收法测定水中总有机碳时，由于采用燃烧法，因此能将有机物全部____________，它比 BOD_5 或 COD 更能直接表示有机物的总量，因此常常被用来评价水体中____________的程度。

答案：氧化　有机物污染

37.《水质　石油类和动植物油类的测定　红外分光光度法》（HJ 637—2018）规定，石油类指在 pH____________的条件下，能够被____________萃取且不被____________吸附的物质。

答案：≤2　四氯乙烯　硅酸镁

38. 水中的氨氮是指以____________和____________形式存在的氮。

答案：游离氨　离子铵

39. 酸性高锰酸钾氧化法测定某废水中总铬含量，吸取水样 25 ml，测得 OD = 0.360 9（吸光度），已知工作曲线上 OD = 0.258 0 时，对应浓度为 0.01 mg/ml 的铬标准溶液体积是 2 ml，则此水样的总铬含量为__________ mg/L。

答案：1.12

40. 一般常把____________nm 波长的光称为紫外光，用紫外分光光度法测定样品时，应选择____________材质的比色皿。

答案：200 ～ 400　石英

41. 应用分光光度法测定样品时，校正波长是为了检验波长刻度与实际波长的____________，并通过适当方法进行修正，以消除因波长刻度的误差引起的光度测定误差。

答案：符合程度

42. 应用分光光度法进行试样测定时，由于不同浓度下的测定误差不同，因此选择最适宜的测定浓度可减少测定误差。一般来说，透光度在____________或吸光值在____________时，测定误差相对较小。

答案：20% ～ 65%　0.2 ～ 0.7

43. 用纳氏试剂光度法测定氨氮时，水样浑浊并有颜色可采用絮凝沉淀过滤法预处理。若处理后，仍有颜色，则应采用____________预处理。

答案： 蒸馏

44. 在紫外可见分光光度计中，在可见光区使用的光源为____________灯，用的棱镜和比色皿的材质可以是____________；在紫外光区使用的光源为____________灯，用的棱镜和比色皿的材质必须是____________。

答案： 钨　玻璃或石英　氢或氘　石英

45. 重铬酸钾氧化－分光光度法测定土壤有机碳原理是，在加热条件下，土壤样品中的有机碳被过量重铬酸钾－硫酸溶液氧化，重铬酸钾中的六价铬（Cr^{6+}）被还原为三价铬（Cr^{3+}），其含量与样品中有机碳的含量成____________比，于____________nm 波长处测定吸光度，根据三价铬（Cr^{3+}）的含量计算有机碳含量。

答案： 正　585

46.《水质　石油类的测定　紫外分光光度法（试行）》（HJ 970—2018）的原理是：在 pH ≤ 2 的条件下，样品中的油类物质被____________萃取，萃取液经无水硫酸钠脱水后，再经硅酸镁吸附除去动植物油类等极性物质，于 225 nm 波长处测定吸光度，石油类含量与吸光度值符合朗伯－比尔定律。

答案： 正己烷

二、单选题

1. 用光度法测定氨氮时，如水样浑浊，可加入________试剂进行絮凝沉淀处理。（　　）

A．硫酸锌和盐酸　　B．硫酸锌和氢氧化钠

C．氯化锌和氢氧化钠　　D．氯化锌和硫酸

答案： B

2. 异烟酸－巴比妥酸光度法测定水中氰化物的原理是：在________条件下，水样中氰化物与氯胺 T 作用生成氯化氰，然后与异烟酸反应，经水解而生成戊烯二醛，最后再与巴比妥酸作用成紫蓝色化合物，于 600 nm 波长处测量吸光度。（　　）

A．弱碱性　　B．弱酸性　　C．中性　　D．酸性

答案： B

3. 活性炭吸附、铬天菁 S 光度法测定水中铍时，Na_2EDTA 被作为________使用。（　　）

A．氧化剂　　B．还原剂　　C．显色剂　　D．掩蔽剂

答案： D

4. 还原－偶氮分光光度法可测定水中________类化合物，测定结果以硝基苯表示。（　　）

A．一硝基苯和二硝基苯　　B．三硝基苯　　C．芳香族硝基苯

答案： A

5. 紫外法测定水质石油类项目时，若水样悬浮物较多，萃取剂与水相分层不清时，可加入少量________加速分层。（　　）

A．无水硫酸钠　　B．无水乙醇　　C．浓硫酸

答案：B

6. 根据《水质　总氮的测定　碱性过硫酸钾消解紫外分光光度法》（HJ 636—2012），碱性过硫酸钾溶液配制过程中，温度过高会导致过硫酸钾分解失效，因此要控制水浴温度在________以下，而且应待氢氧化钠溶液冷却至室温后，再将其与过硫酸钾溶液混合定容。（　　）

A．40℃　　B．50℃　　C．60℃　　D．70℃

答案：C

7. 根据《水质　阴离子表面活性剂的测定　亚甲蓝分光光度法》（GB/T 7494—1987），在试验条件下，每 10 mm 光程长空白试验的吸光度不应超过________，否则应仔细检查设备和试剂是否有污染。（　　）

A．0.01　　B．0.02　　C．0.03　　D．0.04

答案：B

8. 关于二苯碳酰二肼分光光度法测定六价铬，以下说法正确的是________。（　　）

A．贮存样品的容器应用铬酸洗液浸泡过夜

B．在酸性溶液中，六价铬和三价铬能与二苯碳酰二肼反应生成紫红色化合物

C．次氯酸钠对测定无干扰

D．水样采集后，加入 NaOH 调 pH 约为 8

答案：D

9. 用 Saltzman 法测定 NO_2 时的吸收光波长为________。（　　）

A．520 nm　　B．540 nm　　C．560 nm　　D．600 nm

答案：B

10. 便携式浊度计法测定水的浊度时，所用的便携式浊度计________用________度的标准溶液进行校准。（　　）

A．每月　10　　B．每季度　40　　C．半年　0　　D．每月　0

答案：A

11. 朗伯－比尔定律的物理意义是________。（　　）

A．一束平行单色光通过非散射的吸光物质溶液时，溶液的吸光度 A 与溶液浓度 c 和液层厚度 b 的乘积成正比

B．当一束平行单色光通过单一均匀的、非散射的吸光物质溶液时，溶液的吸光度与溶液浓度和液层厚度的乘积成正比

C．一束平行单色光通过非散射的吸光物质溶液时，溶液的吸光度 A 与溶液 c 和液层 b 的乘积成反比

D．$A=bc$

答案：B

12. 符合朗伯－比尔定律的有色溶液稀释后，最大吸收峰的波长位置________。（　　）

A．向长波方向移动　　B．向短波方向移动

C．不移动但峰值降低　　D．不移动但峰值增大

答案：C

13. 有甲、乙两份不同浓度的同一有色溶液，用同一波长的光测定。当甲液用 1cm 比色皿，乙液用 2cm 比色皿时，二者所获得的吸光度值相同，则二者浓度关系为________。(　　)

A．$C_{甲} = 1/2C_{乙}$　　B．$C_{乙} = 2\,C_{甲}$　　C．$C_{甲} = C_{乙}$　　D．$C_{乙} = 1/2C_{甲}$

答案：D

14. 氯代十六烷基吡啶光度法测定水中三硝基苯类化合物时，在 Na_2SO_3–CPC–DEAE 溶液中显色的适宜酸度为 pH________。(　　)

A．5 ～ 6.5　　B．6.5 ～ 9.5　　C．9.5 ～ 10　　D．>10

答案：B

15. 双波长分光光度计和单波长分光光度计的主要区别在于________。(　　)

A．光源个数　　B．检测器个数

C．吸收池个数　　D．使用的单色器个数

答案：D

16. 用乙酰丙酮分光光度法测定水中甲醛时，用浓硫酸固定后的清洁地表水样品，调节为________后再进行分析。(　　)

A．中性　　B．碱性　　C．酸性

答案：A

17. 3,5–Br_2–PADAP 分光光度法测定水中银时，银与 3,5–Br_2–PADAP 络合物的最大吸收波长为________nm，该波长也是测定波长。(　　)

A．576　　B．470　　C．540　　D．410

答案：A

18. 二苯碳酰二肼分光光度法测定水中六价铬时，加入磷酸的主要作用是________。(　　)

A．消除 Fe^{3+} 的干扰　　B．控制溶液的酸度

C．消除 Fe^{3+} 的干扰、控制溶液的酸度

答案：C

19. 在分光光度分析中，常出现工作曲线不过原点的情况，下列说法中不会引起这一现象的是________。(　　)

A．测量和参比溶液所使用吸收池不对称

B．参比溶液选择不当

C．显色反应的灵敏度太低

D．测量和参比溶液所用吸收池的材料不同

答案：C

20. 用光度法测定某水样中亚硝酸盐含量，取 4.00 ml 水样于 50 ml 比色管中，用水稀释至标线，加 1.0 ml 显色剂，测得 NO_2^-–N 含量为 0.010 mg，原水样中 NO_2^- 含量是________mg/L。(　　)

A．9.86　　B．8.21　　C．3.00　　D．2.50

答案：B

21. 碱性过硫酸钾消解紫外分光光度法测定水中总氮时，其中过硫酸钾的作用是________。(　　)

A．还原　　B．显色　　C．氧化　　D．消除干扰

答案：C

22. 用纳氏试剂光度法测定水中氨氮，水样中加入酒石酸钾钠的作用是________。(　　)

A．调节溶液的 pH　　B．消除金属离子的干扰

C．与纳氏试剂协同显色　　D．减少氨氮损失

答案：B

23. 测定水中挥发酚时，加缓冲液调 pH 为 10.0±0.2 的目的是消除________干扰。(　　)

A．油类　　B．甲醛类　　C．硫化物　　D．芳香胺类

E．苯胺

答案：E

24. 在绘制阴离子表面活性剂校准曲线时，应使用与样品________三氯甲烷、亚甲蓝和洗液。(　　)

A．同一批　　B．多批　　C．提纯的

答案：A

25. 根据《水质　石油类的测定　紫外分光光度法》(HJ 970—2018)，在测定中用不到的试剂为________。(　　)

A．硫酸　　B．硝酸　　C．正己烷　　D．无水硫酸钠

答案：B

26. 邻菲罗啉分光光度法测定水中高铁离子或总铁含量时，先用________将高铁离子还原成亚铁离子。(　　)

A．邻菲罗啉　　B．盐酸羟胺　　C．氯化钠　　D．硼氰化钾

答案：B

27. 朗伯－比尔定律 $A = kcL$ 中，与摩尔吸光系数 k 值无关的是________。(　　)

A．入射光的波长　　B．显色溶液温度

C．测定时的取样体积　　D．有色溶液的性质

答案：C

28. 用异烟酸－吡唑啉酮分光光度法对环境空气或污染源废气中氰化氢进行测定时，若试样中氧化剂存在的量很小，可向样品溶液中加入一定量的________溶液消除其干扰。(　　)

A．硫酸钠　　B．亚硫酸钠　　C．硫酸铵　　D．亚硫酸铵

答案：B

29. 用亚甲基蓝分光光度法测定环境空气或废气中硫化氢时，样品测定和绘制标准曲线时的温度差应不超过________℃。(　　)

A．1　　B．2　　C．3　　D．4

答案：B

30. 用甲基橙分光光度法测定环境空气或污染源废气中的氯气时，采样后的样品溶液转移到 100 ml 容量瓶中，放置________min 后，比色测定。(　　)

A．20　　B．30　　C．40　　D．50

答案：C

31. 根据《水质　总氮的测定　碱性过硫酸钾消解紫外分光光度法》（HJ 636—2012）测定水中总氮时，碳酸盐及碳酸氢盐对测定有影响，加入一定量的________可消除。(　　)

A. 盐酸　　　　B. 硫酸　　　　C. 氢氧化钾

答案：A

32. 根据《空气和废气监测分析方法》(第四版)，二苯碳酰二肼分光光度法测定环境空气中六价铬时，在________介质中，六价铬________二苯碳酰二肼形成可溶性的________化合物。(　　)

A. 中性　氧化　紫红色　　　　B. 酸性　氧化　紫红色

C. 碱性　络合　黄色　　　　D. 酸性　氧化　橘红色

答案：B

33. 根据《公共场所卫生检验方法　第 2 部分：化学污染物（8.2 氨纳氏试剂分光光度法）》（GB/T 18204.2—2014）测定空气中氨时，空气中的氨被吸收在________中。(　　)

A. 稀盐酸　　　　B. 稀硫酸　　　　C. 蒸馏水　　　　D. 饱和氯化钠溶液

答案：B

34. 根据《水质　总磷的测定　钼酸铵分光光度法》（GB/T 11893—1989）测定水中总磷时，以下描述正确的是________。(　　)

A. 含磷量较少的水样，要用塑料瓶采样

B. 水样中的有机物用过硫酸钾氧化不能完全破坏时，可用硝酸－高氯酸消解

C. 如果显色时室温低于 13℃，可在 20 ～ 30℃水浴上显色 30 min

D. 以上答案均正确

答案：B

35. 根据《环境空气　二氧化硫的测定　甲醛吸收－副玫瑰苯胺分光光度法》（HJ 482—2009）测定环境空气中二氧化硫时，如果样品溶液的吸光度超过标准曲线的上限，可用________稀释，在数分钟内再测定吸光度，但稀释倍数不要大于________。(　　)

A. 水　10　　　　B. 试剂空白液　6　　C. 吸收液　5　　　D. 吸收液　10

答案：B

36. 采用铂钴比色法测定水的色度时，测定结果以与水样色度最接近的标准溶液的色度表示，在 0 ～ 40 度范围内，准确到________度，40 ～ 70 度范围内，准确到________度。(　　)

A. 5　5　　　　B. 5　10　　　　C. 5　15　　　　D. 10　15

答案：B

37. 采用亚甲基蓝分光光度法测定水中硫化物时，如果水样中含有硫代硫酸盐或亚硫酸盐，会干扰测定，这时应采用________排除干扰。(　　)

A. 乙酸锌沉淀－过滤　　　　B. 酸化－吹气

C. 过滤－酸化－吹气分离

答案：C

38. 采用红外分光光度法分析油烟样品时，使用的红外分光仪要能在 3 400 ～________cm^{-1} 吸光度进行扫描，并配符合要求的比色皿。(　　)

A. 0　　　　B. 2 400　　　　C. 2 600　　　　D. 2 930

答案：B

39. 根据《水质　挥发酚的测定　4-氨基安替比林分光光度法》（HJ 503—2009），萃取分光光度法测定吸光度用三氯甲烷作参比，直接分光光度测定吸光度用________作参比。（　　）

A．二氯甲烷　　B．三氯甲烷　　C．纯水　　D．空白样品

答案：C

40. 采用二苯碳酰二肼分光光度法测定水中六价铬时，二苯碳酰二肼与铬的络合物在________处有最大吸收。（　　）

A．500 nm　　B．650 nm　　C．470 nm　　D．540 nm

答案：D

41. 朗伯－比尔定律 $A=kcL$ 中，摩尔吸光系数 K 值________表示该物质对某波长光的吸收能力越强，比色测定的灵敏度就越高。（　　）

A．越大　　B．越小　　C．大小一样

答案：A

42. 采用钼酸铵分光光度法测定水中总磷时，砷大于 2 mg/L 时干扰测定，用________去除。（　　）

A．亚硫酸钠　　B．硫代硫酸钠

C．通氮气　　D．硼氢化钠

答案：B

43. 环境空气质量监测中，用碱片－铬酸钡分光光度法测定硫酸盐化速率时，滤膜上要均匀滴加________溶液，不得出现空白。（　　）

A．氯化钾　　B．氯化钠　　C．碳酸钠　　D．碳酸钾

答案：D

44. 采用非分散红外法测定水中油类物质，当油品中含________多时会产生较大误差。（　　）

A．烷烃　　B．环烷烃　　C．芳香烃　　D．氯化物

答案：C

45. 利用分光光度法测定样品时，下列因素中________不是产生偏离朗伯－比尔定律的主要原因。（　　）

A．所用试剂的纯度不够的影响　　B．非吸收光的影响

C．非单色光的影响　　D．被测组分发生解离、缔合等化学因素

答案：A

46. 根据《水质　氰化物的测定　容量法和分光光度法》（HJ 484—2009），水中络合氰化物不包括________。（　　）

A．锌氰络合物　　B．铁氰络合物　　C．镍氰络合物　　D．钴氰络合物

答案：D

47. 采用亚甲蓝分光光度法测定水中阴离子表面活性剂，亚甲蓝与水中阴离子表面活性剂作用生成蓝色的盐类，统称亚甲蓝活性物质，该生成物可被________萃取，其色度与浓度成正比。（　　）

A．三氯甲烷　　B．二氯甲烷　　C．石油醚　　D．正己烷

答案：A

48. 在紫外吸收光谱曲线中，能用来定性的参数是________。（　　）

A．最大吸收峰的吸光度　　B．最大吸收峰的波长

C．最大吸收峰处的摩尔吸收系数　　D．最大吸收峰的波长和其摩尔吸收系数

答案：D

49. 根据《水质　甲醛的测定　乙酰丙酮分光光度法》（HJ 601—2011）测定水样中的甲醛时，加入显色剂后比色前应于（60±2）℃，水浴加热________min。（　　）

A．5　　B．10　　C．15　　D．30

答案：C

50. 用萘乙二胺分光光度法测定海水中亚硝酸盐，若样品中含有大量的硫化氢则会干扰测定，此时可加入________后再用氮气驱除硫化氢。（　　）

A．盐酸萘乙二胺　　B．磺胺　　C．盐酸　　D．氯化铵

答案：B

51. 用萘乙二胺分光光度法测定海水样品时，亚硝酸盐与磺胺进行重氮化反应后，其产物再与盐酸萘乙二胺耦合生成________色偶氮颜料。（　　）

A．蓝　　B．紫　　C．绿　　D．红

答案：D

52. 用甲醛－盐酸副玫瑰苯胺分光光度法测定环境空气或废气中二氧化硫时，加入氨磺酸钠和磷酸及环己二胺四乙酸二钠盐可消除或减少某些干扰物的干扰。其中加入氨磺酸钠可消除________的干扰。（　　）

A．某些金属离子　　B．臭氧　　C．氮氧化物　　D．硫化氢

答案：C

53. 一般常把________nm 波长的光称为紫外光。（　　）

A．200～800　　B．200～400　　C．100～600

答案：B

54. 快速密闭催化消解法测定水中化学需氧量时，对于化学需氧量含量在 10 mg/L 左右的样品，一般相对偏差可保持在________% 左右。（　　）

A．5　　B．10　　C．15　　D．20

答案：B

55. 用碱性过硫酸钾消解紫外分光光度法测定水中总氮时，配制 1 000 ml 硝酸钾贮备液时加入________，贮备液至少可稳定 6 个月。（　　）

A．三氯甲烷　　B．乙醇　　C．丙酮

答案：A

56. 浊度的单位是________。（　　）

A．mg/L　　B．NTU　　C．S/cm　　D．TB

答案：B

57. 用二苯碳酰二肼分光光度法测定水中总铬时，加入尿素的目的是________。(　　)

A. 将 Cr^{3+} 氧化成 Cr（Ⅵ）　　B. 还原过量的高锰酸钾

C. 分解过量的亚硝酸钠

答案：C

58. 海水氨测定中，靛酚蓝分光光度法重现性________，空白值________，有机氮化物不被测定，但反应慢，灵敏度略低。而次溴酸盐氧化法氧化率较高，快速、简便、灵敏，但部分氨基酸也被测定。(　　)

A. 好　高　　B. 好　低　　C. 不好　高　　D. 不好　低

答案：B

59. 钼酸铵分光光度法测定水中总磷时，硫化物大于 2 mg/L 时干扰测定，用________去除。(　　)

A. 亚硫酸钠　　B. 硫代硫酸钠　　C. 通氮气　　D. 硼氢化钠

答案：C

60.《水质　总氮的测定　碱性过硫酸钾消解紫外分光光度法》（HJ 636—2012）测定水中总氮时，需要分别在________nm 和________nm 波长处测定溶液的吸光度。(　　)

A. 200　400　　B. 220　275　　C. 270　375　　D. 420　750

答案：B

61.《土壤　阳离子交换量的测定　三氯化六氨合钴浸提－分光光度法》（HJ 889—2017）规定，制备好的试样应在________内完成分析。(　　)

A. 12 h　　B. 24 h　　C. 2 天　　D. 7 天

答案：B

62. 根据《空气质量　苯胺类的测定　盐酸萘乙二胺分光光度法》（GB/T 15502—1995）测定工业废气和环境空气中苯胺类化合物时，该方法为________，一定浓度的氨、氮氧化物、甲苯胺、对甲苯胺、二甲苯胺等对比色________干扰，对________浓度的苯胺干扰明显。(　　)

A. 非特异反应　有　低　　B. 特异反应　有　高

C. 非特异反应　无　高　　D. 特异反应　无　低

答案：A

63.《土壤　氰化物和总氰化物的测定　分光光度法》（HJ 745—2015）中的异烟酸－巴比妥酸分光光度法的比色波长是________ nm，异烟酸－吡唑啉酮分光光度法的比色波长是________nm。(　　)

A. 538　500　　B. 638　600　　C. 500　538　　D. 600　638

答案：D

64. 根据《水质　总有机碳的测定　燃烧氧化－非分散红外吸收法》（HJ 501—2009）测定水中总有机碳时，有机碳的标准贮备液是用________配制而成，燃烧氧化－非分散红外吸收法测定水中总有机碳时，无机碳的标准贮备液是用________ 配制而成。(　　)

A. 邻苯二甲酸氢钾　无水硫酸钠　　B. 邻苯二甲酸二氢钾　无水硫酸钠

C. 邻苯二甲酸氢钾　无水碳酸钠　　D. 邻苯二甲酸二氢钾　无水碳酸钠

答案：C

65.《水质 挥发酚的测定 4-氨基安替比林分光光度法》(HJ 503—2009)，萃取分光光度法所得试样在________nm 波长测定，直接分光度法所得试样在________nm 波长测定。(　　)

A. 420　510　　B. 440　520　　C. 460　520　　D. 460　510

答案：D

66. 根据《水质 氨氮的测定 纳氏试剂分光光度法》(HJ 535—2009)测定水中氨氮，要求试剂空白的吸光度应不超过________(10 mm 比色皿)。(　　)

A. 0.010　　B. 0.020　　C. 0.030　　D. 0.040

答案：C

67. 根据《水质 总氮的测定 碱性过硫酸钾消解紫外分光光度法》(HJ 636—2012)的要求，氢氧化钠和过硫酸钾的含氮量应分别小于________和________。(　　)

A. 0.0001%　0.0001%　　B. 0.0005%　0.0005%

C. 0.001%　0.001%　　D. 0.005%　0.005%

答案：B

68. 根据《水质 亚硝酸盐氮的测定 分光光度法》(GB/T 7493—1987)测定水中亚硝酸盐氮，水样应用玻璃瓶或塑料瓶采集，采集后要尽快分析，不要超过________h，如需短期保存，可以在每升水中加入 40 mg________并于 2 ～ 5℃保存。(　　)

A. 12　氯化汞　　B. 24　氯化汞

C. 12　重铬酸钾　　D. 24　重铬酸钾

答案：B

69.《水质 硫化物的测定 亚甲基蓝分光光度法》(GB/T 16489—1996)中的硫化钠标准使用液在室温下可稳定保存________。(　　)

A. 一周　　B. 一个月　　C. 三个月　　D. 半年

答案：D

70. 用二苯碳酰二肼分光光度法测定水中六价铬，当取样体积为 50 ml，且使用 30 mm 比色皿时，方法的最低检出限为________mg/L。(　　)

A. 0.001　　B. 0.002　　C. 0.003　　D. 0.004

答案：D

71. 根据《水质 苯胺类化合物的测定 *N*-(1-萘基)乙二胺偶氮分光光度法》(GB/T 11889—1989)测定水中苯胺类时，苯酚含量高于________mg/L 时，对方法有正干扰。(　　)

A. 50　　B. 100　　C. 150　　D. 200

答案：D

72. 根据《水质 阴离子表面活性剂的测定 亚甲蓝分光光度法》(GB/T 7494—1987)测定阴离子表面活性剂的水样，如保存期为 8 天，需用________水样。(　　)

A. 1% 的甲醛饱和溶液　　B. 1% 的 40% 的甲醛溶液

C. 氯仿饱和　　D. 氢氧化钠饱和液

答案：C

73. 根据《水质 丁基黄原酸的测定 紫外分光光度法》(HJ 756—2015)测定水中丁基黄原

酸，每批样品应做 10% 的加标样品，加标回收率应控制在________。(　　)

A．70% ～ 130%　　B．80% ～ 110%　　C．80% ～ 120%　　D．90% ～ 110%

答案：B

74. 镉柱还原法测定海水中硝酸盐时，样品流经镉柱进行还原过程中，流速应保持每分钟________ml。(　　)

A．6 ～ 8　　B．1 ～ 3　　C．10 ～ 15　　D．15 ～ 20

答案：A

75. 分光光度计波长准确度是指单色光最大强度的波长值与波长指示值________。(　　)

A．之和　　B．之差　　C．乘积

答案：B

76. 分光光度计吸光度的准确性是反映仪器性能的重要指标，一般常用________标准溶液进行吸光度校正。(　　)

A．碱性重铬酸钾　　B．酸性重铬酸钾　　C．高锰酸钾

答案：A

77. 用钼酸铵分光光度法测定水中总磷时，所有玻璃器皿均应用________浸泡。(　　)

A．稀硫酸或稀铬酸　　B．稀盐酸或稀硝酸　　C．稀硝酸或稀硫酸　　D．稀盐酸或稀铬酸

答案：B

78. 一般分光光度计吸光度的读数最多有________位有效数字。(　　)

A．3　　B．4　　C．2

答案：A

79. 气相分子吸收光谱仪器工作时需要用载气，以下不可用的是________。(　　)

A．氮气　　B．氩气　　C．洁净空气　　D．笑气

答案：D

80. 气相分子吸收光谱法中，会导致测定结果偏高的是________。(　　)

A．用砂芯进行气液分离时，砂芯脱落　　B．干燥剂吸水达到饱和

C．气液分离装置漏气　　D．光源可用，但寿命将至

答案：B

三、多选题

1.《水质　硫化物的测定　亚甲基蓝分光光度法》(GB/T 16489—1996) 硫化物指水中溶解性无机硫化物和酸溶性金属硫化物，包括溶解性的________，以及存在于悬浮物中的可溶性硫化物和酸可溶性金属硫化物。(　　)

A．HS^-　　B．H_2S　　C．S^{2-}

答案：ABC

2.《水质　总磷的测定　钼酸铵分光光度法》(GB/T 11893—1989) 中，总磷包括________。(　　)

A．溶解的磷　　B．颗粒的磷　　C．有机磷　　D．无机磷

答案：ABCD

3. 根据《水质　挥发酚的测定　流动注射 -4- 氨基安替比林分光光度法》（HJ 825—2017），下列表述正确的是________。(　　)

A. 适用于地表水、地下水、生活污水和工业废水中挥发酚的测定

B. 在酸性条件下，样品通过 160℃ ±2℃在线蒸馏释放出酚。被蒸馏出的酚类化合物，于弱酸性介质中，在铁氰化钾存在下，与 4- 氨基安替比林染料于 500 nm 波长处测定吸光度

C. 方法的主要干扰物为氧化剂、油类、硫化物、有机或无机还原性物质和苯胺类

D. 每批样品须至少测定 2 个实验室空白，空白值不得超过方法检出限，否则应查明原因，重新分析直至合格之后才能测定样品

答案：ACD

4. 根据《固定污染源排气中光气的测定　苯胺紫外分光光度法》（HJ/T 31—1999）进行测定时，含光气的气体先经装有硫代硫酸钠和无水碳酸钠的双联玻璃球，以除去________等干扰气，而后被苯胺溶液吸收。(　　)

A. 氯　　B. 二氧化氮　　C. 氨　　D. 氢

答案：ABC

5. 硼酸碘化钾分光光度法测定环境空气中臭氧时，空气通过吸收管前的三氧化铬氧化管，可除去________等还原性干扰气体。(　　)

A. 二氧化硅　　B. 二氧化硫　　C. 硫化氢　　D. 硫化钠

答案：BC

6.《水质　石油类的测定　紫外分光光度法》（HJ 970—2018）适用于________中石油类的测定。(　　)

A. 工业废水　　B. 生活污水　　C. 地表水　　D. 地下水

E. 海水

答案：CDE

7. 分光光度分析中酸度对显色的影响有________。

A. 对显色剂本身的影响　　B. 对溶液中各元素存在状态的影响

C. 对显色反应的影响　　D. 对比色皿的影响

答案：ABC

8. 根据《水质　总氮的测定　碱性过硫酸钾消解紫外分光光度法》（HJ 636—2012）测定水中总氮时，________是主要干扰物。(　　)

A. 六价铬　　B. 三价铁

C. 碘离子和溴离子　　D. 碳酸盐及碳酸氢盐

答案：ABCD

9. 光度法测定水中六价铬时，________会对测定结果有干扰。(　　)

A. 水样的色度　　B. 水样的浊度和悬浮物

C. 重金属离子　　D. 无机、有机还原性物质

答案：ABCD

10. 采用二乙基二硫代氨基甲酸银分光光度法测定水中砷时，锑的含量大于 0.1 mg/L 时干扰测定，需加入________抑制锑盐的干扰。(　　)

A．硫酸　　B．锌粒　　C．氯化亚锡　　D．碘化钾

答案：CD

11. 为了提高比色分析的灵敏度，可以________。(　　)

A．增加显色溶液浓度　　B．增加比色皿的长度

C．使用最大吸收波长　　D．使用摩尔吸光系数大的显色剂

答案：BCD

12. 分光光度计的校正应包括________。(　　)

A．吸光度校正　　B．波长校正　　C．杂散光校正　　D．比色皿校正

答案：ABCD

13. 铬酸钡分光光度法测定水中硫酸盐的方法，不适用于测定________水样。(　　)

A．硫酸盐含量较低的地表水和地下水　　B．咸水

C．硫酸盐含量较高的生活污水　　D．硫酸盐含量较高的工业废水

答案：BCD

14. 采用分光光度法测定样品时，下列因素中________是产生偏离朗伯－比尔定律的主要原因。(　　)

A．所用试剂的纯度不够的影响　　B．非吸收光的影响

C．非单色光的影响　　D．被测组分发生解离、缔合等化学因素

答案：BCD

15. 分光光度法校准曲线的斜率通常随________等实验条件的改变而变动。(　　)

A．环境温度　　B．试剂批号

C．试剂的储存时间　　D．标准溶液浓度

答案：ABC

16. 用非分散红外法测定环境空气和固定污染源排气中一氧化碳气体时，为了保证测量数据的准确，应注意事项有________。(　　)

A．仪器必须充分预热，在确认稳定后再进行样品的分析

B．在空气样品进入分析室前应对样品进行干燥处理

C．仪器用高纯氮气调零

D．用加热至 90 ～ 100℃的霍加拉特管净化后的空气调零

答案：ABCD

四、判断题

1. 根据《公共场所空气中甲醛测定方法》（GB/T 18204.26—2000）（酚试剂分光光度法）测定空气中甲醛，灵敏度略低，但选择性较好；《空气质量　甲醛的测定　乙酰丙酮分光光度法》（GB/T 15516—1995）灵敏度高，但选择性较差，适用于环境空气和工业废气中甲醛的测定。(　　)

答案：错误

正确答案：酚试剂分光光度法灵敏度高，选择性较差；乙酰丙酮分光光度法灵敏度略低，但选择性较好，适用于环境空气和工业废气中甲醛的测定。

2. 根据《空气质量 甲醛测定 乙酰丙酮分光光度法》（GB/T 15516—1995）测定空气中甲醛时，除非另有说明，分析时均使用符合国家标准的分析纯试剂和不含有机物的蒸馏水。（ ）

答案：正确

3. 根据《水质 氨氮的测定 纳氏试剂分光光度法》（HJ 535—2009），若样品中存在余氯，可加入适量的硫代硫酸钠溶液去除。若水样浑浊或者有颜色时可用预蒸馏法或絮凝沉淀法去除。（ ）

答案：正确

4.《水质 甲醛的测定 乙酰丙酮分光光度法》（HJ 601—2011）适用于测定地表水和印染废水中甲醛。（ ）

答案：错误

正确答案：适用于测定地表水、地下水和工业废水中甲醛的测定，不适用于印染废水。

5. 根据《水质 六价铬的测定 二苯碳酰二肼分光光度法》（GB/T 7467—1987），如样品有色但不太深时可采用锌盐沉淀分离法进行预处理，对浑浊，色度较深的样品可用色度校正进行前处理。（ ）

答案：错误

正确答案：根据《水质 六价铬的测定 二苯碳酰二肼分光光度法》（GB/T 7467—1987），如样品有色但不太深时可采用色度校正进行预处理，对浑浊，色度较深的样品可用锌盐沉淀分离法进行前处理。

6.《水质 氰化物的测定 容量法和分光光度法》（HJ 484—2009）中规定的总氰化物是指在 pH<2 的介质中，磷酸和 EDTA 存在下，加热蒸馏，形成氰化氢的氰化物，包括全部简单氰化物和绝大部分络合氰化物，但不包括钴氰络合物。（ ）

答案：正确

7.《水质 石油类的测定 紫外分光光度法（试行）》（HJ 970—2018）采用四氯乙烯萃取样品中的油类物质。（ ）

答案：错误

正确答案：采用正己烷萃取样品中的油类物质。

8.《水质 石油类和动植物油类的测定 红外分光光度法》（HJ 637—2018）中所指的动植物油是在 pH ≤ 2 的条件下，能够被四氯乙烯萃取且不被硅酸镁吸附的物质。（ ）

答案：错误

正确答案：在 pH ≤ 2 的条件下能够被四氯乙烯萃取且被硅酸镁吸附的物质。

9.《水质 石油类和动植物油类的测定 红外分光光度法》（HJ 637—2018）不适用于地表水和地下水中的石油类和动植物油类的测定。（ ）

答案：正确

10.《水质 游离氯和总氯的测定 *N,N*-二乙基-1,4-苯二胺分光光度法》（HJ 586—2010）适用于地表水、工业废水、医疗废水、生活污水、中水和污水再生的景观用水的游离氯和总氯的测

定，但不适用于测定较浑浊或色度较高的水样。(　　)

答案：正确

11.《水质　总氮的测定　流动注射盐酸萘乙二胺分光光度法》（HJ 668—2013）试剂质量会影响空白值，当空白值超出检出限，校准曲线低浓度点（0.15 mg/L）检测值大于 5% 控制限时，需对过硫酸钾进行提纯。(　　)

答案：错误

正确答案：《水质　总氮的测定　流动注射盐酸萘乙二胺分光光度法》（HJ 668—2013）试剂质量会影响空白值，当空白值超出检出限，校准曲线低浓度点（0.15 mg/L）检测值大于 10% 控制限时，需对过硫酸钾进行提纯。

12.《土壤　阳离子交换量的测定　三氯化六氨合钴浸提－分光光度法》（HJ 889—2017）中测定的是有效态的阳离子交换量。(　　)

答案：正确

13. 用 *N*,*N*- 二乙基 -1,4 苯二胺分光光度法测定水中游离氯和总氯时，如果水样浑浊或有色，不可过滤或脱色，以免游离氯损失。(　　)

答案：正确

14. 用 *N*-1- 萘基－乙二胺光度法测定亚硝酸盐氮时，实验用水均为无亚硝酸盐的二次蒸馏水。(　　)

答案：正确

15. 采用萃取分光光度法测定地表水中挥发酚，当样品中挥发酚的浓度超过测定上限时，可改用直接分光光度法。(　　)

答案：正确

16. 测定六价铬时，含量低于 0.1 mg/L，结果以三位小数表示；六价铬含量高于 0.1 mg/L，结果以三位有效数字表示。(　　)

答案：正确

17. 测定石油类和动植物油时，萃取液用硅酸镁吸附后，去除的是动植物油等非极性物质。(　　)

答案：错误

正确答案：去除的是动植物油等极性物质。

18. 测定水中氨氮，先用纳氏试剂预判，滴入纳氏试剂后，先出现黄色浑浊再变为无色，说明水样中氨氮的浓度很低。(　　)

答案：错误

正确答案：测定水中氨氮，先用纳氏试剂预判，滴入纳氏试剂后，先出现黄色浑浊再变为无色，说明水样中氨氮的浓度很高。

19. 催化比色法测定水中碘化物时，用于终止反应的硫酸亚铁铵溶液要在使用当天配制，并需要标定其浓度。(　　)

答案：错误

正确答案：硫酸亚铁铵溶液浓度无须标定。

20. 二苯碳酰二肼分光光度法测定水中六价铬时，加入磷酸的作用是消除钒的干扰。(　　)

答案： 错误

正确答案： 加入磷酸的作用是消除 Fe^{3+} 的干扰、控制溶液的酸度。

21. 二苯碳酰二肼分光光度法测定水中六价铬时，六价铬将显色剂二苯碳酰二肼氧化成苯肼羟基偶氮苯，而本身被还原为三价铬。(　　)

答案： 正确

22. 分光光度法测定水中亚硝酸盐氮，通常是基于重氮偶联反应，生成红色染料。(　　)

答案： 正确

23. 分光光度法测定浊度，不同浊度范围读数精度一样。(　　)

答案： 正确

24. 分光光度法主要应用于测定样品中的常量组分含量。(　　)

答案： 错误

正确答案： 分光光度法主要应用于测定样品中的微量组分。

25. 分光光度计的透光率 T 随比色皿加厚而减小。(　　)

答案： 正确

26. 分光光度计可根据使用的波长范围、光路的构造、单色器的结构、扫描的机构分为不同类型的光度计。(　　)

答案： 正确

27. 氟试剂分光光度法测定水中氟化物，绘制标准曲线以水为参比。(　　)

答案： 正确

28. 改变吸收光程长度不会对朗伯－比尔定律产生偏差。(　　)

答案： 正确

29. 铬酸钡分光光度法测定水中硫酸盐时，水样中加入铬酸钡悬浮液后，经煮沸、稍冷后，向其中逐滴加入（1+1）氨水至呈柠檬黄色，过滤后进行测定。(　　)

答案： 错误

正确答案： 逐滴加入（1+1）氨水至呈柠檬黄色后，应再多加 2 滴。

30. 根据《水质　单质磷的测定　磷钼蓝分光光度法（暂行）》（HJ 593—2010）测定水中的单质磷时，单质磷大于 0.05 mg/L 的样品，采用直接比色法。(　　)

答案： 正确

31. 根据《水质　挥发酚的测定 4－氨基安替比林分光光度法》（HJ 503—2009），地表水、地下水和饮用水宜用萃取分光光度法测定，工业废水和生活污水宜用直接分光光度法测定。(　　)

答案： 正确

32. 根据《水质　六价铬的测定　二苯碳酰二肼分光光度法》（GB/T 7467—1987），六价铬与二苯碳酰二肼反应时，显色酸度一般控制在 0.05 ～ 0.3 mol/L（$1/2H_2SO_4$）。显色酸度高时，显色快，但色泽不稳定。(　　)

答案： 正确

33. 根据《水质　六价铬的测定　二苯碳酰二肼分光光度法》（GB/T 7467—1987），六价铬与

二苯碳酰二肼生成的有色络合物，该络合物的稳定时间与六价铬的浓度无关。(　　)

答案： 错误

正确答案： 稳定时间与六价铬的浓度有关，六价铬浓度低，显色后稳定时间短。

34. 根据《水质　石油类和动植物油的测定　红外分光光度法》(HJ 637—2018)，样品的萃取溶剂是四氯化碳。(　　)

答案： 错误

正确答案： 样品的萃取溶剂是四氯乙烯。

35. 根据《水质　总氮的测定　连续流动－盐酸萘乙二胺分光光度法》(HJ 667—2013)，当水样化学需氧量超过 400 mg/L 时，会使测定结果偏高。(　　)

答案： 错误

正确答案： 当水样化学需氧量超过 400 mg/L 时，会使测定结果偏低。

36. 根据《水质　总氮的测定　流动注射－盐酸萘乙二胺分光光度法》(HJ 668—2013)，每分析 10 个样品需用一个校准曲线的中间浓度溶液进行校准核查，其测定结果的相对偏差应≤ 10%，否则应重新绘制校准曲线。(　　)

答案： 错误

正确答案： 其测定结果的相对偏差应≤ 5%，否则应重新绘制校准曲线。

37. 根据《水质　总磷的测定　钼酸铵分光光度法》(GB/T 11893—1989) 测定水中总磷，如显色时室温低于 13℃，可在 20 ～ 30℃水浴上显色 30 min。(　　)

答案： 错误

正确答案： 应在 20 ～ 30℃水浴上显色 15 min。

38. 根据《水质　总磷的测定　钼酸铵分光光度法》(GB/T 11893—1989) 测定水中总磷时，如试样浑浊或有色度，需配制一个空白试样（消解后用水稀释至标线），然后向试样中加入 3 ml 浊度－色度补偿溶液，还需加入抗坏血酸和钼酸盐溶液，然后做吸光度扣除。(　　)

答案： 错误

正确答案： 如试样浑浊或有色度，需配制一个空白试样（消解后用水稀释至标线），然后向试样中加入 3 ml 浊度－色度补偿溶液，但不加抗坏血酸和钼酸盐溶液，然后做吸光度扣除。

39. 根据《水质　总磷的测定　钼酸铵分光光度法》(GB/T 11893—1989) 测定水中总磷时，所有玻璃器皿均应用稀硝酸或稀硫酸浸泡。(　　)

答案： 错误

正确答案： 所有玻璃器皿均应用稀硝酸或稀盐酸浸泡。

40. 根据《土壤　有机碳的测定　重铬酸钾氧化－分光光度法》(HJ 615—2011) 土壤中的氯离子会导致土壤有机碳的测定结果偏低，通过加入适量硫酸汞消除干扰。(　　)

答案： 错误

正确答案： 土壤中的氯离子会导致土壤有机碳的测定结果偏高。

41. 红外光谱仪的样品池是放在光源和单色器之间，而紫外－可见分光光度计是放在单色器之后。(　　)

答案： 正确

42. 用甲基橙分光光度法测定环境空气或污染源废气中的氯气，甲基橙吸收液颜色有明显褪色时，即可停止采样；若吸收液不褪色，采样时间选择 30 min。(　　)

答案：错误

正确答案：若吸收液不褪色，采样时间选择大于 50 min。

43. 甲醛缓冲溶液吸收－盐酸副玫瑰苯胺分光光度法测环境空气中二氧化硫时加入氨磺酸钠的作用是消除氮氧化物的影响。(　　)

答案：正确

44. 甲醛肟分光光度法测定水中锰时，含有悬浮二氧化锰和有机锰的水样需进行预处理。(　　)

答案：正确

45. 甲醛－盐酸副玫瑰苯胺分光光度法测定环境空气或废气中二氧化硫，显色操作时，应将样品溶液、氨磺酸钠及氢氧化钠的吸收液迅速加入盐酸副玫瑰苯胺使用液中，即"倒加"顺序。(　　)

答案：正确

46. 碱性过硫酸钾消解紫外分光光度法测定水中总氮时，在 110 ～ 115℃的碱性介质条件下，用过硫酸钾作氧化剂，不仅可将水中氨氮、亚硝酸盐氮氧化为硝酸盐，同时也将水样中大部分有机氮化合物氧化为硝酸盐。(　　)

答案：错误

正确答案：在 120 ～ 124℃的碱性介质条件下。

47. 连续流动分析法（CFA）和流动注射法（FIA）在环境监测中已有广泛的应用，对污染源样品，更适合用流动注射法（FIA）分析。(　　)

答案：错误

正确答案：对于污染源样品，CFA 法更适合。

48. 流动注射在线分离体系的分类中常以其传质界面类型为主要依据，即液－液、液－气、液－固界面。(　　)

答案：正确

49. 氯代十六烷基吡啶光度法测定硝基苯类化合物时，加入氯代十六烷基吡啶溶液后，如果产生乳浊液，就不能用本方法进行测定。(　　)

答案：正确

50. 钼酸铵分光光度法测定水中总磷，配制钼酸铵溶液时，应注意将硫酸溶液徐徐加入钼酸铵溶液中，如操作相反，则可导致显色不充分。(　　)

答案：错误

正确答案：将钼酸铵溶液徐徐加入 300 ml（1+1）硫酸溶液中。

51. 纳氏试剂分光光度法测定水中氨氮时，配制纳氏试剂时，在搅拌下，将二氯化汞溶液滴加到碘化钾溶液中，直至将配制好的二氯化汞溶液加完为止。(　　)

答案：错误

正确答案：将二氯化汞粉末分多次加入碘化钾溶液中，直到溶液呈深黄色或出现淡红色沉淀溶解缓慢时，充分搅拌混合，并改为滴加二氯化汞饱和溶液，当出现少量朱红色沉淀不再溶解时，停止滴加。

52. 纳氏试剂分光光度法测定环境空气、污染源废气中氨时，酒石酸钾钠是掩蔽剂，用以消除硫化物和金属离子的干扰。(　　)

答案：错误

正确答案：用以消除三价铁等金属离子的干扰。

53. 气体滤波相关红外吸收法一氧化碳分析仪是利用 CO 对波长为 4.6 μm 的红外辐射有吸收的特性而设计的。(　　)

答案：正确

54. 气相分子吸收光谱法测定会受到水汽的影响，因此必须预先除去；干燥剂可选用变色硅胶或高氯酸镁。(　　)

答案：错误

正确答案：不宜使用变色硅胶，因为其会吸收氮氧化合物气体及硫化氢。

55. 燃烧氧化－非分散红外吸收法测定水中总有机碳时，无机碳的标准贮备液是由无水碳酸钠和碳酸氢钠配制而成。(　　)

答案：正确

56. 水杨酸分光光度法测定水中铵时，酸度和碱度过高都会干扰显色化合物的形成。(　　)

答案：正确

57. 亚甲基蓝分光光度法测定水中阴离子表面活性剂，在绘制标准曲线时，应使用与样品测定同一厂家的三氯甲烷和亚甲蓝溶液。(　　)

答案：错误

正确答案：应使用与样品测定同一批次的三氯甲烷和亚甲蓝溶液。

58. 乙酰丙酮分光光度法测定空气中甲醛时，配制好的乙酰丙酮溶液在常温下保存，可稳定一个月。(　　)

答案：错误

正确答案：配制好的乙酰丙酮溶液在 2 ～ 5℃贮存，可稳定一个月。

59. 应用分光光度法进行样品测定时，摩尔吸光系数随比色皿厚度的变化而变化。(　　)

答案：错误

正确答案：摩尔吸光系数与比色皿厚度无关。

60. 应用分光光度法进行样品测定时，同一组比色皿之间的差值应小于测定误差。(　　)

答案：错误

正确答案：测定同一溶液时，同组比色皿之间吸光度相差应小于 0.005，否则需进行校正。

61. 用姜黄素分光光度法测定水中硼时，应严格控制显色条件，姜黄素与硼结合形成玫瑰花青苷，需要在无水条件下进行，有水残存会使络合物颜色强度增加。(　　)

答案：错误

正确答案：有水残存会使络合物颜色强度降低。

62. 用纳氏试剂光度法测定氨氮，当水样的浓度超过测定上限时，可适量少取水样，重新显色。(　　)

答案：正确

63. 用于 NH_3-N 测定的是盐酸萘乙二胺分光光度法。（　　）

答案：错误

正确答案：用于 NH_3-N 测定的是纳氏试剂分光光度法。

64. 用紫外分光光度法测定样品时，比色皿可选择玻璃材质的。（　　）

答案：错误

正确答案：比色皿不可选择玻璃材质的。

65. 在可见光区，除某些物质对光有吸收外，很多物质本身并没有吸收，但可在一定条件下加入显色试剂或经过处理使其显色后再测定，故又称比色分析。（　　）

答案：正确

66. 在使用分光光度计时，显色时影响呈色深浅的因素较多，且常使用单色光纯度较差的仪器，故测定时应用标准品或对照品同时操作。（　　）

答案：正确

67. 根据《水质　石油类的测定　紫外分光光度法（试行）》（HJ 970—2018），用紫外分光光度法测定地表水中石油类时，空白试样测定值应低于方法检出限。（　　）

答案：错误

正确答案：空白试样测定值应低于方法测定下限。

68. 气相分子吸收光谱法测硫化物是在 5% ～ 10% 磷酸介质中将硫化物瞬间转变成 SO_2，用空气将该气体载入气相分子吸收光谱仪的吸光管中，在 202.6 nm 波长处测得的吸光度与硫化物的浓度遵守比尔定律。（　　）

答案：错误

正确答案：气相分子吸收光谱法测硫化物是在 5% ～ 10% 磷酸介质中将硫化物瞬间转变成 H_2S，用空气将该气体载入气相分子吸收光谱仪的吸光管中，在 202.6 nm 波长处测得的吸光度与硫化物的浓度遵守比尔定律。

五、简答题

1. 甲醛吸收－副玫瑰苯胺分光光度法测定 SO_2 的方法原理是什么？与四氯汞盐－盐酸副玫瑰苯胺比色法相比较有何特点？

答案：方法原理：二氧化硫被甲醛缓冲溶液吸收后，生成稳定的羟甲基磺酸加成化合物。在样品溶液中加入氢氧化钠使加成化合物分解，释放出二氧化硫与副玫瑰苯胺、甲醛作用，生成紫红色化合物，用分光光度计在 577 nm 处进行测定。

甲醛吸收 - 副玫瑰苯胺分光光度法的特点：用甲醛缓冲液吸收 - 副玫瑰苯胺分光光度法测定 SO_2，其优点是避免使用毒性大的四氯汞钾吸收液。该方法在灵敏度、准确度诸方面均可与四氯汞钾吸收液法相媲美，样品采集后相对稳定，但操作条件要求较严格。

2. 简述甲醛吸收－副玫瑰苯胺分光光度法测定 SO_2 的注意事项。

答案：（1）副玫瑰苯胺试剂不纯，会使空白值增高。故使用前应首先进行空白检验，必要时将副玫瑰苯胺提纯。

（2）显色的温度和时间等影响显色反应，标准溶液与样品溶液操作条件保持一致性。

（3）氮氧化物、臭氧及某些金属元素对测定有干扰。加入氨基磺酸钠可消除氮氧化物干扰；采样后放置 20 min，臭氧可自行分解；加入磷酸和环己二胺四乙酸二钠盐（CDTA-2Na）可消除或减少某些金属元素的干扰。

（4）在给定条件下校准曲线斜率应为 0.042±0.004，试剂空白吸光度在显色规定条件下波动范围不超过 ±15%。

3. 简述流动注射分析原理和连续流动分析原理的异同。

答案：相同点是在封闭的管路中，一定体积的试样注入连续流动的载液中按特定的顺序和比例混合、反应，最后进入流动检测池进行光度检测；不同点是流动注射不注入气泡，连续流动是按一定间隔注入气泡，流动注射反应不完全就进入检测池，而连续流动是显色完全后进入检测池。

4. 为了提高测量结果的准确程度，应该从哪些方面选择或控制光度测量的条件？

答案：（1）选择合适的入射波长。一般为最大吸收波长，如果有干扰时，可选择用灵敏度较低，但能避开干扰的入射波长。

（2）控制准确的读数范围。一般控制在 0.2 ～ 0.7，为此，可通过控制试样的称量、稀释或浓缩试样、改变吸收池的厚度、选择适当的参比溶液等措施，达到这一目的。

（3）对仪器进行校正。

5. 用溴酚蓝分光光度法测定水中三乙胺时，在称量三乙胺过程中，应注意什么？为什么？

答案：三乙胺易挥发，为防止在称量过程中挥发损失，在注射器中用减量法称量三乙胺，注入事先装入 50 ml 水的 100 ml 容量瓶中。称量过程应尽量快，必须用橡胶块密封注射器针尖，防止三乙胺泄漏。

6. 用便携式分光光度仪测试水中污染物时，共存物质的干扰主要有哪几种情况？

答案：（1）共存物质本身有颜色影响测定。

（2）共存物质与显色剂生成有色化合物，同待测组分形成的有色化合物的颜色混在一起。

（3）共存物质与待测组分生成络合物降低待测组分的浓度而干扰测定。

（4）强氧化剂和强还原剂存在时破坏显色剂而影响测定。

7. 在光度分析中，如何消除共存离子的干扰？

答案：①尽可能采用选择性高、灵敏度高的试剂；②控制酸度；③加入掩蔽剂；④加入氧化剂或还原剂；⑤选择适当的波长以消除干扰；⑥萃取法消除干扰；⑦其他方法。

8. 纳氏试剂分光光度法测定水中氨氮时，常见的干扰物有哪些？当过滤后的水样色度较深或加入纳氏试剂后出现浑浊，应如何处理？

答案：常见干扰物：①余氯、悬浮物、色度；②铁锰钙镁等金属离子；③硫化物、芳香胺等有机物；④在碱性条件下会絮凝的蛋白质等。

当过滤后的水样色度较深或加入纳氏试剂后出现浑浊，应采用预蒸馏法消除干扰。

9. 如何检查分光光度计的灵敏度？

答案：灵敏度是反映仪器测量性能的重要指标，检查方法为：配制 0.001% 重铬酸钾溶液，用 1 cm 比色皿装入蒸馏水作参比，于 440 nm 处测得的吸光度应大于 0.010。若示值<0.010，可适当增加灵敏度的档数，如仍不能达到该值，应检查或更换光电管。

10. 光度分析中酸度对显色反应主要有哪些影响？

答案：对显色剂本身的影响；对溶液中各元素存在状态的影响；对显色反应的影响。

11. 分光光度法测定水中六价铬时，如果水样中存在有机物干扰，需要如何去除？

答案：可用酸性高锰酸钾氧化法，取 50 ml 过滤后的水样，加入（1+1）硫酸 0.5 ml，（1+1）磷酸 0.5 ml，滴加高锰酸盐溶液保持紫红色，加热煮沸至溶液约剩 20 ml，过滤至 50 ml 比色管，加入 1 ml 尿素，滴加亚硝酸钠溶液，至紫红色刚好褪去，稀释至 50 ml，待测。

12. 用分光光度法测定样品时，什么情况下可用溶剂作空白溶液？

答案：当溶液中的有色物质仅为待测成分与显色剂反应生成，可以用溶剂作空白溶液，简称溶剂空白。

13. 简述傅里叶红外光谱分析的原理，并分析便携式红外光谱仪不能测试双原子分子和惰性气体的原因。

答案：利用物质分子对红外辐射的吸收，并由其振动及转动运动引起偶极矩的变化产生振动和转动能级由基态跃迁到激发态，获得分子振动和转动能级变化的振动 - 转动光谱，即红外吸收光谱。除对称分子外，几乎所有具有不同结构的化合物都有相应的特征红外吸收光谱。它反映分子中各基团的振动特征，可以用于确定化学功能基团、鉴定未知物结构。同时，物质对红外辐射的吸收符合朗伯 - 比尔定律，可用于定量分析。便携式红外光谱仪不能测试双原子分子和惰性气体的原因是它们不能引起偶极矩变化。

六、计算题

1. 分析 50 ml 含 Cd^{2+} 5.0 μg 的溶液，用 10.0 ml 的二苯硫氯仿溶液萃取，萃取率约为 100%，于波长 518 nm 处用 1 cm 比色皿进行测量，测得 T=44.5%，求吸光系数 α，摩尔吸光系数 ε，桑德尔灵敏度 S。（Cd 的分子量 M 为 112）

答案：先计算显色溶液的吸光度：$A=\lg(1/T)=-\lg 44.5\%=0.352$

Cd^{2+} 物质的量浓度和质量浓度分别为：

$C_1=m/(M\times V)=5\times10^{-6}/(112\times10\times10^{-3})=4.5\times10^{-6}$（mol/L）

$C_2=5\times10^{-6}/(10\times10^{-3})=5\times10^{-4}$（g/L）

质量吸光系数：$A=\alpha bC_2$　$\alpha=0.352/(1\times5\times10^{-4})=704$［L/（g · cm）］

摩尔吸光系数：$A=\varepsilon bC_1$　$\varepsilon=0.352/(1\times4.5\times10^{-6})=7.8\times10^{4}$［L/（mol · cm）］

桑德尔灵敏度 $S=M/\varepsilon=112/(7.8\times10^{4})=0.0014$［（g/cm²）］

2. 测定某水样六价铬时，在 8 支 50 ml 比色管中依次配制含量为 0 μg、0.20 μg、0.50 μg、1.00 μg、2.00 μg、4.00 μg、6.00 μg、8.00 μg 的六价铬标准系列，稀释至刻度。取两份平行水样 10 ml 稀释至 50 ml 经空白校正后测定吸光度，从标准曲线查得六价铬量分别为 5.50 μg、5.88 μg，该水样含六价铬多少 mg/L？

答案：

（5.50+5.88）/（2×10）= 0.569（mg/L）

3. 采用四氯钾盐 - 盐酸副玫瑰苯胺分光光度法，测定采样点大气中的 SO_2 时，用 5 ml 吸收液的筛板吸收管采样，在标准状态下的采样体积为 17.445 L，从标准曲线查得 1.00 ml 样品中含

0.25 μg SO_2，求气样中 SO_2 的含量。

答案：SO_2 =0.25 × 5 ÷ 17.445=0.072（mg/m^3）

4. 用亚甲基蓝分光光度法测定水中硫化物。取水样 250 ml，酸化－吹气。用 10 ml 2% 氢氧化钠作为吸收液至 50 ml 比色管中，显色。测得吸光度为 0.406，标准曲线回归方程为 y=0.114x+0.001（其中 y：吸光度，x：μg），试求水中硫化物的浓度。

答案：$m=\dfrac{0.406-0.001}{0.114}$ =3.55（μg）

$C(S^{2-}) = \dfrac{m}{V} = \dfrac{3.55}{250}$ =0.014（mg/L）

5. 分光光度法测定水中的 Fe^{3+}，已知含 Fe^{3+} 溶液用 KSCN 溶液显色，用 20 mm 的比色皿在波长 480 nm 处测得吸光度为 0.19，已知其摩尔吸光系数为 1.1 × 10^4L/（mol · cm），试求该溶液的浓度（M_{Fe}=55.86 g/mol）。

答案：

（1）计算溶液的摩尔浓度：0.19=1.1 × 10^4 × C × 2

C=0.19/（1.1 × 10^4 × 2）=8.6 × 10^{-6}（mol/L）

（2）计算溶液的浓度：C=8.6 × 10^{-6} × 55.86=4.80 × 10^{-4}（g/L）

6. 用二苯碳酰二肼分光光度法测定水中总铬时，所得校准曲线的斜率和截距分别为 0.044 A/μg 和 0.001 A。测得水样的吸光度为 0.095（A_0=0.006），在同一水样中加入 4.00 mL 铬标准溶液（1.00 μg/ml），测定加标回收率。加标后测得试样的吸光度为 0.267，计算加标回收率（不考虑加标体积）。

答案：已知：a=0.001；b=0.044；y=0.001 + 0.044x

水样中总铬 x=（0.095−0.006−0.001）/0.044=2.00（μg）

加标样中总铬 =（0.267−0.006−0.001）/0.044=5.91（μg）

加标回收率 P=（5.91−2.00）/（4.00 × 1.00）× 100%=97.8%

7. 用红外分光光度法测定水中石油类时，取水样 500 ml，用四氯乙烯萃取定容至 50.0 ml，已知校正系数 X=47.5，Y=65.6，Z=445；F=37.9。经硅酸镁吸附后滤出液的吸光度 A_{2930}=0.61，A_{2960}=0.30，A_{3030}=0.008，测得空白样品中石油类含量为 0.11 mg/L，试求该样品中石油类的含量。

答案：$C_{石油类}$ =［$X \times A_{2930}+ Y \times A_{2960}+ Z(A_{3030}-A_{2930}/F)$］× 50/500−$C_0$

=［47.5 × 0.61+ 65.6 × 0.30+ 445 ×（0.008−0.61/37.9）］× 50/500−0.11

=4.40（mg/L）

8. 采样现场 T=15℃，P=1 010.20 hPa，采样体积为 15 L。采样管中加入 5 ml 四氯汞钾吸收液，采样结束后全部移入具塞比色管中，定容到 5 ml，按照标准曲线的绘制方法，加入各试剂，显色后测得待测溶液的吸光度 A=0.382，试剂空白溶液的吸光度 A_0=0.008。已知 A =0.1208m+0.002，求该监测点 SO_2 的浓度。

答案：

（1）吸收液中二氧化硫的质量：

$$m=\frac{(0.382-0.008-0.002)}{0.120\,8}=3.08\ (\mu g)$$

参比状态下（298.15 K，1 013.25 hPa）的采样体积：

$$V=15\times\frac{298.15}{273+15}\times\frac{1\,010.20}{1\,013.25}=15.48\ (L)$$

（2）该监测点 SO_2 的含量：

$$\rho(SO_2)=\frac{3.08}{15.48}=0.199\ (\mu g/L)=199\ (\mu g/m^3)\ 或\ 0.199\ (mg/m^3)$$

该监测点 SO_2 的浓度为 199 μg/m³（或 0.199 mg/m³）。

9. 以邻二氮菲光度法测定 Fe（Ⅱ），称取试样 0.750 g，经处理后，加入显色剂，最后定容为 50.0 ml。用 1.0 cm 的吸收池，在 510 nm 波长下测得吸光度 A=0.560。计算试样中铁的百分含量。当溶液稀释 2 倍后，其百分透射比将是多少？［铁的原子量：56；$\varepsilon_{510}=1.1\times10^4$ L/（mol · cm）］

答案：根据朗伯－比尔定律：$A=\varepsilon bc$

待测溶液中铁的浓度：

$$c=\frac{A}{\varepsilon b}=\frac{0.560}{1.1\times10^4\times1.0}=5.09\times10^{-5}\ (mol/L)$$

铁的质量分数：

$$w_{Fe}=\frac{5.09\times10^{-5}\times50.0\times10^{-3}\times56}{0.750}\times100\%=0.019\%$$

溶液稀释两倍后 $A=\frac{0.560}{2}=0.280$

$\because A=-\lg T \quad \therefore T=10^{-0.280}=52.48\%$

10. 用《水质　氰化物的测定　容量法和分光光度法》（HJ 484—2009）中异烟酸－吡唑啉酮光度法测定水中氰化物。取水样 200 ml，蒸馏得馏出液 100 ml。分取 3 ml 比色测定，测得样品吸光度为 0.406，同时测得空白样品吸光度为 0.005，标准曲线回归方程为 y= 0.138 3x+0.001，试求水中氰化物的含量。

答案：由标准曲线得：m=2.93 μg，m_0=0.03 μg

$$氰化物（CN^-）=\frac{m-m_0}{V}\times\frac{V_1}{V_2}=\frac{2.93-0.03}{200}\times\frac{100.0}{3.00}=0.483\ (mg/L)$$

11. 铜是环境污染重金属之一。有一水样 1 000.00 ml，消解处理成为 100 ml，取 10.00 ml 置于 50 ml 容量瓶中，加入 10 ml EDTA－柠檬酸铵溶液、2 滴甲酚红指示液，用（1+1）氨水调至由红经黄转紫色，加入二乙氨基二硫代甲酸钠显色剂，摇匀，反应完全，定容至 50 ml 后，全量转移至分液漏斗，用等体积四氯化碳萃取一次，已知分配比为 19。用四氯化碳萃取光度法测定 Cu（Ⅱ），萃取液在波长 440 nm，用 2 cm 比色池测得吸光度为 0.28，求水样中的 Cu（Ⅱ）质量浓度（mg/L）。（备注：Cu 萃取物的 $\varepsilon=1.4\times10^4$ L·（cm · mol），M_{Cu}=63.54 g/mol）

答案：（1）根据朗伯－比尔定律公式，$A=\varepsilon bc$，计算浓缩后 10 ml 样液的萃取后 50 ml 有机相中

Cu^{2+} 的摩尔浓度。

$c=A/\varepsilon b=0.28/（2\times1.4\times10^{4}）=1.00\times10^{-5}$（mol/L）

（2）实际上此萃取液中 Cu^{2+} 质量为：

$50\times1.0\times10^{-5}\times63.54=3.177\times10^{-2}$（mg）

（3）萃取率：

$E=D/（D+V_{W}/V_{0}）\times100\%=19/（19+50/50）\times100\%=95\%$

（4）浓缩后 10 ml 水样液中 Cu^{2+} 的质量为：

$3.177\times10^{-2}\times100/95=3.344\times10^{-2}$(mg)

（5）水样中 Cu^{2+} 的质量浓度为

（$3.344\times10^{-2}\times100/10$）/1.000=0.334（mg/L）

七、分析题

1. 2018 年 5 月 1 日正式实施的《地下水质量标准》（GB/T 14848—2017）表 1 的 39 项常规指标中，推荐分光光度法监测指标为 11 项；《生活饮用水卫生标准》（GB 5749—2006）表 1 的 38 项常规指标中，推荐分光光度法监测指标为 18 项；《地表水环境质量标准》（GB 3838—2002）表 1 的 24 项基本项目中，推荐分光光度法监测指标为 11 项。请根据上述事实分析为什么分光光度法在目前环境监测中还是较常用的方法？它有何特点？发展方向是什么？

答案：

分光光度法是比色法的发展。比色法只限于在可见光区，分光光度法则可以扩展到紫外光区和红外光区，具有较高的精度，能满足目前环境监测的要求，设备价廉轻便，操作简易，所以成为目前环境监测中较常用的方法。

优点与特点：使用分光光度法可以根据吸收峰来对物质进行定性判别，利用朗伯－比尔定律进行定量分析，方法经典，还具有适用范围广、选择性好、灵敏度高、准确度高及重现性好等特点，仪器成本低、操作简单，对技术人员要求相对较低、方法易于推广，因此在环境监测中得到广泛应用。

发展方向：绿色（选用低毒、无毒方法替代）、试剂消耗降低、多通量监测、便携原位监测。

2. 2018 年 10 月 10 日，生态环境部发布《水质　石油类和动植物油类的测定　红外分光光度法》（HJ 637—2018）、《水质　石油类的测定　紫外分光光度法（试行）》（HJ 970—2018）两项国家环境保护标准，两项标准自 2019 年 1 月 1 日起实施。试分析同时出台两项适用于水中油测定的监测方法标准的原因，两项标准的特点及其适用范围。

答案：

原因：原标准《水质　石油类和动植物油类的测定　红外分光光度法》（HJ 637—2012）采用的萃取剂四氯化碳（CTC）是《关于消耗臭氧层物质的蒙特利尔议定书》的附件 B 第二类受控物质，为推进《关于消耗臭氧层物质的蒙特利尔议定书》的国际履约进程，实现我国关于 2019 年 1 月 1 日起停止实验室用途使用四氯化碳的承诺，满足现行环境质量标准和污染物排放标准中石油类和动植物油的监测要求，有必要对该标准进行修订。

经过对技术路线和替代萃取试剂的认真研究，最终选用四氯乙烯替代即将禁用的四氯化碳作为萃取剂，并对四氯乙烯的稳定性和保存条件进行了反复研究。但由于更换萃取剂后，方法的测定下限较高，不能满足《地表水环境质量标准》（GB 3838—2002）标准中Ⅰ～Ⅲ类水质限值的监测要求，因此又开展了紫外法等的转化研究。

特点：紫外法灵敏度高，设备普及率高，操作简便，易于推广，适用于地表水、地下水和海水中石油类的测定，且标准提出了明确的质量保证和质量控制要求，能确保方法使用中监测数据的科学性和准确性。1996年以前我国环境监测中石油类测定采用石油醚萃取紫外分光光度法，一定程度可保证水质石油类测定的延续性。

红外法灵敏度高、定性定量准确，以四氯乙烯作为萃取剂替代破坏臭氧层的四氯化碳，有力推进了《关于消耗臭氧层物质的蒙特利尔议定书》的国际履约进程，为保护臭氧层做出了贡献。修订后的标准术语表达更加科学准确，试样的制备方式更加灵活。但方法检出限比原标准升高，适用于污水中的石油类和动植物油类的测定。

适用范围：紫外法和红外法的适用范围不同。紫外法灵敏度高，检出限低，适用于地表水、地下水和海水中石油类的测定。红外法检出限高，适用于污水中油类（石油类和动植油类）的测定。

3. 根据《全国土壤污染状况调查样品分析测试技术规定》中红外分光光度法测定土壤样品中石油类时，浓缩土壤萃取物或提取物的条件有哪些？并分析采用这些条件的原因。

答案：

（1）浓缩土壤氯仿萃取物和石油醚提取物时，要通入氮气或空气，目的是加快浓缩速度；

（2）浓缩土壤氯仿萃取物需在55～58℃水浴上进行，因为氯仿的沸点为61.1℃，为控制浓缩速度，保证质量，需控制在此温度。

第五节　原子吸收法

一、填空题

1. 石墨炉原子吸收光度法测定样品时，载气流量的大小对__________和__________有影响。

答案：分析灵敏度　石墨管寿命

2. 石墨炉原子吸收光度法分析程序通常有干燥、灰化、__________和__________4个阶段。

答案：原子化　除残

3. 在原子吸收法中，__________的火焰称之为富燃火焰，__________的火焰称之为贫燃火焰。其中，__________火焰具有较强的还原性，__________火焰具有较强的氧化性。

答案：燃助比大于化学计量　燃助比小于化学计量　富燃火焰　贫燃火焰

4. 原子吸收法中遇到的干扰归纳起来为：__________、__________、__________、光谱干扰、物理干扰和其他干扰几种类型。

答案：化学干扰　电离干扰　背景吸收干扰

5. 火焰原子吸收光度法中扣除背景干扰的主要方法有：双波长法、__________、__________

______和自吸收法。

答案：氘灯法　　塞曼效应法

6. 在环境监测中原子吸收主要用于对__________进行定量分析。

答案：金属元素

7. 原子吸收分光光度法中，当试样组成未知，无法与标液匹配时，可采用__________或__________排除物理干扰。

答案：标准加入法　　稀释法

8. 石墨炉原子吸收光度法分析程序的原子化阶段，其最佳原子化温度是选择待测元素完全原子化的__________，这时吸收峰__________。

答案：最低温度　　最高

9. 在石墨炉原子吸收分光光度法中，原子化阶段，一般采用__________方式，防止自由原子的扩散，增加原子在石墨管内的停留时间，提高灵敏度。

答案：停气

10. 火焰原子吸收分光光度法测定环境空气中锌时，火焰类型一般采用__________。

答案：贫燃焰

11. 原子吸收仪的空心阴极灯如果长期闲置不用，应该经常开机预热，否则会使谱线__________，甚至不再是__________光源。

答案：不纯　　锐线

12. 原子吸收光谱仪由光源、__________、__________和检测系统四部分组成；原子吸收光谱仪的火焰原子化装置包括__________和__________。

答案：原子化器　　分光系统　　雾化器　　燃烧器

13. 用火焰原子吸收光度法分析样品时，灯电流太高会导致__________、__________，使灵敏度__________。

答案：谱线变宽　　谱线自吸收　　下降

14. 原子吸收光度法背景吸收能使吸光度__________，使测定结果__________。

答案：增加　　偏高

15. 火焰原子吸收光度法常用的锐线光源有__________、__________和__________3 种。

答案：空心阴极灯　　无极放电灯　　蒸气放电灯

16. 石墨炉原子吸收分析阶段，灰化的含义在于__________和__________的灰化清除，保留分析元素。

答案：基体　　干扰物

17. 石墨炉原子吸收光度法测定样品时，干燥阶段石墨炉升温过快会使结果偏__________。

答案：低

18. 石墨炉原子吸收分光光度法测定环境空气中铅时，高浓度的钙、硫酸盐、磷酸盐、碘化物、氟化物或者醋酸会干扰铅的测定，可通过__________来校正。

答案：标准加入法

19. 火焰原子吸收光谱仪的原子化器的作用是__________、用以吸收来自锐线源的________

______。

答案：产生基态原子　　共振辐射

20. 根据《水质　铜、锌、铅、镉的测定　原子吸收分光光度法》（GB/T 7475—1987）测定水中铜和锌时，通过测定分析线附近 1 nm 内的一条非特征吸收线处的吸收，可判断____________的大小。

答案：背景吸收

21. 火焰原子吸收光度法测定时，化学干扰是一种________干扰，对试样中各元素的影响各不相同。

答案：选择性

二、单选题

1. 火焰原子吸收光度法分析中，用 HNO_3—HF—$HClO_4$ 消解试样，在驱赶 $HClO_4$ 时，如将试样蒸干如何解决？(　　)

A．加 2 ml 硝酸　　B．加 1 ml 氢氟酸

C．加 2 ml HNO_3-HF-$HClO_4$　　D．重新消解

答案：D

2. 原子吸收光谱是由________粒子产生的。(　　)

A．固体物质中原子的外层电子　　B．气态物质中基态原子的外层电子

C．气态物质中激发态原子的外层电子　　D．气态物质中基态原子的内层电子

答案：B

3. 冷原子吸收法测汞中，$KMnO_4$ 的作用是________。(　　)

A．氧化还原性物质

B．防止重金属沉淀

C．作为指示剂

D．破坏有机物、把低价汞全部氧化成二价汞离子

答案：D

4.《固定污染源废气　气态汞的测定　活性炭吸附 / 热裂解原子吸收分光光度法》（HJ 917—2017）中规定，当汞浓度≤ 1 μg/m^3 时，吸附管的穿透率应≤________。(　　)

A．10%　　B．20%　　C．30%　　D．50%

答案：B

5.________不是原子吸收光度法中进行背景校正的主要方法。(　　)

A．氘灯法　　B．塞曼法　　C．标准加入法　　D．双波长法

答案：C

6. 火焰原子吸收光度法测定水中铁和锰时，影响其准确度的主要干扰是________。(　　)

A．基体干扰　　B．光谱干扰　　C．电离干扰　　D．化学干扰

答案：D

7. 火焰原子吸收光度法测定水中镍时，使用________火焰。(　　)

A．空气 – 乙炔贫燃　　B．空气 – 乙炔富燃

C．氧化亚氮 – 乙炔　　D．空气 – 氩气

答案：A

8.《土壤和沉积物　铜、锌、铅、镍、铬的测定　火焰原子吸收分光光度法》（HJ 491—2019）电热板消解法需要加入酸的顺序为________。（　　）

A．盐酸、硝酸、氢氟酸　　B．盐酸、氢氟酸、硝酸、高氯酸

C．盐酸、氢氟酸、高氯酸　　D．盐酸、硝酸、氢氟酸、高氯酸

答案：D

9. 采用石墨炉原子吸收分光光度法测定土壤中的镉时，其仪器测定波长为________nm。（　　）

A．283.3　　B．228.8　　C．357.9　　D．213.0

答案：B

10. 原子吸收线的基本特征一般不用________来描述。（　　）

A．谱线波长　　B．谱线轮廓　　C．谱线强度　　D．谱线形状

答案：D

11. 在原子吸收分析中，有两份含某元素 M 的浓度相同的溶液 1 和溶液 2，在下列哪种情况下，两份溶液的吸光度一样？（　　）

A．溶液 2 的黏度比溶液 1 大

B．除 M 外溶液 2 中还含表面活性剂

C．除 M 外溶液 2 中还含 10 mg/ml KCl

D．除 M 外溶液 2 中还含 1 mol/L NaCl

答案：C

12. 火焰原子吸收光度法测定时，增敏效应是指试样基体使待测元素吸收信号________的现象。（　　）

A．减弱　　B．增强　　C．降低　　D．改变

答案：B

13. 火焰原子吸收光度法的雾化效率与________无关。（　　）

A．试液密度　　B．试液黏度　　C．试液浓度　　D．表面张力

答案：C

14. 原子吸收光度法用的空心阴极灯是一种特殊的辉光放电管，它的阴极是由________制成。（　　）

A．待测元素的纯金属或合金　　B．金属铜或合金

C．任意纯金属或合金　　D．铂金

答案：A

15. 原子吸收分光光度法的干扰主要来自基体的________。（　　）

A．化学干扰　　B．物理干扰　　C．光谱干扰　　D．电离干扰

答案：A

16.《空气和废气监测分析方法》（第四版）中火焰原子吸收分光光度法测定环境空气中金属元

素时，特征谱线为 228.8 nm，其金属为________元素。(　　)

A．锰　　B．镉　　C．铅　　D．锌

答案：B

17. 根据《土壤和沉积物　铜、锌、铅、镍、铬的测定　火焰原子吸收分光光度法》(HJ 491—2019)测定土壤中的总铬时，铬易形成耐高温的氧化物，测试中需使用________火焰。(　　)

A．氧化性　　B．还原性　　C 中性

答案：B

18. 石墨炉原子吸收光度法的特点是________。(　　)

A．灵敏度高　　B．速度快　　C．操作简便

答案：A

19. 石墨炉原子吸收光度法测定水中镉、铜、铅的最好基体改进剂是________。(　　)

A．硝酸钯　　B．硝酸铵　　C．磷酸钠　　D．钼酸铵

答案：A

20. 在原子吸收分光光度分析中，下列操作不能提高灵敏度的是________。(　　)

A．增大灯电流　　B．无火焰原子化　　C．增大负高压　　D．减少光谱带

答案：A

21. 根据《环境空气　铅的测定　石墨炉原子吸收分光光度法》(HJ 539—2015)测定环境空气中铅的特征谱线为________nm。(　　)

A．228.8　　B．238.3　　C．283.3　　D．286.3

答案：C

22. 冷原子吸收分光光度法测定水中总汞时，加入氯化亚锡的目的是________。(　　)

A．将试样中的汞全部转化成二价汞　　B．将试样中的汞全部转化成一价汞

C．还原过量的氧化剂　　D．将二价汞还原成金属汞

答案：D

23. 根据《大气固定污染源　镉的测定　火焰原子吸收分光光度法》(HJ/T 64.1—2001)测定烟道气中镉时，若钙的浓度超过________ mg/L，将抑制镉的吸收。(　　)

A．100　　B．300　　C．500　　D．1 000

答案：D

24. 火焰原子吸收光度法测定时，光谱干扰是指待测元素发射或吸收的光谱与干扰物的________光谱不能完全分离所引起的干扰。(　　)

A．电离　　B．散射　　C．辐射　　D．折射

答案：C

25. 原子吸收测定钠、钾元素时，加入铯盐可以抑制原子吸收光谱中的________干扰。(　　)

A．背景　　B．化学　　C．电离　　D．物理

答案：C

26. 原子吸收分光光度法校正背景干扰的方法有________。(　　)

①塞曼效应扣背景　②氘灯法　③双波长法　④自吸收法

A．①②③④　　B．②③④　　C．①②③　　D．①②④

答案：A

27. 火焰原子吸收光度法中常用消除化学干扰的方法有________。(　　)

①加释放剂　②加保护剂　③加助熔剂　④改变火焰种类　⑤化学预分离　⑥标准加入法

A．①②④⑤　　B．②③④⑤⑥　　C．①②③④⑤　　D．②③④⑤⑥

答案：C

28. 火焰原子吸收光度法测定时，氘灯背景校正适合的校正波长范围为________nm。(　　)

A．100～200　　B．220～350　　C．200～500　　D．400～800

答案：B

29. 火焰原子吸收光度法测定水中银时，使用________火焰。(　　)

A．氧化亚氮－乙炔　　B．空气－乙炔　　C．氩气－氢气　　D．空气－氩气

答案：B

30. 火焰原子吸收光度法分析样品时，一般通过测定________，判断基体干扰程度的大小。(　　)

A．样品的精密度　　B．分析线附近 1 nm 的非特征吸收

C．加标回收率　　D．试剂空白

答案：C

31. 高锰酸钾溶液吸收－冷原子吸收分光光度法测定废气中汞含量的原理是：汞被________高锰酸钾溶液吸收并氧化成汞离子，汞离子再被氯化亚锡还原为原子态汞，用载气将汞蒸气从溶液中吹出带入测汞仪，利用汞蒸气对波长 253.7 nm 紫外光的吸收作用而测定。(　　)

A．酸性　　B．碱性　　C．中性　　D．弱酸性

答案：A

三、多选题

1. 在原子吸收定量分析中，基体效应会给测定带来一定的影响，________方法可消除基体效应的影响。(　　)

A．工作曲线法　　B．标准曲线法　　C．标准加入法　　D．内标法

答案：CD

2. 原子吸收分光光度计的空气乙炔火焰根据燃助比不同可分为________。(　　)

A．化学计量焰　　B．贫燃焰　　C．富燃焰　　D．其他

答案：ABC

3. 关于空心阴极灯的使用，下列说法错误的是________。(　　)

A．灵敏度随灯电流由高到低缓慢降低　　B．测定时，灯的工作电流尽可能高

C．不用手触摸灯的透光窗口

答案：AB

4. 石墨炉原子吸收光度法中常用基体改进剂的种类有________。(　　)

A．金属类化合物　　B．铵盐和无机酸　　C．有机酸类　　D．无机酸类

答案：ABC

5. 消除石墨炉原子吸收光度法中的记忆效应的方法有________。(　　)

A. 用较高的原子化温度和用较长的原子化时间

B. 增加清洗程序

C. 测定后空烧一次

D. 改用涂层石墨管

答案：ABCD

6. 原子吸收测试过程中，光谱干扰是影响准确定量的主要因素之一，________方法可以消除光谱干扰。(　　)

A. 采用高纯度的空心阴极灯　　B. 提高原子化温度

C. 减小光谱通带　　D. 另选分析线

答案：ACD

7. 石墨炉原子吸收法测定样品的关键步骤是________。(　　)

A. 干燥　　B. 灰化　　C. 原子化　　D. 除残

答案：BC

8. 火焰原子吸收光度法中，属于光谱干扰类型的有________。(　　)

A. 分子吸收和光散射　　B. 吸收性重叠

C. 干扰元素的非吸收线　　D. 表面张力

答案：ABC

9. 原子吸收法测定钙镁的主要干扰有________。

A. 磷酸盐　　B. 硫酸盐　　C. 硝酸盐　　D. 硅酸盐

E. 铝

答案：ABDE

四、判断题

1. 应用《环境空气　铅的测定　石墨炉原子吸收分光光度法》（HJ 539—2015）测定环境空气中的铅时，每批样品应至少做两个实验室空白和一个全程序空白，其测定结果应低于测定下限。(　　)

答案：错误

正确答案：每批样品应至少做两个实验室空白和两个全程序空白。

2.《水质　钒的测定　石墨炉原子吸收分光光度法》（HJ 673—2013）适用于地表水、地下水、工业废水和生活污水中溶解性钒和总钒的测定。(　　)

答案：正确

3.《土壤和沉积物　总汞的测定　催化热解－冷原子吸收分光光度法》（HJ 923—2017）规定，每20个样品或每批次（少于20个样品／批）应分析一个平行样，平行样品测定结果的相对偏差应≤25%。(　　)

答案：正确

4. 背景吸收是一种原子吸收信号，包括光散射和火焰气体的吸收等。(　　)

答案：错误

正确答案：背景吸收是一种非原子吸收信号，包括光散射、分子吸收和火焰气体的吸收等。

5. 钡是高温元素，在普通石墨管中易形成难解离的碳化钡，引起记忆效应，使测定灵敏度很低。(　　)

答案：正确

6. 采用标准加入法只能消除基体效应带来的影响，不能消除背景吸收的影响。(　　)

答案：正确

7. 测定 Cu、Zn、Ag 等易原子化的元素时，使用贫燃性火焰，即空气乙炔比稍大，火焰呈蓝紫色。(　　)

答案：正确

8. 根据《空气和废气监测分析方法》(第四版)中石墨炉原子吸收分光光度法测定烟道气中铅时，因滤筒中铅的本底较高，应适当增大采样体积。(　　)

答案：正确

9. 根据《土壤和沉积物　铍的测定　石墨炉原子吸收分光光度法》(HJ 737—2015)，石墨炉原子吸收法测定土壤和沉积物中的铍时，配制标准溶液与制备试样可以不用同一批试剂。(　　)

答案：错误

正确答案：配制标准溶液与制备试样应使用同一批试剂。

10. 根据《土壤质量　总汞的测定　冷原子吸收分光光度法》(GB/T 17136—1997)进行土壤中总汞测定时，水蒸气在 253.7 nm 处有吸收而产生干扰，可用无水氯化钙、过氯酸镁除去。(　　)

答案：正确

11. 火焰原子吸收分光光度法测定多种重金属时，可将镉、铬、铜、锰、镍和锌配成混合标准贮备液。(　　)

答案：正确

12. 火焰原子吸收分光光度法分析中，用 HNO_3-HF-$HClO_4$ 消解试样，在驱赶 $HClO_4$ 时，如将试样蒸干会使测定结果偏高。(　　)

答案：错误

正确答案：在驱赶 $HClO_4$ 时，如将试样蒸干会使测定结果偏低。

13. 火焰原子吸收光度法测定水中铜锌铅镉等元素时，凡使用乙炔做燃料气时，管道系统禁止使用铜质。(　　)

答案：正确

14. 火焰原子吸收光度法分析样品时，提高火焰温度使分析灵敏度提高。(　　)

答案：错误

正确答案：火焰原子吸收光度法分析样品时，在一定范围内提高火焰温度，可以使分析灵敏度提高。

15. 火焰原子吸收光度法分析样品时，为避免稀释误差，在测定含量较高的水样时，可选用次灵敏线测量。(　　)

答案：正确

16. 火焰原子吸收光谱仪燃烧器上混合气的行程速度稍大于其燃烧速度时，火焰才会稳定。(　　)

答案：正确

17. 火焰原子吸收光谱仪中，大多数空心阴极灯一般都是工作电流越小，分析灵敏度越低。(　　)

答案：错误

正确答案：大多数空心阴极灯一般都是在一定范围内工作电流越小，分析灵敏度越高。灯电流太高，谱线变宽和谱线自吸收，分析灵敏度低。

18. 空气－乙炔火焰原子吸收光度法测定水中镁时，铝对镁的测定存在严重的化学干扰。(　　)

答案：正确

19. 根据《固定污染源废气　汞的测定　冷原子吸收分光光度法（暂行）》（HJ 543—2009）测定固定污染源废气中的汞时须做空白试验，试剂空白值不应超过 0.05 μg。(　　)

答案：错误

正确答案：试剂空白值不应超过 0.005 μg。

20. 锐线光源发射的谱线宽度要小于待测元素线的宽度。(　　)

答案：正确

21. 石墨炉原子吸收光度法测定水中镉、铜、铅时，从背景干扰角度分析，氯化钠对镉、铜、铅的测定产生正干扰。(　　)

答案：错误

正确答案：氯化钠对镉、铜、铅的测定产生负干扰。

22. 根据《环境空气　铅的测定　石墨炉原子吸收分光光度法》（HJ 539—2015）石墨炉原子吸收测定环境空气的铅，醋酸会干扰铅的测定。(　　)

答案：正确

23. 石墨炉原子吸收法测定时，加入基体改进剂的作用是只对基体进行改进，提高待测元素灵敏度。(　　)

答案：错误

正确答案：加入基体改进剂的作用是对基体或待测元素进行改进，提高待测元素灵敏度。

24. 石墨炉原子吸收法测定样品时，干燥阶段石墨炉升温过快会使结果偏低。(　　)

答案：正确

25. 石墨炉原子吸收法相比火焰原子吸收法，灵敏度更高，检出限更低，需要的样品量更少，但精密度稍差，记忆效应严重，分析速度稍慢。(　　)

答案：正确

26. 石墨炉原子吸收法选择的基体改进剂应在石墨炉允许温度下易于分解挥发除尽。(　　)

答案：正确

27. 石墨炉原子吸收分光光度法测定水中铜、铅等元素前，要检查是否存在基本干扰，并采取校正措施。(　　)

答案：正确

28. 石墨炉原子吸收分光光度法测定烟道气颗粒物中铍，处理滤筒样品时，要用聚四氟乙烯剪子剪碎滤筒。(　　)

答案：正确

29. 石墨炉原子吸收分光光度法测定烟道气颗粒物中硒时，高含量的铁对硒的分析有干扰，可使用塞曼背景进行校正。(　　)

答案：正确

30. 石墨炉原子吸收分光光度仪检出限不但与仪器的灵敏度有关，还与仪器的稳定性（噪声）有关，它说明了测定的可靠程度。(　　)

答案：正确

31. 石墨炉原子吸收光度法测定高温元素时，原子化阶段快速升温提高吸收灵敏度。(　　)

答案：正确

32. 石墨炉原子吸收光度法测定易挥发元素时，一般原子化阶段快速升温分析灵敏度升高。(　　)

答案：错误

正确答案：一般原子化阶段快速升温分析灵敏度降低。

33. 石墨炉原子吸收光度法测定元素时，灰化阶段的最佳升温程序由元素类别、浓度、不同基体决定。(　　)

答案：正确

34. 石墨炉在使用过程中基线漂移较大，为了减少测定误差，测定过程中要适时用标准溶液进行校正。(　　)

答案：正确

35. 使用火焰原子吸收分光光度法测定水中钠时，钠的主灵敏吸收线为 330.2 nm，次灵敏吸收线为 589.0 nm。(　　)

答案：错误

正确答案：钠的主灵敏吸收线为 589.0 nm，次灵敏吸收线为 330.2 nm。

36. 使用石墨炉原子吸收法测定饮用水等不存在其他基体物质的试样时可不进行灰化。(　　)

答案：错误

正确答案：使用石墨炉原子吸收法测定饮用水等不存在其他基体物质的试样时需要进行灰化。

37. 用冷原子吸收分光光度法测定水中总汞时，汞蒸气的发生受很多因素影响，当室温低于 10℃时，灵敏度会明显降低。每次测定均应同时绘制校准曲线。(　　)

答案：正确

38. 用冷原子吸收分光光度法测定水中总汞时，水样消解后，需要用盐酸羟胺将过剩的氧化剂还原，再用氯化亚锡将二价汞还原为金属汞。(　　)

答案：正确

39. 用石墨炉原子吸收法测定 Cu、Pb、Zn、Cd 时，不能用 HCl 介质。(　　)

答案：正确

40. 原子吸收分光光度法的原理是：由光源发出的特征谱线的光被待测元素的基态原子吸收，

使特征谱线的能量增强，其增强程度与基态原子的浓度成正比，依此测定试样中待测元素的含量。(　　)

答案： 错误

正确答案： 由光源发出的特征谱线的光被待测元素的基态原子吸收，使特征谱线的能量减弱，其减弱程度与基态原子的浓度成正比，依此测定试样中待测元素的含量。

41. 原子吸收测定样品时的光谱干扰是可以通过标准加入法来消除的。(　　)

答案： 错误

正确答案： 原子吸收分光光度法测定样品时，采用标准加入法可以有效的消除物理干扰。

42. 原子吸收法的校准曲线在整个浓度范围内都呈线性。(　　)

答案： 错误

正确答案： 校正曲线并非在整个浓度范围内都呈线性。

43. 原子吸收分光光度法测定土壤和沉积物中金属元素时，前处理所用的硝酸、盐酸、高氯酸或氢氟酸等都应为化学纯及以上纯度。(　　)

答案： 错误

正确答案： 前处理所用的硝酸、盐酸、高氯酸或氢氟酸等都应为优级纯试剂。

44. 原子吸收分光光度计目前广泛使用的检测器是光电倍增管。(　　)

答案： 正确

45. 原子吸收光谱分析定量测定的理论基础是朗伯－比尔定律。(　　)

答案： 正确

46. 原子吸收光谱仪与原子荧光光谱仪的组成主要的差别在于前者没有分光系统。(　　)

答案： 错误

正确答案： 原子吸收光谱仪与原子荧光光谱仪的组成主要的差别在于后者没有分光系统。

47. 原子吸收和原子荧光光谱分析样品对原样而言是一种“破坏性”分析，而X射线荧光光谱法则是“无损”分析。(　　)

答案： 正确

五、简答题

1. 用原子吸收分光光度法测定金属化合物的原理是什么？用方块图示意其测定流程。

答案：

原子吸收光谱法，又称原子吸收分光光度法或简称原子吸收法，它是基于测量试样所产生的原子蒸气中基态原子对其特征谱线的吸收，从而定量测定化学元素的方法。

含金属溶液将经过预处理——喷射成雾状进入燃烧火焰中，金属化合物雾滴在火焰温度下，挥发并离解成金属原子蒸气。用金属空心阴极灯做光源，产生金属的特征谱线，通过金属原子蒸气时，由于蒸气中基态金属原子的吸收，金属的特征谱线强度减弱，通过单色器和检测器测得其减弱程度，即可计算出溶液中金属的含量。

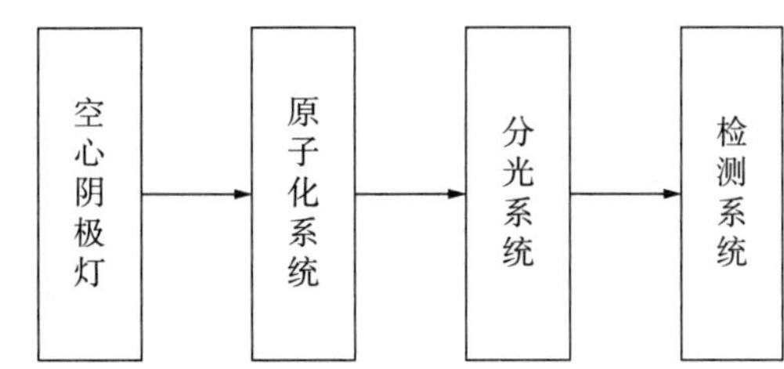

2. 石墨炉原子吸收光度法中常用基体改进剂提高分析灵敏度和准确度，请简要介绍基体改进剂提高分析灵敏度的工作原理，并列举至少三类基体改性剂。

答案：

基体改进剂可以和试样基体、分析元素和石墨炉体三者相互作用，并可改善环境气氛，消除和减少基体干扰，避免分析元素灰化损失，促进其原子化效率的提高，扩大基体与分析元素间的性质差异，最终将有利于分析灵敏度和准确度的提高。

三类基体改性剂：（1）金属盐类化合物；（2）铵盐和无机酸；（3）有机酸类。

3. 在应用石墨炉测定海水中镉时，发现海水基体氯化钠的背景吸收约 0.6 吸光度，如果将样品稀释灵敏度就不够。问用哪一种背景校正技术可以精确校正？如果没有这种背景校正技术，应当再采用什么方法？

答案：应当使用塞曼效应背景校正技术或自吸效应背景校正技术。如果没有上述背景校正技术，而只有氘灯背景校正，可以通过化学法，如萃取法、离子交换法或沉淀法等，使测定的镉与基体氯化钠分离后，再进行测定。或者加入基体改进剂硝酸铵，使之与氯化钠反应形成易挥发氯化铵和硝酸钠，使基体在灰化程序中被排除。

4. 火焰原子吸收光谱分析方法中主要有几种干扰？检验人员应更注意哪种干扰？

答案：主要有电离干扰、基体干扰、光谱干扰和化学干扰。对检测人员来说主要是注意基体干扰。这是由于仪器不同，当测试产品浓度较大时，灵敏度低的仪器可能受基体干扰更大。

5. 原子吸收检测中，采用哪些方法有利于消除物理干扰？

答案：配制与被测试样相似组成的标准溶液，或者采用标准加入法或选用适当溶剂稀释试液。

6. 如何校正火焰原子吸收光谱法中的基体干扰？

答案：消除基体干扰的方法：（1）化学预分离法；（2）加入干扰抑制剂（基体改进剂）；（3）标准加入法也可在一定程度上校正基体干扰。

六、计算题

1. 称取 0.502 5 g 土壤样品于 100 ml 烧杯中采用湿法消解，同时做实验室空白 2 份。定容至 100.00 ml，分取 4 份 20 ml 土壤消解液，分别加入 0 ml、1.00 ml、2.00 ml、4.00 ml 浓度为 10.00 μg/ml 锌标准溶液，稀释定容至 50.00 ml，依次用火焰原子吸收法测定，测得的吸光度分别为 0.042、0.080、0.116、0.190，同时测定土壤空白浓度分别为 0.043 μg/ml 和 0.046 μg/ml，求该土壤试液中锌的含量。

答案：线性方程：$Y=0.003\,7X+0.042$

所作直线与 X 轴交点为 11.35 μg

锌含量：11.35/20-（0.043+0.046）/2=0.523（mg/L）

2. 为了测定某一土壤样品中铜的含量，现称取样品（经系列处理后干样）0.321 4 g，经消解处理后，定量移入 50 ml 容量瓶定容后（空白样品经过同样处理后测定）用原子吸收分光光度法测得如下数据，根据测得的数据，计算土壤样品中铜的含量（单位为 mg/kg）。

空白 /Abs	样品 /Abs	标准系列	
		铜含量 /（mg/L）	吸光度 /Abs
0.004	0.030	0.00	0.000
0.004	0.031	0.50	0.025
0.003	0.032	1.00	0.049
0.005	0.029	1.50	0.074
0.004	0.030	2.00	0.099
0.003	0.031	2.50	0.122

答案：

$r = 0.999\ 9$

y=0.000 3+0.049 0X

空白铜质量 /（mg/L）	样品铜含量 /（mg/L）
0.076	0.606
0.076	0.626
0.055	0.647
0.096	0.586
0.076	0.606
0.055	0.626

空白均值 0.072 mg/L

样品均值 0.616 mg/L

样品减空白：0.544 mg/L

$$\text{Cu 含量} = \frac{0.544 \times 50}{0.321\ 4} = 84.6\ (\text{mg/kg})$$

七、分析题

1. 冷原子吸收分光光度法测汞时，可能存在哪些污染和干扰，如何消除？

答案：

（1）器皿不干净：用 10% 硝酸溶液或酸性高锰酸钾吸收液浸泡 24 h，或用（1+1）硝酸溶液浸泡 40 min。

（2）富集管可能被油雾、水汽等污染：将富集管加热到 800℃，通入净化空气 2 min，可消除。

（3）干扰的物质主要有：苯、丙酮等有机物。将富集管加热至 300℃，即可消除苯、丙酮等有机蒸气的干扰。

2. 试分析乙炔 - 空气火焰的化学计量焰、贫焰、富焰的火焰特点、应用和原因。

答案：

（1）化学计量焰

对于空气—乙炔化学计量焰，即按化学反应完全燃烧产生的火焰，化学反应式为：

$$2C_2H_2+5O_2=4CO_2+2H_2O$$

火焰是蓝色透明，层次清晰，燃烧稳定。具有温度高，干扰少，背景低的特点。日常惯用的分析火焰。

正常火焰由预热区，第一反应区，中间薄层区和第二反应区组成。

预热区：也称干燥区，燃烧不完全，温度不高，溶液在这里被干燥，呈固态颗粒。

第一反应区（蒸发区）：是一条清晰的蓝色光带，燃烧不充分，干燥的试样在这里被熔化蒸发、或升华。通常较少用这一区域作为吸收区进行分析工作。对于易原子化干扰小的碱金属，可在该区进行分析。

中间薄层区（原子化区）：燃烧完全，温度高，被蒸发的化合物在这里被原子化。是原子吸收分析的主要应用区。

第二反应区（电离区）：燃气在该区反应充分。中间温度很高，部分原子被电离，往外层温度逐渐下降，被解离的基态原子又重新形成化合物，因此，这一区域不能用于实际原子吸收分析工作。

（2）富燃火焰

燃气与助燃气的比例大于化学计量焰，这种火焰燃烧不充分，温度较低，层次模糊，黄色发亮，具有较强的还原氛围，多数易于形成氧化物的元素宜用此类火焰，如 Cr、Ba、Mn 等。但它的火焰发射和火焰吸收背景较强，干扰较多，不如化学计量焰稳定。

（3）贫燃火焰

燃气与助燃气的比例小于化学计量焰，得到贫燃火焰，火焰清晰，呈淡蓝色，燃烧充分，火焰温度较高。不具备还原性，用于不宜生成氧化物的元素的原子化，如 Ni、Cd、Co 等较宜使用。

3. 试分析选择石墨炉原子吸收光度法基体改进剂的原则，列举常用基体改进剂的种类和作用，并分析原因。

答案：

（1）选择石墨炉原子吸收光度法基体改进剂的原则：

基体改进剂必须是"超纯的"；改进剂应是在石墨炉允许温度下，易于分解挥发除尽；改进剂不能引入对分析元素新的干扰或背景吸收干扰；改进剂不得对石墨材料有腐蚀作用，包括高温侵蚀；改进剂的应用效果评价应是多方面的，不能片面追求某一方面的效果。

（2）常用基体改进剂的种类和作用：

金属盐类化合物：属于热稳定型的改进剂，它既可以与基体形成热稳定化合物，使之更好地与易挥发分析元素分离，减少干扰，也可以与分析元素形成热稳定化合物或合金，减少灰化损失，可提高灰化温度与易挥发基体更好地分开；

铵盐和无机酸：用于使基体转化为易挥发铵盐或酸类，使与分析元素分开，于灰化阶段除尽，以消除和减少基体干扰；

有机酸类：有机酸的改进作用在于其络合作用和热解产物的还原性，使分析元素形成易解离和挥发性的物质，减少和消除基体的束缚。

（3）提高分析灵敏度和准确度的原因：基体改进剂可以和试样基体、分析元素和石墨炉体三者相互作用，并可改善环境气氛，消除和减少基体干扰，避免分析元素灰化损失，促进其原子化效率的提高，扩大基体与分析元素间的性质差异，最终将有利于分析灵敏度和准确度的提高。

第六节　原子荧光法及X射线荧光法

一、填空题

1. 原子荧光分析中光源的作用是__________。

答案：产生自由原子激发所需的辐射

2. 采用原子荧光法测定环境样品中的汞、砷、硒等元素时常使用的还原剂是__________或__________。

答案：硼氢化钾　硼氢化钠

3. 根据《水质　汞、砷、硒、铋和锑的测定　原子荧光法》（HJ 694—2014）测定含汞水样，消解时，量取 5.0 ml 混匀后的样品于 10 ml 比色管中，加入 1 ml__________溶液，加塞混匀，置于沸水浴中加热消解 1h，期间摇动 1 ～ 2 次并开盖放气。冷却，用水定容至标线，混匀，待测。

答案：盐酸 - 硝酸

4. 根据《水质　汞、砷、硒、铋和锑的测定　原子荧光法》（HJ 694—2014）原子荧光法测定污水样品中的砷时，经常使用__________消解体系对样品进行预处理。

答案：（1+1）HNO_3-$HClO_4$

5. 采用《空气和废气监测分析方法》（第四版）原子荧光分光光度法测定废气中汞含量时，滤筒样品溶液的制备方法是：将试样滤筒剪碎，置于 150 ml 锥形瓶中，加入 45 ml 新配制的王水，瓶口插入一个小玻璃漏斗，于电热板上加热至__________，保持 2 h。冷却，加入少量水，用定量滤纸过滤，用水洗涤锥形瓶和滤渣数次，合并滤液和洗涤液，加热浓缩至近干，冷却后转移到 50 ml 容量瓶中，用__________稀释至标线，即为样品溶液。

答案：微沸　5% 盐酸

6. 原子荧光光谱仪主要由__________、__________和__________三部分组成。

答案：激发光源　原子化器　检测器

7. 原子蒸气受具有特征波长的光源照射后，其中一些自由原子被激发跃迁至较高能态，然后以直接跃迁形式回复到基态，当激发辐射的波长与所产生的荧光波长相同时，这种荧光称为__________。

答案：共振荧光

二、单选题

1. 采用原子荧光法进行测定时，分析中所用的玻璃器皿在使用前均需用_______溶液浸泡_______h。（　　）

A. 1+1 硝酸　24　B. 浓硝酸　12　C. 5% 硝酸　24　D. 浓盐酸　12

答案：A

2. 水样中的汞离子被还原剂还原为单质汞，再气化为汞蒸气，其基态汞原子受到波长 253.7 nm 的紫外光激发辐射出相同波长的荧光，在给定的条件下和较低的浓度范围内，荧光强度与汞的浓度成正比，这是________。(　　)

A. 冷原子吸收法　　B 冷原子荧光法　　C. 原子荧光法

答案：B

3. 原子荧光分光光度法测定废气中汞含量时，采集到的样品消解后，若不能迅速测定，应加入________保存液稀释，以防止汞元素损失。(　　)

A. 盐酸　　B. 硝酸　　C. 重铬酸钾　　D. 氯化亚锡

答案：C

4. 当样品中 Cu^{2+}、Co^{2+}、Pb^{2+}、Mg^{2+} 离子含量高时，________离子一般不会干扰原子荧光法的测定。(　　)

A. Cu^{2+}　　B. Co^{2+}　　C. Pb^{2+}　　D. Mg^{2+}

答案：D

5. 不能消除原子荧光光谱中干扰荧光谱线的方法是________。(　　)

A. 增加灯电流　　B. 选用其他的荧光分析线

C. 加入络合剂络合干扰元素　　D. 预先化学分离干扰元素

答案：A

6. 原子荧光法测量的是________。(　　)

A. 溶液中分子受激发产生的荧光　　B. 蒸气中分子受激发产生的荧光

C. 溶液中原子受激发产生的荧光　　D. 蒸气中原子受激发产生的荧光

答案：D

7. 原子荧光法选择性好是因为________。(　　)

A. 原子化效率高　　B. 检测器灵敏度高

C. 各种元素都有特定的原子荧光光谱　　D. 原子蒸气中基态原子数不受温度影响

答案：C

8. 原子荧光分析中常用的检测器是________。(　　)

A. 感光板　　B. 日盲光电倍增管　　C. 紫外光度检测器　　D. 示差折光检测器

答案：B

9. 原子荧光法中一般用________作为载气。(　　)

A. 氦气　　B. 氧气　　C. 氩气　　D. 氮气

答案：C

10. 原子荧光光谱仪中原子化器的作用是将样品中被分析元素转化成________。(　　)

A. 自由离子　　B. 自由原子　　C. 自由分子　　D. 自由电子

答案：B

11. 根据《水质　砷、汞、硒、铋和锑的测定　原子荧光法》(HJ 694—2014)测定溶解态汞的样品时，如果样品为中性，过滤后按照每升水样中加入________ml 盐酸进行样品保存；测定溶解态砷、硒、铋和锑的样品，过滤后按照每升水样中加入________ml 盐酸进行样品保存。(　　)

A. 5　2　　B. 2　5　　C. 5　3　　D. 2　4

答案：A

12. 原子荧光法通常使用________作为光源。(　　)

A. 氢灯　　B. 高强度空心阴极灯　　C. 氘灯　　D. 高压汞灯

答案：B

13.《水质　汞、砷、硒、铋和锑的测定　原子荧光法》(HJ 694—2014) 在测定汞的过程中以________的盐酸为载流，________硼氢化钾溶液为还原剂，测定砷时以________硼氢化钾溶液为还原剂。(　　)

A. 2%　1%　1%　　B. 1%　1%　2%

C. 5%　1%　2%　　D. 2%　1%　5%

答案：C

14. 处于激发态的电子，从高能级返回低能级时可能在原子化器中与其他电子、原子、分子发生碰撞，使荧光强度减弱这种现象称为________。(　　)

A. 自吸现象　　B. 非共振荧光　　C. 敏化荧光　　D. 荧光猝灭

答案：D

15. 根据《空气和废气监测分析方法》(第四版)，原子荧光法测定环境空气中砷，样品测定时，1% 的硼氢化钾的作用是________，5% 的盐酸的作用是________。(　　)

A. 载流液　还原剂　　B. 载流液　氧化剂

C. 氧化剂　载流液　　D. 还原剂　载流液

答案：D

16. 根据《土壤质量　总汞、总砷、总铅的测定　原子荧光法（第 2 部分：土壤中总砷的测定）》(GB/T 22105.2—2008) 测定土壤中总砷，其方法最低检出限为________。(　　)

A. 0.001 mg/kg　　B. 0.01 mg/kg　　C. 0.1 mg/kg　　D. 1.0 mg/kg

答案：B

17. 原子荧光分光光度法测定废气中汞含量时，取同________空白滤筒两个（或滤膜两张），按样品处理相同步骤操作，制备成空白溶液。(　　)

A. 批号　　B. 厂家　　C. 规格

答案：A

18.《土壤和沉积物　无机元素的测定　波长色散 X 射线荧光光谱法》(HJ 780—2015) 规定，使用________校正谱线重叠干扰。(　　)

A. 内标法　　B. 外标法　　C. 基本参数法　　D. 干扰系数法

答案：D

19. X 荧光光谱法通过标准化样品（又称漂移校正样品）校正 X 射线强度的漂移，校正后的强度能对应原先建立的校准曲线，避免了繁琐、复杂的建立校准曲线工作。下列对标准化样品的要求叙述不正确的是________。(　　)

A. 标准化样品必须是化学组成和物理状态长期不变的均匀样品。

B. 标准化样品需要有准确的化学值，且要有合适的元素含量以保证合适的强度，以满足不同校正范围。

C．在测量标准样品制作校准曲线时，必须同时测量标准化样品的强度。

D．标准化样品类型不受限制，可以从标准样品中选取，也可以是其他种类能满足要求的样品。

答案：B

三、多选题

1.________能消除原子荧光光谱法中干扰荧光谱线。(　　)

A．选用其他的荧光分析线　　B．增加灯电流

C．加入络合剂络合干扰元素　　D．预先化学分离干扰元素

答案：ACD

2. 原子荧光法测定水中砷、锑时，一般要在水样中加入硫脲和抗坏血酸，其作用是________。(　　)

A．将水中的砷、锑还原成四价　　B．作为抗干扰的掩蔽剂

C．将水中的砷、锑还原成三价　　D．作为络合剂络合干扰元素

答案：BC

四、判断题

1. 根据《水质　汞、砷、硒、铋和锑的测定　原子荧光法》(HJ 694—2014)测定水中汞、砷、硒、铋和锑时，常见的阴离子不干扰测定。(　　)

答案：正确

2. 根据《土壤和沉积物　汞、砷、硒、铋、锑的测定　微波消解/原子荧光法》(HJ 680—2013)，利用原子荧光分光光度计测定土壤中的砷，取适量经消解的样品于50 ml容量瓶中，加入5.0 ml盐酸后应立即加入硫脲和抗坏血酸混合液，室温放置30 min，定容，混匀上机测定。(　　)

答案：错误

正确答案：取适量经消解、过滤的样品于50 ml容量瓶中，加入5.0 ml盐酸、硫脲和抗坏血酸混合液，混匀，室温放置30 min，定容，混匀。

3. 气态基态原子吸收的辐射和发射的荧光波长相同时，即产生非共振原子荧光。(　　)

答案：错误

正确答案：气态基态原子吸收的辐射和发射的荧光波长相同时，产生共振原子荧光。

4. 使用原子荧光法进行测定时，分析中所用玻璃器皿在使用前应使用(1+1) HNO_3 溶液浸泡至少24 h。(　　)

答案：正确

5.《水质　烷基汞的测定　吹扫捕集冷原子荧光光谱法》(HJ 977—2018)测定有严重汞污染的水体采用蒸馏法分离烷基汞和二价汞。(　　)

答案：错误

正确答案：对于存在严重汞污染的水体不宜采用蒸馏法分离烷基汞和二价汞。

6. 原子荧光的猝灭主要影响荧光量子效率，降低原子荧光的强度。(　　)

答案：正确

7. 原子荧光的元素灯必须在主机电源关闭的状况下才能更换。(　　)

答案：正确

8. 原子荧光法中所使用的硼氢化钾溶液可以一次配制，长期使用。(　　)

答案：错误

正确答案：原子荧光法中所使用的硼氢化钾溶液不可以一次配制，长期使用。

9. 原子荧光法中一般用氮气作为载气。(　　)

答案：错误

正确答案：原子荧光法中一般用氩气作为载气。

10. 原子荧光分光光度法测定废气中汞含量时，0.04%（*m*/*V*）硼氢化钾溶液的配制方法是：称取 0.4 g 硼氢化钾和 1 g 氢氧化钾溶于 200 ml 去离子水，用脱脂棉过滤后，用水定容至 1 000 ml。(　　)

答案：错误

正确答案：称取 0.4 g 硼氢化钾溶于已加入 1 g 氢氧化钾的 200 ml 水去离子水中（即氢氧化钾溶解后再加硼氢化钾）。

11. 原子荧光分光光度法测定废气中汞含量时，废气颗粒物中一般含量的 Sb、Se、Bi、Au 不干扰汞的测定，大量的 Cu 和 Pb 也不干扰测定。(　　)

答案：正确

12. 原子荧光光谱仪的光电倍增管对可见光无反应，因此可以把仪器安装在日光直射或光亮处。(　　)

答案：错误

正确答案：不可以把仪器安装在日光直射处。

13. 原子荧光仪上的日盲光电倍增管的作用是将荧光信号转变为电信号，从而可以被计算机系统记录。(　　)

答案：正确

14. X 射线荧光光谱不仅可以分析固体、块状或粉末状样品，也可以分析液体样品。(　　)

答案：正确

15. X 射线荧光光谱法具有分析迅速、样品前处理简单、可分析元素范围广、谱线简单、光谱干扰少、非破坏性等优点，但也存在不能对原子序数为 14 以下的元素进行分析、检出限较高的缺点。(　　)

答案：错误

正确答案：X 射线荧光光谱法分析范围包括原子序数 $Z \geqslant 3$ 的所有元素，常规分析一般用于 $Z \geqslant 9$（氟）的元素。

16. 试样中待测元素的原子受辐射激发后产生的 X 射线荧光强度值与元素的质量分数及原级光谱的质量吸收系数有关。某元素特征谱线被基体中另一元素光电吸收，会产生基体效应（即元素间吸收 - 增强效应）。(　　)

答案：正确

17. 用 XRF 方法分析含硫和氯元素的样品时，试样制备后应立即用于测定。(　　)

答案： 正确

五、简答题

1. 原子荧光分光光度法测定废气中汞含量时，若与砷同时测定，是否可以在砷介质中进行？砷介质中主要含哪些试剂？它们会干扰汞的测定吗？

答案： 可以，砷介质中含硫脲、抗坏血酸和盐酸，不会干扰汞的测定。

2. 用冷原子荧光法测定水中汞时，空气中哪些物质会造成荧光猝灭，降低测定的灵敏度？

答案： 空气中的 O_2、CO、CO_2 等与激发态汞原子碰撞会造成荧光猝灭，降低测定的灵敏度。

3. 原子荧光的基本类型有哪些？

答案： 有共振荧光、直跃线荧光、阶跃线荧光、敏化荧光和多光子荧光。

六、计算题

1. 原子荧光分光光度法测定废气中汞含量时，准确称取 1.080 g 氧化汞（优级纯，于 105～110℃烘干 2 h），用 70 ml（1+1）盐酸溶液溶解，加 24 ml（1+1）硝酸、1.0 g 重铬酸钾，溶解后移入 1000 ml 容量瓶中，用水定容。试计算汞标准储备液浓度。（Hg 摩尔质量：200.59 g/mol，O 摩尔质量：15.999 g/mol）

答案： 1.080 × 200.59 × 1 000/［1 000 ×（200.59+15.999）］=1.000（mg/ml）（或 1.000 g/L）

2. 准确称取烘干后的土壤样品 0.150 0 g 到微波消解罐中，加入盐酸和硝酸，放入微波消解系统中进行消解，消解完成后定容至 50.0 ml，用氢化物发生－原子荧光法测定，扣除空白后溶液中硒的浓度为 0.000 45 μg/ml，试计算该土壤样品中硒的含量。

答案：

$$\text{土壤中硒的含量} = \frac{0.000\,45 \times 50.0}{0.150\,0} = 0.15\ (\mu g/g\ \text{或}\ mg/kg)$$

第七节　电感耦合等离子体发射光谱法 / 质谱法

一、填空题

1. 常规分析工作中，希望分析试液的总溶解固体越低越好，一般控制在 1 mg/ml 左右。因此，ICP-OES 的样品处理尽可能采用酸分解而不用____________。

答案： 碱熔

2. ICP-OES 法测定时，____________法是实际应用最广泛的校正干扰的数学法，多数 ICP 光谱仪软件中采用这种方法。

答案： 干扰系数

3. 样品由载气带入电感耦合等离子体质谱的雾化系统进行雾化后，以____________ 形式进入等离子体的轴向通道。

答案：气溶胶

4. 按照《水质　65 种元素的测定　电感耦合等离子体质谱法》（HJ 700—2014）方法原理，水样经预处理后，采用电感耦合等离子体质谱仪进行检测，根据元素的＿＿＿＿＿＿或＿＿＿＿＿＿进行定性，内标法定量。

答案：质谱图　　特征离子

5. 固体样品引入 ICP-MS 的方法主要有＿＿＿＿＿＿、＿＿＿＿＿＿、样品直接插入法、固体粉末引入法及电弧雾化法。

答案：激光烧蚀法　　悬浮液雾化法

6. 在《固体废物　22 种金属元素的测定　电感耦合等离子体发射光谱法》（HJ 781—2016）中，当测试元素的浓度较低时，可以采取的措施有＿＿＿＿＿＿、＿＿＿＿＿＿、＿＿＿＿＿＿。

答案：增大称样量　　减少定容体积　　浓缩消解液

7. 用《水质　65 种元素的测定　电感耦合等离子体质谱法》（HJ 700—2014）测定水中镉、镍、铬和铅总量，用盐酸和硝酸进行消解，对于有机物含量较高的样品，酌情加入适量＿＿＿＿＿＿。

答案：过氧化氢

8. 电感耦合等离子体质谱法的质谱干扰主要包括＿＿＿＿＿＿、＿＿＿＿＿＿、＿＿＿＿＿＿和＿＿＿＿＿＿。

答案：多原子离子干扰　　同量异位素干扰　　氧化物干扰　　双电荷离子干扰

9. ICP-OES 法测定水中多元素时，消除物理干扰最简单的方法是＿＿＿＿＿＿。

答案：将样品稀释

10. ICP-MS 法比原子吸收灵敏度高 1 ～ 2 个数量级，并可实现＿＿＿＿＿＿同时分析。特别是测定质量数大于＿＿＿＿＿＿的元素时，灵敏度更高、检出限更低。

答案：多元素　　100

11. 原子发射光谱分析过程中主要分三步，激发、＿＿＿＿＿＿和＿＿＿＿＿＿。

答案：分光　　检测

12. 四极杆 ICP-MS 通常采用＿＿＿＿＿＿和＿＿＿＿＿＿两种数据采集方式。

答案：扫描　　跳峰

13. 电感耦合等离子体质谱法的非质谱干扰的干扰程度与样品基体性质有关，可采用＿＿＿＿＿＿、＿＿＿＿＿＿、优化仪器条件等措施消除和降低干扰。

答案：稀释样品　　内标法

14. ICP 光栅光谱仪中采用的色散元件主要有＿＿＿＿＿＿、＿＿＿＿＿＿、＿＿＿＿＿＿3 种类型。

答案：平面光栅　　凹面光栅　　中阶梯光栅

15. 对于扫描仪器，扫描速度越快，其检测灵敏度越＿＿＿＿＿＿。

答案：高

16. ICP-OES 分析中，产生连续背景的因素有＿＿＿＿＿＿、＿＿＿＿＿＿、＿＿＿＿＿＿和高浓度基体元素产生的＿＿＿＿＿＿4 种。

答案： 黑体辐射　　韧致辐射　　复合辐射　　连续背景辐射

17. ICP-OES 法存在的主要干扰有__________、__________、__________、电离干扰和__________。

答案： 物理干扰　　光谱干扰　　化学干扰　　去溶干扰

18. 根据《水质　65 种元素的测定　电感耦合等离子体质谱法》（HJ 700—2014），使用 ICP-MS 测定水中的砷、硒时，每分析__________个样品，应分析一次校正曲线中间浓度点，其测定结果与实际浓度值相对偏差应该__________，每批样品分析完毕后进行一次最低点分析，其测定结果与实际浓度值相对偏差应该__________。

答案： 10　　≤ 10%　　≤ 30%

19. 等离子体是目前最广泛应用的原子发射光谱光源，主要包括__________、__________和__________。

答案： 电感耦合等离子体（ICP）　直流等流离子体（DCP）　微波等离子体（MWP）

20. 影响 ICP-OES 法分析特性的主要工作参数有 3 个，即__________、__________和__________。

答案： 高频功率　　载气流量　　观测高度

21. 电感耦合等离子体质谱法内标校正法的作用一是监测和校正信号的__________，二是校正__________效应。

答案： 漂移　　基体

22. 在连续测定浓度较大的样品或标准品时，样品中待测元素沉积并滞留在真空界面，喷雾腔和雾化器上会导致__________，可通过延长样品测定前后的洗涤时间，以避免此类干扰的发生。

答案： 记忆干扰

23. 根据《空气和废气　颗粒物中铅等金属元素的测定　电感耦合等离子体质谱法》（HJ 657—2013），在测定金属元素时，内标元素应根据待测元素同位素的质量数大小来选择，一般选用其质量数__________amu 范围内可用的内标液。

答案： ±50

二、单选题

1. 电感耦合等离子体原子发射光谱法测定高盐浓度的样品时，可以采用________，但是必须进行空白校正。（　　）

A．外标法　　B．内标法　　C．基体匹配法　　D．标准加入法

答案： D

2. ICP-MS 检测器交叉校正的作用是________。（　　）

A．改善线性　　B．改善质量准确性　　C．降低氧化物干扰　　D．以上都是

答案： A

3. ICP-MS 分析中，高含量盐分样品溶液的引入会造成仪器信号漂移。为了保证仪器的长期稳定性，减少基体干扰效应，样品溶液的盐度一般控制在________以下。（　　）

A．0.1%　　B．0.2%　　C．0.5%　　D．1.0%

答案：B

4. ICP 仪炬管的外管、中管和内管分别进的气体是：________。(　　)

A. 等离子气　　冷却气　　载气　　　　　　B. 冷却气　　载气　　等离子气

C. 冷却气　　等离子气　　载气

答案：C

5. ICP-MS 分析中，对于中质量段应选择________为内标元素。(　　)

A. ^{9}Be　　　　B. ^{103}Rh　　　　C. ^{187}Re

答案：B

6. 通入 ICP 炬管的________起冷却保护炬管的作用，________用于输送样品，________提供电离气体（等离子体）。(　　)

A. 等离子气　　冷却气　　载气　　　　　　B. 载气　　水蒸气　　等离子气

C. 冷却气　　等离子气　　载气　　　　　　D. 冷却气　　载气　　等离子气

答案：D

7. ICP-OES 法测定多元素时，在标准和分析试样中加入过量的易电离元素，可抑制或消除________。(　　)

A. 化学干扰　　　　B. 物理干扰　　　　C. 光谱干扰　　　　D. 电离干扰

答案：D

8. ICP 焰炬的________具有适宜的激发温度，既能使试样较充分的原子化、激发、发射离子线和原子线，背景发射光谱强度又较低，一般情况下多用此区进行光谱分析。(　　)

A. 预热区　　　　B. 初始辐射区　　　　C. 测光区（内焰区）

答案：C

9. ICP-MS 分析中，应尽量避免使用盐酸，主要原因是________。(　　)

A. 盐酸对锥孔腐蚀严重　　　　　　B. 盐酸中的氯更容易产生干扰

C. 盐酸的酸度太弱　　　　　　　　D. 盐酸氧化性不够

答案：B

10. 根据《水质　65 种元素的测定　电感耦合等离子体质谱法》（HJ 700—2014），针对可能存在的质谱干扰，________不是常用的消除干扰方式。(　　)

A. 化学预分离　　B. 碰撞 / 反应池技术　　C. 同位素分析　　D. 屏蔽炬技术

答案：A

11. ICP-MS 测定有机溶液中的痕量元素时，必须向雾化气流中加入少量________，以免在锥孔处产生积碳。(　　)

A. 氮气　　　　B. 氦气　　　　C. 氧气

答案：C

12. ICP 具有高的________电荷分析物离子产率，低的________电荷离子、氧化物或其他分子和加合物离子产率，是 ICP-MS 非常合适的离子源。(　　)

A. 单　　单　　　　B. 单　　双　　　　C. 双　　单　　　　D. 双　　双

答案：B

13.《土壤和沉积物　12 种金属元素的测定　王水提取－电感耦合等离子体质谱法》（HJ 803—2016）对于电感耦合等离子体质谱的调谐要求是：用质谱调谐液对仪器的灵敏度、氧化物和双电荷进行调谐，在仪器的灵敏度、氧化物和双电荷满足要求的条件下，质谱仪给出的调谐液中所含的元素信号强度相对标准偏差应________。（　　）

A．≤ 5%　　B．≤ 10%　　C．≤ 15%　　D．≤ 20%

答案：A

14. 电感耦合等离子体质谱法在测定汞时会遇到严重的记忆效应，一般在清洗液中加________的化合物，能有效清除汞的记忆效应。（　　）

A．钯　　B．金　　C．铑　　D．锶

答案：B

15. ICP-MS 分析中的质谱背景值一般选用质量数________、________处测定，以监测仪器的电子噪声、杂散光噪声、随机噪声等的程度。（　　）

A．6　115　　B．4　220　　C．5　115　　D．5　220

答案：D

16. 电感耦合等离子体发射光谱（ICP-OES）光源所用的工作气体是________。（　　）

A．氮气　　B．氩气　　C．氢气　　D．氦气

答案：B

三、多选题

1. ICP-MS 解决多原子离子干扰的方法有________。（　　）

A．数学干扰校正　　B．KED 技术　　C．交叉校正　　D．冷等离子体

答案：ABD

2. 参照《水质　65 种元素的测定　电感耦合等离子体质谱法》（HJ 700—2014），采用 ICP-MS 分析地表水水中的铜、铅、锌、镉时，以下正确的是________。（　　）

A．实验室空白至少 2 个

B．每分析 10 个样品，应分析一次校准曲线中间浓度点，其测定结果与实际浓度值相对偏差应小于等于 10%

C．每批样品分析完毕后进行一次曲线最低点分析，其测定结果与实际浓度值相对偏差应小于等于 30%

D．在每次分析中必须监测内标的强度，试样中内标的响应值应介于校准曲线响应值的 70% ～ 130%

答案：BCD

3.《空气和废气　颗粒物中金属元素的测定　电感耦合等离子体发射光谱法》（HJ 777—2015）测定环境空气总悬浮颗粒物中金属和非金属样品，可采取________来校正 ICP-OES 法的非光谱干扰。（　　）

A．优化实验条件　　B．选择最佳工作参数　　C．基体匹配法　　D．标准加入法

答案：ABCD

4. 用ICP-OES法测定水中金属元素，目前常用的、比较简便的校正元素间干扰的方法是________。(　　)

A. 化学富集分离法　B. 基体匹配法　C. 背景扣除法　D. 干扰系数法

答案：CD

5. 使用电感耦合等离子体质谱法时非质谱型干扰主要包括________。(　　)

A. 基体抑制干扰　B. 空间电荷效应干扰　C. 物理效应干扰　D. 化学效应干扰

答案：ABC

6. 根据相关标准、规范，描述正确的是________。(　　)

A. 根据《水质　汞、砷、硒、铋和锑的测定　原子荧光法》(HJ 694—2014)，溶解态样品和总量样品不可分别采集，需使用同一样品

B. 火焰原子吸收光谱仪中，大多数空心阴极灯一般都是工作电流越小，分析灵敏度越低

C. 用ICP-OES法测定时，背景扣除法是凭实验确定扣除背景的位置及方式

D. 在ICP-MS分析中，为了获得最好的检出限，一般总是选择最灵敏、丰度最高的同位素进行测量

E. 在气相色谱分析中，分子量较小的载气有较小的扩散系数

答案：CD

7. ICP-MS的内标校正法中对内标物要求有________。(　　)

A. 非待测元素　B. 不受基体干扰　C. 与待测物互不干扰　D. 非环境污染元素

答案：ABCD

8. 电感耦合等离子体质谱法测定水中的痕量元素时，记忆效应来自样品________。(　　)

A. 在采样锥的沉积　B. 在石墨管中的沉积

C. 在等离子体炬管的附着　D. 在等离子体雾室中的附着

E. 在截取锥的沉积

答案：ACDE

四、判断题

1.《空气和废气　颗粒物中金属元素的测定　电感耦合等离子体发射光谱法》(HJ 777—2015)对空白滤筒的要求是滤筒中目标金属元素含量应小于等于排放标准限值的1/10，否则不符合要求，不能使用。(　　)

答案：正确

2. 根据《水质　65种元素的测定　电感耦合等离子体质谱法》(HJ 700—2014)，ICP-MS的采样锥和截取锥应经常清洗，避免样品基体沉积在其表面再蒸发电离形成记忆效应。(　　)

答案：正确

3.《水质　65种元素的测定　电感耦合等离子体质谱法》(HJ 700—2014)中要求每次分析样品均应绘制校准曲线，通常情况下相关性系数≥0.995。(　　)

答案：错误

正确答案：≥0.999。

4. ICP-OES 测定时连续背景和谱线重叠干扰属于电离干扰。(　　)

答案：错误

正确答案：连续背景和谱线重叠干扰属于光谱干扰。

5. ICP-MS 法存在的主要干扰有同量异位素干扰、多原子离子干扰、双电离离子干扰和难熔氧化物离子干扰。(　　)

答案：正确

6. ICP-MS 接口的功能是将等离子体中的离子有效传输到质谱中，它是由采样锥和截取锥组成的。(　　)

答案：正确

7. ICP-MS 离子源产生的等离子体中正离子数大于电子数，所以，等离子体宏观上呈现电正性的。(　　)

答案：错误

正确答案：等离子体中正负电荷总量相等，因此它是近似电中性的。

8. ICP-MS 所用的氩气纯度非常重要，通常要达到 99.99% 以上。氩气纯度差会导致等离子体不稳定。(　　)

答案：错误

正确答案：ICP-MS 所用的氩气纯度非常重要，通常要达到 99.999% 以上。氩气纯度差会导致等离子体不稳定。

9. ICP-MS 中，非质谱型干扰程度与样品基体性质有关，可通过内标法、仪器条件最佳化或标准加入法等措施进行消除。(　　)

答案：正确

10. ICP 光谱仪分光装置的作用是把复合光按照不同波长展开而获得光谱。(　　)

答案：正确

11. ICP 进样装置的性能对光谱仪的分析性能影响不大。(　　)

答案：错误

正确答案：ICP 进样装置的性能对光谱仪的分析性能有重大影响，仪器的检出限、测量精度、灵敏度与它有直接关系。

12. 等离子体是物质在高温条件下，处于高度电离的一种状态。由原子、离子、电子和激发态原子、离子组成，总体呈电学中性和化学中性，为物质在常温下的固体、液体、气体状态之外的第四状态。(　　)

答案：正确

13. 电感耦合等离子体发射光谱法（简称 ICP-OES），是以电感耦合等离子炬为激发光源的一类光谱分析方法。电感耦合等离子体焰炬自下而上温度逐渐升高。(　　)

答案：错误

正确答案：电感耦合等离子体焰炬自下而上温度逐渐降低。

14. 电感耦合等离子体原子发射光谱法的光谱干扰是指连续背景干扰和谱线重叠干扰。(　　)

答案：错误

正确答案： 还有杂散光干扰。

15. 电感耦合等离子体质谱仪使用调谐液的作用是对仪器的灵敏度、氧化物和双电荷进行调谐。(　　)

答案： 正确

16. 根据《水质　32 种元素的测定　电感耦合等离子体发射光谱法》(HJ 776—2015)，样品基体复杂时，为了消除光谱干扰，可以采用背景扣除法和干扰系数法。(　　)

答案： 正确

17. 用 ICP-OES 法测定水中金属元素，目前常用的、比较简便的校正元素间干扰的方法是基体匹配法和干扰系数法。(　　)

答案： 错误

正确答案： 目前常用的、比较简便的校正元素间干扰的方法是扣除背景法和干扰系数法。

18. 用 ICP-OES 法测定水中金属元素，在不同观测高度进行测定时，其灵敏度没有差异。(　　)

答案： 错误

正确答案： 在不同观测高度进行测定时，其灵敏度有差异。

19. 原子发射光谱分析法是以火焰、电弧、等离子炬等作为光源，使气态原子的外层电子受激发射出特征光谱进行定量分析的方法。(　　)

答案： 正确

20. 在 ICP-MS 分析中，尽量避免使用盐酸，是因为盐酸对锥孔的腐蚀严重。(　　)

答案： 错误

正确答案： 盐酸中的氯在等离子体中形成的多原子离子是一些痕量元素可用同位素的主要干扰。应尽量避免使用硫酸和磷酸，是因为硫酸和磷酸对锥孔的腐蚀严重。

21. 在离子聚集系统中，“空间电荷效应”导致的“质量歧视”直接影响离子传输效率以及整个质量范围内离子传输均匀性，这种效应在基体离子的质量大于分析离子质量时最为轻微。(　　)

答案： 错误

正确答案： 这种效应在基体离子的质量大于分析离子质量时最为显著。

22. 质谱仪分辨率是仪器对不同质量离子分离和对相同质量离子聚焦两种能力的综合表征，是衡量仪器性能的一个极其重要的指标。(　　)

答案： 正确

五、简答题

1. 电感耦合等离子体质谱常用的内标元素以及选择原则是什么？

答案：

(1) 常用内标：Li (6)、Sc (45)、Ge (72)、Y (89)、ln (115)、Tb (159)、Bi (209)

(2) 内标选择：样品溶液中不含有的元素，与分析元素质量接近，电离电位与分析元素相近，化学特征相近，不能是环境污染元素。

2. 简述电感耦合高频等离子焰炬的特点。

答案：

（1）由于高频感应电流的趋肤效应产生的电屏蔽大大地减缓了原子和离子的扩散，因而是非常灵敏的分析光源，一般元素的检测极限常低于 10^{-8}g/ml；

（2）激发温度高，可达 8 000 ～ 10 000K，能激发一些在一般火焰中难以激发的元素，且不易生成难熔金属氧化物；

（3）放电十分稳定，分析精密度高，偏差系数可小至 0.3%；

（4）等离子体的自吸效应很小，分析曲线的直线部分范围达 4 ～ 5 个数量级；

（5）基体效应小，化学干扰少，通常可用纯水配制标准溶液，或用同一套标准试样溶液来分析几种基体不同的试样；

（6）可同时进行多元素测定。

第八节　气相色谱法

一、填空题

1.《固定污染源废气　总烃、甲烷和非甲烷总烃的测定　气相色谱法》（HJ 38—2017）中，质量保证和质量控制中要求，校准曲线的相关系数应大于等于____________。

答案：0.995

2. 顶空气体分析法是依据____________原理，通过分析气体样来测定____________中组分的方法。

答案：相平衡　　平衡液相

3. 气相色谱程序升温的方式有____________升温和____________升温。

答案：线性　　非线性

4. 依据《固定污染源废气　总烃、甲烷和非甲烷总烃的测定　气相色谱法》（HJ 38—2017），用气相色谱法测定固定污染源中的非甲烷总烃时，气袋采集好的样品应避光保存尽快分析，一般放置时间不超过____________。

答案：48 h

5. 气相色谱柱的老化温度要高于分析时最高柱温 5 ～ 10℃，并低于固定液的最高使用温度，老化时色谱柱要与____________断开。

答案：检测器

6. FPD 是气相色谱____________检测器的英文缩写，主要用于检测含__________、__________杂原子的有机物。

答案：火焰光度　　硫　　磷

7. 依据《海洋监测规范　第 4 部分：海水分析》（GB 17378.4—2007），用气相色谱法测定海水中六六六和 DDT 时，所用的无水硫酸钠在使用前需经过____________℃灼烧 4 h 以上，冷却后密闭保存，有效期 1 个月。

答案：600

8.《固定污染源废气　酞酸酯类的测定　气相色谱法》（HJ 869—2017）中规定，每批样品不超过 20 个，至少带 2 个实验室空白，空白中酞酸酯类化合物含量____________。

答案：不超过测定下限

9. 气相色谱检测器的“线性范围”是____________。

答案：检测器呈线性时最大和最小进样量之比

10. 气相色谱常用的定量方法有外标法、内标法、____________、____________。

答案：叠加法　面积归一化法

11. 气相色谱法分离中等极性组分首先选用____________固定液，组分基本按沸点顺序流出色谱柱。

答案：中极性

12. 气相色谱法常用的质量型检测器有____________和____________。

答案：氢火焰离子化检测器（FID）　火焰光度检测器（FPD）

13. 气相色谱仪由气路系统、____________系统、____________系统、____________ 系统、温控系统和数据处理系统组成。

答案：进样　色谱柱　检测

14. 气相色谱检测器中，____________仅对电负性的物质有响应，特别适用于分析痕量卤代烃、硫化物、金属离子的有机螯合物、农药等。

答案：电子捕获检测器（ECD）

15. 载气在使用前通常要经过纯化处理，用电子捕获检测器需去除载气中元素原子电负性较强的物质，特别是____________ 的含量要尽量低；用氢火焰离子化检测器需把载气及燃气、助燃气中的____________有机化合物除去。

答案：氧气　烃类

16. 在一般固定相上，同系物成员按分子量大小顺序流出，在强极性固定相上组分常按极性从____________ 到____________ 的顺序流出。

答案：小　大

17. 色谱柱的理论塔板数越大，表示组分在色谱柱中达到分配平衡的次数越____________，固定相的作用越显著，对组分的分离越____________。

答案：多　有利

18. 气相色谱法的定性方法有____________定性、____________定性、____________定性和____________定性。

答案：保留值　标准加入法　双柱　选择性检测器

19. 气相色谱分析时，如果分析样品中组分多而且沸点相差大，设定分析柱温时，应采用____________方式。

答案：程序升温

20. 静态顶空分析方法的依据是____________原理，当气液两相达到____________ 后，分析气相样来测定液相样中的组分。

答案：相平衡　平衡

21. 根据《固定污染源废气　总烃、甲烷和非甲烷总烃的测定　气相色谱法》(HJ 38—2017)，总烃和甲烷样品分析前，采样容器内壁如有__________，则应放入__________中至__________消除。

答案：液滴凝结现象　　样品加热装置　　液滴凝结现象

22. 气相色谱法测定固体废物浸出中有机氯农药，可选择使用小口径（0.25 mmID 和 0.32 mmID）色谱柱或大口径（0.53 mmID）色谱柱，大口径色谱柱适用于__________的固废样品。

答案：基体比较复杂

23. 气相色谱法测定沉积物中六六六、DDT，采用微型活性炭层析柱进行净化，是去除提取液中的__________，避免其干扰六六六、滴滴涕的测定。

答案：多氯联苯

24. 浓硫酸净化是利用其强氧化性将脂肪、色素等杂质氧化破坏去除，如果待测化合物中包含__________和__________等酸不稳定的有机氯农药，选用浓硫酸净化方式会导致它们的分解，造成回收率偏低。

答案：狄氏剂　　艾氏剂　　异狄氏剂　　硫丹　　硫丹硫酸酯（答出任意两个得分）

25.《土壤和沉积物　有机氯农药的测定　气相色谱法》(HJ 921—2017）中规定，用活化铜粉处理沉积物样品提取液，去除__________杂质对 ECD 检测器测定的干扰。

答案：硫

26. 用活性炭管吸附采集污染源废气中苯系物样品后，对其解吸一般可采用__________法和__________法。

答案：有机溶剂解吸　　热解吸

27. 气相色谱分析中，载气仅起输送作用；而液相色谱分析中，流动相还要直接参加__________，使用小粒径填料可__________高效液相色谱的柱效。

答案：分配过程　　提高

28. 气相色谱法测定水中苯系物时，水样可用__________、__________和吹扫捕集等预处理方法。

答案：溶剂萃取　　顶空

29. 吹扫捕集－气相色谱法测定水样中丙烯醛时，使用__________气或__________气能很好地吹出水样中的丙烯醛。

答案：高纯氮　　氩

30. 气相色谱法中，评价毛细管柱性能的三项重要指标是__________、__________和__________。

答案：柱效　　表面惰性　　热稳定性

31. 依据《水和废水监测分析方法》(第四版)，气相色谱－火焰光度法测定水中有机磷农药时，常用的毛细管柱是__________。

答案：HR-1701 石英弹性毛细管柱

32. 依据《水和废水监测分析方法》(第四版)，气相色谱法测定水中五氯酚时，用 0.1 mol/L 的碳酸钠溶液反萃取能消除__________和__________的干扰。

答案：有机氯化合物（六六六、滴滴涕等）　多氯联苯类

33. 不少高灵敏度的检测器，如 FID、NPD、ECD 等往往用检出限表示仪器的性能，将产生__________倍噪声信号时，单位体积的载气或单位时间进入检测器的组分量称为检出限（$D=2N/S$），有时也用__________或__________作为检出限。

答案：2　最小检测量（MDA）　最小检测浓度（MDC）

34. 通过光离子化检测器（PID）可测量环境空气中的 VOCs。PID 使用了一个__________将有机物打成可被检测器检测到的__________。检测器测量离子化气体的电荷并将其转化为__________，电流被放大并显示出“ppm”浓度值。在被检测后，离子重新复合为原来的气体和蒸汽。PID 是一种__________检测器。

答案：紫外灯（UV）光源　正负离子　电流信号　非破坏性

35. 选择气相色谱分析的气化室温度时要考虑试样的__________、__________、__________和进样量等因素。

答案：挥发性　沸点范围　稳定性

36. 在气相色谱法中，常用的化学衍生物法有硅烷化、__________和__________。

答案：酰化　酯化

37. 气相色谱法分析非极性组分时应首先选用__________固液组，组分基本按__________顺序出峰，如烃和非烃混合物，同沸点的组分中__________大的组分先流出色谱柱。

答案：非极性　沸点　极性

38. 气相色谱分析内标法定量要选择一个适宜的__________，并要求它与其他组分能__________。

答案：内标物　完全分离

39. 电子捕获监测器常用的放射源是__________和__________。

答案：^{63}Ni　^{3}H

40. 气相色谱固定液热稳定性好，主要是指固定液在高温下不发生__________、交联和__________。

答案：聚合　分解

41. 气相色谱法分析非极性组分时应首先选用__________固定液，组分基本按__________出峰，如为烃和非烃混合物，同沸点的组分中__________大的组分先流出色谱柱。一般来说，沸点差别越小、极性越相近的组分其保留值的差别就__________，而保留值差别最小的一对组分就是__________物质对。

答案：非极性　沸点顺序　极性　越小　难分离

42. 分配系数只随__________、__________变化，与柱中两相__________无关。

答案：柱温　柱压　体积

43. 用气相色谱法分析多组分的有机化合物常用二根不同的色谱柱，其中一根用于__________，另一根用于__________。

答案：定性定量　辅助定性

44.《环境　甲基汞的测定　气相色谱法》（GB/T 17132—1997）适用于水和废水、沉积物、

____________、____________和人尿中甲基汞的测定。

答案：鱼体　人发

45.《水质　丙烯腈的测定　气相色谱法》（HJ/T 73—2001）规定丙烯腈的色谱柱为____________，验证柱为____________。

答案：GDX-502　GDX-102

46.《水质　氯苯类化合物的测定　气相色谱法》（HJ 621—2011）中规定，萃取液或净化后的萃取液，用____________和____________浓缩。

答案：旋转蒸发仪　氮吹仪

47. 根据《水质　烷基汞的测定　气相色谱法》（GB/T 14204—1993），测定烷基汞的过程中，实验室使用的____________、____________和____________，任何一种物品更换时，都必须做一次全程序空白。

答案：试剂　巯基棉　玻璃器皿

48. 应用静态顶空技术可分析____________和____________的有机化合物。

答案：挥发性　水溶性

49. 气相色谱分析用归一化法定量的条件是____________都要流出色谱柱，且在所用检测器上都能____________。

答案：样品中所有组分　产生信号

50. 气相色谱法常用的浓度型检测器有____________和____________。

答案：热导检测器（TCD）　电子捕获检测器（ECD）

二、单选题

1. 在下述气相色谱定性方法中，________最可靠。（　　）

A. 用文献值对照定性

B. 比较已知物和未知物的保留值定性

C. 用两根极性完全不同的柱子进行定性

D. 将已知物加入待测组分中，利用峰高增加的办法定性

答案：C

2. 在其他色谱条件相同时，若理论塔板数增加 4 倍，两个十分接近峰的分离度将增加________。（　　）

A. 1 倍　　B. 2 倍　　C. 3 倍　　D. 4 倍

答案：B

3. 下列条件中对气相色谱柱分离度影响最大的因素是________。（　　）

A. 载气种类　　B. 载气的流速　　C. 色谱柱的载体性质　　D. 色谱柱柱温

答案：D

4. 应用 GC 方法来测定痕量含卤素化合物，宜选用的检测器为________。（　　）

A. 热导池检测器　　B. 氢火焰离子化检测器

C. 紫外检测器　　D. 电子捕获检测器

答案：D

5. 用气相色谱法进行定量分析时，要求混合物中的每一个组分都出峰的是________。(　　)

A．外标法　　B．内标法　　C．归一化法　　D．标准加入法

答案：C

6. 温室气体监测经典方法之一是气相色谱法，这是一种高效的分离技术，监测甲烷用________检测。(　　)

A．FID　　B．TCD　　C．ECD　　D．NPD

答案：A

7. 用气相色谱法分析微量乙苯、苯乙烯，应选用的检测器为________。(　　)

A．TCD　　B．ECD　　C．FPD　　D．FID

答案：D

8. 根据《土壤和沉积物　石油烃（C_{10}～C_{40}）的测定　气相色谱法》（HJ 1021—2019），土壤和沉积物中的石油烃（C_{10}～C_{40}）经提取、净化、浓缩、定容后，用________进行检测。(　　)

A．火焰光度检测器　　B．热电导检测器

C．电子捕获检测器　　D．氢火焰离子化检测器

答案：D

9．气相色谱法测定水中的氯苯类化合物时，为去除氯苯类化合物提取液中的水分，常用的干燥剂是________。(　　)

A．无水氯化钠　　B．无水碳酸钠　　C．无水氢氧化钠　　D．无水硫酸钠

答案：D

10. SE-30、PEG-20M 气相色谱固定液的极性分别属于________。(　　)

A．非极性　非极性　　B．弱极性　中等极性

C．非极性　极性　　D．极性　极性

答案：C

11.《水质　有机磷农药的测定　气相色谱法》（GB/T 13192—1991）测定水中有机磷农药时，敌百虫转化为敌敌畏需在________条件下进行。(　　)

A．酸性　　B．中性　　C．碱性

答案：C

12. 顶空气相色谱法测定水中挥发性卤代烃用________检测器。(　　)

A．FPD　　B．ECD　　C．FID　　D．NPD

答案：B

13. 根据《水质　丙烯酰胺的测定　气相色谱法》（HJ 697—2014）测定水中丙烯酰胺时，需与________发生加成反应。(　　)

A．新生溴　　B．氯　　C．碘

答案：A

14. 用气相色谱法定量分析多组分样品时，分离度至少为________。(　　)

A．0.50　　B．0.75　　C．1.0　　D．1.5

答案：C

15. 吹扫捕集法交替测定高浓度和低浓度样品时可能会产生残留性污染，可采取测定完高浓度样品后分析一个________样品，以观察系统是否受到到污染。(　　)

A. 实验室纯水空白　B. 全程序空白　C. 低浓度实际　D. 运输空白

答案：A

16.《固定污染源废气　总烃、甲烷和非甲烷总烃的测定　气相色谱法》(HJ 38—2017)中非甲烷总烃的测定结果除另有说明外，一般以________计。(　　)

A. 甲烷　B. 碳　C. 甲烷 + 丙烷　D. 正己烷

答案：B

17. 气相色谱法测定环境空气和废气中挥发性卤代烃时，采样结束后，采样管应在 6 天内解吸完毕，________天内分析完毕。(　　)

A. 30　B. 10　C. 7　D. 6

答案：B

18. 气相色谱法测定水中有机氯农药时，提取水样中的有机氯农药在________条件下进行。(　　)

A. 酸性　B. 碱性　C. 中性

答案：C

19. 根据《环境空气　总烃的测定　气相色谱法》(HJ 604—2017)测定总烃时，气袋保存的样品，应在________内分析完毕。(　　)

A. 4 h　B. 6 h　C. 48 h　D. 7 天

答案：C

20. 依据《室内空气质量标准》(GB/T 18883—2002)，热解吸 - 气相色谱法测定室内空气中总挥发性有机物时，采样后将吸附管取下，密封采样管，样品可存放________天。(　　)

A. 4　B. 7　C. 10　D. 14

答案：D

21. 气相色谱分析时，柱温选择应考虑哪些因素？(　　)

A. 被测组分的沸点　B. 膜厚　C. 检测器灵敏度　D. 柱长

答案：A

22. 气相色谱分析中，与分离度无关的因素是________。(　　)

A. 柱子长度　B. 固定液的性质　C. 检测器的灵敏程度　D. 载气流速

答案：C

23. 制备气相色谱填充柱时，涂渍高温固定液宜选用________。(　　)

A. 抽空涂渍法　B. 加热回流法

答案：B

24. 依据《空气和废气监测分析方法》(第四版)，固体吸附气相色谱法测定空气或废气中硝基苯类化合物时，样品在 10 个之内和每 10 个样品应做一个平行样，平行样的相对偏差应________。(　　)

A. ≤10%　　B. ≤15%　　C. ≤25%　　D. ≤30%

答案：C

25. 依据《水质六六六、滴滴涕的测定　气相色谱法》（GB 7492—1987），气相色谱法测定水中有机氯农药时，萃取液用________净化后，用________洗至中性，然后上机测定。（　　）

A. 浓盐酸　　氯化钠溶液　　B. 浓硫酸　　硫酸钠溶液

C. 浓硝酸　　硝酸钠溶液　　D. 氢氧化钠　　纯水

答案：B

26. 气相色谱法中，下列________不是评价毛细管柱性能的重要指标。（　　）

A. 柱效　　B. 热稳定性　　C. 表面惰性　　D. 长度

答案：D

27. 以下检测器属于质量型检测器的是________。（　　）

A. ECD　　B. FID　　C. NPD　　D. 以上都是

答案：B

28.《水和废水监测分析方法》（第四版），吹扫捕集气相色谱法测定水中苯系物时，吹扫水样中的苯系物用________或________。（　　）

A. 氮气　　空气　　B. 氩气　　氮气

C. 高纯氮气　　氩气　　D. 氩气　　空气

答案：C

29. 依据《水质　挥发性卤代烃的测定　顶空气相色谱法》（HJ 620—2011），顶空气相色谱法测定水中挥发性卤代烃时，常用________定量。（　　）

A. 外标法　　B. 内标法　　C. 面积归一化法

答案：A

30. 依据《水质　烷基汞的测定　气相色谱法》（GB/T 14204—1993），气相色谱法测定烷基汞时，消除干扰物质对色谱柱的影响，主要是定期向色谱柱内注入________。（　　）

A. 饱和二氯化汞溶液　　B. 饱和氯化钾溶液

C. 饱和氯化钠溶液　　D. 二氯化汞苯饱和溶液

答案：D

31. 依据《水质　阿特拉津的测定　气相色谱法》（HJ 754—2015），气相色谱法测定水中阿特拉津应选用________检测器。（　　）

A. 氮磷　　B. 电子捕获　　C. 氢火焰　　D. 热导

答案：A

32. 用气相色谱分析苯和二甲苯的异构体，应选用________色谱柱。（　　）

A. 非极性　　B. 弱极性　　C. 中等极性　　D. 强极性

答案：D

33.《水质　挥发性卤代烃的测定　顶空气相色谱法》（HJ 620—2011）采用目标化合物的保留时间和标准样品的保留时间相比定性，目标化合物的保留时间偏差不应超过________。（　　）

A. 30 s　　B. 20 s　　C. 15 s　　D. 40 s

答案：A

34.《环境空气　多氯联苯混合物的测定　气相色谱法》（HJ 904—2017）规定，采样效率的动态保留效率控制在________。（　　）

A. 50%～150%　　B. 70%～130%　　C. 90%～110%　　D. 95%～105%

答案：A

35.《环境空气　苯系物的测定　活性炭吸附/二硫化碳解吸-气相色谱法》（HJ 584—2010）测定环境空气中苯系物，每批样品分析时，应该带一个校准曲线中间浓度校核点，中间浓度校核点测定值与校准曲线相应点浓度相对误差不超过________，若超过此范围应重新配制中间浓度点标准溶液。（　　）

A. 10%　　B. 20%　　C. 25%　　D. 30%

答案：B

36. 根据《环境空气　硝基苯类化合物的测定　气相色谱法》（HJ 738—2015）进行测定时，采用的检测器是________。（　　）

A. 氮磷检测器　　B. 氢火焰离子化检测器

C. 电子捕获检测器　　D. 热电导检测器

答案：C

37. 根据《水质　酚类化合物的测定　液液萃取/气相色谱法》（HJ 676—2013）测定水中酚类化合物时，水样应在________天内萃取，萃取液在4℃下避光保存，________天内完成分析。（　　）

A. 1　7　　B. 5　14　　C. 7　14　　D. 7　20

答案：D

38. 根据《水质　丙烯酰胺的测定　气相色谱法》（HJ 697—2014）测定水中丙烯酰胺时，萃取液使用 ________定容。（　　）

A. 乙酸乙酯　　B. 二氯甲烷　　C. 丙酮　　D. 正己烷

答案：A

39. 气相色谱固定液的选择性可以用________来衡量。（　　）

A. 保留值　　B. 相对保留值　　C. 分配系数　　D. 分离度

E. 理论塔板数

答案：B

40. 在气相色谱分析中，色谱峰特性与被测物含量成正比的是________。（　　）

A. 保留时间　　B. 保留体积　　C. 相对保留值　　D. 峰面积

E. 半峰宽

答案：D

41. 气相色谱法测定海水中有机磷农药，可选用氮磷检测器或________检测器检测。（　　）

A. 氢火焰　　B. 电子捕获　　C. 火焰光度

答案：C

42. 在气相色谱分析中所使用的溶剂应首先 ________。（　　）

A. 提纯　　B. 检验有无干扰物

C．不提纯就可使用　　D．蒸馏处理后使用

答案：B

43. 用气相色谱法分析农作物中含氯农药的残留量，应选用的检测器为________。(　　)

A．TCD　　B．ECD　　C．FID　　D．FPD

答案：B

44. FID 在使用时，空气和氢气的流量之比为________。(　　)

A．(10～15)：1　　B．1：1　　C．1：5　　D．1：(10～15)

答案：A

45. 气相色谱色谱柱的口径与柱效及柱负荷的关系为________。(　　)

A．色谱柱口径小，柱效高，柱负荷大

B．色谱柱口径小，柱效高，柱负荷小

C．色谱柱口径小，柱效低，柱负荷大

D．色谱柱口径小，柱效低，柱负荷小

答案：B

46. 在气相色谱分析中，衡量两组分分离好坏的指标是________。(　　)

A．灵敏度　　B．分离度　　C．不纯度　　D．保留时间

答案：B

47. 气相色谱法分析样品时，下列哪些原因可能引起色谱峰出现拖尾峰现象？(　　)

A．柱温过高　　B．检测器温度高

C．进样口受到污染　　D．载气流速过高

答案：C

48. 在气相色谱分析中，可使被测物保留时间缩短的操作是________。(　　)

A．增大流动相分子量　　B．增加塔板数

C．增大柱压力　　D．增加固定相的量

答案：C

49. 在使用 ECD 时，不应将________作为溶剂使用。(　　)

A．正己烷　　B．苯　　C．石油醚　　D．氯仿

答案：D

50. 下列色谱检测器中，非破坏性检测器是________。(　　)

A．FID　　B．NPD　　C．PID　　D．FPD

答案：C

51. 气相色谱法分析有机氯农药，对色谱系统进行降解检验一般采用________。(　　)

A．七氯　　B．异狄氏剂　　C．p', p'-DDE　　D．p', p'-DDT

答案：D

52. 根据《生活饮用水标准检验方法　农药指标 9.1 百菌清　气相色谱法》(GB/T 5750.9—2006)中所述内容测定水中百菌清时，常用________萃取。(　　)

A．苯　　B．丙酮　　C．石油醚　　D 三氯甲烷

答案：C

53. 气相色谱的分离原理是基于分配系数 K 的大小，对于气－固色谱法而言，各组分之间的分离是依据于________。(　　)

A. 溶解能力大小　　B. 沸点的高低　　C. 熔点的高低　　D. 吸附能力大小

答案：D

54. 根据《土壤质量　六六六和滴滴涕的测定　气相色谱法》(GB/T 14550—2003)进行测定时，采用的检测器是________。(　　)

A. 氮磷检测器　　B. 热电导检测器

C. 电子捕获检测器　　D. 火焰光度检测器

答案：C

55. 在气相色谱流出曲线上，两峰间距离决定相应两组分在两相间的________。(　　)

A. 分配系数　　B. 保留值　　C. 扩散速度　　D. 理论塔板数

答案：A

56. 气相色谱法测定环境空气或废气中苯系物时，________检测器不适合测定苯系物。(　　)

A. MSD　　B. FID　　C. ECD　　D. PID

答案：C

57. 气相或液相色谱系统中，被分离组分与固定液分子的类型越相似，它们之间的________。(　　)

A. 作用力越小，保留值越小　　B. 作用力越小，保留值越大

C. 作用力越大，保留值越大　　D. 作用力越大，保留值越小

答案：C

三、多选题

1. 依据《空气和废气监测分析方法》(第四版)，气相色谱法测定环境空气或废气中苯系物时，________适合用作采样吸附剂采集空气中的苯系物。(　　)

A. XAD-2　　B. Tenax-GC　　C. 活性炭　　D. Tenax-TA

答案：BCD

2. 在气相色谱法分析中，色谱特性与被测物含量无关的是________。(　　)

A. 保留时间　　B. 半峰宽　　C. 峰高　　D. 峰面积

答案：AB

3. 气相色谱法分析样品时，可能引起色谱峰出现拖尾现象的是________。(　　)

A. 柱温过高　　B. 柱温过低

C. 进样口受污染　　D. 载气流速过高

答案：BC

4. 依据《水和废水监测分析方法》(第四版)，气相色谱法分析水中苯系物时，水样可用的预处理方法有________。(　　)

A. 溶剂萃取　　B. 顶空　　C. 吹扫捕集

答案：ABC

5. 气相色谱柱老化的目的是________。(　　)

A．要赶走残存溶剂和某些挥发性杂质　　B．使固定液在载体表面更加均匀牢固

C．提高灵敏度　　D．提高出峰速度

答案：AB

6. 气相色谱法分析用微量注射器进样时，影响进样重复性的因素有针头________。

A．在进样器中的位置　　B．插入速度

C．停针时间　　D．拔出速度

答案：ABCD

7. 气相色谱法的特点是分离效能高以及________。(　　)

A．选择性好　　B．灵敏度高

C．分析速度快　　D．样品用量少和响应范围广

答案：ABCD

8. 在气相色谱法中，常用的化学衍生法有________。(　　)

A．硅烷化　　B．醇化　　C．酰化　　D．酯化

答案：ACD

9. 土壤中有机磷农药的测定常用的气相色谱检测器有________。(　　)

A．氮磷检测器　　B．电子捕获检测器

C．氢火焰离子化检测器　　D．火焰光度检测器

答案：AD

10. 气相色谱法常用的浓度型检测器有________。(　　)

A．热导检测器（TCD）　　B．电子捕获检测器（ECD）

C．氢火焰检测器（FID）　　D．火焰光度检测器（FPD）

答案：AB

11. 水样中挥发性有机物的提取方法主要有________。(　　)

A．吹扫捕集法　　B．顶空法　　C．液－液萃取法　　D．固相微萃取

E．离子交换法

答案：ABCD

四、判断题

1. 便携式气相色谱仪微氩离子检测器需要使用的载气是高纯氦气。(　　)

答案：错误

正确答案：便携式气相色谱仪微氩离子检测器需要使用的载气是高纯氩气。

2.《固定污染源废气　总烃、甲烷和非甲烷总烃的测定　气相色谱法》（HJ 38—2017）测定非甲烷总烃时，样品气体中含有氧气。因为非甲烷烃的量是总烃减去甲烷的差，可以不考虑氧峰的干扰。(　　)

答案：错误

正确答案：样品气体经甲烷柱，氧峰已与甲烷峰分开，但总烃柱得到的总烃峰中包含氧峰，故不能相互抵消，应予扣除。

3.《环境空气　多氯联苯的测定　气相色谱法》（HJ 903—2017）测定多氯联苯时，样品内标、连续校准的内标与曲线中间点的内标比较，峰面积（或峰高）变化应在 ±50% 以内。（　　）

答案：正确

4.《环境空气　总烃、甲烷和非甲烷总烃的测定　直接进样－气相色谱法》（HJ 604—2017）规定总烃色谱峰后出现的其他峰，不计入总烃峰面积。（　　）

答案：错误

正确答案：总烃色谱峰后出现的其他峰，应计入总烃峰面积。

5.《水质　挥发性卤代烃的测定　顶空气相色谱法》（HJ 620—2011）质量保证和质量控制中要求，每分析一批（20 个）样品至少做一个实验室空白，空白试验结果应低于 4 倍的方法检出限。（　　）

答案：错误

正确答案：空白试验结果应低于 2 倍的方法检出限。

6.《水质　氯苯类化合物的测定　气相色谱法》（HJ 621—2011）附录 B 中规定，采用浓硫酸－硝酸净化二硫化碳，硝化温度宜控制在 42.5℃。（　　）

答案：错误

正确答案：采用浓硫酸 - 硝酸净化二硫化碳，硝化温度宜控制在 45.2℃。

7. ECD 检测器灵敏度高且重现性好。（　　）

答案：错误

正确答案：ECD 检测器灵敏度高，但重现性差。

8. FID 检测器属于浓度型检测器。（　　）

答案：错误

正确答案：FID 检测器属于质量型检测器。

9.《固定污染源废气　总烃、甲烷和非甲烷总烃的测定　气相色谱法》（HJ 38—2017）中规定总烃指在本标准的规定条件下，在气相色谱的氢火焰离子化检测器上有响应的气态有机化合物的总称。（　　）

答案：正确

10. PID 的高灵敏度（10^{-9} 级）和可测定化合物种类多的特点使其成为便携式气相色谱仪的首选检测器。（　　）

答案：正确

11. 采用色谱归一化法定量的前提条件是试样中所有组分全部出峰。（　　）

答案：正确

12. 测定气相色谱法的校正因子时，其测定结果的准确度受进样量的影响。（　　）

答案：错误

正确答案：其测定结果的准确度不受进样量的影响。

13. 测定土壤中的石油烃（C_{10} ～ C_{40}）时，是指在能够被正己烷（或正己烷－丙酮）提取且不

被硅酸镁吸附，在气相色谱图上保留时间介于正癸烷（包含）与正四十烷（不包含）之间的有机化合物。(　　)

答案：错误

正确答案：在气相色谱图上保留时间介于正癸烷（包含）与正四十烷（包含）之间的有机化合物。

14. 程序升温时，色谱柱的温度必须按照组分的沸程设置相应的升温程序，连续地随时间线性升高，使柱温与组分的沸点相互对应，以使低沸点组分和高沸点组分在色谱柱中都有适宜的保留，色谱峰分布均匀且峰形对称。(　　)

答案：错误

正确答案：可以是非线性地逐渐升高。

15. 吹扫捕集－气相色谱法测定水中苯系物时，吹扫时间长短对苯系物的分析无影响。(　　)

答案：错误

正确答案：吹扫气的体积等于吹扫气的流速与吹扫时间的乘积。通常用控制气体体积来选择合适的吹出效率。气体总体积越大，吹出效率越高。但是总体积太大，对后面的捕集效率不利，会将捕集在吸附剂或冷阱中的被分析物吹落。因此，一般控制在 400 ～ 500 ml。

16. 顶空进样法是气相色谱的一种进样方法，适用于挥发性大的组分的测定。(　　)

答案：正确

17. 顶空气相色谱法测定水中苯系物中，制备样品时不同的振荡温度不会对分析结果产生影响。(　　)

答案：错误

正确答案：顶空法制备苯系物样品，不同的振荡温度会对分析结果产生影响。

18. 顶空气相色谱法测定水中挥发性卤代烃时，用预热到与顶空瓶中样品温度一致的注射器抽取已平衡好的气样。(　　)

答案：正确

19. 动态顶空气相色谱法又称为吹扫－捕集气相色谱法。(　　)

答案：正确

20. 对于毛细管柱的保护，主要是防止固定液的流失，因为固定液的大量流失会使毛细管柱变得容易断裂。(　　)

答案：错误

正确答案：因为固定液流失会使柱效能降低。

21. 根据《空气和废气监测分析方法》(第四版)，气相色谱法测定环境空气和废气中有机磷农药时，由于分析的不确定性，样品分析时可以使用另一根不同极性的色谱柱进行验证。如果在 DB-210 柱上进行分析，那么验证柱就应选择 DB-1701 柱。(　　)

答案：错误

正确答案：如果在 DB-1 或 DB-5 柱上进行分析，那么验证柱就应选择 DB-1701 或 DB-210 柱。

22. 根据《生活饮用水标准检验方法　农药指标 9.1 百菌清　气相色谱法》(GB/T 5750.9—2006)中所述内容测定水中百菌清时，石油醚是用作分析百菌清的萃取溶剂。(　　)

答案：正确

23. 根据《水质　挥发性有机物的测定　吹扫捕集 / 气相色谱法》（HJ 686—2014），分析水样中的挥发性有机物时要进行实验室空白、运输空白和全程序空白等空白检验，以确保分析结果的准确。（　　）

答案：正确

24. 根据《水质　挥发性有机物的测定　吹扫捕集 / 气相色谱法》（HJ 686—2014）测定水中挥发性有机物时，给出的是标准曲线内标法定量计算。（　　）

答案：错误

正确答案：外标法。

25. 根据《水质　松节油的测定　气相色谱法》（HJ 696—2014）测定水中松节油时，去除提取液中水分常用的试剂是无水硫酸钠。（　　）

答案：正确

26. 根据《土壤和沉积物　挥发性有机物的测定　顶空 / 气相色谱法》（HJ 741—2015）测定土壤和沉积物中挥发性有机物时，样品采集时需要搅动土壤和沉积物，以使样品混合均匀。（　　）

答案：错误

正确答案：样品采集时切勿搅动土壤及沉积物，以免造成土壤及沉积物中有机物的挥发。

27. 根据《土壤质量　六六六和滴滴涕的测定　气相色谱法》（GB/T 14550—1993）进行测定时，经常采用有机溶剂提取，经液液分配及浓硫酸净化或柱层析净化除去干扰杂质。（　　）

答案：正确

28. 邻苯二甲酸酯对气相色谱法测定水中有机氯农药有干扰，样品处理过程中应尽量避免使用塑料制品。（　　）

答案：正确

29. 毛细管气相色谱法分离复杂试样时，通常采用程序升温的方法来改善分离效果。（　　）

答案：正确

30. 毛细管色谱的色谱柱前需要采取分流装置主要是由于毛细管色谱柱对试样负载量很小；柱后采用“尾吹”装置可以提高检测器的灵敏度。（　　）

答案：正确

31. 气相色谱常用的检测器 ECD 是电子俘获检测器，它仅对那些能俘获电子的化合物，如卤代烃、含 N、O 和 S 等杂原子的化合物有响应。由于它灵敏度高、选择性好，多年来已广泛用于环境样品中痕量农药、多氯联苯等的分析，但要注意的是其重复性较差。（　　）

答案：正确

32. 气相色谱法测定环境空气和废气中挥发性卤代烃时，应定期测定吸附管前后活性炭的空白。（　　）

答案：错误

正确答案：每使用一批新的采样管时，均应测定吸附管前后活性炭的空白。

33. 气相色谱法测定环境空气或废气中苯系物时，用于洗脱采样管中苯系物的二硫化碳为分析纯，且需经纯化处理，色谱分析检验无干扰峰后，常温下保存备用。（　　）

答案：错误

正确答案：纯化处理后的二硫化碳，应在冰箱内保存备用。

34. 气相色谱法测定水中氯苯类化合物时，为去除氯苯类化合物提取液中的水分，常用的干燥剂是无水氯化钠。(　　)

答案：错误

正确答案：常用的干燥剂是无水硫酸钠。

35. 气相色谱法测定水中有机磷农药时，为了保证敌百虫的转化率，需随时用 pH 试纸监测反应液的 pH。(　　)

答案：错误

正确答案：在试样处理时，用 pH 计调节，不能用 pH 试纸。

36. 气相色谱法测定水中有机氯农药时，提取水样中的有机氯农药在酸性条件下进行。(　　)

答案：错误

正确答案：提取水样中的有机氯农药在中性条件下进行。

37. 气相色谱法测定中，随着进样量的增加，理论塔板数上升。(　　)

答案：错误

正确答案：气相色谱法测定中，理论塔板数与进样量无关。

38. 气相色谱法中，评价毛细管柱性能的 3 项指标是柱效、表面惰性和热稳定性。确定色谱柱分离性能好坏的指标是柱效能、选择性和分离度。(　　)

答案：正确

39. 气相色谱法中，色谱峰的峰高是峰的顶点与基线之间的距离。(　　)

答案：正确

40. 气相色谱分离过程中的色散力是非极性分子间唯一的相互作用力。(　　)

答案：正确

41. 气相色谱分析的最小检出量指检测器恰能产生与噪声相区别的响应信号时所需进入色谱柱的物质的最小量。(　　)

答案：正确

42. 气相色谱分析时，载气在最佳线速下，柱效高，分离速度较快。(　　)

答案：错误

正确答案：气相色谱分析时，载气在最佳线速下，柱效高，分离速度较慢。

43. 气相色谱分析时，组分在气－液两相间的分配比越大，保留时间越短。(　　)

答案：正确

44. 气相色谱分析时进样时间应控制在 1 s 以内。(　　)

答案：正确

45. 气相色谱分析中，分离非极性组分一般选用非极性固定液。(　　)

答案：正确

46. 气相色谱分析中，溶质的比保留体积受柱长和载气流速的影响。(　　)

答案：错误

正确答案：不受柱长影响。

47. 气相色谱固定液必须不能与载体、组分发生不可逆的化学反应。(　　)

答案：正确

48. 气相色谱检测器中，凡非破坏性检测器均为浓度型检测器。(　　)

答案：正确

49. 气相色谱中，流动相不与样品分子发生作用，仅靠选择固定相；液相色谱中两相（固定相、流动相）都与样品分子发生相互作用。(　　)

答案：正确

50. 氢气具有较大的热导系数，作为气相色谱的载气，具有较高的检测灵敏度，但其分子质量较小也使速率理论中的分子扩散项增大，使柱效降低。(　　)

答案：正确

51. 氢火焰离子化检测器使用的空气、氢气及载气中，只有载气需要除去含碳有机物，其他气体不用除去含碳有机物。(　　)

答案：错误

正确答案：气体中存在机械杂质或载气含有微量有机杂质时，对于基线的稳定性影响较大，因此要保证管路的干净并且使用高纯度载气。

52. 色谱内标法比外标法的准确性较高，但前提是仪器稳定性高和操作重复性好。(　　)

答案：错误

正确答案：色谱外标法的准确性较高，但前提是仪器稳定性高和操作重复性好。

53. 色谱柱的分离度表示一定的分离条件下两个组分在某个色谱柱上分离的好坏。(　　)

答案：正确

54. 填充柱的载体颗粒越小，柱效越好，因此粒度越小越好。(　　)

答案：错误

正确答案：柱压降随填料粒度的减小却急剧上升。

55. 通常检测器的基线稳定性可用噪声和漂移两个指标来衡量。(　　)

答案：正确

56. 吸附－热脱附（热解吸）进样气相色谱法测定环境空气或废气中苯系物时，热解吸仪的解吸温度和时间是可调节的，但载气流速不可调节。(　　)

答案：错误

正确答案：热解吸仪的解吸温度、时间、载气流速都可调节。

57. 下述气相色谱固定相甲基硅氧烷、苯基硅氧烷、聚乙二醇、三氟丙基硅氧烷，极性最强的是聚乙二醇，极性最弱的是三氟丙基硅氧烷。(　　)

答案：错误

正确答案：极性最弱的是甲基硅氧烷。

58. 用吹扫－捕集气相色谱法分析水样时，吹扫出的气体样品会含有许多水分，有可能会干扰色谱测定，因此要除去水分。(　　)

答案：正确

59. 用气相色谱法测定氯苯类化合物时，六六六、滴滴涕和PCB等有机氯化合物在色谱柱上的保留时间与氯苯类化合物不同，而不会干扰氯苯类的测定。(　　)

答案：正确

60. 用于气相色谱分析样品的采集方法主要有直接采集法、浓缩采集法和化学反应采集法。(　　)

答案：正确

61. 载气中含氧量高时，会使极性固定相柱的保留特性发生变化，而对非极性固定相柱的保留特性影响不大。(　　)

答案：错误

正确答案：载气中含氧量高时，无论是极性或非极性固定液柱的保留特性，都会随使用时间的增加而发生变化。

62. 在火焰光度检测器上，有机硫、磷的检测限比碳氢化合物高约一万倍，因此可以排除大量的溶剂峰和碳氢化合物的干扰，非常有利于痕量有机硫、磷化合物的分析。(　　)

答案：错误

正确答案：在火焰光度检测器上，有机硫、磷的检测限比碳氢化合物低约一万倍，因此可以排除大量的溶剂峰和碳氢化合物的干扰，非常有利于痕量有机硫、磷化合物的分析。

63. 在气相色谱分析中，分子量较小的载气有较小的扩散系数。(　　)

答案：错误

正确答案：分子量较小的载气有较大的扩散系数。

64. 在气相色谱检测器中，TCD是质量型检测器，FID检测器属于浓度型检测器。(　　)

答案：错误

正确答案：在气相色谱检测器中，TCD是浓度型检测器，FID检测器属于质量型检测器。

65. 在色谱分离过程中，单位柱长内，组分在两相间的分配次数越多，分离效果越好。(　　)

答案：正确

66. 在色谱流出曲线上，相邻两峰间距离决定于理论塔板数。(　　)

答案：错误

正确答案：在色谱流出曲线上，相邻两峰间距离决定于分配比。

67. 根据《水质　甲醇和丙酮的测定　顶空/气相色谱法》(HJ 895—2017)，在使用顶空气相色谱法分析甲醇和丙酮时，色谱出峰顺序分别为甲醇和丙酮。(　　)

答案：错误

正确答案：《水质　甲醇和丙酮的测定　顶空/气相色谱法》(HJ 895—2017)色谱出峰顺序分别为丙酮和甲醇。

68. 在一定温度和压力下，组分在固定相和流动相中平衡浓度的比值称为容量因子。(　　)

答案：错误

正确答案：在一定温度压力下，组分在固定相和流动相之间分配达到平衡时的浓度比值称为分配系数。

69. 增大载气流速，塔板高度降低，减小待测物的保留时间。(　　)

答案：错误

正确答案：载气流速较低时，分子扩散项成为影响柱效的主要因素，载气流速增加，塔板高度降低，柱效增加。

五、简答题

1. 简述分析土壤中有机氯农药的主要方法（主要的前处理和仪器分析方法），如何去除硫干扰？

答案：根据相似相溶原理，有机氯农药可以用正己烷（二氯甲烷）等有机溶剂进行萃取，为了去除硫干扰，可以加铜粉、金属汞和四丁基铵盐离子来消除元素硫的干扰。

可以采用索氏提取（震荡提取、超声萃取、微波萃取、加速溶剂萃取）—浓缩—浓硫酸纯化（固相小柱净化、GPC 净化）—浓缩—气相色谱法（ECD、GCMS）。

2. 气相色谱法分析误差产生的原因主要有哪些？

答案：（1）取样进样技术；

（2）样品吸附分解；

（3）检测器性能；

（4）仪器的稳定性；

（5）数据处理与记录。

3. 顶空气相色谱法测定水中挥发性卤代烃时，如何保证顶空法处理样品的精密度？

答案：使用标准化的顶空瓶且密封性好；严格控制气 - 液两相体积比；每个样品的平衡温度和平衡时间一致；进样量要准确一致。

4. 毛细管柱气相色谱分析时，加尾吹气的目的是什么？

答案：为了减少柱后死体积，提高灵敏度。

5. 色谱分离时，哪些原因会使色谱峰变宽？

答案：（1）样品引入分析柱过程太长。包括进样器温度太低。排除方法：提高进样器温度；进样太慢，排除方法：采用快速平稳进样技术。

（2）分析柱填充不均匀。

（3）固定相膜厚度过厚。

（4）样品溶剂与检测器之间相互影响，如二氯甲烷与 ECD 之间。排除方法：更换样品溶剂。

6. 气相色谱中常用的检测器有哪些？

答案：FID（氢火焰离子化检测器）、NPD（氮磷检测器）、FPD（火焰光度检测器 / 硫磷检测器）、ECD（电子捕获检测器）、TCD（热导检测器）、MSD（质谱检测器）。

7. 气相色谱分析中，柱温的选择主要考虑哪些因素？

答案：（1）被测组分的沸点；（2）固定液的最高使用温度；（3）检测器灵敏度；（4）柱效。

8. 气相色谱分析中，气化室温度会对色谱柱效产生怎样的影响？

答案：如果气化室温度选择不当，会使柱效降低。当气化室温度低于样品沸点时，样品气化的时间变长，使样品在柱内分布加宽，因而柱效会下降。而当气化室温度升至足够高时，样品可以瞬间气化，其柱效恒定。

9. 简述气相色谱检测器的原理。目前环境监测的常用检测器有哪些？

答案：检测器是在待测化合物经分离后，进入检测器通过物理、化学或物理化学的方法将先后流出的各个组分转变为如电流、电压的测量信号，然后进行定性和定量分析。检测器要求稳定性好、灵敏度高、线性范围宽，响应快和死体积小。目前在环境监测中常用的检测器有氢火焰离子化检测器（FID）、电子捕获检测器（ECD）、火焰光度检测器（FPD）、氮磷检测器（NPD）和质谱检测器（MSD）等。

10. 简述气相色谱中质量型检测器的概念，并举出至少三种常见的质量型检测器。

答案：质量型检测器（mass detector）在一定浓度范围（线性范围）内，响应值 R（检测信号）大小与单位时间内通过检测器的溶质的量（被测溶质质量流速）成正比，即响应值 R 与单位时间内进入检测器中的某组分质量成正比 $R \propto \mathrm{d}m/\mathrm{d}t$；质量型检测器其峰高响应值与流动相流速成正比，而积分响应值（峰面积）与流速无关。这类检测器较少，常见的有氢火焰离子化检测器（FID）、火焰光度检测器（FPD）、氮磷检测器（NPD）、质谱检测器（MSD）等。

11. 简述造成色谱峰拖尾的原因，至少写出 5 个。

答案：（1）柱或进样器温度太低；（2）两个化合物共洗脱；（3）系统死体积太大；（4）衬管或柱吸附活性样品；（5）柱损坏或污染；（6）色谱柱选用不合适；（7）色谱柱吸附。

12. 简述气相色谱常用的定性、定量方法有哪些？

答案：（1）定性方法包括：用已知保留值定性；根据不同柱温下的保留值定性；根据同系物保留值的规律关系定性；双柱、多柱定性；双检测器定性或利用检测器的选择性定性；利用其他物理方法结合定性，如质谱；利用化学反应或物理吸附作用对样品进行预处理。

（2）定量方法包括：外标法、内标法、叠加法、归一化法。（定量、定性各回答出三种方法可得满分）

13. 气相色谱分析中选用的固定液应满足那些要求？

答案：（1）能使待测组分完全分离；（2）在选用的温度下蒸气压低、黏度小；（3）化学性能稳定，成分一致；（4）固定液的流失物在选定的检测器上应无很强的响应。

六、计算题

1. 气相色谱法测定环境空气或废气中苯系物时，某苯系物样品采样体积为 1.00 L，样品热脱附后全部进样，得到苯峰高 78.56 pA，而全程序空白为 1.15 pA（同样条件）。已知吸附管解吸浓度为 12.21 mg/m^3 的苯标准气 1 L 进样时，峰高为 35.24 pA，试计算该样品中苯的浓度。

答案：[（78.56−1.15）×12.21×1.00] / [（35.24−1.15）×1.00] =27.7（mg/m^3）

2. 用气相色谱法测定某废水中对硫磷，取水样 500 ml 用有机溶剂萃取，最后浓缩定容到 20.0 ml，进样 2 μl，测得样品峰高 100 mm。同样条件下，进样 1 μl 浓度为 20.0 mg/L 的对硫磷标准液，标准组分峰高 200 mm，计算废水中对硫磷的浓度（mg/L）。

答案：对硫磷浓度 =20 /200×100/2×20/500=0.20（mg/L）

3. 热解吸－气相色谱法测定室内空气中总挥发性有机物，某样品采样体积为 11.3 L（标准状况），样品热解吸后进样，得到苯峰高为 25.78 pA，甲苯峰高为 30.34 pA，邻二甲苯峰高为 16.12 pA，未识别峰高共为 19.37 pA，已知 50 ng 的苯、甲苯和邻二甲苯峰高分别为 40.25 pA、36.62 pA 和 30.75 pA，并且空白样品中未检出挥发性有机物，试计算该样品中 TVOC 的浓度。

答案：苯浓度为：25.78×50/40.25/11.3=2.83（μg/m^3）

甲苯浓度为：30.34 × 50/36.62/11.3=3.67（$\mu g/m^3$）

邻二甲苯浓度为：16.12 × 50/30.75/11.3=2.32（$\mu g/m^3$）

未识别物质浓度为：19.37 × 50/36.62/11.3=2.34（$\mu g/m^3$）

TVOC 的浓度为：2.83 ＋ 3.67 ＋ 2.32 ＋ 2.34=11.2（$\mu g/m^3$）

七、分析题

1. 用气相色谱法分析土壤或者沉积物中的有机氯农药，应采用什么方法确保目标物的定性结果准确。

答案：根据目标化合物的保留时间定性，样品分析前，应建立保留时间窗口 $t \pm 3S$，t 为 72 h 内标准系列溶液中某目标化合物时间的平均值，S 为标准系列溶液中某目标保留时间平均值的标准偏差。当分析样品时，目标物保留时间应在保留时间窗口内。

当分析色谱柱上有目标物检出时，须用另一根极性不同的色谱柱辅助定性。目标物在双柱上均检出时，视为检出，否则视为未检出。

2. 用毛细管柱 GC-FID 法分析某标准混合样，该标准样品中的组分为苯、甲苯、乙苯、间二甲苯、邻二甲苯、对二甲苯和乙酸丁酯 7 种，分流进样，得到的色谱图如下图所示（已屏蔽溶剂峰），请分析该谱图中有哪些问题，如何改进？

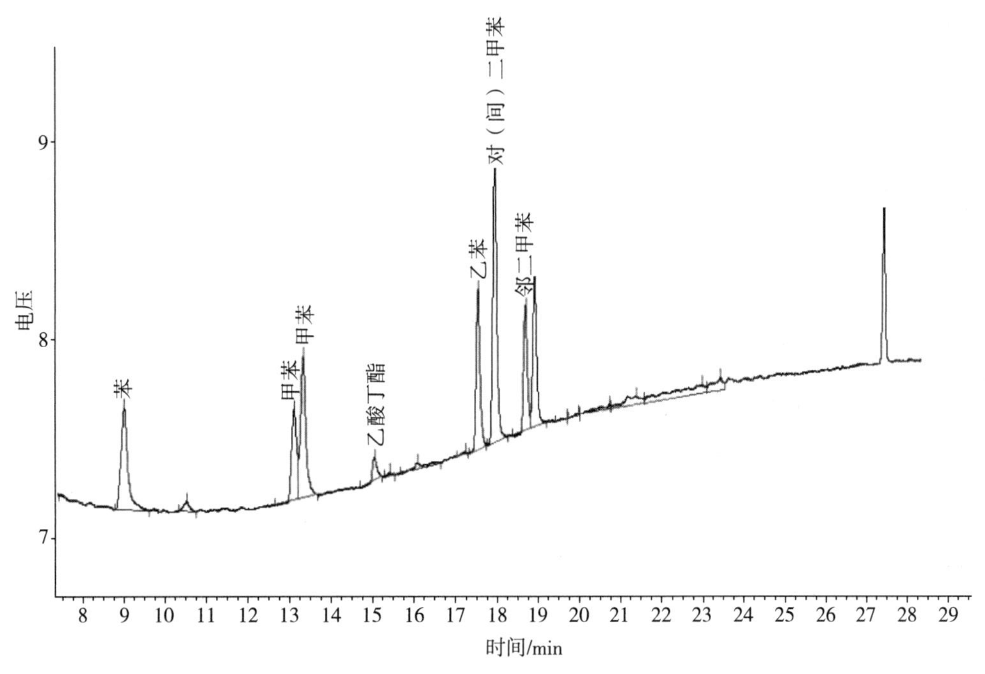

答案：

（1）甲苯分裂为 2 个峰，原因：进样衬管污染，应更换里面的石英棉。

（2）图中有 2 个明显的"鬼峰"，原因：溶剂空白中引入；进样口硅胶垫污染，或硅胶垫使用时间长，有碎屑进入汽化室；进样口、检测器或衬管和分流平板等受到污染；色谱柱未充分老化，或长时间使用、柱头被污染。

解决办法：分析溶剂空白，看空白的谱图中是否存在"鬼峰"；检查、更换硅胶垫；清洗进样口、分流平板、检测器，清洗或更换衬管；截去受污染的柱头部分，老化柱子，分析组分复杂的样品后，要对色谱柱进行吹扫、烘烤以清除柱中的残留。

（3）对、间二甲苯分不开，原因：二者为同分异构体，性质相似。应更换其他类型（极性更强）的色谱柱，可实现基线分离。

（4）色谱基线上飘，原因：气体污染（载气、燃气等不纯）；流量不稳；色谱系统污染：包括进样口污染（包括进样隔垫吹扫气不足、衬管污染、柱头口污染）、色谱柱未充分老化、色谱柱污染、检测器污染、色谱柱固定相流失等。

解决办法：更换纯度高的气体；检查气体流量控制系统，排除进样隔垫泄漏、进样口未旋紧、色谱柱密封口密封差等，消除流量不稳因素；更换进样隔垫、污染衬管，截去受污染的柱头部分、老化色谱柱，清洗检测器等，排除色谱系统污染。

3. 下图是某实验室按标准《水质　挥发性卤代烃的测定　顶空气相色谱法》（HJ 620—2011）测定某水质样品时获得的谱图。请根据标准相关内容及谱图作答。

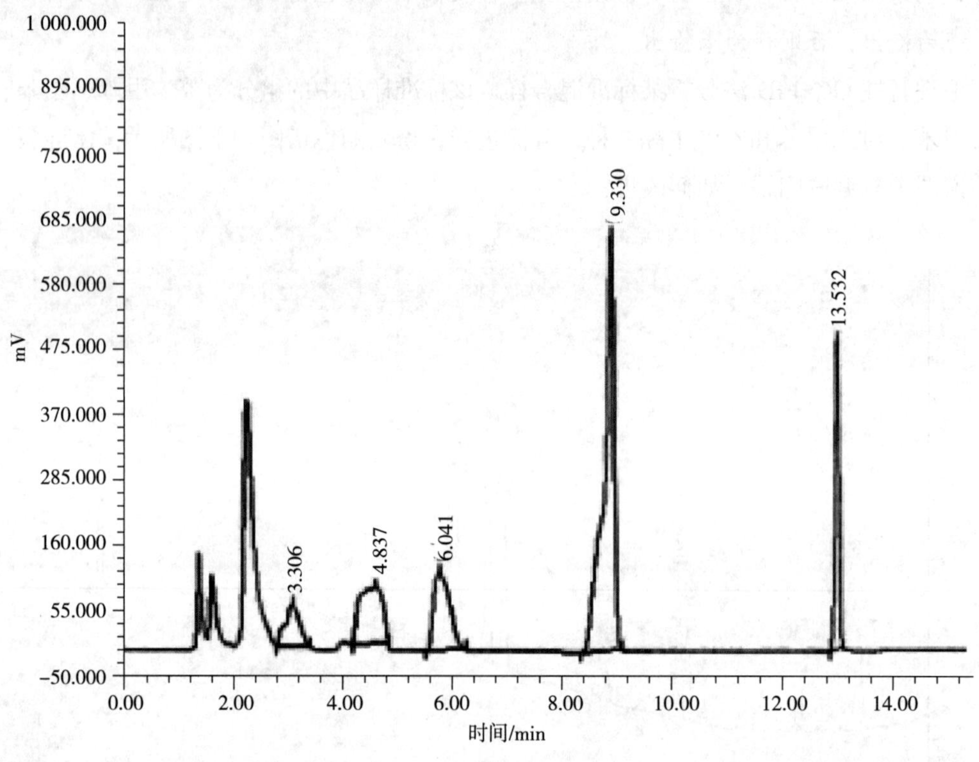

分析结果

峰序	组分名	保留时间 / min	半峰宽 / min	峰高 / uV	峰面积 / uV*S	峰面积 %
1	三氯甲烷	3.306	0.278	66 591.9	1 276 269.4	6.990 4
2	四氯化碳	4.837	0.533	87 599.9	2 662 921.5	14.536 8
3	三氯乙烯	6.041	0.377	122 436.2	2 743 431.9	15.032 7
4	四氯乙烯	9.330	0.149	657 179.1	9 046 730.3	49.571 9
5	三溴甲烷	13.532	0.080	490 703.6	2 530 371.8	13.865 3
			总计：	1 424 510.6	18 249 722.9	100.000 0

问题 1：简述对于特定废水样品，不考虑本标准指定的检测条件，采用顶空气相色谱法分析水中挥发性卤代烃，哪些实验条件的设置会对实验结果产生影响？

问题 2：如上所示废水样品检测谱图，请判断开展该样品检测时是否达到最佳样品检测条件。陈述理由并做简单分析。

问题 3：已知几种目标化合物的标准曲线如下表所示，请根据谱图及给出的标准曲线，报告你认为定性准确的目标物浓度。

序号	目标物	标准曲线
1	三氯甲烷	W=−0.068974+9.010951×10^{-7}×A，r=0.99782
2	四氯化碳	W=−0.173481+3.650491×10^{-7}×A，r=0.99810
3	三氯乙烯	W=−0.198070+4.050630×10^{-7}×A，r=0.99792
4	四氯乙烯	W=−0.231862+1.324503×10^{-7}×A，r=0.99923
5	三溴甲烷	W=−0.539361+6.085057×10^{-7}×A，r=0.99952

答案：

问题 1：

①顶空条件：顶空气液比、顶空样品加热平衡时间及温度、是否添加无机盐。

②色谱条件：色谱柱选择、色谱分析条件（如气化室温度、程序升温条件、检测器温度、载气流速、分流比、尾吹气等）。

问题 2：

没有达到最佳样品检测条件。

图中所示，除保留时间为 13.532 min 的三溴甲烷为比较对称的尖峰，其他四种目标物的半峰宽较大，出现不同程度的前延、分离不彻底等现象，既有可能是顶空条件和色谱条件设置不合理导致的目标物出峰不规则，也有可能是色谱条件设置不合理，废水中含有干扰测定的其他化合物没有有效分离，因此无法进行准确定性和定量。

问题 3：

根据谱图，只有三溴甲烷实现了较好的分离，定性准确无误。

W（三溴甲烷）=−0.539361+6.085057×10^{-7}×2530371.8=1.0（μg/ml）

4. 气相色谱法测定环境空气和废气中有机氯农药和多氯联苯类化合物时，DDT 的进样量为 50 ng，DDE 和 DDD 的检出量分别为 3 ng 和 5 ng，异狄氏剂的进样量为 50 ng，异狄氏剂醛和异狄氏剂酮的检出量分别为 2 ng 和 4 ng，试计算 DDT 和异狄氏剂的百分降解量，并说明该仪器是否满足有机氯农药的分析要求。

答案：DDT 的百分降解量 =［（DDE+DDD）的检出量 /DDT 的进样量］×100%=［（3+5）/50］×100%=16%＜20%。

异狄氏剂的百分降解量 =［（异狄氏剂醛 + 异狄氏剂酮）的检出量 / 异狄氏剂的进样量］×100%=［（2+4）/50］×100%=12%＜20%。

DDT 和异狄氏剂总的降解量为 16%+12%=28%＜30%，该仪器满足有机氯农药的分析要求。

5. 当用气相色谱法分析沸点为 160 ～ 180℃的一组极性差异不大的有机物（有同分异构体）时，

色谱仪条件为：气化室温度：150℃，检测器：170℃，色谱柱为 30 m 非极性毛细管色谱柱，初始温度为 100℃（1 min），然后以 20℃ /min 升至 180℃（2 min）。上面列举的分析条件你认为合适吗？为什么？

答案：

不合适。

（1）气化室温度设定得不够高，为了保证分析样品中的组分都能完全气化，一般气化室温度比柱温高 30 ～ 70℃或比样品组分中最高的沸点高 30 ～ 50℃，所以应该设置在 210 ～ 250℃；

（2）检测器的温度也要高于柱温，最好还要高于气化室的温度 10 ～ 50℃，防止高沸点的物质残留在检测器内，影响检测器的使用。

（3）非极性色谱柱很难将沸点和极性差异不大的有机物完全分离，尤其是有同分异构体的时候，应选用 30 m 强极性的色谱柱。

（4）程序升温的条件不合适，20℃ /min 速度太快，对于沸点差别不大的一组有机物，应该选择程序速度慢的条件如 5℃ /min，以保证它们的分离。

6. 某实验室在做某企业排气筒废气中非甲烷烃测试时，按照《固定污染源废气　总烃、甲烷和非甲烷总烃的测定　气相色谱法》（HJ 38—2017）首先用塑料注射针筒按照 1：4 的比例用除烃空气将高浓度的甲烷标气逐级稀释至 1.00 μmol/mol、2.00 μmol/mol、4.00 μmol/mol、8.00 μmol/mol 和 16.0 μmol/mol 的标准系列。将标准系列气体依次通过六通阀进入气相色谱仪检测，并计算绘制总烃、甲烷的标准曲线。其中某个废气样品的总烃值为 13.6 mg/m^3，甲烷值为 5.05 mg/m^3，则非甲烷计算为 8.55 mg/m^3。请分析该实验室此样品检测过程是否符合 HJ 38—2017 的要求？并说明具体原因。

答案：

该实验室此样品检测不符合 HJ 38—2017 的要求。

（1）首先甲烷标准系列气体不能用塑料注射针筒稀释；

（2）除烃空气不可以做稀释气体；

（3）稀释比应为 1：1；

（4）标准系列只配制了低浓度曲线，未配制高浓度曲线，该样品总烃值超过曲线最高浓度（曲线最高浓度为 16.0 μmol/mol，换算单位后应为 11.4 mg/m^3），不准确；

（5）非甲烷烃计算结果是以碳计，而总烃和甲烷的结果是以甲烷计，所以二者之差需乘以 12 除以 16 才是非甲烷烃的结果。

八、论述题

请比较气相色谱法与液相色谱法应用范围的不同点。

答案：

气相色谱：气相色谱法具有分离能力好，灵敏度高，分析速度快、操作方便等优点。但是受到技术条件的限制，沸点太高的物质或者热稳定性差的物质都难以应用气相色谱法进行分析，一般 500℃以下不易挥发或者受热易分解的物质部分可采用衍生化或者裂解法分析。

液相色谱：液相色谱法只要求能够制成溶液，而不需要气化，因此不受试样挥发性的限制。对于高沸点、热稳定性差、相对分子量大（400 以上）的有机物（大概 75% ～ 80% 的有机物）原则上都可应用高效液相色谱法进行分离、分析。

据统计，在已知化合物中，能用气相色谱分析的大概 20%，而能用液相色谱分析的为 70% ～ 80%。

第九节　气相色谱—质谱法

一、填空题

1.《环境空气　挥发性有机物的测定　罐采样 - 气相色谱 - 质谱法》（HJ 759—2015）中，采集样品可采用瞬时采样和____________采样两种方式。

答案：恒定流量

2.《水质　挥发性有机物的测定　吹扫铺集 / 气相色谱 - 质谱法》（HJ 639—2012）测定水中挥发性有机物的方法原理是：样品中的挥发性有机物吹扫后吸附于捕集管中，将捕集管____________并以高纯氦气____________，被热脱附出来的组分经气相色谱分离后，用质谱仪进行测定。

答案：加热　　反吹

3. 全扫描的质量范围覆盖被测化合物的分子离子和碎片离子的质量，得到的是化合物的____________，可用来进行谱库检索。

答案：质谱图

4. GC-MS 化学电离源（Chemical Ionization Source，CI）是首先利用灯丝发出的电子将反应气电离，然后通过样品____________和反应气（或反应试剂）____________之间的反应使样品分子电离。

答案：分子　　离子

5.GC-MS 的____________ 对真空度要求最高。

答案：质量分析器

6. 便携式 GC-MS 的进样模块（进样方式）主要有____________进样、____________进样、____________进样等三种。高浓度样品用____________分析，低浓度样品用____________分析。

答案：探头　　顶空　　固相微萃取　　定量环　　吸附管

7.GC-MS 旋转式机械泵是利用工作室容积周期性增大或减少的原理来抽气的，气体总会从高压端泄漏到低压端，因此常用____________、有一定黏度的____________来密封，以达到较高的极限真空。

答案：蒸气压低　　油

8. GC-MS 的定量方式有____________ 和____________。

答案：全扫描　　选择离子检测

9.《水质　丁基黄原酸的测定　吹扫捕集 / 气相色谱 - 质谱法》（HJ 896—2017），水中丁基黄原酸在酸性条件下分解产生____________ ，通过测定____________ 间接确定水中丁基黄原酸浓度。

答案：二硫化碳　　二硫化碳

10. 三重四极杆质谱的子离子扫描方式中，第一个质量分析器扫描指定____________的离子，第二个质量分析器扫描指定母离子产生的____________离子，可获得待测化合物的____________信息。

答案：质量　　碎片　　结构

11. 四极杆质量分析器中通常升高直流峰宽补偿电压会____________峰宽。

答案：降低

12. 实现气相色谱质谱联用（GC-MS）的关键装置是____________，起到____________和匹配两者工作气体的作用。

答案：接口装置　　传输试样

13. 根据《便携式气相色谱 - 质谱联用仪技术要求及实验方法》，质量分辨率是指分辨两个相邻质谱峰的能力，以某离子峰峰高 50% 处的峰宽度（$W_{1/2}$）表示，简称____________，单位为____________。

答案：半峰宽　　amu

14.《水质　酚类化合物的测定　气相色谱 - 质谱法》（HJ 744—2015）规定，采集样品时不能用水样预洗采样瓶，样品采集后，需将水样调节至 pH____________。

答案：≤ 2

15. 质谱仪的三个最重要指标是：质量范围、____________和灵敏度。

答案：分辨率

16. 根据《水和废水监测分析方法》（第四版）中液液萃取 GC-MS 法测定水中半挥发性有机物时，需要分别在碱性和酸性条件下萃取，酸性条件下是指将水相 pH 调节至小于________，碱性条件是指将水相 pH 调节至大于____________。

答案：2　　11

17. 测定土壤和沉积物中挥发性有机物宜选用____________、____________、____________作内标物

答案：氟苯　　氯苯 -D5　　1,4- 二氯苯 -D4

18. 质谱仪由____________、进样系统、____________、质量分析器、检测器、计算机和____________组成。

答案：真空系统　　离子源　　数据处理系统

19.《环境空气　挥发性有机物的测定　吸附管采样 - 热脱附 / 气相色谱 - 质谱法》（HJ 644—2013）方法原理为：采样固体吸附剂富集环境空气中挥发性有机物，将____________中，经气相色谱分离后，用质谱进行检测，通过____________进行定性，外标法或内标法定量。

答案：吸附管置于热脱附仪　　与待测目标物标准质谱图比较和保留时间

20.《环境空气　挥发性有机物的测定　吸附管采样 - 热脱附 / 气相色谱 - 质谱法》（HJ 644—2013）中规定新购置的吸附管或采集高浓度的样品后的吸附管需进行老化。老化温度为______ ℃，老化流量____________ml/min，老化时间 10 ～ 15min。

答案：350　　40

21. 在气相色谱质谱分析中，质谱图是以____________为纵坐标，以____________为横坐标的

棒状图。

答案：离子强度　　质量数

22. 气相色谱质谱联用仪对含量很低的目标化合物测定最好采用__________定量方式。

答案：单离子检测（选择离子检测）

23. 利用气相色谱质谱法对化合物进行定性时，除依靠保留时间，还可根据__________和__________进行定性。

答案：质荷比　　丰度

二、单选题

1.《水质　挥发性有机物的测定　吹扫捕集/气相色谱－质谱法》（HJ 639—2012）校准曲线中，以下四种化合物的________应满足：1,1－二氯乙烷≥0.10、溴仿≥0.10、氯苯≥0.30、1,1,2,2-四氯乙烷≥0.30。（　　）

A．检出限　　B．最小检出率　　C．最小相对响应因子　　D．检出上限

答案：C

2.《土壤和沉积物　二噁英类的测定　同位素稀释高分辨气相色谱－高分辨质谱法》（HJ 77.4—2008）测定土壤和沉积物中二噁英类时，对土壤和沉积物样品进行索氏提取采用的溶剂是________。（　　）

A．甲醇　　B．正己烷　　C．二氯甲烷　　D．甲苯

答案：D

3.《固体废物　挥发性卤代烃的测定　吹扫捕集/气相色谱－质谱法》（HJ 713—2014）规定，现场初步筛选挥发性卤代烃含量测定结果大于________时，视该样品为高含量样品。（　　）

A．100 μg/kg　　B．200 μg/kg　　C．300 μg/kg　　D．400 μg/kg

答案：B

4. 使用《土壤和沉积物　半挥发性有机物测定　气相色谱－质谱法》（HJ 834—2017）分析苯胺和苯胺衍生物化合物，其净化方法为________。（　　）

A．氧化铝柱　　B．硅酸镁柱　　C．硅胶柱　　D．凝胶渗透色谱

答案：B

5. GC-MS方法测定水中半挥发性有机物时，采用________溶液做GC-MS性能试验。（　　）

A．邻硝基溴苯（BNB）　　B．氟代苯

C．4-溴氟苯　　D．十氟三苯基膦（DFTPP）

答案：D

6. 环境检测使用的定量气相色谱质谱仪，使用毛细管柱直接接入质谱分析器的离子源的接口，可使用的内径最大的毛细管柱是________。（　　）

A．0.18 mm　　B．0.25 mm　　C．0.32 mm　　D．0.53 mm

答案：C

7. 在钢罐采样分析空气样品时，内标化合物是在哪一步骤加入？（　　）

A．在钢罐清洗抽真空后，送去现场采集之前，加入罐中

B．在采集空气样品后，加入罐中

C．在样品分析前，加入样品罐中

D．在样品分析时，样品引入浓缩系统之前，加入到浓缩系统中

答案：D

8. GC-MS 方法测定水中多环芳烃时，定量离子质量数为 252 的化合物为________。（　　）

A．蒽　　B．芘　　C．苯并［*a*］芘　　D．二苯并［*a,h*］蒽

答案：C

9.《水质　二噁英类的测定　同位素稀释高分辨气相色谱-高分辨质谱法》（HJ 77.1—2008）规定，测定水中二噁英类化合物时，实验室的操作空白试验结果应低于评价浓度的________%。（　　）

A．5　　B．10　　C．20　　D．30

答案：B

10. 质量范围最宽的质量分析器是________。（　　）

A．离子阱质谱　　B．扇形磁场质谱　　C．飞行时间质谱　　D．四极杆质谱

答案：C

11. 根据《土壤和沉积物　挥发性有机物的测定　顶空／气相色谱-质谱法》（HJ 642—2013），若采用非线性校准曲线，应至少采用________个浓度点进行校准。（　　）

A．4　　B．5　　C．6　　D．7

答案：B

12. GC-MS 方法测定水中半挥发性有机物时，测试仪器性能的校准物 DFTPP 的中文名称为________，其基峰的质量数为 198。（　　）

A．十氟二苯酮　　B．八氟萘　　C．十氟三苯基膦　　D．十氟二苯基膦

答案：C

13. 气相色谱-质谱联用仪的________对真空要求最高。（　　）

A．进样口　　B．离子源　　C．质量分析器　　D．检测器

答案：C

14. 使用气相色谱-质谱法测定水中半挥发性有机物时，以________做 GC-MS 系统性能测试，测定挥发性有机物时，以________做 GC-MS 系统性能测试。（　　）

A．4-溴氟苯（BFB）　十氟三苯基膦（DFTPP）

B．全氟三丁基胺（PFTBA）　4-溴氟苯（BFB）

C．十氟三苯基膦（DFTPP）　4-溴氟苯（BFB）

D．十氟二苯酮　全氟三丁基胺（PFTBA）

答案：C

15. GC-MS 关机前先关闭________。（　　）

A．载气　　B．各加热模块　　C．泵　　D．GC-MS 电源

答案：B

16.《环境空气　挥发性有机物的测定　吸附管采样-热脱附／气相色谱-质谱法》（HJ 644—

2013）测定环境空气中挥发性有机物时，现场空白样品中单个目标物的检出量应小于样品相应检出量的________%或与空白吸附管检出量相当。（　　）

A．5　　B．10　　C．15　　D．20

答案：B

17. 根据《土壤和沉积物　多环芳烃的测定　气相色谱－质谱法》（HJ 805—2016），测定土壤和沉积物中多环芳烃时，空白试验测定结果中目标物浓度不应超过________。（　　）

A．仪器检出限　　B．仪器定量下限　　C．样品检出结果　　D．方法检出限

答案：D

18.《水质　挥发性有机物的测定　吹扫捕集/气相色谱－质谱法》（HJ 639—2012）规定，初始校准曲线至少需要________个浓度系列，目标化合物相对响应因子的RSD应小于等于________%，或者校准曲线相关系数大于等于0.990。（　　）

A．5　20　　B．5　30　　C．6　20　　D．6　30

答案：A

19.《固体废物　有机氯农药的测定　气相色谱－质谱法》（HJ 912—2017）规定，应彻底清洗所有的玻璃器皿，以消除干扰物质。先用热水加清洁剂清洗，再用________浸泡清洗，再用自来水和实验用水淋洗，在130℃下烘2～3 h。

A．丙酮　　B．铬酸洗液　　C．稀硫酸　　D．盐酸

答案：B

20.《固定污染源废气　挥发性有机物的测定　固相吸附－热脱附/气相色谱－质谱法》（HJ 734—2014）中规定，当采样体积为300 ml时，本标准的方法检出限为________mg/m^3。（　　）

A．0.001～0.004　　B．0.004～0.04　　C．0.001～0.01　　D．0.004～0.04

答案：C

21.《土壤和沉积物　多环芳烃的测定　气相色谱质谱法》（HJ 805—2016）中规定若浓缩后的提取液颜色较深时，须用________进行脱硫。（　　）

A．石墨碳柱　　B．铜粉　　C．铁粉　　D．锌粉

答案：B

22. 根据《水质　有机氯农药和氯苯类化合物的测定　气相色谱－质谱法》（HJ 699—2014）测定水中有机氯农药和氯苯类化合物，样品中目标化合物的不同碎片离子丰度比与期望Q值（标准溶液中碎片离子的平均丰度比）的相对偏差应控制在________以内。（　　）

A．±10%　　B．±20%　　C．±30%　　D．±40%

答案：C

23. 质谱需要抽真空，是因为只有在较低的压强下，离子才会有足够的________，相互之间不发生碰撞。

A．能量　　B．平均自由程　　C．聚焦　　D．速度

答案：B

24. 同位素峰的比例是MS定性分析的重要信息，在CH_3Cl扫描的质谱图中，M+2峰的强度约为M峰的________。（　　）

A. 1/3　B. 1/ 2　C. 1/4　D. 相当

答案：A

25. 二噁英类物质仪器分析所用的内标有________。(　　)

A. 进样内标　B. 采样内标　C. 提取内标　D. 以上都是

答案：D

26. 选择离子监测（SIM）色谱图是________对时间的作图。(　　)

A. 单一质荷比的离子强度　B. 某几个质荷比的离子强度

C. 总离子强度　D. A+B

答案：D

27. 吹扫－捕集操作中，温度是关键影响因素，大部分环境标准分析方法的解吸温度和连接管路温度均采用________。(　　)

A. 100℃和 80 ～ 150℃　B. 100℃和 100 ～ 150℃

C. 200℃和 80 ～ 150℃　D. 200℃和 100 ～ 150℃

答案：C

28. GC-MS 分析中，下列说法错误的是________。(　　)

A. 指纹污染一般表现为一系列相差 14 amu 的质量峰出现（碳氢化合物），随着峰的质量增加，峰的丰度下降

B. 扩散泵油污染表现 *m/z* 446 有明显峰，且谱图基线显示过多的本底干扰

C. *m/z* 为 91、92 的离子交叉污染可能来自清洁溶剂

D. *m/z* 为 149 的离子交叉污染来自隔垫流失

答案：D

29. 根据《固定污染源废气　挥发性有机物的测定　固相吸附－热脱附 / 气相色谱－质谱法》，采样穿透指串联两支吸附管采样，若后边一支吸附管的分析结果超过前、后两支和的________，则认为已经发生采样穿透。(　　)

A. 5%　B. 10%　C. 15%　D. 20%

答案：B

30.《环境空气　硝基苯类化合物的测定　气相色谱－质谱法》（HJ 739—2015）质量保证和质量控制中规定，全程序空白和实验室空白测定结果均应小于________。(　　)

A. 测定下限　B. 标准曲线上限的 0.1 倍　C. 方法检出限

答案：C

31. 根据《土壤和沉积物　有机氯农药的测定　气相色谱－质谱法》（HJ 835—2017），测定土壤和沉积物中有机氯农药时，选用________或菲 -d10 或䓛 -d12 作为内标。(　　)

A. 十氯联苯　B. 2,4,5,6- 四氯间二甲苯　C. 五氯硝基苯

答案：C

32. MS 真空泄漏时，会有________等特征峰的出现。(　　)

A. 16　B. 12　C. 28　D. 36

答案：C

33. 下述电离源中分子离子峰最弱的是________。(　　)

A．电子轰击源　　B．化学电离源

C．场电离源　　D．电子轰击源或场电离源

答案：C

34. 三重四极质谱不同扫描方式的信噪比高低次序是________。(　　)

A．全扫描<MRM<SRM　　B．SRM <全扫描<MRM

C．全扫描< SRM < MRM　　D．MRM<SRM<全扫描

答案：A

35. 关于四极杆质量分析器扫描电压变化的描述正确的是 ________。(　　)

A．升高直流电压，会提高灵敏度

B．升高射频电压，会提高灵敏度

C．升高射频电压，会提高质量分辨率

答案：B

36. HRGC-HRMS 分析开始前需要进行质量校正，以下二噁英类同类物中可能存在（潜在）PCBs 干扰的是________。(　　)

A．TCDDs　　B．TCDFs　　C．PCDDs　　D．PCDFs

答案：C

37.《土壤和沉积物　挥发性卤代烃的测定　吹扫捕集 / 气相色谱 - 质谱法》（HJ 735—2015）和《土壤和沉积物　挥发性卤代烃的测定　顶空 / 气相色谱 - 质谱法》（HJ 736—2015）规定，当测定结果在 10 倍检出限以内（包括 10 倍检出限），平行双样测定结果的相对偏差应≤________，当测定结果大于 10 倍检出限，平行双样测定结果的相对偏差应≤________。(　　)

A．50%　　20%　　B．20%　　50%　　C．20%　　10%　　D.10%　　20%

答案：A

38. 气相色谱 - 质谱联用仪的________对载气中氧气的分压要求比较苛刻。(　　)

A．离子源　　B．质量分析器　　C．检测器

答案：A

39. GC-MS 方法测定水中多环芳烃时，离子源为________。(　　)

A．EI 源　　B．CI 源　　C．FI 源

答案：A

40.《水质　挥发性有机物的测定　吹扫捕集 / 气相色谱 - 质谱法》（HJ 639—2012）规定，样品在 pH ≤ 2，4℃时的保存期限为________。(　　)

A．5 天　　B．一周　　C．14 天　　D．一个月

答案：C

41.《土壤和沉积物　挥发性有机物的测定　顶空 / 气相色谱 - 质谱法》（HJ 642—2013）规定，所有样品至少采集________份平行样。(　　)

A．2　　B．3　　C．5　　D．4

答案：B

42. MS 中，质量测定准确度和分辨率的关系描述正确的是________。(   )

A. 质量测定准确度高，分辨率一定高　　B. 分辨率高，质量测定准确度一定高

C. 高分辨率是进行准确质量测定的前提

答案：C

三、多选题

1.GC-MS 分析中，下列说法正确的是________。(   )

A. 指纹污染一般表现为一系列相差 14 amu 的质量峰出现（碳氢化合物），随着峰的质量增加，峰的丰度下降

B. 扩散泵油污染表现为 *m/z* 446 有明显的峰，且谱图基线显示过多的本底干扰

C. *m/z* 为 91、92 的离子交叉污染可能来自清洁溶剂

D. *m/z* 为 149 的离子交叉污染来自隔垫流失

答案：ABC

2. 根据《水和废水监测分析方法》（第四版）中顶空气相色谱－质谱法测定水中苯系物时，影响顶空分析灵敏度和顶空浓度的因素有________。(   )

A. 温度　　B. 无机盐　　C. 分配常数　　D. 气液相比

答案：ABCD

3. 固体吸附－热脱附气相色谱－质谱法测废气中 VOCs，内标法应向吸附管加入________作内标物的内标气体。(   )

A. 甲苯 -d8　　B. 全氟苯　　C. 全氟甲苯　　D. 全氟辛烷

答案：ABC

4. 质谱仪最重要的性能指标分别是________。(   )

A. 质量范围　　B. 分辨率　　C. 灵敏度　　D. 扫描速度

答案：ABC

5. 选择离子模式（SIM）时，挑选离子的依据有________。(   )

A. 尽量选择高质量数区域的　　B. 尽量选择丰度较高的

C. 包含同位素信息的　　D. 离子个数越多越好

E. 避免选择基线或干扰物质中有的离子

答案：ABCE

6. 便携式 GC-MS 中气相色谱部分结构是________。(   )

A. 气路系统　　B. 进样系统　　C. 检测系统　　D. 色谱柱、柱箱

答案：ABD

四、判断题

1.《环境空气和废气　二噁英类的测定　同位素稀释高分辨气相色谱－高分辨质谱法》（HJ 77.2—2008）中规定，采样内标物回收率为 70% ～ 120%，超出此范围应重新采样。(   )

答案：错误

正确答案：采样内标物回收率为 70% ～ 130%，超出此范围应重新采样。

2.《水质　多氯联苯的测定　气相色谱－质谱法》（HJ 715—2014）的两种前处理方法分别为超声萃取法和液液萃取法。（　　）

答案：错误

正确答案：《水质　多氯联苯的测定　气相色谱 - 质谱法》（HJ 715—2014）的两种前处理方法分别为固相萃取法和液液萃取法。

3.《土壤和沉积物　挥发性有机物的测定　吹扫捕集 / 气相色谱－质谱法》（HJ 605—2011）规定，当使用标准中规定的毛细管柱时，不能分开的间二甲苯和对二甲苯测定结果为间二甲苯和对二甲苯两者之和。（　　）

答案：正确

4. 根据《土壤和沉积物　有机氯农药的测定　气相色谱－质谱法》（HJ 835—2017），邻苯二甲酸酯类是有机氯农药检测的重要干扰物，样品制备过程中应避免接触和使用劣质塑料制品。（　　）

答案：错误

正确答案：样品制备过程中应避免接触和使用任何塑料制品。

5. GC–MS 的定量分析中，选择的定量离子必须是基峰。（　　）

答案：错误

正确答案：选择的定量离子可以不是基峰，要考虑到和其他化合物的特征峰尽量不重叠。

6. GC–MS 对含量很低的目标化合物的测定最好选择单离子检测定量方式。（　　）

答案：正确

7. GC–MS 方法测定水中半挥发性有机物，同一批次样品应做一个现场空白，以确定污染是由采样现场产生的，还是由样品转运过程中产生的。（　　）

答案：正确

8. GC–MS 方法测定水中半挥发性有机物时，测试仪器性能的校准物 DFTPP 的中文名称为十氟三苯基膦，其基峰的质量数为 198。（　　）

答案：正确

9. GC–MS 方法测定水中半挥发性有机物时，萃取液脱水使用的无水硫酸钠若是优级纯，则不需处理可直接使用。（　　）

答案：错误

正确答案：无水硫酸钠应在 400℃下加热 6 h，除去吸附的有机物。

10. GC–MS 方法测定水中半挥发性有机物时，样品必须在 4℃冷藏并在 7 天之内完成萃取，萃取液在 –10℃以下避光保存 40 天之内完成分析。（　　）

答案：正确

11. GC–MS 方法测定水中多环芳烃时，应先把内标物加入到水样中再进行萃取。（　　）

答案：错误

正确答案：应在样品预处理浓缩定容后加内标物。

12. GC–MS 选择固定相除了与气相色谱相同的要求之外，要着重考虑高温时固定液的流失问题。（　　）

答案：正确

13. HSGC-MS 方法测定水中挥发性有机物，萃取时使用的氯化钠若是优级纯，则不需处理可直接使用。(　　)

答案：错误

正确答案：氯化钠应在 350℃下加热 6 h，除去吸附的有机物。

14. HSGC-MS 方法测定水中挥发性有机物时，顶空样品瓶洗涤干净后须在 150℃下加热 3 h，而密封 PTFE 垫不需加热，可以反复使用。(　　)

答案：错误

正确答案：密封 PTFE 垫是一次性使用的。

15. 气相色谱质谱分析样品时 SCAN 和 SIM 模式采集的谱图资料均适合做谱库检索。(　　)

答案：错误

正确答案：SCAN 适合做谱库检索。

16. 便携式气相色谱－质谱仪在长期不使用的情况下不能长期关机，需定期维护。(　　)

答案：正确

17. 采用便携式气相色谱－质谱仪分析高浓度样品时，在关机前需要运行至少 1 次样品空白。(　　)

答案：正确

18. 吹扫捕集可以用于水中挥发性有机物的分析，但不适用于极性强的化合物。(　　)

答案：正确

19. 大分子物质由于分子量超出常规质谱检测器的质量范围，所以无法用常规质谱进行检测。(　　)

答案：错误

正确答案：由于产生了多电荷离子，使质荷比下降，所以可以利用常规的质谱检测器来分析大分子质量的化合物。

20. 根据《固体废物　挥发性有机物的测定　顶空 / 气相色谱－质谱法》(HJ 643—2013)，现场初步筛选挥发性有机物含量高低，当测定结果大于 500 μg/kg 时，应视为高含量试样。(　　)

答案：错误

正确答案：当测定结果大于 1 000 μg/kg 时，应视为高含量试样。

21. 根据《环境空气　挥发性有机物的测定　吸附管采样－热脱附 / 气相色谱－质谱法》(HJ 644—2013)，每次分析样品前均应用空白吸附管代替样品吸附管分析系统空白，以便当系统空白高于检出限时，在样品测定值中扣除系统空白。(　　)

答案：错误

正确答案：系统空白小于检出限后才能分析样品。

22. 根据《环境空气　挥发性有机物的测定　吸附管采样－热脱附气相色谱质谱法》(HJ 644—2013) 采样完的吸附管迅速放入热脱附仪中进行热脱附，载气流经吸附管的方向应与采样时气体进入吸附管的方向相同。(　　)

答案：错误

正确答案：载气流经吸附管的方向应与采样时气体进入吸附管的方向相反。

23. 根据《水质　二噁英的测定　同位素稀释高分辨气相色谱－高分辨质谱法》（HJ 77.1—2008）测定水中二噁英类化合物时，需先在采集的水样中加入同位素标记内标，然后再过滤与萃取水样，并对过滤和萃取介质进行抽提。(　　)

答案：正确

24. 根据《水质　挥发性有机物　吹扫捕集 / 气相色谱法－质谱法》（HJ 639—2012），所有样品和空白中都需加入替代物和内标物，按与样品相同的步骤分析。(　　)

答案：正确

25. 根据《土壤和沉积物　挥发性有机物的测定　吹扫 / 捕集气相色谱－质谱法》（HJ 605—2011）和《土壤和沉积物　挥发性有机物的测定　顶空 / 气相色谱－质谱法》（HJ 642—2013）测定挥发性有机物时，由于挥发性有机物在操作过程中易挥发，必要时需要加入稳定同位素的替代物或其他合适的替代物。(　　)

答案：正确

26. 气相色谱－质谱分析中，平均自由程可以小于离子从离子源到达检测器的距离。(　　)

答案：错误

正确答案：平均自由程必须大于离子从离子源到达检测器的距离。

27. 气相色谱－质谱联用仪选择固定相除了与气相色谱相同的要求之外，要着重考虑高温时固定液的流失问题。(　　)

答案：正确

28. 气相色谱－质谱法测定水中多氯联苯，其中固相萃取圆盘的活化过程是：圆盘先用 5 ml 丙酮浸泡，然后抽干；依次加入 1∶1 的二氯甲烷和乙酸乙酯混合溶液、甲醇、纯化水，活化圆盘。(　　)

答案：正确

29. 气相色谱－质谱联用法中，一般选用氮气作为载气。(　　)

答案：错误

正确答案：一般选用氦气作为载气。

30. 气相色谱质谱仪关机前先关闭载气。(　　)

答案：错误

正确答案：气相色谱质谱仪关机后再关闭载气。

31. 使用固相吸附－热脱附 / 气相色谱－质谱法采集废气中的挥发性有机物时，需现场进行穿透实验样品的采集，串连二支吸附采样管采样，如果在后一支吸附采样管中检出目标化合物的量大于总量的 5%，则认为吸附采样管发生穿透，本次采集样品无效。(　　)

答案：错误

正确答案：大于总量的 10%。

32. 同位素稀释 HRGC-HRMS 测定二噁英类中，相对响应因子的制作需要 5 种以上标准溶液浓度，每个浓度应重复 3 次进行测定，且标准溶液中化合物对应的两个检测离子的离子丰度比应与理论离子丰度比一致，变化范围在 ±20% 以内。(　　)

答案：错误

正确答案：标准溶液中化合物对应的两个检测离子的离子丰度比变化范围在 ±15% 以内。

33. 在便携式质谱分析中，热不稳定性样品不适合用 EI 离子源方式电离。(　　)

答案：正确

34. 在顶空分析中，样品的平衡温度越高越好。(　　)

答案：错误

正确答案：过高的温度会导致某些组分的分解、氧化（样品瓶中有空气），还可能使顶空气体的压力过高，会导致系统漏气。

35. 在使用 GC/MS 分析水中挥发性有机物或者半挥发有机物的浓度时，所分析的结果应该减去实验室纯水空白试验值。(　　)

答案：错误

正确答案：所分析的结果不可减去实验室纯水空白试验值。

36. 在质谱图中，分子离子是最有价值的信息，可以通过分子离子的质荷比加 1 得到该化合物的分子量。(　　)

答案：错误

正确答案：可以通过分子离子的质荷比得到该化合物的分子量。

37. 质谱的扫描质量窗口太窄会影响灵敏度，窗口太宽会有干扰。可以通过调节寻找最佳的扫描质量窗口值。(　　)

答案：正确

38. 质谱分析时在选定的质量范围内，所有离子强度的总和对时间或扫描次数所作的图为总离流图，也称 TIC 图。(　　)

答案：正确

39. 质谱图相对丰度的含义是把原始谱图的分子离子峰定为基峰，其强度定为 100，其他离子峰的强度与之比较，用相对百分比表示。(　　)

答案：错误

正确答案：是把原始谱图的最高离子峰定为基峰。

40. 气相色谱质谱用选择离子检测较全扫描灵敏度高，应首先考虑用选择离子的方式进行样品分析。(　　)

答案：错误

正确答案：气相色谱质谱用选择离子检测较全扫描灵敏度高，应根据需要考虑用选择离子检测或全扫描的方式进行样品分析。

五、简答题

1. 简述 GC-MS 空气泄漏常见来源。

答案：进样口；GC- 隔垫；柱接头；破损的毛细管柱；GC-MS 接口处。

2. 为什么要求 GC-MS 质量分析器要有较快的扫描速度？

答案：由于气相色谱峰一般很窄，而一个完整的色谱峰通常需要至少 6 个以上的数据点，所以要求质量分析器要有较快的扫描速度，以保证色谱峰的完整性和质谱的真实性。

3. 气相色谱－质谱联用法对未知样品进行定性分析的依据是什么？简单说一说气相色谱定性局限性及质谱定性的优点。

答案：定性依据：未知样品的色谱峰的保留时间和标准样品的色谱峰的保留时间相同，未知样品的质谱图特征和标准样品的质谱图特征匹配，使用这两个基本方法对未知样品定性。

气相色谱定性局限性：依赖标样的保留时间定性，但不同物质在相同的色谱条件下可能有相同的保留指数，混合物组分需单一标准样品确认，虽具有选择性但不同检测器响应不同，故还需其他辅助方法定性（如 GC-MS），或采用多柱定性法。GC-MS 法集 GC 分离能力强和 MS 定性能力强的优点于一体，依据各种化合物的质谱定性，以标准物质的色谱保留时间加以佐证，使定性更加准确。

4. 简述气相色谱质谱法定性检测时，样品必须满足什么条件？气相色谱中化学衍生的主要作用是什么？

答案：用样品质谱与标准物质质谱相比较对待测物质进行定性检测，必须满足两个条件：样品组分和标准组分具有相同的 GC 相对保留时间（RRT），样品组分和标准组分的质谱相一致。

气相色谱中化学衍生的主要作用是：（1）将一些不适合某种色谱技术分析的化合物转化为可以用该种色谱技术分析的衍生物。（2）改变化合物的色谱性能，改善分离度。（3）帮助化合物的鉴定。（4）提高化合物的检测灵敏度。

5. 气相色谱－质谱联机法中，离子源必须满足哪些要求？

答案：（1）产生的离子流稳定性高，强度能满足测量精度。（2）离子束的能量和方向分散性小。（3）记忆效应小。（4）质量歧视效应小，工作压强范围宽。（5）样品和离子的利用率高。

6. 质谱图相对丰度的含义是什么？

答案：质谱图相对丰度的含义是把原始谱图的最高离子峰定为基峰，基峰强度定为 100，其他离子峰的强度与之比较，用相对百分比表示：某离子峰相对丰度 =（某离子峰强度 / 最高离子峰的强度）× 100%。

7. 简述便携式 GC-MS 中四级杆或离子阱质谱的原理。

答案：四极杆（Quadrupole）：由四根带有直流电压（DC）和叠加的射频电压（RF）的准确平行杆构成，相对的一对电极是等电位的，两对电极之间电位相反。当一组质荷比不同的离子进入由 DC 和 RF 组成的电场时，只有满足特定条件的离子作稳定振荡通过四极杆，到达检测器而被检测。通过扫描 RF 场可以获得质谱图。离子阱（Ion trap）：由一对环形电极（ring electrod）和两个呈双曲面形的端盖电极（end cap electrode）组成。在环形电极上加射频电压或再加直流电压，上下两个端盖电极接地。逐渐增大射频电压的最高值，离子进入不稳定区，由端盖极上的小孔排出。因此，当射频电压的最高值逐渐增高时，质荷比从小到大的离子逐次排出并被记录而获得质谱图。

六、计算题

1. 某废气样品经 HRGC-HRMS 分析后测得，$^{13}C_{12}$-2,3,7,8-TCDD 的初级和二级监测离子峰面积分别为 46 412.39 和 59 705.38，$^{13}C_{12}$-1,2,3,4-TCDD 的初级和二级监测离子峰面积分别为 144 923.56 和 183 255.95，$^{13}C_{12}$-2,3,7,8-TCDD 和 $^{13}C_{12}$-1,2,3,4-TCDD 的相对响应因子（RRF_{rs}）为 1.120，两者的添加量 Q_{es} 和 Q_{rs} 分别为 500 pg 和 1 000 pg，已知 HJ 77.2—2008 标准的 $^{13}C_{12}$-2,3,7,8-TCDD 回收率允许范围为 25% ～ 164%，判断该废气样品的 2,3,7,8-TCDD 分析结果是否符合质控要求？

答案：提取内标的回收率计算公式是：$R=(A_{es}/A_{rs})\times(Q_{rs}/RRF_{rs})\times(100\%/Q_{es})$，其中 R 是提取内标的回收率，%；A_{es} 和 A_{rs} 分别是提取内标和进样内标初级和二级监测离子峰面积之和。

将题干数据代入上述公式计算得到：$R=[(46\,412.39+59\,705.38)/(144\,923.56+183\,255.95)]\times[1\,000/(1.120\times500)]\times100\%=57.7\%$

由此可知该废气样品 2,3,7,8-TCDD 的回收率在 25% ～ 164% 的范围内，分析结果符合质控要求。

2. 使用罐采样 / 气相色谱质谱法测定厂界空气，进样量为 400 ml 时，丙酮（分子量 58）的浓度已超过标准曲线的线性范围，于是通过充氮气加压让待测组分浓度在标准曲线范围内。罐的初始压力为 1 个大气压，加压后罐的压力为 3 个大气压，测得罐内丙酮的浓度为 15 nmol/mol。求厂界空气丙酮的浓度。（以 $\mu g/m^3$ 计算）

答案：$C=15\times58/22.4\times3\times1\,000=117\ (\mu g/m^3)$

3. 采用气相色谱 / 质谱法测定大气中萘的含量，采气量为标态体积 1 524 L，样品以 100 ml 有机溶剂分次提取，加入内标物后浓缩然后定容至 2.00 ml 供色谱分析。进样 1.0 μL 测定样品峰高 85.0 mm，内标物为 50 mm；标准峰高 69.0 mm，内标物为 48 mm，标准溶液浓度 1.4 μg/L。请问大气中萘的含量是多少？萘的分子量为 128，大气中萘的浓度以体积分数计算为多少 ppb？

答案：提取样品中萘的含量：

$$C=\frac{85\div50}{69.0\div48}\times1.4=1.66\ (\mu g/L)$$

大气中萘的含量：

$C=1.66\times2.00\div1\,524=2.2\ (ng/m^3)$

大气中萘体积分数计算的浓度：

$$C=\frac{2.2\times22.4}{128\times1\,000}=0.000\,38\ (ppb)$$

第十节　液相色谱法及液相色谱 - 质谱法

一、填空题

1.《环境空气　醛、酮类化合物的测定　高效液相色谱法》（HJ 683—2014）的检测原理为：使用填充了涂渍__________的采样管采集一定体积的空气样品，样品中的醛酮类化合物经强酸催化与其反应，生成稳定有颜色的腙类衍生物，使用高效液相色谱仪的____________检测器检测，保留时间定性，峰面积定量。

答案： 2,4- 二硝基苯肼　紫外或二极管阵列

2. 当比较液相色谱检测器的性能时，常使用敏感度这一指标。敏感度即指信号与噪声的比值（信噪比）等于____________时，在单位时间内进入检测器的样品的浓度或质量。

答案： 2

3. 高效液相色谱法测定大气颗粒物中多环芳烃时，可选的检测器为____________和____________。

答案： 紫外检测器　荧光检测器

4. 高效液相色谱法测定大气颗粒物中多环芳烃时，应选用____________相色谱，色谱柱选用____________，流动性可选用____________。

答案： 反　C_{18} 柱　乙腈和水（或甲醇和水）

5. 高效液相色谱紫外检测器属于____________检测器，适用于检测那些____________的物质。

答案： 选择性　能吸收紫外光

6. 液相色谱柱和气相色谱柱一样，在分离过程中受热力学和____________因素的控制。

答案： 动力学

7. 液质联用仪主要由____________、____________、____________、____________、检测器、数据系统组成。

答案： 进样系统　分离系统　离子化系统　质量分析器

8. 在 LC-MS 常用的 ESI 和 APCI 两种离子源中，____________适用于测定热不稳定化合物，____________适用于测定非极性和半极性化合物。

答案： ESI　APCI

9. 在正相键合液相色谱法中，流动相极性变小，色谱保留时间____________。

答案： 延长

二、单选题

1. 根据《水和废水监测分析方法》（第四版），高效液相色谱法分析水中苯胺类化合物时，萃取水样之前，必须调节水样的 pH 至_________。（　　）

A. 7～8　B. 8～9　C. 10～11　D. 11～12

答案： C

2. 高效液相色谱法分析水中酚类化合物时，从层析柱上洗脱时，不可选_________为洗脱液。（　　）

A. 碳酸氢钠　B. 甲醇　C. 乙腈

答案： A

3. 液相色谱法测定中，反相色谱法常用的流动相有_________。（　　）

A. 甲醇　B. 正己烷　C. 环己烷　D. 甲苯

答案： A

4. 以下 4 种常用液相色谱检测器中，不属于选择性检测器的是________。(　　)

A. 紫外吸收检测器　B. 荧光检测器　C. 电导检测器　D. 折光指数检测器

答案：D

5. 用于分析空气中醛酮类化合物的液相色谱属于________。(　　)

A. 正相色谱　B. 键合色谱　C. 反相色谱　D. 交换色谱

答案：C

6. 用液相色谱法分析十六种多环芳烃时常用紫外和荧光检测器，荧光检测器灵敏度明显高于紫外，但无法测定苊稀和________。(　　)

A. 十氟联苯　B. 苯　C. 苯酚　D. 丙酮

答案：A

7. 根据《水质　多环芳烃的测定　液液萃取和固相萃取高效液相色谱法》(HJ 478—2009)，液相色谱法分析水中的多环芳烃时，水样采集后，应置于 4℃冰箱中保存，并在________内萃取。(　　)

A. 12 h　B. 24 h　C. 48 h　D. 7 天

答案：B

8. 液相色谱中通用型检测器是________。(　　)

A. 紫外吸收检测器　B. 示差折光检测器

C. 热导检测器　D. 氢焰检测器

答案：B

9. 液相色谱法测定中，一根长色谱柱上组分 1 和组分 2 的峰底宽度分别为 1.5 mm、1.6 mm，测得两峰尖间距为 2.48 mm，该色谱柱的分离度为________。(　　)

A. 1.6　B. 2.6　C. 1.5　D. 2.5

答案：A

10. 根据《水和废水监测分析方法》(第四版)，高效液相色谱分析水中酚类化合物时，样品在富集前，应选 ________试剂以控制 pH 为 2。(　　)

A. 硝酸　B. 硫酸　C. 盐酸　D. 氢氟酸

答案：C

11. 高效液相色谱中采用了高压泵，其原因为________。(　　)

A. 加快流速　B. 使分离效率显著提高

C. 采用了细粒度的固定相　D. 采用了毛细管色谱柱

答案：C

12. 根据《空气和废气监测分析方法》(第四版)中氢氧化钠溶液吸收－高效液相色谱法分析环境空气中苯酚类化合物时，采样后的吸收液带回实验室，应使用 1 ml 5% 的硫酸调节 pH 小于________。(　　)

A. 2　B. 4　C. 7　D. 9

答案：B

13. 根据《空气和废气监测分析方法》(第四版)中高效液相色谱分析环境空气中苯胺类化合

物时，制作标准曲线各点的响应因子相对标准偏差应低于________。(　　)

A. 10%　　B. 20%　　C. 25%　　D. 30%

答案：B

14. 根据《水质　多环芳烃的测定　液液萃取和固相萃取高效液相色谱法》(HJ 478—2009)，采用液液萃取高效液相色谱法分析水中多环芳烃时，十氟联苯是在________加入的。(　　)

A. 前处理完成后，上机前　　B. 水样萃取后净化前

C. 水样净化后浓缩前　　D. 水样萃取前

答案：D

15. 液相色谱图是色谱柱流出物通过________时所产生的响应信号对时间或流动相流出体积的曲线图，或者通过适当方法观察到的纸色谱或薄层色谱斑点、谱带的分布图。(　　)

A. 输液系统　　B. 洗脱系统　　C. 检测系统

答案：C

16. 以下的反相色谱溶剂按照洗脱强度排序，正确的是________。(　　)

A. 水<乙醇<甲醇<四氢呋喃　　B. 水<甲醇<乙腈<四氢呋喃

C. 甲醇<水<乙腈<四氢呋喃　　D. 四氢呋喃<乙腈<甲醇<水

答案：B

17. 根据《空气和废气监测分析方法》(第四版)中超声波萃取-高效液相色谱法测定大气颗粒物中多环芳烃时，滤筒经超声提取离心后，提取上清液应该用________过滤。(　　)

A. 定量滤纸　　B. 定性滤纸　　C. 0.45 μm 滤膜

答案：C

18. 根据《环境空气和废气　酰胺类化合物的测定　液相色谱法》(HJ 801—2016)，样品采集后若不能及时测定，样品应于________以下冷藏，避光和密封保存，________内完成分析测定。(　　)

A. 4℃　3天　　B. 0℃　3天　　C. 0℃　5天　　D. 4℃　5天

答案：D

19. 在液相色谱的分析过程中，________不会显著影响分离效果。(　　)

A. 流动相的种类　　B. 固定相的种类　　C. 流动相的比例　　D. 流动相的流量

答案：D

20. 根据《土壤和沉积物　醛、酮类化合物的测定　高效液相色谱法》(HJ 997—2018)，取提取液于平底烧瓶中，加入缓冲溶液、衍生剂，置于恒温振荡器中，________℃振荡 1h。

A. 40　　B. 30　　C. 45　　D. 35

答案：A

21. 根据《水质　多环芳烃的测定　液液萃取和固相萃取高效液相色谱法》(HJ 478—2009)，通过液液萃取法得到的萃取液，在浓缩环节，不可使用的是________。(　　)

A. 旋转蒸发仪　　B. 氮吹仪　　C. K-D 浓缩器　　D. 水浴

答案：D

22. 液相色谱法测定中，物质在正相色谱柱中的洗脱顺序是________。(　　)

A．正己烷、正己醇、苯　　B．正己烷、苯、正己醇

C．正己醇、正己烷、苯　　D．正己醇、苯、正己烷

答案：B

23. 液相色谱法测定多环芳烃时，最好选用________。（　　）

A．电导检测器　　B．荧光检测器　　C．示差折射检测器

答案：B

24. 反相色谱法中常用的溶剂有________。（　　）

A．乙腈　　B．二氯甲烷　　C．环己烷　　D．正己烷

答案：A

25. 下列用于高效液相色谱的检测器中，________不能使用梯度洗脱。（　　）

A．紫外检测器　　B．荧光检测器

C．蒸发光散射检测器　　D．示差折光检测器

答案：D

26. 在液相色谱中，常用作固定相又可用作键合相基体的物质是________。（　　）

A．分子筛　　B．硅胶　　C．氧化铝　　D．活性炭

答案：B

27. 在液相色谱中，下列检测器可在获得色谱流出曲线的基础上，同时获得被分离组分的三维彩色图形的是________。（　　）

A．光电二极管阵列检测器　　B．示差折光检测器

C．荧光检测器　　D．电化学检测器

答案：A

28. 在液相色谱中，为了改变柱子的选择性，可以进行________的操作。（　　）

A．改变柱长　　B．改变填料粒度

C．改变流动相或固定相种类　　D．改变流动相的流速

答案：C

29. 常用的高效液相色谱紫外单波长检测器的波长是________nm。（　　）

A．200　　B．254　　C．360

答案：B

30. 根据《水和废水监测分析方法》（第四版），高效液相色谱法分析水中苯胺类化合物时，若样品中有杂质干扰测定，浓缩液可经过________层析柱净化。（　　）

A．硅酸镁　　B．硅胶　　C．氧化铝

答案：A

31. 在 LC/MS 中，不宜使用的流动相是________。（　　）

A．CH_3CN/H_2O　　B．CH_3OH/H_2O（含 0.01 mol/L HCOOH）

C．CH_3CN/H_2O（含 0.01 mol/L $NaHPO_4$）　　D．正己烷 / 异丙醇

答案：C

32. LC-MS 定量分析常用的几种扫描方式中容易获得较好信噪比的是________。（　　）

A．SIM　　B．SCAN　　C．SRM　　D．MS^n

答案：C

33.________适用于分离非极性、极性或离子型化合物。(　　)

A．反相键合液相色谱法　　B．正相键合液相色谱法

C．离子对色谱法　　D．离子色谱法

答案：A

三、多选题

1. 高效液相色谱法测定大气颗粒物中多环芳烃时，可选的检测器为________。(　　)

A．红外检测器　　B．紫外检测器　　C．火焰光度检测器　　D．荧光检测器

答案：BD

2. 组成高效液相色谱的三大关键部件是________。(　　)

A．检测器　　B．泵　　C．色谱柱　　D．进样器

答案：ABC

3. 以下 4 种常用液相色谱检测器中，属于选择性检测器的是________。(　　)

A．紫外吸收检测器　　B．荧光检测器　　C．电导检测器　　D．折光指数检测器

答案：ABC

4. 在进行高效液相色谱分析时，保留时间不恒定的主要原因有________。(　　)

A．柱温或流速不稳定　　B．进样量太小

C．管路漏液或泵室内有气泡　　D．流动相浓度或 pH 变化

答案：ACD

5.《环境空气　苯并［*a*］芘的测定　高效液相色谱法》(HJ 956—2018)中推荐的样品提取方式有________。(　　)

A．超声波提取　　B．索氏提取　　C．自动索氏提取　　D．加压流体萃取

答案：ABCD

四、判断题

1. 在液相色谱的流路中，流动相(载体)不与样品分子发生相互作用。(　　)

答案：错误

正确答案：在液相色谱的流路中，流动相(载体)与样品分子发生相互作用。

2.《固体废物　多环芳烃的测定　高效液相色谱法》(HJ 892—2017)中固态和半固态固体废物中多环芳烃的提取溶剂为 1：2 的丙酮－二氯甲烷混合溶液。(　　)

答案：错误

正确答案：提取溶剂为 1：1 的丙酮－正己烷混合溶液。

3.《土壤和沉积物　多环芳烃的测定　高效液相色谱法》(HJ 784—2016)规定，用硅藻土代替实际样品，按照与试样的制备相同步骤制备空白试样。(　　)

答案：错误

正确答案：用石英砂代替实际样品，按照与试样的制备相同步骤制备空白试样。

4. LC-MS 应避免使用含表面活性剂的流动相。(　　)

答案：正确

5. 反相分配色谱适于非极性化合物的分离。(　　)

答案：正确

6. 反相色谱中，极性大的组分保留值小。(　　)

答案：正确

7. 反相色谱中，流动相极性变小，色谱保留时间延长。(　　)

答案：错误

正确答案：反相色谱中，流动相极性变大，色谱保留时间延长。

8. 高效液相色谱保护柱起到保护、延长柱寿命的作用。(　　)

答案：正确

9. 根据《空气和废气监测分析方法》(第四版)中超声波萃取－高效液相色谱法测定大气颗粒物中多环芳烃时，采样前应将超细玻璃纤维滤膜放在 300℃马弗炉内灼烧 30 min。(　　)

答案：错误

正确答案：采样前应将超细玻璃纤维滤膜放在 500℃马弗炉内灼烧 30 min。

10. 根据《水中微囊藻毒素的测定　高效液相色谱法》(GB/T 20466—2006)中高效液相色谱法测定微囊藻毒素，净化微囊藻毒素提取液的硅胶柱需先用甲醇活化。(　　)

答案：正确

11. 高效液相色谱法分配系数与组分、流动相和固定相的热力学性质有关，但与温度、压力无关。(　　)

答案：错误

正确答案：分配系数与组分、流动相和固定相的热力学性质有关，也与温度、压力有关。

12. 根据《空气和废气监测分析方法》(第四版)，高效液相色谱法分析环境空气中苯胺类化合物时，在流动相中加入缓冲溶液的目的是利用盐效应，减弱固定相中键合表面残存硅羟基的干扰作用，抑制峰形拖尾，改善分离效果。(　　)

答案：正确

13. 根据《水和废水监测分析方法》(第四版)，高效液相色谱法分析水中酚类化合物时，为去除有机酸，先用碳酸氢钠水溶液淋洗树脂。(　　)

答案：正确

14. 高效液相色谱梯度洗脱中的低压梯度称为内梯度，高压梯度又称外梯度。(　　)

答案：错误

正确答案：低压梯度又称外梯度，高压梯度又称内梯度。

15. 高效液相色谱紫外检测器属于选择型检测器，只适用于检测那些能吸收紫外光的物质。(　　)

答案：正确

16. 根据《环境空气和废气　气相和颗粒物中多环芳烃的测定　高效液相色谱法》(HJ 647—2013)，运输空白是将密封保存的采样筒和玻璃纤维滤膜 / 筒带到采样现场，采样时暴露在采样现

场但不经过采样，采样后随样品运回实验室，按与样品相同的操作步骤进行处理和测定。(　　)

答案：错误

正确答案：全程序空白是将密封保存的采样筒和玻璃纤维滤膜/筒带到采样现场，采样时暴露在采样现场但不经过采样，采样后随样品运回实验室，按与样品相同的操作步骤进行处理和测定。

17. 根据《环境空气和废气　酰胺类化合物的测定　液相色谱法》(HJ 801—2016)测定环境空气中 *N,N*- 二甲基甲酰胺，所用的检测器为荧光检测器。(　　)

答案：错误

正确答案：所用的检测器为紫外检测器。

18. 根据《水质　阿特拉津的测定　高效液相色谱法》(HJ 587—2010)，水样中可能共存在紫外检测器上有响应的有机物干扰测定，通过改变色谱条件，使阿特拉津与干扰物分离，或选择二极管阵列检测器定性确认。(　　)

答案：正确

19. 根据《水质　氨基甲酸酯类农药的测定　超高效液相色谱 - 三重四极杆质谱法》(HJ 827—2017)，定性分析时，试样中目标组分的保留时间与标准样品中该组分的保留时间的相对偏差的绝对值应小于 5%。(　　)

答案：错误

正确答案：试样中目标组分的保留时间与标准样品中该组分的保留时间的相对偏差的绝对值应小于 2.5%。

20. 根据高效液相色谱法的分离原理，各组分的分离是一个物理过程。(　　)

答案：正确

21. 凝胶渗透色谱将被测组分按分子大小分离，最先流出的是相对分子质量小的分子。(　　)

答案：错误

正确答案：最先流出的是相对分子质量大的分子。

22. 液相色谱不同类型的色谱柱流动相流速各不相同，毛细管柱的流动相流速≤ 1 μl/min。(　　)

答案：错误

正确答案：纳米柱的流动相流速≤ 1 μl/min。

23. 根据《水和废水监测分析方法》(第四版)液相色谱法测定水中苯胺类化合物时，作为标准物质使用的苯胺应为无色透明液体，如色泽变黄应重新蒸馏后使用。(　　)

答案：正确

24. 液相色谱法测定中，反相色谱法常用的流动相包括甲醇和乙腈，不包括正己烷和环己烷。(　　)

答案：正确

25. 根据《水质　多环芳烃的测定　液液萃取和固相萃取高效液相色谱法》(HJ 478—2009)，液相色谱法分析水体中多环芳烃时，使用甲醇、环己烷、二氯甲烷等易燃有机溶剂，应在通风橱中操作。(　　)

答案：正确

26. 根据《水质　多环芳烃的测定　液液萃取和固相萃取高效液相色谱法》（HJ 478—2009），液相色谱法分析水体中多环芳烃时，预处理时使用的分液漏斗，为防止玻璃活塞咬死，可采用润滑油涂抹。（　　）

答案：错误

正确答案：分液漏斗的玻璃活塞不涂润滑油。

27. 根据《水质　阿特拉津的测定　高效液相色谱法》（HJ 587—2010），液相色谱分析废水中的阿特拉津时，若有干扰可用硅酸镁柱净化；干扰物质较多时，应采用气相色谱测定。（　　）

答案：正确

28. 液相色谱柱的分离度表示在一定的分离条件下两个组分在某个色谱柱上分离的好坏。（　　）

答案：正确

29. 液质联用仪中反吹气的作用是阻止不带电荷的中性杂质微粒进入质量分析器，减少污染。（　　）

答案：正确

30. 根据《水和废水监测分析方法》（第四版），用高效液相色谱仪分析水中各种苯胺类化合物时，使用的色谱柱填料为（缩写符号）ODS，即十六烷基硅烷键合硅胶。（　　）

答案：错误

正确答案：十八烷基硅烷键合硅胶。

31. 在正相键合液相色谱法中，固定相是极性的，流动相是非极性溶剂。（　　）

答案：正确

32. 在正相键合液相色谱法中，键合固定相的极性大于流动相的极性，适用于分离脂溶性或水溶性的极性和强极性化合物。（　　）

答案：正确

33. 正相键合色谱的固定相为非（弱）极性固定相，反相色谱的固定相为极性固定相。（　　）

答案：错误

正确答案：反相键合色谱的固定相为非（弱）极性固定相，正相色谱的固定相为极性固定相。

34. LC-MS 做负正离子切换时，离子引出点位都必须反向。（　　）

答案：正确

五、简答题

1. 在高效液相色谱中，为什么要对流动相脱气？

答案：脱气就是驱除溶解在溶剂中的气体。（1）脱气是为了防止流动相从高压柱内流出时，释放出气泡。这些气泡进入检测器后会使噪声剧增，甚至不能正常检测。（2）溶解氧会与某些流动相与固定相作用，破坏它们的正常功能。对水及极性溶剂的脱气尤为重要，因为氧在其中的溶解度较大。

2. 在液相色谱中，提高柱效的途径有哪些？其中最有效的途径是什么？

答案：液相色谱中提高柱效的途径主要有：

（1）提高柱内填料装填的均匀性；

（2）改进固定相；

（3）减小粒度、选择薄壳形担体、选用低黏度的流动相；

（4）适当提高柱温。

其中，减小粒度是最有效的途径。

3. 何谓正相色谱及反相色谱？在应用上有什么特点？

答案：在色谱法中，流动相的极性小于固定液的极性，称为正相色谱；在色谱法中，流动相的极性大于固定液的极性，称为反相色谱。在应用上，正相色谱主要用于分离极性物质；反相色谱主要用于分离弱极性或非极性物质。

4. 简述 LCMS 电喷雾电离技术的原理。

答案：电喷雾电离技术的原理是将含被测物带电液滴蒸发，液滴变小，液滴表面相斥的静电荷密度增大。当液滴蒸发到某一程度，液滴表面的库仑斥力使液滴爆炸。产生的小带电液滴继续此过程，使被测物最终形成气相离子，进入质谱仪进行分析。

5. 简述液相色谱检测时，色谱峰拖尾的原因。

答案：液相色谱峰拖尾的可能原因有：①色谱柱筛板堵塞或填料塌陷；②柱头有污染；③样品超载；④样品溶剂不适合；⑤柱外效应；⑥缓冲溶液不足或不适合；⑦重金属污染。

6. 相对于气相色谱，高效液相色谱更适用于哪些化合物？

答案：高效液相色谱特别适于分析挥发性低、热稳定性差、相对分子质量大的有机化合物及离子型化合物。

7. 液相色谱中梯度洗脱技术可以起到哪些作用？

答案：梯度洗脱可以改变柱效，缩短分析时间，并可改善检测器的灵敏度。

8. 在进行高效液相色谱分析时，保留时间不稳定的主要原因有哪些？

答案：泵室内有气泡，流速不稳定；管路漏液；流动相浓度或 pH 变化；柱温不稳定；管路或色谱柱中有气泡或受到污染。

9. 高效液相色谱法适用于哪些有机化合物的分析？请说出至少 5 类用 HPLC 分析有机污染物的名称。

答案：高效液相色谱法可分析低分子量、低沸点样品，也适用于沸点高、热稳定性差、分子量大、水溶性有机物的分析，包括有机农药、多环芳烃、多氯联苯、邻苯二甲酸酯类、酚类、联苯胺类、阴离子和非离子表面活性剂等。

六、计算题

1. 根据《环境空气　苯并［*a*］芘的测定　高效液相色谱法》（HJ 956—2018）测定环境空气颗粒物中苯并［*a*］芘时，采样流量 1.13 m^3/min，连续采集 24 h，采样温度为 15℃，大气压力为 100.4 kPa。采样后滤膜等分为 5 份，将 1/5 滤膜放入 10 ml 具塞玻璃离心管，准确加入 5.00 ml 乙腈，超声提取后，进行液相色谱分析，结果表明：在进样量为 10 μl 时，苯并［*a*］芘含量为 1.2 ng，试计算空气中苯并［*a*］芘的浓度。（标准状态是：温度 273.15 K（0℃），压强 101.325 kPa。）

答案：$1.2/10\times5=0.6$（μg）；

$0.6\times5/(1.13\times24\times60)=0.001\,8$（$\mu g/m^3$）

2. 液相色谱法测定中，一根色谱柱上组分 1 和组分 2 的峰底宽度分别为 1.5 mm、1.6 mm，测得两峰间距为 2.48 mm，问色谱柱的分离度为多少?

答案：$R=\dfrac{2.48\times2}{1.5+1.6}=1.6$

3. 分析某废水中有机组分，取水样 500 ml 以有机溶剂分次萃取，最后定容至 25.00 ml 供色谱分析用。今进样 5 μl 测得峰面积为 7 589，标准液峰面积 6 938，标准液浓度 20 mg/L，试求水样中被测组分的含量。

答案：已知试样峰面积为 7 589，标准液峰面积 6 938，标准液浓度 C_s 为 20 mg/L，水样富集倍数 =500/25=20，则：

C_s=（7 589/6 938）×20/20=1.09（mg/L）

水样中被测组分为 1.09 mg/L。

4. 用甲醇作内标，称取 0.057 3 g 甲醇和 5.869 0 g 环氧丙烷试样，混合后进行色谱分析，测得甲醇和水的峰面积分别为 164 mm^2 和 186 mm^2，校正因子分别为 0.59 和 0.56。计算环氧丙烷中水的质量分数。

答案：$m_{水}=(f'_{水}\cdot A_{水}\,/\,f'_{甲}\cdot A_{甲})m_{甲}$

$$w_{水}(\%)=\frac{m_{水}}{m_{试}}\times100=\frac{(f'_{水}\cdot A_{水}\,/\,f'_{甲}\cdot \mathrm{A}_{甲})m_{甲}}{m_{试}}\times100=\frac{[(0.56\times186)\div(0.59\times164)]\times0.057\,3}{5.869\,0}\times100=1.05$$

5. 用高效液相色谱法测定空气中苯酚类化合物时，采样流速为 500 ml/min，采样 2.5 h，采样温度为 15℃，大气压力为 102.1 kPa。吸收液为 5.0 ml，将样品带回实验室，转入 25.0 ml 容量瓶中，加入 1 ml 5% 的 H_2SO_4 溶液，用去离子水定容。经液相色谱分析，电脑中 LC 软件处理后（用外标标准曲线法），得到在进样量为 10.0 μl 时，检测到苯酚为 1.2 ng，试计算空气中苯酚浓度（参比状态下）。

答案：（1）样品中分析物总量 =1.2×25.00/10=3.0（μg）

（2）采样体积 =0.5×60×2.5×102.1×298/［（273+15）×101.3］=78.2（L）

（3）空气中的苯酚浓度 =3.0/78.2=0.038（μg/L）=0.038（mg/m^3）

第十一节　离子色谱法

一、填空题

1. 离子色谱分析中，当改变淋洗液的浓度时，对被测二价离子保留时间的影响________一价离子。

答案：大于

2.《水质　无机阴离子（F^-、Cl^-、NO_2^-、Br^-、NO_3^-、PO_4^{3-}、SO_3^{2-}、SO_4^{2-}）的测定　离子色谱法》（HJ 84—2016）的方法原理是：水质中的阴离子，经____________色谱柱交换分离，________

________检测器检测，根据保留时间定性，峰高或峰面积定量。

答案：阴离子　　抑制型电导

3. 离子色谱法的电导检测器内，电极间的距离越小，死体积越___________，灵敏度越___________。

答案：小　　高

4. 使用离子色谱法测定时，某些金属离子可能会影响磷酸盐的测定，可采用___________去除；样品中有机物含量较高时，需用___________去除干扰物质。

答案：阳离子交换柱　　C_{18} 柱

5. 离子色谱仪中抑制器主要起降低淋洗液的___________和增加被测离子的___________，改善___________的作用。

答案：背景电导　　电导值　　信噪比

6. 根据《固定污染源废气　硫酸雾的测定　离子色谱法》（HJ 544—2016），使用离子色谱法测定废气中硫酸雾时，所用的离子色谱柱为___________色谱分离柱。测定固定源中硫酸雾，是用等速采样方法将污染源中的硫酸雾采集在___________及串联的内装 50 mL 吸收瓶的吸收液里，用离子色谱法对其中的硫酸根离子进行分析。

答案：阴离子　　玻璃纤维滤筒（或石英纤维滤筒）

7. NaOH 是化学抑制型离子色谱中分析阴离子推荐的淋洗液，它的抑制反应产物是低电导的水，在配制和使用时，空气中的___________总会渗入 NaOH 溶液中而改变淋洗液的组分和浓度，使基线漂移，影响分离。

答案：CO_2

8. 离子排斥色谱主要用于___________酸、___________酸和醇类的分离。

答案：有机　　无机弱

9. 离子色谱法测定水样时，水样中含苯环的有机物会被分离柱的树脂永久性地吸附，使分离柱的___________降低，以致损坏柱子，所以要在不影响被测离子测定的情况下，将水样进行预处理，以消除其对测定的影响。

答案：吸附容量

10. 样品前处理后进入离子色谱分析前，常需要净化。常用的样品净化技术一般为___________、___________、___________和基体消除技术。

答案：固相萃取法　　膜分离法　　在线浓缩富集

11. 在离子色谱分析中，为了缩短分析时间，可通过改变分离柱的容量、淋洗液强度和___________，以及在淋洗液中加入___________和用___________技术来实现。

答案：流速　　有机改进剂　　梯度淋洗

12. 离子色谱分析中可通过在样品中加___________来减少水负峰影响；离子色谱测氰根离子选用___________检测器。

答案：高浓度淋洗液　　安培

13. 根据《水质　无机阴离子（F^-、Cl^-、NO_2^-、Br^-、NO_3^-、PO_4^{3-}、SO_3^{2-}、SO_4^{2-}）的测定　离子色谱法》（HJ 84—2016）分析水中阴离子时，样品中重金属和过渡金属会影响色谱柱的使用寿

命，可使用____________和____________处理减少其影响。

答案：H 柱　　Na 柱

14. 离子色谱分析样品时，样品中离子价数越高，保留时间____________，离子半径越小，保留时间____________。

答案：越长　　越短

15. 在用离子色谱法测定环境空气颗粒物中水溶性阴离子时，为防止 SO_3^{2-} 在环境中氧化为 SO_4^{2-}，可在配制 SO_3^{2-} 贮备液时，加入 0.1%____________进行固定。

答案：甲醛

16. 离子色谱的淋洗液浓度提高时，一价和二价离子的保留时间________。

答案：缩短

二、单选题

1. 离子色谱法测定可吸附有机卤素时，燃烧炉温度为________。(　　)

A．950℃ ±10℃　　B．850℃ ±10℃　　C．750℃ ±10℃

答案：A

2. 离子色谱的电导检测器内，电极间的距离越小，死体积越小，则灵敏度____。(　　)

A．越高　　B．越低　　C．不变　　D．不确定

答案：A

3. 在离子色谱分析中，水的纯度影响到痕量分析工作的成败，用于配制淋洗液和标准溶液的去离子水，其电阻率应为________MΩ · cm 以上。(　　)

A．5　　B．10　　C．15　　D．18

答案：D

4.《环境空气　颗粒物中水溶性阳离子（Li^+、Na^+、NH_4^+、K^+、Ca^{2+}、Mg^{2+}）的测定　离子色谱法》（HJ 800—2016）的方法原理是：采集的环境空气颗粒物样品，以________提取、________色谱柱交换分离后，用抑制型或非抑制型电导检测器检测。根据保留时间定性，峰高或峰面积定量。(　　)

A．去离子水超声　　阳离子　　B．盐酸超声　　阳离子

C．去离子水超声　　阴离子　　D．盐酸超声　　阴离子

答案：A

5. 在离子色谱分析中，水负峰的大小与样品的进样体积、溶质浓度和淋洗液的浓度及其种类有关，进样体积越大，水负峰越________；淋洗液的浓度越高，水负峰越________，反之亦然。(　　)

A. 小　　大　　B. 小　　小　　C. 大　　小　　D. 大　　大

答案：D

6. 离子色谱分析中，当改变淋洗液的浓度时，对二价离子保留时间的影响________一价离子。(　　)

A．大于　　B．小于　　C．等于　　D．小于等于

答案：A

7. NaOH 是化学抑制型离子色谱中分析阴离子推荐的淋洗液，它的抑制反应产物是低电导的水，在配制和使用时，空气中的________总会渗入 NaOH 溶液中而改变淋洗液的组分和浓度，使基线漂移，影响分离。（　　）

A. CO_2　　B. CO　　C. O_2

答案：A

8. 在《水质　磷酸盐的测定　离子色谱法》（HJ 669—2013）规定的色谱条件下，以 PO_4^{3-} 形式被检测的正磷酸盐包括________。（　　）

A. PO_4^{3-}　　B. $H_2PO_4^-$ 和 PO_4^{3-}

C. HPO_4^{2-}、$H_2PO_4^-$ 和 PO_4^{3-}　　D. HPO_4^{2-} 和 $H_2PO_4^-$

答案：C

9. 离子色谱法分析水中 F^- 或 Cl^-，若水负峰对测定有干扰时，可于 100 ml 水样中加入 1 ml________来消除干扰。（　　）

A. 乙腈　　B. 硫酸　　C. 淋洗贮备液　　D. 淋洗使用液

答案：C

10. 离子色谱柱上，下列常见阴离子的保留时间从小到大排列正确的是________。（　　）

A. F^-，Cl^-，Br^-，I^-　　B. I^-，Br^-，Cl^-，F^-

C. F^-，Cl^-，I^-，Br^-　　D. Cl^-，I^-，Br^-，F^-

答案：A

11. ________不是影响离子色谱离子洗脱顺序的因素。（　　）

A. 离子电荷　　B. 淋洗液流速　　C. 离子半径　　D. 树脂种类

答案：B

12. 高效离子色谱的分离机理属于________。（　　）

A. 离子排斥　　B. 离子交换　　C. 吸附和离子对形成

答案：B

13. 离子色谱仪系统压力超过正常压力的________以上时，可以认为该系统压力不正常。（　　）

A. 50%　　B. 25%　　C. 30%

答案：C

三、多选题

1.《环境空气和废气　氯化氢的测定　离子色谱法》（HJ 549—2016）规定，采样管为________材质，应具备加热和保温功能。（　　）

A. 硬质玻璃　　B. 氟橡胶　　C. 聚四氟乙烯　　D. 氟树脂

答案：AD

2. 在离子色谱分析中，关于水负峰的大小，下列说法正确的是________。（　　）

A. 水负峰的大小与进样体积、淋洗液的浓度和种类有关

B. 淋洗液的浓度越高，水负峰越大

C. 进样体积越大水负峰越大

D. 当水负峰干扰测定时，可用 100 ml 水样中加入 1 ml 淋洗液储备液的办法来消除干扰

答案：ABCD

3. 离子色谱仪中的抑制器的主要作用是________。(　　)

A. 降低淋洗液的背景电导　　　　B. 增加被测离子的电导值。

C. 消除反离子峰对弱保留离子的影响　　　　D. 减少出峰时间

答案：ABC

4. 根据《水质　磷酸盐的测定　离子色谱法》（HJ 669—2013），可溶性磷酸盐指通过 0.45 μm 微孔滤膜过滤，在标准规定的色谱条件下，以 PO_4^{3-} 形式被检测的正磷酸盐，包括________。(　　)

A. $H_2PO_4^-$　　　　B. HPO_4^{2-}　　　　C. PO_4^{3-}

答案：ABC

四、判断题

1. 采用离子色谱法分析时，对保留时间相近的 2 种离子，当其浓度相差较大而影响低浓度离子的测定时，可通过稀释、调节流速、改变淋洗液配比等方式消除或减少干扰。(　　)

答案：正确

2. 当改变离子色谱淋洗液的流速时，待测离子的洗脱顺序将会发生改变。(　　)

答案：错误

正确答案：待测离子的洗脱顺序不会改变。

3. 离子色谱的分离方式有 3 种，即高效离子交换色谱（HPIC）、离子排斥色谱（HPIEC）和离子对色谱（MPIC）。它们的分离机理是相同的。(　　)

答案：错误

正确答案：它们的分离机理是不同的。

4. 离子色谱法（IC）是根据不同离子在离子交换柱上具有不同的电导率而将物质分离并进行检测的分析方法。(　　)

答案：错误

正确答案：离子色谱柱的分离原理：由于各种离子对离子交换树脂的亲和力不同，样品通过分离柱时被分离成不连续的谱带，依次被淋洗液洗脱。

5. 离子色谱法测定氟化物、氯化物时，不被色谱柱保留或弱保留的阴离子干扰 F^- 和 $C1^-$ 测定时，用强淋洗液进行洗脱。(　　)

答案：错误

正确答案：不被色谱柱保留或弱保留的阴离子干扰 F^- 和 $C1^-$ 测定时，应用弱淋洗液洗脱。

6. 离子色谱法测定环境空气中的甲酸时，当改变淋洗液的浓度时，可增加甲酸和乙酸的分离度。(　　)

答案：正确

7. 离子色谱法测定磷酸盐，对有重金属干扰的样品，经现场过滤后，用阴离子交换柱去除。(　　)

答案：错误

正确答案： 用阳离子交换柱去除。

8. 离子色谱法测定水中阴离子时，采集的水样均不需要加固定剂。(　　)

答案： 错误

正确答案： 测定 SO_3^{2-}，水样采集后，须立即加入 0.1% 甲醛进行固定。

9. 离子色谱法分析样品时，离子价态越高，保留时间越长，离子半径越大，保留时间越短。(　　)

答案： 错误

正确答案： 离子色谱法分析样品时，离子价态越高，保留时间越长，离子半径越大，保留时间也越长。

10. 离子色谱分析中，淋洗液浓度的改变只影响被测离子的保留时间，而不影响水负峰的位置。(　　)

答案： 正确

11. 离子色谱分析中，其淋洗液的流速和被测离子的保留时间之间存在一种反比的关系。(　　)

答案： 正确

12. 离子色谱分析中，水负峰的位置由分离柱的性质和淋洗液的流速决定，流速的改变可改变水负峰的位置和被测离子的保留时间。(　　)

答案： 正确

13. 离子色谱仪测定水中磷酸盐时，分析时所用的水应为电导率小于 0.1 μS/cm 的去离子水。(　　)

答案： 错误

正确答案： 离子色谱仪测定水中磷酸盐时，分析时所用的水应为电导率小于 0.5 μS/cm 的去离子水。

14. 离子色谱仪中，抑制器主要起降低淋洗液的背景电导和增加被测离子的电导值，改善信噪比的作用。(　　)

答案： 正确

15. 离子色谱中，在分析柱和检测器之间增加了一个“抑制柱”，以增加洗脱液本底电导。(　　)

答案： 错误

正确答案： 离子色谱中，在分析柱和检测器之间增加了一个“抑制柱”，以降低洗脱液本底电导。

16. 离子色谱中的梯度淋洗与气相色谱中的程序升温相似，梯度淋洗一般只在含氢氧根离子或甲基磺酸根的淋洗液中采用抑制电导检测时才能实现。(　　)

答案： 正确

17. 水样中的氟离子经阴离子色谱柱交换分离，非抑制性电导检测器检测，根据保留时间定性，峰高或峰面积定量。(　　)

答案： 错误

正确答案： 水样中的氟离子经阴离子色谱柱交换分离，抑制型电导检测器检测。

18. 阴离子交换色谱中，分离柱树脂容量越大，淋洗剂浓度越小，保留体积就越小。(　　)

答案：错误

正确答案：树脂交换容量越大，保留时间越长。

19. 用离子色谱法测定水中阴离子时，水样不需进行任何处理，即可进样分析。(　　)

答案：错误

正确答案：需经过 0.45 μm 滤膜过滤，浓度高时还需进行稀释，如有有机物干扰应用相应的吸附树脂进行处理。

20. 在离子色谱分析中，如果保留时间相近的两种离子，因浓度相差太大而影响低浓度离子测定，只能考虑改用其他分析手段。(　　)

答案：错误

正确答案：可用加标的方法测定低浓度离子。

21. 在离子色谱分析中，水负峰的大小与样品的进样体积、溶质浓度和淋洗液的浓度及其种类有关，进样体积大，水负峰亦大；淋洗液的浓度越高，水负峰越大。(　　)

答案：正确

22. 在离子色谱分析中，为了缩短分析时间，可通过改变分离柱的容量、改变淋洗液强度或流速、在淋洗液中加入有机改进剂、采用梯度淋洗等方法来实现。(　　)

答案：正确

五、简答题

1. 离子色谱法测定可吸附有机卤素有何干扰？如何消除？

答案：（1）水中有机卤素在样品富集时部分吸附在活性炭上，干扰测定，用 20 ml 酸性硝酸钠洗涤液淋洗活性炭吸附柱，可消除其干扰。

（2）难溶氯化物、生物细胞等会使测定结果偏高，用硝酸调节水样 pH=1.5 ～ 2.0，放置 8 h 后分析，可消除其干扰。

（3）活性氯可使测定结果偏高，采样后应在 100 ml 水样中加入 5 ml 亚硫酸钠溶液，可消除其干扰。

2. 离子色谱中，对于待测离子而言，决定保留时间的主要参数是什么？各参数是如何影响离子的保留时间的？

答案：决定保留时间的主要参数是待测离子的价数、离子的大小、离子的极化度。

待测离子的价数越高，保留时间越长；待测离子的离子半径越大，保留时间越长；待测离子的极化度越大，保留时间越长。

3. 简述离子色谱法测定环境空气中氨时，如何消除水负峰的干扰。

答案：使用离子色谱法测定环境空气中的氨时，水能形成负峰或使峰高降低或倾斜。可以采用在配制标准和稀释样品时加入淋洗贮备液的方法来消除水负峰的干扰？

4. 为什么离子色谱输液系统不能进入气泡？

答案：因进入气泡会影响分离效果和检测信号的稳定性，会导致基线不稳定，产生较大噪声，使检测灵敏度降低。

5. 简述离子色谱仪中抑制器的主要作用有哪些？

答案：主要起三种作用：一是降低淋洗液的背景电导；二是增加被测离子的电导响应值，改善信噪比；三是消除反离子峰对弱保留离子的影响。

六、计算题

《水质　可溶性阳离子（Li^+、Na^+、NH_4^+、K^+、Ca^{2+}、Mg^{2+}）的测定　离子色谱法》（HJ 812—2016）测定地下水中 Ca^{2+} 时，已知标准曲线回归方程的截距为 -0.030，回归方程的斜率为 0.215，目标物峰面积为 1.141，空白试样目标物峰面积为 0。求该水样中目标物的质量浓度。

答案：ρ_i（mg/L）=（$A-A_0-a$）/b=（1.141-0+0.030）/0.215 = 5.45

第十一章

质量管理

CHAPTER 11

一、填空题

1. 生态环境监测机构授权签字人应掌握较丰富的授权范围内的__________，并且具有与授权签字范围相适应的__________或__________，具备中级及以上专业技术职称或同等能力，且具有从事生态环境监测相关工作__________以上经历。

答案：相关专业知识　相关专业背景　教育培训经历　3 年

2.《环境监测质量管理技术导则》（HJ 630—2011）中，__________指为实施质量管理所需的组织结构、程序、过程和资源。

答案：质量体系

3.《环境监测质量管理技术导则》（HJ 630—2011）中规定，记录应清晰明了，不得随意涂改，必须修改时应采用__________方法。

答案：杠改

4.《检验检测机构资质认定能力评价　检验检测机构通用要求》（RB/T 214—2017）中，__________是指依据预先制定的准则，采取检验检测机构间比对的方式，评价参加者的能力。

答案：能力验证

5.《环境监测质量管理技术导则》（HJ 630—2011）中，实验室外部质量控制可采取以下措施：密码平行样、密码质量控制样及密码加标样、__________、实验室间比对、留样复测等。

答案：人员比对

6. 国家市场监督管理总局、生态环境部联合印发的《检验检测机构资质认定生态环境监测机构评审补充要求》（国市监检测〔2018〕245 号）自__________起实施。

答案：2019 年 5 月 1 日

7.《检验检测机构资质认定　生态环境监测机构评审补充要求》（国市监检测〔2018〕245 号）第五条明确提出：生态环境监测机构及其负责人对其监测数据的真实性和准确性负责，采样与分析人员、审核与授权签字人分别对原始监测数据、监测报告的真实性__________。

答案：终身负责

8. 检出限是指某特定分析方法在给定的置信度内，可从样品中检出待测物质的__________。

答案：最小浓度或最小量

9. 生态环境监测过程中，当输出数据打印在__________等保存时间较短的介质上时，应同时保存记录的复印件或扫描件。

答案：热敏纸或光敏纸

10. 检验检测机构应建立识别文件当前修订状态和分发控制清单或等效的文件控制程序，保证实验室人员使用当前有效版本的文件，防止使用__________文件。

答案：无效和 / 或作废的

11. 环境监测实验室应建立、实施和保持__________，能够保证其独立性、公正性并与其检测和 / 或校准活动相适应。

答案：管理体系

12.__________是由管理层正式发布的该组织总的质量宗旨和方向。

答案：质量方针

13. 从事检验检测活动的人员，不得同时在___________ 检验检测机构从业。

答案：两个及以上

14.《土壤环境监测技术规范》（HJ/T 166—2004）规定，当平行双样测定合格率低于________时，除对当批样品重新测定外再增加样品数 10% ～ 20% 的平行样，直至平行双样测定合格率符合要求为止。

答案：95%

15.《环境监测质量管理技术导则》（HJ 630—2011）规定，通常监测结果低于方法检出限时，用___________表示。

答案：ND

16.《检验检测机构资质认定能力评价　检验检测机构通用要求》（RB/T 214—2017）规定，检验检测机构的技术负责人应具有___________及以上专业技术职称或同等能力，全面负责____________运作。

答案：中级　　技术

17. 检验检测机构需校准的所有设备，只要可行，应使用标签、编码或其他标识，表明其____________，包括上次校准的日期、再校准或失效日期。

答案：校准状态

18. 平行样分析反映分析结果的___________，加标回收率分析反映分析结果的___________。

答案：精密度　　准确度

19. 检验检测机构应建立和保持选择和购买对检验检测质量有影响的___________和____________的程序。

答案：服务　　供应品

20. 检验检测机构向社会出具具有证明作用的检验检测数据、结果的，应当在其检验检测报告上加盖___________，并标注___________标志。

答案：检验检测专用章　　资质认定

21. 环境监测机构应对所有质量活动和监测过程的技术活动及时记录，保证记录信息的____________、充分性、___________。

答案：完整性　　可追溯性

22. 在判断测定值或其计算值是否符合标准要求时，应将测试所得的测定值或其计算值与标准规定的极限值做比较，比较的方法常采用___________和___________。

答案：全数值比较法　　修约值比较法

23. 资质认定证书有效期为___________年。评审组在技术评审中发现有不符合要求的，应当书面通知申请人限期整改，整改期限不得超过___________ 个工作日。逾期未完成整改或整改后仍不符合要求的，相应评审项目应当判定为不合格。

答案：6　　30

24. 检验检测机构应考虑与检验检测活动有关的___________，以利于：确保管理体系能够实现其预期结果；把握实现目标的机遇；预防或减少检验检测活动中的不利影响和潜在的失败；实现管理体系改进。

答案：风险和机遇

25. 管理评审通常＿＿＿＿＿＿个月一次，由＿＿＿＿＿＿负责。

答案：12　管理层

26. 实验室使用新标准、新方法实施检测前，应从＿＿＿＿＿＿、＿＿＿＿＿＿、＿＿＿＿＿＿等条件具备方面予以验证或确认，并提供相关的证明材料。

答案：仪器设备　环境条件　人员技术

27. 量值溯源的目的是使所有测量结果或标准的量值都能最终溯源到＿＿＿＿＿＿或＿＿＿＿＿＿。

答案：国家基准　国际计量基准

28. 与生态环境监测机构的监测活动相关的外来文件，包括＿＿＿＿＿＿、＿＿＿＿＿＿、＿＿＿＿＿＿、＿＿＿＿＿＿等，均应受控。

答案：环境质量标准　污染排放或控制标准　监测技术规范　监测标准（包括修改单）

29. 有分包事项时，生态环境监测机构应事先征得客户同意，对＿＿＿＿＿＿进行确认，并规定不得进行＿＿＿＿＿＿。生态环境监测机构应就分包结果向客户负责（客户或法律法规指定的分包除外），应对分包方监测质量进行＿＿＿＿＿＿。

答案：分包方资质和能力　二次分包　监督或验证

30. 当在生态环境监测报告中给出符合（或不符合）要求或规范的声明时，＿＿＿＿＿＿人员和＿＿＿＿＿＿应充分了解相关环境质量标准和污染排放 / 控制标准的适用范围，并具备对监测结果进行＿＿＿＿＿＿的能力。

答案：报告审核　授权签字人　符合性判定

31. 方法验证或方法确认的＿＿＿＿＿＿应形成报告，并附验证或确认全过程的＿＿＿＿＿＿，保证方法验证或确认过程＿＿＿＿＿＿。

答案：过程及结果　原始记录　可追溯

32. 承担生态环境监测工作前应经过必要的培训和能力确认，能力确认方式应包括＿＿＿＿＿＿、＿＿＿＿＿＿、＿＿＿＿＿＿的培训与考核等。

答案：基础理论　基本技能　样品分析

33. 环境监测人员应牢记监测＿＿＿＿＿＿就是监测站生命线的理念，没有＿＿＿＿＿＿的监测数据是无效数据。

答案：质量　质量保证

34. 根据《检验检测机构资质认定管理办法》（总局令第 163 号），本办法所称检验检测机构，是指＿＿＿＿＿＿，依据相关标准或技术规范，利用＿＿＿＿＿＿、环境设施等技术条件和专业技能，对产品或者法律法规的特定对象进行检验检测的专业技术组织。

答案：依法成立　仪器设备

35. 环境监测机构应当依法取得检验检测机构资质认定证书。建立覆盖布点、采样、＿＿＿＿＿＿、样品制备、＿＿＿＿＿＿、数据传输、评价和＿＿＿＿＿＿报告编制等全过程的质量管理体系。

答案：现场测试　　分析测试　　综合分析

36. 根据《环境监测质量管理技术导则》（HJ 630—2011），持有合格证的人员，方能从事相应的监测工作，未取得合格证者，只能在__________的指导下开展工作，监测质量由__________负责。

答案：持证人员　　持证人员

37. 根据《环境监测质量管理技术导则》（HJ 630—2011），对监测结果的准确性或有效性有影响的仪器设备，在使用前、维修后恢复使用前、脱离实验室直接控制返回后，均应进行__________或__________。

答案：校准　　核查

38. 根据《环境监测质量管理技术导则》（HJ 630—2011），平行样的测定结果在允许偏差范围内时，用其__________报告测定结果。

答案：平均值

39. 生态环境监测机构的__________应覆盖生态环境监测活动全过程，所采取的__________应满足相关监测标准和技术规范的要求，保证监测结果的准确性。

答案：质量控制活动　　质量控制措施

40. 生态环境监测机构可采取__________或__________方式对文件进行有效控制。

答案：纸质　　电子介质

41. 检验检测机构应有固定的、临时的、__________或__________场所，上述场所应满足相关法律法规、标准或技术规范的要求。

答案：可移动的　　多个地点的

42. 检验检测机构资质认定是一项确保检验检测数据、结果的__________、__________、__________的行政许可制度。

答案：真实　　客观　　准确

43. 检验检测机构的__________应具有中级及以上专业技术职称或同等能力，全面负责技术运作；__________应确保管理体系得到实施和保持；应指定__________。

答案：技术负责人　　质量负责人　　关键管理人员的代理人

44. 检验检测机构应对检验检测原始记录、报告、证书__________，保证其具有__________。检验检测原始记录、报告、证书的保存期限通常不少于__________年。

答案：归档留存　　可追溯性　　6

45. 环境监测机构及其负责人对其监测数据的__________和__________负责。

答案：真实性　　准确性

46. 质量手册是质量体系运行的__________文件，程序文件是质量手册的__________文件。

答案：纲领性　　支持性

47. 环境监测布点、采样、__________、样品制备、分析测试、__________、__________、数据传输等全过程均应实施质量管理。

答案：现场测试　　数据评价　　综合报告

48.《检验检测机构资质认定能力评价　检验检测机构通用要求》（RB/T 214—2017）适用于__________的数据、结果的检验检测机构的资质认定能力评价，也适用于检验检测机构的__________。

答案：向社会出具具有证明作用　自我评价

49. 生态环境部依法制定__________的环境监测规范，加快完善大气、水、土壤等要素的环境质量监测和排污单位__________标准规范，健全国家环境监测__________体系。

答案：全国统一　自行监测　量值溯源

50. 我国的有证标准物质一般以__________、__________等编号。

答案：GSB　GBW

51. 在环境监测工作中，对监测数据的质量要求是：具有代表性、精密性、__________、完整性和__________。

答案：准确性　可比性

52. 生态环境监测机构现场测试和采样应至少有__________名监测人员在场。

答案：2

53. 加标回收反映的是分析结果的__________。

答案：准确度

54. 空白值的大小及其分散程度，影响着方法的检测限和测试结果的__________。

答案：精密度

55. 内部审核通常每年一次，由__________策划内审并制定审核方案。内审员须经过培训，具备相应资格。

答案：质量负责人

56. 应由熟悉检验检测目的、程序、方法和结果评价的人员，对检验检测人员包括实习员工进行__________。

答案：监督

57. 如果客户要求的偏离影响到检验检测结果，应在报告、证书中作出__________。

答案：声明

58. 检验检测方法包括__________方法、__________方法（含自制方法）。

答案：标准　非标准

59. 实验室接收样品时，应对样品的__________、__________和保存条件进行检查和记录，对不符合要求的样品可以拒收，或明确告知客户有关样品偏离情况，并在报告中注明。

答案：时效性　完整性

60. 生态环境监测机构可使用__________、__________等辅助手段，保证现场测试或采样过程客观、真实和可追溯。

答案：地理信息定位　照相或录音录像

61. 标准物质应尽可能溯源到__________单位或有证标准物质。检验检测机构应根据程序对标准物质进行__________。

答案：国际单位制（SI）　期间核查

62. 无法溯源到国家或国际测量标准时，测量结果应溯源至 RM、公认的或约定的________________、___________或___________等途径，证明其测量结果与同类检验检测机构的一致性。

答案：测量方法　标准　通过比对

63. 检验检测机构及其人员应对其在检验检测活动中所知悉的国家秘密、___________和___________负有保密义务，并制定和实施相应的保密措施。

答案：商业秘密　技术秘密

64. 振荡天平的主要质控内容包含___________、___________、___________和管路测漏。

答案：流量校准　K_0 值检查　温度压力校正

65. 设备在投入使用前，应采用___________、检定或___________等方式，以确认其是否满足检验检测的要求。

答案：核查　校准

66. 国家计量基准的作用是将所复现的单位量值通过一定方式依次向下传递到工作计量器具的过程，称为___________，这个过程是___________的逆过程。

答案：量值传递　量值溯源

67. 分析人员必须充分了解实验反应和所用化学试剂的特性。在未了解实验反应前，试料用量应从___________开始。对有危险的实验要准备应有的___________和发生事故时的________________。

答案：最小量　防护措施　处理方法

68. 根据《检验检测机构资质认定能力评价　检验检测机构通用要求》（RB/T 214—2017）的规定，检验检测机构及其人员从事检验检测活动，应遵守国家相关法律法规的规定，遵循客观独立、___________、___________原则，恪守职业道德，承担社会责任。

答案：公平公正　诚实信用

69. 依据《检验检测机构资质认定能力评价　检验检测机构通用要求》（RB/T 214—2017），设备包括检验检测活动所必需并影响结果的仪器、___________、测量标准、标准物质、________________、试剂、消耗品、辅助设备或相应组合装置。

答案：软件　参考数据

70. 环境监测质量管理工作，是指在环境监测的全过程中为保证监测数据和信息的代表性、准确性、精密性、___________和完整性所实施的全部活动和措施，包括___________、质量保证、___________、___________和质量监督等内容。

答案：可比性　质量策划　质量控制　质量改进

71. 一个实验室在重复性条件下测定标准物质可以对监测方法的实验室内方法的___________和___________进行确认和评价。

答案：精密度　准确度

72. 开展现场测试或采样时，应根据任务要求制订监测方案或采样计划，明确监测点位、___________、监测方法、___________等内容。

答案：监测项目　监测频次

73. 现场采样时，环境监测机构工作人员应认真填写___________、污染源和监测点位示意图等原始监测记录，并由___________签字确认。

答案：采样记录表　被监测单位

74. 表征合理地赋予被测量之值的分散性，与测量结果相联系的参数，称为___________。

答案：测量不确定度

75. 环境监测机构应当按照相关技术规范或标准实施样品的采集、传送、制备、贮存、处置以及样品分析和数据处理等监测活动，保证监测数据和信息的___________、___________、___________、___________、___________。

答案：代表性　准确性　精密性　可比性　完整性

76. 环境监测质量管理是环境监测工作的重要组成部分，应贯穿于监测工作的___________。

答案：全过程

77. 实验室建立健全质量管理体系，应使质量管理工作程序化、文件化、___________、___________，并保证其有效运行。

答案：制度化　规范化

78. 对于所有质量记录和原始观测记录，包括计算和导出数据、校准记录等，都必须包含足够的信息以保证其能够___________。

答案：再现

79. 设施和环境条件对检测结果的质量有影响时，应___________、___________和___________环境条件。

答案：监测　控制　记录

80. 国家环境标准包括国家环境质量标准、环境基础标准、___________标准、___________标准和___________标准。

答案：污染物排放（或控制）　环境监测方法（或环境监测分析方法）　环境标准样品

81.《检验检测机构资质认定　生态环境监测机构评审补充要求》（国市监检测〔2018〕245号）规定生态环境监测机构应建立___________和___________弄虚作假行为的制度和措施，确保其出具的监测数据准确、客观、真实、可追溯。

答案：防范　惩治

82. 排污单位要按照法律法规和相关监测标准规范开展自行监测，制定___________，保存完整的___________、___________，对数据的真实性负责，并按规定公开相关监测信息。

答案：监测方案　原始记录　监测报告

83. 环境监测机构应建立、___________和___________与环境监测相适应的___________体系，应将其政策、制度、计划、程序和指导书制定成文件。

答案：实施　保持　管理

84. 检验检测机构应当在___________规定的检验检测能力范围内，依据相关___________规定的程序和要求，出具检验检测数据、结果。

答案：资质认定证书　标准或者技术规范

85. 生态环境监测机构初次使用标准方法前，应进行___________，使用非标准方法前，应进行___________。非标准方法应由不少于___________名本领域高级职称及以上专家进行审定。

答案：方法验证　　方法确认　　3

86.《检验检测机构资质认定能力评价　检验检测机构通用要求》（RB/T 214—2017）要求检验检测机构应阐明____________，制定____________，并在管理评审时予以评审。

答案：质量方针　　质量目标

87. 检验检测机构应将其管理体系、组织结构、程序、过程、资源等过程要素文件化。文件可分为四类：____________、____________、____________以及质量和技术记录表格。

答案：质量手册　　程序文件　　作业指导书

88.《检验检测机构资质认定能力评价　检验检测机构通用要求》（RB/T 214—2017）规定，检验检测机构可在出现____________、____________或____________时，报告测量不确定度。

答案：临界值　　内部质量控制　　客户有要求

89.《环境监测　分析方法标准制修订技术导则》（HJ 168—2020）中最终的方法检出限为各验证实验室确定的方法检出限的____________。

答案：最高值

90. 在环境监测的实验室分析中，加标回收率测定是非常重要的质控手段，其形式一般有：____________加标、样品基体加标和____________加标三种。

答案：空白　　示踪物

91. 根据《检验检测机构资质认定　生态环境监测机构评审补充要求》（国市监检测〔2018〕245 号），初次使用标准方法前，应进行方法验证，选取不少于一种____________进行测定。

答案：实际样品

92. 各级环境监测机构应建立健全____________，使质量管理工作程序化、文件化、制度化和____________，并保证其有效运行。

答案：质量体系　　规范化

93. 环境监测所依据的技术标准均应以____________版本为准，对____________应参考有关的国际标准或国内有关部门的标准。

答案：最新公布的　　尚未制定标准的项目

94. 平行双样分析是对____________的最低限度检查，用以发现____________的异常情况。

答案：测定结果精密度　　偶然

95. 检验检测机构及其人员从事检验检测活动，应遵守____________________的规定，遵循______________、_____________、_____________原则，____________，____________。

答案：国家相关法律法规　　客观独立　　公平公正　　诚实信用　　恪守职业道德　　承担社会责任

96. 生态环境部对监测数据的基本要求是____________、____________、____________。

答案：真　　准　　全

97. 环境监测质量保证是保证监测数据____________的全部活动和措施，是环境监测的____________管理。实验室质量控制包括____________和____________两部分。

答案：正确可靠　　全面质量　　实验室内　　实验室间

98. 衡量实验室内测定结果质量的主要指标是____________和____________。

答案：精密度　准确度

99. 为保证固体废物有机污染物的监测质量所采用的质量控制措施有：______、______、______、______。

答案：空白实验　校准　平行样　基体加标

100.______为在同一实验室中，当分析人员、分析设备和分析时间都相同时，对同一样品进行双份或多份平行样测定结果之间的符合程度。

答案：平行性

101. 生态环境监测机构应保证人员数量及其专业技术背景、工作经历、监测能力与所开展的监测活动相匹配，中级以上专业技术职称或同等能力的人员数量应不少于生态环境监测人员总数的______。

答案：15%

102. 检测设备经校准某一量程不合格，但检测所需的量程合格，其状态标志应使用______。

答案：准用

103. 根据《检验检测机构资质认定　生态环境监测机构评审补充要求》（国市监检测〔2018〕245 号），生态环境监测机构技术负责人应具有从事生态环境监测相关工作______年以上的经历。

答案：5

104. 检验检测机构应当对检验检测原始记录和报告归档留存，保证其具有可追溯期。原始记录和报告的保存期限通常不少于______年。

答案：6

105. 生态环境监测机构应按照监测标准或技术规范对现场测试或采样的场所环境提出相应的控制要求并记录，包括但不限于______、______、______和环境条件等。

答案：电力供应　安全防护设施　场地条件

106. 检验检测机构在中华人民共和国境内从事向社会出具具有证明作用数据、结果的检验检测活动应取得______。

答案：资质认定（CMA）

107. 检验检测报告或证书签发后，若有更正或增补应予以______，修订的检验检测报告或证书应标明所代替的报告或证书，并注以______。

答案：记录　唯一性标识

108. 采样与分析人员、审核与授权签字人分别对______、______的真实性终身负责。

答案：原始监测数据　监测报告

109.《"十三五"环境监测质量管理工作方案》要求：加强内部质量控制、强化外部质量监督，有效规范环境监测活动，打击监测数据弄虚作假行为，保障环境监测数据的______和______。

答案：准确性　权威性

110. 检验检测机构应建立和保持维护其公正和＿＿＿＿＿＿＿的程序，确保检验检测数据、结果的真实、客观、准确和可追溯。

答案：诚信

111. 休哈特（Shewhart）质量控制图是以数理统计检验为理论依据的图上作业法，他将＿＿＿＿＿＿＿图形变换为＿＿＿＿＿＿＿，以便于检验测定数据的质量。

答案：正态分布　质量控制图

112. 实验室分析准确度可采用＿＿＿＿＿＿＿、＿＿＿＿＿＿＿或＿＿＿＿＿＿＿中的任意一种方法来控制。

答案：分析标准样品　自配标准溶液　实验室内加标回收

113.《检验检测机构资质认定　生态环境监测机构评审补充要求》（国市监检测〔2018〕245号）规定开展现场测试或采样时，应根据任务要求制订监测方案或采样计划，明确监测点位、＿＿＿＿＿＿＿、＿＿＿＿＿＿＿、监测频次等内容。

答案：监测项目　监测方法

114. 实验室间质量控制可采取＿＿＿＿＿＿＿、＿＿＿＿＿＿＿等方法实施，每年应至少进行一次。

答案：密码样考核　能力验证

115. 校准曲线包括＿＿＿＿＿＿＿曲线和＿＿＿＿＿＿＿曲线。

答案：标准　工作

116. 校准曲线的检验包括＿＿＿＿＿＿＿检验、＿＿＿＿＿＿＿检验和＿＿＿＿＿＿＿检验三种。

答案：线性　截距　斜率

117. 在水污染物排放总量的实验室分析中，对有些斜率较为稳定的校准曲线，在实验条件没有改变的情况下，使用以前的校准曲线时，必须测定＿＿＿＿＿＿＿个标准点，测定结果与原曲线相应点的相对偏差均应小于＿＿＿＿＿＿＿%，否则应重新制备曲线。

答案：两　5

118.《检验检测机构资质认定　生态环境监测机构评审补充要求》（国市监检测〔2018〕245号）中提出：初次使用标准方法前，应进行方法＿＿＿＿＿＿＿；使用非标准方法前，应进行方法＿＿＿＿＿＿＿。

答案：验证　确认

119. 检验检测机构租用仪器设备开展检验检测时，应确保：①租用仪器设备的管理应纳入本检验检测机构的＿＿＿＿＿＿＿；②本检验检测机构可＿＿＿＿＿＿＿使用；③在租赁合同中明确规定租用设备的使用权；④同一台设备不允许在同一时期被不同检验检测机构共同租赁和资质认定。

答案：管理体系　全权支配

120. 用基准物标定法配制的标准溶液，至少平行滴定＿＿＿＿＿份，平行标定相对偏差不大于＿＿＿＿＿，取其平均值计算溶液的浓度。

答案：3　0.2%

121. 检验检测机构及从业人员，应当遵守国家相关法律法规的规定，遵循客观独立、公平公正、诚实信用原则，恪守职业道德，承担＿＿＿＿＿。

答案：社会责任

二、单选题

1. 根据《环境监测人员持证上岗考核制度》第二条的规定，在环境监测中，持有合格证的人员，方能从事相应的监测工作；未取得合格证者________。(　　)

A. 不能从事环境监测工作

B. 不能独立从事环境监测工作

C. 在持证人员的指导下，可以开展环境监测工作，并对监测质量负责

D. 在持证人员的指导下，可以开展环境监测工作，持证人员对监测质量负责

E. 在持证人员的指导下，可以开展环境监测工作，和持证人员一起对监测质量负责

答案：D

2. 质量体系的有效运行主要靠________。(　　)

A. 日常监督　　B. 内审　　C. 内部质量控制　　D. 管理评审

答案：A

3. 根据《环境监测人员持证上岗考核制度》，环境监测人员持证上岗考核合格证有效期为________。(　　)

A. 长期　　B. 十年　　C. 五年　　D. 三年

答案：C

4. 环境监测人员持证上岗考核中基本技能和样品分析的考核项目数不少于被考核人申请项目的________。(　　)

A. 50%　　B. 30%　　C. 40%　　D. 60%

答案：B

5. 检验检测机构向社会出具具有证明作用的检验检测数据、结果的，应当在其检验检测报告或证书上加盖________，用以表明该检验检测报告或证书由其出具，并由该检验检测机构负责。(　　)

A. CMA 标志　　B. 检验检测专用章　　C. 许可使用标志　　D. 部门骑缝章

答案：B

6. 纠正措施必然涉及________。(　　)

A. 管理评审　　B. 降低成本　　C. 人员培训　　D. 效果验证

答案：D

7. 对于所有被判断为不可接受的质量控制结果，检验检测机构应查找原因并采取有计划的________。(　　)

A. 技术措施　　B. 纠正措施　　C. 改进措施

答案：B

8. 检验检测机构应当建立在例外情况下允许偏离的规定或程序，对方法的任何偏离的前提是________。(　　)

A. 不得背离质量方针和目标　　B. 行政主管部门的批准

C. 经客户同意　　D. 技术负责人批准

答案：A

9. 测试设备经校准某一量程不合格，但测试所需的量程合格，其状态标志应使用________。(　　)

A. 合格　　B. 准用　　C. 停用

答案：B

10. 检验检测标准或者技术规范中，当环境条件不利于检验检测的开展时，应________检验检测活动。(　　)

A. 继续　　B. 边改边继续　　C. 停止　　D. 其他

答案：C

11. 为确保质量管理体系持续的适宜性、充分性和有效性所进行的质量管量活动是________。(　　)

A. 内审　　B. 管理评审　　C. 期间核查　　D. 质量控制

答案：B

12. 某方法使用两次重复分析同一样品的结果（A，B）的百分差 $D\%=2x(A-B)/(A+B)$ 代表分析的精度，可接受的精度为 25%。下面________平行分析结果超过可接受的范围。(　　)

A. 8，10　　B. 6，8　　C. 12，10　　D. 9，11

答案：B

13. ________不属于实验室内部质量控制内容。(　　)

A. 空白试验　　B. 加标样分析　　C. 密码样品分析　　D. 系统误差分析

答案：D

14. 根据《检验检测机构资质认定　生态环境监测机构评审补充要求》(国市监检测〔2018〕245 号)，开展现场测试或采样时，应根据任务要求制订监测方案或采样计划，明确监测点位、________、监测方法、监测频次等内容。(　　)

A. 监测因子　　B. 监测元素　　C. 监测项目　　D. 监测类别

答案：C

15. 实验室每次检测或校准的记录应包括足够的信息，以保证其过程能够________。(　　)

A. 真实可靠　　B. 再现　　C. 充分有效　　D. 规范要求

答案：B

16. 各级相关部门所属生态环境监测机构、环境监测设备运营维护机构、社会环境监测机构及其________要严格按照法律法规要求和技术规范开展监测，健全并落实监测数据质量控制与管理制度，对监测数据的真实性和准确性负责。(　　)

A. 负责人　　B. 监测人员　　C. 授权签字人　　D. 审核人

答案：A

17. 根据《检验检测机构资质认定　生态环境监测机构评审补充要求》(国市监检测〔2018〕245 号)，生态环境监测机构应及时记录样品采集、现场测试、样品运输和保存、样品制备、分析测试等监测全过程的技术活动，保证记录信息的________，能够再现监测全过程。(　　)

A. 科学性、合理性、可行性　　B. 充分性、原始性、规范性

C．科学性、原始性、规范性　　D．充分性、合理性、可行性

答案：B

18. 环境监测机构使用的标准物质应该是有证标准物质或具有________的标准物质。(　　)

A．合法性　　B．可查性　　C．准确性　　D．溯源性

答案：D

19. 被撤销资质认定证书的检验检测机构，________内不得再次申请资质认定。(　　)

A．6个月　　B．1年　　C．2年　　D．3年

答案：D

20. 实验室对原始记录的要求有________。(　　)

A．有足够的信息量保证检测过程能够复现

B．有仪器管理员的标识

C．一式两份以安全贮存

D．有客户确认并进行签字

答案：A

21. 实验室应当确保其相关测量和校准结果能够溯源至国家标准，以保证结果的________。(　　)

A．可靠性　　B．正确性　　C．精确性　　D．准确性

答案：D

22. 实验室按照有关技术规范或者标准开展________，以保证其持续符合检测、校准能力。(　　)

A．比对　　B．校验　　C．测量　　D．能力验证

答案：D

23. 记录是一种特殊类型的文件，是对所完成活动或达到的结果提供________的文件。(　　)

A．有效性　　B．客观证据　　C．符合性　　D．时效性

答案：B

24.《检验检测机构资质认定　生态环境监测机构评审补充要求》(国市监检测〔2018〕245号)所称生态环境监测机构，是指依法成立，依据相关________开展生态环境监测，向社会出具具有证明作用的数据、结果，并能够承担相应法律责任的专业技术机构。(　　)

A．评审准则　　B．法律法规　　C．标准或规范　　D．质量手册

答案：C

25. 实验室应当规定本实验室________的职责、权力和相互关系。(　　)

A．技术管理者和质量主管者

B．最高管理者和各级管理者

C．对检测和／或校准质量有影响的所有管理、操作和核查人员

D．所有人员

答案：C

26. 实验室和检测机构应当按照相关技术规范或者标准的要求，对其所使用的检测、校准和检查设施设备以及环境要求等作出明确规定，并正确________。(　　)

A．使用　　B．维护　　C．标识　　D．校准

答案：C

27. 实验室在使用对检测、校准的________产生影响的测量、检验设备之前，应当按照国家相关技术规范或者标准进行检定、校准。(　　)

A．可靠性　　B．正确性　　C．精确性　　D．准确性

答案：D

28. 仪器设备满足检测要求的依据是________。(　　)

A．评审准则　　B．标准规范　　C．作业指导书　　D．设备维护记录

答案：B

29. 实验室取得资质认定合格证书后，准许在检验报告上使用________标志。(　　)

A．CMA　　B．CAL　　C．CMC　　D．CNAS

答案：A

30. 资质认定的检测实验室出具的报告应当使用________。(　　)

A．国际单位制单位　　B．SI 基本单位和 SI 导出单位

C．国家法定计量单位　　D．以上均可

答案：C

31.《检验检测机构资质认定　生态环境监测机构评审补充要求》(国市监检测〔2018〕245号)规定，监测人员对承担生态环境监测工作前应经过必要的培训和能力确认，能力确认方式应包括________的培训与考核等。(　　)

A．基础理论　　B．基本技能

C．样品分析　　D．基础理论、基本技能、样品分析

答案：D

32. 检验检测机构应当对检验检测________归档留存。(　　)

A．原始记录　　B．检验检测报告　　C．合同或委托单　　D．设备使用记录

E．以上全是

答案：E

33. 量值传递是将________所复现的单位量值，通过计量检定(或其他传递方式)传递给下一等级的计量标准，并依次逐级传递到工作________，以保证被测对象的量值准确一致的过程。(　　)

A．计量基准　　计量器具　　B．计量标准　　计量器具

C．计量基准　　实验室　　D．计量标准　　实验室

答案：A

34.《检验检测机构资质认定　生态环境监测机构评审补充要求》(国市监检测〔2018〕245号)规定，生态环境监测档案应做到：在保证安全性、________和可追溯的前提下，可使用电子介质存储的报告和记录代替纸质文本存档。(　　)

A．完整性　　B．及时性　　C．真实性　　D．准确性

答案：A

35. 依据《检验检测机构资质认定　生态环境监测机构评审补充要求》（国市监检测〔2018〕245号），现场测试和采样应至少有________监测人员在场。（　　）

A. 1名　　B. 2名　　C. 3名　　D. 4名

答案：B

36. 如确需方法偏离，应有文件规定，经技术判断和批准，并征得________同意。（　　）

A. 技术负责人　　B. 质量负责人　　C. 授权签字人　　D. 客户

答案：D

37. 当用留样再检测进行结果质量控制时，判定是否满足控制要求，可采用________来判定。（　　）

A. 方法重复性限　　B. 方法再现性限　　C. 回收率　　D. 相对标准偏差

答案：B

38.《检验检测机构资质认定能力评价　检验检测机构通用要求》（RB/T 214—2017）中的设备不包括________。（　　）

A. 标准物质　　B. 软件　　C. 试剂、消耗品　　D. 设施

答案：D

39. 下列不属于《检验检测机构资质认定　生态环境监测机构评审补充要求》（国市监检测〔2018〕245号）中规定从事生态环境监测活动涉及类别的是________。（　　）

A. 水（含大气降水）和废水　　B. 环境空气和废气

C. 油气回收　　D. 室内空气

答案：D

40. 检验检测机构对检验检测原始记录、报告、证书的保存期限通常不少于________年。（　　）

A. 3　　B. 5　　C. 6　　D. 8

答案：C

41. 对于政府下达的指令性监测任务，也应编制________和________。（　　）

A. 工作计划　质量保证计划　　B. 工作计划　标准操作程序

C. 任务执行计划　人员安排计划　　D. 质量保证计划　实验室间协作计划

答案：A

42. 由最高管理者组织就质量方针和目标，对质量管理体系的现状和适应性进行的正式评价是________。（　　）

A. 质量评审　　B. 管理评审　　C. 质量审核　　D. 合同评审

答案：B

43. 下列关于测量不确定度的正确说法是________。（　　）

A. 测量不确定度是客观存在的，与人的认识程度无关

B. 测量不确定度与人们对被测量、影响量和测量过程的认识有关

C. 可以用不确定度对测量结果进行修正

D. 测量不确定度表明测量结果偏离真值的程度

答案：B

44. 列入强检目录的环境监测仪器，应按计量法的规定定期进行检定，贴上三色标签，其

中________标签代表准用。(　　)

A．绿色　　B．黄色　　C．蓝色　　D．红色

答案：B

45. 省级环境监测机构监测人员合格证由________颁发。(　　)

A．省级生态环境局（厅）

B．生态环境部辐射环境监测技术中心

C．中国环境监测总站和国家生态环境部辐射环境监测技术中心

D．中国环境监测总站

答案：C

46. 根据《检验检测机构资质认定管理办法》（总局令　第163号），资质认定证书有效期为________年，需要延续资质认定证书有效期的，应当在其有效期届满________个月前提出申请。(　　)

A．3　6　　B．6　3　　C．6　5　　D．3　5

答案：B

47. 对监测结果的________有影响的仪器设备，包括辅助测量设备，应有量值溯源计划并定期实施，在有效期内使用。(　　)

A．准确性　　B．可靠性　　C．有效性　　D．准确性或有效性

答案：D

48. 检验检测机构管理评审输出应包括________。(　　)

A．管理体系及其过程的有效性；符合本标准要求的改进；提供所需的资源；变更的需求

B．管理体系及其过程的有效性；提供所需的资源；变更的需求

C．管理体系及其过程的有效性；符合本标准要求的改进

D．符合本标准要求的改进；提供所需的资源；变更的需求

答案：A

49. 检验检测机构应建立识别出现________风险的长效机制。(　　)

A．准确性　　B．可靠性　　C．公正性　　D．有效性

答案：C

50. 检验检测机构未依法取得资质认定，擅自向社会出具具有证明作用数据结果的，由县级以上质量技术监督部门责令改正，处________万元以下罚款。(　　)

A．1　　B．2　　C．3　　D．5

答案：C

51. 质量记录不包括________。(　　)

A．内审报告　　B．检验报告

C．管理评审报告　　D．纠正措施和预防措施记录

答案：B

52. 依据《检验检测机构资质认定　生态环境监测机构评审补充要求》（国市监检测〔2018〕245号），生态环境监测机构技术负责人应掌握机构所开展的生态环境监测工作范围内的相关专业

知识，具有生态环境监测领域相关专业背景或教育培训经历，具备中级及以上专业技术职称或同等能力，且具有从事生态环境监测相关工作________以上的经历。(　　)

A. 3年　　B. 5年　　C. 8年　　D. 10年

答案：B

53. 实验室采用的检测方法，应优先选择________。(　　)

A. 国际通用标准　　B. 美国EPA标准

C. 国家标准、行业标准、地方标准　　D. 企业标准

答案：C

54. 实验室记录管理要求中，不正确的是________。(　　)

A. 记录应按照适当程序规范进行

B. 修改后的记录应重抄后存档

C. 规定了原始观测记录的保存期限

D. 保存记录应防止虫蛀

答案：B

55. 实验室用危险有毒物品的保管应有________保管。(　　)

A. 实验室负责人　　B. 专人专柜　　C. 双人双锁和专柜

答案：C

56. 检验检测机构资质认定是一项确保检验检测数据、结果的真实、客观、准确的________制度。(　　)

A. 行政许可　　B. 计量认证　　C. 资质认定

答案：A

57. 检验检测机构应阐明质量方针，制定质量目标，并在________时予以评审。(　　)

A. 管理评审　　B. 内部内审　　C. 内部核查　　D. 外部评审

答案：A

58. 生态环境监测机构初次使用标准方法前，应进行________。(　　)

A. 方法确认　　B. 方法验证　　C. 方法检查　　D. 方法论证

答案：B

59. 环境监测质量管理工作，是指在环境监测的全过程中为保证监测数据和信息的________所实施的全部活动和措施，包括质量策划、质量保证、质量控制、质量改进和质量监督等内容。(　　)

A. 代表性、准确性、精密性、可比性和完整性

B. 代表性、准确性、合法性、可比性和完整性

C. 科学性、合理性、准确性、可比性和完整性

D. 科学性、合法性、精密性、可比性和完整性

答案：A

60. 下列不符合资质认定对记录管理要求的是________。(　　)

A. 记录的信息量应足以再现监测全过程和结果

B．记录应在产生当时予以记录，不允许补记、追记、重抄

C．记录审核人员若发现原始记录有错误时应及时修改

D．记录可存储于不同媒体上，包括书面、电子和电磁等

答案：C

61. 检验检测机构具有________或多个地点的场所，上述场所应满足相关法律法规、标准或技术规范的要求。(　　)

A．固定的　　B．固定的、临时的

C．固定的、可移动的　　D．固定的、临时的、可移动的

答案：D

62. ________检测和 / 或校准报告可不包括不确定度信息。(　　)

A．含抽样的

B．客户要求含不确定度信息的

C．不确定度与检测和 / 或校准的有效性或应用有关的

D．不确定度影响到对结果符合性的判定的

答案：A

63.《检验检测机构资质认定能力评价　检验检测机构通用要求》(RB/T 214—2017)规定，当样品需要存放或养护时，应________环境条件。(　　)

A．维护、监控和记录　　B．维护、记录

C．记录　　D．监控

答案：A

64. 内部审核通常每年一次，由________策划内审并制定审核方案。(　　)

A．最高负责人　　B．技术负责人　　C．质量负责人　　D．内审员

答案：C

65. 监测分析方法的适应性检验，是确认能否正确掌握分析方法的过程，________必须对方法进行适应性检验。(　　)

A．实验室新开展的检测项目　　B．实验室采用新的检测方法

C．新上岗的分析人员　　D．以上 A、B、C 三种情况

答案：D

66. 质量体系的年度内部审核一般是审核________。(　　)

A．出现问题的部门　　B．客户抱怨的部门

C．管理体系的全部要素

答案：C

67. 检验检测机构应将其从事检验检测活动所必须的场所、环境要求________。(　　)

A．详细记录在原始记录中　　B．张贴在分析人员容易获取的地方

C．制定成文件

答案：C

68. 为避免重复和漏检现象，对采集到的每一份样品都要进行编号，作为________。(　　)

A. 客户标识　　B. 名称标识　　C. 状态标识　　D. 唯一性标识

答案：D

三、多选题

1. 根据《检验检测机构资质认定　生态环境监测机构评审补充要求》（国市监检测〔2018〕245号），与生态环境监测机构的监测活动相关的外来文件均应受控。________属于应受控的生态环境监测的外来文件。（　　）

A. 上级环境管理部门发布的工作文件

B. 环境质量标准

C. 污染排放或控制标准

D. 监测技术规范、监测标准（包括修改单）等

E. 本机构的质量管理体系文件

答案：BCD

2. 根据《环境监测人员持证上岗考核制度》第二条的规定，为环境管理和社会提供环境监测数据和信息哪些人员必须持证上岗？（　　）

A. 实验室分析人员　　B. 数据分析和评价人员

C. 质量管理人员　　D. 现场采样人员

E. 应急监测人员　　F. 档案管理人员

答案：ABCDE

3.《环境监测人员持证上岗考核实施细则》中规定，申请持证上岗人员在现场考核前，应进行个人能力自认定。自认定的内容包括________。（　　）

A. 实际样品测试或标准样品测试　　B. 理论考试

C. 基本技能考核　　D. 必须进行实际样品测试

E. 能力验证满意或上级部门质控考核合格的可以代替样品测试

答案：ABCE

4. 影响检验检测方法的检出限因素有________。（　　）

A. 仪器设备的灵敏度和稳定性　　B. 分析人员技能水平

C. 实验室环境条件　　D. 取样量

E. 试剂空白

答案：ABCDE

5. 下列有关环境监测质量控制的描述不正确的是________。（　　）

A. 校准曲线包括标准曲线和工作曲线

B. 等比例混合采样是指在某段时间内，在同一采样点位所采样品量随时间成正比例的混合样品

C. 进行污染事故土壤监测时，如果是固体污染物抛撒型，打扫后采集土壤表层0～5 cm土壤，样品数不少于3个

D. 在固体废物毒性鉴别时，制备毒性浸出试验样品时，应每批次制备1个空白样品进行质量控制

E．在进行工业企业厂界环境噪声监测时，只要风速在 5 m/s 以下就可监测

F．当平均风速大于 4 m/s 时，不适宜进行无组织排放监测

答案：BDEF

6. 下列仪器设备情况应贴“停用证”的有________。(　　)

A．性能无法确定者

B．某一量程准确度不合格，但检测工作所用量程合格者

C．超过检定周期者

答案：AC

7. 某检验检测机构________发生变更时，检验检测机构应当向资质认定部门申请办理变更手续。(　　)

A．技术负责人　　B．质量负责人　　C．授权签字人　　D．内审员

答案：AC

8. 衡量实验室内测试数据的主要质量指标有________。(　　)

A．灵敏度　　B．精密度　　C．准确度　　D．系统误差

答案：BC

9. 常用于实验室内质量控制的自控技术有________和质控图的应用等。(　　)

A．空白样　　B．平行样测定　　C．加标回收　　D．人员比对

答案：ABC

10.《中华人民共和国计量法实施细则》指出，任何单位和个人不准在工作岗位上使用________的计量器具。(　　)

A．无检定合格印证　　B．超过检定周期　　C．检定不合格　　D．租赁

答案：ABC

11. 环境监测机构应建立防范和惩治弄虚作假行为的制度和措施，确保其出具的环境监测数据全面、准确、客观、真实。环境监测机构及其负责人对其监测数据的________负责。(　　)

A．及时性　　B．相似性　　C．真实性　　D．准确性

答案：CD

12. 检验检测标准或者技术规范对环境条件有要求时或环境条件影响检验检测结果时，首先应________环境条件。(　　)

A．监测　　B．控制　　C．记录　　D．直接改变

答案：ABC

13. 在环境监测工作中，对监测结果的质量要求是：样品具有________。(　　)

A．可比性　　B．代表性　　C．完整性　　D．精密性

答案：BC

14. 测定数据应具有符合要求的________。(　　)

A．精密性　　B．准确性　　C．可比性　　D．代表性

答案：ABC

15. 检验检测机构管理体系至少应包括________。(　　)

A．质量手册和程序文件、作业指导书、各项实验室记录、资质证书及附表、营业执照

B．管理体系文件、管理体系文件的控制、记录控制、应对风险和机遇的措施、改进、纠正措施

C．内部审核和管理评审

D．以上都是

答案：BC

16. 检验检测机构应建立和保持监控结果有效性的程序。检验检测机构可采用________。(　　)

A．运用工作标准与控制图

B．参加能力验证或机构之间比对

C．盲样检测、方法比对、人员比对、仪器比对、留样再测

D．使用标准物质或使用经过检定或校准的具有溯源性的替代仪器对设备的功能进行检查

答案：ABCD

17. 样品的状态标识可分为________。(　　)

A．待检　　B．在检　　C．已检　　D．留样

答案：ABCD

18. 检验检测机构管理层应对________授权。(　　)

A．大型设备操作人员　　B．签发检测报告的人员

C．设备管理人员　　D．质量监督人员

答案：ABCD

19. 有________情形之一的，检验检测机构应当向资质认定部门申请办理变更手续。(　　)

A．机构名称、地址、法人性质发生变更的

B．法定代表人、最高管理者、技术负责人、检验检测报告授权签字人发生变更的

C．资质认定检验检测项目取消的

D．检验检测标准或者检验检测方法发生变更的

E．依法需要办理变更的其他事项

答案：ABCDE

20. 管理评审应着重考虑________。(　　)

A．质量政策和程序的适应性；工作需求和类型的变化对质量保证的影响；资源和人员培训的适应情况

B．管理和监督人员的报告；近期内部审核的结果；纠正和预防措施；外部评审的意见；投诉和客户反馈

C．实验间比对和能力验证的结果

D．质量控制活动开展和改进建议实施、验证的情况

答案：ABCD

21. 使用有偏离的检测方法应________。(　　)

A．由相关技术单位验证或有关主管部门核准

B．由检验检测机构技术负责人批准

C．形成有效文件

D．征得客户同意

答案：ABCD

22. 检验检测机构开展内部审核有以下要求：________。(　　)

A．由检验检测机构的最高领导策划并组织

B．按预先制订的计划进行

C．覆盖质量体系的所有方面

D．内审员经过培训具备资格

E．审核的安排应能使质量体系的每一方面至少每年检查两次

F．审核员不能审核自己的工作

答案：BCDF

23. 使用技术手段对测量设备进行期间核查的方法有________。(　　)

A．参加实验室间比对

B．使用有证标准物质

C．与相同准确度等级的另一个设备或几个设备的量值进行比较

D．对稳定的被测件的量值重新测定（利用核查标准进行期间核查）

E．人员比对

F．在资源允许的情况下，可以进行高等级的自校

答案：ABCDF

24. 检验检测机构________属于服务采购活动。(　　)

A．选择合格的检定机构　　B．仪器设备的采购

C．采购办公用品　　D．选择合格的培训机构

答案：AD

25. 对检测实验的设施和环境的控制应包括________。(　　)

A．采取措施确保实验室的良好内务

B．实验室应对所有检测环境进行监测、控制和记录环境条件

C．应将不相容的相邻区域进行有效隔离

D．影响检测质量的区域的进入和使用，应当加以控制

答案：ACD

26.________可防范地方和部门对环境监测行为的不当干预。(　　)

A．构建责任体系　　B．建立约谈机制

C．强化防范和惩治　　D．实行干预留痕和记录制度

答案：ABCD

27. 进行加标回收率测定时，下列注意事项中错误的是________。(　　)

A．加标物的形态应该和待测物的形态相同

B．在任何情况下加标量均不得小于待测物含量的 3 倍

C．加标量应尽量与样品中待测物含量相等或相近

D．加标后的测定值不应超出方法测定上限的 95%

答案：BD

28. 检验检测机构应当对检验检测________归档留存。(　　)

A．原始记录　　B．报告

C．合同或委托单　　D．设备使用记录

答案：ABCD

29. 进行加标回收率测定时，下列注意事项中正确的是________。(　　)

A．加标物的形态应该和待测物的形态相同

B．加标量不需控制，只要不超过测定上限

C．加标量应尽量与样品中待测物含量相等或相近

D．加标后的测定值不应超出方法测定上限的 90%

答案：ACD

30.《地表水和污水监测技术规范》中规定，检验准确度可采用________。(　　)

A．标准物质分析测定　　B．平行样品分析

C．空白实验　　D．加标回收率测定

答案：AD

31. 水质采样分析方法的选择，优先选用________。(　　)

A．国家标准分析方法　　B．统一分析方法

C．行业标准方法　　D．等效分析方法

答案：ABC

32. 系统误差是由某种固定的原因造成的，具有重复性、单向性。理论上，系统误差的大小、正负是可以测定的，所以系统误差又称为可测误差。根据系统误差产生的具体原因，可将其分为________等类型。(　　)

A．方法误差　　B．仪器和试剂误差　　C．操作误差　　D．主观误差

E．随机误差

答案：ABCD

33. 减少系统误差的办法有________。(　　)

A．仪器校准　　B．平行双样

C．空白实验　　D．标准物质比对分析

E．回收实验

答案：ACDE

34. 从质量保证和质量控制的角度出发，要求环境监测数据具有________。(　　)

A．准确性　　B．精密性　　C．可比性　　D．完整性

答案：ABCD

35. 在以下指标中，________是表示精密性的。(　　)

A．相对误差　　B．相对偏差　　C．标准偏差　　D．系统偏差

答案：BC

36. 期间核查的重点仪器设备有________。(　　)

A．性能不稳定漂移率大的　　B．使用非常频繁的

C．经常携带运输到现场检测的　　D．在恶劣环境下使用的

答案：ABCD

37.《检验检测机构资质认定能力评价　检验检测机构通用要求》（RB/T 214—2017）中规定设备在投入使用前，可采用________方式以确认其是否满足检验检测的要求。（　　）

A．核查　　B．检定　　C．校准　　D．复查

答案：ABC

38. 仪器设备的状态标识可分为________三种。（　　）

A．合格　　B．准用　　C．停用　　D．暂停使用

答案：ABC

39. 根据《检验检测机构资质认定　生态环境监测机构评审补充要求》（国市监检测〔2018〕245 号），________应对原始监测数据和结果、监测报告的真实性终身负责。（　　）

A．采样和分析人员　　B．审核人员　　C．质量负责人　　D．授权签字人

答案：ABD

40. 实验室内部质量控制的方式包括________。（　　）

A．空白样品分析　　B．平行样品分析　　C．加标回收分析　　D．检出限的测定

答案：ABCD

41. 标准物质是以特性量值的________等特性为主要特征的。（　　）

A．均匀性　　B．稳定性　　C．准确性　　D．精密性

答案：ABC

42. 检验检测机构管理层应确保针对管理体系有效性、满足客户和其他要求的重要性进行沟通，沟通包括________。（　　）

A．沟通什么　　B．沟通时机　　C．与谁沟通　　D．如何沟通

E．由谁负责

答案：ABCDE

43. 按照实验室制定环境保护程序的要求，下列做法错误的是________。（　　）

A．有害废气通过管道从窗户排出

B．化学分析废液直接排入城市公用下水道

C．噪声超标的设备安装隔音措施

D．有害固体废物送交垃圾填埋场填埋

答案：ABD

44. 当不能获得有证标准物质时，可以采取________。（　　）

A．对于来源于不同制造商的溶液进行比对验证

B．直接用于设备校准通过重复性验证

C．与以前检查过的溶液进行不同历史时期的比对验证

D．无须验证直接使用

答案：AC

45. 生态环境监测机构使用非标方法前，应对方法进行确认，确认内容包括方法的________。（　　）

A．人员培训和技术能力　　B．适用范围

C．干扰和消除　　D．试剂和仪器

E．方法性能指标　　F．设施和环境条件

答案：BCDE

46. 记录可存于不同媒体上，包括________。（　　）

A．书面　　B．电子　　C．电磁　　D．电话记录

答案：ABC

47. 检验检测机构对________人员需进行资格确认并要求其持证上岗。（　　）

A．从事抽样　　B．检验检测

C．操作设备仪器　　D．签发检验检测报告或证书

答案：ABCD

48. 实验室的检测和校准设施以及环境条件应满足________相关的要求。（　　）

A．法律法规　　B．技术规范或标准　　C．技术资料或文件

答案：AB

49.《检验检测机构资质认定　生态环境监测机构评审补充要求》（国市监检测〔2018〕245号）中规定，生态环境监测机构应及时记录样品采集、现场测试、样品运输和保存、样品制备、分析测试等监测全过程的技术活动，保证记录信息的________。（　　）

A．充分性　　B．原始性　　C．规范性　　D．再现性

答案：ABC

50. 以下________符合《检验检测机构资质认定能力评价　检验检测机构通用要求》（RB/T 214—2017）对报告测量不确定度的要求。（　　）

A．检验检测机构可在出现临界值时，报告测量不确定度

B．检验检测机构出具检测报告时，必须报告测量不确定度

C．检验检测机构可在客户有要求时，报告测量不确定度

D．检验检测机构可在内部质量控制时，报告测量不确定度

答案：ACD

51. 下列关于测量不确定度的正确说法是________。（　　）

A．测量不确定度是客观存在的，与人的认识程度无关

B．测量不确定度与人们对被测量、影响量和测量过程的认识有关

C．可以用不确定度对测量结果进行修正

D．测量不确定度表明测量结果的分散性

E．测量不确定度表明测量结果偏离真值的程度

答案：BD

52. 修正系统误差的方法有________。（　　）

A．仪器校准　B．空白实验　C．标准物质对比分析　D．回收率实验

答案：ABCD

53.________是属于检验准确度的方法。(　　)

A．使用标准物质进行分析测定　B．用加标回收率测定

C．用平行双样测定　D．用空白样品测定

答案：AB

54. 下列术语描述正确的是________。(　　)

A．质量保证（QA）是指为了提供足够的信任，表明实体能够满足质量要求，而在质量体系中实施并根据需要进行证实的全部有计划和有系统的活动

B．量值溯源是指测量结果通过具有适当准确度的中间比较环节，逐级往上追溯至国家计量基准或国家计量标准的过程

C．方法检出限是指用特定分析方法在给定的置信度内可以从样品中定量检出待测物质的最低浓度或最小量

D．质量体系文件包括质量手册、程序文件、作业指导书和技术记录

E．质量控制（QC）是指为了达到质量要求所采取的作业技术或活动

答案：ABE

55. 下列________属于监测结果报告必须包含的信息。(　　)

A．报告的唯一性标识　B．所用标准和方法的识别

C．样品的状态描述和标识　D．检测人员的姓名

答案：ABC

56. 为了判断某分析过程中是否存在系统误差，应采取________。(　　)

A．空白试验　B．回收试验　C．对照试验　D．平行测定

答案：ABC

57. 下列关于校准曲线的说法，正确的是________。(　　)

A．采用校准曲线法进行定量分析时，仅限在其线性范围内使用

B．校准曲线不得长期使用，不得相互借用

C．校准曲线相关系数应保留到小数点后第一个非 9 数字，如 r=0.999 97

D．校准曲线斜率的有效位数，应与因变量的有效位数相等

答案：AB

58. 检验检测机构应配备检验检测活动所需的________。(　　)

A．人员　B．设施　C．设备　D．系统及支持服务

答案：ABCD

59. 检验检测机构应保留所有技术人员的相关记录，包括________。(　　)

A．相关资格、能力确认、授权、教育、培训记录

B．检验项目批次记录

C．人员监督记录

D．包含授权、能力确认的日期

答案：ACD

60. 检验检测机构及其人员从事检验检测活动，应________。(　　)

A．遵守国家相关法律法规的规定，遵循客观独立、公平公正、诚实信用原则，恪守职业道德，承担社会责任

B．独立于其出具的检验检测数据、结果所涉及的利益相关各方

C．不受任何可能干扰其技术判断因素的影响

D．确保检验检测数据、结果的真实、客观、准确

答案：ABCD

61. 环境监测机构应建立记录程序，对所有质量活动和监测过程的技术活动及时记录，保证记录信息的________性，为监测过程提供客观证据。(　　)

A．有效性　　B．完整性　　C．充分性　　D．可比性

E．可追溯

答案：BCE

62. 检验检测设备出现故障或者异常时，检验检测机构应采取相应措施，如________，直至修复并通过检定、校准或核查表明能正常工作为止，应核查这些缺陷或偏离对以前检验检测结果的影响。(　　)

A．停止使用　　B．隔离　　C．加贴停用标签　　D．标记

E．加贴准用标签

答案：ABCD

63.《检验检测机构资质认定能力评价　检验检测机构通用要求》(RB/T 214—2017)规定，检验检测机构应明确其________之间的关系。(　　)

A．组织结构　　B．人员　　C．管理　　D．技术运作

E．支持服务

答案：ACDE

64. 根据《环境监测人员持证上岗考核实施细则》(总站综字〔2007〕96 号)，质量管理人员基本理论考核内容包括________。(　　)

A．计量基础知识　　B．环境保护标准和监测规范基本要求

C．数理统计知识　　D．量值溯源

答案：ABCD

65. 新购置的玻璃量器，在使用之前，首先对其________等指标进行检定，合格方可使用。(　　)

A．密合性　　B．吸附性　　C．容量允许差　　D．流出时间

答案：ACD

66. 对同一样品的分析结果，如判断实验室内重复或平行测定结果的异常值用________法。(　　)

A．科克伦(Cochran)法　　B．迪克逊(Dixon)法

C．肖维勒(Chauvenet)法　　D．格拉布斯(Grubbs)法

答案：BD

67. 控制分析结果准确度的质控方法有________。(　　)

A．空白试验　　B．标准物质测定　　C．加标回收率测定　　D．方法比对

E．仪器检定或校准　　F．平行样测定

答案：ABCDE

68. 检验检测机构管理体系文件主要包括________。(　　)

A．质量手册　　B．程序文件　　C．技术记录　　D．质量记录

E．作业指导书

答案：ABCDE

69. 能引起称量误差的因素有________。(　　)

A．环境因素变动　　B．被称物性状变化

C．空气浮力的影响　　D．天平和砝码的影响

答案：ABCD

70. 实验室分析质量控制中，外部质量控制的措施有________。(　　)

A．密码平行样　　B．人员比对　　C．方法比对　　D．仪器比对

E．留样复测　　F．密码加标样

答案：ABEF

四、判断题

1. 非授权签字人签发检验检测报告的由县级以上质量技术监督部门责令整改，处 3 万元以下罚款。(　　)

答案：正确

2. 根据《环境监测质量管理规定》（环发〔2006〕114 号），环境监测机构进行数据传输时应保证所有信息的一致性和复现性。(　　)

答案：正确

3.《环境监测　分析方法标准制修订技术导则》（HJ 168—2020）中最终的方法检出限为各验证实验室所得数据的平均值。(　　)

答案：错误

正确答案：方法检出限为各验证实验室所得数据的最高值。

4.《环境监测质量管理规定》（环发〔2006〕114 号）只适用于环境保护系统各级环境监测中心（站）和辐射环境监测机构。(　　)

答案：正确

5.《检验检测机构资质认定能力评价　检验检测机构通用要求》（RB/T 214—2017）规定，检验检测机构可在出现临界值、内部质量控制或客户有要求时，需要报告测量不确定度。(　　)

答案：正确

6.《检验检测机构资质认定能力评价　检验检测机构通用要求》（RB/T 214—2017）规定，检验检测机构通常情况下不需要报告测量不确定度，当客户有要求时提供。(　　)

答案：错误

正确答案：在出现临界值、内部质量控制和客户有要求时提供测量不确定度。

7.《检验检测机构资质认定能力评价　检验检测机构通用要求》（RB/T 214—2017）明确要求检验检测机构不能使用租赁的仪器设备出具具有证明作用的数据。（　　）

答案：错误

正确答案：检验检测机构在满足相关要求条件下可以使用租赁的仪器设备出具具有证明作用的数据。

8.《检验检测机构资质认定　生态环境监测机构评审补充要求》（国市监检测〔2018〕245 号）规定，对生态环境监测人员能力确认的方式是指基础理论和样品分析的考核。（　　）

答案：错误

正确答案：应包括基础理论、基本技能和样品分析三个部分的考核。

9.《检验检测机构资质认定　生态环境监测机构评审补充要求》（国市监检测〔2018〕245 号）规定有分包事项时，生态环境监测机构应事先征得客户同意，对分包方资质和能力进行确认，并规定不得进行二次分包。（　　）

答案：正确

10.《检验检测机构资质认定　生态环境监测机构评审补充要求》（国市监检测〔2018〕245 号）中规定，生态环境监测机构及其负责人对其监测数据的真实性和准确性负责，采样与分析人员、审核与授权签字人分别对原始监测数据、监测报告的真实性终身负责。（　　）

答案：正确

11.《检验检测机构资质认定　生态环境监测机构评审补充要求》（国市监检测〔2018〕245 号）中规定，生态环境监测机构只能采取纸质介质的方式对文件进行有效控制。（　　）

答案：错误

正确答案：生态环境监测机构可采取纸质或电子介质的方式对文件进行有效控制。

12. 按《检验检测机构资质认定　生态环境监测机构评审补充要求》（国市监检测〔2018〕245 号）的规定，当监测活动中由仪器设备直接输出数据打印在热敏纸或光敏纸等保存时间较短的介质上时，应同时保存记录的复印件或扫描件。（　　）

答案：正确

13. 标准曲线是描述待测物质浓度（或量）与相应的测量仪器相应量（或其他指示量）之间的定量关系的曲线。（　　）

答案：正确

14. 标准物质可起到量值传递与溯源的作用，因此是推行实验室质量控制的物质基础。（　　）

答案：正确

15. 标准物质在满足保存条件下，可以与其他试剂药品一起储存，不需要设立单独的存放区域。（　　）

答案：错误

正确答案：需要设立单独的存放区域。

16. 不同部门共用同一种记录时，需要对该记录给予不同的标识。（　　）

答案： 错误

正确答案： 需要使用同一标识。

17. 采集到的水样应有唯一标识。(　　)

答案： 正确

18. 测量不确定度表明测量结果偏离真值的程度，因此可以用不确定度对测量结果进行修正。(　　)

答案： 错误

正确答案： 测量不确定度用于表征合理赋予被测量的值的分散性，不可以用不确定度对测量结果进行修正。

19. 测量不确定度表明测量结果偏离真值的程度。(　　)

答案： 错误

正确答案： 测量不确定度是表明测量值的分散性。

20. 测量不确定度的值可为正值或负值。(　　)

答案： 错误

正确答案： 测量不确定度表征赋予被测量值分散性的非负参数。

21. 测量结果是被测量之值的最佳估计。(　　)

答案： 正确

22. 测量偏差是指测量结果与被测量真值之差。(　　)

答案： 错误

正确答案： 测量误差指测量结果与被测量真值之差。

23. 常规监测质量控制技术包括平行样分析、明码样分析、密码样分析、标准样品分析、加标回收率分析、室内互检、室间外检、方法比对分析和质量控制图等。(　　)

答案： 正确

24. 持有上岗证的人员，方能从事相应的监测工作；未取得上岗证的人员不能开展工作。(　　)

答案： 错误

正确答案： 持有上岗证的人员，方能从事相应的监测工作；未取得上岗证的人员只能在持证人员的指导下开展工作，监测质量由持证人员负责。

25. 除正常全面的内部审核外，当发生不符合或偏离时，还必须进行附加审核。(　　)

答案： 错误

正确答案： 内部审核宜依据文件化的程序每年至少实施一次。内部审核的周期和覆盖范围应当基于风险分析，当出现严重问题或有风险时进行附加审核。

26. 当分析方法不能满足要求时，可根据各地具体情况和仪器设备条件，选用其他适宜的方法，如 ISO、美国 EPA、日本 JIS 等国外的分析方法。(　　)

答案： 正确

27. 当检测能力范围内的国家或行业标准监测分析方法更新时，生态环境监测机构在完成新方法的验证后，即可使用新方法出具带有资质认定标识的监测报告。(　　)

答案： 错误

正确答案：还需要经过资质认定评审，获得资质认定管理部门能力认可后方可使用新方法出具带有资质认定标识的监测报告。

28. 当检验检测报告或证书包含了由分包方出具的检验检测结果时，这些结果应予以清晰标明。(　　)

答案：正确

29. 当客户要求出具的检验检测报告或证书中包含对标准或规范的符合性声明时，检验检测机构可以不把判定规则纳入受控文件。(　　)

答案：错误

正确答案：检验检测机构应有相应的判定规则。若标准或规范不包含判定规则内容，检验检测机构选择的判定规则应与客户沟通并得到同意。

30. 当某监测站的检测报告包含了由分包方出具的检测结果时，这些结果可以不在该监测站报告中说明。(　　)

答案：错误

正确答案：这些结果应予以清晰标明。

31. 当校准产生一组修正因子时，检验检测机构应有程序确保其所有修正因子得到正确更新。(　　)

答案：正确

32. 对环境监测人员实施持证上岗考核时，对没有标准样品的环境监测项目，可采取实际样品测定、现场加标、留样复测、现场操作演示和提问等方式进行考核。(　　)

答案：正确

33. 对某种污染物目前尚无评价标准的，可根据当地生态环境行政主管部门、任务下达单位或事故涉及方认可或推荐的方法或标准进行评价。(　　)

答案：正确

34. 对影响工作质量和涉及安全的区域和设施应有效控制并正确标识。(　　)

答案：正确

35. 对用于传递的分析天平、皂膜流量计、湿式流量计、活塞式流量计、标准气压表、温度计等每年至少 1 次送国家有关部门进行质量检验和标准传递。(　　)

答案：正确

36. 对于政府下达的指令性监测任务，也应编制工作计划和质量保证计划。(　　)

答案：正确

37. 多次回收实验的结果可以发现方法的系统误差。(　　)

答案：正确

38. 方法的最佳测定范围是自方法的检出限至测定上限之间的浓度范围。(　　)

答案：错误

正确答案：最佳测定范围亦称有效测定范围，指在测定误差满足预定要求的前提下，特定方法的测定下限至测定上限之间的浓度范围。

39. 方法的最佳测量范围小于方法的测量适用范围。(　　)

答案：正确

40. 方法检出限是某分析方法在给定的置信水平下，能从样品中定性地检出待测物的最小浓度或量。(　　)

答案：正确

41. 非授权签字人签发检验检测报告的，由市级以上质量技术监督部门责令整改，处3万元以下罚款。整改期间，检验检测机构可以向社会出具具有证明作用的检验检测数据、结果。(　　)

答案：错误

正确答案：非授权签字人签发检验检测报告的，由县级以上质量技术监督部门责令整改，处3万元以下罚款。整改期间，检验检测机构不得向社会出具具有证明作用的检验检测数据、结果。

42. 根据《环境监测人员持证上岗考核制度》，环境监测人员取得上岗合格证后，有编造数据、弄虚作假者即取消持证资格，收回或注销合格证。(　　)

答案：正确

43. 根据《检验检测机构资质认定　生态环境监测机构评审补充要求》(国市监检测〔2018〕245号)，当有分包事项时，生态环境监测机构应事先征得客户同意，对分包方资质和能力进行确认，并对二次分包事项进行监督或验证。(　　)

答案：错误

正确答案：并规定不得进行二次分包。

44. 根据产生原因，误差可分为系统误差、环境误差和过失误差。(　　)

答案：错误

正确答案：根据产生原因，误差可分为系统误差、随机误差和过失误差。

45. 根据系统误差产生的原因，可分为方法误差、仪器误差、试剂误差、过失误差和环境误差。(　　)

答案：错误

正确答案：方法误差、仪器误差、环境误差以及操作误差。

46. 管理评审不用考虑实验间比对和能力验证的结果。(　　)

答案：错误

正确答案：管理评审应着重考虑实验间比对和能力验证的结果。

47. 管理评审关系到质量管理体系自我完善能力的提高和持续改进，由质量负责人就质量方针和目标，对管理体系的适宜性、有效性和符合性进行评价。(　　)

答案：错误

正确答案：管理评审是管理层为评价管理体系的适宜性、充分性和有效性所进行的活动。

48. 国家级环境监测机构监测人员的合格证由生态环境部颁发。(　　)

答案：正确

49. 合同评审即合同签订后，为了确保质量要求规定得合理、明确并形成文件，且确保供方能实现，由供方所进行的系统的活动。(　　)

答案：错误

正确答案：合同签订前。

50. 核查时发现，在《质量手册》中对关键管理人员代理人的规定为："最高管理者不在时，由技术负责人代理；技术负责人不在时，由质量负责人代理；质量负责人不在时，由技术负责人代理；授权签字人不在时，由质量监督员代理。"这种代理符合《检验检测机构资质认定能力评价　检验检测机构通用要求》（RB/T 214—2017）的规定要求。(　　)

答案：错误

正确答案：不符合《检验检测机构资质认定能力评价　检验检测机构通用要求》（RB/T 214—2017）的规定要求。授权签字人一般不设代理人。

51. 环境监测点位的设置科学合理，符合相关标准规范要求主要是为了保证监测信息的完整性和可比性。(　　)

答案：错误

正确答案：环境监测点位的设置科学合理，符合相关标准规范要求主要是为了保证监测信息的完整性和代表性。

52. 环境监测机构可以采取纸质或电子介质的方式对文件进行有效控制。(　　)

答案：正确

53. 环境监测人员持证上岗考核工作实行国家生态环境行政主管部门统一管理，不实行分级管理。(　　)

答案：错误

正确答案：环境监测人员持证上岗考核工作实行分级管理，分为国家和省级两级管理。

54. 环境监测站可以通过实施纠正措施或预防措施等持续改进质量体系。(　　)

答案：正确

55. 环境监测站应采取的质控措施包括：定期使用有证标准物质开展内部质量控制；参加实验室间的比对或能力验证；使用相同或不同方法进行重复检测或校准；对存留样品进行再检测或再校准；分析一个样品不同特性结果的相关性。(　　)

答案：正确

56. 环境监测质量保证是整个环境监测过程的全面质量管理。(　　)

答案：正确

57. 环境监测质量管理是环境监测工作的重要组成部分，应贯穿于监测工作的重要过程。(　　)

答案：错误

正确答案：应贯穿于监测工作的全过程。

58. 环境监测质量控制是通过配套实施各种质量控制技术和管理规程，从而达到保证各个监测环节工作质量的目的。(　　)

答案：正确

59. 环境空气监测仪器具备自动校准条件的，每天进行 1 次跨度检查，不具备自动校准条件的，至少每周进行 1 次跨度检查。(　　)

答案：正确

60. 环境质量监测、污染源监测过程中发现的异常情况及其原因分析和对策建议需要报环境监测快报。(　　)

答案：正确

61. 获得资质认定证书的检验检测机构可按本机构实际要求使用资质认定标志。(　　)

答案：错误

正确答案：检验检测机构向社会出具具有证明作用的检验检测数据、结果的，应当在其检验检测报告上加盖检验检测专用章，并标注资质认定标志。

62. 技术负责人全面负责实验室的技术运作，质量主管负责保证管理体系的有效运行。(　　)

答案：正确

63. 监测报告的审核人员和授权签字人应具备对监测结果进行符合性判定的能力。(　　)

答案：正确

64. 检测机构出具的检测报告，不得有符合或不符合标准的判定结果。(　　)

答案：错误

正确答案：当客户要求出具的检测报告包含对标准或规范的符合性声明时，检测机构应有相应的判定规则，给客户出具含有判定结果的检测报告。

65. 检测机构租用仪器设备开展检测时，应确保：租用仪器设备的管理应纳入本检测机构的管理体系；本检测机构可全权支配使用；在租赁合同中明确规定租用设备的使用权，尤其是同一台设备在同一时期被不同检测机构共同租赁时，应确保使用方均能正常开展工作。(　　)

答案：错误

正确答案：同一台设备不允许在同一时期被不同检验检测机构共同租赁和资质认定。

66. 检验检测机构的内审员须经过培训，具备相应资格。(　　)

答案：正确

67. 检验检测报告或证书签发后，如有更正或增补应予以记录。修订的检验检测报告或证书应标明所代替的报告或证书，可以用原来的编号。(　　)

答案：错误

正确答案：应注以区别于原检验检测报告或证书的唯一性标识。

68. 检验检测标准或者技术规范对环境条件有要求时或环境条件影响检验检测结果时，应监测、控制和记录环境条件。当环境条件不利于检验检测的开展时，应停止检验检测活动。(　　)

答案：正确

69. 检验检测机构不允许租用外部设备和对外分包检测项目。(　　)

答案：错误

正确答案：检验检测机构可以租用外部设备和对外分包检测项目。

70. 检验检测机构出具虚假结论或者出具的结论严重失实，经过自我认真纠正后，可以继续使用资质认定标志。(　　)

答案：错误

正确答案：检验检测机构出具的检验检测数据、结果失实，由质量技术监督部门责令整改，整改期间，检验检测机构不得使用资质认定标志出具具有证明作用的检验检测数据、结果。

71. 检验检测机构从事抽样时，应有完整、充分的信息支撑其检验报告或证书。(　　)

答案：正确

72. 检验检测机构的管理评审通常每年一次，由质量负责人负责。(　　)

答案：错误

正确答案：检验检测机构的管理评审通常 12 个月一次，由管理层负责。

73. 检验检测机构的技术负责人和授权签字人均要求具有中级以上专业技术职称或同等能力，生态环境监测机构还有相应的工作经历要求。(　　)

答案：正确

74. 检验检测机构的某类仪器设备中只有一件时，可以仅用仪器设备名称来标识。(　　)

答案：错误

正确答案：检验检测机构的某类仪器设备中只有一件时，不可仅用仪器设备名称来标识。

75. 检验检测机构的质量方针和质量目标由质量负责人制定。(　　)

答案：错误

正确答案：检验检测机构的质量方针和质量目标由管理层制定。

76. 检验检测机构对操作重要的、关键的仪器设备以及技术复杂的大型仪器设备的人员进行培训上岗后，就可以操作设备。(　　)

答案：错误

正确答案：检验检测机构应对操作重要的、关键的仪器设备以及技术复杂的大型仪器设备的人员进行授权，未经授权的人员不得操作该设备。

77. 检验检测机构及其人员应对其在检验检测活动中所知悉的国家秘密、商业秘密和技术秘密负有保密义务，并制定和实施相应的保密措施。(　　)

答案：正确

78. 检验检测机构可以使用同时在两个及以上检验检测机构从业的人员。(　　)

答案：错误

正确答案：检验检测机构不得使用同时在两个及以上检验检测机构从业的人员。

79. 检验检测机构可以由有能力的外部机构进行内部审核。(　　)

答案：正确

80. 检验检测机构所在的组织不得从事检验检测以外的活动。(　　)

答案：错误

正确答案：若检验检测机构所在的组织还从事检验检测以外的活动，应识别并采取措施避免潜在的利益冲突。

81. 检验检测机构应按用户要求配备进行检验的全部仪器设备（包括标准物质）。(　　)

答案：错误

正确答案：实验室应正确配备进行检验的全部仪器设备（包括标准物质）。

82. 检验检测机构应对检验检测结果、抽样结果的准确性或有效性有影响或计量溯源性有要求的设备有计划地实施检定或校准，不包括用于测量环境条件等辅助测量设备。(　　)

答案：错误

正确答案：检验检测机构应对检验检测结果、抽样结果的准确性或有效性有影响或计量溯源性有要求的设备有计划地实施检定或校准，包括用于测量环境条件等辅助测量设备。

83. 检验检测机构应建立和保持服务客户的程序，包括：保持与客户沟通，对客户进行服务满意度调查、跟踪客户的需求，以及允许客户或其代表合理进入为其检验检测的相关区域观察。(　　)

答案：正确

84. 检验检测机构应建立和保持记录管理程序，确保每一项检验检测活动技术记录的信息充分，确保记录的标识、贮存、保护、检索、保留和处置符合要求。(　　)

答案：正确

85. 检验检测机构应优先使用标准方法，并确保使用标准的有效版本。(　　)

答案：正确

86. 检验检测机构应与其人员建立劳动或录用关系，明确技术人员和管理人员的岗位职责、任职要求和工作关系。(　　)

答案：错误

正确答案：检验检测机构应与其人员建立劳动或录用关系，并对技术人员和管理人员岗位职责、任职要求和工作关系予以明确，使其与岗位要求相匹配，并有相应权力和资源，确保管理体系建立、实施、保持和持续改进。

87. 检验检测机构应允许客户或其代表合理进入为其检验检测的相关区域观察。(　　)

答案：正确

88. 检验检测机构应制定监控结果有效性程序，明确检验检测过程控制要求，覆盖资质认定范围内的全部检验检测项目类别，有效监控检验检测结果的有效性和质量。(　　)

答案：正确

89. 检验检测机构中内部可能影响检验检测活动的人员，应行为公正、受到监督、胜任工作，并按照管理体系的要求履行职责。对外部人员可不做硬性要求。(　　)

答案：错误

正确答案：无论内部人员还是外部人员，均应行为公正、受到监督、胜任工作，并按照管理体系的要求履行职责。

90. 检验检测机构租用仪器设备的管理可不纳入本检验检测机构的管理体系。(　　)

答案：错误

正确答案：应纳入本检验检测机构的管理体系。

91. 检验检测机构应明确其组织结构及管理、技术运作之间的关系。检验检测机构应配备检验检测活动所需的人员、设备、系统及支持服务。(　　)

答案：错误

正确答案：检验检测机构应明确其组织结构及管理、技术运作和支持服务之间的关系。检验检测机构应配备检验检测活功所需的人员、设施、设备、系统及支持服务。

92. 接收样品时，应记录其状态，包括是否与相应的检验方法中所描述的标准状态有所偏离。(　　)

答案：正确

93. 进行仪器校准、空白值测定、回收率测定、平行样测定，均可减少样品分析的系统误

差。(　　)

答案：错误

正确答案：平行样测定不能减少样品分析的系统误差。

94. 进行质量控制时，为了获得稳定的结果，标准样品 / 有证标准物质应与绘制校准曲线的标准溶液来源相同。(　　)

答案：错误

正确答案：进行质量控制时，标准样品 / 有证标准物质不应与绘制校准曲线的标准溶液来源相同。

95. 精密度指用一特定的分析程序在受控条件下分析均一样品所得测定值之间的一致程度。它反映了分析方法或测量系统存在的系统误差的大小。(　　)

答案：错误

正确答案：指用一特定的分析程序在受控条件下重复分析均一样品所得测定值的一致程度，它反映分析方法或测量系统所存在的偶然误差的大小。

96. 精密度是由分析的随机误差决定，分析的随机误差越小，则分析的精密度越高。(　　)

答案：正确

97. 精密度是指使用特定的分析程序，在受控条件下重复分析测定均一样品所获得测定值之间的一致性程度。(　　)

答案：正确

98. 根据《环境监测质量管理技术导则》(HJ 630—2011)，日常质量监督应覆盖监测全过程，包括监测程序、监测方法、监测结果、数据处理及评价和监测记录等。对于监测活动的关键环节、新开展项目和新上岗人员等应加强质量监督。(　　)

答案：正确

99. 可以根据实验室最高管理者的提议，不定期地对实验室的管理体系进行管理评审，以确保其持续适用和有效，并进行必要的改进。(　　)

答案：错误

正确答案：管理评审应定期进行。

100. 可以通过做平行双样来消除测量的系统误差。(　　)

答案：错误

正确答案：减少随机误差。

101. 空白试验值的大小只反映实验用水质量的优劣。(　　)

答案：错误

正确答案：空白试验值既能反映实验室环境条件、试剂、用水纯度的控制水平，也能反映分析人员的经验和技术水平。

102. 空白试验值能全面反映分析工作中所用试剂、纯水与仪器的质量状态，并反映实验室的环境条件以及分析人员的素质和技术水平等各方面的问题。(　　)

答案：正确

103. 量值传递就是测量结果通过具有适当准确度的中间比较环节，逐级往上追溯到国家计量基

（标）准的过程。它使被测对象的量值能与国家（或国际）计量基准相联系，从而保证量值的准确一致。(　　)

答案：错误

正确答案：量值溯源就是测量结果通过具有适当准确度的中间比较环节，逐级往上追溯到国家计量基（标）准的过程。

104. 量值传递是自下而上的过程，量值溯源是自上而下的过程。(　　)

答案：错误

正确答案：量值传递是自上而下逐级量传，量值溯源是自下而上的过程。

105. 量值溯源的目的是使所有测量结果或标准的量值都能最终溯源到国家基准或国际计量基准。(　　)

答案：正确

106. 灵敏度是指某方法对单位浓度或单位量待测物质变化所致的响应量的变化程度。(　　)

答案：正确

107. 灵敏度是指某特定分析方法，在给定的置信度内，可从样品中检出待测物质的最小浓度或最小量。(　　)

答案：错误

正确答案：灵敏度是指某方法对单位浓度或单位量待测物质变化所致的响应量变化程度。

108. 留样复测指对于稳定的、测定过的样品保存一定时间后，若仍在测定有效期内，可进行重新测定。留样复测结果应以复测数据上报该样品测定结果。(　　)

答案：错误

正确答案：将两次测定结果进行比较，以评价该样品测定结果的可靠性。

109. 落实环境监测质量管理制度。环境监测机构应当依法取得检验检测机构资质认定证书。建立覆盖布点、采样、现场测试、分析测试、综合分析报告编制等全过程的质量管理体系。(　　)

答案：错误

正确答案：环境监测机构应当依法取得检验检测机构资质认定证书。建立覆盖布点、采样、现场测试、样品制备、分析测试、数据传输、评价和综合分析报告编制等全过程的质量管理体系。

110. 实验室所有工作应当时予以记录。每次检测的记录应包含足够的信息以保证数据准确可靠。(　　)

答案：正确

111. 每个方法的检出限和灵敏度都是用以表示该方法检测样品中待测物质最小浓度的。(　　)

答案：错误

正确答案：方法检出限是指该方法能定性检出待测物质中确实高于空白值的最小浓度。方法灵敏度是指该方法对于待测物质单位浓度（或量）变化能准确反映的反应能力。

112. 每年应对仪器与设备检定及校准情况进行核查，未按规定检定或校准的仪器与设备不得使用。(　　)

答案：正确

113. 某公司复评审时被查出原始记录计算有误，要求其整改，该公司重新填写了原始记录并上

报评审组。(　　)

答案：错误

正确答案：该公司应按要求对评审组提出的“不符合项”进行问题原因分析并举一反三，采取有针对性的纠正和预防措施。原始记录不可重新填写，若出现计算有误应进行杠改并签名。

114. 某检验检测机构最高管理者出差，可授权技术负责人主持管理评审（并留有授权书）。(　　)

答案：正确

115. 内部审核通常每年一次，由质量负责人策划内审并制定审核方案。若资源允许，内审员应独立于被审核的活动。(　　)

答案：正确

116. 内部质量控制的方式不包括空白样分析。(　　)

答案：错误

正确答案：采取密码样、明码样、空白样、加标回收和平行样测试等方式都是内部质量控制的有效措施。

117. 能力验证是确定的两个实验室间对同一个标准样品进行测试。(　　)

答案：错误

正确答案：能力验证是利用实验室间比对确定实验室的检测能力，不限于几个实验室。

118. 能力验证是依据预先制定的准则，采用检验检测机构间比对的方式，评价参加者的能力。(　　)

答案：正确

119. 平行双样测定的精密度用相对误差表示。(　　)

答案：错误

正确答案：平行双样测定的精密度用相对偏差表示。

120. 期间核查指实验室自身对参考标准、基准、传递标准或工作标准在相邻两次检定（或校准）期间内进行核查，以保持其检定（或校准）状态的置信度，使测量过程处于受控状态，确保检（校）验结果的质量。(　　)

答案：错误

正确答案：期间核查指实验室自身对其测量设备或参考标准、基准、传递标准或工作标准以及标准样品/有证标准物质（参考物质）在相邻两次检定（或校准）期间内进行核查，以保持其检定（或校准）状态的置信度，使测量过程处于受控状态，确保检（校）验结果的质量。

121. 任何单位和个人不准在工作岗位上使用无检定合格印、证或者超过检定周期以及经检定不合格的计量器具，但在教学示范中使用的计量器具不受此限。(　　)

答案：正确

122. 如果检验证书或报告中有分包方所进行的检测的结果时，则应明确地标明，并注明承担分包任务的检验检测机构名称、有效的资质认定证书编号。(　　)

答案：正确

123. 如果设备脱离了检验检测机构的直接控制，在该设备返回后、使用前，检验检测机构须对

其功能和检定、校准状态进行核查，得到满意的结果后方可使用。(　　)

答案：正确

124. 设备出现故障或异常时，检验检测机构应采取相应措施，主要为停止使用、隔离或加贴停用标签、标记，直至修复后能正常工作为止。(　　)

答案：错误

正确答案：直至修复并通过检定、校准或核查表明设备能正常工作为止。应核查这些缺陷或超出规定限度对以前检验检测结果的影响。

125. 设置全程序空白样品的目的在于确认采样、保存、运输、前处理和分析全过程中是否存在污染和干扰。(　　)

答案：正确

126. 申请资质认定的检验检测机构不是必须制定所有检测项目的作业指导书。(　　)

答案：正确

127. 生态环境监测机构的技术负责人和质量负责人必须具有从事生态环境监测相关工作 3 年以上经历。(　　)

答案：错误

正确答案：生态环境监测机构技术负责人应具有从事生态环境监测相关工作 5 年以上的经历，质量负责人对年限无具体要求。

128. 生态环境监测机构对现场测试和采样人员个数只要求满足监测需要即可。(　　)

答案：错误

正确答案：生态环境监测机构应保证人员数量及其专业技术背景、工作经历、监测能力等与所开展的监测活动相匹配，中级及以上专业技术职称或同等能力的人员数量应不少于生态环境监测人员总数的 15%。

129. 生态环境监测机构监测活动有分包事项时，应事先征得客户同意，也可以进行二次分包。(　　)

答案：错误

正确答案：生态环境监测机构监测活动有分包事项时，应事先征得客户同意，对分包方资质和能力进行确认，并规定不得进行二次分包。

130. 生态环境监测机构现场测试设备在使用前后，应按相关监测标准或技术规范的要求，对关键性能指标进行核查，不用记录，以确认设备状态能够满足监测工作要求。(　　)

答案：错误

正确答案：现场测试设备在使用前后，应按相关监测标准或技术规范的要求，对关键性能指标进行核查并记录，以确认设备状态能够满足监测工作要求。

131. 生态环境监测机构应建立与所开展的监测业务相适应的管理体系。管理体系应覆盖生态环境监测机构全部场所进行的监测活动，包括但不限于点位布设、样品采集、现场测试、样品运输和保存、样品制备、分析测试、数据传输、记录、报告编制和档案管理等全过程。(　　)

答案：正确

132. 生态环境质量评价指标选择的原则有代表性原则、全面性原则、综合性原则、简明性原

则、方便性原则及适用性原则。(　　)

答案： 正确

133. 失效或废止文件要从使用现场收回，加以标识后存档。如果确因工作需要或其他原因需要保留在现场的，必须明显加以标识，以防误用。(　　)

答案： 正确

134. 实验室间比对是按照预先规定的条件，由两个或多个实验室对相同的样品进行检测的组织、实施和评价。(　　)

答案： 正确

135. 实验室间比对是由两个或多个实验室对相同的样品进行检测的组织、实施和评价。(　　)

答案： 错误

正确答案： 实验室间比对是按照预先规定的条件，由两个或多个实验室对相同的样品进行检测的组织、实施和评价。

136. 实验室间质量控制的目的是检查各实验室是否存在系统误差，找出误差来源，提高实验室的监测分析水平。(　　)

答案： 正确

137. 实验室间质量控制是在各参加实验室处于受控的条件下，由有经验的实验室主持进行。(　　)

答案： 正确

138. 实验室建立完善的申诉和投诉处理机制的主要目的，是改进和保证服务和检测 / 校准结果的质量。(　　)

答案： 正确

139. 实验室接收样品时，应对样品的时效性、完整性和保存条件进行检查和记录，对不符合要求的样品必须拒收。(　　)

答案： 错误

正确答案： 实验室接收样品时，应对样品的时效性、完整性和保存条件进行检查和记录，对不符合要求的样品可以拒收，或明确告知客户有关样品偏离情况，并在报告中注明。

140. 实验室内使用的化学试剂应由专人保管，定期检查使用及保管情况，但是少量酸碱试剂不用分开存放。(　　)

答案： 错误

正确答案： 酸碱试剂必须分开存放。

141. 实验室所测得的分析方法的检出浓度必须达到等于（或小于）该标准方法所提出的检出浓度值。(　　)

答案： 正确

142. 实验室新购置的仪器，凡带有出厂合格证或制造许可证的在一年内可以不必检定或校准。(　　)

答案： 错误

正确答案： 对仪器设备进行检定 / 校准可分以下三种情况：（1）购买后首次检定校准：是对新

购买的计量器具进行的一种检定。设备出厂合格证不具有法律效应，仅表示设备出厂检验时合格，但设备经过仓储、中转等环节，其计量特性有可能已经发生了变化。（2）周期性检定校准：是按检定规程规定的时间间隔和检定程序，对计量器具定期进行的一种后续检定。检测设备在使用中随着时间的变化，计量性能会发生偏移，有可能超出允许的误差范围，对检测设备进行周期性检定校准，避免由于不符合计量要求而带来的风险和后果。（3）维修后的检定校准：在周期检定校准有效期内的检测设备，在使用过程中出现故障、失准或维修后，应重新进行检定校准。经检定校准合格后方可投入使用。

143. 实验室应对所做培训活动的有效性进行评价，评价可以通过对人员能力的监督评价来实施。(　　)

答案：正确

144. 实验室应建立并实施和保持安全作业程序，特别是要对化学危险品、毒品、有害生物及制品、电离辐射、高温、高压、撞击以及水、火、气、电等可能危及安全的因素和环境进行有效控制，并有相应的应急处理措施。(　　)

答案：正确

145. 实验室应确认能否正确使用所选用的新方法。如果方法发生了变化，可直接使用标准的最新有效版本。(　　)

答案：错误

正确答案：如果方法发生了变化，应重新进行验证或确认。实验室应确保使用标准的最新有效版本。

146. 实验室应通过实施纠正措施、预防措施等持续改进其管理体系。(　　)

答案：正确

147. 实验室应有与其从事检测相适应的专业技术人员和管理人员。从事特殊产品的检测活动的实验室，其专业技术人员和管理人员还应当符合相关法律、行政法规的规定要求。(　　)

答案：正确

148. 使用标准物质可以简便、快速、准确地判断出监测系统是否处于受控状态，或判断出分析数据的偏倚程度，警示监测人员及质量管理人员及时查找原因，采取措施，确保监测结果的准确性。(　　)

答案：正确

149. 试验室分析测定加标样品时，如果样品中待测物浓度高于校准曲线的中间浓度，加标量应控制在与待测物浓度相近。(　　)

答案：错误

正确答案：如果样品中待测物浓度高于校准曲线的中间浓度，加标量应控制在待测物浓度的半量。

150. 授权签字人调离后，实验室最高管理者可以按要求选派合适的人员代替授权签字人的职责，在资质认定监管部门监督评审或复评审时再考核确认。(　　)

答案：错误

正确答案：非授权签字人不得对外签发检验检测报告或证书。检验检测机构不得设置授权签字人的代理人员。

151. 随机误差具有偶然性，在测量次数足够多时，正误差与负误差的出现次数大致相等。(　　)

答案： 正确

152. 随机误差只能估计，不能消除，而对于系统误差，人们可以分析出其产生的原因并采取措施予以减少或抵偿。(　　)

答案： 正确

153. 替代物加标是考察分析测试全过程的损失和污染；内标物是用来定量的，一般是控制样品基体效应的。(　　)

答案： 正确

154. 同一个量，在重复条件下，不同测量结果的测量不确定度是相同的。(　　)

答案： 正确

155. 为保证记录的整洁、完整，现场检测或校准记录可在检测或校准结束时统一整理后再填写。(　　)

答案： 错误

正确答案： 生态环境监测机构应及时记录样品采集、现场测试、样品运输和保存、样品制备、分析测试等监测全过程的技术活动，保证记录信息的充分性、原始性和规范性，能够再现监测全过程。

156. 为对出具的数据和报告负责，应由实验室授权签字人对监测报告签字批准。(　　)

答案： 正确

157. 为了保证环境监测报告的准确性和严肃性，各级环境监测站应按资质认定的有关规定实行三级审核；各级环境监测站应指定专人负责监测报告的收、发、登记工作，以便随时查询和考核。(　　)

答案： 正确

158. 为了保证检测工作的公正性，检验检测机构应允许客户进入有关区域观察检验检测机构的检测活动。(　　)

答案： 正确

159. 为了防止潜在的不合格、缺陷或其他不希望情况发生，消除其原因所采取的措施称之为纠正措施。(　　)

答案： 错误

正确答案： 称之为预防措施。

160. 为了更好地为客户服务，满足客户需要，在客户有要求时，均可以进入实验室的工作区。(　　)

答案： 错误

正确答案： 在保密、安全、不干扰正常检验检测前提下，允许客户或其代表进入为其检验检测的相关区域观察检验检测活动。

161. 为确保记录的可追溯性，记录只能以纸质文件的形式保存。(　　)

答案：错误

正确答案：纸质或电子形式均可。

162. 未持证人员在有证人员的指导和质量监督下，可独立填写监测分析原始记录并签字。(　　)

答案：错误

正确答案：不可独立填写监测分析原始记录并签字。

163. 未列入国家强制检定目录或尚无国家检定规程的仪器可由有资质的机构进行校准，也可自行核查。(　　)

答案：正确

164. 文件的表现形式具有多样化，文件的载体可以是硬拷贝或电子媒体，如纸张、磁盘、光盘、照片或标准样品，或它们的组合。(　　)

答案：正确

165. 我国的标准物质一般分为国家一级标准物质和二级标准物质。(　　)

答案：正确

166. 现场测试和样品的分析测试，应优先采用国家标准和行业标准方法；需要采用国际标准或其他国家的标准时，应进行等效性或适用性检验，检验结果应在本环境监测机构存档保存。(　　)

答案：正确

167. 线性范围是方法检出限到曲线最高点之间的浓度范围。(　　)

答案：错误

正确答案：线性范围是方法校准曲线的直线部分所对应的浓度范围。

168. 相对标准偏差为绝对偏差与平均值的比值。(　　)

答案：错误

正确答案：是指标准偏差与测量结果算术平均值的比值。

169. 相对偏差是恒定的正值。(　　)

答案：错误

正确答案：相对偏差既可以是正值，也可以是负值。

170. 向社会出具证明作用的检测报告中，检测结果的单位均应采用中华人民共和国国家法定计量单位。(　　)

答案：正确

171. 校准曲线的相关系数是反映自变量（物质的浓度）与因变量（仪器信号值）之间的相互关系的。(　　)

答案：错误

正确答案：标准曲线是描述待测物质浓度（或量）与相应的测量仪器响应量（或其他指示量）之间的定量关系的曲线。

172. 校准曲线斜率的有效位数，应与自变量的有效数字位数相等。校准曲线截距的最后一位数，应与因变量的最后一位数取齐。(　　)

答案：正确

173. 样品管理应有唯一性编号即可。(　　)

答案：错误

正确答案：为保证样品标识的唯一性，应有样品的唯一标识系统，样品标签包括样品编号、采样点位、样品名称、测试项目等。

174. 依据《环境监测　分析方法标准制修订技术导则》(HJ 168—2010)，标准名称采用三段式表达方式，即分析方法标准所适用的环境监测要素、所分析的指定成分或特性、分析方法的名称。(　　)

答案：正确

175. 依据《环境监测　分析方法标准制修订技术导则》(HJ 168—2010)，方法检出限是指用特定分析方法在给定的置信度内可从样品中定量检出待测物质的最低浓度或最小量。(　　)

答案：错误

正确答案：方法检出限是指用特定分析方法在给定的置信度内可从样品中定性检出待测物质的最低浓度或最小量。

176. 依据《环境监测质量管理技术导则》(HJ 630—2011)，应保证监测数据的完整性，确保全面、客观地反映监测结果。不得利用数据有效性规则，达到不正当的目的；可以选择性地舍弃不利数据，但不得人为干预监测和评价结果。(　　)

答案：错误

正确答案：应保证监测数据的完整性，确保全面、客观地反映监测结果。不得利用数据有效性规则，达到不正当的目的；不得选择性地舍弃不利数据，不得人为干预监测和评价结果。

177. 依据《检验检测机构资质认定　生态环境监测机构评审补充要求》(国市监检测〔2018〕245 号)，生态环境监测机构应及时记录样品采集、现场测试、样品运输和保存、样品制备、分析测试等监测全过程的技术活动，保证记录信息的充分性、原始性和规范性，能够再现监测全过程。所有对记录的更改(包括电子记录)实现全程留痕。(　　)

答案：正确

178. 依据《检验检测机构资质认定　生态环境监测机构评审补充要求》(国市监检测〔2018〕245 号)，生态环境监测机构应配齐包括现场测试和采样、样品保存运输和制备、实验室分析及数据处理等监测工作各环节所需的仪器设备。现场测试和采样仪器设备在数量配备方面需满足相关监测标准或技术规范对现场布点和同步测试采样要求。(　　)

答案：正确

179. 仪器设备出现缺陷不能正常工作时，应办理停用手续和张贴“停用”标志。(　　)

答案：正确

180. 仪器设备的期间核查周期主要依据其使用频次确定。(　　)

答案：错误

正确答案：主要依据其使用频次和风险程度确定。

181. 仪器校准、空白试验、标准物质对比分析和回收率测定，都是减少系统误差的方法。(　　)

答案：正确

182. 意见和解释应在检验检测报告或证书中清晰标注。(　　)

答案：正确

183. 应定期用标准物质对检测试纸、快速检测管等进行使用性能检查，如有效期为一年，至少半年应进行一次。(　　)

答案：正确

184. 应根据预定的计划和程序实施内部审核（每年至少一次），以验证各项工作持续符合质量体系的要求。(　　)

答案：正确

185. 用检测试纸、快速检测管和便携式监测仪器进行测定时，应至少连续平行测定两次。(　　)

答案：正确

186. 有分包事项时，生态环境监测机构应事先征得客户同意，对分包方资质和能力进行确认，并规定不得进行二次分包。(　　)

答案：正确

187. 与生态环境监测机构的监测活动相关的外来文件无须受控。(　　)

答案：错误

正确答案：与生态环境监测机构的监测活动相关的外来文件，包括环境质量标准、污染排放或控制标准、监测技术规范、监测标准（包括修改单）等，均应受控。

188. 在保证安全性、完整性和可追溯的前提下，可使用电子介质存储的报告和记录代替纸质文本存档。(　　)

答案：正确

189. 在不涉及系统误差的前提下，方法的测定下限与精密度无关。(　　)

答案：错误

正确答案：方法的测定下限与精密度有关。

190. 在不同的实验室，使用同一方法由不同的操作者对同一被测对象使用相同的仪器和设备，在相同的测试条件下，所得测试结果之间的一致程度称为重复性。(　　)

答案：错误

正确答案：称为再现性或复现性。

191. 在分析测试中，空白实验值的大小无关紧要，只需以样品测试值扣除空白实验值，就可以抵消各种因素造成的干扰和影响。(　　)

答案：错误

正确答案：首先，全程序空白实验值难以抵消样品基体所致的干扰和影响，因为在分析测试中无法获得理想的零浓度样品。而且，测试的随机误差并非绝对相同。因而，扣除空白实验值的样品测定结果中包含了全部实验误差。此外，空白实验值越高，掩盖的随机误差波动越大。当样品中待测物浓度很低，或接近检出限水平时，有时能使样品测量值与空白实验值的差值成为负数，表现了分析结果的不合理性和监测工作的失败。

192. 在进行加标回收率测定时，加标后的测定值不应超出方法的测量上限的 80%。(　　)

答案：错误

正确答案：加标后的测定值不应超出方法测量上限的 90%。

193. 在进行加标回收率测定时，在任何情况下加标量均不得小于待测物质含量的 3 倍。(　　)

答案：错误

正确答案：在任何情况下加标量均不得大于待测物含量的 3 倍。

194. 在两次校准之间，应对参考标准、测量设备和检验设备进行期间核查，这种核查其实就是再校准。(　　)

答案：错误

正确答案：在两次校准之间，应对参考标准、测量设备和检验设备进行期间核查，这种核查不是再校准。

195. 在生物样品的采集中应特别注意防止样品沾污和样品的代表性。(　　)

答案：正确

196. 在实验室内质量控制技术中，平行样分析只能反映数据的精密度，不能反映数据的准确度。(　　)

答案：正确

197. 在一系列操作中，如果使用了多种计量仪器，则有效数字以最少的一种计量仪器的位数表示。(　　)

答案：正确

198. 质量管理机构（或人员）的主要职责中不包括组织开展对下级环境监测机构监测质量、质量管理的监督与检查。(　　)

答案：错误

正确答案：根据《环境监测质量管理规定》，组织开展对下级环境监测机构监测质量、质量管理的监督与检查是质量管理机构（或人员）的主要职责。

199. 质量管理体系中涉及的风险是指环境风险、质量风险、安全风险和法律风险。(　　)

答案：正确

200. 质量记录至少应包括来自内审和管理评审的报告以及纠正和预防措施的记录。(　　)

答案：正确

201. 质量监督员应当对管理体系运行的关键环节进行重点监督。(　　)

答案：错误

正确答案：质量监督员应当对检测的关键环节、主要步骤、重要的检测任务以及在培训人员进行重点监督；当发现检测工作发生偏离，影响检测数据和结果时，监督人员有权中止检测工作。

202. 质量手册中应指定最高管理者、技术负责人、质量负责人、授权签字人的代理人。(　　)

答案：错误

正确答案：授权签字人不允许有代理人。

203. 质量体系内部审核员和质量监督员实质上是一码事，其概念、定义、职能完全相同，只是叫法不同。(　　)

答案：错误

正确答案：质量体系内部审核员和质量监督员不是一码事。

204. 重点排污单位应当按照国家有关规定和监测规范安装使用监测设备，保证监测设备的正常运行，保存原始监测记录。（　　）

答案：正确

205. 准确度是反映方法系统误差和随机误差的综合指标。（　　）

答案：正确

206. 资质认定部门应当自收到技术评审结论起 15 个工作日内，做出是否准予许可的书面决定。（　　）

答案：错误

正确答案：资质认定部门应当自收到技术评审结论之日起 20 个工作日内，作出是否准予许可的书面决定。准予许可的，自作出决定之日起 10 个工作日内，向申请人颁发资质认定证书。不予许可的，应当书面通知申请人，并说明理由。

207. 最佳测定范围是方法校准曲线的直线部分所对应的浓度范围。（　　）

答案：错误

正确答案：最佳测定范围是指在限定误差能满足预定要求的前提下，特定方法的测定下限至测定上限之间的浓度范围。

五、简答题

1.《生态环境监测质量监督检查三年行动计划（2018—2020 年）》中，检查内容包括哪些？

答案：（1）生态环境监测机构数据质量专项检查（简称监测机构检查）；

（2）排污单位自行监测质量专项检查（简称排污单位检查）；

（3）环境自动监测运维质量专项检查（简称运维质量检查）。

2. 根据《环境监测人员持证上岗考核制度》，

（1）简述考核内容；

（2）监测人员取得合格证后，在哪些情况下可以取消持证资格，收回或注销合格证？

答案：

（1）考核内容共包括三部分。

1）基本理论考核：包括环境保护基本知识、环境监测基础理论知识、环境保护标准和监测规范、质量保证和质量控制知识、常用数据统计知识、采样方法、样品预处理方法、分析测试方法、数据处理和评价模式；

2）基本技能考核：布点、采样、试剂配制、常用分析仪器的规范化操作、仪器校准、质量保证和质量控制措施、数据记录和处理、校准曲线制作、样品测试以及数据审核程序；

3）样品分析：按照规定的操作程序对发放的考核样品进行分析测试，给出分析结果。

（2）下述情况下可以取消持证资格，收回或注销合格证：

1）违反操作规程，造成重大安全和质量事故者；

2）编造数据、弄虚作假者；

3）调离生态环境系统环境监测机构者。

3. 管理评审输入的内容有哪些？

答案：管理评审输入应包括以下信息：

（1）与实验室相关的内外部因素的变化；

（2）目标实现；

（3）政策和程序的适宜性；

（4）以往管理评审所采取措施的情况；

（5）近期内部审核的结果；

（6）纠正措施；

（7）由外部机构进行的评审；

（8）工作量和工作类型的变化或实验室活动范围的变化；

（9）客户和员工的反馈；

（10）投诉；

（11）实施改进的有效性；

（12）资源的充分性；

（13）风险识别的结果；

（14）保证结果有效性的输出；

（15）其他相关因素，如监控活动和培训。

4. 画出实验室内的质量控制图，并说明其基本组成。

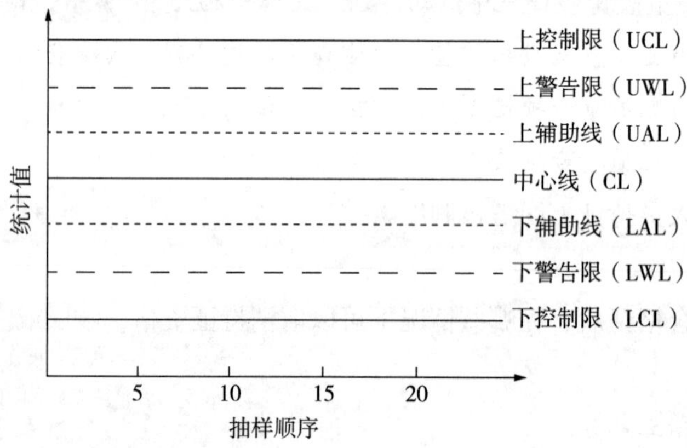

答案：

第一条线为：统计值为 $\overline{\overline{X}}+3s$，上控制限

第二条线为：统计值为 $\overline{\overline{X}}+2s$，上警告限

第三条线为：统计值为 $\overline{\overline{X}}+s$，上辅助线

第四条线为：统计值为 $\overline{\overline{X}}$，中心线

第五条线为：统计值为 $\overline{\overline{X}}-s$，下辅助线

第六条线为：统计值为 $\overline{\overline{X}}-2s$，下警告限

第七条线为：统计值为 $\overline{\overline{X}}-3s$，下控制限

5. 什么是加标回收法？

答案：在样品中加入标准物质，测定其回收率，以确定准确度。多次回收试验还可发现方法

的系统误差，这是目前常用而且方便的方法，其计算式是：回收率 =（加标试样测定值 - 试样测定值）/ 加标量 ×100%。

6. 检验检测机构对记录控制要求有哪些？

答案：（1）应编制《记录管理程序》，对记录的编制、填写、更改、识别、收集存档和维护进行管理；

（2）所有记录应当及时予以记录，不得追记、补记；

（3）对记录信息应有保密措施，防止原始信息丢失或被非授权改动；

（4）各种技术原始记录应包含充分的信息，能够保证复现检测过程；

（5）应规定各种记录的保存年限；

（6）对记录的更改，只能采用杠改，把正确的写在旁边，要有更改人的标识，决不允许涂改、刮改；

（7）使用法定计量单位。

7. 简述对环境监测质量保证和质量控制的理解。

答案：环境监测质量保证：是在影响数据有效性的所有方面，采取一系列有效措施，将监测误差控制在一定的允许范围内，是保证环境监测数据正确可靠的全部的和系统性的活动和措施的总和。是涉及人员素质、现场调查、设计布点（制订监测计划）、样品采集、运送保存、实验室内的分析测试（包括样品的处理、方法选择仪器校准等）、仪器设备的检定和校准维护、数据处理、统计评价等监测全过程。

环境监测质量控制：指用以满足环境监测质量需求所采取的操作技术和活动。主要手段有全程序空白、实验室空白、现场密码平行、实验室平行、标准物质测试、盲样测试、留样复测、加标回收、实验室间比对、方法比对等。

环境监测质量控制是环境监测质量保证的组成部分。

8. 什么是标准物质？有何特性？列举标准物质在环境监测中的作用（至少 5 个方面），在使用环境标准物质时的注意事项有哪些？

答案：（1）标准物质是标准的一种形式，是指已准确地确定了其某些化学成分、物理性质和工程参数的一类物质。

（2）标准物质具有特性量值的均匀性、稳定性、准确性、复现性、自身消耗性和量值保证书。

（3）仪器设备计量检定、仪器设备的期间核查、持证上岗自认定样品测定、持证上岗现场考核、标准物质期间核查、实验室内质量控制、实验室间质量控制、仲裁实验、新方法的验证或确认。

（4）必须注意选用标准物质的适用性，以避免基体效应误差；建立台账，实施统一的标识制度；严格规定条件保存标准物质，防止变质和损坏；建立使用程序和登记制度；在有效期内使用。

9.《检验检测机构资质认定能力评价　检验检测机构通用要求》（RB/T 214—2017）中，对检验检测机构租用仪器设备的管理要求有哪些？

答案：检验检测机构租用仪器设备开展检验检测时，应确保：

（1）租用仪器设备的管理应纳入检验检测机构的管理体系；

（2）检验检测机构可全权支配使用，即租用的仪器设备由检验检测机构的人员操作、维护、检定或校准，并对使用环境和贮存条件进行控制；

（3）在租赁合同中明确规定租用设备的使用权；

（4）同一台设备不允许在同一时期被不同检验检测机构共同租赁和资质认定。

10.《检验检测机构资质认定　生态环境监测机构评审补充要求》（国市监检测〔2018〕245号）中对人员数量、专业背景和职称比例有哪些要求？规定生态环境监测人员需掌握哪些知识？

答案：（1）第六条生态环境监测机构应保证人员数量及其专业技术背景、工作经历、监测能力等与所开展的监测活动相匹配，中级及以上专业技术职称或同等能力的人员数量应不少于生态环境监测人员总数的15%。

（2）第十条生态环境监测人员应符合下列要求：掌握与所处岗位相适应的环境保护基础知识、法律法规、评价标准、监测标准或技术规范、质量控制要求，以及有关化学、生物、辐射等安全防护知识。

11.实验过程中如果仪器设备有过载或错误操作，或显示的结果可疑，或通过其他方式表明有缺陷时，应如何处理？

答案：（1）立即停止使用该仪器设备。

（2）这些设备应予以隔离以防误用，或加贴标签/标记以清晰表明该设备已停用，直至经过验证表明能正常工作。

（3）实验室应检查设备缺陷或偏离规定要求的影响，并应启动不符合工作管理程序。

（4）当实验室活动或结果不符合自身程序或与客户协商一致的要求时，应有程序予以实施，包括：确定不符合工作管理的职责和权力；基于实验室建立的风险水平采取措施（包括必要时暂停或重复工作以及扣发报告）；评价不符合工作的严重性，包括分析对先前结果的影响；对不符合工作的可接受性作出决定；必要时，通知客户并召回；规定批准恢复工作的职责。

（5）实验室应保存不符合工作和程序规定措施的记录。

（6）当评价表明不符合工作可能再次发生时，或对实验室的运行与其管理体系的符合性产生怀疑时，实验室应采取纠正措施。

12.根据《检验检测机构资质认定能力评价　检验检测机构通用要求》（RB/T 214—2017）的规定，检验检测机构应准确、清晰、明确、客观地出具检验检测结果，符合检验检测方法的规定，并确保检验检测结果的有效性。结果通常应以检验检测报告或证书的形式发出。检验检测报告或证书应至少包括哪些信息？

答案：

（1）标题；

（2）标注资质认定标志，加盖检验检测专用章（适用时）；

（3）检验检测机构的名称和地址，检验检测的地点（如果与检验检测机构的地址不同）；

（4）检验检测报告或证书的唯一性标识（如系列号）和每一页上的标识，以确保能够识别该页是属于检验检测报告或证书的一部分，以及表明检验检测报告或证书结束的清晰标识；

（5）客户的名称和联系信息；

（6）所用检验检测方法的识别；

（7）检验检测样品的描述、状态和标识；

（8）检验检测的日期，对检验检测结果的有效性和应用有重大影响时，注明样品的接收日期或抽样日期；

（9）对检验检测结果的有效性或应用有影响时，提供检验检测机构或其他机构所用的抽样计划和程序的说明；

（10）检验检测报告或证书签发人的姓名、签字或等效的标识和签发日期；

（11）检验检测结果的测量单位（适用时）；

（12）检验检测机构不负责抽样（如样品是由客户提供）时，应在报告或证书中声明结果仅适用于客户提供的样品；

（13）检验检测结果来自外部提供者时的清晰标注；

（14）检验检测机构应作出未经本机构批准，不得复制（全文复制除外）报告或证书的声明。

13. 何谓地表水采样中全程序空白样品？如何操作？采取全程序空白进行质量控制的目的是什么？

答案：全程序空白样品是指将实验用水代替实际样品，置于样品容器中，并按照与实际样品完全一致的程序进行测定。

操作流程：将实验用水装入样品容瓶中，运至采样现场，暴露于现场环境，保存运输以及所有的分析步骤等与实际样品完全相同。

设置全程序空白样品的目的在于确认现场采样、保存、运输、前处理和分析的全过程中是否存在污染和干扰。

14. 简述加标回收率测定时应注意的事项有哪些方面。

答案：（1）加标物的形态应该与待测物的形态相同。

（2）加标量应和样品中所含待测物的测量精密度控制在相同的范围内，一般情况下作如下规定：

①加标量应尽量与样品中待测物含量相等或相近，并应注意对样品容积的影响；

②当样品中待测物含量接近方法检出限时，加标量应控制在校准曲线的低浓度范围；

③在任何情况下加标量均不得大于待测物含量的 3 倍；

④加标后的测定值不应超出方法的测量上限的 90%；

⑤当样品中待测物浓度高于校准曲线的中间浓度时，加标量应控制在待测物浓度的半量。

（3）由于加标样和样品的分析条件完全相同，其中干扰物质和不正确操作等因素所导致的效果相等。当以其测定结果的减差计算回收率时，常不能确切反映样品测定结果的实际差错。

15. 某企业氨氮测试不准确，需要运维人员重新标线，第一条量程是 0 ～ 10，现场有 1 000 mg/L 的母液，现要求进行 3 点标线，请简述标液配制、标线过程和注意事项，同时说明如何才算达到理想的标线结果？

答案：标液配制过程：① 5 ～ 1 000 ml，配制成 5 mg/L；② 10 ～ 1 000 ml，配制成 10 mg/L。注意事项：使用干燥的移液管和容量瓶，使用无氨水配制。

标线过程：先从 0 点，再到 5 和 10。注意事项：每个点标线不低于 2 次，且吸光度要稳定。

理想的标线结果：对应吸光度在合理范围内，10 mg/L 的吸光度未超过 1；$R \geqslant 0.999$。

16. 样品采集的 QA/QC 是全程质控的一个重要环节，试例举两种海水样品采集时的质控措施。

答案：采集现场空白样、现场平行样、现场加标样、运输空白样和设备材料空白等。（答对两

种即可）

17. 在土壤样品交接过程中，送交样品存在哪些质量问题时，接样单位可以拒收？

答案：

（1）样品无编号或编号混乱或有重号；

（2）样品在运输过程中破损或受到沾污；

（3）样品重量或数量不符合规定要求；

（4）样品采集后保存时间已超出规定的送检时间；

（5）样品交接时的保存温度等不符合规定要求。

18. 在环境监测中，标准物质的主要用途有哪些？

答案：（1）校准仪器设备；

（2）用于新方法的研究开发，评价监测分析方法的准确度；

（3）用于实验室内和实验室间的质量控制；

（4）监视和校正连续测定中的数据漂移；

（5）用作技术仲裁的依据。

19. 简述基准物质、标准物质、标准溶液、有证标准物质这几个概念的定义。

答案：基准物质：是一种高纯度的，其组成与它的化学式高度一致的化学稳定的物质，用于直接配制标准溶液或标定滴定分析中操作溶液浓度的物质。

标准物质：是具有一种或多种足够均匀且很好地确定了特性，用以校准测量装置、评价测量方法或给材料赋值的一种材料或物质。

标准溶液：具有准确浓度的溶液。

有证标准物质：附有证书的标准物质，其一种或多种特性值用建立了溯源性的程序确定，使之可溯源到准确复现的表示该特性值的测量单位，证书上给出的每个特性值都附有给定置信水平的不确定度。

20. 检验检测机构在设备定期核查、检定或校准后应进行确认，那么对核查、检定或校准的结果进行确认的内容包括哪些信息？

答案：核查、检定或校准的结果进行确认的内容应包括：

（1）检定结果是否合格，是否满足检验检测方法的要求；

（2）校准获得的设备的准确度信息是否满足检验检测项目、参数的要求，是否有修正信息，仪器是否满足检验检测方法的要求；

（3）适用时，应确认设备状态标识。

21. 请简单描述测量的准确度、精密度、精确度的定义并简述三者之间的关系。

答案：测量的准确度是指测量数据的平均值偏离真实值的程度，它是系统误差的反映。测量的精密度是指在多次测量数据彼此接近的程度，它是偶然误差的反映。测量的精确度是指测量数据集中真实值附近的程度。测量的精确度高，说明测量的平均值与真实值偏离较小。但由于偶然误差情况不确定，即数据不一定都集中于真实值附近，可能是分散的。测量精密度高，说明各测量数据比较接近和集中。但由于系统误差情况不确定，故测量精密度高不一定测量准确度就高。测量的精确度高，说明测量的平均值接近真实值，且各次测量数据又比较集中，即测量的系统误差和偶然误差都比较小。因此，测量的精确度才是对测量结果的综合评价。

22. 实验室内质量控制手段主要有哪些?

答案：主要手段包括实验室的基础工作（方法选择、试剂和实验用水的纯化、容器和量器的校准、仪器设备检定等）、空白值试验、检出限的测定、校准曲线的绘制和检验、平行双样、加标回收率、标准样品分析、绘制质量控制图、人员比对、方法比对、仪器比对、质控考核等。

23. 什么是量值传递？什么是量值溯源？它们之间有什么关系?

答案：（1）量值传递是将计量基准所复现的单位量值通过计量检定（或其他传递方式）传递给下一等级的计量标准，并将它传递到工作计量器具，以保证被测对象的量值准确性。

（2）量值溯源是测量结果通过具有适当准确度的中间比较环节，逐级往上追溯到国家计量基（标）准的过程。它使被测对象的量值能与国家（或国际）计量基准相联系，从而保证量值的准确一致。

（3）量值溯源与量值传递互为逆过程。

24. 简述细菌学监测实验室应做好哪些供应品的质量控制?

答案：（1）玻璃器皿的质量控制；（2）纯水质量的控制；（3）试剂的质量控制；（4）染料和着色剂的质量控制；（5）滤膜和吸收垫的质量控制；（6）培养基的质量控制。

25. 监测分析实验室内部质量控制中，分析方法的适用性检验包括哪些方面?

答案：全程序空白值的测定、分析方法的检出浓度测定、校准曲线的绘制、方法的精密度检验、准确度检验、干扰试验。

26. 监测过程受到干扰时，如何应对?

答案：监测过程中受到干扰时，按有关处理制度执行。一般要求如下：停水、停电、停气等，凡影响到检测质量时，全部样品重新测定。仪器发生故障时，可用相同等级并能满足检测要求的备用仪器重新测定。无备用仪器时，将仪器修复，重新检定、校准或核查合格后重测。

27. 检验检测机构在哪种情形下应当向资质认定部门申请办理变更手续?

答案：（1）机构名称、地址、法人性质发生变更的；（2）法定代表人、最高管理者、技术负责人、检验检测报告授权签字人发生变更的；（3）资质认定检验检测项目取消的；（4）检验检测标准或者检验检测方法发生变更的；（5）依法需要办理变更的其他事项。

28. 根据《检验检测机构资质认定能力评价　检验检测机构通用要求》（RB/T 214—2017），检验检测机构应建立和保持监控结果有效性的程序，检验检测机构可采用哪些方式?

答案：可采用定期使用标准物质、定期使用经过检定或校准的具有溯源性的替代仪器、对设备的功能进行检查、运用工作标准与控制图、使用相同或不相同的方法进行重复检验检测，保存样品的再次检验检测、分析样品不同结果的相关性、对报告数据进行审核、参加能力验证或机构之间比对、机构内部比对、盲样检验检测等进行监控。

29. 简述系统误差产生的原因以及消减方法。

答案：产生的原因：（1）方法误差，由分析方法不够完善所致；（2）仪器误差，常由使用未经校准的仪器所致；（3）由所用试剂（包括实验室用水）含有杂质所致；（4）操作误差，由测量者感觉器官的差异，反应的灵敏程度或固有习惯所致；（5）由测量时环境因素的显著改变（如室温的明显变化）所致。

消减的方法：(1) 仪器校准，测量前预先对仪器进行校准，并对测量的结果进行修正；(2) 空白试验，用空白试验结果修正测量结果，以消除实验中各种原因所产生的误差；(3) 标准物质对比分析。(4) 回收率实验。

30. 简述原始记录校核人员、审核人员应检查的内容。

答案：校核人员应检查数据记录是否完整、抄写或录入计算机时是否有误、数据是否异常等，并考虑以下因素：监测方法、监测条件、数据的有效位数、数据计算和处理过程、法定计量单位和质量控制数据等。审核人员应对数据的准确性、逻辑性、可比性和合理性进行审核，重点考虑以下因素：监测点位；监测工况；与历史数据的比较；总量与分量的逻辑关系；同一监测点位的同一监测因子，连续多次监测结果之间的变化趋势；同一监测点位、同一时间（段）的样品，有关联的监测因子分析结果的相关性和合理性等。

31. 进行环境样品监测时，简述通常采取的实验室内部质量控制方法。

答案：可采用以下实验室内部质量控制方法来确保监测数据的准确性和可比性：(1) 绘制和使用质量控制图；(2) 空白试验；(3) 平行双样分析；(4) 加标回收率测定；(5) 方法比较实验；(6) 标准物质对照分析。

32. 进行加标回收率测定时，加标的原则是什么？

答案：(1) 加标物质形态应和待测物的形态一致。(2) 加标样的浓度与样品中待测物的浓度为等精度。(3) 样品中待测物浓度在方法检出限附近时，加标量应控制在校准曲线的低浓度范围。(4) 样品中待测物浓度高于校准曲线的中间浓度时，加标量应控制在待测物浓度的半量（0.5 倍），但总浓度不得高于方法测定上限的 90%。(5) 一般情况下不得超过样品中待测物浓度的 3 倍。(6) 加标后样品体积无显著变化，否则应在计算回收率时考虑这项因素。

33. 实验室应通过哪些主要活动来持续改进其管理体系？

答案：(1) 不符合的识别和纠正。(2) 制定和实施纠正措施。(3) 制定和实施预防措施。(4) 内部审核与外部审核。(5) 内部质量控制与数据分析。(6) 比对和能力验证。(7) 管理评审。

34. 根据《检验检测机构资质认定　生态环境监测机构评审补充要求》（国市监检测〔2018〕245 号），生态环境监测机构对于方法验证或方法确认的基本要求是什么？

答案：

(1) 初次使用标准方法前，应进行方法验证。包括对方法涉及的人员培训和技术能力、设施和环境条件、采样及分析仪器设备、试剂材料、标准物质、原始记录和监测报告格式、方法性能指标（如校准曲线、检出限、测定下限、准确度、精密度）等内容进行验证，并根据标准的适用范围，选取不少于一种实际样品进行测定。

(2) 使用非标准方法前，应进行方法确认。包括对方法的适用范围、干扰和消除、试剂和材料、仪器设备、方法性能指标（如校准曲线、检出限、测定下限、准确度、精密度）等要素进行确认，并根据方法的适用范围，选取不少于一种实际样品进行测定。非标准方法应由不少于 3 名本领域高级职称及以上专家进行审定。生态环境监测机构应确保其人员培训和技术能力、设施和环境条件、采样及分析仪器设备、试剂材料、标准物质、原始记录和监测报告格式等符合非标准方法的要求。

(3) 方法验证或方法确认的过程及结果应形成报告，并附验证或确认全过程的原始记录，保证方法验证或确认过程可追溯。

35. 实验室内常用的质量控制方法都有哪些？使用最广泛的是哪种方法？它能反映数据的哪些质量问题？

答案：实验室内监测分析中常用的质量控制方法有：平行样分析、加标回收率分析、方法比对分析、用标准样品进行室内自检及室间外检等。其中使用得最广泛的是平行样和加标回收率、标准样品分析。平行样分析反映的是数据的精密度，加标回收率和标准样品分析反映的是数据的准确度。

36. 误差分几类？各类误差产生原因及其特点？

答案：误差分为系统误差、随机误差、过失误差。

（1）系统误差：在一定实验条件下，测定值按一定方向恒定地遵循一定规律偏高或偏低，产生的原因是由于方法不合适，仪器未校准、试剂不纯，存在环境影响因素，有不正确的操作习惯。

（2）随机误差：重复分析同一均匀样品，并不能得到一系列相同结果，误差绝对值或大或小，符号或正或负。这类误差是由测量过程中各种随机因素，如不明显的环境变化，仪器性能的微小波动，操作的微小差异等造成的。

（3）过失误差：这类误差明显地歪曲测量结果，是由测量过程中违反操作规程造成的。

37. 标准物质的特征是什么？

答案：①材质均匀；②性能稳定；③准确定值；④有标准物质证书；⑤批量生产；⑥具有与待测物质相近似的组成和特征。

38. 分析人员在承担新的分析项目和分析方法时，如何进行分析方法的适用性检验？

答案：进行全程序空白值测定，分析方法的检出浓度测定，校准曲线的绘制，方法的精密度、准确度及干扰因素等试验。以了解和掌握分析方法的原理和条件，达到方法的各项特性要求。

39. 关键岗位人员是指哪些？

答案：关键岗位人员指与质量管理体系有直接关联的人员，包括：最高管理者、技术负责人、质量负责人、质量监督员、内审员、特殊设备操作人员、仪器设备管理人员、样品管理人员、档案管理人员、报告审核和授权签字人等。

40. 监测分析方法的适应性检验，是确认能否正确掌握分析方法的过程，对于实验室分析项目，你认为须提交哪些实验指标的测量结果？

答案：须提交检出限计算、校准曲线的绘制、精密度、质控样和加标回收率（含实际样品分析）等。

41. 无菌室质控的具体要求是什么？

答案：无菌室应每月（或 15 d）进行一次质控。在消毒后进行，方法为空气自然沉降法，设五点，每点放一个琼脂平板，开盖沉降 5 min，而后在 37 ℃培养 24 h，计数每平皿菌落数，求出平均数，平均数超过 10 个细菌以上，无菌室应重新处理。

42. 简述监测分析原始记录的管理及填写要求。

答案：

（1）完整性：原始记录的内容应设计齐全，包含采样分析的过程和方法、监测原始数据、导出数据、使用的仪器设备、环境条件、采样分析人员的签字等足够的信息，以便于监测过程的再现。

记录应有统一编号。

（2）填写完全，不留空格。应对记录表格的各栏目认真填写齐全，不得遗漏。原始记录使用墨水笔书写，做到字迹端正、清晰。

（3）原始性：信息产生，立即填写，同步记录。监测人员必须对各项记录负责，及时记录，不得以回忆方式填写。

（4）采用杠改，签章注明。原始记录上数据有误而要改正时，应在记错的数据或文字上画一横线，然后在其右上方写上正确的数据或文字，盖上改正者的章或签字。不得在原始记录上涂改或撕页。

（5）有效性，数据有效，有效数字正确。测试数据的有效数字按方法或规范的规定填写。

（6）三级审核完整。每次报出数据前，原始记录上必须有测试人和校核人签名，有审核、批准要求的，相应的签字人应按文件规定要求审核批准签字。

（7）统一保管。原始记录应统一管理，保存在具有防止损坏、变质、丢失的环境中，并便于存取。

43. 在新项目或新方法开发时，应如何进行分析方法的适用性检验？

答案：（1）全程序空白值测定；（2）检出限和校准曲线的测定；（3）方法精密度、准确度及干扰实验；（4）必要时，进行方法比对及测量不确定度评定。

44. 如何对洗涤好的采样瓶进行检查？

答案：在每批洗好的容器中，随机抽取数个容器，分别往其中装入二级纯水（混合床去离子水，比电阻在 10 MΩ 以上），并模拟水样保存方法，分别加入相应保存剂。48 h 后，取样分析，用与样品测定相同的方法进行测定，最终结果不应检出任何组分。如果某种待测成分被检出或者检出浓度较高，应查明原因，并做相应处理。如系洗涤不彻底造成的，则整批容器应重洗。

45. 指出下列情况中，各属于系统误差、偶然误差、过失误差中的哪种，应采用什么办法纠正？（1）砝码未经校正；（2）天平零点漂移；（3）滴定时，操作者无意中从锥形瓶中溅失少许试液；（4）蒸馏水含有微量干扰测定的离子；（5）重量分析中，样品的非被测组分被共沉淀。

答案：（1）系统误差（仪器误差），校准砝码；（2）偶然误差，增加平行测定次数；（3）过失误差，重做一份；（4）系统误差（试剂误差），做空白试验；（5）系统误差（方法误差），做对照试验。

46. 监测数据“五性”是什么？简述其含义。

答案：监测数据“五性”包括代表性、准确性、精密性、可比性和完整性。

（1）代表性：指在具有代表性的时间、地点，并按规定的采样要求采集有效样品。使监测数据能真实代表污染物存在的状态和污染现状。

（2）准确性：指测定值与真实值的符合程度，一般以监测数据的准确度来表征。

（3）精密性：指测定值有无良好的重复性和再现性，一般以监测数据的精密度表征。

（4）可比性：指用不同的测定方法测量同一样品时，所得出结果的一致程度。

（5）完整性：强调工作总体规划的切实完成，即保证按预期计划取得有系统性和连续性的有效样品，而且无缺漏地获得监测结果及有关信息。

47. 什么是土壤标准样品？土壤标准品有什么意义？

答案：土壤标准样品是直接用土壤样品或模拟土壤样品制得的一种固体物质。土壤标准样品具有良好的均匀性、稳定性和长期的可保存性。土壤标准物质可用于分析方法的验证和标准化，校正并标定分析测定仪器，评价测定方法的准确度和测试人员的技术水平，进行质量保证工作，实现各实验室内及实验室之间、行业之间、国家之间数据的可比性和一致性。

48. 试述灵敏度与检出限的相关性。

答案：灵敏度和检出限是从不同角度来表示测量仪器对测定物质敏感程度的指标，仪器性能越好，灵敏度越高，则检出限就越低。

六、分析题

1. 假如你到一家向社会出具具有证明作用数据的、已经通过检验检测机构资质认定的环境监测机构从事实验室分析工作，恰好该机构新购了一台高效液相色谱仪，还没有人会用（机构此前没有此类仪器），上级安排你使用这台仪器按照标准方法《水质　联苯胺的测定　高效液相色谱法》（HJ 1017—2019）开发水中联苯胺测定的能力。请根据《检验检测机构资质认定　生态环境监测机构评审补充要求》（国市监检测〔2018〕245 号）等相关文件的规定，阐述你本人和机构需要做好哪些基本准备工作，方可向客户出具可盖 CMA 章报告的水中联苯胺数据？

答案：

分析者：

（1）掌握与所处岗位相适应的环境保护基础知识、法律法规、评价标准、监测标准或技术规范、质量控制要求，以及有关安全防护知识。

（2）承担相应工作前应经过必要的培训和能力确认，能力确认方式应包括基础理论、基本技能、样品分析的培训与考核等。

机构：

（3）机构需采取适当的检定 / 校准措施予以量值溯源。

（4）因为机构是初次使用标准方法《水质　联苯胺的测定　高效液相色谱法》（HJ 1017—2019），应进行方法验证。包括对方法涉及的人员培训和技术能力、设施和环境条件、采样及分析仪器设备、试剂材料、标准物质、原始记录和监测报告格式、方法性能指标（如校准曲线、检出限、测定下限、准确度、精密度）等内容进行验证，并根据标准的适用范围，选取不少于一种有检出的实际样品进行测定。

（5）将方法验证过程及结果形成报告，并附方法验证全过程的原始记录，保证方法验证过程可追溯。

（6）由机构申请资质认定的能力扩项。

2. 以下案例存在哪些不符合项，请分析原因并给出纠正措施。

内审员在抽查编号为 ×××× 的厂界噪声检测结果报告时发现只有昼间噪声检测值，没有夜间噪声检测结果，该室负责人解释说："监测时该厂突然停电，夜间没有生产。"

答案：

（1）不符合事实描述：

查检测报告（编号为 ××××），只有昼间噪声检测值，没有夜间噪声检测结果，与检测标准要求不一致。

（2）原因分析：

检验检测人员对《检验检测机构资质认定能力评价 检验检测机构通用要求》（RB/T 214—2017）4.5.20条款“检验检测机构应准确、清晰、明确、客观地出具检验检测结果，符合检验检测方法的规定，并确保检验检测结果的有效性”的要求未执行到位。在检测时，在该厂突然停电，夜间没有生产的情况下，检测报告只有昼间的检测值。

（3）纠正措施：

1）对检测人员进行《检验检测机构资质认定能力评价 检验检测机构通用要求》（RB/T 214—2017）4.5.20条款及厂界噪声检测标准培训，并对培训的有效性进行评价；

2）收回编号为××××的检测报告，重新按检测标准要求进行检测，重新编制新的检测报告，并对重新检测内容详细记录，同时声明原检测报告作废；

3）实施监测的科室组织自查，检查其他检测报告是否有类似情况。

3. 为确保废水排放总量监测数据的可靠性，应如何做好现场采样的质量保证？

答案：

①保证采样器、样品容器清洁。

②工业废水的采样，应注意样品的代表性：在输送、保存过程中保持待测组分不发生变化；必要时，采样人员应在现场加入保存剂进行固定，需要冷藏的样品应在低温下保存；为防止交叉污染，样品容器应定点定项使用；自动采样器采集且不能进行自动在线监测的水样，应贮存于约4℃的冰箱中。

③了解采样期间排污单位的生产状况，包括原料种类及用量、用水量、生产周期、废水来源、废水治理设施处理能力和运行状况等。

④采样时应认真填写采样记录，主要内容有排污单位名称、采样目的、采样地点及时间、样品编号、监测项目和所加保存剂名称、废水表观特征描述、流速、采样渠道水流所占截面积或堰槽水深、堰板尺寸，工厂车间生产状况和采样人等。

⑤水样送交实验室时，应及时做好样品交接工作，并由送样人员和接收人员签字。

⑥采样人员应持证上岗。

⑦采样时需采集不少于10%的现场平行样、空白等质量控制样品。

4. 评审组在某检测机构进行资质认定评审时，发现该检测机构的多台气相色谱仪检定／校准结果确认表格中，只对检定机构资质进行了确认，结论为符合要求；确认依据填写为《气相色谱仪检定规程》（JJG 700—2016）。当评审员查看计量检定机构资质材料时，看到该家检定校准机构有政府部门授权的资质证书和国家实验室认可委认可的校准实验室证书，但证书已过期，未更新。当向该机构相关负责人员问到应该如何确认仪器检定校准结果是否满足相关检测方法要求时，回答是：实验室气相色谱等大型仪器的检定校准结果不能对应检测方法标准中提出的仪器性能要求，因此，只能依据检定规程或校准规范确认该设备检定校准的正确性。请分析该场景哪些行为不符合《检验检测机构资质认定能力评价 检验检测机构通用要求》（RB/T 214—2017）的规定？

答案：

该检测机构保留的检定校准机构的资质材料过期未更新，资质材料不完整，缺少检定校准机构资质证书附表，不能确认检定校准机构的资质是否符合要求，不能确认检定校准能力范围是否覆盖所需检定校准的设备。

该检测机构对气相色谱仪检定结果的确认内容不完整，不能给出这些仪器的性能指标是否能够满足检测方法要求的结论。

当检定校准结果不能与检测方法标准对仪器性能指标要求相对应时，检测机构可通过对照仪器说明书中相关指标进行确认。在无法得到仪器相关性能指标要求时，机构还可通过测定某一标准物质的准确度和精密度，核实检出限的方法确认仪器性能，并给出确认结论。

5. 某实验室有机物仪器分析室和前处理室都只有一间房间，检测项目包括了挥发性有机物和半挥发性有机物，其中半挥发性有机物检测要用到挥发性有机溶剂，会干扰挥发性有机物的检测。该实验室检测项目的实验区域安排不符合《检验检测机构资质认定能力评价　检验检测机构通用要求》（RB/T 214—2017）中什么规定？

答案：

不符合《检验检测机构资质认定能力评价　检验检测机构通用要求》（RB/T 214—2017）的条款 4.3.4“检验检测机构应将不相容活动的相邻区域进行有效隔离，应采取措施以防止干扰或者交叉污染”的规定。（条款内容答对即可）。

6. 查阅某环境监测机构的某监测报告归档资料，发现包含有报告、任务单、采样和分析原始记录、样品流转记录。其中低浓度颗粒物原始记录的样品称重记录栏显示：采样头编号 20301474，采样前称重两次，记录分别为 13.722 60 g、13.722 80 g，采样后称重两次，记录分别为 13.723 50 g、13.723 78 g，样品净重为 0.000 94 g，采样体积为 691.5 L，样品浓度为 1.36 mg/m^3。此份原始记录的内容是否合理？如不合理，请指出不合理的理由。试分析该份监测报告档案及低浓度颗粒物原始记录所复现的监测过程和结果是否符合相关标准和规定，并陈述不符合的理由。

答案：

（1）按《检验检测机构资质认定　生态环境监测机构评审补充要求》（国市监检测〔2018〕245 号）分析：

不符合第二十二条要求的归档资料，缺少监测合同或委托书、合同评审记录、报告审核记录、监测方案、工况记录、分包及其他资料。

（2）按《固定污染源废气　低浓度颗粒物的测定　重量法》（HJ 836—2017）的要求分析：

①标准要求 2 次称量的质量差应小于等于 0.20 mg，采样后称重记录 13.723 78 g 与 13.723 50 g 之差为 0.28 mg，大于标准要求；

②标准要求每个样品的增重不小于 1 mg 或采样体积不小于 1 m^3，此记录中样品增重为 0.000 94 g= 0.94 mg<1 mg、采样体积为 0.692 m^3<1 m^3，两者都不满足；

③结果表示时，要求计算结果保留到小数点后一位，此记录中保留位数不符合要求。

7. 生态环境监测中，QA & QC 主要包括哪些内容？实验室内常用的质控方法主要有哪些？你日常选择什么方法，为什么？

答案：质量保证（QA）是为了保证实验室运行质量、监测数据正确可靠的全部活动和措施，是环境监测过程的全面质量管理，包含了确保监测数据准确可靠的全部活动和措施。

质量控制（QC）是为了保证单个或批量样品的质量所采取的个别措施，是指用以满足环境监测质量需求所采取的技术操作和活动。

实验室内常用的质控方法主要包括：

国家、省、监测/运维机构构成的三级质控体系；

单位内部质量管理体系建设：根据环境监测特点，建立包含现场监测、采样、样品保存、方法验证、分析检测等监测全过程的质量管理体系。

实验室内部质控：实验室的基础工作（方法选择、仪器条件设置、试剂和实验用水的纯化、容器和量器的校准、仪器设备检定或校准等），空白值试验，检出限的测量，校准曲线的绘制和检验，平行双样、加标回收率，绘制质量控制图等。

外部质控监督：检验检测机构资质认定、持证上岗考核、实验室能力考核、外部质控、现场监督检查等。

（根据日常选择的实际方法情况自由发挥。）

8.《检验检测机构资质认定　生态环境监测机构评审补充要求》（国市监检测〔2018〕245号）中提到，环境监测机构对于方法验证或方法确认方面应该做哪些方面的工作？

答案：

（1）初次使用标准方法前，应进行方法验证。包括对方法涉及的人员培训和技术能力、设施和环境条件、采样及分析仪器设备、试剂材料、标准物质、原始记录和监测报告格式、方法性能指标（如校准曲线、检出限、测定下限、准确度、精密度）等内容进行验证，并根据标准的适用范围，选取不少于一种实际样品进行测定。方法验证可包括但不限于样品的采集、保存、运输、流转、制备和前处理，以及实验室分析和数据处理等过程。

（2）使用非标准方法前，应进行方法确认。包括对方法的适用范围、干扰和消除、试剂和材料、仪器设备、方法性能指标（包括校准曲线、检出限、测定下限、准确度、精密度）等要素进行确认，并根据方法的适用范围，选取不少于一种实际样品进行测定。非标准方法应由不少于3名本领域高级职称及以上专家进行审定，必要时，非标准方法还应通过至少3家实验室的验证，非标准方法应形成作业指导书。环境监测机构应确保其人员培训和技术能力、设施和环境条件、采样及分析仪器设备、试剂材料、标准物质、原始记录和监测报告格式等符合非标准方法的要求。

（3）方法验证或方法确认的过程及结果应形成报告，并附有包含验证或确认全过程的原始记录，保证方法验证或确认过程可追溯。

9.如果两个生态环境监测机构需要在某条河流在市区内的指定断面上开展地表水常规项目的同步监测，请简要论述在现场布点、现场监测采样、样品保存及运输、实验室分析、数据处理等整个监测过程中，监测机构应采取哪些措施，以保证同步监测数据的可比性？（可列举实例加以论证说明）

答案：

（1）现场采样控制措施

①采样点位、垂线、采样深度保持一致，采样时间两家机构保持基本一致。

②样品瓶应提前按规定比例进行抽检。

③样品的沉降时间保持一致。

④采集多个项目时，按照相同的顺序进行采集，并按相同顺序和方式进行分样操作，固定剂的种类、纯度和加入量尽量保持一致，样品瓶的材质尽量保持一致。

⑤对于特殊项目（重金属、总磷等）是否进行过滤，应统一。

（2）现场监测控制措施（水温、溶解氧、pH、电导率和浊度）

①仪器校准：使用合格标准物质进行校准，校准溶液的种类和范围保持一致。如 pH 的测定，选择校准溶液的种类应一致。

②使用有证标准物质进行核查，两家机构可再使用对方的有证标准物质核查一次。

③同步现场监测不采用原位方式，应对采集的同一样品进行测定。

（3）样品保存和运输控制措施

样品保存方式和条件应保持一致，如低温运输保存箱设置的温度一致等。运输到实验室的时间差异应尽量小。

（4）实验室控制措施

①分析时间尽量保持一致，取样前应混匀样品。

②前处理方法保持一致，如氨氮有絮凝沉淀和预蒸馏两种方式。

③分析方法尽量保持一致，提前比对两家实验室方法的性能指标（方法检出限、校准曲线的线性截距斜率、空白、准确度和精密度）之间是否存在较大差异。

④某些项目如高锰酸盐指数等，取样量对测定结果有影响，取样量应保持一致。

⑤某些项目实验试剂对测定结果影响较大，应检验试剂是否合格，并尽量保持厂家纯度一致，或比对试剂关键指标是否存在较大差异。

⑥校准曲线的建立，线性范围应尽量保持一致。某些项目目标物种类对测定结果有较大影响，绘制曲线的标准物质尽量使用同一厂家，或比对是否存在较大差异，如水质石油类的标准物质种类和厂家很多，其量值间存在一些差异，对于测定低浓度样品影响较大。

⑦使用有证标准物质进行准确度控制，应尽量采用浓度接近实际样品的标准物质，并且两家机构的浓度应尽量接近。

（5）数据处理及记录控制措施

按照标准方法要求进行有效位数修约，均值的计算、单位名称、计量形式均保持一致（如硝酸盐氮的测定是以氮计还是硝酸根计）。

七、论述题

1. 如何理解提高环境监测数据质量的目标要求？

答案：

环境监测数据质量的目标要求为全面、准确、客观、真实。

（一）要实现“全面”，就要做到三个“全”。

一是点位全，扩大环境监测覆盖面，落实“全面设点”要求。二是指标全，瞄准管理需求，拓展环境监测领域和指标。三是功能全，充分运用互联网、大数据、卫星遥感、传感器、人工智能等新技术推动天地一体化环境监测，实现从传统环境监测向生态环境监测转变，对生态环境质量进行全面、客观、科学的评价。

（二）要实现“准确”，就要做到校准、精准。

一是校准，监测仪器设备由于本身存在系统误差等因素，需要监测人员按照严格的规范进行校核，但绝不是人为干预，更不是人为造假。二是精准，采取最规范的科学方法和最严格的质控体系，力求环境监测数据、分析、评价结果和结论都精准，经得住事实的检验和历史的考验。

（三）要实现“客观”，就要避免人为主观影响和不当干预。

一是监测点位设置、数据采集、分析与处理过程要尊重自然规律，以科学规范为准绳，切实反映实际情况；二是监测仪器设备安装、使用、运行维护和检定要严格按照标准和规范要求，避免受任何形式的主观偏见、不良习惯和不当行为影响，确保数据的客观准确。

（四）要实现“真实”，就要做到求真、较真。

一是数据要真，要以严谨细致的工作作风，向真实值无限接近的科学态度，实事求是，追求真数据；二是勇于较真，坚持和捍卫数据的真实性，要实实在在提供真数据，反映真情况，坚决打假，切实解决环境监测数据与公众感受之间存在差异的问题。

2.《关于深化环境监测改革提高环境监测数据质量的意见》（厅字〔2017〕35号）强调要深化环境监测改革，切实提高环境监测数据质量，确保环境监测数据全面、准确、客观、真实。请结合你所在机构的实际情况，简要分析可能影响监测数据质量的各方面因素，并有针对性地提出如何在机构内部构建提高监测数据质量的相关工作机制。

答案：

（1）影响因素分析：

主观方面：

1）系统内机构：来自管理部门的不当行政干预，尤其是环境质量考核压力，来自监督对象（排污单位）的干扰和利益诱惑，来自监测人员自身的惰性等；

2）社会机构：来自委托客户和机构投资者的不当干预，因低价竞争造成的商业和财务压力，来自人员自身的惰性等。

客观方面：

监测仪器精度不够，监测人员培训不到位，对标准方法执行不严或对方法的适用性理解有偏差，实际操作不规范，现场采样和监测对工况掌握不准，现场和实验室环境本底的影响，高低浓度样品之间的交叉污染，环境样品基质复杂，易受干扰，不易长时间保存，仪器系统误差，仪器维护保养不到位等。

（2）防范机制：

制度上，建立全过程质量保证和质量控制机制，关键岗位分离和数据互审，人员监督和奖惩制度；

技术上，建立全程留痕的机制，如现场监测地理信息定位，视频拍照录音，数据文件及时上传系统，开发应用LIMS（现场端和实验室），加强人员培训和全过程质量监督，培养规范操作的良好职业素养，采取有针对性的质控措施，选用正确的监测分析方法，正确排除基质干扰。

3.某环境检测机构向管理部门申请了扩项评审，扩项中有一个参数为政府部门以文件形式发布的方法，另一个参数采用国外标准方法。评审组在现场评审时发现：该机构本次扩项申请的二个检测方法均缺少标准方法，其中一个检测方法为政府部门以文件发布用于特定使用范围的方法；另一个检测方法受控文件为该机构依据国外标准方法编制的中文作业指导书，实际为非等效采用国外标准方法。经现场资料核查，该机构提供的 2 个方法验证报告实验内容较简单，只是在实验室内分别用 2 个浓度标准样品进行了检测，对准确度进行评价。请依据《检验检测机构资质认定能力评价　检验检测机构通用要求》（RB/T 214—2017）和《检验检测机构资质认定　生态环境监测机构评审补充要求》（国市监检测〔2018〕245 号），分析不符合评审要求的事实和原因，并给出正确做法的建议。

答案：

该机构申请的政府部门以文件形式发布的方法可同标准方法申请检测能力；另一个非等效采用国外标准的方法为非标准方法，应按照非标准方法申请检测能力，而机构按标准方法申请检测能力。

该机构提供 2 个方法验证报告，应提供 1 个验证报告和 1 个方法确认报告。

方法验证和确认报告内容不完整，只有 2 个浓度标准样品的检测结果，不能证明其在使用方法时，检出限、精密度和准确度等方法技术性能指标符合要求；没有实际样品检测结果，不能证明方法对检测对象具有适用性。

非标准方法没有经 3 名以上本领域高级职称及以上专家进行审定。

4. 联系实际谈谈如何规范地开展环境监测工作？

答案：

环境监测工作包括布点、采样、测试、数据处理和综合评价等几个环节，要保证监测的全过程规范化，主要包括以下几个方面：

（1）监测布点合理，保证监测的代表性。按监测标准规范布设监测点位，取得最佳点位数和最佳点位，保证监测数据的代表性、可比性，布点记录和图表应齐全。

（2）样品的采集、保管与运输。按标准规范要求，保证所采集样品的真实性和代表性，保证样品在分析前不发生物理、化学的变化。采样方法、样品的保存、运输及有关的记录内容应完整。

（3）样品的测试分析与数据处理。样品测试按规定的方法进行。选择的测试方法应满足相应的评价标准的需要，操作应规范，记录应完整、可追溯；测试结果有效位数的取舍、异常值的判断与剔除方法、误差的计算等要符合相应的标准规定。

（4）测试工作的质量保证。样品登记、任务下达、原始记录，以及数据报表等都应制定规范化表格。其中，对可能影响测试结果的有关因素（如仪器设备、样品情况、环境条件等）要有详细的记载要求。测试过程中应按规定采取必要的质量控制手段，质量控制结果应满足要求，否则应查找原因、复测样品。监测过程中，对可能影响测试结果的有关因素（如仪器设备、样品情况、环境条件等）要有详细的记载要求。

（5）测试结果的审核与发出。数据的规范管理与测试报告的审核程序：数据管理要规范化，测试数据的记录、删改要按照有关规定执行，原始记录一律不得用铅笔书写，个人不得保存原始记录。环境监测机构报出的测试结果要经过三级审核，各级负责人签字后，方为有效。各种原始记录与测试报告，一律要按国家规定使用法定计量单位。最终结果的发出，应经过授权签字人签发，未经授权人员不得签发。

5. 试结合《检验检测机构资质认定　生态环境监测机构评审补充要求》（国市监检测〔2018〕

245号)，说明监测质量管理工作中应如何对监测仪器实施管理。

答案：

生态环境监测机构应配齐包括现场测试和采样、样品保存运输和制备、实验室分析及数据处理等监测工作各环节所需的仪器设备。现场测试和采样仪器设备在数量配备方面需满足相关监测标准或技术规范对现场布点和同步测试采样要求。应明确现场测试和采样设备使用和管理要求，以确保其正常规范使用与维护保养，防止其污染和功能退化。现场测试设备在使用前后，应按相关监测标准或技术规范的要求，对关键性能指标进行核查并记录，以确认设备状态能够满足监测工作要求。

6. 如何深刻认识提高环境监测数据质量的重要意义？

答案：

(1)环境监测数据是环境监测工作的“生命线”，是客观评价环境质量状况、反映污染治理成效、实施环境管理与决策的基本依据。当前，地方不当干预环境监测行为时有发生，相关部门环境监测数据不一致现象依然存在，排污单位监测数据弄虚作假屡禁不止，环境监测机构服务水平良莠不齐，导致环境监测数据质量问题突出。深化环境监测改革，切实提高环境监测数据质量，具有十分重要的意义。

(2)提高环境监测数据质量是推进生态文明建设的重要任务。生态文明建设是一项复杂庞大的系统工程，环境监测是推进生态文明建设的重要支撑。近年来，我国生态文明建设加速推进，环境监测逐步实现从手工到自动、从粗放到精准、从分散封闭到集成联动、从现状监测到预测预警的全面深刻转变。深化环境监测改革，提高环境监测数据质量，与环境监测网络建设相辅相成、相得益彰，可以为深入推进生态文明建设发挥重要作用。

(3)提高环境监测数据质量是全面提升环境管理水平的内在要求。环境保护工作离不开环境监测的基础性支撑。一方面，需要根据监测数据，对生态环境形势进行分析判断，及时调整目标、出台措施。另一方面，环境保护工作的成效，最终也会反映到环境质量上，通过环境质量监测数据表现出来。深化环境监测改革，提高环境监测数据质量，对于准确判断形势，制定实施有针对性的环境保护政策，提升环境管理水平，推动环境质量不断改善至关重要。

(4)提高环境监测数据质量是确保政府公信力的必然选择。随着我国社会生产力水平明显提高和人民生活显著改善，人民群众期盼有更优美的环境，对环境质量的关注成为日常生活的一部分。一段时期以来，环境监测数据与公众切身感受存在差距，个别地方发生数据造假事件，严重影响了政府公信力。深化环境监测改革，提高环境监测数据质量，客观真实地反映环境质量及其变化，将提高环境监测数据的公信力和权威性，增强人民群众对环境质量改善的获得感和满意度。

7. 就如何确保监测信息的完整性、针对性、及时性、公正性和权威性，谈谈你的看法。

答案：

(1)行政管理。制定管理制度、规章办法；编制工作规划和计划；进行能力建设，提高和改进工作质量；考核工作目标完成情况，进行绩效管理；开展监测资质认可和管理。通过行政管理确保监测信息的完整性、针对性、及时性、公正性和权威性。

(2)技术管理。编制《质量管理手册》，规范技术管理；编制《程序文件》《作业指导书》，规范监测程序、监测行为；编制质量体系文件，实施质量管理；规范监测方法，实施标准的分级使用和跟踪管理；统一仪器设备配置，强制仪器校检。通过技术管理确保监测信息的完整性、针对性、及时性、公正性和权威性。

（3）信息管理。统一监测信息的收集方式；建立监测信息数据库，实施动态管理；建设监测信息管理网络，严格信息报告与传输；分析、评价环境质量状况及污染程度和发展趋势，发布环境质量信息。通过信息管理，保证监测活动和信息交流，确保监测信息的完整性、针对性、及时性、公正性和权威性。

8. 论述常规监测通常使用的质控手段有哪些？

答案：

常规监测质控手段的主要目的是控制测试数据的准确度和精密度，常用的有：

（1）平行样分析：同一样品的两份或多份子样在完全相同的条件下进行同步分析，一般做平行双样，它反映测试的精密度（抽取样品数的 10%）。

（2）加标回收分析：在测定样品时，于同一样品中加入一定量的标准物质进行测定，将测定结果扣除样品的测定值，计算回收率（一般抽取样品数的 10%）。

（3）密码样分析：密码平行样和密码加标样分析，由专职质控人员在所需分析的样品中，随机抽取 10% 的样品，编为密码平行样或加标样，这些样品对分析者本人均是未知样品。

（4）标准物质（或质控样）对比分析：标准物质（或质控样）可以是明码样，也可以是密码样，它的结果是经权威部门（或一定范围的实验室）定值，有准确测定值的样品，它可以检查分析测试的准确性。

（5）室内互检：在同一实验室内的不同分析人员之间的相互检查和比对分析。

（6）室间外检：将同一样品的子样分别交付不同实验室进行分析，以检验分析的系统误差。

（7）方法比较分析：对同一样品分别使用具有可比性的不同方法进行测定，并将结果进行比较。

（8）质量控制图的绘制：为了能直观地描绘数据质量的变化情况，以便及时发现分析误差的异常变化或变化趋势所采取的一种统计方式。一般应由专职质控人员来执行。

9. 党中央、国务院高度重视环境监测工作，为了确保环境监测数据“真全准”，尤其是针对监测数据质量，相继采取了很多措施，请结合自己的实际工作谈谈如何确保环境监测数据“真全准”。

答案：

环境监测数据“真全准”，就是环境监测数据真实、全面、准确。

（1）党中央、国务院高度重视环境监测工作尤其是监测数据质量，下发了《关于深化环境监测改革提高环境监测数据质量的意见》《生态环境监测网络建设方案》《关于省以下环保机构监测监察执法垂直管理制度改革试点工作的指导意见》，三份文件一脉相承，进一步保障监测数据真实可靠。生态环境部出台的《环境监测数据弄虚作假行为判定及处理办法》（环发〔2015〕175 号），进一步加大了处罚力度。

（2）为了保证数据的真实性，建立防范机制。

一是强化主体责任。建立“谁出数谁负责，谁签字谁负责”的责任追溯制度，明确监测机构及其负责人对监测数据的真实性和准确性负责，采样与分析人员、审核与授权签字人对原始监测数据和监测报告的真实性终身负责。

二是落实管理制度。出具证明作用监测数据的环境监测机构应依法取得检验检测机构的资质认定证书。建立全过程质量管理体系。专门用于在线自动监测监控的仪器设备应当符合环境保护相关标准规范要求。使用的标准物质应当是有证标准物质或具有溯源性的标准物质。

三是加大检查力度。生态环境和质量技术监督部门对环境监测机构的监管职能，要求两部门开展“双随机”检查，强化事中、事后监管。

四是严格处罚。

（3）为了保证数据的准确性，应加强质量管理。要求各类监测机构要建立覆盖布点、采样、现场测试、样品制备、分析测试、数据传输、评价和综合分析报告编制等全过程的质量管理体系；强调结合现有资源建设国家环境监测量值溯源与传递实验室、环境监测规范验证实验室等，环境部门会同质检部门健全国家环境监测量值溯源体系，提高国家环境监测质量控制水平。

（4）为了保证数据的全面性，全面布点。建立覆盖环境空气、地表水、酸雨、近岸海域、土壤、噪声和生态等要素的国家环境质量监测网。空气自动监测、地表水监测事权上收，建设全国土壤环境质量监测网。实施采测分离等措施。

10. 论述如何做好环境监测原始记录。

答案：

监测原始记录是检测活动的见证性文件，是监测水平的真实体现，是出具监测报告的唯一依据，也是进行科学研究和技术总结的原始资料。为保证监测工作的科学性和实验室管理体系的有效性，监测原始记录应该做到规范性、原始性、可追溯性、严格性和保密性。

（1）规范性

1）有效数字的取舍按照实验的精度要求填写，既不能位数太多，也不能位数太少，要充分兼顾仪器的测量精度和试验的精度要求。

2）记录形成过程中如有错误，应采用杠改方式，能够追溯原记录，并将改正后的数据填写在杠改处。实施记录改动的人员应在更改处签名或等效标识。

（2）原始性

原始的观察结果、数据和计算应在观察到或获得时予以记录，并应按特定任务予以识别。观察结果、数据应在产生时予以记录，不允许补记、追记、重抄。

（3）可追溯性

原始记录应包含充分的信息，在尽可能接近原始条件情况下能够重复。记录信息应包括原始观察、导出数据和建立审核途径有关的记录，包括检验检测、环境条件控制、人员、方法、设备等信息。

（4）严密性

监测原始记录需经三级审核，以确保相关信息和数据准确无误。原始记录应有实验、复核和审核人员签名，所有签名必须由本人完成，不能代签。

（5）保密性

记录应有安全保护措施，对电子储存的记录也应采取与书面媒体同等措施，并加以保护及备份，防止未经授权的侵入及修改，避免记录的丢失或改动。

11. 请回答固定源废气颗粒物的采样现场质量保证的主要内容。

答案：

质量保证内容如下：

（1）颗粒物的采样必须按照等速采样的原则进行，尽可能使用微电脑自动跟踪采样仪，以保证等速采样的精度，减少采样误差。

（2）采样位置应尽可能选择气流平稳的管段，采样断面最大流速与最小流速之比不宜大于 3 倍，以防仪器的响应跟不上流速的变化，影响等速采样的精度。

（3）在湿式除尘法除尘或脱硫器出口采样，采样孔位置应避开烟气含水（雾）滴的管段。

（4）采样系统在现场连接安装好以后，应对采样系统进行气密性检查，发现问题及时解决。

（5）采样嘴应先背向气流方向插入管道，采样时采样嘴必须对准气流方向，偏差不得超过 10°。采样结束，应先将采样嘴背向气流，迅速抽出管道，防止管道负压将尘粒倒吸。

（6）锅炉颗粒物采样，须多点采样，原则上每点采样时间不少于 3 min，各点采样时间应相等，或每台锅炉测定时所采集样品累计的总采气量不少于 1 m^3。每次采样至少采集 3 个样品，取其平均值。

（7）滤筒在安放和取出采样管时，须使用镊子，不得直接用手接触，避免损坏和沾污，若不慎有脱落的滤筒碎屑，须收齐放入滤筒中；滤筒安放要压紧固定，防止漏气；采样结束，从管道抽出采样管时不得倒置，取出滤筒后，轻轻敲打前弯管并用毛刷将附在管内的尘粒刷入滤筒中，将滤筒上口内折封好，放入专用容器中保存，注意在运送过程中切不可倒置。

（8）在采集硫酸雾、铬酸雾等样品时，由于雾滴极易沾附在采样嘴和弯管内壁，且很难脱离，采样前应将采样嘴和弯管内壁清洗干净，采样后用少量乙醇冲洗采样嘴和弯管内壁，合并在样品中，尽量减少样品损失，保证采样的准确性。

（9）采集多环芳烃和二噁英类，采样管材质应为硼硅酸盐玻璃、石英玻璃或钛金属合金，宜使用石英滤筒（膜），采样后滤筒（膜）不可烘烤。

（10）用手动采样仪采样过程中，要经常检查和调整流量，普通型采样管法采样前后应重复测定废气流速，当采样前后流速变化大于 20% 时，样品作废，重新采样。

（11）当采集高浓度颗粒物时，发现测压孔或采样嘴被尘粒沾堵时，应及时清除。

（12）为保证监测质量，测定低浓度颗粒物宜采用 HJ 836。

12. 实验室分析中，试述考察分析方法的精密度时应注意哪些问题。

答案：

（1）分析结果的精密度与样品中待测物质的浓度水平有关，必要时应取几个浓度水平（高、中、低）的样品进行分析方法精密度的检查。

（2）通常以分析标准溶液的办法来考察分析方法精密度，这与分析实际样品的精密度可能存在一定差异。

（3）精密度随实验室环境而发生变化，通常一整批同一时间分析结果得到的精密度比分散在一段时间里的分析结果得到的精密度更好。

（4）精密度受测量次数的影响，只有达到一定测量次数，才能真正反映分析方法的精密度。

13. 在初次使用标准方法前应进行方法验证，请结合日常工作实际编制标准方法验证报告大纲。

答案：

（1）人：参与方法确认的人员的基本情况，是否熟悉和掌握方法原理、操作步骤及流程，是否会使用相关仪器，必要时应接受培训。评价其是否具备执行方法确认所需的技能和能力。

（2）机：对开展方法确认所需仪器设备（包括前处理所需仪器设备）的适用性进行评价，如果实验室有仪器，是否运行正常，是否检定 / 校准合格并在计量检定周期内。如果无仪器，则需要购置仪器。

（3）料：对开展新方法确认所需要的标准物质、试剂、耗材等进行评价，是否为国家级标准物质，是否在有效期内，对关键性试剂耗材是否满足标准要求进行验证。

（4）法：对操作规范或作业指导书、原始记录、报告格式及其内容是否适用新方法要求的评价，如不满足，应进行修改或重新设计。

（5）环：对实验室环境条件进行评价，是否满足标准要求，或者对其他实验是否存在干扰，如存在干扰，应采取应对措施。

（6）测：①校准曲线：确定方法的适用范围是否满足标准要求，曲线的 a、b、r 值是否满足标准要求。②检出限：如空白有检出的情况，按照方法步骤及流程进行操作，重复测定 7 次及 7 次以上空白，计算标准偏差，根据 t 值表查出相应 t 值，根据检出限等于 t 乘相对偏差进行计算；当空白中无检出的情况，添加方法检出限 2 ～ 5 倍浓度，测定 7 次及 7 次以上，后续步骤同上。③精密度：采用低、中、高三种不同含量水平（应包括一个在测定下限附近的浓度或含量）的样品或有证标准物质，每种样品平行测定 6 次及 6 次以上，分别计算不同含量样品的平均值、标准偏差、相对标准偏差等各项参数，是否满足标准要求。④准确度：采用低、中、高三种不同含量水平（应包括一个在测定下限附近的浓度或含量）的有证标准样品，每种样品平行测定 6 次及 6 次以上，分别计算不同含量样品的平均值、相对误差等各项参数。如无有证标准物质，可以通过空白加标或实际样品加标回收，计算加标回收率的方式进行准确度判定。要求相对误差或者加标回收率满足标准要求。⑤实际样品：根据标准的适用范围采集实际样品进行分析测试，按每种类型样品平行测定 6 次以上，计算样品的平均值、标准偏差、相对标准偏差。对实际样品进行加标回收率情况的测定。

| 第十二章 |

综合分析

CHAPTER 12

一、填空题

1. 地表水环境质量评价应根据应实现的水域功能类别，选取相应类别标准，进行__________，评价结果应说明水质达标情况，超标的应说明__________和__________。

答案：单因子评价　超标项目　超标倍数

2. 河流断面水质类别评价采用单因子评价法，即根据评价时段内该断面参评的指标中类别最__________的一项来确定。

答案：高

3.《环境空气质量评价技术规范（试行）》（HJ 663—2013）中__________评价适用于评价污染物浓度或环境空气质量综合状况在多个连续时间周期内的变化趋势，采用 Spearman 秩相关系数法评价。

答案：变化趋势

4. 环境空气质量评价__________法和__________法适用于对不同地区间多项污染物污染状况的比较。

答案：最大指数　综合指数

5. 根据近岸海域水质监测结果，一类、二类、三类、四类和劣四类海水测点的比例分别为35%、25%、35%、5%、0，则该海域海水水质状况为__________。

答案：差

6.《地表水环境质量评价办法（试行）》（环办〔2011〕22 号）规定地表水水质评价指标为《地表水环境质量标准》（GB 3838—2002）表 1 中除__________、__________、__________以外的__________项指标。

答案：水温　总氮　粪大肠菌群　21

7. 地表水环境质量定性评价分为优、良好、__________、__________和__________ 5 个等级。

答案：轻度污染　中度污染　重度污染

8.《环境质量报告书编写技术规范》（HJ 641—2012）中，__________报告书是各级人民政府生态环境行政主管部门向同级人民政府及上级人民政府生态环境行政主管部门定期上报的环境质量状况报告，是行政决策与环境管理的依据，是制定环境保护规划和各类环境管理制度、政策及信息发布的重要依据。

答案：环境质量

9.《环境质量报告书编写技术规范》（HJ 641—2012）中，环境质量报告书按时间分为__________环境质量报告书和五年环境质量报告书。

答案：年度

10.《污染源源强核算技术指南　准则》（HJ 884—2008）中源强指对产生或排放的污染物强度的__________，包括废气源强、废水源强、噪声源强、振动源强、固体废物源强等。

答案：度量

11. 为了提高环境质量报告书的及时性和针对性，按其形式分为__________、__________

和__________三种。

答案：公众版　　简本　　详本

12.《2018 年 ×× 省环境质量报告》中写道："某流域水质状况为中度污染。"由此判断，当年该流域参加评价的全部 16 个断面中，Ⅰ～Ⅲ类水质断面最多有__________个。

答案：11

13. 地表水环境质量评价中，水质类别为Ⅲ类时，水质状况为__________，表征颜色为__________。

答案：良好　　绿色

14. 根据《地表水环境质量评价方法（试行）》（环办〔2011〕22 号），断面水质类别为Ⅴ类水质时，定性评价其表征颜色为__________。

答案：橙色

15. 某集中式饮用水水源水库总磷监测浓度为 0.09 mg/L，则该水库总磷浓度超标________倍。

答案：0.8

16. 依据《城市地表水环境质量排名技术规定（试行）》（环办监测〔2017〕51 号），对地级及以上城市国家地表水考核断面水环境质量，分别进行水环境质量__________排名和水环境质量__________排名。

答案：状况　　变化情况

二、单选题

1. 当 AQI 为 100 时，对应的空气质量等级、空气质量指数类别、表示颜色分别为_______。（　　）

A．二级、良、黄色　　B．二级、良、橙色

C．三级、轻度污染、黄色　　D．三级、轻度污染、橙色

答案：A

2. 进行环境质量综合分析时，常用的污染变化趋势定量分析方法为_______。（　　）

A．相关系数法　　B．最小二乘法　　C．秩相关系数法　　D．综合系数法

答案：C

3. 某城市处于中国长江流域地区，其燃料结构以煤为主，该地区常年多雾，该地区容易发生的大气二次污染类型是_______。（　　）

A．煤烟污染　　B．光化学污染　　C．温室效应　　D．酸雨酸雾

答案：D

4. 在五年环境质量变化趋势分析中，判断变化趋势是否呈显著性的秩临界值为_______（单侧检测显著性水平为 0.05）。（　　）

A．0.900　　B．0.825　　C．0.654　　D．1.000

答案：A

5. 根据《地表水环境质量评价方法（试行）》（环办〔2011〕22 号），断面水质类别为Ⅴ类水质时，定性评价其表征颜色为_______。（　　）

A. 绿色　　B. 蓝色　　C. 黄色　　D. 橙色

答案：D

6. 根据《环境空气质量评价技术规范（试行）》（HJ 633—2013），超标倍数保留________位小数，达标率保留________位小数。(　　)

A. 1　1　　B. 1　2　　C. 2　1　　D. 2　2

答案：C

7. 湖体富营养化程度的评价主要根据________等项目浓度确定。(　　)

A. 总氮　　B. 叶绿素 a　　C. 总磷　　D. 以上三项都是

答案：D

8.《地表水环境质量评价办法（试行）》（环办〔2011〕22 号）中断面主要污染指标的确定方法规定，当________超标时，优先作为主要污染指标。(　　)

A. 硫化物或铅、铬等重金属　　B. 挥发酚或铅、铬等重金属

C. 氰化物或铅、铬等重金属　　D. 氟化物或铅、铬等重金属

答案：C

9. 根据《环境空气质量评价技术规范（试行）》（HJ 663—2013），基本项目中，规定了日评价的项目有________项。(　　)

A. 3　　B. 4　　C. 5　　D. 6

答案：D

10.《地表水环境质量评价办法（试行）》（环办〔2011〕22 号）中，对水质状况等级变化评价正确的描述是________。(　　)

A. 当水质状况等级不变时，则评价为无变化

B. 当水质状况等级发生一级变化时，则评价为无明显变化

C. 当水质状况等级发生一级变化时，则评价为明显变化（好转或变差、下降）

D. 当水质状况等级发生两级以上（含两级）变化时，则评价为明显变化（好转或变差、下降、恶化）

答案：D

11. 根据《环境空气质量评价技术规范（试行）（HJ 663—2013）》，基本评价项目的年评价中规定，对 SO_2 24 h 平均第________百分位数进行评价，对 $PM_{2.5}$ 24 h 平均第________百分位数进行评价，对 CO 24 h 平均第________百分位数进行评价。(　　)

A. 90　95　98　　B. 95　98　98

C. 98　95　95　　D. 90　98　98

答案：C

12. 环境监测报告分________。(　　)

A. 数据型和图像型　　B. 数据型和文字型

C. 文字型和图文型　　D. 综合型和报表型

答案：B

13. 在计算空气质量月综合指数中，PM_{10}、$PM_{2.5}$、NO_2、SO_2 四项因子均采用________进行计

算。（ ）

A．日二级标准 B．年二级标准 C．小时二级标准 D．其他二级标准

答案：B

14.《环境空气质量指数（AQI）技术规定（试行）》（HJ 633—2012）规定：空气质量指数为125时，空气质量为 ________。（ ）

A．优 B．良 C．轻度污染 D．中度污染

答案：C

15. PM_{10}、$PM_{2.5}$ 年平均浓度计算时，每年至少有________个日平均浓度值。（ ）

A．200 B．300 C．324 D．360

答案：C

16. 根据《地表水环境质量评价办法（试行）》（环办〔2011〕22号），按组合类别比例法评价流域水质变化趋势时，当 $\Delta G-\Delta D>20$ 时，则评价该流域水质________。（ ）

A．无明显变化 B．有所好转 C．明显好转 D．有所下降

答案：C

17.《环境空气质量指数（AQI）技术规定（试行）》（HJ 633—2012）规定：首要污染物指AQI大于________时IAQI最大的空气污染物。若IAQI最大的污染物为两项或两项以上时，并列为首要污染物。（ ）

A．10 B．50 C．100 D．500

答案：B

18. 根据《地表水环境质量评价办法（试行）》（环办〔2011〕22号）评价河流整体水质状况，当河流的评价断面总数在5个（含5个）以上，Ⅰ～Ⅲ类水质比例<75%，且劣Ⅴ类比例<20%，则河流水质状况为 ________。（ ）

A．良好 B．一般 C．轻度污染 D．中度污染

答案：C

19. 数据统计分析时监测样品浓度低于监测分析方法的最低检出限时，则该监测数据以________记录并参加平均值统计计算。（ ）

A．1/2最低检出限的数值 B．0

C．空值 D．最低检出限的数值

答案：A

20. 根据《地表水环境质量评价办法（试行）》（环办〔2011〕22号），某一河流断面总数为5个，其Ⅰ～Ⅲ类水质比例为85%，则该河流水质定性评价为________。（ ）

A．中度污染 B．轻度污染 C．良好 D．优

答案：C

21. 下面哪组数据没有数据关联性？（ ）

A．总氮、氨氮 B．非甲烷总烃、苯系物

C．六价铬、总铬 D．石油类、动植物油

答案：D

22. 当________1 小时平均浓度值高于 800 μg/m^3 时，不再进行其空气质量分指数计算，空气质量分指数用 24 小时平均浓度计算的分指数报告。(　　)

A. 二氧化碳　　B. 二氧化氮　　C. 一氧化碳　　D. 二氧化硫

答案：D

23.《环境空气质量评价技术规范》(HJ 663—2013）数据统计有效性规定，日历年内 O_3 日最大 8 h 平均的特定百分位数的有效性规定为日历年内至少有________个 O_3 日最大 8 h 平均值。(　　)

A. 322　　B. 323　　C. 324　　D. 325

答案：C

24. 采用 Spearman 秩相关系数法评价环境污染变化趋势时，一般至少要有________个时间序列的数据。(　　)

A. 4　　B. 5　　C. 6　　D. 7

答案：B

25. 某地表水监测断面今年上半年水质状况等级为Ⅲ类，去年同期该断面水质状况等级为Ⅴ类，则该断面水质同比________。(　　)

A. 有所好转　　B. 有所恶化　　C. 明显好转　　D. 明显恶化

答案：C

26. 下列不属于《环境空气质量指数（AQI）技术规定（试行）》(HJ 633—2012）规定内容的是________。(　　)

A. 空气质量指数日报和实时报的发布内容、发布格式和其他相关内容

B. 环境空气质量指数的分级方案

C. 环境空气质量指数级别与类别

D. 环境空气质量功能区分类、标准分级等

答案：D

27. 地表水环境质量评价中，溶解氧指标丰水期、平水期、枯水期水质达标率达到________，该监测点水质方可达标。(　　)

A. 50%　　B. 80%　　C. 90%　　D. 100%

答案：D

28. 当水质测定结果低于方法检出限时，报所使用方法的检出限值，并加标志 L，统计污染总量时________。(　　)

A. 以零计　　B. 以 1/2 检出限计　　C. 以最大值计　　D. 以最小值计

答案：A

29.《环境空气质量指数（AQI）技术规定（试行）》(HJ 633—2012）中规定，超标污染物指浓度超过国家环境空气质量二级标准的污染物，即 IAQI ＞________的污染物。(　　)

A. 50　　B. 100　　C. 51　　D. 101

答案：B

30. 如果某河流年度水质状况评价结果为中度污染，那么当年该河流参加评价的全部 10 个断面

中，Ⅰ～Ⅲ类水质断面最多有________个。(　　)

A. 5　　B. 6　　C. 7　　D. 8

答案： C

31. 环境空气质量指数及空气质量分指数的计算结果应保留________位小数。(　　)

A. 0　　B. 1　　C. 2　　D. 3

答案： A

32. 下列空气质量指数中，对应空气质量指数级别为四级的是________。(　　)

A. 101　　B. 150　　C. 151　　D. 201

答案： C

33. 全国地表水环境质量年度评价，以每年________次监测数据的算术平均值进行评价，对于少数因冰封期等原因无法监测的断面（点位），一般应保证每年至少有________次以上（含________次）的监测数据参与评价。(　　)

A. 12　8　8　　B. 12　6　6　　C. 12　10　10　　D. 10　10　10

答案： A

34. 在评价空气质量优良天数达标率 / 超标率的变化情况时，采用变化的________表示。(　　)

A. 百分点　　B. 小数点　　C. 百分比例　　D. 绝对值

答案： A

35. 对于低浓度未检出结果和在监测分析仪器零点漂移技术指标范围内的负值，取监测仪器最低检出限的________数值，作为监测结果参加统计。(　　)

A. 1/2　　B. 1/3　　C. 3/4　　D. 1/5

答案： A

36. 某城市当天的空气质量分指数分别为：26($PM_{2.5}$)、45(PM_{10})、6(CO)、6(NO_2)、5(SO_2)、105(O_3)，根据《环境空气质量指数（AQI）技术规定（试行）》（HJ 633—2012）空气质量指数计算方法，该城市当天的空气质量指数为________，首要污染物为________。(　　)

A. 32　臭氧　　B. 45　PM_{10}　　C. 105　臭氧　　D. 26　$PM_{2.5}$

答案： C

37.《人体健康水质基准制定技术指南》（HJ 837—2017）标准中进行数据筛选时要求：同一指标实验数据相差________倍以上，应剔除离群值。(　　)

A. 5　　B. 15　　C. 10　　D. 20

答案： C

38. 当一个湖泊（水库）有多个监测点位时，计算湖泊（水库）多个点位评价指标浓度________，然后按照断面水质评价方法评价。(　　)

A. 算术平均值　　B. 几何平均值　　C. 对数平均值

答案： A

39. 根据《城市地表水环境质量排名技术规定（试行）》（环办监测〔2017〕51号）的规定，城市地表水环境质量状况排名信息发布包括城市地表水环境质量较好的前________个城市名单和城市地表水环境质量较差的后________个城市名单。(　　)

A. 10　10　　B. 15　15　　C. 20　20　　D. 30　30

答案：A

40.《环境空气质量指数（AQI）技术规定（试行）》（HJ 633—2012 ）中规定，环境空气质量实时报时间周期为 1 小时，每一整点时刻后即可发布各监测点位的实时报，滞后时间不应超过 1 小时。实时报共计________个指标。（　　）

A. 6　　B. 7　　C. 8　　D. 9

答案：D

41. 根据《环境空气质量评价技术规范（试行）》（HJ 663—2013），基本评价项目有________项，其他评价项目有________项。（　　）

A. 3　4　　B. 4　6　　C. 6　5　　D. 6　4

答案：D

42. 空气污染指数（API）为 165 时，空气质量为________。（　　）

A. 轻度污染　　B. 中度污染　　C. 轻微污染

答案：B

43.《环境空气质量指数（AQI）技术规定（试行）》（HJ 633—2012）中规定，二氧化硫、二氧化氮、一氧化碳的 1 h 平均浓度仅用于实时报，在日报中需使用相应污染物的________h 平均浓度值。（　　）

A. 8　　B. 12　　C. 20　　D. 24

答案：D

44. 某近岸海域监测点位，活性磷酸盐浓度为 0.040 mg/L，按照单因子评价法，该点位水质至少为________。（　　）

A. 二类　　B. 三类　　C. 四类　　D. 劣四类

答案：C

三、多选题

1.《环境空气质量标准》（GB 3095—2012）中规定，用于评价环境空气质量的污染物基本项目有________。（　　）

A. TSP　　B. NO_2　　C. NO_x　　D. CO

E. $PM_{2.5}$

答案：BDE

2. 湖体富营养化程度的评价项目主要有____________。（　　）

A. 总氮　　B. 总磷　　C. 叶绿素 a　　D. 透明度

E. 高锰酸盐指数

答案：ABCDE

3. 水质变化趋势分析方法对河流（湖库）、流域（水系）、全国及行政区域内水质状况与前一时段、前一年度同期或进行多时段变化趋势分析时，必须满足以下哪些条件，以保证数据的可比性？（　　）

A．选择的监测指标必须相同　　B．选择的断面（点位）基本相同

C．定性评价必须以定量评价为依据　　D．定性评价不一定以定量评价为依据

答案：ABC

4. 地表水水质评价指标为：《地表水环境质量标准》（GB 3838—2002）表 1 中除________以外的 21 项指标。（　　）

A．水温　　B．总磷　　C．粪大肠菌群　　D．总氮

答案：ACD

5. 空气质量综合评价不仅要对评价范围、评价时段的质量现状和变化趋势进行评价，还应对影响空气质量变化的________等因素进行相关分析。（　　）

A．太阳黑子　　B．经济发展和城市建设

C．能源消耗和气象条件　　D．排污量和治理投资

答案：BCD

6. S-P 模型可用于预测________。（　　）

A．COD　　B．BOD_5　　C．DO　　D．NH_3-N

E．非持久性污染物

答案：BC

7. 属于《环境空气质量标准》（GB 3095—2012）中新增加的项目是________。（　　）

A．O_3 日最大 8 h 浓度限值　　B．O_3 日 1 h 平均浓度限值

C．$PM_{2.5}$ 年均浓度限值　　D．BaP 年均浓度限值

答案：ACD

8.《地下水质量标准》（GB/T 14848—2017）是依据________，并参照了生活饮用水、工业、农业用水水质最高要求，将地下水质量划分为五类。（　　）

A．地下水的使用功能　　B．我国地下水水质现状

C．人体健康基准值　　D．地下水质量保护目标

答案：BCD

9. 根据《环境空气质量评价技术规范（试行）》（HJ 663—2013），多项目综合评价达标是指评价时段内所有基本评价项目均达标。多项目综合评价的结果包括________。（　　）

A．空气质量达标情况　　B．超标污染物

C．有效数据获取率　　D．超标倍数

答案：ABD

10. 根据《地下水质量标准》（GB/T 14848—2017）可直接作为生活饮用水水源的地下水水质类别有________。（　　）

A．Ⅰ类　　B．Ⅱ类　　C．Ⅲ类　　D．Ⅳ类

答案：ABC

11. 城市黑臭水体分级的评价指标包括________。（　　）

A．透明度　　B．溶解氧　　C．氧化还原电位　　D．氨氮

E．总磷

答案：ABCD

12. 我国现行的《地表水环境质量标准》（GB 3838—2002）中控制项目由________组成。（　　）

A．地表水环境质量基本项目　　B．集中式饮用水水源地表水源地补充项目

C．饮用水卫生项目　　D．集中式饮用水水源地表水源地特定项目

答案：ABD

13. 农用地土壤质量类别分________。（　　）

A．优先保护类　　B．安全利用类　　C．严格管控类　　D．疑似污染类

答案：ABC

14. 土壤环境质量评价可采用________。（　　）

A．内梅罗污染指数评价　　B．超标率评价

C．背景值及标准偏差评价　　D．综合污染指数评价

答案：ABCD

15. 根据《土壤环境质量　农用地土壤污染风险管控标准（试行）》（GB 15618—2018），将农用地土壤污染风险管控标准分为________和________。（　　）

A．农用地土壤污染风险评价值　　B．农用地土壤污染风险控制值

C．农用地土壤污染风险筛选值　　D．农用地土壤污染风险管制值

答案：CD

16. 根据《土壤环境质量　建设用地土壤污染风险管控标准（试行）》（GB 36600—2018），以下________属于第一类用地。（　　）

A．公共管理与公共服务中的中小学用地

B．一般绿地与广场用地

C．医疗卫生用地和社会福利设施用地

D．商业服务设施用地

答案：AC

17. ________自动监测数据不参与地表水水质评价。（　　）

A．高锰酸盐指数　　B．电导率　　C．总磷　　D．浊度

答案：BD

18. 污染源源强核算程序包括________。（　　）

A．污染源识别与污染源确定　　B．核算方法及参数选定

C．源强核算　　D．核算结果汇总

答案：ABCD

19. ________属于《环境空气质量标准》（GB 3095—2012）定义中的环境空气一类保护区。（　　）

A．自然保护区　　B．风景名胜区

C．商业交通居民混合区　　D．居住区

答案：AB

20. 在《城镇污水处理厂污染物排放标准》中，以下________项目不设分级控制限值。（　　）

A．生化需氧量　　B．总氰化物　　C．总汞　　D．氨氮

答案：BC

21. 按照《环境空气质量标准》（GB 3095—2012），环境空气污染物基本项目是__________。（　　）

A．二氧化硫　　B．氮氧化物

C．臭氧　　D．总悬浮颗粒物（TSP）

E．颗粒物（粒径小于等于 2.5 μm）　　F．铅（Pb）

答案：ACE

22.《地表水环境质量标准》（GB 3838—2002）依据地表水水域环境功能和保护目标，按功能高低依次将地表水水域划分为五类，其中Ⅲ类适用的水域为________。（　　）

A．集中式生活饮用水地表水源地一级保护区

B．鱼虾类越冬场、洄游通道、水产养殖区等渔业区域及游泳区

C．集中式生活饮用水地表水源地二级保护区

D．一般工业用水区

答案：BC

23.________不属于地表水水质评价指标。（　　）

A．挥发酚　　B．化学需氧量　　C．总氮　　D．透明度

E．粪大肠菌群　　F．叶绿素 a

答案：CDEF

24. 根据《地下水质量标准》（GB/T 14848—2017），关于地下水评价正确的有________。（　　）

A．评价结果应说明水质达标情况

B．地下水质量评价分类指标划分为五类

C．单组分评价，不同类别标准值相同时从劣不从优

D．使用两次以上的水质分析资料进行评价时，可分别进行地下水质量评价

答案：ABD

25.《环境质量报告书》应报给________部门。（　　）

A．同级人民政府　　B．同级生态环境行政主管部门

C．上一级人民政府　　D．上级环境监测部门

E．上一级生态环境行政主管部门

答案：AE

26. 我国县域、省域和生态区的生态环境状况评价报告中，土地胁迫指数指：评价区域内土地质量遭受胁迫的程度，以________等胁迫类型面积表示，当土地胁迫指数大于 100 时，则取 100。（　　）

A．评价区域内单位面积上水土流失　　B．评价区域内单位面积上土地沙化

C．评价区域内单位面积上土地开发　　D．评价区域内单位面积上建筑物

答案：ABC

27. 综合评价分析结论应具有的特性包括________。(　　)

A．科学性　　B．客观性　　C．系统性　　D．外延性

E．前瞻性

答案： ABCE

28. 三类近岸海域环境功能区包括________等。(　　)

A．一般工业用水区　　B．海滨风景旅游区

C．海水浴场　　D．海上运动或娱乐区

答案： AB

29.《地表水环境质量标准》（GB 3838—2002）依据地表水水域环境功能和保护目标，按功能高低将地表水水质划分为五类，其中Ⅰ类适用的水域是________。(　　)

A．源头水　　B．集中式生活饮用水地表水源地一级保护区

C．珍稀水生生物栖息地　　D．国家自然保护区

E．农业用水

答案： AD

30. 关于环境空气质量分析，以下正确的有________。(　　)

A．TSP 和 PM_{10} 年平均值统计的有效性规定，每年至少有 60 个日均值

B．硫酸盐化速率与酸雨分布相关分析认为：硫酸盐化速率监测值越高，二氧化硫转化为硫酸盐并形成湿沉降的可能性越大

C．空气污染指数 AQI=51 时，空气质量为优

D．分析空气质量变化原因时必须结合各地的污染防治措施实施的实际情况进行评价

答案： BD

31.《地表水环境质量标准》（GB 3838—2002）适用于全国________等具有使用功能的地表水水域。(　　)

A．江河　　B．湖泊　　C．运河　　D．渠道

E．水库　　F．地表排污沟

答案： ABCDE

32. 地表水评价指标包括________。(　　)

A．水质类别　　B．各水质类别比例

C．达Ⅲ类水质标准百分率　　D．最大超标倍数

E．断面超标率

答案： ABCDE

33. 环境空气二类区指________。(　　)

A．居住区　　B．商业交通居民混合区

C．文化区　　D．一般工业区

E．农村地区

答案： ABCDE

34. 年度环境质量报告书的基本内容包括：________。(　　)

A．当年环境监测工作概况　　B．环境质量状况及主要结论

C．污染防治对策与建议　　D．环境质量变化态势

答案：ABCD

35. 在五年环境质量报告书中，除了近五年环境质量监测数据，还需要结合__________等进行五年环境质量变化原因分析。（　　）

A．社会、经济、自然　　B．人口、能源、环境保护政策措施

C．重要工作、重大环境事件　　D．污染物排放

答案：ABCD

36. 五年环境质量报告书的基本内容包括________。（　　）

A．环境概况　　B．环境质量状况

C．主要环境问题对策　　D．环境质量变化趋势

答案：ABCD

四、判断题

1.《地表水环境质量评价办法（试行）》（环办〔2011〕22 号）规定，季度评价一般应采用 3 次以上（含 3 次）监测数据的算术平均值进行评价。（　　）

答案：错误

正确答案：季度评价一般应采用 2 次以上（含 2 次）监测数据的算术平均值进行评价。

2.《环境空气质量（AQI）技术规定（试行）》（HJ 633—2012）中，空气质量指数级别共划分为 5 级。（　　）

答案：错误

正确答案：空气质量指数级别共划分为 6 个级别，分别为一级（优）、二级（良）、三级（轻度污染）、四级（中度污染）、五级（重度污染）、六级（严重污染）。

3. SO_2 24h 浓度值为 120 μg/m³，日均浓度达标，其空气质量指数为 85，空气质量指数级别为二级，极少数敏感人群应减少户外活动。（　　）

答案：正确

4. TSP 年平均值统计的有效性规定，每年至少有 60 个日均值。（　　）

答案：错误

正确答案：每年至少有分布均匀的 60 个日平均浓度值。

5. 采用综合营养状态指数法评价湖泊营养状态，TLI（Σ）为 54，则该湖泊水质为中营养。（　　）

答案：错误

正确答案：TLI（Σ）为 54，则该湖泊水质为轻度富营养。

6. 单个水源达标率达标时，达标率为 100%，否则为 0。（　　）

答案：正确

7. 单指标评价地下水质量时，锰的Ⅰ类、Ⅱ类限值均为 0.05 mg/L，若水质分析结果为 0.05 mg/L，则地下水质量确定为Ⅱ类。（　　）

答案：错误

正确答案：则地下水质量确定为Ⅰ类。不同类别标准值相同时，从优不从劣。

8. 当空气质量指数用黄色表示时，说明有污染物项目超标，但空气质量可接受。(   )

答案：错误

正确答案：没有超标项目，空气质量可接受，但某些污染物可能对极少数异常敏感人群健康有较弱影响。

9. 地方环境空气质量污染监控点数据可用于分析空气污染来源、作为环境规划依据，以及城市环境空气质量平均值计算。(   )

答案：错误

正确答案：污染监控点数据可用于分析空气污染来源、作为环境规划依据等，但不参加城市环境空气质量平均值计算。

10. 对应地表水五类水域功能，将地表水环境质量标准基本项目标准值分为五类，不同功能类别分别执行相应类别的标准值。水域功能类别高的标准值严于水域功能类别低的标准值。(   )

答案：正确

11. 对于空气质量实时报和日报来说，首要污染物和超标污染物都有可能存在两项以上。(   )

答案：正确

12. 丰水期、平水期、枯水期特征明显的水域，应分水期进行水质评价。(   )

答案：正确

13. 根据《环境空气质量评价技术规范（试行）》（HJ 663—2013），单点环境空气质量评价时，污染物年达标是指该污染物（CO 和 O_3 除外）年平均浓度达标。(   )

答案：错误

正确答案：污染物年达标是指该污染物年平均浓度（CO 和 O_3 除外）和特定的百分位数浓度同时达标。

14. 根据《环境空气质量评价技术规范（试行）》（HJ 663—2013），多项目综合评价时，所有基本评价项目必须全部参与评价。当已测评价项目全部达标但存在缺测或不满足数据统计有效性要求项目时，综合评价按达标处理并注明该项目。(   )

答案：错误

正确答案：当已测评价项目全部达标但存在缺测或不满足数据统计有效性要求项目时，综合评价按不达标处理并注明该项目。

15. 根据《环境空气质量评价技术规范（试行）》（HJ 663—2013），自然日内 O_3 日最大 8 h 平均的有效性规定为：当日 8 时至 24 时必须满足有 14 个或以上有效 8 h 平均浓度值。当不满足 14 个有效数据时，若日最大 8 h 平均浓度超过浓度限值标准时，统计结果无效。(   )

答案：错误

正确答案：当不满足 14 个有效数据时，若日最大 8 h 平均浓度超过浓度限值标准时，统计仍有效。

16. 根据《环境空气质量评价技术规范（试行）》（HJ 663—2013），单点环境空气质量评价指针

对某监测点位所代表空间范围的环境空气质量评价。监测点位只包括城市点、区域点、背景点、污染监控点。(　　)

答案： 错误

正确答案： 监测点位只包括城市点、区域点、背景点、污染监控点和路边交通点。

17. 根据《环境噪声监测技术规范城市声环境常规监测》（HJ 640—2012）进行区域声环境质量监测时，整个城市建成区有效网格总数应多于 200 个。(　　)

答案： 错误

正确答案： 应多于 100 个。

18. 根据《环境质量报告书》编图图式规定，图式“Ⓨ”表示土壤采样点。(　　)

答案： 错误

正确答案： 农作物采样点。

19. 根据《环境质量报告书》编图图式规定，图式“◍”表示噪声监测点。(　　)

答案： 错误

正确答案： 大气采样点。

20. 功能区声环境质量监测评价时，应将各类功能区的所有点位进行能量平均，然后各类功能区单独评价。(　　)

答案： 错误

正确答案： 各监测点位昼、夜间等效声级，按 GB 3096 中相应的环境噪声限值进行独立评价。各功能区按监测点次分别统计昼间、夜间达标率。

21. 河流断面水质类别评价采用单因子评价法。(　　)

答案： 正确

22. 湖泊（水库）营养状态评价指标为叶绿素 a、总磷、总氮、透明度、高锰酸盐指数 5 项。(　　)

答案： 正确

23. 监测中，如遇样品浓度低于监测分析方法的最低检出限，则该监测数据不参加平均值的统计计算。(　　)

答案： 错误

正确答案： 当监测数据低于检出限时，以 1/2 检出限值参与计算和统计。

24. 进行环境空气质量评价时，当已测项目全部达标但存在缺测项目时，这一天按不达标处理，在计算达标率时不算在分子中。(　　)

答案： 正确

25. 空气质量评价浓度为评价时段内日均浓度的平均值。(　　)

答案： 错误

正确答案： SO_2、NO_2、PM_{10}、$PM_{2.5}$ 的评价浓度为评价时段内日均浓度的平均值，O_3 的评价浓度为评价时段内日最大 8 小时平均值的第 90 百分位数，CO 的评价浓度为评价时段内日均浓度的第 95 百分位数。

26. 空气质量日报中环境空气质量指数（AQI）有效数字的修约原则是：环境空气质量指数的

计算结果不保留小数，全部进位，按“四舍六入五单双”进行修约。(　　)

答案：错误

正确答案：空气质量日报中污染指数的计算结果不保留小数，全部进位。小数点后出现任何大于0的数字时，污染指数个位值加1。

27. 空气质量指数用于描述空气质量状况，其主要表征首要污染物浓度值，其单位为微克/立方米。(　　)

答案：错误

正确答案：空气质量指数用于描述空气质量状况，为无量纲指数。

28. 磷是评价湖泊、河流水质富营养化的重要指标之一。(　　)

答案：正确

29. 流域（水系）水质定性评价中，水质状况为轻度污染，其表征颜色为黄色。(　　)

答案：正确

30. 某城市空气质量指数为133，其当日空气质量指数级别为三级，达中度污染，建议儿童、老年人及心脏病、呼吸系统疾病患者应减少长时间、高强度户外锻炼。(　　)

答案：错误

正确答案：空气污染指数在101～150，级别为三级，对应空气质量类别为轻度污染，建议儿童、老年人及心脏病、呼吸系统疾病患者应减少长时间、高强度户外锻炼。

31. 某城市空气质量指数为75，其当日空气质量指数级别为二级，空气类别良，各类人群可以正常活动。(　　)

答案：错误

正确答案：某城市空气质量指数为75，其当日空气质量指数级别为二级，空气类别良，极少数异常敏感人群应减少户外活动。

32. 某城市一年中每天二氧化硫均达到《环境空气质量标准》（GB 3095—2012）二级质量标准，那么年均值也一定达到二级标准。(　　)

答案：错误

正确答案：某城市一年中每天二氧化硫均达到《环境空气质量标准》二级质量标准，年均值不一定达到二级标准。

33. 某一河流的断面总数为5个，其Ⅰ～Ⅲ类水质比例为80%，则该河流水质定性评价为良好。(　　)

答案：正确

34. 排污总量指某一时段内从排污口排出的某种污染物的总量，是该时段内污水的总排放量与该污染物平均浓度的乘积、瞬时污染物浓度的时间积分值或排污系数统计值。(　　)

答案：正确

35. 区域环境空气质量评价包括对城市建成区和非建成区范围内的环境空气质量评价。区域环境空气质量达标指区域范围内所有城市建成区达标且非城市建成区中每个空气质量评价点均达标，任一个点位超标，即认为区域超标。(　　)

答案：错误

正确答案：区域环境空气质量达标指区域范围内所有城市建成区达标且非城市建成区中每个空气质量评价区域点均达标，任一个城市建成区或区域点位超标，即认为区域超标。

36. 生活污水的 BOD_5<0.5 时，可判断该数据不合理。(　　)

答案：正确

37. 同一排放口排放两种或两种以上不同类别的污水，且每种污水的排放标准又不同时，其混合污水的排放标准为各种污水的排放标准算术平均值。(　　)

答案：错误

正确答案：同一排放口排放两种或两种以上不同类别的污水，且每种污水的排放标准又不同时，其混合污水的排放标准按 GB 8978—1996 附录 A 计算。

38. 统计评价项目的城市尺度时，所有有效监测的城市点必须全部参加统计和评价，且有效监测点位的数量不得低于城市总点位数量的 75%（总数量小于 4 个时，不低于 50%）。(　　)

答案：正确

39. 依据《地表水环境质量标准》（GB 3838—2002），地表水环境质量评价应根据实现的水域功能类别，选取相应类别标准，进行综合评价，评价结果应说明水质达标情况，超标的应说明超标项目和超标倍数。(　　)

答案：错误

正确答案：地表水环境质量评价应根据要实现的水域功能类别，选取相应类别标准，进行单因子评价，评价结果应说明水质达标情况，超标的应说明超标项目和超标倍数。

40. 依据《环境空气质量评价技术规范（试行）》（HJ 663—2013），单项目评价适用于对单点、城市和区域内不同评价时段各基本评价项目和其他评价项目的达标情况进行评价。多项目综合评价适用于对单点、城市和区域内不同评价时段全部基本评价项目达标情况的综合分析。(　　)

答案：正确

41. 饮食店带异味的蒸煮热蒸汽属于饮食业产生的特殊气味，应参照《恶臭污染物排放标准》（GB 14554—1993）臭气浓度指标执行。(　　)

答案：正确

42. 在地表水环境质量评价中，对于丰水期、平水期、枯水期特征不明显的水体可不分水期进行达标率评价。(　　)

答案：正确

43. 在进行不同时段水环境变化判断时，可以采用组合类别比例法评价，如设 ΔG 为后时段与前时段Ⅰ～Ⅲ类水质百分点之差：$\Delta G=G_2-G_1$，ΔD 为后时段与前时段劣Ⅴ类水质百分点之差：$\Delta D=D_2-D_1$；那么当 $|\Delta G-\Delta D|\leq 10$ 时，则可评价为有所变化。(　　)

答案：错误

正确答案：$|\Delta G-\Delta D|\leq 10$ 时，则评价为无明显变化。

44. 执行不同水质评价标准的水域，或监测项目不一致的水域，在进行综合评价时，为便于对各水域水质进行比较，可以用综合污染指数来评价不同水域的污染水平。(　　)

答案：正确

45. 依据《环境质量报告书编写技术规范》（HJ 641—2012），环境质量报告书按时间分为年度环境质量报告书、三年环境质量报告书和五年环境质量报告书；按行政区划分为全国环境质量报告书、省级环境质量报告书、市级环境质量报告书和县级环境质量报告书。（　　）

答案：错误

正确答案：环境质量报告书按时间分为年度环境质量报告书和五年环境质量报告书；按行政区划分为全国环境质量报告书、省级环境质量报告书、市级环境质量报告书和县级环境质量报告书。

五、简答题

1. 简述环境质量图的作用。

答案：可以节省大量文字说明，且具有直观、可度量和对比等优点，有助于了解环境质量在空间上的分布原因和在时间上的发展倾向。

2. 请简述 BOD、COD、TOD、TOC 之间的关系，如何根据其关系确定有机物的类型？

答案：BOD ＜ COD ＜ TOD

根据 TOD 与 TOC 的比例关系确定有机物的种类：

TOD/TOC 为 2.67 左右时，主要为含碳有机物；

TOD/TOC ＞ 4.0 时，有大量的含 S、P 的有机物；

TOD/TOC ＜ 2.6 时，水中同时含有硝酸盐、亚硝酸盐等燃烧可释放氧的无机盐或含酸、醇、醛、酮等含氧有机物。

3. 请解释空气质量实时报的时段、内容及评价指标。

答案：

实时报周期为 1 h，每一整点时刻后即可发布监测点位的实时报，滞后时间不应超过 1 h。

实时报的指标包括二氧化硫（SO_2）、二氧化氮（NO_2）、臭氧（O_3）、一氧化碳（CO）、PM_{10}、$PM_{2.5}$ 的 1 h 平均，以及臭氧（O_3）8 h 滑动平均和 PM_{10}、$PM_{2.5}$ 的 24 h 滑动平均，共计 9 个指标。

4. 根据《环境空气质量评价技术规范（试行）》（HJ 663—2013），评价项目包括哪些？

答案：评价项目分为基本评价项目和其他评价项目两类。其中，基本评价项目包括 SO_2、NO_2、CO、O_3、PM_{10}、$PM_{2.5}$ 共 6 项，其他评价项目包括 TSP、NO_x、Pb、BaP。

5. 简述河流、流域（水系）水质现状评价方法。

答案：

当河流、流域（水系）的断面总数少于 5 个时，计算河流、流域（水系）所有断面各评价指标浓度算术平均值，然后参照断面水质评价方法，采用单因子评价法指出每个断面的水质类别和水质状况。Ⅰ～Ⅱ类、Ⅲ类、Ⅳ类、Ⅴ类和劣Ⅴ类水质分别对应水质状况优、良好、轻度污染、中度污染和重度污染。

当河流、流域（水系）的断面总数在 5 个（含 5 个）以上时，不作平均水质类别的评价，采用断面水质类别比例法，即根据评价河流、流域（水系）中各水质类别的断面数占河流、流域（水系）所有评价断面总数的百分比来评价其水质状况：Ⅰ～Ⅲ类水质比例 ≥ 90% 时水质状况为优；75% ≤ Ⅰ～Ⅲ类水质比例 ＜ 90% 时水质状况为良好；Ⅰ～Ⅲ类水质比例 ＜ 75%，且劣Ⅴ类比例 ＜ 20% 时水质为轻度污染，Ⅰ～Ⅲ类水质比例 ＜ 75%，且 20% ≤ 劣Ⅴ类比例 ＜ 40% 时水质为中度污染；Ⅰ～Ⅲ类水质比例 ＜ 60%，且劣Ⅴ类比例 ≥ 40% 时水质为重度污染。

6. 土壤环境质量评价方法有哪些，各有什么作用?

答案：

土壤环境质量评价一般以单项污染物指数为主，指数小污染轻，指数大污染重。当区域内土壤环境质量作为一个整体与外区域进行比较或与历史资料进行比较时，除用单项污染物指数外，还常用综合污染指数。土壤由于地区背景差异较大，用土壤污染累积指数更能反映土壤的人为污染程度。土壤污染物分担率可评价确定土壤的主要污染项目，污染物分担率由大到小排序，污染物主次也同此序。除此之外，土壤污染超标倍数、样本超标等统计量也能反映土壤的环境状况。相关计算公式和分级标准如下：

土壤单项污染指数 = 土壤污染物实测值 / 土壤污染物质量标准

土壤污染累积倍数 = 土壤某污染物实测值 / 污染物背景值

土壤污染物分担率（%）=（土壤某项污染指数 / 各项污染指数之和）×100%

土壤污染超标倍数 =（土壤某污染物实测值 − 某污染物质量标准）/ 某污染物质量标准

土壤样本超标率（%）=（土壤样本超标总数 / 监测样本总数）×100%

7. 根据《生态环境状况评价技术规范》（HJ 192—2015），生态环境状况是如何划分的？试述生态环境状况最好的状态是什么?

答案：根据生态环境状况指数，将生态环境分为 5 级，即优、良、一般、较差和差。当生态环境状况为优时，表明植被覆盖度高，生物多样性丰富，生态系统稳定。

8. 简述河流监测断面主要污染指标的确定方法。

答案：评价时段内，断面水质为“优”或“良好”时，不评价主要污染指标。断面水质超过Ⅲ类标准时，先按照不同指标对应水质类别的优劣，选择水质类别最差的前三项指标作为主要污染指标。当不同指标对应的水质类别相同时计算超标倍数，将超标指标按其超标倍数大小排列，取超标倍数最大的前三项为主要污染指标。当氰化物或铅、铬等重金属超标时，优先作为主要污染指标。

9. 简述环境质量综合评价的目的。

答案：

（1）通过对环境监测数据和相关信息的综合分析，科学、客观、完整地分析环境质量在时间、空间的分布规律和特征，提高为各级政府及管理部门制定环境决策和实施环境管理服务的针对性和效能。

（2）通过对环境质量变化的原因分析，提示环境质量变化与各影响环境质量变化因素的相关性，分析有关环境政策、规划、措施实施的环境效果，为环境污染防治提出重点方向和目标建议。

（3）根据环境质量综合分析的需要，促进环境监测战略、方针、技术路线和监测技术方法的完善和发展。

（4）提高环境质量报告和发布信息的科学化、公众化水平。

10. 某实验室监测一个库容约 5 亿 m^3 的水库，报出氨氮为 0.60 mg/L，总氮为 0.75 mg/L，溶解氧为 5.5 mg/L。请分析这组数据的合理性，并说明原因。

答案：

（1）氨氮和总氮比值不合理，与 DO 值的相关性不合理。

（2）在溶解氧比较充足的条件下，氨氮被逐步氧化成亚硝氮、硝氮，总氮中的氨氮比例不可能如此之高。

11. 简述环境质量综合报告的主要要素构成。

答案：环境质量综合报告是环境监测信息的最终表现形式和环境监测信息传递的载体。目前，环境质量综合报告的要素主要由地表水、城市空气、酸雨、近岸海域海水、城市噪声、生态环境、生物环境和辐射环境构成，并结合污染排放情况和社会、人口、经济等指标进行环境质量的综合分析。

12. 简述空气质量指数分几个级别，分别用什么颜色表示？

答案：分六级。0～50为一级，优，绿色；51～100为二级，良，黄色；101～150为三级，轻度污染，橙色；151～200为四级，中度污染，红色；201～300，重度污染，紫色；大于300为六级，严重污染，褐红色。

13. 简述降水监测的常规分析项目以及各项目分析的先后次序。

答案：

降水监测中，常规分析项目有：电导率和pH，F^-、Cl^-、SO_4^{2-}、NO_3^-等阴离子，NH_4^+、K^+、Na^+、Ca^{2+}、Mg^{2+}等阳离子。

各项目分析的先后次序为：降水样品收集后，应先直接测定电导率和pH，然后过滤样品，优先测定NH_4^+和NO_3^-，再测定F^-、Cl^-、SO_4^{2-}等阴离子，最后测定K^+、Na^+、Ca^{2+}、Mg^{2+}等阳离子。

六、计算题

1.×年×月×日0时，A地级市一采选冶炼厂偷排废水，废水沿着一条小河进入江河的干流。B地级市位于A市的下游，其城市饮用水取水口位于两市交界处下游0.2 km。A市环境监测站接到报告后，立刻启动预案，开展第一次监测，监测数据如下表所示：

单位：mg/L；pH无量纲

断面 项目及监测结果	小河上游对照断面	冶炼厂废水入小河后100 m	小河入干流前50 m	小河与干流交汇口下游100 m	A市与B市交界处
pH	6.3	4.5	6.0	6.0	6.2
化学需氧量	20	25	20	15	15
氨氮	0.8	2.0	1.0	0.9	0.8
铜	0.02	0.08	0.05	0.02	0.02
锌	0.05	0.05	0.05	0.05	0.005
铅	0.05	0.10	0.05	0.05	0.03
镉	0.003	0.02	0.007	0.007	0.004
汞	0.0001	0.001	0.0008	0.0002	0.0001
砷	0.02	0.05	0.04	0.02	0.01

问题：

（1）请判断上述5个断面当前的水质类别。

（2）根据当前所掌握的情况，该事件应定性为几级？简单说明理由。

（3）除上述5个断面外，下一步还需要在哪里增加监测断面，并如何开展监测？

答案：

（1）小河上游对照断面、冶炼厂废水入小河后100 m、小河入干流前50 m、小河与干流交汇口下游100 m、A市与B市交界处的水质类别依次是Ⅲ类、劣Ⅴ类、Ⅴ类、Ⅴ类、Ⅳ类。

（2）应定性为特别重大（Ⅰ级）突发环境事件，因为B地级市的集中式饮用水水源地受到了重金属污染，面临取水中断的威胁。

（3）事件的主要超标因子为汞和镉，为掌握污染团的浓度分布情况，还需在干流小河入口上游50 m和饮用水取水口布设断面，重点监测汞和镉的浓度。

2. 某市某日空气自动监测结果为PM_{10}日均值159 μg/m^3，$PM_{2.5}$日均值79 μg/m^3，SO_2日均值23 μg/m^3，NO_2日均值48 μg/m^3，CO日均值0.7 mg/m^3，O_3日最大8小时滑动平均值43 μg/m^3。请计算该市当日的空气质量AQI指数，确定首要污染物、超标污染物和空气质量级别，并对空气质量状况进行描述。空气质量分指数及对应的污染物项目浓度限值如下：

空气质量分指数（IAQI）	污染物项目浓度限值									
	二氧化硫（SO_2）24 h平均/（μg/m^3）	二氧化硫（SO_2）1 h平均/（μg/m^3）（1）	二氧化氮（NO_2）24 h平均/（μg/m^3）	二氧化氮（NO_2）1 h平均/（μg/m^3）（1）	颗粒物（粒径小于等于10 μm）24 h平均/（μg/m^3）	一氧化碳（CO）24 h平均/（mg/m^3）	一氧化碳（CO）1 h平均/（mg/m^3）（1）	臭氧（O_3）1 h平均/（μg/m^3）	臭氧（O_3）8 h滑动平均/（μg/m^3）	颗粒物（粒径小于等于2.5 μm）24 h平均/（μg/m^3）
0	0	0	0	0	0	0	0	0	0	0
50	50	150	40	100	50	2	5	160	100	35
100	150	500	80	200	150	4	10	200	160	75
150	475	650	180	700	250	14	35	300	215	115
200	800	800	280	1 200	350	24	60	400	265	150
300	1 600	（2）	565	2340	420	36	90	800	800	250
400	2 100	（2）	750	3 090	500	48	120	1 000	（3）	350
500	2 620	（2）	940	3 840	600	60	150	1 200	（3）	500
说明	（1）二氧化硫（SO_2）、二氧化氮（NO_2）和一氧化碳（CO）的1 h平均浓度限值仅用于实时报，在日报中需使用相应污染物的24 h平均浓度限值。 （2）二氧化硫（SO_2）1 h平均浓度值高于800 μg/m^{3}的，不再进行其空气质量分指数计算，二氧化硫（SO_2）空气质量分指数按24 h平均浓度计算的分指数报告。 （3）臭氧（O_3）8 h平均浓度值高于800 μg/m^{3}的，不再进行其空气质量分指数计算，臭氧（O_3）空气质量分指数1 h平均浓度计算的分指数报告。									

答案：

（1）根据 $IAQI_P=(IAQI_{Hi}-IAQI_{Lo})/(BP_{Hi}-BP_{Lo})\times(C_P-BP_{Lo})+IAQI_{Lo}$

$IAQI_{PM_{10}}$=（150-100）/（250-150）×（159-150）+100=105

$IAQI_{PM_{2.5}}$=（150-100）/（115-75）×（79-75）+100=105

$IAQI_{SO_2}$=（50-0）/（50-0）×（23-0）+0=23

$IAQI_{NO_2}$=（100-50）/（80-40）×（48-40）+50=60

$IAQI_{CO}$=（50-0）/（2-0）×（0.7-0）+0=18

$IAQI_{臭氧8小时}$=（50-0）/（100-0）×（43-0）+0=22

（2）$PM_{2.5}$和PM_{10}并列为首要污染物，超标污染物为PM_{10}和$PM_{2.5}$；

（3）空气质量级别为三级；

（4）空气质量状况为轻度污染。

3. 已知某河流断面的水质监测数据及Ⅲ类水质评价值如下表所示（单位：mg/L；水温：℃），求该断面的综合水质指数并评价水质状况。（计算公式等辅助资料见附件）

水温	溶解氧	高锰酸盐指数	五日生化需氧量	氨氮	总磷
28.3	2.55	6.79	5.53	1.56	0.371
《地表水环境质量标准》（GB 3838—2002）Ⅲ类水质评价值					
—	5（饱和度 60%）	6	4	1.0	0.2

附件：综合水质指数计算

按照Ⅲ类功能区标准计算水质综合污染指数，用以评价水质的综合污染程度，评价指标包括溶解氧、高锰酸盐指数、五日生化需氧量、氨氮和总磷 5 项。

（1）综合污染指数

$$P=\sum_{i=1}^{n}P_i/n$$

除溶解氧外，单项污染指数计算公式：

$$P_i=\frac{C_i}{S_i}$$

式中，P——综合污染指数；

P_i——单项污染指数；

C_i——污染物实测浓度；

S_i——相应水质功能类别的标准值；

n——参与评价的水质项目。

（2）溶解氧污染指数

$$P_i=\begin{cases}0 & ,C_i\geqslant C_{饱(t)}\\ \dfrac{\left(C_{饱(t)}-C_i\right)}{\left(C_{饱(t)}-C_{标(t)}\right)} & ,C_i<C_{饱(t)}\end{cases}$$

式中，$C_{饱(t)}$——t 温度下的饱和溶解氧值，$C_{饱(t)}=\dfrac{477.8}{t+32.26}$；

C_i——t 温度下的溶解氧实测值；

$C_{标(t)}$——t 温度下相应水质类别的溶解氧标准值［《地表水环境质量标准》（GB 3838—2002）］，$C_{标(t)}=C_{饱(t)}\times$ 饱和度$_{标}$，饱和度$_{标}$见下表。

	Ⅰ	Ⅱ	Ⅲ	Ⅳ	Ⅴ
含量 /（mg/L）	7.5	6	5	3	2
饱和度$_{标}$	90%	72%	60%	36%	24%

（3）水质状况评价

根据综合水质指数对地表水环境质量进行水质状况的定性评价，分为优、良好、轻度污染、中度污染、重度污染五个等级，具体见下表。

水质状况	综合水质指数
优	≤ 0.62
良好	0.62 ～ 1
轻度污染	1 ～ 1.55
中度污染	1.55 ～ 2.18
重度污染	＞ 2.18

答案：

水温：28.3℃，$C_{饱(t)}$=477.8/（28.3+32.26）=7.89（mg/L）						
步骤	指标	溶解氧	高锰酸盐指数	五日生化需氧量	氨氮	总磷
列出评价指标，相应评价标准	实测值 /（mg/L）	2.55	6.79	5.53	1.56	0.371
	评价标准（Ⅲ）/（mg/L）	0.6 × 7.89=4.73	6.00	4.00	1.00	0.200
计算单项污染指数	计算公式	（7.89−2.55）/（7.89−4.73）	6.79/6	5.53/4	1.56/1	0.371/0.2
	P_i	1.69	1.13	1.38	1.56	1.85
计算综合水质指数	综合水质指数 P	1.52				
水质状况评价		轻度污染				

4. 秩相关系数（r_s）是利用两变量的秩次大小作线性相关分析，用于衡量环境污染变化趋势在统计上有无显著性。计算公式如下：

$$r_s=1-6\sum_{i=1}^{N}d_i^2\Big/(N^3-N)$$

$$d_i=X_i-Y_i$$

X_i——周期 1 到周期 N 按浓度值从小到大排列的序号；

Y_i——按时间排列的序号；

d_i——变量 X_i 与 Y_i 的差值；

N——时间周期的数量，$N\geqslant 5$。

XX 市在 A 点建设环境空气自动站，2012 年建成监测。近几年监测的空气质量综合指数见下表：

	2010 年	2011 年	2012 年	2013 年	2014 年	2015 年	2016 年
空气质量综合指数（无量纲）	3.42	2.95	3.06	2.73	2.86	2.69	2.53

请判断污染综合指数随年份变化的趋势是否具有显著意义［N=7，显著水平（单侧检验）为 0.05 时，秩相关系数 r_s 的临界值（W_p）为 0.714］。

答案：

第一步排列如下：

	2012 年	2013 年	2014 年	2015 年	2016 年	2017 年	2018 年
Y	1	2	3	4	5	6	7
空气质量综合指数	3.42	2.95	3.06	2.73	2.86	2.69	2.53
X	7	5	6	3	4	2	1
d	6	3	3	−1	−1	−4	−6

第二步计算秩相关系数：

r_s=1−6［6^2+3^2+3^2+（−1）^{2}+（−1）^{2}+（−4）^{2}+（−6）^{2}］/（7^3−7）=−0.929；

第三步判断 $|r_s|$=0.929 > W_p，且 r_s<0，表明该点位的空气质量综合指数在置信度为 95% 的水平上随年份的变化趋势有显著意义，且呈下降趋势。

5. 某工厂固定排放管道高 23 m，有硫化氢气体排出，经现场监测，已知其管道测试点静压为 −2.0 kPa，排气温度为 65℃，含湿量为 6.7%，测试状态管道废气流量为 5.83 × 10^4 m^3/h，测试当日大气压为 100.5 kPa。为合理选择采样时间，监测人员采用直读式仪器进行预先摸底测试，仪器显示硫化氢浓度为 0.52 ppm。现场采用亚甲基蓝分光光度法测定，该方法检出限为 0.07 μg/10 ml。问现场采样选择哪种采样瓶？采样至少需要多少时间可以定量检出（以流量 1.0 L/min 计算）？以该摸底测试浓度值推算硫化氢管道排放量是否超标？

恶臭污染物排放标准值

控制项目	排气筒高度 /m	排放量 /（kg/h）
硫化氢	15	0.33
	20	0.58
	25	0.90
	30	1.3
	35	1.8
	40	2.3
	60	5.2
	80	9.3
	100	14
	120	21

答案：

（1）大型气泡管

（2）假设采样采用 10 ml 吸收液，流量为 1.0 L/min

可检出采样用时间为 t

$0.07 \times 4 = 0.52 \times 34.0/22.4 \times 1.0 \times t$

t=0.355（min）=21.3（s）

（3）先求出 $Q_{snd} = 58\,300 \times（1-6.7\%）\times［100.5-2.0）/101.325］\times［273/（273+65）］$

$= 42\,709 = 4.27 \times 10^4（m^3/h）$

再求出质量浓度 W

$W= 0.52 \times 34/22.4 = 0.79（mg/m^3）$

最后求出 H_2S 排放量，根据《恶臭污染物排放标准》（GB 14554—1993），在表中所列两种高度之间的排气筒，采用四舍五入法计算其排气筒的高度，故执行标准为 0.90 kg/h。

$G = W \times Q_{snd} = 0.79 \times 4.27 \times 10^4 = 0.03（kg/h）<0.90（kg/h）$

由表及排放管高度，该排放管 H_2S 排放量未超标。

七、分析题

1. 某氮肥厂位于一般工业区，2019 年环境影响评价文件通过审批，项目建成投产。主要废气污染物是氮氧化物、一氧化碳、氨、烟尘等，排气筒高度为 25 m。当地生态环境部门对企业进行例行监测，其中排气筒排放的氮氧化物监测结果为：排放浓度 1 100 mg/m³，排放速率为 2.55 kg/h；无组织排放设 3 个监控点，各测点小时均值分别为 0.10 mg/m³、0.08 mg/m³、0.15 mg/m³。问：

（1）该项目废气排放应该执行什么标准和级别？

（2）有组织排放的氮氧化物是否达标？

（3）该厂无组织排放的氮氧化物是否达标？

《大气污染物综合排放标准》（GB 16297—1996）的标准限值如下：

序号	污染物	最高允许排放浓度 /（mg/m³）	最高允许排放速率 /（kg/h）			无组织排放监控浓度限值	
			排气筒高度 / m	二级	三级	监控点	浓度 /（mg/m³）
1	二氧化硫	960（硫、二氧化硫、硫酸和其他含硫化合物生产） 550（硫、二氧化硫、硫酸和其他含硫化合物使用）	15	2.6	3.5	周界外浓度最高点	0.40
			20	4.3	6.6		
			30	15	22		
			40	25	38		
			50	39	58		
			60	55	83		
			70	77	120		
			80	110	160		
			90	130	200		
			100	170	270		

<table>
<tr><th rowspan="2">序号</th><th rowspan="2">污染物</th><th rowspan="2">最高允许排放浓度 / （mg/m^3）</th><th colspan="3">最高允许排放速率 / （kg/h）</th><th colspan="2">无组织排放监控浓度限值</th></tr>
<tr><th>排气筒高度 / m</th><th>二级</th><th>三级</th><th>监控点</th><th>浓度 / （mg/m^3）</th></tr>
<tr><td rowspan="10">2</td><td rowspan="10">氮氧化物</td><td rowspan="5">1 400（硝酸、氮肥和火炸药生产）</td><td>15</td><td>0.77</td><td>1.2</td><td rowspan="10">周界外浓度最高点</td><td rowspan="10">0.12</td></tr>
<tr><td>20</td><td>1.3</td><td>2.0</td></tr>
<tr><td>30</td><td>4.4</td><td>6.6</td></tr>
<tr><td>40</td><td>7.5</td><td>11</td></tr>
<tr><td>50</td><td>12</td><td>18</td></tr>
<tr><td rowspan="5">240（硝酸使用和其他）</td><td>60</td><td>16</td><td>25</td></tr>
<tr><td>70</td><td>23</td><td>35</td></tr>
<tr><td>80</td><td>31</td><td>47</td></tr>
<tr><td>90</td><td>40</td><td>61</td></tr>
<tr><td>100</td><td>52</td><td>78</td></tr>
</table>

答案：

（1）废气排放浓度及速率执行《大气污染物综合排放标准》（GB 16297—1996）表 2 中的二级标准。

（2）根据内插法计算氮氧化物的最高允许排放速率：

Q=1.3+（4.4-1.3）×（25-20）/（30-20）=2.8（kg/h）

氮氧化物的监测结果为：排放浓度为 1 100 mg/m^3，排放速率为 2.55 kg/h，对应标准（最高允许排放浓度为 1 400 mg/m^3，排放速率为 2.8 kg/h），氮氧化物排放浓度与排放速率均达标。

（3）3 个无组织监控点氮氧化物最高浓度为 0.15 mg/m^3，标准为 0.12 mg/m^3，无组织排放的氮氧化物超标。

2. 某市 7 月对一流经市区的河流三个水质监测断面监测结果见下表，A、B、C 三个断面分别为对照断面、控制断面和削减断面，已知该河流执行《地表水环境质量标准》（GB 3838—2002）Ⅲ类标准，试对监测数据进行分析评价。

单位：mg/L

	高锰酸盐指数	氨氮	挥发酚	溶解氧	六价铬
A 断面	5.5	1.81	0.001 0	6.3	0.020
B 断面	7.7	2.43	0.001 0	4.5	0.020
C 断面	5.0	2.20	0.001 0	5.4	0.230
地表水Ⅲ类标准	6	1.0	0.005	5.0	0.05

答案：

本题从达标分析、污染程度比较、污染特征分析、提出污染防治对策建议等方面进行分析评价。

（1）达标分析：对照《地表水环境质量标准》（GB 3838—2002），A 断面氨氮超标，B 断面高锰酸盐指数、氨氮和溶解氧超标，C 断面氨氮和六价铬超标。因此三个水质断面均未达到环境功能区标准。

（2）采用平均污染指数比较各断面水质状况。

P_A=0.82，P_B=1.08，P_C=1.75，$P_C > P_B > P_A$，因此C断面污染程度最重，A断面污染程度最轻。

（3）由达标情况分析得知，三个监测断面均不达标，但各断面有不同的污染特征。三个断面的氨氮全部超标，这应该是该河流的特征。B断面除氨氮超标外，高锰酸盐指数和氨氮分别较上游对照断面上升，水质类别下降为Ⅳ类，表现为有机污染特征，说明河流流经城市受到明显的有机污染。C断面的高锰酸盐指数较B断面下降明显，但六价铬超标严重，表现为重金属污染特征，可能上游有污染源超标排放。C断面的氨氮较控制断面削减不明显，可能还与监测时段为丰水期，是农业面源污染高峰期有关。由地表径流导致入河污染总量上升。

（4）根据以上分析，提出以下几个方面的对策建议：

1）加强城市污水处理设施配套工程建设，扩大管网覆盖面，提高污水处理率，减轻城市生活污水对水环境的影响。

2）进一步调查六价铬污染来源，根据调查结果采取相应的管理措施。对于处理设施运行不良的2业，应督促其加强污染防治设施的运行管理。对没有污染防治设施或擅自关闭水处理设施的企业采取限期治理或其他的法律和政策措施。

3）对于农业面源污染，应从农业污染防治、建设生态等方面综合治理。如加强农田林网建设，采用农田测土施肥技术，减少化肥使用量，提高植被覆盖率和有机肥使用量，减少地表径流污染；提高畜禽规模化养殖水平，开展畜禽粪、秸秆等的综合利用。

3. 某水泥厂的无组织排放监测中，在参照点（M）以等时间间隔采集四个样品，测定浓度分别为0.25 mg/m^3、0.30 mg/m^3、0.45 mg/m^3、0.35 mg/m^3；在监控点A点测定浓度分别为0.45 mg/m^3、0.58 mg/m^3、0.65 mg/m^3、0.77 mg/m^3；在监控点B点测定浓度分别为0.95 mg/m^3、1.02 mg/m^3、1.35 mg/m^3、1.10 mg/m^3；在监控点C点测定浓度分别为1.60 mg/m^3、1.71 mg/m^3、1.80 mg/m^3、1.52 mg/m^3；在监控点D点测定浓度分别为0.92 mg/m^3、0.88 mg/m^3、0.75 mg/m^3、0.80 mg/m^3。本次监测采用《水泥工业大气污染物排放标准》（GB 4915—2013）中无组织排放限值标准（0.5 mg/m^3）进行评价。试根据以上监测结果，判断该污染源的无组织排放浓度是否超标。

答案：

（1）参照点1 h平均值：

M=（m_1+m_2+m_3+m_4）/4=（0.25+0.30+0.45+0.35）/4=0.34（mg/m^3）

（2）四个监控点的1 h平均值分别为：

A=（a_1+a_2+a_3+a_4）/4=（0.45+0.58+0.65+0.77）/4=0.61（mg/m^3）

B=（b_1+b_2+b_3+b_4）/4=（0.95+1.02+1.35+1.10）/4=1.10（mg/m^3）

C=（c_1+c_2+c_3+c_4）/4=（1.60+1.71+1.80+1.52）/4=1.66（mg/m^3）

D=（d_1+d_2+d_3+d_4）/4=（0.92+0.88+0.75+0.80）/4=0.84（mg/m^3）

（3）比较四个监控点的监测值大小（1 h平均值）后得到：$C > B > D > A$

（4）计算该污染源无组织排放的“监控浓度值”X为：

X=C−M=1.66−0.34=1.32（mg/m^3）

（5）判断该污染源的无组织排放是否超标：

GB 4915—2013中的排放限值标准浓度Y为0.5 mg/m^3，$X > Y$

所以该排放源的无组织排放浓度超标。

4. 下表为4—9月某湖泊水质监测数据，请根据下表中水质监测数据说明该湖泊水质月度和季度变化特点。

单位：mg/L

月份	高锰酸盐指数	氨氮	总氮	总磷	叶绿素 a	化学需氧量	透明度 /cm
4	4.1	0.68	2.31	0.06	0.007	8	40
5	4.5	0.96	2.96	0.09	0.017	14	40
6	3.2	0.42	2.74	0.05	0.020	14	80
7	4.2	0.12	1.78	0.05	0.058	15	45
8	3.3	0.21	1.75	0.04	0.013	10	25
9	3.2	0.16	1.48	0.05	0.028	19	30

答案：

各个月份水质类别分别为Ⅳ、Ⅳ、Ⅲ、Ⅲ、Ⅲ、Ⅲ，超标月份主要污染物均为总磷。

4—5月该湖泊水质为Ⅳ类，总体为轻度污染，主要污染指标为总磷。

4—9月该湖泊水质总体呈改善趋势，主要污染物总磷浓度明显降低，水质有所改善。

三季度总体水质为Ⅲ类，与第二季度相比，水质状况有所好转。

5. 某电子企业芯片生产线建设项目已完成环评，并获环保局批准。各生产工艺污水中含有氟、氨氮等污染因子，同时部分污水中含有砷和镍等污染因子。污水来源、处理及流向见下图。在建设项目竣工环境保护验收监测中，对污水总排放口水质监测结果见下表。企业污水排放执行 GB 8978—1996 表 1 和表 4 的二级标准：COD 150 mg/L、氨氮 25 mg/L、总砷 0.5 mg/L、总镍 1.0 mg/L、氟化物 10 mg/L。

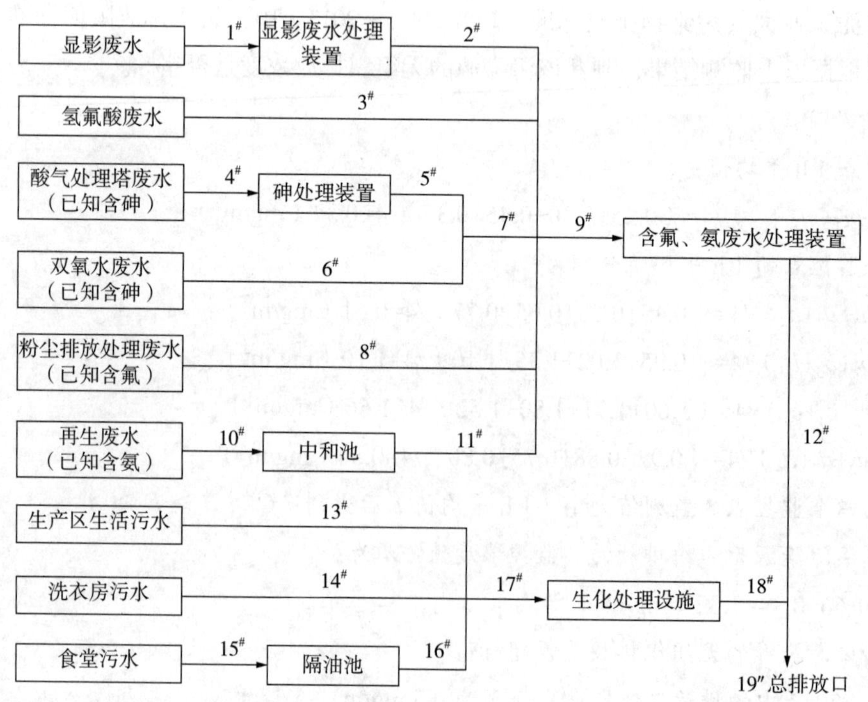

该企业污水处理及流向示意图

该企业污水总排口污水监测结果　　单位：mg/L

		COD	氨氮	氟化物	总砷	总镍
第一天	1	60	11.0	15.6	0.02	0.02
	2	55	10.1	14.4	0.01	0.01
	3	45	18.0	17.1	0.01	0.01
	4	55	11.3	15.3	0.02	0.01
日均值		54	12.6	15.6	0.02	0.01
第二天	1	52	8.0	10.5	0.01	0.02
	2	45	9.0	18.3	0.02	0.01
	3	55	9.8	15.2	0.01	0.01
	4	63	10.8	20.0	0.02	0.01
日均值		54	9.4	16.0	0.02	0.01

（1）根据《污水综合排放标准》（GB 8978—1996），该企业含氟、氨废水处理设施（　　）。

A．满足氟达标排放的要求

B．未满足氟达标排放的要求

C．需要改进

D．处理效率在验收监测中无须考虑

E．对总砷、总镍达标排放也有明显的作用

（2）根据《污水综合排放标准》（GB 8978—1996），该企业含镍废水（　　）。

A．已经过单独处理

B．直接排放

C．现处理方式符合要求

D．必须增加处理设施

E．是否需要增加处理设施，无法确定

（3）根据《污水综合排放标准》（GB 8978—1996），该企业含砷废水（　　）。

A．经过处理后排放　　B．没有经过处理后排放

C．无法判断处理工艺是否合理　　D．处理设施满足达标排放要求

E．可以与含镍废水一同处理

（4）检查砷处理装置处理效率的监测点应设在示意图中（　　）处。

A．4#、5#　　B．4#、12#　　C．4#、9#　　D．4#、19#

E．4#、7#

（5）检查氟化物处理设施处理效率的监测点应设在示意图中（　　）处。

A．7#、12#　　B．9#、12#　　C．3#、9#　　D．8#、19#

E．9#、19#

（6）还必须通过水质监测确定其是否达标排放的废水有（　　）。

A．氢氟酸废水　　B．酸气处理塔排水

C．双氧水废水　　D．粉尘排放处理废水

E. 办公和生活区生产污水

答案：

（1）B C

（2）A E

（3）A C

（4）A

（5）B

（6）B C

6. A 城市位于二类区，2012 年新建一企业，内有 2 个排气筒，分别为 A 排气筒和 B 排气筒，A 和 B 排气筒的参数如下图，两个排气筒主要排放的气态污染物均为 SO_2。经现场监测，A 排气筒 SO_2 排放速率为 1.0 kg/h，B 排气筒 SO_2 排放速率为 1.2 kg/h。计算该企业 SO_2 排放速率及达标情况。

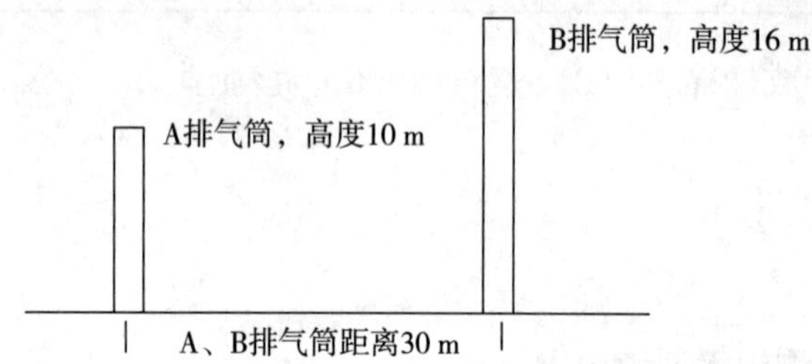

污染物	最高允许排放速率 /（kg/h）			
	排气筒高度 /m	一级	二级	三级
SO_2	15	1.6	3.0	4.1
	20	2.6	5.1	7.7
	30	8.8	17	26

答案：

排放速率：该企业 A 排气筒和 B 排气筒高度分别为 10 m 和 16 m，高度之和小于其之间的距离 30 m，分别按单独排气筒计算其排放速率，故该企业 SO_2 排放速率 A 排气筒为 1.0 kg/h、B 排气筒为 1.2 kg/h。

该城市位于二类区，最高排放速率达标情况按二级标准进行判断。

（1）对于 A 排气筒达标情况

A 排气筒高度为 10 m，小于 15 m，该排气筒的最高允许排放速率 $Q_1=Q_c\times(h/h_c)^2=3.0\times(10/15)^2=1.3$（kg/h）。

由于 A 排气筒高度为 10 m，同时为 1997 年后新建企业，排放速率标准按外推结果再严格 50% 计算，即 $Q_{n1}=1.3\times0.5=0.7$（kg/h）。

A 排气筒排放速率 1.0 kg/h ＞ A 排气筒最高允许排放速率 0.7 kg/h，A 排气筒 SO_2 排放不达标。

（2）对于 B 排气筒达标情况

B 排气筒高度为 16 m，高于 15 m，低于 20 m，该排气筒的最高允许排放速率 $Q_2=Q_a+(Q_{a+1}-Q_a)\times(h-h_a)/(h_{a+1}-h_a)=3.0+(5.1-3.0)\times(16-15)/(20-15)=3.4$（kg/h）。

由于B排气筒高度为16 m，直接和内插法计算的排气筒最高允许排放速率进行比较，B排气筒排放速率为1.2 kg/h<B排气筒最高允许排放速率3.4 kg/h，B排气筒SO_2排放达标。

该企业A排气筒不达标，B排气筒达标，该企业排放不达标。

7. 对某中学建设用地土壤调查中，测得土壤中砷含量为60 mg/kg。已知根据《土壤环境质量　建设用地土壤污染风险管控标准（试行）》（GB 36600—2018）规定建设用地土壤污染风险管控值一类用地为120 mg/kg、二类用地为140 mg/kg，土壤背景值为20 mg/kg。如果采用土壤污染风险管控值标准评价该土壤，则该学校建设用地土壤单项污染指数是多少？土壤污染累积指数是多少？

答案：

中小学建设用地的土壤执行一类用地管控值：

土壤单项污染指数＝土壤污染物实测值/土壤污染物质量标准=60/120=0.5

土壤污染累积指数＝土壤污染物实测值/污染物背景值=60/20=3

8. 某城市某年，SO_2、NO_2、CO（95%）、O_3-8 h（90%）、$PM_{2.5}$和PM_{10}年浓度分别为8 μg/m^3、46 μg/m^3、1.6 mg/m^3、196 μg/m^3、56 μg/m^3、65 μg/m^3。

其中污染物对应的二级浓度限值见下表：

	SO_2	NO_2	CO（95%）	O_3-8h（90%）	PM_{10}	$PM_{2.5}$
二级浓度限值	60 μg/m^3	40 μg/m^3	4 mg/m^3	160 μg/m^3	70 μg/m^3	35 μg/m^3

（1）按国家标准二级进行评价，通过计算得出该城市首要超标污染物。

（2）在城市不同方位开展了$PM_{2.5}$组分分析，若为获得该城市$PM_{2.5}$的主要来源，需要通过哪种源解析技术方法获得结果，该方法有什么优缺点？

（3）源解析结果表明，该城市本地燃煤占40%、扬尘占30%、机动车占10%，结合空气质量数据分析，该方法获得的结果是否科学准确？

答案：

（1）PM_{10}、SO_2和CO均小于二级标准，达标；$PM_{2.5}$、NO_2、O_3-8h三项污染物超标，超标倍数分别为（56−35）/35=0.60、（46−40）/40=0.15、（196−160）/160=0.22；该城市首要污染物为$PM_{2.5}$。

（2）可以通过源解析中的受体模型方法（或PMF）获得解析结果；该方法可有效解析开放源贡献，定量解析污染源类型，不依赖详细的污染源源强信息和气象场数据；但其不可预测，并且解析结果多解。

（3）该解析结果不合理，一方面空气质量中SO_2仅为8 μg/m^3，浓度较低，SO_2主要来自燃煤，所以燃煤不会是该城市最主要污染来源；另一方面该城市$PM_{2.5}$/PM_{10}为86%，颗粒物二次污染较重，扬尘占比达30%不合理。

9. 甲、乙、丙三个城市分别有地表水国家考核断面（点位）2个。其中，甲市为A断面和B断面，均为河流监测断面，水质考核目标分别为地表水Ⅱ类和Ⅴ类；乙市为C断面和D断面，C断面为河流监测断面，D断面为湖库监测点位，水质考核目标均为地表水Ⅳ类。丙市为E断面和F断面，均为湖库点位，水质考核目标均为Ⅲ类。2019年第一季度各断面（点位）监测结果见表1。请按照《城市地表水环境质量排名技术规定（试行）》（环办监测〔2017〕51号），计算各市的水质指数，并核定甲、乙、丙三市排名。

注：计算水质指数（CWQI）时仅考虑下表中提供的监测项目即可。计算结果保留到小数点后2位。

2019 年第一季度各断面（点位）监测结果

序号	项目＼断面名称	A	B	C	D	E	F
1	水温 /℃	12.0	11.0	10.5	13.5	14.1	13.2
2	pH（无量纲）	6.89	7.07	8.92	8.68	8.78	8.34
3	溶解氧 /（mg/L）	4.8	6.4	12.4	10.2	8.5	8.3
4	化学需氧量（COD）/（mg/L）	52	—	16	32	18	24
5	总磷（以 P 计）/（mg/L）	0.26	0.18	0.50	0.08	0.09	0.07
6	总氮（湖、库，以 N 计）/（mg/L）	10.2	6.88	2.44	6.80	4.32	5.18
7	汞 /（mg/L）	0.000 05	0.000 05	0.000 05 L	0.000 05	0.000 05 L	0.000 05 L

地表水环境质量标准基本项目标准限值

序号	项目＼断面名称	Ⅰ类	Ⅱ类	Ⅲ类	Ⅳ类	Ⅴ类
1	水温 /℃	人为造成的环境水温变化应限制在：周平均最大温升≤ 1℃；周平均最大温降≤ 2℃				
2	pH（无量纲）	6～9				
3	溶解氧 /（mg/L）　≥	7.5	6	5	3	2
4	化学需氧量 /（mg/L）　≤	15	15	20	30	40
5	总磷（以 P 计）/（mg/L）　≤	0.02（湖、库 0.01）	0.1（湖、库 0.025）	0.2（湖、库 0.05）	0.3（湖、库 0.1）	0.4（湖、库 0.2）
6	总氮（湖、库，以 N 计）/（mg/L）　≤	0.2	0.5	1.0	1.5	2.0
7	汞 /（mg/L）　≤	0.000 05	0.000 05	0.000 1	0.001	0.001

答案：

（1）确定计算水质指数所需指标正确：pH、溶解氧、化学需氧量、总磷、汞。

（2）分别计算甲、乙两市 CWQI

$CWQI_{(甲)}=5.11$

$CWQI_{(乙C)}=4.91$　　$CWQI_{(乙D)}=5.03$

$$CWQI_{(乙)}=\frac{CQWI_{(乙河流)}\times 河流断面数+CWQI_{(乙湖库)}\times 湖库断面数}{河流断面数+湖库断面数}=\frac{4.91+5.03}{2}$$

=4.97

$CWQI_{(丙)}$=4.28

（3）∵ $CWQI_{(丙)}$（4.28）<$CWQI_{(乙)}$（4.97）<$CWQI_{(甲)}$（5.11）

∴丙市排名第一，乙市排名第二，甲市排名第三。

10. 城市空气质量自动监测测得的主要污染物 SO_2、NO_2 和 PM_{10} 24 小时均值分别为 215 μg/m^3、170 μg/m^3 和 230 μg/m^3，请计算各污染物的空气质量分指数，如以这三个主要污染物评价，当日的首要污染物是什么？空气质量如何？

答案：

空气质量分指数对应的污染物项目浓度限值

IAQI	50	100	150
SO_2/（μg/m^3）	50	150	475
NO_2/（μg/m^3）	40	80	180
PM_{10}/（μg/m^3）	50	150	250

$IAQI_{SO_2}$=100+（215−150）/（475−150）×（150−100）=110

$IAQI_{NO_2}$=100+（170−80）/（180−80）×（150−100）=145

$IAQI_{PM_{10}}$=100+（230−150）/（250−150）×（150−100）=140

$IAQI_{NO_2} > IAQI_{PM_{10}} > IAQI_{SO_2}$

所以，首要污染物为 NO_2，$IAQI_{NO_2}$=145，AQI=145，空气质量级别为三级即轻度污染。

11. 如下数据是某河流的 3 个断面的监测结果年均值。请根据单因子类别评价方法确定断面水质类别、超标最重污染物和超标倍数、河流功能区达标率。

某河流监测结果年均值　　单位：mg/L

点位名称	高锰酸盐指数	COD_{Cr}	BOD_5	氨氮	氟化物	砷	挥发酚	石油类	功能区要求
A	2.1	18	2.3	0.10	0.328	0.004 0	0.001 0	0.04	Ⅲ
B	9.7	38	5.2	0.35	0.375	0.004 0	0.001 3	0.20	Ⅳ
C	6.8	30	4.4	0.38	0.485	0.004 0	0.001 0	0.11	Ⅲ

答案：

A 断面水质为Ⅲ类，达到功能区要求；

B 断面水质为Ⅴ类，最重污染物为 COD_{Cr}，超标 0.27 倍，达不到功能区要求。

C 断面水质为Ⅳ类，最重污染物为石油类，超标 1.20 倍，达不到功能区要求。

该河流功能区达标率为 33.3%。

12. 评价某一河流断面水质类别，参评指标为总磷、高锰酸盐指数、氨氮、化学需氧量。总磷、高锰酸盐指数、化学需氧量浓度值分别为 0.08 mg/L、4.21 mg/L、12.0 mg/L，氨氮 4 个平行样的结果分别为 0.96 mg/L、0.98 mg/L、1.03 mg/L、1.24 mg/L。请问如何评价该河流断面水质类别？符合哪一类？水质状况如何描述？表征颜色为哪种颜色？该水质功能类别适用于哪些水域？

标准值/(mg/L) 分类 项目	Ⅰ类	Ⅱ类	Ⅲ类	Ⅳ类	Ⅴ类
高锰酸盐指数 ≤	2	4	6	10	15
氨氮 ≤	0.15	0.5	1.0	1.5	2.0
化学需氧量 ≤	15	15	20	30	40
总磷 ≤	0.02	0.1	0.2	0.3	0.4

[执行标准和评价方法:《地表水环境质量标准》(GB 3838—2002)、《地表水环境质量评价方法(试行)》(环办[2011]22号]

答案:

(1)氨氮4个平行样的结果中，1.24 mg/L与其他3个结果相差较大，1.24 mg/L这一结果可能是可疑值。

首先不计可疑值1.24，求得其余数据的平均值和平均偏差 d。

平均值为(0.96+0.98+1.03)/3=0.99(mg/L)

平均偏差 d 为(0.03+0.01+0.04)/3=0.027(mg/L)

可疑值与平均值的绝对值为1.24−0.99=0.25大于4 d(0.108)，故1.24这一数据应舍去。氨氮的平均结果为0.99 mg/L。

(2)河流断面水质类别评价采用单因子评价法，即根据评价时段内该断面参评的指标中类别最高的一项来确定。根据执行标准和监测指标的浓度值，可确定该河流断面监测指标中高锰酸盐指数、化学需氧量、总磷、氨氮对应类别分别为：Ⅲ类、Ⅰ类、Ⅱ类、Ⅲ类，则评价该河流断面水质类别符合Ⅲ类，水质状况为良好，表征颜色为绿色，该水质功能类别适用于饮用水水源地二级保护区、鱼虾类越冬场、洄游通道、水产养殖区和游泳区。

13. 某地当日的二氧化硫(SO_2)、二氧化氮(NO_2)、臭氧(O_3)、一氧化碳(CO)、PM_{10}、$PM_{2.5}$的IAQI指数分别为84、92、87、82、102、105，请计算该地当日的空气质量指数，说明空气质量指数级别、类别、表示颜色以及首要污染物，并简述对人群健康的影响和建议采取的措施。

答案:

该地当日的空气质量指数为105，空气质量指数级别为三级、轻度污染，用橙色表示，首要污染物是$PM_{2.5}$。易感人群症状有轻度加剧，健康人群出现刺激症状，建议儿童、老年人及心脏病、呼吸系统疾病患者应减少长时间、高强度的户外锻炼。

14. 某水田监测结果如下表所示，依据《土壤环境质量　农用地土壤污染风险管控标准(试行)》(GB 15618—2018)，对如何正确地使用该地块给出科学合理的建议，并说明理由。

麦田主要污染物监测结果

单位：mg/kg(pH除外)

	pH	镉	汞	砷	铅	铬	铜	镍	锌
监测结果	6.5	0.4	2.7	30	300	320	65	72	150
风险筛选值	5.5＜pH≤6.5	0.3	1.8	40	90	150	50	70	200
风险管控值	5.5＜pH≤6.5	2	2.5	150	500	850	—	—	—

答案：

（1）从上表给出的监测结果可以看出：该麦田砷的含量低于农用地土壤污染风险筛选值，可以忽略其存在的风险。

（2）镉、铅、铬、铜、镍、锌的含量超过农用地土壤污染风险筛选值但低于农用地土壤污染风险管控值，可能存在种植出的食用农产品不符合质量安全标准等土壤污染风险，应加强土壤环境监测和农产品协同监测，并采取农艺调控、替代种植等安全利用措施。

（3）汞含量高于农用地土壤污染风险管控值，种植出的食用农产品不符合质量安全标准，应采取禁止种植食用农产品、退耕还林等严格管控措施。

（4）综上所述，该麦田地块应采取禁止种植食用农产品、退耕还林等严格管控措施。

15. 某造纸厂排放污水 BOD_5 和 COD_{Cr} 的测定结果为：

（1）BOD_5：110 mg/L，COD_{Cr}：113 mg/L；

（2）BOD_5：98 mg/L，COD_{Cr}：234 mg/L。

试判断两组监测数据的合理性。

答案：

第 1 组数据不合理，因为造纸厂排放的污水中对 COD 有贡献的污染物几乎 100% 生物降解是不可能的；第 2 组数据较合理。

16. 某城市区域声环境监测，昼间平均等效声级 53.5 dB（A），夜间平均等效声级 43.5 dB（A），试回答下列问题：

（1）昼间城市区域环境噪声总体水平等级为____________，对应评价为____________。

（2）参照声环境功能区普查监测方法，将整个城市建成区划分成多个等大的正方形网格，网格中水面面积或无法监测的区域面积为 100% 及非建成区面积大于 50% 的网格为____________。整个城市建成区有效网格总数应多于____________。

（3）昼间监测的频次为____________，监测工作应在昼间正常工作时段内进行，并应覆盖整个工作时段。夜间监测每五年 1 次，在每个五年规划的____________监测，监测从夜间起始时间开始。监测工作应安排在每年的__________，每个城市监测日期应相对固定，监测应避开__________和非正常工作日。

答案：

（1）二级；较好

（2）无效网格；100 个

（3）每年 1 次；第三年；春季或秋季；节假日

17. 某建设用地土壤污染物为镉和汞，该建设用地的规划用途不明确，镉和汞的筛选值和管制值见下表。试回答下列问题：

（1）镉和汞适用于第几类用地的筛选值和管制值？

建设用地土壤污染风险筛选值和管制值（镉和汞）　　单位：mg/kg

序号	污染物项目	CAS 编号	筛选值		管制值	
			第一类用地	第二类用地	第一类用地	第二类用地
1	镉	7440-38-2	20	65	47	172
2	汞	7439-97-6	8	38	33	82

（2）通过详细调查确定建设用地土壤中镉和汞含量均为 40 mg/kg。对于镉，应当依据 HJ 25.3 等标准及相关技术要求，开展________，确定________，判断是否需要采取风险管控或修复措施；对于汞，对人体健康通常存在________风险，应当采取风险管控或修复措施。

（3）建设用地若需采取修复措施，其修复目标应当依据 HJ 25.3、HJ 25.4 等标准及相关技术要求确定，且应当低于________。

答案：

（1）第一类用地的筛选值和管制值；

（2）风险评估，风险水平，不可接受；

（3）风险管控值。

18. 某市冬季某日某风景名胜区空气自动监测站二氧化硫监测结果如下表：

时间	0：00	1：00	2：00	3：00	4：00	5：00	6：00	7：00
浓度 /（μg/m^3）	45	38	38	36	39	53	75	71
时间	8：00	9：00	10：00	11：00	12：00	13：00	14：00	15：00
浓度 /（μg/m^3）	86	112	109	156	134	115	126	105
时间	16：00	17：00	18：00	19：00	20：00	21：00	22：00	23：00
浓度 /（μg/m^3）	89	99	112	0	0	0	0	0

按照《环境空气质量标准》（GB 3095—2012），判断二氧化硫小时值是否达标，计算并判断日均值是否达标？

答案：

该区域属于一类区，按照标准要求，执行一级标准，小时浓度限值为 150 μg/m^3，日均浓度限值为 50 μg/m^3。

小时最大浓度值 C_{max}=156 μg/m^3 > 150 μg/m^3，按照标准要求小时值超标。

按照《环境空气质量标准》（GB 3095—2012），日均值无效（至少需有 20 个小时值），不予判断。按 HJ 663 中 6.2 要求，此站点存在缺测或不满足数据统计时效性要求时，综合评价按不达标处理并注明该项目。故此站点该日不达标（SO_2）。

19. 某一地表水断面汛期水质出现恶化，总磷浓度异常升高，试述应从哪些方面排查和分析造成水质恶化的原因？

答案：

（1）是否受上游来水影响，如汛期上游闸坝开闸放水带来的污水影响；

（2）断面上游是否有工业含磷废水排放入河；

（3）周边是否有农田、畜禽养殖污染，农田施用化肥、农药，畜禽粪便收集处理设施不健全，汛期污染物随雨水冲刷入河，造成短期水质恶化；

（4）周边居民区生活污水是否已全部接管，是否已实施雨污分流，未经处理的生活污水随雨水排放入河，也会造成断面水质恶化。

20. 对同一地表水进行 BOD_5、COD_{Mn} 和 COD_{Cr} 测定，结果分别为 58 mg/L、63 mg/L 和 89 mg/L。此测定结果是否合理，请从指标定义和分析方法角度试述理由。

答案：

测定结果合理。

（1）高锰酸盐指数的定义为：在一定条件下，用高锰酸钾氧化水样中的有机物及无机还原性物质，由消耗的高锰酸钾量计算相当的氧量。化学需氧量（COD_{Cr}）的定义为：在一定的条件下，经重铬酸钾氧化处理时，水样中的溶解性物质和悬浮物所消耗和重铬酸盐相对应的氧的质量浓度。生物化学需氧量（BOD_5）的定义为：在规定的条件下，水中有机物和无机物在生物氧化作用下所消耗的溶解氧（以质量浓度表示）。

（2）因为高锰酸盐指数和化学需氧量（COD_{Cr}）是采用两种不同的氧化剂在各自的氧化条件下测定的，化学需氧量（COD_{Cr}）系在 9 mol/L 的 H_2SO_4 介质下于 146℃时进行反应的，经计算此时的条件电极电位为 1.55 V，而高锰酸盐指数系在 0.05 mol/L 的 H_2SO_4 介质下于 97℃时进行反应的，经计算此时的条件电极电位为 1.45V。由此可见必定有一部分物质不能在高锰酸盐指数测定条件下被氧化，而可在化学需氧量（COD_{Cr}）测定条件下被氧化，故 $COD_{Cr} > COD_{Mn}$。由已知条件 COD_{Cr}=89 mg/L，COD_{Mn}=63 mg/L，$COD_{Cr} > COD_{Mn}$，因此测定结果是合理的。

由于化学需氧量（COD_{Cr}）的氧化剂的氧化能力强于生物的氧化能力，因此 COD_{Cr} 的测定结果应高于 BOD_5。由已知条件 COD_{Cr}=89 mg/L，BOD_5=58 mg/L，$COD_{Cr} > BOD_5$，因此测定结果是合理的。

不同有机物的高锰酸钾法氧化率与生化（BOD_5）氧化率存在差异，对不同有机物有的 COD_{Mn} 高，有的 BOD_5 高，由于有机物组分复杂，因此 COD_{Mn} 值和 BOD_5 值没有确定的大小关系。因此本题给出的测定结果是合理的。

21. 已知某城市空气质量监测点位某日 SO_2、NO_2、CO、$PM_{2.5}$、PM_{10}、O_3 的空气质量分指数分别为：I（SO_2）=85，I（NO_2）=150，I（CO）=98，I（$PM_{2.5}$）=203，I（PM_{10}）=160，I（O_3）=258。试分析：

（1）该空气质量监测点位当日的超标污染物有哪些？

（2）该空气质量监测点位当日的空气质量指数是多少？

（3）该空气质量监测点位当日的首要污染物是什么？

（4）报告该监测点位当日的空气质量指数级别及空气质量污染程度。

答案：

（1）当某污染物的空气质量分指数大于 100 时，即为超标污染物。由各污染物的空气质量分指数可知，当日的超标污染物为 NO_2、$PM_{2.5}$、PM_{10} 和 O_3。

（2）AQI=max［I（SO_2），I（NO_2），I（CO），I（$PM_{2.5}$），I（PM_{10}），I（O_3）］

=max（85，150，98，203，160，258）

=258

因此，该监测点当日的空气质量指数为 258。

（3）空气质量分指数最大者为首要污染物，即 O_3 为首要污染物。

（4）该监测点当日的空气质量指数为 258，介于 201 ～ 300，空气质量指数级别为五级，为重度污染。

22. 某国控河流水站水质数据如下表所示。

（1）请评价上周该水体的水质类别。

（2）简述跨度值的计算过程并计算该断面氨氮的跨度值。

（3）通过数据判断各参数仪器设备运行是否正常，如有异常，请简述异常状况及其对应措施。

时间	水温 / ℃	pH	溶解氧 /（mg/L）	高锰酸盐指数 /（mg/L）	氨氮 /（mg/L）	总磷 /（mg/L）	总氮 /（mg/L）	电导率 /（μS/cm）	浊度 /（NTU）
2018-07-15 20：00：00	21.60	6.99	8.53	4.90	0.84	0.277	5.04	538.00	35.70
2018-07-15 16：00：00	21.70	6.98	8.74	4.70	0.86	0.277	5.14	546.00	39.70
2018-07-15 12：00：00	20.60	6.99	8.63	4.80	0.74	0.277	5.26	528.00	35.80
2018-07-15 04：00：00	19.70	7.01	7.94	4.90	0.76	0.268	4.96	508.00	38.70
2018-07-15 00：00：00	19.90	7.01	7.85	4.80	0.72	0.274	2.42	537.00	36.30
2018-07-14 20：00：00	20.50	7.00	8.91	4.85	0.82	0.271	2.54	549.00	39.70
上周均值	20.70	7.00	8.75	4.70	0.76	0.252	2.55	556.00	35.70

答案：

（1）总氮不参与评价，根据各单因子评价结果，氨氮水质类别为Ⅲ类，总磷为Ⅳ类，上周水质类别为Ⅳ类。

（2）氨氮上周均值为 0.76 mg/L，属于Ⅲ类水，Ⅲ类水限值为 1 mg/L，跨度值应为Ⅲ类水限值的 2.5 倍，应为 2.5 mg/L。

（3）总磷有 3 组相同值，总氮指数出现 4 组值升高，需要对仪器设备的运行状况进行核实：

①若发现是仪器故障，需如实填写运维记录，并对数据进行标记，及时安排维修。预计短期无法修复，需联系有资质的实验室开展手工监测，每周上报 2 组手工监测结果。

②若发现是仪器稳定、水质变化，需及时联系地方站开展水样采集与实验室分析工作，及时联系所属地方站相关人员告知水质变化。

23. 依据下列给定的数据，进行水环境质量状况分析，按Ⅴ类水质评价写出分析报告。

2019 年 5 月与 2018 年 5 月各断面污染物浓度

单位：mg/L（pH 除外）

断面名称	年	月	pH	溶解氧	高锰酸盐指数	生化需氧量	氨氮	石油类	挥发酚	化学需氧量	总磷	氟化物
A	2019	05	7.35	7.18	9	5.5	5.06	0.02	0.000 15	32	1.49	0.366
B	2019	05	8.44	10.58	10.5	5.6	7.69	0.005	0.000 8	60	0.18	0.316
C	2019	05	8.83	7.57	3.8	1.8	0.015	0.005	0.000 15	13	0.05	0.2
A	2018	05	7.32	5.3	7.8	0.6	1.49	0.02	0.000 2	27	1.62	0.38
B	2018	05	8.52	13.6	11.6	1.9	5.96	0.02	0.000 2	44	1.78	0.39
C	2018	05	8.93	8.67	3.2	2.1	0.02	0.005	0.000 2	10	0.05	0.19
《地表水环境质量标准》（GB 3838—2002）		Ⅰ类	6～9	7.5	2	3	0.15	0.05	0.002	15	0.02	1.0
		Ⅱ类		6	4	3	0.5	0.05	0.002	15	0.1	1.0
		Ⅲ类		5	6	4	1.0	0.05	0.005	20	0.2	1.0
		Ⅳ类		3	10	6	1.5	0.5	0.01	30	0.3	1.5
		Ⅴ类		2	15	10	2.0	1.0	0.1	40	0.4	1.5

答案：

答题要点：写出各断面水质类别。按Ⅴ类水质评价，写出主要污染物指标、超标倍数、主要污染物同比变化情况。进行语言描述。

2019 年

断面 A：劣Ⅴ类，主要污染指标为总磷（2.7）、氨氮（1.5）

断面 B：劣Ⅴ类，主要污染指标为化学需氧量（0.5）、氨氮（2.8）

断面 C：Ⅱ类

2018 年

断面 A：劣Ⅴ类，主要污染指标为总磷（3.0）

断面 B：劣Ⅴ类，主要污染指标为总磷（3.4）、氨氮（2.0）、化学需氧量（0.1）

断面 C：Ⅱ类

24.《环境空气质量标准》（GB 3095—2012）修改单于 2018 年 8 月 13 日发布。假设某市某日气温 16℃、大气压 94.8 kPa，请分析该市的环境空气中臭氧及 $PM_{2.5}$ 监测结果在执行修改单前后的变动情况及原因。

答案：

（1）变动情况

①该市的环境空气中臭氧监测结果降低；

②该市的环境空气中 $PM_{2.5}$ 监测结果降低。

（2）原因分析

①《环境空气质量标准》（GB 3095—2012）修改单实施前，环境空气中臭氧及 $PM_{2.5}$ 监测浓度的计算是在温度为 273 K、压力为 101.325 kPa 状态下得出的。

②修改单实施后，气态污染物的监测结果计算是在 298.15 K、大气压力为 1 013.25 hPa 状态下得出的。根据 $PV=nRT$ 计算，对于气体污染物，由于温度升高，气体体积变大，故臭氧浓度将会降低。

③修改单实施后，颗粒物的监测结果计算是在实测时温度和大气压力状态下得出的。根据 $PV=nRT$ 计算，对于颗粒物，由于温度升高、气压降低，故 $PM_{2.5}$ 浓度也会降低。

25. 水质监测数据是客观反映水环境质量的基础，科学客观地评价水环境质量有利于环境管理部门精准决策。在进行水环境质量评价前，要对监测数据进行审核，如果某一次的监测数据与当地长期监测结果有较大幅度变化时，应该从哪些方面分析此数据是否正确可用?

答案：

当水质发生明显变化时，应对引起其变化的主要原因进行分析：

一是确定数据上报是否有误，

二是分析过程中是否存在问题，

三是采样现场是否有异常现象。

此外，要综合研判水情变化、排污量变化等直接因素，同时考虑经济发展、人口变化、污染治理投资等间接因素影响，最后得出影响水体质量变化的主要原因，判断此次上报数据是否正确可用。

26. 某条河流设有水质监测断面 10 个，2019 年 1 月各断面监测结果如下表。

单位：mg/L

断面	溶解氧	高锰酸盐指数	化学需氧量	五日生化需氧量	氨氮	总磷
1	9.21	1.8	6.5	1.3	0.17	0.121
2	8.01	3.2	14.8	2.1	1.67	0.170
3	10.18	2.1	7.4	0.9	0.28	0.106
4	10.48	3.6	15.5	1.9	0.27	0.061
5	9.48	2.4	11.0	1.8	0.26	0.122
6	10.24	2.1	11.1	1.4	0.24	0.120
7	9.17	1.9	6.1	1.4	0.19	0.095
8	9.20	3.2	8.5	1.3	0.13	0.032
9	9.58	5.3	23.8	4.1	1.28	0.182
10	6.97	5.1	22.5	5.5	2.06	0.255

（1）请根据表中监测数据评价每个断面的水质类别。

（2）请定性评价该河流水质总体状况。

答案：

（1）水质类别见下表

断面	1	2	3	4	5	6	7	8	9	10
水质类别	Ⅲ	Ⅴ	Ⅲ	Ⅲ	Ⅲ	Ⅲ	Ⅱ	Ⅱ	Ⅳ	劣Ⅴ

（2）10 个断面中，水质优Ⅲ类比例为 70%，劣Ⅴ类比例为 10%。根据《地表水环境质量评价办法（试行）》（环办〔2011〕22 号），该河流水质总体为轻度污染。

27. 某公司拟在工业园区内新建屠宰加工厂，年屠宰牲畜 50 万头。工程建设内容主要有检疫检验中心、待宰棚、屠宰车间、加工车间、冷库、配送交易中心、供水及废水收集和排水系统、供电系统、办公设施，总建筑面积 1.3×10^4 m^2；在园区外城市垃圾处理中心规划用地内配套建设堆肥处置场。工程生产用气、用水由园区已建集中供热系统及供水系统供给，年生产 300 天，每天 16 小时。待宰棚、屠宰车间、加工车间等地面需经常进行冲洗，屠宰车间、加工车间产生的生产废水量约为 900 t/d，化学需氧量浓度为 1 600 mg/L，氨氮浓度为 70 mg/L，五日生化需氧量为 810 mg/L。工程拟采取的防污措施有：生产废水收集到调节池后排至园区污水处理厂进行处理，生活污水排入园区污水处理厂进行处理。牲畜粪尿收集后运至园区外堆肥处置场处置，病死疫牲畜交有关专业部门处理，在屠宰车间设置异味气体的收集排放系统。试问应从哪些方面分析该项目废水送工业园区污水处理厂处理的可行性?

答案：

（1）工业园区污水处理厂处理工艺、处理能力和处理效果：是否满足本项目废水处理要求；

（2）废水水质：本项目废水中 COD、BOD_5、NH_3-N、动植物油类、SS 等主要污染物排放浓度是否满足污水处理厂进水水质要求；

（3）废水排放量：本项目新增废水排放量是否满足污水处理厂处理负荷要求；

（4）本项目废水中污染物对污水处理厂处理工艺和处理效果的影响。

28. 某城市河流断面化学需氧量浓度为 35 mg/L，高锰酸盐指数浓度为 6.0 mg/L，五日生化需氧量浓度为 3.5 mg/L，氨氮浓度为 1.64 mg/L，总磷浓度为 0.38 mg/L，六价铬浓度为 0.053 mg/L，请评价该断面水质状况，并确定主要污染指标，写出判断过程。

答案：

化学需氧量、氨氮、总磷和六价铬均符合Ⅴ类标准，高锰酸盐指数和五日生化需氧量符合Ⅲ类标准，该断面水质符合Ⅴ类标准，水质状况为中度污染。

计算超过Ⅲ类标准指标的超标倍数，化学需氧量、氨氮、总磷和六价铬分别超标 0.75 倍、0.64 倍、0.90 倍和 0.06 倍，将超标指标按其超标倍数大小排列，取超标倍数最大的前三项为主要污染指标。当氰化物或铅、铬等重金属超标时，优先作为主要污染指标。故确定该断面主要污染指标为六价铬（0.06）、总磷（0.90）、化学需氧量（0.75）。

29. 监测结果显示：AQI 大于 50，$IAQI_{PM_{2.5}}$=53，$IAQI_{SO_2}$=49，$IAQI_{NO_2}$=50，$IAQI_{CO}$=53，$IAQI_{O_3}$=53，$IAQI_{TSP}$=49，分析监测当日首要污染物是什么?

答案：

AQI 大于 50 时，IAQI 最大的污染物为首要污染物，若 IAQI 最大的污染物为两项或两项以上时，并列为首要污染物。故答案为 $PM_{2.5}$、O_3 和 CO，并列为首要污染物。

30. 依据下表给定的数据，进行环境空气质量状况分析，写出分析报告。

2018 年 5 月与 2019 年 5 月各市污染物浓度

行政区＼年份＼污染物	$PM_{2.5}$		PM_{10}		SO_2		NO_2		CO-95per		O_3-8H-90per	
	2018	2019	2018	2019	2018	2019	2018	2019	2018	2019	2018	2019
A	31	34	82	82	20	19	26	31	1.1	1.2	194	194
B	30	25	65	53	9	8	24	22	0.8	0.8	181	162
C	30	33	70	73	15	12	23	26	1.3	1.4	194	158
D	29	30	72	66	20	17	24	24	0.8	1.0	198	182

行政区＼年份＼污染物	$PM_{2.5}$		PM_{10}		SO_2		NO_2		CO-95per		O_3-8H-90per	
	2018	2019	2018	2019	2018	2019	2018	2019	2018	2019	2018	2019
E	27	26	62	59	19	13	25	24	1.4	1.4	179	139
F	28	22	61	43	14	11	19	16	1.0	0.8	166	127
G	38	36	78	78	21	24	28	28	1.0	1.2	210	164
H	28	29	62	61	7	7	21	19	0.8	0.8	213	188
I	32	31	78	71	14	20	17	17	0.8	0.9	190	177
J	28	29	70	70	16	19	22	24	1.4	1.4	185	162
全省	30	30	70	66	16	15	23	23	1.1	1.1	191	165
标准	35		70		60		40		4		160	

注：1. $PM_{2.5}$、PM_{10}、SO_2、NO_2 和 O_3-8H-90per 五项污染物浓度单位为 μg/m³，CO-95per 单位为 mg/m³。2. 计算综合指数时，$PM_{2.5}$、PM_{10}、SO_2 和 NO_2 四项指标采用月均浓度与年均标准比值，CO、O_3 采用百分位数与日均标准比值。3. O_3-8H-90per 为 O_3 日最大 8 小时滑动平均值的第 90 百分位数，CO-95per 为 CO 的 24 小时平均第 95 百分位数。

答案：

要点：写出全省总体达标情况，写出主要污染物，同比变化情况。写出各污染物同比变化情况，各行政区、各污染物同比持平、增加、减少的情况。

（1）全省空气质量同比好转。

（2）全省除 O_3 超标 0.03 倍外，其余均达标。

（3）全省 $PM_{2.5}$、NO_2、CO 同比持平，PM_{10}、SO_2、O_3 同比下降，O_3 下降 13.6%。

（4）5 个城市 $PM_{2.5}$ 同比上升，6 个城市 PM_{10} 同比下降，7 个城市 SO_2 同比下降，9 个城市 O_3 同比下降。

（5）G 城市 $PM_{2.5}$ 超标，A、C、G、I 等 4 个城市 PM_{10} 超标，7 个城市 O_3 浓度超标。

31. 某监测站对一中型水库开展例行监测，监测数据见下表。试分析各监测数据是否存在明显不合理的地方，并说明理由。

单位：mg/L

序号	项目	监测值	序号	项目	监测值
1	水温（℃）	12.4	8	高锰酸盐指数	1.1
2	pH（无量纲）	7.86	9	溶解氧	1.4
3	氨氮	0.327	10	砷	0.001 5
4	硝酸盐氮	0.57	11	硫化物	0.006
5	总氮	0.86	12	硒	0.002 1
6	五日生化需氧量	4.8	13	总磷	0.04
7	化学需氧量	5	14	氟化物	0.16
其余项目均未检出					

答案：

（1）①氨氮、硝酸盐氮和总氮之间关系不合理；

②五日生化需氧量和化学需氧量之间关系不合理；

③溶解氧监测结果不合理；

④五日生化需氧量与高锰酸盐指数监测结果间差异太大。

（2）理由：①氨氮加上硝酸盐氮之和大于总氮，这是不可能的，因为总氮不仅包含氨氮、硝酸盐氮，还包含亚硝酸盐氮和有机氮。

②五日生化需氧量占化学需氧量的比例太高，根据表格数据计算：可生化性高达96%，水样可生化性不符合实际。

③溶解氧监测结果明显偏低，作为中型水库，水质各项监测指标并不算高，尤其是五日生化需氧量、高锰酸盐指数、化学需氧量和氨氮等有机污染物指标都不高的情况下，溶解氧不可能这么低。

④五日生化需氧量与高锰酸盐指数两个项目之间虽然没有明确的大小关系，但通常情况下地表水五日生化需氧量和高锰酸盐指数相近，该监测结果中五日生化需氧量高于高锰酸盐指数3倍多，不符合常理。

32. 某市A学校周边原化工厂土壤修复过程中，由于土地污染，导致部分学生出现异常反应。项目环境影响报告中，土壤、地下水里以氯苯、四氯化碳等有机污染物为主，另外还有萘、苯并［*a*］芘等多环芳烃以及汞、铅、镉等重金属污染物。下图为某主流媒体新闻报道的截图，接到相关投诉后，该市生态环境部门如何应对？

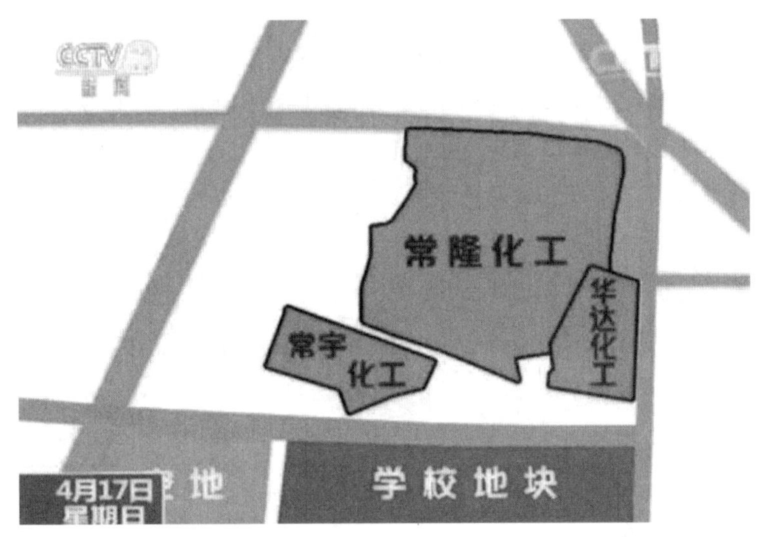

答案：

（1）市生态环境部门参与联合调查工作组，负责相关的环境调查工作。

（2）制定调查监测方案，主要涉及地块土壤和地下水及敏感点（学校）空气污染。

（3）调查工作的主要内容：应收集污染地的前期资料，包括土壤的历史资料、工厂当年的环评资料等；学生对环境的感官反应，以及土壤修复过程中二次污染防控措施是否到位、环境监理的报告等。

（4）监测方案的主要内容

①布点

土壤：地块四周各设1个点，污染地块设3个点（不同化工厂），并在附近未受影响区域设1

个对照点；

地下水：在学校与地块之间设1个监测井；

空气：污染地块设1个点，学校周边设4个点，并在上风向设1个对照点；

废气：修复工程的废气收集处理系统的排气筒；

废水：修复工程的废水处理系统的排水。

②监测项目

土壤：pH、氯苯、四氯化碳、萘、苯并［*a*］芘、汞、铅、镉；

地下水：pH、COD、氯苯、四氯化碳、萘、苯并［*a*］芘、汞、铅、镉；

空气：四氯化碳、多环芳烃，并根据学生对环境的感官反应适当增加指标，如恶臭、VOCs等；

废气：四氯化碳、多环芳烃、汞、铅、镉，并根据学生对环境的感官反应适当增加指标，如恶臭、VOCs等。

废水：pH、COD、氯苯、四氯化碳、萘、苯并［*a*］芘、汞、铅、镉。

③监测频次

土壤、地下水：配合修复工作的进展，每月观察污染物变化情况，如有异常应增加频次；

环境空气、废气、废水：在施工期间每天监测。

（5）检查修复工程中产生的固体废物处置是否合法合规：如废水处理系统的污泥是否为危险废物，如果是应按照危险废物的管理办法进行处置，废气收集系统的废弃活性炭的处置等。

（6）及时向联合调查组及上级主管部门报告结果，并将监测结果（经合适的途径）统一向社会公开；并向报道该事件的主流媒体反馈情况。

（7）为进一步控制该场地污染土壤和地下水的环境风险，还应编制《常隆（华达、常宇）公司原厂址地块环境监控方案设计工作大纲》，并通过专家评审。制订五年实施方案，持续开展地块及周边敏感目标的空气、土壤和地下水监测工作，以及土壤、地下水控制性修复工程的建议。

33. 我国目前重污染天气引起的主要原因有哪些？如何有效解决这种污染状况？

答案：

原因分析：第一，污染排放。污染排放是主因和内因，并且经过专家研究，已经更加明确具体。在污染排放中间有四大来源是主要的，占比达到90%以上，当然城市与城市稍微有点差别。一是工业，二是燃煤，三是机动车，四是扬尘。第二，气象条件。同样的污染排放，不同年份气象条件有的可能拉高10%，有的可能拉低10%，个别城市可能还会达到15%。第三，区域传输。“2+26”城市这个范围内，相互之间的影响平均是20%～30%，重污染天气发生的时候可能达到35%～50%，个别城市可能会达到60%～70%，相互之间的影响比较明显。

从以下九个方面解决污染问题：

（1）调整优化产业结构，推进产业绿色发展。优化产业布局，严控“两高”行业产能。强化“散乱污”企业综合整治，深化工业污染治理。大力培育绿色环保产业。

（2）加快调整能源结构，构建清洁低碳高效能源体系。有效推进北方地区清洁取暖，重点区域继续实施煤炭消费总量控制，开展燃煤锅炉综合整治，提高能源利用效率，加快发展清洁能源和新能源。

（3）积极调整运输结构，发展绿色交通体系。优化调整货物运输结构，加快车船结构升级，加快油品质量升级，强化移动源污染防治。

（4）优化调整用地结构，推进面源污染治理。实施防风固沙绿化工程，推进露天矿山综合整治，加强扬尘综合治理，加强秸秆综合利用和氨排放控制。

（5）实施重大专项行动，大幅降低污染物排放。开展重点区域秋冬季攻坚行动，打好柴油货车污染治理攻坚战，开展工业炉窑治理专项行动，实施 VOCs 专项整治方案。

（6）强化区域联防联控，有效应对重污染天气。建立完善区域大气污染防治协作机制，加强重污染天气应急联动，夯实应急减排措施。

（7）健全法律法规体系，完善环境经济政策。完善法律法规标准体系，拓宽投融资渠道，加大经济政策支持力度。

（8）加强基础能力建设，严格环境执法督察。完善环境监测监控网络，强化科技基础支撑，加大环境执法力度，深入开展环境保护督察。

（9）明确落实各方责任，动员全社会广泛参与。加强组织领导，严格考核问责，加强环境信息公开，构建全民行动格局。

34. 西北地区某市拟建一城市供水项目，由取水工程、净水厂工程及输水工程组成。取水工程包括水源取水口、取水泵房和原水输水管线。取水口设在 A 水库取水池内，取水泵房位于取水池北侧 500 m，原水输水管线自取水口至城区净水厂，全长 28 km。净水厂工程包括净水厂和净水厂供水管线。净水厂选址位于城区东北侧 3 km，设计规模为 1.3×10^5 t/d，采用混合沉淀过滤加氯加氮消毒净水工艺。净水厂占地 6.25×10^4 m^2，绿化率为 40%，主要建（构）筑物有配水井、混合池、反应池、沉淀池、滤池、清水池、加氯间、加氮间、加药间、贮泥池、污泥浓缩池、污泥脱水机房、中控室、化验室及综合办公楼。净水厂供水管线从净水清水池至市区供水管网，全长 3.6 km。

工程永久占地 8.2×10^4 m^2，主要为取水口、取水泵房、净水厂及沿线排气井和排泥井占地；临时占地 2.3×10^4 m^2，主要为管沟开挖、弃渣场和临时便道占地；取水泵房现状用地为耕地；原水输水管线沿途为低山丘陵，现状用地主要为耕地、园地和林地，途经 3 个村庄，穿越河流 2 处、干渠 3 处、道路 3 处；净水厂选址为规划的市政建设用地，现状用地为苗圃；净水厂供水管线主要沿道路和绿化带敷设。原水输水管线工程沿线拟设置 2 处弃渣场，总占地 6.0×10^3m^2，1 号弃渣场位于丘陵台地，现状用地为耕地；2 号弃渣场位于低谷地，现状用地为草地，渣场平整后进行覆土复耕和绿化。

A 水库为山区水库，主要功能为防洪、城镇供水和农业灌溉供水。库区周边主要分布有天然次生林，覆盖率为 20%，库区现有多处网箱养鱼区，库区周边散布有零星养殖户。库区上游现有两个乡镇，以农业活动为主，有少数酒厂、木材加工厂及小规模采石场，上游乡镇废水散排入乡间沟渠。

净水厂内化验室为生活饮用水 42 项水质指标分析室，常用药品有氯化物、砷化物、汞盐、甲醇、无水乙醇以及强酸、强碱等。加药间主要存储聚丙烯酰胺、聚合氯化铝和粉末活性炭。净水厂沉淀池排泥水量为 1 900 m^3/d（含水率 99.7%），排泥水送污泥浓缩池进行泥水分离，泥水分离排出上清液 1 710 m^3/d，浓缩后的污泥（含水率 97%）经污泥脱水机房脱水后外运（污泥含水率低于 80%）。

问题：

（1）针对库区周边现状，需要采取哪些水源保护措施？

（2）说明原水输水管线施工期的主要生态影响。

（3）给出污泥浓缩池上清液的合理去向，说明理由。

（4）计算污泥脱水机房污泥的脱出水量。

（5）净水厂运行期是否产生危险废物？说明理由。

答案：

（1）需采取措施：

①库区周边植树造林，增加覆盖率；②禁止库区养殖，清理现有网箱养鱼区、零星养殖户；③上游乡镇散排入乡间沟渠的废水采取处理措施，防止排入库区；④采取措施，防止农业面源污染进入库区；⑤划定水源保护区；⑥加强管理，防止生活垃圾及其他生产废物排入库区。

（2）主要生态影响：

①施工占用耕地、园地和林地，引起土地利用格局、土地利用类型的改变；②挖掘作业、人员活动、车辆碾压等造成植被破坏、土壤扰动、土壤侵蚀、水土流失等不利影响，影响农业生态；③施工穿越河流对水生生态的影响；④弃渣场占用耕地、草地，造成水土流失、草地植被破坏，同时对农业生态造成不利影响；⑤管线施工建设造成切割阻隔影响；⑥管线施工建设对野生动物的惊扰和生境的破坏。

（3）上清液去向：

污泥浓缩池上清液回流进入净水系统回用。

理由：污泥浓缩池上清液水量大，净水及污泥处理所使用药剂对上清液水质不构成污染，且上清液水质简单。

（4）污泥脱水量：

方法一：①浓缩后的污泥量为：1 900−1 710=190（m^3/d）；②浓缩后的污泥含干泥量为：190×（1−97%）=5.7 m^3/d；③经污泥脱水机房脱水后的污泥量至少为：5.7/（1−80%）=28.5（m^3/d）；④污泥脱水机房污泥的脱出水量至少为：190−28.5=161.5（m^3/d）。

方法二：设污泥脱水机房污泥的脱出水量为 M，则

（1 900−1 710）×（1−97%）=（1 900−1 710−M）×（1−80%），M=161.5（m^3/d）。

（5）：

净水厂运行期会产生危险废物。

理由：化验室的药品多为化学危险品，运行期化验室化验水质会产生废酸、废碱及其盛装物，还包括化验室其他废弃药品及其盛装物等危险废物。

35. 简述监测环境空气或无组织排放挥发性有机物（VOCs）和非甲烷总烃（NMHC）时，气体样品采集方式有哪些？手工监测分析技术有哪几种？针对以上分析技术，影响分析结果准确性的主要因素有哪些？

答案：

（1）采样方式

VOCs：气袋、苏玛罐、Tenax 吸附管；

NMHC：针筒、气袋。

（2）手工监测分析技术

VOCs：GC（FID/PID）、GC-MS、GC-FID+MS、车载式或便携式的 GC 或 GC-MS；

NMHC：GC-FID、便携式非甲烷总烃检测仪、便携式 GC-FID。

（3）影响结果准确性的主要因素

1）实验室分析：

VOCs：苏玛罐或气袋的清洗质量，吸附管质量验收，采样系统（采样阀 / 采气管路 / 气袋密封性 / 采样后的气压平衡，以免外部气体进入），现场环境本底、实验室环境本底、采样系统及气袋吸附管本底（对 VOCs 的释放或吸附影响），样品保存时间和存放区域（污染源和环境样品必须分开存放），采样和分析人员衣服及手上附带气味等；

NMHC-GC 法：针筒或气袋的本底、气密性、样品运输（尤其是针筒摆放方式）、样品保存时间、色谱条件选择、标准气质量验收、结果计算等。

2）VOCs 和 NMHC 的现场便携式仪器：样品采集和传输单元温度设置和校准，仪器内部管路的惰性化，外部环境变化（温湿度、进样流量、电压、振动等），标准气校准、仪器条件选择、校准曲线设置。

36. 全国各地对黑臭水体都开展了整治，经过前期不懈治理，许多黑臭水体整治已初见成效，在对城中河黑臭水体整治的同时，各地政府也对河道两岸的绿化及道路加强了整治，大多数城中河现在都是市民最喜欢的休闲去处。有市民举报，有一个治理后水质变好的城中河最近变得又脏又臭，作为生态环境部门的工作人员，接到市民举报后应该如何处理？

答案：

（1）深入调查河水变脏变臭的原因。实地考察是否有乱投垃圾、违法排放、管理缺位等问题。同时开展水质采样，分析与城中河又脏又臭紧密相关的氨氮、化学需氧量、总磷、透明度、氧化还原电位等项目。

（2）针对河水污染的原因，确定相应的污染治理办法，比如加强城中河周边的环境治理、关停违法排污口等。

（3）加强对城中河生态环境的管理，比如制定管理规定，对污染河水行为予以处罚，宣传教育市民爱护河流水环境，加强对河流水环境的监管和巡查等。

37. DDT 杀虫剂因其具有很好的广谱杀虫作用、无刺激性气味、价廉且容易生产而被广泛使用。自 DDT 问世以来，全世界各种化学合成农药不断被合成和应用。联合国粮农组织统计资料表明，全世界由于使用农药防治病虫害挽回的农产品损失占世界粮食总产量的 30% 左右，对中国这样一个人口大国而言，农药对缓解人口与粮食的矛盾确实发挥了重要作用。然而，农药的过度使用也对生态环境产生了极大的负面影响，由于 DDT 等有机氯农药的化学性质稳定且残效期长，在自然界和生物体内可长期存在，并通过食物链富集，使毒性进一步增大，对人类健康构成了威胁。

请分析：（1）化学农药可通过哪些迁移途径对环境和生物体并最终对人类健康造成危害？（2）简述环境地表水和土壤中有机氯农药的样品前处理方法和分析方法各有几种？并说明相应的仪器配置要求。

答案：

（1）农药进入环境和生物体的途径主要有：化学组分挥发后通过大气条件或溶于降水后扩散，

也可通过土壤吸附或直接喷洒后被植物吸收而进入食物链，此外，农药也会透过土壤进入地表径流或地下水而污染环境并进入食物链，在生物富集放大作用下逐级累积，最终影响处于食物链顶端的人类健康。

（2）有机氯农药的样品前处理方法和分析方法：

水样中有机氯农药分析的前处理方法有：①溶剂萃取；②固相萃取。

土样中有机氯农药分析的前处理方法有：①索氏提取；②超声波提取；③加速溶剂提取。

分析方法：GC 或 GC-MS，①定性分析：根据各组分保留时间定性；②定量分析（外标法）：以被测组分的峰面积或峰高定量计算。

仪器配置：带有电子捕获检测器（ECD）的气相色谱仪（GC），或者气相色谱 - 质谱仪（GC-MS）。

38. 下面一段文字是某综合技术人员编写的水质分析报告初稿。请你根据国家相关技术规范，指出该段综合分析报告中的错误之处，并说明理由。

2005 年，京杭大运河宿迁段水质为Ⅳ类，其中三湾断面水质为劣Ⅴ类，总氮、高锰酸盐指数、挥发酚、氨氮和化学需氧量都曾出现超标现象，超标率分别为 100%、22%、22%、17% 和 22%；宿迁闸断面水质为劣Ⅴ类，总氮、溶解氧、氨氮和化学需氧量都曾出现超标，超标率分别为 44.4%、16.7%、27.8% 和 77.8%；苏运断面水质为Ⅳ类，总氮、溶解氧、氨氮和化学需氧量都曾出现超标，超标率分别为 66.7%、16.7%、16.7% 和 100%；马陵翻水站断面水质为Ⅳ类，总氮、溶解氧、氨氮和化学需氧量都曾出现超标，超标率分别为 66.7%、11.1%、33.3% 和 88.9%；水泥厂渡口断面水质为Ⅳ类，氨氮和石油类都曾出现超标，超标率分别为 5. 56% 和 16.7%。

根据污染因子的污染负荷分担率分析，影响京杭大运河水质的主要污染因子为石油类、化学需氧量、高锰酸盐指数和氨氮。

答案：

（1）第一句话为总结论，均为Ⅳ类水质的定义错误。5 个断面中 2 个劣Ⅴ类、3 个Ⅳ类，总体水质应按河流（水系）水质类别比例法进行评价。

（2）介绍三湾断面水质为劣Ⅴ类后，应列出哪几项指标年均值超过Ⅴ类标准限值。

（3）总氮不应参与河流断面水质类别评价。

（4）单个断面，用超标倍数而不是超标率表征，并按照指标对应的水质类别优劣、超标倍数大小排列，数位保持一致。

（5）溶解氧不是超标，是不达标，一般不纳入主要污染物。

（6）主要污染指标应根据监测指标年均浓度的超标倍数的大小来确定，一般取超标倍数最大的前三项作为主要污染指标（当氰化物或铅、铬等重金属超标时，优先作为主要污染指标）。

39. 某水库为饮用水调蓄水库，水库汇水主要包括流域内径流汇水、上游来水和地下水汇入。库周以农业用地和森林覆盖为主要的两种土地利用方式，农业耕作以旱地作物小麦、玉米、高粱等为主；水库周边有村落 15 座，人口近 10 万余人，这些村落多以种植业为主，辅以养殖业和工商业，各类牲畜存栏量具有一定的比例。近年来受水资源短缺和水质污染的交叉影响，水体水质呈富营养化趋势。

请分析：①富营养化水体水环境特征是什么？②我国生态环境部门采用什么方法开展水库富营

养化的评价，评价参数包括哪几项？③如何表示各营养状态级别？④请论述如何消减水库富营养化的发生，给出加强该水库富营养化污染防控的主要措施。

答案：

（1）富营养化水体水环境特征是：水库水体水质呈下降趋势，库区透明度和溶解氧偏低，有机污染物上升，氮、磷等污染物偏高，富营养盐富集以及汛期藻类暴发等。

（2）我国生态环境部门对水库富营养化评价采用综合营养状态指数法（TLI 指数法），评价参数包括高锰酸盐指数、总氮、总磷、叶绿素 a 和透明度。

（3）采用 0 ～ 100 的一系列连续数字对湖泊（水库）营养状态进行分级，各营养状态的级别包括贫营养、中营养、富营养、轻度富营养、中度富营养、重度富营养。

（4）综合水库水生生态系统的保护，其核心就是遏制水体的富营养化问题，控制的关键在于对起因的控制，分析其产生的成因，采取针对性措施，主要包括：①控制上游点源污染，针对上游相关污染源的控制管理。②严格管理水库库周养殖业，控制总磷、总氮输入量，严格政策、法规、禁止鱼塘水排入库区。③有效消减流域内面源污染，改善水库生态环境。主要包括截留山间暴雨径流，改善山区耕作实践，植树造林，建立村级雨水处理系统，加强村落粪便管理等。④保护和利用水库大型水生植物新陈代谢、抑制藻类生长功能，净化水库水质和防止水体富营养化。⑤针对多种因素综合作用导致的水库水体环境问题，实施水资源和水环境综合管理。⑥采取公共管理与公众参与的模式，制订多种切实有效的污染防治对策，开展相关课题研究，以探索、改善水库污染综合治理难题。

八、论述题

1. 就如何确保监测信息的完整性、针对性、及时性、公正性和权威性，谈谈你的看法。

答案：

（1）行政管理。制定管理制度、规章办法；编制工作规划和计划；加强能力建设，提高和改进工作质量；考核工作目标完成情况，进行绩效管理；开展监测资质认可和管理。通过行政管理确保监测信息的完整性、针对性、及时性、公正性和权威性。

（2）技术管理。编制《质量手册》，规范监测机构管理体系运行；编制《程序文件》《作业指导书》，规范监测程序、监测行为，规范监测方法，实施标准的分级使用和跟踪管理；统一仪器设备配置，强制仪器校检。制订质控计划和质量监督计划保证数据质量，通过技术管理确保监测信息的完整性、针对性、及时性、公正性和权威性。

（3）信息管理。统一监测信息的收集方式；建立监测信息数据库，实施动态管理；建设监测信息管理网络，严格信息报告与传输；分析、评价环境质量状况及污染程度和发展趋势，发布环境质量信息。通过信息管理，保证监测活动和信息交流，确保监测信息的完整性、针对性、及时性、公正性和权威性。

2. 试述“十四五”国家城市环境空气质量监测点位和地表水国控断面优化调整工作应遵循哪些原则？

答案：

（1）代表性原则

空气质量点位设置应全面客观反映一定空间范围内的城市环境空气质量水平和变化规律，国控城市点位调整应考虑城市自然地理、气象等综合环境因素，以及工业布局、人口分布等社会经济特点，能够反映城市主要功能区和人口聚集区的空气质量现状及变化趋势。

地表水设置的断面类型应包括背景断面、对照断面、控制断面、国界断面、省界断面、市界断面、县界断面、湖库点位、重要饮用水水源地断面（点位）。

（2）整体性原则

全市点位的设置应全面客观反映整个城市的环境空气质量水平和变化规律。点位设置应在城市建成区内布局均衡并覆盖主要功能区，点位数量根据城市建成区面积和人口数量确定。不要求城市的每个行政区必须设置国控城市点位。

地表水“十四五”国家地表水环境监测网覆盖全国主要河流干流及重要的一级、二级支流，兼顾重点区域的三级和四级支流，重点湖泊、水库等，设定的断面（点位）具有区域空间代表性，能代表所在水系或区域的水环境质量状况，全面、真实、客观地反映所在水系或区域的水环境质量和污染物的时空分布状况及特征。

（3）可比性原则

空气质量各城市国控城市点位密度应均衡可比，同一城市的点位调整前后的污染物浓度应延续可比。

地表水在现有断面（点位）以及现有的省控、市控和县控断面（点位）基础上进行筛选调整，增加的断面（点位）优先考虑已有的省控、市控和县控断面（点位），原则上不新设断面（点位），保证我国环境监测数据的历史延续性。

（4）稳定性原则

现有国控城市点位（地表水国控断面）原则上不做调整，以保障监测数据连续性和可比性；国控城市点位（地表水国控断面）一经确定，“十四五”期间不再进行调整。

（5）前瞻性原则

对于空气质量的点位布设和调整，国控城市点位调整应结合城市建设规划，监测点位能兼顾未来城市空间格局变化趋势，保持稳定延续。

地表水国控断面要考虑到国界断面、省界、市界、县界断面：原则上设置在上下游交界、符合断面设置原则处或下游地区的入境处。

3. 接“110”举报中心通知（一水库承包人状告某电镀厂污染引起鱼类死亡），要求检测机构配合监理部门对此污染事件进行调查，如果委派你为现场检测负责人，你将如何进行：（1）准备工作如何进行？（2）现场调查和收集资料？（3）如何布设采样点？（4）如何确定监测因子？（5）采样时应注意哪些问题？

答案：

（1）组织采样人员，做好准备工作：采样容器、样品保存剂及相关器具。通知相关科室做好分析测试及质控措施等准备工作。

（2）现场调查和收集资料：

①电镀厂的生产业务范围；

②当日生产及污水产生情况；

③污水治理设施运行情况；

④排放口至水库的途径及附近污染源情况。

（3）根据掌握的情况，在企业车间出口、治理设施出口、排污渠、水库入口及水库按断面与层次分别布点采样。（如有其他污水来源也应布点）

（4）根据电镀厂的生产工艺、工况情况，参考《电镀污染物排放标准》（GB 21900—2018）、《地表水环境质量标准》（GB 3838—2002）、《渔业水质标准》（GB 11607—1989），确定相应的监测因子。（如有其他污水来源，须做相应调查，并在后续采样中，增加相应的监测因子）。

（5）对样品采取适当的保存措施后及时运送实验室分析。做好采样记录：画出采样布点图、明确各点监测因子等。

4. 环境质量综合评价方法有哪几种？各种方法的主要含义和特点是什么？

答案：

方法一为综合污染指数和污染分担率。综合污染指数是按照环境质量标准将多种污染物的浓度值标准化得到各项污染物的污染指数，然后将特定污染物的污染指数相加得到综合污染指数。污染分担率是某项污染物的污染指数与综合污染指数之比。综合污染指数和污染分担率便于在污染较重，特别是有多项污染物超标时比较不同测点或断面的污染严重程度。

方法二为超标率、超标倍数和百分位数。超标率是超过环境质量标准的监测数据个数与总监测数据个数之比。超标倍数指某个监测数据超过环境质量标准的倍数。百分位数指一组数据从大到小排序，并计算相应的累计百分位，某一百分位所对应数据的值称为这一百分位数。超标率针对某项污染物的监测数据和环境质量标准值相比较做简单超标比例分析，超标倍数一般指评价区域内一项或多项污染物的最大监测值超过环境质量标准的倍数，百分位数更注重其统计学意义。

方法三为综合分类指数、单因子评价法。综合分类指数借用综合污染指数的概念，将各项污染物的污染指数进行算术平均，并以此对地表水的污染状况进行综合判断。单因子评价是将所有项目按照环境质量标准进行分类，并根据污染程度最严重的项目确定评价对象的类别。综合分类指数是环境质量综合评价作出主要对各点、各地区污染严重程度比较，进而对各点、各地区环境质量状况进行综合性描述的一个实验；单因子评价法便于对某一点的环境质量进行定性评价，在环境质量综合评价中得到了广泛应用。

方法四为各类指数评价方法和环境质量级别。各类指数评价方法和环境质量级别评价方法得到广泛应用，如空气污染指数、湖泊（水库）综合营养状态指数、生态环境状况指数等。

方法五为综合性达标评价。为适应环境管理向目标化、精细化发展，环境质量综合评价与主要污染物统计、监测和考核技术相结合，综合、定量评价比重在逐渐增加。

|第十三章|

其他

CHAPTER 13

一、填空题

1. 根据《辐射环境保护管理导则　电磁辐射监测仪器和方法》（HJ/T 10.2—1996），电磁辐射的测量按测量场所分为___________、______________________、一般公众暴露环境测量。按测量参数分为电场强度、磁场强度和______________________等的测量。对于不同的测量应选用不同类型的仪器，以获取最佳的测量结果。

答案：作业环境　　特定公众暴露环境　　电磁场功率通量密度

2. 室内空气物理参量的测量，除了温度、相对湿度和空气流速，还有___________的检测。

答案：新风量

3.《室内空气质量标准》（GB/T 18883—2002）中规定：确定室内空气监测采样点数量时，原则上小于 50 m^2 的房间应设___________个点，50 ～ 100 m^2 应设___________个点，100 m^2 以上至少设___________个点。

答案：1 ～ 3　　3 ～ 5　　5

4. 在放射性检测仪器中，最常用的检测器有三类，即___________、___________、___________。

答案：电离型检测器　　闪烁检测器　　半导体检测器

5. 点燃式发动机汽车采用三元催化转化器时的空燃比应精确地保持在___________附近较狭窄的范围内，超出这个范围，催化转化器的综合效率就___________。

答案：理论空燃比（或化学当量空燃比）　　衰减（或降低）

6. 室内空气质量参数是指室内空气中与人体健康有关的___________、___________、___________和放射性参数。

答案：物理　　化学　　生物

7. 臭阈值法检验水中臭时，检验人员的嗅觉敏感程度可用___________或___________测试。

答案：邻甲酚　　正丁醇

8.《恶臭污染环境监测技术规范》（HJ 905—2017）规定，采集恶臭样品均应在___________℃条件下保存，进行臭气浓度分析的样品应在采样后___________h 内测定。

答案：17 ～ 25　　24

二、单选题

1. 室内空气中甲醛的测定方法可以采用_______。（　　）

A．重量法　　B．酚试剂分光光度法

C．盐酸副玫瑰苯胺光度法　　D．撞击法

答案：B

2.《室内空气质量标准》（GB/T 18883—2002）中_______空气质量参数要求大于等于标准值。（　　）

A．新风量　　B．相对湿度　　C．空气流速　　D．二氧化硫浓度

答案：A

3. 室内空气采样系统流量要保持________，采样前和采样后要用一级皂膜流量计校准采样系统________流量，误差不得超过________%。(　　)

A. 稳定　进气　10　　B. 恒定　进气　5

C. 恒定　出气　5　　D. 稳定　进气　5

答案：B

4. 室内空气多点采样时应按对角线或梅花式均匀布点，采样点应避开通风口，离墙壁距离应大于________m，离门窗距离应大于________m。(　　)

A. 0.5 0.5　　B. 0.5 1.0　　C. 1.0 0.5　　D. 1.0 1.0

答案：B

5. 民用建筑工程验收时，应抽检每个建筑单体有代表性房间的室内环境污染物浓度，抽检数量不得少于________，每个建筑单体不得少于________间；房间总数少于________时，应全数检测。(　　)

A. 3%　5　5　　B. 5%　3　5

C. 5%　3　3　　D. 3%　3　3

答案：C

6. 用文字描述法检验水样中臭的原理是：检验人员依靠自己的嗅觉，在________和________闻其臭，用适当的词句描述臭特性，并按等级报告臭强度。(　　)

A. 常温　沸腾时　　B. 25℃　煮沸冷却至 25℃后

C. 20℃　煮沸冷却至 20℃后　　D. 20℃　煮沸后稍冷

答案：D

7. 臭阈值法检验水中臭，某一水样最低取用 50 ml 稀释到 400 ml 时，闻到臭气，则其臭阈值为________。(　　)

A. 8　　B. 2　　C. 16　　D. 4

答案：A

8.《室内空气质量标准》(GB/T 18883—2002）规定，新风量的标准为________m^3/（h・人）。(　　)

A. ≥ 20　　B. ≥ 30　　C. ≥ 40　　D. ≥ 50

答案：B

9.《室内空气质量标准》(GB/T 18883—2002）对室内空气中的总挥发性有机物是用________评价。(　　)

A. 1 小时均值　　B. 日均值　　C. 年均值　　D. 8 小时均值

答案：D

10. 恶臭污染物厂界标准值分________。(　　)

A. 一级　　B. 二级　　C. 三级　　D. 四级

答案：C

11. 根据《空气质量　恶臭的测定　三点比较式臭袋法》(GB/T 14675—1993)，嗅辨员选择最佳年龄是________岁。(　　)

A．18 ～ 50　　B．20 ～ 45

C．18 ～ 45　　D．25 ～ 50

答案：C

12. 三点比较式臭袋法测定臭气浓度时，采样时打开采样瓶塞，使样品气体充入采样瓶，至常压后盖好瓶塞，避光运回实验室，应在________内测定。(　　)

A．12 h　　B．24 h　　C．36 h　　D．48 h

答案：B

13. 三点比较式臭袋法测定恶臭时，对于无组织连续排放源采样频率为相隔________小时采一次，共采集________次，取其最大测定值。(　　)

A．4　2　　B．2　4　　C．2　3　　D．4　3

答案：B

14. 用三点比较式臭袋法测定臭气浓度时，某工厂的生产周期为 9 h，有组织排放源采样应该每________h 一次。(　　)

A．1　　B．2　　C．3　　D．4

答案：D

三、多选题

室内空气物理性参数测定包括________等参数，还包括新风量的检测。(　　)

A 气压　　B．温度　　C．相对湿度　　D．空气流速

答案：BCD

四、判断题

1. 按照《室内装饰装修材料　人造板及其制品中甲醛释放限量》(GB 18580—2017) 中的气候箱法测定甲醛释放量时，空气样品的体积应通过气体方程式校正到标准温度 23℃时的体积。(　　)

答案：正确

2. 柴油车首先应控制排烟，然后再控制其他污染物。(　　)

答案：正确

3. 柴油机中采用高十六烷值的柴油，并增加芳香烃及含硫量的成分，将使烟度降低。(　　)

答案：错误

正确答案：并减少芳香烃及含硫量的成分，将使烟度降低。

4. 对于点燃式发动机，发动机燃烧室温度越高，高温持续的时间越长，且为富氧燃烧时，NO 的生成量越多。(　　)

答案：正确

5. 根据《辐射环境保护管理导则　电磁辐射监测仪器和方法》(HJ/T 10.2—1996)，电磁辐射污染源监测，测量位置取作业人员操作位置距地面 0.5 m、1 m、1.7 m 三个部位。(　　)

答案：正确

6. 根据《移动通信基站电磁辐射环境监测方法》(HJ 972—2018)，每个测点至少连续测 6 次，

每次监测时间不少于 15 s，并读取稳定状态下的最大值。若监测读数起伏较大时，适当延长监测时间。(　　)

答案：错误

正确答案：每个测点至少连续测 5 次，每次监测时间不少于 15 s，并读取稳定状态下的最大值。若监测读数起伏较大时，适当延长监测时间。

7. 根据《移动通信基站电磁辐射环境监测方法》(HJ 972—2018)，在进行移动通信基站电磁辐射环境监测时，采用选频式宽带电磁辐射监测仪。(　　)

答案：错误

正确答案：采用非选频式宽带电磁辐射监测仪。

8. 机动车排气中的氮氧化物和碳氢化合物是形成光化学烟雾的主要前体污染物。(　　)

答案：正确

9. 加油站油气回收系统的气液比应在大于 1.0 和小于 1.2 范围内。(　　)

答案：错误

正确答案：加油站油气回收系统技术的气液比应在大于等于 1.0 和小于等于 1.2 范围内。

10. 煤发热量的测定中，恒容高位发热量即由弹筒发热量减去硝酸形成热后得到的发热量。(　　)

答案：错误

正确答案：煤发热量的测定中，恒容高位发热量即由弹筒发热量减去硝酸形成热和硫酸校正热后得到的发热量。

11. 使用不透光烟度法对压燃式发动机汽车进行排放污染物监测时，在计算均值时可以忽略与测量均值相差很大的测量值。(　　)

答案：正确

12. 无论油气回收系统是由一个或若干独立的油气回收子系统组成，每个加油机都应做密闭性检测。(　　)

答案：错误

正确答案：如果油气回收系统由若干独立的油气回收子系统组成，则每个独立子系统都应做密闭性检测。

13. 在放射性检测仪器中，最常用的检测器有三类，即电离型检测器、闪烁型检测器、热导池型检测器。(　　)

答案：错误

正确答案：电离型检测器、闪烁型检测器、半导体检测器。

14. 选定检臭人员需要嗅觉特灵的人，嗅觉迟钝者不可入选。(　　)

答案：错误

正确答案：检验臭的人员，不需要嗅觉特灵的人，但嗅觉迟钝者不可入选。

15.《恶臭嗅觉实验室建设技术规范》(HJ 865—2017)规定，嗅辨室室内实验期间室内温度波动应不超过 ±3℃。(　　)

答案：正确

16. 三点比较式臭袋法测定臭气浓度，挑选嗅辨员时，能够嗅出四种标准臭液者即可作为嗅辨员。(　　)

答案：错误

正确答案：能够嗅出五种标准臭液者才可作为嗅辨员。

17. 臭阈值法检验水中臭时，需要确定臭的阈限，即水样经稀释后，直至闻不出臭气味的浓度。(　　)

答案：错误

正确答案：应该直至闻出最低可辨别臭气的浓度。

18. 嗅辨实验室温度范围应在 17 ～ 25℃，相对湿度范围应在 50% ～ 70%。(　　)

答案：错误

正确答案：相对湿度范围应在 40% ～ 70%。

19. 当一种污染源同时存在两种有异味的物质排放时，可以用同一组无量纲结果表示两种物质对环境的污染程度。(　　)

答案：正确

20. 三点比较式臭袋法测定臭气浓度时，每个样品有若干嗅辨员同时测定，最后根据嗅辨员的八个人阈值，求得臭气浓度。(　　)

答案：错误

正确答案：三点比较式臭袋法测定恶臭时，应用小组正解率计算法于环境臭气样品测定结果计算；污染源臭气样品通过舍去小组个人嗅阈值最大值和最小值后，由小组算术平均阈值计算样品臭气浓度。

21. 三点比较式臭袋法测定恶臭受到恶臭物质种类、种类数目、浓度范围、所含成分浓度比例的限制。(　　)

答案：错误

正确答案：三点比较式臭袋法测定恶臭不受恶臭物质种类、种类数目、浓度范围、所含成分浓度比例的限制。

22. 三点比较式臭袋法测定恶臭时，经过专门挑选、培训和嗅觉检测合格的嗅辨员即可随时参加恶臭样品的测定。(　　)

答案：错误

正确答案：测定当天，嗅辨员还不能携带和使用有气味的香料及化妆品，不能食用有刺激气味的食物，患感冒或嗅觉器官不适的嗅辨员不能参加样品测定。

23. 三点比较式臭袋法监测恶臭是按照臭气浓度分为零至四级。(　　)

答案：错误

正确答案：恶臭的臭气浓度不分等级。

24. 双怠速测量时，应保证被检测车辆处于制造厂规定的正常状态，发动机进气系统应装有空气滤清器，排气系统应装有排气消声器，并不得有泄漏。(　　)

答案：正确

五、简答题

1. 恶臭嗅辨员应具备哪些要求？用于嗅辨员考核的标准嗅液有哪几种气味性质？

答案：（1）18～45 岁，不吸烟，嗅觉器官无疾病，经嗅觉考核合格者，如无特殊情况可连续三年承担嗅辨员工作。（2）花香、汗臭气味、甜锅巴气味、成熟水果香、粪臭气味。

2.《恶臭污染物排放标准》（GB 14554—1993）规定了几种恶臭污染物？分别是什么？

答案：8 种。氨、三甲胺、硫化氢、甲硫醇、甲硫醚、二甲二硫、二硫化碳、苯乙烯。

六、计算题

1. 某一水样，有 5 人参加检验，检验结果如下表所示，试计算该水样的臭阈值。

无臭水 /ml	水样 /ml	检验人员的反应				
		1	2	3	4	5
188	12	−	−	−	−	−
175	25	−	㊣	−	+	㊣
200	0	−	−	−	−	−
150	50	㊣	+	−	−	+
200	0	−	−	−	−	−
100	100	+	+	㊣	㊣	+
0	200	+	+	+	+	+

答案：根据上表结果，各检验人员的臭阈值如下表所示：

检验人员	臭阈值	检验人员	臭阈值
1	4	4	2
2	8	5	8
3	2	—	—

水样臭阈值用几何平均计算得：

$4\times8\times2\times2\times8=1\,024$

$\sqrt[5]{1\,024}=4$（臭阈值）

2. 三点比较式臭袋法测定恶臭时，下表为一有组织排放源臭气嗅辨结果登记表，试计算该样品臭气浓度，该排放源排放筒高度为 18 m，判断是否超标？（排放高度 15 m、标准值 2 000；排放高度 25 m、标准值 6 000）

稀释倍数 / 对数值		30	100	300	1 000	3 000	1 万	3 万	个人嗅阈值 $\overline{X_i}=\frac{\lg a_1+\lg a_2}{2}$	个人嗅阈值最大 / 最小值
		1.48	2.00	2.48	3.00	3.48	4.00	4.48		
嗅辨员	A	0	0	0	0	×				
	B	0	0	0	0	0	×			
	C	0	0	0	×					
	D	0	0	0	0	0	0	×		
	E	0	0	0	0	×				
	F	0	0	0	0	0	×			

注：嗅辨答案正确以“0”表示，答案不正确以“×”表示。

答案：

稀释倍数 / 对数值		30	100	300	1000	3000	1 万	3 万	个人嗅阈值 $\overline{X_i}=\frac{\lg a_1+\lg a_2}{2}$	个人嗅阈值最大 / 最小值
		1.48	2.00	2.48	3.00	3.48	4.00	4.48		
嗅辨员	A	0	0	0	0	×			3.24	
	B	0	0	0	0	0	×		3.74	
	C	0	0	0	×				2.74	最小舍去
	D	0	0	0	0	0	0	×	4.24	最大舍去
	E	0	0	0	0	×			3.24	
	F	0	0	0	0	0	×		3.74	

$\overline{X}$ =（3.24+3.74+3.24+3.74）/4=3.49　　$Y=10^{3.49}$=3 090 ＞ 2 000

该排放源排放筒高度为 18 m，执行 15 m 高度的标准值（2 000），故该排放源臭气浓度超标。

3. 用气球法测得某建筑物居室内氡子体浓度为 2.15×10^{-7}J/m^3，试计算住在该居室内的人员由于吸入氡子体所接受的年有效剂量当量［室内计量转换因子为 1.8Sv/（J・h/m^3），室内居留因子为 0.8］。

答案： 年有效剂量 $H=365\times24\times0.8\times1.8\times2.15\times10^{-7}=2.71$（mSv/a）

七、分析题

1. 下图为某企业的厂区平面图，对该企业进行臭气浓度监测，监测当天该企业所在地的主导风向为东南风。

（1）请叙述到达现场后的工作流程；

（2）结合平面图进行无组织采样点位布设（提示：下风向至少 3 个测点，需在图上标识）；

（3）列举现场原始记录需要填写的主要内容。

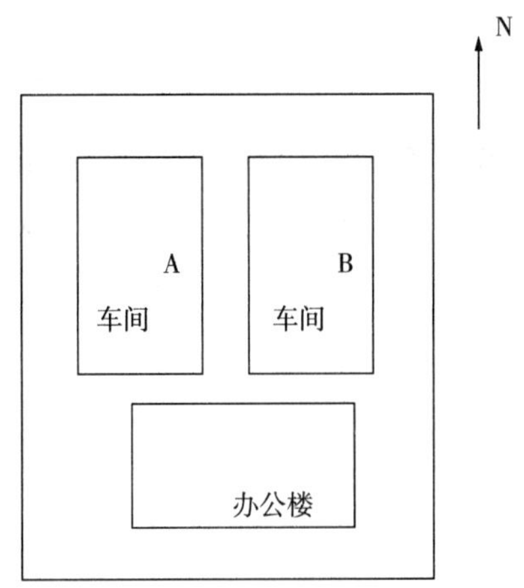

答案：

（1）工作流程

①到达监测现场后，先了解企业的工艺情况、工况实际运行情况、排放源特性决定监测频次；

②了解周边企业及有无敏感点的情况；

③选择空旷地带测量风向和风速，在厂区各厂界实地感受臭气分布情况，根据主导风向选择合理的下风向测点或者有臭气方位的边界线上；必要时可增加上风向测点（非必需）；

④按照设定的监测频次采集样品，同步记录采样时间、各点位的气象参数；

⑤采样结束后，将采集的样品避光保存及时运回实验室分析。

（2）布点

因当日主导风向为东南风，故布点选择在厂界西北侧边界线上（如下图所示）。

（3）原始记录

①监测任务信息：任务名称、任务性质、监测日期、监测项目、监测期间企业的工况、监测点位示意图、监测人员签名、企业陪同人员签名。

②现场采样信息：气象参数（大气压力、温度、湿度、风速、风向）、每个点位每次采样时间、样品编号、现场情况描述、仪器设备型号及编号。

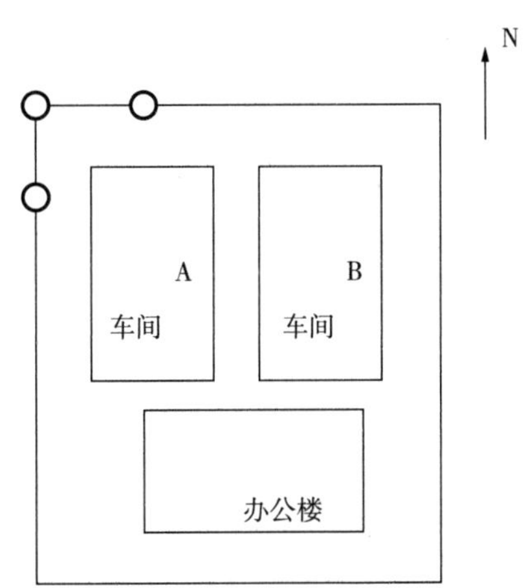

2. 在测定污染源臭气样品时，出现几名嗅辨员判断错误时即可停止样品嗅辨工作？环境臭气样品若稀释 100 倍嗅辨后，正解率 $M > 0.58$ 时，是否需要继续稀释测定？若需要，请问稀释倍数应为多少？何时终止本次样品嗅辨？

答案：

（1）测定污染源臭气样品时，有5名嗅辨员判断错误时即终止嗅辨试验。

（2）需要继续稀释，按照10倍梯度扩大，即1 000倍，重复之前嗅辨试验过程及计算过程，直至出现 M_1 和 M_2，其中 $0.58<M_1<1$，$M_2<0.58$，终止嗅辨试验。

| 第十四章 |

理论考试试题真题

CHAPTER 14

理论考试试题真题一

一、填空题（共 14 题 30 空，每空 0.5 分，共 15 分）

1.《中华人民共和国水污染防治法》是________年颁布实施的，最近一次修订是________年。

2. 实现气相色谱－质谱联用（GC-MS）的关键装置是____________，起到____________和匹配两者工作气体的作用。

3.《水质　粪大肠菌群的测定　多管发酵法》（HJ 347.2—2018）中，用十二管发酵法测定粪大肠菌群的方法检出限为__________；用十五管发酵法测定粪大肠菌群的方法检出限为__________。

4. 工业固体废物采样法包括____________采样法、____________采样法、分层采样法、____________采样法等。

5. 新的空气采样吸收管必须做____________和吸收效率试验。吸收管在 0.2 L/min 的流量下，要求阻力在____________kPa，吸收效率要求大于 95%。

6. 振动测量点位布设在建筑物室外________以内振动敏感处，必要时可置于室内__________。

7. 原环境保护部印发了《环境监测数据弄虚作假行为判定及处理办法》，其中规定了________监测数据、____________监测数据、____________监测数据，共三大类环境监测数据弄虚作假情形。

8. 用大流量采样器采集空气中的颗粒物，每次称空白滤膜或样品滤膜的同时，称量两张标准滤膜。若标准滤膜称出的重量与原始重量之差在 ±____________mg 范围内，则认为该批样品滤膜称量合格，数据可用。

9. 测定锅炉烟尘时，测点位置应尽量选择在垂直管段，并不宜靠近管道弯头及断面形状急剧变化的部位。测点位置应在距弯头、接头、阀门和其他变径管段的下游方向大于____________倍直径处。

10. 土壤混合样的采集方法主要有四种，即对角线法、____________、蛇形法和____________。

11. 要打好污染防治攻坚战，重点是打赢____________、____________、____________三大保卫战。

12. 当颗粒物手工采样器测量的流量与规定的工作点流量的偏差超过____________，且持续时间超过了____________时，采样器应停止抽取空气样品，同时停止采样时间累积。

13.《检验检测机构资质认定能力评价　检验检测机构通用要求》（RB/T 214—2017）规定：检验检测机构可在出现____________、____________或____________时，需要报告测量不确定度。

14. 饮食业油烟监测时，五次采样分析结果，其中任何一个数据与最大值比较，若该数据小于最大值的____________，则该数据为无效值，数据经过取舍后，最少有____________个数据参与平均值计算。

二、判断题（共 15 题，1 分 / 题，满分 15 分）

1. 土壤酸性增大，使土壤中许多金属离子的溶解度增大，其有效性或毒性均增大。（　）

2. 可以通过做平行双样来消除测量的系统误差。（　）

3. 稀释样品或标准溶液时，稀释倍数若大于 100 倍时，应逐级稀释。（　）

4. 测量工业企业噪声源对周边居民敏感点的影响时，敏感点应采用声环境质量标准方法和限值评价。（　）

5. 水质自动监测系统中，零度水是指 TC、IC 的试剂温度为零的标准液。（　）

6. 测定水中高锰酸盐指数加热煮沸时，若延长加热时间，会导致测定结果偏高。（　）

7. 根据《检验检测机构资质认定生态环境监测机构评审补充要求》，当有分包事项时，生态环境监测机构应事先征得客户同意，对分包方资质和能力进行确认，并对二次分包事项进行监督或验证。（　）

8.Grubbs 检验法可用于一组测量值的一致性和剔除一组测量值中的异常值，一次检验可以检出一个或多个异常值。（　）

9. 朗伯 - 比尔定律 $A=kcL$ 中，摩尔吸光系数 k 值与测定时的取样体积无关。（　）

10. 离子色谱法分析样品时，离子价态越高，保留时间越长，离子半径越大，保留时间也越长。（　）

11. 细菌总数监测中，若所有稀释度的平均菌落数均大于 300，细菌总数菌落计数应按稀释倍数最大的平均菌落数乘以稀释倍数报告结果。（　）

12. 在生态环境监测过程中，对不如实记录或隐瞒不报不当干预行为并造成严重后果的相关人员，应予以通报批评和警告。（　）

13. 进行无组织排放监测时，监测人员应选择尽可能高的生产负荷及最不利于污染物扩散稀释的条件下进行。（　）

14. 在分析测试中，空白实验值的大小无关紧要，只需以样品测试值扣除空白实验值就可以抵消各种因素造成的干扰和影响。（　）

15. 在建设项目竣工环境保护验收监测中，对有污水处理设施并正常运转或建有调节池的建设项目，其污水为稳定排放的可采瞬时样，但不得少于 3 次。（　）

三、单项选择题（共 15 题，每题 1 分，共 15 分）

1. 在同一断面同时采集多种项目的水样时，应优先采集________项目的水样。（　）

A．挥发酚　　B．金属　　C．有机物　　D．微生物

E．放射性

2. 关于滴定终点，下列说法正确的是________。（　）

A．滴定到两组分摩尔数相等的那一点　　B．滴定到指示剂变色的那一点

C．滴定到两组分克当量数相等的那一点　　D．滴定到两组分体积相等的那一点

3. 在色谱法分析中，选择内标物的原则是________。（　）

A．内标物与样品不互溶

B．加入内标物的量应接近于被测组分

C．内标物可以是样品中存在的物质

D．内标物色谱峰位置应尽量远离被测组分色谱峰位置

4. 在液相色谱的分析过程中，＿＿＿＿＿不会显著影响分离效果。(　　)

A．流动相的种类　　B．固定相的种类　　C．流动相的比例　　D．流动相的流量

5. 测定油类的水样，应在水面至水面下＿＿＿＿mm 采集柱状水样。采样瓶（容器）不能用采集的水样冲洗。(　　)

A．100　　B．200　　C．300

6. 自来水厂取水口附近发现有人投药打鱼，你认为应急监测人员到达现场后首选＿＿＿＿＿快速检测方法可以最为有效地提供水体是否安全的报告。(　　)

A．SDI 综合毒性检测仪（生物发光光度计）　　B．溶氧仪

C．便携式金属仪　　D．便携式气相色谱 / 质谱分析仪（带顶空）

7.《国家突发环境事件应急预案》规定：突发环境事件责任单位在发现突发环境事件后向所在地人民政府报告的时限是＿＿＿＿。(　　)

A．半小时内　　B．1 小时内　　C．2 小时内　　D．3 小时内

8. 测量不确定度主要表征测量值之间的＿＿＿＿。(　　)

A．分散性　　B．波动性　　C．差异性　　D．随机性

9. 原子荧光法在测定污水样品中的砷时，经常使用＿＿＿＿消解体系对样品进行预处理。(　　)

A．HCl　　B．（1+1）HNO_3-$HClO_4$

C．（1+1）HCl-H_3PO_4　　D．$HClO_4$

10. 内标法的优点是＿＿＿＿。(　　)

A．不需校正因子　　B．对配制浓度要求不严

C．样品配制简单　　D．适于微量组分的定量

11. 近似数运算中，18.3+1.4546+0.877 等于＿＿＿＿。(　　)

A．20.6　　B．20.63　　C．20.632　　D．20.6316

12. 有组织排放源的采样点位，用真空瓶采集恶臭气体样品时，采样位置应选择在排气的＿＿＿点位处。(　　)

A．压力为负压　　B．压力为正压或常压

C．压力为正压、高温高湿　　D．A+B+C

13. 由于土壤组成的复杂性和理化性状的差异，重金属在土壤环境中形态的多样性，其中以有效态和＿＿＿＿的毒性最大。(　　)

A．残留态　　B．结合态　　C．交换态　　D．游离态

14. 固体废物样品制样时，粒度大于筛孔尺寸、不能筛过的样品应该不多于总量的＿＿＿＿%。(　　)

A．5　　B．10　　C．15　　D．20

15. 采集桶装、袋装或其他容器装固体废物时，下列做法中不正确的是：＿＿＿＿。(　　)

A．将各容器编号，用随机数据表法随机抽取 N/3 个容器作为采样单元采取样品。

B．分别在容器的上部（1/6 处）、中部（1/2 处）和下部（5/6 处）取样，每层采取等份样数。

C．根据固体废物的性状，分别使用长铲式采样器、套筒式采样器或探针进行采样。

D．只有一个容器时，分 3 层取样，每层采取 2 个样品。

四、多项选择题（共 10 题，1 分 / 题，共 10 分）

1. 高锰酸盐指数是个相对的条件性指标，其测定结果与________有关。(　　)

A．溶液酸度　　B．高锰酸盐浓度　　C．加热温度　　D．加热时间

2. 光度法测定水中六价铬时，________会对测定结果有干扰。(　　)

A．水样的色度　　B．水样的浊度和悬浮物

C．重金属离子　　D．无机、有机还原性物质

3. 控制分析结果准确度的质控方法有________。(　　)

A．空白试验　　B．标准物质测定　　C．加标回收率测定

D．方法比对　　E．仪器检定或校准　　F．平行样测定

4. 下列测定________污染物的水样不能在单位总排放口采集。(　　)

A．氰化物　　B．总铜　　C．苯并［*a*］芘　　D．挥发酚

E．总汞　　F．总银　　G．氟化物　　H．石油类

5. 原子吸收光度法分析时，灯电流太高会导致________。(　　)

A．谱线变窄　　B．谱线变宽　　C．准确度　　D．灵敏度下降

6. 下列名称中，属于《土壤环境监测技术规范》（HJ/T 166—2004）对土壤质地的分类名称有________。(　　)

A．砂土　　B．沙土　　C．中壤土　　D．粉土

7. 检验检测机构的管理层和监测人员不应受到不正当的压力和影响，能独立开展检验检测活动，确保检验检测数据、结果的________。(　　)

A．真实性　　B．客观性　　C．准确性　　D．可追溯性

8. 采用________方法可以改善检出限。(　　)

A．增加校准次数　　B．降低空白实验值

C．降低仪器基线噪声值　　D．提高测量的灵敏度

9. 在以下指标中，________是表示精密性的。(　　)

A．相对误差　　B．相对偏差　　C．标准偏差　　D．系统偏差

10. 我国《大气污染物综合排放标准》（GB 16297—1996）中规定的大气污染物排放限值包括________。(　　)

A．最高允许排放浓度　　B．最高允许排放速率

C．最高允许排气量　　D．无组织排放监控浓度

五、简答题（共 4 题，每题 5 分，共 20 分）

1. 某实验室监测一个库容约 5 亿 m^3 的水库，报出氨氮为 0.60 mg/L，总氮为 0.75 mg/L，溶解氧为 5.5 mg/L。请分析这组数据的合理性，并说明原因。

2. 纳氏试剂分光光度法测定水中氨氮时，常见的干扰物有哪些？当过滤后的水样色度较深或加入纳氏试剂后出现浑浊，应如何处理？

3. 石墨炉原子吸收光度法中常用基体改进剂提高分析灵敏度和准确度，请简要介绍基体改进剂提高分析灵敏度的工作原理，并列举至少三类基体改性剂。

4. 在环境监测中，标准物质的主要用途有哪些？

六、计算题（共 2 题，每题 5 分，共 10 分）

1. 某实验室对氟化物含量为 6.43 mg/L 的标准水样进行了 7 次测量，结果分别为：6.46、6.80、6.12、6.35、6.23、6.54、6.08 mg/L，求其测量的极差、误差、相对误差、标准偏差和相对标准偏差。

2. 实验室对固体废弃物样品做浸出毒性（硫酸硝酸法）试验，已知固体废物的含水率为 65%，试验需试样干基重量 70 g，应称多少克试样？应加入多少浸取剂进行浸出试验？若测定其铜元素，经消解后定容至 50.0 ml，测定溶液中铜含量为 1.03 mg/L，则该固体废物浸出铜含量为多少？

七、论述题（共 2 题，共 15 分）

1. 某监测站按照《污水监测技术规范》（HJ 91.1—2019），在该企业的规范的废水总排污口（外排口）采集了 As、苯系物及 pH 等样品，采样时均采用了聚乙烯容器并采取正确的固定、保存和运输措施，返回在 24 小时后进行测定时，对 3 次采集的样品按照等体积进行混合测定，并按照《地表水环境质量标准》（GB 3838—2002）中对应标准进行评价，得出了该企业外排水水质的结论。请说明该监测过程的错误之处并说明原因。

2. 请简述在环境空气及无组织的挥发性有机物（VOCs）和非甲烷总烃（NMHC）监测中，气体样品采集方式有哪些？手工监测分析技术有哪几种？针对以上分析技术，影响分析结果准确性的因素主要有哪些？

真题一答案

一、填空题

1. 1984　2017
2. 接口装置　传输试样
3. 3 MPN/L　20 MPN/L
4. 简单随机　系统　两段
5. 阻力试验　6.6±0.66
6. 0.5 米　地面中央
7. 篡改　伪造　指使篡改、伪造
8. 5
9. 6
10. 梅花点法　棋盘式法
11. 蓝天　碧水　净土
12. ±10%　60s
13. 临界值　内部质量控制　客户有要求
14. 四分之一　三

二、判断题

1. √　2. ×　3. √　4. ×　5. ×
6. √　7. ×　8. ×　9. √　10. √
11. √　12. √　13. √　14. ×　15. √

三、单项选择题

1. D　2. B　3. B　4. D　5. C
6. A　7. B　8. A　9. B　10. B
11. A　12. B　13. C　14. A　15. A

四、多项选择题

1. ABCD　2. ABCD　3. ABCDE　4. CEF　5. BD
6. AC　7. ABCD　8. BCD　9. BC　10. ABD

五、简答题

1.（1）氨氮和总氮比值不合理，与 DO 值的相关性不合理。

（2）在溶解氧比较充足的条件下，氨氮被逐步氧化成亚硝酸盐氮、硝酸盐氮，总氮中的氨氮比例不可能如此之高。

2. 常见干扰物有：1）余氯、悬浮物、色度；2）铁、锰、钙、镁等金属离子；3）硫化物、芳香胺等有机物；4）在碱性条件下会絮凝的蛋白质等。

当过滤后的水样色度较深或加入纳氏试剂后出现浑浊，应采用预蒸馏法消除干扰。

3. 基体改进剂可以和试样基体、分析元素和石墨炉体三者相互作用，并可改善环境气氛，消除和减少基体干扰，避免分析元素灰化损失，促进其原子化效率的提高，扩大基体与分析元素间的性质差异，最终将有利于分析灵敏度和准确度的提高。

三类基体改性剂：（1）金属盐类化合物；（2）铵盐和无机酸；（3）有机酸类。

4.（1）校准仪器设备

（2）用于新方法的研究开发，评价监测分析方法的准确度

（3）用于实验室内和实验室间的质量控制

（4）监视和校正连续测定中的数据漂移

（5）用作技术仲裁的依据

六、计算题

1. 极差 = 0.72 mg/L　　误差 = −0.06 mg/L　　相对误差 = −0.9%
标准偏差 = 0.25 mg/L　　相对标准偏差 = 3.9%

2. 称取试样量为 70/（100%−65%）=200 g

依据标准，液固比为 10：1，液体总量为 70 × 10=700g

应补加浸取剂的量为 700−200 × 65%=570 ml

该固体废物浸出液铜含量：50.0 ml × 1.03 mg/L ÷ 0.7 L=0.074 mg/L。

七、论述题

1.（1）采样点位不合理：砷为第一类污染物应在车间排放口或车间处理设施的排放口或专门处理此类污染物设施后。

（2）采样容器不正确：苯系物应采用玻璃瓶。

（3）分析时间不正确：pH 值应在 2h 内测定，或应现场测定。

（4）混合样方式错误：pH 值不能做混合样。

（5）评价标准错误：GB 3838—2002 为地表水标准，应选择 GB 8978 污水综合排放标准或地方标准。

2. 采样方式：VOCs—气袋，苏玛罐，Tenax 吸附管；NMHC—针筒，气袋。

手工监测分析技术：VOCs：GC（FID/PID）、GC−MS、GC−FID+MS，车载式或便携式的 GC 或 GC−MS；NMHC：GC−FID，便携式非甲烷总烃检测仪，便携式 GC−FID。

影响结果准确性的主要因素：实验室分析：VOCs—苏玛罐或气袋的清洗质量，吸附管质量验收，采样系统（采样阀 / 采气管路 / 气袋密封性 / 采样后的气压平衡，以免外部气体进入），现场环境本底、实验室环境本底、采样系统及气袋吸附管本底（对 VOCs 的释放或吸附影响），样品保存时间和存放区域（污染源和环境样品必须分开存放），采样和分析人员衣服及手上附带气味等；NMHC—GC 法：针筒或气袋的本底、气密性、样品运输（尤其是针筒摆放方式）、样品保存时间、色谱条件选择、标准气质量验收、结果计算等。VOCs 和 NMHC 的现场便携式仪器：样品采集和传输单元温度设置和校准，仪器内部管路的惰性化，外部环境变化（温湿度、进样流量、电压、振动等），标准气校准、仪器条件选择、校准曲线设置。

理论考试试题真题二

一、填空题（共 20 题，每空 1 分，共 20 分）

1. 重量分析中，需将滤纸连同沉淀一起灼烧后称量时，应采用____________滤纸过滤。

2. 滴定管读数时，无论是在滴定架上还是手持滴定管，都要保证滴定管____________。

3. $PM_{2.5}$ 连续自动监测系统的调试检测项目中，参比方法比对调试的相关系数____________。

4. 原子荧光光谱仪光源的作用是产生____________激发所需的辐射。

5. 自然保护区通常可分为____________、缓冲区和实验区三个区。

6. 在污染事故责任不清的情况下，可采用____________和确定特征污染物的方法，追查确定污染来源或事故责任者。

7. 为了从烟道中取得有代表性的烟尘样品，必须用等速采样方法，即气体进入采样嘴的速度应与采样点烟气速度相等，其相对误差应控制在____________% 以内。

8.《生态环境监测网络建设方案》（国办发〔2015〕56 号）要求：到 2020 年，全国初步建成陆海统筹、天地一体、上下协同、信息共享的生态环境监测网络，使生态环境监测能力与________要求相适应。

9. 用纳氏试剂光度法测定氨氮时，水样中如含余氯，可加入适量硫代硫酸钠去除。金属离子的干扰可加入酒石酸钾钠、EDTA 等消除。水样浑浊并有颜色可采用絮凝沉淀过滤法预处理。若处理后仍有颜色，则应采用____________预处理。

10.《环境空气质量标准》（GB 3095—2012）中对污染物浓度数据有效性的最低要求中规定：SO_2、NO_2、NO_x、CO、PM_{10}、$PM_{2.5}$ 的 1 小时平均值，须符合每小时至少有________分钟平均浓度值。

11. 土壤的对角线采样法适用于____________的田块。

12. 依据《环境空气质量监测点位布设技术规范（试行）》（HJ 664—2013）要求，自动监测其采样口或监测光束离地面高度应在____________米范围内。

13. 2018 年 5 月 18 日至 19 日，全国生态环境保护大会在北京召开。此次会议最大亮点和取得的最重要理论成果是确立了“____________”。

14. 根据《地下水环境监测技术规范》（HJ 164—2020），每________年对监测井进行一次透水灵敏度试验。

15. 国际上规定：以标准氢电极作为标准参比电极，在任何温度下，标准氢电极的相对平衡电势都为____________。

16. 离子色谱仪中，抑制器主要起降低淋洗液的背景电导和增加被测离子的电导值，改善____________的作用。

17. 植被指数NDVI的中文名称为______________________________。

18. 化学试剂取用时，应遵循“_______________”的原则，取用后及时密塞，分类保存，严格防止试剂被沾污。

19. 根据《地表水环境质量评价办法》(试行)，若某断面水质类别为Ⅳ类，则该断面污染程度的定性评价结果为_____________________。

20. 具有相对稳定的生活环境，本身移动能力差，在未受到干扰的情况下，种群和群落结构是比较稳定的水生生物，是指_________________。

二、不定项选择题（共40题，每题1分，共40分）

1. 在离子色谱分析中，水负峰的大小与样品的进样体积、溶质浓度和淋洗液的浓度及其种类有关，进样体积越大，水负峰越________；淋洗液的浓度越高，水负峰越________。反之亦然。(　　)

A．小，大　　B．小，小　　C．大，小　　D．大，大

2. 对土壤和沉积物中多环芳烃进行测定时，可采用________对样品脱水。(　　)

A．在样品中加入适量无水硫酸钠脱水　　B．添加粒状硅藻土脱水

C．采用冷冻干燥的方式脱水　　D．使用烘箱对样品烘干脱水

3. ________属于吸附型净化方法。(　　)

A．硫净化法　　B．弗罗里硅土柱法　　C．硅胶柱法　　D．凝胶渗透色谱法

4. 使用电感耦合等离子体质谱法时，非质谱型干扰主要包括________。(　　)

A．基体抑制干扰　　B．空间电荷效应干扰

C．物理效应干扰　　D．化学效应干扰

5. 在同一采样点，同时进行细菌学监测项目与理化监测项目采样时，应________。(　　)

A．先采集细菌学检验样品　　B．后采集细菌学检验样品

C．同时采集细菌学检验样品　　D．以上均可

6. 根据《土壤环境质量　农用地土壤污染风险管控标准(试行)》(GB 15618—2018)，将农用地土壤污染风险管控标准分为________和________。(　　)

A．农用地土壤污染风险评价值　　B．农用地土壤污染风险控制值

C．农用地土壤污染风险筛选值　　D．农用地土壤污染风险管制值

7. 根据《土壤环境质量　建设用地土壤污染风险管控标准(试行)》(GB 36600—2018)，以下________属于第一类用地。(　　)

A．公共管理与公共服务中的中小学用地　　B．一般绿地与广场用地

C．医疗卫生用地和社会福利设施用地　　D．商业服务设施用地

8. 根据《工业固体废物采样制样技术规范》(HJ/T 20—1998)液态废物制样时，样品混匀后，采用二分法，每次减量一半，直至试验分析用量的________倍为止。(　　)

A．2　　B．5　　C．10　　D．20

9. ________不属于《大气污染物综合排放标准》(GB 16297—1996)设置的指标体系。(　　)

A．最高允许排放浓度　　B．最高允许排放速率

C．最高允许排气量　　　　　　　　　　　D．无组织排放监控浓度限值

10. 下列关于排气筒监测采样时间与频次的说法，正确的是（　　）。

A．无组织排放监控点和参照点监测的采样，一般采用连续 1 h 采样计平均值

B．无组织排放监控点和参照点若分析方法灵敏度高，仅需用短时间采集样品时，应实行等时间间隔采样，采集 4 个样品计平均值

C．若某排气筒的排放为间断性排放，排放时间小于 1 h，则应在排放时段内以连续 1 h 的采样获取平均值，或在 1 h 内以等时间间隔采集 4 个样品，并计平均值

D．当进行污染事故排放监测时，应按需要设置采样时间和采样频次，不受《大气污染物综合排放标准》（GB 16297—1996）规定要求的限制

11. 以下________自动监测数据不参与地表水质评价。（　　）

A．高锰酸盐指数　　B．电导率　　　　C．总磷　　　　　　D．浊度

12. 以下关于"标准滤膜"的描述，正确的为（　　）。

A．需要连续称量 15 次以上

B．需要在恒温恒湿间按平衡条件平衡 24 h

C．每次称量滤膜的同时称量标准滤膜

D．若用小流量流量计采样后，标准滤膜称出的重量在原始质量的 ±5 mg 范围内，则认为该批样品滤膜称量合格

13.《生态环境监测网络建设方案》（国办发〔2015〕56 号）明确，生态环境监测网络建设的基本原则是________。（　　）

A．明晰事权、落实责任　　　　　　　　B．健全制度、统筹规划

C．科学监测、创新驱动　　　　　　　　D．综合集成、测管协同

14. 以下________是党的十九大报告对生态文明建设和生态环境保护提出的新部署。（　　）

A．推进绿色发展　　　　　　　　　　　B．加大生态系统保护力度

C．着力解决突出环境问题　　　　　　　D．改革生态环境监管体制

15. 下列有关城市降水的描述，正确的有（　　）。

A．pH ≤ 5.6 的城市降水划分为酸雨

B．pH ＜ 4.5 的城市降水划分为重酸雨

C．4.5 ≤ pH 平均值＜ 5.0 的区域评价为较重酸雨区

D．降水的 pH 是通过降雨量加权后计算得出的

16. 评价噪声敏感建筑物户外（或室内）环境噪声水平的依据是（　　）。

A．昼间环境噪声源正常工作时段的等效声级　B．环境噪声源正常工作时段的昼夜等效声级

C．夜间环境噪声源正常工作时段的等效声级　D．夜间突发噪声的最大声级

17. 当被测声源是稳态噪声时，下列对 L_{eq} 与 L_{50} 的关系描述正确的是________。（　　）

A．$L_{eq} > L_{50}$　　　　B．$L_{eq} \leqslant L_{50}$　　　　C．$L_{eq} = L_{50}$　　　　D．无法确定

18. 准确度常用绝对误差或________表示。（　　）

A．相对误差　　　B．平均偏差　　　　C．标准偏差　　　　D．相对标准偏差

19. 在水质监测采样中，用船只采样时，采样人员应在船________采样，采样船应位于______

方向，________采样，避免搅动底部沉积物造成水样污染。(　　)

A．后部，下游，逆流　　B．前部，上游，逆流

C．前部，下游，顺流　　D．前部，下游，逆流

20. 滴定管活塞密合性检查操作为：在活塞不涂凡士林的清洁滴定管中加蒸馏水至零标线处，放置________min，液面下降不超过 1 个最小分度者为合格。(　　)

A．15　　B．30　　C．1　　D．5

21.《检验检测机构资质认定　生态环境监测机构评审补充要求》中规定，生态环境监测机构应及时记录样品采集、现场测试、样品运输和保存、样品制备、分析测试等监测全过程的技术活动，保证记录信息的________。(　　)

A．充分性　　B．原始性　　C．规范性　　D．再现性

22.________是《地表水环境质量标准》(GB 3838—2002) 表 2 集中式生活饮用水地表水源地补充项目。(　　)

A．镍　　B．氟化物　　C．锰　　D．溶解氧

23. 用玻璃电极法测定 pH 时，主要影响因素是________。(　　)

A．浊度　　B．胶体物质　　C．氧化物　　D．温度

24. 根据《污水监测技术规范》(HJ 91.1—2019)，在不同时间采集的水样不能混合测定的项目是________。(　　)

A．石油类　　B．氰化物　　C．硫化物　　D．微生物

25. 在地表水采样中，应注意的事项中正确的有________。(　　)

A．采样时应注意去除水面的杂物及垃圾等漂浮物

B．采集油类样品前应用水样冲洗样品容器三次后再进行采样

C．用于测定油类及余氯的水样，必须单独定容采样，采集的样品全部用于测定

D．凡需现场监测的项目，应进行现场监测

26.《环境空气质量标准》(GB 3095—2012) 中规定，$PM_{2.5}$ 的 24 小时平均和年平均的二级浓度限制值分别为________$\mu g/m^3$ 和________$\mu g/m^3$。(　　)

A．75　30　　B．75　35　　C．70　30　　D．70　35

27. 环境空气连续自动监测系统用于标准传递的精密天平应放置在独立的天平间，天平间应具备________条件。(　　)

A．恒温　　B．恒压　　C．恒湿　　D．防震

28. 地表水断面 (点位) 类型主要包括：________等。(　　)

A．背景断面　　B．对照断面　　C．控制断面　　D．消减断面

29. 在进行高效液相色谱分析时，保留时间不恒定的主要原因有________。(　　)

A．柱温或流速不稳定　　B．进样量太小

C．管路漏液或泵室内有气泡　　D．流动相浓度或 pH 变化

30. 原子吸收测试过程中，光谱干扰是影响准确定量的主要因素之一，下列________可以消除光谱干扰。(　　)

A．采用高纯度的空心阴极灯　　B．提高原子化温度

C. 减小光谱通带　　　　　　D. 另选分析线

31. 土壤监测误差可分为采样误差（SE）、制样误差（PE）和分析误差（AE）三类，通常情况下，________。(　　)

A. SE>PE<AE　　B. SE<PE>AE　　C. SE>PE>AE　　D. 都不是

32. 生物多样性分为________三个层次。(　　)

A. 遗传多样性　　　　　　B. 物种多样性

C. 生态系统与景观多样性　　D. 环境多样性

33. 根据《全国主体功能区规划》，重点生态功能区的类型包括水源涵养、水土保持、防风固沙和________四类。(　　)

A. 农产品提供　　B. 人居保障　　C. 生物多样性维护　　D. 林产品提供

34. 对于现有污染源，在进行无组织排放监控时，________污染因子需在上风向布设参照点。(　　)

A. 二氧化硫　　B. 硫酸雾　　C. 颗粒物　　D. 氯化氢

35. 突发环境事件的应急监测结果可用________的监测结果来表示。(　　)

A. 感观描述　　B. 定性　　C. 半定量　　D. 定量

36. 根据《大气污染物综合排放标准》（GB 16297—1996），无组织排放监控点应设置在无组织排放源的下风向，下列关于点位布设的说法，正确的是________。(　　)

A. 距排放源 2 ～ 10 m 范围内的浓度最高点　　B. 距排放源 2 ～ 50 m 范围内的浓度最高点

C. 监控点距无组织排放源最近不应小于 2 m　　D. 监控点最多可设 4 个

37. 铬的毒性与其存在形态有关，________铬的化合物具有强烈的毒性，已确认为致癌物，并能在体内积蓄。(　　)

A. 三价　　B. 二价　　C. 六价　　D. 以上都是

38.《国家地表水环境质量监测网监测任务作业指导书（试行）》规定，监测挥发酚的样品要求 0 ～ 5 ℃保存，用磷酸调 pH 约为________。(　　)

A. 2　　B. 3　　C. 4　　D. 5

39. ________相当于噪声的平均本底值。(　　)

A. L_{90}　　B. L_{10}　　C. L_{50}　　D. L_{eq}

40. 一个分析方法或分析系统的________是反映该方法或该测量系统存在的系统误差和随机误差的综合指标，它决定着这个分析结果的可靠性。(　　)

A. 精密度　　B. 准确度　　C. 灵敏度　　D. 检出限

三、判断题（共 40 题，每题 0.5 分，共 20 分）

1. 城市区域环境噪声和道路交通噪声评价值分别为全部网格测点和各路段交通噪声测点测得的等效声级的算术平均值。(　　)

2. 在离子色谱分析中，为了缩短分析时间，可通过改变分离柱的容量、改变淋洗液强度或流速、在淋洗液中加入有机改进剂、采用梯度淋洗等方法来实现。(　　)

3.《地表水自动监测技术规范（试行）》（HJ 915—2017）规定了地表水（包括海水）水质自动

监测系统建设、验收、运行和管理等方面的技术要求。（　）

4. 遥感影像的时间分辨率是指同一地区遥感影像重复覆盖的最长时间间隔。（　）

5. 根据《土壤环境质量　农用地土壤污染风险管控标准（试行）》（GB 15618—2018），当土壤中镉、汞、砷、铅、铬的含量高于表 1 规定的风险筛选值、等于或者低于表 3 的风险管制值时，可能存在农用地土壤污染风险，应加强土壤环境监测和农产品协同监测。（　）

6. 固体废物监测中，当样品含水率大于 90% 时，则将样品直接过滤，收集其全部滤出液，供分析用。（　）

7. 在应急监测中，不能选用 ISO、EPA、JIS 等国际或国外分析方法。（　）

8. 设置全程序空白样品的目的在于确认采样、保存、运输、前处理和分析全过程中是否存在污染和干扰。（　）

9. 由于断面上游水体清淤施工、河道整治等原因导致水质变化，且未按照《水污染防治行动计划实施情况考核规定（试行）》（环水体〔2016〕179 号）有关要求，提前向生态环境部报备并同意设置临时替代断面的，在数据有效性审核中应认定为无效数据。（　）

10. 冰封期采样，建议在采样前将固定剂提前加入到样品瓶中，防止水样导入容器后冰冻而无法加入固定剂或与固定剂混匀。（　）

11. 声级计按其精度可分为四种类型，Ⅲ型声级计一般不得用于环境噪声监测。（　）

12. 中共中央办公厅、国务院办公厅印发的《关于深化环境监测改革　提高环境监测数据质量的意见》规定，弄虚作假的企业、机构和个人信息应向社会公开，并依法纳入全国信用信息共享平台。（　）

13. 环境空气质量功能区由地级市以上（含地级市）环境保护行政主管部门划分，报上级人民政府批准实施。（　）

14. 根据《地表水自动监测技术规范（试行）》（HJ 915—2017），地表水水质自动监测系统站址选择要求为：河流监测断面一般选择在水质分布均匀、流速稳定的平直河流，距上游入河口或排污口的距离大于 1 km，原则上与原有的常规断面一致或者相近，以保证监测数据的连续性。（　）

15.《检验检测机构资质认定　生态环境监测机构评审补充要求》中规定，生态环境监测机构及其负责人对其监测数据的真实性和准确性负责，采样与分析人员、审核与授权签字人分别对原始监测数据、监测报告的真实性终身负责。（　）

16. 仪器校准、空白试验、标准物质对比分析和回收率测定，都是减少系统误差的方法。（　）

17. 能力验证是确定的两个实验室间对同一个标准样品进行测试。（　）

18. 实验室质量体系的管理评审每年不少于两次。（　）

19. 实验室所测得的分析方法的检出浓度必须达到等于（或小于）该标准方法所提出的检出浓度值。（　）

20. 精密度是指使用特定的分析程序，在受控条件下重复分析测定均一样品所获得测定值之间的一致性程度。（　）

21. 电导率随温度变化而变化，温度每升高 1 ℃，电导率增加约 2%。（　）

22. 当现场温度高于 35 ℃或低于 −30 ℃，水温计在水中的停留时间要适当延长。（　）

23. 有机污染和重金属等无机有毒物质的污染，都能造成水体中底栖动物结构组成的变化。水体受到严重的有机污染时，水中溶解氧含量大幅度降低，不适应缺氧的底栖动物种类逐渐减少和消失，而仅保留耐污染的种类，这些种类的密度增加，成为优势种。（ ）

24.《大气污染物综合排放标准》（GB 16297—1996）中规定，最高允许排放速率是指一定高度的排气筒在任何 1 h 排放污染物的质量不得超过的限值。（ ）

25. 根据《土壤 pH 值的测定 电位法》（HJ 962—2018），用于校准 pH 的两种标准缓冲溶液，其中一种标准缓冲溶液的 pH 值应与土壤 pH 值相差不超过 2 个 pH 单位。（ ）

26. 用吹脱－捕集气相色谱法分析水样时，吹脱出的气体样品会含有许多水分，有可能会干扰色谱测定，因此要除去水分。（ ）

27. 根据《水质 金属总量的消解 硝酸消解法》（HJ 677—2013），实验所用的器皿应用铬酸洗液浸泡 24 h，使用前依次用自来水、实验室用水洗净，自然干燥。（ ）

28. 土壤样品风干室应具备如下条件：朝南（以方便阳光直射土壤样品），通风良好，整洁，无尘，无易挥发性化学物质。（ ）

29. 根据《土壤环境质量 建设用地土壤污染风险管控标准（试行）》（GB 36600—2018），建设用地土壤中污染物含量等于或者低于风险筛选值的，建设用地土壤污染风险一般情况下可以忽略。（ ）

30. 生态系统是指在一定空间内生物的成分和非生物的成分通过物质循环和能量流动相互作用、互相依存而构成的一个生态学结构单位。（ ）

31. 在一批废物以运送带形式连续排出的移动过程中，按一定的质量或时间间隔采样，采第一个份样时，必须在第一间隔的起点开始。（ ）

32. 监测工业炉窑无组织排放烟（粉）尘时，监测点应设置在被监测企业的厂界外下风向处，并选浓度最大值。（ ）

33. 在使用的所有便携式溶解氧仪监测水样时，都应采用相应仪器测试获得当前水样的温度、含盐量和环境气压等参数，输入到仪器，并进行检查，核对无误后进行下一步的水样测试。（ ）

34. 酸性重铬酸钾可氧化大部分有机物，在硫酸银催化作用下，直链脂肪族化合物可完全被氧化，而具有特殊结构的化合物如吡啶、芳烃等难以被氧化，其氧化率较低。（ ）

35. A 声级是 A 计权网络测得的声压级，与人们的主观感觉基本一致，目前在噪声测量中，统一采用 A 声级表示噪声的大小。（ ）

36.《检验检测机构资质认定 生态环境监测机构评审补充要求》中规定，生态环境监测机构只能采取纸质介质的方式对文件进行有效控制。（ ）

37. 灵敏度是指某特定分析方法、在给定的置信度内、可从样品中检出待测物质的最小浓度或最小量。（ ）

38. 量值溯源的目的是使所有测量结果或标准的量值都能最终溯源到国家基准或国际计量基准。（ ）

39. 环境空气手工监测时，采样仪器临界限流孔流量每月校准 1 次，流量误差应小于 8%。（ ）

40. 丰、平、枯水期特征明显的水域，应分水期进行水质评价。（ ）

四、简答题（共 2 题，每题 5 分，共 10 分）

1. 简述液体倾翻污染型事故中，土壤监测现场采样的要点。

2. 应急监测的布点原则是什么?

五、计算题（共 2 题，每题 5 分，共 10 分）

1. 二苯碳酰二肼分光光度法测定水中总铬时，所得校准曲线的斜率和截距分别为 0.044 A/μg 和 0.001 A。测得水样的吸光度为 0.095（A_0=0.007），在同一水样中加入 4.00 ml 铬标准溶液（1.00 μg/ml），测定加标回收率。加标后测得试样的吸光度为 0.267，计算加标回收率（不考虑加标体积）。

2. 原子荧光分光光度法测定废气中汞含量时，准确称取 1.080 g 氧化汞（优级纯，于 105 ～ 110 ℃烘干 2 h），用 70 ml（1+1）盐酸溶液溶解，加 24 ml（1+1）硝酸、1.0 g 重铬酸钾，溶解后移入 1 000 ml 容量瓶中，用水定容。试计算汞标准储备液浓度（Hg）。（摩尔质量：Hg：200.59g/mol，O：15.999g/mol）

六、综合分析题（共 1 题，每题 10 分）

1. 评价一河流某断面的水质类别，参评的指标有总磷、高锰酸盐指数、化学需氧量、氨氮，其中总磷、高锰酸盐指数、化学需氧量浓度值分别为 0.08 mg/L、4.2 mg/L、12 mg/L，氨氮 4 个平行样的结果分别为 0.96 mg/L，0.98 mg/L，1.03 mg/L，1.35 mg/L，请对氨氮数据最大值进行检验（用 Grubbs 检验法，取检验水平 α=5%，[$G_{0.95(4)}$=1.463]）。并对以上监测数据进行分析，并评价该河流断面的水质类别属哪一类？该断面水质状况如何描述？表征颜色为哪种？该水质功能类别适用于哪些水域？

（执行标准和评价方法：《地表水环境质量标准》（GB 3838—2002）、《地表水环境质量评价方法（试行）》（环办［2011］22 号）

单位：mg/L

序号	项目 / 标准值 / 分类		Ⅰ类	Ⅱ类	Ⅲ类	Ⅳ类	Ⅴ类
1	高锰酸盐指数	≤	2	4	6	10	15
2	氨氮	≤	0.15	0.5	1.0	1.5	2.0
3	化学需氧量	≤	15	15	20	30	40
4	总磷	≤	0.02	0.1	0.2	0.3	0.4

2. 按照《环境空气颗粒物（PM_{10} 和 $PM_{2.5}$）连续自动监测系统运行和质控技术规范》（HJ 817—2018）对颗粒物监测数据有效性是如何判断的？

七、论述题（共 1 题，每题 10 分）

请结合中共中央办公厅、国务院办公厅《关于深化环境监测改革　提高环境监测数据质量的意见》（厅字〔2017〕35 号）文件精神，论述应从哪些方面采取措施，防范和惩戒环境监测数据弄虚作假行为。

真题二答案

一、填空题

1. 定量
2. 垂直向下
3. ≥0.93
4. 自由原子
5. 核心区
6. 逆向跟踪监测
7. 10
8. 生态文明建设
9. 蒸馏
10. 45
11. 污水灌溉
12. 3 ～ 20
13. 习近平生态文明思想
14. 2
15. 0
16. 信噪比
17. 归一化差值植被指数
18. 量用为出，只出不进
19. 轻度污染
20. 底栖动物

二、不定项选择题

1. D
2. ABC
3. BC
4. ABC
5. A
6. CD
7. AC
8. C
9. C
10. ABD
11. BD
12. BC
13. ABCD
14. ABCD
15. BCD
16. ACD
17. A
18. A
19. D
20. A
21. ABCD
22. C
23. D
24. ABCD
25. ACD
26. B
27. ACD
28. ABCD
29. ACD
30. ACD
31. C
32. ABC
33. C
34. AC
35. BCD
36. BCD
37. C
38. C
39. A
40. B

三、判断题

1. ×
2. √
3. ×
4. ×
5. ×
6. ×
7. ×
8. √
9. ×
10. √
11. √
12. √
13. ×
14. √
15. √
16. √
17. ×
18. ×
19. √
20. √
21. √
22. √
23. √
24. √
25. √
26. √
27. ×
28. ×
29. √
30. ×
31. ×
32. ×

33. × 34. √ 35. √ 36. ×
37. × 38. √ 39. × 40. √

四、简答题

1.（1）污染物向低洼处流动的同时，向深度方向渗透，并向两侧方向横向扩散，采样点不少于5个。

（2）每个点分层采样，事故发生点周围采样点较密、采样深度较深，离事故发生点较远处，采样点较疏，采样深度较浅。

（3）设定2～3个背景（对照）点。

（4）各点（层）取1 kg土样装入样品袋，测定腐蚀性或者挥发性化合物时，改用广口瓶装样。含有易分解有机物的待测样品，采集后置于低温（冰箱）中，直到运送、移交到实验室。

2. 采样断面（点）的设置一般以突发环境事件发生地及其附件区域为主，同时必须注重人群和生活环境，重点关注对饮用水水源地、人群活动区域的空气、农田土壤等区域的影响，并合理设置监测断面（点），以掌握污染发生地状况、反映事故发生区域环境的污染程度和范围。

对被突发环境事件所污染的地表水、地下水、大气和土壤应设置对照断面（点）、控制断面（点），对地表水和地下水还应设置消减断面，尽可能以最少的断面（点）获取足够的有代表性的所需信息，同时须考虑采样的可行性和方便性。

五、计算题

1. 已知：a=0.001；b=0.044；y=0.001 + 0.044x；

水样中总铬 x=（0.095−0.007−0.001）/0.044=1.98（μg）；

加标样中总铬 =（0.267−0.007−0.001）/0.044=5.89（μg）；

加标回收率 P=（5.89−1.98）/4.00×1.00×100%=97.8%。

2. 1.080×200.59×1000/1000（200.59+15.999）=1.0（mg/ml）（或 1.0 g/L）

六、综合分析题

1.（1）氨氮4个平行样的结果中，1.35 mg/L与其他3个结果相差较大，1.35 mg/L这一结果可能是可疑值。

用Grubbs检验法单侧检验，［$G_{0.95(4)}$=1.463］

$$\overline{X}=\frac{1}{4}(0.96+0.98+1.03+1.35)=1.08$$

$$S=\sqrt{\frac{1}{n-1}(X_i-\overline{X})^2}=\sqrt{\frac{1}{3}\left[(0.96-1.08)^2+(0.98-1.08)^2+(1.03-1.08)^2+(1.35-1.08)^2\right]}=0.182$$

$$G_4=(X_4-\overline{X})/S=(1.35-1.08)/0.182=1.484$$

因1.484>1.463，所以1.35为异常数据，应舍去。

氨氮的平均结果为0.99 mg/L。

（2）河流水质类别评价采用单因子评价法，即根据评价时段内该断面参评的指标中类别最高的一项来确定。根据执行标准和监测指标的浓度值，可确定该河流断面监测指标中高锰酸盐指数、化学需氧量、总磷、氨氮对应类别分别为：Ⅲ类、Ⅰ类、Ⅱ类、Ⅲ类，则评价该河流断面水质类别符合Ⅲ类；

（3）水质状况为良好，表征颜色为绿色；

（4）该水质功能类别适用于饮用水源地二级保护区、鱼虾类越冬场、洄游通道、水产养殖区和游泳区。

2.（1）监测系统正常运行时的所有监测数据均为有效数据，应全部参与统计。

（2）对仪器进行检查、校准、维护保养或仪器出现故障等非正常监测期间的数据为无效数据；仪器启动至仪器预热完成时段内的数据为无效数据。

（3）低浓度环境条件下监测仪器技术性能范围内的零值或负值为有效数据，应采用修正后的值 2 $\mu g/m^3$ 参加统计。在仪器故障、运行不稳定或其他监测质量不受控情况下出现的零值或负值为无效数据，不参加统计。

（4）对于缺失和判断为无效的数据均应注明原因，并保留原始记录。

七、论述题

综合采取多方面措施，防范和惩戒环境监测数据弄虚作假行为。

（1）研究制定防范和惩治领导干部干预环境监测活动的管理办法，明确情形认定，规范查处程序，细化处理规定。

（2）实行干预留痕和记录。明确环境监测机构和人员的记录责任与义务，规范记录事项和方式，对党政领导干部与相关部门工作人员干预环境监测的批示、函文、口头意见或暗示等信息，做到全程留痕、依法提取、介质存储、归档备查。

（3）准确界定环境监测机构数据质量责任。建立“谁出数谁负责、谁签字谁负责”的责任追溯制度。环境监测机构及其负责人对其监测数据的真实性和准确性负责。采样与分析人员、审核与授权签字人分别对原始监测数据、监测报告的真实性终身负责。

（4）严厉惩处环境监测数据弄虚作假行为。严肃查处监测机构和人员弄虚作假行为。对违法违规操作或直接篡改、伪造监测数据的，依纪依法追究相关人员责任。生态环境、市场监督管理部门对环境监测机构开展“双随机”检查，强化事中事后监管。生态环境、市场监督管理部门及公安机关依法给予处罚；涉嫌犯罪的，移交司法机关依法追究相关责任人的刑事责任。从事环境监测设施维护、运营的人员有实施或参与篡改、伪造自动监测数据、干扰自动监测设施、破坏环境质量监测系统等行为的，依法从重处罚。

（5）环境监测机构在提供环境服务中弄虚作假，对造成的环境污染和生态破坏负有责任的，除依法处罚外，检察机关、社会组织和其他法律规定的机关提起民事公益诉讼，或者省级政府授权的行政机关依法提起生态环境损害赔偿诉讼时，可以要求环境监测机构与造成环境污染和生态破坏的其他责任者承担连带责任。

（6）严厉打击排污单位弄虚作假行为。排污单位存在监测数据弄虚作假行为的，生态环境部门、公安机关依法予以处罚；涉嫌犯罪的，移交司法机关依法追究直接负责的主管人员和其他责任人的刑事责任，并对单位判处罚金；排污单位法定代表人强令、指使、授意、默许监测数据弄虚作假的，依纪依法追究其责任。

（7）推进联合惩戒。各级生态环境部门应当将依法处罚的环境监测数据弄虚作假企业、机构和个人信息向社会公开，并依法纳入全国信用信息共享平台，同时将企业违法信息依法纳入国家企业信用信息公示系统，实现一处违法、处处受限。

（8）加强社会监督。广泛开展宣传教育，鼓励公众参与，完善举报制度，将环境监测数据弄虚作假行为的监督举报纳入“12369”环境保护举报和“12365”质量技术监督举报受理范围。充分发挥环境监测行业协会的作用，推动行业自律。

理论考试试题真题三

一、填空题（共 35 题 50 空，每空 0.5 分，共 25 分）

1. 习近平总书记在全国生态环境保护大会上强调，要加快划定并严守____________红线。

2. 2019 年 6 月 5 日，是第四十八个世界环境日，主题为____________，全球主场活动在我国浙江省杭州市举办。

3. 生态环境监测体系建设总体目标是要建立____________、____________、____________的生态环境监测体系。

4. 生态环境监测按监测对象分包括____________、____________和____________。

5.《环境保护法》第六十五条规定，环境影响评价机构、环境监测机构以及从事环境监测设备和防治污染设施维护、运营的机构，在有关环境服务活动中弄虚作假，对造成的环境污染和生态破坏负有责任的，除依照有关法律法规规定予以处罚外，还应当与造成环境污染和生态破坏的其他责任者承担____________。

6.《地表水环境质量标准》规定的项目标准值，要求水样采集后____________，取上层非沉降部分按规定方法进行分析。

7.《环境空气质量标准》（GB 3095—2012）修改单将“标准状态”修改为“参比状态”。“参比状态”指大气温度为________K，大气压力为________hPa 时的状态。

8.《有毒有害大气污染物名录（2018 年）》中公布的 5 种重金属及其化合物有镉、铬、汞、砷、____________。

9. 利用气相色谱 - 质谱法对化合物进行定性时，除依靠保留时间，还可根据______和______进行定性。

10. 准确称取风干土样 8.00 g，置于称量瓶中，在 105℃烘箱中烘 4 ～ 5 h，烘干至恒重，称得烘干恒重后的土样重量为 7.80 g，该土样的水分含量____________。

11.《水质　酚类化合物的测定　气相色谱 - 质谱法》规定采集样品时，不能用水样预洗采样瓶，样品采集后，需将水样调节至 pH________。

12.《固定污染源废气　挥发性有机物的采样　气袋法》规定了使用聚氟乙烯（PVF）等氟聚合物薄膜气袋手工采集温度低于________℃的固定污染源废气中挥发性有机物（VOCs）的方法。

13.《2018 年中国海洋生态环境状况公报》显示，我国管辖海域水质主要超标要素为无机氮、活性磷酸盐和____________。

14. 火焰原子吸收光度法分析样品时，灯电流太高会导致____________和____________，使灵敏度下降。

15. 环境监测的基本环节是：____________、采样、分析测试、____________。

16. 质谱仪的三个最重要指标是：质量范围、____________和灵敏度。

17. 工业固体废物的制样过程包括粉碎、筛分、____________、____________。

18. 突发环境事件发生后，按照____________、统一指挥、____________、快速反应的原则开展突发环境事件应急监测。

19. 分光光度法测定样品时，比色皿表面不清洁是造成测量误差的常见原因之一，每当测定有色溶液后，一定要充分洗涤。可用____________涮洗，或用____________浸泡。注意浸泡时间不宜过长，以防比色皿脱胶损坏。

20. 在离子色谱分析中，为了缩短分析时间，可通过改变分离柱的容量、淋洗液强度和____________，以及在淋洗液中加入有机改进剂和用梯度淋洗技术来实现。

21. 玻璃量器的容量允差是指量器的实际容量与____________在限定范围内的误差值。

22. 各类声环境功能区夜间突发噪声，其最大声级超过环境噪声限值的幅度不得高于________dB（A）。

23. 环境空气中二噁英的采样点应位于开阔地带，距可能扰动环境空气流的障碍物至少____m以上。采样器应安装在距离地面____m以上的位置。为防止地面扬尘，可在设备附近铺设塑料布或其他隔离物。采样时间应尽量避开大风和下雨天气。

24. 在《土壤环境质量标准》（HJ/T 166—2004）中，pH和____________为基本项目，用于确定监测结果对应的质量标准值。

25. 在城镇污水处理厂排放标准中，____________和选择控制项目不设分级控制限值。

26. 用便携式仪器测得NO_x的体积浓度为100ppm，其质量浓度为________mg/m^3。

27. 石墨炉原子吸收光度法测定样品时，____________对分析灵敏度和石墨管寿命均有影响。

28. 质量体系文件包括质量手册、程序文件、作业指导书和____________。

29.测定水中高锰酸盐指数时，欲配制0.100 0 mol/L草酸钠标准溶液100 ml，应称取优级纯草酸钠________g。（草酸钠分子量：134.10）

30. 在实验室内质量控制技术中，平行样分析只能反映数据的精密度，不能表示数据的____________，加标回收率表示数据的______________。

31. 化学试剂取用时，应遵循“________________”原则，取用后及时密塞，分类保存，严格防止试剂被沾污。

32. 验收监测应在正常生产工况并达到生产规模____________以上情况下进行，记录监测时的生产工况、生产规模和其他有关参数。

33. 实验室使用的气体钢瓶用不同颜色加以区分，其中乙炔气钢瓶颜色为______色，氧气钢瓶颜色为______色，氮气钢瓶颜色为______色。

34. 记录应有完整性、充分性和____________，为监测过程提供客观证据。

35. 生态系统的四个组成要素是生产者、消费者、分解者及______________。

二、单项选择题（共40题，每题0.5分，共20分）

1.《2018年中国生态环境状况公报》显示，空气质量与2017年相比，________浓度和超标天数比例均上升，其他五项指标浓度和超标天数比例均下降。（　　）

A．臭氧　　　　B．二氧化氮　　　　C．一氧化碳　　　　D．$PM_{2.5}$

2.《关于全面加强生态环境保护　坚决打好污染防治攻坚战的意见》指出，到 2020 年，生态环境质量总体改善。二氧化硫、氮氧化物排放量比 2015 年减少________以上，化学需氧量、氨氮排放量减少________以上。(　　)

A．15%　12%　　　　B．18%　15%　　　　C．15%　10%　　　　D．18%　10%

3. 新修订的《中华人民共和国环境保护法》施行“按日计罚”之后，罚款数额________。

A．最高 100 万元　　　　B．最高 500 万元　　　　C．最高 1000 万元　　　　D．上不封顶

4.《中华人民共和国固体废物污染环境防治法》对经中华人民共和国过境转移危险废物所作的规定是________。(　　)

A．经环境部门同意后可以过境转移危险废物　　B．禁止过境转移危险废物

C．经海关同意可以过境转移危险废物　　D．可以过境转移危险废物

5.《环境监测　分析方法标准制修订技术导则》(HJ 168—2020)规定，分析方法以________倍检出限作为测定下限。(　　)

A．2　　　　B．4　　　　C．5　　　　D．10

6. 地下水质量应定期监测。潜水监测频率应不少于每年________次。承压水监测频率可以根据质量变化情况确定。(　　)

A．1　　　　B．2　　　　C．4　　　　D．12

7.《土壤和沉积物　铜、锌、铅、镍、铬的测定　火焰原子吸收分光光度法》电热板消解法需要加入酸的顺序为________。(　　)

A．盐酸、硝酸、氢氟酸　　　　B．盐酸、氢氟酸、硝酸、高氯酸

C．盐酸、氢氟酸、高氯酸　　　　D．盐酸、硝酸、氢氟酸、高氯酸

8.《固定污染源废气非甲烷总烃连续监测系统技术要求及检测方法》规定了固定污染源废气非甲烷总烃连续监测系统的主要技术要求、检测项目和检测方法。使用催化氧化技术氧化除甲烷外的气态有机化合物的装置，其转化效率应不低于________%。(　　)

A．85　　　　B．90　　　　C．95　　　　D．99

9. 环境空气质量监测点位布设要求，对于路边交通点，一般应在行车道的下风侧，根据车流量的大小、车道两侧的地形、建筑物的分布情况等确定路边交通点的位置，采样口距道路边缘距离不得超过________m。(　　)

A．10　　　　B．20　　　　C．30　　　　D．50

10. 开展环境噪声监测时，一般户外的测点选择要距离任何反射物(地面除外)至少________m外测量，距地面高度 1.2 m 以上。(　　)

A．1.5　　　　B．2.5　　　　C．3.5　　　　D．4.5

11. 火焰原子吸收光度法的雾化效率与________无关。(　　)

A．试液密度　　　　B．试液黏度　　　　C．试液浓度　　　　D．表面张力

12.《固体废物　浸出毒性浸出方法　硫酸硝酸法》是以硝酸 / 硫酸混合溶液为浸提剂，模拟废物在不规范填埋处置、堆存或经无害化处理后废物的土地利用时，其中的有害组分在酸性降水的影响下，从废物中浸出而进入环境的过程。当测定样品中重金属和半挥发性有机物的浸出毒性时，选

用浸提剂的 pH 为________±0.05。(　　)

A．2.20　　B．3.20　　C．4.20　　D．5.20

13.用光度法测定某水样中亚硝酸盐含量，取 4.00 ml 水样于 50 ml 比色管中，用水稀释至标线，加 1.0 ml 显色剂，测得 NO_2^--N 含量为 0.010 mg，原水样中 NO_2^- 含量是________。(　　)

A．9.86　　B．8.21　　C．3.00　　D．2.50

14. 利用分光光度法测定样品时，下列因素中________不是产生偏离朗伯—比尔定律的主要原因。(　　)

A．所用试剂的纯度不够的影响　　B．非吸收光的影响

C．非单色光的影响　　D．被测组分发生解离、缔合等化学因素

15. 污染源排气筒高度是指________。(　　)

A．从海平面至排气筒出口处的高度　　B．从排气筒底部至排气筒出口处的高度

C．排气筒高于附近建筑物的高度　　D．排气筒所在的地平面至排气筒出口处的高度

16. 根据《危险废物鉴别标准　腐蚀性鉴别》(GB 5085.1—2007)，对废物进行腐蚀性鉴别，其浸出液 pH 范围为________时，属于危险废物。(　　)

A．pH ⩾ 12.5 或 pH ⩽ 2.0　　B．pH ⩾ 12.0 或 pH ⩽ 4.0

C．pH ⩽ 12.5　　D．pH ⩽ 4.0

17. 原子荧光法通常使用________作为光源。(　　)

A．氢灯　　B．高强度空心阴极灯　　C．氘灯　　D．高压汞灯

18. 污染源监督性监测数据是开展________的重要依据。(　　)

A．环境执法　　B．环境执法和环境管理

C．环境处罚和环境管理　　D．环境处罚

19. 碱性过硫酸钾消解紫外分光光度法测定水中总氮时，其过硫酸钾的作用是________。(　　)

A．还原　　B．显色　　C．氧化　　D．消除干扰

20. 进行滴定操作时，滴定速度以________为宜，切不可成直线放下。(　　)

A．每秒 3 ～ 4 滴或 8 ～ 10 mL/min　　B．每秒 5 ～ 6 滴或 10 ～ 12 mL/min

C．每秒 4 ～ 5 滴或 6 ～ 8 mL/min　　D．每秒 3 ～ 4 滴或 6 ～ 8 mL/min

21. 原子吸收线的基本特征一般不以________来描述。(　　)

A．谱线波长　　B．谱线轮廓　　C．谱线强度　　D．谱线形状

22. 在细菌监测中，测定值大于 100 时，采用________报出结果。(　　)

A．按实数

B．两位有效数字，用 10 的指数表示

C．用 10 的指数表示，有效数字位数与实数相同

23. 土壤背景采样点离铁路、公路至少________m 以上。(　　)

A．50　　B．100　　C．200　　D．300

24. 结构噪声的测量值 L_{Aeq} 为 47.1 dB(A)，背景值为 43.9 dB(A)，则修正后的 L_{Aeq} 为________dB(A)。(　　)

A．45.1　　B．44.1　　C．46.1

25.液相色谱法测定中，一根长色谱柱上组分 1 和组分 2 的峰底宽度分别为 1.5 mm、1.6 mm，测得两峰尖间距为 2.48 mm，该色谱柱的分离度为________(　　)。

A．1.6　　B．2.6　　C．1.5　　D．2.5

26. 工业固体废物样品缩分时，将样品混匀后，采用二分法，每次减量一半，直至试验、分析用量的________倍为止。(　　)

A．2　　B．5　　C．10　　D．20

27.《发酵酒精和白酒工业水污染物排放标准》（GB 27631—2011）和《电镀污染物排放标准》（GB 21900—2008）等行业污染物排放标准规定，产品产量和排水量的统计周期为：________。(　　)

A．一个工作日　　B．一周　　C．一个月　　D．一个季度

28. 使用吸附采样管采样时，采样前应做________试验。(　　)

A．气样中污染物的穿透试验　　B．采样管的密封性实验

C．填充物的空白实验　　D．气样中污染物的空白试验

29. X 荧光光谱法通过标准化样品（又称漂移校正样品）校正 X 射线强度的漂移，校正后的强度能对应原先建立的校准曲线，避免了繁琐、复杂的建立校准曲线工作。下列对标准化样品的要求的叙述，不正确的是________。(　　)

A．标准化样品必须是化学组成和物理状态长期不变的均匀样品

B．标准化样品需要有准确的化学值，且要有合适的元素含量以保证合适的强度，以满足不同校正范围

C．在测量标准样品制作校准曲线时，必须同时测量标准化样品的强度

D．标准化样品类型不受限制，可以从标准样品中选取，也可以是其他种类能满足要求的样品

30. 根据《环境空气质量评价技术规范（试行）》（HJ 633—2013），超标倍数保留________位小数，达标率保留________位小数。(　　)

A．1　1　　B．1　2　　C．2　1　　D．2　2

31. 用基准物标定法配制的标准溶液，至少平行标定三份，平行标定相对偏差不大于________，取其平均值计算溶液的浓度。(　　)

A．0.1%　　B．0.2%　　C．0.3%　　D．0.5%

32. 在确定环境空气监测点位具体位置时，在监测点采样口周围________捕集空间，环境空气流动不受任何影响。如果采样管的一边靠近建筑物，至少在采样口周围要有________弧形范围的自由空间。(　　)

A．120°，180°　　B．240°，270°

C．270°，180°　　D．360°，180°

33. 不能消除原子荧光光谱干扰荧光谱线的方法是________。(　　)

A．预先化学分离干扰元素　　B．增加灯电流

C．选用其他的荧光分析线　　D．加入络合剂络合干扰元素

34. 用于监测地下水而设置的监测井，其深度应该根据监测目的、所处含水层类型及其埋深和厚度来确定，尽可能超过已知最大地下埋深________。(　　)

A．0.5 m　　B．1 m　　C．2 m　　D．3 m

35. 生态环境监测机构应保证人员数量及其专业技术背景、工作经历、监测能力等与所开展的监测活动相匹配，中级及以上专业技术职称或同等能力的人员数量应不少于生态环境监测人员总数的________。

A. 15%　　B. 25%　　C. 35%　　D. 50%

36. 我国《国家突发环境事件应急预案》规定：突发环境事件责任单位在发现突发环境事件后向所在地人民政府报告的时限是________。(　　)

A. 半小时内　　B. 1 小时内　　C. 2 小时内　　D. 3 小时内

37. 原子荧光法在测定污水样品中的砷时，经常使用________消解体系对样品进行预处理。(　　)

A. HCl　　B.（1+1）HNO_3-$HClO_4$

C.（1+1）HCl-H_3PO_4　　D. $HClO_4$

38. 根据《地表水环境质量评价办法（试行）》（环办〔2011〕22 号）评价河流整体水质状况，当河流的评价断面总数在 5 个（含 5 个）以上，Ⅰ～Ⅲ类水质比例＜75%，且劣Ⅴ类比例＜20%，则河流水质状况为________。(　　)

A. 良好　　B. 一般　　C. 轻度污染　　D. 中度污染

39. 水质自动监测常规五参数是：________。(　　)

A. pH、氨氮、电导率、高锰酸盐指数、浊度

B. 高锰酸盐指数、浊度、TOC、水温、化学需氧量

C. pH、电导率、浊度、水温、溶解氧

D. 氨氮、电导率、高锰酸盐指数、浊度、水温

40. 由于土壤组成的复杂性和理化性状的差异，重金属在土壤环境中形态的多样性，其中以有效态和________的毒性最大。(　　)

A. 残留态　　B. 结合态　　C. 交换态　　D. 游离态

三、判断题（共 30 题，每题 0.5 分，共 15 分）

1.《土壤环境质量 农用地土壤污染风险管控标准（试行）》中的其他项目（选测项目）包括六六六、滴滴涕和多环芳烃。(　　)

2. 地表水水质自动监测系统建设中，站址选择原则包括建站可行性、水质代表性、监测长期性、系统安全性和运行经济性。(　　)

3. 公安机关单独提取污染物样品进行检测获取的数据，在刑事诉讼中不可以作为证据使用。(　　)

4. 生态环境监测机构授权签字人应掌握较丰富的授权范围内的相关专业知识，并且具有与授权签字范围相适应的相关专业背景或教育培训经历，具备中级及以上专业技术职称或同等能力，且具有从事生态环境监测相关工作 5 年以上经历。(　　)

5. 测量某条道路的交通噪声取得 3 个路段的等效声级分别为 78 dB（A）、70 dB（A）、72 dB（A），各路段声级对应路段长度为：800m，500m，1000m，则整条道路的等效声级为 83.7 dB（A）。(　　)

6. 排污单位如有污水处理设施并能正常运转使污水能稳定排放，则污染物排放曲线比较平稳，瞬时样可用于监督性监测。（　　）

7.《水质　石油类和动植物油类的测定　红外分光光度法》（HJ 637—2018 代替 HJ 637—2012）不再适用于地表水和地下水中的石油类和动植物油类的测定。（　　）

8. 卫星遥感秸秆焚烧监测技术原理是基于秸秆焚烧疑似火点像元与背景常温像元在中红外和热红外波段亮度温度的差异识别热异常点，结合土地分类数据，提取秸秆焚烧疑似火点。（　　）

9. 国家环境质量标准和国家污染物排放标准中规定的生态环境监测方法标准应规范使用，若新发布的生态环境监测方法标准与指定的监测方法不同，即使其适用范围相同，也不能使用。（　　）

10. 功能区声环境质量监测评价时，应将各类功能区的所有点位进行能量平均，然后各类功能区单独评价。（　　）

11. 监测环境空气中气态污染物时，要获得 1h 的平均浓度，样品的采样时间应不少于 30 min。（　　）

12.《水十条》中规定深化污染物排放总量控制。完善污染物统计监测体系，将工业、城镇生活、农业、移动源等各类污染源纳入调查范围。选择对水环境质量有突出影响的总氮、总磷、重金属等污染物，研究纳入流域、区域污染物排放总量控制约束性指标体系。（　　）

13.《土十条》中规定推动治理与修复产业发展。放开服务性监测市场，鼓励社会机构参与土壤环境监测评估等活动。（　　）

14. 在饮食业油烟采样时，采样次数至少为 3 次，每次 15 min。（　　）

15. 在监测分析中，出具的监测数据时间小于该方法标准规定的最短分析时间，并未办理方法偏离的行为，属于篡改监测数据行为。（　　）

16. ICP 进样装置的性能对光谱仪的分析性能影响不大。（　　）

17. 火焰原子吸收光度法分析样品时，提高火焰温度使分析灵敏度提高。（　　）

18. 受潮汐影响的地表水监测断面应采集涨平潮位和退平潮位的水样。（　　）

19. 称取氯化钠 0.357 2 g，溶解于水并定容于 100 ml 容量瓶中，此容量瓶中氯化钠溶液的摩尔浓度是 0.061 12 mol/L（氯化钠摩尔质量为 58.44 g/mol）。（　　）

20. 某空气质量自动监测站点在 2013 年 12 月 6 日 13 时测得 SO_2 浓度为 803 μg /m^3，根据《环境空气质量指数（AQI）技术规定（试行）》（HJ 633—2012）的规定，此时该站点的 SO_2 小时 IAQI 值应为空值。（　　）

21. 大气污染型土壤监测单元一般以污染源为中心放射状布点，而灌溉水污染和农用固体废物污染型土壤监测单元则采用均匀布点。（　　）

22. 吹扫捕集 - 气相色谱法测定水中苯系物时，吹扫时间长短对苯系物的分析无影响。（　　）

23. 在应急监测中，对江河的采样应在事故地点及其下游一定距离范围内布点采样，同时要在事故发生地点上游采对照样。（　　）

24. 在一系列操作中，如果使用了多种计量仪器时，有效数字以最少的一种计量仪器的位数表示。（　　）

25. 列入强检目录的环境监测仪器，应按计量法的规定定期进行检定，贴上三色标签，其中的蓝色标签代表准用证。（　　）

26. 量值传递是自下而上的过程，量值溯源是自上而下的过程。（　）

27. 离子选择电极法测定水中的氟化物时，水样的温度、浊度和色度对测定结果均有影响。（　）

28. 海水重金属样品采集后，应立即用 0.45 μm 滤膜过滤处理，水样酸化至 pH 小于 2。（　）

29. 对于分析挥发性有机物的水质样品，如果采样后不能立即分析，应在零下 20℃进行冷冻储存，尽快分析。（　）

30.《关于深化环境监测改革　提高环境监测数据质量的意见》明确到 2020 年，确保环境监测数据全面、准确、客观、真实。

四、简答题（共 4 题，每题 3 分，共 12 分）

1. 简述环境空气质量监测点位布设原则。

2. 简述加标回收率测定时应注意的事项有哪些方面。

3. 简述环境监测数据弄虚作假行为的定义。

4. 石墨炉原子吸收光度法中常用基体改进剂提高分析灵敏度和准确度，请简要介绍基体改进剂提高分析灵敏度的工作原理，并列举至少三类基体改性剂。

五、计算题（共3题，每题4分，共12分）

1. 用大气采样器采集无组织排放硫化氢气体，采样流量为1.0 L/min，避光采样60 min，现场大气压为100.2 kPa，采样温度为5℃。采样后于实验室进行分析，测得该样品溶液中硫化氢含量为4.5 μg，则该样品溶液中硫化氢浓度为多少？（标准大气压101.3 kPa）

2. 对同一样品作10次平行测定，获得的数据分别为4.41、4.49、4.50、4.51、4.64、4.75、4.81、4.95、5.01和5.39，试检验最大值是否为异常值。取检验水平为5%。[$G_{0.95(10)}$=2.176]

3. 在某环境污染事故的应急监测中，拟采用纳氏试剂分光光度法测定事故现场环境中的氨气，已知该方法的分析检出限为0.5 μg/10 ml，当吸收液体积为10 ml、气体采样体积为20 L时，请计算该方法的实际检出限（mg/m^3）。应急监测人员在事故现场先用便携式仪器预测得到事故点的氨气浓度约为0.5 ppm，请判断纳氏试剂分光光度法的检出限是否可满足本次应急监测的需要？

六、综合分析题（共 2 题，每题 5 分，共 10 分）

1. 右图为某企业的厂区平面图，对该企业进行臭气浓度监测，监测当天该企业所在地的主导风向为东南风。

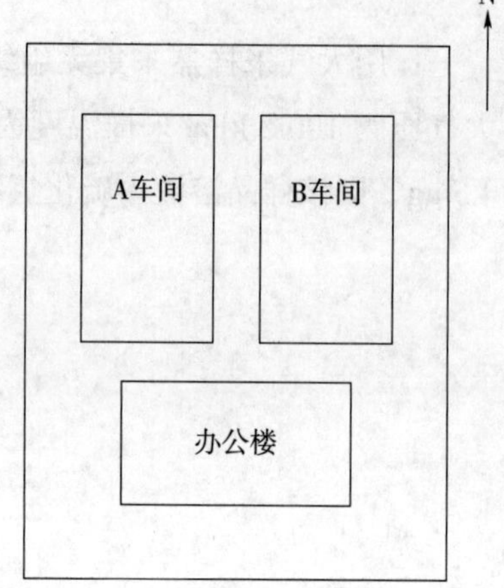

1）请叙述到达现场后的工作流程；

2）结合平面图进行无组织采样点位布设（提示：下风向至少 3 个测点，需在图上标识）；

3）列举现场原始记录需要填写的主要内容。

2. 如下数据是某河流的 3 个断面的监测结果年均值。

请根据单因子类别评价方法确定断面水质类别、超标最重污染物和超标倍数、河流功能区达标率。

某河流监测结果年均值

单位：mg/L

点位名称	高锰酸盐指数	COD_{Cr}	BOD_5	氨氮	氟化物（F）	砷	挥发酚	石油类	功能区要求
A	2.11	18.41	2.33	0.10	0.327 5	0.004 0	0.001 0	0.040	Ⅲ
B	9.74	37.90	5.16	0.35	0.375 0	0.004 0	0.001 3	0.200	Ⅳ
C	6.75	29.74	4.42	0.38	0.485 0	0.004 0	0.001 0	0.110	Ⅲ

七、论述题（共 1 题，每题 6 分，共 6 分）

论述党和国家机构改革后，生态环境监测工作面临的机遇与挑战。

真题三答案

一、填空题

1. 生态保护
2. “蓝天保卫战，我是行动者”
3. 独立 权威 高效
4. 环境质量监测 污染源监测 生态状况监测
5. 连带责任
6. 自然沉降 30 min
7. 298.15 1 013.25
8. 铅
9. 质荷比 丰度
10. 2.6%；以百分数表示风干土样水分含量

$f=(W_1-W_2)\times100\%/W_1=(8.00-7.80)\times100\%/7.80=2.6\%$

11. ≤2
12. 150
13. 石油类
14. 谱线变宽 谱线自吸收
15. 布点 数据处理及综合评价
16. 分辨率
17. 混合、缩分
18. 属地管理 分级负责
19. 相应的溶剂 （1+3）HNO_3
20. 流速
21. 标称容量
22. 15
23. 2 1.5
24. 阳离子交换量
25. 一类重金属污染物
26. 205
27. 载气流量的大小
28. 记录
29. 0.670 5

0.100 0×（134.1×1/2）×100/100 0=0.6705（g）

30. 准确度，准确度
31. 量用为出，只出不进
32. 75%
33. 白，淡蓝，黑
34. 可追溯性
35. 非生物环境

二、单项选择题

1. A
2. C
3. D
4. B
5. B
6. B
7. D
8. C
9. B
10. C
11. C
12. B
13. B
14. A
15. D
16. A
17. B
18. B
19. C
20. D
21. D
22. B
23. D
24. B
25. A
26. C
27. A
28. A
29. B
30. C
31. B
32. C
33. B
34. C
35. A
36. B

37. B 38. C 39. C 40. C

三、判断题

1. × 2. √ 3. × 4. ×
5. × 6. √ 7. √ 8. √
9. × 10. × 11. × 12. √
13. √ 14. × 15. √ 16. ×
17. × 18. √ 19. √ 20. √
21. √ 22. × 23. √ 24. √
25. × 26. × 27. × 28. ×
29. × 30. √

四、简答题

1.（1）代表性：具有较好的代表性，能客观反映一定空间范围内的环境空气质量水平和变化规律，客观评价城市、区域环境空气状况，污染源对环境空气质量影响，满足为公众提供环境空气状况健康指引的需求。（2）可比性：同类型监测点设置条件尽可能一致，使各个监测点获取的数据具有可比性。（3）整体性：环境空气质量评价城市点应考虑城市自然地理、气象等因素，以及工业布局、人口分布等社会经济特点，在布局上应反映城市主要功能区和主要大气污染源的空气质量现状及变化趋势，从整体出发合理布局，监测点之间相互协调。（4）前瞻性：应结合城乡建设规划考虑监测点的布设，使确定的监测点能兼顾未来城乡空间格局变化趋势。（5）稳定性：监测点位置一经确定，原则上不应变更，以保证监测资料的连续性和可比性。

1～2 个答案不给分，3 个给 1 分，4 个给 2 分，5 个给 3 分。

2.（1）加标物的形态应该与待测物的形态相同。

（2）加标量应和样品中所含待测物的测量精密度控制在相同的范围内，一般情况下作如下规定：

①加标量应尽量与样品中待测物含量相等或相近，并应注意对样品容积的影响；

②当样品中待测物含量接近方法检出限时，加标量应控制在校准曲线的低浓度范围；

③在任何情况下加标量均不得大于待测物含量的 3 倍；

④加标后的测定值不应超出方法的测量上限的 90%；

⑤当样品中待测物浓度高于校准曲线的中间浓度时，加标量应控制在待测物浓度的半量。

（3）由于加标样和样品的分析条件完全相同，其中干扰物质和不正确操作等因素所导致的效果相等。当以其测定结果的减差计算回收率时，常不能确切反映样品测定结果的实际差错。

3. 环境监测数据弄虚作假行为，是指故意违反国家法律法规、规章等以及环境监测技术标准规范，篡改、伪造或者指使篡改、伪造环境监测数据等行为，或其他故意造成监测数据失实的行为。

4. 基体改进剂可以和试样基体、分析元素和石墨炉体三者相互作用，并可改善环境气氛，消除和减少基体干扰，避免分析元素灰化损失，促进其原子化效率的提高，扩大基体与分析元素间的性质差异，最终将有利于分析灵敏度和准确度的提高。

三类基体改性剂：（1）金属盐类化合物；（2）铵盐和无机酸；（3）有机酸类。

五、计算题

1. V_{nd}=（V_t×273×P）/［（273+t）×101.3］

=（1.0×60×273×100.2）/［（273+5）×101.3］=58.3（L）

C（H_2S，mg/m^3）=W/V_{nd}=4.5/58.3=0.077（mg/m^3）

2. 用 Grubbs 检验法，为单侧检验：

$\overline{X}$=4.746

$$S=\sqrt{\frac{1}{n-1}\left(\sum_{i=1}^{n}X_i^2-n\overline{X^2}\right)}=0.305$$

n=10 X_{10}=5.39

G_{10}=（X_{10}-$\overline{X}$）/S=（5.39-4.746）/0.305=2.111

当 n=10 时，查表得 $G_{0.95(10)}$=2.176，因 $G_{10}<G_{0.95(10)}$，所以 5.39 为正常值。

3. 该方法的实际检出限为：0.5 μg /10 ml×10 ml /20 L=0.025 mg/m^3；

现场氨气的预测浓度为：0.5×17/22.4=0.379 mg/m^3；

因该方法实际检出限低于事故点现场氨气预测浓度，可满足本次应急监测的需要。

六、综合分析题

1.（1）工作流程

1）到达监测现场后，先了解企业的工艺情况、工况实际运行情况，决定监测频次；

2）了解周边企业及有无敏感点的情况；

3）选择空旷地带测量风向和风速，在厂区各厂界实地感受臭气分布情况，根据主导风向选择合理的下风向测点；必要时可增加上风向测点（非必需）；

4）按照设定的监测频次采集样品，同步记录采样时间、各点位的气象参数；

5）采样结束后，将采集的样品避光保存及时运回实验室分析。

（2）布点

因当日主导风向为东南风，故布点选择厂界西北侧边界线上（如下图所示）。

（3）原始记录

1）监测任务信息：任务名称，任务性质，监测日期，监测项目，监测期间企业的工况，监测点位示意图，监测人员签名，企业陪同人员签名。

2）现场采样信息：气象参数（大气压力、温度、湿度、风速、风向），每个点位每次采样时间，仪器设备型号及编号。

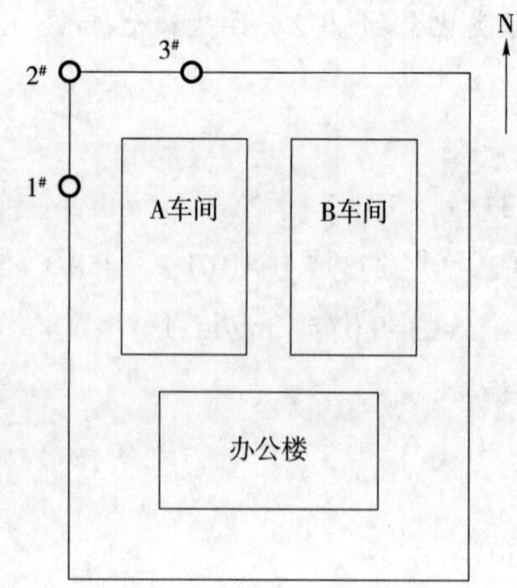

2. A 断面水质为Ⅲ类，达到功能区要求；

B 断面水质为Ⅴ类，最重污染物为 COD_{Cr}，超标 0.26 倍，达不到功能区要求。

C 断面水质为Ⅳ类，最重污染物为石油类，超标 1.20 倍，达不到功能区要求。

该河流功能区达标率为 33.3%。

七、论述题

一、生态文明建设和五个打通的具体内涵。

从生态文明建设的新形势看，新一轮党和国家机构改革明确了生态环境部统一行使生态和城乡各类污染排放监管与行政执法的职责，要求重点强化生态环境监测评估职能，统一发布生态环境信息。特别是“山水林田湖草”统一监管、系统治理，要求以生态系统整体性、系统性及其内在规律为基本遵循，建立与之相适应的生态环境监测体系，从管理体制、运行机制、业务网络、法规标准、装备能力、人才队伍等各个方面提质升级，按照“五个打通”要求，统筹实施地下水、水功能区、入河排污口、海洋、农业面源和温室气体监测。同时，生态文明建设体制机制的逐步健全、绿色发展政策的深入实施和科技创新实力的不断增强，为持续深化生态环境监测改革创新释放了政策红利、法治红利和技术红利。

二、三期叠加和污染防治攻坚战。

从污染防治攻坚的新需求看，当前正处于污染防治“三期叠加”的重要阶段，要实现 2035 年生态环境质量根本好转的目标，需要加大力度破解重污染天气、黑臭水体、垃圾围城、生态破坏等突出环境问题，系统解决区域性、布局性、结构性环境风险。环境监测作为客观评价生态环境质量状况、反映污染治理成效、实施生态环境管理与决策的基本依据，业务重心也必须从常规监测评价向支撑考核排名、引导重污染应对和服务环境治理延伸，加快推进业务拓展、技术研发、指标核算、规范制定、信息集成与数据分析，对进一步提升监测业务技术支撑的及时性、前瞻性、精准性提出了更高要求。

三、监测信息公开。

从人民群众对美好生活的新期待看，生态环境监测是评估生态产品供给情况的依据，随着人民群众对更多优质生态产品需求的日益增长，公众对身边的环境质量和环境安全空前关注，监测数据已逐渐成了关系政府公信力的重要政治问题，对进一步扩大和丰富环境监测信息公开、宣传引导、公众监督的内容、渠道、形式等提出更高、更精细的要求；对进一步加强细颗粒物、超细颗粒物、痕量重金属、有毒有害污染物、持久性有机污染物、环境激素、放射性物质等与人体健康密切相关指标的监测与治理提出更多诉求；对有效防范生态环境风险、提升突发环境事件应急监测响应时效提出更新期待。

四、全球性监测。

从参与全球环境治理的新视野看，履行温室气体和破坏臭氧层物质、生物多样性、持久性有机污染物、汞、危废和化学品等领域的国际公约，参与全球微塑料、海洋低氧、西北太平洋核污染、极地冰川大洋等新兴环境问题治理是发挥和彰显我国负责任大国形象的重要途径，也是提升我国生态环境保护领域国际话语权的重要基础，对现有监测工作提出了更高要求。上合组织、中日韩、中国 - 东盟、澜沧江 - 湄公河，以及“一带一路”沿线等合作组织共同应对区域沙尘暴、酸沉降、污染物跨界传输和转移等环境问题为监测技术交流和监测装备发展提供了更多机遇。

理论考试试题真题四

一、填空题（共 11 题 20 空，每空 0.5 分，共 10 分）

1. 重金属具有细胞毒性，能破坏微生物细胞内的____________，导致细胞死亡，可在样品采集时加入____________消除干扰。

2. 根据《场地环境监测技术导则》（HJ 25.2—2014），场地监测的基本原则是__________原则、____________原则、____________原则。

3. 根据《环境空气质量标准》第 1 号修改单（GB 3095—2012/XG1—2018），参比状态是指大气温度为____________、大气压力为____________时的状态。

4. 根据《地表水自动监测技术规范（试行）》（HJ 915—2017）进行实际水样比对，实际水样比对合格率应不小于____________。

5. 依据《固定污染源排气中颗粒物测定与气态污染物采样方法》（GB/T 16157—1996），烟气测试中，采样时间视待测污染物浓度而定，每个样品采样时间一般不少于__________。

6. 分光光度法测定样品时，测定同一溶液时，同组比色皿之间吸光度相差应小于__________，否则需进行校正。

7. 根据《水质　可吸附有机卤素（AOX）的测定　微库仑法》（GB/T 15959—1995）测定水中 AOX 时，全程序空白（以 Cl 计）应控制在________μg/L 以下，否则应分别对____________步骤、____________步骤和微库仑测定步骤进行核查。

8. 连续流动比色法测定海水中硝酸盐时，磷酸盐浓度高于 0.1 mg/L 会____________，在分析之前应稀释或者用氢氧化铁除去磷酸盐。

9. 在 LC-MS 常用的 ESI 和 APCI 两种离子源中，____________适用于测定热不稳定化合物，____________适用于测定非极性和半极性化合物。

10. 离子色谱分析时，可通过____________缩短分析时间。

11. 国务院办公厅印发的《生态环境监测网络建设方案》中指出，到 2020 年，全国生态环境监测网络基本实现____________、____________、____________监测全覆盖。

二、单项选择题（共 20 题，每题 0.5 分，共 10 分）

1. 声功率为 85 dB 的 4 台机器和 80 dB 的 2 台机器同时工作时，它同声功率级为________dB 的 1 台机器工作时的状况相同。（　　）

A．86　　B．90　　C．92　　D．96

2. 根据《固定污染源排气中石棉尘的测定　镜检法》（HJ/T 41—1999），采集石棉尘的滤膜孔径应为________μm。（　　）

A．0.22　　B．0.45　　C．0.8　　D．1.0

3. 测量不确定度的值是（　　）。

A．恒为正值　　B．可为正值也可为负值

C．恒为负值　　D．与误差保持一致

4. 根据《地表水环境质量评价方法（试行）》，断面水质类别为Ⅴ类水质时，定性评价其表征颜色为（　　）。

A．绿色　　B．蓝色　　C．黄色　　D．橙色

5. 湿沉降采样器宜设置在开阔、平坦、多草、周围________内没有树木的地方。（　　）

A．30 m　　B．50 m　　C．100 m　　D．200 m

6. 结构噪声的测量值 L_{Aeq} 为 47.1 dB（A），背景值为 35.9 dB（A），则修正后的 L_{Aeq} 为________dB（A）。（　　）

A．45.1　　B．44.1　　C．46.1　　D．47.1

7. 根据《环境空气质量标准》（GB 3095—2012），SO_2、NO_2 等自动监测，每月有效数据获取率不应低于________天。（　　）

A．21　　B．25　　C．27　　D．28

8. 用滤纸过滤时，将滤液移至滤纸上时，滤液的高度最多不得超过滤纸圆锥高度的________处。（　　）

A．1/2　　B．1/3　　C．3/4　　D．2/3

9. 极差是指________。（　　）

A．绝对偏差的绝对值之和的平均值　　B．平均偏差与测量均值的比值

C．一组测量值内最大值与最小值之差　　D．测量值与真值之差

10. 当 AQI 为 100 时，对应的空气质量等级、空气质量指数类别、表示颜色分别为：________、________、________。（　　）

A．二级、良、黄色　　B．二级、良、橙色

C．三级、轻度污染、黄色　　D．三级、轻度污染、橙色

11. 一个分析方法或分析系统的________是反映该方法或该测量系统存在的系统误差和随机误差的综合指标，它决定着这个分析结果的可靠性。（　　）

A．精密度　　B．准确度　　C．灵敏度　　D．检出限

12.《工业固体废物采样制样技术规范》（HJ/T 20—1998）规定，工业固体废物样品每份样品保存量至少应为试验和分析需用量的________倍。（　　）

A．1　　B．2　　C．3　　D．5

13. 下列方法中，不是《固定源废气监测技术规范》（HJ/T 397—2007）规定的排气中水分含量测定方法的是（　　）。

A．干湿球法　　B．化学法　　C．冷凝法　　D．重量法

14.《固定污染源废气　气态汞的测定　活性炭吸附 / 热裂解原子吸收分光光度法》（HJ 917—2017）中规定，当汞浓度≤ 1 μg/m³ 时，吸附管的穿透率应≤________。（　　）

A．10%　　B．20%　　C．30%　　D．50%

15. 由于土壤组成的复杂性和理化性状的差异，重金属在土壤环境中具有多种形态，其中以有效态和________的毒性最大。(　　)

A．残留态　　B．结合态　　C．交换态　　D．游离态

16. 质量范围最宽的质量分析器是________。(　　)

A．离子阱质谱　　B．扇形磁场质谱　　C．飞行时间质谱　　D．四极杆质谱

17. 对于含硫量较高的二噁英类样品，净化过程中可在多层硅胶柱上端加入适量铜粉。铜粉在使用前应用________清洗，去除表面的氧化物后，再用纯净水清洗并干燥。(　　)

A．稀盐酸　　B．浓硫酸　　C．稀硝酸　　D．稀醋酸

18. 依据《环境空气总烃、甲烷和非甲烷总烃的测定　直接进样—气相色谱法》(HJ 604—2017)，用气袋采集环境空气非甲烷总烃样品，样品保存时间不超过________。(　　)

A．8 h　　B．12 h　　C．24 h　　D．48 h

19. 根据《土壤环境监测技术规范》(HJ/T 166—2004)，土壤常规项目监测频次原则上为每________年监测一次。(　　)

A．1　　B．2　　C．3　　D．5

20. 根据《水质　总大肠菌群、粪大肠菌群和大肠埃希氏菌的测定　酶底物法》(HJ 1001—2018)，三角瓶、移液管等玻璃器皿及采样器具试验前应于________℃高压蒸汽灭菌________min，烘干，备用。(　　)

A．120　20　　B．120　30　　C．121　20　　D．121　30

三、多项选择题（共 10 题，每题 1 分，共 10 分）

1. 下列________不属于第一类污染物。(　　)

A．总铜　　B．六价铬　　C．苯并［*a*］芘

D．总氰化物　　E. 总银

2.《环境空气质量标准》(GB 3095—2012)附录 A 资料性目录中规定了六项污染物的参考浓度限值，下列________不在附录 A 中。(　　)

A．镉（Cd）　　B．铅（Pb）　　C．砷（As）

D．氟化物（F）　　E．锌（Zn）

3. 环境空气颗粒物手工采样时，以下________质量控制措施是正确的。(　　)

A．向采样器中放置和取出滤膜时，应佩戴乙烯基材质的实验专用手套，使用无锯齿状镊子

B．一旦采样过程中停电，该样品作废

C．采样过程中应配置空白滤膜，并与采样滤膜一起进行恒重和称量，记录相关数据

D．若采样结束后，发现滤膜界线模糊，采样系统漏气，该滤膜样品作废

4. 根据《检验检测机构资质认定　生态环境监测机构评审补充要求》，下列________应对原始监测数据和结果、监测报告的真实性终身负责。(　　)

A．采样和分析人员　　B．审核人员　　C．质量负责人　　D．授权签字人

5. 环境应急监测在环境应急响应中应发挥以下________作用。(　　)

A．对突发环境事件做出初步分析

B．为环境应急指挥和决策提供必要的信息

C．为实验室的监测分析提供第一手资料

D．通过现场检测为事故的处理提供必要的监测数据

E．为事故的评估提供必要的资料

6.《突发环境事件应急监测技术规范》（HJ 589—2010）不适用于________。（　　）

A．核污染事件　　B．危险废物使用导致的突发土壤污染事件

C．涉及军事设施污染事件　　D．生物污染事件

E. 海洋污染事件

7. 以下________可以称为噪声敏感建筑物集中区域。（　　）

A．商业区　　B．机关或者居民住宅为主的区域

C．文教科研区　　D．医疗区

8. 根据《环境监测数据弄虚作假行为判定及处理办法》规定，以下________属于伪造监测数据行为。（　　）

A．故意更换、隐匿、遗弃监测样品或者通过稀释、吸附、吸收、过滤、改变样品保存条件等方式改变监测样品性质的

B．通过仪器数据模拟功能，或者植入模拟软件，凭空生成监测数据的

C．未开展采样、分析，直接出具监测数据，或者到现场采样，但未开设烟道采样口，出具监测报告的

D．未按规定对样品留样或保存，导致无法对监测结果进行复核的

9. ________不属于地表水水质评价指标。（　　）

A．挥发酚　　B．化学需氧量　　C．总氮　　D．透明度

E．粪大肠菌群　　F．叶绿素 a

10. 在进行机场周围飞机噪声的测试时须记录________。（　　）

A．飞行时间　　B．飞机型号

C．飞行状态　　D．最大噪声级和持续时间

四、判断题（共 36 题，每题 0.5 分，共 18 分）

1.《地表水环境质量标准》（GB 3838—2002）中，水域功能为Ⅱ类的水主要适用于集中式生活饮用水地表水源地一级保护区和国家自然保护区。（　　）

2.《水质　氯苯类化合物的测定　气相色谱法》（HJ 621—2011）附录 B 中规定，采用浓硫酸－硝酸净化二硫化碳，硝化温度宜控制在 42.5℃。（　　）

3. 按照《地表水环境质量评价方法（试行）》，评价时段内，断面水质为“良好”时，不评价主要污染指标。（　　）

4. 根据《水质　氨基甲酸酯类农药的测定　超高效液相色谱－三重四极杆质谱法》（HJ 827—2017），定性分析时，试样中目标组分的保留时间与标准样品中该组分的保留时间的相对偏差的绝对值应小于 5%。（　　）

5. 紫外分光光度法测定地表水中石油类时，空白试样测定值应低于方法检出限。（　　）

6. 石墨炉原子吸收法选择的基体改进剂应在石墨炉允许温度下易于分解挥发除尽。（　）

7. 测量不确定度表明测量结果偏离真值的程度。（　）

8. 瞬时采样和混合采样均适用于静态水体和流动水体。（　）

9. 按照《大气降水样品的采集与保存》（GB 13580.2—1992），采样器放置的相对高度应在 1.5 m 以上，不得在降水前打开采样器的盖子。（　）

10. 检验检测机构租用仪器设备的管理应纳入本机构的管理体系。（　）

11. 在城镇污水处理厂排放标准中，一类重金属污染物不设分级控制限值。（　）

12. 根据《固体废物 浸出毒性浸出方法 硫酸硝酸法》（HJ/T 299—2007），如果样品中干固体百分率小于或等于 10%，所得到的初始液相即为浸出液，直接进行分析。（　）

13.《环境噪声监测技术规范　结构传播固定设备室内噪声》（HJ 707—2014）中规定，对于在噪声测量期间发生非稳态噪声的情况，最大声级超过限值的幅度不得高于 10 dB（A）。（　）

14.《饮食业油烟排放标准（试行）》（GB 18483—2001）中规定，当排气管截面积小于 0.5 m^2 时，只测一个点，取动压中位值处。（　）

15. 测定沉积物样品中的多环芳烃，由于部分小分子种类容易挥发，采完样后一定要立即分析。（　）

16. 采集环境空气样品时，填充柱的吸附效率受温度等因素的影响较大，一般温度升高，最大采样体积减少。（　）

17. 生态环境监测机构授权签字人应具有中级以上（含工程师）技术职称或同等能力，熟悉业务，并经考核合格。（　）

18. 土壤监测误差可分为采样误差（SE）、制样误差（PE）和分析误差（AE）三类，通常情况下 SE＞PE＞AE。（　）

19.《环境空气和废气　二噁英类的测定　同位素稀释高分辨气相色谱-高分辨质谱法》（HJ 77.2—2008）中规定，采样内标物回收率为 70%～120%，超出此范围应重新采样。（　）

20.《高氯废水　化学需氧量的测定　氯气校正法》（HJ/T 70—2001）适用于高含盐量地表水化学需氧量的测定。（　）

21.《生活垃圾焚烧污染控制标准》（GB 18485—2014）中规定，对烟气中二噁英类的监测每年至少开展一次。（　）

22. 重铬酸钾容量法测定土壤中有机质时，因为有机质含碳量平均为 58%，因此测出的碳转化为有机质的系数为 100/58≈1.724。（　）

23. 一般情况下，固定污染源排气温度应在烟道中心点测定。（　）

24. 进行污染事故土壤监测时，如果是固体污染物抛洒型，打扫后采集表层 0～5 cm 土壤，样品数不少于 5 个。（　）

25. 正态分布的总体偏差越大，数据越分散，正态分布曲线越平宽。（　）

26. 用测烟望远镜法测定烟气黑度时，一般测定值可分为 0～6 级。（　）

27.《环境空气颗粒物（PM_{10} 和 $PM_{2.5}$）采样器技术要求及检测方法》（HJ 93—2013）对采样器功能要求中规定，采样器在采样过程中，采样滤膜处的温度与环境温度的偏差应控制在 ±5℃以内。（　）

28.《水质　细菌总数的测定　平皿计数法》（HJ 1000—2018）中，细菌总数是指 36℃培养 24 h，样品在营养琼脂上所生长的需氧菌和兼性厌氧菌菌落总数。（　　）

29. 遥感影像的主要判读特征有形状、大小、色调、阴影和纹理等。（　　）

30. 在影像的重采样过程中采样像元的大小一般与其空间分辨率保持一致，Landsat TM 影像的像元大小为 20 × 20 m。（　　）

31. 使用原子荧光法进行测定时，分析中所用玻璃器皿在使用前应使用（1+1）HNO_3 溶液浸泡至少 24 h。（　　）

32. 根据《水质　总氮的测定　连续流动－盐酸萘乙二胺分光光度法》（HJ 667—2013），当水样化学需氧量超过 400 mg/L 时，会使测定结果偏高。（　　）

33.《环境空气　无机有害气体的应急监测　便携式傅里叶红外仪法》（HJ 920—2017），当空气相对湿度大于 80% 时，不适宜监测。（　　）

34. 微生物传感器法不适用于含有高浓度杀菌剂和游离氯的废水中生化需氧量的测定。（　　）

35. 根据《水质　32 种元素的测定　电感耦合等离子体发射光谱法》（HJ 776—2015），样品基体复杂时，为了消除光谱干扰，可以采用背景扣除法和干扰系数法。（　　）

36. 石油类测定中，用于吸附去除动植物油等非极性物质的硅酸镁，使用前应经过预处理，即在 550℃加热 4 h，冷却后置于磨口玻璃瓶中保存备用。（　　）

五、问答题（共 5 题，每题 4 分，共 20 分）

1. 环境保护机制体制改革目标是什么？

2. 请简述《水污染防治行动计划》到 2020 年的主要指标。

3. 根据《生态环境状况评价技术规范》（HJ 192—2015），生态功能区的生态功能状况是如何划分的？试述生态功能状况最好的状态是什么。

4. 根据《水质　溶解氧的测定　电化学探头法》（HJ 506—2009）测定水中溶解氧，应如何校零？

5．实验室应通过哪些主要活动来持续改进其管理体系？

六、计算题（共 4 题，每题 4 分，共 16 分）

1. 在某条道路三个路段测量交通噪声的等效声级，已知各路段的长度分别为 1 500 m、900 m、800 m，对应路段的声级为 77、73、69 dB，试求整条道路的等效声级。

2. 总氮标准样品的保证值为 1.05 mg/L，6 次测定结果为 1.05、1.07、1.06、1.06、1.05 和 1.05 mg/L，试检验测定结果与保证值有无显著差异？（已知 $t_{0.05(5)}=2.571$）

3. 2019 年 2 月，测定某地环境空气中的 SO_2 时，用装有 10 ml 吸收液多孔玻板吸收管采样，采样流量为 0.5 L/min，采气时间为 1 h，采样后，用分光法测得吸收液中含 4.0 μg SO_2，已知采样点温度为 10 ℃，大气压为 100.0 kPa，求该点环境空气中的 SO_2 含量。

4. 钼酸铵法测定水中总磷时，所得校准曲线的斜率和截距分别为 0.030 A/μg 和 0.001 A。测得水样的吸光度为 0.195，空白吸光度 0.002，在同一水样中加入 0.10 ml 磷标准溶液（50 mg/L），测定加标回收率。加标后测得试样的吸光度为 0.347，计算加标回收率（不考虑加标体积），并判断加标回收率是否合格？

七、综合分析题（共 3 题，每题 6 分，共 18 分）

1. 在对某电镀企业的废水排放实施监督监测的过程中，某监测机构按照 HJ 91.1—2019，在该企业已规范设置的废水总排口采集了总铬、苯系物、五日生化需氧量及 pH 等 5 个项目的水样，在一个生产周期内采集了 3 次水样，水样全部使用玻璃瓶保存，并正确加贴标签、添加固定剂，并采取冷藏保存和运输的措施，在采样结束 24 小时后返回实验室进行分析，分析前先将 3 次采集的样品按照等体积进行混合，然后分析该混合样。请指出在整个监测过程中存在的错误操作项并说明理由。

2. 用气相色谱分析沸点为 160~200℃的一组有机物时，色谱仪条件为：气化室温度：150℃，检测器：170℃，色谱柱初始温度为 100℃（1 min），然后以 20℃ /min 升至 180℃（3 min）。请分析上述测试条件是否合理？为什么？

3. 甲、乙、丙三个城市分别有地表水国家考核断面 2 个。其中，甲市为 A 断面和 B 断面，均为河流监测断面，水质考核目标分别为地表水Ⅱ类和Ⅴ类；乙市为 C 断面和 D 断面，C 断面为河流监测断面，D 断面为湖库监测断面，水质考核目标均为地表水Ⅳ类。丙市为 E 断面和 F 断面，均为湖库断面，水质考核目标均为Ⅲ类。2019 年 1 季度各断面监测结果见表 1。请按照《城市地表水环境质量排名技术规定（试行）》（环办监测〔2017〕51 号），计算各市的水质指数，并核定甲、乙、丙三市排名。

注：计算水质指数（CWQI）时仅考虑表 1 中提供的监测项目即可。计算结果保留到小数点后 2 位。

表 1　2019 年 1 季度各指标监测结果均值

单位：mg/L

序号	断面名称	A	B	C	D	E	F
1	水温	12.0	11.0	10.5	13.5	14.1	13.2
2	pH（无量纲）	6.89	7.07	8.92	8.68	8.78	8.34
3	溶解氧	4.8	6.4	12.4	10.2	8.5	8.3
4	化学需氧量（COD）	52	—	16	32	18	24
5	总磷（以 P 计）	0.26	0.18	0.50	0.08	0.09	0.07
6	总氮（湖、库，以 N 计）	10.2	6.88	2.44	6.80	4.32	5.18
7	汞	0.000 05	0.000 05	0.000 05 L	0.000 05	0.000 05 L	0.000 05 L

表 2　地表水环境质量标准基本项目标准限值

单位：mg/L

序号	断面名称	Ⅰ类	Ⅱ类	Ⅲ类	Ⅳ类	Ⅴ类
1	水温（℃）	人为造成的环境水温变化应限制在：周平均最大温升≤ 1；周平均最大温降≤ 2				
2	pH（无量纲）	6 ~ 9				
3	溶解氧　≥	7.5	6	5	3	2
4	化学需氧量　≤	15	15	20	30	40
5	总磷（以 P 计）　≤	0.02 湖，库 0.01	0.1 湖，库 0.025	0.2 湖，库 0.05	0.3 湖，库 0.1	0.4 湖，库 0.2
6	总氮（湖、库，以 N 计）≤	0.2	0.5	1.0	1.5	2.0
7	汞　≤	0.000 05	0.000 05	0.000 1	0.001	0.001

八、论述题（共 3 题，每题 6 分，共 18 分）

1. 某日晚间，某高速公路上行线发生一起交通事故，一辆载有 40 t 液氯的槽罐车因车祸导致液氯大面积泄漏。事发地周边约有 1 000 人居住，近 300 人被送往医院救治，其余居民紧急疏散，作物受灾，环境受到严重污染。消防人员已先期到达现场开展用高压水龙头向事发地和空中喷洒，事发地 50 m 内戒严。省市两级环境监测部门接报后立即组织人员赶赴现场开展应急监测，请问应如何进行应急监测布点？主要监测哪些项目？

2. 某水库为饮用水调蓄水库，水库汇水主要包括流域内径流汇水、上游来水和地下水汇入。库周以农业用地和森林覆盖为主要的两种土地利用方式，农业耕作以旱地作物小麦、玉米、高粱等为主；水库周边有村落 15 座，人口近 10 万余人，这些村落多以种植业为主，辅以养殖业和工商业，各类牲畜存栏量具有一定的比例。近年来受水资源短缺和水质污染的交叉影响，水体水质呈富营养化趋势。

请分析①富营养化水体水环境特征是什么？②我国生态环境部门采用什么方法开展水库富营养化的评价，评价参数包括哪几项？③如何表示各营养状态级别？④请论述如何削减水库富营养化的发生，给出加强该水库富营养化污染防控的主要相关措施。

3．联系实际谈谈如何规范地开展环境监测工作？

真题四答案

一、填空题

1．酶活性　乙二胺四乙酸二钠溶液
2．针对性　规范性　可行性
3．298.15 K　1 013.25 hPa
4．85%
5．10 min
6．0.005
7．30　吸附　燃烧
8．降低镉柱的还原率
9．ESI　APCI
10．改变淋洗液流速
11．环境质量　重点污染源　生态状况

二、单项选择题

1．C　2．C　3．A　4．D
5．C　6．D　7．C　8．A
9．C　10．A　11．B　12．C
13．B　14．B　15．C　16．C
17．A　18．D　19．C　20．C

三、多项选择题

1．AD　2．BE
3．ACD　4．ABD
5．ABCDE　6．ACDE
7．BCD　8．BCD
9．CDEF　10．ABCD

四、判断题

1.×　2.×　3.√　4.×
5.×　6.√　7.×　8.√
9.×　10.√　11.√　12.×
13.√　14.√　15.×　16.√
17.×　18.√　19.×　20.×
21.√　22.√　23.√　24.×
25.√　26.×　27.√　28.×
29.√　30.×　31.√　32.×
33.×　34.√　35.√　36.×

五、问答题

1. 统筹山水林田湖草系统治理，实现一氧化碳和二氧化碳、地上和地下、岸上和水里、城市和农村、陆地和海洋的“五个打通”。

2. 长江、黄河、珠江、松花江、淮河、海河、辽河等七大重点流域水质优良（达到或优于Ⅲ类）比例总体达到 70% 以上，地级及以上城市建成区黑臭水体均控制在 10% 以内，地级及以上城市集中式饮用水水源水质达到或优于Ⅲ类比例总体高于 93%，全国地下水质量极差的比例控制在 15% 左右，近岸海域水质优良（一、二类）比例达到 70% 左右。京津冀区域丧失使用功能（劣于Ⅴ类）的水体断面比例下降 15 个百分点左右，长三角、珠三角区域力争消除丧失使用功能的水体。

3. 生态功能状况按生态功能指数分为 5 级，即优、良、一般、较差和差。

当生态功能状况为优时，表明自然生态优越，生态系统承载力高，生态功能稳定，自我调节能力强。

4. 将探头浸入每升蒸馏水加入 1 g 亚硫酸钠和 1 mg 钴盐的蒸馏水中，待反应稳定后读数，调整仪器到零点。

5.（1）不符合的识别和纠正。（2）制定和实施纠正措施。（3）制定和实施预防措施。（4）内部审核与外部审核。（5）内部质量控制与数据分析。（6）比对和能力验证。（7）管理评审。

六、计算题

1. $L_{平均}$ =（1 500×77+900×73+800×69）/（1 500+900+800）=73.9（dB）

2. $\bar{x}$ =1.057 mg/L

$S = 0.00817$ mg/L　μ_0=1.05 mg/L

$t=(\overline{X}-\mu_0)/(S/\sqrt{n})=(1.057-1.05)/(0.00817/\sqrt{6})=2.100$

$\because\ t = 2.100 < t_{0.05(5)} = 2.571$

∴测定值与保证值无显著差异。

3. $Vr = 0.5\times 60\times \dfrac{298.15}{273+10}\times\dfrac{100.0}{101.325}$ =31.2（L）

$\rho SO_2 = \dfrac{4.0\times10^{-3}}{31.2\times10^{-3}}$ =0.128（mg/m^3）

4. 水样中总磷 x=（0.195−0.002−0.001）/0.030=6.40（μg）

加标样中总磷 =（0.347−0.002−0.001）/0.030 =11.47（μg）

加标回收率 P=（11.47−6.40）/（50×0.10）×100%=101.4%

符合方法回收率，回收率合格。

七、综合分析题

1.（1）监测项目设置不合理：

电镀企业不应监测苯系物和 BOD_5，重金属项目不全，至少应增加六价铬、总镍、总铅、总镉等重金属项目；

应适当增加COD_{Cr}、悬浮物、氨氮、总氰化物、石油类等常规监测项目（不必逐一列举常规项目，点到标准中规定的数个项目即可）

（2）采样点位不合理：总铬等重金属项目是一类污染物，应在车间排放口或车间处理设施的排放口或专门处理此类污染物的设施后采样。

（3）采样容器不正确：重金属项目应用聚乙烯瓶采集。

（4）分析时间不正确：pH应在采样后12小时内测定，或现场测定。

（5）取混合样分析的方式不正确：pH测定不能做混合样。

2. 不合理。

（1）气化室和检测器的温度设定偏低。为了保证分析样品中的组分都能完全气化，一般气化室温度应比柱温高30~70 ℃或比样品组分中最高的沸点高30~50℃，所以气化室温度应设置在210~250 ℃；检测器的温度也应高于柱温，最好还要高于气化室的温度10~50 ℃，防止高沸点的物质残留在检测器内，影响检测器的使用。

（2）程序升温的条件不合适。20℃/min速度太快，对于沸点差别不大的一组有机物，应降低程序升温速度，如5℃/min，以保证有机物实现有效分离。

3.（1）确定计算水质指数所需指标正确：pH、溶解氧、化学需氧量、总磷、汞。

（2）分别计算甲、乙、丙三市CWQI

$CWQI_{(甲)}=5.11$

$CWQI_{(乙C)}=4.91$　$CWQI_{(乙D)}=5.03$

$$CWQI_{(乙)}=\frac{CQWI_{(乙河流)}\times 河流断面数+CWQI_{(乙湖库)}\times 湖库断面数}{河流断面数+湖库断面数}=\frac{4.91+5.03}{2}=4.97$$

$CWQI_{(丙)}=4.28$

（3）$\because CWQI_{(丙)}(4.28)<CWQI_{(乙)}(4.97)<CWQI_{(甲)}(5.11)$

$\therefore$丙市排名第一，乙市排名第二，甲市排名第三。

八、论述题

1.（1）大气监测：

在敏感点（居民点）、对照点（上风向），监控点（下风向）沿扩散方向梯度布设大气监测点监测氯气。敏感点使用标准方法进行检测，其他点位采用快速检测方法监测。事故处理期间，24 h连续监测，每隔1 h测定一次。

（2）水质监测：

氯气与水反应生成次氯酸和盐酸，在扩散和处置过程中可能会影响到水环境，在可能扩散区域的地表水上下游以及集中式饮用水或农户小型压井地下水采样分析。监测项目为pH、氯化物等。

对事故处理池中的处理液进行监测。

（3）受灾作物监测：

在氯气扩散下风向采用扇形布点，沿下风向梯度采样，样品采集根部以上植株。采集具有代表性样本量。主要测定项目为pH。

（4）土壤监测：

根据氯气现场扩散影响范围，和作物采样布点一致，扇形梯度布点，采样采用梅花形布点法。测定项目主要为pH、氯化物。

2.（1）富营养化水体水环境特征是：水库水体水质呈下降趋势，库区透明度和溶解氧偏低，有机污染物上升、氮、磷等污染物偏高，富营养盐富集以及汛期藻类暴发等。

（2）我国生态环境部门对水库富营养化评价采用综合营养状态指数法（TLI指数法）评价参数包括高锰酸盐指数、总氮、总磷、叶绿素a和透明度。

（3）采用0～100的一系列连续数字对湖泊（水库）营养状态进行分级，各营养状态的级别包括：贫营养；中营养；富营养；轻度富营养；中度富营养；重度富营养。

（4）综合水库水生生态系统的保护，其核心就是遏制水体的富营养化问题，控制的关键在于对起因的控制，分析其产生的成因，需采取针对性的措施，主要包括：①控制上游点源污染，针对上游相关污染源的控制管理。②严格管理水库库周养殖业，控制总磷、总氮输入量，严格政策、法规、禁止鱼塘水排入库区。③有效削减流域内面源污染，改善水库生态环境。主要包括：截留山间暴雨径流，改善山区耕作实践，植树造林，建立村级雨水处理系统，加强村落粪便管理等。④保护和利用水库大型水生植物新陈代谢、抑制藻类生长功能，净化水库水质和防止水体富营养化。⑤针对多种因素综合作用导致的水库水体环境问题，实施水资源和水环境综合管理。⑥采取公共管理与公众参与的模式，制订多种切实有效的污染防治对策，开展相关课题研究，以探索、改善水库污染综合治理难题。

3. 答案要点：

环境监测工作包括布点、采样、测试、数据处理和综合评价等几个环节，要保证监测的全过程规范化，主要包括以下几个方面：

（1）监测布点合理，保证监测的代表性。按监测标准规范布设监测点位，取得最佳点位数和最佳点位，保证监测数据的代表性、可比性，布点记录和图表应齐全。

（2）样品的采集、保管与运输。按标准规范要求，保证所采集样品的真实性和代表性，保证样品在分析前不发生物理、化学的变化。采样方法、样品的保存、运输及有关的记录内容应完整。

（3）样品的测试分析与数据处理。样品测试按规定的方法进行。选择的测试方法应满足相应的评价标准的需要，操作应规范，记录应完整，可追溯；测试结果有效位数的取舍、异常值的判断与剔除方法、误差的计算等要符合相应的标准规定。

（4）测试工作的质量保证。测试过程中应按规定采取必要的质量控制手段，质量控制结果应满足要求，否则应查找原因，复测样品。监测过程中，对可能影响测试结果的有关因素（如仪器设备、样品情况、环境条件等）要有详细的记载要求。

（5）测试结果的审核与发出。测试结果应有复核人、审核人审核，各种原始记录与测试报告，一律要按国家规定使用法定计量单位。最终结果的发出，应经过授权签字人签发，未经授权人员不得签发。

理论考试试题真题五

一、单项选择题（共 40 题，每题 0.5 分，共 20 分）

1. ________以上人民政府环境保护主管部门应定期或者不定期组织开展环境监测质量监督检查，发现环境监测数据弄虚作假行为的，应当依法查处，并向上级环境保护主管部门报告。(　　)

A．县级　　B．地市级　　C．省级

2. 由于土壤组成的复杂性和理化性状的差异，重金属在土壤环境中形态的多样性，其中以有效态和________的毒性最大。(　　)

A．残留态　　B．结合态　　C．交换态　　D．游离态

3. 在色谱法分析中，选择内标物的原则是________。(　　)

A．内标物与样品不互溶

B．加入内标物的量应接近于被测组分

C．内标物可以是样品中存在的物质

D．内标物色谱峰位置应尽量远离被测组分色谱峰位置

4. 对工业固体废物样品进行缩分时，将样品混匀后，采用二分法，每次减量一半，直至试验分析用量的________。(　　)

A．2 倍　　B．5 倍　　C．10 倍　　D．20 倍

5. 在原子吸收分光光度分析中，下列操作不能提高灵敏度的是________。(　　)

A．增大灯电流　　B．无火焰原子化　　C．增大负高压　　D．减少光谱带

6. 在液相色谱分析中，以下________不会显著影响分离效果。(　　)

A．流动相的种类　　B．固定相的种类　　C．流动相的比例　　D．流动相的流量

7. 以下________对土壤微量元素的有效性和肥力有重要影响。(　　)

A．含水率　　B．pH　　C．土壤粒径　　D．密度

8. 水中叶绿素 a 含量的结果表达单位为________。(　　)

A．mg/m^3　　B．mg/m^2　　C．μg/L　　D．mg/kg

9. 使用吸收瓶或吸附管采集气态污染物时，吸收或吸附装置应尽可能靠近采样管出口，并采用多级吸收或吸附，当末级吸收或吸附检测结果大于吸收或吸附总量________时，应重新设定采样参数进行监测。(　　)

A．5%　　B．10%　　C．15%　　D．20%

10. 在地表水自动监测中，下列情形中不属于监测数据异常的选项是________。(　　)

A．长期无正当理由无自动监测数据

B．自动监测数据长期在仪器分析的方法检出限上下波动

C．自动监测数据变化幅度长期在量程 5% 以内波动

D．分析仪器显示数据与数采仪显示数据偏差大于 1%

11. 依据《水质　化学需氧量的测定　重铬酸盐法》（HJ 828—2017）附录 A，取 10 ml 水样，加入 1 滴硝酸银立即变色，水样中氯离子含量________。（　　）

A．未检出　　B．≤ 20 mg/L　　C．≤ 10 mg/L　　D．浓度不确定

12. 细菌总数监测中，若所有稀释度的平均菌落数均大于 300，则细菌总数菌落计数应报告________。（　　）

A．按稀释倍数最大的平均菌落数乘以稀释倍数

B．按稀释倍数最小的平均菌落数乘以稀释倍数

C．任选一个稀释倍数的平均菌落数乘以稀释倍数

13. 可能导致气相分子吸收光谱法测定结果偏高的原因是________。（　　）

A．用砂芯进行气液分离时砂芯脱落　　B．干燥剂吸水达到饱和

C．气液分离装置漏气　　D．光源可用但寿命将至

14. 环境空气质量功能区划分中要求，一、二类功能区面积不得小于________。（　　）

A．$1\ km^2$　　B．$2\ km^2$　　C．$3\ km^2$　　D．$4\ km^2$

15. 测定烟气流量和采集烟尘样品时，若测试现场空间位置有限，很难满足测试要求，应选择比较适宜的管段采样，但采样断面与弯头等的距离至少是烟道直径的________倍，并应适当增加测点的数量。（　　）

A．1　　B．1.5　　C.3　　D．5

16. 离子色谱分析中当改变淋洗液的浓度时，对二价离子保留时间的影响________一价离子。（　　）

A．大于　　B．小于　　C．等于　　D．小于等于

17. 定量采集水生附着生物时，用________最适宜。（　　）

A．单层采水器　　B．采泥器　　C．标准显微镜载玻片　　D．烧杯

18. 离子选择电极法测定土壤中水溶性氟化物和总氟化物，当电极电位变化________时，视为电极达到平衡。（　　）

A．≤ 1 mV/min　　B．≤ 2 mV/min　　C．≤ 3 mV/min　　D．≤ 4 mV/min

19. 固定污染源排气中颗粒物的采样位置应尽可能选择气流平稳的管端，采样断面最大流速与最小流速之比不宜大于________。（　　）

A．1.5 倍　　B．2 倍　　C．3 倍　　D．4 倍

20.《水质　挥发性卤代烃的测定　顶空气相色谱法》（HJ 620—2011）采用目标化合物的保留时间和标准样品的保留时间比定性，目标化合物的保留时间偏差不应小于________。（　　）

A．30 秒　　B．20 秒　　C．15 秒　　D．40 秒

21. PM_{10} 与 $PM_{2.5}$ 连续监测系统在进行性能验收时，校准膜的滤膜重现性应控制在________。（　　）

A．±10%　　B．±5%　　C．±2%　　D．±1%

22. 内部审核通常每年一次，由________策划内审并制定审核方案。（　　）

A．最高负责人　　B．技术负责人　　C．质量负责人　　D．内审员

23. 用硫酸亚铁铵滴定法测定总铬时，加入 1 ~ 3 滴 0.5% 硝酸银溶液的作用是________。（　　）

A．掩蔽剂　　B．催化剂　　C．显色剂　　D．沉淀剂

24. 根据《环境监测分析方法标准制修订技术导则》（HJ 168—2020），在确定方法检出限时，如果空白试验中未检出目标物质，则应按照样品分析的全部步骤，对浓度或含量为估计方法检测出限________倍的样品进行 n（$n \geqslant 7$）次平行测定。（　　）

A．2 ～ 5　　B．2 ～ 7　　C．3 ～ 5　　D．3 ～ 7

25.《环境噪声监测点位编码规则》（HJ 661—2013）规定，道路交通声环境监测点位的类别代码是________。（　　）

A．10　　B．20　　C．30　　D．40

26. 海洋环境监测采样过程中，对在酸性条件下易生成挥发性物质的待测项目（如氰化物等）可以加碱将水样的 pH 调节至________，使其生成稳定的盐类。（　　）

A．10　　B．11　　C．12　　D．14

27.《地表水自动监测技术规范（试行）》（HJ 915—2017）规定，地表水水质自动监测系统仪器性能核查时，当仪器测定的高锰酸盐指数浓度大于 GB 3838 规定的Ⅱ类标准限值且小于等于Ⅳ类标准限值时，实际水样比对实验的相对误差要求在________以内。（　　）

A．10%　　B．20%　　C．30%　　D．40%

28.《土壤　阳离子交换量的测定　三氯化六氨合钴浸提－分光光度法》（HJ 889—2017）规定，制备好的试样应在________完成分析。（　　）

A．12 h　　B．24 h　　C．2 d　　D．7 d

29. 当采用平行样测定结果判定分析的精密度时，如果废水样品中氨氮含量在 0.1 ～ 1.0 mg/L 之间，则允许相对偏差为≤________。（　　）

A．5%　　B．10%　　C．15%　　D．20%

30. 对同一样品或一组样品可用不同的方法或不同的仪器进行比对测定分析，以检查分析结果的________。（　　）

A．平行性　　B．再现性　　C．可比性　　D．一致性

31.《环境空气　挥发性有机物的测定　便携式傅里叶红外仪法》（HJ 919—2017）规定，为增加样品采集和分析结果的代表性，每次分析至少连续采________个样品，选择其中测定值最高的作为最终结果报出。（　　）

A．3　　B．4　　C．5　　D．6

32.《固体废物　有机氯农药的测定　气相色谱－质谱法》（HJ 912—2017）规定，应彻底清洗所有的玻璃器皿，以消除干扰物质。先用热水加清洁剂清洗，再用________浸泡清洗，再用自来水和实验用水淋洗，在 130℃下烘 2 ～ 3 h。（　　）

A．丙酮　　B．铬酸洗液　　C．稀硫酸　　D．盐酸

33.《环境空气　多氯联苯混合物的测定　气相色谱法》（HJ 904—2017）规定，采样效率的动态保留效率控制在________。（　　）

A．50% ～ 150%　　B．70% ～ 130%　　C．90% ～ 110%　　D．95% ～ 105%

34.《近岸海域环境监测点位布设技术规范》（HJ 730—2014）规定，对于沿岸排放的陆域直排海污染源，陆域直排海污染源影响监测点位按建设项目环境影响评价报告中预测的影响区边界布设站位，站位数量一般不少于________。（　　）

A. 4个　　B. 5个　　C. 6个　　D. 7个

35.《恶臭污染环境监测技术规范》（HJ 905—2017）规定，环境臭气浓度测定时，若M1第一次稀释倍数的平均正解率小于1且大于0.58，而第二次稀释倍数的平均正解率M2虽小于M1但仍大于0.58，则继续按________倍梯度稀释配气，直到最终平均正解率小于0.58，并以相邻的一次平均正解率为M1计算臭气浓度结果。（　　）

A. 5　　B. 10　　C. 50　　D. 100

36. 根据《固定污染源监测质量保证与质量控制技术规范（试行）》（HJ/T 373—2007），当采用固定流量进行颗粒物采样时，如果采样前后流速变化超过________时，应重新采样。（　　）

A. ±5%　　B. ±10%　　C. ±15%　　D. ±20%

37.《固定污染源废气 挥发性有机物的采样 气袋法》（HJ 732—2014）规定，用气袋法采集固定污染源废气挥发性有机物时用氟聚合物薄膜气袋采集样品时，采集样品温度应低于________℃。（　　）

A. 100　　B. 120　　C. 150　　D. 160

38. 地下水可分为上层滞水、潜水和承压水，与地表水的水质基本相同的是________。（　　）

A. 上层滞水　　B. 潜水　　C. 承压水　　D. 以上均是

39.《固体废物 汞、砷、硒、铋、锑的测定 微波消解/原子荧光法》（HJ 702—2014），当固体废物浸出液取样体积为40 ml时，汞的检出限为________μg/L，测定下限________μg/L。（　　）

A. 0.01 0.04　　B. 0.02 0.08　　C. 0.04 0.16　　D. 0.05 0.20

40.《区域生物多样性评价标准》（HJ 623—2011）中生物多样性评价对象是________。（　　）

①生态系统 ②野生动物 ③野生植物 ④微生物

A. ① ② ③　　B. ② ③ ④　　C. ② ③　　D. ② ④

二、多项选择题（共10题，每题1分，共10分）

1. 根据《环境监测数据弄虚作假行为判定及处理办法》规定，以下________属于伪造监测数据行为。（　　）

A. 通过稀释、吸附、吸收、过滤、改变样品保存条件等方式改变监测样品性质的

B. 故意不真实记录或者选择性记录原始数据的

C. 未开展采样、分析，直接出具监测数据，或者到现场采样、但未开设烟道采样口，出具监测报告的

D. 未按规定对样品留样或保存，导致无法对监测结果进行复核的

2. 以下用于环境监测的仪器设备中，属于强制检定的仪器有________。（　　）

A. 气相色谱仪　　B. 透射式烟度计

C. 声级计　　D. 二氧化碳红外气体分析仪

3. 气相色谱法分析样品时，下列________可能引起色谱峰出现拖尾峰现象。（　　）

A. 柱温过高　　B. 柱温过低　　C. 进样口受到污染　　D. 载气流速过高

4. ICP-MS 测定重金属时消除基体干扰常用的方法有________。(　　)

A. 稀释样品　　B. 基体匹配　　C. 标准加入法　　D. 内标法

5. 下列物质中，属于环境监测范畴的挥发性有机物（VOCs）有________。(　　)

A. 二氯二氟甲烷　　B. 1,3,5-三甲基苯　　C. 苯并［a］芘　　D. 四乙基铅

6. 水质采样时或采样后，用滤器过滤或离心分离样品，以下表述正确的是________。(　　)

A. 可以除去水样中的悬浮物、沉淀、藻类及其他微生物

B. 滤器的选择要注意与分析方法相匹配，使用前清洗并避免吸附、吸收损失

C. 测有机项目时常用 0.45 μm 的滤膜过滤，而测定无机项目时通常用砂芯漏斗和玻璃纤维漏斗

D. 过滤或离心的目的是为了区分被分析物可溶与不可溶的部分

7. 根据《地下水质量标准》（GB/T 14848—2017），关于地下水评价正确的有________。(　　)

A. 评价结果应说明水质达标情况

B. 地下水质量评价分类指标划分为五类

C. 单组分评价，不同类别标准值相同时从劣不从优

D. 使用两次以上的水质分析资料进行评价时，可分别进行地下水质量评价

8. 遥感数据分辨率一般包括________、________和________三种。(　　)

A. 时间分辨率　　B. 空间分辨率　　C. 光谱分辨率　　D. 位置分辨率

9. 观测海水水色用的水色计是由________、________和________3 种溶液按一定比例配成。(　　)

A. 红色　　B. 蓝色　　C. 黄色　　D. 褐色

10. 下列污染物列入《环境空气质量标准》（GB 3095—2012）的是________。(　　)

A. 六价铬　　B. 苯并［a］芘　　C. 镍　　D. 镉

三、判断题（共 50 题，每题 0.5 分，共 25 分）

1. 采用碘量法测定水中溶解氧，用高锰酸钾修正法消除干扰时，加入草酸钾溶液过多，会使测定结果偏低。(　　)

2. 在区域内很少受人类活动影响和不受或未明显受现代工业污染与破坏情况下，某一土壤监测点位测定的污染物数值即为区域内土壤背景值。(　　)

3. 测定浮游动物湿重生物量所用到的筛绢可反复使用。(　　)

4. 根据《国家地表水环境质量监测网监测任务作业指导书》测定水中总磷，配制钼酸铵溶液时，应注意将硫酸溶液徐徐加入钼酸铵溶液中，如操作相反，则可导致显色不充分。(　　)

5.《检验检测机构资质认定　生态环境监测机构评审补充要求》规定，对生态环境监测人员能力确认的方式是指基础理论和样品分析的考核。(　　)

6. 开展地下水监测时，如果监测井所在的取水层与监测目的层相一致，则常年使用的民井、生产井均可作为监测井，不需要钻凿专用监测井。(　　)

7.《检验检测机构资质认定能力评价　检验检测机构通用要求》（RB/T 214—2017）规定，检验检测机构通常情况下不需要报告测量不确定度，当客户有要求时提供。(　　)

8. 用吹扫捕集 / 气相色谱 - 质谱法测定水中挥发性有机物时，样品在 4℃以下可冷藏保存 14 天。（　）

9. 重量法手工称量 $PM_{2.5}$ 滤膜时，若滤膜上颗粒物的负载量为 0.9 mg，可以使用检定分度值为 0.01 mg 的天平进行称量。（　）

10.《水质　总大肠菌群和粪大肠菌群的测定　纸片快速法》（HJ 755—2015）规定，检测用玻璃皿及采样器具试验前要按无菌操作要求包扎，121℃高压蒸汽灭菌 20 min，烘干备用。（　）

11.《环境监测数据弄虚作假行为判定及处理办法》规定，监测报告的副本与正本不一致的行为，属于篡改监测数据。（　）

12. 在能力验证活动中，通常使用 Z 比分数作为结果评价方法，当 $|Z| \leq 3$ 时，即为满意结果。（　）

13. 依据《水质　甲醇和丙酮的测定　顶空 / 气相色谱法》（HJ 895—2017），在使用顶空气相色谱法分析甲醇和丙酮时，色谱出峰顺序分别为甲醇和丙酮。（　）

14. 金属元素分析所用的新器皿，需用洗涤剂洗净，再用（1+4）硝酸溶液浸泡 24 h，然后依次用自来水、去离子水洗净后，方可使用。（　）

15. 石墨炉原子吸收分光光度法测定水中铜、铅等元素前，要检查是否存在基体干扰，并采取校正措施。（　）

16. 测定水中六价铬时，采集水样时加入氢氧化钠，调节样品 pH 值约为 8，并在 48 h 内测定。（　）

17. 我国化学试剂中，优级纯试剂用 G.R 表示；分析纯试剂用 A.R 表示；化学纯试剂用 C.P 表示，标签颜色分别为绿、蓝、红。（　）

18. 对 PM_{10} 采样器中的转子流量计，应定期使用已检定合格的皂膜流量计对其进行校准。校准时应依次校准转子流量计满量程的 50% 和 100% 处刻度或处在使用流量对应的刻度处。（　）

19. 大气降水监测中，多层滤膜法是将事先处理过的滤膜安装在采样头上，用一抽气泵抽吸空气使空气通过这些滤膜，采样完毕后，将滤膜取下，分析测定滤膜中各种物质含量的一种方法。（　）

20. 用 S 形皮托管测定烟道内压力时，面向气流的开口测得的压力为全压，而背向气流开口处测得的压力小于静压。（　）

21.《环境空气　挥发性有机物的测定　固相吸附 - 热脱附 / 气相色谱 - 质谱法》（HJ 644—2013）规定，在采样时，当风速大于 5.6 m/s 时，吸附管应与风向垂直放置，并在上风向放置掩体。（　）

22. 火焰原子吸收光度法分析样品时，提高火焰温度使分析灵敏度提高。（　）

23. 不得不在噪声敏感建筑物室内进行监测时，监测点处的噪声限值应比噪声敏感建筑物所在功能区噪声限值应低 10 dB（A）。（　）

24.《固体废物　多环芳烃的测定　高效液相色谱法》（HJ 892—2017）中固态和半固态固体废物中多环芳烃的提取溶剂为 1：2 的丙酮 - 二氯甲烷混合溶液。（　）

25. 根据《水质　总氮的测定　流动注射 - 盐酸萘乙二胺分光光度法》（HJ 668—2013），每分析 10 个样品需用一个校准曲线的中间浓度溶液进行校准核查，其测定结果的相对偏差应 ≤ 10%，

否则应重新绘制校准曲线。（　）

26.《地块土壤和地下水中挥发性有机物采样技术导则》（HJ 1019—2019）规定，在土壤样品采集过程中，在采集混合样时，禁止对样品进行均质化处理。（　）

27. 根据《环境噪声监测技术规范　城市声环境常规监测》（HJ 640—2012），城市道路是指城市范围内具有一定技术条件和设施的道路，不包括高速公路。（　）

28.《环境空气和废气　二噁英类的测定　同位素稀释高分辨气相色谱 - 高分辨质谱法》（HJ 77.2—2008）规定，在数据处理时，应对采样内标的回收率进行确认，采样内标的回收率应为 70% ～ 130% 的范围。（　）

29. 采样管在装填吸附剂时，当选择两种以上吸附剂时各吸附剂之间要用硅烷化的玻璃棉隔开，选用三种吸附剂应按吸附剂吸附强度顺序填装。（　）

30. 根据《水质　单质磷的测定　磷钼蓝分光光度法》（暂行）（HJ 593—2010）测定水中的单质磷时，单质磷大于 0.05 mg/L 的样品，采用直接比色法。（　）

31.《水质　钒的测定　石墨炉原子吸收分光光度法》（HJ 673—2013）适用于地表水、地下水、工业废水和生活污水中溶解性钒和总钒的测定。（　）

32.《环境空气　氯气等有毒有害气体的应急监测　电化学传感器法》（HJ 872—2017）为定性半定量方法标准，适用于环境空气中氯气、硫化氢、二氧化硫、氨气、一氧化碳、光气、氟化氢、氰化氰、氯化氢等 9 种有害气体的现场应急监测，为保证数据质量气体检测仪及传感器应根据日常使用情况，至少每半年或一年进行一次校准。（　）

33. 对危险废物腐蚀性鉴别时，当 pH 大于或等于 12.5，或者小于或等于 2.0 时，该废物是具有腐蚀性的危险废物。（　）

34. 采集非甲烷总烃的玻璃注射器应小心轻放，保持水平状态放入样品箱内保存和运送。（　）

35.《卫星遥感秸秆焚烧监测技术规范》（HJ 1008—2018）规定，如果一天有两种或两种以上传感器均监测到同一位置火点，不累计计数，对于特定行政区域内火点数目的统计是当日发生在该行政区域内火点的取值之和。（　）

36.《土壤和沉积物　总汞的测定　催化热解 - 冷原子吸收分光光度法》（HJ 923—2017）规定，每 20 个样品或每批次（少于 20 个样品 / 批）应分析一个平行样，平行样品测定结果的相对偏差应≤ 25%。（　）

37.《排污单位自行监测技术指南　总则》（HJ 819—2017）规定，当排污单位的排放口位置、监测点位、监测指标、监测频次、监测技术任一项内容发生变化时，均应变更监测方案。（　）

38.《水质　65 种元素的测定　电感耦合等离子体质谱法》（HJ 700—2014），ICP-MS 的采样锥和截取锥应经常清洗，避免样品基体沉积在其表面再蒸发电离形成记忆效应。（　）

39. 按照《挥发性有机物无组织排放控制标准》（GB 37822—2019），总挥发性有机物是采用规定的监测方法对废气中的单项 VOCs 物质进行测量，加和得到 VOCs 物质的总量，以单项 VOCs 物质的质量浓度之和计。实际工作中，应按预期分析结果，对占总量 90% 以上的单项 VOCs 物质进行测量，加和得出。（　）

40. 按照《环境空气质量标准》（GB 3095—2012）的规定，苯并［*a*］芘是指存在于颗粒物

（粒径小于等于 10 μm）中的苯并［a］芘。（　　）

41.《环境空气　氟化物的测定　滤膜采样 / 氟离子选择电极法》（HJ 955—2018）规定，采样前应对采样器流量进行检查校准，流量示值误差不超过 ±2%。（　　）

42. 制备无氨水时，通常在水中加入硫酸至 pH<1，使水中的氨或胺转化成不挥发的盐类，收集流出液即是。（　　）

43. 环境空气质量自动监测系统调试检测项目 SO_2、NO_2、O_3 的量程噪声性能指标要求不大于 10 ppb。（　　）

44. 烟尘采样时如果采样流速大于采样点的烟气速度，所测定的样品浓度会高于实际浓度。（　　）

45.《水质　五日生化需氧量（BOD_5）的测定　稀释与接种法》（HJ 505—2009）采用稀释法测定时，空白试样的测定结果不能超过 0.6 mg/L，否则应检查可能的污染来源。（　　）

46.《泄漏和敞开液面排放的挥发性有机物检测技术导则》（HJ 733—2014）规定，开口阀或开口管线泄漏时，挥发性有机物的检测方法为：将采样探头置于其开口处与空气接触区域来回移动采样检测。（　　）

47.《恶臭嗅觉实验室建设技术规范》（HJ 865—2017）规定，嗅辨室室内实验期间室内温度波动应不超过 ±3℃。（　　）

48. 总硬度是指水中钙和镁的总浓度。（　　）

49. 红外光谱仪的样品池是放在光源和单色器之间，而紫外 - 可见分光光度计是放在单色器之后。（　　）

50. 生态环境部于 2016 年 9 月 14 日印发了《关于省以下环保机构监测监察执法垂直管理制度改革试点工作的指导意见》。（　　）

四、填空题（共 20 题 40 空，每空 0.5 分，共 20 分）

1. 不同时段水质定量比较是指同一断面、河流（湖库）、流域（水系）、全国及行政区域内的水质状况与前一时段、前一年度同期、或某两个时段进行比较。比较方法有__________、________等两种。

2. 用精密称量法直接配制标准溶液，应使用《分析实验室用水规格和试验方法》（GB 6682—2008）规定的__________级以上纯水或__________溶剂。

3. 要打好污染防治攻坚战，重点是打赢__________、__________和__________三大保卫战。

4. 某河流断面宽 120 m，水深 8 m，应布设________条采样垂线，每条垂线上设________个采样点。

5. 在环境监测实验室分析中，加标回收率测定是重要的质控手段，其形式一般有：________加标、样品基体加标和__________加标三种。

6.《水质　粪大肠菌群的测定　多管发酵法》（HJ 347.2—2018），用多管发酵法测定粪大肠菌群的方法检出限为__________（12 管法）；__________（15 管法）。

7.《水质　氨氮的测定　纳氏试剂分光光度法》（HJ 535—2009）测定水中氨氮时，采用絮凝沉淀法和蒸馏法是为了去除水样的__________和__________的影响。

8. 根据《固定污染源废气　氮氧化物的测定　定电位电解法》（HJ 693—2014），测定固定污染源废气中氮氧化物时，待显示数值稳定后，每分钟记录一次监测结果，取__________min 平均值作为一次测定值。

9.《环境振动监测技术规范》（HJ 918—2017）规定，环境振动仪器的测量下限应不高于__________dB，测量上限不低于__________dB。

10. 生态环境监测体系新格局是__________、__________、__________、__________。

11. 我国地表水环境质量监测指标为《地表水环境质量标准》（GB 3838—2002）表 1 中的__________个基本项目。

12.《环境空气气态污染物（SO_2、NO_2、O_3、CO）连续自动监测系统技术要求及检测方法》（HJ 654—2013）规定，点式环境空气气态污染物（NO_2）连续自动监测分析仪器中 NO_2-NO 转化器的置换效率应该≥__________。

13.《固定污染源废气　挥发性有机物的采样　气袋法》（HJ 732—2014）规定，当气袋内采样体积达到最大容积的__________左右时应停止采样。

14. 污染源监督性监测是生态环境部门为监督排污单位污染物排污单位__________和__________开展情况等所进行的监测活动。

15. 离子色谱仪中抑制器主要起降低淋洗液的__________和增加被测离子的__________，改善__________的作用。

16. 根据《环境噪声监测技术规范　噪声测量值修正》（HJ 706—2014），若被测噪声源短时间内不能够停止排放，且噪声源停止前后的时间段内周围声环境已发生变化，则应另行选择与测量噪声时的__________时间测量背景噪声，测点位置与噪声源测点位置相同。

17. 工业固体废物样品的采集方法通常有简单随机采样法、__________、__________、两段采样法、权威采样法等几种。

18. 水污染在线比对监测时，对于化学需氧量（COD_{Cr}），当实际水样 COD_{Cr}__________时，以接近实际水样的低浓度（约 20 mg/L）标样代替实际水样进行实验，至少测定__________次。

19.《环境空气　无机有害气体的应急监测　便携式傅里叶红外仪法》（HJ 920—2017）规定，采样分析时，保证仪器的__________、__________、__________等各项参数稳定，同时确认环境的温度、湿度以及含尘里等条件是否符合要求。

20. 大气污染物无组织排放监控点一般设在无组织排放源下风向______m 范围内的浓度最高点，高度范围为______m。

五、简答题（共 5 题，每题 4 分，总 20 分）

1. 简答生态环境监测改革发展的“五个统一”。

2. 简答生态环境监测网络建设的总体要求。

3. 纳氏试剂分光光度法测定水中氨氮时，常见的干扰物有哪些？当过滤后的水样色度较深或加入纳氏试剂后出现浑浊，应如何处理？

4. 使用定电位电解法分析仪测定废气中一氧化碳浓度，测定前使用浓度为 101 mg/m^3 的标准气体进行校准，废气测定结果为 10 mg/m^3，测定完毕后，再次使用 101 mg/m^3 的标准气体进行检验，分析仪示值为 107 mg/m^3。据此判断本次监测结果是否有效，并说明理由。

5. 现有一块中等面积、地势平坦、土质不够均匀的田地，为了解此块田地的土壤污染状况，需要在此田地上进行土壤样品采集。请根据以上描述，简要说明土壤采集的过程。

六、计算题（共 3 题，每题 4 分，共 12 分）

1. 铜是环境污染重金属之一。有一水样 1 000.00 ml，消解处理成为 100 ml，取 10.00 ml 消解后样品置于 50 ml 容量瓶中，加入 10 ml EDTA- 柠檬酸铵溶液、2 滴甲酚红指示液，用（1+1）氨水调至由红经黄转紫色，加入二乙氨基二硫代甲酸钠显色剂，摇匀，反应完全，定容至 50 ml 后，全量转移至分液漏斗，用等体积四氯化碳萃取一次，已知分配比为 19。用四氯化碳萃取光度法测定 Cu（Ⅱ），萃取液在波长 440 nm，用 2 cm 比色池测得吸光度为 0.28，求水样中的 Cu（Ⅱ）质量浓度（mg/L）。（备注：Cu 萃取物的 $\varepsilon=1.4\times10^{4}$ L · cm^{-1} · mol^{-1}，M（Cu）=63.54 g · mol^{-1}）

2. 某标样硫酸盐含量为 110 mg/L，用离子色谱法测定五次，其结果分别是 111 mg/L、112 mg/L、110 mg/L、113 mg/L、111 mg/L。求测定值与标准值的（1）绝对误差；（2）相对误差；（3）标准偏差（可用计算器求取，但须列出其计算公式）；（4）变异系数；（5）检查测定结果与标准值是否存在显著性差异。[由 t 分布双侧分位数表查得 $t_{(0.05,\ 4)}=2.776$]

3. 采用《环境空气　二氧化硫的测定　四氯汞盐吸收－副玫瑰苯胺分光光度法》（HJ 483—2009）测定环境空气中的 SO_2，标准曲线测定如下表：

管号	0	1	2	3	4	5	6	7
SO_2 标准溶液（2 μg/ml）/ ml	0	0.60	1.00	1.40	1.60	1.80	2.20	2.70
四氯汞钾吸收溶液 / ml	5.00	4.40	4.00	3.40	3.40	3.20	2.80	2.30
吸光度 A	0.008	0.153	0.251	0.358	0.398	0.446	0.528	0.666

用校正吸光度 $A_{校}$ 对二氧化硫含量（μg）绘制标准曲线的一元线性回归方程为：

$$A_{校}=0.120\,8\,m_{SO_2}+0.002$$

式中：$A_{校}$ 为校正吸光度，m_{SO_2} 为 5.0 ml 标准溶液中二氧化硫的质量（μg）。

采样现场 T=15℃，P=1 010.20 hPa，采样体积为 15 L。采样管中加入 5 ml 四氯汞钾吸收液，采样结束后全部移入具塞比色管中，定容到 5 ml，按照标准曲线的绘制方法，加入各试剂，显色后测得待测溶液的吸光度 A=0.382，试剂空白溶液的吸光度 A_0=0.008。求该监测点 SO_2 的浓度。

七、综合分析题（每题 5 分，共 5 分）

已知某城市空气质量监测点位某日 SO_2、NO_2、CO、$PM_{2.5}$、PM_{10}、O_3 的空气质量分指数分别为：I（SO_2）=85，I（NO_2）=150，I（CO）=98，I（$PM_{2.5}$）=203，I（PM_{10}）=160，I（O_3）=258。试分析：

（1）该空气质量监测点位当日的超标污染物有哪些？

（2）该空气质量监测点位当日的空气质量指数是多少？

（3）该空气质量监测点位当日的首要污染物是什么？

（4）报告该监测点位当日的空气质量指数级别及空气质量污染程度。

八、论述题（每题 8 分，共 8 分）

2017 年，中共中央办公厅、国务院办公厅印发了《关于深化环境监测改革提高环境监测数据质量的意见》，请简要论述提高环境监测数据质量的必要性。

真题五答案

一、单项选择题

1. B 2. C 3. B 4. C
5. A 6. D 7. B 8. C
9. B 10. C 11. B 12. A
13. B 14. D 15. B 16. A
17. C 18. A 19. C 20. A
21. C 22. C 23. B 24. C
25. B 26. C 27. C 28. B
29. C 30. D 31. C 32. B
33. A 34. C 35. B 36. D
37. C 38. A 39. B 40. A

二、多项选择题

1. CD 2. BCD 3. BC 4. ABCD
5. ABD 6. ABD 7. ABD 8. ABC
9. BCD 10. ABD

三、判断题

1. √ 2. × 3. √ 4. ×
5. × 6. √ 7. × 8. ×
9. × 10. √ 11. × 12. ×
13. × 14. × 15. √ 16. ×
17. × 18. × 19. √ 20. √
21. √ 22. × 23. √ 24. ×
25. × 26. × 27. × 28. √
29. × 30. √ 31. √ 32. √
33. √ 34. × 35. √ 36. √
37. √ 38. √ 39. √ 40. √
41. √ 42. × 43. × 44. ×
45. × 46. × 47. √ 48. √
49. √ 50. ×

四、填空题

1. 单因子浓度比较　水质类别比例比较
2. 二　优级纯
3. 蓝天　碧水　净土
4. 3　2
5. 空白　示踪物
6. 3 MPN/L; 20 MPN/L
7. 色度　浊度
8. 5～15
9. 50　100
10. 政府主导　部门协同　社会参与　公众监督
11. 24
12. 96%
13. 80%
14. 污染物排放状况　自行监测
15. 背景电导　电导值　信噪比
16. 声环境一致
17. 系统采样法　分层采样法
18. ＜30 mg/L　2
19. 光源强度　干涉图高度　样品室温度
20. 2～50　1.5～15

五、简答题

1.（1）统一组织领导，理顺生态环境监测体制机制；
（2）统一规划布局，完善生态环境监测网络体系；
（3）统一制度规范，提高生态环境监测数据质量；
（4）统一数据管理，深化生态环境监测数据应用；
（5）统一信息发布，提升环境信息的公信力和权威性。

2.（1）坚持全面设点、全国联网、自动预警、依法追责，形成政府主导、部门协同、社会参与、公众监督的生态环境监测新格局。

（2）到2020年，全国生态环境监测网络基本实现环境质量、重点污染源、生态状况监测全覆盖，各级各类监测数据系统互联共享，监测预报预警、信息化能力和保障水平明显提升，监测与监管协同联动，初步建成陆海统筹、天地一体、上下协同、信息共享的生态环境监测网络，使生态环境监测能力与生态文明建设要求相适应。

3. 常见干扰物有：（1）余氯，悬浮物，色度；
（2）铁锰钙镁等金属离子；

（3）硫化物，芳香胺等有机物；

（4）在碱性条件下会絮凝的蛋白质等。

当过滤后的水样色度较深或加入纳氏试剂后出现浑浊，应采用预蒸馏法消除干扰。

4. 本次监测结果有效。

测量结束后示值误差（107-101）/1.25=5 μmol/mol，达到了方法规定的标准气体浓度值＜100 μmol/mol 时，求值误差不超过 ±5 μmol/mol 的要求。

根据《固定污染源　一氧化碳的测定　定电位电解法》（HJ 973—2018）中 11.3 规定，样品测定结果应处于仪器校准量程的 20%～100% 之间，否则应重新选择校准量程；若样品测定结果不大于测定下限，则无须重新选择校准量程。

本次测定结果 10 mg/m^3，小于方法的测定下限 12 mg/m^3，符合方法要求。

5.（1）点位布设方法：采用棋盘式，一般采样点在 10 个以上；

（2）采样深度：取地面垂直以下 15 cm 左右的耕层土壤或由地面垂直以下 10～20 cm 范围的土壤；

（3）采样量：一般要求至少 1 kg，各分点混匀后用四分法取 1 kg 土样，根据监测项目选择不同的容器；

（4）采样注意事项：

a）供无机物测定用的样品置于由棉布缝制而成的样品袋中，如果是潮湿样品可内衬塑料袋；供有机物测定用的样品也可置于玻璃瓶内。

b）采样同时由专人填写样品标签和采样记录：标签一式两份，一份放入袋中，一份系在袋口，标签上应标注采样时间、地点、样品编号、监测项目、采样深度和经纬度。

c）采样结束离场前，需逐项检查采样记录、样袋标签和土壤样品。

六、计算题

1.（1）根据朗伯—比尔定律公式，$A=\varepsilon bc$，计算浓缩后 10 ml 样液的萃取后 50 ml 有机相中 Cu^{2+} 的 mol 浓度。

$C=A/\varepsilon b=0.28/(2\times1.4\times10^4)=1.00\times10^{-5}$ mol/L

（2）实际上此萃取液中 Cu^{2+} 质量为：

$50\times1.0\times10^{-5}\times63.54=3.177\times10^{-2}$ mg

（3）萃取率：

$E=D/(D+V_W/V_0)\times100\%=19/(19+50/50)\times100\%=95\%$

（4）浓缩后 10ml 水样液中 Cu^{2+} 的质量为：

$3.177\times10^{-2}\times100/95=3.344\times10^{-2}$ mg

（5）水样中 Cu^{2+} 的质量浓度为

$(3.344\times10^{-2}\times100/10)/1.000=0.334$ mg/L

2. 五次测定值的平均值

$\overline{X}=(111+112+110+113+111)/5=111.4$ mg/L

（1）绝对误差 111.4−110=1.4 mg/L

（2）相对误差（1.4/110）×100%=1.3%

（3）标准偏差 $S=\sqrt{\frac{1}{n-1}\sum_{i=1}^{n}(X_i-\overline{X})^2}$

计算结果 S=1.14 mg/L

（4）变异系数 $S/\overline{X}$ ×100%=（1.14/111.4）×100%=1.02%

（5）显著性检验

标准值 μ=110 mg/L，测定次数 n=5

$$t=\frac{\overline{X}-u}{s/\sqrt{n}}=\frac{111.4-110}{1.14/\sqrt{5}}=2.746$$

因为 t=2.746＜$t_{0.05(4)}$=2.776

所以测定结果与标准值无显著性差异。

注：（5）中无计算过程或计算过程错误无法推理出结果，直接给出正确答案不得分。

3.（1）吸收液中二氧化硫的质量（μg）：

$$m=\frac{(0.382-0.008-0.002)}{0.120\,8}=3.08(\mu g)$$ =3.08（μg）

（2）参比状态下（298.15 K，1 013.25 hPa）的采样体积：

$$V=15\times\frac{298.15}{273+15}\times\frac{1\,010.20}{1\,013.25}=15.48(L)$$

（3）该监测点 SO_2 的含量：

$SO_2=\rho(SO_2)=\frac{3.08}{15.48}=0.199(\mu g/L)=199(\mu g/m^3)$ 或 0.199 mg/m^3

该监测点 SO_2 的浓度为 199 μg/m^3（或 0.199 mg/m^3）。

七、综合分析题

（1）当某污染物的空气质量分指数大于 100 时，即为超标污染物。由各污染物的空气质量分指数可知，当日的超标污染物为 NO_2、$PM_{2.5}$、PM_{10} 和 O_3。

（2）AQI=max（$I(SO_2)$，$I(NO_2)$，$I(CO)$，$I(PM_{2.5})$，$I(PM_{10})$，$I(O_3)$）

=max（85，150，98，203，160，258）

=258

因此，该监测点当日的空气质量指数为 258。

（3）空气质量分指数最大者为首要污染物，即 O_3 为首要污染物。

（4）该监测点当日的空气质量指数为 258，介于 201～300 之间，空气质量指数级别为五级，为重度污染。

八、论述题

1. 环境监测是环境保护的基础工作，是推进生态文明建设的重要支撑。

2. 环境监测数据是客观评价环境质量状况、反映污染治理成效、实施环境管理与决策的基本依据。

3. 环境监测数据质量问题突出，主要表现在：

不当干预环境监测行为时有发生；

监测数据弄虚作假屡禁不止；

环境监测机构服务水平良莠不齐，相关部门环境监测数据不一致现象依然存在。

理论考试试题真题六

一、填空题（共 27 题 40 空，每空 0.5 分，共 20分）

1. 党的十八大报告提出，建设中国特色社会主义，总体布局是经济建设、政治建设、文化建设、社会建设、____________五位一体。

2.《关于深化环境监测改革提高环境监测数据质量的意见》（厅字〔2017〕35 号）明确要求建立“____________”的责任追溯制度。

3. 20 世纪 40 年代，洛杉矶发生了严重的光化学烟雾事件。这种淡蓝紫色的烟雾是汽车排放的氮氧化物、____________和颗粒物，在____________的作用下，生成____________、过氧乙酰硝酸酯和二次颗粒物等，形成的复杂混合物。

4. 根据《生态环境监测网络建设方案》（国办发〔2015〕56 号）的相关要求，至 2020 年我国要建立起____________的生态遥感监测系统，实现对重要生态功能区、自然保护区等大范围、全天候监测。

5. 水体中氮、磷等营养物质过剩，在一定条件下易导致藻类以及其他水生生物异常繁殖，造成水质恶化。这种藻类暴发而引发的水质灾害，在淡水湖泊叫____________，在海洋则叫__________。

6. 水样在贮存期内发生变化的程度主要取决于水的类型及水样的化学性质和生物学性质，也取决于____________、_____________、运输及气候变化等因素。

7. 国家地表水水质自动监测站采水口处应有良好的水力交换，不能设在____________、缓流区和____________。

8. 开展废水排放监测时，第一类污染物的采样点位应设在____________。

9. 晚 9 点测得某城市居民住宅区噪声为 50.5 dB（A），按________时段标准评价，此次噪声检测结果为____________（达标 / 不达标）。

10. 重污染天气预警分级是依据____________日均值超过特定限值且持续特定时间来划分的。

11. 在进行气态污染物采样时，应根据所监测项目及采样时间准备待用的气样捕集装置或采样器，按要求连接采样系统，检查连接是否正确，进行____________检查，并进行____________校准。

12. 恶臭有组织排放源的采样方法一般包括真空瓶采样和气袋采样，其中真空瓶采样系统由三通阀、真空瓶、真空压力表、____________、干燥过滤器和抽气泵等组成。

13. 用 β 射线吸收法仪器进行环境空气颗粒物自动监测时，为保证仪器动态加热系统的正常工作，应每半年对仪器内部的____________传感器进行一次检查，超过范围应及时校准。

14.《土壤环境监测技术规范》（HJ/T 166—2004）中规定，样品粗磨应在磨样室将风干样品倒在有机玻璃板上压碎，拣出杂质，混匀，再用四分法取压碎样，过孔径 20 目尼龙筛。粗磨样可直接用于土壤 pH 值、阳离子交换量、＿＿＿＿＿＿等项目的分析。

15. 在半固态废物制样过程中，对黏稠的不能缩分的污泥，要进行预干燥至可制备状态，然后进行粉碎、＿＿＿＿＿＿、混合、＿＿＿＿＿＿，完成一个制样阶段。

16. 危险废物通常具有易燃性、＿＿＿＿＿＿、毒性、＿＿＿＿＿＿和反应性。

17.《水质　化学需氧量的测定　重铬酸盐法》（HJ 828—2017）将硫酸汞的加入量由 0.4 g 改为＿＿＿＿＿＿，从而减少了有毒物质硫酸汞的使用。

18. 测定水中总氮时，在 220 nm 和 275 nm 波长处测定，是为了校正水样中＿＿＿＿＿＿的干扰。

19. 液液萃取是水中半挥发性有机污染物萃取的重要手段。往往采用多次萃取来提高总萃取效率。使用正己烷萃取地表水中酚类化合物时单次萃取效率只有 65%。若萃取条件不变，则 3 次萃取后，总萃取效率是＿＿＿＿＿＿。

20.《地表水环境质量标准》（GB 3838—2002）规定了一种多肽类物质＿＿＿＿＿＿的标准限值（0.001 mg/L），该污染物常出现于蓝藻暴发的水体中，具有较强的肝毒性。

21. 采用气相色谱－质谱法进行有机污染物检测时，样品提取 / 萃取前，常常加入一定量与目标物性质相似的物质进行回收率控制，这个物质叫＿＿＿＿＿＿，是实验室内部质量控制的重要手段之一。

22. 冷原子吸收分光光度法测定土壤中总汞，样品应通过＿＿＿＿＿＿目尼龙筛；X 射线荧光光谱法测定土壤中总铅，样品应通过＿＿＿＿＿＿目尼龙筛。

23. 某单元素溶液标准物质，标准物质证书上的标准值为 1 000 mg/L，扩展不确定度 U=4 mg/L，k=2，该标准物质的标准不确定度为＿＿＿＿＿＿，相对标准不确定度为＿＿＿＿＿＿。

24. 用 EDTA 滴定法测定水中的总硬度，需要使用经过钙标准溶液标定的 EDTA 溶液。如果使用了受潮的碳酸钙固体标定 EDTA，将使总硬度的测定结果偏＿＿＿＿＿＿。

25. 生态环境监测机构应配齐包括现场测试和采样、样品保存运输和制备、实验室分析及数据处理等监测工作环节所需的仪器设备。现场测试和采样仪器在数量配备方面需满足相关监测标准或技术规范对＿＿＿＿＿＿和＿＿＿＿＿＿采样要求。

26. 凡对检验准确性和有效性有影响的测量和检验仪器设备，在投入使用前必须进行＿＿＿＿和（或）＿＿＿＿＿＿。

27. 环境监测质量管理工作，是指在环境监测的全过程中为保证监测数据和信息的代表性、准确性、精密性、可比性和完整性所实施的全部活动和措施，包括质量策划、质量保证、质量控制、质量改进和＿＿＿＿＿＿等内容。

二、单项选择题（共 20 题，每题 0.5 分，共 10 分）

1. 2018 年 11 月，生态环境部、农业农村部联合发布《农业农村污染治理攻坚战行动计划》提出到 2020 年，实现“一保两治三减四提升”，其中“一保”是指＿＿＿＿。（　　）

A．保护农村生态环境，实现村庄环境干净整洁有序

B．保护农村饮用水水源，农村饮水安全更有保障

C．保证农村饮用水水质监测，完成 500 吨以上饮用水水源调查

D．保证农业用水总量，加强农业面源污染防治

2. 根据《生态环境监测网络建设方案》（国办发〔2015〕56 号）要求，开展化学品、________、新型特征污染物及危险废物等环境健康危害因素监测，提高环境风险防控和突发事件应急监测能力。（　　）

A．重金属　　B．抗生素　　C．持久性有机污染物　　D．汞及其化合物

3. 下列________不属于特别重大突发环境事件。（　　）

A．因环境污染直接导致 10 人以上死亡或 100 人以上中毒的

B．因环境污染造成直接经济损失 1 亿元以上的

C．因环境污染造成地市级以上城市集中式饮用水水源地取水中断的

D．跨省（区、市）界突发环境事件

4. 下列________不是国际单位制（SI）的基本量。（　　）

A．时间　　B．面积　　C．电流　　D．物质的量

5. 实验室有一个高压钢瓶，是绿底红字，该钢瓶盛装的气体是________。（　　）

A．乙炔　　B．氩气　　C．氦气　　D．氢气

6. 碘量法测定水中硫化物，实验室用水应为________。（　　）

A．分析实验室三级用水　　B．不含二氧化碳的水

C．除氧水　　D．去离子水

7. 下列________试剂不属于易制爆试剂。（　　）

A．硼氢化钾　　B．硝酸银　　C．硫酸　　D．高锰酸钾

8. 湖（库）水质监测点位处水深＞10 m，应如何设置采样点________。（　　）

A．两点，分别为水面下 0.5 m，水底上 0.5 m 处

B．三点，分别为水面下 0.5 m，1/2 斜温层，水底上 0.5 m 处

C．三点，分别为水面下 0.5 m，1/2 水深处，水底上 0.5 m 处

D．除水面下 0.5 m、水底上 0.5 m 处外，按每一斜温层分层 1/2 处设置

9. 最佳测定范围是指限定误差能满足预定要求的前提下，特定方法的________至________之间的浓度范围。（　　）

A．检出限　测定上限　　B．测定下限　测定上限

C．检出限　曲线直线部分　　D．曲线零点　曲线直线部分

10. 对于不同理化性质的有机化合物，水样前处理时 pH 值要求不同。使用 GDX-502 树脂萃取水中酚类化合物，需调节水样为________；使用二氯甲烷液液萃取水中苯胺类化合物，需调节水样为________。（　　）

A．酸性　碱性　　B．碱性　酸性　　C．碱性　中性　　D．中性　碱性

11. ODSs 目前已经禁用，适合使用________分析。（　　）

A．离子色谱　　B．发射光谱　　C．气相色谱　　D．液相色谱

12. 开展固定源有组织排放废气低浓度颗粒物监测时，应于恒温恒湿条件下对平衡后的低浓度颗粒物采样头进行称重，每个样品称 2 次，每次称量间隔时间应大于 1 h，2 次称量结果的差值应在________以内。（　　）

A．0.1 mg　　B．0.2 mg　　C．0.4 mg　　D．0.5 mg

13. 电感耦合等离子体发射光谱法测定环境空气颗粒物中硅等元素时，前处理通常采用碱熔的方法，消解滤膜样品所用的容器可以为________。(　　)

A. 瓷坩埚　　B. 聚四氟乙烯坩埚　　C. 聚四氟乙烯消解罐　　D. 镍坩埚

14. 使用定电位电解法测定废气中氮氧化物时，测得一氧化氮的浓度为 9.38 mg/m^3（标准状态下），二氧化氮的浓度为 3.20 mg/m^3（标准状态下），则氮氧化物浓度的报出结果为________mg/m^3（标准状态下）。(　　)

A. 12.6　　B. 13　　C. 17.6　　D. 18

15. 测定固体废物样品中重金属和半挥发性有机物的浸出毒性，常用硫酸硝酸法浸提，将质量比为________的浓硫酸和浓硝酸混合液加入到水中作为浸提剂。(　　)

A. 2∶1　　B. 1∶2　　C. 1∶1　　D. 1∶4

16. 下列关于《环境空气质量标准》（GB 3095—2012）修订的描述中，描述有误的是________。(　　)

A. 调整环境空气功能区分类

B. 增设 $PM_{2.5}$ 浓度限值和臭氧 8 小时平均浓度限值

C. 调整 PM_{10}、NO_x、铅和苯并［a］芘等的浓度限值

D. 调整数据统计的有效性规定

17. 我国现行《地表水环境质量标准》中，河流和湖库同一水质类别________指标的标准限值不同。(　　)

A. 氨氮　　B. 总磷　　C. 总氮　　D. 粪大肠菌群

18. 以下关于噪声监测的描述，不正确的是________。(　　)

A. 用网格法进行城市区域监测时，应当剔除水域、禁区以及非建成面积大于 50% 的网格

B. 每次测量前后都需要进行仪器校准，前、后校准值偏差不得大于 0.5 dB

C. 测量需要使用延伸电缆时，应把仪器与延伸电缆一起校准

D. 机场噪声监测和道路交通噪声监测所使用的声级计权方式相同

19. 以下关于生态系统的论述，不正确的是________。(　　)

A. 生态系统是指在一定空间内生物成分和非生物成分通过物质循环和能量流动相互作用、相互依存而构成的一个生态学结构单位

B. 生态系统按组成要素可分为生产者、消费者、分解者和非生物环境四部分

C. 生态平衡是一种动态平衡

D. 生态交错区或过渡区是指两个或多个群落之间（或生态地带之间）的过渡区域

20. 遥感数据的分辨率不包括________。(　　)

A. 光谱分辨率　　B. 时间分辨率　　C. 空间分辨率　　D. 影像分辨率

三、不定项选择题（共 20 题，每题 1 分，共 20 分）

1. 下列化合物中属于“POPs 公约”受控名单的是________。(　　)

A. 多氯联苯　　B. 二噁英　　C. 乐果

D. 滴滴涕　　E. 全氟辛烷磺酸及其盐类

2. 石油化工和炼焦业废水监测时，除了 COD、BOD_5、悬浮物、油类、硫化物、总有机碳外，还包括________。(　　)

A．挥发酚　　B．多环芳烃　　C．2,4-D

D．二噁英　　E．苯系物

3. 采集废水样品时，根据排放废水的特征或不同的监测目的，采样方法有________。(　　)

A．瞬时水样　　B．时间比例混合水样　　C．流量比例混合水样

D．平均污水样　　E．综合水样

4.《地下水质量标准》(GB/T 14848—2017)中规定的总大肠菌群的报告单位为________。(　　)

A．MPN/100 mL　　B．MPN/10 mL　　C．CFU/100 mL

D．CFU/10 mL　　E．MPN/L

5. 分光光度法是环境监测工作中最常用的分析方法之一，该方法的理论基础是朗伯－比尔定律 $A=\varepsilon bc$。以下论述正确的是________。(　　)

A．该定律表明了单色光通过均匀非散射的吸光溶液时，其吸光度与溶液的浓度和光程成正比关系

B．ε 为溶液的摩尔吸光系数，单位为 $L \cdot mol^{-1} \cdot cm^{-1}$

C．朗伯－比尔定律适用于所有溶液

D．ε 值的大小可以反映定量方法的灵敏度

E．引起朗伯－比尔定律偏离的主要原因是现有仪器技术条件的限制，以及吸光物质性质的改变

6. 测定水中易释放氰化物时，预处理过程中存在可能的干扰有________。(　　)

A．活性氯　　B．亚硝酸根离子　　C．硫化物

D．亚硫酸钠　　E．油类

7. 在有机污染物分析中，常需要对提取液进行净化，以去除杂质干扰。下列________净化方法是通过吸附作用实现的。(　　)

A．氧化铝净化　　B．弗罗里硅土净化　　C．中性硅胶净化

D．凝胶渗透色谱净化　　E．活性炭净化

8. 电感耦合等离子体质谱分析中，内标校正法的作用有________。(　　)

A．监测和校准信号的短期及长期漂移　　B．校正质谱干扰　　C．校正光谱干扰

D．校正一般的基体效应　　E．提高方法灵敏度

9. 利用电感耦合等离子体质谱法进行水样中元素分析时，每批样品应至少做一个全程序空白及实验室空白，空白值应符合下列________才被认为是可接受的。(　　)

A．空白值应低于方法检出限　　B．空白值应低于标准限值的 10%

C．空白值应低于 10 倍检出限　　D．空白值应低于每批样品最低测量值的 10%

E．空白值应低于方法测定下限

10. 使用定电位电解法测定废气中二氧化硫时，氨、硫化氢、氯化氢、氟化氢、二氧化氮等对样品测定会产生一定的干扰，可通过下列________减小干扰。(　　)

A．磷酸吸收　　B．乙酸铅棉吸附　　C．气体过滤器滤除

D．活性炭吸附　　E．双氧水吸收

11. 开展固定源有组织排放废气低浓度颗粒物的监测时，废气含水量的测定应采用______。(　　)

A．冷凝法　　　B．重量法　　　C．干湿球法

D．仪器法　　　E．阻容法

12. 在我国现行环境空气质量标准中，下列________污染物无年平均浓度限值。（　　）

A．二氧化硫　　　B．二氧化氮　　　C．一氧化碳

D．臭氧　　　E．颗粒物

13. 对环境空气污染物浓度的状态，正确表述有：________。（　　）

A．标准状态是指温度为 293.15 K、压力为 101.325 Pa 时的状态

B．将标准状态的 PM_{10} 历史数据转换为监测实时状态下的数据，需要乘以系数 0.931 7

C．监测实时状态浓度不受海拔高度的影响

D．监测实时状态浓度受温度的影响

E．对同一站点同一时段，参比状态下的气态污染物浓度数据低于标准状态下的浓度数据

14. 气相色谱柱是气相色谱仪的关键组成部分，直接影响多种有机物能否得到有效分离。环境样品的有机物分析对气相色谱柱的性能要求有：________。（　　）

A．选择性好，对不同组分有不同的保留能力

B．化学稳定性强，不与样品反应

C．极性范围广，可分析多种类型的样品

D．固定相蒸气压高，流失少，柱寿命长

E．热稳定性高，有较宽的工作温度

15. GC-MS 的质量分析器是利用电磁或磁场（包括磁场、磁场与电场组合、高频电场和高频脉冲电场等）的作用，将来自离子源的离子束中不同质荷比的离子按________等分离的装置。（　　）

A．空间位置　　　B．时间先后　　　C．动能大小

D．运动轨道稳定与否　　　E．势能大小

16. X 射线荧光光谱法已广泛应用于土壤、沉积物中的无机元素测定，一般来讲该方法具有________的特点。（　　）

A．无损　　　B．精密度好　　　C．不用消解

D．准确度好　　　E．快速

17.《检验检测机构资质认定能力评价　检验检测机构通用要求》中规定为保证检测结果的有效性，检测机构可以采用________等方式进行监控。（　　）

A．定期使用标准物质　　　B．留样复测

C．合同评审　　　D．对报告数据进行审核

E．人员培训

18. 地表水水质自动监测系统运行维护内容包括：________。（　　）

A．例行维护　　　B．保养检修　　　C．故障检修

D．停机维护　　　E．数据平台日常管理与记录

19. 属于环境空气颗粒物 $PM_{2.5}$ 自动监测仪器日常维护和质控有关的操作有：________。（　　）

A．清洁采样管路和切割器

B．校准膜检查

C．示值流量检查

D．调整仪器的时钟

E．调整仪器的斜率或K值

20. 以下关于水生生物监测的叙述，不正确的是________。(　　)

A．叶绿素a含量可以作为水体富营养化的指标之一

B．通常来说，甲藻、黄藻和金藻数量增加，反映水质好转

C．原生生物是最低等的单细胞动物，在生理上没有独立的机能

D．藻类和原生动物计数一般以个/m^2表示

E．鱼类急性毒性测定时，试验液中的溶解氧不得低于6 mg/L

四、判断题（共20题，每题0.5分，共10分）

1.《水污染防治行动计划》中要求，到2020年，长江、黄河、珠江、松花江、淮河、海河、辽河等七大重点流域水质优良（达到或优于III类）比例总体达到70%以上，地级及以上城市建成区黑臭水体均控制在20%以内。(　　)

2. 由国家认监委征集、审核并发布的A类能力验证项目，检验检测机构必须参加。(　　)

3. Cochran最大方差检验法用于剔除多组观测值中精密度较差的一组数据，并可用于多组观测值的方差一致性检验。(　　)

4. 海洋微塑料是近年来国际热点环境问题之一。通常认为，海洋微塑料是指粒径小于5 mm的塑料纤维、颗粒或薄膜。(　　)

5. 新修订的《地下水质量标准》（GB/T 14848—2017）水质监测指标由39项增至93项，并涵盖了天然水化学的K^+、Na^+、Ca^{2+}、Mg^{2+}、SO_4^{2-}、Cl^-、CO_3^{2-}、HCO_3^-八大离子。(　　)

6. 溶液标准物质一般是用来校准仪器设备和绘制工作曲线，基体标准物质一般是用来进行分析方法的评价和确认。(　　)

7. 离子色谱的抑制器安装在分析柱和检测器之间，降低淋洗液中离子组分的响应，增加待测离子的响应，进而提高信噪比。(　　)

8. 流动注射分析仪的工作原理，是在封闭的管路中，将一定体积的试样注入载液中，试样和试剂在化学反应模块中按特定顺序和比例混合、反应，在完全反应的条件下，进入流动检测池进行检测。(　　)

9. 火焰原子吸收光谱仪的原子化器的作用是产生带电离子，可以用来吸收来自锐线光源的共振辐射。(　　)

10. 测定海水中无机氮硝酸盐含量时，采集的水样须经0.22 μm滤膜过滤后才能测定。(　　)

11. 气相分子吸收光谱法分析水样时，受水温和色度的影响。(　　)

12. 石墨炉原子吸收分光光度法分析过程中，加入基体改进剂可以消除和减少基体干扰，提高原子化效率，进而提高灵敏度和准确度。(　　)

13. 降水样品送到实验室后，应先进行pH和电导率的测定，然后将样品用0.45 mm有机微孔滤膜过滤后进行离子组分的测定。(　　)

14. 实验人员在使用气相色谱质谱法测定水中滴滴涕时，由于标识不清，将5.80 mg/L的进样内

标溶液错误的写成 5.30 mg/L，但测定结果不变。 （ ）

15. 在使用真空瓶进行恶臭采样时，采样前需将真空瓶抽真空至负压 1.0×10^5 Pa，观察并记录真空瓶内压力，至少放置 2 h，真空瓶压力变化不能超过规定负压 1.0×10^5 Pa 的 10%，否则不能使用，应更换真空瓶。 （ ）

16. 催化热解冷原子吸收法方便快捷，不仅可以测定汞的总量，还能测定汞的形态，近年来多用于土壤和颗粒物中汞的测定。 （ ）

17. 氰化物为剧毒物质，水中氰化物测完后，其残液可通过加入 NaOH 调至 pH＞11，再加入高锰酸钾、三价铁盐或漂白粉等试剂处理，使 CN^- 分解，分解后的溶液再用水稀释后排放。（ ）

18. 配制一般微生物培养基的主要程序依次为：配制、融化、灭菌、过滤澄清、调整 pH、分装、检定及保存。 （ ）

19. 同一时间段内的噪声 A 声级测量值，$L_{max} > L_{90} > L_{50} > L_{10}$。 （ ）

20. 在进行城市环境空气质量评价过程中，统计污染物浓度时，其小时浓度值不应进行修约，应按照实测浓度进行统计。 （ ）

五、简答题（共 5 题，每题 4 分，共 20 分）

1. 地表水样品采集后，应尽快送到实验室分析。样品久放，某些组分的浓度会发生变化。请分析保存过程中影响浓度变化的主要因素，并简述为了保持样品稳定应采取哪些保存方法和（或）措施。

2. 简述气相色谱法中常用的 3 种选择性检测器及其适用检测的化合物类型。

3. 某单位开展农用地土壤污染状况调查，测定了某处旱地土壤理化性质，重金属等指标，部分测定结果如下：

土壤重金属指标测定结果

单位：mg/kg

污染物项目	测定结果	污染物项目	测定结果	污染物项目	测定结果
镉	1.42	汞	0.11	砷	7.10
铅	85.8	铬	77.2	铜	12.3
锌	51.9	镍	11.3		

请分析各项污染物的风险，推断可能的污染来源，并针对土壤功能给出合理化建议。

农用地土壤污染风险筛选值（基本项目）

单位：mg/kg

序号	污染物项目①②		风险筛选值			
			pH≤5.5	5.5<pH≤6.5	6.5<pH≤7.5	pH>7.5
1	镉	水田	0.3	0.4	0.6	0.8
		其他	0.3	0.3	0.3	0.6
2	汞	水田	0.5	0.5	0.6	1.0
		其他	1.3	1.8	2.4	3.4
3	砷	水田	30	30	25	20
		其他	40	40	30	25
4	铅	水田	80	100	140	240
		其他	70	90	120	170
5	铬	水田	250	250	300	350
		其他	150	150	200	250
6	铜	果园	150	150	200	200
		其他	50	50	100	100
7	镍		60	70	100	190
8	锌		200	200	250	300

注：①重金属和类金属砷均按元素总量计。
②对于水旱轮作地，采用其中较严格的风险值。

农用地土壤污染风险管制值

单位：mg/kg

序号	污染物项目	风险管制值			
		pH≤5.5	5.5<pH≤6.5	6.5<pH≤7.5	pH>7.5
1	镉	1.5	2.0	3.0	4.0
2	汞	2.0	2.5	4.0	6.0
3	砷	200	150	120	100
4	铅	400	500	700	1 000
5	铬	800	850	1 000	1 300

4. 某沿江港口发生 10 t 重柴油泄漏入江情况，该市启动应急响应并要求环境监测站进行应急监测。监测人员采集了溢油源样品，并在下游（影响区域）设置监测断面，采集水样测定 COD、石油类、营养盐等项目。一周后溢油源及岸滩溢油被清除完毕，监测站自行停止监测。请简述编写应急监测报告的主要内容、基本要求，并指出整个应急过程中的错误。

5. 已知 A 城市近两年环境空气中六项指标浓度值和指数，请简述该城市污染特征、变化情况和形势。

表 1　A 城市六项指标浓度值

年份	SO_2/（μg/m^3）	NO_2/（μg/m^3）	CO/（mg/m^3）	O_3/（μg/m^3）	PM_{10}/（μg/m^3）	$PM_{2.5}$/（μg/m^3）
2017	21	44	0.8	194	87	54
2018	19	50	0.8	213	75	42

注：SO_2、NO_2、PM_{10}、$PM_{2.5}$ 为年均浓度，CO 和 O_3 为百分位数浓度。

表 2　二级标准限值

指标	SO_2/（μg/m^3）	NO_2/（μg/m^3）	CO/（mg/m^3）	O_3/（μg/m^3）	PM_{10}/（μg/m^3）	$PM_{2.5}$/（μg/m^3）
浓度限值	60	40	4	160	70	35

注：SO_2、NO_2、PM_{10}、$PM_{2.5}$ 为年均浓度二级标准限值，CO 为 24 小时平均浓度二级标准限值，O_3 为日最大 8 小时均值二级标准限值。

表 3　A 城市六项指标单项指数和综合指数

年份	单项指数						综合指数
	SO_2	NO_2	CO	O_3	PM_{10}	$PM_{2.5}$	
2017	0.35	1.10	0.20	1.21	1.24	1.54	5.64
2018	0.32	1.25	0.20	1.33	1.07	1.20	5.37

六、计算题（共 3 题，每题 5 分，共 15 分）

1. 某检测机构开展了废气中某污染物检测方法的验证实验，高浓度水平加标测得的结果为 3.03 mg/m^3、3.25 mg/m^3、4.21 mg/m^3、3.78 mg/m^3、4.02 mg/m^3、3.97 mg/m^3、2.87 mg/m^3 和 3.67 mg/m^3，请用 Grubbs 检验法判断最大值是否为异常值，是否可以剔除？

（取检出水平 α=5%，[$G_{0.95(8)}$] =2.032）

2. 某农药厂排放的废水需测定敌百虫和敌敌畏的质量浓度。水中敌敌畏可用三氯甲烷萃取，气相色谱法测定；而敌百虫需要碱解水样转化为敌敌畏，再进行萃取分析。实验人员取 100 mL 水样，调节 pH 值为 6.5，每次用 5 mL 三氯甲烷（敌敌畏单次萃取效率为 70%，敌百虫不被萃取），萃取 3 次，合并三氯甲烷待测（萃取液 A），同时收集水相，调节水相 pH 值为 9.6，转入锥形瓶，置于 50℃水浴碱解 15 min，敌百虫完全转化为敌敌畏。之后将此溶液恢复至室温，调节 pH 值为 6.5，每次用 5 mL 三氯甲烷，萃取 3 次，合并三氯甲烷待测（萃取液 B）。将萃取液 A 和 B 分别经脱水后，用气相色谱法测定，得到萃取液 A 和 B 中敌敌畏的浓度分别为 3.40 mg/L、0.50 mg/L。请计算原始水样中敌敌畏和敌百虫的质量浓度。（敌敌畏和敌百虫的分子量分别为 220.98、257.45）

3. 依据《环境监测 分析方法标准制修订技术导则》，某实验室对某污染物开展了方法验证实验，在进样 1 μL、定容 1 mL 条件下获得的结果为：线性范围为 0.500 ～ 200 μg/mL，仪器检出限为 0.08 μg/mL，方法空白测定 7 次，范围为 -0.002 ～ 0.002 μg/mL，标准偏差（$s_{空白}$）为 0.002 μg/mL。当添加标准物质的量为 5.00 μg 时，7 次平行测定结果的标准偏差（$s_{5.00}$）为 1.60 μg，当添加标准物质的量为 0.750 μg 时，5 次平行测定结果的标准偏差（$s_{0.750}$）为 0.120 μg，当添加标准物质的量为 0.500 μg 时，7 次平行测定结果的标准偏差（$s_{0.500}$）为 0.070 μg，请问当样品采样体积为 1 L 水时，该方法的检出限和测定下限是多少？请进行合理性判断。

已知：$t_{(4,\ 0.99)}=3.747$，$t_{(6,\ 0.99)}=3.143$，$t_{(10,\ 0.99)}=2.764$

组合标准偏差公式：$S_p=\sqrt{\dfrac{v_A S_A^2+v_B S_B^2}{v_A+v_B}}$

七、综合分析题（共2题，共15分）

1. 某企业给轮胎制造厂生产硫化橡胶促进剂。工艺为：将固碱溶解，加入巯基苯并噻唑，通入硫化氢进行搅拌，再加入硫酸锌溶液进行复分解反应，反应完全后加入硬脂酸辅料，再经过滤、水洗、甩干、干燥、粉碎、过筛，即得成品促进剂。企业属于非连续生产。相邻的还有1家生产表面活性剂的企业，使用有二甲苯和苯乙烯等。企业的东面、南面200 m外均有居民住宅。近期12369接到连续投诉，居民反映有较为强烈的异味，而且多发于晚7点之后。安排采样时，采样人员建议次日上午进行现场监测，经验丰富的项目负责人指出采样时间不合理，并明确了采样地点、采样方法和分析方法等内容和注意事项。假设您是该项目负责人，该如何安排此项工作？拿到监测结果后如何判断可能的污染来源？（8分）

2. 某监测机构接到上级通知，需对小月河开展调查监测，摸清水体和沉积物受汞、铅、镉污染的状况。实验室周主任安排小王进行分析测试准备，小王对电热板、天平性能进行了确认。请结合本次监测任务回答：

（1）小王还需准备哪些样品前处理设备和分析仪器？

（2）简述水和沉积物中汞、铅、镉的前处理过程。

（3）如监测调查后需进一步测定沉积物中烷基汞含量水平，使用现行标准方法有何局限性？从监测技术发展的角度，提出新方法的开发建议。（7分）

八、论述题（共1题，共10分）

请简述习近平生态文明思想的内涵，并结合生态环境部统一监测评估职能，论述如何发挥生态环境监测的“顶梁柱”作用。

真题六答案

一、填空题

1. 生态文明建设
2. 谁出数谁负责　谁签字谁负责
3. 挥发性有机物　紫外线　臭氧
4. 天地一体化
5. 水华　赤潮
6. 保存条件　容器材质
7. 死水区　回流区
8. 车间或车间处理设施的排放口。
答“车间或车间处理设施的排放口或专门处理此类污染物设施的排放口”也正确。
9. 昼间　达标
10. AQI 或空气质量指数
11. 气密性　采样流量 / 流量
12. 洗涤瓶
13. 湿度
14. 元素有效态含量
15. 筛分　缩分
16. 腐蚀性　感染性
17. 可根据样品中氯离子的含量按比例加入
18. 有机物
19. 95.7%（答 96% 给分）
20. 微囊藻毒素 -LR（答微囊藻毒素得分）
21. 替代物 / 标准替代物 / 替代标 / 回收率指示物。
22. 100　200
23. 2mg/L　0.2%
24. 高
25. 现场布点　同时测试
26. 校准　检定（验证）（答出校准、检定、核查（不论顺序）即可）
27. 质量监督

二、单项选择题

1. B	2. C	3. D	4. B
5. D	6. C	7. C	8. D

9. B　　10. A　　11. C　　12. B
13. D　　14. D　　15. A　　16. C
17. B　　18. D　　19. A　　20. D

三、不定项选择题

1. ABDE　　2. ABE　　3. ABCDE　　4. AC
5. ABDE　　6. ABCE　　7. ABCE　　8. AD
9. ABD　　10. ABC　　11. ABDE　　12. CD
13. CE　　14. ABCE　　15. ABD　　16. ABCE
17. ABD　　18. ABCDE　　19. ABCD　　20. CDE

四、判断题

1.×（正确答案：地级及以上城市建成区黑臭水体均控制在10%以内）

2.×（正确答案：国家级资质认定机构必须参加）

3.√

4.√

5.×（正确答案：不涵盖8大离子，在进行调查类监测时需要扩充）

6.√

7.√

8.×（正确答案：在非完全反应的条件下）

9.×（正确答案：火焰原子吸收光谱仪的原子化器的作用是产生基态原子，可以用来吸收来自锐线光源的共振辐射）

10.×（正确答案：0.45 μm）

11.×（正确答案：不受色度的影响）

12.√

13.×（正确答案：应先取一部分样品先测定电导率，然后测定pH值，其余样品进行离子组分测定。）

14.√

15.×（正确答案：20%）

16.×

17.√

18.×（正确答案：依次为：配制、融化、调整pH、过滤澄清、分装、灭菌、检定及保存）

19.×（正确答案：$L_{max}>L_{10}>L_{50}>L_{90}$）

20.×（正确答案：污染物的小时浓度值作为基础数据单元，使用前也应进行修约。）

五、简答题

1. 答案

（1）主要影响因素：

生物因素（微生物的代谢活动可改变被测物的形态）；

化学因素（氧化还原、沉淀 / 溶解、聚合 / 解聚）；

物理因素（吸附、挥发、取样容器污染）。

（2）保存方法、措施：

a. 温度控制（冷藏 / 冷冻），抑制微生物的代谢活动；注意冷冻会使样品膨胀导致瓶子破裂。

b. 严格控制保存时间。

c. 加入化学保存剂（化学保护剂），保持被测组分的形态、价态不变。

控制溶液 pH（加入酸、碱）；

加入抑制剂（抑制生物作用）；

加入氧化 / 还原剂（使被测物保持在氧化 / 还原态）；

注意当使用化学保存剂时，应提前做空白试验，其纯度和等级应满足要求。

d. 严格按照标准规范进行采样容器的选择与洗涤。

2. 答案：

电子捕获检测器（ECD）、氮磷检测器（NPD）、火焰光度检测器（FPD）。电子捕获检测器（ECD）适用于检测能俘获电子的化合物，如卤代烃、含 N、O 和 S 等杂原子的化合物。氮磷检测器（NPD）适用于检测含氮、磷化合物。火焰光度检测器（FPD）适用于检测含硫、磷化合物。

3. 答案：

（1）农用地土壤污染风险筛选值针对水田和旱田有不同的限值，同时和土壤 pH 有关。汞、砷、铬、铜、锌和镍的风险很低。铅有一定风险，如果土壤 pH 较小，偏酸性，则风险会进一步变大，具体和土壤 pH 结果有关联性。镉有明显风险。

（2）针对存在的风险，应加强土壤环境监测和农产品协同监测，特别是关注农产品中镉和汞的含量。若食用农产品不符合质量安全标准，则需要采取农艺调控或替代种植等安全利用措施，甚至采取禁止种植食用农产品、退耕还林或土壤修复等更加严格的管控措施。

（3）进一步调查农用地周边企业分布情况，镉可能来自电镀，冶炼或金属加工行业。汞可能来自矿山、冶炼或使用含汞触媒的行业，如：PVC 生产以及含汞产品的制造业，荧光灯等。

4. 答案：

（1）监测报告主要内容：事故发生时间、地点、断面（站位）示意图，发生原因，污染来源，主要污染物质，污染范围，必要的水文气象参数，检测结果和结果评价。

监测报告基本要求：及时、快速报送，信息完整（要有方法、设备、样品描述），三级审核（签字），格式规范（标题、监测单位、唯一性编号等）。

（2）应急监测错误及理由

缺少对照断面，需要在上游（或不受溢油影响的外围区域）设置对照断面；并设置空气中挥发性有机物现场监测站位；

监测项目方面，水样应增加苯系物和常规监测项目，采集受影响区域生物测试其石油类、多环芳烃等相关指标。

需经上级部门批准后，才可停止应急监测并转入跟踪监测直至环境恢复正常。

5. 答案：

（1）污染特征：2017 年该城市主要污染指标为 $PM_{2.5}$、PM_{10}、O_3、NO_2，2018 年该城市主要污染指标为 O_3、NO_2、$PM_{2.5}$、PM_{10}；O_3 和 NO_2 对该城市污染贡献上升。

（2）变化情况：与 2017 年相比，2018 年环境空气质量综合指数升高，环境空气质量总体有所改善。

（3）污染形势：该城市两年间，$PM_{2.5}$、PM_{10}、O_3 和 NO_2 四项污染物年均浓度均超标，环境空气质量形势依然严峻。

六、计算题

1. 答案：

答：用 Grubbs 检验法，为单侧检测：

$$\overline{X}=3.60\ \text{mg/m}^3,\quad s=\sqrt{\frac{1}{n-1}(\sum_{i=1}^{n}X_i^2-n\overline{X}^2)}=0.493\ \text{mg/m}^3\quad n=8\quad X_8=4.21$$

$G_8=(X_8-\overline{X})/s=(4.21-3.60)/0.493=1.237$

当 n=8 时，1.237＜2.032，即 $G_8<G_{0.95(8)}$

所以最大值 4.21 mg/m^3 为正常值不需剔除。

2. 答案：

答：3 次液液萃取中敌敌畏总萃取率 =0.7+0.3×0.7+0.3×0.3×0.7=0.973，或 97.3%。

原水样中敌敌畏质量浓度 =（3.4×15/0.973）/ 100=0.524 mg/L。可修约为 0.52 mg/L

萃取水层残留的敌敌畏质量 =0.524×100×（1−0.973）=1.415 μg，

由敌百虫碱解得到的敌敌畏质量浓度 =（0.5×15−1.415）/100/0.973=0.0625 mg/L。

原水样中敌百虫质量浓度 =0.0625×257.45/220.98=0.073 mg/L，可修约至 0.07 mg/L。

3. 答案：

答：（1）方法空白虽有检出，但结果很低视为未检出。所以需要采用添加标准物质的方法进行方法检出限的估算。

（2）合理性判断：对添加水平分别为 5.00μg、0.750μg 和 0.500μg 时获得的结果计算方法检出限并进行合理性判断。

第一次判断：$s^2_{5.00}$=2.56，$s^2_{0.750}$=0.0144，$s^2_{5.00}/s^2_{0.750}$=2.56/0.0144=178＞3.05，$s_{5.00}$ 不能用于方法检出限计算；

第二次判断：$s^2_{0.750}/s^2_{0.500}$ = 0.0144/0.0049=2.94＜3.05，应采用 $s_{0.750}$ 和 $s_{0.500}$ 计算方法检出限。

（3）利用 $s_{0.750}$ 和 $s_{0.500}$ 计算方法检出限

$$\text{组合标准偏差}\ S_p=\sqrt{\frac{v_A S_A^2+v_B S_B^2}{v_A+v_B}}=\sqrt{\frac{6\times0.0144+4\times0.0049}{6+4}}=0.093\mu\text{g}$$

MDL= $t_{(10,\ 0.99)}\times sp=0.093\times 2.764=0.258$ μg，修约为 0.3 μg，当取样体积为 1 L 时，方法检出限为 0.3 μg/L。

（4）以 4 倍方法检出限作为方法测定下限，即 $0.3\times 4=1.2$（μg/L）。

汇总本方法的检出限和测定下限分别为 0.3 μg/L 和 1.2 μg/L。

七、综合分析题

1. 答案：

（1）居民投诉异味类物质，因此首先进行臭气浓度和恶臭类物质测定。根据相关企业生产工艺和原辅料以及产品，确定环境大气监测因子为：臭气浓度、二甲苯、苯乙烯、硫化氢以及特征污染物巯基苯并噻唑。

（2）监测点位的布设：现场测定风速和风向，在硫化橡胶促进剂生产厂下风向风向角变化 ±Δs 范围的厂界设置采样点，并设置对照，在居民点布设采样点。为了反映其他厂家的影响，也可以在厂界上风向和其他企业连线处增设点位。

（3）监测时间：根据居民反映的情况以及企业非连续生产的特征，为了采集到最大浓度，采样时间设定为晚 6～9 点，每小时采集一次。

（4）臭气浓度用真空瓶采样，二甲苯和苯乙烯用活性炭管采样。硫化氢用吸收液吸收。

（5）分析方法：臭气浓度用嗅辨员嗅辨法（三点式比较嗅袋法）测定，二甲苯和苯乙烯用热解吸 GC/FID 或溶剂解析 GC/FID 法。硫化氢采用分光光度法。

（6）特征污染物可用便携性 GC/MS 进行现场定性。也可以参考一般 VOCs 的采样方法用活性炭采样，采取离线的 GC/MS 法进行定性。

根据臭气浓度和特征污染物的结果判断污染来源。如果二甲苯和苯乙烯未检出，而硫化氢和臭气浓度超过二级标准，并检测到巯基苯并噻唑，则为促进剂厂家的排放。如果二甲苯、苯乙烯和臭气浓度超过二级标准，而硫化氢未检出，也未检测到巯基苯并噻唑，则为表面活性剂厂家的排放。如果都有检出，则是两个企业共同排放的结果。

2. 答案：

（1）还需准备：测汞：水浴锅 / 恒温水浴装置，测汞仪（冷原子吸收分光光度仪）、原子荧光光谱仪、冷原子荧光光谱仪；

测铅、镉：石墨消解炉 / 仪，全自动消解仪，原子吸收分光光度计、ICP-OES、ICP-MS；

前处理：微波消解仪。

（2）水样硝酸、盐酸体系，微波消解或水浴消解，测总汞；

铅、镉过 0.45 μm 滤膜后，上机测定，原子吸收、ICP 或 ICP-MS；

沉积物消解：电热板　硝酸 - 盐酸 - 氢氟酸 - 高氯酸体系，

微波　硝酸 - 盐酸 - 氢氟酸　高氯酸赶酸。

（3）巯基棉富集 - 气相色谱法（ECD），制备巯基棉方法和前处理过程十分复杂，方法回收率低，样品分析时间长。

可采用吹扫捕集 / 气相色谱法 - 原子荧光光谱法，液相色谱 - 原子荧光光谱法、液相色谱 -ICP-MS 法等仪器联用的方法，分析沉积物中烷基汞。

八、论述题

答题要求：论点明晰、论纲完整、论据准确、论证充分、论述清晰、论文美观。

参考答案：

（一）习近平生态文明思想的思想内涵

生态兴则文明兴、生态衰则文明衰的深邃历史观，坚持人与自然和谐共生的科学自然观，绿水青山就是金山银山的绿色发展观，良好生态环境是最普惠的民生福祉的基本民生观，山水林田湖草是生命共同体的整体系统观，用最严格制度保护生态环境的严密法治观，全社会共同建设美丽中国的全民行动观，共谋全球生态文明建设之路的共赢全球观。

保证监测数据“真准全”，发挥顶梁柱作用

环境监测是环境管理的“顶梁柱”，监测数据质量是生命线。环境监测数据是客观评价环境质量状况、反映污染治理成效、实施环境管理与决策的基本依据。近五年来，国家和生态环境系统先后发布《生态环境监测网络建设方案》《关于省以下环保机构监测监察执法垂直管理制度改革试点工作的指导意见》《关于深化环境改革提高环境监测数据质量的意见》，从制度上、机制体制上确保监测数据的真实、准确、全面。

1. 健全监测要素和网络建设，确保监测数据全面。坚持全面设点、全国联网、自动预警、依法追责，建成陆海统筹、天地一体、上下协同、信息共享的生态环境监测网络，涵盖大气、水、土壤、噪声、辐射和生态等全要素，布局合理、功能完善的全国生态环境监测网络。

2. 实行体制机制改革，确保监测数据真实。进行省以下监测机构垂直管理制度改革，强化地方政府的环境保护责任，调整环境监测管理体制，加强监测机构和队伍建设。健全运行机制，实行空气、地表水事权上收。

3. 坚持依法监测、科学监测、诚信监测；强化主体责任，建立“谁出数谁负责，谁签字谁负责”的责任追溯制度。

4. 完善内部质量管理制度。建立覆盖方案制定、布点与采样、现场测试、样品制备、分析测试、数据传输、评价和综合分析、报告编制等全过程质量管理体系。

5. 提升环境监测质量监管能力，保真打假。发布了《环境监测数据弄虚作假行为判定及处理办法》，建立环境监测数据弄虚作假的防范和惩治机制；强化事中事后监管，开展“双随机”检查，加强对第三方监测机构监管。

6. 提升技术水平，统一技术规范。加强卫星无人机遥感监测、自动监测、生态监测据等高新技术应用；构建生态环境监测大数据平台，开展大数据关联分析。

（二）自由发挥